회로이론

Grob's BASIC ELECTRONICS

13th Edition

Mitchel E. Schultz 지음
윤의철 · 이행우 · 장동현 · 정유정 · 조현묵 옮김

McGraw Hill
생능출판

저자 소개

미첼 슐츠(Mitchel E. Schultz)

위스콘신 주 라크로스에 있는 Western Technical College의 강사로, 그곳에서 31년 동안 전자공학을 가르쳤다. Western에서 가르치기 전에 미네소타 주 오스틴에 있는 Riverland Community College에서 8년 동안 전자공학을 가르쳤다. 또한 39년 동안 다양한 전자 산업에 대한 교육을 제공하였다.

강의를 시작하기 전에 RF 통신 시스템의 설계, 테스트 및 문제 해결을 포함하는 전자 통신 분야에서 전자기술자로 여러 해 동안 일했다. 1978년 미네소타 주립 Southeast Technical College에서 전자기술 준학사 학위를 취득하였으며 Winona State University, Mankato State University 및 University of Minnesota를 다녔다. ISCET 공인 전자기술자이며 엑스트라 클래스 아마추어 무선 면허도 보유하고 있다.

회로이론과 함께 사용하기 위한 문제 매뉴얼, 전기회로: 텍스트 및 소프트웨어 문제 매뉴얼, 전자장치: 텍스트 및 소프트웨어 문제 매뉴얼, 전기 및 전자를 위한 기본 수학 및 Shaum의 전자통신 이론 및 문제 개요를 포함하는 여러 다른 전자공학 관련 교과서를 집필하였다.

회로이론

초판인쇄 2022년 11월 30일
초판발행 2022년 12월 13일

지은이 Mitchel E. Schultz
옮긴이 윤의철, 이행우, 장동현, 정유정, 조현묵
펴낸이 김승기
펴낸곳 (주)생능출판사 / **주소** 경기도 파주시 광인사길 143
출판사 등록일 2005년 1월 21일 / **신고번호** 제406-2005-000002호
대표전화 (031)955-0761 / **팩스** (031)955-0768
홈페이지 www.booksr.co.kr

책임편집 신성민 / **편집** 이종무, 김민보, 유제훈 / **디자인** 유준범, 표혜린
마케팅 최복락, 김민수, 심수경, 차종필, 백수정, 송성환, 최태웅, 명하나, 김민정
인쇄 천일문화사 / **제본** 일진제책사

ISBN 978-89-7050-592-3 93560
정가 39,000원

Grob's Basic Electronics

13th Edition

Mitchel E. Schultz

Western Technical College

Mc Graw Hill

Grob's Basic Electronics 13th Edition

1 2 3 4 5 6 7 8 9 10 LP 20 22

Original: Grob's Basic Electronics 13th Edition. © 2021
By Mitchel Schultz
ISBN 978-1-25-985267-1

This authorized Korean translation edition is published by Life & Power Press in arrangement with McGraw-Hill Education Korea, Ltd. This edition is authorized for sale in the Republic of Korea.

This book is exclusively distributed by Life & Power Press.

When ordering this title, please use ISBN 978-89-7050-592-3

Printed in Korea

역자 서문

오늘날 전기를 사용하는 거의 모든 제품들에는 많은 전자공학 관련 기술이 적용되고 있다. 전자공학은 응용기술로서의 범위가 무척 넓어서 배우는 데에도 많은 어려움이 따른다. 전자공학을 막 학습하려는 이가 가장 먼저 배워야 하는 과목 중의 하나를 꼽는다면 바로 회로이론을 들 수 있다. 그만큼 회로이론은 전자공학의 출발점으로 이를 해석하기 위해 다양하고 수많은 교재들이 출간되었다. 아주 기초적인 내용을 다루는 교재부터 심화된 내용을 담고 있는 교재까지 여러 수준의 다양한 교재들이 있지만 처음 회로이론을 공부하려는 이가 적절한 수준을 유지하면서 쉽게 접근할 수 있는 내용을 담고 있는 교재를 고른다는 것은 무척 어려운 일이다. 그런 면에서 이번에 번역한 미첼 슐츠의 회로이론(Grob's Basic Electronics, 13th edition)은 초보자가 회로를 공부하기에 아주 적절한 교재라고 할 수 있다. 이 책은 그로브의 회로이론(Grob's Basic Electronics, 13판)에서 전자회로의 일부분을 다루고 있는 후반부의 7개 장(27~33장)을 제외한 것으로 순수 회로이론에서 다루어야 할 내용으로만 편집한 책이다. 저자인 미첼 슐츠는 그로브의 회로이론(Grob's Basic Electronics, 10판)의 공동저자로 참여했다가 이 교재를 집필하였는데 산업체에서의 경험을 바탕으로 교재 곳곳에 실용적이고 현대적인 내용으로 배우는 이가 실제적인 이해와 응용을 할 수 있도록 노력한 모습을 보여주고 있다.

번역을 하면서 원서의 내용을 충실히 따르려고 노력했지만 일부는 우리 현실에 맞게 수정하였다. 특히 1장에서 10장까지의 직류회로에서 전류의 방향을, 원서에서는 전자의 방향을 기준으로 했지만 번역서에서는 대부분의 교재가 그런 것처럼 관습 전류의 방향, 즉 전자의 반대 방향을 기준으로 하도록 수정하였다. 이에 맞추어 내용의 일부를 원서와 다르게 번역하였고 그림도 일부 다르게 수정하였다. 원서와 함께 이 책을 공부하는 학습자는 이 점을 혼동하지 말기 바란다. 그리고 가능하면 한글 용어를 사용하도록 하여 다소 어색한 부분이 있을 수 있으나 한글 용어 옆에 영문 표기도 병행하였으므로 큰 혼란은 없을 것으로 생각한다. 특히 고유명사인 이름의 한글 표기는 발음이 틀린 부분이 있을 수 있을 것으로 예상되는데 병행한 영문 이름을 참고하여 너그러이 이해해주기 바란다. 그 외에는 가능하면 원서에서 학습자에게 전달하고자 했던 의도를 충실히 반영하도록 노력하였다.

다른 책들과 비교하여 이 책의 특징을 살펴보면 다음과 같다.

- **전기·전자의 전 분야를 포괄** : 전기와 전자회로를 이해하는 데 필요한 각종 이론과 관련 내용을 포괄적이고 종합적으로 다룬다.
- **이해하기 쉬운 설명** : 쉬우면서 자세하게 설명하는 방식을 택하고 있으며 중요한 내용은 여러 번 반복해서 설명하여 내용을 이해하는 데 도움이 되도록 하였다.
- **다양한 실제 응용 예** : 산업체 현장이나 실생활과의 연관성을 이해하고 응용 능력을 기를 수 있도록 여러 가지 회로의 실제 응용 예를 다루고 있으며 다양한 부품, 장치, 계측기도 그림이나 사진을 곁들여 관련 내용을 소개하였다.
- **컴퓨터 시뮬레이션을 이용한 회로해석** : 유명한 회로해석용 프로그램인 Multisim을 활용, 다양한 회로를 컴퓨터로 해석해보도록 하여 회로의 동작을 명확히 이해할 수 있게 하며 아울러 컴퓨터를 이용한 시뮬레이션 능력을 기르는 데 도움이 되도록 하였다.
- **다양한 문제 유형** : 예제, 복습문제, 자습문제, 확인문제, 연습문제, 사고력 문제와 같이 다양한 유형의 객관식, 주관식, 단답형, 서술형 문제를 수록, 이를 풀어보게 하여 이해 수준이나 학습 진도에 따라 원하는 학습 목표를 이루고 이론과 개념을 충실히 다질 수 있도록 하였다.

이 책은 이해하기 쉽게 쓰여 있고 보기에 편한 구성을 가지고 있지만 광범위한 회로의 모든 내용을 다 다루지는 못한다. 특히 이 책은 회로를 처음 공부하는 학생들을 대상으로 하므로 기초부터 어느 정도 수준까지는 학습을 할 수 있지만 그 이상의 심화된 내용을 공부하거나 복잡한 회로를 해석하기 위해서는 그런 목적으로 만든 다른 교재의 도움을 받아야 한다. 하지만 이 책이 회로의 기초를 탄탄히 다지는 데 큰 도움이 될 수 있을 것으로 확신한다. 회로를 해석하는 것은 생각보다 어려운 일임에 틀림없다. 하지만 차근차근 풀어가다 보면 그만큼 실력이 나아지는 자신을 발견할 수 있을 것이다. 아무튼 이 책이 회로를 공부하는 학습자 모두에게 보다 수월하게 목표에 도달하는 데 도움이 되었으면 하는 바람이다.

이 책이 나오기까지 기획, 편집, 교정을 해준 생능출판사의 모든 관계자 여러분께 감사드린다. 무슨 일이든 어떤 결과를 얻기까지는 보이지 않는 많은 분들의 노고가 있음을 잘 알고 있다. 음으로 양으로 도움을 준 모든 분들께 진심으로 감사드린다. 아울러 이 책으로 공부하는 분들에게 많은 성취가 있기를 기원한다.

2022년 11월

역자 씀

저자 서문

회로이론(Grob's Basic Electronics, 13판)은 학생과 강사에게 완전하고 포괄적인 전기 및 전자의 기본적인 내용을 전달한다. 이 책은 전기학에 대한 기본적인 개념이나 지식이 없이 공부를 시작하는 학생을 위해 집필되었으며, 다수의 대수방정식과 직각삼각법 문제가 교재 전반적으로 제시되므로 대수학과 삼각함수에 대한 기본 지식이 있다면 공부를 하는 데 도움이 될 것이다.

'10의 거듭제곱'이라는 시작 부분은 과학 및 공학 표기법으로 표현된 숫자와 전자공학에서 접하는 가장 일반적인 미터법 접두사로써 학생들에게 소개한다. 학생들은 10의 거듭제곱으로 표시된 수를 더하고 빼고 곱하고 나누며 제곱 및 제곱근을 취할 수 있다.

1장에서 12장까지는 원자 구조, 전압, 전류, 저항, 저항 색상 코드, 옴의 법칙, 전력, 직렬회로, 병렬회로, 직·병렬(조합) 회로, 전압 및 전류분배기, 아날로그 및 디지털 미터기, 키르히호프의 법칙, 네트워크 이론, 전선 저항, 스위치, 절연체, 1차 및 2차 전지, 배터리 유형, 내부 저항 및 최대 전력 전달을 다룬다. 처음 12개 장에서 회로를 분석하는 데 사용되는 전압과 전류가 직류(Direct Current, DC)이기 때문에 DC 장으로 간주된다.

13장에서 26장까지는 자기, 전자기학, 계전기, 교류전압 및 전류, 정전 용량, 커패시터 유형, 용량성 리액턴스, 용량성 회로, 인덕턴스, 변압기, 유도성 리액턴스, 유도성 회로, *RC* 및 *L*/*R* 시정수, 실제 전력, 피상 전력, 역률, 복소수, 공진, 필터를 다룬다. 13~26장에서 회로를 분석하는 데 사용되는 전압과 전류가 주로 교류(Alternative Current, AC)이기 때문에 AC 장으로 간주된다.

부록 A에서 F는 본문의 주요 부분에서 다루거나 다루지 않을 수 있는 주제에 대한 추가 정보를 찾는 학생들을 위한 리소스 역할을 한다. 부록 A는 전기량과 기호에 대한 포괄적인 목록을 제공하고 전자제품에서 가장 많이 사용되는 다중 및 하위 다중 단위 목록과 모든 그리스 문자 기호 및 해당 용도 목록이 포함되어 있다. 부록 B는 학생들에게 땜납과 납땜 절차에 대한 포괄적인 개요를 제공한다. 부록 C는 저항에 대해 선호하는 값 목록을 제공한다. 기본 값 목록은 지정된 허용 오차에 사용할 수 있는 다중 및 하위 다중 값을 보여준다. 부록 D는 전자부품 및 해당 회로도

기호의 전체 목록을 제공한다. 부록 E는 학생들에게 아날로그 및 디지털 오실로스코프 사용 방법에 대한 소개를 제공한다. 부록 F는 학생들이 전자회로를 만들고 테스트할 수 있는 대화형 회로 시뮬레이션 소프트웨어 패키지인 Multisim 사용에 대한 광범위한 개요를 제공한다. 부록 F는 학생들에게 DC 회로, AC 회로 및 전자장치 연구와 직접적으로 관련된 Multisim의 주요 기능을 소개한다.

미첼 슐츠(Mitchel E. Schultz)

이 책의 구성

장 도입

각 장의 주제와 개념에 대한 짧은 소개로 시작한다.

I

10의 거듭제곱

전기전자공학 분야에서 종종 아주 작거나 아주 큰 전기량들과 만날 때가 있다. 예를 들어, 0.000000000056과 같이 아주 작은 수나 1,296,000,000과 같이 아주 큰 수를 취급하는 것은 일반적인 일이다. 이와 같이 아주 작은 수나 아주 큰 수를 편리하게 취급하기 위하여 10의 거듭제곱(power of 10) 표기법이 사용된다. 10의 거듭제곱 표기법을 사용하면 아무리 작거나 큰 수라고 해도 십진수에 10의 거듭제곱을 곱하여 나타낼 수 있다. 10의 거듭제곱은 밑수(base) 10의 오른쪽 위에 적힌 지수이다. 이 수는 밑수가 몇 번이나 곱해져야 하는지를 나타내는 수이다. 예를 들어, 10^3은 10×10×10, 10^6은 10×10×10×10×10×10을 의미한다. 전기전자공학에서는 일반적으로 밑수 10을 많이 사용하는데, 이는 단위계에 10의 배수가 사용되기 때문이다.

단원 차례

1-1	음극과 양극	1-7	저항
1-2	원자의 전자와 양성자	1-8	폐회로
1-3	원자의 구조	1-9	전류의 방향
1-4	전기 전하	1-10	직류전류(DC)와 교류전류(AC)
1-5	전위차	1-11	전원
1-6	전류	1-12	디지털 멀티미터

단원 목표

- 전하의 두 기본 요소를 이해한다.
- 전자의 기본 구조를 설명한다.
- 도체, 절연체, 반도체의 개념을 이해한다.
- 전하를 정의한다.
- 전위차와 전압을 정의한다.
- 전류를 정의한다.
- 전압과 전류의 차이점을 이해한다.
- 저항과 전도율을 정의한다.
- 전기회로의 주요한 특성을 이해한다.
- 전자의 흐름과 전류 사이의 관계를 이해한다.
- 직류전류(DC)와 교류전류(AC)의 차이점을 이해한다.

중요 용어

가전자	양성자	자유전자	정전기
관습 전류	옴	저항	중성자
교류	원소	전도율	지멘스
도체	원자	전류	직류
반도체	원자번호	전위차	쿨롱
볼트	원자핵	전자	화합물
분자	유전체	전자 흐름	회로
암페어	이온	절연체	

단원 차례

각 장에서 다루는 개별적인 주제에 따라 나눈다.

단원 목표

각 장에서 배울 수 있는 학습 결과를 나타낸다.

중요 용어

각 장에서 배우는 중요한 용어들을 알 수 있게 한다.

알아두기

주제에 대한 유용한 정보를 제공한다.

알아두기▸▸

중성 유전체에 추가된 전하($\pm Q$)를 결정하는 수단으로 다음 식을 이용하면 된다.

$$\pm Q = \frac{\text{추가되거나 이동한 전자의 수}}{6.25\times10^{18}\text{개 전자/C}}$$

예제 1-1

중성의 유전체에 12.5×10^{18}개의 전자를 추가하였다. 전하량은 얼마인가?

정답 전자의 수는 1C의 두 배이므로 $-Q = 2\text{C}$에 해당한다.

예제 1-2

어떤 유전체가 12.5×10^{18}개의 양성자를 가지고 있다. 전하량은 얼마인가?

정답 〈예제 1-1〉과 극성만 반대이고 동일한 양이므로 $+Q = 2\text{C}$이다.

예제

주요 개념을 확장하고 복잡한 자료에 대한 깊은 이해를 제공한다.

전자공학의 선구자들

전자공학의 발전에 도움이 된 과학자와 기술자를 소개한다.

전자공학의 선구자들

전력의 단위인 와트는 스코틀랜드 발명가이자 공학자인 와트(James Watt, 1736~1819)에 의해서 명명되었다. 1와트는 초당 전달된 1줄의 에너지와 같다.

I와 R의 관계가 선형이 아님을 유념하라. 〈그림 3-6b〉 표와 〈그림 3-6c〉는 저항 R의 동일한 증가가 전류 I의 동일한 감소가 아님을 보여준다. 숫자로 예를 들면, 만약 R이 2Ω에서 4Ω으로 증가한다면, I는 6A에서 3A로 감소하며, 3A가 감소한다. 그러나 R이 4Ω에서 6Ω으로 증가한다면, I는 3A에서 2A로 1A만 변화한다. 〈그림 3-6c〉의 I와 R의 그래프는 $Y=1/X$ 상호 관계에 대응하는 쌍곡선이라 불린다. 이 그래프는 I 값이 R이 증가할수록 처음에는 급격히 감소하고 그 이후에는 점차적으로 감소함을 보여준다.

■ **3-6 복습문제**

a. 〈그림 3-5c〉에서 I의 값은 x축에 있는가 y축에 있는가?

b. 〈그림 3-5c〉에서 R은 선형인가 비선형인가?

c. 만약 5Ω의 저항에 인가된 전압이 10V에서 20V로 증가한다면 I는 어떻게 변화하는가?

d. 5Ω의 저항에 10V의 전압이 인가되고 있다. 만약 R이 10Ω으로 두 배 증가한다면 I는 어떻게 변화하는가?

복습문제

각 절에서 배운 내용을 이해했는지 점검하도록 한다.

Multisim 아이콘

Multisim을 할 회로를 나타낸다.

MultiSim **그림 3-7** 회로 내의 전력 계산

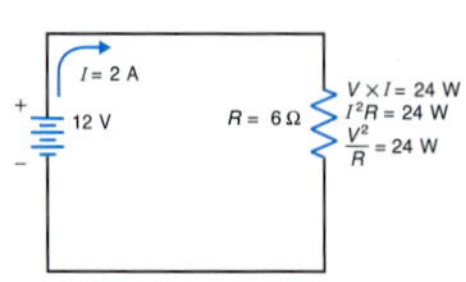

모든 공식에서, V는 저항 R의 양 단에 걸리는 전압이고, I는 저항에 흐르는 전류이다. 또한 전력의 단위는 와트이다.

식 (3-4), (3-7), (3-8)의 세 가지 공식 중에 어떠한 것이라도 저항에서 소비되는 전력을 계산하는 데 사용될 수 있다. 공식에서 주어진 변수가 무엇이냐에 따라서 세 가지 공식 중에 하나를 선택하여 사용하면 된다.

〈그림 3-7〉에서 저항을 통해 흐르는 전류가 2A이고 12V의 전압이 인가되어 있다면 소비된 전력은 2×12=24W이다.

전류와 저항이 주어진 경우에 전력은 2의 제곱, 즉 4와 6을 곱하여 24W를 얻는다.

요약

각 장의 끝에 그 장의 주제에 대한 포괄적인 요약이 있다.

요약

- 직렬과 병렬 연결이 결합된 회로에서 어떠한 분기점도 없이 하나의 전류경로 내에 있는 부품들은 직렬로 연결되어 있다. 두 개의 동일한 분기점에 연결된 회로의 부품들은 병렬로 연결되어 있다.
- 주 회로선에 저항이 있는 직·병렬 회로에서 R_T를 계산하려면, 바깥쪽에서부터 전원을 향해 거슬러가면서 저항을 합성한다.
- 한 저항 양쪽 끝에서의 전위가 같다면 그 저항의 전압은 0V이다. 저항에 전류가 흐르지 않는다면 전압강하 IR도 일어날 수 없다.
- 휘트스톤 브리지 회로는 두 개의 입력단자와 두 개의 출력단자를 갖는다. 평형일 때 휘트스톤 브리지는 단순히 두 개의 직렬 저항열이 병렬로 연결된 것으로 해석할 수 있다.
- 휘트스톤 브리지는 비교 측정이 필요한 곳에서 여러 가지 응용에 많이 사용될 수 있다.
- 직·병렬 회로의 고장수리 과정은 직렬회로와 병렬회로를 수리하는 데 사용되는 과정을 조합한 것이다.

중요 용어

각 장의 끝에 중요 용어에 대한 정의가 제공된다.

중요 용어

- 병렬 저항열 : 서로 병렬로 연결된 직렬 저항열
- 비례변 : 휘트스톤 브리지나 일반적인 브리지의 한쪽 다리에 있는 정밀하고 값이 변하지 않는 저항들. 비례변의 비 R_1/R_2는 여러 가지 경우에서 보통 10의 급수로 변하게 된다. 휘트스톤 브리지에서 비례변의 비는 다음 두 가지를 결정한다. 미지저항 R_X 측정의 정밀도와 측정할 수 있는 미지저항의 최대값 $R_{X(max)}$이다.
- 직렬 저항뱅크 : 서로 직렬로 연결된 병렬 저항뱅크
- 평형 브리지 : 두 개의 직렬 저항열이 병렬로 구성된 회로. 평형조건은 각 직렬 저항열의 전압비가 같을 때 일어난다. 브리지의 출력은 각 저항열의 가운데 사이에서 구해진다. 각 직렬 저항열의 전압비가 같다면 출력전압은 0V가 되고 브리지 회로는 평형이 되었다고 말한다.
- 표준저항 : 브리지의 두 직렬 저항열이 동일한 전압비를 갖도록 가변되는, 휘트스톤 브리지의 한쪽 다리에 있는 가변저항. 각 직렬 저항열이 동일한 전압비를 가지면 브리지는 평형되었다고 한다.
- 휘트스톤 브리지 : 미지저항을 구하는 데 사용되는 평형 브리지 회로

중요 공식

각 장의 끝에 그 장에 필요한 중요 공식이 제공된다.

중요 공식

$$R_X = R_S \times \frac{R_1}{R_2}$$

$$R_{X(max)} = R_{S(max)} \times \frac{R_1}{R_2}$$

자습문제

모든 장에는 여러 개의 자습문제가 있어 배운 것을 빠르게 평가할 수 있다.

자습문제

1. 1kΩ의 저항에 24V가 걸려 있다면 전류 I는 얼마인가?

a. 0.24A
b. 2.4mA
c. 24mA
d. 24μA

2. 120kΩ의 저항에 30μA의 전류가 흐른다면 전압 V는 얼마인가?

a. 360mV
b. 3.6kV
c. 0.036V
d. 3.6V

확인문제

각 장의 끝에 있는 확인문제는 수업 중의 토론과 과제로 활용할 수 있다.

확인문제

1. 직·병렬 회로에서 어느 저항이 직렬이고 병렬인지 말할 수 있는가?
2. 한 저항과 직렬로 연결된 뱅크에 저항 두 개가 있는 회로도를 그려라.
3. 동일한 값을 갖는 세 개의 저항을 가지고 그 합성 저항값이 저항 한 개 크기의 $1\frac{1}{2}$배가 되도록 하는 회로도를 그려라.
4. 하나의 전압원에 병렬로 연결된 두 개의 직렬 저항열을 그려라. 각 저항열에는 각각 세 개의 저항이 있다.
5. 각자 설명할 대상으로 회로를 그려서 왜 부품들이 직·병렬로 연결되었는가를 설명하라.
6. 단락회로와 개방회로 사이의 차이점 두 가지를 설명하라.
7. 전압분배와 전류분배의 차이점을 설명하라.

연습문제

각 절별로 분류되어 중요한 개념에 대해 목표를 잡을 수 있다.

연습문제

5-1절 병렬회로의 전압원 V_A

5-1 MultiSim 〈그림 5-21〉에서 아래의 위치에 걸린 전압을 구하라.

a. A와 B
b. C와 D
c. E와 F
d. G와 H

그림 5-21

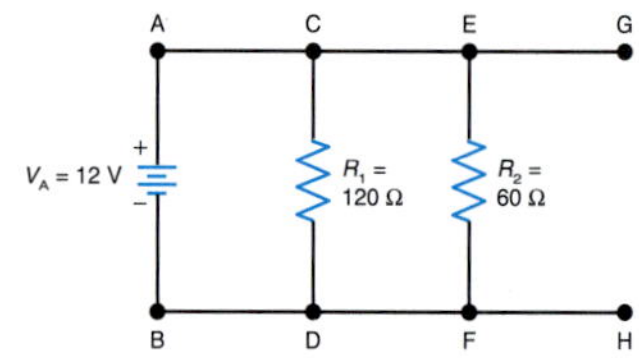

사고력 문제

각 장의 사고력 문제 부분은 심화된 문제를 제공한다.

사고력 문제

6-43 〈그림 6-47〉에서 각각의 전구 A와 B는 28V로 동작된다. 전구 A와 B의 전력정격이 각각 1.12W와 2.8W일 때, 다음을 계산하라. (a) 요구되는 R_1의 저항값 (b) R_1에 적합한 전력정격 (c) 전체저항 R_T

그림 6-47

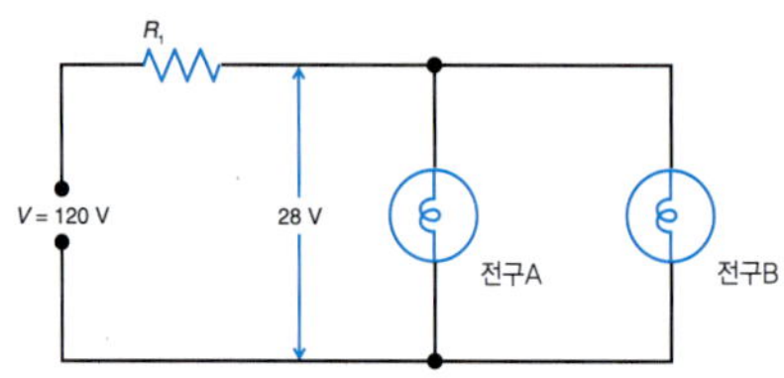

6-44 〈그림 6-48〉을 참조하라. 선형 전위차계의 와이퍼 암이 (a) A점 (b) B점 (c) A점과 B점의 중간 부분에 위치할 때 전압계가 가리키는 전압은 얼마이겠는가?

6-45 인가전압 V_T의 극성이 반대로 될 때 〈그림 6-12〉의 온도조정회로에 미치는 영향을 설명하라.

그림 6-48

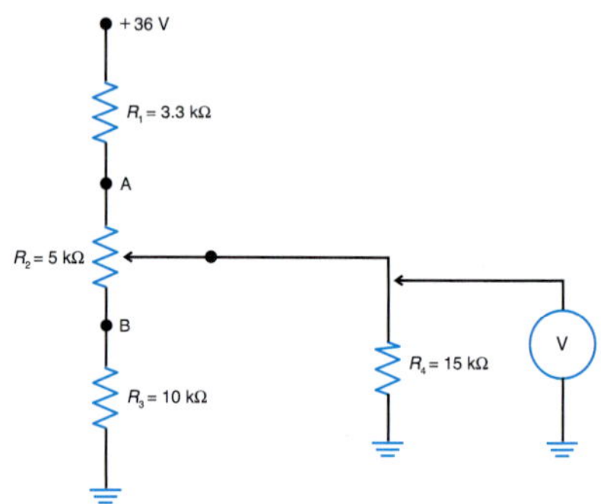

고장수리 문제

실제 회로를 수리하는 느낌이 들도록 특정한 장에 고장수리 문제를 두었다.

고장수리 문제

〈표 6-1〉은 〈그림 6-49〉에서 측정한 전압을 보여주고 있다. 첫 번째 줄은 회로가 정상적으로 동작할 때의 정상적인 값을 나타낸다. 2줄에서 13줄까지는 회로의 한 부품이 고장났을 때 측정한 전압을 나타낸다. 〈표 6-1〉의 각 줄에서, 어느 부품이 고장났는지를 알아내고 어떤 고장인지 말해보아라.

그림 6-49 고장수리 문제를 위한 회로도. 정상 동작전압이 표시되어 있다.

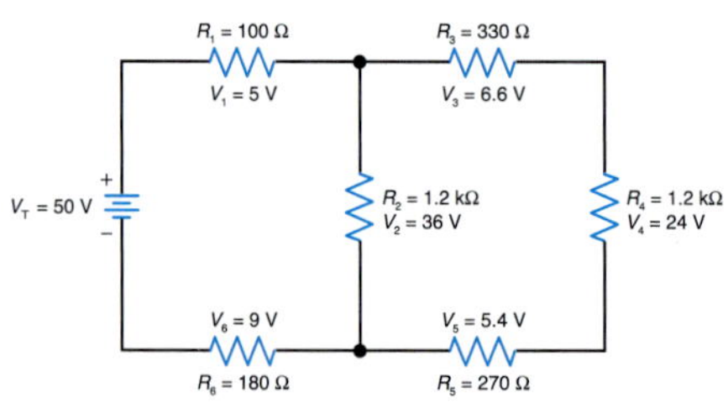

복습문제 정답

각 장의 끝에 복습문제의 정답이 있다.

복습문제 정답

6-1 a. R=1kΩ
b. R=0.5kΩ
c. R_T=1.5kΩ

6-2 a. 12V
b. I=6A
c. V_3=18V

6-3 a. V_3=40V
b. I=8A
c. V_1=4V

6-5 a. R_3
b. R_1
c. I_2=4A
d. V_3=60V

6-6 a. A와 B는 입력, C와 D는 출력
b. 0
c. R_X=71.35Ω
d. 99.99Ω
e. 500Ω

차례

CHAPTER 24 교류회로를 위한 복소수

CHAPTER 25 공진

CHAPTER 26 필터

I

10의 거듭제곱

전기전자공학 분야에서 종종 아주 작거나 아주 큰 전기량들과 만날 때가 있다. 예를 들어, 0.000000000056과 같이 아주 작은 수나 1,296,000,000과 같이 아주 큰 수를 취급하는 것은 일반적인 일이다. 이와 같이 아주 작은 수나 아주 큰 수를 편리하게 취급하기 위하여 10의 거듭제곱(power of 10) 표기법이 사용된다. 10의 거듭제곱 표기법을 사용하면 아무리 작거나 큰 수라고 해도 십진수에 10의 거듭제곱을 곱하여 나타낼 수 있다. 10의 거듭제곱은 밑수(base) 10의 오른쪽 위에 적힌 지수이다. 이 수는 밑수가 몇 번이나 곱해져야 하는지를 나타내는 수이다. 예를 들어, 10^3은 10×10×10, 10^6은 10×10×10×10×10×10을 의미한다. 전기전자공학에서는 일반적으로 밑수 10을 많이 사용하는데, 이는 단위계에 10의 배수가 사용되기 때문이다.

10의 거듭제곱 표기법에는 일반적으로 과학 표기법과 공학 표기법이 있으며, 전기전자공학에서는 과학 표기법보다 공학 표기법이 더 많이 사용된다. 이는 사용이 잦은 미터법 접두사(metric prefix)와 공학 표기법이 바로 연결되기 때문이다. 어떤 수가 10의 거듭제곱 표기법이 아닌 표준형으로 적힌 경우에는 십진 표기법(또는 부동소수점 표기법)으로 적혔다고 한다. 전기전자공학에서 문제를 풀기 위하여 계산기를 선정할 경우에는 계산기가 십진 표기, 과학 표기 및 공학 표기를 나타낼 수 있는지를 확인하도록 한다.

단원 차례

단원 목표

- 임의의 수를 과학 표기나 공학 표기로 나타낸다.
- 미터법 접두사와 그와 관련된 10의 거듭제곱을 열거한다.
- 공학 표기로 된 10의 거듭제곱을 그와 관련된 미터법 접두사로 변환한다.
- 미터법 접두사끼리 변환한다.
- 10의 거듭제곱 표기로 된 수의 더하기와 빼기를 한다.
- 10의 거듭제곱 표기로 된 수의 곱하기와 나누기를 한다.
- 10의 거듭제곱의 역수를 계산한다.
- 10의 거듭제곱으로 표시된 수의 제곱을 계산한다.
- 10의 거듭제곱으로 표시된 수의 제곱근을 계산한다.
- 계산기에 과학 표기법과 공학 표기법으로 적혀진 수를 입력한다.

중요 용어

과학 표기법
미터법 접두사
십진 표기법
10의 거듭제곱
공학 표기법

표 I-1	10의 거듭제곱
	$1,000,000,000 = 10^9$
	$100,000,000 = 10^8$
	$10,000,000 = 10^7$
	$1,000,000 = 10^6$
	$100,000 = 10^5$
	$10,000 = 10^4$
	$1,000 = 10^3$
	$100 = 10^2$
	$10 = 10^1$
	$1 = 10^0$
	$0.1 = 10^{-1}$
	$0.01 = 10^{-2}$
	$0.001 = 10^{-3}$
	$0.0001 = 10^{-4}$
	$0.00001 = 10^{-5}$
	$0.000001 = 10^{-6}$
	$0.0000001 = 10^{-7}$
	$0.00000001 = 10^{-8}$
	$0.000000001 = 10^{-9}$
	$0.0000000001 = 10^{-10}$
	$0.00000000001 = 10^{-11}$
	$0.000000000001 = 10^{-12}$

I-1 과학 표기법

과학 표기법을 알아보기 전에 10의 거듭제곱에 대하여 먼저 살펴보자. 10의 거듭제곱은 10을 밑(base)으로 하는 지수(exponent)로서 지수는 양수 또는 음수가 될 수 있다.

밑 ⟶ 10^x ⟵ 지수

지수가 양수이면 1보다 큰 수를 표시하고 음수이면 1보다 작은 수를 표시한다. 〈표 I-1〉은 10^{-12}부터 10^9 범위의 10의 거듭제곱과 그에 해당하는 10진값을 나타내고 있다. 전기전자공학에서 이 범위 밖의 10의 거듭제곱을 다루는 일은 거의 없다. 〈표 I-1〉로부터 $10^0 = 1$이고 $10^1 = 10$이 되는 것에 주목하라. $10^0 = 1$의 경우에는 어떤 수라도 0승을 하게 되면 그 값이 1이 된다는 점, $10^1 = 10$의 경우에는 어떤 수라도 지수가 없이 표기되어도 1승이라고 가정한다는 점에 주목하라.

과학 표기법으로 수 표현하기

10의 거듭제곱 표기법을 사용하는 절차는 원래의 수를 두 부분으로 분리하여 적는 것이다. 과학 표기법은 수를 1과 10 사이의 수에 10의 거듭제곱(10^n)을 곱하는 10의 거듭제곱 표기법이다. 10의 거듭제곱은 소수자리를 정확히 표시하기 위하여 사용된다. 10의 거듭제곱은 원래의 수에서 소수점이 왼쪽 또는 오른쪽으로 얼마나 이동하여야 하는가를 표시한다. 원래의 수에서 소수점을 왼쪽으로 이동하면 10의 거듭제곱이 증가하거나 또는 조금 더 양수에 가까워진다. 반대로, 오른쪽으로 이동하면 10의 거듭제곱이 감소하거나 점점 더 음수가 된다. 다음의 예제를 보자.

예제 I-1

다음의 수를 과학 표기법으로 나타내라. (a) 3900 (b) 0.0000056

정답 (a) 3900을 과학 표기법으로 표현하기 위하여 수를 1과 10 사이의 수, 이 경우는 3.9에 10의 거듭제곱을 곱한다. 이렇게 하기 위하여 소수점을 왼쪽으로 세 자리 이동하여야 한다. 소수점이 왼쪽으로 이동하는 자리수가 10의 양의 거듭제곱을 나타낸다. 그러므로 과학 표기법으로 $3900 = 3.9 \times 10^3$으로 표현된다.

(b) 0.0000056을 과학 표기법으로 나타내기 위하여 수를 1과 10 사이의 수, 이 경우는 5.6에 10의 거듭제곱을 곱한다. 이렇게 하기 위하여 소수점을 오른쪽으로 여섯 자리 이동하여야 한다. 소수점이 오른쪽으로 이동하는 자리수가 10의 음의 거듭제곱을 나타낸다. 그러므로 과학 표기법으로 $0.0000056 = 5.6 \times 10^{-6}$으로 표현된다.

과학 표기법으로 수를 표현할 때 다음의 규칙을 기억하라.

규칙 1 : 수를 1과 10 사이의 수에 10의 거듭제곱을 곱한 형태로 표현한다.

규칙 2 : 소수점이 원래의 수에서 왼쪽으로 이동되면 10의 양의 거듭제곱이고, 원래의 수에서 오른쪽으로 이동되면 10의 음의 거듭제곱이다.

규칙 3 : 10의 거듭제곱은 원래의 수에서 왼쪽 또는 오른쪽으로 소수점이 이동한 자리수와 동일하다.

다음의 예제를 보자.

예제 I-2

다음의 수를 과학 표기법으로 나타내라.

(a) 235,000 (b) 364,000,000 (c) 0.000756 (d) 0.00000000000016

정답 (a) 235,000을 과학 표기법으로 표현하기 위하여 소수점을 왼쪽으로 5자리 이동하면 2.35가 된다. 다음에 10^5을 곱한다. 소수점이 원래의 수에서 왼쪽으로 5자리 이동하였으므로 10의 거듭제곱이 양의 5가 됨에 유의한다. 그러므로 과학 표기법으로 $235{,}000 = 2.35\times10^5$으로 표현된다.

(b) 364,000,000을 과학 표기법으로 표현하기 위하여 소수점을 왼쪽으로 8자리 이동하면 3.64가 된다. 다음에 10^8을 곱한다. 소수점이 원래의 수에서 왼쪽으로 8자리 이동하였으므로 10의 거듭제곱이 양의 8이 됨에 유의한다. 그러므로 과학 표기법으로 $364{,}000{,}000 = 3.64\times10^8$으로 표현된다.

(c) 0.000756을 과학 표기법으로 표현하기 위하여 소수점을 오른쪽으로 4자리 이동하면 7.56이 된다. 다음에 10^{-4}을 곱한다. 소수점이 원래의 수에서 오른쪽으로 4자리 이동하였으므로 10의 거듭제곱이 음의 4가 됨에 유의한다. 그러므로 과학 표기법으로 $0.000756 = 7.56\times10^{-4}$으로 표현된다.

(d) 0.00000000000016을 과학 표기법으로 표현하기 위하여 소수점을 오른쪽으로 13자리 이동하면 1.6이 된다. 다음에 10^{-13}을 곱한다. 소수점이 원래의 수에서 오른쪽으로 13자리 이동하였으므로 10의 거듭제곱이 음의 13이 됨에 유의한다. 그러므로 과학 표기법으로 $0.00000000000016 = 1.6\times10^{-13}$으로 표현된다.

십진 표기법

10의 거듭제곱 표현 없이 표준형으로 표현된 수는 십진 표기법, 또는 부동소수점 표기법으로 표현되었다고 한다. 가끔 과학 표기법으로 쓰여진 수를 십진 표기법으로 변환하여야 할 경우가 있다. 과학 표기법에서 십진 표기법으로 변환할 때 다음의 규칙을 참조한다.

규칙 4 : 10의 지수나 거듭제곱이 양수일 경우에는 소수점을 지수만큼 오른쪽으로 이동한다.

규칙 5 : 10의 지수나 거듭제곱이 음수일 경우에는 소수점을 지수만큼 왼쪽으로 이동한다.

예제 I-3

과학 표기법으로 표현된 다음의 수를 십진 표기법으로 변환하라.

(a) 4.75×10^2 (b) 6.8×10^{-5}

정답 (a) 4.75×10^2을 십진 표기법으로 변환하기 위하여 소수점을 오른쪽으로 2자리 이동한다. 소수점을 오른쪽으로 이동하는 이유는 10의 거듭제곱이 여기서는 2, 양수이기 때문이다. 그러므로 십진 표기법으로 $4.75 \times 10^2 = 475$가 된다.

(b) 6.8×10^{-5}을 십진 표기법으로 변환하기 위하여 소수점을 왼쪽으로 5자리 이동한다. 소수점을 왼쪽으로 이동하는 이유는 10의 거듭제곱이 여기서는 −5, 음수이기 때문이다. 그러므로 십진 표기법으로 $6.8 \times 10^{-5} = 0.000068$이 된다.

I-1 복습문제

a. 1보다 작은 수를 나타내기 위하여 10의 양의 거듭제곱 또는 10의 음의 거듭제곱 중 어느 것이 사용되는가?

b. 1보다 큰 수를 나타내기 위하여 10의 양의 거듭제곱 또는 10의 음의 거듭제곱 중 어느 것이 사용되는가?

c. $10^0 = 1$ (참, 거짓)

d. 다음의 수를 과학 표기법으로 나타내라.

(a) 13,500 (b) 0.00825 (c) 95,600,000 (d) 0.104

e. 과학 표기법으로 표현된 다음의 수를 십진 표기법으로 변환하라.

(a) 4.6×10^{-7} (b) 3.33×10^3 (c) 5.4×10^8 (d) 2.54×10^{-2}

I-2 공학 표기법과 미터법 접두사

공학 표기법은 또 다른 10의 거듭제곱 표기법이다. 공학 표기법은 다음 사항을 제외하고는 과학 표기법과 유사하다. 즉, 10의 거듭제곱은 10^{-12}, 10^{-9}, 10^{-6}, 10^{-3}, 10^3, 10^6, 10^9, 10^{12} 등과 같이 항상 3의 배수이다. 공학 표기법에서는 1과 1000 사이의 수에 지수가 3의 배수가 되는 10의 거듭제곱을 곱한 형태로 표현한다.

예제 I-4

다음의 수를 공학 표기법으로 표현하라. (a) 27,000 (b) 0.00047

정답 (a) 27,000을 공학 표기법으로 표현하기 위하여 1과 1000 사이의 수에 지수가 3의 배수가 되는 10의 거듭제곱을 곱한 형태가 되어야 한다. 종종 과학 표기법으로 수를 표현하는 것으로부터 시작하는 것이 도움이 될 수 있다. $27{,}000 = 2.7\times10^4$. 다음으로 10의 거듭제곱이 10^6으로 증가되어야 하는지 또는 10^3으로 감소되어야 하는지를 살핀다. 만약 10의 거듭제곱이 10^6으로 증가하면 2.7에 있는 소수점이 왼쪽으로 2자리 이동해야 한다. 0.027은 1과 1000 사이의 수가 아니므로 0.027×10^6이라는 표현은 공학 표기법이 될 수 없다. 만약 10의 거듭제곱이 10^3으로 감소하면 2.7에 있는 소수는 오른쪽으로 한 자리 이동하게 되고, 결과는 공학 표기법이 될 수 있는 27×10^3이 된다. 즉, 공학 표기법으로 $27{,}000 = 2.7\times10^4 = 27\times10^3$으로 표현된다.

(b) 0.00047을 공학 표기법으로 표현하기 위하여 1과 1000 사이의 수에 지수가 3의 배수가 되는 10의 거듭제곱을 곱한 형태가 되어야 한다. 과학 표기법으로 수를 표현하는 것으로부터 시작하면 $0.00047 = 4.7\times10^{-4}$이다. 다음으로 10의 거듭제곱이 10^{-3}으로 증가되어야 하는지 또는 10^{-6}으로 감소되어야 하는지를 살핀다. 만약 10의 거듭제곱이 10^{-3}으로 증가하면 4.7에 있는 소수점이 왼쪽으로 한 자리 이동해야 한다. 0.47은 1과 1000 사이의 수가 아니므로 0.47×10^{-3}이라는 표현은 공학 표기법이 될 수 없다. 만약 10의 거듭제곱이 10^{-6}으로 감소하면 4.7에 있는 소수는 오른쪽으로 2자리 이동하게 되고, 결과는 공학 표기법이 될 수 있는 470×10^{-6}이 된다. 즉, 공학 표기법으로 $0.00047 = 4.7\times10^{-4} = 470\times10^{-6}$으로 표현된다.

공학 표기법으로 수를 표현할 때 다음의 규칙을 기억하라.

규칙 6 : 먼저 원래의 수를 과학 표기법으로 표현하라. 10의 거듭제곱이 3의 배수라면 과학 표기법과 공학 표기법은 동일하게 표현된다.

규칙 7 : 과학 표기법으로 표현하였을 때 10의 거듭제곱이 3의 배수가 아니라면 3의 배수가 되도록 증가시키거나 감소시켜야 한다. 수치 부분의 소수점은 10의 거듭제곱의 변화에 따라 옮겨져야 한다.

규칙 8 : 10의 거듭제곱이 1 증가할 때마다 수치 부분의 소수점은 왼쪽으로 한 자리씩 이동하여야 한다. 10의 거듭제곱이 1 감소할 때마다 수치 부분의 소수점은 오른쪽으로 한 자리씩 이동하여야 한다.

원래의 수가 1과 1000 사이의 수에 10의 지수가 3의 배수가 되는 10의 거듭제곱이 곱해진 형태라면 그 양은 공학 표기법으로 표기된 것이다.

미터법 접두사(Metric Prefixes)

미터법 접두사는 10의 지수가 3의 배수가 되는 10의 거듭제곱을 나타낸다. 전기전자공학 분야에서는 과학 표기법보다 공학 표기법을 더 많이 사용하며, 이는 전압, 전류, 저항, 전력 등의 크기가 미터법 접두사를 사용하여 표현되기 때문이다. 수치가 일단 공학 표기법으로 표현되면, 그 표현된 10의 거듭제곱은 곧바로 연관된 미터법 접두사로 대치될 수 있다. 〈표 I-2〉에 자주 사용되는 미터법 접두사와 그에 해당하는 10의 거듭제곱을 나타내었다. 대문자는 10의 양의 거듭제곱을 나타내는 접두사의 약자로 사용되고, 소문자는 10의 음의 거듭제곱과 연관됨에 주목하라. 그러나 단 한 가지 예외가 있는데, 소문자 "k"는 10^3에 해당하는 kilo를 나타낸다.

전기전자공학 분야에서는 미터법 접두사가 일상적으로 사용되므로, 주어진 양을 10의 거듭제곱이 3의 배수가 되는 공학 표기법으로 표현하고 이에 해당하는 미터법 접두사로 대치한다. 예를 들어, 33,000Ω의 저항은 공학 표기법으로 $33\times10^3\Omega$으로 표현된다. 〈표 I-2〉에서 10^3에 해당하는 미터법 접두사가 kilo(k)임을 알 수

표 1-2	미터법 접두사	
미터법 접두사	접두사	약자
10^{12}	tera	T
10^{9}	giga	G
10^{6}	mega	M
10^{3}	kilo	k
10^{-3}	milli	m
10^{-6}	micro	μ
10^{-9}	nano	n
10^{-12}	pico	p

표 1-3	여러 가지 전기량의 단위와 기호(Units and Symbols)	
물리량	단위	기호
전류(current)	Ampere (A)	I
전압(voltage)	Volt (V)	V
저항(resistance)	Ohm (Ω)	R
주파수(frequency)	Hertz (Hz)	f
커패시턴스(capacitance)	Farad (F)	C
인덕턴스(inductance)	Henry (H)	L
전력(power)	Watt (W)	P

있다. 따라서 33,000Ω, 즉 33×10^3Ω는 33kΩ으로 표현된다. (저항의 단위는 Ω이라는 기호로 표시되는 ohm이다.) 다른 예로서 0.0000075A는 공학 표기법으로 7.5×10^{-6}A로 표현된다. 〈표 I-2〉에서 10^{-6}에 해당하는 미터법 접두사가 micro(μ)임을 알 수 있다. 따라서 0.0000075A, 즉 7.5×10^{-6}A는 7.5μA로 표현된다. (전류의 단위는 ampere이고 약자로 A이다.)

일반적으로 주어진 양의 수치를 나타내기 위하여 미터법 접두사를 사용할 때, 먼저 원래의 수치를 공학 표현법으로 표현하고, 10의 거듭제곱에 해당하는 미터법 접두사로 대치한다.

〈표 I-3〉에 전기전자공학 분야에서 사용되는 여러 가지 전기량을 나타내었다. 표에서 각각의 전기량에 사용되는 단위와 기호에 주목하라. 다음에 나오는 예제와 문제에서, 이 표의 다양한 기호와 단위를 가지는 여러 가지 수치를 사용할 것이다. 몇 가지 예제를 살펴보자.

예제 I-5

1,000,000Ω의 저항을 〈표 I-2〉의 미터법 접두사를 사용하여 표현하라.

정답 먼저 1,000,000Ω을 공학 표기법으로 표현하면 1,000,000Ω = 1.0×10^6Ω이다. 10^6은 미터법 접두사와 일치하고 mega(M)이다. 따라서 1,000,000Ω은 1MΩ으로 표현된다. 즉, 1,000,000Ω = 1.0×10^6Ω = 1MΩ이다.

예제 I-6

0.015V의 전압을 〈표 I-2〉의 미터법 접두사를 사용하여 표현하라.

정답 먼저 0.015V을 공학 표기법으로 표현하면 0.015V = 15×10^{-3}V이다. 10^{-3}은 미터법 접두사와 일치하고 milli(m)이다. 따라서 0.015V는 15mV로 표현된다. 즉, 0.015V = 15×10^{-3}V = 15mV이다.

예제 I-7

250W의 전력을 〈표 I-2〉의 미터법 접두사를 사용하여 표현하라.

정답 이 경우에는 〈표 I-2〉의 미터법 접두사를 사용하는 것이 필요하지도 바람직하지도 않다. 즉, 250W는 1과 1000 사이의 수치에 지수가 3의 배수가 되는 10의 거듭제곱을 곱한 형태로 표현할 수 없기 때문이다. 다른 말로

250W는 공학 표기법으로 표현될 수 없다. 가장 근사로 공학 표기법은 아니지만 0.25×10^3W로 표현할 수 있다. 10^3이 미터법 접두사 kilo(k)로 대치될 수 있어도 250W로 표기하는 것이 0.25kW로 표기하는 것보다 바람직하다.
요약하면, 물리량의 수치가 1과 1000 사이일 경우에는 계측량의 기본 단위만 답으로서 사용될 수 있다. 다른 예로 75V는 75V로 표현되어야 하며 0.075 kV나 75,000mV 등으로 표현되어서는 안 된다.

■ I-2 복습문제

a. 다음의 수치를 공학 표기법으로 표현하라.
(a) 36,000,000 (b) 0.085 (c) 39,300 (d) 0.000093

b. 다음을 10의 거듭제곱에 대한 미터법 접두사로 나타내라.
(a) 10^{-9} (b) 10^6 (c) 10^{-12} (d) 10^3 (e) 10^4

c. 적절한 미터법 접두사를 사용하여 다음의 수치를 표현하라.
(a) 0.000010A (b) 2,200,000Ω (c) 0.000000045V (d) 5,600Ω (e) 18W

I-3 미터법 접두사 간의 변환

앞 절에서 살펴본 바와 같이 10의 거듭제곱이 3의 배수가 되는 경우에는 미터법 접두사로 대치할 수 있다. 이것은 원래의 물리량이 공학 표기법으로 표현되지 않은 경우에도 적용될 수 있다. 예를 들어, 0.047×10^{-6}F의 커패시터가 0.047μF으로 표기될 수 있다. 또한 1510×10^3Hz의 주파수는 1510kHz로 표기될 수 있다. 더욱이 어떤 회로에서 유사한 물리량을, 예를 들어 22kΩ과 1.5MΩ 또는 0.001μF과 3300pF과 같이 상이한 미터법 접두사를 사용하여 나타낼 수 있다. 따라서 어떤 경우에는 수치를 합하기 위하여 미터법 접두사 간에 변환이 필요한 경우가 있다. 미터법 접두사 간의 변환이라는 것은 실은 10의 거듭제곱을 바꾸는 것이다. 그러나 10의 거듭제곱이 변하면 원래 값이 변하지 않도록 수치 부분의 변화에도 주의를 기울여야 한다. 미터법 접두사 간의 변환은 다음 규칙을 따른다.

규칙 9 : 큰 미터법 접두사에서 작은 미터법 접두사로 변환할 경우, 미터법 접두사가 감소한 만큼 수치 부분을 증가시킨다. 작은 미터법 접두사에서 큰 미터법 접두사로 변환할 경우, 미터법 접두사가 증가한 만큼 수치 부분을 감소시킨다.

예제 I-8

다음을 변환하라. (a) 25mA를 μA로 변환하라. (b) 2700kΩ을 MΩ으로 변환하라.

정답 (a) 25mA를 μA로 변환하기 위하여 milli(m)는 10^{-3}에, micro(μ)는 10^{-6}에 대응함을 상기하라. 10^{-6}은 10^{-3}보다 1000배(10^3)만큼 작으므로 수치 부분이 1000배(10^3)만큼 증가하여야 한다.

따라서 $25\text{mA} = 25\times10^{-3}\text{A} = 25{,}000\times10^{-6}\text{A} = 25{,}000\mu\text{A}$이다.

(b) 2700kΩ을 MΩ으로 변환하기 위하여 kilo(k)는 10^3에, mega(M)는 10^6에 대응함을 상기하라. 10^6은 10^3보다 1000배(10^3)만큼 크므로 수치 부분이 1000배(10^3)만큼 감소하여야 한다.

따라서 $2700\text{k}\Omega = 2700\times10^3\Omega = 2.7\times10^6\Omega = 2.7\text{M}\Omega$이다.

I-3 복습문제

a. 미터법 접두사 간의 변환은 실은 10의 거듭제곱의 변화이다. (참, 거짓)

b. 다음을 변환하라. (a) 2.2MΩ을 kΩ으로 변환 (b) 47,000pF을 nF으로 변환 (c) 2500μA를 mA로 변환 (d) 6.25mW를 μW로 변환

I-4 10의 거듭제곱 표기법을 포함한 더하기와 빼기

10의 거듭제곱으로 표현된 수치들 간의 더하기와 빼기는 다음의 규칙을 따른다.

규칙 10 : 10의 거듭제곱으로 표현된 수치들 간의 더하기와 빼기를 하기 전에, 양쪽 수는 동일한 10의 거듭제곱을 가져야 한다. 양쪽 수가 동일한 10의 거듭제곱을 가지면 수치 부분을 더하거나 뺀 후 10의 거듭제곱을 곱한다. 최종 결과를 원하는 10의 거듭제곱 형태로 표현한다.

다음의 예제를 보자.

예제 I-9

170×10^3과 23×10^4을 더하라. 결과를 과학 표기법으로 표현하라.

정답 먼저 10^3 또는 10^4의 동일한 10의 거듭제곱을 사용하여 양쪽 수를 표현한다. 어떤 것이나 사용될 수 있으며, 이 예제에서는 10^3을 사용한다. 23×10^4을 10^3을 사용하여 표현하면 230×10^3이 된다. 10의 거듭제곱이 10분의 1

로 감소하였으므로 수치 부분이 10배 증가한 것에 주목하라. 다음 수치 부분을 더하고 공통의 10의 거듭제곱인 10^3을 곱한다. 이렇게 하여 $(170+230)\times 10^3 = 400\times 10^3$이 된다. 이 결과를 과학 표기법으로 표현하면 4.0×10^5이 된다. 요약하면, $(170\times 10^3) + (23\times 10^4) = (170\times 10^3) + (230\times 10^3) = (170+230)\times 10^3 = 400\times 10^3 = 4.0\times 10^5$이다.

예제 I-10

1.5×10^6에서 250×10^3을 빼라. 결과를 과학 표기법으로 표현하라.

정답 먼저 10^3 또는 10^6의 동일한 10의 거듭제곱을 사용하여 양쪽 수를 표현한다. 어떤 것이나 사용될 수 있으며, 이 예제에서는 10^6을 사용한다. 250×10^3을 10^6을 사용하여 표현하면 0.25×10^6이 된다. 10의 거듭제곱이 1000배(10^3) 증가하였으므로 수치 부분이 1000배(10^3) 감소한 것에 주목하라. 다음 수치 부분을 빼고 공통의 10의 거듭제곱인 10^6을 곱한다. 이렇게 하여 $(1.5-0.25)\times 10^6 = 1.25\times 10^6$이 된다. 이 결과는 이미 과학 표기법임에 주목하라. 요약하면, $(1.5\times 10^6) - (250\times 10^3) = (1.5\times 10^6) - (0.25\times 10^6) = (1.5-0.25)\times 10^6 = 1.25\times 10^6$이다.

■ **I-4 복습문제**

a. 다음의 수를 더하라. 결과를 과학 표기법으로 표현하라.
   (a) $(470\times 10^4)+(55\times 10^6)$ (b) $(3.5\times 10^{-2})+(1500\times 10^{-5})$

b. 다음의 수를 빼라. 결과를 과학 표기법으로 표현하라.
   (a) $(65\times 10^4)-(200\times 10^3)$ (b) $(850\times 10^{-3})-(3500\times 10^{-4})$

I-5 10의 거듭제곱 표기법을 포함한 곱하기와 나누기

10의 거듭제곱 형태로 표현된 수를 곱하거나 나눌 때 다음 규칙을 따른다.

규칙 11 : 10의 거듭제곱 형태로 된 수를 곱하는 경우에는 수치 부분과 10의 거듭제곱 부분을 분리하여 곱한다. 10의 거듭제곱을 곱할 때에는 지수를 더해주면 된다. 결과를 원하는 10의 거듭제곱 형태로 표현한다.

규칙 12 : 10의 거듭제곱 형태로 된 수를 나누는 경우에는 수치 부분과 10의 거듭제곱 부분을 분리하여 나눈다. 10의 거듭제곱을 나눌 때에는 분모의 지수에서 분자의 지수를 빼주면 된다. 결과를 원하는 10의 거듭제곱 형태로 표현한다.

다음의 예제를 보자.

예제 I-11

(3×10^6)과 (150×10^2)을 곱하라. 결과를 과학 표기법으로 표현하라.

정답 먼저 3×150에서 450을 얻는다. 다음 10^6과 10^2을 곱하여 $10^6\times10^2 = 10^{6+2} = 10^8$을 얻는다. 즉, $(3\times10^6)\times(150\times10^2) = (3\times150)\times(10^6\times10^2) = 450\times10^{6+2} = 450\times10^8$이다. 결과를 과학 표기법으로 표현하면 4.5×10^{10}이 된다.

예제 I-12

(5.0×10^7)을 (2.0×10^4)으로 나누어라. 결과를 과학 표기법으로 표현하라.

정답 먼저 5를 2로 나누어 2.5를 얻는다. 다음 10^7을 10^4으로 나누면 $10^{7-4} = 10^3$이 된다. 즉, $\dfrac{5.0\times10^7}{2.0\times10^4} = \dfrac{5}{2}\times\dfrac{10^7}{10^4} = 2.5\times10^3$ 이다. 이 결과는 이미 과학 표기법임에 주목하라.

■ I-5 복습문제

a. 다음의 수를 곱하라. 결과를 과학 표기법으로 표현하라.
   (a) $(3.3\times10^{-2})\times(4.0\times10^{-3})$ (b) $(2.7\times10^2)\times(3\times10^{-5})$

b. 다음의 수를 나누어라. 결과를 과학 표기법으로 표현하라.
   (a) $(7.5\times10^8)\div(3.0\times10^4)$ (b) $(15\times10^{-6})\div(5\times10^{-3})$

I-6 10의 거듭제곱의 역수

10의 거듭제곱의 역수를 구한다는 것은 10의 거듭제곱을 사용한 나눗셈의 특별한 경우이다. 즉, 분자의 1은 $10^0 = 1$이므로 10^0으로 표현할 수 있기 때문이다. 분자의 10의 거듭제곱이 0일 때 역수를 구한다는 것은 분모의 10의 지수의 부호를 바꾸는 결과가 된다. 이 점을 확실히 하기 위하여 다음의 예제를 보자.

예제 I-13

다음 수의 역수를 구하라. (a) 10^5 (b) 10^{-3}

정답 (a) $\frac{1}{10^5}=\frac{10^0}{10^5}=10^{0-5}=10^{-5}$ 그러므로 $\frac{1}{10^5}=10^{-5}$

(b) $\frac{1}{10^{-3}}=\frac{10^0}{10^{-3}}=10^{0-(-3)}=10^3$ 그러므로 $\frac{1}{10^{-3}}=10^3$

(a)와 (b)에서 분모의 거듭제곱이 분자의 거듭제곱인 0에서 빼기가 된 것에 주목하라.

여기에 10의 거듭제곱의 역수에 대한 간단한 규칙이 주어진다.

규칙 13 : 10의 거듭제곱의 역수를 구할 때, 단순히 10의 지수의 부호를 바꾼다.

10의 음의 거듭제곱

10의 거듭제곱이 밑수 10을 몇 번 곱하는가를 표시한다는 점을 상기하라. 예를 들어, $10^4 = 10\times10\times10\times10$이다. 그러나 이 정의가 10의 음의 거듭제곱에는 어떻게 적용될 수 있을지 의문이 들 수 있다. 답은 10의 음의 거듭제곱이 10의 양의 거듭제곱의 역수라는 점이다. 예를 들어, $10^{-4}=\frac{1}{10^4}=\frac{1}{10\times10\times10\times10}$이다.

■ I-6 복습문제

a. 다음 수의 역수를 구하라.

(a) 10^{-4} (b) 10^9 (c) 10^{-18} (d) 10^0

I-7 10의 거듭제곱으로 표시된 수의 제곱

10의 거듭제곱으로 표시된 수의 제곱을 구할 때 다음 규칙을 따른다.

규칙 14 : 10의 거듭제곱으로 표시된 수의 제곱을 구할 때, 수치 부분을 제곱하고, 10의 지수를 두 배로 해준다. 이 결과를 원하는 10의 거듭제곱 형태로 표현한다.

예제 I-14

3.0×10^4을 제곱하라. 결과를 과학 표기법으로 표현하라.

정답 먼저 3.0을 제곱하여 9.0을 얻는다. 다음 10^4을 제곱하여 $(10^4)^2 = 10^8$을 얻는다. 따라서 $(3.0\times10^4)^2 = 9.0\times10^8$이다.

■ I-7 복습문제

a. 다음의 답을 구하고 결과를 과학 표기법으로 표현하라.

(a) $(4.0\times10^{-2})^2$ (b) $(6.0\times10^{5})^2$ (c) $(2.0\times10^{-3})^2$

I-8 10의 거듭제곱으로 표시된 수의 제곱근

10의 거듭제곱으로 표시된 수의 제곱근을 구할 때 다음 규칙을 따른다.

규칙 15 : 10의 거듭제곱으로 표시된 수의 제곱근을 구할 때, 수치 부분의 제곱근을 구하고, 10의 지수를 2로 나눈다. 이 결과를 원하는 10의 거듭제곱 형태로 표현한다.

예제 I-15

4×10^6의 제곱근을 구하라. 결과를 과학 표기법으로 표현하라.

정답 $\sqrt{4\times10^6}=\sqrt{4}\times\sqrt{10^6}=2\times10^3$

이 결과는 이미 과학 표기법임에 주목하라.

예제 I-16

90×10^5의 제곱근을 구하라. 결과를 과학 표기법으로 표현하라.

정답 이 문제는 10의 거듭제곱 부분을 10^5에서 10^6으로 증가시키고, 수치 부분을 90에서 9로 감소시키면 간단히 풀 수 있다. 즉,

$$\sqrt{90\times10^5}=\sqrt{9\times10^6}=\sqrt{9}\times\sqrt{10^6}=3.0\times10^3$$

■ I-8 복습문제

a. 다음의 답을 구하라. 결과를 과학 표기법으로 표현하라.

(a) $\sqrt{36\times10^4}$ (b) $\sqrt{160\times10^{-5}}$ (c) $\sqrt{25\times10^{-8}}$

요약

- 10의 거듭제곱은 밑수 10의 우측 상단에 쓴 지수이다.
- 10의 거듭제곱은 밑수 10 자신을 몇 번 곱하는지를 나타낸다.
- 10의 양의 거듭제곱은 1보다 큰 수를 나타내고 음의 거듭제곱은 1보다 작은 수를 나타낸다. 또한 $10^0 = 1$, $10^1 = 10$이다.
- 10의 거듭제곱은 십진 소수에 10의 거듭제곱을 곱하여 매우 작은 수나 매우 큰 수를 표현하는 편리한 방법이다.
- 10의 거듭제곱 표기법의 두 형태는 과학 표기법과 공학 표기법이다.
- 과학 표기법으로 표현된 수는 항상 1과 10 사이의 수에 10의 거듭제곱이 곱해진 형태이다.
- 공학 표기법으로 표현된 수는 항상 1과 1000 사이의 수에 지수가 3의 배수인 10의 거듭제곱이 곱해진 형태이다.
- 십진 표기법은 어떤 형태의 10의 거듭제곱도 없는 표준 형태이다.
- 미터법 접두사는 지수가 3의 배수인 10의 거듭제곱을 대치하는 문자 기호이다. 〈표 I-2〉에 미터법 접두사와 그에 해당하는 10의 거듭제곱을 나타내었다.
- 미터법 접두사 간의 변환은 수치를 표현하기 위해 사용된 10의 거듭제곱을 바꾸는 것이다.
- 10의 거듭제곱으로 표현된 수를 더하거나 빼기 전에 양쪽은 동일한 10의 거듭제곱을 가져야 한다. 양쪽이 동일한 10의 거듭제곱을 가지면 수치 부분을 더하거나 빼고 거기에 10의 거듭제곱을 곱한다.
- 10의 거듭제곱 형태로 된 수를 곱할 때 수치 부분과 10의 거듭제곱 부분을 따로 곱한다. 10의 거듭제곱 부분을 곱할 때에는 단순히 지수 부분을 더하면 된다.
- 10의 거듭제곱 형태로 된 수를 나눌 때 수치 부분과 10의 거듭제곱 부분을 따로 나눈다. 10의 거듭제곱 부분을 나눌 때에는 단순히 지수 부분을 빼면 된다.
- 10의 거듭제곱의 역수를 구하는 것은 지수의 부호를 바꾸는 것과 동일하다.
- 10의 거듭제곱으로 표시된 수를 제곱할 때는 수치 부분을 제곱하고 거듭제곱 부분을 두 배로 한다.
- 10의 거듭제곱으로 표시된 수의 제곱근을 구할 때는 수치 부분의 제곱근을 구하고 거듭제곱 부분을 2로 나눈다.

중요 용어

- 과학 표기법 : 1과 10 사이의 수에 10의 거듭제곱이 곱해진 형태의 10의 거듭제곱의 한 형태
- 공학 표기법 : 1과 1000 사이의 수에 지수가 3의 배수인 10의 거듭제곱이 곱해진 형태로 표현된 10의 거듭제곱의 한 형태
- 미터법 접두사 : 지수가 3의 배수인 10의 거듭제곱을 대치하기 위해 사용되는 문자 기호
- 십진 표기법 : 10의 거듭제곱 표기 없이 표준형으로 표현된 수
- 10의 거듭제곱 : 밑수를 10으로 하는 지수 표기 형태

자습문제

1. 10^4은 다음을 의미한다.
   a. 10,000
   b. 10×4
   c. 10×10×10×10
   d. a와 c 모두

2. 10의 음의 거듭제곱은?
   a. 1보다 작은 수를 표시한다.
   b. 공학 표기법에서는 사용되지 않는다.
   c. 1보다 큰 수를 표시한다.
   d. 과학 표기법에서만 사용된다.

3. 과학 표기법으로 표현된 수는 항상
   a. 1과 1000 사이의 수에 지수가 3의 배수인 10의 거듭제곱을 곱한다.
   b. 1과 10 사이의 수에 10의 거듭제곱을 곱한다.
   c. 1과 100 사이의 수에 10의 거듭제곱을 곱한다.
   d. 0과 1 사이의 수에 10의 거듭제곱을 곱한다.

4. 공학 표기법으로 표현된 수는 항상
   a. 1과 10 사이의 수에 지수가 3의 배수인 10의 거듭제곱을 곱한다.
   b. 1과 10 사이의 수에 10의 거듭제곱을 곱한다.
   c. 1과 1000 사이의 수에 지수가 3의 배수인 10의 거듭제곱을 곱한다.
   d. 0과 1 사이의 수에 지수가 3의 배수인 10의 거듭제곱을 곱한다.

5. 10^0은 다음과 같다.
   a. 0
   b. 10
   c. 1
   d. 위의 어느 것도 아니다.

6. 미터법 접두사는 10의 거듭제곱이 다음과 같을 경우에만 사용된다.
   a. 3의 배수
   b. 음수
   c. 과학 표기법과 함께 사용된다.
   d. a와 b 모두

7. 40×10^{-3}A는 다음과 같다.
   a. 40mA
   b. 40μA
   c. 40kA
   d. 40MA

8. 3.9MΩ은 다음과 같다.
   a. $3.9\times10^3\Omega$
   b. $3.9\times10^6\Omega$
   c. 3900kΩ
   d. b와 c 모두

9. 10의 거듭제곱 형태를 사용하지 않고 표준형으로 표시된 수는?
   a. 과학 표기법
   b. 십진 표기법
   c. 공학 표기법
   d. 미터법 접두사 표기법

10. 미터법 접두사 pico(p)의 의미는?
   a. 10^{12}
   b. 10^{-9}
   c. 10^{-12}
   d. 10^{-6}

11. 10의 양의 거듭제곱은?
   a. 1보다 작은 수를 표시한다.
   b. 공학 표기법에서는 사용되지 않는다.
   c. 1보다 큰 수를 표시한다.
   d. 과학 표기법에서는 사용되지 않는다.

12. 10^1은 다음과 같다.
   a. 0
   b. 10
   c. 1
   d. 위의 어느 것도 아니다.

13. 공학 표기법에서 0.000452는 다음과 같이 표현된다.
   a. 452×10^{-6}
   b. 4.52×10^{-4}
   c. 4.52×10^{-6}
   d. 0.452×10^{-3}

14. $(40\times10^2) + (5.0\times10^3)$의 결과는?

a. 90×10^3
b. 9.0×10^2
c. 20×10^5
d. 9.0×10^3

15. 10의 거듭제곱으로 나누는 것은?

a. 분모의 10의 지수에서 분자의 10의 지수를 뺀다.
b. 분자의 10의 지수의 부호를 바꾼다.
c. 분자의 10의 지수에서 분모의 10의 지수를 뺀다.
d. 지수를 합한다.

16. 10의 거듭제곱으로 곱하는 것은?

a. 지수에서 뺀다.
b. 지수에 더한다.
c. 지수에 곱한다.
d. 위의 어느 것도 아니다.

17. 10,000μV와 같은 것은?

a. 0.01mV
b. 10kV
c. 10mV
d. 0.0001V

18. $\sqrt{81\times10^6}$과 같은 것은?

a. 9×10^3
b. 9×10^6
c. 9×10^2
d. 81×10^3

19. $(4.0\times10^3)^2$과 같은 것은?

a. 16×10^5
b. 1.6×10^7
c. 4.0×10^5
d. 16×10^1

20. 220×10^3과 같은 것은?

a. 2.2×10^5
b. 220,000
c. 2200
d. a와 b 모두

확인문제

1. 10^7에서 밑수는 얼마이고 지수는 얼마인가?

2. 다음 용어를 정의하라.
(a) 과학 표기법 (b) 공학 표기법 (c) 십진 표기법

3. 전기전자 분야에서 과학 표기법보다 더 널리 사용되는 표기법은?

4. 다음 10의 거듭제곱에 해당하는 미터법 접두사는?
(a) 10^{-3} (b) 10^3 (c) 10^{-6} (d) 10^6 (e) 10^{-9} (f) 10^9 (g) 10^{-12} (h) 10^{12}

5. 다음 각 양에 대한 단위와 기호는? (a) 주파수 (b) 전압 (c) 전력 (d) 저항 (e) 커패시턴스 (f) 인덕턴스 (g) 전류

연습문제

1-1절 과학 표기법

다음의 수를 과학 표기법으로 표현하라.

1-1 3,500,000

1-2 678

1-3 160,000,000

1-4 0.00055

1-5 0.150

1-6 0.00000000000942

1-7 2270

1-8 42,100

1-9 0.033

1-10 0.000006

1-11 77,700,000

1-12 100

I-13 87

I-14 0.0018

I-15 0.000000095

I-16 18,200

I-17 640,000

I-18 0.011

I-19 0.00000000175

I-20 3,200,000,000,000

과학 표기법으로 표현된 다음의 수를 십진 표기법으로 변환하라.

I-21 1.65×10^{-4}

I-22 5.6×10^{5}

I-23 8.63×10^{2}

I-24 3.15×10^{-3}

I-25 1.7×10^{-9}

I-26 4.65×10^{6}

I-27 1.66×10^{3}

I-28 2.5×10^{-2}

I-29 3.3×10^{-12}

I-30 9.21×10^{4}

I-2절 공학 표기법과 미터법 접두사

다음의 수를 공학 표기법으로 표현하라.

I-31 5500

I-32 0.0055

I-33 6,200,000

I-34 150,000

I-35 99,000

I-36 0.01

I-37 0.00075

I-38 0.55

I-39 10,000,000

I-40 0.0000000032

I-41 0.000068

I-42 92,000,000,000

I-43 370,000

I-44 0.000000000018

I-45 0.000000450

I-46 0.00010

I-47 2,570,000,000,000

I-48 20,000

I-49 0.000070

I-50 2500

〈표 I-2〉를 참조하여 다음의 수를 미터법 접두사를 사용하여 표현하라. (주 : 답에 사용된 미터법 접두사는 공학 표기법과 일치하여야 한다.)

I-51 1000W

I-52 10,000Ω

I-53 0.035V

I-54 0.000050A

I-55 0.000001F

I-56 1,570,000Hz

I-57 2,200,000Ω

I-58 162,000V

I-59 1,250,000,000Hz

I-60 0.00000000033F

I-61 0.00025A

I-62 0.000000000061F

I-63 0.5W

I-64 2200Ω

I-65 180,000Ω

I-66 240V

I-67 4.7Ω

I-68 0.001H

I-69 0.00005W

I-70 0.0000000001A

I-3절 미터법 접두사 간의 변환

다음을 변환하라.

I-71 55,000μA = __________ mA

I-72 10nF = ____________ pF

I-73 6800pF = ____________ μF

I-74 1.49MHz = ____________ kHz

I-75 22,000nF = ____________ μF

I-76 1500μH = ____________ mH

I-77 1.5MΩ = ____________ kΩ

I-78 2.2GHz = ____________ MHz

I-79 0.039MΩ = ____________ kΩ

I-80 5600kΩ = ____________ MΩ

I-81 7500μA = ____________ mA

I-82 1mA = ____________ μA

I-83 100kW = ____________ W

I-84 50MW = ____________ kW

I-85 4700pF = ____________ nF

I-86 560nF = ____________ μF

I-87 1296MHz = ____________ GHz

I-88 50mH = ____________ μH

I-89 7.5μF = ____________ pF

I-90 220,000MΩ = ____________ GΩ

I-4절 10의 거듭제곱 표기법을 포함한 더하기와 빼기

다음 수를 더하고 결과를 과학 표기법으로 표현하라.

I-91 $(25\times10^{3}) + (5.0\times10^{4})$

I-92 $(4500\times10^{3}) + (5.0\times10^{6})$

I-93 $(90\times10^{-12}) + (0.5\times10^{-9})$

I-94 $(15\times10^{-3}) + (100\times10^{-4})$

I-95 $(150\times10^{-6}) + (2.0\times10^{-3})$

I-96 $(150\times10^{0}) + (0.05\times10^{3})$

다음 수를 빼고 결과를 과학 표기법으로 표현하라.

I-97 $(100\times10^{6}) - (0.5\times10^{8})$

I-98 $(20\times10^{-3}) - (5000\times10^{-6})$

I-99 $(180\times10^{-4}) - (3.5\times10^{-3})$

I-100 $(7.5\times10^{2}) - (0.25\times10^{3})$

I-101 $(5.0\times10^{4}) - (240\times10^{2})$

I-102 $(475\times10^{-5}) - (1500\times10^{-7})$

I-5절 10의 거듭제곱 표기법을 포함한 곱하기와 나누기

다음 수를 곱하고 결과를 과학 표기법으로 표현하라.

I-103 $(6.0\times10^{3}) \times (3.0\times10^{2})$

I-104 $(4.0\times10^{-9}) \times (2.5\times10^{6})$

I-105 $(50\times10^{4}) \times (6.0\times10^{3})$

I-106 $(2.2\times10^{-2}) \times (6.5\times10^{0})$

I-107 $(5.0\times10^{-5}) \times (2.0\times10^{-1})$

I-108 $(100\times10^{-3}) \times (50\times10^{-6})$

다음 수를 나누고 결과를 과학 표기법으로 표현하라.

I-109 $(100\times10^{5}) \div (4.0\times10^{2})$

I-110 $(90\times10^{-9}) \div (3.0\times10^{-5})$

I-111 $(5.0\times10^{6}) \div (40\times10^{3})$

I-112 $(750\times10^{-7}) \div (3.0\times10^{-4})$

I-113 $(55\times10^{9}) \div (11\times10^{2})$

I-114 $(220\times10^{3}) \div (2.0\times10^{7})$

I-6절 10의 거듭제곱의 역수

다음 수의 역수를 구하라.

I-115 10^{4}

I-116 10^{-4}

I-117 10^{1}

I-118 10^{-8}

I-119 10^{-7}

I-120 10^{-13}

I-121 10^{15}

I-122 10^{18}

I-7절 10의 거듭제곱으로 표시된 수의 제곱

결과를 과학 표기법으로 표현하라.

I-123 $(5.0\times10^{3})^{2}$

I-124 $(2.5\times10^{-7})^{2}$

I-125 $(90\times10^{4})^{2}$

I-126 $(7.0\times10^{5})^{2}$

I-127 $(12\times10^{-9})^{2}$

I-128 $(800\times10^{-12})^{2}$

I-8절 10의 거듭제곱으로 표시된 수의 제곱근

결과를 과학 표기법으로 표현하라.

I-129 $\sqrt{40\times10^{-5}}$

I-130 $\sqrt{50\times10^{4}}$

I-131 $\sqrt{36\times10^{-12}}$

I-132 $\sqrt{49\times10^{-3}}$

I-133 $\sqrt{150\times10^{-5}}$

복습문제 정답

I-1
a. 음의 10의 거듭제곱
b. 양의 10의 거듭제곱
c. 참
d. (a) 1.35×10^{4}
(b) 8.25×10^{-3}
(c) 9.56×10^{7}
(d) 1.04×10^{-1}
e. (a) 0.00000046
(b) 3330
(c) 540,000,000
(d) 0.0254

I-2
a. (a) 36×10^{6} (b) 85×10^{-3}
(c) 39.3×10^{3} (d) 93×10^{-6}
b. (a) nano (n) (b) mega (M)
(c) pico (p) (d) kilo (k)
(e) 없음
c. (a) 10μA (b) 2.2MΩ
(c) 45nV (d) 5.6kΩ
(e) 18W

I-3
a. 참
b. (a) 2.2MΩ = 2200kΩ
(b) 47,000pF = 47nF
(c) 2500μA = 2.5mA
(d) 6.25mW = 6250μW

I-4
a. (a) 5.97×10^{7} (b) 5.0×10^{-2}
b. (a) 4.5×10^{5} (b) 5.0×10^{-1}

I-5
a. (a) 1.32×10^{-4} (b) 8.1×10^{-3}
b. (a) 2.5×10^{4} (b) 3.0×10^{-3}

I-6
a. (a) 10^{4} (b) 10^{-9}
(c) 10^{18} (d) 10^{0}

I-7
a. (a) 1.6×10^{-3} (b) 3.6×10^{11}
(c) 4.0×10^{-6}

I-8
a. (a) 6.0×10^{2} (b) 4.0×10^{-2}
(c) 5.0×10^{-4}

chapter 1

전기

최근 주변의 곳곳에서 전기 관련 응용물들을 볼 수 있는데, 특히 매일 사용하는 전기제품들이 대표적이다. 조명, 난방, 냉방, 자동차의 동작, 휴대폰, 가전제품, 컴퓨터, 오락기기들이 그 예이다. 전기제품은 그 응용 범위가 광대하여 사용 및 적용에 있어서 제약을 받지 않는다.

전기를 이용한 많은 제품들이 있지만, 전기 그 자체는 전하, 전압, 전류에 의해서 설명될 수 있다. 이 장에서는 기본적인 원자의 구조, 전하의 쿨롱(coulomb) 단위, 전위차(전압)의 볼트(volt) 단위, 전류의 암페어(ampere) 단위, 저항의 옴(ohm) 단위 등과 같은 전기에 대한 기본적인 개념을 다루고자 한다. 또한 도체(conductor), 반도체(semiconductor), 절연체(insulator)를 소개하고 전기회로의 기본적인 특성에 대해서도 소개한다.

단원 차례

단원 목표

- 전하의 두 기본 요소를 이해한다.
- 전자의 기본 구조를 설명한다.
- 도체, 절연체, 반도체의 개념을 이해한다.
- 전하를 정의한다.
- 전위차와 전압을 정의한다.
- 전류를 정의한다.
- 전압과 전류의 차이점을 이해한다.
- 저항과 전도율을 정의한다.
- 전기회로의 주요한 특성을 이해한다.
- 전자의 흐름과 전류 사이의 관계를 이해한다.
- 직류전류(DC)와 교류전류(AC)의 차이점을 이해한다.

중요 용어

가전자
관습 전류
교류
도체
반도체
볼트
분자
암페어
양성자
옴
원소
원자
원자번호
원자핵
유전체
이온
자유전자
저항
전도율
전류
전위차
전자
전자 흐름
절연체
정전기
중성자
지멘스
직류
쿨롱
화합물
회로

1-1 음극과 양극

알아두기▸▸

전지는 화학에너지를 전기에너지로 변환하는 장치이다.

전지, 충전지, 조명, 라디오, 텔레비전, 그리고 그 밖의 여러 응용기기들은 전기에 의해 동작하는 것들이다. 이들 기기들에 대해서 전기가 어떻게 전기적인 현상을 발생시킬 수 있을까? 그 답은 반대 극성을 갖는 전기 전하로부터 얻을 수 있다. 고체, 액체, 기체를 포함한 모든 물질들은 기본적으로 전자와 양성자라는 두 가지 전기적인 입자로 구성되어 있다. 전자는 음극(negative polarity)의 특성을 가지는 미소한 양의 전기 전하이고 양성자는 양극의 기본 입자이다.

음극과 양극은 모든 물리적인 응용분야에서 본질적으로 반대적인 특성을 갖는다. 북극과 남극이 가지는 자력과 같이 전기 전하들은 음극과 양극이라는 반대 극성을 갖는다. 이러한 반대 극성으로 인해 여러 물리적인 현상의 균형이 유지된다.

그림 1-1 일반적인 전지의 전압 출력을 위한 양극과 음극

모든 물질의 특성은 전기의 기본 입자에 해당하는 전자와 양성자가 어떻게 배열되어 있느냐에 달려 있다. 예를 들어, 이 책도 그 안에는 전자와 양성자를 갖지만 전자와 양성자의 수가 같기 때문에 전기와 무관한 것처럼 보인다. 즉, 반대 극성을 가지는 입자들로 인해 극성이 서로 상쇄되어서 전기적으로 중성화된 효과를 보인다. 중성 조건은 반대되는 두 극성이 정확히 균형을 이루어서 어떠한 전기적인 효과가 나타나지 않는 것을 뜻한다.

모든 물질에서 전기적인 힘을 이용하기 위해서는 전자와 양성자를 분리시켜야 한다. 힘의 균형에 변화를 주면 전기적인 현상이 발생한다. 예를 들어, 전지는 내부에 들어 있는 화학에너지가 전기 전하를 분리시키고, 분리된 전자와 양성자가 전지의 양극 단자를 통해 출력되면서 전기가 발생한다. 전지의 양단을 통해 흘러나온 반대 극성의 전하를 이용하여 전지와 연결된 회로에 전기에너지를 공급한다. 〈그림 1-1〉은 양극 단자와 음극 단자를 갖는 전지의 예이다.

■ 1-1 복습문제

a. 전자는 양극인가 음극인가?

b. 양성자는 양극인가 음극인가?

c. 중성은 양전하와 음전하의 수가 동일하다는 것을 의미하는가? (참, 거짓)

알아두기▸▸

전기는 에너지의 한 형태인데, 여기서 에너지라는 것은 일을 할 수 있는 능력을 의미한다. 특히 전기적인 에너지라는 것은 전기 전하와 연관된 에너지를 의미한다.

1-2 원자의 전자와 양성자

전자와 양성자는 다양한 형태로 조합될 수 있지만, 실제로는 특정한 형태의 결합으로만 안정화된다. (원자는 고체, 액체, 기체와 같은 물리적인 물질들을 구성하는 가장 기본 성분들 중에서 가장 작은 입자이다.) 전자와 양성자가 안정적으로 결합되어 하나의 원자가 된다. 〈그림 1-2〉는 수소 원자의 전자와 양성자 구조를 나타낸다. 그림에서 살펴보면 중심에 핵과 그 주위에 하나의 전자가 존재한다. 중심의 핵에 해당하는 양성자는 전자보다 1840배 무거운 질량을 갖는다.

그림 1-2 수소(H) 원자의 전자와 양성자

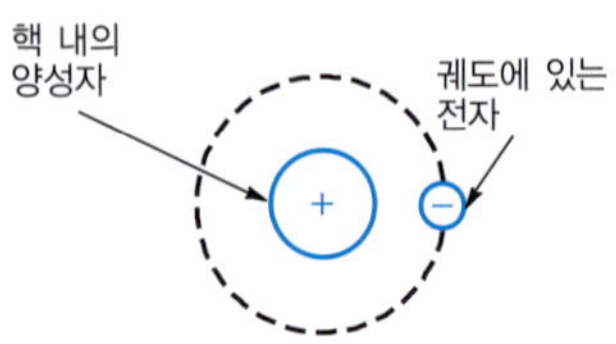

〈그림 1-2〉에서 수소 원자 내에 존재하는 한 개의 전자는 핵 주위에 궤도를 그리

그림 1-3 중심의 핵과 궤도 전자로 구성된 원자 구조 (a) 탄소(C) 원자는 6개의 양성자와 6개의 전자를 가진다. (b) 구리(Cu)는 29개의 양성자와 29개의 전자를 가진다.

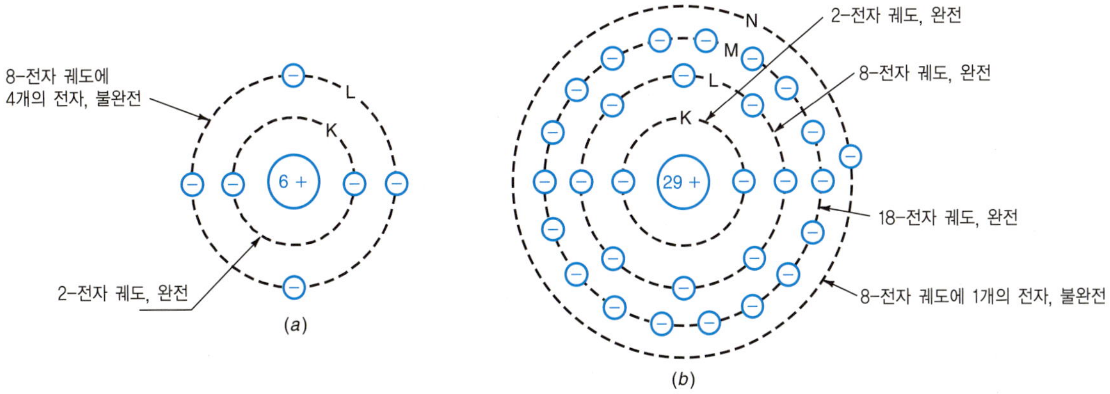

는 것으로 표시되어 있다. 태양 주위를 여러 행성들이 돌고 있는 것과 같이 핵 주위를 전자들이 회전하고 있다고 가정함으로써 원자의 전기적인 안정성을 설명할 수 있다. 핵이 전자를 중심 방향으로 끌어당기는 힘은 회전하는 전자가 원자 바깥 방향으로 나가려는 힘과 균형을 이룬다. 따라서 핵 주위의 전자는 궤도 내에 머무를 수 있다.

수소 원자보다 많은 전자와 양성자를 가진 원자에서도 양성자는 중심에 있고 전자는 그 주위에서 궤도를 돈다. 예를 들어, 〈그림 1-3a〉에 나타나 있는 탄소 원자는 중심에 6개의 양성자가 존재하고 그 주위로 6개의 전자가 회전한다. 중성 상태의 원자 내에서 궤도를 도는 전자의 개수는 중심에 존재하는 양성자와 동일한 개수여야만 한다.

궤도에 존재하는 전자가 어떤 형태로 분포되어 있는가에 따라 원자의 전기적인 안정성이 결정된다. 특히 최외각 전자의 개수가 중요하다. 최대 2개의 전자를 가지는 핵 주위에 하나의 궤도를 제외하고 원자가 안정적인 상태에 있기 위해서는 최외각에 8개의 전자가 필요하다. 6개의 전자를 갖는 탄소 전자를 살펴보면 핵과 가장 가까운 궤도에 2개의 전자가 존재한다. 이것은 이 궤도가 수용할 수 있는 전자의 최대 개수가 2개이기 때문이다. 두 번째 궤도에 나머지 4개의 전자가 존재한다. 두 번째 궤도는 8개의 전자까지 수용 가능하다.

〈그림 1-3b〉에 보인 구리 원자의 경우를 살펴보면 8개의 전자를 가질 수 있는 최외각 궤도에 1개의 전자만이 존재한다. 그러므로 구리 원자가 탄소 원자보다 더 불안정한 상태라고 할 수 있다.

알아두기▸▸

도체는 많은 자유전자를 가지고 있는 반면에 절연체는 자유전자의 수가 매우 적거나 거의 없다.

많은 원자들이 구리선에서 가까이 존재할 경우에 최외각 전자들이 본원이나 모원자에서 쉽게 이탈하여 하나의 원자에서 다른 원자로 무작위로 쉽게 이동할 수 있다. 하나의 원자에서 다른 원자로 자유롭게 이동하는 전자들을 자유전자(free electron)라 한다. 자유롭게 이동하는 전자에 의해서 구리와 같은 금속은 전기적인 전도성을 갖는다. 금속 전도체에서 자유롭게 이동하는 전자는 전류를 발생한다.

도체, 절연체, 반도체

물질 내에서 전자가 원자들 사이를 쉽게 이동할 수 있을 때 이 물질은 도체에 해당한다. 일반적으로 모든 금속은 좋은 도체에 해당한다. 은이 가장 우수한 도체이고 구리가 두 번째이다. 이들의 원자 구조를 살펴보면 최외각 전자가 자유롭게 이동할 수 있다. 은보다 구리가 저렴하기 때문에 일반적으로 구리를 도체 물질로 많이 이용한다. 도체를 이용하는 목적은 가능한 한 전류가 쉽게 흐를 수 있도록 하는 것이다.

와이어 컨덕터는 전압원에서 생성된 전류를 전류가 작동해야 하는 장치에 전달하는 데만 사용된다. 예를 들면, 전구는 전류가 흐를 때만 필라멘트를 통해 켜진다.

원자 내의 전자가 자기 자신의 궤도에만 머물러 있는 특성을 갖는 물질을 절연체라고 한다. 절연체는 도체에 비해서 전기를 잘 저장하는 특성이 있다. 유리, 플라스틱, 고무, 종이, 공기, 운모와 같은 절연성 물질을 유전체라 하는데, 이들은 전기 전하를 저장할 수 있다.

전기의 흐름을 막아야 하는 경우에 절연체를 유용하게 사용할 수 있다. 더욱이 커패시터(capacitor)와 같이 전기 전하를 저장해야 하는 경우에는 유전 물질을 사용해야 한다.

금속 도체이면서 절연체인 탄소와 같은 물질을 반도체라 한다. 게르마늄과 실리콘 등도 이와 같은데, 이들은 일반적으로 트랜지스터와 반도체의 제작에 사용된다. 하지만 실제로 모든 트랜지스터는 실리콘으로 제작된다.

물질의 성분

전자와 양성자가 안정 상태의 원자로 결합되는 형태에 따라서 물질의 특성이 결정된다. 친숙한 것들로 산소, 탄소, 구리, 철 등의 물질이 있다. 원소(element)라는 것

표 1-1 화학 원소의 예

그룹	원소	기호	원자번호	가전자
전도율의 순서에 따른 금속 도체	은	Ag	47	+1
	구리	Cu	29	+1*
	금	Au	79	+1*
	알루미늄	Al	13	+3
	철	Fe	26	+2*
반도체	카본	C	6	±4
	실리콘	Si	14	±4
	게르마늄	Ge	32	±4
활성 기체	수소	H	1	±1
	산소	O	8	−2
비활성 기체	헬륨	He	2	0
	네온	Ne	10	0

* 몇몇 금속은 화합물을 만드는데 하나 이상의 등가 번호를 가진다. 예를 들면, 제1구리 또는 제2구리, 제1철 또는 제2철, 그리고 제1금 또는 제2금이 있다.

은 화학적인 작용에 의해서 더 이상 다른 물질로 쪼개질 수 없는 물질을 의미한다. 원자는 원소 중에서 가장 작은 형태의 입자에 해당한다. 원자는 그리스어에 어원을 두고 있는데 "너무나 작아서 나누어질 수 없는 입자"라는 뜻이다. 눈으로 보기 힘들 정도로 작은 크기의 탄소도 수억 개의 원자로 구성된다. 원자 내의 전자와 양성자는 더욱 크기가 작다.

〈표 1-1〉은 물질의 원소에 대한 몇 가지 예를 나타내고 있다. 총 112개 원소 중 몇 개만 나타내었다. 원소들이 어떻게 결합되어 있는지에 주의를 기울여야 한다. 제일 윗줄에 열거되어 있는 금속들은 모두 전기적으로 좋은 도체에 해당한다. 이들 물질의 원자들은 최외각에 불안정한 전자 궤도를 갖고 있는데, 이러한 불안정한 전자 궤도는 다수의 자유전자를 발생할 수 있다.

반도체는 최외각에 네 개의 전자가 존재한다. 반도체 내의 원자들은 최외각 전자를 잃거나 얻는 것이 아니라 다른 인접 원자들과 공유한다. 네 개의 최외각 전자는 여덟 개가 존재할 경우에 안정화된다는 조건의 절반에 해당하기 때문이다.

비활성 기체인 네온은 최외각 전자 궤도에 여덟 개의 전자가 존재한다. 네온은 화학적으로 반응하지 않는다. 원자는 최외각 전자 궤도에 여덟 개의 전자가 존재할 경우에 안정된 상태가 된다는 것을 기억하라.

분자와 화합물

두 개 이상의 원자가 그룹을 형성한 것을 분자라고 한다. 예를 들어 두 개의 수소(H) 원자는 수소 분자(H_2)를 이룬다. 수소가 화학적으로 산소와 결합하면 물(H_2O)이라는 화합물이 생성된다. 화합물은 두 가지 이상의 성분으로 구성된다. 분자는 동일한 화학적 특성을 가지는 최소의 화합물이다. 분자는 원소나 화합물로 존재 가능하지만, 원자는 오직 원소로만 존재 가능하다.

■ 1-2 복습문제

a. 도체와 절연체 중에서 어느 물질이 자유전자를 더 많이 가지고 있는가?
b. 은, 탄소, 철 중에서 어느 것이 가장 좋은 도체인가?
c. 구리, 실리콘, 네온 중에서 어느 것이 반도체인가?

1-3 원자의 구조

현재 사용하고 있는 원자 행성 모델은 1993년에 보어(Niels Bohr)에 의해서 제안되었다. 그는 플랑크(Max Planck, 1858~1947)와 아인슈타인(Albert Einstein, 1879~1955)의 방사선의 양자 이론을 러더퍼드(Lord Rutherford, 1871~1937)의 원자핵 이론과 결합하였다.

〈그림 1-2〉와 〈그림 1-3〉과 같이 핵은 원자에서 양전하를 위한 양성자를 가진다. 원자핵 내의 양성자는 그 주위에 궤도를 이루고 있는 전자와 동일한 개수이다.

표 1-2	원자 내의 궤도 전자껍질	
껍질	최대 전자수	비활성 기체
K	2	헬륨
L	8	네온
M	8 (칼슘까지) 또는 18	아르곤
N	8, 18 또는 32	크립톤
O	8 또는 18	제논
P	8 또는 18	라돈
Q	8	–

양성자와 전자는 동일한 숫자이면서 반대 극성의 전하이기 때문에 양극과 음극은 균형을 이룬다. 원자핵 주위의 전자 궤도를 전자껍질(shell) 또는 에너지 준위라고 한다.

원자번호

원자번호는 원자를 구성하는 전자와 양성자의 수이다. 〈그림 1-2〉에서 살펴보면 원자핵 내의 1개의 양성자가 1개의 전자와 균형을 이루고 있기 때문에 원자번호는 1이다. 마찬가지로 〈그림 1-3〉의 탄소를 살펴보면 원자핵 내에 6개의 양성자가 존재하고 이는 6개의 전자와 균형을 이루고 있으므로 원자번호는 6이다. 구리 전자는 29개의 양성자와 29개의 전자를 갖고 있기 때문에 원자번호는 29이다. 〈표 1-1〉에 열거한 원자번호는 각 원자들의 구조를 나타낸다고 할 수 있다.

전자궤도

행성 전자들은 K, L, M, N, O, P, Q(원자핵으로부터 멀어지는 순서)라는 연속적인 전자껍질 내에 존재한다. 각각의 전자껍질들은 허용할 수 있는 최대의 전자로 채워질 때 안정화된다. 〈표 1-2〉에서 보인 것과 같이 안정된 전자껍질은 헬륨이나 네온과 같이 비활성 기체와 일치한다.

핵과 가장 가까운 전자껍질 K는 비활성 기체인 헬륨의 원자 구조와 같은, 두 개의 전자를 가질 때 안정적이다. 전자껍질을 안정된 수의 전자로 채우면, 그 껍질은 더 이상의 전자를 가질 수 없다. 안정성을 위해 최대 수로 채워진 모든 전자껍질의 원자 구조는 비활성 가스에 해당한다.

더 큰 원자번호를 갖는 원소는 더 많은 행성 전자를 가진다. 전자들은 연속적인 전자껍질 내에 존재하고, 주기율표에서 다음 비활성 기체의 구조를 형성하려는 경향이 있다. (주기율표는 물질의 화학적인 특성에 따른 원소를 분류하는 데 유용하다.) K 전자껍질이 2개의 전자로 채워진 후에 L 전자껍질이 8개의 전자로 채워질 수 있다. K와 L 전자껍질이 10개의 전자로 채워졌다면 이는 비활성 가스인 네온의

> **알아두기▸▸**
> 전자껍질은 다른 에너지 준위에 해당한다. 큰 반경의 전자껍질은 큰 에너지 준위를 가진다.

원자 구조에 해당한다.

그 밖의 전자껍질에 채워질 수 있는 최대 전자 개수는 8, 18, 32이고 주기율표에서 분류된 원자의 특성에 따라서 결정된다. 최외각 전자껍질의 최대 전자 개수는 항상 8이다.

이러한 규칙을 확인하기 위해서 〈그림 1-3b〉의 구리 원자를 살펴보도록 하자. 구리 원자는 29개의 양성자와 29개의 전자로 구성된다. 2개의 전자가 K 전자껍질을 채우고, 8개의 전자가 L 전자껍질을 채운다. 나머지 19개의 전자 중에서 18개의 전자가 M 전자껍질을 채우고 마지막으로 남아 있는 하나의 전자가 N 전자껍질을 채운다. 요약하면 아래와 같이 나타낼 수 있다.

K 전자껍질 = 2 전자
L 전자껍질 = 8 전자
M 전자껍질 = 18 전자
N 전자껍질 = 1 전자
총 29 전자

전자껍질에 채워지는 전자의 개수는 $2n^2$으로 일반화할 수 있다. 여기에서 n은 원자핵으로부터 멀어지는 방향으로 증가하는 껍질의 순번을 나타낸다. 첫 번째 전자껍질에 채울 수 있는 최대 전자 개수는 $2\times1=2$이고, 두 번째 전자껍질의 최대 전자 개수는 $2\times2^2=8$이다. 세 번째 전자껍질에는 최대 $2\times3^2=18$개의 전자를 채울 수 있다. 이러한 값들은 오직 내부 전자껍질에만 적용된다.

가전자

> **알아두기▸▸**
> 궤도를 도는 전자의 최외각 껍질을 원자가 껍질(valence shell)이라고 하고, 이 껍질에 있는 전자를 원자가 전자(valence electron)라고 한다.

가전자(electron valence)는 최외각 껍질(원자가 껍질, valence shell)에 존재하는 전자의 수를 뜻한다. 완전히 채워진 최외각 궤도의 가전자는 영이다. 예를 들어, 구리 원자는 원자핵과 가까운 내부 전자껍질들이 안정화될 수 있도록 전자로 모두 채운 후에 가장 마지막 전자껍질에 하나의 전자를 채우기 때문에 가전자는 1이다. 마찬가지로 수소의 가전자는 1이고, 탄소의 가전자는 4이다. 최외각 궤도의 전자는 안정화된 전자껍질 이외의 최외각 궤도에 존재하므로 가전자는 양(+)의 값에 해당한다.

수소와 헬륨을 제외하고 모든 원자들은 안정된 상태가 되기 위해서 최외각 궤도에 8개의 전자를 채우려는 경향이 있다. 이러한 이유로 해서 가전자는 원자를 안정화시키기 위해서 필요한 최외각 전자수로 고려될 수도 있다. 이 값은 음의 전자가수에 해당한다. 예를 들어, 구리의 가전자는 +1 또는 −7로 표현할 수 있다. 또한 탄소의 가전자는 ±4이다. 비활성 가스는 최외각 궤도가 모두 채워져 있으므로 가전자는 0이다.

가전자는 원자가 전자를 얼마만큼 쉽게 얻거나 잃을 수 있는지 나타낸다. 예를 들어, +1의 가전자를 갖는 원자는 +7 또는 −1의 가전자를 갖는 원자에 전자를 잃기 쉽다.

표 1-3	원자 내의 안정 입자	
입자	전하	질량
궤도 내의 전자	0.16×10^{-18}C, −	9.108×10^{-28}g
원자핵 내의 양성자	0.16×10^{-18}C, +	1.672×10^{-24}g
원자핵 내의 중성자	없음	1.675×10^{-24}g

부전자껍질

K 전자껍질을 제외하고 모든 전자껍질들은 부전자껍질(subshell)로 나누어진다. 부전자껍질은 동일한 전자껍질 내에서 다른 궤도를 차지하고 있다. 예를 들어, 전자껍질 내에 두 개의 부전자껍질이 존재할 경우에 첫 번째 부전자껍질이 타원형의 궤도를 가지다면 두 번째 부전자껍질은 원형 궤도를 그린다. 부전자껍질은 원자의 자기특성(magnetic property)을 표시한다.

알아두기▸▸

동일한 구성 성분을 갖는 모든 원자들이 동일한 질량을 갖는 것은 아니다. 그 이유는 원자핵 내의 중성자의 질량이 원자마다 다를 수도 있기 때문이다. 중성자는 전기적인 전하가 없기 때문에 원자의 화학적 및 전기적 특성과 무관하다. 동일한 성분으로 구성되나 다른 원자 질량을 갖는 원자들을 동위원소라고 한다. 거의 모든 성분들은 두 개 이상의 동위원소를 갖는다.

원자핵 내의 입자

안정된 원자핵(즉, 방사성이 아닌)은 양성자와 중성자를 가진다. 중성자는 전기적으로 중성 상태이고 질량은 거의 양성자와 동일하다.

양성자는 양전하이고, 전하의 양은 반대 극성을 갖는 궤도 내의 전자와 동일하다. 원자핵 내에 전자는 존재하지 않는다. 〈표 1-3〉에 원자를 구성하는 기본적인 세 가지 입자의 전하량과 질량을 열거하였다. 전하량의 단위(C)는 쿨롱(column)이다.

■ **1-3 복습문제**

a. 14개의 양성자와 14개의 전자를 갖는 원소의 원자번호는?
b. 원자번호가 3인 원소의 가전자는 얼마인가?
c. 수소와 헬륨을 제외한 모든 원자가 채우고자 하는 가전자는 얼마인가?

1-4 전기 전하

알아두기▸▸

정전기가 발생하는 현상을 마찰효과(triboelectric effect)라고도 한다.

딱딱한 고무재질의 펜이나 빗을 종이에 문지르면 종이가 끌어당겨지는 것을 관찰할 수 있다. 종이나 고무는 전기적으로 안정된 상태에 있다. 이것들을 문지름으로써 전자와 양성자가 분리되어 고무의 표면에 과도 전자(excess electron)가 발생하고, 종이의 표면에는 과도 양성자(excess proton)가 생성된다.

종이와 고무는 유전 물질(dielecric material)이기 때문에 발생된 과도 전자와 양성자를 내부에 묶어 두려고 한다. 그 결과로 종이와 고무는 더 이상 중성 상태에 머물러 있지 않고 전기적인 극성을 띤다. 발생된 전기 전하는 고무와 종이 사이에 끌어당기는 힘을 발생한다. 전하들 사이에 끌어당기거나 밀어내는 기계적인 힘은 전하

그림 1-4 전기 전하의 단위(쿨롱, C) (a) 1C의 음전하에 해당하는 6.25×10^{18}개의 전자 (b) 1C의 양전하에 해당하는 동일한 수의 양성자

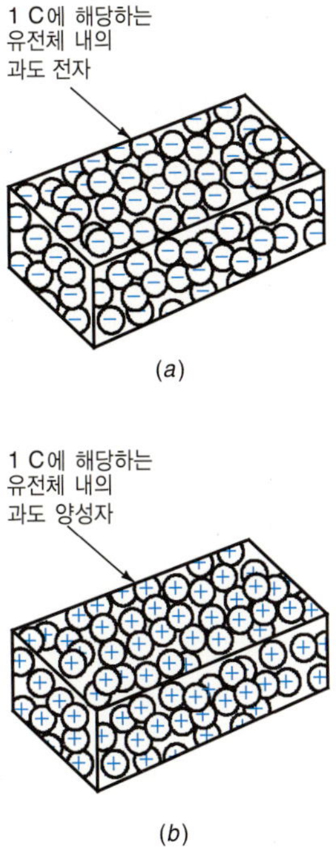

그림 1-5 전기 전하 사이의 물리적인 힘 (a) 반대 극성을 갖는 전하 사이의 인력 (b) 두 음전하 사이의 반발력 (c) 두 양전하 사이의 반발력

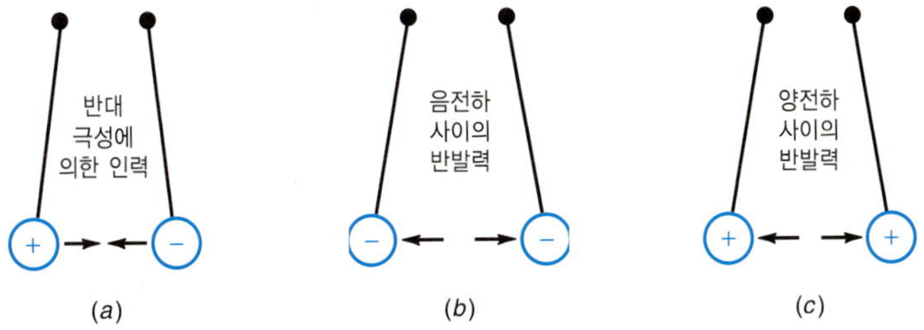

들이 전기적인 성질을 갖는다는 것을 보여주는 좋은 증거이다.

전자 또는 양성자는 움직이지 않기 때문에 전하는 정전기(static electricity)의 한 예로 볼 수 있다. 많은 예들이 있는데 양모 양탄자 위를 걸어가면 사람의 몸에 과도 전자가 유도되는 것은 대표적인 예이다. 유사하게 실크, 모피, 유리를 문질러도 정전하가 발생할 수 있다. 습기가 있는 유전체는 전하를 쉽게 잃기 때문에 이러한 현상은 건조한 조건에서 더욱 잘 발생한다. 또한 플라스틱 물질도 쉽게 전하가 발생한다.

전기를 이용한 응용에는 수억 개 이상의 전자와 양자로 이루어진 전하가 필요하다. 따라서 이러한 특성을 반영하여 〈그림 1-4〉와 같이 유전체 내 6.25×10^{18}개의 전자 또는 양성자를 기준으로 단위를 부여하고 이 단위를 쿨롱(coulomb, C)이라 한다. 정전하 또는 그에 의한 전기적인 힘을 해석하는 것을 정전기학이라 한다.

전기 전하의 기호는 Q 또는 q로 사용한다. 예를 들어, 6.25×10^{18}개 전자의 전하량은 Q=1C과 같이 나타낼 수 있다. 쿨롱이라는 단위는 프랑스 물리학자인 쿨롱(Charles A.Coulomb, 1736~1806)에 의해서 사용되기 시작했다.

전자공학의 선구자들

프랑스 물리학자 쿨롱(Charles Augustin Coulomb, 1736~1806)은 전기적으로 대전된 두 개의 구 사이에 발생하는 전기적인 인력과 반발력을 측정하는 방법을 연구하였다. 그는 역제곱 법칙을 수립하였고 쿨롱이라는 전하량의 단위를 정의하였다.

양극과 음극

역사적으로 고무, 호박, 합성수지 등의 물질들은 음극의 정전하로 분류되어 왔고, 유리와 유리질의 물질들은 양극의 정전하로 분류되어 왔다. 전자들은 고무의 전하와 동일한 극성을 가지므로 모든 원자 내의 전자들은 음전하의 기본 입자로 취급된다. 마찬가지로 양성자는 유리의 전하와 동일한 극성이므로 양전하에 해당한다.

반대 극성 전하 사이의 인력

만약 가벼운 두 전하 물체가 장착되어 쉽게 이동하고 있고, 서로 아주 가까이 있는 경우, 두 전하가 반대 극성일 경우 하나는 다른 전하로 끌어당겨진다(〈그림 1-5a〉). 이 두 물질이 전자와 양성자에 해당한다면 반대 극성 사이의 인력에 의해 서로 끌어당겨진다. 게다가 전자의 무게가 양성자 무게의 약 1/1840배에 해당하므로 전자는 양성자 방향으로 당겨진다.

같은 극성의 전하 사이의 반발력

〈그림 1-5b〉와 〈그림 1-5c〉에서는 두 물체가 동일한 전하량과 동일한 극성으로 대

> **알아두기▸▸**
> 다른 극성이면 인력, 같은 극성이면 반발력이 생긴다.

전되어 있을 때 두 물체 사이에 반발력이 발생하는 것을 보여준다. 〈그림 1-5b〉는 음전하로 대전된 경우이고, 〈그림 1-5c〉는 양전하로 대전된 경우이다.

전하의 극성

전하는 과도한 성분이 전자인지 양성자인지에 따라서 음극($-Q$) 또는 양극($+Q$)의 극성을 갖는다. 전하가 없는 조건에서는 중성 상태가 된다. 이를 기초로 하여 다음의 예제들을 살펴보자. 전자와 양성자는 반대 극성을 가지면서 동일한 수가 존재한다는 것을 잊지 말라.

> **알아두기▸▸**
> 중성 유전체에 추가된 전하($\pm Q$)를 결정하는 수단으로 다음 식을 이용하면 된다.
>
> $$\pm Q = \frac{\text{추가되거나 이동한 전자의 수}}{6.25\times10^{18}\text{개 전자/C}}$$

예제 1-1

중성의 유전체에 12.5×10^{18}개의 전자를 추가하였다. 전하량은 얼마인가?

정답 전자의 수는 1C의 두 배이므로 $-Q = 2\text{C}$에 해당한다.

예제 1-2

어떤 유전체가 12.5×10^{18}개의 양성자를 가지고 있다. 전하량은 얼마인가?

정답 〈예제 1-1〉과 극성만 반대이고 동일한 양이므로 $+Q = 2\text{C}$이다.

예제 1-3

2C의 $+Q$를 갖는 유전체에 12.5×10^{18}개의 전자가 더해졌다. 전하량은 얼마인가?

정답 전자에 의한 음극의 2C 전하는 2C의 양전하를 상쇄시켜서 중성화시킨다. 따라서 전하량은 $Q = 0$이다.

예제 1-4

중성의 유전체에서 12.5×10^{18}개의 전자가 제거되었다. 전하량은 얼마인가?

정답 2C의 전자 전하가 제거되었으므로 양성자의 수가 12.5×10^{18}개만큼 더 많이 존재한다. 따라서 $Q = 2\text{C}$의 양전하량을 갖는다.

일반적으로 무거운 양성자보다 전자가 움직이는 것을 고려하게 된다. 그러나 주어진 수만큼의 전자를 잃는 것은 같은 수의 양성자를 얻는 것과 같은 효과를 나타낸다.

전자의 전하

단일 전자의 전하량은 Q_e와 같이 표시되고 0.16×10^{-18}C의 값을 갖는다. 이 값은 1C의 전하 내에 포함된 전자의 개수인 6.25×10^{18}의 역수에 해당한다. 즉 아래와 같이 나타낼 수 있다.

$$-Q_e = 0.16\times10^{-18}\text{C}$$

($-Q_e$는 전자의 전하가 음극이라는 것을 표시한다.)

단일 양성자의 전하량은 Q_p와 같이 표시되고 전자의 전하량과 동일한 0.16×10^{-18}C의 값을 갖는다. 그러나 극성은 음극이 아니라 양극이다.

단일 전자 또는 양성자의 전하량을 표시할 때 일반적인 표기법으로 1.6×10^{-19}와 같이 표현할 수 있다. 그러나 6.25×10^{18}의 역수에 해당하는 값이라는 것을 보이기 위해 0.16×10^{-18}로 표시하는 경우도 있다.

정전 전하(static charge)의 전계

그림 1-6 정전하 Q 주위의 전기장을 화살표로 표시

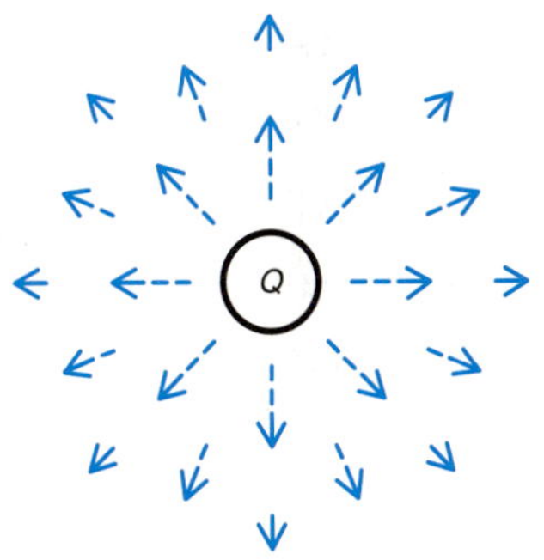

전기 전하가 다른 전하를 끌어당기거나 밀어내는 것은 물리적인 힘에 해당한다. 시각적인 도움을 얻기 위해 〈그림 1-6〉에 전하에 의한 힘을 점선으로 표시하였다. 모든 선들은 전기장을 나타낸다. 실제로는 눈으로 볼 수 있는 것들이 아니므로 점선이나 전기장은 가상적인 것이라 할 수 있다. 중력이 지표면에서 작용하는 힘도 마찬가지이다. 눈으로 볼 수는 없지만 중력의 존재는 명확히 확인할 수 있다.

〈그림 1-6〉에 나타낸 각각의 점선들은 +든 −든 동일한 극성을 갖는, 전기장 내의 다른 전하 Q에 대한 반발력을 나타내도록 바깥쪽을 향한다. 점선들은 중심으로부터 멀어질수록 짧아지는데 이는 전하에 의해 작용하는 힘이 거리의 제곱에 반비례하기 때문이다. 또한 전하가 크면 클수록 작용하는 힘도 커진다. 이러한 관계는 정전기학에서의 쿨롱의 법칙에 해당한다.

■ 1-4 복습문제

a. 1 쿨롱의 단위 입자 내에 얼마나 많은 전자가 포함되어 있는가?

b. 18.75×10^{-18}개의 과도한 전자가 있을 경우에 전하량은 얼마인가?

c. 반대 극성을 갖는 전하 사이에는 인력과 반발력 중에서 어떤 힘이 작용하는가?

1-5 전위차

전위(potential)는 일을 할 수 있는 능력을 뜻한다. 전하는 다른 전하에 인력이나 반발력을 작용하여 다른 전하를 이동시킬 수 있는 능력이 있기 때문에 전위를 가진다고 할 수 있다. 두 개의 다른 전하량을 갖는 전하는 전위차(difference of potential)를 갖는다고 정의한다.

전하는 전자와 양성자가 분리된 결과로 나타난 것이다. 일반적으로 분리된 전자와 양성자는 중성 상태로 돌아가기 위해서 서로 간에 균형을 이루고자 하기 때문에 반대 극성의 전하들 사이에는 변형력과 저항력이 작용한다. 중성 상태로 복귀하기 위해 전자들은 양성자가 위치하는 방향으로 당겨지고, 양성자들은 전자들을 끌어당기려고 한다. 이러한 힘들로 인해서 전자와 양성자는 전위를 갖는다. 전하들 사이에 작용하는 힘은 전기장 내에서 존재한다.

전자공학의 선구자들

1796년에 이탈리아 물리학자인 볼타(Alessandro Volta, 1745~1827)는 최초로 화학적 전지를 개발하였다. 이 전지는 실제 사용이 가능한 최초의 전기적 전원이었다.

다른 전하들 간의 전위

두 개의 다른 전하가 있다면 그들 사이의 전위도 달라야만 한다. 예를 들어서 〈그림 1-7a〉에서 오른쪽에 있는 3C의 양전하를 고려하자. 전하는 임의의 전위를 갖는데 크기는 그 전위가 할 수 있는 일의 양에 비례한다. 전위는 전자를 이동시키는 일을 한다.

1C의 전하가 3개의 전자를 이동시킬 수 있다고 가정하자. 그렇다면 3C의 전하는 9개의 전자를 오른쪽 방향으로 끌어당길 수 있다. 그러나 반대편의 +1C의 전하는 왼쪽으로 3개의 전자를 끌어당길 수 있다. 즉, 양전하가 더욱 많은 오른쪽 방향으로 6개의 전자가 이동하게 된다.

〈그림 1-7b〉에서 오른쪽의 전하는 2C이고 왼쪽의 전하는 0C으로 중성 상태이다. 둘 사이에는 2C의 차이가 있다. 따라서 6개의 전자가 오른쪽으로 이동할 수 있다.

〈그림 1-7c〉에서도 두 전하 사이에는 2C의 차이가 있다. +1C의 양전하는 3개의 전자를 끌어당기고 −1C의 음전하는 3개의 전자를 밀어낸다. 결국 6개의 전자가 양전하 방향으로 끌어당겨지는 것과 동일한 효과이다.

따라서 양전하 방향으로 이동하는 전자의 총 수는 두 전하 사이의 전위차에 달려 있다. 이러한 전위차는 〈그림 1-7〉의 모든 경우에 대해서 동일하게 작용한다.

두 전하 사이에 전위차가 없는 경우는 두 전하의 크기와 극성이 동일한 경우이다. 밀고 당기는 힘이 서로 상쇄되어 전자를 움직이기 위한 어떠한 일도 하지 않는다.

볼트 단위

볼타(Alessandro Volta, 1745~1827)의 이름을 따 전위차를 볼트(volt, V) 단위로

그림 1-7 전위차가 다른 두 전하 사이에 놓여 있는 전자들을 이동시키는 데 요구되는 일의 양. (a), (b), (c)에서 전위차는 동일하다.

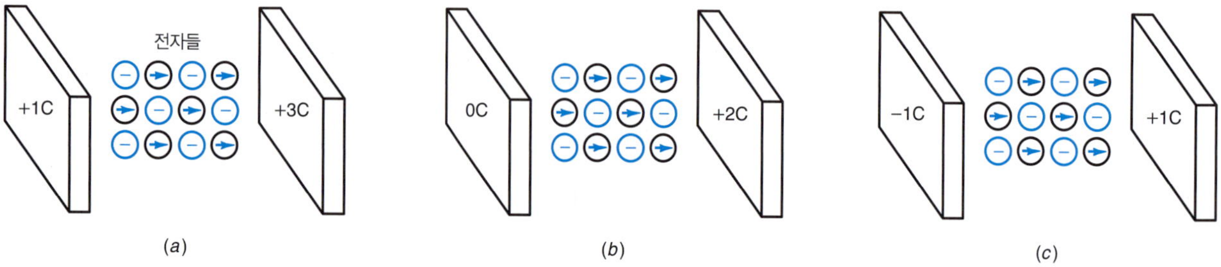

MultiSim **그림 1-8** 전압원의 화학 전지 (a) 전압 출력은 두 단자 사이의 전위차이다. (b) 고정된 극성을 가지는 직류DC 전압원의 기호. 기호에서 긴 선이 양극에 해당한다.

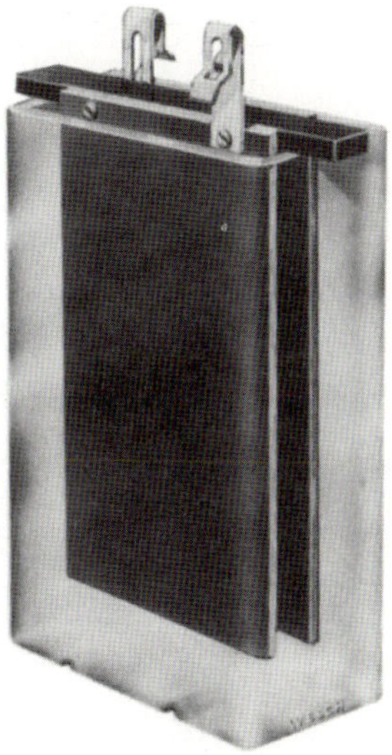

(a)

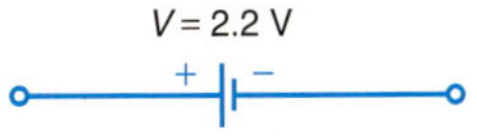

(b)

표시하기 시작하였다. 기본적으로 볼트는 전기 전하를 이동시키기 위해 필요한 일이나 에너지의 양에 해당한다. 정의에 따라서 6.25×10^{18}개의 전자를 이동시키기 위해서 0.7376풋파운드(foot-pound, ft·lb)가 필요하다면 두 위치 사이의 전위차는 1볼트(volt, V)에 해당한다. (6.25×10^{18}개의 전자가 1C에 해당한다는 것을 명심하라.) 일 또는 에너지의 미터법 단위는 줄(joule, J)이다. 1J은 0.737ft·lb와 동일한 값이다. 그러므로 두 위치 사이에 1C의 전하를 움직이는데 1J의 에너지가 소요된다면 두 위치 사이의 전위차는 1V라고 정의할 수 있다. 수식적으로는 $1\text{V} = \frac{1\text{J}}{1\text{C}}$ 과 같다.

전자공학에서 전위차는 보통 기호 V로 표시되는 전압으로 나타내어진다. 전압은 두 위치 사이의 전위차이고 전위차가 있기 위해서는 두 단자가 필요하다는 것을 잊지 말라. 전위차는 결코 한 점에서는 존재할 수 없다.

〈그림 1-8a〉의 2.2V 납축전지(lead-acid cell)를 생각해보자. 2.2V의 출력은 두 단자 사이의 전위차에 해당한다. 납축전지는 전압원으로 이용되거나 기전력원으로 이용된다. 전지나 직류전압원의 기호는 〈그림 1-8b〉에 나타내었다.

전압을 전기적인 압력이나 힘으로 생각할 수도 있다. 전압이 높을수록 전기적인 압력이나 힘은 더 커진다. 전압의 전기적인 압력은 전자에 대한 전기 전하의 인력 및 반발력과 동일하다.

전압을 나타내는 일반적인 식은 다음과 같다.

$$V = \frac{W}{Q} \tag{1-1}$$

여기서 V는 전압(볼트, V), W는 일 또는 에너지(줄, J)이고, Q는 전하(쿨롱, C)이다.

다음의 예제를 살펴보도록 하자.

예제 1-5

0.5C의 전하를 이동시키는 데 3.6J을 소비하는 전지는 얼마의 전압을 출력하는가?

정답 식 (1-1)을 이용한다.

$$\begin{aligned} V &= \frac{W}{Q} \\ &= \frac{3.6\text{J}}{0.5\text{C}} \\ &= 7.2\text{V} \end{aligned}$$

■ 1-5 복습문제

a. 두 동일한 전하 사이에는 얼마나 많은 전위차가 존재하는가?

b. 3C의 전하를 이동시키는 데 27J의 에너지가 소비된다면 전압은 얼마인가?

1-6 전류

두 전하 사이에 형성된 전위차에 의해 다른 전하가 이동하게 되는데, 이때 이동하는 전하를 전류(electric current)라 한다. 그러므로 전류를 생성하기 위해서는 전위차에 의해 전하가 이동해야만 한다.

구리선과 같은 고체 내에서 작은 힘에 의해서도 쉽게 이동할 수 있는 전하가 자유전자이다. 〈그림 1-9〉와 같이 구리선의 양 끝에 전위차가 존재한다면 전위차에 의해서 자유전자가 이동할 것이다. 음극의 전하 위치에서 양극의 전하 위치로 전자는 이동하게 되고 이러한 전자의 이동이 전류이다.

〈그림 1-9〉에서 구리선을 통한 자유전자의 이동을 설명하기 위해서 자유전자를 포함하고 있는 중간 줄의 원자에 숫자로 표시하였다. 음전하로부터 전자가 출발한다는 것을 표시하기 위해서 가장 왼쪽의 원자 위치를 S로 표시하였다. S의 전자는 $-Q$ 전하에 의해서 오른쪽으로 밀려지고 $+Q$ 전하에 의해서 당겨진다. 따라서 전위차는 S 원자의 전자를 1 원자의 위치로 이동시킨다. 또한 1 원자의 전자는 2의 위치로 이동한다. 동일한 방식으로 자유전자는 왼쪽 원자에서 오른쪽 원자로 이동한다. 최종적으로 자유전자는 가장 오른쪽에 있는 8 원자의 위치까지 이동한다.

전압원의 양극에 도달하는 전자는 음극의 옆 위치에 있던 S 원자의 전자가 아니라는 것을 명심하라. 모든 전자는 같은 형태에 동일한 전하량을 가진다. 그러므로 자유전자의 이동은 도선을 따라 이동하는 하나의 전하가 된다. 이 움직이는 전하가 전류이다. 도선을 따라서 이동하는 전자가 많을수록 전하도 증가하고 결과적으로 전류도 증가한다.

전류는 전자의 연속적인 흐름이다. 오직 전자가 움직일 때만 전류가 흐르지 전위차가 있다고 전류가 흐르지는 않는다. 도선이 매우 긴 경우가 아닌 일반적인 응용 분야에서 전위차는 전체 도선에 대해서 순간적으로 동시에 전류를 발생시킨다. 또한 같은 시간이라면 전류는 도선의 모든 영역에서 동일한 값을 갖는다.

전류와 전위차

도선 내의 자유전자의 수는 도선의 양 끝 사이의 전위차에 비례한다. 높은 전압을 인가할수록 인력과 반발력은 더 커져서 더 많은 자유전자를 이동시키고 전하의 양

MultiSim **그림 1-9** 도선의 양 끝에 주어진 전위차로 인해 자유전자는 이동하게 되어 전류가 발생한다.

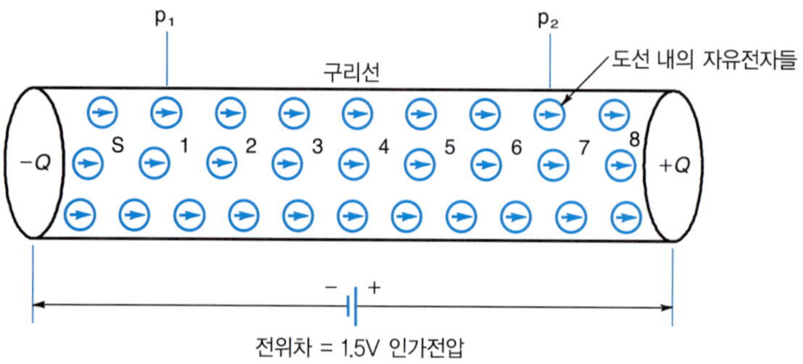

알아두기▸▸

대부분의 전자 회로에서 소량의 전류가 흐르는 것을 확인할 수 있다. 실제로 회로 내에 흐르는 전류는 10mA 정도이다.

전자공학의 선구자들

전류의 단위인 암페어(A)는 프랑스 물리학자 암페르(André Marie Amperé, 1775~1836)에 의해서 명명되었다. 암페르는 평행하게 놓여 있는 두 선에 같은 방향의 전류가 흐를 경우 두 선 사이에 인력이 작용하고 반대 방향의 전류가 흐를 경우 반발력이 발생한다는 것을 발견하였다.

도 증가한다. 단위 시간당 움직이는 전하의 양이 늘면 늘수록 전류의 양도 증가한다. 반대로 인가되는 전압이 감소하면 자유전자를 비롯하여 전하의 양도 감소하고 결과적으로 전류도 감소한다. 전위차가 없는 경우에는 전류가 발생하지 않는다.

전위차가 전류를 발생한다는 사실을 다시 한 번 상기하기 위해서 전위차가 0인 경우와 전류가 없는 두 가지 경우를 생각해보자. 구리선이 어떠한 전압원에도 연결되어 있지 않다고 가정하면 구리선에 어떠한 전위차도 없다. 자유전자는 원자에서 원자로 이동을 할 수 있지만 이동하는 방향은 불규칙적이다. 전체적으로 고려하면 전류는 0이다.

다른 예로써 구리선의 양 끝에 동일한 전위가 존재한다고 가정하자. 양 끝에 같은 힘이 작용하고 있고 도선을 통해 흐르는 전류도 없기 때문에 자유전자는 어떠한 방향성을 가지고 이동할 수 없다. 전위차가 0인 실제적인 사례는 전지의 한 단자만을 도선에 연결했을 경우에 확인할 수 있다. 한 단자만을 노선에 연걸할 경우에 도선의 양 끝은 동일한 전위를 갖고 전류는 흐르지 않는다. 그러므로 전류가 발생되기 위해서는 양 끝이 전위차를 가져야만 한다.

전류의 단위, 암페어

전하가 이동하면 전류가 발생하므로 전류의 양을 나타내는 단위는 전하의 흐름에 대한 비율로 정의한다. 단위 시간당 6.25×10^{18}개의 전자가 이동할 때 1암페어(ampere, A)의 전류가 흐르는 것으로 정의한다. 암페어는 단위 시간당 1C의 전하와 동일하다. 암페어라는 단위는 암페르(André M. Amperé, 1775~1836)에 의해서 도입되었다.

〈그림 1-9〉를 다시 살펴보면, p_1 위치에서 초당 6.25×10^{18}개의 전자가 이동한다면 전류는 1A이다. 마찬가지로 도선을 따라서 이동하는 전자의 양은 동일하기 때문에 p_2 위치에서도 1A의 전류가 흐른다. 만약 1초에 두 배의 전자가 이동한다면, 전류는 2A에 해당한다.

전류를 나타내는 기호는 I 또는 i를 사용한다. 전류는 크기(강도)를 나타내는 값이기 때문에 2A의 전류는 1A의 전류보다 더 큰 값에 해당한다. 간혹 전류는 암페어수(amperage)라고 부르기도 한다. 일반적인 전기 및 전자 회로에서 전류는 밀리암페어 또는 마이크로암페어 단위의 크기이다.

전류와 전하

전하는 유전체 속에 축적된 전기의 양이고, 이 유전체가 절연체이다. 전하는 어떠한 움직임이 없는 정적인 전기이다. 도체 내에서는 전하가 이동할 때 전류 I는 전기의 강도(크기)를 나타낸다. 이러한 특성은 전류의 기본적인 정의에 해당한다.

$$I = \frac{Q}{T} \tag{1-2}$$

여기서 I는 암페어, Q는 쿨롱, T는 초 단위이다. 움직이는 전하가 양극인지 음극인지는 상관이 없다. 중요한 것은 단위 시간에 얼마나 많은 전하가 이동하느냐이다.

이를 실제 단위를 이용하여 표현하면 식 (1–3)과 같다.

$$1\text{A} = \frac{1\text{C}}{1\text{s}} \quad (1\text{–}3)$$

1초에 1쿨롱의 전하가 지나가면 1암페어의 전류가 발생한다. 요약하면 Q는 전기 전하의 특정한 양을 나타내는 반면에 I는 전기 전하가 움직이는 비율을 나타낸다. 전하와 전류의 차이점은 미터와 시간당 미터 사이의 차이점과 유사하다.

예제 1-6

매 초당 12C의 전하가 이동하고 있다. 전류의 값은 얼마인가?

정답

$$I = \frac{Q}{T} = \frac{12\text{C}}{1\text{s}}$$

$$I = 12\text{A}$$

예제 1-7

1초당 5C의 전하가 이동하고 있다. 전류는 얼마인가?

정답

$$I = \frac{Q}{T} = \frac{5\text{C}}{1\text{s}}$$

$$I = 5\text{A}$$

전류와 시간을 곱한 결과는 전하에 해당한다.

$$Q = I \times T \quad (1\text{–}4)$$

단위를 이용하여 표현하면 식 (1–5)와 같다.

$$1\text{C} = 1\text{A} \times 1\text{s} \quad (1\text{–}5)$$

1A의 전류가 1초 동안 전하를 축적할 때 1쿨롱의 전하에 해당한다. 일반적으로 전하는 전지의 커패시터 또는 전극(electrode)의 유전체에 축적된다.

0.4A의 전류가 흐르는 도체에 유전체를 연결한 경우를 생각해보자. 만약 전류가 0.2초 동안 전자를 보내었다면 유전체에 축적된 전하는 다음과 같다.

$$Q = I \times T = 0.4\text{A} \times 0.2\text{s}$$
$$Q = 0.08\text{C}$$

전하에 대한 $Q = IT$라는 식과 전류에 대한 $I = Q/T$라는 식은 부도체 내에서 Q의 기본적인 특성이 정전 전하의 축적이라는 것을 나타낸다. 반면에 I는 도체 내에서 움직이는 전하의 강도를 측정하는 것이다. 더욱이 전류 I는 전압 V와 다르다. 전류 I 없이 전압 V는 존재할 수 있다. 그러나 인가된 전압 없이 전류는 존재할 수 없다.

전류의 속성

구리선과 같은 금속 도체에서 전류를 생성하는 전하는 자유전자이다. 이 경우에 이동하는 전하들은 음극성을 가진다. 두 단자 사이에서 양극성이 높은 단자 쪽으로 전류가 흐른다. 그러나 양전하가 이동하는 경우에는 반대로 적용되어야 한다. 일반적으로 액체, 기체, 그리고 반도체도 전류가 존재한다. 양전하의 이동에 의해서도 전류가 발생할 수 있는데 그 방향은 전자의 흐름에 따른 전류의 경우와 반대 방향이다. 전하가 음극성을 가지든, 양극성을 가지든지 간에 전류는 여전히 Q/T라는 기본적인 수식을 따른다. 전류는 인가된 전압에 의해 쉽게 움직이는 자유 전하에 의해 제공된다.

전류와 관련된 자기장

전류가 흐르는 모든 전도체는 전도체로부터 바깥쪽으로 뻗어있는 자기장선을 가진 자기장과 관련되어 있다. 자기장선은 원형이고 전류의 흐름 방향에 수직인 평면에 있다. 또한, 자기장선의 세기(자기장선의 수)는 전류의 양에 비례한다. 일반적으로 자기장은 이동 전하와 연관되어 있다. 사실 원자의 궤도를 도는 전자는 자기장을 생성한다.

전류에 의해 생성된 자기장은 전자공학에서 몇 가지 전자기 응용의 기본이 된다. 예를 들면, 일반적으로 릴레이, 스피커, 변압기와 코일은 전자기학 응용에서 실용적이다. 전자기와 자기장에 대한 더 상세한 내용은 14장 "전자기현상"에서 다루도록 한다.

전자공학의 선구자들

옴이라는 단위는 독일 물리학자인 옴(Georg Simon Ohm, 1787~1854)에 의해서 명명되었다. 그는 $I = \frac{V}{R}$ 이라는 옴의 법칙으로 잘 알려져 있다.

■ 1-6 복습문제

a. 전하가 2C/s만큼 이동한다면 전류는 얼마인가?
b. 전류의 기호는 I인가? (참, 거짓)
c. 전위차가 0일 때 전류는 얼마인가?

1-7 저항

전류가 흐르고 있는 도선에 열이 발생한다는 것은 전류가 무엇인가에 의해서 방해받고 있다는 뜻이다. 인가된 전압에 의해 발생한 전류를 제한하는 요소를 저항

MultiSim **그림 1-10** (a) 시멘트(cement)로 절연된 권선 저항의 형태 (b) 고정 저항의 기호

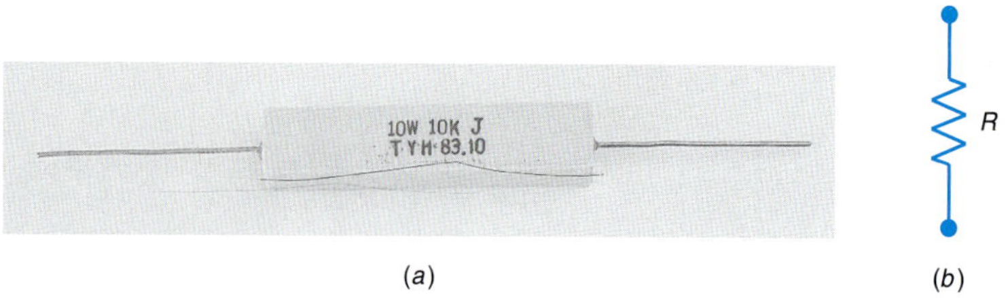

(resistance)이라고 한다. 도체는 저항이 거의 없고, 절연체는 매우 큰 저항을 갖는다.

구리선의 원자들에는 자유전자가 많고, 이들은 전위차에 의해서 쉽게 이동할 수 있다. 따라서 구리선은 저항 성분이 작다.

탄소는 구리에 비해 자유전자의 수가 적다. 구리와 동일한 크기의 전압이 인가될 경우에 구리에 비해 이동하는 전자의 수가 적다. 하지만 전압의 크기를 증가시킨다면 탄소의 전류도 증가할 것이다. 탄소와 구리에 동일한 전류가 흐를 경우 탄소에 더 많은 열이 발생하는데, 이는 탄소가 구리에 비해서 전류를 방해하는 성분이 크기 때문이다. 즉, 탄소가 더 높은 저항을 갖고 있다.

옴

저항의 단위는 옴(ohm, Ω)이다. 1초에 1A의 전류가 흐를 때 0.24칼로리의 열이 발생한다면 1옴에 해당한다. 구리와 같은 좋은 도체는 1피트의 길이당 0.01Ω의 저항을 갖는다. 600W 120V의 토스터 내의 열선은 24Ω의 저항을 갖고, 100W 120V의 전구 내 텅스텐 필라멘트는 144Ω의 저항을 갖는다. 옴이라는 단위는 독일 물리학자인 옴(Georg Simon Ohm, 1787~1854)에 의해서 명명되었다.

〈그림 1-10a〉는 권선 저항을 나타낸다. 저항은 또한 탄소 가루를 이용하여 제작하기도 한다. 저항은 그 값이 아주 작은 값에서 큰 값을 가지는 것까지 다양하게 제작된다.

저항은 일반적으로 R로 표기한다. 옴 단위를 나타내는 약자는 그리스 문자인 오메가이고 Ω으로 표기한다. 저항은 〈그림 1-10b〉와 같이 지그재그 형태의 선으로 그린다.

전도율

저항의 반대는 전도율(conductance, G)이다. G라는 기호를 사용하고, 단위는 지멘스(siemens, S)를 사용한다. 전도율의 단위는 독일 발명가인 지멘스(Ernst von Siemens, 1816~1892)에 의해서 처음 도입되었다. (전도율의 단위는 옴(ohm)의 철자를 반대로 하여 모(mho)라고 부르기도 한다.)

G는 R과 역수 관계이다. $G = \frac{1}{R}$ 또는 $R = \frac{1}{G}$

예제 1-8

다음에 주어진 전도율의 값을 저항으로 나타내라. (a) 0.05S (b) 0.1S

정답

(a) $R = \frac{1}{G}$

$= \frac{1}{0.05\text{S}}$

$= 20\Omega$

(b) $R = \frac{1}{G}$

$= \frac{1}{0.1\text{S}}$

$= 10\Omega$

전도율이 높을수록 저항은 낮다.

예제 1-9

다음에 주어진 저항들을 전도율로 나타내라. (a) 1kΩ (b) 5kΩ

정답

(a) $R = \frac{1}{G}$

$= \frac{1}{1000\Omega}$

$= 0.001\text{S}$ 또는 1mS

(b) $R = \frac{1}{G}$

$= \frac{1}{5000\Omega}$

$= 0.0002\text{S}$ 또는 $200\mu\text{S}$

저항이 높을수록 전도율은 낮다.

1-7 복습문제

a. 탄소와 구리 중에서 어느 것이 더 저항이 높은가?

b. 동일한 전압이 인가되고 있을 때, 4.7Ω과 5000Ω의 저항 중에서 어느 것이 전류가 더 큰가?

c. 10Ω의 저항에 대해서 전도율은 몇 S인가?

그림 1-11 전압원으로 전지를 사용하고, 저항으로 전구를 사용한 회로의 예 (a) 회로의 배선도 (b) 회로도

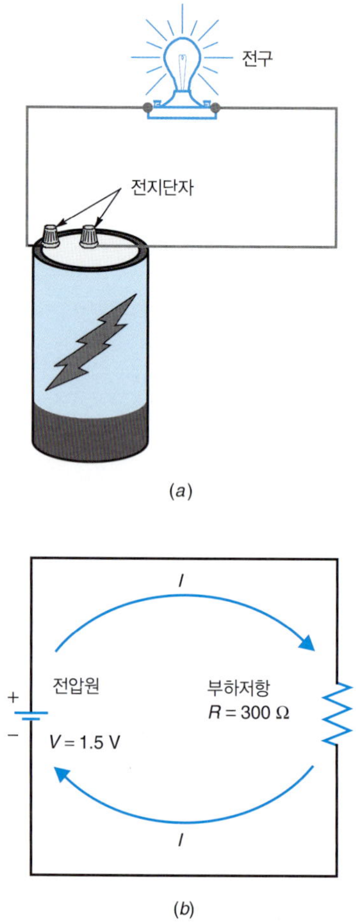

1-8 폐회로

전류를 사용하는 기기들에서 회로는 〈그림 1-11〉과 같은 형태로 구성된다. 회로는 전류가 흐르는 경로로 정의할 수 있다. 이 회로도는 전구에 불을 켜기 위한 회로이다. 내부에 있는 텅스텐-필라멘트 와이어가 백열일 때 전구에 불이 켜지며 백열광을 생성한다.

텅스텐 필라멘트는 그 자체로써 전류를 생성할 수 없고, 전위차를 나타내기 위한 전원이 필요하다. 전지는 두 출력 단자 사이에 1.5V의 전위차를 가지고 있기 때문에 이 전압을 필라멘트 전구의 두 단자에 연결하여 필라멘트로 전류를 흘릴 수 있다.

〈그림 1-11b〉는 회로도를 나타낸다. 회로도 내의 전지 및 저항과 같은 각 구성 요소들은 약어로 표시되어 있다. 연결선은 단순히 직선으로 연결되어 있는데, 이는 연결선에 의한 저항 성분이 무시할 정도로 매우 작다고 가정하기 때문이다. 0.01Ω 전선의 저항은 실제로 300Ω 전구의 저항과 비교할 때 영의 값으로 취급할 수 있다. 만일 연결선의 저항을 고려한다면 회로 내에 부가적인 저항을 추가해야 한다.

회로도는 실제 회로의 형태와 다르게 보일 수도 있다는 사실에 유의해야 한다. 회로도에는 구성 요소 및 해당 전기 연결에 대한 기호만 표시된다.

모든 회로는 다음과 같은 세 가지 중요한 특성을 가진다.

1. 전위차를 제공하기 위한 전원이 존재한다. 전압이 없다면 전류의 흐름도 있을 수 없다.
2. 전압원의 한 단자에서 출발하여 외부 회로를 돌아 전압원의 다른 단자로 들어가는 전류 흐름의 완전한 경로가 있어야 한다.
3. 전류 경로는 저항을 갖는다. 회로 내의 저항은 열을 발생시키거나 전류의 양을 제한한다.

전압과 전류

회로 내에서 전류가 흘러도 전위차는 변화하지 않는다.

〈그림 1-11〉에서 필라멘트 저항에 걸린 전압은 전자를 이동시킨다. 전류는 회로 내를 흘러다니지만 전위차는 전자를 이동시키는 일을 하기 위해 필라멘트에 고정되어 있다.

그림 1-12 저항에 걸린 전압(V)과 전류(I)의 비교

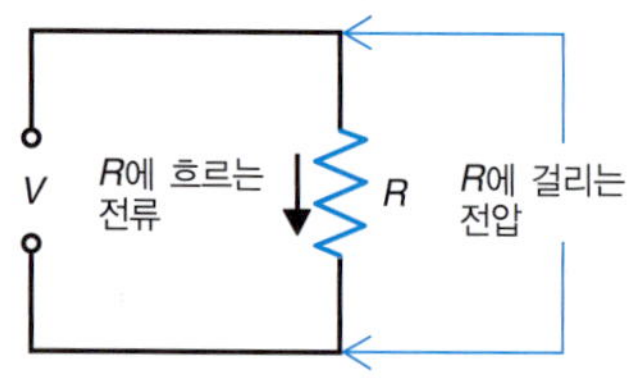

V와 I 사이의 차이점을 강조하기 위해 〈그림 1-12〉에 회로를 다시 그렸다. 전압은 저항의 양 끝에 걸린 전위차이다. 만일 전위차를 측정하고자 한다면 전압계(voltmeter)의 두 리드선(lead)을 저항의 양 끝에 갖다대야 한다. 그러나 전류는 회로 내에 한 점을 흐르는 전자의 양이므로 전류를 측정하는 것은 쉽지 않다. 전류를 측정하기 위해서는 회로 내의 한 점을 끊고 전류계(current meter)를 연결해야 한다.

전압은 두 위치 사이의 전위차이기 때문에 가로질러(across)란 말을 쓸 수 있다. 전위차는 어느 한 점만 가지고 고려할 수 없다. 그러나 전류는 그 점을 통과하는 전하의 이동이므로 어느 한 점에서 고려할 수 있다.

다른 방법으로 V와 I의 차이를 보이기 위해서 〈그림 1-11〉의 회로에 전구가 연결되어 있지 않다고 가정하자. 폐경로(closed path)가 형성되어 있지 않기 때문에 전류는 흐를 수 없다. 그러나 여전히 전지의 양 출력 단자는 전위차를 갖고 있다. 만약 두 단자 사이를 전압계로 측정한다면 전류는 영이라 할지라도 1.5V의 전압이 측정될 것이다. 비록 회로 내에서 전지가 전류를 생성하지는 않는다 할지라도 두 단자 사이에 전압은 유지된다. 이러한 사실들로부터 전압은 전류가 없어도 존재할 수 있지만 전압이 없다면 전류가 존재할 수 없다는 중요한 결론을 내릴 수 있다.

전압원과 전류

회로에서 전류가 흐르므로, 전자는 〈그림 1-11〉에서 보여준 전지의 음극 단자에서 떠나고, 전도체 중 같은 수의 자유전자가 양극 단자로 들어간다. 전자는 전하를 잃고, 양전하를 얻기 때문에, 두 전하는 서로 중성화되고자 한다. 그러나 전지 내부의 화학 작용이 전위차를 제공하는 외부 단자의 음전하와 양전하를 유지하기 위해 지속적으로 전자와 양성자를 분리시키다. 반면에 전류는 전위차가 없어서 전류가 흐르지 않도록 전하를 중성화시킨다. 그러므로 전지는 회로를 가로질러 전위차를 유지함으로써 전류가 계속 흐르도록 한다. 전지는 회로의 전압원이다.

전압원과 회로

알아두기▸▸

전력원의 부하로는 모터, 팬, 전구, 전열기 등이 있다.

〈그림 1-11〉의 회로는 전구의 필라멘트에 흐르는 전류를 이용하여 전압원의 에너지를 전달하는 수단으로 생각할 수 있다. 전구에서 전기에너지는 열에너지로 변환된다. 전지의 전압 출력은 사용될 잠재적 에너지이므로, 회로에서 전원은 전지이다. 전압원에 연결된 회로의 다른 소자들은 부하저항(load resistance)이다. 왜냐하면 그들에 의해서 전원이 얼마나 많은 일을 할 수 있느냐가 결정되기 때문이다. 〈그림 1-11〉의 경우에 전구의 필라멘트가 전지의 부하저항에 해당한다.

부하저항을 따라 흐르는 전류를 부하전류(load current)라 한다. 부하저항의 저항이 적을수록 부하전류는 커진다. 특별히 언급하지 않으면 부하(load)라는 용어 자체가 부하전류를 나타낼 수도 있다. 따라서 큰 부하는 전기적으로 높은 부하전류를 의미하고, 이는 곧 전원에 의해서 많은 일을 할 수 있다는 뜻으로 해석할 수 있다.

요약하면, 정상적인 회로는 R, I, V를 포함한 폐회로이다. 회로는 전압원인 전지의 에너지를 이용할 수 있는 수단이다. 전지는 회로가 있든 없든 간에 전위차 V를 갖는다. 그러나 전지 단독으로는 부하전류를 생성하기 위한 어떠한 일도 할 수 없다. 전구는 전류가 없는 경우에 불을 밝힐 수는 없지만 저항은 갖는다. 전압원은 회로를 이용하여 전구를 켤 수 있는 전류를 생성하는 것이다.

개방회로

회로 내의 경로 중 일부가 끊어져서 전류가 흐를 수 없다면 불완전한 회로가 된다. 개방회로(open circuit)는 연결선이나 부하저항으로 사용되는 전구의 필라멘트에서 발생할 수 있다. 개방회로의 저항은 무한대이고 전류는 흐르지 않는다.

알아두기▸▸

단락회로와 개방회로는 반대의 개념이다. 단락회로의 저항은 거의 0Ω이고 개방회로의 저항은 무한대(∞)Ω이다.

단락회로

단락회로(short circuit)는 전압원이 폐경로를 가지는 경우로서 저항이 0이다. 저항이 0이므로 단락회로에는 매우 큰 전류가 흐른다. 일반적으로 단락회로에서 부하 저항의 영향은 무시된다. 예를 들어, 텅스텐 필라멘트가 단락되었다면 단락된 경로를 통해서 모든 전류가 흐르기 때문에 필라멘트에는 전류가 흐르지 않는다. 전구는 손상을 받지 않지만 단락된 선으로 과도한 전류가 흘러 과열될 위험이 있다.

■ 1-8 복습문제

〈그림 1-11〉을 참조하여 아래의 설명이 참인지 거짓인지 답하라.

a. 전압원이 연결되어 있을 때 전구에 1.5V의 전위차가 발생한다.
b. 전구가 연결되어 있을 때 전지는 출력단에 1.5V의 전위차를 갖는다.
c. 연결선이나 전구가 없어도 전지는 그 자체로써 1.5V의 전위차를 갖는다.

1-9 전류의 방향

전압원이 극성을 갖는 것과 같이 전류는 방향성을 갖는다. 전압원의 양극과 음극 단자의 연결 방향에 따라서 기준이 정해진다. 전류의 방향은 전자와 양전하가 이동하는 방향에 따라 결정된다.

그림 1-13 전자의 흐름과 관습 전류에 따른 폐회로 내의 전류 방향 (a) 점선으로 표시된 전자의 흐름 (b) 실선으로 표시된 관습 전류 (c) 반대 극성을 가진 전압원에 대한 전자의 흐름 (d) 반대 극성을 가진 전압원에 대한 관습 전류

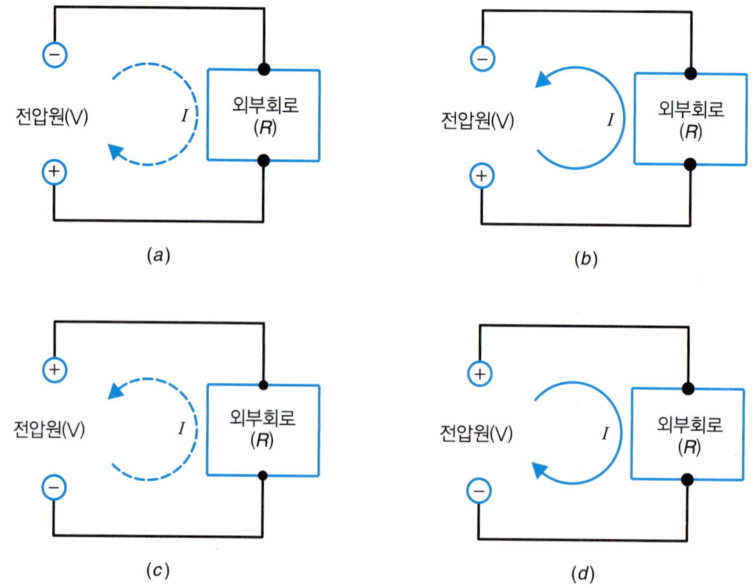

전자의 이동

〈그림 1-13a〉와 같이 전류 I를 생성하기 위해 전자는 전압원의 음극으로부터 이동하기 시작한다. I는 저항 R을 갖는 외부 회로를 거쳐서 V의 양극으로 되돌아온다.

〈그림 1-13c〉에 나타낸 것과 같이 극성이 반대인 전압원에서도 동일한 흐름의 전자의 이동을 보여준다.

전지 내부의 전자들은 전위차를 생성하기 위해서 음극 단자 방향으로 이동한다. 전지는 전하를 분리하여 음극 단자로 전자를 축적시키고, 양극 단자로는 양성자를 축적시킨다. 두 출력 단자 사이의 전위차는 외부 회로의 전자들을 이동시킨다. 전압원 바깥의 회로에서 전자는 음극 전위로부터 양극 전위 방향으로 이동한다.

관습 전류

전자 흐름과 반대 방향으로 양전하가 이동하는 것을 관습 전류(conventional current)라 한다. 양전하의 이동 방향은 전기회로에서 회로를 해석하는 데 이용한다. 그 이유는 물리학의 전통적인 정의에 근거한 것이다. 힘 또는 일을 양(+)의 값으로 정의한다면 양전위는 음전위보다 높은 값으로 여길 수 있다. 그러면 관습 전류는 양전위에서 음전위로 강하하는 양전하의 이동을 나타낸다. 따라서 관습 전류는 양전하가 움직이는 방향과 동일하다. 〈그림 1-13b〉는 한 가지 예에 해당한다. 전류 I는 전압원의 양극 단자로부터 출발하여 외부 회로를 거친 후 V의 음극 단자로 되돌아온다. 반대 극성의 전압원을 가진 관습 전류의 방향을 〈그림 1-13d〉에 나타내었다.

유동적인 양전하의 예

이온은 하나 이상의 가전자를 잃거나 얻음으로 인해 전기적으로 대전된 원자이다. 예를 들어, 양이온은 중성 원자가 하나 또는 그 이상의 전자를 잃음으로써 발생한다. 마찬가지로 음이온은 중성 원자가 하나 이상의 가전자를 얻음으로써 발생한다. 가전자의 수에 따라서 이온의 전하는 하나의 전자(Q_e), 두 개의 전자($2Q_e$), 세 개의 전자($3Q_e$)만큼 대전될 수 있다. 이온은 액체와 기체에 전압을 인가하여 원자를 이온화시켜 생성할 수 있다. 이러한 이온들은 전류를 발생할 수 있는 유동적인 양전하에 해당한다. 이온은 원자핵을 갖는 원자를 포함하기 때문에 전자에 비해서는 덜 유동적이다.

그러므로 관습 전류를 위한 양전하 흐름의 예로는 액체나 기체에서 발생하는 양

알아두기▸▸

전기 엔지니어는 일반적으로 전자의 흐름과 반대 방향, 즉 양전하의 흐름을 이용하여 전자 회로를 해석하는 반면에 전자 기술자들은 전자의 흐름을 이용한다. 전류의 흐름을 나타내는 두 가지 방법 모두 같은 결과를 가져온다. 둘 중에 하나를 선택하는 것은 개인의 선호도에 대한 문제일 뿐이다.

표 1-4	전류를 위한 전자 전하의 종류			
전하의 종류	전하량	극성	전류의 형태	응용
전자	$Q_e = 0.16 \times 10^{-18}$C	음극	전자 전류	선 도체 내
이온	Q_e 또는 Q_e의 배수	양극 또는 음극	이온 전류	액체 및 유리 내
정공	$Q_e = 0.16 \times 10^{-18}$C	양극	정공 전류	p형 반도체 내

이온에 의한 전류가 있다. 이러한 형태의 전류를 이온화 전류(ionization current)라 한다. 액체나 기체 내의 양이온은 전압원의 양극 단자에 의해 밀려나오고 음극 단자에 의해 당겨지기 때문에 관습 전류와 동일한 방향으로 흐른다. 그러므로 유동적인 양이온은 전압원의 양극에서 음극 방향으로 흐른다.

유동적인 양전하의 다른 예는 정공(hole)이다. 정공은 실리콘과 게르마늄과 같은 반도체 물질에 존재한다. 정공은 전자와 동일한 양의 전하이지만 극성은 양극이다. 비록 정공에 대해서는 자세하게 다루지 않지만 정공의 이동은 관습 전류의 방향과 동일하다.

양성자는 원자핵에 속박되어 있어 분리하기 어렵고 핵력이 아니고서는 방출되지 않기 때문에 유동성을 갖는 양전하라고 할 수 없다. 따라서 양전하에 의한 전류는 액체와 기체 내의 이온 또는 반도체 내의 정공에 의해서 발생한다고 볼 수 있다. 〈표 1-4〉에 회로 내에서 전류를 발생시킬 수 있는 전하를 요약하였다.

이 책에서 전류는 전자가 전하를 이동시키기 때문에 전자 흐름으로 간주한다. 〈그림 1-13a〉와 〈그림 1-13c〉처럼 점선으로 된 화살표는 전자의 이동에 따른 전류의 방향을 나타내는 데 사용한다. 또한 〈그림 1-13b〉와 〈그림 1-13d〉처럼 실선의 화살표는 관습 전류의 방향을 나타내는 데 사용한다. 이러한 화살표들은 직류회로에서 단일 방향의 전류를 위해 사용한다. 교류회로에서 전류의 방향은 두 방향으로 사용되는데, 이는 V의 극성이 반대가 되는 반주기 동안 전류의 방향도 반대가 되기 때문이다.

■ 1-9 복습문제

a. 전류는 전압원의 양극 단자로부터 음극 단자로 흐르는가?

b. 관습 전류는 전압원의 양극 또는 음극 단자로 되돌아오는가?

c. 전자의 이동과 관습 전류는 반대 방향이다. (참, 거짓)

1-10 직류전류(DC)와 교류전류(AC)

〈그림 1-11〉과 같이 전류가 한 방향으로만 흐르는 경우를 직류전류(direct current)라 한다. 전지로부터 출력되는 전압의 극성이 일정하기 때문에 직류전류가 발생한다.

한 방향으로 전하가 이동하고 인가된 전압의 극성이 고정되는 것은 직류회로의 특성들이다. 전류가 전자보다 양전하의 이동에 의한 것이라고 할지라도 관습 전류의 방향이 일정하다는 사실은 변화하지 않는다.

더욱이, 직류전압원은 출력되는 전압의 크기가 변한다 할지라도 극성이 일정하게 유지된다면 직류전류의 방향은 변하지 않는다. 전지는 극성과 출력 전압의 크기가 일정한 직류전압원이다.

주기적으로 극성이 반대로 변하는 전압원도 있다. 이러한 전압원에 의해 발생된 전류를 교류전류(alternating current)라고 한다. 회로 내에서 전류는 항상 전압원

표 1-5	직류와 교류 전압원의 비교
직류전압	교류전압
크기가 일정하거나 안정적이고 고정된 극성	크기가 변하고 극성이 반전
일정한 DC 전압이 변압기에 의해 단계적으로 증가하거나 감소할 수 없다.	변하는 AC 전압은 변압기나 전력분배기에 의해 단계적으로 증가하거나 감소할 수 있다.
DC 전압원의 회로 기호 	정현파 AC 전압원의 회로 기호 
배터리 단자에서 사용 가능한 전압 유형	교류발전기와 같은 회전식 발전기 출력에 사용 가능한 전압 유형
가열 효과는 직류와 교류전류에서 동일하게 발생한다.	

그림 1-14 일정한 직류전압 출력

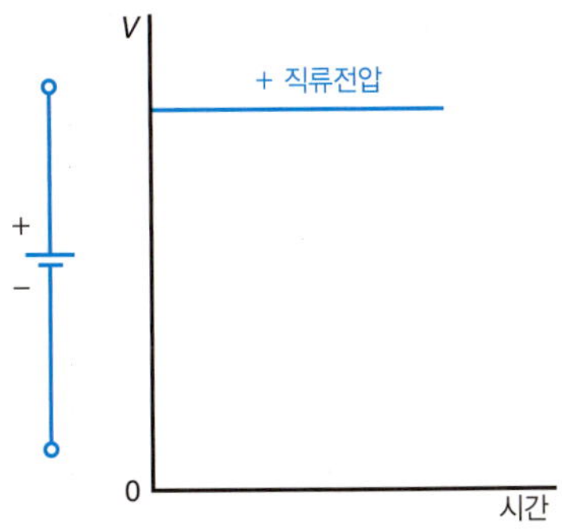

그림 1-15 극성이 주기적으로 변화하는 정현파 형태의 교류전압

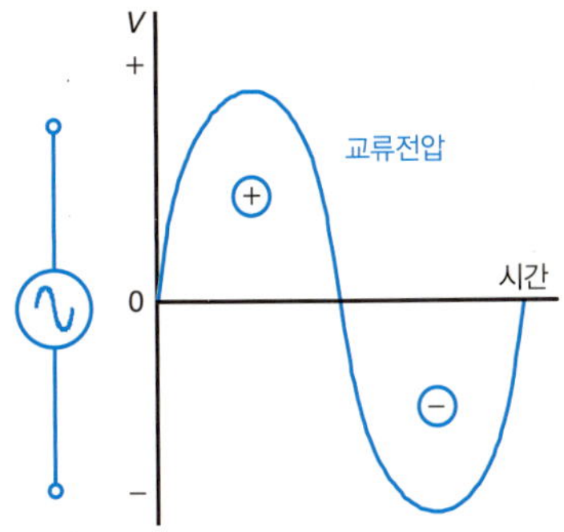

의 양극 단자에서 음극 단자로 흐르기 때문에 전압원의 극성이 변화할 경우에는 전류의 방향은 반대가 된다. 가정에서 일반적으로 사용되는 60 사이클의 전력이 그 좋은 예이다. 60 사이클이라는 주파수는 전압원의 극성과 전류의 방향이 초당 60번 바뀐다는 것을 의미한다.

초당 1사이클에 해당하는 단위를 1헤르츠(hertz, Hz)라고 한다. 따라서 초당 60 사이클은 60Hz에 해당한다.

교류회로에 대한 자세한 설명은 15장에서 다룬다. 직류회로가 더욱 간단하기 때문에 이를 먼저 해석한다. 그러나 직류회로의 해석에 사용하였던 원리들은 교류회로를 해석하는 데 그대로 사용된다. 대부분의 전자 회로들은 교류전원과 직류전원을 함께 포함하기 때문에 두 가지 형태의 회로가 모두 중요하다. 직류 및 교류 전압원과 파형을 〈그림 1-14〉와 〈그림 1-15〉에 나타내었다. 〈표 1-5〉에서 이 두 전압원을 비교하였다.

■ 1-10 복습문제

a. 인가된 전압원의 극성이 반대가 되었을 때 전류의 방향도 반대가 된다. (참, 거짓)

b. 전지는 출력 단자의 극성이 변하지 않기 때문에 직류전압원이다. (참, 거짓)

1-11 전원

모든 물질들의 원자 내에는 전자와 양성자를 이용하여 일을 하기 위해서 전위차가 있어야 하므로 이들은 전하로 분리되어야만 한다. 전기적인 효과를 발생시킬 수 있는 몇 가지 방법을 여기에 소개하였다.

마찰에 의한 정전기

절연체 내의 전자들은 유전체에 있는 반대 전하를 생성하기 위해 문지르면서 분리될 수 있다. 정전기가 발생하는 예는 생활 속에서 쉽게 찾아볼 수 있는데, 사람들의 머리카락을 문지르는 경우, 카펫 위를 걸어가는 경우, 두 개의 플라스틱 조각을 문지르는 경우가 그것들이다. 정전기적 방전(electrostatic discharge, ESD)은 대전된 물체가 다른 극성으로 대전된 물체와 접촉하면서 발생하는 현상이다. 정전기적 방전은 스파크(spark)의 일종이다. 방전되는 순간에 전류가 순간적으로 흐르지만 그 크기는 매우 크다.

화학에너지의 변환

습식전지나 건전지는 화학적으로 변환된 에너지의 적용 사례이다. 화학적 상호 작용으로 인해 두 개의 다른 금속에 반대 극성의 전하가 발생한다. 다른 종류의 두 금속은 양극과 음극으로 사용된다.

전자기

전기와 자기는 매우 밀접한 관계에 있다. 움직이는 전하는 자기장을 발생하고, 자기장이 변화하면 전류를 발생시킬 수 있다. 모터가 그 좋은 예인데, 전류는 자기장과 상호 작용을 하여 모터가 움직이게 한다. 비슷한 예로 발전기는 자기장 내에 회전하는 도체를 이용하여 전압을 발생시킨다.

광전기

어떤 물질들은 광전기적인 성질을 갖는다. 이 물질들은 표면에 빛이 조사되면 전자가 방출된다. 세슘(cesium)은 광전자원으로 종종 사용된다. 또한 광전지나 태양전지는 조사되는 빛으로부터 전압을 얻기 위해서 실리콘을 사용한다. 다른 효과로 셀렌(selenium)의 저항은 빛으로 변환된다. 셀렌이 고정된 전압원과 연결되면 암전류(dark current)와 광전류(light current) 사이의 다양한 값들을 생성할 수 있다. 이러한 특성들은 광전전지, 광전트랜지스터 등과 같은 여러 광전자 소자들의 기초이다.

■ 1-11 복습문제

a. 전지의 음극 단자에서 과다 전하는 무엇인가?
b. 움직이는 전하는 무엇을 발생할 수 있는가?
c. 정전기 방전(ESD)은 어떤 현상의 일종인가?

1-12 디지털 멀티미터

전자 기술자들은 회로의 전압, 전류, 저항을 측정해야만 하는 여러 상황에 직면할 수 있다. 기술자들은 이러한 것들을 측정하는데 디지털 멀티미터(DMM)를 이용한다. DMM은 휴대용과 탁상용이 있다. 두 가지 형태의 DMM을 〈그림 1-16〉에 예시하였다. 모든 디지털 멀티미터들은 측정된 전압, 전류, 저항의 값들을 숫자로 표시해준다.

그림 1-16 일반적인 디지털 멀티미터(DMM) (a) 휴대용 DMM (b) 탁상용 DMM

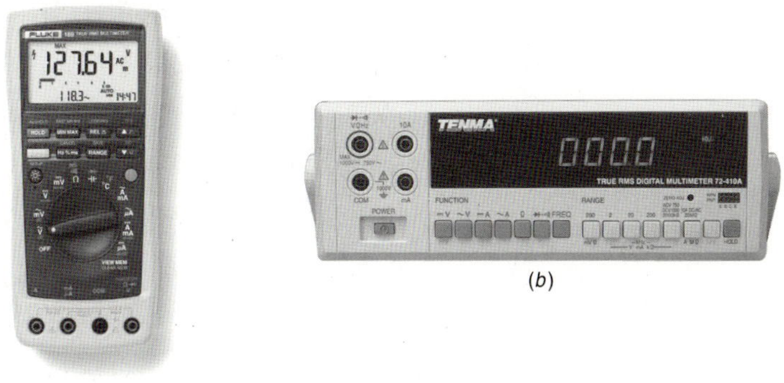

(a) (b)

그림 1-17 DMM을 이용한 측정 (a) 전압 측정 (b) 전류 측정 (c) 저항 측정

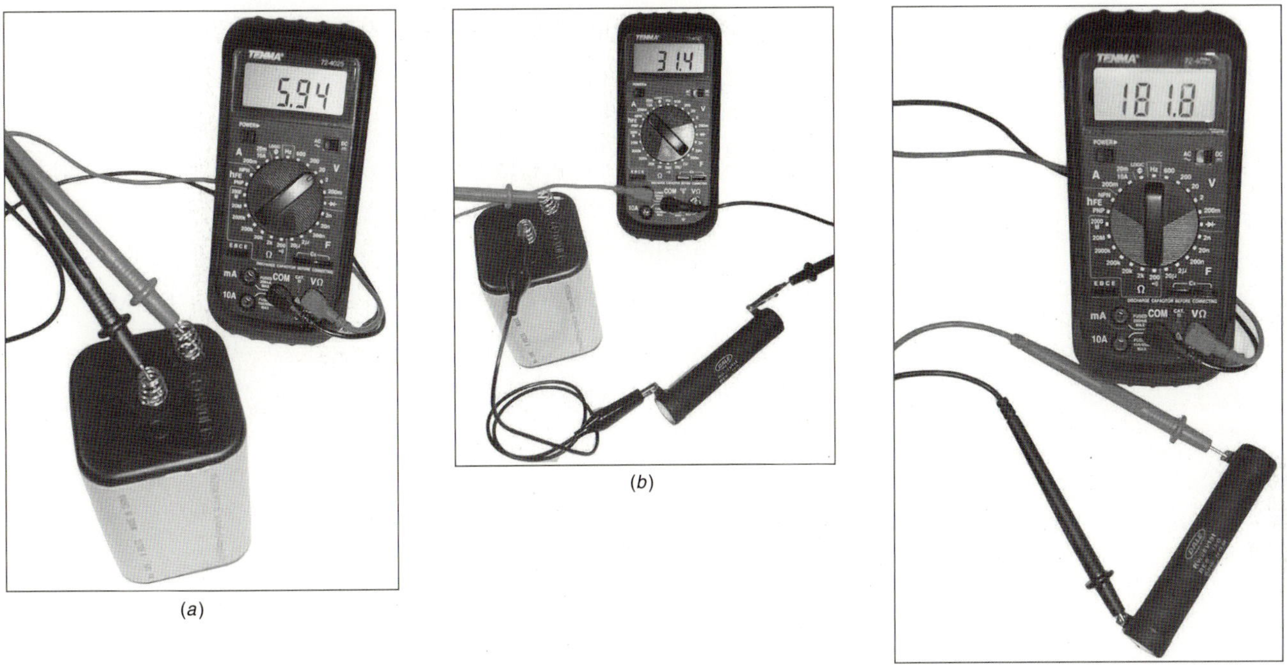

(a) (b) (c)

> **알아두기▸▸**
>
> 대부분의 DMM들은 퓨즈를 내장하고 있기 때문에 매우 높은 전류를 측정할 경우에 발생할 수 있는 손상을 방지할 수 있다. 매우 높은 전류는 DMM을 회로 내에 부적절하게 연결하였을 때 발생한다.

전압 측정

〈그림 1-17a〉에서 DMM을 이용하여 전지의 출력 전압을 측정하고 있다. 전압을 측정하기 위해서는 측정하고자 하는 위치에 직접적으로 멀티미터의 리드선을 연결한다. 직류전압인 경우에 붉은색 리드선을 전위차의 양극 쪽에 연결하고 검은색 리드선을 음극 쪽에 연결한다. 교류전압을 측정할 경우에는 전압의 극성이 주기적으로 변화하므로 극성에 상관없이 리드선을 연결한다.

전류 측정

〈그림 1-17b〉는 DMM을 이용하여 전지와 저항으로 구성된 간단한 직류회로에서 전류를 측정하는 예를 나타내고 있다. 멀티미터가 전지의 양극 단자와 저항의 오른

쪽 리드선 사이에 연결되어 있다는 점에 유의해야 한다. 전압을 측정하는 경우와 달리 전류를 측정하는 경우에는 전하가 이동하는 경로에 멀티미터를 연결해야 한다. 측정기를 연결하기 위해서는 회로의 어떤 지점을 분리하고 측정기를 삽입한 후 변형된 회로를 구성하여 전류를 측정한다. 직류회로에서 전류를 측정하는 경우에는 검은색 리드선은 음극 쪽에 연결된 부분에 연결해야 한다. 반대로 붉은색 리드선은 전위차의 양극 쪽에 연결된 부분에 연결해야 한다. 교류전류를 측정하는 경우에는 리드선의 방향과 무관하게 측정해도 된다.

저항 측정

〈그림 1-17c〉는 DMM을 이용하여 저항값을 측정하는 예를 나타내고 있다. 멀티미터 리드선의 방향은 중요하지 않다. 중요한 점은 저항을 측정할 경우에 전압원이 있어서는 안된다는 것이다. 만일 전압이 인가되고 있다면 DMM에 손상이 올 수도 있다. 또한 측정하고자 하는 저항에 다른 회로 소자가 연결되어 있으면 안 된다. 만약 다른 소자가 연결되어 있다면 부정확한 값이 측정될 것이다.

■ 1-12 복습문제

a. DMM을 이용하여 전압을 측정할 경우에 전압의 양 단자에 리드를 직접 연결한다. (참, 거짓)

b. DMM을 이용하여 전류를 측정할 경우에 회로를 개방하고 DMM을 삽입하여 전류를 측정한다. (참, 거짓)

c. DMM을 이용하여 단일 저항을 측정할 경우에 리드선의 방향은 매우 중요하다. (참, 거짓)

대체 및 재사용 에너지의 이해와 응용

천연자원을 고갈시키지 않고 환경을 해치지 않도록 생성된 에너지를 대체 에너지라 일컫는다. 대체 에너지는 화석 연료를 태우지 않는 모든 서로 다른 종류의 에너지원을 포괄한다. 요즘 사용되는 대체 에너지원의 가장 인기 있는 것은 태양열, 풍력, 바이오매스, 수력발전, 그리고 지열 에너지이다. 이러한 대체 에너지원 사용 증가로 화석 연료에 대한 의존도가 상당히 줄고 있다. 주된 이득은 공해가 거의 발생하지 않는다는 것이다.

종종 접하는 또 다른 용어는 재사용 에너지이다. 재사용 에너지는 천연자원에서 생성되어 시간이 지나도 고갈되거나 소모되지 않게, 자연스럽게 보충되는 에너지를 일컫는다. 모든 대체 에너지가 재사용 에너지가 될 수 없다는 것을 유념하자. 예를 들어, 원자력은 대체 에너지이지만, 언젠가는 고갈될 유한한 자원이므로 재사용 에너지라 할 수 없다. 전기를 생성하는 데 사용되는 대체 에너지원 또는 재사용 에너지원으로 가장 인기 있는 태양열 에너지와 풍력 에너지에 대해 자세히 살펴보자.

태양열 에너지

태양열 에너지는 태양 복사열 형태로 태양에 의해 제공되는 재생 에너지이다. 태양열 에너지는 온실 가스나 대기 오염물을 전혀 배출하지 않기 때문에 깨끗하고, 신뢰할 수 있는 형태의 재생 에너지이다. 태양열 에너지를 생각할 때, 우리는 태양의 에너지를 이용하고 그것을 이용 가능하게 하는 것과 관련된 기술을 생각한다. 일반적으로 태양광 전지(Photovoltaic cell)와 태양광 발전 시스템(Photovoltaic system)이 빛에너지(태양열 에너지)를 직접 전기로 전환시킨다. 전기는 직류 전압과 전류의 형태이다. 〈그림 1-18〉은 기본적인 태양광 전지 또는 태양 전지(solar cell)의 예를 보여준 것이다. 태양광 전지는 반도체인 실리콘으로 만들어졌다.

그림 1-18 태양 전지라고도 불리는 태양광 전지

유입하는 빛이 태양 전지에 닿으면, 전지 안에서 작은 전위차나 전압이 발생한다. (전압의 발생에 대한 이론은 이 장의 범위를 벗어나므로 여기서 다루지 않는다.) 태양광 전지는 더 높은 전압, 전류 그리고 전력 레벨을 생산하기 위해 주로 직렬 또는 병렬로 연결되어 있다. 이 작업이 끝나면, 태양 전지의 배열을 태양광 모듈이라 부른다. 광전 모듈은 훨씬 더 큰 태양광 배열을 형성하기 위해 한데 뭉쳐진다. 태양광 전지에서 태양광 모듈로, 태양광 배열로의 진전은 〈그림 1-19〉에 잘 나타나 있다.

그림 1-19 태양 전지를 직렬 또는 병렬로 연결하여 태양광 모듈을 형성할 수 있다. 유사하게, 태양광 모듈은 훨씬 더 큰 태양광 배열을 형성하도록 배열할 수 있다.

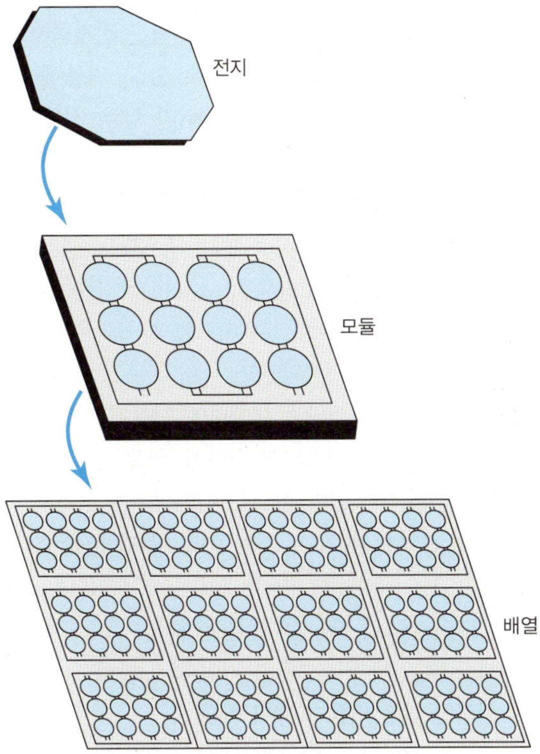

그림 1-20 집 지붕에 설치된 태양 전지판

태양광 전지는 가장 인기 있는 몇 가지만 나열한다면, 전력 계산기, 손목시계와 실외 조명 장식에 사용된다. 태양광 모듈로 구성된, 적당한 크기의 태양광 발전 시스템은 먼 거리에 위치한 전자 장치의 응용 프로그램에 주로 사용된다. 예를 들면, 산꼭대기에 위치한 통신 장비의 전력을 제공하거나 고속도로나 국도의 경고 표지에 전력을 제공, 외딴 지역의 농장이나 목장에서 펌프로 물을 퍼내는 용도로 사용된다. 태양 에너지의 많은 휴대용 또는 원격 응용 프로그램은 태양이 비추지 않을 때에도 전력을 요구한다. 이러한 응용 프로그램에는 배터리가 태양광 발전 시스템의 일부이고 태양이 비출 때 계속적으로 충전된다. 전기 시설 회사에서는 요즘 전기를 생성할 때 우리의 가정과 산업을 위해 훨씬 더 큰 태양광 발전 시스템을 사용한다. 요즘, 태양열 에너지 사용 및 응용이 끊임없이 이루어져 여기서 열거하거나 식별하기에는 너무 많다. 〈그림 1-20〉에서와 같이 개인 집 지붕에 태양열 패널을 설치하는 것이 흔해지고 있다. 이로써, 집주인은 전기회사로부터 사야하는 전기의 양을 상당히 줄일 수 있다. 지붕에 설치된 태양열 패널로부터 만들어진 전기 에너지 양은 전력 등급과 효율에 따라 결정된다. 또, 지붕의 경사각과 방위각은 생성되는 전기 에너지 양의 또 다른 요소이다.

기본적으로 태양광 발전 시스템에는 두 가지가 있다. 전력망 연결 시스템(grid-connected system)과 단독형 시스템(stand-alone system)이다. 두 시스템 사이의 주요한 차이점은 하나는 전력망에 연결되었고, 나머지는 그렇지 않다. 전력망 연결 시스템은 전력망과 연계하여 작동하도록 설계되었다. 전력망은 전기가 발전소로부터 가정, 학교, 비즈니스와 산업으로 이동하는 케이블의 네트워크이다.

태양광 발전 시스템의 주요한 이점이나 장점은 다음과 같다.

- 깨끗하고 안전하고, 작동할 때 조용하다.
- 꽤 신뢰할 수 있어 유지보수를 거의 하지 않아도 된다.
- 특히 원격인 경우 비용 효율이 좋다.
- 정전인 동안 전력망과 예비 전력으로부터 독립적이다.
- 재생 에너지원이다.

태양광 발전 시스템의 한계는 다음과 같다.

- 지속적으로 또는 항상 동작할 수 없다.
- 난방같이 에너지 집약적 응용 프로그램에는 적합하지 않다.
- 구입하여 설치하는 비용이 상대적으로 비싸다.
- 시설 또는 큰 규모의 태양광 발전 시스템은 다량의 토지 또는 공간을 요구한다.

풍력 에너지

가끔 풍력이라고도 불리는 풍력 에너지는 바람의 흐름을 이용하여 전기를 생성하는 기술이다. 풍력 에너지는 얼마를 사용하더라도 미래에 끊임없이 공급될 수 있으므로 재사용 에너지라 할 수 있다. 태양열 에너지와 같이 풍력 에너지는 대기 오염물이나 온실가스를 배출하지 않는다.

풍력 터빈은 바람의 흐름을 전환하는 데 사용되는데, 이는 운동 에너지를 기계 에너지 또는 전력으로 바꾸는 것을 말한다. 결국, 기계 에너지는 전기 에너지로 전환된다. 풍력 터빈은 움직이는 공기에서 돌기 때문에 비행기의 프로펠러 블레이드와 비슷하다. 회전하는 터빈은 교류발전기의 회전축에 연결된다. 회전축은 발전기 안의 큰 자기장에 의해 회전하는 큰 전선에 연결된다. 자기장을 통해 회전하는 전선은 교류 전압과 전류 형태로 전기를 생성한다. (물론 직류 전압과 전류 형태를 만드는 풍력 터빈이 있지만, 극소수다.) 〈그림 1-21〉은 많은 양의 전기를 생산하는 데 사용하는 풍력 터빈을 보여준다. 풍력 터빈은 종종 함께 그룹화되어 풍력 발전소로도 일컫는 단일 발전소가 된다. 이러한 풍력 발전소는 대량 전력을 만든다. 이러한 풍력 터빈으로부터 얻은 전기는 전통적인 발전소와 마찬가지로 전력망으로 전송되고, 소비자에게 나누어진다. 풍력 터빈은 다양한 크기와 용량(전력) 등급이 있다. 미국에서는 유틸리티 규모의 풍력 터빈의 평균 용량은 2~3 메가와트(MW) 정도이다. 그러나 몇몇 고급 유틸리티 규모의 풍력 터빈의 용량은 10MW이다. 하나의 풍력 터빈의 매우 작은 용량은 50kW이거나 이보다 작다. 이러한 작은 풍력 터빈은 몇 가지 예를 들면, 가정이나 통신 장치의 전력이나 물을 끌어 올릴 때 등이다. 풍력 발전소는 전통적인 발전소와 비교하면 상대적으로 환경에 영향을 거의 미치지 않지만, 터빈 블레이드에 의해 발생되는 소음과 지형에 부정적인 영향에 대한 일부의 우려는 존재한다.

그림 1-21 풍력 터빈

요약

- 전기는 전자와 양성자의 형태로 모든 물질에 존재한다.
- 전자는 음전하의 기본 입자이고 양성자는 양전하의 기본 입자이다.
- 도체는 내부의 원자들 간에 전자의 이동이 자유로운 물질이다.
- 절연체는 전자들이 자신들의 전자궤도에 머물러 있으려는 경향을 가진 물질이다. 절연체는 유전체라고도 부른다.
- 원자번호는 원자 내의 양성자의 개수이고 궤도전자의 수와 동일하다.
- 가전자는 원자의 최외각 궤도에 존재하는 전자의 개수이다. 수소와 헬륨을 제외하고 가전자는 8개로 채워지려는 경향이 있다.
- 반대의 극성을 가진 전하 사이에는 반발력이 작용하고, 같은 극성을 가진 전하 사이에는 인력이 작용한다.
- 1쿨롱(C)은 6.25×10^{18}개의 전자 또는 양성자에 해당하는 전기량이다. 전하의 기호는 Q이다.
- 전위차 또는 전압은 두 위치 사이에 존재하는 전기적인 압력이나 힘이다. 전위차의 단위는 볼트(V)이다. 1V=1J/1C, V=J/C
- 전류는 전기 전하가 이동하는 비율이다. 기호는 I이고, 단위는 암페어(A)이다.
- 저항은 전류의 흐름을 방해하는 성분이다. 기호는 R이고 단위는 옴(Ω)이다.
- 전도율은 저항의 역수이다. 기호는 G이고 단위는 지멘스(S)이다.
- $R=1/G,\ G=1/R$
- 전기회로는 전류가 흐를 수 있도록 폐경로를 구성한다. 전압은 전류를 생성하기 위하여 회로에 필수적이다. 전자는 전압원의 음극 단자로부터 나와서 양극 단자로 들어간다.
- 양전하가 전자의 방향과 반대 방향으로 이동하는 것을 관습 전류라 한다.
- 전압은 전류가 없더라도 존재할 수 있지만 전류는 전압 없이 존재할 수 없다.
- 직류 전압원은 고정된 극성을 가지기 때문에 직류전류는 한 방향으로만 흐른다. 교류 전압원은 주기적으로 극성이 변화하기 때문에 교류전류는 주기적으로 방향이 바뀐다.
- 디지털 멀티미터는 회로 내의 전압, 전류, 저항을 측정하는 데 이용한다.

표 1-6	전기적인 특성		
특성	기호	단위	설명
전하	Q 또는 q*	쿨롱 (C)	전자 또는 양자의 양 : $Q = I \times T$
전류	I 또는 i*	암페어 (A)	전하의 이동 : $I = Q/T$
전압	V 또는 v*	볼트 (V)	다른 두 전하 사이의 전위 차이
저항	R 또는 r	옴 (Ω)	전류의 양을 감소시키도록 방해 $R = 1/G$
전도율	G 또는 g	지멘스 (S)	R의 역수 또는 $G = 1/R$

* 소문자 q, i, v는 값이 변하는 전하, 전류, 전압의 순서값을 나타내는 데 사용된다.

중요 용어

- 가전자 : 원자의 최외곽 궤도에 채워지지 않은 전자의 개수
- 관습 전류 : 움직이는 양전하에 의한 전류 흐름의 방향. 전류는 양극 전위로부터 음극 전위로 흐르고, 전자의 흐름과 반대 방향이다.
- 교류 : 극성이 주기적으로 변화하는 전압에 따라 방향이 주기적으로 반대가 되는 전류
- 도체 : 전류가 흐를 수 있도록 전자와 같은 전기 전하가 자유롭게 움직일 수 있는 금속
- 반도체 : 좋은 도체도 좋은 절연체도 아닌 물질
- 볼트 : 전위차의 단위 또는 전압

  $1V = \frac{1J}{1C}$
- 분자 : 동일한 화학적 특성을 갖는 화합물의 최소 단위
- 암페어 : 전류의 기본 단위

  $1A = \frac{1C}{1s}$
- 양성자 : 양전하의 기본입자
- 옴 : 저항의 단위
- 원소 : 화학적인 반응에 의해서 더 이상 분해될 수 없는 물질
- 원자 : 동일한 특성을 갖는 원소의 가장 작은 입자
- 원자번호 : 원자에서 양성자의 개수
- 원자핵 : 양성자와 중성자를 포함하는 원자의 무겁고 안정된 부분
- 유전체 : 절연체의 또 다른 이름
- 이온 : 하나 이상의 가전자를 잃거나 얻어서 전기적으로 대전된 원자
- 자유전자 : 원자들 사이를 자유롭게 이동할 수 있는 전자
- 저항 : 전기회로에서 전류의 흐름을 방해하는 것
- 전도율 : 저항의 역수
- 전류 : 폐경로 또는 회로에서 전기전하의 이동
- 전위차 : 서로 근접한 위치에서 다른 두 전하와 관련된 특성
- 전자 : 음전하의 기본 단위
- 전자 흐름 : 회로에서 전류를 생성하는 전자의 이동. 전자는 음극 전위에서 양극 전위로 흐르고, 이 방향은 전류와 반대이다.
- 절연체 : 자신의 궤도에 머물러 있으려는 전자를 갖는 원자로 이루어진 물질
- 정전기 : 움직임이 없는 양전하 또는 음전하
- 중성자 : 전기적으로 중성인 원자의 원자핵에 포함된 입자
- 지멘스 : 전도율의 단위
- 직류 : 한 방향으로만 흐르는 전류
- 쿨롱 : 전기 전하의 기본단위. $1C=6.25\times10^{18}$ 전자 또는 양성자
- 화합물 : 두 개 이상의 원소의 조합
- 회로 : 전류의 흐름을 위한 경로

중요 공식

$1C = 6.25\times10^{18}$ 전자

$V = \frac{W}{Q}$

$I = Q/T$

$Q = I\times T$

$R = 1/G$

$G = 1/R$

자습문제

1. 음전하의 기본 입자는 무엇인가?
   a. 쿨롱
   b. 전자
   c. 양성자
   d. 중성자

2. 쿨롱은 무엇의 단위인가?
   a. 전기 전하
   b. 전위차
   c. 전류
   d. 전압

3. 좋은 도체가 아닌 것은?

a. 구리
b. 은
c. 유리
d. 금

4. 구리 원자의 가전자는 몇 개인가?

a. +1
b. 0
c. ±4
d. −1

5. 전위차의 단위는 무엇인가?

a. 볼트
b. 암페어
c. 지멘스
d. 쿨롱

6. 다음의 설명 중에서 참인 것은 무엇인가?

a. 극성이 다른 전하는 서로 반발한다.
b. 극성이 같은 전하는 서로 반발한다.
c. 극성이 다른 전하는 서로 끌어당긴다.
d. b와 c 둘 다

7. 구리선과 같은 도체의 특성은 무엇인가?

a. 양이온은 전류를 발생시키는 이동하는 전하이다.
b. 자유전자는 전류를 발생하는 움직이는 전하이다.
c. 자유전자는 없다.
d. 위 모두 해당되지 않는다.

8. 100Ω의 저항은 얼마의 전도율 G를 갖는가?

a. 0.01S
b. 0.1S
c. 0.001S
d. 1S

9. 양전하의 기본 입자는 무엇인가?

a. 쿨롱
b. 전자
c. 양성자
d. 중성자

10. 만일 중성 상태의 원자가 가전자 중의 하나를 잃는다면 어떠한 상태가 되는가?

a. 음이온
b. 전기적으로 대전된 원자
c. 양이온
d. b와 c 둘 다

11. 전기 전류의 단위는 무엇인가?

a. 볼트
b. 암페어
c. 쿨롱
d. 지멘

12. 실리콘과 같은 반도체의 가전자는 얼마인가?

a. ±4
b. +1
c. −7
d. 0

13. 다음의 설명에서 올바른 것은 어느 것인가?

a. 전류는 전압 없이 존재할 수 없다.
b. 전압은 전류 없이 존재할 수 없다.
c. 전류는 개방회로를 통해 흐를 수 있다.
d. b와 c 둘 다

14. 저항의 단위는 무엇인가?

a. 볼트
b. 쿨롱
c. 지멘스
d. 옴

15. 수소(H)와 헬륨(He)을 제외한 모든 원자가 채우고자 하는 가전자수는?

a. 6
b. 1
c. 8
d. 4

16. 1A의 전류는 얼마에 해당하는가?

a. $\frac{1\text{C}}{1\text{s}}$
b. $\frac{1\text{J}}{1\text{C}}$
c. 6.25×10^{18} 전자
d. 0.16×10^{-18} C/s

17. 관습 전류를 가장 잘 설명한 것은 어느 것인가?

a. 전자 흐름의 반대 방향인 음전하의 이동
b. 전자 흐름과 동일 방향인 양전하의 이동

c. 전자 흐름과 반대 방향인 양전하의 이동
d. 모두 해당 없음

18. DMM을 이용하여 저항의 값을 측정하는 경우에 올바른 것은?
a. 전압이 존재하는 곳에서 저항이 회로 내에 있는지 확인한다.
b. 저항에 걸려 있는 전압이 없는지 확인한다.
c. 저항의 리드선에 다른 소자가 연결되어 있지 않은지를 확인한다.
d. b와 c 둘 다

19. 회로에서 전류의 흐름을 방해하는 것을 무엇이라고 하는가?
a. 전도율
b. 저항
c. 전압
d. 전류

20. 원자번호 13의 알루미늄의 특성에 해당하는 것은?
a. 13개의 가전자
b. 3개의 가전자
c. 원자핵 내의 13개의 양성자
d. b와 c 둘 다

21. 원자의 핵은 무엇으로 구성되는가?
a. 전자와 중성자
b. 이온
c. 중성자와 양성자
d. 전자

22. 5초 동안 4A에 의해 대전된 유전체에서 축적된 전하량은 얼마인가?
a. 16C
b. 20C
c. 1.25C
d. 0.8C

23. 6C의 전하가 0.25초 동안 이동한다. 전류는 얼마인가?
a. 24A
b. 2.4A
c. 1.5A
d. 12A

24. 1.5C의 이동하는 전하에 12J의 에너지를 소비하는 전지의 출력 전압은 얼마인가?
a. 18V
b. 6V
c. 125mV
d. 8V

25. 다음에서 올바르지 않은 설명은 어느 것인가?
a. 개방회로의 저항은 0이다.
b. 단락회로의 저항은 0이다.
c. 개방회로의 저항은 매우 크다.
d. 개방회로에서 전류는 없다.

확인문제

1. 좋은 도체 두 개, 좋은 절연체 두 개, 그리고 두 개의 반도체를 써라.
2. 금속 도체에서 자유전자는 무엇인가?
3. 동일한 화학적 특성을 갖는 최소 단위의 화합물은 무엇인가?
4. 이온을 정의하라.
5. 도체의 저항은 절연체의 저항과 어떻게 비교할 수 있는가?
6. 회로에서 전류를 생성하는 데 전위차가 반드시 필요한 이유를 설명하라.
7. 전기회로의 중요한 특성 세 가지를 열거하라.
8. 개방회로와 단락회로의 차이점을 설명하라.
9. 가정용 직류 또는 교류전압으로 이용 가능한 전력선 전압은 얼마인가?
10. 저항과 전도율 사이의 수학적인 관계는 무엇인가?
11. 정전 전하의 전기장을 간단히 설명하라.
12. 정전기는 어떻게 발생될 수 있는지 보여줄 수 있는 두 가지 예제를 열거하라.
13. 절연체의 또 다른 이름은 무엇인가?

14. 원자의 핵에 있는 입자를 열거하라.

15. 전자 흐름과 전류 사이의 차이를 설명하라.

16. −3C의 전하를 정의하고 +3C의 전하와 비교하라.

17. 양성자가 전류 흐름을 위한 움직이는 전하의 공급원으로 고려되지 않는 이유는 무엇인가?

18. 다음의 설명에 대한 공식을 써라.

(a) 전류는 전하의 시간 변화율이다.

(b) 전하는 일정 주기 동안 축적된 전류이다.

19. 다음의 항목에 대해서 간단히 정의하라.

(a) 1쿨롱 (b) 1볼트 (c) 1암페어 (d) 1옴

20. 직류와 교류 사이의 차이점을 설명하라.

연습문제

1-4절 전기 전하

1-1 31.25×10^{18}개의 전자가 중성 유전체로부터 제거된다면 축적된 전하는 몇 쿨롱인가?

1-2 18.75×10^{18}개의 전자가 중성 유전체에 추가되면 축적된 전하는 몇 쿨롱인가?

1-3 +5C의 양전하를 갖는 유전체가 18.75×10^{18}개의 부가적인 전자를 갖는다. 유전체의 전체 전하량은 몇 쿨롱인가?

1-4 93.75×10^{18}개의 전자가 중성 유전체로부터 제거된다면 축적된 전하량은 몇 쿨롱인가?

1-5 37.5×10^{18}개의 전자가 중성 유전체에 추가되면 축적된 전하는 몇 쿨롱인가?

1-5절 전위차

1-6 만약 1.25C의 전하를 이동시키는 데 10J의 에너지가 소비된다면 전지의 출력 전압은 얼마인가?

1-7 만약 1C의 전하를 이동시키는 데 6J의 에너지가 소비된다면 전지의 출력 전압은 얼마인가?

1-8 만약 1C의 전하를 이동시키는 데 12J의 에너지가 소비된다면 전지의 출력 전압은 얼마인가?

1-9 두 위치 사이에 0.4C의 전하를 이동시키는데 0.5J의 에너지가 요구된다면 두 점 사이의 전위차는 얼마인가?

1-10 12V의 전압이 1.25C의 전하를 두 점 사이에서 이동시킨다면 몇 줄의 에너지가 소비되는가?

1-6절 전류

1-11 2C의 전하가 0.1s마다 주어진 위치를 지나서 이동한다. 전류는 얼마인가?

1-12 1C의 전하가 0.1s마다 주어진 위치를 지나서 이동한다. 전류는 얼마인가?

1-13 0.05C의 전하가 0.1s마다 주어진 위치를 지나서 이동한다. 전류는 얼마인가?

1-14 6C의 전하가 0.3s마다 주어진 위치를 지나서 이동한다. 전류는 얼마인가?

1-15 0.1C의 전하가 0.01s마다 주어진 위치를 지나서 이동한다. 전류는 얼마인가?

1-16 1.5A의 전류가 5s 동안 유전체에 충전된다면 저장된 전하는 얼마인가?

1-17 500mA의 전류가 2s 동안 유전체에 충전된다면 저장된 전하는 얼마인가?

1-18 200μA의 전류가 20s 동안 유전체에 충전된다면 저장된 전하는 얼마인가?

1-7절 저항

1-19 다음에 주어진 전도율에 대해서 옴 단위의 저항을 계산하라.

(a) 0.001S (b) 0.01S (c) 0.1S (d) 1S

1-20 다음에 주어진 전도율에 대해서 옴 단위의 저항을 계산하라.

(a) 0.002S (b) 0.004S (c) 0.00833S (d) 0.25S

1-21 다음에 주어진 저항에 대해서 지멘스 단위의 전도율을 계산하라.

(a) 200Ω (b) 100Ω (c) 50Ω (d) 25Ω

1-22 다음에 주어진 저항에 대해서 지멘스 단위의 전도율을 계산하라.

(a) 1Ω (b) 10kΩ (c) 40Ω (d) 0.5Ω

사고력 문제

1-23 1000개의 전자가 중성 유전체로부터 제거되었다고 가정하자. 유전체에 저장된 전하는 얼마인가?

1-24 전류가 2A라면 절연체가 +5C에서 +30C로 대전되는 데 걸리는 시간은 얼마인가?

1-25 6.25×10^{15}개의 전자가 매 10s마다 도체 내의 주어진 지점을 지나고 있다. 전류를 계산하라.

1-26 100℃에서 전선의 전도율은 25℃의 십분의 일에 해당한다. 만약 25℃에서 전선의 저항이 10Ω이라면 100℃에서의 저항을 계산하라.

복습문제 정답

1-1 a. 음
b. 양
c. 참

1-2 a. 도체
b. 은
c. 실리콘

1-3 a. 14
b. 1
c. 8

1-4 a. 6.25×10^{18}
b. $-Q$=3C
c. 끌어당긴다.

1-5 a. 0
b. 9V

1-6 a. 2A
b. 참
c. 0

1-7 a. 탄소
b. 4.7Ω
c. 1/10S 또는 0.1S

1-8 a. 참
b. 거짓
c. 참

1-9 a. 음
b. 음
c. 참

1-10 a. 참
b. 참

1-11 a. 전자
b. 자기장
c. 스파크

1-12 a. 참
b. 참
c. 거짓

chapter 2

저항기

저항기는 모든 형태의 전자회로에서 다양하게 사용된다. 회로 내에서 저항기의 주요 역할은 전류의 양을 제한하거나 전압을 감소시키는 것이다. 저항기는 다양한 형태, 크기, 값들로 제작되고, 수 Ω부터 수 MΩ까지 다양한 값을 가진다. 저항기의 전력 등급은 물리적인 크기에 의해서 결정된다. 그러나 저항기의 물리적인 크기와 저항(resistance) 사이에 직접적인 연관이 있는 것은 아니다.

이 장에서는 저항기의 종류, 저항기의 색 코드, 전위차계, 가감저항기, 저항기의 정격전력, 저항기의 고장(trouble) 등과 같은 주제에 대해서 심도 있게 논의한다.

단원 차례

단원 목표

- 몇 가지 저항기의 유형을 열거하고 각 유형의 특성을 설명한다.
- 저항기의 저항과 허용오차를 결정하기 위해 저항기 색 코드를 해석한다.
- 가감저항기와 전위차계의 차이점을 설명한다.
- 저항기의 정격전력의 중요성에 대해 설명한다.
- 저항기에 발생할 수 있는 일반적인 고장에 대해서 열거한다.
- 저항계를 이용하여 저항을 측정할 경우에 고려해야하는 주의 사항을 설명한다.

중요 용어

가감저항기
감쇄곡선
권선저항기
금속필름저항기
색 코드
서미스터
양의 온도계수(PTC)
영옴저항기
영전력저항
음의 온도계수(NTC)
저항상자
전위차계
탄소필름저항기
탄소합성저항기
테이퍼
표면실장저항기
허용오차

그림 2-1 탄소합성저항기 (a) 내부 구조. 1/4W의 정격전력에 대해 리드선을 제외한 길이는 1/4인치. 색 띠는 R의 저항값을 나타낸다. 주석으로 마감된 리드선은 납땜으로 코팅되어 있다. (b) PCB 기판에 장착된 저항

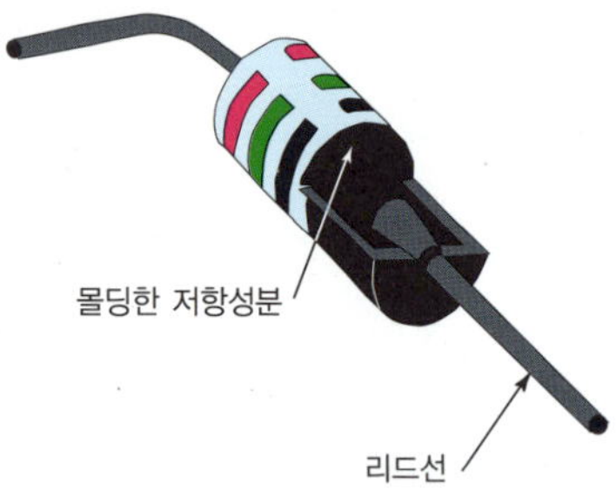

(a)

(b)

2-1 저항기의 유형

저항기(resistor)의 두 가지 주요 특성은 옴 단위의 저항(R)과 와트 단위의 정격전력(power rating, W)이다. 저항기는 수킬로 옴부터 수메가 옴까지 다양한 값들을 갖는다. 1kΩ은 1,000Ω이고, 1MΩ은 1,000,000Ω이다. 저항기의 정격전력은 수백 W와 같이 매우 높은 값을 갖기도 하고, 1/10W와 같이 작은 값을 갖기도 한다.

R은 전류나 전압을 발생시키기 위해 요구되는 저항값이다. 또한 저항기가 과도하게 열을 발생시키지 않고 소모할 수 있는 최대 전력을 정격전력(wattage rating)이라 하는데 이 값도 중요하다. 소산은 결과적인 열이 사용되지 않기 때문에 전력이 낭비됨을 의미한다. 너무나 많은 열이 발생하면 저항기가 타버릴 수 있다. 정격전력은 안전계수로서 일반적으로 실제로 소비되는 전력보다 더 높다.

일반적인 전자 기기들은 1W 이하의 정격전력을 갖는 탄소 저항기를 주로 사용한다. 그 구조를 〈그림 2-1a〉에 나타냈다. 저항기의 몸통으로부터 바깥으로 나와 있는 리드선은 〈그림 2-1b〉와 같은 인쇄회로기판(printed-circuit board, PCB)의 구멍에 삽입할 수 있다. 주로 저항기는 기계에 의해서 자동으로 PCB에 납땜된다.

높은 저항을 갖는 저항기는 보통 낮은 정격전력을 보이는데 이는 전류가 작기 때문이다. 예를 들어서 1/4인치 길이의 저항기는 1/4W에서 1MΩ의 저항값을 갖는다. 정격전력이 낮으면 낮을수록 저항기의 실제 크기는 작아진다. 그러나 저항이 물리적인 크기와 관계가 있는 것은 아니다. 〈그림 2-2〉는 몇 가지 크기는 같지만 저항값이 다른 탄소저항기를 나타내고 있다. 각 저항기의 색 띠(color strip)가 다른 것은 저항이 다르다는 것을 나타낸다. 〈그림 2-2〉의 탄소저항기들은 1/2W의 정격전력을 갖는데, 이 값은 저항의 물리적 크기에 따라 결정된다.

그림 2-2 실제 크기는 같지만 저항값이 다른 탄소 저항들. 실제 크기는 1/2W의 정격전력을 나타낸다.

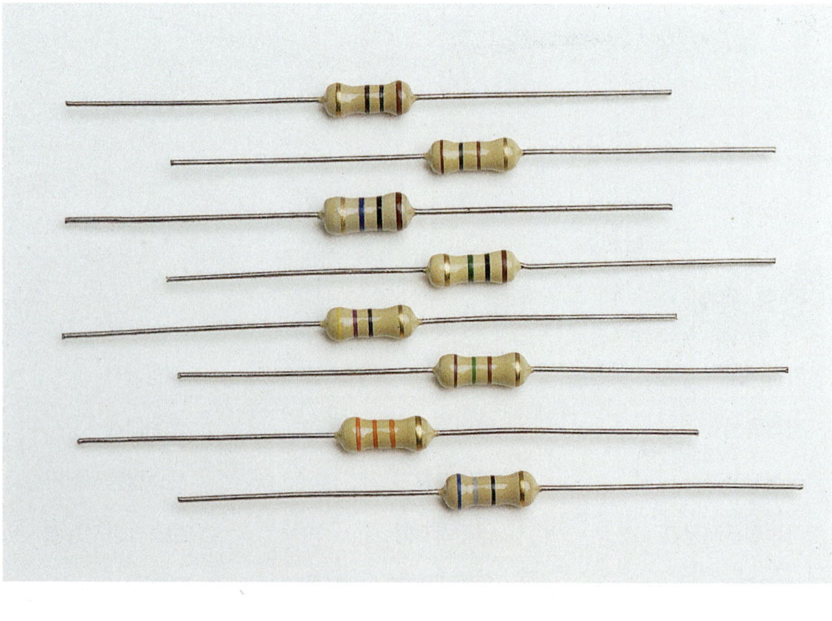

그림 2-3 50W의 정격전력을 갖는 권선저항기 (a) 5인치 길이의 고정저항기 (b) 3인치 직경의 가변저항기

권선저항기

권선저항기는 절연된 코어 주위로 저항선(resistance wire)이라 불리는 특별한 형태의 선을 피복한 것이다. 선의 길이와 저항성이 *R*의 값을 결정한다. 저항선은 텅스텐과 망간 등을 이용하는데 11장 "도체와 절연체"에서 설명한다. 절연된 코어는 일반적으로 자기, 시멘트, 압착 종이 등을 사용한다. 비피복 와이어가 사용되지만, 전체 유닛은 일반적으로 절연 물질로 감싸여 있다. 일반적인 권선저항기를 〈그림 2-3〉에 나타내었다.

일반적으로 권선저항기는 저항이 낮고 적정한 크기의 전력을 소모하는 고전류에 사용되기 때문에 1W에서 100W의 정격전력이 요구되는 분야에 이용한다. 저항은 1Ω에서 수천Ω까지의 값을 갖는다. 2W 이하에서는 작고 가격이 낮은 탄소저항기가 적합하다.

또한 권선저항기는 정확하고 안정된 저항을 필요로 하는 경우에 사용된다. 그 예로 *R*의 값을 정확히 조절해야만 하는 전류계의 분류기(ammeter shunt)나 정밀 전위차계를 위한 정밀 저항기가 있다.

탄소합성저항기

탄소합성저항기는 절연물질로 된 분말과 곱게 간 탄소 또는 흑연을 섞어서 목표하는 저항값이 나오도록 필요한 크기로 만든다. 〈그림 2-1a〉에 보인 것과 같이 저항성분은 절연과 기계적인 강도를 위해 플라스틱 케이스로 싸여져 있다. 회로에 납땜으로 연결하기 위해 주석으로 도금된 구리선의 리드선은 탄소저항과 금속캡을 통해 연결된다. 끝에서부터 쭉 나오기 때문에 이를 병축리드선(axial lead)이라고 한다. 탄소합성저항기는 주로 갈색으로 되어 있고 원통형이다.

일반적으로 탄소합성저항기는 1Ω에서 20MΩ 크기의 저항을 갖는다. 10Ω, 220Ω, 4.7kΩ 및 68kΩ을 주로 사용한다. 정격전력은 1/10, 1/8, 1/4, 1/2, 1, 2W가 주로 사용된다.

필름저항기

필름저항기는 탄소필름저항기와 금속필름저항기의 두 가지 종류가 있다. 〈그림 2-4〉에 나타낸 것처럼 탄소필름저항기는 절연된 기판 위에 얇은 탄소막을 피복시켜

그림 2-4 탄소필름저항기의 구조

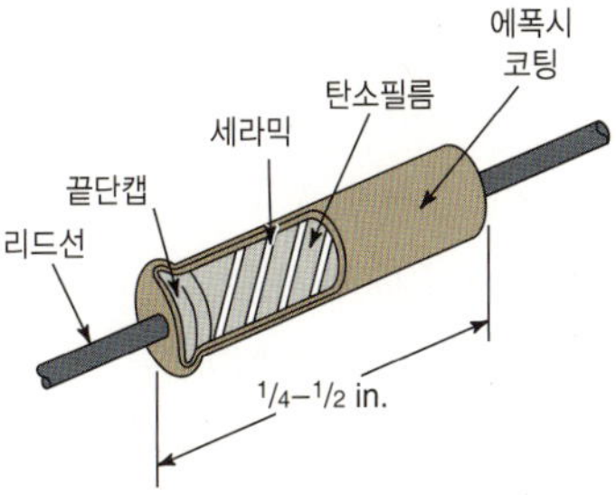

그림 2-5 금속필름저항기의 구조

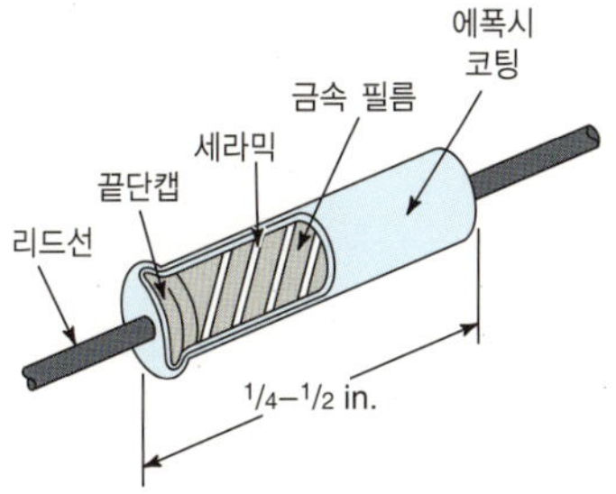

서 제작한다. 탄소필름을 저항 성분으로 제작하기 위해 원통 모양으로 자른다. 저항값은 절연체에 대한 탄소의 양에 비례하여 조절이 가능하다. 탄소합성저항기와 비교할 때 탄소필름저항기는 허용오차가 작고, 온도 및 시간에 따른 열화에 덜 민감할 뿐만 아니라 내부적인 잡음도 적은 장점이 있다.

금속필름저항기는 탄소필름저항기와 유사한 방법으로 제작된다. 금속필름저항기는 세라믹 기판 위에 얇은 금속 박막을 입힌 후 원통형으로 자른다. 〈그림 2-5〉에 금속필름저항기의 구조를 나타냈다. 길이, 두께, 금속 원통의 직경이 저항값을 결정한다. 금속필름저항기가 탄소필름저항기보다 더욱 정밀한 R 값을 제공한다. 전체적인 성능 면에서 금속필름저항기가 가장 좋고, 탄소필름저항기가 그 다음이고, 탄소합성저항기가 가장 나쁘다. 탄소 및 금속필름저항기는 탄소합성저항기에 비해 몸통 끝의 직경이 몸통 가운데의 직경보다 약간 큰 특징을 갖는다. 금속필름저항기는 전기적, 기계적, 기후적 영향을 덜 받게 하기 위해 거의 항상 파랑, 연녹색, 빨강 래커로 코팅되어 있다. 탄소필름저항기는 대개 갈색이다.

그림 2-6 전형적인 칩저항기

알아두기▸▸

저항의 다른 형태는 반도체 저항소자(배리스터, varistor)이다. 배리스터는 전압종속형 저항이다. 이는 인가된 전압의 크기에 따라서 저항이 가변적이라는 뜻이다.

표면실장저항기

칩저항기라고도 불리는 표면실장저항기는 세라믹 본체에 두꺼운 탄소필름을 입혀서 제작한다. 저항값은 탄소의 합성 성분과 탄소의 두께에 의해 결정된다. 저항값은 아주 작은 값에서 수백만Ω까지 넓은 범위를 가진다. 정격전력은 일반적으로 1/8에서 1/4W이다. 〈그림 2-6〉은 전형적인 칩저항기를 보이고 있다. 저항 소자에 대한 전기 연결은 두 개의 무연 납땜 엔드 전극을 통해 이루어진다. 엔드 전극은 C 모양이다. 크기는 1/8W 칩저항기의 경우 0.125인치의 길이에 0.063인치의 너비, 그리고 0.028인치의 두께이다. 이는 납 축을 가지는 전통적인 저항기보다 몇 배는 작다. 칩저항기는 온도에 매우 안정적이고, 견고하다. 끝의 금속 전극은 회로 보드 위의 구리선에 직접 납땜된다. 따라서 표면실장이라는 이름을 사용하는 것이다.

퓨즈저항기

퓨즈저항기(Fusible Resistors)는 정격전력이 높을 경우에 쉽게 연소될 수 있도록 만들어진 권선저항기이다. 퓨즈와 전류를 제한하기 위한 저항의 기능을 둘 다 제공한다.

서미스터

서미스터(Thermistors)는 온도에 가변적인 저항기로 저항값은 동작되는 온도에 따라서 변화한다. 서미스터에서 전류의 자기발열 효과 때문에 전류의 변화에 따라서 저항이 변화한다. 서미스터는 일반적으로 반도체인데 양의 온도계수(positive temperature coefficient, PTC) 또는 음의 온도계수(negative temperature coefficient, NTC)를 갖는다. 만일 서미스터가 PTC를 갖는다면 온도가 증가함에 따라 저항도 증가한다. 반대로 NTC를 갖는다면 온도가 증가함에 따라 저항은 감소한다. 온도가 변화함에 따라 저항이 얼마나 많이 변화하는지는 서미스터의 크기

그림 2-7 (a) 서미스터 기호 (b) 서미스터 형태와 크기

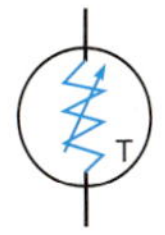

(a)

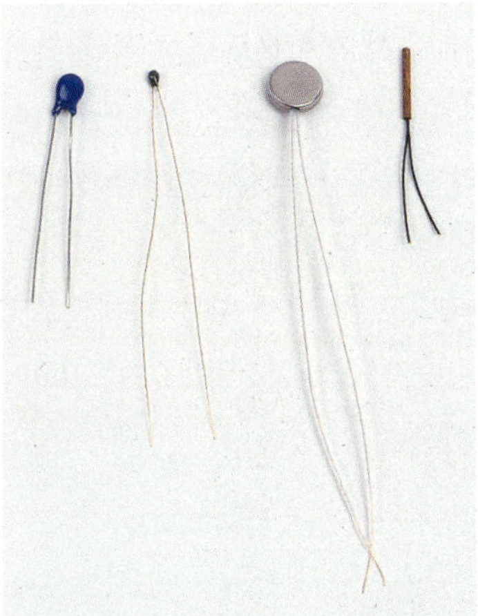

(b)

나 구성 성분에 달려 있다. 저항은 전류나 주변 온도 변화에 따라 순간적으로 변하지 않는다는 것을 기억하라. 일정 크기를 갖는 서미스터의 저항이 변화하는 데에는 어느 정도 시간 간격이 필요하다. 서미스터가 작을수록 온도의 변화에 민감하게 반응한다. 탄소필름저항기와 금속필름저항기는 다른 특성을 갖는다. 이들의 저항은 동작 온도가 변화한다고 해서 크게 변화하지 않는다.

〈그림 2-7a〉는 서미스터의 기호를 나타낸다. 원 안에 저항 기호, 화살표, T라는 문자가 있다. 화살표는 온도 *T*가 변함에 따라 저항이 변한다는 것을 나타낸다. 〈그림 2-7b〉에 보이는 것과 같이 서미스터는 다양한 형태와 크기로 제작된다. 형태는 구슬형, 막대형, 원반형, 와셔형 등이 있다.

서미스터는 종종 온도 측정, 온도 조절, 온도 보상 등과 같은 동작을 위한 전자회로에 사용된다.

■ 2-1 복습문제

a. 25W의 10Ω *R*은 대개 권선저항기인가? (참, 거짓)

b. 10,000Ω의 저항은 10kΩ의 저항과 동일한가? (참, 거짓)

c. 탄소합성저항기와 금속필름저항기 중에서 어느 것이 더 온도에 안정적인가?

d. 1000Ω, 1/2W와 1000Ω, 1W의 탄소필름저항기 중에서 어느 것이 더 큰가?

e. 동작 온도가 증가한다면 NTC 서미스터의 저항기에는 어떤 현상이 발생하는가?

2-2 저항기의 색 코드

탄소저항기는 크기가 작기 때문에 저항값을 표시하는 데 색을 사용한다. 이 체계의 기초는 〈표 2-1〉에 열거된 것과 같이 색깔에 숫자를 부여하는 것이다. 색을 기억

알아두기▸▸

색 코드로 표시된 저항기는 전기 및 전자회로에서 빈번하게 사용되기 때문에 저항기의 색 코드는 암기해 두는 것이 좋다.

표 2-1 색 코드

색	값
검정	0
갈색	1
빨강	2
주황	3
노랑	4
녹색	5
파랑	6
보라	7
회색	8
흰색	9

그림 2-8 탄소저항기에서 색 띠로 저항을 표시하는 방법

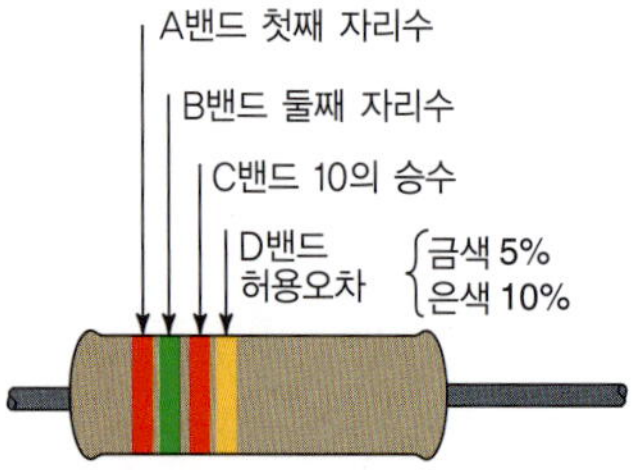

할 때, 검정 및 갈색과 같은 어두운 색은 0 및 1과 같은 낮은 수에 해당하고, 반면에 흰색은 9에 해당한다. 색 코드는 전자산업연합(Electronic Industries Alliance, EIA)에 의해서 표준화되었다.

저항 색 띠

〈그림 2-8〉과 같이 색 띠(color stripe)로 저항을 표시하는 것은 가장 보편화된 방법이다. 색 띠는 저항기의 몸통을 둘러가며 표시되어 있고, 일반적으로 한쪽 끝으로 몰려있다. 가장 끝의 색 띠는 저항기의 첫째 자리의 숫자에 해당한다. 그 다음의 띠는 둘째 자리의 숫자를 나타낸다. 세 번째 띠는 10의 승수를 나타내는데, 앞서 나온 두 숫자 뒤에 얼마나 많은 0(zero)이 붙을지를 알려준다.

> **알아두기▸▸**
>
> 첫 두 자리가 10^x와 곱해지기 때문에 왼쪽으로부터 세 번째 색 띠는 10의 승수라 한다. 여기서 x는 세 번째 띠에 사용된 색깔에 해당하는 숫자이다. 예를 들면, 세 번째 띠의 색깔이 오렌지인 경우, 10의 승수가 10^3 또는 1000이다.

〈그림 2-9a〉에서 첫 번째 띠는 빨강으로 2를 나타내고 두 번째 띠는 녹색으로 5를 나타낸다. 세 번째 띠는 빨강 승수이므로 25라는 숫자 뒤에 두 개의 0, 즉 100이 붙는다는 것을 의미한다. 결과적으로 아래와 같이 계산할 수 있다.

빨강	녹색		빨강	
↓	↓		↓	
2	5	×	100	= 2500

그러므로 R 값은 2500Ω 또는 2.5kΩ이다.

〈그림 2-9b〉는 세 번째 띠가 검정인 경우에 앞의 두 숫자 뒤에 어떠한 0도 오지 않는다는 것을 나타낸다. 만약 저항이 빨강, 녹색, 검정의 띠를 가지고 있다면 R은 25Ω이다.

MultiSim **그림 2-9** 허용치가 있는 색 부호 R값의 예제

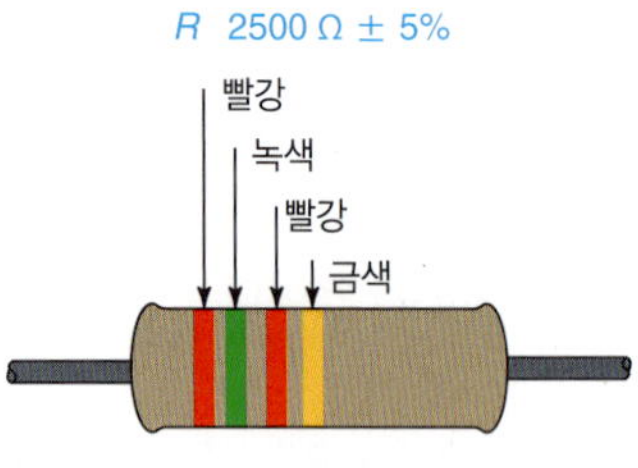

(a)

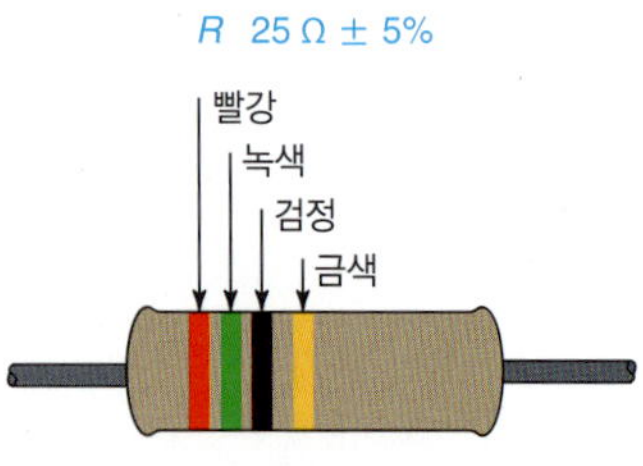

(b)

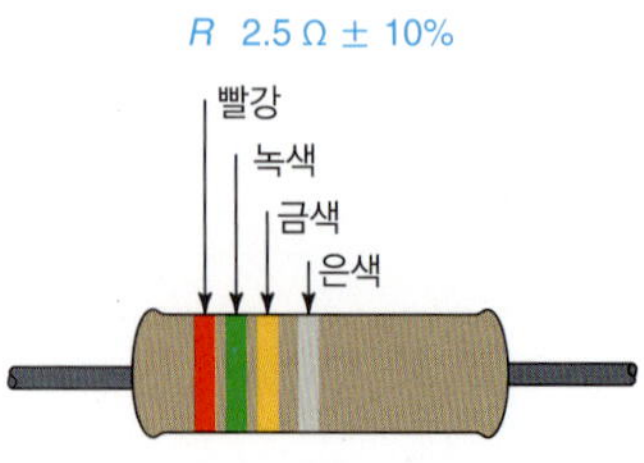

(c)

10Ω 이하의 저항

10Ω 이하의 저항을 나타내기 위해서 세 번째 띠에 금색이나 은색을 사용하는데, 10의 승수만큼 나눈다는 것을 의미한다. 세 번째 띠가 금색인 경우에 앞의 두 숫자에 0.1을 곱하게 된다. 〈그림 2-9c〉에서 R 값은 아래와 같다.

$$25 \times 0.1 = 2.5\Omega$$

은색은 0.01을 곱한다는 것을 의미한다. 만약 〈그림 2-9c〉에서 세 번째 띠가 은색이라면 R은 아래와 같다.

$$25 \times 0.01 = 0.25\Omega$$

금색과 은색의 띠가 10의 승수로 나누는 역할을 하는 경우는 세 번째 띠에 위치할 때만 적용되고, 처음 두 띠에서는 사용하지 않는다.

저항기 허용오차

색 띠로 계산된 R과 실제 R 값 사이의 차이를 저항의 허용오차(tolerance)라고 하고, 보통 퍼센트로 표시한다. 예를 들어, 2000Ω의 저항이 ±10%의 허용오차를 가진다는 것은 표시된 값보다 10% 정도 값이 크거나 작을 수도 있다는 뜻이다. 즉, 실제 저항은 1800Ω에서 2200Ω 사이의 값을 가진다. 계산하는 방법은 아래와 같다.

$$2000\text{의 }10\%\text{는 }0.1\times2000 = 200$$

+10%에 대해서 저항값은 아래와 같다.

$$2000 + 200 = 2200\Omega$$

−10%에 대해서 저항값은 아래와 같다.

$$2000 - 200 = 1800\Omega$$

〈그림 2-8〉과 같이 네 번째 띠의 은색은 허용오차가 ±10%를 가진다는 것을 표시하고 금색은 ±5%의 허용오차를 가진다는 것을 표시한다. 만약 허용오차를 위한 색 띠가 없다면 ±20%의 허용오차를 의미한다. 일반적으로 탄소합성저항기는 제작 시 약간의 부정확한 저항값을 가질 수밖에 없는데, 이는 탄소합성저항기가 보통 매우 낮은 가격으로 제작되기 때문이다. 대부분의 회로에서 저항이 약간 차이나는 것은 허용될 수 있다.

5밴드 색 코드

정밀한 저항(금속필름저항기)은 〈그림 2-8〉과 같은 4개의 띠를 가지는 4밴드 색 코드 방식보다는 5밴드의 색 코드를 사용한다. 5밴드 색 코드는 더욱 정밀한 저항 R을 표시하는 데 이용된다. 5개의 색 띠에서 처음 세 개의 색 띠는 세 개의 숫자를 의미하고 다음의 색 띠는 10의 승수이다. 마지막으로 다섯 번째 띠는 허용오차를 나타낸다. 다섯 번째의 색 띠가 갈색, 빨강, 녹색, 파랑, 보라일 경우에 다음과 같은 허용오차를 갖는다.

갈색	±1%
빨강	±2%
녹색	±0.5%
파랑	±0.25%
보라	±0.1%

MultiSim **그림 2-10** 5밴드 색코드

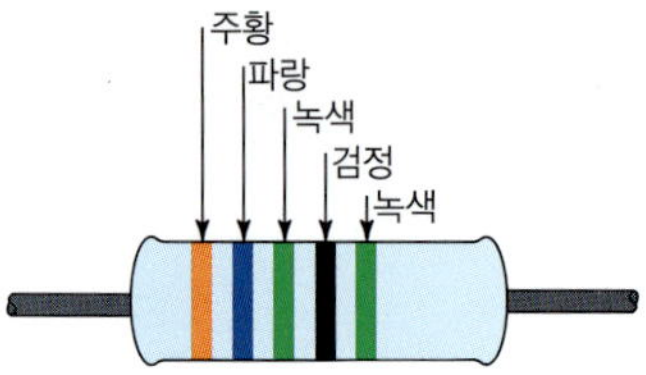

예제 2-1

〈그림 2-10〉과 같이 5밴드 색 코드인 경우에 저항은 얼마인가? 또한 허용오차는 얼마인가?

정답 첫 번째 띠가 주황이므로 숫자는 3이고, 두 번째 띠가 파랑이므로 숫자는 6이다. 세 번째 띠가 녹색이므로 숫자는 5이다. 따라서 색 띠에 의한 세 개의 숫자는 각각 3, 6, 5이다. 네 번째 띠는 검정이므로 10의 승수는 영이다. 허용오차를 나타내는 다섯 번째 띠의 색깔이 녹색이므로 ±0.5%의 허용오차이다. 따라서 R=365Ω±0.5%이다. 허용오차는 365×0.005=±1.825Ω이고 저항은 363.175Ω에서 366.825Ω의 범위를 갖는다.

권선저항기의 표시

권선저항기는 크기가 크기 때문에 보통 절연피막 위에 R 값을 직접 표시한다. ±1% 이하의 허용오차를 갖는 정밀 저항을 제외하고 일반적으로 ±5%의 허용오차를 갖는다. 그러나 탄소저항기와 같은 작은 크기의 권선저항기들은 띠 형태의 칼라 코드 방식을 사용한다. 이 경우에 첫 번째 띠는 다른 띠들에 비해서 두 배의 너비이다. 칼라 코드 방식을 사용하는 권선저항기들은 일반적으로 4W 이하의 정격전력을 갖는다.

표준 저항값

회로 내에서는 다양한 R 값이 필요할 수 있고, 이러한 다양한 값의 저항을 제작해야만 하는 어려움을 최소화하기 위해서 몇 가지 특정한 값을 갖는 저항기가 주로 생산된다. 이러한 저항기들은 가격이 저렴하고 쉽게 이용할 수 있다. ±10%의 허용치를 갖는 저항 중에서는 10, 12, 15, 18, 22, 27, 33, 39, 47, 56, 68, 82에 10의 승수를 곱한 것이 표준 저항값들이다. 예를 들어, 47, 470, 4700, 47,000이 표준 저항값에 해당한다. ±20%, ±10%, ±5%의 허용오차를 갖는 표준 저항값을 부록(Appendix) C에 나타내었다.

영옴 저항기

저항기에는 영옴 저항기도 있는데, 이 저항기는 실제로 많이 사용되고 있다. 영옴 저항기의 값은 〈그림 2-11〉과 같이 저항기의 몸통이 검정 띠 하나로 표시되어 있다. 영옴 저항기는 1/8 및 1/4W 크기로 사용 가능하다. 1/8W 영옴 저항기의 실제 저항은 0.004Ω이고, 1/4W 영옴 저항기의 저항은 근사값 0.003Ω이다.

그림 2-11 영옴 저항기는 저항의 몸통이 검은색 띠 하나로 표시되어 있다.

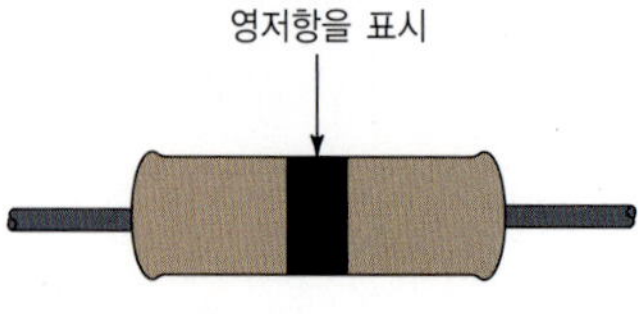

영옴 저항기는 처음에 어떻게 사용하게 되었을까? 그 이유는 다음과 같다. 대부분의 PCB 기판은 사람의 손이 아닌 기계 로봇에 의해서 자동적으로 조립된다. 어떤 경우에는 PCB 위의 선을 끊어서 특정 위치를 단락시켜야 한다. 로봇은 오직 선

그림 2-12 전형적인 칩저항기의 표시 체계

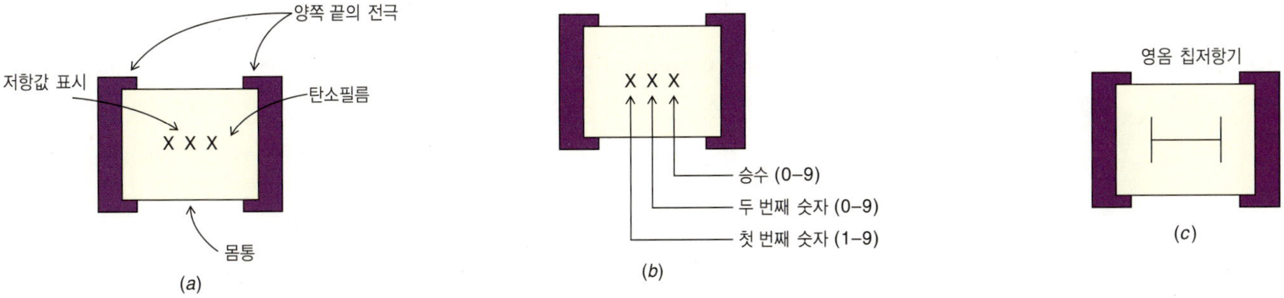

이 아닌 저항과 같은 회로 소자만을 다룰 수 있기 때문에 영옴 저항기가 사용되는 것이다. 영옴 저항기가 개발되기 전에는 수동으로 점퍼(절단이 가능한 선)를 삽입하였는데, 이는 많은 시간과 비용이 소모되는 작업이다. 영옴 저항기는 완성된 회로를 수정하고자 할 때 사용된다.

알아두기▸▸

칩저항기는 저항을 표시하는데 세 자리 또는 네 자리의 숫자 코드를 사용한다. 그 숫자들은 육안으로 식별하는 데 너무 작을 수도 있다. 다시 말하면, 칩저항기의 값을 읽을 때 숫자 코드를 확대할 기기가 필요할 수도 있다.

칩저항기의 표시 체계

〈그림 2-12a〉와 같이 칩저항기는 다음과 같은 공통적인 특성을 갖는다.

1. 한쪽 면 위에 어두운 필름(보통 검정 사용, 어두운 회색 및 녹색도 사용)
2. 납땜에 사용될 각 저항의 끝에 두 개의 C 형태의 전극
3. 저항기의 어두운 필름면에 세 개 또는 네 개의 숫자 표시

칩저항기의 저항은 필름 또는 몸통에 인쇄된 세 개의 숫자에 의해서 결정된다. 세 개의 숫자는 4밴드 색 띠에서 앞의 세 가지 띠가 나타내는 숫자와 동일한 정보로서 〈그림 2-12b〉에 나타냈다. 처음의 두 숫자는 저항의 두 자리 수를 나타내고 세 번째 숫자는 승수를 표시한다. 만약 네 개의 숫자가 있다면 처음의 세 자리 숫자가 저항을 위한 수를 나타내고 네 번째 숫자는 승수를 표시한다. *R*이라는 문자는 1에서 10Ω 사이 값의 소수점을 나타내므로 2*R*7 = 2.7Ω이다. 〈그림 2-12c〉는 영옴 칩저항기의 기호를 나타낸다. 칩저항기는 일반적으로 ±1%와 ±5%의 허용오차를 갖는다. 그러나 칩저항기는 저항을 나타내는 표시 숫자에 허용오차를 나타내지 않는다.

예제 2-2

〈그림 2-13〉에 나타난 칩저항기의 저항값을 구하라.

그림 2-13 숫자 부호 방식의 칩저항기

정답 처음 두 숫자가 5와 6이므로 56이라는 수가 주어진다. 세 번째 숫자가 2이므로 56 뒤에 두 개의 영을 추가하면 5600Ω 또는 5.6kΩ의 저항이 구해진다.

그림 2-14 가변탄소저항기의 구조. 3/4 인치의 직경 (a) 외형 (b) 원형 저항의 내부

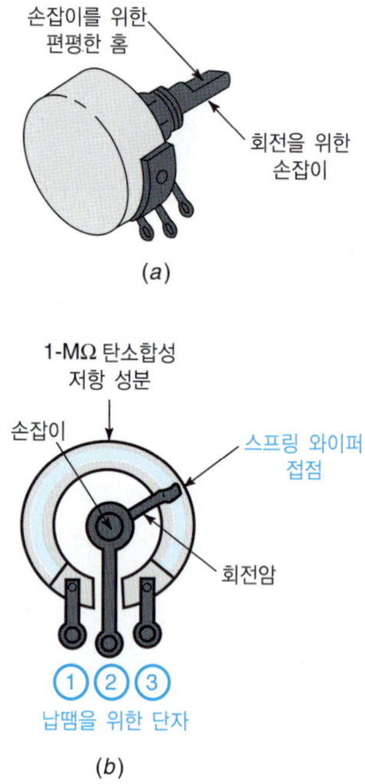

서미스터 값

서미스터는 기준 온도 25℃에서 저항값이 정해진다. 25℃에서의 저항을 영전력 저항(zero-power resistance)이라 하고 R_0라 표기한다. 영전력 저항이라는 것은 서미스터가 전력을 소모하지 않는다는 의미이다. 서미스터는 저항을 표시하기 위한 어떠한 체계도 가지고 있지 않는다. 그러나 드물게 R_0을 표시하기 위해 세 개의 점으로 표시하는 방법을 사용하기도 한다. 이 경우에 첫 번째와 두 번째 점은 두 개의 숫자를 나타내고, 세 번째 점은 승수를 나타낸다. 세 점의 색은 탄소저항기와 동일한 체계를 따른다.

■ 2-2 복습문제

a. 숫자 4에 해당하는 색은 무엇인가?
b. 은색 띠가 나타내는 허용오차는 얼마인가?
c. 노랑, 보라, 갈색, 금색 띠를 가진 저항기의 저항과 허용오차는 얼마인가?
d. 〈그림 2-13〉의 칩저항기가 333의 숫자를 가진다고 가정하자. 저항은 얼마인가?

2-3 가변저항기

알아두기▸▸

가변저항기의 일반적인 기호

〈그림 2-14〉와 같이 가변저항기도 〈그림 2-3b〉의 권선 혹은 탄소저항기의 형태를 갖는다. 〈그림 2-14a〉의 금속 케이스의 내부를 살펴보면 〈그림 2-14b〉와 같이 제어장치는 원형판을 포함한다. 이 원형판은 탄소합성저항기 성분으로 압착한 종이나 주형된 탄소판 위에 박막을 입힌 것이다. 원형판의 두 끝은 1과 3의 외부 납땜 단자와 연결된다. 중간 단자는 금속 스프링 접촉자에 의해 저항 성분에 접촉되어 있는 가변암(arm)에 연결된다. 제어장치의 축이 회전함에 따라서 가변암은 접촉자가 저항 성분의 다른 위치와 접촉하도록 이동시킨다. 동일한 개념이 슬라이드 제어장치에 적용될 수 있는데, 〈그림 2-15〉와 같이 저항 성분이 직선 형태라는 것을 제외하고는 작동 원리는 동일하다.

접촉 지점이 한쪽 끝으로 이동하면 끝에 연결된 단자와 가변암 사이의 R이 감소한다. 두 끝점 사이의 R은 변화하는 것이 아니고, 항상 최대 저항값을 나타낸다.

탄소 제어장치는 대략 1000Ω에서 5MΩ 사이의 R 값을 갖고 정격전력은 보통 1/2에서 2W 정도이다.

그림 2-15 2인치 길이의 슬라이드 방식의 가변저항기

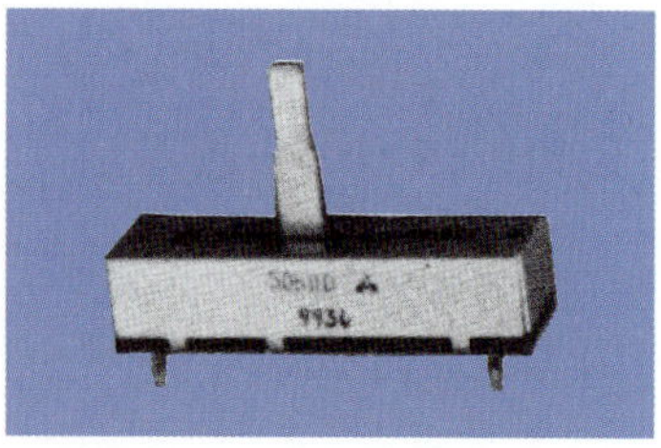

테이퍼 제어장치

축의 회전에 의해 R이 변화하는 것을 제어장치의 테이퍼(taper)라 한다. 선형 테이퍼에서 0.5배 회전시키면 저항은 최대값의 0.5배가 된다. 마찬가지로 모든 R 값은 회전한 거리에 비례하여 변화한다. 비선형 테이퍼에서 R은 한쪽 끝에서는 점차적으로 변할 수 있고, 반대쪽 끝에서는 더 큰 변화가 있을 수 있다. 이러한 이유는 저항 성

분에서 탄소의 밀도가 다르기 때문이다. 볼륨 조절을 하기 위한 오디오 테이퍼는 조절 폭이 작을 경우에 R 값의 변화가 작다. 따라서 갑자기 소리가 커지거나 작아지는 것을 방지한다.

저항상자

그림 2-16 넓은 범위의 R 값을 조절하기 위한 저항상자

〈그림 2-16〉의 저항상자(Decade resistance box)는 넓은 범위의 저항값을 제공하는데 편리한 도구이다. 회로 내에서 다른 저항들을 적용해볼 때 사용하는 테스트 장비로 생각할 수 있다. 저항상자 내부에는 6개의 저항 열이 있고 각각의 저항 열은 다이얼 스위치에 의해 조절된다.

첫 번째 다이얼의 저항값 범위 : 0~9Ω(1의 자리를 나타냄)
두 번째 다이얼의 저항값 범위 : 0~90Ω(10의 자리를 나타냄)
세 번째 다이얼의 저항값 범위 : 0~900Ω(100의 자리를 나타냄)
네 번째 다이얼의 저항값 범위 : 0~9,000Ω(1,000의 자리를 나타냄)
다섯 번째 다이얼의 저항값 범위 : 0~90,000Ω(10,000의 자리를 나타냄)
여섯 번째 다이얼의 저항값 범위 : 0~900,000Ω(100,000의 자리를 나타냄)

여섯 개의 다이얼은 내부적으로 연결되어 있어서 다이얼에 의한 저항은 서로 더해질 수 있다. 그러면 저항은 1부터 999,999Ω까지 나타낼 수 있다. 정확한 저항도 조절가능하다. 예를 들어, 여섯 개의 다이얼 모두가 2를 가리키고 있다면 총 저항은 2 + 20 + 200 + 2,000 + 20,000 + 200,000 = 222,222Ω이다.

■ 2-3 복습문제

a. 〈그림 2-14〉에서 어느 단자로 가변저항기를 조절하는가?
b. 오디오 테이퍼는 선형인가 비선형인가?
c. 〈그림 2-16〉에서 R×100k 와 R×10k 다이얼이 4와 7로 맞추어져 있고 다른 다이얼들은 모두 영으로 맞추어져 있다면 전체 R 값은 얼마인가?

2-4 가감저항기와 전위차계

알아두기▸▸

전위차계의 저항값은 보통 금속이나 플라스틱 껍질의 뒷면에 표시되어 있다. 어떤 경우에는 허용오차도 표시된다.

가감저항기(rheostat)와 전위차계(potentiometer)는 탄소나 권선 중 하나로 회로 내에서 전류나 전압의 양을 변화시키는 데 사용되는 가변저항기이다. 직류와 교류 응용 분야에서 모두 제어가 가능하다.

가감저항기는 부하와 직렬로 연결되는 두 단자를 갖는 가변저항기이다. 전류의 양을 조절하는 데 사용된다.

일반적으로 짧게 "폿(pot)"이라고 불리는 전위차계는 세 개의 단자가 있다. 두 끝 사이에 고정된 최대 R은 전압원에 병렬로 연결된다. 그런 다음 가변암을 사용하여 끝 단자와 가운데 단자 사이에서 분배되는 전압을 조정하게 된다. 전위차계와 가감

저항기 사이의 차이점을 〈표 2-2〉에 나타내었다.

표 2-2	전위차계와 가감저항기
가감저항기	전위차계
두 개의 단자	세 개의 단자
부하와 전원 V와 직렬로 연결	전원 V의 양 끝단에 연결
I를 변화	V의 일부를 추출

가감저항기 회로

〈그림 2-17〉의 가감저항기 R_2의 기능은 R_1에 흐르는 전류의 양을 변화시키는 것이다. 예를 들어, R_1이 특정한 전류 I를 필요로 하는 작은 전구라 할 수 있다. 그러므로 R_2의 두 단자는 회로 내에서 총 저항 R_T의 값을 변화시키기 위해 R_1 및 전압원 V와 직렬로 연결되어 있다. R_T가 변화할 때 미터에서 보이듯이 I는 변화한다.

〈그림 2-17〉의 R_1은 5Ω이고, 가감저항기 R은 0에서 5Ω까지 변화한다. R_2가 최대값 5Ω이라면 R_T는 5 + 5 = 10Ω이다.

R_2가 0Ω이라면 R_T는 5Ω이다. 결론적으로, 가감저항기는 R_1을 통해 흐르는 전류를 변화시키기 위해 회로의 저항을 변화시킨다. R이 감소함에 따라서 I는 증가한다.

가감저항기는 R이 최소값일 때 최대 전류 I를 흘리기에 충분한 정격전력을 가져야 한다는 것이 중요하다. 가감저항기는 교류전력을 사용하는 분야에서 낮은 저항을 갖는 회로의 비교적 큰 전류를 제어하는데 사용되는 권선가변저항기이다.

전위차계 회로

〈그림 2-18〉의 회로는 100V의 전압원에서 일부의 전압을 뽑아내기 위한 것이다. 회로에서 다음과 같은 두 부분을 고려하자.

1. 전압 V는 전위차계의 두 끝 단자에 인가된다.
2. 가변 전압 V는 한쪽 끝 단자와 가변암 사이의 출력이다.

MultiSim **그림 2-17** 가감저항기는 전류 I를 변화시키기 위해 회로에 직렬로 연결된다. 전류계의 기호는 암페어를 의미하는 A로 나타낸다.

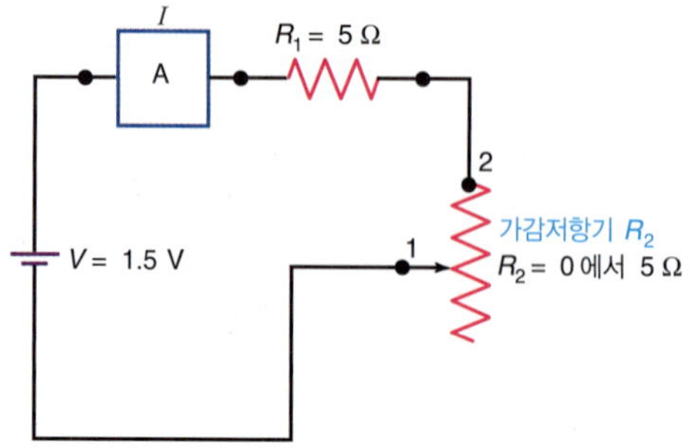

그림 2-18 전압원과 연결된 전압분배기 기능의 전위차계 (a) 배선도 (b) 회로도

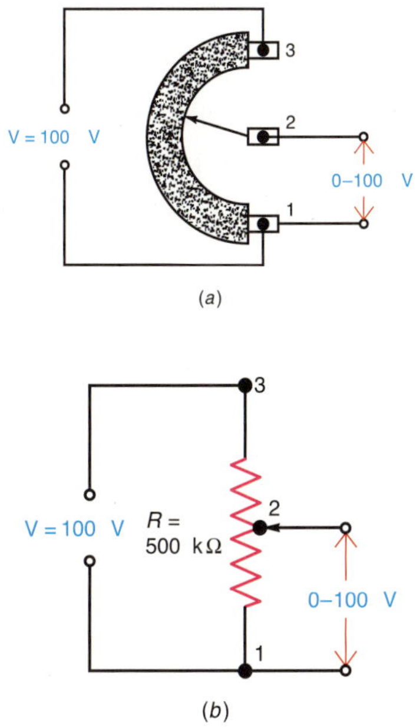

세 개의 단자에 두 쌍의 연결이 필요한데, 하나의 단자는 입력과 출력에 대해서 공통으로 사용한다. 한 쌍은 단자 1과 3을 전압원 V에 연결하고, 다른 한 쌍은 한쪽 끝 단자와 가변암과 연결된 중앙 단자 사이의 연결에 해당한다. 이 한쪽 끝의 단자는 입력과 출력에 모두 연결한다. 다른 쪽 끝 단자는 입력을 연결하기 위해서만 사용한다.

〈그림 2-18〉과 같이 가변암이 500kΩ의 중앙에 위치할 때, 100V의 절반으로써 단자 1과 2 사이에 50V가 빠진다. 나머지 50V의 전압이 단자 2와 3으로부터 출력된다. 그러나 이 전압은 출력으로 사용하지 않는다.

가변암을 단자 3으로 이동시킬수록, 단자 1과 2 사이에서 얻는 전압은 더욱 커진다. 최대 저항으로 조절하면, 단자 1과 2 사이의 전압은 100V이다. 그때 실제로 단자 2와 3은 같게 된다.

가변암이 단자 1과 연결되어 최소 저항으로 조절될 경우에 단자 1과 2 사이의 전압은 영이다. 인가된 전압은 단자 2와 3 사이에 그대로 출력된다. 전압원은 단락회로가 아니라는 사실이 중요하다. 이는 가변암이 어디에 위치하고 있든지 간에 전위차계의 최대 저항이 전압원에 걸쳐 있다는 사실 때문이다. 〈그림 2-19〉에 소형 전위차계가 나타나 있다.

그림 2-19 전자회로에서 가변 제어를 위해 종종 사용되는 소형 전위차계와 트리머(trimmer). 단자의 리드선은 PCB에 삽입이 가능하다.

가감저항기로 사용되는 전위차계

일반적으로 가감저항기는 권선저항기이자 고전력 저항기이다. 그러나 소형이며 저전력 가감저항기가 필요할 경우도 있는데 수신기에서 연속적인 음성을 제어하는 경우가 그 예이다. 제어장치는 가감저항기의 가변 직렬저항을 사용하지만 매우 작은 전력을 소모한다.

가감저항기로 전위차계를 연결하는 방법은 제어장치와 가변암의 한쪽 끝을 연결하여 오직 두 개의 단자만 이용하고, 세 번째 단자는 개방하여 아무것도 연결하지 않는 것이다.

다른 방법으로 중앙의 단자와 사용하지 않는 단자를 연결하는 방법이 있다. 가변암이 회전하면 서로 다른 양의 저항이 단락회로가 된다. 부동 저항이 없어지기 때문에 이 방법을 선호한다.

전위차계의 어느 한쪽 끝은 가감저항기로 이용될 수 있다. 그렇지만 축이 회전하면서 어느 한쪽의 저항이 증가한다면 다른 쪽의 저항은 감소할 것이다. 또한 테이퍼는 비선형 제어에서는 반대가 된다.

전위차계의 저항은 저항 성분(물질)으로 이루어진 표면에 표기되어 있다. 표시된 값은 바깥 단자 사이의 저항을 나타낸다.

■ 2-4 복습문제

a. 전위차계에 얼마나 많은 회로의 연결이 필요한가?

b. 가감저항기에 얼마나 많은 회로의 연결이 필요한가?

c. 〈그림 2-18〉의 500kΩ 선형 전위차계에서 단자 1과 2 사이가 400kΩ이라면 출력 전압은 얼마인가?

2-5 저항기의 정격전력

저항기는 저항값 이외에 너무 뜨거워지지 않게 저항에 흐르는 전류에 의해 발생된 전력을 소모하기에 충분한 정격전력을 가져야만 한다. 정상적으로 동작하는 경우에 탄소저항기의 온도는 따뜻한 정도로 뜨겁게 되지는 않는다. 권선저항기는 매우 높은 온도에서 동작이 가능하다. 최대 온도는 300℃이다. 만약 저항기가 과도한 전력 소모로 인해서 너무 뜨겁게 된다면, 저항이 변화하거나 연소할 수 있다.

정격전력은 물리적인 크기와 저항기의 구성 성분에 의해 좌우되는 물리적인 특성이다. 다음의 주어진 사항들에 주의해야 한다.

1. 물리적인 크기가 클수록 높은 정격전력을 갖는다.
2. 높은 정격전력의 저항기일수록 높은 온도에서 동작할 수 있다.
3. 권선저항기는 탄소저항기보다 더 크고 높은 정격전력을 갖는다.

알아두기▸▸

현재 이용하고 있는 많은 전자 제품들은 기기들 내부에서 발생하는 열을 식히기 위해서 방열팬을 내장하고 있다. 냉각장치는 제품들의 부품이 서늘한 온도에서 동작하도록 하고, 수명을 보장하는 역할을 한다.

2W의 탄소저항기는 대략 길이가 1인치이고, 직경이 1/4인치이다. 1/4W 저항기는 길이가 0.25인치이고, 직경이 0.1인치이다.

두 종류 모두 정격전력이 높으면 정격전압도 높다. 높은 정격전압은 내부의 아크 방전을 일으키지 않고 저항 양단에 인가할 수 있는 최대 전압을 제공할 수 있다. 탄소저항기를 예로 들어보면, 최대 전압은 1W에 대해 500V, 1/2W에 대해 350V, 1/4W에 대해 250V, 1/8W에 대해서 150V이다. 전압이 과도하게 주어질 경우에 권선저항기는 권선 사이에 아크방전이 생길 수 있고, 탄소합성저항기는 탄소 입자 사이에 아크방전이 발생할 수 있다.

전력 감쇄곡선

탄소저항기를 비롯하여 PCB 위에서 다른 저항기 및 소자들이 서로 가까이 위치하고 있는 경우에 모든 소자들은 한정된 공간 내에서 열을 발생하기 때문에 25℃ 이상의 온도로 상승할 수 있다. 탄소저항기는 70℃ 이내에서 동작할 때, 상용 정격전력이 유효하다. 그러나 70℃ 이상의 온도가 된다면 정격전력을 낮추어야만 한다. 이를 〈그림 2-20〉에 나타냈다. 주위의 온도가 70℃까지는 저항기의 물리적인 크기에 의해서 결정된 정격전력이 동일하다. 그러나 70℃ 이상이 되면 정격전력은 선형적으로 감소한다.

예를 들어, 110℃의 온도일 경우에 정격전력은 50%로 감소해야만 한다. 110℃에서 동작하는 1kΩ, 1/2W 저항기는 1/4W의 전압을 안정적으로 소비할 수 있다. 만약 100℃에서 1/2W를 안정적으로 소비하고자 한다면 저항기의 물리적인 크기를 증가시켜야만 한다. 이 경우에 1kΩ, 1W 저항이 필요하다.

전력 감쇄곡선이라 불리는 〈그림 2-20〉의 그래프는 저항기의 제작자로부터 제공된다. 1/2W 탄소저항기에 대해서 전력 감쇄 곡선은 70℃ 이상의 온도에서 정격전력 6.25mW 감소에 해당한다. 이는 6.25mW/℃의 감쇄 계수에 해당한다.

그림 2-20 저항의 전력 감쇄곡선

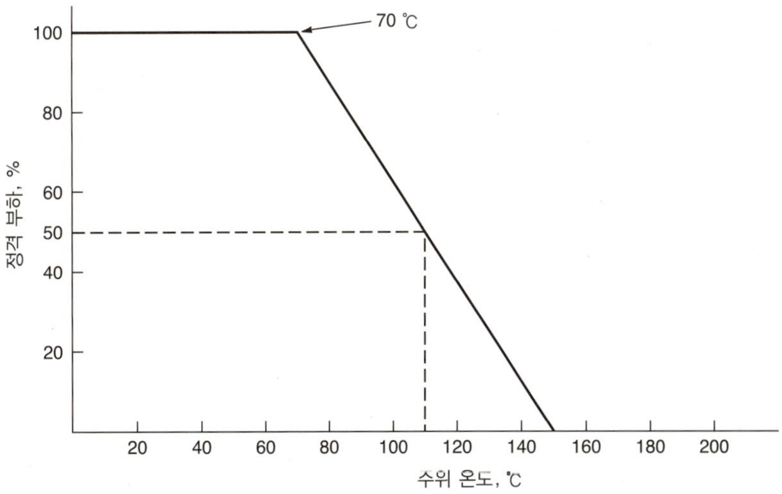

수명(shelf life)

사용하지 않을 경우에 저항기의 특성은 거의 영구적으로 유지된다. 저항기가 전류에 의해 높은 온도로 가열되지 않는다면, 저항기의 고유한 특성은 시간이 지남에 따라서 변화하지 않는다. 일반적으로 저항기의 수명은 문제가 되지 않는다.

■ 2-5 복습문제

a. 저항기의 정격전력은 주로 저항기의 물리적인 크기에 의해 결정된다. (참, 거짓)
b. 탄소저항기의 정격전력은 주위의 온도에 의해서 영향을 받지 않는다. (참, 거짓)

2-6 저항기의 고장

저항기를 사용하는 데 있어서 가장 일반적인 고장은 개방(open)이다. 개방 저항이 직렬로 사용되면 전체 직렬 경로에서 전류가 흐르지 않는다.

잡음 제어

음성 제어와 같은 응용 분야에서 가변암이 회전할 때 저항이 부드럽게 변화하면 잡음이 덜 발생하기 때문에 이러한 특성을 갖는 탄소 제어장치가 선호된다. 그러나 저항 성분이 와이퍼 접촉에 의해서 닳게 되면 제어 잡음(control noisy)이 발생된다. 음성 제어장치에서 축이 회전할 때 긁히는 것과 같은 잡음을 발생하면 저항 성분이 더러워졌거나 닳았다는 것을 의미한다. 만약 제어장치가 단지 더러워진 것이라면 특수한 제거제(contact cleaner)를 이용하여 세척할 수 있지만, 장시간 사용에 의해 닳은 것이라면 제어장치를 교체해야 한다.

알아두기▸▸

전자회로에서 저항의 값을 측정할 때 측정하고자 하는 회로의 전원을 반드시 꺼야만 한다. 그렇지 않을 경우에 저항계에 손상을 줄 수 있다.

그림 2-21 R_2를 측정하고자 하는 경우에 R_1에 의해서 저항계가 낮은 값을 측정할 수 있다. (a) 병렬로 연결된 R_1과 R_2 저항 (b) R_1의 한쪽 끝을 끊어서 R_2를 분리

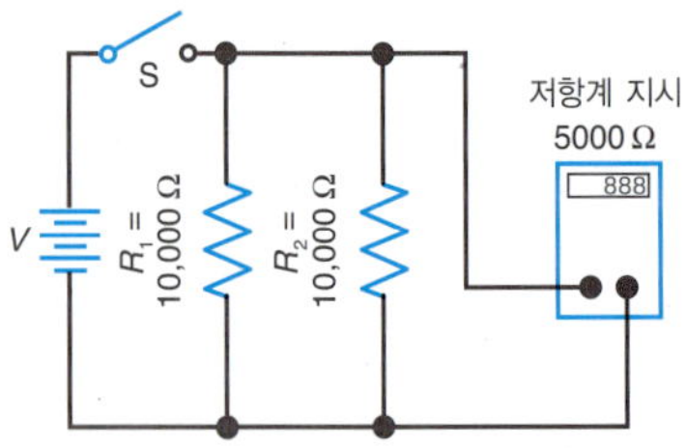

(a)

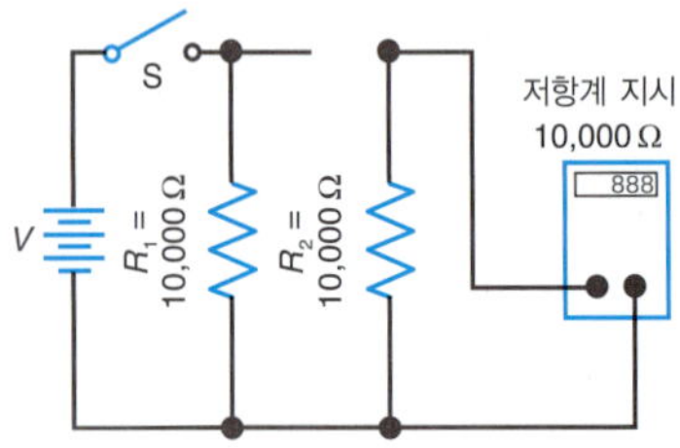

(b)

저항계를 이용한 저항 측정

저항은 저항계로 측정한다. 저항계는 자체적인 전압원이 내장되어 있어서 어떠한 외부 전원을 인가하지 않고서도 저항을 측정할 수 있다. 측정하는 방법은 저항을 회로로부터 분리한 후 저항계의 리드선을 이용하여 저항을 단독으로 측정하는 것이다.

개방 저항은 저항값이 무한대 크기로 측정된다. 종종 무한한 저항은 영옴 저항과 혼동을 가져온다. 전류가 영이면 저항은 무한히 높고, 무한한 저항은 개방회로를 의미한다. 실제로 저항이 단락된다는 것은 불가능하다. 저항이 회로의 다른 소자에 의해서 단락회로가 될 수는 있다. 저항에서 문제가 되는 것은 무한한 저항을 갖는 개방회로이다.

저항계는 반드시 측정하고자 하는 저항을 나타낼 수 있을 만큼의 저항 눈금을 가져야 하고, 그렇지 않을 경우에 저항을 측정할 수 없다. 예를 들어, 10MΩ의 저항을 측정하는 데 있어서 저항계의 최대 측정 가능한 저항값이 1MΩ이라면 저항계는 무한대의 저항을 표시할 것이다. 10MΩ과 같은 저항값을 측정하기 위해서 저항계는 100MΩ 정도나 그 이상의 저항 눈금이 사용되어야 한다.

10Ω 이하의 저항을 측정하기 위해서 약 100Ω이나 그 이하의 저저항 스케일이 필수적이다. 중간 눈금이 6Ω 이하여야 하고, 그렇지 않을 경우에 저항계는 낮은 저항값을 0Ω으로 읽어 낼 것이다.

회로 내의 저항을 측정할 때 반드시 병렬로 연결된 저항이 있는지 확인해야 한다. 그렇지 않으면 측정된 저항은 〈그림 2-21a〉와 같이 실제 저항보다 낮은 값을 보이게 된다. 저항계는 R_1과 병렬로 연결된 R_2의 저항을 읽는다. R_2만의 저항을 측정하기 위해서는 〈그림 2-21b〉와 같이 한쪽 끝을 분리한다.

매우 높은 저항을 측정할 때, 저항계의 리드선에 손을 대지 않는 것이 중요하다. 쇼크의 위험은 없지만 약 50,000Ω의 인체 저항이 측정하고자 하는 저항과 병렬로 연결되어 저항계가 낮은 저항을 측정할 수 있기 때문이다.

*R*의 변화

탄소합성저항기의 값은 종종 허용된 범위를 벗어날 수 있다. 이는 오랜 기간 동안 저항기가 가열될 경우에 발생하고, 대부분의 경우에 R 값이 증가하게 된다. 이러한 현상을 노화(aging)라고 한다. 탄소필름과 금속필름저항기는 거의 노화되지 않는다. 표면실장저항기는 탄소피복이 제거되면 저항이 변화하므로 절대로 문지르거나 긁어서는 안 된다.

■ 2-6 복습문제

a. 단락회로에 대해서 저항계는 어떤 값을 나타내는가?
b. 개방회로에 대해서 저항계는 어떤 값을 나타내는가?
c. 개방회로나 단락회로 중 어느 회로의 저항이 더 높은가?
d. 수년간 사용했을 경우에 금속필름저항기와 탄소합성저항기 중에서 어느 것의 저항이 더 쉽게 변화하는가?

바리스터와 서지 보호기의 이해와 응용

과도 전압 또는 전원 서지라 일컫는 전압 스파이크는 매우 짧은 시간 동안, 일반적으로 1에서 30마이크로초 동안의 전압 펄스이다. 전압 스파이크 또는 전원 서지는 다양한 출처에서 발생한다. 예를 들면, 뇌우가 내리는 동안 근처의 낙뢰는 과대전력선에서 100kV 정도 또는 그 이상의 높은 전압 스파이크를 발생시킬 수 있다. 이러한 단시간 전압 스파이크는 전력선 도체를 돌아 가정, 학교, 그리고 공장으로 들어간다. 전압 스파이크와 전원 서지도, 예를 들면 가정이나 다른 형태의 시설에서 에어컨디셔너나 냉장고의 모터의 전원이 켜지고 꺼질 때 발생하기도 한다. 이 경우의 전압 스파이크는 1kV나 그 이상이다. 전압 스파이크가 어디서 발생하든지, 전자 장치나 가전 장비가 적절히 보호되지 않은 120~240 교류 전원에 꽂혀 있다면, 부분적으로 고장이 나거나 완전히 파괴될 것이다. 전자 장치와 가전 장비를 보호하기 위해서는 이 장비들을 〈그림 2-22〉와 같은 서지 보호기에 꽂아야 한다. 보는 바와 같이 서지 보호기는 전원 코드와 다수의 콘센트를 가진 표준 콘센트 스트립과 비슷하다. 서지 보호기의 전원 코드는 120V 교류 전선에 바로 꽂혀서, 전자 장비와 가전 장비들은 하나 또는 그 이상의 이용 가능한 콘센트에 꽂힌다. 만약 높은 에너지의 전압 스파이크가 120V 교류 전선에 나타난다면, 서지 보호기는 330V와 같이 미리 정해진 최대 값으로 제한한다. 이러한 전압 제한 기능은 콘센트 스트립에 꽂힌 전자 장치와 가전 장비들을 보호한다.

그림 2-22 서지 보호기

바리스터 특징

전압 스파이크나 전원 서지로부터 보호하기 위해 서지 보호기는 바리스터(Varistor)라고 알려진 특별한 저항기를 사용한다. 바리스터는 전압 의존적이고 전압에 따라 저항 값이 변하는 비선형 저항기이다. 바리스터에 흐르는 전류는 전압의 거듭제곱에 따라 변하고, 특별한 바리스터의 경우, 전압이 두 배가 될 때 전류는 수십 배 증가하기도 한다. 바리스터는 극성에 민감한 소자가 아니므로 전압의 어느 극성이든 동일한 특성을 가진다. 금속 산화물 바리스터는 음 온도 계수를 가진다는 것을 유념할 필요가 있다. 바리스터는 주로 아연 산화물과 같이 금속 산화물을 이용하여 만들어져, 금속 산화물

그림 2-23a MOV의 회로 기호

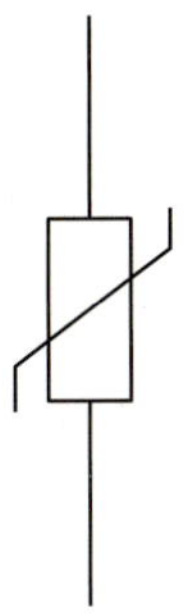

그림 2-23b MOV의 전압-전류 특성

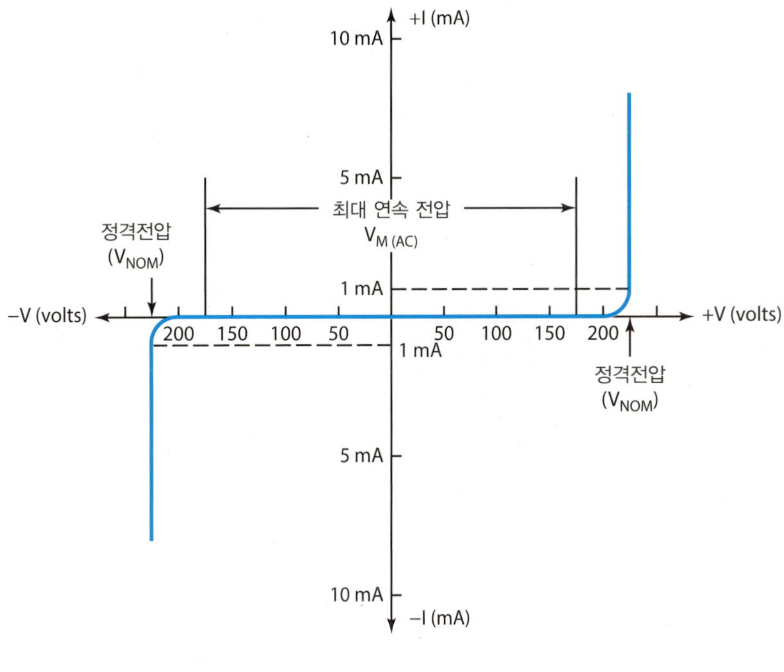

바리스터는 통칭 MOV(metal oxide varistor)로 일컫는다. 바리스터와 MOV라는 용어는 번갈아 가며 사용될 수 있다는 것을 유념하자. 〈그림 2-23a〉는 MOV의 회로 기호를 보여주고 〈그림 2-23b〉는 전형적인 전압-전류 특성을 보여준다. 전압-전류 특성이 전압의 두 극성에 대해서 동일하기 때문에 좌우 대칭으로 분류된다. 〈그림 2-23b〉에서 바리스터의 정격전압에 도달하기 전까지 전류가 거의 0임을 명심하자. 가끔 공칭 전압(nominal voltage) V_{NOM}이라 일컫는 바리스터의 정격전압은 바리스터가 전도하기 시작하는 최소 전압이다. 정격 또는 공칭 전압은 주로 1mA의 전류에 지정된다. 정격전압보다 작을 때는 MOV는 매우 높은 저항으로 존재하고, MOV를 "꺼짐" 또는 전도가 이루어지지 않는 상태로 여기면 된다. 전압 스파이크나 전원 서지가 없는 경우 MOV의 정상 작동 영역이다. 사실 중요한 것은 전도 없이 최대 전압이 MOV에 계속적으로 인가되는 MOV의 최대 연속적인 정격 전압(maximum continuous voltage)이다. 이 정격전압은 통상적으로 $V_{M(AC)}$또는 $V_{M(DC)}$로 나타낸다. 그러나 MOV에 인가된 전압이 정격전압보다 조금 증가하면 MOV의 저항은 급격이 감소하고 전류는 급속도로 증가한다. 그러나 MOV에 인가된 전압은 MOV에 흐르는 전류가 증가하더라도 상대적으로 일정하게 유지된다는 것을 기억하자. 아마도 MOV의 가장 중요한 정격은 클램핑 전압(clamping voltage) V_C이다. 클램핑 전압 V_C는 특정한 최대 전류 I_{PK}에 MOV에 인가된 최대 보장된 전압을 말한다. MOV가 전도하고 있고 전류가 극도로 높을 때, 펄스에 포함된 에너지는 MOV에서 열로써 소산된다. MOV의 수명은 전원 서지의 수, 지속 정도, 강도에 의해 결정된다.

클램핑 전압보다 매우 큰 진폭을 가진 과도 전압에 MOV가 노출되면, MOV의 저항을 심각하게 감소하고 결과적으로 MOV에 흐르는 전류가 갑작스럽게 증가한다. 아주 짧은 지연(1ns보다 작음) 후, MOV에 인가된 전압은 정격 클램핑 전압, VC로 돌아오고, 과도 전압을 안전한 수준으로 제한한다. 과도 전압이나 전원 서지에서 얻어진 에너지는 MOV에 의해 흡수되어 원래의 회로를 보호하게 된다.

그림 2-24 MOV

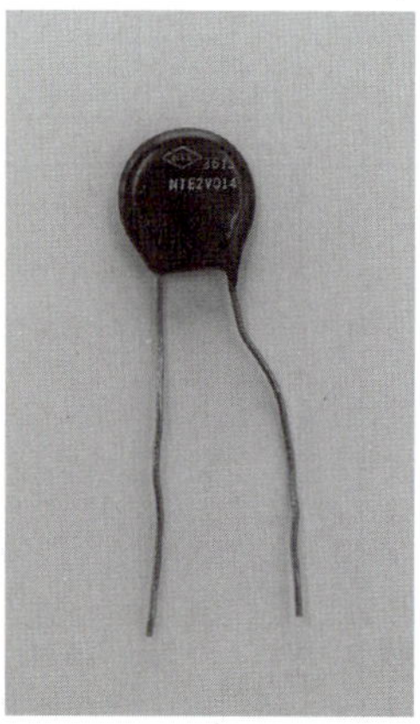

MOV는 다양한 모양과 사이즈가 있지만 가장 일반적인 포장 방식은 〈그림 2-24〉와 같은 디스크 형식이다. 정격전압(공칭 전압 V_{NOM}) 바리스터는 몇 가지 다른 요소로 구분되지만, 가장 큰 결정 요소는 두께이다. 통상적으로, 디스크 웨이퍼가 두꺼울수록 정격전압이 더 높다.

다음은 MOV의 주요 등급 요약이다.

1. 공칭 전압 V_{NOM} – 특정한 전류(1mA)에서 정격 바리스터 전압. MOV가 전도하기 시작하는 최소한의 정격전압이라 할 수 있다.
2. 클램핑 전압 V_C – 특정한 최대 전류에서 최대 보장되는 전압
3. 최대 연속 전압 $V_{M(AC)}$ – 상당한 전류가 흐리지 않고 MOV에 연속적으로 인가될 수 있는 최대 전압. 최대 연속 전압은 항상 공칭 전압 V_C보다 작다.
4. 최대 비반복 서지 전류 – MOV에 흐르는 허용할 수 있는 최대 서지 전류
5. 에너지 등급 – 장치의 고장 없이 과도 상태에서 MOV가 소산할 때 발생하는 줄(J) 단위의 최대 에너지
6. 반응 시간 – 클램핑 전압 V_C를 초과하는 크기의 전압 스파이크에 MOV가 반응하는 시간
7. 작동 주변 온도 범위 – MOV가 특정 등급에서 동작하기 위한 작동 온도 범위

서지 보호기 등급

이제 일반적으로 시판되는 서지 보호기와 관련된 등급을 살펴보자. 〈그림 2-22〉에서는 1150줄(Joule)의 에너지 흡수/에너지 소산 등급, 전압 보호(클램핑 전압) 등급은 400V와 1ns보다 작은 반응 시간 등급을 가진다. (이 모델의 사양이 있다.) 1150줄의 에너지 흡수/에너지 소산 등급은 서지 보호기가 고장나기 전까지 처리할 수 있는 에너지 양을 말한다. 이 등급은 높을수록 더 잘 보호된다. 400V로 표시된 전압 보호 등급은 서지 보호기가 전압 스파이크나 전원 서지의 발생시 120V 교류 전선에 인가되는 허용할 수 있는 전압을 말한다. 전압 등급이 낮을수록, 더 잘 보호된다. Underwriters Laboratory(UL)에서 지정한 3가지 레벨의 전압 보호 등급은 330V, 400V, 500V이다. 1ns보다 작다고

그림 2-25 서지 보호기 회로

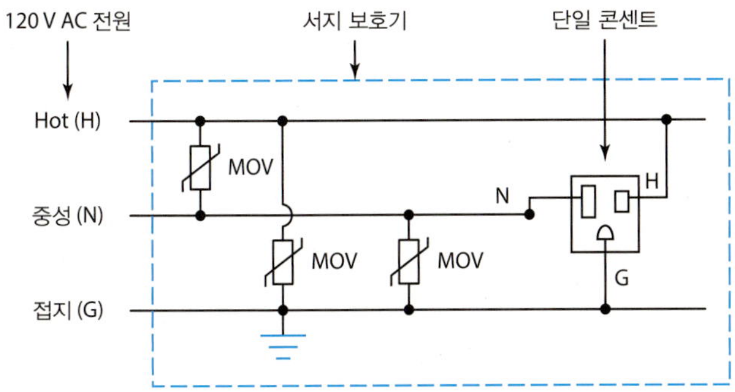

표시된 반응 시간은 전압 스파이크나 파워 서지에 반응할 때 얼미만큼의 지연이 있었는지를 말한다. 반응 시간이 길수록, 전력 스트립에 꽂혀 있는 전자 장치는 유입되는 전원 서지에 노출되는 시간이 길다는 것을 의미한다. 명백하게, 반응시간이 짧을수록 더 잘 보호된다.

서지 보호기의 회로 그림은 〈그림 2-25〉에 나타나 있다. 전원 코드는 HOT(H), 중성(N), 접지(G)의 세 개의 전도체를 가진다. 서지 보호기의 내부는 MOV가 HOT와 중성(H-N), HOT와 접지(H-G), 그리고 중성과 접지(N-G)가 연결되어 있다. 전압 스파이크가 유입되는 어느 또는 모든 전선의 전도체에 있을 수도 있기 때문에 세 개의 MOV가 필요하다.

중요한 팁

서지 보호기를 살 때, 두 개의 지시등인 보호됨(Protected)과 접지됨(Grounded)을 가진 것을 찾아라. 보호됨 발광 다이오드(LED)가 켜지면, 전압 제한 소자(MOV)가 적절히 작동한다는 것이다. 접지됨 발광 다이오드가 켜지면 서지 보호기가 꽂혀 있는 120V 교류 콘센트가 적절하게 접지되었다는 것이다. 만약 보호됨 불이 꺼지면 전압 제한 소자(MOV)가 전원 서지에 의해 손상되었다는 것을 의미한다. 이 경우, 서지 보호기는 그 목적에 맞게 작동하였고, 반드시 교체되어야 한다. 〈그림 2-22〉에서 같은 몇몇 서지 보호기는 대재앙의 전원 서지가 발생하거나, 에너지를 흡수할 수 있는 것 이상으로 흡수하면 자동적으로 꺼진다. 그러나 대부분의 서지 보호기는 MOV가 손상이 되더라도 전원 스트립으로 정상적으로 작동할 것임을 유념하자. 어떤 지시등 없이는 전원 스트립의 서지 보호기가 정상적으로 작동하는지 알 수 없다. 만약 접지됨 LED가 꺼졌다면 120V 교류 콘센트에 접지선의 문세가 있음을 말한다. 적절한 접지가 없다면, 서지 보호기는 무용지물이다. 만약 접지됨 LED가 꺼졌다면 전기 기사에게 연락하여 120V 교류 콘센트가 접지되도록 해야 한다. 비록 만약 접지됨 LED가 꺼졌더라도 서지 보호기는 HOT(H)과 중성(N) 간의 120V 교류를 여전히 제공한다.

마지막 포인트 : 〈그림 2-22〉에 보인 서지 보호기는 불이 켜지는 내장 회로 최단기 ON/OFF 스위치가 있다. 회로 차단기가 작동하는 두 가지 이유가 있다. 서지 보호기에 꽂혀 있는 장치들이 서지 보호기에 계측된 전류(15A)보다 더 많은 전류를 끌어당기거나, 치명적인 전원 서지가 있는 경우이다. 회로 차단기가 작동하면, 잠시 기다렸다가 스위치를 OFF에서 ON으로 바꿔 재설정한다. 이전에 언급하였듯이, 보호됨 LED가 다시 켜지지 않으면, 서지 보호기는 그 목적에 부합되게 작동하였고, 반드시 교체되어야 한다.

요약

- 저항기의 유형에는 탄소합성저항기, 탄소필름저항기, 금속필름저항기, 권선저항기, 표면실장저항기, 칩저항기 등이 있다. 탄소필름저항기와 금속필름저항기는 허용오차가 작고 온도 및 노화의 영향을 덜 받으면서 내부 잡음이 작기 때문에 탄소합성저항기보다 우수하다.
- 서미스터는 온도에 따라 저항이 변화하는 저항기이다. 만약 서미스터의 저항이 온도에 따라서 증가한다면 양의 온도계수(PTC)를 갖는 경우이고, 서미스터의 저항이 온도에 따라서 감소한다면 음의 온도계수(NTC)를 갖는 경우이다.
- 권선저항기는 고전류가 흐르는 곳에 사용된다. 권선저항기는 약 1에서 100W의 정격전력을 갖는다.
- 저항기는 저항값을 나타내기 위하여 색 코드를 이용한다. 4밴드나 5밴드 방법이 사용되는데 5밴드 부호가 더욱 정밀한 저항을 표현할 수 있다. 칩저항기는 3 또는 4자리 숫자로 된 코드를 사용한다.
- 영옴 저항기는 기계에 의해서 PCB의 두 지점을 단락시키고자 할 때 사용된다. 영옴 저항기는 1/8 또는 1/4W의 정격을 갖는다.
- 전위차계는 세 개의 단자를 갖는 가변 저항기로서 회로 내의 전압을 변화시키는 데 이용한다. 가감저항기는 두 단자를 갖는 가변 저항기로서 회로 내의 전류를 변화시키는 데 이용한다.
- 저항기의 물리적인 크기는 정격전력을 결정한다. 물리적인 크기가 클수록 정격전력도 크다. 저항기의 물리적인 크기와 저항값 사이에 연관은 없다.
- 저항기에서 발생하는 가장 일반적인 문제점은 개방이다. 저항기와 병렬로 연결된 다른 경로가 없는 경우에 개방 저항기를 저항계로 측정하면 저항은 무한대의 크기를 갖는다.

중요 용어

- 가감저항기 : 회로 내 전류의 양을 변화시키는 데 이용되는 두 단자를 갖는 가변 저항기
- 감쇄곡선 : 동작 온도가 증가함에 따라 저항기의 정격전력이 감소하는 경향을 나타낸 그래프
- 권선저항기 : 절연 코어를 저항 성분의 도선으로 감싼 형태의 저항기
- 금속필름저항기 : 세라믹판 위에 금속의 얇은 나선필름을 입힌 구조를 가진 저항기
- 색 코드 : 저항기의 값과 허용치를 표시하기 위해서 저항기의 몸통에 색 띠를 이용한 방법
- 서미스터 : 온도가 변화함에 따라 저항이 변화하는 저항기
- 양의 온도계수(PTC) : 동작 온도가 증가함에 따라 저항이 증가하는 서미스터의 특성
- 영옴저항기 : 저항이 거의 0Ω인 저항기
- 영전력저항 : 전력을 소비하지 않는 서미스터의 저항, R_0으로 표시함
- 음의 온도계수(NTC) : 동작 온도가 증가함에 따라 저항이 감소하는 서미스터의 특성
- 저항상자 : 1Ω, 10Ω, 100Ω, 1000Ω, 10,000Ω, 100,000Ω 단위의 다양한 저항이 조절되는 가변 저항상자
- 전위차계 : 중간 단자와 바깥쪽 단자 사이의 전압을 변화시키는 데 사용되는 세 단자를 갖는 가변 저항기
- 탄소필름저항기 : 절연판 위에 얇은 탄소 나선막을 형성시킨 저항
- 탄소합성저항기 : 분말 형태의 절연체 물질과 곱게 간 탄소를 혼합하여 만든 저항
- 테이퍼 : 축의 회전으로 전위차계나 가감저항기의 저항이 변화하는 방법을 나타내는 용어
- 표면실장저항기 : 세라믹 기판 위에 두꺼운 탄소필름을 입힌 저항기(표면실장저항기는 보통의 저항기보다 매우 작은 크기이고 몸통 바깥으로 나온 리드선이 없다.)
- 허용오차 : 측정된 저항과 표기된 저항 사이의 최대 허용 차이의 % 값

자습문제

1. 세 종류의 색 띠를 갖는 탄소합성저항기의 허용오차는 얼마인가?
   a. ±5%
   b. ±20%
   c. ±10%
   d. ±100%

2. 25W의 정격전력을 갖는 저항기는 어느 것인가?
   a. 탄소합성저항기
   b. 금속필름저항기
   c. 표면실장저항기
   d. 권선저항기

3. 저항계로 측정할 때 개방된 저항기는 어떻게 측정되는가?
   a. 무한한 저항
   b. 색 코드값
   c. 영저항
   d. 색 코드값보다 작은 값

4. 저항계로 저항기를 측정할 경우에 주의할 점은 무엇인가?
   a. 가장 낮은 저항 범위에서 높은 저항을 확인한다.
   b. 가장 높은 저항 범위에서 낮은 저항을 확인한다.
   c. 모든 병렬 경로를 분리한다.
   d. 손가락을 테스트 리드선에 가져다 대어본다.

5. 칩저항기에 394로 표기되어 있다. 저항값은 얼마인가?
   a. 39.4Ω
   b. 394Ω
   c. 390,000Ω
   d. 39,000Ω

6. 탄소필름저항기의 칼라 코드가 빨강, 보라, 검정, 금색으로 구성된다. 저항값과 허용오차는 얼마인가?
   a. 27Ω±5%
   b. 270Ω±5%
   c. 270Ω±10%
   d. 27Ω±10%

7. 전위차계란 무엇인가?
   a. 회로에서 전압을 변화시키는 데 사용되는 세 단자를 갖는 기기
   b. 회로에서 전류를 변화하는 데 사용되는 두 단자를 갖는 기기
   c. 고정된 저항기
   d. 회로에서 전압을 변화시키는 데 사용되는 두 단자를 갖는 기기

8. 금속필름저항기의 칼라 코드가 갈색, 녹색, 빨간, 갈색, 파랑으로 구성된다. 저항과 허용오차는 얼마인가?
   a. 1500Ω±1.25%
   b. 152Ω±1%
   c. 1521Ω±0.5%
   d. 1520Ω±0.25%

9. 다음의 저항기들에서 가장 크기가 작은 것은 어느 것인가?
   a. 권선저항기
   b. 탄소합성저항기
   c. 표면실장저항기
   d. 전위차계

10. 다음 설명 중에서 올바른 것은 어느 것인가?
    a. 저항기들은 항상 병축 리드선을 갖는다.
    b. 저항기들은 항상 탄소로 만든다.
    c. 저항기의 물리적인 크기와 값 사이에는 상관도가 없다.
    d. 저항기의 수명은 약 1년이다.

11. 서미스터가 음의 온도계수를 갖는다면 저항의 특성으로 적합한 것은?
    a. 동작 온도가 증가하면 증가한다.
    b. 동작 온도가 감소하면 감소한다.
    c. 동작 온도가 증가하면 감소한다.
    d. 동작 온도에 영향을 받지 않는다.

12. 4밴드 저항 색 코드에서 세 번째 띠에 있는 금색은 무엇을 의미하는가?
    a. 0.01의 승수
    b. 0.1의 승수
    c. 10의 승수
    d. ±10%의 허용오차

13. 어느 병축 리드선(axial-lead) 저항기가 보통 파랑, 밝은 녹색, 빨강 몸통을 갖는가?
    a. 권선저항기
    b. 탄소합성저항기
    c. 탄소필름저항기
    d. 금속필름저항기

14. **표면실장저항기가 4R7의 코드값을 갖는다. 저항은 얼마인가?**

a. 4.7Ω

b. 4.7kΩ

c. 4.7MΩ

d. 정답 없음

15. **왼쪽에서 오른쪽으로 읽을 때 저항기의 색 띠가 노랑, 보라, 갈색, 금색이다. 저항계로 513Ω이 측정되었다면 무엇에 해당하는가?**

a. 오차 범위 내

b. 오차 범위 밖

c. 정확한 측정

d. 오차 범위 내로 고려 가능

확인문제

1. 고정저항기의 다섯 가지 유형을 열거하라.

2. 탄소합성저항기에 대해서 금속필름저항기를 사용하는 장점을 열거하라.

3. 다음의 항목들에 대해서 기호를 그려라. (a) 고정저항기 (b) 전위차계 (c) 가감저항기 (d) 서미스터

4. 권선저항기의 색 코드를 어떻게 확인할 수 있는가?

5. 저항상자는 어디에 이용되는지 설명하라.

6. 전위차계와 가감저항기의 차이를 열거하라.

7. 4밴드 색 코드를 사용하는 저항기에서 세 번째 밴드에 분수의 십진 승수로 금색과 은색일 경우에 얼마의 값에 해당하는가?

8. 1MΩ의 저항기가 개방되었는지 그렇지 않은지 확인하는 방법을 간단히 설명하라. 두 가지 주의할 사항에 대해서도 설명하라.

9. 서미스터와 관련된 영전력 저항기에 대해서 정의하라.

10. 주위의 온도가 탄소저항기의 정격전력에 어떻게 영향을 미치는지 설명하라.

연습문제

2-2절 저항기의 색 코드

2-1 〈그림 2-26〉의 저항기들에 대해서 저항과 허용오차를 나타내라.

2-2 〈그림 2-27〉의 저항기들에 대해서 저항과 허용오차를 나타내라.

2-3 〈그림 2-28〉의 칩저항기들의 저항을 나타내라.

2-4 다음과 같이 저항과 허용오차가 주어졌을 때 저항기의 범위를 나타내라. (a) 3.9kΩ±5% (b) 100Ω±10% (c) 120kΩ±2% (d) 2.2Ω±5% (e) 75Ω±1%

2-5 4밴드 코드를 이용하여 다음에 주어진 저항기를 위한 색 코드를 결정하라. (a) 10kΩ±5% (b) 2.7Ω±5% (c) 5.6kΩ±10% (d) 1.5MΩ±5% (e) 0.22Ω±5%

2-6 5밴드 코드를 이용하여 다음에 주어진 저항기를 위한 색 코드를 결정하라. (a) 110Ω±1% (b) 34kΩ±0.5% (c) 82.5kΩ±2% (d) 62.6Ω±1% (e) 105kΩ±0.1%

2-3절 가변저항기

2-7 〈그림 2-29〉를 참고하여 물음에 답하라. 〈표 2-3〉의 지정된 여러 다이얼 값에 대한 총 저항 R_T를 나타내라.

2-4절 가감저항기와 전위차계

2-8 전위차계를 가감저항기로 동작시키기 위한 두 가지 배선 방법을 보여라.

그림 2-26 〈문제 2-1〉을 위한 저항기

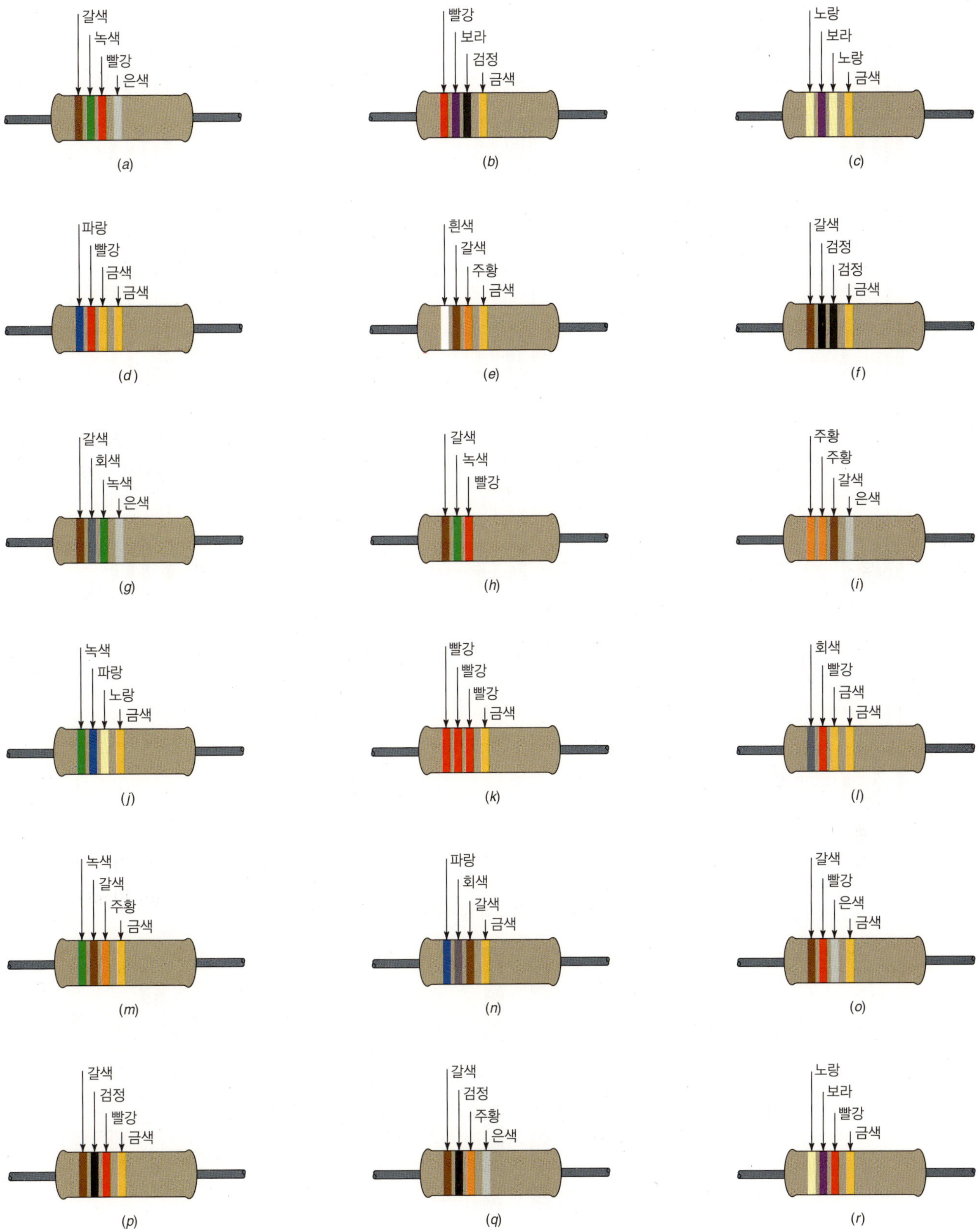

그림 2-27 〈문제 2-2〉를 위한 저항기

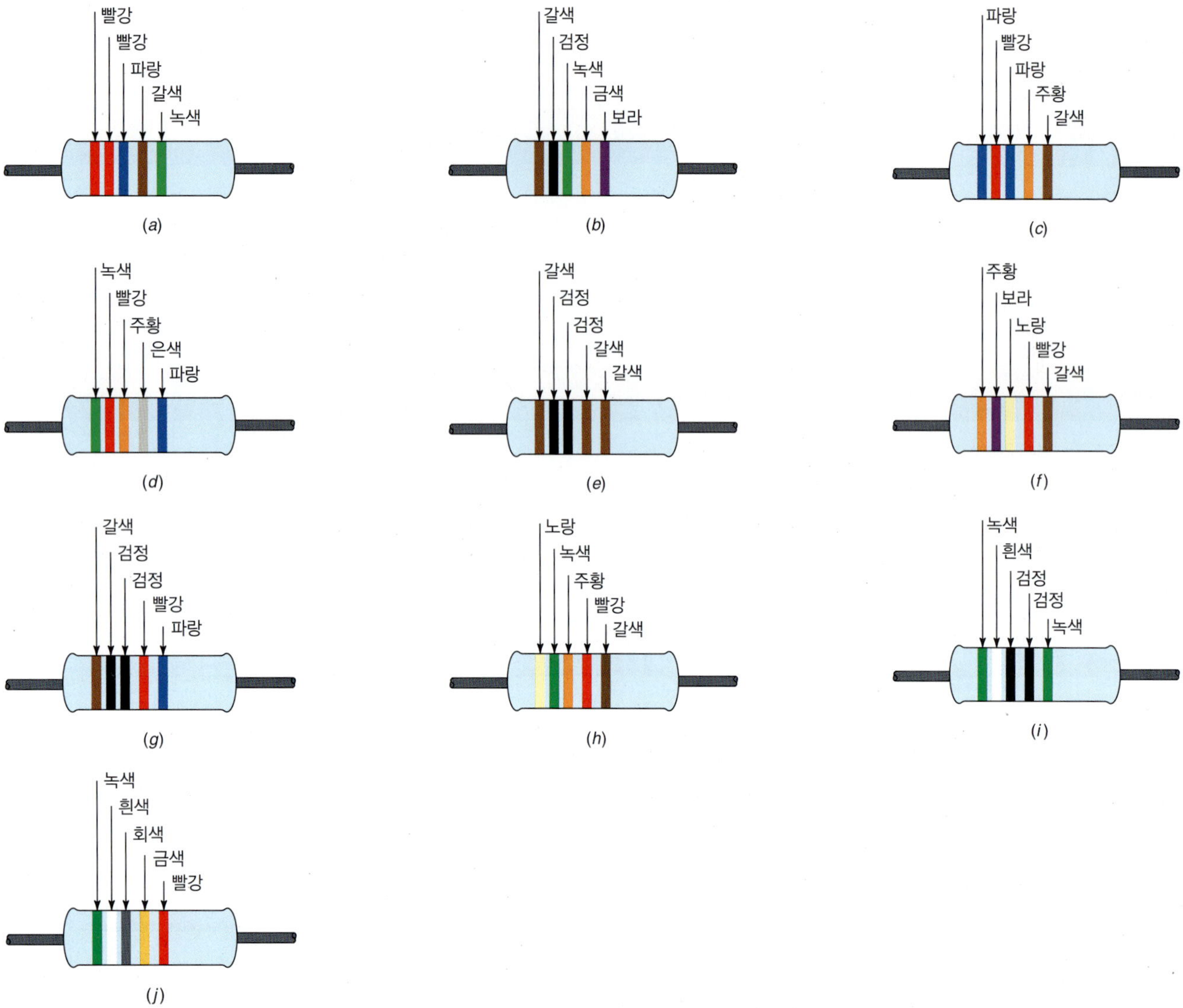

그림 2-28 〈문제 2-3〉을 위한 칩저항기

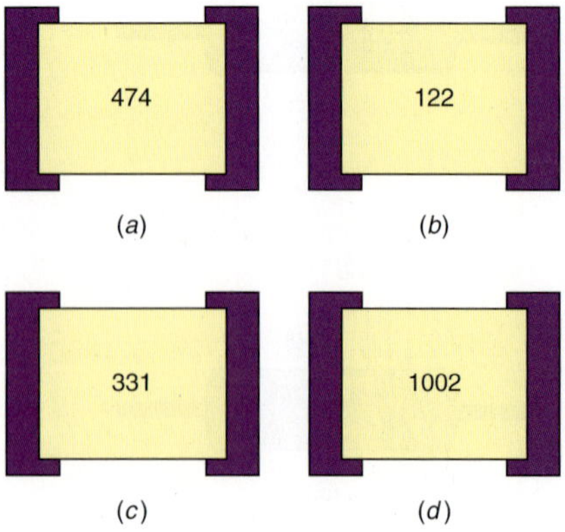

그림 2-29 저항상자

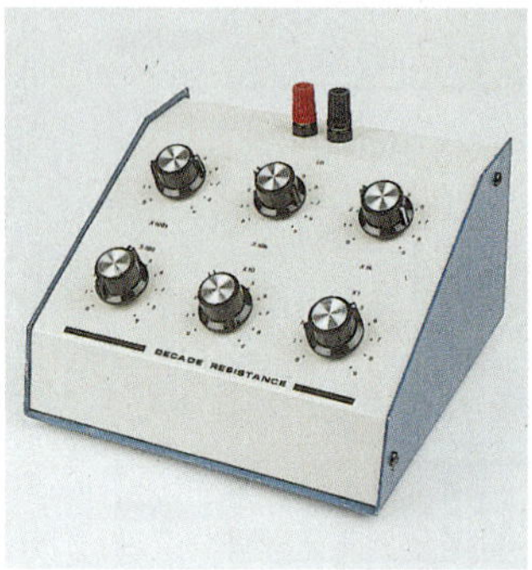

표 2-3	〈문제 2-7〉을 위한 저항상자 다이얼 지정				
$R \times 100$ k	$R \times 10$ k	$R \times 1$ k	$R \times 100$	$R \times 10$	$R \times 1$
(a) 6	8	0	2	2	5
(b) 0	0	8	2	5	0
(c) 0	1	8	5	0	3
(d) 2	7	5	0	6	0
(e) 0	6	2	9	8	4

사고력 문제

2-9 탄소필름저항기의 제작자는 모든 1/4W의 저항기에 대해서 250V의 최대 동작전압을 명시한다. 250V를 초과하면 저항기 내부에 아크가 발생한다. 1/4W 정격소비전력이 초과되기 전에 최대 동작전압은 최소 얼마의 저항 이상을 초과하는가?

힌트 : 정격소비전력은 $V_{\max} = \sqrt{P \times R}$ 에 의해서 계산될 수 있다.

2-10 만약 120℃의 온도에서 사용된다면 1/2W 탄소저항기의 정격전력은 얼마인가?

복습문제 정답

2-1 a. 참
b. 참
c. 금속 필름
d. 1000Ω, 1W
e. R이 감소한다.

2-2 a. 노란색
b. ±10%
c. 100
d. 470Ω±5%
e. 33,000Ω 또는 33kΩ

2-3 a. 단자 2
b. 비선형
c. 470,000Ω 또는 470kΩ

2-4 a. 3개의 단자에 4개의 연결
b. 2
c. 80V

2-5 a. 참
b. 거짓

2-6 a. 0Ω
b. 무한대의 옴
c. 개방회로
d. 탄소합성저항기

chapter 3

옴의 법칙

전압, 전류, 저항 사이의 수학적인 관계는 옴(Georg Simon Ohm)에 의해서 1826년에 발견되었다. 옴의 법칙(Ohm's law)이라고 알려져 있는 수학적인 관계는 전자공학에서 모든 회로를 해석하는 데 있어서 기본적인 토대를 제공하고 있다. 이 장의 기초가 되는 옴의 법칙은 전류 I의 양이 전압 V에 직접적으로 비례한다는 것과 저항 R에 반비례한다는 것이다. 옴의 법칙을 수학적으로 표현하면 다음과 같다.

$$I = \frac{V}{R}$$

옴의 법칙과 더불어 이 장에서 전력의 개념을 소개한다. 전력은 시간에 따라서 얼마나 많은 일을 할 수 있는지를 나타내는 척도이다. 전력의 기호는 P이고 단위는 와트이다. V, I, R, P 사이에 존재하는 모든 관계가 이 장에서 다루어진다.

옴의 법칙 및 전력과 함께 이 장은 또한 전기 쇼크와 개방회로 및 단락회로에 대해서 논의한다.

단원 차례

단원 목표

- 옴의 법칙을 세 가지 형태로 나타낸다.
- 회로 내에서 전류, 전압, 저항을 계산하기 위해 옴의 법칙을 이용한다.
- 전압, 전류, 저항의 배수와 약수 단위를 열거한다.
- R이 일정할 때 V와 I 사이의 선형관계를 설명한다.
- 선형저항과 비선형저항 사이의 차이점을 설명한다.
- V가 일정할 때 I와 R 사이의 반비례 관계를 설명한다.
- 일과 전력 사이의 차이점을 설명하고 각각의 단위를 열거한다.
- 전압과 전류, 전류와 저항, 전압과 저항을 알 때 회로 내에서 전력을 계산한다.
- 저항과 정격전력을 구한다.
- 전기로 인한 쇼크의 위험성을 확인한다.
- 개방회로와 단락회로 사이의 차이점을 설명한다.

중요 용어

개방회로	볼트–암페어 특성	옴	최대 정격동작전압
단락회로	비선형저항	와트	킬로와트시(kwh)
마력(hp)	선형비례	전력	
반비례 관계	선형저항	전자볼트(eV)	
볼트	암페어	줄	

> **알아두기▸▸**
>
> 전원공급기(power supply)로 알려진 장비는 테스트할 회로에 다양한 직류 전압을 공급할 수 있다. 붉은색 잭은 양극(+) 전압을 출력하고 검은색 잭은 음극(-) 전압을 출력한다.

3-1 전류 $I = V/R$

회로 내에서 저항을 일정하게 유지한 채 전압을 변화시킨다면 전류의 크기가 변화한다. 〈그림 3-1〉에 이러한 특성을 설명하기 위한 회로를 나타내었다. 인가된 전압은 0에서 12V까지 변화할 수 있고, 전구는 12V 필라멘트를 갖는다. 이는 정상 전류가 정상 강도로 빛을 내려면 이 정도의 전압이 필요하다. 전류계는 전구를 통해 회로 내에 흐르는 전류의 양을 측정한다.

12V의 전압이 인가되면 전구에 불이 켜지고 정상적인 전류가 흐르는 것으로 측정된다. 10V의 전압이 인가되면 빛의 밝기가 감소하게 되는데 이는 전류가 감소했기 때문이다. 전압이 감소함에 따라서 전구는 어두워진다. 전압이 0V가 되면 전류는 흐르지 않고 전구는 꺼진다. 요약하면 전구의 밝기는 인가된 전압에 의해 발생된 전류에 의해서 변화한다.

전압과 저항에 대해서 옴의 법칙(Ohm's law)은 다음과 같다.

$$I = \frac{V}{R} \tag{3-1}$$

식 (3-1)에서 전류 I는 전압 V가 전위차 V의 전원에 연결된 저항 R에 인가될 경우에 저항에 흐르는 전류이다. 전압의 단위가 볼트(V)이고 저항의 단위가 옴(Ω)이라면 전류의 단위인 암페어(A)는 다음과 같이 정의한다.

$$\text{암페어(A)} = \frac{\text{볼트(V)}}{\text{옴(}\Omega\text{)}}$$

위 공식은 저항으로 저항에 걸린 전위차를 나누면 저항에 흐르는 전류를 계산할 수 있다는 것이다. 〈그림 3-2〉에 한 가지 예를 나타내었다. 6V의 전압이 3Ω의 저항에 인가되어 있을 경우에 옴의 법칙에 따라서 $\frac{6}{3} = 2\text{A}$ 의 전류가 계산된다.

고전압 저전류

회로 내에서 높은 전압이 인가될 경우에 높은 저항을 이용하여 낮은 전류를 만드는 것은 중요하다. 예를 들어, 1000V의 전압이 1,000,000Ω의 저항에 인가되면 1/1000 크기의 전류가 발생한다. 옴의 법칙에 의해서

그림 3-1 인가전압 V를 증가시키면 전류 I의 값이 증가하고 전구의 밝기는 더욱 밝아진다.

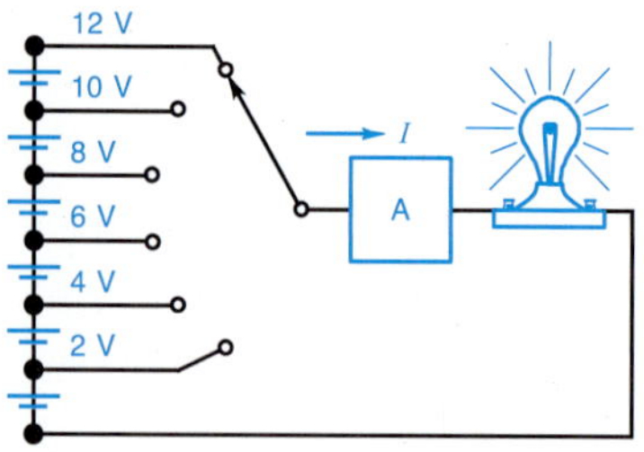

MultiSim **그림 3-2** 옴의 법칙의 예제 (a) 6V의 전지가 부하 저항 R에 연결 (b) 회로도

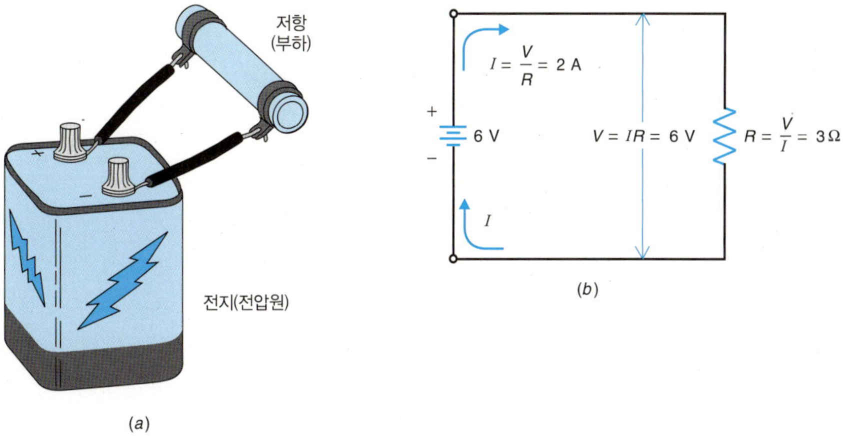

$$I = \frac{V}{R}$$
$$= \frac{1000\text{V}}{1,000,000\Omega} = \frac{1}{1000}$$
$$I = 0.001\text{A}$$

실제로 고전압 회로는 전자기기 내에 흐르는 전류값이 작은 것이 보통이다. 그렇지 않으면 어마어마한 양의 전력이 필요할지도 모른다.

저전압 고전류

낮은 저항에 낮은 전압이 인가되면 높은 전류를 생성할 수 있다. 0.01Ω의 저항에 6V 전지가 연결되어 있으면 600A의 전류가 발생한다.

$$I = \frac{V}{R}$$
$$= \frac{6\text{V}}{0.01\Omega}$$
$$I = 600\text{A}$$

증가된 저항에 따른 감소된 전류

다음의 두 예제에서 전류의 값을 관찰하라.

예제 3-1

8Ω의 저항을 갖는 히터가 120V 전력선(power line)에 연결되어 있다. I의 값은 얼마인가?

정답

$$I = \frac{V}{R} = \frac{120\text{V}}{8\Omega}$$
$$I = 15\text{A}$$

예제 3-2

2400Ω의 저항을 갖는 작은 전구가 120V의 전력선에 연결되어 있다. I의 값은 얼마인가?

정답

$$I = \frac{V}{R} = \frac{120\text{V}}{2400\Omega}$$

$$I = 0.05\text{A}$$

비록 두 예제의 경우 모두 120V의 전압이 인가되었다 할지라도 높은 저항값에 의해서 〈예제 3-2〉의 전류가 더 작다.

전형적인 V와 I

일반적으로 트랜지스터와 집적회로들은 3.3, 5, 6, 9, 12, 15, 24, 50V의 직류전원으로 동작한다. 전류는 보통 대략 5A까지 수μA에서 수mA 정도가 흐른다.

■ 3-1 복습문제

a. 8Ω의 저항에 24V 전압이 인가될 경우에 I를 계산하라.
b. 8Ω의 저항에 12V 전압이 인가될 경우에 I를 계산하라.
c. 12Ω의 저항에 24V 전압이 인가될 경우에 I를 계산하라.
d. 1Ω의 저항에 6V 전압이 인가될 경우에 I를 계산하라.

3-2 전압 $V = IR$

〈그림 3-2〉를 다시 살펴보면, 저항 R에 전지가 직접 연결되어 있으므로 인가된 전압은 전지의 출력전압과 동일하다. V의 값은 $I \times R$과 같다. 예를 들어, 〈그림 3-2〉의 IR 전압은 2A×3Ω으로 6V이다. 공식은 다음과 같다.

$$V = IR \tag{3-2}$$

암페어 단위로 I, 옴 단위로 R이며, 이들의 곱 V는 볼트이다. V/R와 동일인 I 값은 IR의 곱이 R에 걸리는 전압과 동일하도록 허용하는 값이기 때문에 실제로 그렇게 되어야 한다. IR 공식을 이용한 계산들과 함께 IR 곱이 전압을 의미한다는 것을 아는 것이 유용하다. 저항을 흐르는 전류가 있을 때는 언제라도 IR 곱과 동일한 크기의 전위차가 저항의 양단에 존재한다. 만약 전위차가 없다면 전류를 생성하기 위한 전자의 흐름도 없다.

예제 3-3

만약 12Ω 저항에 2.5A의 전류가 흐른다면 전압은 얼마인가?

정답

$$
\begin{aligned}
V &= IR \\
&= 2.5\text{A} \times 12\Omega \\
&= 30\text{V}
\end{aligned}
$$

■ 3-2 복습문제

a. 1000Ω의 저항에 0.002A의 전류가 흐른다면 전압은 얼마인가?

b. 1000Ω의 저항에 0.004A의 전류가 흐른다면 전압은 얼마인가?

c. 2000Ω의 저항에 0.002A의 전류가 흐른다면 전압은 얼마인가?

3-3 저항 $R = V/I$

옴의 법칙의 세 번째 공식은 V, I, R 사이에 아래와 같은 관계를 나타낸다.

$$R = \frac{V}{I} \tag{3-3}$$

알아두기▸▸

R과 G는 역수의 관계이기 때문에 컨덕턴스 G는 회로 내에서 I/V로 계산된다.

〈그림 3-2〉에서 저항에 걸린 전압 6V에 의해서 2A의 전류가 발생하였기 때문에 저항은 3Ω이다. V와 I를 알고 있는 경우라면 저항에 흐르는 전류로 전압을 나누어서 저항을 계산할 수 있다.

물리적으로 저항은 자유전자의 이동을 제어(방해)할 수 있는 원자 구조를 갖는 성분으로 구성된 물질이다. 전기적으로 저항을 확인하는 실제적인 방법은 V/I 비에 의한 것이다. 10V의 전압에 대해서 1A의 전류가 흐른다면 10Ω의 저항에 해당한다. 이 10Ω의 V/I 비는 저항의 특성이다. 만약 전압의 크기가 20V로 두 배가 된다면 10Ω의 저항에 대한 V/I 식에 따라서 전류는 2A로 두 배가 된다.

더욱이 V/I 비를 알고 있다면 회로 내에서 저항이 어떻게 영향을 미칠지 분석하기 위해서 물리적인 구조까지 알 필요는 없다. 이러한 개념이 〈그림 3-3〉에 나타나 있다. 〈그림 3-3〉에서 알려지지 않은 물질로 구성된 상자가 회로 내에 존재하는데, 이 회로에 인가된 전압은 12V이고 상자를 통해서 흐르는 전류는 3A이다. 이 경우에 저항은 12V/3A이므로 4Ω에 해당한다. 상자 내의 물질은 기체, 액체, 금속, 분말 또는 다른 어떠한 형태일 수 있다. 그러나 전기적으로 상자는 단지 4Ω의 저항일 뿐이다.

그림 3-3 저항 R은 V/I의 비이다.

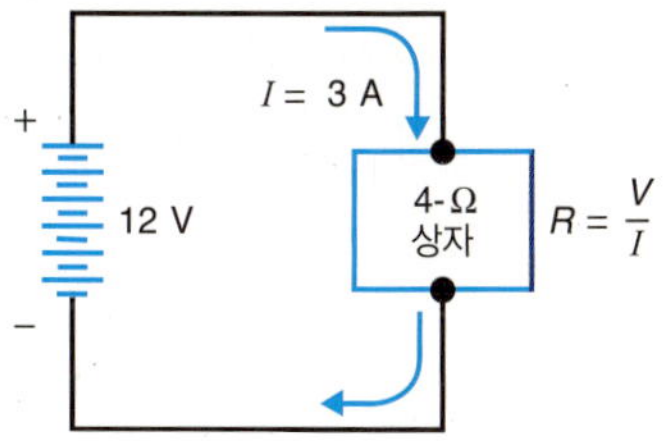

예제 3-4

만약 12V의 전지가 연결된 경우에 전구에 0.16A의 전류가 흐른다면 저항은 얼마인가?

정답

$$R = \frac{V}{I} = \frac{12\text{V}}{0.16\text{A}} = 75\Omega$$

■ **3-4 복습문제**

a. 0.003A의 전류와 12V의 전압에 대해 R을 계산하라.

b. 0.006A의 전류와 12V의 전압에 대해 R을 계산하라.

c. 0.001A의 전류와 12V의 전압에 대해 R을 계산하라.

3-4 단위

옴의 법칙에 대한 세 가지 형태는 아래와 같이 전류, 전위차, 저항의 단위를 정의하는 데 이용될 수 있다.

$$1\text{A} = \frac{1\text{V}}{1\Omega}$$

$$1\text{V} = 1\text{A} \times 1\Omega$$

$$1\Omega = \frac{1\text{V}}{1\text{A}}$$

1A는 1Ω 저항의 양단에 1V의 전압이 인가된 경우에 발생하는 전류의 양이다. 1V는 1Ω 저항에 1A의 전류가 흐르는 경우에 발생하는 전압이다. 1Ω은 V/I의 비를 1로 갖는 저항의 크기이며, 1V를 인가했을 때 1A를 허용한다.

결론적으로 $V = IR$를 위한 〈그림 3-4〉는 옴의 법칙을 이해하는 데 유용하다. 여러분의 손가락을 알고자 하는 항목에 올려보라. 그러면 원하는 공식이 남을 것이다.

그림 3-4 옴의 법칙을 암기하는 데 유용한 원형 다이어그램

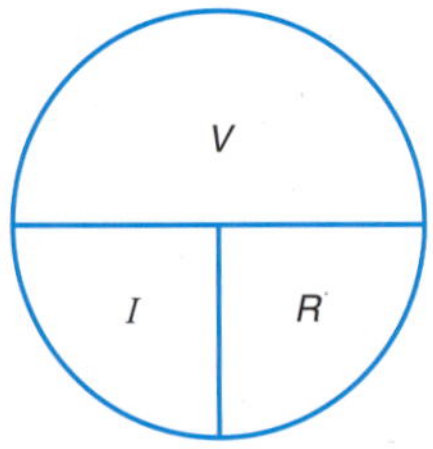

V를 가린다면 IR이 남는다.
I를 가린다면 V/R가 남는다.
R을 가린다면 V/I가 남는다.

■ 3-4 복습문제

a. 5000Ω의 저항에 0.007A의 전류가 흐르는 경우에 V를 계산하라.

b. 6,000,000Ω의 저항에 12,000V의 전압이 인가되고 있는 경우에 I를 계산하라.

c. 0.004A의 전류와 8V의 전압에 대해서 R을 계산하라.

3-5 배수 및 약수 단위

암페어, 볼트, 옴과 같은 기본 단위는 대부분의 전기 전력 회로에서 유용한 값들이지만, 기본 단위들은 너무 작거나 너무 크기 때문에 대부분의 전자 회로에는 적합하지 않다. 예를 들어, 컴퓨터 모니터에서 고전압 공급기의 출력이 약 20,000V이고 트랜지스터에 흐르는 전류가 수천이나 수백만 분의 일 암페어라면 저항은 수백만 옴일 수 있다.

이러한 경우에 기본 단위의 배수와 약수가 되는 단위를 사용하는 것이 유용하다. 이러한 배수와 약수는 앞에서 언급한 미터법 단위 체계에 기초를 두고 있다. V, I, R의 전환 방법은 이 장의 뒷부분에 요약해 놓았지만 미터법 접두 기호에 관한 모든 것은 부록 A의 〈표 A-2〉를 보기 바란다.

예제 3-5

MultiSim

5kΩ의 저항에 8mA의 전류가 흐른다. IR 전압은 얼마인가?

정답

$$V = IR = 8\times10^{-3}\times5\times10^{3} = 8\times5$$
$$V = 40\text{V}$$

일반적으로 밀리암페어(10^{-3})와 킬로옴(10^{3})의 곱은 10^{-3}과 10^{3}이 서로 상쇄되어 볼트가 된다.

예제 3-6

MultiSim

12kΩ에 인가된 60V에 의한 전류는 얼마인가?

정답

$$I = \frac{V}{R} = \frac{60}{12\times10^{3}}$$
$$= 5\times10^{-3} = 5\text{mA}$$

킬로옴(kΩ)에 인가된 볼트는 밀리암페어(mA)의 전류를 발생한다. 마찬가지로 메가옴(MΩ)에 인가된 볼트(V)는 마이크로암페어(μA)의 전류를 발생한다.

요약하면, 전류 I를 계산하기 위한 일반적인 방법은

$$\frac{\mathrm{V}}{\mathrm{k\Omega}} = \mathrm{mA}, \quad \frac{\mathrm{V}}{\mathrm{M\Omega}} = \mu\mathrm{A}$$

또한 IR 전압을 계산하기 위한 일반적인 방법은

$$\mathrm{mA} \times \mathrm{k\Omega} = \mathrm{V}$$
$$\mu\mathrm{A} \times \mathrm{M\Omega} = \mathrm{V}$$

전자회로에서는 일반적으로 전류가 밀리암페어(mA) 또는 마이크로암페어(μA)이므로 이러한 관계가 종종 발생한다. 1mA가 1000μA와 동일한 값이라는 것을 기억하는 것은 유용하다.

■ 3-5 복습문제

a. 6mA, 5kΩ, 3μA의 값들을 10의 거듭제곱으로 표시하라.
b. 6×10^{-3}A, 5×10^{3}Ω, 3×10^{-6}A의 값들을 미터법 접두 기호로 표시하라.
c. 2mA와 20μA 중 어느 것이 더 큰가?
d. 70V의 전압이 인가될 경우에 560Ω의 저항에 얼마의 전류가 흐르는가?

3-6 전류와 전압의 선형비례

옴의 법칙 공식 $I = V/R$는 V와 I가 R의 역수에 직접적으로 비례한다는 것을 나타낸다. V와 I 사이의 이러한 관계는 〈그림 3-5〉와 같이 2Ω의 고정된 저항 R_L을 이용하여 해석할 수 있다. V가 변화할 때 전류계는 I가 V에 비례한다는 것을 보여준다. 예를 들어, 12V일 때 6A이고 10V일 때 5A이며, 8V일 때 4A이다.

V와 I의 모든 값들을 〈그림 3-5b〉의 표에 나타내었고 〈그림 3-5c〉에 그래프로

MultiSim **그림 3-5** 동일한 R에 대해 I와 V의 비례성 실험 (a) R이 일정하고 V가 변할 때의 회로 (b) I와 V의 표 (c) V와 I의 그래프

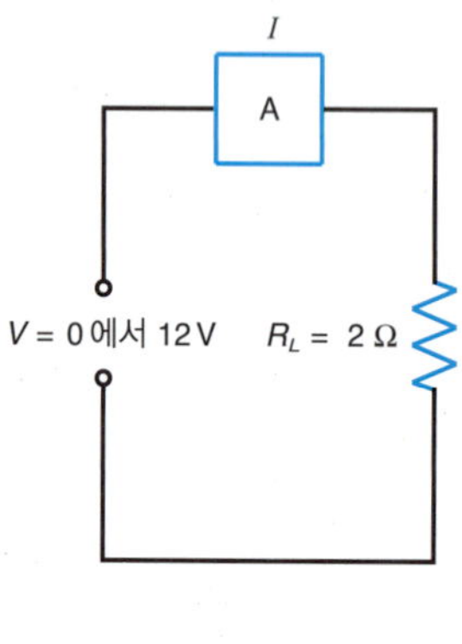

(a)

볼트 V	옴 Ω	암페어 A
0	2	0
2	2	1
4	2	2
6	2	3
8	2	4
10	2	5
12	2	6

(b)

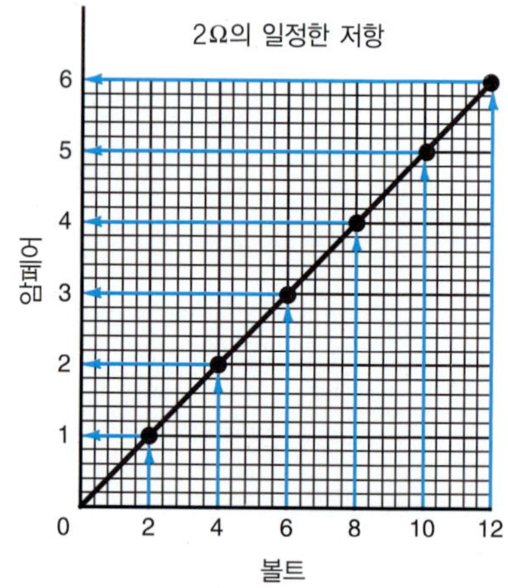

(c)

표시하였다. R이 2Ω이므로 I는 V의 1/2의 크기이다. 그러나 전압이 0이면 전류도 0이 된다.

그래프

전압값은 가로축(x축)에 표시되어 있고, 전류는 세로축(y축)에 표시되어 있다.

V와 I의 값들이 서로 연관되어 있기 때문에 이 값들은 가변 요소이다. 전압값을 할당하고 그에 따른 전류값을 얻었기 때문에 독립변수는 전압이다. 일반적으로 독립변수는 x축에 위치한다.

두 값의 척도가 동일할 필요는 없고, x축의 동일한 거리가 y축에 대해 동일한 크기의 변화를 나타내면 된다. x축에서 2V가 선택되면 y축에는 1A에 해당한다. 원점에서는 영점이 기준이 된다.

그래프에서 표시된 점들은 표에 열거된 값을 나타낸다. 예를 들어, 가로축에서 원점으로부터 가장 가까운 2V의 값은 1A에 해당한다. 마찬가지로 다음 위치는 4V와 2A의 교차점이다.

이렇게 표시된 점들을 포함하는 선은 저항이 2Ω일 때 임의의 V의 값에 대한 I의 값들을 나타낸다. 이 값들은 표에서 열거하지 않은 것들도 포함한다. 예를 들어, 7V의 전압에 대해서 y축으로 선을 그어보면 3.5A의 I를 얻을 수 있다.

볼트-암페어 특성

〈그림 3-5c〉의 그래프는 R의 볼트-암페어 특성이라고 한다. 그래프는 저항이 일정할 때 다른 전압값들에 대해서 얼마나 많은 전류가 흐르는지 보여준다. 전압과 전류의 약수 단위도 사용될 수 있다. 트랜지스터의 경우에 전류의 단위는 종종 밀리암페어(mA) 또는 마이크로암페어(μA)가 된다.

알아두기▸▸

〈그림 3-5c〉에서 R이 증가함에 따라 그래프의 기울기는 감소한다. 역으로 저항이 감소하면 그래프의 기울기는 증가한다. 임의의 R에 대해서 그래프의 기울기는 $\Delta I/\Delta V$ 또는 $1/R$로 계산할 수 있다.

선형저항

〈그림 3-5c〉의 직선(선형) 그래프는 R이 선형저항이라는 것을 뜻한다. 선형저항은 일정한 R 값을 갖는다. R은 인가된 전압에 대해서 변화하지 않는다. 따라서 V와 I는 정비례한다. 4V에서 8V로 전압을 두 배 증가시키면 전류도 2A에서 4A로 두 배 증가한다. 마찬가지로 전압을 세 배나 네 배 증가시키면 전류도 동일한 비율로 증가한다.

비선형저항

비선형저항은 비선형적인 볼트-암페어 특성을 갖는다. 예를 들어, 전구의 텅스텐 필라멘트의 저항은 비선형이다. 필라멘트가 뜨거워지면 더 많은 전류로 저항이 증가한다. 인가되는 전압이 증가하면 전류는 증가한다. 하지만 전압이 증가하는 것처럼 전류가 같은 비율로 증가하지 않는다. 비선형저항의 다른 예는 서미스터이다.

I와 R의 반비례 관계

R이 선형이든 아니든 간에 인가된 전압이 일정하다면 저항이 증가함에 따라 전류

그림 3-6 전류(I)는 저항(R)에 반비례한다. (a) 일정한 전압(V)과 가변저항(R) 회로 (b) 저항(R)이 증가함에 따라 감소하는 전류(I) (c) I와 R 값의 그래프. 이 그래프는 I와 R 사이의 관계가 선형이 아님을 보여준다.

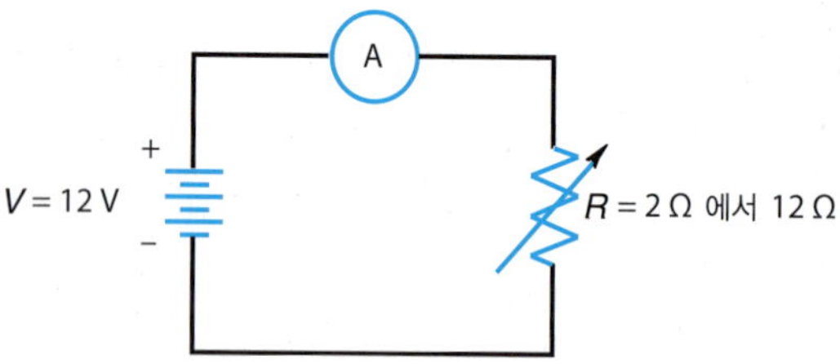

(a)

옴 Ω	볼트 V	암페어 A
2 Ω	12 V	6 A
4 Ω	12 V	3 A
6 Ω	12 V	2 A
8 Ω	12 V	1.5 A
10 Ω	12 V	1.2 A
12 Ω	12 V	1 A

(b)

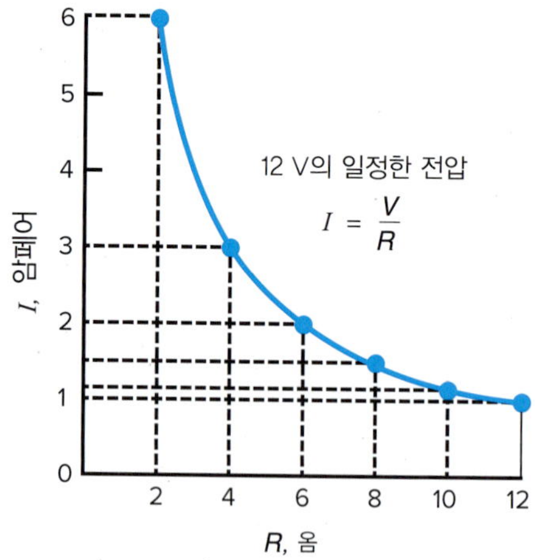

(c)

알아두기▸▸

전압 V가 일정한 경우에 I와 R 사이의 관계는 비선형이다. 이는 저항의 변화만큼 전류가 변화하지 않는다는 것을 의미한다. V가 일정할 때 R에 대한 I의 그래프는 쌍곡선의 형태이다.

는 감소하는 반비례 관계를 갖는다. 저항을 분모로 갖는 $I = V/R$의 공식을 기억하라. 실제로 R이 크다면 분수의 값은 작아진다.

I와 R의 반비례 관계는 〈그림 3-6〉에서 고정된 전압 값, 12V를 이용하여 그림으로 나타낼 수 있다. R이 가변될 때, R이 증가하면 멀티미터는 I가 감소함을 보여준다. 예를 들면, 〈그림 3-6a〉에서 R이 2Ω이면, I는 6A이다. R이 4Ω이면, I는 3A이고, R이 6Ω이면, I는 2A이다. I와 R의 모든 값은 〈그림 3-6b〉 표에 나열되어 있고, 〈그림 3-6c〉에 그래프로 나타나 있다.

I와 R의 관계가 선형이 아님을 유념하라. 〈그림 3-6b〉 표와 〈그림 3-6c〉는 저항 R의 동일한 증가가 전류 I의 동일한 감소가 아님을 보여준다. 숫자로 예를 들면, 만약 R이 2Ω에서 4Ω으로 증가한다면, I는 6A에서 3A로 감소하며, 3A가 감소한다. 그러나 R이 4Ω에서 6Ω으로 증가한다면, I는 3A에서 2A로 1A만 변화한다. 〈그림 3-6c〉의 I와 R의 그래프는 $Y=1/X$ 상호 관계에 대응하는 쌍곡선이라 불린다. 이 그래프는 I 값이 R이 증가할수록 처음에는 급격히 감소하고 그 이후에는 점차적으로 감소함을 보여준다.

전자공학의 선구자들

전력의 단위인 와트는 스코틀랜드 발명가이자 공학자인 와트(James Watt, 1736~1819)에 의해서 명명되었다. 1와트는 초당 전달된 1줄의 에너지와 같다.

■ 3-6 복습문제

a. 〈그림 3-5c〉에서 I의 값은 x축에 있는가 y축에 있는가?

b. 〈그림 3-5c〉에서 R은 선형인가 비선형인가?

c. 만약 5Ω의 저항에 인가된 전압이 10V에서 20V로 증가한다면 I는 어떻게 변화하는가?

d. 5Ω의 저항에 10V의 전압이 인가되고 있다. 만약 R이 10Ω으로 두 배 증가한다면 I는 어떻게 변화하는가?

3-7 전력

전력의 단위는 와트(W)이고 와트(James Watt, 1736~1819)에 의해서 명명되었다. 1W의 전력은 1V의 전위차가 1쿨롱의 전하를 1초 동안 이동시키는 데 작용한 일의 크기이다.

초당 1쿨롱(C)이 1암페어(A)임을 기억하라. 그러므로 전력은 전압과 전류의 곱이다.

$$P = V \times I \qquad (3\text{-}4)$$

6V의 전지가 2A의 전류를 발생하는 경우에 전지는 12W의 전력을 발생하는 것에 해당한다.

전력을 위한 공식은 아래와 같이 세 가지 방법으로 나타낼 수 있다.

$$P = V \times I$$
$$I = P \div V \quad \text{또는} \quad \frac{P}{V}$$
$$V = P \div I \quad \text{또는} \quad \frac{P}{I}$$

각각의 공식은 P, I, V 중에서 어떠한 값을 구할 것인지에 따라서 선택한다.

예제 3-7

120V의 전력선에 연결된 토스터기에 10A의 전류가 흐른다. 얼마의 전력을 사용하고 있는가?

정답

$$P = V \times I = 120\text{V} \times 10\text{A}$$
$$P = 1200\text{W} \quad \text{또는 } 1.2\text{kW}$$

예제 3-8

120V의 전력선에 연결된 300W 전구의 필라멘트에는 얼마의 전류가 흐르는가?

정답

$$I = \frac{P}{V} = \frac{300\text{W}}{120\text{V}}$$
$$I = 2.5\text{A}$$

예제 3-9

120V의 전력선에 연결된 60W 전구의 필라멘트에는 얼마의 전류가 흐르는가?

정답

$$I = \frac{P}{V} = \frac{60\text{W}}{120\text{V}}$$

$$I = 0.5\text{A} \quad \text{또는 } 500\text{mA}$$

전력이 낮을수록 전류는 적게 흐른다는 것을 유념하라.

알아두기▸▸

$V = \frac{W}{Q}$ 이므로 $W = V \times Q$ 이다. 그러므로 $P = \frac{V \times Q}{T}$ 또는 $P = V \times \frac{Q}{T}$ 이다. $I = \frac{Q}{T}$ 이므로 $P = V \times I$ 이다.

일과 전력

일과 에너지는 본질적으로 동일한 단위이다. 그러나 전력은 수행한 일의 시간 비율이므로 이들과 다르다.

예를 들어, 100lb의 물체를 10ft만큼 이동한다면, 물체를 옮긴 속도에 상관없이 일은 100lb×10ft 또는 1000lb·ft이다. 일의 단위는 시간과 관계없이 풋파운드(foot-pound)로 나타낸다.

그러나 전력은 일을 그 일을 수행한 시간으로 나눈 값과 같다. 만약 1초 동안 그 일을 수행했다면 전력은 1000lb·ft/s이고 2초 동안 수행했다면 전력은 500lb·ft/s이다.

마찬가지로 전력은 전압으로 전하를 이동시키기 위해 작용한 힘의 시간당 비율이다. 이는 전력이 왜 전압과 전류의 곱인지를 알려준다. 전압은 단위 전하당 일의 크기이고 전류는 시간당 전하의 이동량이다.

와트와 마력

전기 전력과 기계적인 전력 간의 관계는 아래와 같다.

$$740\text{W} = 1\text{hp} = 550\text{ft} \cdot 1\text{b/s}$$

이러한 관계는 1hp이 약 3/4 kW에 해당한다고 생각하면 쉽게 기억할 수 있을 것이다. 1kW는 1000W이다.

전력과 일의 단위

전력으로부터 출발하여 몇 가지 중요한 단위를 짚고 넘어간다. 기억해야 할 기본적인 원리는 전력은 수행한 일의 시간당 비율이라는 것이고, 반면에 일은 일정기간 동안 수행된 전력이라는 것이다. 공식은 아래와 같다.

$$\text{전력} = \frac{\text{일}}{\text{시간}} \tag{3-5}$$

$$\text{일} = \text{전력} \times \text{시간} \tag{3-6}$$

전자공학의 선구자들

전기적인 에너지의 SI 단위는 J이고 이 단위는 영국 물리학자인 줄(James Prescott Joule, 1818~1889)에 의해서 명명되었다. 1J은 1V · C와 같다.

1초 동안 사용된 1W는 1줄(J)의 일과 같다. 또는 1W는 시간당 1J이다. 그러므로 1W=1J/s이다. 줄은 일과 에너지의 기본적인 단위이고 요약하면 아래와 같다.

$$1\ \mathrm{J} = 1\ \mathrm{W \cdot s}$$
$$1\ \mathrm{W} = 1\ \mathrm{J/s}$$

전하와 전류의 항으로 나타내면,

$$1\ \mathrm{J} = 1\ \mathrm{V \cdot C}$$
$$1\ \mathrm{W} = 1\ \mathrm{V \cdot A}$$

암페어(1A=1C/1s)는 분모에 시간의 항을 포함한다는 사실을 기억하라.

전자볼트

전자볼트(electron Volt, eV)는 쿨롱과 같은 큰 양이 아닌 개개의 전자에 대해서 사용될 수 있다. 전자는 전하이고 전압은 전위차이다. 그러므로 1eV는 1V의 전위차를 갖는 두 지점 사이에서 전자를 이동시키는 데 요구되는 일의 양이다.

1쿨롱에 포함된 전자의 수는 6.25×10^{18}이다. 또한 1J의 일은 1V·C이다. 그러므로 1J과 동일한 전자볼트의 수는 6.25×10^{18}이어야만 한다.

$$1\mathrm{J} = 6.25 \times 10^{18}\mathrm{eV}$$

전자볼트 또는 줄은 전하와 전압의 곱이다. 그러나 전력은 전압과 전류의 곱이다. 일을 전력으로 변환하기 위해 시간으로 나누는 것은 전하를 전류로 변환하기 위해 시간으로 나누는 것에 해당한다.

전기 에너지 단위 킬로와트시

킬로와트시는 거대한 양의 전기적인 일 또는 에너지에 주로 사용되는 단위이다. 킬로와트시는 단순히 전력이 사용된 시간을 킬로와트 크기의 전력에 곱하여 계산한다. 예를 들어, 300W 또는 0.3kW의 전구를 4시간 동안 사용했다면 $0.3 \times 4 = 1.2$kWh가 된다.

가정에서 사용된 전기는 킬로와트시로 표시한다. 전력선의 전압은 120V로 일정하다. 그러나 많은 개수의 전기기기들이 동시에 전류를 요구하면 전력이 증가한다.

전선의 총 부하 전류가 20A라고 가정하자. 120V의 전선으로부터의 전력은 다음과 같은 크기로 공급될 수 있다.

$$P = 120\mathrm{V} \times 20\mathrm{A}$$
$$P = 2400\mathrm{W}\ \text{또는}\ 2.4\mathrm{kW}$$

만약 전력이 5시간 동안 공급된다면 에너지 또는 일은 2.4×5 = 12kWh와 같다. 만약 전기요금이 12¢/kWh라면 12kWh의 전기요금으로 0.12×12 = $1.44를 지불해야 한다. 이러한 요금은 5시간 동안 120V의 전력선이 공급한 20A의 부하 전력에 대한 것이다.

에너지 비용 계산에 대한 간소화된 접근 방식으로 아래 나열된 단계를 따라라.

1. 총 전력을 킬로와트(kW)로 계산한다.
2. 만약 필요하다면 와트(W) 수를 킬로와트(kW)로 변환한다.
   $\left(\#\text{kW} = \#\text{W} \times \dfrac{1\text{kW}}{1000\text{W}}\right)$
3. 전력이 사용된 총시간(h)을 계산한다. $\left(\#\text{h} = \#\text{days} \times \dfrac{24\text{h}}{\text{day}}\right)$
4. 킬로와트시(kWh)를 구하기 위해 kW 수와 시간(h)을 곱한다.
5. 에너지 소비량을 구하기 위해 킬로와트시(kWh) 수에 킬로와트시당 비용을 곱한다. $\left(\text{비용 (\$)} = \#\text{kWh} \times \dfrac{\text{cost(\$)}}{\text{kWh}}\right)$

예제 3-10

전기요금의 단위가 12¢/kWh이라고 가정한다면, 100W의 전구를 30일 동안 켜두면 얼마의 요금이 부과되는가?

정답 이 문제를 풀기 위한 첫 번째 단계는 100W를 0.1kW로 표현하는 것이다. 그 다음의 단계는 30일에 해당하는 시간을 구하는 것이다. 1일은 24시간이므로 아래와 같이 계산할 수 있다.

$$\text{총시간} = \frac{\text{일}}{\text{시간}} \times 30\text{일} = 720\text{시간}$$

다음으로 kwh를 구하면 아래와 같다.

$$\text{kWh} = \text{kWh} \times \text{h} = 0.1\text{kW} \times 720\text{h} = 72\text{kW}$$

마지막으로 요금을 계산한다. (12¢=$0.12)

$$\text{요금} = \text{kWh} \times \frac{\text{요금}}{\text{kWh}} = 72\text{kWh} \times \frac{\$0.12}{\text{kWh}} = \$8.64$$

3-7 복습문제

a. 전기 히터가 120V의 전력선으로부터 15A의 전류를 사용한다. 전력을 계산하라.
b. 120V의 전력선이 100W 전구에 연결된 경우에 얼마의 부하 전류가 필요한가?

c. 200J/s의 전력은 몇 W인가?

d. 전기요금이 15¢/kWh일 경우에 300W의 전구를 48시간 동안 사용하면 전체 전기요금은 얼마인가?

3-8 저항의 전력 소모

알아두기▸▸

저항에 의해 소모된 전력은 I^2에 비례한다. 다시 말하면, 만약 저항에 흐르는 전류 I가 두 배가 되면 저항에서 소비되는 전력은 4배 증가한다.

알아두기▸▸

저항에 의해 소비되는 전력은 V^2에 비례한다. 다시 말하면 만약 저항에 흐르는 전압 V가 두 배가 되면 저항에서 소비되는 전력은 4배 증가한다.

알아두기▸▸

전력을 공급하는 경우에 전력선은 160kV 이상의 고전압을 사용하는 경우가 많다. 고전압을 사용하면 전력선을 통해 전달되는 전류의 크기는 낮게 유지할 수 있다. 전류가 감소하면 전압에 비해서 더욱 큰 I^2R 전력의 손실이 발생한다.

저항에 전류가 흐르면 이동하는 자유전자와 전자의 흐름을 방해하는 원자 사이의 충돌에 의해서 열이 발생한다. 열이 발생한다는 것은 전력이 전류를 발생시키는 데 사용된다는 증거이다. 이러한 원리를 퓨즈에 이용하는데 과도하게 흐르는 전류에 의해 열이 금속 연결 부위를 녹이는 것이다.

전력은 인가된 전압원에 의해서 발생하고 저항에서 열의 형태로 소모된다. 저항에서 열로 소모되는 것만큼의 전력이 외부 전압원에 의해서 공급되어야만 한다. 그렇지 않으면 전류를 발생시키기 위해 필요한 전위차를 유지할 수 없다.

1초 동안 사용된 1W의 전력은 0.24칼로리의 열에너지에 해당한다. 열의 칼로리는 회로를 위한 에너지로 되돌릴 수 없기 때문에 열로 변환된 전기에너지는 소모되어 사라진 것으로 간주한다.

전력은 회로 내의 저항에서 소모되기 때문에 전력을 저항으로 표현하는 것이 편리하다. 공식 $P = V \times I$는 다음과 같이 다시 정리할 수 있다.

V를 IR로 대체하면,

$$P = V \times I = IR \times I \qquad (3\text{–}7)$$

$$P = I^2R$$

저항에서 전류에 의해 발생한 열이기 때문에 식 (3–7)은 전력 공식의 일반형이다.

다른 형태로서, I를 V/R로 대체하면,

$$P = V \times I = V \times \frac{V}{R} \qquad (3\text{–}7)$$

$$P = \frac{V^2}{R}$$

모든 공식에서, V는 저항 R의 양단에 걸리는 전압이고, I는 저항에 흐르는 전류이다. 또한 전력의 단위는 와트이다.

식 (3–4), (3–7), (3–8)의 세 가지 공식 중에 어떠한 것이라도 저항에서 소비되는 전력을 계산하는 데 사용될 수 있다. 공식에서 주어진 변수가 무엇이냐에 따라서 세 가지 공식 중에 하나를 선택하여 사용하면 된다.

〈그림 3–7〉에서 저항을 통해 흐르는 전류가 2A이고 12V의 전압이 인가되어 있다면 소비된 전력은 2×12=24W이다.

전류와 저항이 주어진 경우에 전력은 2의 제곱, 즉 4와 6을 곱하여 24W를 얻는다.

MultiSim **그림 3-7** 회로 내의 전력 계산

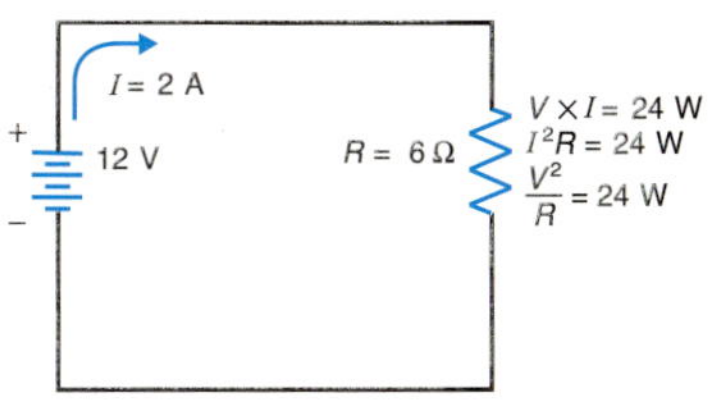

전압과 저항의 값을 알고 있는 경우에 12의 제곱인 144를 6으로 나누면 24W와 같다.

어느 공식을 사용하든지 간에 24W의 전력이 열로서 소비된다. 이러한 전력의 크기는 6Ω의 저항에 2A의 전류를 흐르게 하는 12V의 전위차를 유지하기 위해 계속적으로 전지로부터 공급되어야만 한다.

전기제품의 응용에 있어, 소자들이 주어진 일을 하기 위해 열을 발생해야만 하는 경우에는 전기적 전력소모가 필요한 경우도 있다. 예를 들어, 600W 토스터는 필요한 양만큼의 열을 발생하기 위해 그 만큼의 전력을 소비해야만 한다. 마찬가지로 300W 전구는 빛을 공급하는 백열등으로서의 역할을 하기 위해 필라멘트를 희고 뜨겁게 만들 만큼의 전력을 소비해야만 한다. 그러나 회로에서 저항을 통해 전류를 공급해야 하는 경우에는 열에 의한 전력소모는 바람직하지 않다. 어쨌든 저항에 전류가 흐르는 경우에 I^2R만큼의 전력 P를 소비한다.

전구 및 토스터와 같이 저항에서 소비된 전력을 이용하는 기기들은 일반적으로 전력으로 등급을 나눈다. 정격전력은 일반적으로 사용되는 120V의 전력선과 같은 전압이 사용된다. 예를 들어서 600W, 120V의 토스터는 120V가 연결되면 열을 발생하는 요소의 저항에서 600W가 소비되는 것이다.

예제 3.11

MultiSim

50Ω의 저항에 100V의 전압이 인가되고 있고 2A의 전류가 흐른다. 전력을 계산하라.

정답

$$P = I^2R = 2\times2\times50 = 4\times50$$
$$P = 200\text{W}$$

이 결과는 200W의 전력이 저항으로 공급되었다는 것을 뜻하고, 저항은 200W의 전력을 열로써 소비하였다는 것을 의미한다.

예제 3.12

MultiSim

25Ω의 저항에 100V의 전압이 인가되고 있고 4A의 전류가 흐른다. 전력을 계산하라.

정답

$$P = I^2R = 4^2\times25 = 16\times25$$
$$P = 400\text{W}$$

〈예제 3-11〉과 비교하여 저항은 작지만 전류가 더 크기 때문에 전력은 더 크다.

전력 관계에 대해 흥미로운 점을 주목하라. 전원 전압이 낮으면 낮을수록 동일한 전력을 요구하기 위해 전류는 높아진다. $P = V \times I$ 이기 때문이다. 예를 들어, 120V의 전력선으로부터 240W 정격전력의 전기히터는 240W/120V=2A의 전류를 전원으로부터 끌어낸다. 그러나 자동차나 보트와 같이 12V의 전력선에 240W 정격전력이라면 240W/12V=20A가 필요하게 된다. 기준 양만큼의 전력을 제공하기 위해 낮은 전압원에서는 더욱 큰 전류가 공급되어야만 한다.

■ 3-8 복습문제

a. 5Ω의 저항에 2A의 전류가 흐른다. P를 계산하라.

b. 5Ω의 저항에 10V의 전압이 인가되어 있다. P를 계산하라.

c. 저항 R에 10V의 전압이 인가되어 있고 2A의 전류가 흐른다. P와 R을 계산하라.

3-9 전력 공식

알아두기▸▸

모든 가전기기들은 정격전력과 정격전압이 있다. 기기를 통해 발생하는 전류를 계산하기 위해 단순히 정격전력을 정격전압으로 나누면 된다.

특정 전압에서 전력으로 등급이 매겨진 기기들의 전력을 구하기 위해 다양한 형태의 전력 공식을 사용하는 것이 편리하다. 세 가지 기본적인 전력 공식이 있지만 각각은 3개의 형태로 표현될 수 있어서 9개의 조합이 가능하다.

$$P = VI \qquad P = I^2R \qquad P = \frac{V^2}{R}$$

$$\text{또는} \quad I = \frac{P}{V} \qquad \text{또는} \quad R = \frac{P}{I^2} \qquad \text{또는} \quad R = \frac{V^2}{P}$$

$$\text{또는} \quad V = \frac{P}{I} \qquad \text{또는} \quad I = \sqrt{\frac{P}{R}} \qquad \text{또는} \quad V = \sqrt{PR}$$

예제 3.13

600W, 120V 토스터는 얼마나 많은 전류를 필요로 하는가?

정답

$$I = \frac{P}{V} = \frac{600}{120}$$

$$I = 5A$$

예제 3.14

600W, 120V 토스터의 저항은 얼마인가?

정답

$$R = \frac{V^2}{P} = \frac{(120)^2}{600} = \frac{14400}{600}$$

$$R = 24\Omega$$

예제 3.15

600W를 소비하는 24Ω의 저항을 위해서는 얼마의 전류가 필요한가?

정답

$$I = \sqrt{\frac{P}{R}} = \sqrt{\frac{600\text{W}}{24\Omega}} = \sqrt{25}$$

$$I = 5\text{A}$$

모든 공식들은 옴의 법칙(V=IR)과 전력 공식(P=VI)에 기초를 두고 있다. 300W 전구에 대한 다음 예제도 이러한 개념을 보여준다. 〈그림 3-8〉을 참조하라. 전구는 120V의 전력선에 연결되어 있다. 300W의 필라멘트는 2.5A의 전류를 필요로 한다. 계산 방법은 아래와 같다.

$$I = \frac{P}{V} = \frac{300\text{W}}{120\text{V}} = 2.5\text{A}$$

검증해보면 VI 곱은 120×2.5이고, 결과는 300W와 같다.

더욱이, 필라멘트의 저항은 V/I와 같은 48Ω이다. 아래와 같이 계산할 수 있다.

$$R = \frac{V}{I} = \frac{120\text{V}}{2.5\text{A}} = 48\Omega$$

그림 3-8 모든 공식들은 옴의 법칙을 기초로 한다.

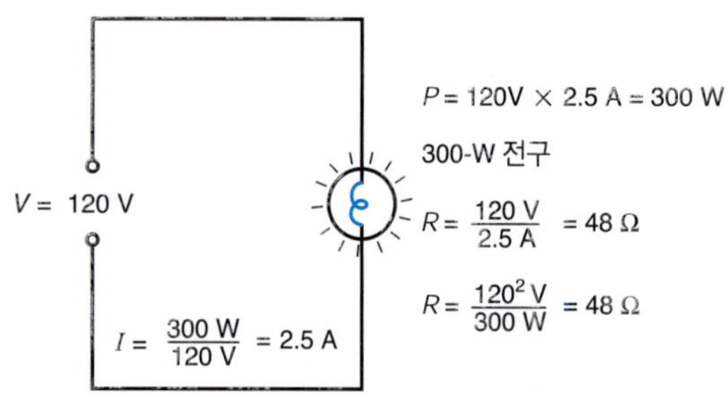

만약 $R = V^2/P$ 이라는 전력 공식을 이용한다면 답은 48Ω으로 동일하다. 계산 방법은 아래와 같다.

$$R = \frac{V^2}{P} = \frac{120^2}{300}$$
$$R = \frac{14400}{300} = 48\Omega$$

어떠한 경우든 정격전력만큼 소비하기 위해 전구에 120V가 연결되면 전구는 전력선으로부터 2.5A의 전류를 사용하고 필라멘트의 저항은 48Ω이 된다.

■ 3-9 복습문제

a. 100W, 120V 전구의 R은 얼마인가?

b. 2Ω 저항의 양단에 10V의 전압이 인가되어 있는 경우 소비되는 전력은 얼마인가?

c. 2Ω 저항에 2A의 전류가 흐를 경우에 P를 계산하라.

3-10 저항기의 선택

회로의 저항기를 선택할 때에는 $R = V/I$에 의해 먼저 필요한 저항을 결정해야 한다. 다음으로, 전력 공식 중에서 하나를 이용하여 저항기의 정격전력(wattage rating)의 크기를 계산한다. 그 후 실제 전력 소모와 저항기의 정격전력 사이의 완충값을 제공할 저항기를 위한 정격전력을 선택한다. 이상적으로, 저항기에서 전력 소모는 안전지수(safety factor)가 2로, 정격전력의 50%를 넘지 않아야 한다. 2라는 안전지수는 저항기가 적정 온도에서 동작하도록 하여 과도한 열에 의해서 저항기가 손상되지 않고 유지할 수 있도록 한다. 실제로 안전지수가 2와 가까운 값을 갖는 한 저항기는 과열되지 않는다.

예제 3.16

다음의 조건을 만족시키기 위해서 요구되는 저항과 적절한 정격전력을 결정하라. 전류가 20mA인 경우에 저항기를 통해 20V의 전압이 강하한다. 저항기는 1/8, 1/4, 1/2, 1, 2W의 정격전력을 가질 수 있다.

정답 먼저 요구되는 저항을 계산한다.

$$R = \frac{V}{I} = \frac{30\text{V}}{20\text{mA}} = 1.5\text{k}\Omega$$

다음으로, $P = I^2R$의 공식을 이용하여 저항기에서 소모되는 전력을 계산한다.

$$
\begin{aligned}
P &= I^2R \\
&= (20\text{mA})^2 \times 1.5\text{k}\Omega \\
&= 0.6\text{W} \ \text{또는} \ 600\text{mA}
\end{aligned}
$$

마지막으로, 저항기를 위한 적절한 정격전력을 선택한다. 이 예제에서 1W의 정격은 2와 가까운 안전지수를 제공할 수 있다. 만일 회로 내의 공간에 여유가 있다면, 높은 정격전력을 갖는 저항기를 사용할 수 있다. 요약하면 1.5kΩ, 1W 저항기는 20mA의 전류가 흐를 때 30V의 IR 전압이 인가되는 동안 600mW의 전력을 안정적으로 소비한다.

최대 정격동작전압

저항기의 최대 정격동작전압은 내부적인 아크없이 저항기가 안정적으로 유지할 수 있는 최대 전압이다. 저항기의 정격전력이 커지면 커질수록 최대 정격동작전압도 커진다. 탄소필름저항기는 대표적으로 아래와 같은 정격전압을 갖는다.

1/8W – 150V
1/4W – 250V
1/2W – 350V
1W – 500V

매우 높은 저항을 사용하는 경우에 정격전력을 초과하기 이전에 최대 정격동작전압이 초과될지도 모른다. 예를 들어, 250V의 최대 정격동작전압을 갖는 1MΩ, 1/4W 탄소필름저항기는 전압이 500V와 같아질 때까지 1/4W의 전력을 소비하지 않는다. 500V가 250V 정격을 초과한 이후에 저항 내부에 아크가 발생할 수도 있다. 그러므로 500V가 아니라 250V가 저항기의 양단에 안정적으로 인가될 수 있는 최대 전압이다. 1MΩ의 양단에 250V를 인가할 경우에 실제 전력 소비는 정격전력의 1/4에 해당하는 1/16W이다.

어떠한 저항기에 대해서건 최대 전압은 다음과 같이 계산된다.

$$V_{\text{최대}} = \sqrt{P_{\text{정격}} \times R}$$

$V_{\text{최대}}$가 초과되면 저항의 전력 소모가 정격전력을 초과하게 한다. 매우 큰 저항을 제외하고, 최대 정격동작전압은 보통 최대 전압보다 더 크다.

예제 3.17

다음의 조건을 만족하기 위한 탄소필름저항기의 저항과 정격전력을 결정하라. 저항기는 150μA의 전류가 흐를 때 225V의 전압강하가 있고, 1/8, 1/4, 1/2, 1, 및 2W의 정격전력을 가질 수 있다.

정답 먼저, 저항을 계산한다.

$$
\begin{aligned}
R &= \frac{V}{I} \\
&= \frac{225\text{V}}{150\mu\text{A}} \\
&= 1.5\text{M}\Omega
\end{aligned}
$$

다음으로, $P = I^2R$의 공식을 이용하여 저항기에 의해 소비되는 전력을 계산한다.

$$
\begin{aligned}
P &= I^2R \\
&= (150\mu\text{A})^2 \times 1.5\text{M}\Omega \\
&= 33.75\text{mW}
\end{aligned}
$$

마지막으로, 저항기를 위한 적절한 정격전력을 선택한다.
거의 4에 가까운 안전지수를 제공하는 1/8W(125mW) 저항기가 선택될 수 있다. 그러나 1/8W 저항기는 최대 정격동작전압이 오직 150V이고, 225V의 전압을 견딜 수 있어야만 하기 때문에 적합하지 않다. 그러므로 더 높은 최대 정격동작전압을 가져야만 하므로 더 높은 정격전력이 선택되어야만 한다. 이번 예제에서 350V 정격을 갖기 때문에 1/2W 저항기가 합리적인 선택이라 할 수 있다. 1/4W 저항기는 저항기의 양단에 걸리는 실제 전압보다 25V 높은 250V 정격을 제공한다. 1/2W 저항기에 의해 제공되는 높은 정격전압을 사용하는 것이 안전하다. 요약하면 1.5MΩ, 1.2W 저항기는 225V의 전압을 견딜 뿐만 아니라 33.75mW의 전력을 안정적으로 소모할 수 있다.

3-10 복습문제

a. 10kΩ, 1/4W의 저항기가 정격전력을 초과하지 않고 안전하게 다룰 수 있는 최대 전압은 얼마인가? 만일 저항기가 250V 최대 정격동작전압을 가진다면 이러한 정격은 초과되는가?

b. 다음의 조건을 위한 탄소필름저항기의 값과 전력율을 결정하라. 100μA의 전류가 흐르는 경우에 반드시 100V의 전압강하가 발생해야만 한다. 저항기의 가능한 정격전력은 1/8, 1/4, 1/2, 1, 2W이다.

3-11 전기 쇼크

전원이 켜져 있는 전기회로를 가지고 작업할 때 회로 내의 도체를 만지면 전기적인 쇼크가 발생할 수 있다. 쇼크는 체내를 통해 흐르는 전기에 의해서 야기되는, 고통을 수반한 근육의 갑작스런 수축현상이다. 만약 전기가 크다면 쇼크는 치명적일 수 있다. 그러므로 안전을 최우선으로 고려해야 한다.

매우 큰 양의 전력을 공급할 수 있는 고전압 회로를 다룰 경우에 큰 쇼크가 발생할 수 있다. 인간 몸의 저항은 중요한 요소이다. 만약 양손으로 도전된 전선을 잡을 경우에 도체와 연결된 몸의 저항은 약 10,000Ω에서 50,000Ω에 해당한다. 도체를 단단히 쥘수록 저항은 감소한다. 만약 하나의 도체만을 잡고 있다면 저항은 더욱 높아진다. 몸의 저항이 높아지면 몸을 통해 흐르는 전류는 작아진다.

그러므로 안전한 방법은 전원이 켜져 있을 경우에 오직 한 손으로만 작업하는 것이다. 다른 한 손은 뒤로 위치시키거나 주머니에 넣어라. 회로의 전류가 한 손에만 닿게 한다면 전류가 심장을 관통해서 흐르지는 않을 것이다. 또한 전력선의 한쪽은 항상 접지되어 있기 때문에 전력선 회로를 이용하여 작업을 할 경우에는 몸을 접지와 직접적으로 닿지 않도록 한다. 최종적인 그리고 최고의 안전한 규칙은 전력을 분리시킨 후에 회로를 가지고 작업을 하는 것이다.

그림 3-9 전기 전류의 생리학적 영향

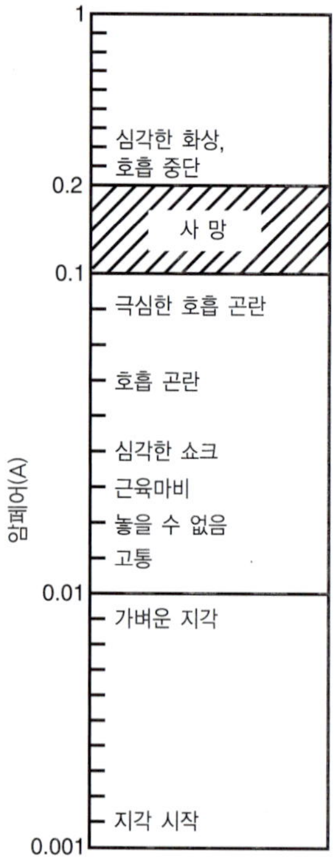

회로를 통해 흐르는 전류가 아니라 몸을 통해 흐르는 전류가 전기 쇼크를 유발한다는 것을 명심하라. 충분한 전위차는 비교적 높은 몸의 저항을 통해 위험할 정도의 전류를 생성할 수 있으므로 고전압 회로를 다룰 때 항상 조심해야 한다. 예를 들어, 25,000Ω의 저항을 갖는 몸에 500V가 인가된다면 0.02A 또는 20mA의 전류가 생성되고 이 크기의 전류는 치명적일 수 있다. 몸을 통해서 1mA 정도의 전류가 흐르면 전기 쇼크를 유발할 수 있다. 〈그림 3-9〉에 보인 도표는 인간의 몸에 대한 전류의 생리학적인 영향을 나타낸 것이다. 도표에서 보여주는 것과 같이, 몸을 통해 흐르는 전류가 약 0.001A 또는 1mA 이상일 경우에 감각의 변화를 느끼기 시작한다. 10mA 이상이 되면 고통을 조금씩 느끼기 시작하고 회로로부터 스스로 몸을 떼어내기가 어려워진다. 약 100mA를 초과하게 되면 죽음에 이를 수 있다.

고전압과 함께 전기 쇼크에 있어서 또 다른 고려할 사항은 전원에 의해서 공급되는 전력의 크기이다. 25,000Ω을 통해 흐르는 0.02A의 전류는 10W의 전력을 소비한다. 만약 전원이 10W를 공급할 수 없다면 출력 전압은 감소하고 동시에 전류도 감소한다.

요약하면, 30V 이상의 전압원이 몸에 연결되면 발생되는 전류로 인해 위험한 상황이 발생할 수 있다. 일반적으로 고전력을 공급할 수 있는 기기들은 열을 발산시킬 필요가 있기 때문에 물리적인 크기가 크다.

■ 3-11 복습문제

a. 전기 쇼크에 대해서 120V의 전위차는 12V의 전위차보다 더 위험하다. (참, 거짓)

b. 회로의 저항은 전원을 끈 상태에서 측정해야 한다. (참, 거짓)

3-12 개방회로와 단락회로 문제

정상적인 값을 갖는 폐회로에서 옴의 법칙은 I, V, R을 계산하는 데 유용하게 사용된다. 그러나 개방이나 단락회로에 대해서는 다음과 같은 문제가 발생한다. 〈그림 3-10〉의 개방회로는 저항 R이 무한하기 때문에 전류 I가 0A이다. V의 크기가 얼마인지는 상관없다. 〈그림 3-11〉과 같이 단락회로는 0Ω의 R을 갖기 때문에 단락된 경로를 따라서 과도하게 큰 전류가 흐른다.

〈그림 3-10a〉에서 5Ω의 저항에 10V의 전압이 인가되면 2A의 전류가 흐른다. 그러나 〈그림 3-10b〉에서 저항이 개방되면 전류가 흐르는 경로는 무한하게 큰 저항을 갖게 되고 회로의 어떠한 경로에서도 전류가 흐르지 않는다. 문제는 저항기 내 또는 도체 선에서 개방이 발생할 수 있다는 점이다.

〈그림 3-11a〉는 2A의 I를 나타낸 기본 회로이다. 그러나 〈그림 3-11b〉는 저항의 값이 0Ω인 단락회로이다. 결과적으로 도체 선을 비롯하여 단락된 경로에 과도하게 높은 전류가 흐른다. 이러한 현상이 갑작스럽게 발생하면 단락된 경로로만 전류가 흐르고 회로의 다른 저항기에는 전류가 흐르지 않는다.

이론적으로 저항이 0Ω이라면 전류의 크기는 무한히 커야 한다. 그러나 전압원은 제한된 I만을 생성할 수 있다. 도체 선은 끊어질 만큼 뜨거워질 수도 있고, 이는 개방회로이다. 또한 회로 내에 퓨즈가 있다면 단락된 경로에 의해서 과도한 전류가 흐를 경우에 끊어질 것이다.

저항기는 그 구조상 단락회로가 될 수 없다. 그러나 도체 선은 외부적인 압력 또는 저항기와 연결된 회로의 다른 성분에 의해서 단락회로가 될 수 있다.

그림 3-10 개방회로의 효과 (a) 5Ω의 저항에 인가된 10V에 의해 2A의 전류가 흐르는 정상적인 회로 (b) 무한히 큰 저항과 전류가 흐르지 않는 개방회로

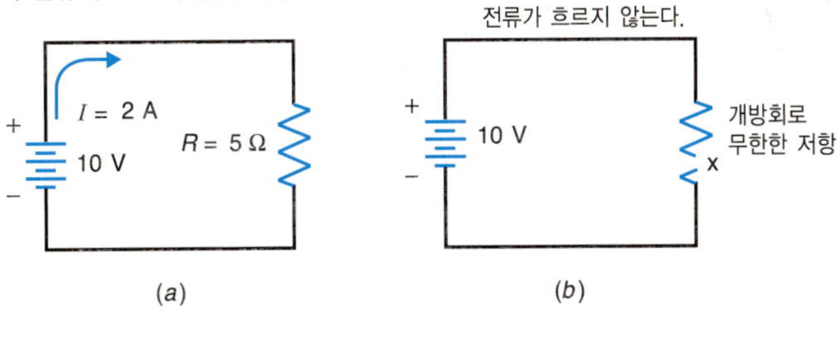

그림 3-11 단락회로의 효과 (a) 5Ω의 저항에 인가된 10V에 의해 2A의 전류가 흐르는 정상적인 회로 (b) 저항이 0Ω이고 과도한 전류가 흐르는 단락회로

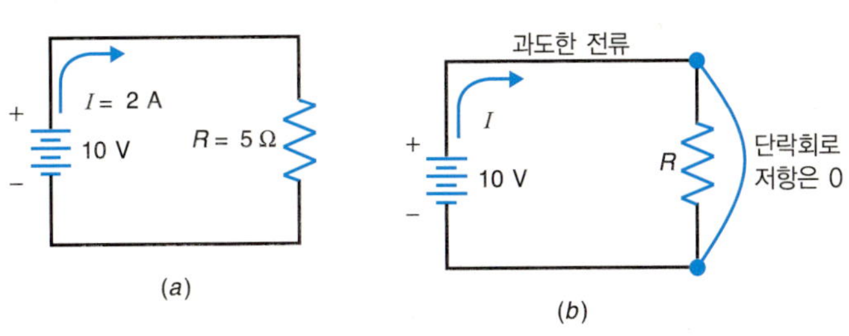

■ **3-12 복습문제**

a. 개방회로는 전류가 흐르지 않는다. (참, 거짓)

b. 단락회로는 과도한 전류가 흐른다. (참, 거짓)

c. 개방회로와 단락회로에서는 저항과 전류가 반대 효과를 갖는다. (참, 거짓)

옴의 법칙과 전력 공식의 이해와 응용

가정용 가전

가정에 있는 모든 가전제품들은 모두 네임플레이트가 부착되어 있다. 네임플레이트에는 그 가전의 제조와 모델, 전기 정격과 UL(Underwriters Laboratories) 표시 목록 등 중요한 정보가 있다. 네임플레이트는 주로 가전의 바닥이나 뒷면에 있다. 표시된 전기 정격은 보통 전력과 정격전압이다. 정격전압은 가전이 작동하도록 설계된 전압이다. 정격전력은 가전에 정격전압이 인가되었을 때의 전력 소모를 말한다. 표시된 정격전압과 정격전력으로 사용 중인 가전에 흐르는 전류를 계산할 수 있다. 단순히 전류(I)를 계산하기 위해 와트인 정격전력(P)을 정격전압(V)으로 나눈다. 예로써, 토스터를 사용할 때 얼마나 많은 전류가 흐르는지 알고 싶다고 가정하자. 정답을 알기 위해서는 토스터를 뒤집어 〈그림 3-12b〉와 같은 네임플레이트를 찾는다. 120V의 정격전압과 850W의 정격전력으로 토스터에 흐르는 전류는 다음과 같이 계산된다.

$$I = \frac{P}{V} = \frac{850\text{W}}{120\text{V}} = 7.083\text{A}$$

가정의 몇몇 가전은 120V가 아니라 240V 정격전압을 가진다. 이러한 가전들은 매우 높은 정격전력을 가진다. 몇 가지 예는 전기난로, 전기 의류 건조기, 전기온수기와 에어컨디셔너 등이다. 이러한 가전들은 7.2kW이나 그 이상의 정격전력을 가진다. 정격전력이 높을수록 정격전압이 높은 이유는 간단하다. 원하는 전력을 얻기 위해서 전압이 두 배가 되면 절반의 전류만 필요하게 된다. 절반의 전류로, 가전을 전력선에 연결하는 전도체의 크기가 훨씬 줄어든다. 전선 지름이 작을수록 비용이 적게 들고 다루기가 훨씬 쉽기 때문에 이러한 사실은 중요하다.

〈표 3-1〉은 일반 가전제품의 전기 사양을 나열한 것이다.

그림 3-12 전기제품의 전기 사양 확인 (a) 토스터 (b) 토스터 바닥에 있는 네임플레이트

(a) (b)

표 3-1	일반 가전제품의 전기 사양	
가전제품	정격전력	정격전압
옷 다리미	1.2kW	120V
토스터	800 ~ 1500W	120V
전자레인지	600 ~ 1500W	120V
와플 판	1.2kW	120V
커피 메이커	800 ~1200W	120V
드라이어	1kW	120V
평면 TV	100 ~ 150W	120V
식기세척기	1200 ~ 2400W	120V
온수기	4.5 ~ 5.5kW	240V
전기스토브	9.6kW	240V

요약

- 옴의 법칙의 세 가지 형태는 $I=V/R$, $V=IR$, $R=V/I$이다.
- 1암페어(A)는 1옴(Ω) 저항에 인가된 1볼트(V)의 전위차에 의해 발생된 전류의 양이다. 1A는 1C/s와 같다.
- 저항 R이 일정하다면 전류의 양은 전압의 증가에 비례해서 증가한다. V와 I의 선형비례를 〈그림 3-5〉의 그래프에 나타내었다.
- 전압 V가 일정하다면 저항 R이 증가함에 따라 전류 I는 감소한다. 이는 반비례 관계이다. I와 R의 반비례를 〈그림 3-6〉의 그래프에 나타내었다.
- 전력은 일에 대한 시간 비율이다. 단위는 와트(W)이다. 1와트(W)는 1V×1A이다. 또한 와트는 시간당 줄(J)과 같다.
- 일 또는 에너지의 단위는 줄(J)이다. 1줄은 1W×1s와 같다. 전기에너지의 더 큰 단위는 킬로와트시(kWh)이다. 1kWh=1kW×1h이다.
- 가장 많이 사용되는 배수와 약수의 실용단위를 〈표 3-2〉에 나타내었다.
- 몸에 인가된 전원은 위험한 전기 쇼크를 유발할 수 있다. 가능하다면 전원을 끄고 저항을 테스트해야 한다. 만약 전원이 켜져 있어야만 한다면, 오직 한 손만을 써야 한다. 다른 한 손은 반대쪽 뒤에 위치시키거나 주머니에 넣어야 한다.
- 〈표 3-3〉에 전기 단위를 요약해 놓았다.
- 개방회로는 전류가 없고 무한히 큰 저항을 갖는다. 단락회로는 0Ω의 저항을 갖고 과도하게 큰 전류가 흐른다.

표 3-2	변환 계수의 요약		
접두어	기호	배율	예
mega	M	1,000,000 또는 1×10^6	5MΩ(megohms) = 5,000,000Ω = 5×10^6Ω
kilo	K	1000 또는 1×10^3	18kV(kilovolts) = 18,000V = 18×10^3V
milli	m	0.001 또는 1×10^{-3}	48mA(milliamperes) = 48×10^{-3}A = 0.048A
micro	μ	0.000001 또는 1×10^{-6}	15μV(microvolts) = 15×10^{-6}V = 0.000015V

표 3-3	전기 단위의 요약				
쿨롱	암페어	볼트	와트	옴	지멘스
6.25×10^{18} 전자	$\frac{\text{쿨롱}}{\text{초}}$	$\frac{\text{줄}}{\text{쿨롱}}$	$\frac{\text{줄}}{\text{초}}$	$\frac{\text{볼트}}{\text{암페어}}$	$\frac{\text{암페어}}{\text{볼트}}$

중요 용어

- 개방회로 : 저항값이 무한히 큰, 끊어졌거나 불완전한 전류 경로
- 단락회로 : 저항이 매우 낮은 경로. 매우 낮은 저항을 갖는 단락회로는 과도하게 큰 전류가 흐른다.
- 마력(hp) : 550ft·lb/s에 해당하는 기계적인 힘의 단위. 전기 전력과의 관계는 1hp = 746W와 같다.
- 반비례 관계 : 분자가 일정하고 분모가 증가함에 따라서 분수의 몫이 감소하는 관계. $I = V/R$ 방정식에서 일정한 V에 대해서 R이 증가하면 I가 감소하므로 I와 R은 반비례 관계이다.
- 볼트 : 전위차 또는 전압의 기본 단위. 1V = 1A·1Ω
- 볼트-암페어 특성 : 전류값에 따른 저항의 전압값을 보여주는 그래프
- 비선형저항 : 전력을 소비하는 전류의 양이나 열에 의해서 그 값이 변화하는 저항
- 선형비례 : 하나의 양에 있어서 변화가 다른 양의 동일한 변화를 가져오는 경우에 두 양 사이의 관계. $I = V/R$의 방정식에서 I와 V는 정비례한다.
- 선형저항 : 일정한 값을 갖는 저항
- 암페어 : 전류의 기본 단위

  $$1\text{A} = \frac{1\text{V}}{1\Omega}$$
- 와트 : 전력의 기본 단위. 1W = 1J/s
- 옴 : 저항의 기본 단위

  $$1\Omega = \frac{1\text{V}}{1\text{A}}$$
- 전력 : 수행한 일의 시간 비율

  $$\text{전력} = \frac{\text{일}}{\text{시간}}$$
- 전자볼트(eV) : 1볼트의 전위차를 갖는 두 지점 사이에서 단일 전자를 이동시키는데 요구되는 일 또는 에너지의 단위
- 줄 : 일 또는 에너지의 단위. 1J = 1W×1s
- 최대 정격동작전압 : 저항이 내부적인 아크 없이 안정적으로 견딜 수 있는 최대 허용 가능한 전압
- 킬로와트시(kWh) : 1kW×1h에 해당하는 전기 에너지의 단위

중요 공식

$$I = \frac{V}{R}$$
$$V = I \times R$$
$$R = \frac{V}{I}$$
$$P = V \times I$$
$$I = \frac{P}{V}$$
$$V = \frac{P}{I}$$
$$1\text{hp} = 746\text{W}$$
$$1\text{J} = 1\text{W} \times 1\text{s}$$
$$1\text{W} = \frac{1\text{J}}{1\text{s}}$$
$$1\text{J} = 1\text{V} \times 1\text{C}$$
$$1\text{J} = 6.25 \times 10^{18}\text{eV}$$
$$P = I^2 R$$
$$I = \sqrt{\frac{P}{R}}$$
$$R = \frac{P}{I^2}$$
$$P = \frac{V^2}{R}$$
$$V = \sqrt{PR}$$
$$R = \frac{V^2}{P}$$

자습문제

1. 1kΩ의 저항에 24V가 걸려 있다면 전류 I는 얼마인가?

a. 0.24A

b. 2.4mA

c. 24mA

d. 24μA

2. 120kΩ의 저항에 30μA의 전류가 흐른다면 전압 V는 얼마인가?

a. 360mV

b. 3.6kV

c. 0.036V

d. 3.6V

3. 저항에 걸린 15V의 전위차에 의해 500μA의 전류가 흐르고 있다면 저항은 얼마인가?

a. 30kΩ
b. 3MΩ
c. 300kΩ
d. 3kΩ

4. 1000μA의 전류에 해당하는 것은?

a. 1A
b. 1mA
c. 0.01A
d. 정답 없음

5. 1마력에 해당하는 것은?

a. 746W
b. 550ft·lb/s
c. 약 3/4 kW
d. 모두 정답

6. 일정한 저항 R의 특성으로 올바른 것은?

a. I와 P는 반비례 관계이다.
b. V와 I는 비례 관계이다.
c. V와 I는 반비례 관계이다.
d. 위의 모두 해당 안 됨

7. 1와트의 전력에 해당하는 것은?

a. 1V×1A
b. $\frac{1\text{J}}{\text{s}}$
c. $\frac{1\text{C}}{\text{s}}$
d. a와 b 둘 다

8. 직류전압원에 연결된 10Ω의 저항이 1W의 전력을 소비한다. 직류전압이 두 배가 된다면 저항이 소비하는 전력은 얼마인가?

a. 1W
b. 2W
c. 4W
d. 10W

9. 만일 가변저항에 걸린 전압이 일정하게 유지된다면 전류 I는 어떠한 특성을 갖는가?

a. 저항에 반비례한다.
b. 저항에 비례한다.
c. 저항의 모든 값에 대해서 일정하다.
d. a와 b 둘 다 해당한다.

10. 저항에 10mA의 전류가 흐르고 있는 경우에 27V의 전압이 걸린다. 이러한 조건을 만족하는 저항과 정격전력은 어느 것인가?

a. 2.7kΩ, 1/8 W
b. 270Ω, 1/2 W
c. 2.7kΩ, 1/2 W
d. 2.7kΩ, 1/4 W

11. 개방회로의 저항은 얼마인가?

a. 거의 0Ω
b. 무한대
c. 매우 낮음
d. 위 모두 해당 안 됨

12. 개방회로의 전류는 얼마인가?

a. 개방회로의 저항이 0Ω이기 때문에 매우 높다.
b. 퓨즈를 끊을 정도로 높다.
c. 0A이다.
d. 정상보다 약간 낮다.

13. 전원이 켜져 있는 전기 회로를 가지고 작업하는 경우에 지켜야 할 안전 규칙은 어느 것인가?

a. 대지접지로부터 자기 자신을 절연시켜야 한다.
b. 회로를 측정하고자 한다면 한 손은 뒤로 위치시키거나 주머니에 넣는다.
c. 켜져 있는 회로의 저항을 측정해야 한다.
d. a와 b 모두 해당한다.

14. 120V의 전력선에 75W의 전구가 연결되어 있다면 전류는 얼마인가?

a. 625mA
b. 1.6A
c. 160mA
d. 62.5mA

15. 단락회로의 저항은 얼마인가?

a. 무한한 값
b. 매우 높은 값
c. 일반적으로 1kΩ 이상의 값
d. 거의 0Ω

16. 다음 보기 중에서 선형저항에 해당하는 것은?

a. 전구
b. 서미스터
c. 1kΩ, 1/2W 탄소필름 저항
d. a와 b 모두 해당됨

17. 전기료가 7¢/kWh라면 4kW의 에어콘을 12시간 동안 켜 둘 경우에 얼마의 비용이 소요되는가?

a. $3.36
b. 33¢
c. $8.24
d. $4.80

18. 150Ω, 1/8W 저항이 정격전력 내에서 안정적으로 사용된다면 최대 전압은 얼마인가? (정격전력 안전지수는 없다고 가정하라.)

a. 18.75V
b. 4.33V
c. 6.1V
d. 150V

19. 다음 보기 중에서 전기 쇼크에 대해서 가장 위험한 것은 어느 것인가?

a. 12V
b. 10,000mV
c. 120V
d. 9V

20. 만일 단락회로가 저항의 리드선에 연결되어 있다면 저항에서 전류는 얼마인가?

a. 0A
b. 정상보다 매우 높다.
c. 정상과 같다.
d. 매우 높다.

확인문제

1. 옴의 법칙을 세 가지 형태로 나타내라.

2. (a) 저항이 일정할 경우에 높은 전압이 인가될수록 전류가 높아지는 이유는 무엇인가? (b) 동일한 전압이 인가될 때 저항이 커지면 전류가 작아지는 이유는 무엇인가?

3. 두 가지 다른 방법을 이용하여 120V 전력선에 연결된 300W 전구의 저항을 계산하라.

4. 다음에 주어진 보기에서 더 큰 단위가 어느 것인지 나타내라. (a) V, kV (b) A, mA (c) Ω, MΩ (d) V, μV (e) S, μS (f) eV, J (g) W, kW (h) kW, J (i) V, mV (j) MΩ, kΩ

5. 전기 회로를 가지고 작업을 할 때 지켜야 할 안전 지침 중에서 두 가지를 나타내라.

6. 1장의 〈그림 1-10〉에서 보인 저항기의 값이 표시되어 있지 않다고 가정하라. 옴의 법칙에 의해서 저항을 어떻게 결정할 수 있는가? 10kΩ의 V/I 비를 갖는 경우의 결과를 보여라. 그러나 10W의 정격전력을 초과하지 않는다.

7. 세 가지 전력 공식을 나열하라.

8. 일과 전력의 차이점은 무엇인가? 각각의 단위를 써라.

9. 1kWh는 3.6×10^{36}J과 동일하다는 것을 증명하라.

10. 10^{-6}, 10^{-3}, 10^{3}, 그리고 10^{6}을 위한 미터법 접두어를 써라.

11. 〈표 3-3〉에서 서로에 대해 역수 관계인 두 단위는 어느 것인가?

12. 어느 회로가 5000Ω의 R을 가지고 있고, V는 0V에서 50V까지 10V 단위로 변화한다. V에 대한 I의 표를 작성하라. 또한 〈그림 3-5c〉의 그림을 참조하여 mA 대 V의 그래프를 그려라.

13. 최소 두 가지의 전기 장치에 대한 전압과 정격전력을 나타내라.

14. 120V 전력선에 연결된 600W 토스터와 200W 텔레비전 중에서 어느 것이 더 많은 전류를 사용하는가?

15. 단락회로와 개방회로를 정의하라.

16. 0Ω과 무한대 값의 저항을 비교하라.

17. 옴의 법칙을 이용하여 $P = IV$로부터 $P = I^2R$을 유도하라.

18. 서미스터가 비선형저항인 이유를 설명하라.

19. 저항기의 최대 정격동작전압의 의미는 무엇인가?

20. 저항기의 정격전력에 대한 안전지수가 2인 이유는 무엇인가?

연습문제

3-1절 전류 $I = V/R$

〈문제 3-1〉부터 〈문제 3-5〉에서 V와 R이 주어진 경우에 I를 구하라. 〈그림 3-13〉을 참조하라.

3-1 MultiSim a. V = 10V, R = 5Ω, I = ?
b. V = 9V, R = 3Ω, I = ?
c. V = 24V, R = 3Ω, I = ?
d. V = 36V, R = 9Ω, I = ?

3-2 MultiSim a. V = 18V, R = 3Ω, I = ?
b. V = 16V, R = 16Ω, I = ?
c. V = 90V, R = 450Ω, I = ?
d. V = 12V, R = 30Ω, I = ?

3-3 MultiSim a. V = 15V, R = 3,000Ω, I = ?
b. V = 120V, R = 6,000Ω, I = ?
c. V = 27V, R = 9,000Ω, I = ?
d. V = 150V, R = 10,000Ω, I = ?

3-4 12V 전지에 100Ω 저항이 연결되어 있다면 전류 I는 얼마인가?

3-5 120V 전력선에 20A 퓨즈가 연결되어 있다면, 퓨즈가 8Ω 부하를 구동할 수 있는가?

3-2절 전압 $V = IR$

〈문제 3-6〉부터 〈문제 3-10〉에서 I와 R이 주어진 경우에 V를 구하라. 〈그림 3-14〉를 참조하라.

3-6 MultiSim a. I = 2A, R = 5Ω, V = ?
b. I = 6A, R = 8Ω, V = ?
c. I = 9A, R = 20Ω, V = ?
d. I = 4A, R = 15Ω, V = ?

3-7 MultiSim a. I = 5A, R = 10Ω, V = ?
b. I = 10A, R = 3Ω, V = ?
c. I = 4A, R = 2.5Ω, V = ?
d. I = 1.5A, R = 5Ω, V = ?

3-8 MultiSim a. I = 0.05A, R = 1200Ω, V = ?
b. I = 0.2A, R = 470Ω, V = ?
c. I = 0.01A, R = 15,000Ω, V = ?
d. I = 0.006A, R = 2,200Ω, V = ?

3-9 만약 1000Ω의 저항에 0.01A의 전류가 흐른다면 전압은 얼마인가?

3-10 1.25A의 전류가 흐르는 전구의 저항이 96Ω이다. 전구에 걸리는 전압은 얼마인가?

3-3절 저항 $R=V/I$

〈문제 3-11〉부터 〈문제 3-15〉에서 V와 I가 주어진 경우에 R을 구하라. 〈그림 3-15〉를 참조하라.

3-11 a. V = 14V, I = 2A, R = ?
b. V = 25V, I = 5A, R = ?
c. V = 6V, I = 1.5A, R = ?
d. V = 24V, I = 4A, R = ?

3-12 a. V = 36V, I = 9A, R = ?
b. V = 45V, I = 5A, R = ?
c. V = 100V, I = 2A, R = ?
d. V = 240V, I = 20A, R = ?

3-13 a. V = 12V, I = 0.002A, R = ?
b. V = 16V, I = 0.08A, R = ?
c. V = 50V, I = 0.02A, R = ?
d. V = 45V, I = 0.009A, R = ?

3-14 120V의 전력선에 연결된 모터에 2A의 전류가 흐른다면 저항은 얼마인가?

3-15 13.6V 직류전원에 연결된 CD 플레이어에 1.6A의 전류가 흐른다. 저항은 얼마인가?

그림 3-13 〈문제 3-1〉~〈문제 3-5〉를 위한 회로

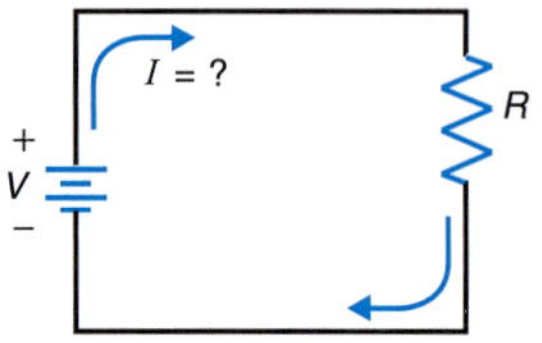

그림 3-14 〈문제 3-6〉~〈문제 3-10〉을 위한 회로

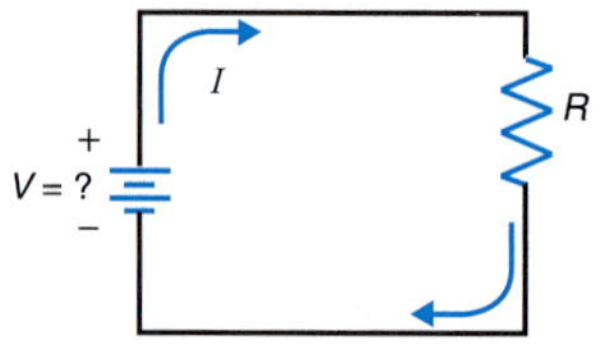

그림 3-15 〈문제 3-11〉~〈문제 3-15〉를 위한 회로

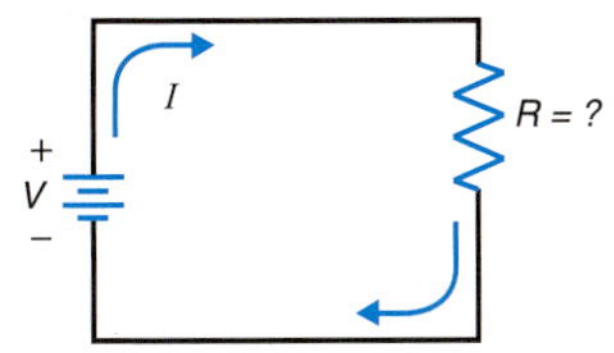

그림 3-16 〈문제 3-21〉를 위한 회로

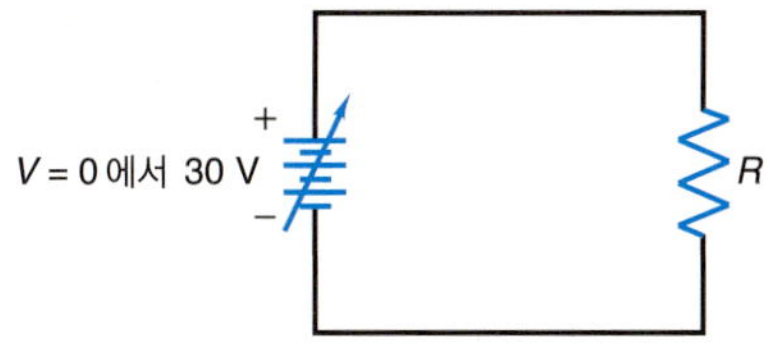

3-5절 배수 및 약수 단위

〈문제 3-16〉부터 〈문제 3-20〉에서 물음에 답하라. 〈그림 3-13〉, 〈그림 3-14〉, 〈그림 3-15〉를 참조하라.

3-16 a. V = 10V, R = 100kΩ, I = ?
b. V = 15V, R = 2kΩ, I = ?
c. I = 200μA, R = 3.3MΩ, V = ?
d. V = 5.4V, I = 2mA, R = ?

3-17 a. V = 120V, R = 1.5kΩ, I = ?
b. I = 50μA, R = 390kΩ, V = ?
c. I = 2.5mA, R = 1.2kΩ,V = ?
d. V = 99V, I = 3mA, R = ?

3-18 a. V = 24V, I = 800μA, R = ?
b. V = 160mV, I = 8μA, R = ?
c. V = 13.5V, R = 300Ω, I = ?
d. I = 30mA, R = 1.8kΩ, V = ?

3-19 470kΩ의 저항에 23.5V의 전압이 걸려 있다면 전류 I는 얼마인가?

3-20 40kΩ의 저항에 250μA의 전류가 흐른다면 전압은 얼마인가?

3-6절 전류와 전압의 선형비례

3-21 〈그림 3-16〉을 참조하라. 다음에 주어진 저항에 대해서 I와 V의 그래프를 그려라. 각 경우에 대해서 전압원은 5V 단위로 0V에서 30V까지 변화한다.
(a) R = 2.5Ω (b) R = 5Ω (c) R = 10Ω

3-22 〈그림 3-17〉을 참조하라. R이 2Ω 단위로 2Ω에서 12Ω까지 변화할 때 I와 R의 그래프를 그려라. (V는 12V로 일정하다.)

3-7절 전력

〈그림 3-23〉에서 〈그림 3-31〉까지 물음에 답하라.

3-23 a. V = 120V, I = 12.5A, P = ?
b. V = 120V, I = 625mA, P = ?
c. P = 1.2kW, V = 120V, I = ?
d. P = 100W, I = 8.33A, V = ?

3-24 a. V = 24V, I = 25mA, P = ?
b. P = 6W, V = 12V, I = ?
c. P = 10W, I = 100mA, V = ?
d. P = 50W, V = 9V, I = ?

3-25 a. V = 15.81V, P = 500mW, I = ?
b. P = 100mW, V = 50V, I = ?
c. V = 75mV, I = 2mA, P = ?
d. P = 20mW, I = 100μA, V = ?

3-26 다음의 보기에 주어진 전구가 120V 전력선에 연결되어 있을 경우에 전류는 각각 얼마인가?
a. 60W 전구
b. 75W 전구
c. 100W 전구
d. 300W 전구

3-27 전원인 75W의 전력을 공급하면서 5A의 전류가 발생한다면 출력 전압은 얼마인가?

3-28 12V의 백열등이 켜져 있는 동안 120mA의 전류가 흐른다면 소비된 전력은 얼마인가?

3-29 전기요금이 7¢/kWh라면 1,500W의 석영히터를 48시간 동안 켜 놓을 경우에 총 요금은 얼마인가?

3-30 전기요금이 7¢/kWh라면 300W의 전구를 30일 동안 켜 놓을 경우에 총 요금은 얼마인가?

그림 3-17 〈문제 3-22〉를 위한 회로

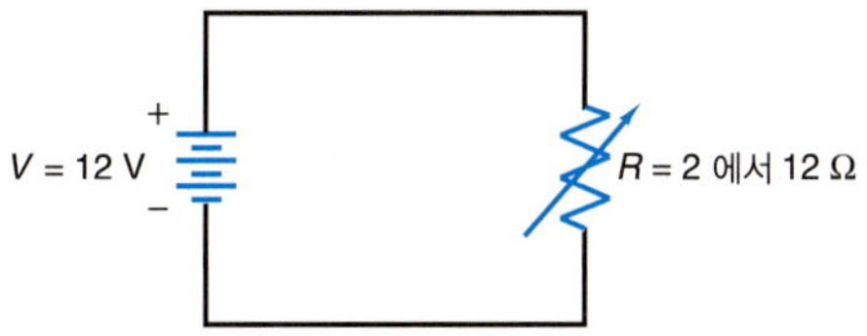

3-31 전기요금이 7¢/kWh라면 240V의 전력선에 대해 15A의 전류가 흐르는 모터를 10일 동안 켜 놓을 경우에 총 요금은 얼마인가?

3-8절 저항의 전력 소모

〈문제 3-32〉부터 〈문제 3-38〉에서, R에 의해 소비된 전력 P를 구하시오.

3-32 a. $I = 1\text{A}$, $R = 100\Omega$, $P = ?$
b. $I = 20\text{mA}$, $R = 1\text{k}\Omega$, $P = ?$
c. $V = 5\text{V}$, $R = 150\Omega$, $P = ?$
d. $V = 22.36\text{V}$, $R = 1\text{k}\Omega$, $P = ?$

3-33 a. $I = 300\mu\text{A}$, $R = 22\text{k}\Omega$, $P = ?$
b. $I = 50\text{mA}$, $R = 270\Omega$, $P = ?$
c. $V = 70\text{V}$, $R = 200\text{k}\Omega$, $P = ?$
d. $V = 8\text{V}$, $R = 50\Omega$, $P = ?$

3-34 a. $I = 40\text{mA}$, $R = 10\text{k}\Omega$, $P = ?$
b. $I = 3.33\text{A}$, $R = 20\Omega$, $P = ?$
c. $V = 100\text{mV}$, $R = 10\Omega$, $P = ?$
d. $V = 1\text{kV}$, $R = 10\text{M}\Omega$, $P = ?$

3-35 5.6kΩ 저항기에 9.45mA의 전류가 흐른다면 소비되는 전력은 얼마인가?

3-36 50Ω 저항기에 100V의 전압이 걸려 있다면 소비되는 전력은 얼마인가?

3-37 600Ω 저항기에 36V의 전압이 걸려 있다면 소비되는 전력은 얼마인가?

3-38 8Ω 저항기에 200mA의 전류가 흐른다면 소비되는 전력은 얼마인가?

3-9절 전력 공식

〈문제 3-39〉부터 〈문제 3-51〉에서 물음에 답하라.

3-39 a. $P = 250\text{mW}$, $R = 10\text{k}\Omega$, $I = ?$
b. $P = 100\text{W}$, $V = 120\text{V}$, $R = ?$
c. $P = 125\text{mW}$, $I = 20\text{mA}$, $R = ?$
d. $P = 1\text{kW}$, $R = 50\Omega$, $V = ?$

3-40 a. $P = 500\mu\text{W}$, $V = 10\text{V}$, $R = ?$
b. $P = 150\text{mW}$, $I = 25\text{mA}$, $R = ?$
c. $P = 300\text{W}$, $R = 100\Omega$, $V = ?$
d. $P = 500\text{mW}$, $R = 3.3\text{k}\Omega$, $I = ?$

3-41 a. $P = 50\text{W}$, $R = 40\Omega$, $V = ?$
b. $P = 2\text{W}$, $R = 2\text{k}\Omega$, $V = ?$
c. $P = 50\text{mW}$, $V = 500\text{V}$, $I = ?$
d. $P = 50\text{mW}$, $R = 312.5\text{k}\Omega$, $I = ?$

3-42 1kΩ, 1W 탄소저항기가 정격전력을 초과하지 않으면서 안전하게 동작할 수 있는 최대 전류를 계산하라.

3-43 22kΩ, 1/8W 저항기가 정격전력을 초과하지 않으면서 안전하게 동작할 수 있는 최대 전류를 계산하라.

3-44 60W, 120V 전구의 저항은 얼마인가?

3-45 50Ω 부하가 200W 전력을 소비한다. 부하게 걸린 전압은 얼마인가?

3-46 390Ω, 1/2W 저항기가 정격전력을 초과하지 않으면서 안전하게 동작할 수 있는 최대 전류를 계산하라.

3-47 기기의 저항에 10A의 전류가 흐르는 경우에 1.2kW가 소비된다면 저항은 얼마인가?

3-48 120V 전력선에 연결된 커피메이커가 960W의 전력을 소모한다면 전류는 얼마인가?

3-49 저항기에 40mA의 전류가 흐를 경우에 2W의 전력이 소비된다면 저항기에 걸린 전압은 얼마인가?

3-50 4Ω 스피커가 15W의 전력을 소비한다면 스피커에 걸린 전압은 얼마인가?

3-51 20W, 12V 할로겐 램프의 저항은 얼마인가?

3-10절 저항기의 선택

〈문제 3-52〉부터 〈문제 3-60〉에서 열거된 V와 I에 대해서 탄소필름저항기의 저항과 정격전력을 구하라. 모든 문제에 대해서 가능한 정격전력은 1/8, 1/4, 1/2, 1, 2W이다. (최대 정격동작전압은 3-10절에 열거된 값을 사용하라.)

3-52 V는 54V, I는 2mA

3-53 V는 12V, I는 10mA

3-54 V는 390V, I는 1mA

3-55 V는 36V, I는 18mA

3-56 V는 340V, I는 500μA

3-57 V는 3V, I는 20mA

3-58 V는 33V, I는 18.33mA

3-59 V는 264V, I는 120μA

3-60 V는 9.8V, I는 1.75mA

사고력 문제

3-61 모터의 효율은 아래와 같이 계산될 수 있다.

$$\text{효율}(\%) = \frac{\text{출력전력}}{\text{입력전력}} \times 100$$

식에서 출력전력은 마력(hp)을 나타낸다. 72% 효율의 5hp, 240V 모터에 흐르는 전류를 구하라.

3-62 1/2hp, 120V 모터에 4.67A가 흐른다. 모터가 동작하는 경우에 모터의 효율을 구하라.

3-63 75% 효율의 3/4hp 모터가 30일 동안 20%의 시간을 동작한다. 전기요금이 7¢/kWh라면 총 요금은 얼마인가?

3-64 어떤 장치가 하루 동안 14.4×10^6J의 에너지를 사용한다. 만일 전기요금이 6.5¢/kWh라면 총 요금은 얼마인가?

3-65 어떤 1kΩ 저항기가 70℃의 온도에서 1/2W의 정격전력을 갖는다. 그러나 70℃ 이상에서 정격전력은 6.25mW/℃ 단위로 감소해야만 한다. 정격소비전력을 초과하지 않고 120℃에서 동작할 수 있는 최대 전류를 계산하라.

복습문제 정답

3-1 a. 3A
b. 15A
c. 2A
d. 6A

3-2 a. 2V
b. 4V
c. 4V

3-3 a. 4000Ω
b. 2000Ω
c. 12,000Ω

3-4 a. 35V
b. 0.002A
c. 2000Ω

3-5 a. 문제 b를 보라
b. 문제 a를 보라
c. 2mA
d. 125μA

3-6 a. y 축
b. 선형
c. I는 2A에서 4A로 두배가 된다.
d. I는 2A에 1A로 반으로 준다.

3-7 a. 1.8kW
b. 0.83A
c. 200W
d. $1.01(근사치)

3-8 a. 20W
b. 20W
c. 20W와 5Ω

3-9 a. 144Ω
b. 50W
c. 8W

3-10 a. 50V, 초과되지 않는다.
b. R = 1MΩ, P_{Rating} = 1/8W

3-11 a. 참
b. 참

3-12 a. 참
b. 참
c. 참

chapter

4

직렬회로

직렬회로는 전류가 한 경로로만 흐르는 회로이다. 〈그림 4-1〉은 직렬회로의 예이다. 그림에서 두 개의 저항은 전압원의 두 단자에 연결된 쪽의 반대편이 서로 연결되어 있다. 〈그림 4-1a〉는 배선도를 나타내고, 〈그림 4-1b〉는 회로도를 나타낸다. 〈그림 4-1b〉에서 작은 점은 자유전자를 나타낸다. 자유전자는 하나의 경로로만 흐를 수 있는데, 전압원의 음극 단자로부터 출발하여 R_2와 R_1 저항을 통과한 후에 전압원의 양극 단자로 되돌아온다. 자유전자는 하나의 경로로만 흐를 수 있기 때문에 전류 I(자유전자와 반대 방향으로 흐름)는 직렬회로의 모든 부분에서 동일해야만 한다. 직렬회로에서 전압, 전류, 저항의 값을 구하기 위해서 옴의 법칙을 적용할 수 있다. 이 장은 직렬회로의 모든 특성에 대해서 다루고, 결함이 있는 소자가 포함된 직렬회로의 문제를 해결하는 방법도 다룬다.

단원 차례

단원 목표

- 직렬회로의 모든 부분에서 전류가 같은 이유를 설명한다.
- 직렬회로의 총 저항을 계산한다.
- 직렬회로에서의 전류를 계산한다.
- 직렬회로에서 개별 저항의 전압강하를 결정한다.
- 직렬회로에 키르히호프의 전압 법칙을 적용한다.
- 저항의 IR 전압강하의 극성을 결정한다.
- 직렬회로에서 소모된 총 전력을 계산한다.
- 직렬-더하기 및 직렬-빼기 전압원의 총 전압을 구한다.
- 미지값을 갖는 직렬회로에서 전압, 전류, 저항, 전력을 구한다.
- 섀시접지와 대지접지를 정의한다.
- 직렬회로에서 접지로부터 주어진 위치까지의 전압을 구한다.
- 직렬회로에서 개방의 영향을 설명한다.
- 직렬회로에서 단락의 영향을 설명한다.
- 개방과 단락을 포함한 직렬회로의 문제를 해결한다.

중요 용어

고장수리	이중 첨자 표시법	직렬 저항열	직렬소자
대지접지	전압강하	직렬-더하기 전압	키르히호프의 전압 법칙
섀시접지	전압극성	직렬-빼기 전압	

4-1 직렬회로의 전류

전류는 두 지점 사이의 전하의 이동으로 인가된 전압에 의해서 발생한다. 〈그림 4-1〉과 같이 회로의 구성 요소가 직렬로 연결되어 있는 경우에 직렬회로라 한다. 저항 R_1과 R_2는 직렬 관계에 있다.

〈그림 4-2a〉에서, 전지는 연결선들과 R_3, R_2, R_1 저항을 통해 자유전자를 음극 단자 A로부터 B를 향하여 이동시킨 후 양극 단자 J로 돌아오게 하는 데 필요한 전위차를 제공한다. 전지의 음극 단자에서 음극 전하는 전자를 밀어낸다. 그러므로 전선의 원자 내에 있는 자유전자는 A로부터 B를 향하여 이동한다. 마찬가지로 B점에서 자유전자는 인접한 전자들을 음극 단자로부터 멀어지도록 C점으로 밀어낼 수 있다.

동시에 양극 단자의 양극 전하들은 자유전자를 끌어당겨서 I로부터 J로 이동하도록 한다. 결과로 R_1, R_2, R_3에 있는 자유전자들은 양극 단자로 이동하도록 힘을 받는다. 앞장에서 언급한 것처럼 관습 전류의 방향은 전자의 흐름과 반대 방향으로 표시된다.

전지의 양극 단자는 음극 단자가 전자를 밀어내는 만큼의 힘으로 전자를 끌어당긴다. 그러므로 회로에서 자유전자의 운동은 동시에 회로의 모든 부분에서 동일한 속도로 시작한다.

한 점으로부터 이동한 자유전자는 연속적으로 직렬회로에서 인접한 위치로부터 이동된 자유전자들에 의해서 대체된다. 모든 전자들은 전지를 떠난 전자들과 동일한 속도를 갖는다. 그러므로 회로의 모든 부분에서 자유전자의 이동은 동일한 경향을 띤다. 임의의 시간에 동일한 속도로 동일한 수의 전자가 이동한다. 이는 직렬회로의 모든 부분에서 전류가 동일하다는 것을 나타낸다.

〈그림 4-2b〉에서, 예를 들어 전류가 2A라면 동일한 순간에 R_1, R_2, R_3 및 전지에 흐르는 전류도 2A이다. 전류의 양은 항상 동일할 뿐만 아니라, 전체 회로에 대해서 하나의 전류 경로만 존재하기 때문에 직렬회로의 모든 부분에서 전류가 다를 수

그림 4-1 직렬회로 (a) 배선도 (b) 회로도

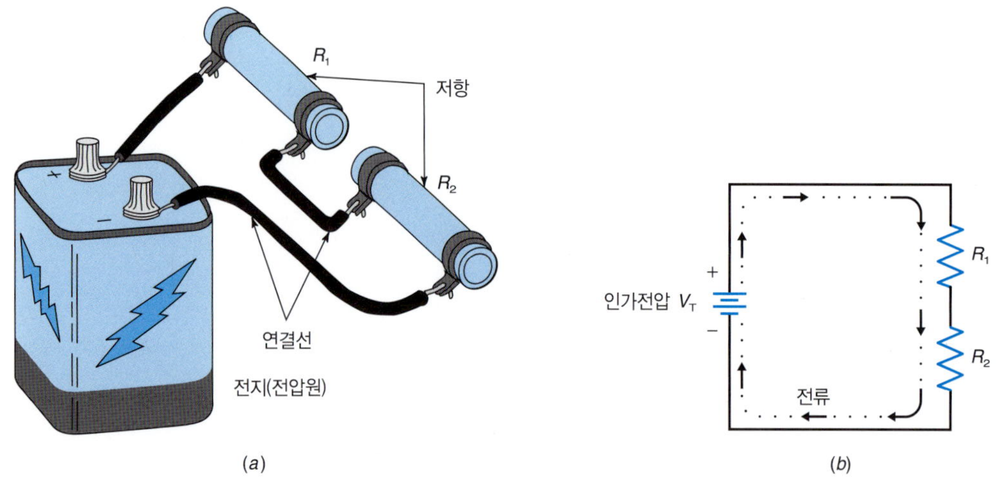

MultiSim **그림 4-2** R_1, R_2, R_3을 통해 오직 하나의 전류만 흐른다. (a) 전자의 이동은 직렬회로의 모든 부분에서 동일하다. (b) 전류 I는 직렬회로 내의 모든 위치에서 동일하다. (c) 만능기판을 이용한 저항의 직렬회로

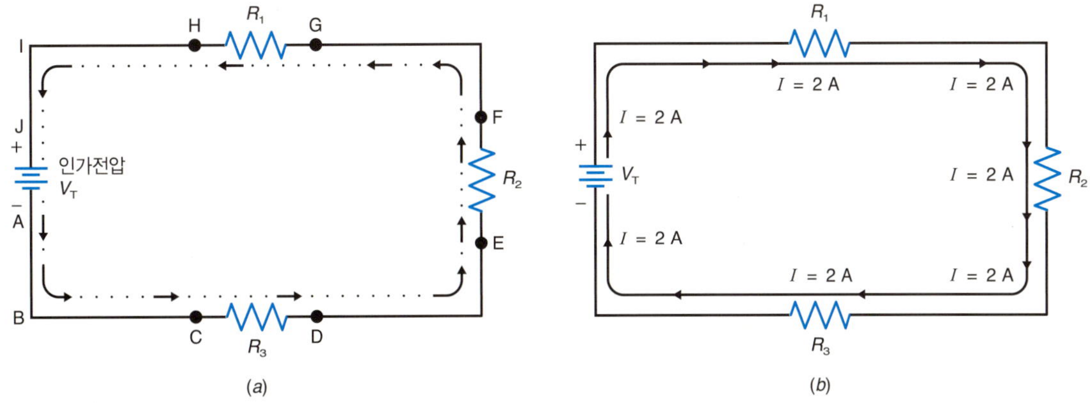

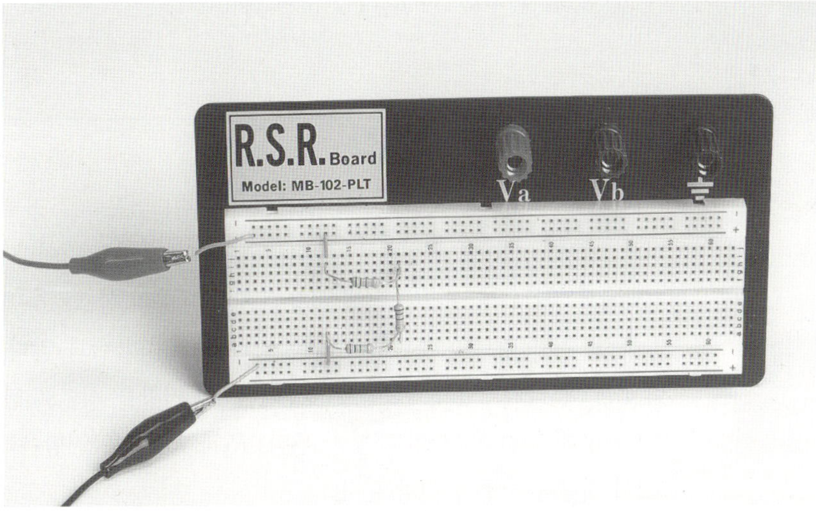

(c)

없다. 〈그림 4-2c〉는 만능기판에 저항을 이용하여 직렬회로를 구성한 예를 보이고 있다.

회로 소자들의 연결 순서는 전류에 영향을 주지 않는다. 〈그림 4-3b〉에서, 저항 R_1과 R_2는 〈그림 4-3a〉와 역순으로 연결되어 있지만, 두 경우 모두 직렬회로이다. 전류의 흐름을 위한 경로는 오직 하나이므로 각각을 통해 흐르는 전류는 동일하다. 마찬가지로 R_3, R_4, R_5는 직렬로 연결되어 있고 〈그림 4-3c〉, 〈그림 4-3d〉, 〈그림

그림 4-3 직렬회로의 예 – (a), (b) : R_1과 R_2가 직렬로 연결 (c), (d), (e) : R_3과 R_4, R_5가 직렬로 연결

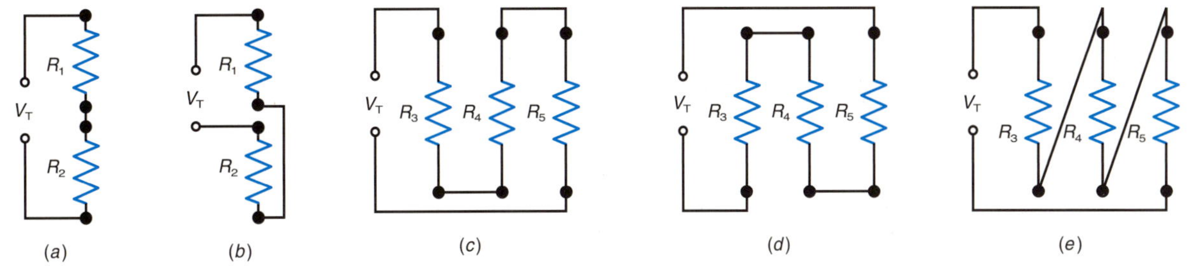

4-3e〉에서 전류는 동일하다. 더욱이 저항이 동일할 필요는 없다.

직렬회로에서 소자들의 순서는 전류의 관점에서 아무런 의미가 없다. 모든 직렬 성분에 대해서 전류는 동일한 크기이기 때문이다.

사실, 직렬 소자는 동일한 전류 경로에 있는 성분으로 정의할 수 있다. 경로는 전압원의 한쪽으로부터 시작하고, 직렬 소자들을 거친 후에 다시 전압원의 다른 쪽으로 되돌아온다. 그러나 직렬 경로는 다른 병렬 경로로 전류가 분기할 수 있는 어떠한 지점도 가져서는 안 된다.

■ 4-1 복습문제

a. 〈그림 4-2b〉에서 전류가 2A인 다섯 부분을 열거하라.

b. 〈그림 4-3e〉에서 R_5의 전류가 5A이라면 R_3의 전류는 얼마인가?

c. 〈그림 4-4b〉에서 R_2의 전류는 얼마인가?

4-2 직렬회로의 저항

〈그림 4-3〉과 같이 직렬회로가 전압원에 연결되었을 때, 전류는 모든 직렬저항을 거쳐 흐른다. 이러한 직렬경로는 전류가 흐르는 유일한 길이다. 그러므로 같은 전류 경로에서 전압원에 연결된 전체 저항은 모든 저항의 합으로 나타낼 수 있다.

특히, 직렬 경로의 총 저항 R_T는 각각의 저항의 합과 같다. 이러한 규칙을 〈그림 4-4〉에 나타내었다. 〈그림 4-4b〉에서 2Ω 저항을 직렬로 연결된 〈그림 4-4a〉의 3Ω 저항에 더하면 5Ω의 저항이 된다. R_1과 R_2의 총 저항은 〈그림 4-4c〉와 같이 5Ω의 저항을 사용한 것과 같다.

직렬 저항열

직렬저항의 조합을 종종 저항열(string)이라고 한다. 직렬저항은 각각의 저항을 합한 것과 같다. 예를 들어, 〈그림 4-4b〉에서 R_1과 R_2는 5Ω의 직렬 저항열(series string)을 형성한다. 하나의 저항열에는 두 개 혹은 그 이상의 저항이 있을 수 있다.

MultiSim **그림 4-4** R_T를 구하기 위한 직렬저항의 합 (a) R_1은 3Ω이다. (b) 직렬 R_1과 R_2는 5Ω이다. (c) 5Ω의 R_T는 A와 B 사이에 5Ω 저항이 있는 것과 동일하다.

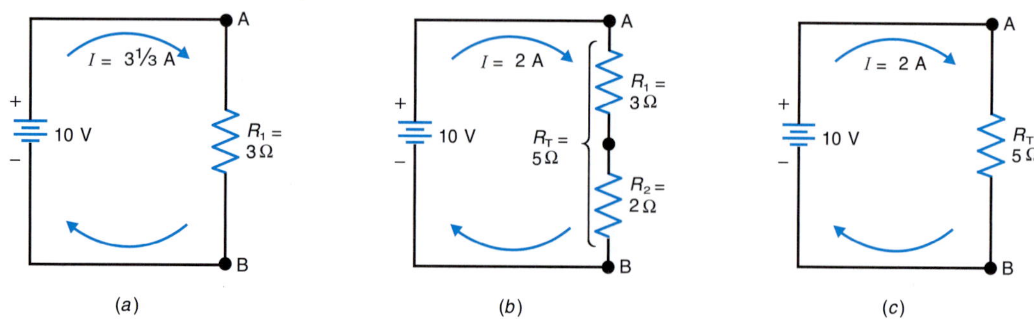

옴의 법칙에 의해서 회로 내의 두 점 사이의 전류의 크기는 저항으로 전위차를 나눈 것과 같다. 전체 저항열은 전압원과 연결되어 있기 때문에 전류는 전체 저항열에 인가되는 전압을 저항열의 총 직렬저항으로 나눈 값과 같다. 예를 들어, 〈그림 4-4〉에서 A와 B 사이에 10V의 전압이 5Ω의 저항에 인가되면 2A의 전류가 발생한다. 전류는 직렬 경로 내의 R_1과 R_2를 따라서 흐른다.

직렬저항 공식

요약하면, 직렬 경로에서 총 저항은 각각의 저항을 합한 것과 같다. 공식은 식 (4-1)과 같다.

알아두기▸▸

동일한 크기의 저항이 직렬로 연결되면 총 저항 $R_T = NR$이다. R은 하나의 저항에 대한 값이고 N은 직렬로 연결된 저항의 개수이다.

$$R_T = R_1 + R_2 + R_3 + \cdots\cdots \tag{4-1}$$

식 (4-1)에서 R_T는 총 저항이고, R_1, R_2, R_3은 직렬저항들이다.

이 공식은 저항의 개수와 상관없이 직렬 저항열에 적용된다. R_T는 직렬 저항열에서 전류를 계산하는데 사용되는 저항임을 명심하라. 옴의 법칙은 식 (4-2)와 같다.

$$I = \frac{V_T}{R_T} \tag{4-2}$$

예제 4-1

MultiSim

5Ω의 크기를 갖는 R_1, R_2와 10Ω의 R_3이 직렬로 연결되면 R_T는 얼마인가?

정답

$$R_T = R_1 + R_2 + R_3 = 5 + 5 + 10$$
$$R_T = 20\Omega$$

예제 4-2

MultiSim

〈예제 4-1〉의 직렬저항에 80V의 전압원이 인가된다. R_3에서의 전류는 얼마인가?

정답

$$I = \frac{V_T}{R_T} = \frac{80\text{V}}{20\Omega}$$
$$I = 4\text{A}$$

4A의 전류는 R_1, R_2, R_3 또는 직렬회로의 모든 부분에서 동일하다.

식 (4-2)에서 R_T는 모든 저항의 합이고, V_T는 총 저항에 인가된 전압이다. 또한 I는 저항열의 모든 부분을 흐르는 전류값이다.

직렬저항이 추가되면 전류는 감소한다는 것을 명심하라. 〈그림 4-4a〉에서 3Ω R_1에 10V가 인가되면 3.33A의 전류가 발생한다. 그러나 2Ω의 저항이 직렬로 추가되면 전류는 2A로 감소한다.

■ 4-2 복습문제

a. 5kΩ R_1 저항에 10V의 전압이 인가되고 있다. 전류는 얼마인가?

b. 2kΩ R_2와 3kΩ R_3이 문제 a의 R_1과 직렬로 연결된다. R_T를 계산하라.

c. R_1, R_2, R_3에서 I를 계산하라.

4-3 직렬 *IR* 전압강하

저항에 전류 I가 흐를 때 옴의 법칙에 의해 저항에 걸리는 전압은 $I \times R$과 같다. 두 개의 저항에 의한 저항열에서 이러한 규칙을 〈그림 4-5〉에 나타내었다. 〈그림 4-5〉의 회로에서, 4Ω R_1과 6Ω R_2의 직렬저항에 의한 총 저항 R_T가 10Ω이고 10V의 V_T가 인가되고 있기 때문에 전류는 $I = \frac{10\text{V}}{10\Omega} = 1\text{A}$ 이다.

〈그림 4-5〉에서 각각의 IR 전압을 구하려면 각각의 저항에 1A의 전류를 곱한다.

$$V_1 = IR_1 = 1\text{A} \times 4\Omega = 4\text{V}$$
$$V_2 = IR_2 = 1\text{A} \times 6\Omega = 6\text{V}$$

4V의 V_1은 4Ω인 R_1에 대한 IR 전압이다. 또한 6V의 V_2는 6Ω인 R_2에 대한 IR 전압이다. V_1과 V_2의 두 전압은 직렬이다.

직렬회로에서 IR 전압은 사용 가능한 전위차를 줄이기 때문에 각 저항의 IR 전압을 IR 전압강하라고 한다. V_1과 V_2는 전압원 V_T와 구별되도록 각 저항에서의 전압강하를 나타내는 데 사용한다.

〈그림 4-5〉에서 10V의 V_T는 R_1과 R_2의 총 직렬저항에 인가되어 있다. 그러나

MultiSim **그림 4-5** IR 전압강하 V_1과 V_2의 예

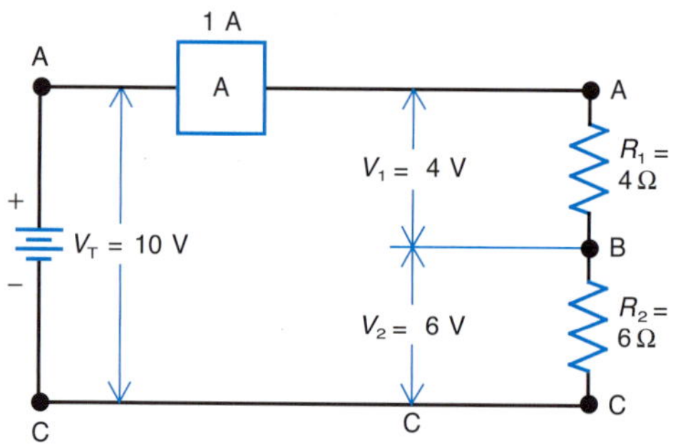

R_1에서 4V의 전압이 강하하였기 때문에 R_2에 인가되는 전압은 6V이다. C점을 기준으로 양(+) 전위는 A점의 10V로부터 B점에서 6V로 강하된다. B와 C점 사이에 6V의 전위차는 R_2에 걸린 전압이다.

마찬가지로 R_2에는 6V의 IR 전압강하가 있다. C에 대한 B에서의 양(+) 전위는 6V로 강하되고 C점에서는 C점을 기준으로 할 때 0V로 떨어진다. 도선은 실제로 저항이 0Ω이고 IR 전압이 없기 때문에 전지로 되돌아오는 경로에서 전위차는 반드시 0V가 되어야만 한다.

전류를 생성하고 저항에서 IR 전압강하를 위해서 전압은 반드시 전지와 같은 전위차를 전원에 의해서 공급해야만 한다. 저항에 전류가 흐르지 않으면 저항은 그냥 저항이다. 저항의 양 끝에서 전위차는 없다.

예제 4-3

〈그림 4-6〉에서 R_T, I, 그리고 각 저항에서의 전압강하값을 구하라.

그림 4-6 〈예제 4-3〉을 위한 회로

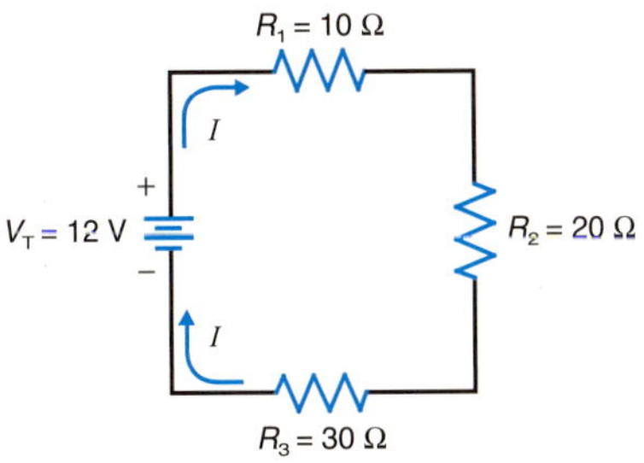

정답 먼저, 각 저항값을 합하여 R_T를 구한다.

$$R_T = R_1 + R_2 + R_3 = 10\Omega + 20\Omega + 30\Omega = 60\Omega$$

다음으로 전류를 구한다.

$$I = \frac{V_T}{R_T} = \frac{12V}{60\Omega} = 200mA$$

마지막으로 각 저항에서의 전압강하를 구한다.

$$V_1 = I \times R_1 = 200mA \times 10\Omega = 2V$$

$$V_2 = I \times R_2 = 200mA \times 20\Omega = 4V$$

$$V_3 = I \times R_3 = 200mA \times 30\Omega = 6V$$

각 저항에서의 전압강하는 직렬로 연결된 저항값들에 비례한다. 예를 들어, R_3이 30Ω이고, R_1이 10Ω이라면 V_3은 V_1보다 세 배 크다. 모든 저항에 대해서 전류가 같다면 가장 큰 저항이 가장 큰 전압강하를 가져야만 한다.

4-5 *IR* 전압강하의 극성

저항 양단에 전압강하가 일어날 때 한쪽 끝은 다른 쪽 끝에 대해 전위가 더 높거나(+) 낮아야(−) 한다. 그렇지 않고 전위차가 없다면 저항을 통해 흐르는 전류가 없어서 전압강하가 일어나지 않는다. 이런 전압강하의 극성은 저항을 흐르는 전류의 방향에 따라 결정된다. 간단히 말하면 전자의 흐름은 전압강하의 음극(−) 쪽으로 흘러들어가서 양극(+) 쪽으로 흘러나온다. (〈그림 4-8a〉를 참조하라.)

전자의 흐름과 반대 방향으로 움직이는 양전하에 의한 전류의 경우 이러한 방향은 반대가 된다. (〈그림 4-8b〉를 참조하라.) 여기서 양전하는 *IR* 전압강하의 양극(+) 쪽으로 들어간다.

그렇지만 전자의 흐름이나 전류에 따른 실제 전압강하의 극성은 모두 동일하다. 〈그림 4-8〉의 (a)와 (b)에서 회로도에 표시한 저항의 위쪽은 전류를 발생시키는 전원의 양극(+) 단자이므로 양극(+)이 된다. 아무튼 저항에서는 우리가 고려하는 전류의 방향을 구별하지 않아도 된다.

두 개의 전압강하를 갖는 직렬회로를 〈그림 4-9〉에 나타냈다. 전류의 방향으로 극성을 분석해본다. 전류는 전원 V_T의 양극(+) 단자로부터 나와서 C점에서 D점으로 R_1을 통해 흐른다. 즉, 전류는 C점으로 들어가서 D점으로 흘러나온다. 그러므로 C점이 R_1 양단에 걸리는 전압강하의 양극(+)이 된다. 마찬가지로 R_2에 걸리는 전압강하에서 E점이 F점과 비교해서 양극(+)이 된다.

회로에서 전압강하의 극성을 결정하는 가장 기본적인 방법은 두 점 사이에서 전압원의 양극(+) 단자에 가까운 점이 전위가 높다는 사실이다. 또한 인가전압의 음극(−) 단자에 가까운 점은 상대적으로 전위가 낮다. 단자에 더 가까운 점이라는 의미는 그 전류 경로에서 그 점에서의 저항이 더 낮다는 것을 말한다.

〈그림 4-9〉에서 C점은 D점보다 전지의 양극 단자에 더 가깝다. 그 이유는 C점과 A점 사이에 저항이 없는 반면 D에서 A까지의 경로에는 저항 R_1이 있기 때문이다. 마찬가지로 F점은 E점보다 전지의 음극 단자에 더 가까운데 이로 인해 F점이 E점보다 더 전위가 낮게 된다.

〈그림 4-9〉에서 D점과 E점에 모두 음극과 양극 표시가 되어 있다는 것을 명심하라. D점의 (−)극성은 C점보다 더 전위가 낮다는 것을 나타낸다. 그렇지만 이 극

그림 4-8 *IR* 전압강하의 극성 (a) 전자는 R_1 양단에 걸리는 V_1의 음극(−) 쪽으로 흘러들어간다. (b) 양극(+) 쪽으로 흘러들어가는 양전하를 가진 동일한 극성의 V_1

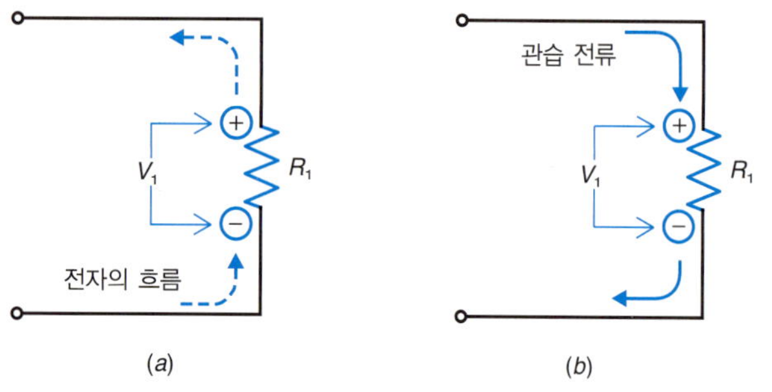

그림 4-9 직렬로 연결된 두 개의 *IR* 전압강하의 예. *I*로 표시된 전류의 흐름

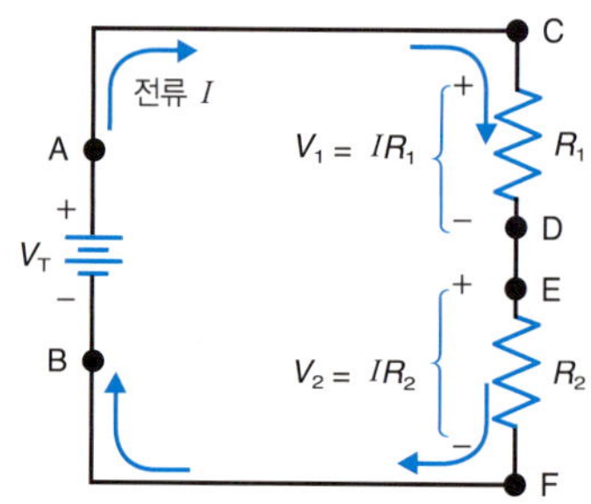

성 표시는 바로 R_1 양단에 걸리는 전압만을 나타내고 있다. D점은 F나 B점보다 더 전위가 낮을 리는 없다. 인가전압의 양극(+) 단자는 전지가 전체회로에 대해 양(+)의 전위차를 발생시키기 때문에 가장 높은 양(+) 전위점이어야 한다.

마찬가지로 B점이 인가전압의 음극(−) 단자이므로 B점과 F점은 전체 저항열에서 가장 낮은 음(−) 전위를 가져야 한다. 실제로, E 점에서의 양(+)극 표시는 단지 R_2의 이쪽 끝이 F점보다 R_2에 걸리는 전압강하만큼 더 전위가 높다는 것을 나타낸다.

〈그림 4−9〉에서 단지 전선조각뿐인 D와 E 사이의 전위차를 생각해보자. 두 점 사이에 저항이 없기 때문에 이 전압의 차는 0이다. 그 사이에 어떤 저항도 없다면 전류로 인한 전압강하가 없어 두 점 사이의 전위에 차이가 없게 된다. 그러므로 D점과 E점은 전위가 같으므로 전기적으로 동일하다.

전류 방향에 따라 V_T의 양극 단자로부터 외부 회로를 일주할 때는 양(+) 전위의 전압강하를 일으킨다. 반대 방향으로 V_T의 음극 단자로부터 시작하면 음(−) 전위의 전압강하를 일으킨다. 어느 쪽이든지 각 직렬저항에 생기는 전압강하는 모든 저항에 동일한 전류가 흐르도록 V_T가 각 저항에 비례한 값으로 나누어지게 된다.

■ 4−5 복습문제

〈그림 4−9〉를 참조하여 답하라.

a. 회로에서 음극의 값이 가장 큰 곳은 어느 위치인가?

b. 회로에서 양극의 값이 가장 큰 곳은 어느 위치인가?

c. D와 F 위치 중에서 어느 곳이 더 전위가 낮은가?

4−6 직렬회로의 총 전력

알아두기▸▸

직렬회로에서 가장 큰 저항을 갖는 저항기가 가장 많은 전력을 소모한다. 이는 모든 직렬저항에서 전류가 같고 $P = I^2R$에 의해서 전력이 결정되기 때문이다.

각 직렬저항에서 전류를 만들어내는 데 필요한 전력은 열의 형태로 소비된다. 그러므로 총 전력은 회로 내의 모든 부분에서 소비된 전력의 합이다. 식으로 표현하면 식 (4−4)와 같다.

$$P_T = P_1 + P_2 + P_3 + \cdots\cdots \quad (4-4)$$

예를 들어, 〈그림 4−10〉에서 P_1의 소비전력은 VI에 의해 20V×2A, 또는 I^2R에 의해 (2×2)×10=40W이다. 또한 V^2/R에 의해 (20×20)/10=40W로 구할 수도 있다.

마찬가지로 P_2의 소비전력은 VI에 의해 40V×2A, I^2R에 의해 (2×2)×20, 또는 V^2/R에 의해 (40×40)/20=80W이다.

R_1과 R_2에서 소비된 총 전력은 40+80=120W이다. 이 전력은 전압원에 의해서 생성된다.

총 전력은 $V_T \times I$에 의해서 계산할 수 있다. 그 이유는 V_T가 모든 직렬전압의 합이고 I는 모든 직렬성분에서 동일하기 때문이다.

그림 4-10 직렬저항에서 소비된 P_1과 P_2는 전원에 의해서 공급된 P_T와 동일하다.

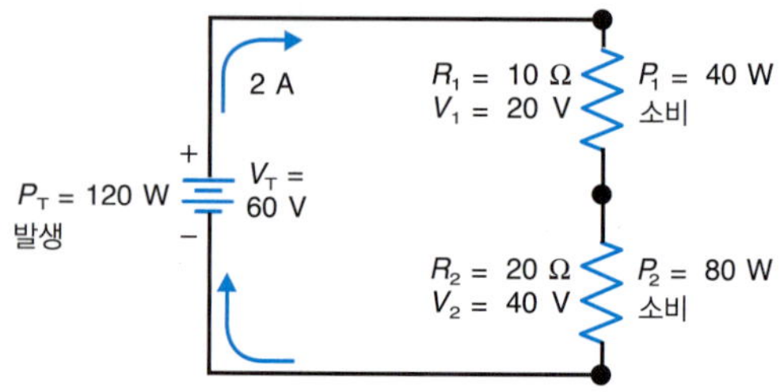

120W의 총 전력은 총 전압 또는 P_1과 P_2의 합에 의해서 구할 수 있다. 이 값은 전지에 의해서 생성되는 전력의 양이다. 전압원은 저항에 의해서 사용되는 전력과 동일한 크기의 전력을 발생시킨다.

■ 4-6 복습문제

a. 동일한 크기를 갖는 세 개의 저항이 각각 2W의 전력을 소비한다. 전원에 의해 얼마의 총 전력 P_T가 공급되어야 하는가?

b. 직렬로 연결된 1kΩ R_1과 40kΩ R_2가 50V의 전압원에 연결되어 있다. 어느 저항이 더 많은 전력을 소비하는가?

4-7 직렬-더하기 전압과 직렬-빼기 전압

직렬-더하기 전압(series-aiding voltages)은 동일한 방향으로 전류를 흘리는 극성으로 연결된다. 〈그림 4-11a〉에서 6V의 V_1은 2Ω의 R에 3A에 해당하는 전류를 생성할 수 있다. 또한 8V의 V_2는 동일한 방향으로 4A의 전류를 생성할 수 있다. 따라서 총 전류 I는 7A이다.

그러나 전류를 더하는 것 대신에 V_1과 V_2가 더해질 수 있고 V_T는 6+8=14V가 된다. 14V의 전압은 2Ω의 저항이 직렬로 연결된 경우에 7A의 전류를 발생할 수 있다. 즉, I는 14/2=7A이다.

전압원의 양극 단자가 다음 전압원의 음극 단자에 연결되는 경우에 전압은 직렬-더하기이다. 총 전압의 크기는 두 전압원에 의한 전압의 합이다. 이러한 개념은 전지와 같은 전압원에 동일하게 적용되고, 저항에 대한 전압강하에도 동일하다. 직렬-더하기 방향으로 극성이 연결되는 경우에는 얼마든지 전압을 더할 수 있다.

〈그림 4-11b〉와 같이 직렬-빼기 전압은 서로 차감된다. V_1과 V_2의 양극이 서로 연결되어 있다. 큰 값에서 작은 값을 빼고, 큰 전압의 극성으로 전체 V가 결정된다. 즉, V_T는 8−6=2V이다. V_T의 극성은 V_1보다 값이 큰 V_2의 극성을 따른다.

만일 두 직렬-빼기 전압이 같다면 전체 전압은 0V가 될 것이다. 실제로 한 전압이 다른 전압과 상쇄되어 버린다. 또한 전위차를 줄 다른 성분이 없다면 전류 I도 0A가 된다.

그림 4-11 직렬로 연결된 V_1과 V_2에 대한 예제 (a) 직렬-더하기 극성 연결. V_T는 8+6=14V (b) 직렬-빼기 극성 연결. V_T는 8−6=2V

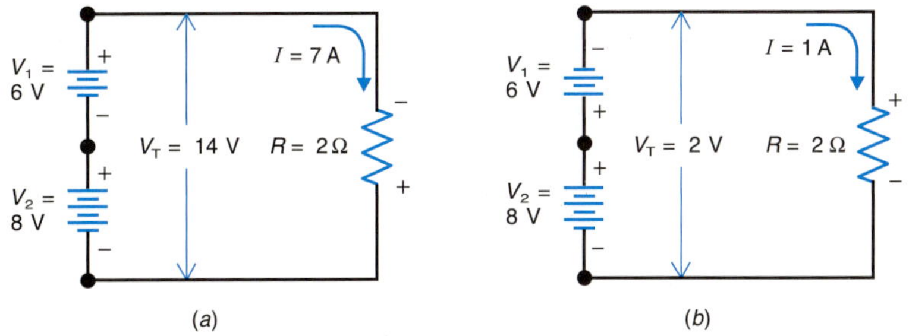

■ **4-7 복습문제**

a. 40V의 V_1과 60V의 V_2가 직렬-더하기 형태로 연결되어 있다. V_T는 얼마인가?

b. 40V의 V_1과 60V의 V_2가 직렬-빼기 형태로 연결되어 있다. V_T는 얼마인가?

4-8 미지값을 구하기 위한 직렬회로의 해석

그림 4-12 I, V_1, V_2, P_1, P_2를 찾기 위한 직렬회로의 해석

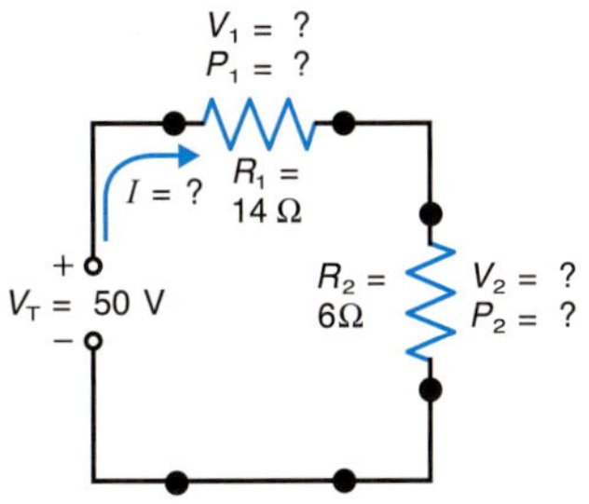

〈그림 4-12〉에서 R_1이 14Ω이고 R_2가 6Ω일 때 V_T가 50V라고 가정하자. 이제 R_T, I, 전압강하 V_1, V_2, 그리고 소비된 전력을 구해 보도록 한다.

총 전압 V_T가 주어졌기 때문에 I를 구하기 위해서 총 저항 R_T를 구해야만 한다. V_T는 R_T에 인가되는 전압이다. 이 예제에서 R_T는 14 + 6 = 20Ω이다.

이제 V_T/R_T, 즉 50/20으로부터 I를 구할 수 있고 그 값은 2.5A이다. 이 2.5A의 전류가 R_1과 R_2에 흐른다.

각각의 전압강하는 아래와 같다.

$$V_1 = IR_1 = 2.5 \times 14 = 35\text{V}$$
$$V_2 = IR_2 = 2.5 \times 6 = 15\text{V}$$

V_1과 V_2의 합은 50V이고 V_T와 동일한 값이다.

각 저항들에서 소비된 전력은 아래와 같이 구할 수 있다.

$$P_1 = V_1 \times I = 35 \times 2.5 = 87.5\text{W}$$
$$P_2 = V_2 \times I = 15 \times 2.5 = 37.5\text{W}$$

소비된 전력의 합은 125W이고, 전압원에 의해 공급된 전력도 $V_T \times I$, 50×2.5이므로 125W이다.

알아두기▸▸

미지항이 있는 직렬회로를 푸는 것은 십자말풀이를 하는 것과 유사하다. 한 가지 단서는 회로 내의 특정한 값을 구할 수 있게 해주고, 그러한 단서들로부터 주어진 회로의 모든 미지항들과 해를 구한다.

직렬회로를 위한 일반적인 방법들

직렬회로에 대한 몇 가지 다른 유형의 문제들을 풀기 위해서는 아래의 내용을 기억하는 것이 유용하다.

1. 한 성분에 대한 I를 알고 있는 경우에는 직렬회로의 모든 부분에서 전류가 동일하므로 모든 성분의 전류값에 I를 이용하라.
2. I를 계산하기 위해서 R_T로 V_T를 나누거나 IR 전압강하값을 자신의 저항값으로 나눈다. 예를 들어, 〈그림 4-12〉의 전류는 V_2/R_2, 15/6에 의해서 계산될 수 있고 2.5A에 해당한다. 그러나 회로의 특정 부분에서 구한 개별적인 값과 전체 회로에서 구한 총 값을 혼용하지 마라.
3. 회로 내의 개별적인 전압강하값을 알고 있는 경우에 이 값들을 더하여 V_T를 구할 수 있다. 또한 이는 다른 전압강하값을 찾기 위해 총 전압 V_T로부터 알고 있는 전압강하값을 뺄 수도 있다는 것을 뜻한다.

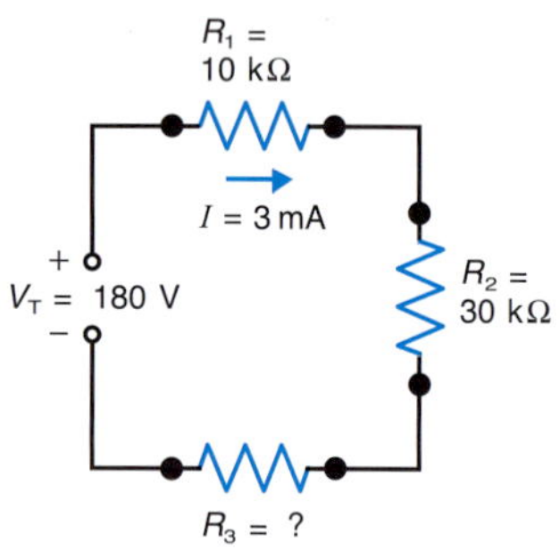

그림 4-13 R_3의 저항을 구하라.

이러한 원리를 〈그림 4-13〉에 나타내었다. 회로에서 R_1과 R_2의 값을 알고 R_3은 미지항이다. R_3에 흐르는 전류는 3mA라고 주어졌다.

단지 이 정보만을 갖고 회로 내의 모든 값들을 구할 수 있다. 3mA의 전류 I는 세 개의 직렬저항에 동일하게 적용된다. 그러므로

$$V_1 = 3\text{mA} \times 10\text{k}\Omega = 30\text{V}$$
$$V_2 = 3\text{mA} \times 30\text{k}\Omega = 90\text{V}$$

V_1과 V_2의 합은 30+90=120V이다. 120V에 V_3을 더하면 총 180V가 된다. 그러므로 V_3은 180−120=60V이다.

60V로 계산된 V_3은 IR_3과 같은 값이므로 R_3은 60/0.003=20000Ω 또는 20kΩ이다. 총 저항은 60kΩ이고, 이는 회로에서 명시된 것과 같이 180V의 전압이 인가되면 3mA의 전류를 발생한다.

이 문제를 푸는 또 다른 방법은 R_T를 먼저 구하는 것이다. $I = V_T/R_T$로부터 R_T를 계산할 수 있다.

$$R_T = \frac{V_T}{I}$$

3mA의 I와 180V의 V_T로부터 R_T는 180V/3mA=60kΩ으로 구해진다. 이 값으로부터 R_3은 60−40=20kΩ과 같이 구할 수 있다.

각 저항이 소비한 전력은 R_1이 90mW, R_2가 270mW, R_3이 180mW이다. 총 전력은 90+270+180=540mW이다.

직렬 전압강하 저항

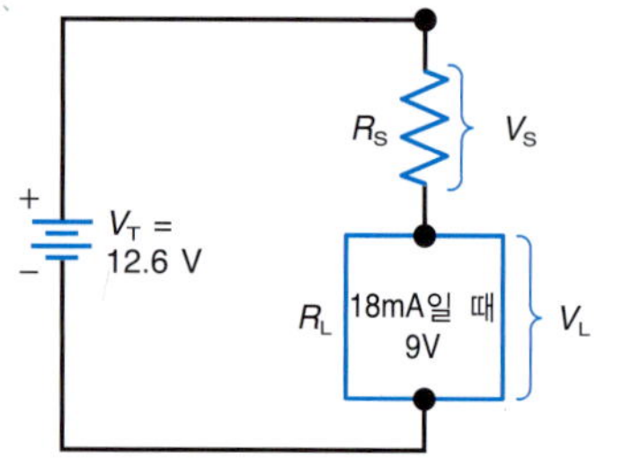

그림 4-14 R_L에서 12.6V의 V_T를 9V로 떨어뜨리는 데 사용되는 직렬저항 R_S의 예

직렬회로의 일반적인 응용은 〈그림 4-14〉와 같이 전압원 V_T로부터 더 낮은 전압을 만들기 위해 저항을 사용하는 것이다. 부하저항 R_L은 9V 전지에 의해 정상적으로 동작할 수 있는 라디오라고 가정한다. 라디오가 켜지면 인가된 9V에 의한 직류 부하전류는 18mA이다. 그러므로 이 부하는 18mA일 때 9V를 필요로 한다.

라디오를 동작시키기 위해서는 12.6V의 전압을 9V로 강하시켜야 하는데, 이를 위해 전압을 조절하는 R_S를 직렬로 삽입한다. R_L로 가정한 라디오의 전압강하는 V_L이고 R_S의 전압강하는 V_S라 한다. V_S에 필요한 전압강하는 V_L과 V_T 사이의 차이이고, 아래와 같이 계산할 수 있다.

$$V_S = V_T - V_L = 12.6 - 9 = 3.6\text{V}$$

더욱이, R_S와 R_L에 흐르는 전류는 동일하므로 3.6V의 전압강하는 18mA를 유지할 수 있어야만 한다. R_S를 계산하면 아래와 같다.

$$R_S = \frac{3.6\text{V}}{18\text{mA}} = 0.2\text{k}\Omega = 200\Omega$$

직렬 전압원을 갖는 회로

〈그림 4-15〉를 보자. V_1과 V_2는 R_1을 사이에 두고 +와 +가 연결되어 있으므로 직렬-빼기를 적용한다. 그러면 그들의 전체 전압은 0V가 된다. 그러므로 V_T는 4.5V인 V_3과 같다. 총 저항 R_T는 2+1+2=5kΩ이다. 마지막으로 I는 V_T/R_T, 즉 4.5V/5kΩ으로 계산할 수 있고 0.9mA 또는 900μA가 된다.

그림 4-15 세 개의 전압원을 갖는 직렬회로에서 I를 구하라.

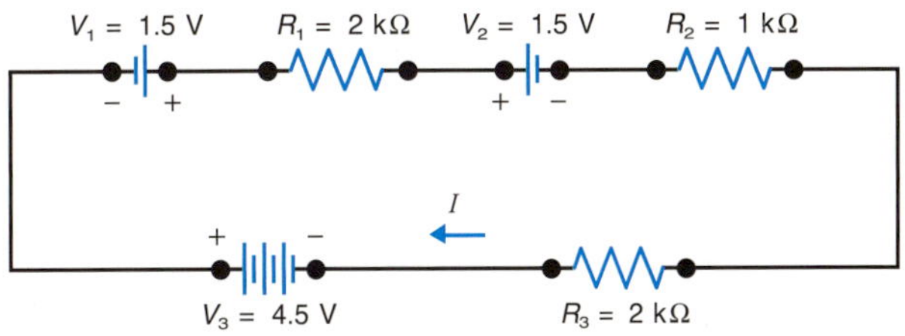

■ **4-8 복습문제**

〈그림 4-13〉을 참고하라.

a. R_1에 걸리는 V_1을 구하라.

b. R_2에 걸리는 V_2를 구하라.

c. V_3은 얼마인가?

4-9 전기 및 전자 시스템에서 접지 연결

대부분의 전기 및 전자 시스템에서 전압원의 한쪽은 접지와 연결된다. 예를 들어 120V 교류전력선의 전압원 한쪽은 대지접지에 직접 연결되어 있다. 접지에 연결하는 이유는 전기 쇼크의 가능성을 줄이기 위해서이다. 대지접지하는 방법은 땅에 구리 막대를 설치하고, 이를 전기적인 시스템의 접지선과 연결하는 것이다. 〈그림

그림 4-16 접지 기호

MultiSim 그림 4-17 전류를 위한 공통 귀환점을 나타내는 데 대지접지 기호를 사용한 직렬회로

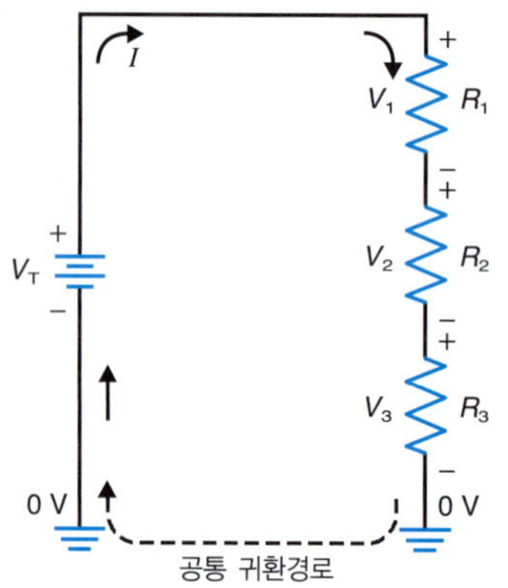

4-16⟩에 대지접지의 기호를 나타냈다. 그러나 전자회로에서는 모든 접지 연결이 대지접지일 필요는 없다. ⟨그림 4-16⟩의 가운데 기호는 인쇄회로기판의 금속섀시 또는 구리박판을 나타내는 데 가장 적합한 기호이다. 이 섀시접지(chassis ground) 기호는 전류에 대해서 공통된 귀환경로를 제공하는데, 실제 대지접지에 연결될 수도 있고 그렇지 않을 수도 있다.

⟨그림 4-16⟩의 공통접지 기호도 회로에서 전류의 공통 귀환경로를 제공하는 데 사용된다. 모든 기호들에서 접지는 0V의 전위를 갖는다. 어떤 회로에서는 접지가 두 개 또는 그 이상의 접지 기호들을 가질 수도 있다. 하나 이상의 접지 기호를 가지는 경우에는 각 접지를 전기적으로 분리하는 것이 중요하다. 전기적인 분리(electrically isolated)라는 용어는 각 접지 또는 공통점 사이의 저항이 무한대의 값을 갖는다는 뜻이다.

⟨그림 4-16⟩의 대지접지의 기호가 표준으로 정해져 있지만, 산업계에서는 표준화된 기호를 따르지 않는 경우도 많다. 다시 말하면 회로도에서는 대지접지로 나타나 있지만 실제로는 대지접지에 연결되어 있지 않은 경우도 있다. 어떤 기호가 사용되었든지 간에 기억해야 할 것은 접지가 주어진 회로에서 전류를 위한 공통 귀환경로를 나타낸다는 것이다. 본 교재에서는 ⟨그림 4-16⟩의 대지접지 기호를 임의로 선택한다.

⟨그림 4-17⟩은 대지접지 기호를 사용한 직렬회로를 보이고 있다. 대지접지 기호는 0V의 전기 전위이므로 V_T의 음극 단자와 R_3의 아래쪽 끝은 전기적으로 동일한 점에 연결되어 있다. V_T의 양극 단자에서 시작된 전류는 접지 기호에 의해 표현된 공통 귀환경로를 거쳐서 V_T의 음극 단자로 돌아온다. 전자회로에서 접지 연결을 이용하는 주요 이유 중의 하나는 배선을 간략화하기 위해서다.

접지 기준의 전압 측정

회로가 공통된 귀환 경로로서 접지를 갖는 경우에 일반적으로 이 접지를 기준으로 전압을 측정한다. ⟨그림 4-18a⟩의 회로는 전압분배기(voltage divider)라 불린다. 이 회로가 접지를 가지고 있지 않다고 가정하고 회로 내의 다른 위치에서 접지의 영향을 분석한다. 이 회로는 접지가 있든지 없든지 간에 동일한 방법으로 동작하는데, 유일한 차이는 전압을 측정하기 위한 기준점이다.

⟨그림 4-18a⟩에서 10Ω의 값을 갖는 세 개의 저항 R_1, R_2, R_3은 30V의 전압원을 동일하게 나눈다. 각 전압강하는 V_1, V_2, V_3에 대해서 30/3=10V이다. 각 저항의 전압강하의 극성은 V_T와 동일하게 위쪽이 양극이고 아래쪽이 음극이다. 저항의 전압강하 극성은 전류가 흐르는 방향에 의해서 결정된다.

전류 I는 30/30=1A이므로 V_1, V_2, V_3의 IR 전압강하는 1×10=10V이다.

MultiSim **그림 4-18** 접지에 대해 측정된 직류전압들을 계산하기 위한 예 (a) 접지가 연결되지 않은 직렬회로 (b) V_T의 음극에 접지가 연결된 직렬회로 (c) B점에 접지가 연결된 직렬회로 (d) V_T의 양극에 접지가 연결된 직렬회로

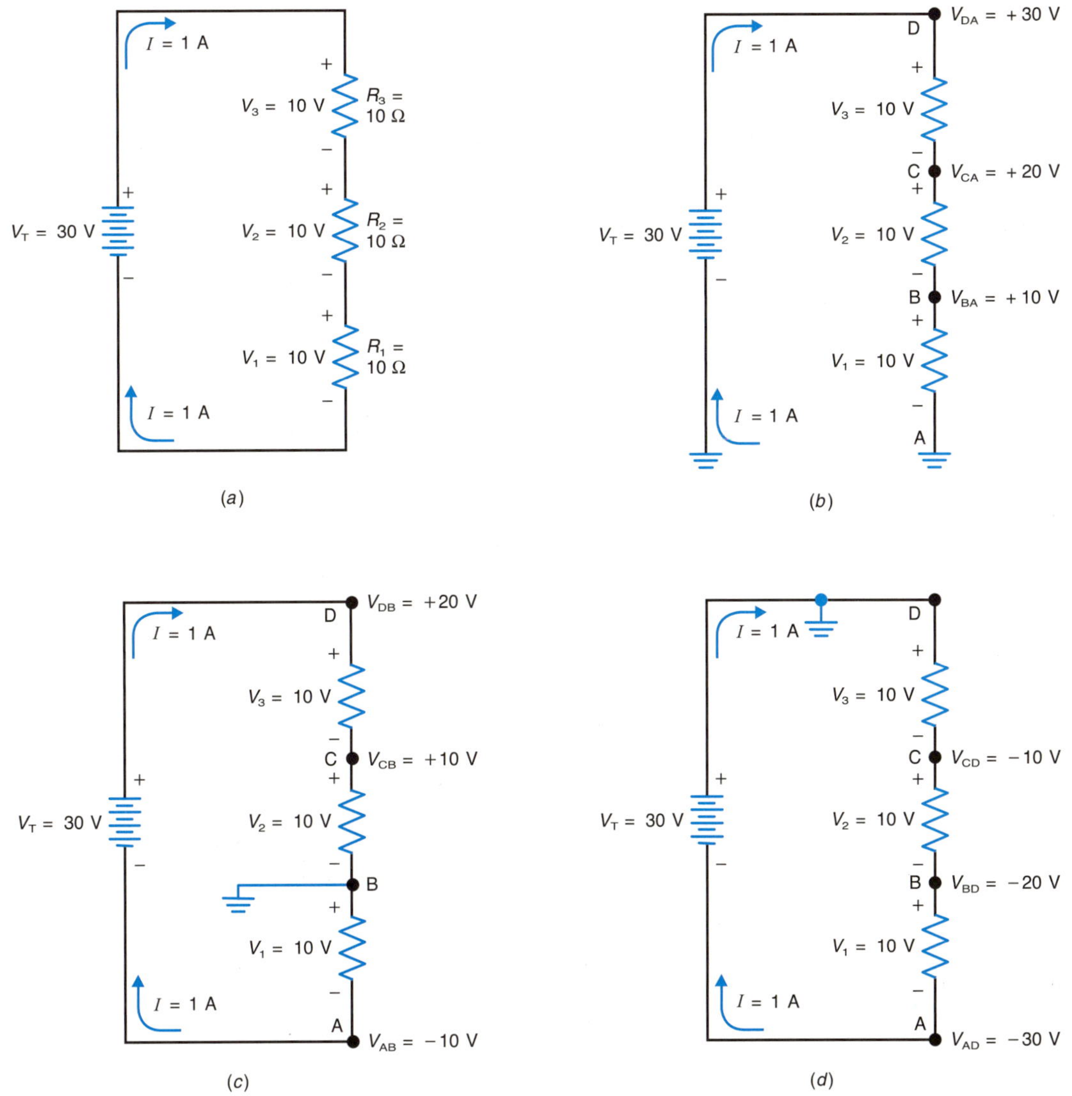

음극 접지에 대한 양극 전압

알아두기▸▸

〈그림 4-18〉의 (b), (c), (d)에서의 접지 연결로 인해 〈그림 4-18a〉의 원 회로에 나타낸 저항, 전류 또는 전압값은 변경되지 않는다. 변하는 유일한 사항은 전압을 측정하기 위한 기준점이다.

〈그림 4-18b〉에서 V_T의 음극은 접지에 연결되어 있고 R_1의 아래쪽 끝도 접지에 연결되어 있다. 또한 전류는 여전히 1A이다. 전류의 방향은 동일하고, R_1의 아래쪽에서 접지를 거친 후 V_T의 음극으로 흐른다. 접지의 유일한 효과는 부하의 한쪽 편으로부터 전원의 한쪽으로 연결되는 경로를 제공하는 것이다.

〈그림 4-18b〉의 접지에서 접지에 대해 전압을 고려하는 것이 유용하다. 다시 말하면, A점 위치에서 접지는 모든 전압들에 대한 기준점이 된다. 전압이 회로 내에서 오직 한 점에 대해서만 표시되어 있다면 다른 점은 접지로 가정한다. 전위차는 반드시 두 점에 대해서 정의되어야만 한다.

B, C, D점에서 전압을 고려하자. 접지에 대한 B점에서의 전압은 V_{BA}이다. BA로 표시된 아래첨자는 A를 기준으로 B를 측정하였다는 의미이다. 일반적으로 첫

번째 문자는 측정하고자 하는 위치를 나타내고, 두 번째 문자는 기준위치를 나타낸다.

V_{BA}는 +10V이다. 양의 부호는 극성을 강조하기 위해 사용되었다. V_{BA}에 대한 10V라는 값은 R_1이 B와 A 위치 사이에 있으므로 R_1의 전압강하 V_1과 동일하다. 그러나 R_1에 걸린 전압으로서의 V_1은 기준점 없이는 극성이 정해질 수 없다.

C에서 전압을 고려하면, V_{CA}는 +20V이다. 이 전압은 $V_1 + V_2$와 같은 값이다. 또 D에 대해서는 V_{DA}는 30V이고 $V_1 + V_2 + V_3$과 같은 값이다.

접지된 탭에 대한 양(+)전압과 음(-)전압

〈그림 4-18c〉에서 전압분배기의 B점이 접지되어 있다. 전압분배기를 사용하는 목적은 접지에 대해서 음전압과 양전압을 제공하기 위한 것이다. 음전압은 V_{AB}이고 -10V의 값을 갖는다. 이 값은 V_1의 10V와 동일하지만 V_{AB}는 양극 끝 B에 대한 음극 끝 A에서의 전압이다. 전압분배기의 또 다른 전압들은 V_{CB}=+10V와 V_{DB}=+20V가 있다.

양전압과 음전압을 나누기 위한 기준으로 B점을 접지로 고려할 수도 있다. V_T의 양극 쪽에 있는 모든 점에서의 전압은 접지에 대해서 양(+)의 값을 갖는다. V_T의 음극 쪽에 있는 모든 점에서의 전압은 접지에 대해 음(–)의 값을 갖는다.

양극 접지에 대한 음(-)전압

〈그림 4-18d〉에서 분배기의 제일 위쪽의 D점이 접지되어 있는데 이는 V_T의 양극이 접지되어 있는 것과 동일하다. 〈그림 4-18b〉와 비교할 때 반대 극성이 접지되어 있다. 〈그림 4-18d〉에서 분배기의 모든 전압들은 접지에 대해 음의 값을 갖는다. 여기서, V_{CD}=-10V, V_{BD}=-20V, V_{AD}=-30V이다. 회로 내의 어떤 점에서도 전원의 양(+)단자보다 전위가 높을 수는 없다. 즉, 전원의 양(+)단자가 접지가 될 때라도 다른 점에서는 음(–)의 값을 갖게 된다.

■ **4-9 복습문제**

〈그림 4-18c〉를 참조하여 아래에 주어진 조건에 대해서 전압과 극성을 구하라.

a. 접지에 대한 A점의 전압과 극성

b. 접지에 대한 C점의 전압과 극성

c. 접지에 대한 D점의 전압과 극성

d. V_{DA}

4-10 고장수리 : 직렬회로에서 개방과 단락

전기 기술자들은 종종 정상적으로 동작하지 않는 장치들을 수리해야만 하는 상황에 직면한다. 기술자들은 기기들의 문제를 해결하고 원래의 동작 조건으로 되돌리고자 노력한다. 고장수리(troubleshooting)는 진단하고 해석한다는 의미이다. 예를

> **알아두기▸▸**
>
> 전자 하드웨어를 가지고 일을 하는 모든 사람들은 전자 기기의 문제를 해결할 수 있어야만 한다. 서비스 기술자, 상품 검사자, 엔지니어는 모두 그들의 작업에서 문제해결을 한다.

들어, 기술자는 전압, 전류, 저항을 측정하기 위해 디지털 멀티미터를 사용하여 고장난 전자회로를 진단한다. 고장난 소자가 있으면 그것을 제거하고 새로운 것으로 교체한다. 고장난 회로의 문제를 해결하기 위해서 가장 먼저 회로가 어떻게 동작하는지 이해해야만 한다. 이러한 지식이 없다면 문제를 해결하고자 하는 노력은 짐작하는 일 이외에 아무것도 할 수 없다. 다음으로 해야 할 일은 직렬회로에서 개방과 단락의 영향을 분석하는 것이다.

직렬회로의 개방

개방회로는 전류 경로가 끊어진 것이라 할 수 있다. 개방된 점들 사이의 공기는 매우 훌륭한 절연체이기 때문에 개방회로의 저항은 매우 높다. 공기는 수십억 옴의 저항값을 가질 수 있다. 직렬회로에서 전류 경로가 끊어졌다는 것은 모든 소자에 흐르는 전류가 0이라는 의미이다.

〈그림 4-19a〉는 정상적으로 동작하는 직렬회로를 보여주고 있다. 40V의 전압원과 40Ω의 총 저항을 갖는 회로에서 직렬전류는 40V/40Ω=1A이다. 이 전류는 R_1, R_2, R_3에서 V_1 = 1A×25Ω, V_2 = 1A×10Ω, V_3 = 1A×5Ω의 IR 전압강하를 갖는다.

〈그림 4-19b〉에서 P_1과 P_2 사이는 개방된 회로이다. 개방된 위치 사이의 저항은 무한히 크기 때문에 전체 직렬회로에서 전류는 영이다. 직렬회로에서 전류가 영이면, 전압원이 40V라 할지라도 각 저항에서의 IR 전압강하도 0V이다. 〈그림 4-19b〉에서 V_1, V_2, V_3을 계산하기 위해서 단순히 I를 0A로 둘 수 있다. 따라서 V_1 = 0A×25Ω=0V, V_2 = 0A×10Ω=0V, V_3 = 0A×5Ω=0V이다. 그러면 P_1과 P_2 사이의 전압은 얼마인가? 답은 40V이다. P_1과 P_2 사이의 저항을 $40\times10^9\Omega$ 또는 40GΩ이라 가정하자. 40GΩ은 다른 어떠한 저항보다도 큰 값이기 때문에 직렬회로의 총 저항은 40GΩ이라 할 수 있다. 직렬전류 I는 40V/40GΩ=1×10^{-9}A=1nA이다. 실제로 전류는 0이다. 이 전류는 전체 직렬회로의 전류값이다. 이 작은 전류는 R_1, R_2, R_3에서 0V를 발생하고, 저항값이 매우 큰 P_1과 P_2 사이에서는 $V_{전류} = 1\times10^{-9}\times 40\times10^9\Omega$=40V의 전압을 발생한다.

요약하면, 직렬회로에서 개방의 효과는 다음과 같다.

그림 4-19 직렬회로에서 개방의 효과 (a) 1A 직렬전류를 갖는 정상 회로 (b) P_1과 P_2 사이의 개방은 회로의 모든 부분에서 전류가 흐르지 않게 한다.

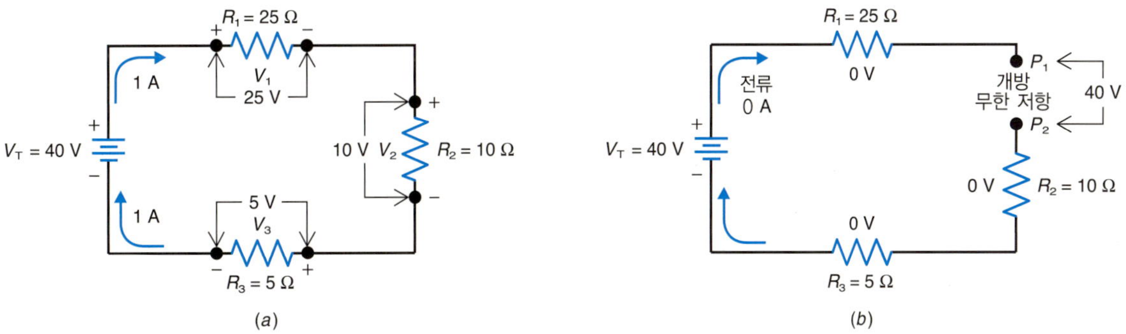

1. 모든 소자에 흐르는 전류 I는 0A이다.
2. 정상적인 소자 양단의 전압강하는 0V이다.
3. 개방된 지점의 전압은 전압원의 값과 같다.

개방회로에서 총 전압과 전류 관계

〈그림 4-19b〉의 개방회로는 전압과 전류가 어떻게 다른지 보여주는 또 다른 예이다. 두 전지 사이에 전류가 흐르기 위한 경로가 없기 때문에 개방회로는 전류가 없다. 그러나 전지는 40V의 전위차를 계속 유지한다. 다시 말하면 V_T는 전류의 유무와 상관없이 존재한다. 만약 V_T를 전압계로 측정하고자 한다면 〈그림 4-19a〉와 같이 회로가 정상적이든지 〈그림 4-19b〉와 같이 개방되어 있든지 간에 상관없이 40V가 측정된다.

동일한 개념이 집에 들어오는 전력선에서 공급되는 120V_{AC} 전압에도 적용된다. 120V 전위차는 벽에 있는 전기 콘센트를 이용하여 사용할 수 있다. 만약 전등이나 전기제품을 전기 콘센트에 연결하면 전류가 흐를 것이다. 연결이 되지 않은 경우에도 120V의 전압은 전기 콘센트를 통해서 유지된다. 만약 순간적으로 아무것도 연결되지 않은 금속 물체를 전기 콘센트에 가져다 대면 전기 쇼크가 발생할 것이다. 전력회사는 전기 콘센트에 어떠한 기기가 연결되었을 때 전류를 흐르게 하기 위해서 120V의 전압을 항상 유지한다.

예제 4-6

그림 4-20 〈예제 4-6〉을 위한 직렬회로

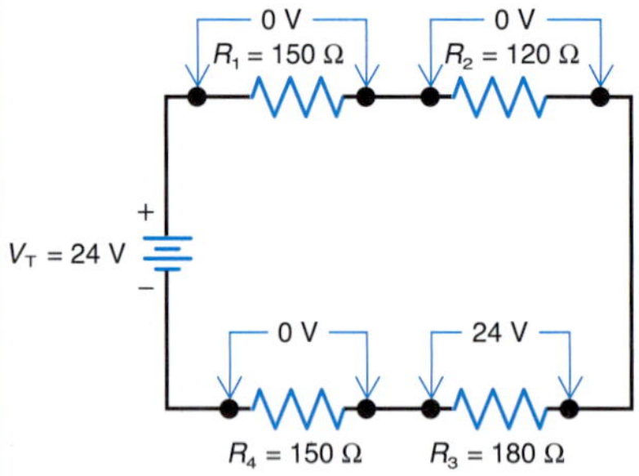

〈그림 4-20〉의 직렬회로가 고장났다고 가정한다. 회로를 수리하기 위한 기술자는 저항에서의 전압강하를 기록하기 위해 전압계를 사용하였다.

$$V_1 = 0\text{V}$$
$$V_2 = 0\text{V}$$
$$V_3 = 24\text{V}$$
$$V_4 = 0\text{V}$$

위와 같은 측정 전압에 기초하여 어떤 소자에 결함이 있고 결함의 종류는 무엇인지 찾아보아라. (오직 하나의 소자가 고장났다고 가정한다.)

정답 어느 소자에 결함이 있는지 알아내기 위해 V_1, V_2, V_3, V_4의 값을 계산한다. R_T와 I를 먼저 구한다.

$$R_T = R_1 + R_2 + R_3 + R_4$$
$$= 150\Omega + 120\Omega + 180\Omega + 150\Omega$$
$$R_T = 600\Omega$$

$$
\begin{aligned}
I &= \frac{V_T}{R_T} \\
&= \frac{24V}{600\Omega} \\
I &= 40mA
\end{aligned}
$$

다음으로,

$$
\begin{aligned}
V_1 &= I \times R_1 \\
&= 40mA \times 150\Omega \\
V_1 &= 6V
\end{aligned}
$$

$$
\begin{aligned}
V_2 &= I \times R_2 \\
&= 40mA \times 120\Omega \\
V_2 &= 4.8V
\end{aligned}
$$

$$
\begin{aligned}
V_3 &= I \times R_3 \\
&= 40mA \times 180\Omega \\
V_3 &= 7.2V
\end{aligned}
$$

$$
\begin{aligned}
V_4 &= I \times R_4 \\
&= 40mA \times 150\Omega \\
V_4 &= 6V
\end{aligned}
$$

다음에, 〈그림 4-20〉에서 측정한 값들과 비교한다. 회로가 정상적으로 동작하는 경우에 V_1, V_2, V_4는 6V, 4.8V, 6V이다. 그러나 〈그림 4-20〉에서 측정된 값들은 0V이다. 이는 회로에서 어느 부분이 개방되어 전류가 영이라는 것을 의미한다. V_1, V_2, V_4가 0V인 것은 단순히 $V = I \times R$에 의한 것이다. 만일 I = 0A라면 정상적인 저항일 경우에 전압강하는 0V이다. V_3에서 측정된 값은 24V인데 이는 계산에 의한 값이 7.2V에 비해서 매우 높은 값이다. V_3은 인가된 전압원만큼의 전압을 가지기 때문에 R_3은 개방이어야만 한다. 개방된 R_3이 24V의 전압강하를 보이는 이유는 개방으로 인해 수십억 옴의 저항값을 가지게 되고, 이러한 큰 저항에서 대부분의 전압강하가 일어나기 때문이다. 개방된 저항 R_3은 R_1, R_2, R_4보다 매우 큰 저항을 가지기 때문에 전압원과 동일한 24V의 전압강하를 보인다.

직렬회로의 단락

단락회로는 저항이 매우 낮은 전류 경로이다. 단락된 경로의 저항은 0Ω으로 가정한다. 단락회로는 매우 큰 저항을 갖는 개방회로와 반대 특성을 가진다. 〈그림 4-19〉의 회로에서 R_2가 단락되었다고 가정하자. 회로를 다시 그리면 〈그림 4-21〉과 같다. 〈그림 4-19a〉에서 V_1, V_2, V_3은 각각 25V, 10V, 5V이다. 10Ω의 R_2가 단락되면 총 저항 R_T는 40Ω에서 30Ω으로 감소한다. 이는 전류를 1A에서 1.333A로 증가시킨다. 전류가 증가하면 R_1과 R_3에서의 전압강하값이 증가한다. R_2의 단락으로 인해

그림 4-21 〈그림 4-19〉의 회로에서 R_2가 단락된 직렬회로

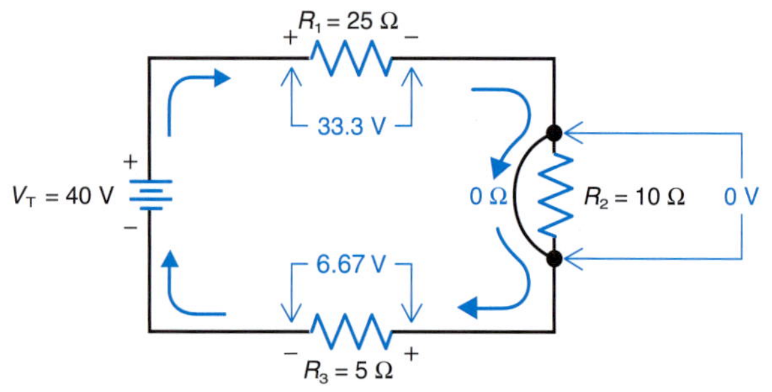

R_1과 R_3의 증가된 전압강하값은 아래와 같이 계산할 수 있다.

$$V_1 = I \times R_1 = 1.333\text{A} \times 25\Omega \qquad V_3 = I \times R_3 = 1.333\text{A} \times 5\Omega$$
$$V_1 = 33.3\text{V} \qquad V_3 = 6.67\text{V}$$

단락된 R_2의 저항은 0Ω이므로 R_2에서의 전압강하는 0V이다.

$$V_2 = I \times R_2 = 1.333\text{A} \times 0\Omega$$
$$V_2 = 0\text{V}$$

직렬회로에서 단락의 영향은 아래와 같이 요약할 수 있다.

1. 전류 I가 증가한다.
2. 각 소자들의 전압강하가 증가한다.
3. 단락된 소자에서의 전압강하는 0V이다.

예제 4-7

〈그림 4-22〉의 회로에서 직렬회로가 고장났다고 가정한다. 회로를 수리하기 위한 기술자는 저항에서의 전압강하를 기록하기 위해 전압계를 사용하였다.

$$V_1 = 8\text{V}$$
$$V_2 = 6.4\text{V}$$
$$V_3 = 9.6\text{V}$$
$$V_4 = 0\text{V}$$

그림 4-22 〈예제 4-7〉을 위한 직렬회로

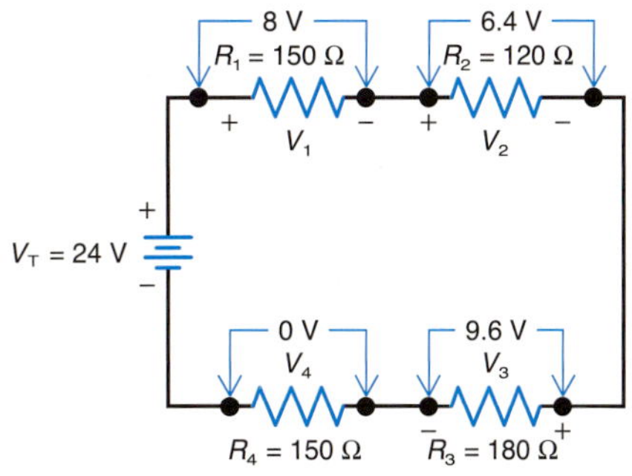

위와 같은 측정 전압에 기초하여 어떤 소자에 결함이 있고 결함의 종류는 무엇인지 찾아보아라. (오직 하나의 소자만이 고장났다고 가정한다.)

정답 〈그림 4-22〉의 회로는 〈예제 4-6〉에서 사용하였던 것과 동일한 것이다. 그러므로 V_1, V_2, V_3, V_4의 정상적인 값들은 6V, 4.8V, 7.2V, 6V이다. 〈그림 4-22〉에 측정된 값들과 비교하면 V_1, V_2, V_3의 값이 원래의 값들보다 크다는 것을 알 수 있다. 이로부터 전류가 증가했다는 것을 알 수 있고, 증가된 전류에 의해서 저항들의 전압강하가 커졌다는 것을 짐작할 수 있다. V_4에서 측정된 전압은 0V로서 원래의 값인 6V와 큰 차이를 보인다. 다른 저항들의 전압은 커지면서 R_4에서만 0V가 되는 유일한 경우는 단락된 경우밖에 없다. 즉 $V_4 = I \times R_4 = I \times 0\Omega = 0V$이다.

직렬회로의 문제 해결을 위한 일반적인 규칙

세 개 또는 그 이상의 저항을 포함하고 있는 직렬회로의 문제를 해결하는 경우에 몇 가지 중요한 규칙을 기억해야 한다. 결함이 있는 소자는 정상인 경우와 비교할 때 반대 방향으로 변화하는 전압강하를 가질 것이다. 다시 말하면 개방된 직렬회로에서 모든 소자들은 정상에서 0V의 전압으로 감소할 것이다. 결함이 있는 소자는 전압원과 같은 크기의 전압으로 상승한다. 마찬가지로 단락된 직렬회로에서 정상인 소자들은 정상보다 큰 전압값을 갖게 되고 결함 있는 소자의 전압강하는 0V로 감소한다. 다른 소자들과 반대 방향으로 전압이 변화하는 소자는 결함이 있는 소자이다. 개방 저항의 경우에 전압강하는 전압원의 값으로 증가하고 모든 다른 전압들은 0V로 감소한다. 단락의 경우에 모든 소자들은 전압강하가 증가하고 반면에 단락된 소자는 0V로 감소한다. 이러한 동일한 일반적인 규칙은 저항이 정상값보다 증가하거나 감소하는 소자를 갖는 직렬회로에 적용한다.

■ 4-10 복습문제

a. 〈그림 4-20〉에서 R_1이 개방된다면 R_1의 전압은 얼마인가?
b. 〈그림 4-20〉에서 R_2가 단락된다면 R_2의 전압은 얼마인가?
c. 〈그림 4-20〉에서 R_1의 값이 증가한다면 R_3의 전압은 어떻게 되는가?

직렬회로의 이해와 응용

축제 장식등

축제 시즌에는 나무와 집과 회사 외부를 장식하는 일련의 조명을 흔히 볼 수 있다. 일부 표시등은 계속 켜져 있는 반면 다른 표시등은 빠르게 켜졌다 꺼짐을 반복한다. 일련의 축제 장식등을 처음 검사할 때 전구가 모두 직렬로 연결되어 있는지 확인하기 쉽지 않다. 왜냐하면, 조명의 끈이 두 개의 다른 도체 사이에 얽혀 있어 정확한 배선 구성을 파악하기 어렵기 때문이다. 일반적인 축제 장식등 세트가 〈그림 4-23a〉 및 〈그림 4-23b〉에 나와 있다. 각 전구의 소켓에는 하나의 전선만 들어가고 하나의 전선만 나가는 것에 주목하라. 이것은 전구가 직렬로 배선되어 있음을 나타낸다. 〈그림 4-23c〉는 50개의 전구가 있는 일련의 축제 장식등에 대한 배선도를 보여준다. 한쪽 끝에는 수컷형 플러그가 있어 조명 끈을 120V AC 전원 단자에 연결할 수 있다. 다른 쪽 끝에는 120V 콘센트가 있어 다른 줄을 첫 번째 콘센트에 추가로 꽂을 수 있다. 한쪽 끝의 플러그에서 다른 쪽 끝의 콘센트까지 이어지는 상단 및 하단 도선은 연장선에 해당한다.

이제 〈그림 4-23c〉의 상단 도선과 하단 도선 사이에 있는 일련의 조명등을 살펴보자. 전구 50개 모두가 차례로 직렬로 연결되어 있다. 또한 직렬 전구열의 한쪽 끝은 플러그 끝의 상단 도체에 연결되고 다른 쪽 끝은 콘센트 끝의 하단 도체에 연결된다. 따라서 50개의 전구 스트링이 120V AC 전원선에 직접 연결된다. 전구가 모두 동일하기 때문에 120V의 인가전압이 전구 간에 균등하게 분배된다. 전구가 50개이므로 각 전구의 전압은 120V/50 또는 2.4V이다. 전체 전구열이 166.7mA의 전류를 소비한다면 각 전구에서 소비하는 전력은 2.4V×166.7mA=400mW가 된다. 전체 전구열에서 소비되는 전력은 400mW×50=20W이다.

소켓에서 〈그림 4-23b〉의 전구를 하나 빼내면 전류의 경로가 끊어지고 전구가 모두 꺼진다. 이것은 나머지 전구 각각의 전압이 0V이고 빼낸 전구 소켓의 연결단자에 120V가 걸림을 의미한다. (직렬회로에서 열린 양단의 전압은 공급전압과 동일함을 기억하자.) 그러나 전구가 소켓에 있는 동안 전구가 타버리면 매우 특이한 일이 발생한다. 타버린 전구는 더 이상 켜지지 않지만 나머지 전구는 모두 계속 켜져 있고 이전보다 약간 밝아진다. 이것이 어떻게 가능한지 이해하기 위해 전구 중 하나의 내부 구성을 보여주는 〈그림 4-23d〉를 살펴보자. 전구 필라멘트 외에도 전구 필라멘트 와이어의 바닥을 감싸는 금속 퓨즈 링크를 확인하라. 션트(shunt)라고도 하는

그림 4-23a 축제 장식등

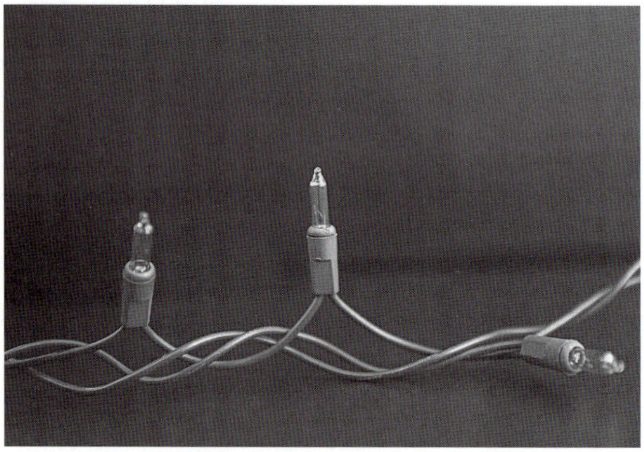
그림 4-23b 축제 장식등의 확대 사진

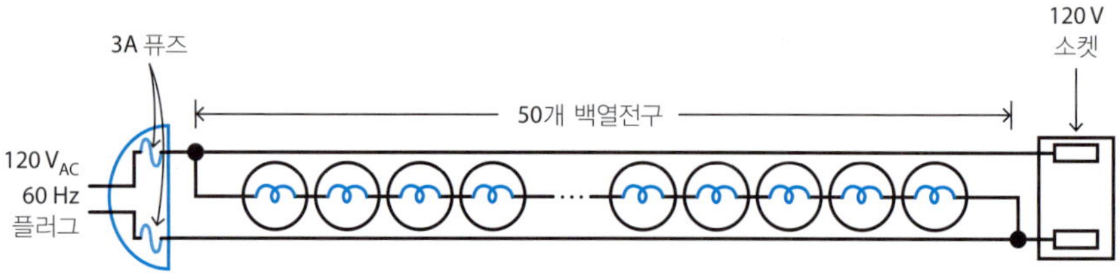

그림 4-23c 축제 장식등의 배선도

그림 4-23d 축제 장식등과 함께 사용되는 백열전구의 내부 구조

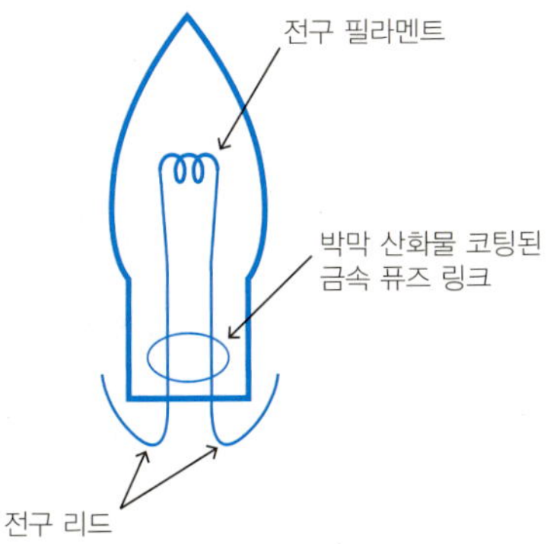

퓨즈 링크는 매우 얇은 절연 전선이다. 금속 퓨즈 링크는 매우 얇은 산화물로 코팅되어 절연되어 있다. 전구의 필라멘트가 타서 열리면 전구 단자에 인가된 전체 전압 120V에 의해 퓨즈 링크를 둘러싼 산화물 코팅이 파괴된다. 따라서 금속 퓨즈 링크가 노출되어 전구 바닥의 필라멘트 와이어가 단락된다. 금속 퓨즈 링크는 실제로 전구 필라멘트 바닥의 와이어에 연결된다. (평상시에 산화물 코팅 절연은 금속 퓨즈 링크가 전구의 필라멘트 베이스와 연결되는 것을 방지한다.) 금속 퓨즈 링크의 저항이 매우 낮기 때문에 단락된 필라멘트의 전압은 거의 0V이다. 이로 인해 나머지 전구 각각의 전압이 약간 증가하여 전구가 조금 더 밝아진다. 많은 전구가 타버리면 나머지 양호한 전구에 전압강하 및 전력손실이 증가하여 스트레스가 가해진다. 실제로 너무 많은 전구가 타버리면 나머지 전구들도 모두 타버릴 것이다. 이것은 남아 있는 양호한 전구의 과도한 전력소모 때문이다. 이것이 바로 일련의 축제 장식등에 전구가 타버렸는지 정기적으로 검사해야 하는 이유이다. 불량 전구가 보이면 교체하라. 그렇지 않으면 과도한 전력손실로 인해 다른 전구들도 연속적으로 파손될 위험이 있다.

전구가 점점 더 많이 파손됨에 따라 전구열의 총 저항이 계속 감소한다는 사실을 알아야 한다. 이는 차례로 직렬 전류가 정상값인 166.7mA 이상으로 증가하도록 한다. 〈그림 4-23c〉에 표시된 인라인 퓨즈(수컷형 플러그 내부)는 일반적으로 3A 퓨즈이다.

점멸장치

일부 축제 장식등은 빠르게 깜박거린다. 이 일련의 조명은 직렬 연결된 전구 중 하나를 특수 점멸 장치로 대체한 것이다. 점멸장치는 어떤 전구가 점멸등인지 쉽게 식별할 수 있도록

그림 4-23e 점멸장치(전구의 끝이 빨간색으로 칠해져 있음)

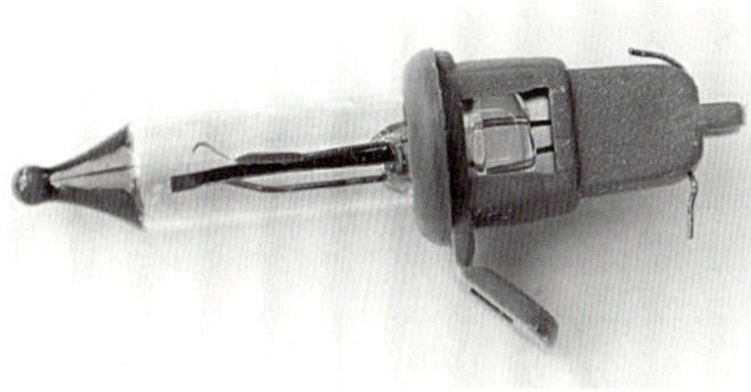

그림 4-23f 점멸장치의 내부구조

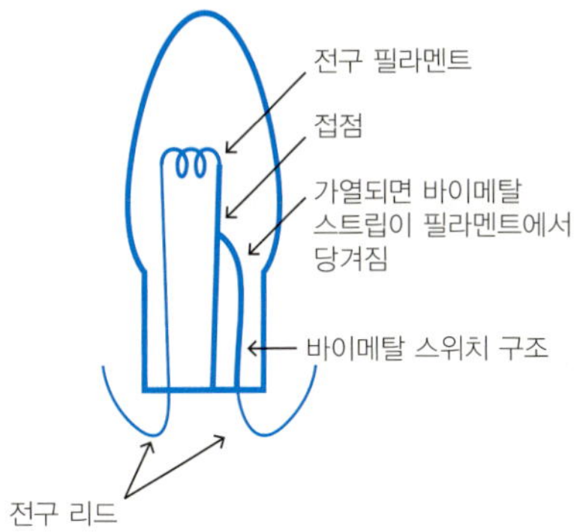

전구의 끝 부분이 빨간색으로 칠해진다는 점을 제외하고는 다른 전구와 비슷하다. 점멸장치는 전구가 가열되고 냉각될 때 열리고 닫히도록 설계된다. 〈그림 4-23e〉는 일반적인 점멸장치의 사진을 보여주고, 〈그림 4-23f〉는 내부 구성을 보여준다. 자동 점멸장치는 가열될 때 구부러지는 서로 다른 두 개의 금속 박편으로 이루어진 바이메탈 열(thermal) 스위치를 내장하고 있다. 전구의 필라멘트에서 생성된 열이 미리 정해진 수준에 도달하면 바이메탈 열 스위치가 열리고 전구가 식으면 다시 닫힌다. 점멸장치는 전체 직렬 전구열의 모든 전구와 직렬로 연결되어 있기 때문에 모든 조명이 빠르게 깜박인다. 축제 장식등은 야외에서 자주 사용되기 때문에 외부 온도는 조명이 깜박이는 속도에 영향을 줄 수 있다.

한 가지 중요한 점은 점멸등에는 다른 전구와 같이 금속 퓨즈 링크가 내장되어 있지 않다는 것이다. 따라서 전구열에 포함되어 있는 점멸등에 열린(open) 필라멘트가 있으면 어떤 전구도 켜지지 않는다. 이 경우 점멸등을 교체해야 한다.

5장 병렬회로에서는 첫 번째 세트에 추가적인 전구열을 연결하는 영향에 대해 살펴본다. 또한 100개의 크리스마스 조명이 어떻게 연결되어 있는지 조사한다.

요약

- 직렬회로에는 오직 하나의 전류 I만이 존재한다. $I = V_T/R_T$이고, V_T는 총 직렬저항 R_T에 인가된 총 전압이다. I는 직렬회로의 모든 소자에 대해서 동일하다.
- 직렬 저항열에서 총 저항 R_T는 각 저항들의 합이다.
- 키르히호프의 전압 법칙은, 인가된 전압 V_T는 직렬회로에서 IR 전압강하의 합과 동일하다는 것을 나타낸다.
- IR 전압강하의 음극에서 전자가 흘러들어가고 반대편의 양극으로 끌어당겨진다. 즉, 양극으로 전류가 흘러들어가서 음극으로 나온다.
- 각 저항에서 사용된 전력의 합은 전원에 의해서 공급된 총 전력의 합과 같다.
- 직렬-더하기 전압은 더해지는 것이고 직렬-빼기 전압은 빼지는 것이다.
- 개방회로는 직렬회로의 모든 부분에서 전류가 흐르지 않는다.
- 직렬회로의 개방에서 두 개방 단자 사이의 전압은 전압원에 의해 인가된 것과 동일하고, 나머지 소자들에서의 전압은 0V이다.
- 직렬회로에서 단락은 정상값보다 전류를 증가시킨다. 단락된 소자의 전압강하는 0V이고, 다른 소자들에서의 전압강하값은 증가한다.

중요 용어

- 고장수리 : 결함이 있는 전자회로를 진단하거나 해석하는 데 사용하는 용어
- 대지접지 : 지표에 구리 막대를 설치하여 지표와 전기 시스템을 직접 연결. 대지접지 연결은 회로에서 전류의 공통된 귀환경로로 사용된다.
- 섀시접지 : 회로에서 전류의 공통 귀환경로. 공통 귀환경로는 종종 인쇄회로기판에서 금속 섀시 또는 박편이다.
- 이중 첨자 표시법 : 전압을 측정하고자 하는 위치를 나타내는 표기형식. 첫 번째 아래첨자는 측정할 위치를 나타내고 두 번째 아래첨자는 기준 위치를 나타낸다.
- 전압강하 : 저항에 걸린 전압. 크기는 전류와 저항의 곱과 같다.
- 전압극성 : 저항과 같은 소자에 걸린 전위차의 양극과 음극 끝을 나타낸 용어
- 직렬 저항열 : 직렬 저항의 조합
- 직렬-더하기 전압 : 회로에서 동일한 방향의 전류를 생성할 수 있도록 극성을 맞추어 연결한 전압원
- 직렬-빼기 전압 : 회로에서 반대 방향의 전류를 생성하도록 극성이 반대로 연결된 전압원
- 직렬소자 : 같은 전류 경로에 연결된 소자
- 키르히호프의 전압 법칙 : 직렬회로에서 전압강하의 합은 인가된 전압원의 전압과 같다는 법칙

중요 공식

$$R_T = R_1 + R_2 + R_3 + \cdots\cdots$$

$$R_T = \frac{V_T}{I}$$

$$I = \frac{V_T}{R_T}$$

$$V_R = I \times R$$

$$V_T = V_1 + V_2 + V_3 + \cdots\cdots$$

$$P_T = P_1 + P_2 + P_3 + \cdots\cdots$$

자습문제

1. 직렬로 연결된 세 개의 저항기는 각각 120Ω, 680Ω, 1.2kΩ이다. 총 저항 R_T는 얼마인가?
   a. 1.8kΩ
   b. 20kΩ
   c. 2kΩ
   d. 모두 해당 안 됨

2. 직렬회로에서 전류 I의 특성으로 적합한 것은?
   a. 각 저항기에서 다른 값을 갖는다.
   b. 모든 곳에서 동일하다.
   c. 전압원의 양극과 음극 단자 근처에서 가장 높다.
   d. 회로의 모든 부분에서 다르다.

3. 직렬회로에서 가장 큰 저항의 특성으로 적합한 것은?
   a. 전압강하가 가장 크다.
   b. 전압강하가 가장 작다.
   c. 다른 저항기들보다 더 많은 전류가 흐른다.
   d. a와 c 둘 다 해당된다.

4. 저항기에서 전압강하의 극성은 무엇에 의해서 결정되는가?
   a. 저항기를 통한 전류의 방향
   b. 저항의 크기
   c. 전압원과 저항기의 가까운 정도
   d. 전압원과 저항기의 먼 정도

5. 10Ω과 15Ω 저항기가 직류전압원과 함께 직렬로 연결되어 있다. 10Ω 저항기에서 12V의 전압강하가 발생한다면 직류전압원은 얼마인가?
   a. 18V
   b. 12V
   c. 30V
   d. 인가되는 전압원의 값을 결정할 수 없다.

6. 직렬로 연결된 소자가 단락되었다면 걸린 전압은 얼마인가?
   a. 인가된 전압, V_T
   b. 전압은 정상 상태일 때 보다 약간 높다.
   c. 0V
   d. 알 수 없다.

7. 직렬로 연결된 소자가 개방되었다면 걸린 전압은 얼마인가?
   a. 인가된 전압, V_T
   b. 전압은 정상 상태일 때보다 약간 높다.
   c. 0V
   d. 알 수 없다.

8. 120V의 전압이 직렬로 연결된 R_1과 R_2에 인가된다. R_2에 걸린 전압이 90V라면 R_1은 얼마인가?
   a. 90V
   b. 30V
   c. 120V
   d. 알 수 없다.

9. 각각 9V인 두 전압원이, 방향이 반대로 직렬 연결되어 있다면 전체 전압은 얼마인가?
   a. 0V　　b. 18V
   c. 9V　　d. 답 없음

10. 회로도에서 섀시접지 기호는 무엇을 나타내는가?
    a. 샤시에서 뜨거운 지점
    b. 회로에서 전자가 축적되는 위치
    c. 전류를 위한 공통 귀환경로
    d. 해당되는 것 없음

11. V_{BG}가 의미하는 것은?
    a. B점에 대한 G점에서의 전압
    b. G점에 대한 B점에서의 전압
    c. 전지(b) 또는 신호발생기(G) 전압
    d. 해당되는 것 없음

12. 직렬로 연결된 저항기가 단락되었다면 직렬 전류 I는 어떻게 되는가?
    a. 감소한다.
    b. 동일하게 유지된다.
    c. 증가한다.
    d. 영으로 떨어진다.

13. 6V와 9V 전원이 직렬-더하기 구성으로 연결되어 있다. 전체 전압은 얼마인가?
    a. −3V　　b. +3V
    c. 0V　　d. 15V

14. 56Ω과 82Ω 저항기가 값을 모르는 저항기와 함께 직렬로 연결되어 있다. 직렬 등가저항이 200Ω이라면 미지 저항기의 값은 얼마인가?
    a. 138Ω　　b. 62Ω
    c. 26Ω　　d. 알 수 없다.

15. **저항기 중에 하나가 개방되었다면 직렬회로의 총 저항 R_T는 얼마인가?**
   a. 무한대(∞)Ω
   b. 0Ω
   c. 정상보다 매우 낮은 값
   d. 해당되는 것 없음

16. **직렬회로에서 저항기가 개방되었다면, 나머지 저항기들에 전압이 올바르게 인가되고 있는가?**
   a. 올바르게 인가되고 있다.
   b. 인가된 전압은 저항기들에 균등하게 분할된다.
   c. 0V
   d. 결정하기 불가능하다.

17. **5Ω과 10Ω 저항기가 직류전압원에 직렬로 연결되어 있다. 더 많은 전력을 소모하는 저항기는 어느 것인가?**
   a. 5Ω 저항기
   b. 10Ω 저항기
   c. 전류의 크기가 따라 결정된다.
   d. 두 저항기에서 동일한 전력이 소비된다.

18. **직렬회로에서 총 전력을 결정하는 데 사용되는 것은 어느 것인가?**
   a. $P_T = P_1 + P_2 + P_3 + \cdots\cdots$
   b. $P_T = V_T \times I$
   c. $P_T = I^2 R_T$
   d. 위의 식 모두 해당됨

19. **전류의 흐름과 저항기에서 전압강하의 극성은 어떠한 관계인가?**
   a. 전류가 들어가는 쪽이 양극이고 나오는 쪽이 음극이다.
   b. 전류가 들어가는 쪽이 음극이고 나오는 쪽이 양극이다.
   c. 전자의 흐름에 따른 전류의 방향과 반대이다.
   d. b와 c 모두 해당됨

20. **대지접지의 기호는 어느 것인가?**
   a. 
   b. 
   c. 
   d. 

확인문제

1. 직류전원에 대해서 두 개의 저항을 직렬로 연결하는 방법을 보여라.
2. 직렬회로에서 전류, 전압, 저항을 위한 세 가지 규칙을 나타내라.
3. 전류가 일정할 경우에 저항이 높을수록 전압강하가 큰 이유는 무엇인가?
4. 두 개의 300W, 120V 전구가 240V 전력선에 직렬로 연결되어 있다. 전구 하나의 필라멘트가 개방된다면 다른 전구는 불이 켜지는가? 개방회로에서 전원과 각 전구에 걸린 전압은 얼마인가?
5. 만약 $V_T = V_1 + V_2 + V_3$이라면 $R_T = R_1 + R_2 + R_3$임을 증명하라.
6. 직렬회로에서 저항에 대한 전압강하의 극성을 결정하는 규칙을 간략히 나타내라.
7. 전압이 직렬-더하기인 조건을 결정하는 규칙을 간단히 설명하라.
8. 직렬 저항열에서 가장 큰 R이 가장 큰 전력을 소비하는 이유는 무엇인가?
9. 직렬회로에 대한 한 가지 실제 예를 들어라.
10. 〈그림 4-18〉에서 R_T, I, V_1, V_2, V_3이 접지의 위치에 영향을 받지 않는 이유를 설명하라.

연습문제

4-1절 직렬회로의 전류

4-1 MultiSim 〈그림 4-24〉에서 각 위치에서의 전류는 얼마인가?

a. A점
b. B점
c. C점
d. D점
e. E점
f. F점

그림 4-24

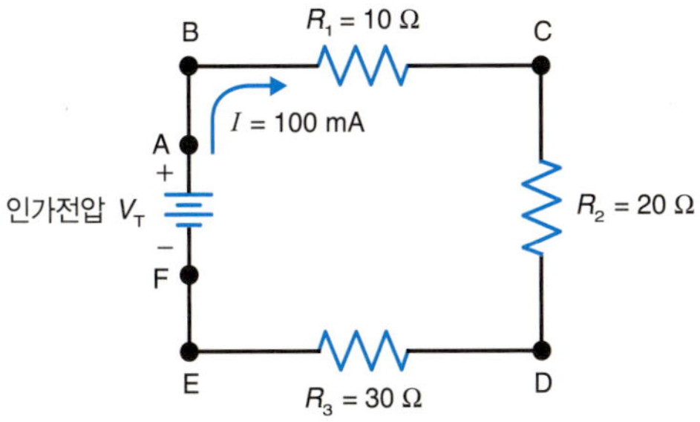

4-2 〈그림 4-24〉에서 각 저항에서의 전류 I는 얼마인가?

a. R_1
b. R_2
c. R_3

4-3 〈그림 4-24〉에서 R_1과 R_3이 서로 바뀐다면 전류 I는 얼마인가?

4-2절 직렬회로의 저항

4-4 MultiSim 〈그림 4-25〉에서 R_T와 I는 얼마인가?

그림 4-25

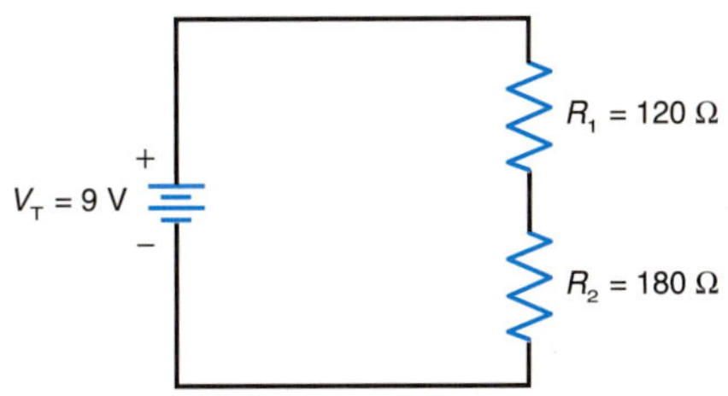

4-5 MultiSim 〈그림 4-25〉에서 R_1이 220Ω이고 R_2가 680Ω이라면 R_T와 I는 얼마인가?

4-6 MultiSim 〈그림 4-26〉에서 R_T와 I를 구하라.

그림 4-26

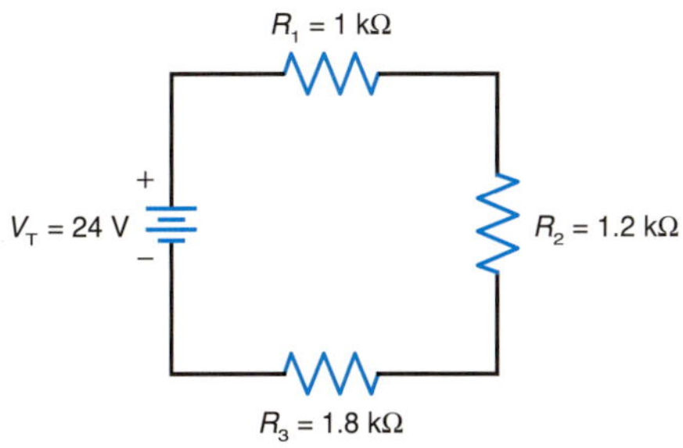

4-7 MultiSim 〈그림 4-26〉에서 2kΩ 저항기 R_4가 직렬회로에 삽입된다면 R_T와 I는 얼마인가?

4-8 〈그림 4-27〉에서 R_T와 I를 구하라.

그림 4-27

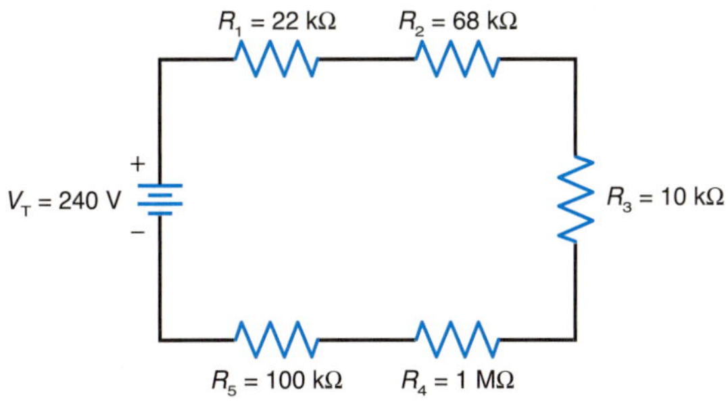

4-9 〈그림 4-27〉에서 R_4가 100kΩ으로 바뀐다면 R_T와 I는 얼마인가?

4-3절 직렬 IR 전압강하

4-10 MultiSim 〈그림 4-25〉에서 R_1과 R_2에서의 전압강하를 구하라.

4-11 MultiSim 〈그림 4-26〉에서 R_1, R_2, R_3에서 전압강하를 구하라.

4-12 〈그림 4-27〉에서 R_1, R_2, R_3, R_4, R_5의 전압강하를 구하라.

4-13 〈그림 4-28〉에서 R_T, I, V_1, V_2, V_3을 구하라.

그림 4-28

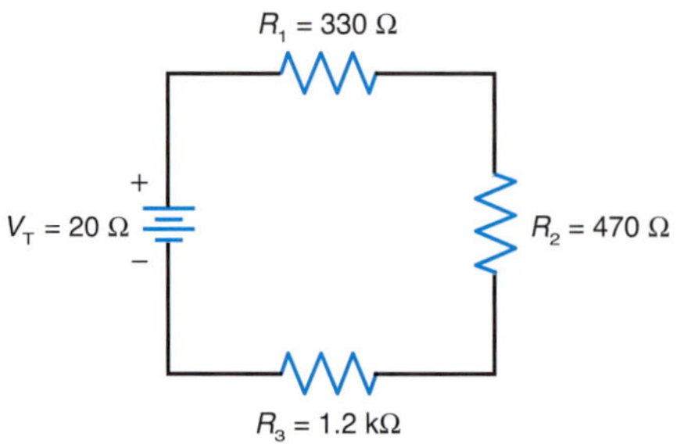

4-14 〈그림 4-28〉에서 V_T가 60V로 증가할 경우에 R_T, I, V_1, V_2, V_3을 구하라.

4-15 〈그림 4-29〉에서 R_T, I, V_1, V_2, V_3, V_4를 구하라.

그림 4-29

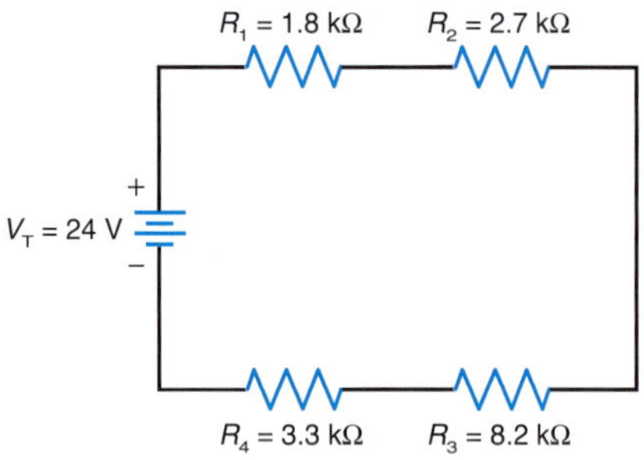

4-4절 키르히호프의 전압 법칙(KVL)

4-16 키르히호프의 전압 법칙을 이용하여 〈그림 4-30〉에서 V_T를 구하라.

그림 4-30

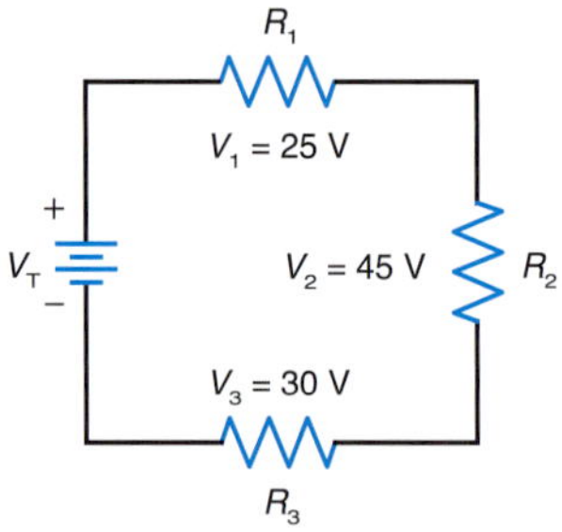

4-17 〈그림 4-30〉에서 V_1 = 2V, V_2 = 6V, V_3 = 7V라면, V_T는 얼마인가?

4-18 〈그림 4-31〉에서 V_2를 구하라.

그림 4-31

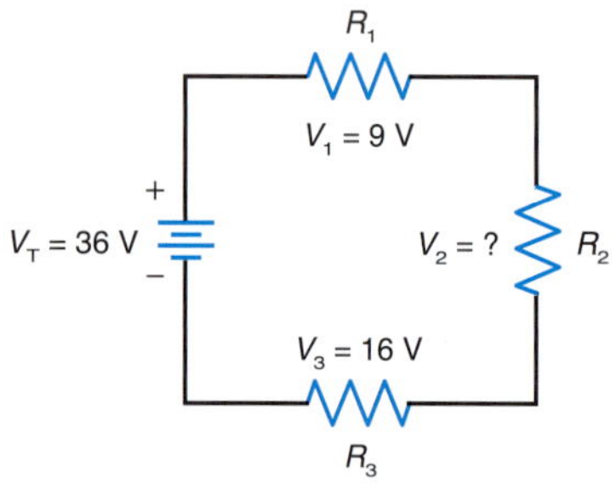

4-19 MultiSim 〈그림 4-32〉에서 각 저항기의 전압강하를 구하라. 그리고 키르히호프의 전압 법칙을 이용하여 V_T를 구하라.

그림 4-32

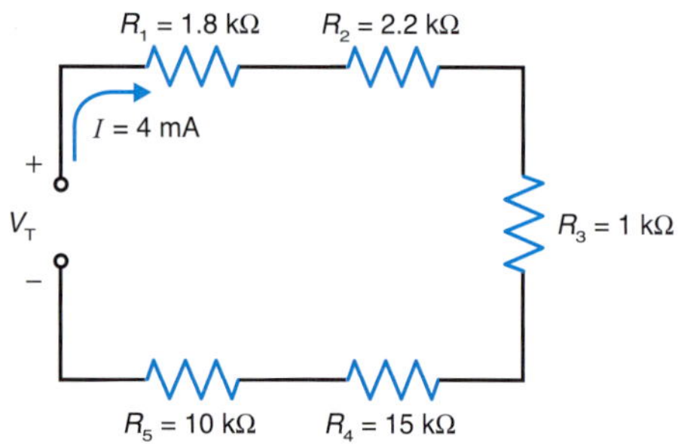

4-20 직렬로 연결된 R_1과 R_2에 15V의 전압이 인가되고 있다. V_2 = 3V라면 V_1은 얼마인가?

4-5절 IR 전압강하의 극성

4-21 〈그림 4-33〉을 참고하여 아래의 물음에 답하라.

a. R_T, I, V_1, V_2, V_3을 구하라.
b. R_1, R_2, R_3에서 이동하는 전자의 방향을 나타내라.
c. R_1, R_2, R_3의 옆에 V_1, V_2, V_3을 기입하라.
d. 각 저항기에서 전압강하의 극성을 나타내라.

그림 4-33

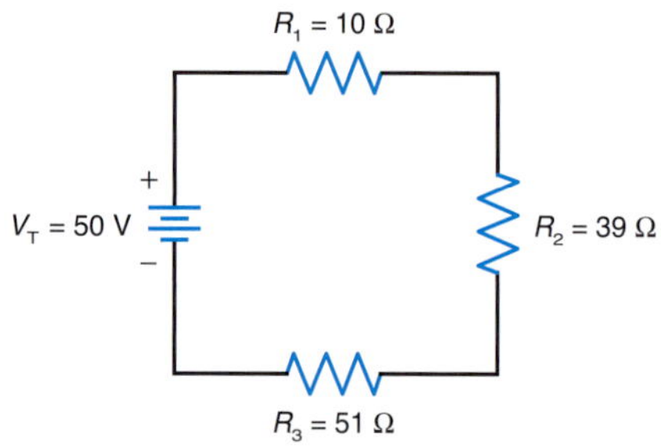

4-22 〈그림 4-33〉에서 전자의 흐름에 따른 전류의 방향을 이용하여 각 저항에서 전압강하의 극성을 나타내라. 극성은 관습 전류와 반대인가 동일한가?

4-23 〈그림 4-33〉에서 V_T의 극성이 반대라면 각 저항에서 전압강하의 극성에 어떠한 변화가 발생하는가?

4-6절 직렬회로의 총 전력

4-24 〈그림 4-25〉에서 P_1, P_2, P_T를 구하라.

4-25 〈그림 4-26〉에서 P_1, P_2, P_3, P_T를 구하라.

4-26 〈그림 4-27〉에서 P_1, P_2, P_3, P_4, P_5, P_T를 구하라.

4-27 〈그림 4-28〉에서 P_1, P_2, P_3, P_T를 구하라.

4-28 〈그림 4-29〉에서 P_1, P_2, P_3, P_4, P_T를 구하라.

4-7절 직렬-더하기 전압과 직렬-빼기 전압

4-29 MultiSim 〈그림 4-34〉를 참조하여 아래의 물음에 답하라.

a. R_1에 걸려 있는 총 전압 V_T를 구하라.
b. 전류 I는 얼마인가?
c. R_1을 통해 흐르는 전류의 방향은?

그림 4-34

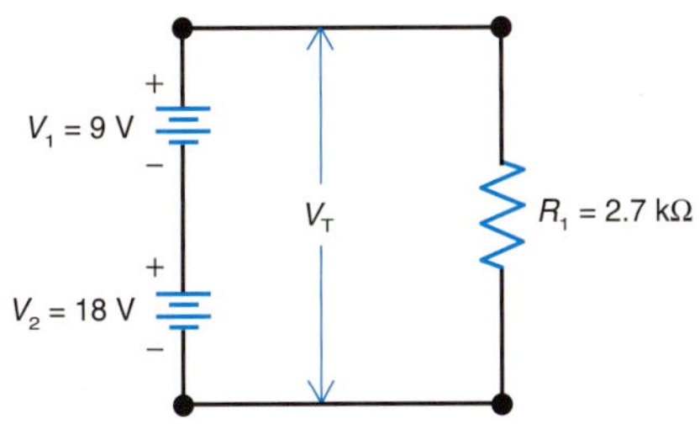

4-30 MultiSim 〈그림 4-35〉를 참조하여 아래의 물음에 답하라.

a. R_1에 걸려 있는 총 전압 V_T를 구하라.
b. 전류 I는 얼마인가?
c. R_1을 통해 흐르는 전류의 방향은?

그림 4-35

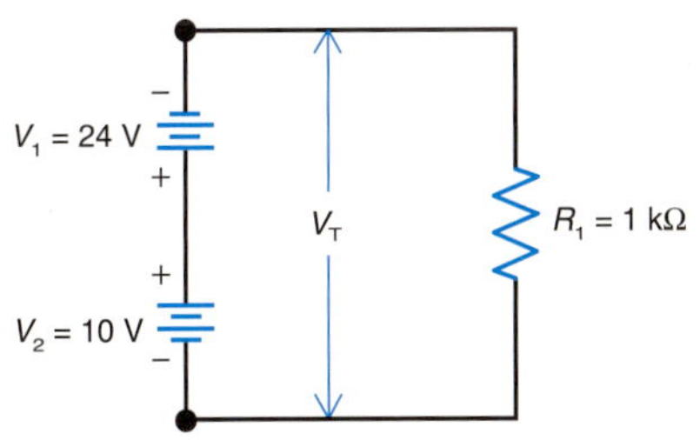

4-31 〈그림 4-35〉에서 V_2가 30V로 증가하였다고 가정하고 아래의 물음에 답하라.

a. R_1에 걸려 있는 총 전압 V_T를 구하라.
b. 전류 I는 얼마인가?
c. R_1을 통해 흐르는 전류의 방향은?

4-32 〈그림 4-36〉을 참조하여 아래의 물음에 답하라.

a. R_1에 걸려 있는 총 전압 V_T를 구하라.
b. 전류 I는 얼마인가?
c. R_1을 통해 흐르는 전류의 방향은?

그림 4-36

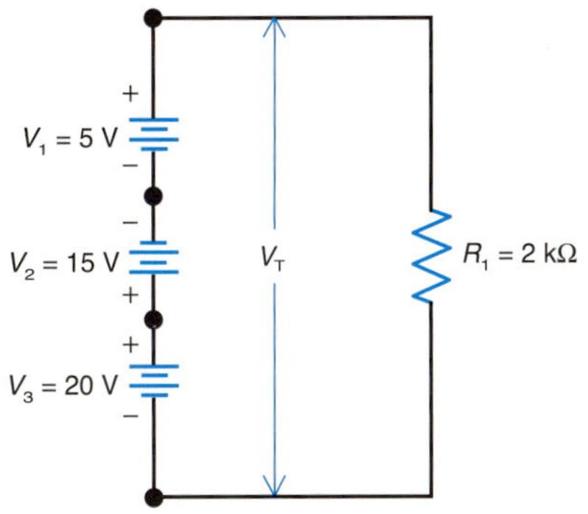

4-33 〈그림 4-37〉을 참조하여 아래의 물음에 답하라.

a. 직렬로 연결된 R_1과 R_2에 걸려 있는 총 전압 V_T를 구하라.
b. 전류 I는 얼마인가?
c. R_1과 R_2를 통해 흐르는 전류의 방향은?
d. R_1과 R_2의 전압강하를 구하라.

그림 4-37

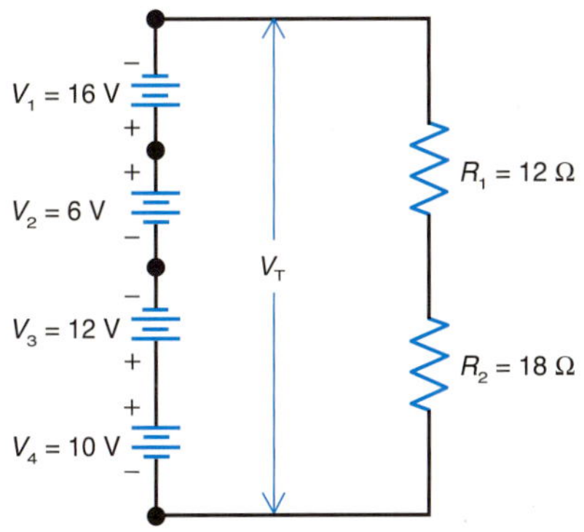

4-8절 미지값을 구하기 위한 직렬회로의 해석

4-34 〈그림 4-38〉에서 12V, 150mA CD 플레이어가 30V

전압원에 연결되어 있을 경우에 직렬저항 R_S를 구하라.

그림 4-38

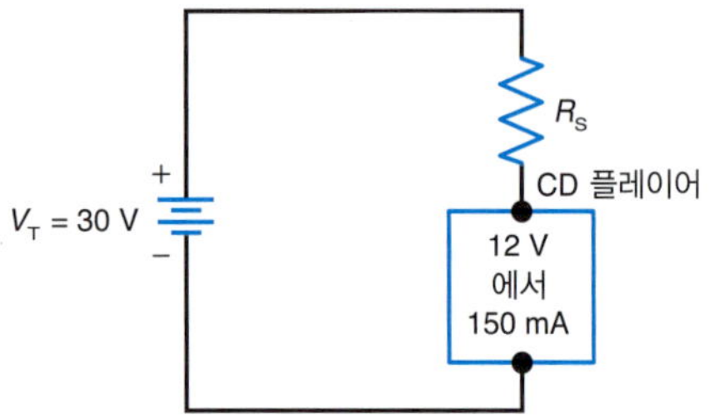

4-35 〈그림 4-39〉에서 I, V_1, V_2, V_3, V_T, R_3, P_T, P_2, P_3을 구하라.

그림 4-39

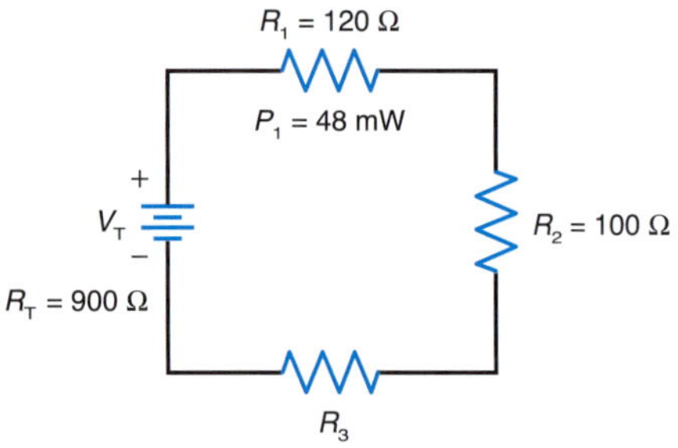

4-36 〈그림 4-40〉에서 R_T, V_1, V_3, V_4, R_2, R_3, P_T, P_1, P_2, P_3, P_4를 구하라.

그림 4-40

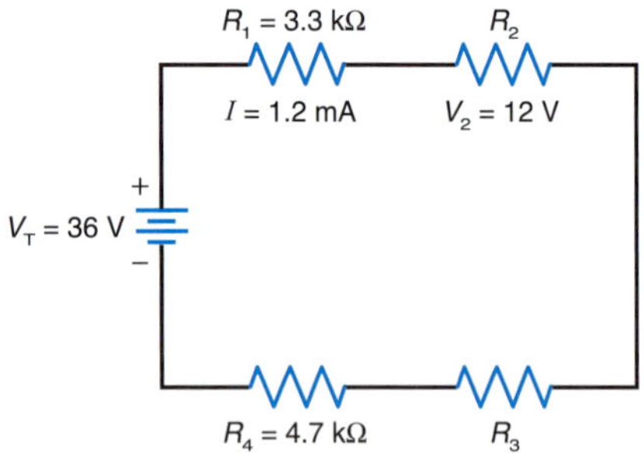

4-37 〈그림 4-41〉에서 I, R_T, V_T, V_2, V_3, V_4, R_4, P_1, P_2, P_3, P_4를 구하라.

그림 4-41

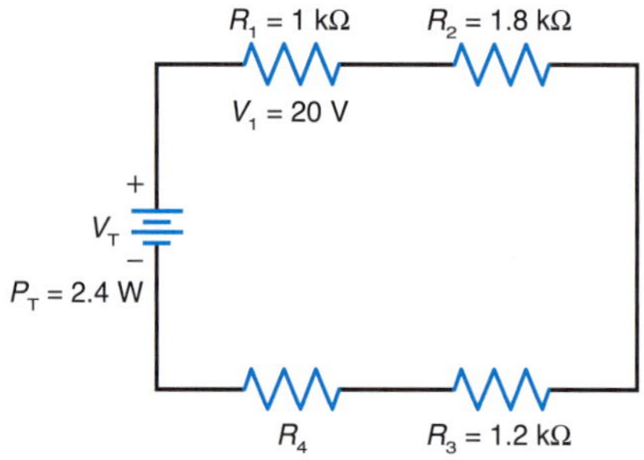

4-38 〈그림 4-42〉에서 I, R_T, R_2, V_2, V_3, P_1, P_2, P_3, P_T를 구하라.

그림 4-42

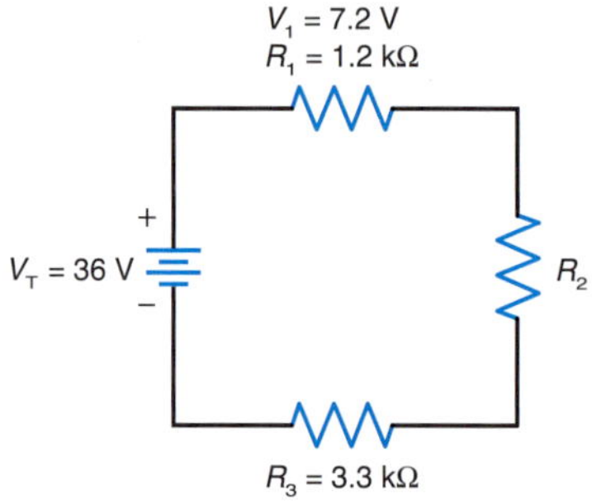

4-39 〈그림 4-43〉에서 R_3, I, V_T, V_1, V_2, V_3, V_4, P_1, P_3, P_4, P_T를 구하라.

그림 4-43

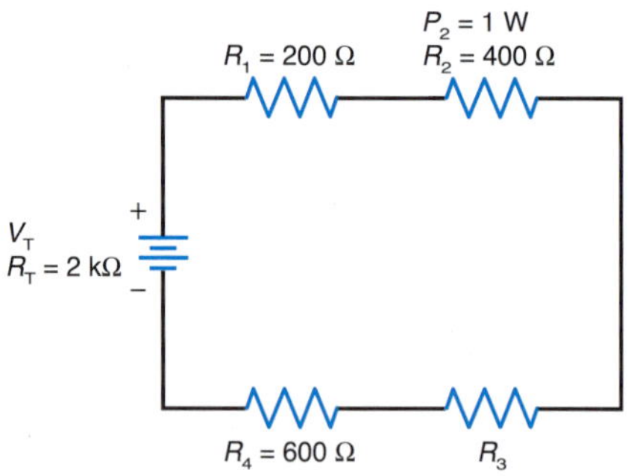

4-40 120Ω의 저항이 값이 알려지지 않은 미지의 저항과 직렬로 연결된다. 미지의 저항에서 전압강하가 12V이고 120Ω 저항에 의한 전력소모가 4.8W이다. 미지의 저항을 구하라.

4-41 미지의 저항이 1.5kΩ의 저항과 직렬로 연결되어 있다. 인가된 전압 V_T가 36V이고 직렬전류는 14.4mA이다.

미지의 저항을 구하라.

4-42 6.3V, 150mV 전구가 12V 전원으로부터 동작해야 한다면 얼마의 저항이 직렬로 연결되어야 하는가?

4-43 1kΩ과 1.5kΩ 저항이 직렬로 연결되어 있다. 저항에 의해 소비된 총 전력이 250mW라면 인가된 전압 V_T는 얼마인가?

4-44 22Ω 저항이 150mA의 전류가 흐르는 12V 모터와 직렬로 연결되어 있다. 인가된 전압 V_T는 얼마인가?

4-9절 전기 및 전자 시스템에서 접지 연결

4-45 〈그림 4-44〉에서 V_{AG}, V_{BG}, V_{CG}를 구하라.

그림 4-44

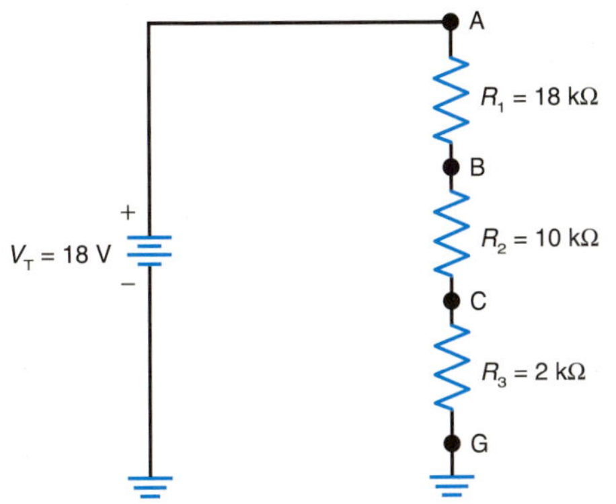

4-46 〈그림 4-45〉에서 V_{AG}, V_{BG}, V_{CG}를 구하라.

그림 4-45

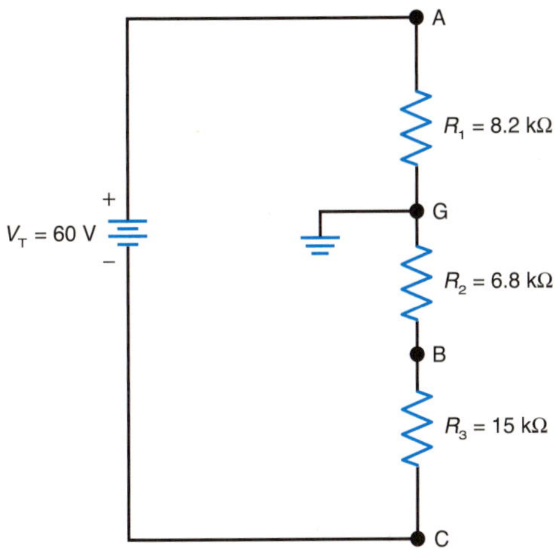

4-47 〈그림 4-46〉에서 V_{AG}, V_{BG}, V_{CG}, V_{DG}를 구하라.

그림 4-46

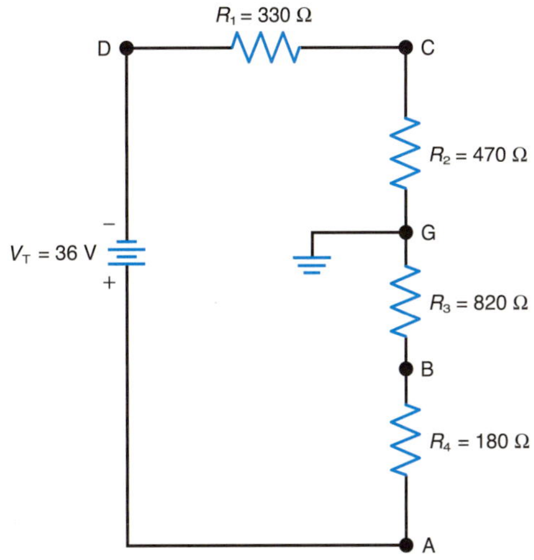

4-48 〈그림 4-47〉에서 V_{AG}, V_{BG}, V_{CG}를 구하라.

그림 4-47

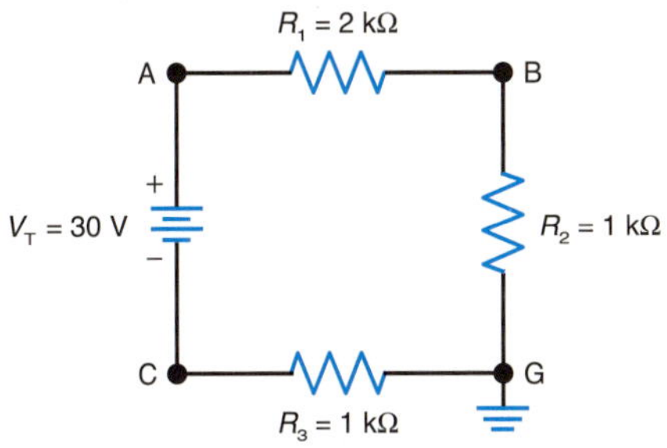

4-10절 고장수리 : 직렬회로에서 개방과 단락

4-49 〈그림 4-48〉에서 R_T, I, V_1, V_2, V_3를 구하라.

그림 4-48

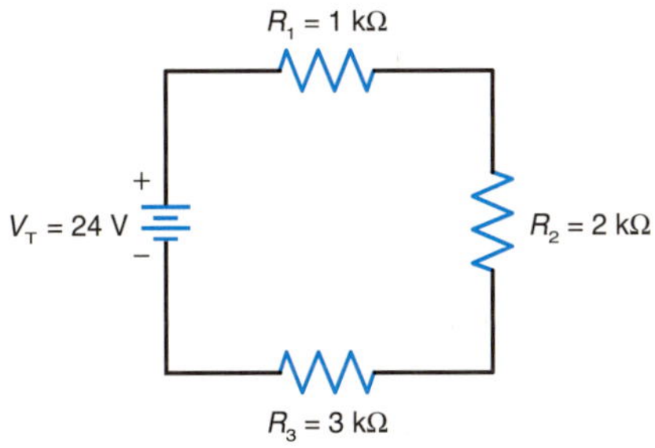

4-50 〈그림 4-48〉에서 R_1이 개방되었다고 가정하고 아래의 물음에 답하라.

a. 총 저항 R_T는 얼마인가?

b. 직렬전류 I는 얼마인가?

c. R_1, R_2, R_3의 전압강하는 얼마인가?

4-51 〈그림 4-48〉에서 R_3이 단락되었다고 가정하고 아래의 물음에 답하라.

a. 총 저항 R_T는 얼마인가?

b. 직렬전류 I는 얼마인가?

c. R_1, R_2, R_3의 전압강하는 얼마인가?

4-52 〈그림 4-47〉에서 R_2가 개방되지는 않고 그 값이 증가하였다고 가정하고 아래의 물음에 답하라.

a. 총 저항 R_T는 어떻게 되는가?

b. 직렬전류 I는 어떻게 되는가?

c. R_1, R_2, R_3의 전압강하는 어떻게 되는가?

사고력 문제

4-53 직렬로 연결된 세 저항들의 총 저항 R_T는 2.7kΩ이다. R_2는 R_1의 두 배이고, R_3이 R_2의 3배라면 R_1, R_2, R_3의 값은 얼마인가?

4-54 직렬로 연결된 세 저항들의 총 저항 R_T는 7kΩ이다. R_3이 R_1의 2.2배이고 R_2의 1.5배이다. R_1, R_2, R_3은 얼마인가?

4-55 100Ω, 1/8W 저항이 330Ω, 1/2W 저항과 직렬로 연결되어 있다. 각 저항의 전력정격을 초과하지 않으면서 회로가 허용할 수 있는 최대 직렬전류는 얼마인가?

4-56 1.5kΩ, 1/2W 저항이 470Ω, 1/4W 저항과 직렬로 연결되어 있다. 각 저항의 전력정격을 초과하지 않으면서 회로에 연결될 수 있는 최대 전압은 얼마인가?

4-57 〈그림 4-49〉를 참조하라. R_2가 1kΩ에서 0Ω으로 변화할 때 직렬전류가 1에서 5mA로 변화하기 위한 R_1과 V_T를 구하라. V_T와 R_1은 고정된 상수값이다.

그림 4-49

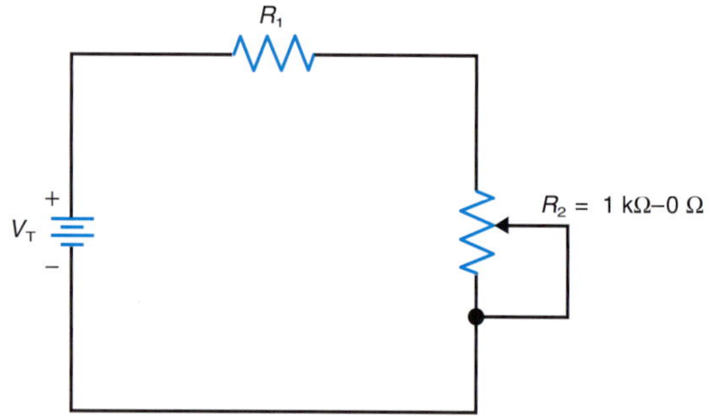

고장수리 문제

〈표 4-1〉은 〈그림 4-50〉에서 주어진 회로를 측정한 것이다. 1번 행은 회로가 정상적으로 동작할 때의 값들을 보여준다. 2번부터 15번까지 행은 회로에서 하나의 소자가 고장이 났을 때의 값들이다. 각 행에서 어느 소자에 고장이 발생하였는지 확인하고 고장의 유형을 결정하라.

그림 4-50 고장수리 문제를 위한 회로도. V_1, V_2, V_3, V_4, V_5의 정상값을 나타냈다.

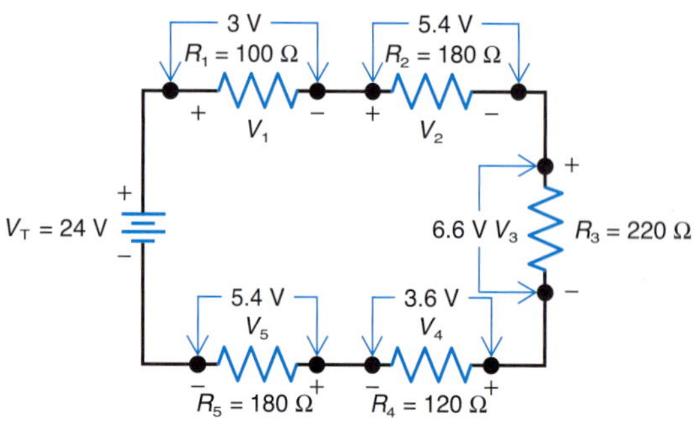

표 4-1	고장수리 문제를 위한 표					
	V_1	V_2	V_3	V_4	V_5	결함소자
	전압					
1. 정상값	3	5.4	6.6	3.6	5.4	없음
2. 고장 1	0	24	0	0	0	
3. 고장 2	4.14	7.45	0	4.96	7.45	
4. 고장 3	3.53	6.35	7.76	0	6.35	
5. 고장 4	24	0	0	0	0	
6. 고장 5	0	6.17	7.54	4.11	6.17	
7. 고장 6	0	0	0	24	0	
8. 고장 7	3.87	0	8.52	4.64	6.97	
9. 고장 8	0	0	24	0	0	
10. 고장 9	0	0	0	0	24	
11. 고장 10	2.4	4.32	5.28	2.88	9.12	
12. 고장 11	4	7.2	0.8	4.8	7.2	
13. 고장 12	3.87	6.97	8.52	4.64	0	
14. 고장 13	15.6	2.16	2.64	1.44	2.16	
15. 고장 14	3.43	6.17	7.55	0.68	6.17	

복습문제 정답

4-1 a. R_1, R_2, R_3, V_T 와 선들
b. $I = 5A$
c. 2A

4-2 a. $I = 2mA$
b. $R_T = 10k\Omega$
c. $I = 1mA$

4-3 a. 10V b. $I = 1A$
c. $I = 1A$

4-4 a. 60V b. 75V
c. 40V

4-5 a. B 혹은 C점
b. A 혹은 F점
c. D점

4-6 a. $P_T = 6W$
b. R_2

4-7 a. 100V b. 20V

4-8 a. $V_1 = 30V$
b. $V_2 = 90V$
c. $V_3 = 60V$

4-9 a. −10V
b. 0V
c. +20V
d. +30V

4-10 a. 24V
b. 0V
c. 감소한다.

chapter

5

병렬회로

병렬회로는 모든 소자들에 하나의 공통 전압이 걸린 회로이다. 전압원에 연결된 각 소자는 분리된 경로나 가지를 통해 전류가 흐르도록 한다. 각 가지전류는 $\frac{V_A}{R}$로 계산할 수 있는데, 여기서 V_A는 인가된 전압이고 R은 가지저항이다. 인가된 전압에 의한 총 전류 I_T는 각각의 가지전류에 흐르는 전류의 합과 같다.

병렬회로의 등가저항은 총 전류 I_T로 인가된 전압 V_A를 나눈 것과 같다. 등가저항은 병렬로 연결된 가지들의 저항들과 동일한 전류를 흘리는 단일 저항을 의미한다. 병렬회로의 등가저항은 R_{EQ}로 표기한다.

이 장은 병렬회로의 모든 특성을 비롯하여 결함이 있는 소자를 포함하는 병렬회로의 고장수리에 관한 것들을 다룬다.

단원 차례

단원 목표

- 병렬회로에서 모든 가지에 동일한 전압이 걸려 있는 이유를 설명한다.
- 병렬회로에서 가지전류를 계산한다.
- 키르히호프의 전류 법칙을 이용하여 병렬회로에서의 총 전류를 계산한다.
- 병렬로 연결된 두 개 이상의 저항에 대한 등가저항을 계산한다.
- 병렬회로의 등가저항이 가장 작은 가지저항보다 항상 작은 이유를 설명한다.
- 병렬회로의 총 도전율을 계산한다.
- 미지저항을 가진 병렬회로에서 전압, 전류, 전력, 저항을 구한다.
- 병렬회로에서 개방과 단락의 영향을 설명한다.
- 개방과 단락을 포함하고 있는 병렬회로의 고장을 수리한다.

중요 용어

등가저항 R_{EQ}

역저항공식

주 회로선

키르히호프의 전류 법칙(KCL)

병렬뱅크

5-1 병렬회로의 전압원 V_A

병렬회로는 〈그림 5-1〉에서 보이는 것과 같이 두 개 또는 그 이상의 소자가 전압원에 연결된 경우에 만들어진다. 이 그림에서 R_1과 R_2는 1.5V 전지와 병렬로 연결되어 있다. 〈그림 5-1b〉에서 연결선들은 실제로 저항이 없기 때문에 A, B, C, E점은 전지의 양극 단자에 직접 연결한 것과 같다. 마찬가지로 H, G, D, F점은 전지의 음극 단자에 직접 연결한 것과 같다. R_1과 R_2는 전지의 양 단자에 직접적으로 연결되어 있기 때문에 이 저항들은 전지와 동일한 전위차를 가져야만 한다. 병렬로 연결된 소자들의 전압은 동일하다. 그러므로 병렬회로 배열이 동일한 전압을 요구하는 소자들을 연결하는 데 사용된다.

병렬회로의 대표적인 예는 〈그림 5-2〉와 같은 120V에 연결된 전구와 기기를 갖는 가정용 배선이다. 벽면에 있는 콘센트의 각 단자쌍은 120V의 전위차를 갖고 있다. 그림에서 전구가 왼쪽 콘센트에 연결되어 있고, 토스터가 오른쪽 콘센트에 연결되어 있는데 둘 다 120V의 동일한 전압이 인가되고 있다. 그러므로 각 기기들은 연결되어 있는 다른 기기들과 상관없이 120V의 전압을 공급받는다.

MultiSim **그림 5-1** 두 개의 저항이 있는 병렬회로의 예 (a) 배선도 (b) 회로도

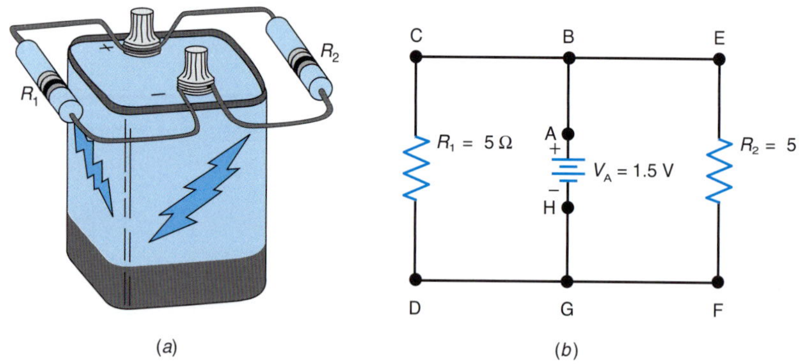

그림 5-2 120V 전력선에 병렬로 연결된 전구와 토스터 (a) 배선도 (b) 회로도

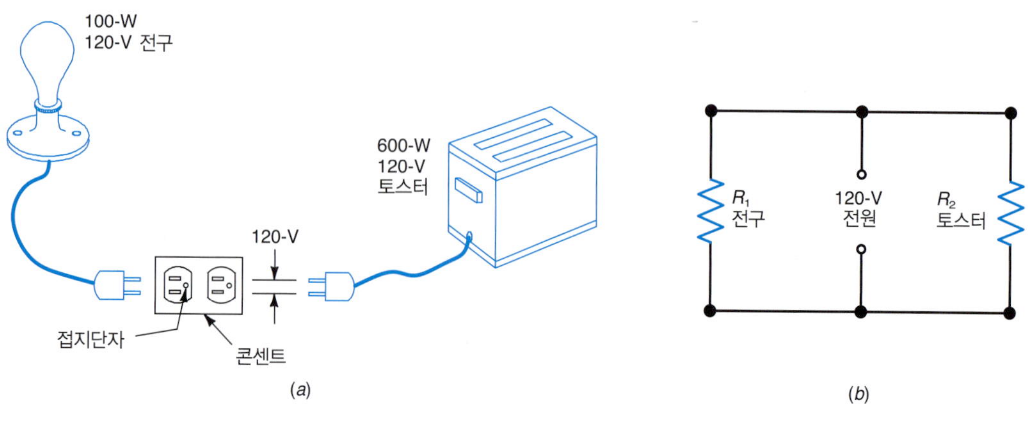

■ 5-1 복습문제

a. 〈그림 5-1〉에서 R_1과 R_2에 공통으로 걸린 전압은 얼마인가?

b. 〈그림 5-2〉에서 전구와 토스터에 공통으로 걸린 전압은 얼마인가?

c. 〈그림 5-1〉과 〈그림 5-2〉에서 전압원에 연결된 병렬가지는 몇 개인가?

5-2 가지전류

알아두기▸▸

병렬회로에서 항상 가장 작은 저항값을 갖는 가지에 가장 큰 전류가 흐른다. 이는 각 가지전류는 $\frac{V_A}{R}$에 의해서 계산되기 때문이다.

옴의 법칙을 적용하는 데 있어서 전류는 전압이 인가된 두 점 사이의 저항으로 전압을 나눈 것과 같다. 〈그림 5-3a〉에서 10V가 5Ω의 R_2에 인가되어 있고 R_2의 양 끝인 E와 F 사이에 2A의 전류가 흐른다. 또한 전지의 10V 전압은 10Ω의 R_1에도 인가되어 있다. 따라서 R_1을 통해서 C와 D점 사이에 1A의 전류가 흐른다. R_1과 R_2는 저항값이 다르기 때문에 인가된 전압이 동일하다고 할지라도 전류는 다르다. 전류의 값을 구하면 아래와 같다.

$$I_1 = \frac{V_A}{R_1} = \frac{10}{10} = 1A$$

$$I_2 = \frac{V_A}{R_2} = \frac{10}{5} = 2A$$

〈그림 5-3b〉는 만능기판과 저항을 이용하여 병렬회로를 구성한 예를 보이고 있다.

한 개의 저항만 있는 회로와 마찬가지로, 가지에서 R의 크기가 작을수록 I는 커진다. 만약 R_1과 R_2가 같다면 두 가지(branch)의 전류는 같다. 예를 들어 〈그림 5-1b〉에서 각 가지는 1.5V/5Ω=0.3A의 동일한 전류를 갖는다.

모든 가지에 대해서 V가 같기 때문에 저항이 다른 병렬회로에서 I가 다를 수 있다. 전압원은 두 단자 사이에 전위차를 발생시킨다. 이 전압은 이동하지 않는다. 오직 I만이 회로를 흐른다. 전압원은 전류가 전원의 단자에 연결된 폐경로를 따라 흐를 수 있도록 한다. 각 경로에서 I의 크기는 각 가지에서 R의 크기에 의존한다.

그림 5-3 병렬회로 (a) 가지전류는 각 가지 저항 R로 인가된 전압 V_A를 나눈 값이다. (b) 만능기판을 이용하여 병렬회로를 구성한 예

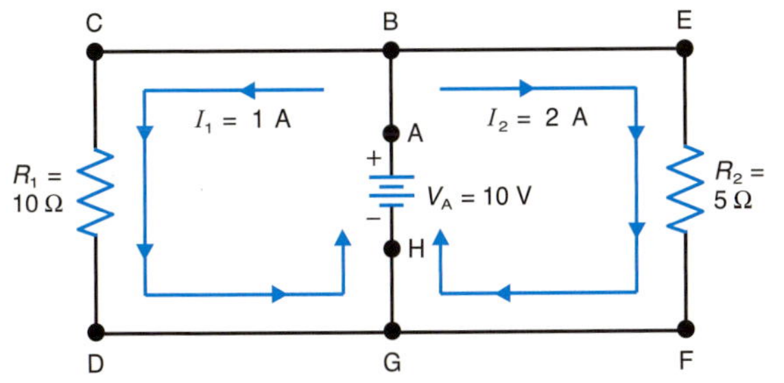

(a)

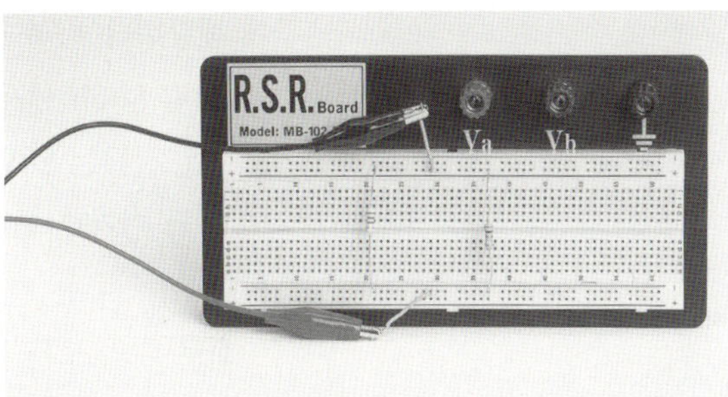

예제 5-1

MultiSim **그림 5-4** 〈예제 5-1〉을 위한 회로

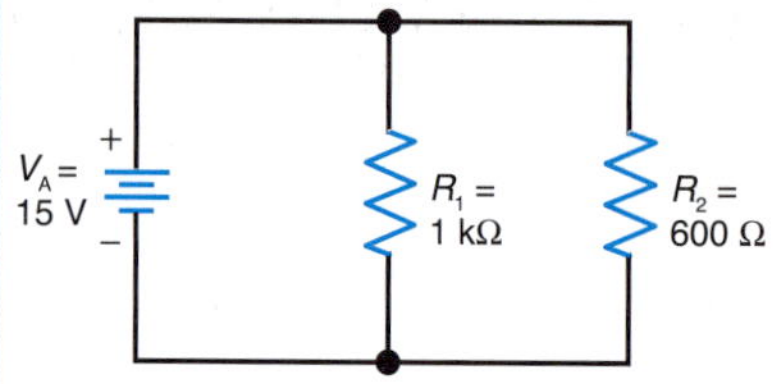

〈그림 5-4〉에서 가지전류 I_1과 I_2를 구하라.

정답 인가된 15V의 전압이 R_1과 R_2에 걸려 있다. 그러므로 가지전류는 $\frac{V_A}{R}$에 의해서 계산된다. 여기서 V_A는 인가된 전압이고 R은 각 가지저항이다.

$$I_1 = \frac{V_A}{R_1} = \frac{15\text{V}}{1\text{k}\Omega} = 15\text{mA}$$

$$I_2 = \frac{V_A}{R_2} = \frac{15\text{V}}{600\Omega} = 25\text{mA}$$

5-2 복습문제

〈그림 5-3〉을 참고하라.

a. R_1 양단의 전압은 얼마인가?

b. R_1에 흐르는 I_1은 얼마인가?

c. R_2 양단의 전압은 얼마인가?

d. R_2에 흐르는 I_2는 얼마인가?

5-3 키르히호프의 전류 법칙(KCL)

병렬로 연결된 소자들은 〈그림 5-5〉에 예시된 것과 같이 전압원과 함께 서로 직접적으로 연결되어 있다. 보통 연결선들의 저항을 0Ω으로 생각하므로 〈그림 5-1〉과 같이 전압원은 각 병렬가지에 직접 연결된 것과 같다.

전압원의 단자에 모든 가지를 연결한 배선을 주 회로선(main line)이라 한다. 〈그림 5-5〉에서 F로부터 B로의 배선과 A로부터 G를 연결하는 배선이 주 회로선에 해당한다.

〈그림 5-5b〉에서 20Ω의 저항 R_1은 20V의 전지에 연결되어 있으므로 R_1을 통해 흐르는 전류는 20V/20Ω=1A이다. 이 전류는 전원의 양극으로부터 R_1을 거쳐 전지의 음극 단자로 되돌아온다. 마찬가지로 10Ω인 R_2에는 20V/10Ω=2A의 전류가 흐른다. 이 전류는 전원의 양극 단자로부터 R_2를 거쳐 전지의 음극 단자로 흐른다.

회로 내의 모든 전류는 완전한 경로를 형성하도록 전원의 한쪽으로부터 시작하여 반대쪽으로 되돌아와야만 한다. 그러므로 주 회로선에서 전류의 양은 가지전류의 합과 같다.

그림 5-5 주 회로선의 전류는 각 가지전류의 합과 같다. A로부터 G는 주 회로선의 음극 쪽이고 F로부터 B는 양극 쪽이다. (a) 배선도. 주 회로선의 안쪽 화살표는 R_1을 흐르는 전류를 나타내고 바깥쪽 화살표는 R_2를 흐르는 전류를 나타낸다. (b) 회로도. I_T는 R_1과 R_2에 흐르는 전류의 합이다.

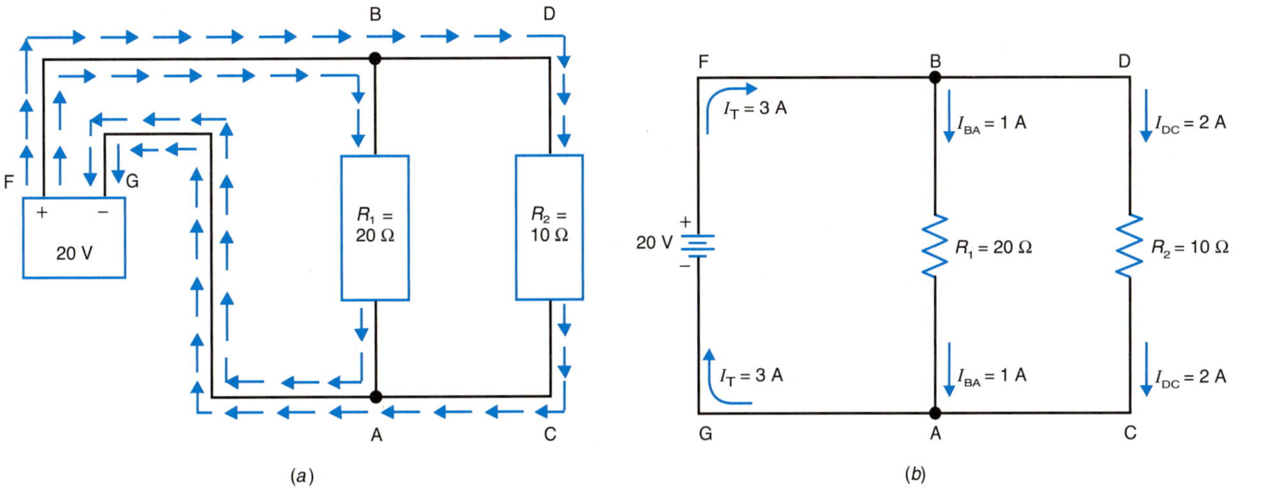

> **알아두기▸▸**
> 병렬회로에서 가지의 수가 많아지면 많아질수록 총 전류 I_T는 증가한다.

〈그림 5-5b〉에서 F에서 B로 흐르는 전류가 3A인 예를 살펴본다. B점에서의 총 전류는 각 가지로 나누어진다. B로부터 A까지 R_1을 통해 1A의 전류가 흐른다. R_2를 거치는 BDCA 경로는 2A의 전류를 갖는다. A점에서 전류의 흐름은 합쳐져서 주 회로선에서의 전류는 처음 시작할 때와 같은 3A가 된다.

키르히호프의 전류 법칙(KCL)은 병렬회로에서 주 회로선에 흐르는 총 전류 I_T는 각 가지전류의 합과 같다는 것이다. 방정식으로 표현하면 식 (5-1)과 같다.

$$I_T = I_1 + I_2 + I_3 + \cdots\cdots \quad (5\text{-}1)$$

식 (5-1)에서 I_T는 총 전류이고, I_1, I_2, I_3, ⋯ 은 각 가지전류이다. 키르히호프의 전류 법칙은 가지에서 저항이 같은지 다른지에 상관없이 병렬로 연결된 가지에 적용된다.

예제 5-2

MultiSim

20Ω R_1, 40Ω R_2, 60Ω R_3이 120V의 전력선에 병렬로 연결되어 있다. 키르히호프의 전류 법칙을 이용하여 총 전류 I_T를 구하라.

정답 R_1 가지에 대해 I_1은 120/20=6A이다. 마찬가지로 I_2는 120/40=3A이고 I_3은 120/60=2A이다. 따라서 주 회로선의 총 전류는 아래와 같다.

$$I_T = I_1 + I_2 + I_3 = 6 + 3 + 2$$
$$I_T = 11\text{A}$$

예제 5-3

120V의 전력선이 걸려 있는 R_1과 R_2의 두 가지에 대한 I_T는 15A이다. R_1 가지에서 10A가 흐른다면 R_2에서의 전류 I_2는 얼마인가?

정답 두 가지 전류를 가진 경우에 어느 한쪽의 가지전류는 I_T와 다른 쪽의 가지전류의 차와 같다.

$$I_2 = I_T - I_1 = 15 - 10$$
$$I_2 = 5\text{A}$$

예제 5-4

세 개의 병렬 가지전류는 0.1A, 500mA, 800μA이다. 키르히호프의 전류 법칙을 이용하여 I_T를 계산하라.

정답 모든 값들은 동일한 단위로 합해야만 한다. 이 경우에 모든 단위를 밀리암페어 단위로 변경한다. 키르히호프의 법칙을 적용하면 아래와 같다.

$$I_T = 100 + 500 + 0.8$$
$$I_T = 600.8\text{mA}$$

모든 전류를 더하기 위해서 동일한 단위가 사용되어야 하므로 A, mA, μA로 전류의 단위를 변경할 수 있다.

■ **5-3 복습문제**

a. 병렬회로에서 가지전류가 I_1 = 1A, I_2 = 2A, I_3 = 3A이다. I_T는 얼마인가?
b. 세 개의 가지전류의 I_T가 6A라고 가정하자. I_1 = 1A이고 I_2가 2A라면 I_3은 얼마인가?
c. 병렬회로에서 가지전류가 I_1 = 1A이고 I_2 = 200mA이다. I_T는 얼마인가?

5-4 병렬저항

병렬회로에서 주 회로선에 연결된 등가저항은 병렬저항들에 걸린 공통 전압을 모든 가지에 의한 총 전류로 나눈다는 옴의 법칙에 의해서 구할 수 있다. 〈그림 5-6a〉를 보면 등가저항 R_{EQ}로 표시된 R_1과 R_2의 병렬저항은 주 회로선에서 총 전류와 역관계이다. 이 예에서 R_{EQ}는 V_A/I_T = 60V/3A=20Ω이다.

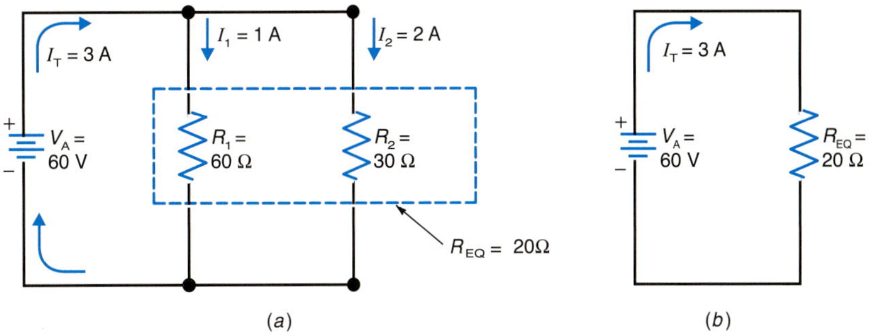

MultiSim **그림 5-6** 병렬로 연결된 저항 (a) R_1과 R_2를 합성하여 주 회로선의 총 R_{EQ}를 구한다. (b) (a)에서 R_1과 R_2의 병렬 합성에 의한 것과 동일한 3A의 I_T가 흐르는 R_{EQ}를 보여주는 등가회로

전압원에 연결된 총 부하는 주 회로선에 걸려 있는 20Ω의 등가저항과 동일하다. 이는 〈그림 5-6b〉에 나타나 있다. 저항의 개수와 값에 상관없이 R_{EQ}를 구하는 데 식 (5-2)를 사용할 수 있다.

$$R_{EQ} = \frac{V_A}{I_T} \tag{5-2}$$

여기서 I_T는 모든 가지전류의 합이고 R_{EQ}는 전원 V_A가 인가되는 모든 가지저항에서 구한 등가저항이다. 전압원은 단일 저항이 연결된 것과 같이 동작하는데 옴의 법칙에 따라 동일한 I_T가 회로에 흐르도록 한다. 이 단일 저항은 R_{EQ}이다. 그림을 통해 두 개의 가지가 있는 회로에서 R_{EQ}를 계산하는 방법을 나타냈다.

예제 5-5

두 가지에 5A의 전류가 흐르고 90V의 전압원이 걸려 있다. R_{EQ}는 얼마인가?

정답 총 전류 I_T는 5 + 5 = 10A이다. 따라서

$$R_{EQ} = \frac{V_A}{I_T} = \frac{90}{10}$$
$$R_{EQ} = 9\Omega$$

병렬뱅크(Parallel Bank)

병렬가지들의 조합은 종종 뱅크(bank)로 불린다. 〈그림 5-6〉에서 뱅크는 60Ω R_1과 30Ω R_2로 구성된다. 병렬저항 R_{EQ}는 뱅크저항이고, 본 예에서 20Ω의 값을 갖는다. 뱅크는 두 개 이상의 병렬저항을 가질 수 있다.

동일한 전압이 인가된 상태일 때 어떤 회로에서 전류가 증가된다면 서로 간의 반비례 관계에 의해 I의 증가는 R의 감소를 가져온다. 그러므로 뱅크에서 병렬저항 R_{EQ}의 합성은 항상 가장 작은 각 가지저항보다 작게 된다. 이는 I_T가 어느 한 가지에 흐르는 전류보다는 커야만 하기 때문이다.

그림 5-7 가지저항을 추가하면 I_T는 증가하고 R_{EQ}는 감소한다. (a) 한 개의 저항 (b) 두 개의 가지 (c) 세 개의 가지 (d) (c)와 등가회로

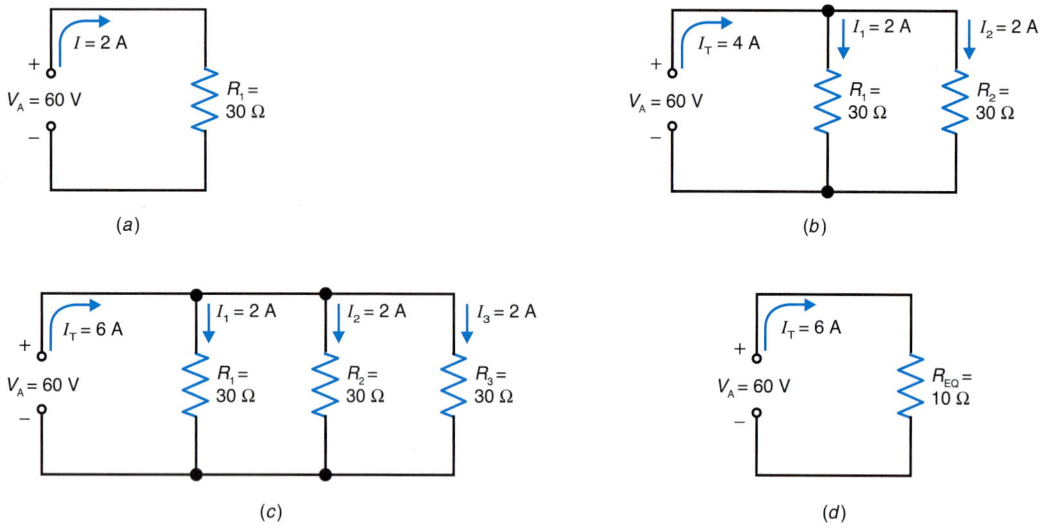

R_{EQ}와 가지저항의 관계

회로에 저항이 많아질수록 등가저항이 낮아진다는 것은 이상하게 보일 수도 있다. 병렬회로의 이러한 특성을 〈그림 5-7〉에 나타내었다. 30Ω의 등가저항이 전압원에 연결되어 있다. 〈그림 5-7a〉의 회로는 단지 R_1의 저항만을 가지고 60V의 전압이 인가되므로 2A의 전류가 흐른다. 〈그림 5-7b〉에서 R_2 가지도 동일한 V_A에 연결되어 있다. 병렬회로는 $I_1 + I_2$에 의해서 4A의 총 전류를 갖는다. 2A의 I_3이 흐르는 세 번째 가지가 〈그림 5-7c〉에 추가된다. 세 개의 가지가 있는 회로는 전압원에 의해서 6A의 총 부하전류가 공급된다.

전원에 연결된 등가저항은 V_A/I_T이고 60/6=10Ω에 해당한다. 전압원에 대해 전체 부하를 나타내는 등가저항 R_{EQ}는 〈그림 5-7d〉에 나타나 있다. 가지저항이 증가할수록 동일한 전압원으로부터 요구되는 전류가 증가하기 때문에 등가저항은 감소한다.

알아두기▸▸

두 개의 저항이 병렬로 연결되어 있다고 가정하자. 둘 중의 하나가 다른 하나보다 10배 이상의 값을 갖는다면 등가저항 R_{EQ}는 근사적으로 작은 크기를 갖는 저항값이 된다.

역저항 공식

I_T가 모든 가지전류의 합이라는 사실로부터 아래와 같은 역저항 공식(reciprocal resistance formula)을 유도할 수 있다.

$$I_T = I_1 + I_2 + I_3 + \cdots\cdots$$

$I_T = V/R_{EQ}$이다. 또한 각 $I = V/R$이다. 왼쪽의 I_T를 V/R_{EQ}로 대치하고 오른쪽의 I를 V/R로 대치하면 결과는 아래와 같다.

$$\frac{V}{R_{EQ}} = \frac{V}{R_1} + \frac{V}{R_2} + \frac{V}{R_3} + \cdots\cdots$$

모든 저항에 대해서 전압은 동일하므로 V로 나누면 아래와 같다.

$$\frac{1}{R_{EQ}} = \frac{1}{R_1} + \frac{1}{R_2} + \frac{1}{R_3} + \cdots\cdots$$

다음으로 R_{EQ}에 대해서 정리한다.

$$R_{EQ} = \frac{1}{1/R_1 + 1/R_2 + 1/R_3 + \cdots\cdots} \tag{5-3}$$

이러한 역저항 공식은 병렬저항의 개수와 값에 상관없이 적용할 수 있다. 〈그림 5-8a〉에 적용하면 아래와 같다.

$$R_{EQ} = \frac{1}{1/20 + 1/10 + 1/10} = 4\Omega$$

총 전류 이용

역저항 공식과 같은 분수 없이 계산을 하는 것이 더 쉬울 수 있다. 〈그림 5-8b〉는 동일한 문제를 역저항 공식에 의한 풀이 방법 대신에 총 전류를 이용하여 계산할 수 있다는 것을 보여준다. 비록 인가된 전압을 항상 알지 못한다 할지라도 계산을 할 때 상쇄되기 때문에 임의의 편리한 값으로 가정할 수 있다. 인가된 전압을 회로 내의 가장 높은 값의 저항과 동일하게 두는 것이 편리하다. 그러면 한 가지의 전류는 자동적으로 1A가 될 것이고, 다른 가지의 전류들은 더 큰 값을 가지게 되어 1보다 작은 분수는 없게 된다.

〈그림 5-8b〉에서 가장 큰 가지저항은 20Ω이다. 그러므로 인가되는 전압을 20V로 가정한다. 가지전류는 R_1에서 1A, R_2에서 2A, R_3에서 2A이다. 총 전류 I_T는 가지전류의 합인 1+2+2=5A이다. 주 회로선의 등가저항 R_{EQ}는 V_A/I_T = 20V/5A=4Ω이다. 이는 역저항 공식에 의한 결과와 동일한 값이다.

MultiSim **그림 5-8** R_{EQ}를 구하기 위해 병렬저항을 합성하는 두 가지 방법 (a) 역저항 공식의 이용 (b) 총 전류를 이용하는 방법

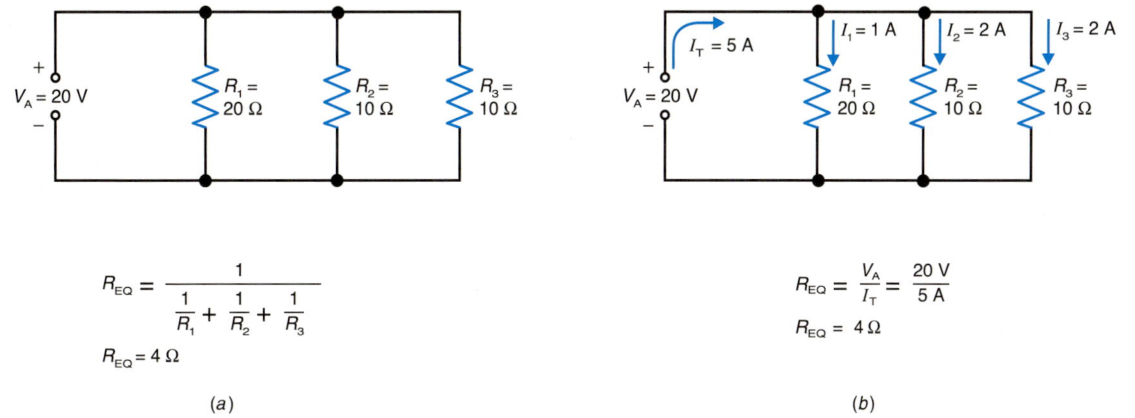

MultiSim **그림 5-9** 모든 가지의 저항이 동일한 경우. R_{EQ}는 가지의 개수로 R을 나눈다. 즉, R_{EQ} = 60kΩ/3=20kΩ

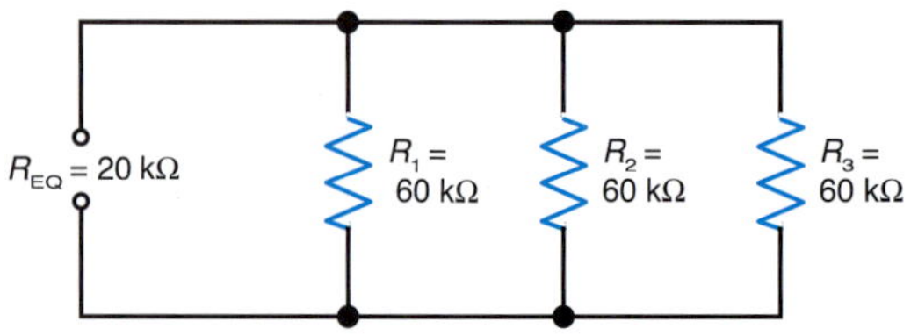

동일한 병렬저항

모든 가지에서 R이 동일하다면 R_{EQ}는 한 가지의 저항을 가지의 수로 나눈 값과 같다.

$$R_{EQ} = \frac{R}{n}$$

여기서 R은 한 가지에서의 저항이고 n은 가지의 개수이다.

이러한 규칙을 〈그림 5-9〉에 나타냈는데, 여기서 세 개의 60kΩ 저항이 병렬이므로 R_{EQ}는 20kΩ이 된다.

이 규칙은 병렬저항의 개수와 무관하지만 반드시 모든 저항은 같은 값을 가져야만 한다. 다른 예로, 병렬로 연결된 다섯 개의 저항은 60/5=12Ω의 등가저항과 같다. 두 개의 같은 저항이 한 뱅크 내에 병렬로 연결된 경우에 R_{EQ}는 R을 2로 나눈 것에 해당한다.

두 개의 가지의 경우

그림 5-10 두 개의 가지만 존재하는 경우. R_{EQ}는 두 가지의 저항값을 곱한 값에 더한 값을 나누어서 계산한다. 즉, 2400/100=24Ω이다.

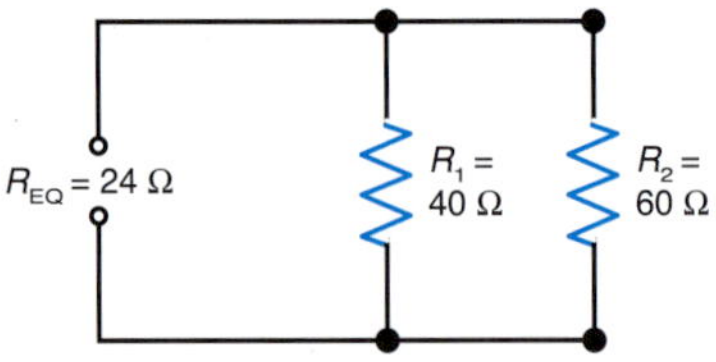

두 개의 저항이 병렬로 연결되어 있고 값들이 다르다면, 〈그림 5-10〉의 방법에 의해서 등가저항을 쉽게 계산할 수 있다. 두 병렬저항의 등가저항을 구하는 방법은 그들의 곱을 합으로 나누는 것이다.

$$R_{EQ} = \frac{R_1 \times R_2}{R_1 + R_2} \tag{5-4}$$

여기서 R_{EQ}는 모든 저항과 동일한 단위이다. 〈그림 5-10〉의 예에서,

$$R_{EQ} = \frac{R_1 \times R_2}{R_1 + R_2} = \frac{40 \times 60}{40 + 60} = \frac{2400}{100}$$

$$R_{EQ} = 24\Omega$$

각 R은 어떠한 값이든 가질 수 있지만, 반드시 두 개의 저항이어야 한다.

그림 5-11 네 개의 가지로 구성된 병렬회로의 예제 (a) 원래 회로 (b) 두 개의 가지로 결합된 경우 (c) 등가저항 R_{EQ}로 구성한 경우

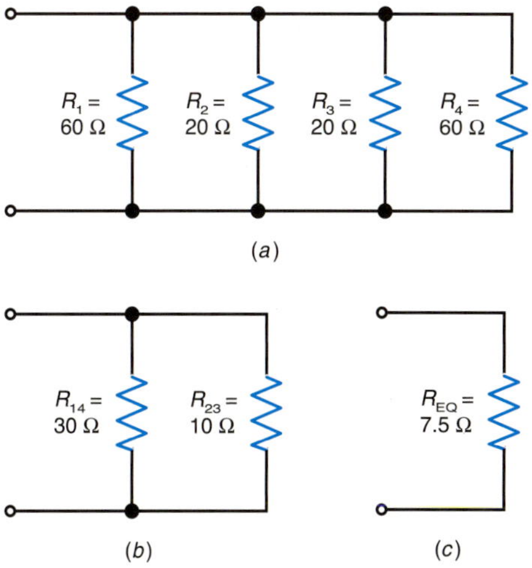

단축 계산

〈그림 5-11〉은 병렬가지를 간단한 등가회로로 줄이는 데 사용되는 특별한 규칙이 어떻게 사용되는지 보여준다. 〈그림 5-11a〉에서 60Ω R_1과 R_4는 동일한 값이고 병렬로 연결되어 있다. 따라서 이 저항들은 〈그림 5-11b〉에서 30Ω의 R_{14}와 등가이다. 비슷하게 20Ω R_2와 R_3은 10Ω의 R_{23}과 등가이다. 〈그림 5-11a〉의 회로는 〈그림 5-11b〉의 회로와 등가이다.

최종적으로 두 저항의 등가저항은 그들의 곱을 합으로 나눈 결과이고 〈그림 5-11c〉에서 보이는 것과 같이 300/40=7.5Ω이다. 〈그림 5-11c〉의 R_{EQ}는 〈그림 5-11a〉의 네 개의 가지와 등가이다. 만약 이 회로에 전압원이 연결된다면 주 회로선의 전류는 두 경우에 대해서 동일할 것이다.

병렬저항을 연결하는 순서는 R_{EQ}의 값과 무관하다. 병렬저항들에는 동일한 전압원이 걸려 있고 동시에 전류가 흐르기 때문에 어느 저항이 첫 번째이고 어느 저항이 마지막인지는 아무 상관이 없다.

미지의 가지저항

두 개의 병렬저항을 갖는 경우에, 필요한 R_{EQ}를 얻기 위해서 정해진 저항 R에 병렬로 연결될 R_X를 구할 수도 있다. R_X는 식 (5-5)와 같이 구할 수 있다.

$$R_X = \frac{R \times R_{EQ}}{R - R_{EQ}} \tag{5-5}$$

식 (5-5)는 식 (5-4)를 다른 방법으로 표현한 것일 뿐이다.

R_X를 구하기 위한 식 (5-5)는 분모가 차이고 분자가 곱이다. R_{EQ}는 저항값이 가장 작으므로 빼는 역할이어야 한다. 식 (5-4)와 (5-5)는 두 병렬가지에만 사용할 수 있다.

알아두기▸▸

두 개 이상의 저항이 병렬로 연결되어 있는 경우에는 미지의 저항의 값은 다음과 같은 식에 의해서 구할 수 있다.

$$R_X = \frac{1}{1/R_{EQ} - 1/R_1 - 1/R_2 - \cdots}$$

예제 5-6

24Ω의 R_{EQ}를 만들기 위해서는 40Ω의 저항과 병렬로 연결된 R_X가 얼마이어야 하는가?

정답

$$R_X = \frac{R \times R_{EQ}}{R - R_{EQ}} = \frac{40 \times 24}{40 - 24} = \frac{960}{16}$$

$$R_X = 60\Omega$$

이 문제는 〈그림 5-10〉의 회로에 해당한다.

예제 5-7

25Ω의 R_{EQ}를 만들기 위해서는 50Ω의 저항과 얼마의 R이 병렬로 연결되어야 하는가?

정답

$$R = 50\text{k}\Omega$$

병렬로 연결된 두 개의 저항은 R의 반에 해당하는 R_{EQ}를 갖는다.

■ **5-4 복습문제**

a. 세 개의 4.7MΩ 저항이 병렬로 연결되어 있는 경우에 R_{EQ}는 얼마인가?
b. 3MΩ 저항이 2MΩ의 저항과 병렬로 연결되어 있는 경우에 R_{EQ}는 얼마인가?
c. 두 개의 20Ω 병렬저항이 10Ω의 저항과 병렬로 연결되어 있는 경우에 R_{EQ}는 얼마인가?

5-5 병렬 도전율

도전율 G는 $1/R$과 같기 때문에 $R_{EQ} = 1/G_T$에 의해서 저항 공식 (5-3)을 도전율을 위한 식으로 나타낼 수 있다. 여기서 G_T는 식 (5-6)과 같다.

$$G_T = G_1 + G_2 + G_3 + \cdots\cdots \tag{5-6}$$

R은 옴, G는 지멘스의 단위를 사용한다. 예를 들어, 〈그림 5-12〉에서 G_1은 1/20=0.05, G_2는 1/5=0.2, G_3은 1/2=0.5이다. 따라서 전체 도전율은 다음과 같다.

그림 5-12 병렬로 연결된 도전율 G_1, G_2, G_3은 총 도전율 G_T를 위해 더해진다.

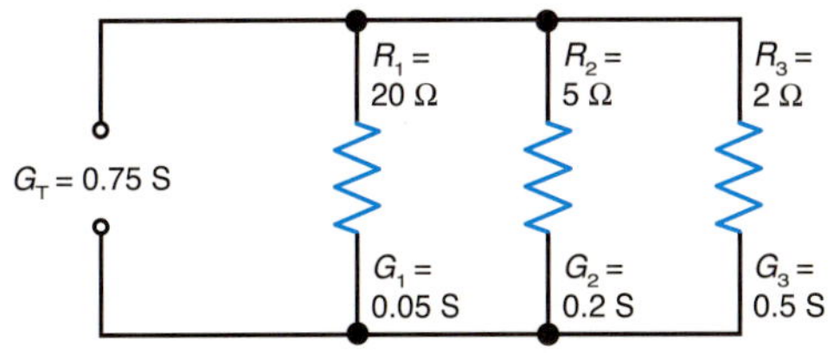

그림 5-13 병렬 가지전류는 각 가지도전율에 직접적으로 비례한다.

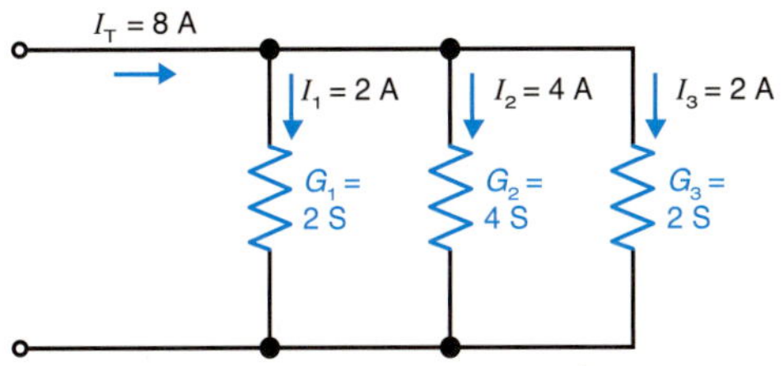

$$G_T = 0.05 + 0.2 + 0.5 = 0.75\text{S}$$

도전율을 더할 때는 역수가 필요없다는 것을 기억하라. 각각의 G 값은 R의 역수이다.

병렬도전율을 직접적으로 더하는 이유는 1V의 전압원을 모든 가지에 연결했다고 가정함으로써 확인할 수 있다. 도전율을 계산하기 위해 $1/R$을 계산하면 가지전류를 계산하는 것과 동일한 값이 주어진다. 이 값들을 총 전류 I_T 또는 G_T를 구하기 위해 더한다.

G를 구하는 것은 R_{EQ}를 위한 역저항 공식을 사용하지 않아도 되기 때문에 병렬회로에서 G를 사용하는 것은 R을 사용하는 것보다 편리할 수도 있다. 각 가지전류는 도전율에 직접적으로 비례한다. 이러한 개념은 직렬회로에서 각 전압강하가 각각의 직렬저항에 비례한다는 사실과 대응된다. 병렬도전율을 위해 전류를 구하는 예가 〈그림 5-13〉에 나타나 있다. 도전율이 두 배이므로 4S의 G를 갖는 가지는 2S의 G를 갖는 가지에 비해 두 배의 전류를 갖는다.

■ 5-5 복습문제

a. 2S인 G_1에 4S인 G_2가 병렬로 연결되어 있다면 G_T는 얼마인가?

b. 0.05μS의 G_1, 0.2μS의 G_2, 0.5μS의 G_3이 병렬로 연결되어 있다면 G_T와 R_{EQ}는 얼마인가?

c. 병렬회로에서 G_T가 4μS라면 R_{EQ}는 얼마인가?

5-6 병렬회로의 총 전력

가지저항에서 소비된 전력은 전압원에 의해서 공급되어야만 하기 때문에 총 전력은 각 가지의 전력을 합한 값과 같다. 이러한 규칙은 〈그림 5-14〉에 예시되어 있다. 또한 병렬로 연결된 전류, 전압, 저항의 규칙을 적용하는 예로서 이 회로를 사용할 수 있다.

〈그림 5-14〉에서 인가된 10V의 전압은 10Ω의 R_1과 5Ω의 R_2에 걸려 있다. 가지 전류 I_1은 V_A/R_1=10/10=1A이다. 마찬가지로 I_2는 10/5=2A이다. 총 I_T는 1+2=3A이다. 만약 R_{EQ}를 구하고자 한다면 V_A/I_T=10/3=$3\frac{1}{3}\Omega$이다.

각 가지저항 R에서 소비된 전력은 $V_A \times I$이다. R_1 가지에서 I_1=10/10=1A이다. 이때 P_1은 $V_A \times I_1$=10×1=10W이다.

R_2 가지에서 I_2=10/5=2A이다. 이때 P_2는 $V_A \times I_2$=10×2=20W이다.

P_1과 P_2를 더하면 10+20=30W이다. 이 P_T는 양 가지들에서 소비된 총 전력이다.

또한 30W의 P_T는 전압원에 의해 공급된 총 전력이다. 총 전력 P_T는 $V_A \times I_T$=10×3=30W이다. 전압원에 의해 공급된 30W의 전력은 가지전류에서 소비된다.

병렬회로에서 가장 작은 가지저항이 항상 가장 많은 전력을 소비한다는 사실은 흥미롭다. $P = \frac{V^2}{R}$이고 V는 모든 병렬저항에 대해서 공통이기 때문에 분모가 가장 작은 R이 전력소비의 양이 가장 크다.

또한 병렬회로와 직렬회로 모두 회로 내에서 소비된 각 전력의 합은 전원에 의해서 생성된 총 전력과 같다는 것을 기억하라. 이는 식 (5-7)로 나타낼 수 있다.

$$P_T = P_1 + P_2 + P_3 + \cdots\cdots \quad (5\text{-}7)$$

직렬이나 병렬 연결은 전압이나 전류의 분포를 바꿀 수 있지만 전력은 공급된 에너지의 비이기 때문에 회로의 배치가 회로 내의 전체 에너지가 전원으로부터 온다는 사실을 변화시킬 수는 없다.

그림 5-14 각 가지에서 소비된 전력의 합은 전원에 의해서 공급된 총 전력 P_T와 동일하다.

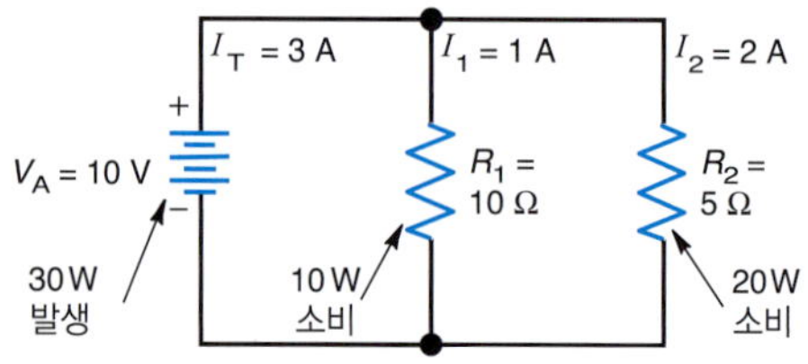

■ 5-6 복습문제

a. 120V에 연결된 두 개의 병렬가지에 각각 2A의 전류가 흐른다. P_T는 얼마인가?

b. 10, 20, 30Ω의 저항을 갖는 세 개의 병렬가지에 60V가 인가되고 있다. P_T는 얼마인가?

c. 두 병렬가지가 각각 15W의 전력을 소모한다. P_T는 얼마인가?

5-7 미지값을 구하기 위한 병렬회로의 해석

병렬회로에서 생기는 많은 형태의 문제들에 대해서 아래의 사항을 기억하는 것은 유용하다.

1. 한 가지에 걸려 있는 전압을 아는 경우에 이 전압은 모든 가지에 걸린다. 가지 양단에 오직 하나의 전압만이 존재할 수 있다.
2. 만일 I_T와 한 가지의 전류 I_1을 알고 있다면 I_T로부터 I_1을 빼서 I_2를 구할 수 있다.

〈그림 5-15〉의 회로는 이러한 사항들을 나타내고 있다. 문제는 인가된 전압 V_A와 R_3의 값을 구하는 것이다. 세 저항 중에서 오직 R_1과 R_2만 알고 있다. 그러나 I_2가 2A로 주어졌으므로 I_2R_2 전압은 2×60=120V이어야만 한다.

비록 인가된 전압을 모른다 할지라도 이는 120V이어야만 한다. 모든 병렬가지에 걸린 전압은 R_2에 걸린 전압과 동일한 120V이다.

I_1은 V_A/R_1에 의해서 계산될 수 있다. I_1은 120/30=4A이다.

I_T는 7A로 주어졌다. 두 가지전류의 합은 2+4=6A이다. R_3의 세 번째 가지전류 I_3은 7−6=1A이어야만 한다.

R_3은 V_A/I_3로 계산될 수 있다. 즉 120/1=120Ω이다.

그림 5-15 병렬회로의 해석. V_A와 R_3은 얼마인가?

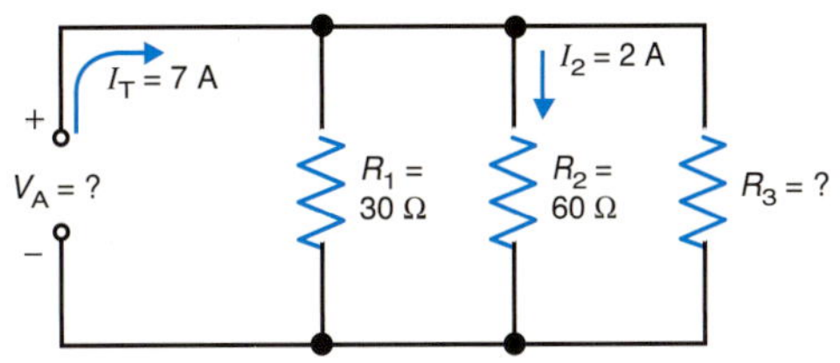

■ 5-7 복습문제

〈그림 5-15〉를 참조하라.

a. R_2에 걸린 V_2는 얼마인가?

b. R_1에 흐르는 I_1은 얼마인가?

c. I_T는 얼마인가?

5-8 고장수리 : 병렬회로의 개방과 단락

병렬회로에서 개방이나 단락의 영향은 직렬회로의 경우와 상당히 다르다. 예를 들어, 병렬회로의 가지 하나가 개방되면 다른 가지전류는 여전히 존재한다. 가지 하나가 회로로부터 제거되었다고 할지라도 다른 가지들에는 여전히 동일한 전압이 인가되고 있기 때문이다. 또한 병렬회로의 가지 중에 하나가 단락되었다면 모든 가지가 단락된다. 단락된 가지에 과도한 전류가 흐르고 다른 모든 가지에는 전류가 흐르지 않는다. 대부분의 경우, 퓨즈는 주 회로선에 연결되어 있어서 과도한 전류가 흐를 경우에 회로를 개방시킨다. 퓨즈가 끊어지는 경우에 인가되는 전압은 병렬로 연결된 모든 가지로부터 제거된다. 개방과 단락의 영향을 지금부터 더욱 자세하게 다뤄보기로 한다.

개방의 영향

회로에서 개방은 전류가 흐를 수 없는 무한히 큰 저항을 의미한다. 그러나 병렬회로에 있어 주 회로선에서의 개방과 병렬 가지에서의 개방 사이에는 차이가 있다. 두 경우를 〈그림 5-16〉에 나타냈다. 〈그림 5-16a〉에서 주 회로선이 개방된 회로는 모든 가지로 전류가 흐르는 것을 막는다. 그러므로 모든 가지에서 전류가 0이므로 어느 전구에도 불은 들어오지 않는다.

그러나 〈그림 5-16b〉에서는 전구 1의 가지가 개방되었다. 개방된 가지의 회로에는 전류가 흐르지 않고 전구에 불도 켜지지 않는다. 각 가지에 전압원이 연결되어 있기 때문에 다른 모든 가지에서의 전류는 정상적이다. 그러므로 다른 전구들은 불이 켜진다. 이 회로들로부터 병렬로 배선한 소자의 장점을 알 수 있다. 한 소자의 개방은 오직 하나의 가지에만 영향을 준다. 반면에 다른 병렬가지들은 정상 전압과 전류를 갖는다.

단락의 영향

단락회로는 실제로 저항이 0이 된다. 그러므로 단락의 효과는 단락된 회로에 과도한 전류가 흐르게 한다. 〈그림 5-17〉의 예를 생각해보자. 〈그림 5-17a〉의 회로는 각 가지에 1A씩, 총 2A의 전류가 정상적으로 흐른다. 그러나 〈그림 5-17b〉와 같이 G점과 H점이 갑자기 단락되었다고 가정하자. 선은 훌륭한 도체이므로 단락회로는 실제로 G와 H 사이에 0의 저항을 갖는다. 이 두 점은 전압원 양단에 직접 연결된

그림 5-16 병렬회로에서 개방의 영향 (a) 주 회로선에서의 개방 (b) 가지에서의 개방

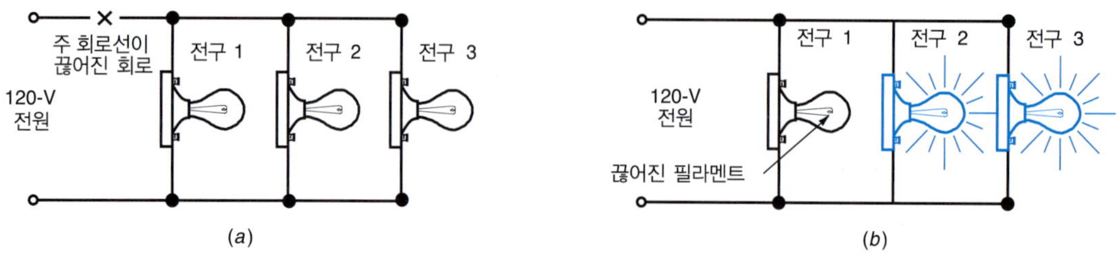

그림 5-17 병렬가지에서 단락회로의 효과 (a) 정상회로 (b) G와 H가 단락된 회로

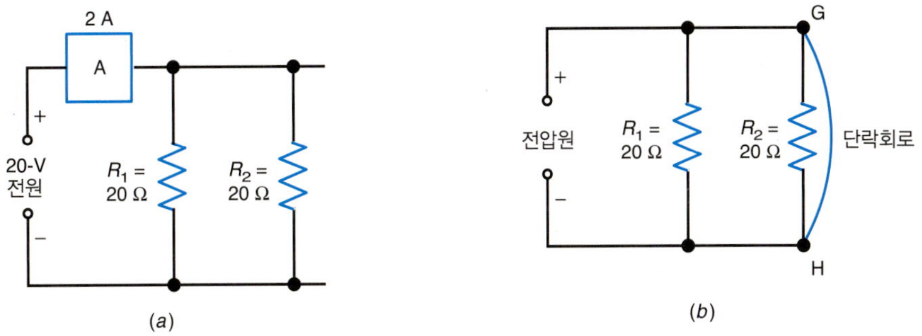

다. 단락회로에는 전류를 방해하는 성분이 없기 때문에 인가된 전압은 이 전류 경로를 통해서 무한히 큰 전류를 흘린다.

단락회로의 전류

실제로 전류의 양은 선 자체의 작은 저항에 의해서 제한된다. 또한 정격 부하전류 이상으로 공급하는 동안 전원은 보통 출력 전압을 유지할 수 없다. 여전히 전류의 양은 위험할 정도로 높을 수 있다. 예를 들어, 단락회로의 전류는 〈그림 5-17a〉에서 2A이던 전류가 100A 이상으로 증가할지 모른다. 단락회로 때문에 과도한 전류가 선에 흐르게 되고 전압원으로 흘러들어간다. 전류의 양이 크기 때문에 전선은 탈 만큼 뜨거워지고 전선을 감싸고 있는 절연체가 타게 된다. 어느 가지에 의한 단락회로 때문에 주 회로선에 너무 많은 전류가 흐른다면 회로를 개방시키기 위해 퓨즈가 있어야 한다.

단락회로와 소자의 전류

〈그림 5-17b〉의 단락회로에서 병렬저항 R_1과 R_2에서의 I는 0A이다. 그 이유는 단락회로가 0Ω의 저항을 갖는 병렬 경로이기 때문이다. 모든 전류는 R_1과 R_2를 우회하여 단락된 경로로 흐른다. 그러므로 R_1과 R_2는 회로에서 단락된 것이다. 이 저항들은 정상적인 전류가 없어서 동작할 수 없다. 만약 전구나 히터의 필라멘트 저항이라면 전류가 흐르지 않아 불이 켜지지 않을 것이다.

그러나 단락회로의 소자들은 손상되지 않는다. 실제로 소자들을 통해서 어떠한 전류도 흐르지 않는다. 단락회로의 전압원과 회로를 연결하는 배선이 손상되지 않았다고 가정하면 단락회로를 제거하여 정상회로로 복구가 될 때 소자들은 다시 동작할 수 있다.

병렬가지의 단락

〈그림 5-17〉에서 하나의 R만 존재하거나 여러 병렬소자가 존재한다면, 그것들은 G와 H점의 단락회로에 의해서 모두 단락될 것이다. 그러므로 병렬회로에서 가지 하나가 단락되면 모든 병렬가지들이 단락된다.

이러한 개념은 또한 다른 형태의 회로에서 전압원 양단이 단락될 때도 적용된다. 그때 전체 회로는 단락된다.

병렬회로에 대한 고장수리 절차

병렬회로에서 소자가 고장이 나면 전압, 전류, 저항을 측정하여 결함이 있는 소자의 위치를 파악할 수 있다. 〈그림 5-18a〉에 보인 정상적인 병렬회로를 참조한다. 각각의 가지전류 I_1, I_2, I_3, I_4는 다음과 같이 계산된다.

$$I_1 = \frac{120\text{V}}{20\Omega} = 6\text{A}$$
$$I_2 = \frac{120\text{V}}{15\Omega} = 8\text{A}$$
$$I_3 = \frac{120\text{V}}{30\Omega} = 4\text{A}$$
$$I_4 = \frac{120\text{V}}{60\Omega} = 2\text{A}$$

키르히호프의 전류 법칙에 의해 총 전류 I_T는 6A+8A+4A+2A=20A이다. 20A의 I_T는 J와 K점 사이의 주 회로선에 위치한 전류계 M_1에 의해서 측정된다. 주 회로선에서 A와 B점 사이에 있는 퓨즈 F_1은 최대 정격전류가 25A이므로 20A를 안전하게 흘릴 수 있다.

〈그림 5-18b〉에서 D와 I점 사이가 개방된 경우를 생각해본다. R_2가 개방되면 가지전류 I_2는 0A이다. 또한 전류계 M_1에서는 정상값보다 8A만큼 작은 12A의 총 전류 I_T가 측정된다. I_2가 원래 8A였으므로 당연한 결과이다. R_2만 개방되었고 다른 모든 가지들의 전류는 그대로라는 사실에 명심하라. 이는 각 가지가 여전히 120V의 전압에 연결되어 있기 때문이다. D와 I점 사이에 개방된 가지에서도 여전히 120V가 측정되기 때문에 각 가지의 전압을 측정하는 것은 어느 가지가 개방되었는지를 찾는 데 아무런 도움이 되지 않는다.

대부분의 경우에서, 병렬회로 내의 소자들은 결함이 발생했을 경우에 시각적으로 확인이 가능하다. 만약 전구가 타서 개방되었다면 불이 들어오지 않는다. 모터가 개방되면 동작을 멈춘다. 이러한 경우들에서 결함이 있는 소자는 쉽게 발견된다.

요약하면, 병렬회로에서 개방된 가지의 영향은 아래와 같다.

1. 개방된 가지의 전류는 0A로 떨어진다.
2. 총 전류 I_T는 개방된 가지가 정상일 때 흐르던 전류만큼 감소한다.
3. 나머지 모든 가지에서의 전류는 동일하다.
4. 인가된 전압은 개방 여부와 관계없이 모든 가지에 그대로 인가된다.

다음으로, 〈그림 5-18c〉에서 D와 E점 사이가 개방되어 있다고 가정하자. 두 점 사이가 개방되면, R_3과 R_4에 흐르는 전류가 0A가 될 것이다. 정상적일 경우에 I_3=4A이고 I_4=2A이므로 M_1에 의해서 측정되는 총 전류는 20A에서 14A로 감소할

그림 5-18 고장수리를 위한 병렬회로 (a) 정상 회로 (b) R_2가 개방된 회로 (c) D와 E점 사이가 개방된 회로 (d) 단락된 가지의 효과를 보이기 위한 회로

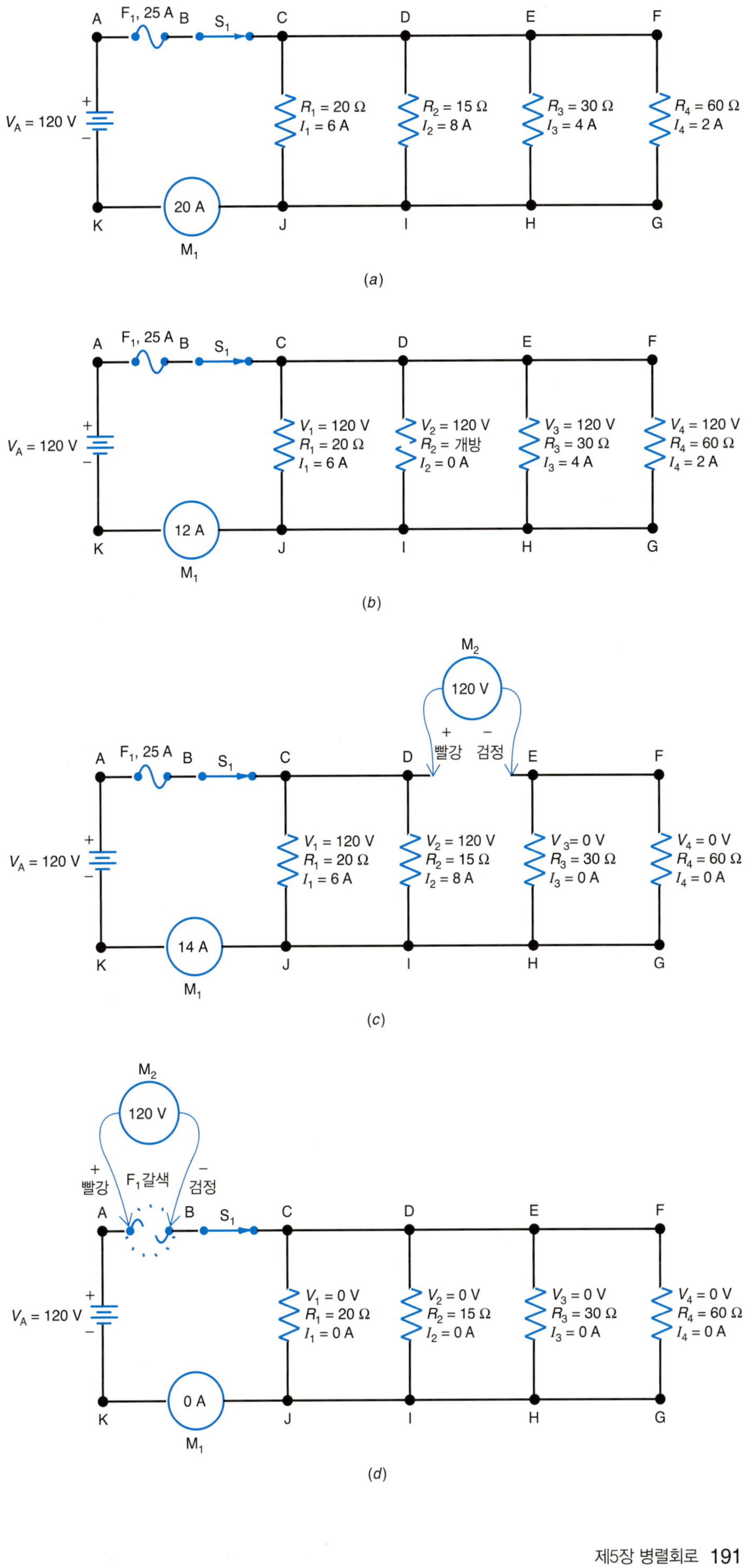

알아두기▸▸

퓨즈는 단락 시 회로 소자와 배선을 보호하는 안전 소자이다. 과도한 전류는 퓨즈를 녹인다. 퓨즈가 끊어지면 병렬로 연결된 가지에 전압이 걸리지 않는다.

것이다. I_3과 I_4의 전류가 0A인 이유는 인가된 전압이 두 가지로부터 제거되기 때문이다. 만약 전압계가 E와 H 또는 F와 G에 걸려 있는 전압을 측정한다면 0V가 측정될 것이다. D와 E점 사이에 걸려 있는 전압계는 120V가 측정된다. 이는 전압계 M_2에 의해서 측정된다. D와 E점 사이에 120V가 M_2에서 측정되는 이유는 다음과 같다.

M_2의 +리드선(빨간색)은 S_1과 F_1을 통해 인가된 전압의 양 단자에 연결된다. 또한 M_2의 −리드선(검은색)은 R_3과 R_4 저항의 위쪽에 연결된다. R_3과 R_4에 걸린 전압이 0V이므로 M_2의 −리드선은 인가된 전압의 음단자에 연결된 것이라 할 수 있다. 다시 말하면 M_2는 120V 전압원에 직접 연결된 것이다.

예제 5-8

〈그림 5-18a〉에서 전류계 M_1이 20A 대신에 16A를 측정하고 있다고 가정하자. 회로의 문제점은 무엇인가?

정답 전류 I_3이 4A인 것을 명심하자. R_3가 개방되어 있다면 M_1이 정상값보다 4A만큼 작은 전류가 측정되는 이유가 설명된다. R_3이 개방되어 있다는 것을 검증하기 위해서 S_1을 개방하고 전류계를 R_3와 E 사이에 위치시킨다. 그리고 S_1을 단락시킨다. 만약 I_3이 0A라면 R_3이 개방되어 있다는 사실을 알 수 있다. 만약 I_3이 4A로 측정된다면 다른 가지 중의 하나에서 정상값보다 작은 전류가 흐르고 있다는 것을 알 수 있다. 이 경우에 결함이 있는 소자를 찾기 위해서 나머지 가지전류를 측정해야만 할 것이다.

〈그림 5-18d〉의 회로를 생각해보자. 퓨즈 F_1이 끊어져서 전류계 M_1에 0A가 측정되었다. 또한 각 가지에 측정된 전압은 0V이고 끊어진 퓨즈는 M_2에 의해서 120V가 측정되었다. 이러한 현상이 발생하는 이유는 병렬로 연결된 가지 중 하나가 단락되었기 때문이다. 이는 퓨즈에 25A의 정격전류 이상의 전류를 흐르게 하여 퓨즈가 끊어지게 한다. 어느 가지가 단락되었는지 어떻게 찾을 수 있는가? 최소 세 개의 다른 해법이 있다. 첫 번째는 스위치 S_1을 개방하고 퓨즈를 교체하는 것이다. 다음은 S_1을 개방된 상태로 두고 네 개 중에 하나의 가지만을 남겨두고 모든 가지를 개방하는 것이다. 예를 들어, R_1, R_2, R_3 저항을 끊는다. R_4는 연결된 상태로 두고 S_1을 단락시킨다. 만약 퓨즈가 끊어진다면 R_4가 단락된 것이다. 만약 퓨즈가 끊어지지 않는다면 R_4를 연결한 채로 S_1을 개방하고 R_3을 다시 연결한다. 그 후 S_1을 단락하고 퓨즈가 끊어지는지 확인한다.

단락된 가지가 확인될 때까지 R_1과 R_2에 대해서도 이러한 절차를 반복한다. 단락된 가지가 재연결되었을 경우에 퓨즈가 끊어질 것이다. 비록 고장수리 절차가 단락된 가지를 찾는 데 효과적이라 할지라도 또 다른 퓨즈가 끊어지는 등의 비용이 소모된다.

단락된 가지를 찾는 또 다른 방법도 있다. S_1을 개방하고 끊어진 퓨즈를 교체한다. 다음으로 각 가지의 저항을 개별적으로 측정한다. 병렬회로에서 저항을 측정할 때 회로의 다른 부분들이 측정하고자 하는 가지에 영향을 미치지 않도록 각 가지의 끝을 반드시 회로로부터 분리하는 것이 중요하다. 0Ω이 측정되는 가지는 명백히 단락된 가지이다. 이러한 접근법은 퓨즈가 다시 끊어지는 것을 방지한다.

〈그림 5-18d〉에 단락된 가지를 찾는 또 다른 방법이 있다. S_1을 개방하고 C와 J에 저항계(ohmmeter)를 위치시킨다. 단락된 가지라면 저항계는 0Ω을 측정할 것이다. 가지가 단락되었는지 결정하기 위해서 저항계가 0Ω을 찾을 때까지 한 번에 가지 하나를 제거한다. 단락된 가지가 제거되면 저항계는 정상적인 저항을 측정하므로 단락된 소자를 찾을 수 있다.

요약하면, 병렬회로에서 단락된 가지의 영향은 다음과 같다.

1. 주 회로선에 퓨즈가 끊어질 것이고, 그 결과로 각 병렬로 연결된 가지들뿐만 아니라 주회로선의 전류가 영이 된다.
2. 각 가지에 걸린 전압이 0V가 될 것이고 끊어진 퓨즈에는 전압원과 동일한 전압이 걸릴 것이다.
3. 회로로부터 전원을 제거하면 저항계는 모든 가지에서 0Ω을 측정할 것이다.

병렬회로의 고장을 수리하는 주제에서 벗어나기 전에 〈그림 5-18a〉에서 퓨즈 F_1과 스위치 S_1에 관해서 몇 가지 더 생각해야만 한다. 좋은 퓨즈의 저항과 스위치의 저항은 실제로 0Ω이다. 그러므로 저항과 스위치에서의 전압강하는 거의 0V이다. 이는 옴의 법칙에 의해서 증명될 수 있다. 만약 R=0Ω이라면, V=I×0Ω=0V이다. 퓨즈가 끊어지거나 스위치가 개방되면, 저항은 거의 무한대로 증가한다. 병렬회로의 주회로에 사용된 경우에 개방된 스위치 또는 끊어진 퓨즈에 걸린 전압은 전압원과 동일하다. 이를 논리적으로 설명하는 한 가지 방법은 직렬로 연결된 퓨즈와 스위치에 대해 모든 가지들을 단일등가 저항 R_{EQ}로 취급하는 것이다. 만약 퓨즈나 스위치가 개방된다면 직렬회로가 개방되었을 때의 상황을 적용하면 된다. 직렬회로에 대한 내용을 다시 생각해보면 개방된 부분에 걸린 전압은 인가된 전압원과 같다.

■ 5-8 복습문제

a. 〈그림 5-16b〉에서 전구 1에 걸려 있는 전압은 얼마인가?
b. 〈그림 5-17b〉에서 G와 H점 사이에 있는 저항은 얼마인가?
c. 〈그림 5-18a〉에서 C와 D점 사이에 전선이 제거된다면 M_1에 측정되는 전류는 얼마인가?
d. c번 질문에서 R_4에 걸려 있는 전압은 얼마인가? 또한 C와 D점 사이의 전압은 얼마인가?
e. 〈그림 5-18a〉에서 퓨즈가 끊어졌다고 가정하면 A와 B점 사이에서 측정되는 전압은 얼마인가?

축제 장식등

4장 직렬회로에서 우리는 50개의 백열전구가 있는 일련의 축제 장식등을 살펴봤다. 이 장에서는 하나 이상의 추가 조명세트를 첫 번째 조명세트에 연결하는 효과를 알아본다. 〈그림 5-19a〉는 첫 번째 세트의 콘센트 끝에 연결된 두 번째 조명세트를 보여준다. 각 세트 또는 전구열은 50개의 백열전구로 구성된다. 배선도를 살펴보면 조명의 각 전구열이 병렬로 연결되어 있음을 알 수 있다. 〈그림 5-19b〉는 등가회로를 보여준다. 두 세트의 조명등이 병렬이기 때문에 총 전류 I_T는 각 가지전류의 합과 같다. 4장에서 50개의 전구열이 끌어온 전류가 166.7mA임을 기억하라. 따라서 두 세트의 조명에 대한 총 전류는 333.3mA이다. 〈그림 5-19c〉와 같이 세 번째 조명세트가 추가되면 총 전류 I_T는 500mA 또는 0.5A가 된다. 〈그림 5-19d〉는 〈그림 5-19c〉의 등가회로이다. 퓨즈의 정격은 3A이므로 3개 이상의 조명세트를 함께 연결할 수 있다. 그러나 너무 많은 조명세트를 연결하면 첫 번째 조명세트(맨 왼쪽)의 퓨즈가 끊어진다. 〈그림 5-19d〉에서 맨 오른쪽에 있는 조명등의 마지막 전구열에 있는 퓨즈는 166.7mA의 전류만 흐른다는 것에 주목하라. 가운데 전구열의 퓨즈는 333.3mA의 전류를 전달한다. 맨 왼쪽에 있는 첫 번째 전구열의 퓨즈는 500mA 또는 0.5A를 전달한다. 총 전류 I_T는 각 가지전류의 합과 같다. 이 경우,

$$I_T = 166.7\text{mA} + 166.7\text{mA} + 166.7\text{mA} = 500\text{mA} \text{ 또는 } 0.5\text{A}$$

〈그림 5-20〉은 100개의 백열전구가 있는 일련의 축제 장식등에 대한 배선도를 보여준다. 전구 100개 모두가 하나의 긴 전구열로 연결되어 있다. 그러나 전구열의 중간에 하단 도체로 이어지는 도선이 있다. 플러그 끝의 상단 도체를 콘센트 끝의 상단 도체에 연결하는 도선도 있다. 이 두 전선은 각각 50개의 전구가 있는 두 줄의 조명세트에 병렬연결을 제공한다. 2개의 50 전구열이 병렬로 연결되기 때문에 총 전류 I_T는 333.3mA이다. 퓨즈의 정격은 3A이므로 여러 세트의 조명을 함께 연결할 수 있다. 너무 많은 조명 세트가 연결되면 첫 번째 스트링의 3A 퓨즈가 끊어진다. (첫 번째 전구열은 120VAC 콘센트에 직접 연결된다.)

그림 5-19a 서로 연결된 두 세트의 축제 장식등

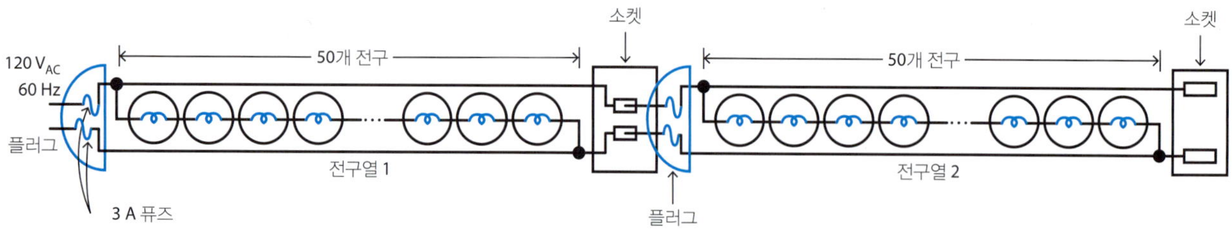

그림 5-19b 〈그림 5-19a〉의 등가회로

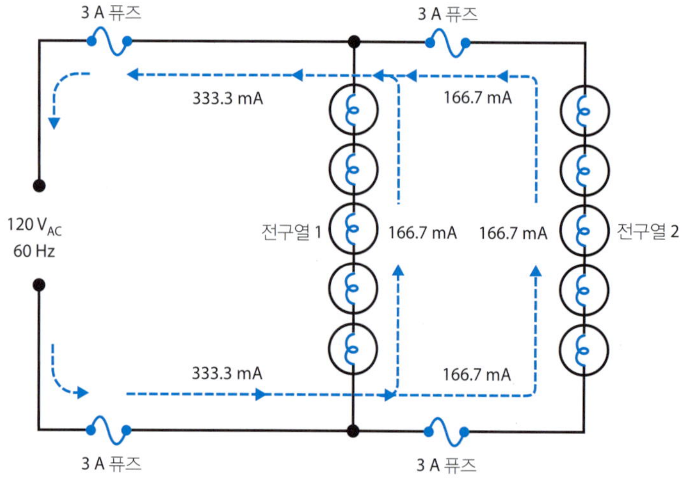

그림 5-19c 서로 연결된 세 세트의 축제 장식등

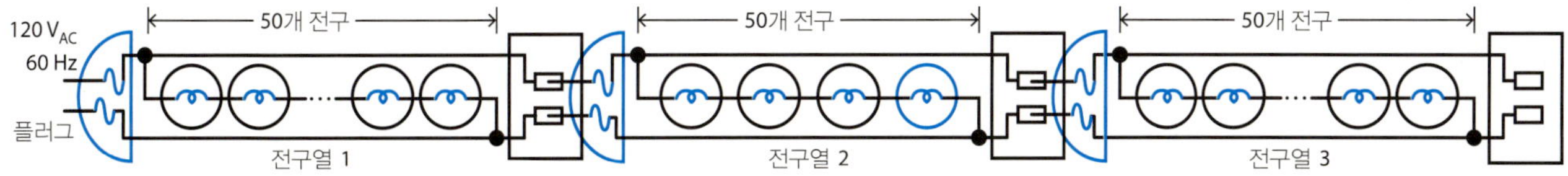

그림 5-19d 〈그림 5-19c〉의 등가회로

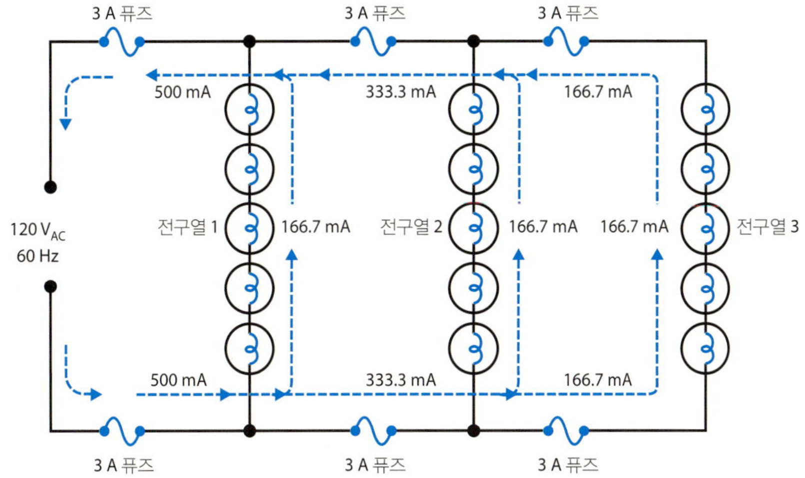

고장수리

하나의 전구열이 전체적으로 조명이 꺼져도 다른 전구열은 여전히 정상적으로 켜진다는 것을 이해하라. 예를 들어, 〈그림 5-19c〉에서 가운데 전구열의 조명이 꺼져도 첫 번째와 마지막 세트는 여전히 켜진다. 그 이유는 각 전구열이 서로 병렬이기 때문이다. 병렬회로의 한 가지가 개방되더라도 나머지 가지는 영향을 받지 않는다. 이는 나머지 조명 세트가 여전히 120V 전원에 연결되어 있기 때문이다.

또한, 〈그림 5-20〉에서 전구열의 절반은 어두울 수 있고 나머지 절반은 정상적으로 켜지는 것이 비정상으로 보일 수 있다. 이것은 실제로 100개의 전구가 있는 일련의 축제 장식등에서 흔히 일어날 수 있는 일반적인 현상이다. 그러나 이것이 가능한 이유는 배선 구성이 두 개의 개별 가지가 있는 병렬회로를 형성하기 때문이다. 이 경우 각 가지는 50개의 직렬 연결된 전구열로 구성된다. 하나의 가지가 열리더라도 나머지 가지는 여전히 정상적으로 켜진다.

너무 많은 개수의 전구열이 연결되면 첫 번째 줄의 인라인 퓨즈가 끊어진다. 물론 이것이 첫 번째 세트에 연결된 조명세트가 나쁘다는 의미는 아니다. 이는 총 전류가 퓨즈의 정격전류를 초과했기 때문에 첫 번째 전구열의 퓨즈가 끊어졌음을 의미한다.

마지막으로 중요한 점은 여러 세트의 깜박이는 축제 장식등을 함께 연결할 때 각 조명세트에는 별도의 점멸장치가 필요하다는 사실이다. 그렇지 않으면 점멸장치가 있는 조명세트만 깜박인다. 이는 〈그림 5-20〉에서 볼 수 있는 것처럼 100개의 전구열에서도 마찬가지이다. 50개의 전구로 구성된 각 전구열에는 별도의 점멸장치가 있어야 한다. 각 전구열은 120V 전원과 병렬로 연결되어 있음을 유의하라.

그림 5-20 100개 백열등으로 이루어진 축제 장식등(배선도는 50개 전구열의 두 세트가 병렬로 연결됨)

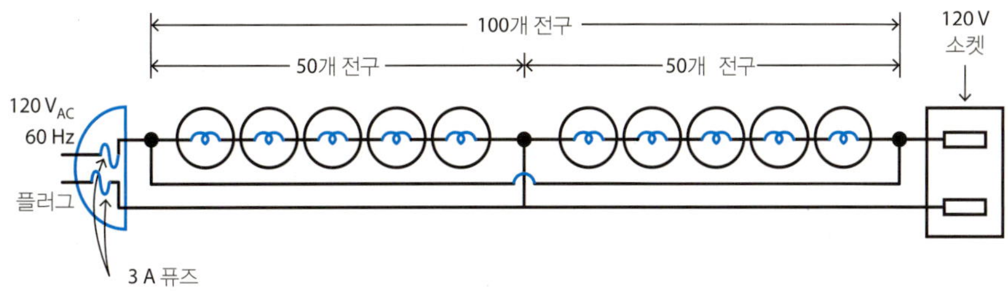

요약

- 병렬회로에서 모든 소자들에는 오직 하나의 전압 V_A만이 걸려있다.
- 각 가지에서의 전류 I_b는 가지저항 R_b로 가지에 걸려 있는 전압을 나눈 값, 즉 $I_b=V_A/R_b$와 같다.
- 키르히호프의 전류 법칙은 병렬회로에서 총 전류 I_T는 각 가지전류의 합과 같다는 것이다. 수식으로 표현하면 $I_T=I_1+I_2+I_3+\cdots\cdots$이다.
- 모든 가지들은 어느 한 가지보다 전원으로부터 더 많은 전류를 끌어내야 하므로 병렬회로의 등가저항 R_{EQ}는 가장 작은 가지저항보다 작다.
- 오직 두 개의 병렬저항이 있는 경우에 $R_{EQ}=R_1R_2/(R_1+R_2)$
- 동일한 병렬저항이 있는 경우에 R_{EQ}는 저항의 수로 1개의 저항값을 나눈 것과 같다.
- 일반적인 병렬저항의 경우에 R_{EQ}는 V_A/I_T 또는 역저항 공식에 의해서 계산한다. 역저항 공식은 $R_{EQ}=\dfrac{1}{1/R_1+1/R_2+1/R_3+\cdots}$과 같다.
- 병렬로 연결된 회로에서 총 도전율 G_T는 모든 가지의 도전율을 합한 것이다.
- 병렬저항에서 소비된 전력값들의 합은 전원에 의해서 공급된 총 전력과 같다.
- 어느 한 가지가 개방된 회로는 그 가지를 통해 전류가 흐르지 않지만 다른 가지들은 정상적인 전류가 흐를 수 있다. 그러나 주회로선이 개방된 회로는 모든 가지에 전류가 흐르지 않는다.
- 단락회로는 0 저항을 갖고 과도 전류가 발생한다. 가지 하나가 단락이 되면 모든 병렬 경로들도 단락된다. 전체 전류는 단락된 부분으로 흐르고, 나머지 가지들에서 전류는 흐르지 않는다.
- 좋은 퓨즈에 걸린 전압과 닫힌 스위치에 걸린 전압은 거의 0V이다. 병렬회로의 주 회로선에 퓨즈가 개방되면 퓨즈의 전압은 공급된 전압과 같다. 마찬가지로 병렬회로의 주 회로선에서 스위치가 개방되면 개방된 스위치에 걸린 전압은 인가된 전압과 같다.
- 〈표 5-1〉은 직렬회로와 병렬회로를 비교한 것이다.

표 5-1 직렬회로와 병렬회로의 비교

직렬회로	병렬회로
회로 내의 모든 전류가 동일	모든 가지에 걸려 있는 전압이 동일
각 직렬저항 R에 걸리는 전압은 $I\times R$이다.	각 가지저항 R의 전류 I는 V/R이다.
$V_T=V_1+V_2+V_3+\cdots\cdots$	$I_T=I_1+I_2+I_3+\cdots\cdots$
$R_T=R_1+R_2+R_3+\cdots\cdots$	$G_T=G_1+G_2+G_3+\cdots\cdots$
R_T는 가장 큰 개별 저항 R보다 커야 한다.	R_{EQ}는 가장 작은 가지저항 R보다 작아야 한다.
$P_T=P_1+P_2+P_3+\cdots\cdots$	$P_T=P_1+P_2+P_3+\cdots\cdots$
인가된 전압은 IR 전압강하로 나누어진다.	주 회로선의 전류는 가지전류로 나누어진다.
가장 큰 저항에 가장 큰 전합강하가 생긴다.	가장 작은 병렬저항에 가장 큰 가지전류가 흐른다.
회로 내의 어느 한 지점이 개방되면 전체 회로가 개방된다.	하나의 가지가 단락되면 전체 회로가 단락된다.

중요 용어

- 등가저항(R_{EQ}) : 병렬회로에서 등가저항은 병렬로 연결된 가지의 모든 전류와 동일한 전류를 흐르게 하는 단일 저항을 뜻한다.
- 병렬뱅크 : 병렬로 연결된 가지들의 조합
- 역저항 공식 : 병렬회로의 등가저항 R_{EQ}는 각 가지저항의 역수의 합에 대한 역수와 같다는 공식
- 주 회로선 : 병렬회로에서 모든 가지들을 인가된 전압 V_A에 연결하는 선. 주 회로선에는 총 전류 I_T가 전압원에 의해 흐른다.
- 키르히호프 전류 법칙(KCL) : 병렬회로에서 각 가지전류들의 합은 총 전류 I_T와 같아야만 한다.

중요 공식

$$I_1 = \frac{V_A}{R_1},\ I_2 = \frac{V_A}{R_2},\ I_3 = \frac{V_A}{R_3}$$

$$I_T = I_1 + I_2 + I_3 + \cdots\cdots$$

$$R_{EQ} = \frac{V_A}{I_T}$$

$$R_{EQ} = \frac{1}{1/R_1 + 1/R_2 + 1/R_3 + \cdots\cdots}$$

$$R_{EQ} = \frac{R}{N}$$ (모든 가지에서 저항이 동일한 경우)

$$R_{EQ} = \frac{R_1 \times R_2}{R_1 + R_2}$$ (반드시 두 가지 저항에 대해 적용)

$$R_X = \frac{R \times R_{EQ}}{R - R_{EQ}}$$

$$G_T = G_1 + G_2 + G_3 + \cdots\cdots$$

$$P_T = P_1 + P_2 + P_3 + \cdots\cdots$$

자습문제

1. 120kΩ R_1과 180kΩ R_2가 **병렬로 연결되어 있다. 등가저항 R_{EQ}는 얼마인가?**

a. 72kΩ

b. 300kΩ

c. 360kΩ

d. 90kΩ

2. 100Ω R_1과 300Ω R_2가 **직류전원 양단에 병렬로 연결되어 있다. 어느 저항기가 전력을 더 많이 소비하는가?**

a. 300Ω 저항기

b. 두 저항기가 동일한 전력을 소모한다.

c. 100Ω 저항기

d. 알 수 없다.

3. 세 개의 18Ω **저항기가 병렬로 연결되어 있다. 등가저항 R_{EQ}는 얼마인가?**

a. 54Ω

b. 6Ω

c. 9Ω

d. 해당되는 것 없음

4. 병렬회로에 대한 설명 중 틀린 것은 어느 것인가?

a. 전압은 병렬회로의 모든 가지에 동일하게 걸린다.

b. 병렬회로의 등가저항 R_{EQ}는 가장 작은 가지저항보다 작다.

c. 주 회로선의 총 전류 I_T는 각 가지전류들의 합과 같다.

d. 하나 이상의 가지를 제거한다면 등가저항 R_{EQ}는 감소한다.

5. 두 개의 저항기 R_1과 R_2가 교류전압원과 함께 병렬로 연결되어 있다. 주 회로선의 총 전류 I_T가 6A이고 R_2에 흐르는 전류 I_2가 4A라면 R_1에 흐르는 I_1은 얼마인가?

a. 6A

b. 2A

c. 4A

d. I_1은 알 수 없다.

6. 등가저항 R_{EQ}가 120Ω**이 되기 위해서는** 360Ω**에 얼마의 저항이 병렬로 연결되어야 하는가?**

a. 360Ω

b. 480Ω

c. 1.8kΩ

d. 180Ω

7. **병렬회로의 가지 중에 하나가 개방된다면 어떠한 현상이 발생하는가?**
   a. 나머지 모든 가지의 전류가 증가한다.
   b. 개방된 가지에 걸린 전압은 0V가 된다.
   c. 나머지 가지에서의 전류는 변화하지 않는다.
   d. 회로의 등가저항이 감소한다.

8. **10Ω R_1, 40Ω R_2, 8Ω R_3이 병렬로 연결되어 있을 때 총 도전율 G_T를 구하라.**
   a. 250mS
   b. 58S
   c. 4Ω
   d. 0.25μS

9. **병렬회로에 의해 소비되는 총 전력 P_T를 계산하는 데 사용되는 공식은 어느 것인가?**
   a. $P_T = V_A \times I_T$
   b. $P_T = P_1 + P_2 + P_3 + \cdots\cdots$
   c. $P_T = \dfrac{V_A^2}{R_{EQ}}$
   d. 모두 해당됨

10. **20Ω R_1, 50Ω R_2, 100Ω R_3이 병렬로 연결되어 있다. R_2가 단락된다면 R_{EQ}는 얼마인가?**
   a. 거의 0Ω
   b. 무한대(∞)Ω
   c. 12.5Ω
   c. 알 수 없다.

11. **주회로선의 퓨즈가 끊어진다면 어떠한 현상이 발생하는가?**
   a. 모든 가지에 걸린 전압이 0V가 된다.
   b. 각 가지에서의 전류가 0이 된다.
   c. 각 가지에서 전류가 증가한다.
   d. a와 b 모두 해당된다.

12. **100Ω R_1과 150Ω R_2가 병렬로 연결되어 있다. R_1에 흐르는 I_1이 24mA라면 총 전류 I_T는 얼마인가?**
   a. 16mA
   b. 40mA
   c. 9.6mA
   d. 알 수 없다.

13. **2.2kΩ R_1이 3.3kΩ R_2와 병렬로 연결되어 있다. 두 저항기에 7.5mA의 총 전류가 흐른다면 인가된 전압 V_A는 얼마인가?**
   a. 16.5V
   b. 24.75V
   c. 9.9V
   d. 41.25V

14. **R_{EQ}가 15Ω이기 위해서는 몇 개의 120Ω 저항기가 병렬로 연결되어야만 하는가?**
   a. 15
   b. 8
   c. 12
   d. 6

15. **220Ω R_1, 2.2kΩ R_2, 200Ω R_3이 15V의 전압원에 연결되어 있다. 전압원이 30V로 두 배가 된다면 R_{EQ}는 어떻게 변화하는가?**
   a. 두 배가 된다.
   b. 반으로 준다.
   c. 변화하지 않는다.
   d. 증가하지만 두 배가 되지는 않는다.

16. **병렬회로에서 가지 하나가 개방된다면 총 전류 I_T는 어떻게 되는가?**
   a. 변화하지 않는다.
   b. 감소한다.
   c. 증가한다.
   d. 0이 된다.

17. **정상적으로 동작하는 병렬회로에서 각 가지에 흐르는 전류의 특성으로 올바른 것은 어느 것인가?**
   a. 각각 독립적이다.
   b. 인가된 전압에 영향을 받지 않는다.
   c. 총 전류 I_T보다 크다.
   d. 해당되는 것 없다

18. **병렬회로의 총 도전율 G_T가 200μS이라면 R_{EQ}는 얼마인가?**
   a. 500Ω
   b. 200kΩ
   c. 5kΩ
   d. 500kΩ

19. **병렬회로의 가지 하나가 단락되는 경우에 회로에 발생하는 현상으로 올바른 것은?**
   a. 주 회로선의 퓨즈가 끊어진다.

b. 단락된 가지에 걸린 전압은 인가된 전압과 동일한 값으로 측정된다.

c. 나머지 모든 가지는 단락회로와 같다.

d. a와 c 모두 해당된다.

20. 120V **전력선에 병렬로 연결된 두 개의 전구는 각각** 60W와 100W의 **정격전력을 갖는다. 전구가 모두 켜져 있는 경우에 전구의 등가저항** R_{EQ}**는 얼마인가?**

a. 144Ω

b. 90Ω

c. 213.3Ω

d. R_{EQ}를 계산하기 위한 충분한 정보가 부족하다.

확인문제

1. 세 개의 저항기가 전지에 병렬로 연결되어 있는 회로도를 그려라. 각 가지와 주 회로선을 표시하라.
2. 병렬회로에서 전압과 전류를 위한 두 가지 규칙을 나타내라.
3. 전원과 연결된 주회로선의 양쪽에서 전류의 값이 동일한 이유를 간단히 설명하라.
4. (a) 세 개의 동일한 저항을 이용하여 3분의 1 크기의 등가저항을 만들기 위한 방법을 설명하라. (b) 세 개의 동일한 저항을 이용하여 3배 크기의 등가저항을 만들기 위한 방법을 설명하라.
5. 병렬회로에서 동일한 전압에 대해서 가지전류가 모두 다른 이유를 나타내라.
6. 병렬회로에서 가지를 추가함에 따라서 전류가 증가하는 이유를 나타내라.
7. 아래의 역저항 공식으로부터
   $1/R_{EQ} = 1/R_1 + 1/R_2$
   다음과 같은 공식이 유도되는 과정을 보여라.
   $R_{EQ} = R_1R_2/(R_1+R_2)$
8. R_1에서 R_5까지 다섯 개의 저항기를 이용하여 〈그림 5-17〉을 다시 그리고 R_3이 단락되면 전체 회로가 단락되는 이유를 설명하라.
9. 직렬회로 또는 병렬회로에 상관없이 각 소자들에 의해 소비된 전력이 총 전력과 동일한 이유를 간략히 나타내라.
10. 주회로선에서의 개방이 전체 가지를 동작하지 않게 하는 이유와 한 가지에서의 개방이 오직 해당 가지의 전류에만 영향을 미치는 이유를 설명하라.
11. 개방회로와 단락회로 사이의 두 가지 차이점을 나타내라.
12. 직렬회로와 병렬회로의 차이점에 대해서 아는 대로 열거하라.
13. 가정용 기기들이 120V 전력선에 대해서 직렬이 아닌 병렬로 연결되어 있는 이유를 설명하라.
14. 병렬 연결의 장점과 단점을 각각 하나씩 나타내라.
15. 5Ω과 10Ω 저항기가 직류 전압원에 대해서 병렬로 연결되어 있다. 더 많은 전력을 소모하는 것이 어느 저항기인지 선택하고 그 이유를 설명하라.

연습문제

5-1절 병렬회로의 전압원 V_A

5-1 MultiSim 〈그림 5-21〉에서 아래의 위치에 걸린 전압을 구하라.

a. A와 B

b. C와 D

c. E와 F

d. G와 H

그림 5-21

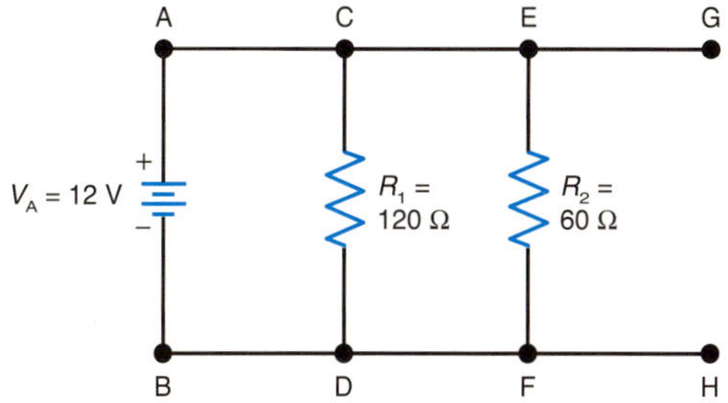

5-41 MultiSim 〈그림 5-28〉에서 R_1=1.5kΩ, R_2=1kΩ, R_3=1.8kΩ, R_4=150Ω이라면 R_{EQ}는 얼마인가?

5-42 〈그림 5-28〉에서 R_1=R_2=R_3=R_4=2.2kΩ이라면 R_{EQ}는 얼마인가?

5-43 기술자는 저항을 측정하는 데 저항계를 사용한다. 기술자의 몸은 750kΩ의 저항에 해당한다. 다음에 주어진 저항을 측정하는 데 저항계의 리드선에 손가락을 댈 경우에 저항은 얼마인가?

a. 270Ω
b. 390kΩ
c. 2.2MΩ
d. 1.5kΩ
e. 10kΩ

5-5절 병렬 도전율

5-44 〈그림 5-29〉에서 G_1, G_2, G_3, G_T 그리고 R_{EQ}를 구하라.

그림 5-29

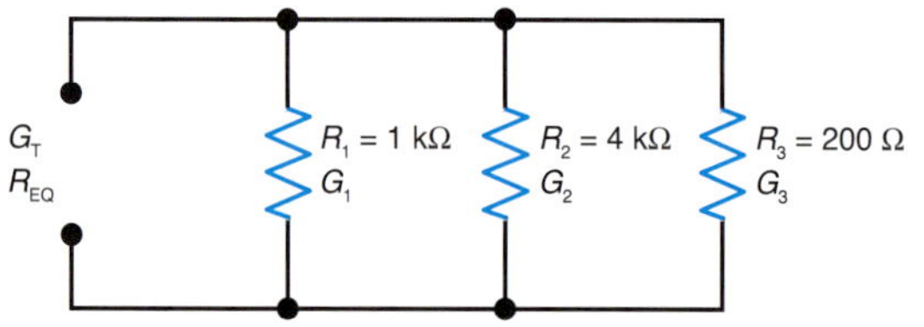

5-45 〈그림 5-30〉에서 G_1, G_2, G_3, G_4, G_T 그리고 R_{EQ}를 구하라.

그림 5-30

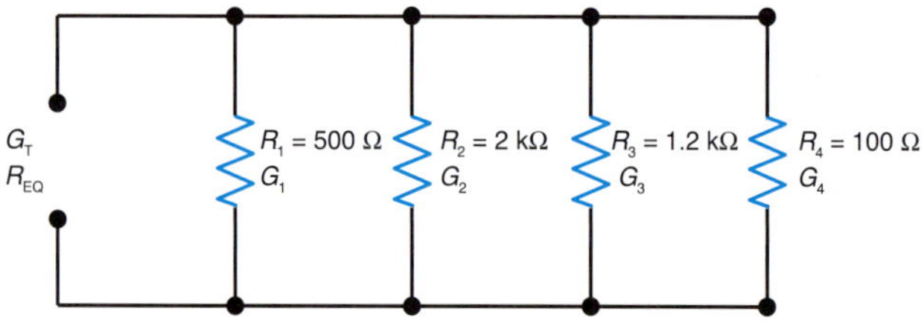

5-46 G_1=1mS, G_2=200μS, G_3=1.8mS일 경우에 총 도전율 G_T를 구하라. R_{EQ}는 얼마인가?

5-47 G_1=100mS, G_2=66.67mS, G_3=250mS, G_4=83.33mS일 경우에 총 도전율 G_T를 구하라. R_{EQ}는 얼마인가?

5-6절 병렬회로의 총 전력

5-48 〈그림 5-22〉에서 P_1, P_2, P_3 그리고 P_T를 구하라.

5-49 〈그림 5-23〉에서 P_1, P_2, P_3, P_4 그리고 P_T를 구하라.

5-50 〈그림 5-24〉에서 P_1, P_2, P_3 그리고 P_T를 구하라.

5-51 〈그림 5-25〉에서 P_1, P_2, P_3 그리고 P_T를 구하라.

5-52 〈그림 5-26〉에서 P_1, P_2, P_3, P_4 그리고 P_T를 구하라.

5-7절 미지값을 구하기 위한 병렬회로의 해석

5-53 〈그림 5-31〉에서 V_A, R_1, I_2, R_{EQ}, P_1, P_2, P_T를 구하라.

그림 5-31

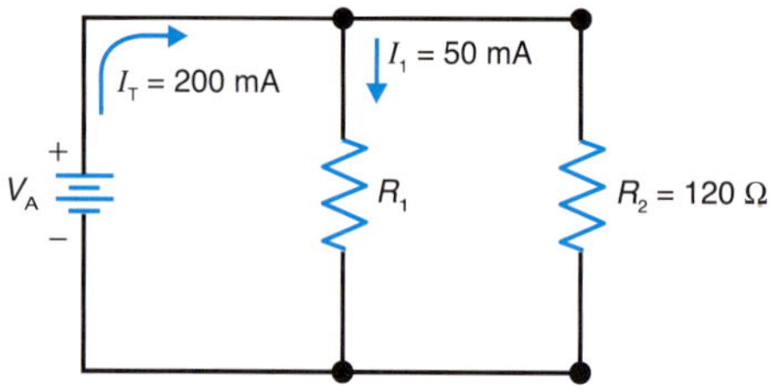

5-54 〈그림 5-32〉에서 V_A, I_1, I_2, R_2, I_T, P_2, P_T를 구하라.

그림 5-32

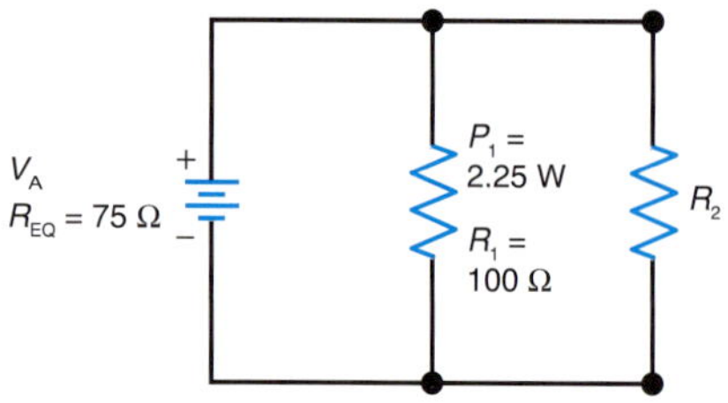

5-55 〈그림 5-33〉에서 R_3, V_A, I_1, I_2, I_T, P_1, P_2, P_3, P_T를 구하라.

그림 5-33

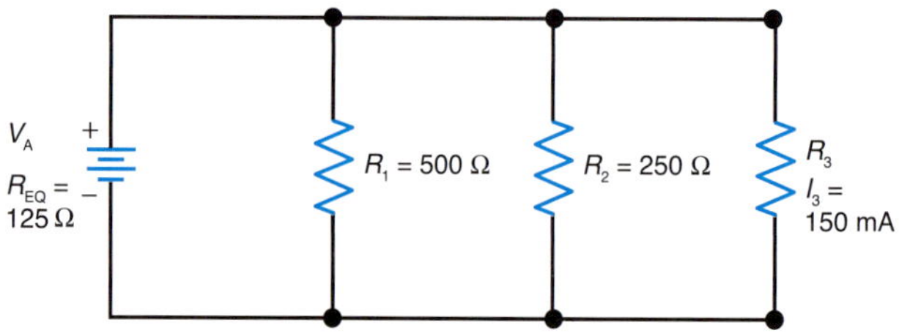

5-56 〈그림 5-34〉에서 I_T, I_1, I_2, R_1, R_2, R_3, P_2, P_3, P_T를 구하라.

그림 5-34

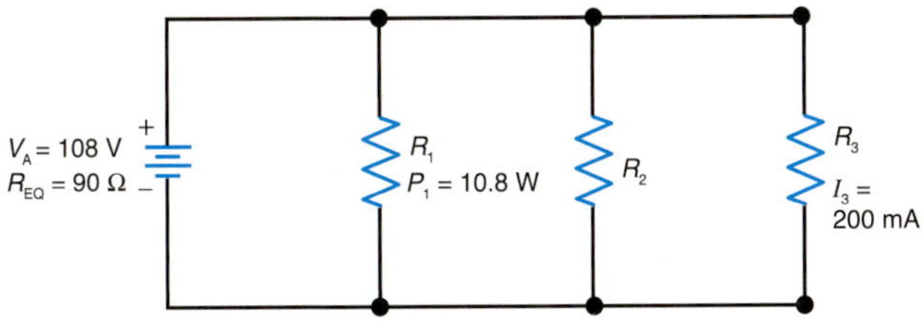

5-57 〈그림 5-35〉에서 I_T, I_1, I_2, I_4, R_3, R_4, P_1, P_2, P_3, P_4, P_T를 구하라.

그림 5-35

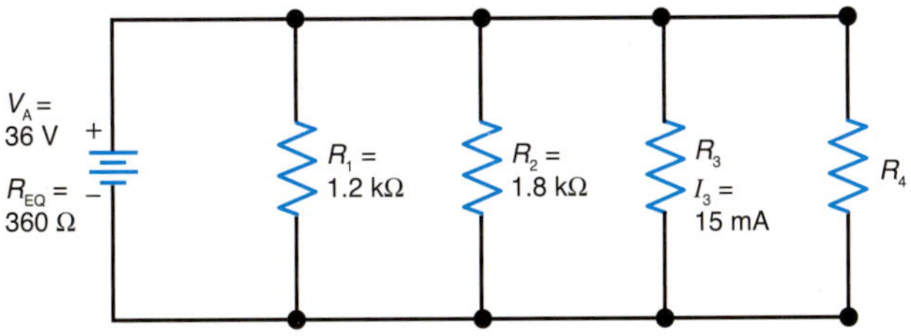

5-58 〈그림 5-36〉에서 V_A, I_1, I_2, R_2, R_3, I_4, R_{EQ}를 구하라.

그림 5-36

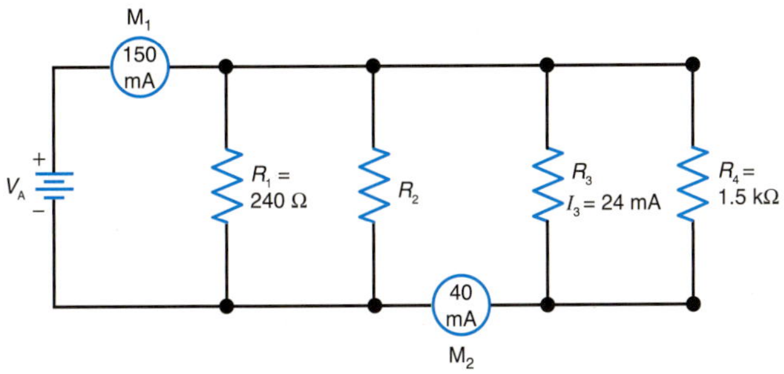

5-59 〈그림 5-37〉에서 V_A, I_1, I_2, I_4, R_1, R_3, R_{EQ}를 구하라.

그림 5-37

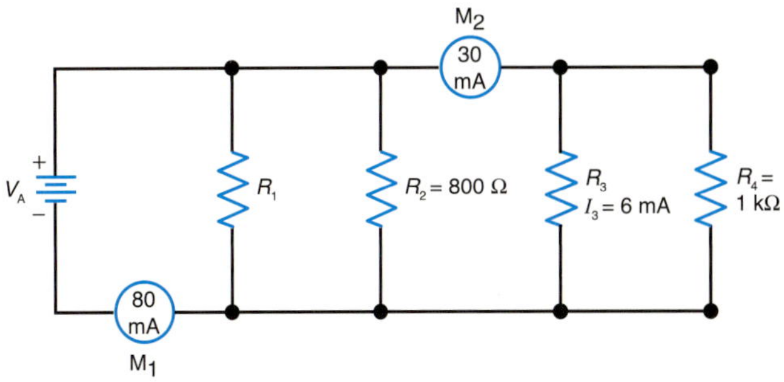

5-8절 고장수리 : 병렬회로의 개방과 단락

5-60 〈그림 5-38〉은 정상적인 범위의 전압과 전류로 동작하는 병렬회로이다. 주 회로선에 위치한 퓨즈는 25A 정격이다. 아래의 조건에 대해서 회로에 어떠한 현상이 발생하는가?

a. 가지 3의 기기가 단락된다면?

b. 가지 2의 모터가 타서 개방된다면?

c. C와 E점 사이의 전선이 개방된다면?

d. 가지 2의 모터에 문제가 생겨서 16A의 전류가 흐른다면?

그림 5-38

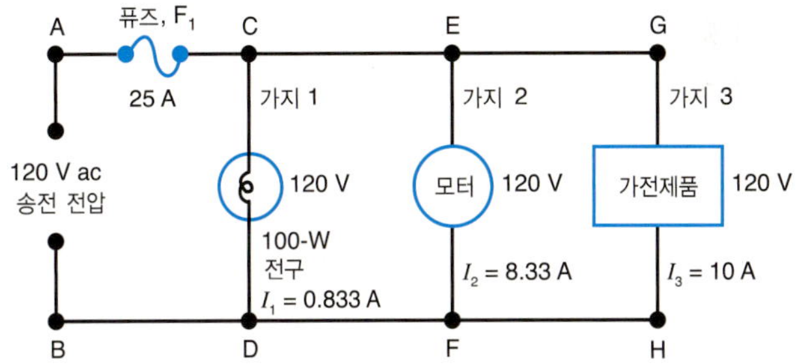

사고력 문제

5-61 180Ω, 1/4W의 저항기가 1kΩ, 1/2W 및 12kΩ, 2W 저항기와 병렬로 연결되어 있다. 저항기들의 정격전력을 초과하기 이전에 흐를 수 있는 최대 총 전류 I_T는 얼마인가?

5-62 470Ω, 1/8W의 저항기가 1kΩ, 1/4W 및 1.5kΩ, 1/2W 저항기와 병렬로 연결되어 있다. 저항기들의 정격전력을 초과하기 이전에 흐를 수 있는 최대 총 전류 I_T는 얼마인가?

5-63 병렬로 연결된 세 개의 저항기가 1kΩ의 등가저항을 갖는다. 만일 R_2가 R_3의 두 배이고 R_1의 세 배라면 R_1, R_2, R_3은 얼마인가?

5-64 병렬로 연결된 세 개의 저항기가 4kΩ의 등가저항을 갖는다. 만일 G_1이 G_2의 4분의 1이고 G_3의 5분의 1이라면 R_1, R_2, R_3은 얼마인가?

5-65 전압원이 R_1, R_2, R_3, R_4에 병렬로 연결되어 있다. 각각의 저항기에 흐르는 전류는 I_1, I_2, I_3, I_4이다. 만일 $I_2=2I_1$, $I_3=2I_2$, $I_4=2I_3$이라면 R_{EQ}=1kΩ일 경우에 R_1, R_2, R_3, R_4를 구하라.

고장수리 문제

〈그림 5-39〉는 정상적으로 동작하는 병렬회로이다. 회로 내에 위치하고 있는 M_1, M_2, M_3은 측정기들이다. M_1은 총 전류 I_T, M_2는 인가된 전압 V_A, M_3은 C와 D 점 사이의 전류를 측정한다. 다음의 문제들은 〈그림 5-39〉의 병렬회로의 고장수리를 다루고 있다.

그림 5-39 고장수리 문제를 위한 회로도. I_1, I_2, I_3, I_4의 정상값들이 표시되어 있다.

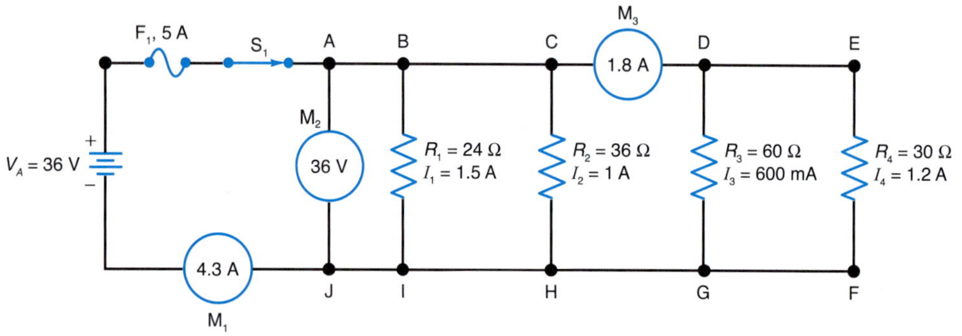

5-66 만일 M_1에 2.8A, M_2에 36V, M_3에 1.8A가 측정된다면, 어느 소자에 고장이 발생하였는가? 소자의 문제는 무엇인가?

5-67 만일 M_1에 2.5A, M_2에 36V, M_3에 0A가 측정된다면 무엇이 잘못되었는가? 전압의 측정을 통해서 어떻게 고장을 알아내어 고칠 수 있는가?

5-68 만일 M_1에 3.3A, M_2에 36V, M_3에 1.8A가 측정된다면, 어느 소자에 고장이 발생하였는가? 소자의 문제는 무엇인가?

5-69 F_1 퓨즈가 끊어졌을 경우에 (a) M_1과 M_3에 측정되는 전류는 얼마인가? (b) M_2에 측정되는 전압은 얼마인가? (c) 끊어진 퓨즈에 걸리는 전압은 얼마인가? (d) 퓨즈를 끊어지게 한 원인은 무엇인가? (e) 저항을 측정하는 방법을 이용하여 고장난 소자를 알아내는 절차를 나열하라.

5-70 M_1과 M_3에 0A가 측정되고 M_2에는 36V가 측정된다면, 무엇이 문제인가? 전압의 측정을 통해서 어떻게 고장을 알아내어 고칠 수 있는가?

5-71 단락된 가지에 의해서 퓨즈 F_1이 끊어졌다면 B와 I에 얼마의 저항이 측정되는가? 저항을 측정하지 않고 단락된 가지를 찾는 방법은 무엇인가?

5-72 F와 G점 사이가 개방된다면 (a) M_3에 측정되는 전류는 얼마인가? (b) R_4에 걸리는 전압은 얼마인가? (c) D와 E점 사이에 걸리는 전압은 얼마인가? (d) F와 G 점 사이에 걸리는 전압은 얼마인가?

5-73 회로가 정상적으로 동작하고 있다고 가정하면, 다음의 위치에 걸리는 전압은 얼마인가? (a) 퓨즈 F_1 (b) 스위치 S_1

5-74 가지 저항기 R_3이 개방되었다면 (a) R_3에 걸리는 전압은 얼마인가? (b) M_1과 M_3에 의해 측정되는 전류는 얼마인가?

5-75 B와 C점 사이가 개방된다면 (a) M_1과 M_3에 의해서 측정되는 전류는 얼마인가? (b) B와 C점에서 측정되는 전압은 얼마인가? (c) C와 H점에 걸린 전압은 얼마인가?

복습문제 정답

5-1 a. 1.5V
b. 120V
c. 각각 2개

5-2 a. 10V
b. 1A
c. 10V
d. 2A

5-3 a. $I_T = 6A$
b. $I_3 = 3A$
c. $I_T = 1.2A$

5-4 a. $R_{EQ} = 1.57M\Omega$
b. $R_{EQ} = 1.2M\Omega$
c. $R_{EQ} = 5\Omega$

5-5 a. $G_T = 6S$
b. $G_T = 0.75\mu S$, $R_{EQ} = 1.33M\Omega$
c. $R_{EQ} = 0.25M\Omega$

5-6 a. 480W
b. 660W
c. 30W

5-7 a. 120V
b. $I_1 = 4A$
c. 7A

5-8 a. 120V
b. 0Ω
c. 6A
d. 0V, 120V
e. 120V

chapter

6

직 · 병렬 회로

조합회로라고도 하는 직·병렬 회로는 직렬과 병렬 연결이 혼합되어 있는 회로이다. 직렬이나 병렬 회로만으로 구성된 응용회로가 많이 있지만, 실제적으로 대부분의 전기회로는 직렬과 병렬 회로의 조합으로 되어 있다. 일반적으로 직렬회로나 병렬회로 또는 이들을 조합한 회로는 단일 전압원 V_T로부터 여러 가지 전압과 전류값을 구하는 데 사용된다. 조합회로를 해석할 때 직렬과 병렬 회로에서 배운 개별적인 법칙들을 적용하면 전체 회로를 아주 간단한 형태로 만들 수 있다.

이 장에서는 몇 가지 직·병렬 조합회로를 소개한다. 각각의 조합회로에 대하여 미지의 전압, 전류, 저항값을 구하는 방법을 배운다. 또한 휘트스톤 브리지라는 특별한 회로에 대해 배울 것이다. 이 회로는 전자 분야에서 몇 가지 아주 흥미로운 응용 예를 보여준다. 마지막으로 개방된 부품과 단락된 부품을 포함하고 있는 직·병렬 회로의 고장수리법에 대해 배운다.

단원 차례

단원 목표

- 직·병렬 회로의 합성저항값을 구한다.
- 직·병렬 회로에서 전압, 전류, 저항과 전력을 계산한다.
- 임의의 미지값을 포함한 직·병렬 회로에서 전압, 전류, 저항과 전력을 계산한다.
- 휘트스톤 브리지를 사용하여 미지의 저항값을 구하는 방법을 설명한다.
- 평형 브리지 회로의 다른 응용을 살펴본다.
- 직·병렬 회로에서 개방과 단락의 효과를 설명한다.
- 개방과 단락된 직·병렬 회로의 고장을 수리한다.

중요 용어

병렬 저항열	직렬 저항뱅크	표준저항	휘트스톤 브리지
비례변	평형 브리지		

알아두기▸▸

대부분의 전자회로는 직렬과 병렬연결의 조합으로 되어 있다.

6-1 직 · 병렬 저항회로에서의 R_T 계산

〈그림 6-1〉에서 R_1은 R_2와 직렬이고 R_3은 R_4와 병렬로 연결되어 있다. 그러나 R_2는 R_3이나 R_4와는 직렬연결이 아니다. 이는 R_2에 흐르는 전류가 A점에서 분배되는 가지전류 I_3과 I_4를 더한 것과 같기 때문이다(〈그림 6-1b〉 참조). 결과적으로 R_3에 흐르는 전류는 R_2에 흐르는 전류보다 작다. 그러므로 R_2와 R_3에 흐르는 전류가 같지 않기 때문에 두 저항은 직렬이 아니다. 같은 이유로 R_4 또한 R_2와 직렬이 아니다. 그러나 R_1과 R_2의 전류는 전압원을 통해 흐르는 전류와 같으므로 R_1, R_2 그리고 V_T는 직렬이라고 할 수 있다.

회로의 연결 상태를 〈그림 6-1a〉에 나타냈고 회로도는 〈그림 6-1b〉에 나타냈다. R_T를 구하기 위해 직렬저항들을 더하고 병렬저항들을 합성한다.

〈그림 6-1c〉의 회로에서 직렬저항 0.5kΩ의 R_1과 0.5kΩ의 R_2를 더하면 1kΩ이 되고 R_{1-2}로 표기한다.

$$0.5\text{k}\Omega + 0.5\text{k}\Omega = 1\text{k}\Omega$$

또한 1kΩ의 R_3과 병렬인 1kΩ의 R_4를 합성하여 〈그림6-1d〉처럼 0.5kΩ의 등가저항 R_{3-4}를 얻는다. 계산 결과는 다음과 같다.

MultiSim **그림 6-1** 직 · 병렬 회로의 예 (a) 직 · 병렬 회로의 결선 (b) 직 · 병렬 회로의 회로도 (c) R_1, R_2를 직렬로 더해 R_{1-2}로 합성한 회로 (d) R_3, R_4가 R_{3-4}로 병렬 합성된 회로 (e) 실제 동축저항으로 (c)의 직 · 병렬 회로를 실험 보드에 구성한 모습

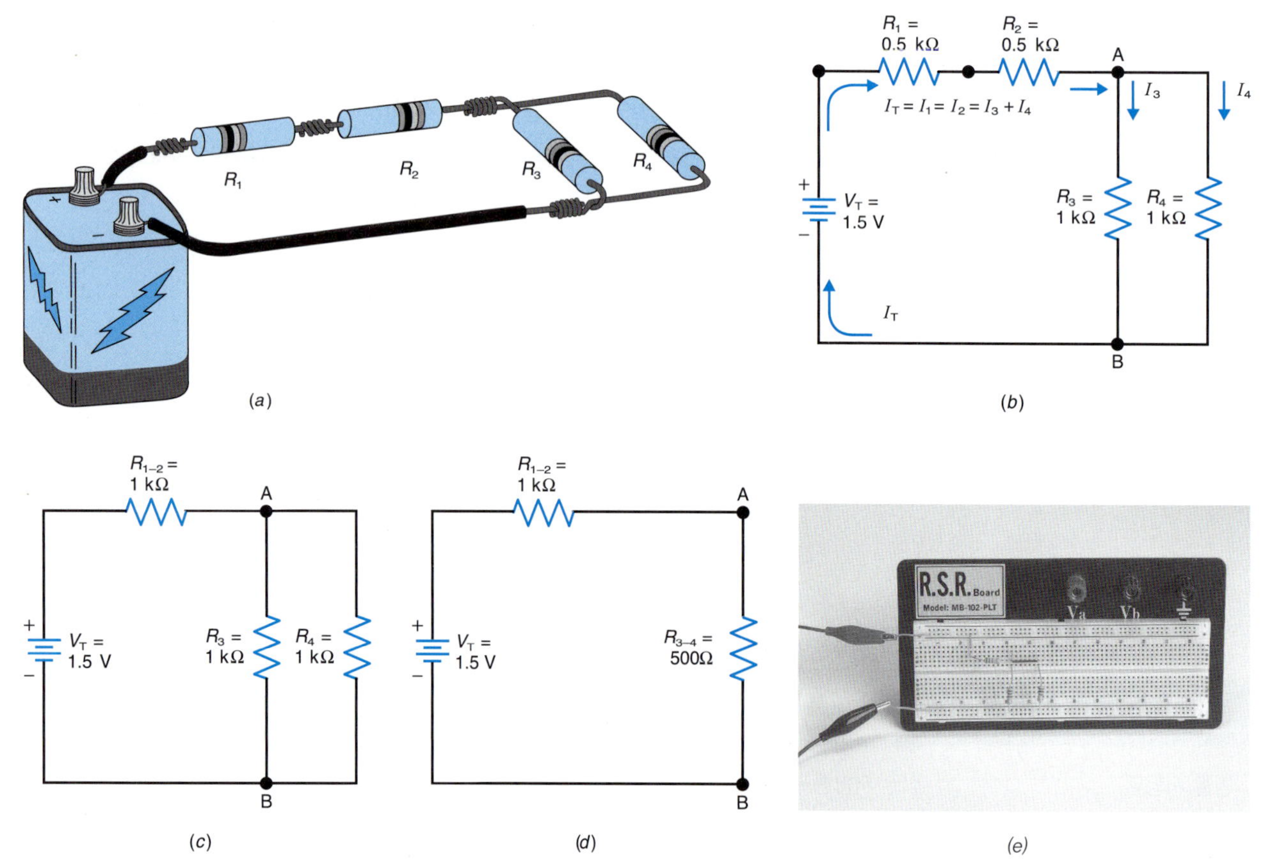

$$\frac{1\text{k}\Omega}{2} = 0.5\text{k}\Omega$$

이 0.5kΩ의 병렬합성저항 R_{3-4}와 직렬합성저항 R_{1-2}를 더하면 총 저항 R_T는 1.5kΩ이 된다.

$$0.5\text{k}\Omega + 1\text{k}\Omega = 1.5\text{k}\Omega$$

이 1.5kΩ이 1.5V의 전압 V_T의 양단 간에 연결된 회로의 총 저항 R_T 값이다.

이렇게 구한 1.5kΩ의 R_T를 가지고 1.5V에 의해 발생되어 주 회로선(main line)을 흐르는 전류 I_T를 구할 수 있다.

즉, $$I_T = \frac{V_T}{R_T} = \frac{1.5\text{V}}{1.5\text{k}\Omega} = 1\text{mA}$$

이 1mA의 I_T 전류는 〈그림 6-1a, b〉의 저항 R_1과 R_2나 〈그림 6-1c〉의 R_{1-2}를 통해 흐른다.

〈그림 6-1b〉의 회로도 위쪽에 있는 A점에서 크기가 1mA인 I_T 전류는 각 가지로 나누어져 각각 R_3과 R_4를 통해 흐른다. 이 두 가지 저항의 크기가 같기 때문에 I_T는 동일하게 나누어져 0.5mA씩 각 가지를 흐른다. 회로도 밑에 위치한 B점에서 두 0.5mA의 가지전류는 더해져 1mA인 I_T와 같게 되고 전원 V_T로 돌아가게 된다.

〈그림 6-1e〉에 〈그림 6-1c〉에 보인 직·병렬 회로를 구성하기 위해 실험 보드에 실제 저항을 사용하여 나타냈다.

■ 6-1 복습문제

〈그림 6-1b〉를 참조하라.

a. R_1과 R_2의 직렬 저항값을 구하라.

b. R_3과 R_4의 병렬 저항값을 구하라.

c. 전압원 V_T에서 바라본 전체저항 R_T를 구하라.

6-2 병렬로 연결된 저항열

〈그림 6-2〉를 살펴보면 직·병렬 회로의 전압과 전류에 대하여 자세히 설명할 수 있다. 이 그림에는 병렬로 연결된 2개의 동일한 직렬 저항열이 있다. 각각 120V, 100W의 전구 4개가 240V의 전압원에 연결되어 있다고 하자. 각 전구가 정상적으로 밝아지려면 120V가 필요하다. 전구들이 전원에 직접 연결되면 각 전구에는 240V의 전압이 인가되게 된다. 이로 인해 모든 전구에 과도한 전류가 흐르게 되고 결과적으로 필라멘트가 타게 된다.

만약 4개의 전구를 직렬로 연결하면 각각의 전위차는 60V로, 인가전압의 1/4씩 걸리게 된다. 전압이 너무 낮으면 정상적인 동작을 위한 전류가 충분히 흐르지 못해

그림 6-2 병렬로 연결된 두 개의 동일한 직렬 저항열 회로. 모든 전구는 120V, 100W의 정격을 갖는다. (a) 연결도 (b) 회로도

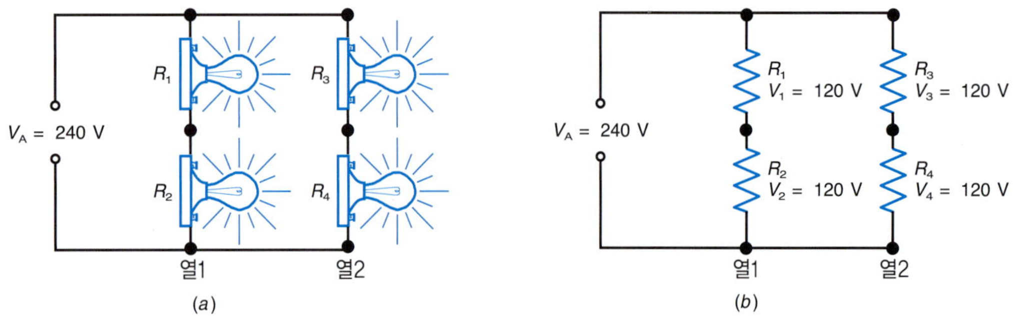

> **알아두기▸▸**
> 병렬가지에 직렬저항들이 있을 때 그 저항들에는 동일한 전류가 흐르지만 각각의 저항에 걸리는 전압은 전체 병렬가지에 인가되는 전압보다 작게 된다. 그러나 각 저항들의 전압강하를 더하면 가지에 걸리는 전압과 같다.

전구는 정상적인 밝기를 낼 수 없게 된다.

그렇지만 2개의 전구를 240V의 전원선에 직렬로 연결하면 정상적인 동작 전압인 120V의 전압이 각 필라멘트에 공급된다. 그러므로 4개의 전구가 2개씩 직렬로 연결되는데, 이 직렬연결이 다시 병렬로 연결되어 2개의 가지를 형성하면서 240V의 전원에 연결된다. 두 가지에 240V의 전원이 인가되므로 각각의 가지에는 2개씩 직렬로 연결된 전구에 240V가 동일하게 나누어져 공급되며, 각 전구에는 120V의 전압이 인가되어 정상적인 동작을 하게 된다.

〈그림 6-3〉에 다른 예를 나타내었다. 이 회로에는 2개의 병렬가지가 있는데 한 가지에는 저항 R_1과 직렬인 저항 R_2가 있고 다른 가지에는 저항 R_3만 있는 회로이다. 이들 각 가지에 옴의 법칙을 적용할 수 있다.

가지전류 I_1과 I_2

각 가지전류는 가지에 인가된 전압을 그 가지의 총 저항값으로 나눈 것이다. 가지 1에서 R_1과 R_2의 합은 8+4=12Ω이다. 12V를 인가하면 가지전류 I_1은 12/12=1A가 된다. 가지 2에선 R_3이 6Ω이므로 I_2는 12/6=2A이다.

가지에서의 직렬 전압강하

직렬로 연결되어 있는 저항 한 개에 대해 살펴보면, 직렬회로를 흐르는 전류에 그 저항값을 곱하면 특정 저항에 걸리는 전압강하 IR을 얻을 수 있다. 또한 직렬회로에

그림 6-3 다른 가지와 병렬로 연결된 직렬 저항열 (a) 회로도 (b) 등가회로

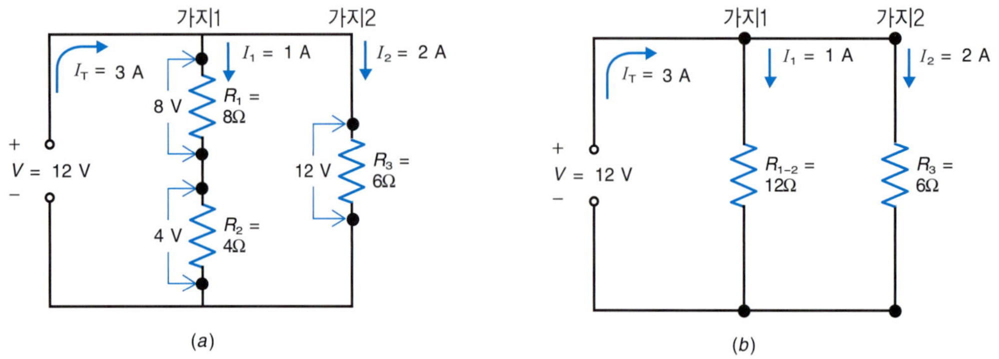

서 각 저항에 걸리는 전압강하의 값을 더하면 전체 직렬회로에 걸리는 전압과 같게 된다.

I_T 계산

총 전류는 모든 병렬가지에 흐르는 가지전류를 더한 것과 같다. 여기서 I_T는 3A로 가지 1의 전류 1A와 가지 2의 전류 2A를 더한 것이다.

R_T 계산

전압원에 연결된 직·병렬 회로의 총 저항값은 인가된 전압을 총 전류로 나눈 것과 같다. 〈그림 6-3〉에서 R_T=12V/3A로 4Ω이다. 이 저항값은 또한 12Ω과 6Ω을 병렬로 합성하여 계산할 수 있다. 곱셈-나누기-덧셈 공식(product divided by the sum formula)을 사용하여 등가합성저항값 R_T를 구하면 72/18=4Ω을 얻는다.

옴의 법칙 적용

한 가지에 2개 이상의 저항이 직렬로 연결된 병렬가지가 여러 개 있을 수 있다. 마찬가지로 회로의 직렬과 병렬 부분에 대해 동일한 방식으로 옴의 법칙을 적용할 수 있다. 직렬저항들에는 동일한 전류가 흐른다. 병렬저항들에는 동일한 전압이 걸린다. V/R에서 R은 V의 두 단자 사이에 연결된 총 저항값이라는 사실을 명심하라.

■ 6-2 복습문제

〈그림 6-3a〉를 참조하라.

a. R_3에 걸리는 전압은 얼마인가?

b. R_2의 전류가 6A일 때 R_1의 전류는 얼마가 되어야 하는가?

c. 전원 전압이 18V라면 R_3에 걸리는 전압 V_3은 얼마인가?

6-3 직렬로 연결된 저항뱅크

〈그림 6-4a〉에서 병렬저항 R_2와 R_3의 그룹을 하나의 뱅크로 표시한다. 뱅크에 흐르는 총 전류는 R_1을 통해 흐르기 때문에 이 뱅크는 R_1과 직렬로 연결되어 있다.

이 회로에는 하나의 뱅크에 R_2와 R_3이 병렬로 연결되어 있어 두 저항에 20V의 동일한 전위차가 걸리게 된다. 이와 같은 회로에서는 하나의 뱅크에 있는 둘 또는 그 이상의 저항에 동일한 전압이 걸리게 되는데, 이 뱅크전압은 인가전압에서 직렬저항 R_1에 걸리는 전압강하를 뺀 값과 같다.

알아두기▸▸

어떤 병렬 저항뱅크가 하나의 직렬경로 내에 있다면 두 저항들에 걸리는 전압은 동일하나 각각의 전류는 직렬전류보다 작다. 그러나 가지전류를 더하면 병렬뱅크로 들어가고 나오는 직렬전류와 같게 된다.

전체회로의 저항값을 구하기 위해 각 뱅크의 병렬저항을 합성하여 직렬저항에 더한다. 〈그림 6-4b〉에 보인 것처럼 두 개의 10Ω 저항 R_2와 R_3은 병렬이고 그 합성 저항값은 5Ω이다. 5Ω의 뱅크저항이 1Ω인 R_1과 직렬로 연결되어 총 저항은 6Ω으로 여기에 24V의 전압이 걸리게 된다. 그러므로 회로의 전체 전류는 24V/6Ω으로

그림 6-4 R_1과 직렬로 연결된 R_2와 R_3의 병렬저항뱅크 (a) 원회로 (b) 등가회로

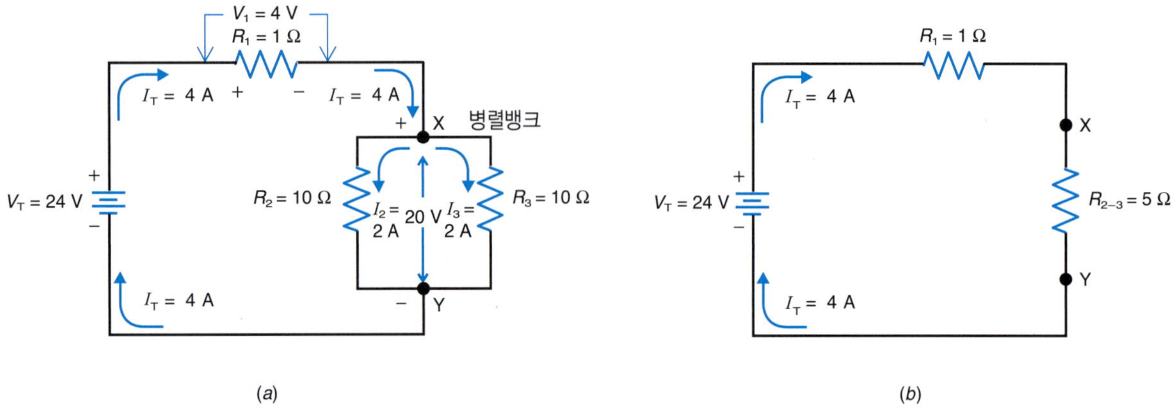

4A가 된다.

전체전류 4A는 병렬 저항 R_2와 R_3에 2A씩 나누어진다. 각 가지전류는 뱅크전압을 가지저항으로 나눈 것과 같다는 사실을 기억하라. 이 뱅크에서는 각 가지에 20/10=2A의 가지전류가 흐른다.

가지전류 I_2와 I_3은 합쳐져서 4A가 된다. 이 전류는 전원에서 뱅크로 흘러들어가고 다시 뱅크에서 합쳐져 나오는 전체 전류와 같은 전류이다.

한 뱅크와 직렬로 연결된 많은 뱅크들 안에 두 개 이상의 저항이 있을 수 있다. 하지만 앞에서 언급한 직렬, 병렬 부분과 마찬가지 방법으로 옴의 법칙을 적용할 수 있다. 이런 종류의 회로를 해석하기 위한 방법은 일반적으로 각 뱅크의 등가저항을 구한 다음 모든 직렬저항을 더해서 결과를 얻는 것이다.

■ 6-3 복습문제

〈그림 6-4a〉를 참조하라.

a. R_2에 걸리는 전압 V_2가 40V일 때 R_3에 걸리는 전압 V_3은 얼마인가?

b. R_2의 전류가 4A이고 R_3의 전류가 4A라면 R_1에 흐르는 전류 I는 얼마인가?

c. 〈그림 6-4b〉에서 R_1에 걸리는 전압 V_1은 얼마인가?

6-4 직 · 병렬로 연결된 저항뱅크와 저항열

어떤 회로를 해석하는 데 있어 가장 중요하게 알아야 할 사실은 부품들이 서로 직렬로 연결되어 있는지, 회로의 어느 부분이 병렬가지로 구성되어 있는지 하는 것들이다. 직렬로 연결된 부품은 어떠한 분기점도 없이 하나의 전류경로에만 있어야 된다. 〈그림 6-5〉의 A나 B와 같은 분기점은 둘 또는 그 이상의 전류경로를 공유하고 있다. 예를 들어 R_1과 R_6은 서로 직렬상태가 아니다. R_1에 흐르는 전류가 A점을 통해 들어가고 A점에서 나오는 가지전류 I_5와 I_6의 합과 같기 때문에, 두 저항에는 서로 다른 전류가 흐른다. 마찬가지로 R_5는 R_2와 직렬이 아니다.

MultiSim **그림 6-5** 직 · 병렬 회로를 등가 직렬회로로 간소화해서 R_T를 구한다.
(a) 실제회로 (b) R_3과 R_4를 병렬 합성하여 등가저항 R_7로 표시한 회로 (c) 직렬저항 R_7과 R_6을 더해서 R_{13}으로 표시한 회로 (d) R_{13}과 R_5의 병렬합성저항을 R_{18}로 표시한 회로 (e) 직렬상태인 R_{18}, R_1, R_2를 더해 총 합성저항 50Ω의 R_T를 구한 회로

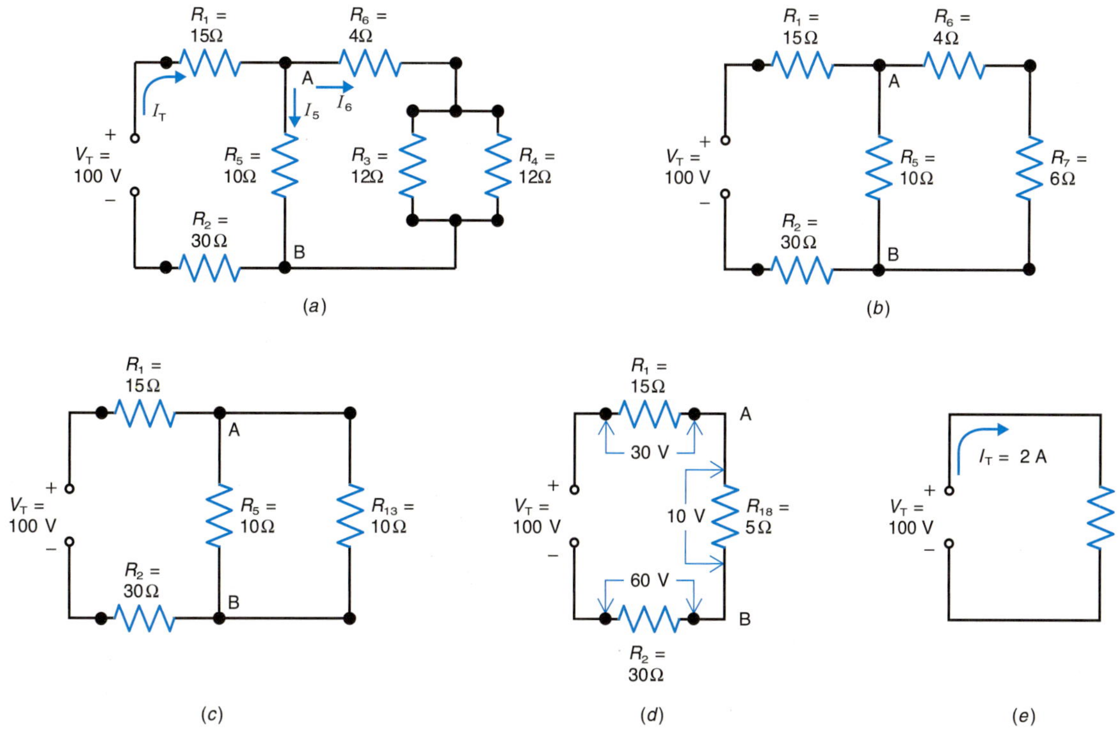

〈그림 6-5〉에서 전류와 전압을 구하기 위해서는 먼저 R_T를 구한 다음 V_T/R_T를 계산하여 회로의 전체전류 I_T를 얻는다. R_T의 계산은 전원에서 가장 먼 가지로부터 합성하면서 인가전압 쪽으로 계산을 한다. 이런 식으로 해석을 해서 병렬가지들을 해당되는 등가저항으로 줄여 나가면 R_1과 R_2에 직렬로 연결된 저항의 크기를 알 수 있게 된다. 전원전압을 모른다 해도 전원이 연결된 단자를 향해 전원에서 먼 쪽부터 계산하여 R_T를 구할 수 있다.

다음 단계에 따라 〈그림 6-5〉에서 R_T를 계산해보자.

1. 〈그림 6-5a〉에서 병렬로 연결된 12Ω의 R_3과 12Ω의 R_4를 합성한 저항은 〈그림 6-5b〉의 R_7로 크기는 6Ω이다.
2. 동일한 전류경로에서 직렬로 연결된 6Ω의 R_7과 4Ω의 R_6을 합성한 저항은 10Ω으로 〈그림 6-5c〉에서 R_{13}으로 표시된다.
3. 10Ω의 R_{13}은 A와 B점 사이에서 10Ω의 R_5와 병렬이고 등가저항값은 5Ω으로 〈그림 6-5d〉에서 R_{18}로 표시된다.
4. 이제 〈그림 6-5d〉의 회로에는 15Ω의 R_1과 5Ω의 R_{18}, 30Ω의 R_2가 직렬로 연결되어 있다. 이들의 총 합성저항은 50Ω으로 〈그림 6-5e〉에 보인 것처럼 R_T로 표시된다.
5. 50Ω의 R_T에 100V 전원이 걸리면 총 전류 I_T는 100/50=2A가 된다.

〈그림 6-5d〉에서 2A의 총 전류 I_T를 이용하여 각각의 전류와 전압을 계산할 수 있다. 전압원으로부터 시작하여 각 가지들로 해석해 가는데, 이는 I_T를 사용하여 주 회로선에서의 전압강하를 구할 수 있기 때문이다. 전압강하 IR은 다음과 같다.

$$V_1 = I_T R_1 = 2\times 15 = 30\text{V}$$
$$V_{18} = I_T R_{18} = 2\times 5 = 10\text{V}$$
$$V_2 = I_T R_2 = 2\times 30 = 60\text{V}$$

R_{18}에 걸리는 10V의 전압강하는 실제적으로 A점과 B점 사이의 전위차이다. 그러므로 〈그림 6-5c〉의 R_5와 R_{13}에도 10V가 걸린다는 것을 알 수 있다. 이 10V는 크기가 10Ω인 R_5가 있는 가지에 1A의 전류를 발생시킨다. 또한 R_{13}의 가지에도 동일한 크기의 10V가 걸리게 된다.

R_{13}의 가지는 실제적으로 R_3과 R_4의 병렬회로에 R_6이 직렬로 연결된 회로인 것을 기억하라. 이 가지저항은 10Ω으로 10V의 전압이 걸리게 되므로 이 가지를 흐르는 전류는 1A이다. 크기가 4Ω인 R_6에 1A가 흐르므로 4V의 전압강하가 생긴다. 나머지 6V의 전압은 R_3–R_4의 병렬뱅크에 걸리게 된다. 12Ω인 R_3에 6V가 걸리면 전류는 1/2A가 되고 마찬가지로 R_4에도 1/2A의 전류가 흐른다.

전압원으로부터 나와서 R_1과 R_2를 흐르는 전체전류 I_T는 2A이다. 전류 I_T는 A점으로 들어가서 두 개의 가지전류로 나누어 흐른다. 2A의 I_T 중 1A는 저항 R_5를 통해 흐르고 나머지 1A는 R_6과 R_3, R_4를 포함하는 가지로 흐르게 된다. R_6에 흐르는 가지전류 1A는 병렬저항 R_3과 R_4에서 나누어져서 I_3에 1/2A, I_4에 1/2A가 흐르게 된다. B점에서 I_5와 I_6은 너해져서 총 전류 I_T는 2A가 되고 R_2를 통해서 전압원의 음(–) 단자로 들어간다.

■ 6-4 복습문제

〈그림 6-5a〉를 참조하라.

a. R_2와 직렬로 연결된 저항은 어느 저항인가?

b. R_3과 병렬로 연결된 저항은 어느 저항인가?

c. 병렬 저항뱅크 R_3–R_4와 직렬로 연결된 저항은 어느 저항인가?

6-5 미지값을 구하기 위한 직 · 병렬 회로 해석

〈그림 6-6〉에서 〈그림 6-9〉까지의 회로를 해석하려 한다. 다음의 각 법칙들을 예를 통해 설명한다.

1. 주 회로선 양단에 병렬 저항열이 있는 회로에서 가지전류와 전체전류 I_T는 R_T를 계산하지 않고도 구할 수 있다(〈그림 6-6〉과 〈그림 6-7〉).
2. 주 회로선에 있는 직렬저항을 포함한 병렬저항열에서 전체전류 I_T를 구하기 위해서는 R_T를 계산해야 하는데, 이때 가지전류들의 값은 모른다고

그림 6-6 먼저 가지전류를 계산하여 모든 전류와 전압을 구한다.

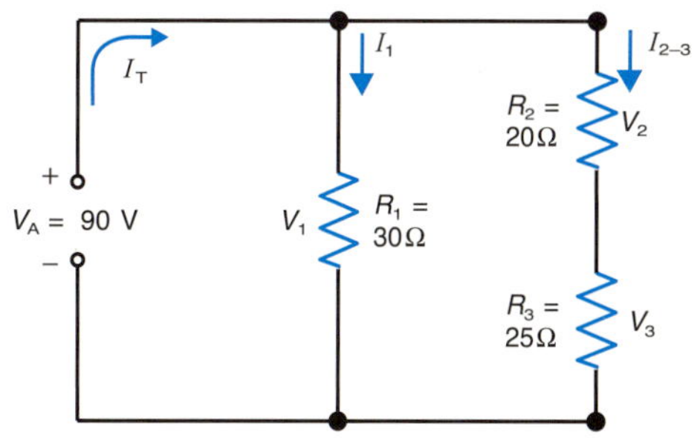

가정한다(〈그림 6-9〉).

3. 전원전압은 회로의 전체저항 R_T에 인가되고 주 회로선에 전체전류 I_T를 흐르게 한다.
4. 각각의 직렬저항 R에는 IR만큼의 전압강하가 있는데, 그 크기는 전체전압 V_T보다 커서는 안 된다. 또한 각각의 가지전류는 I_T보다 작아야 한다.

〈그림 6-6〉의 해석

여기에 주어진 문제는 가지전류 I_1과 I_{2-3}, 전체전류 I_T 그리고 전압강하 V_1, V_2, V_3을 계산하는 것이다. 이미 값을 알고 있는 가지저항에 걸리는 90V의 전압으로부터 가지전류를 구할 수 있기 때문에 다음 순서대로 계산한다.

30Ω의 가지저항 R_1에 흐르는 가지전류 I_1은 90/30=3A이다. 20Ω의 R_2와 25Ω의 R_3의 가지저항을 합성하면 45Ω이 된다. 이 저항들에 흐르는 가지전류 I_{2-3}은 90/45=2A이다. 주 회로선에 흐르는 전체전류 I_T를 구하면 3A+2A=5A가 된다.

가지전압을 살펴보면, V_1은 V_A와 같은 값을 갖는데, 크기는 $V_1=I_1R_1$, 3×30=90V가 된다.

다른 가지에서, 2A의 전류 I_{2-3}은 20Ω의 R_2와 25Ω의 R_3을 통해 흐른다. 그러므로 V_2는 2×20=40V이고 V_3도 2×25=50V가 된다. 한쪽 가지에서의 직렬 전압강하 IR은 각각 40V와 50V로, 이를 더하면 90V의 전원전압과 같다는 것을 주목하라.

R_T는 V_A/I_T를 계산하여 구할 수 있다. 즉, 90V/5A=18Ω이다. 또한 R_T는 병렬인 45Ω과 30Ω의 가지저항을 합성하여 얻을 수 있다. 곱셈-나누기-덧셈 공식을 사용하여 R_T를 구하면 (30×45)/(30+45)=1350/75로, 앞에서 구한 R_T의 값과 같은 18Ω을 얻을 수 있다.

〈그림 6-7〉에 대한 해석

먼저 인가전압을 구하기 위해 가지전류 I_1이 주어졌다. 이 3A의 전류가 10Ω의 R_1에 흐르면 R_1에 30V의 전압강하 V_1이 생긴다. 또한 20Ω의 R_2에도 흘러 R_2에 60V의 전압강하 V_2가 생긴다. 30V와 60V의 전압강하는 인가전압 양단에 서로 직렬로 연결되어 있다. 그러므로 V_A는 30V+60V의 합 90V와 같다. 이 90V는 또한 다른 가지에 있는 R_3과 R_4의 직렬연결 저항에 걸린다.

그림 6-7 인가전압 V_A를 구하고 I_2로부터 V_4와 R_4를 구한 다음 가지전압을 계산한다.

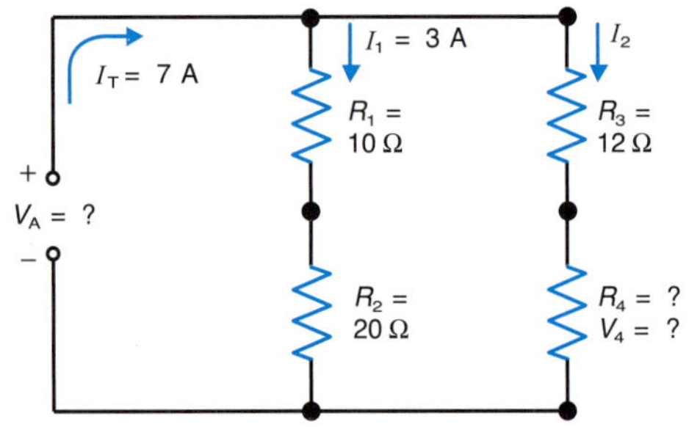

〈그림 6-7〉에서 다른 가지의 전류 I_2의 크기는 7A인 전체전류 I_T에서 3A인 I_1를 뺀 4A이다. I_2가 4A이므로 12Ω의 R_3에 걸리는 전압강하 V_3은 48V가 된다. 이때 R_4에 걸리는 전압 V_4는 90−48=42V로 V_3과 V_4를 더하면 인가된 90V와 같다.

결국 R_4에 42V가 걸리고 4A가 흐르므로 R_4의 저항값은 42/4=10.5Ω이 된다. R_4의 10.5Ω과 R_3의 12Ω을 더하면 22.5Ω이 되고 이 저항들을 통해 90/22.5=4A의 가지전류 I_2가 흐른다.

그림 6-8 병렬 저항뱅크에서 R_2와 I_2를 구한다.

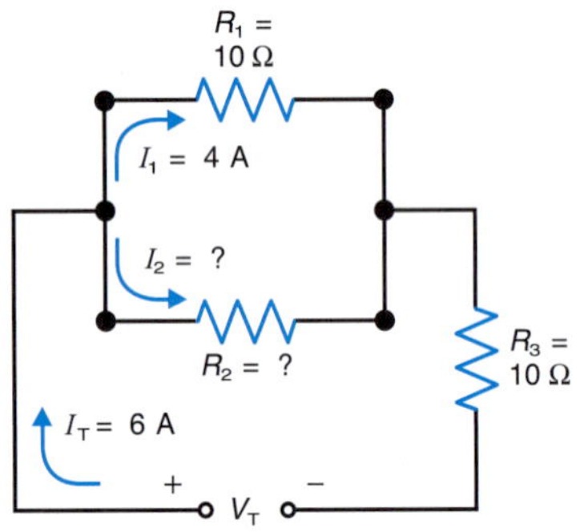

〈그림 6-8〉에 대한 해석

〈그림 6-8〉과 같이 병렬저항에 나누어 흐르는 가지전류를 구해본다. 여기에서 중요한 사실은 병렬저항 R_1과 R_2에 동일한 전압이 걸린다는 것이다. 가지전류들을 구해보면 I_2는 전체전류 I_T에서 4A의 I_1을 뺀 2A가 된다. 10Ω의 R_1에 걸리는 전압은 4×10=40V이다. R_2에 40V의 전압이 걸리고 2A의 전류가 흐르므로 R_2의 크기는 40/2=20Ω이 된다.

또한 R_1, R_2 그리고 R_3으로부터 〈그림 6-8〉의 V_T를 구할 수 있다. R_3을 흐르는 전류 I_T는 6A로 R_3에 60V의 전압강하 V_3을 생기게 한다. 이미 R_1과 R_2의 병렬뱅크에 걸리는 전압은 40V로 계산되었다. 이 40V는 R_3에 걸리는 전압 60V와 직렬이므로 인가전압은 100V가 된다.

〈그림 6-9〉에 대한 해석

모든 전류와 전압강하를 구하기 위해서는 주 회로선의 R_6에 흐르는 전류 I_T를 계산해야 한다. R_1과 R_2의 합성부터 시작하여 전원 쪽으로 저항들을 합성하여 전체 저항 R_T를 구한다. 직렬인 8Ω의 R_1과 8Ω의 R_2를 더해서 16Ω을 얻는다. 이 16Ω과 병렬로 연결된 16Ω의 저항 R_3을 합성하면 C와 D점 사이의 저항값은 8Ω이 된다. 이 8Ω을 직렬인 12Ω의 저항 R_4에 더하면 20Ω이 된다. 이 저항값은 20Ω의 R_5와 병렬이므로 A와 B점 사이의 저항값은 10Ω이 되고 여기에 10Ω의 직렬저항 R_6을 더해서 20Ω인 전체 직·병렬 회로의 합성저항 R_T를 얻는다.

전체전류 I_T는 V_T/R_T로 계산할 수 있으며 80/20=4A이다. 이 4A의 I_T가 10Ω의 저항 R_6에 흘러서 V_6에 40V의 전압강하를 생기게 한다.

이제 주 회로선에 흐르는 전류 I_T와 전압 V_6을 구했으므로 이를 이용하여 다른

그림 6-9 R_T를 계산하여 전제전류와 전압을 구한 다음 I_T를 가지고 주 회로선에 있는 R_6에 걸리는 전압 V_6을 구한다.

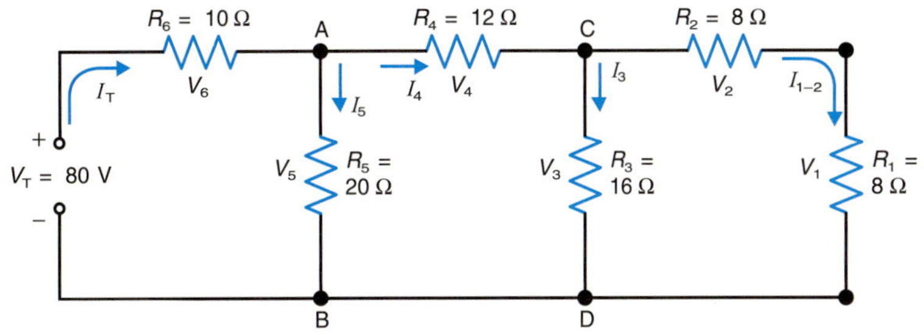

전압과 전류를 계산한다. 그 값을 알고 있는 주 회로선으로부터 시작하여 전원에서 먼 쪽으로 해석해 나간다. 전원전압에서 40V의 V_6을 빼서 V_5를 구한다. V_5와 V_6을 더하면 80V가 되어야 하므로 V_5는 80−40=40V가 된다.

V_5와 V_6이 우연하게도 각각 40V로 같게 되었다. 이 전압들은 10Ω의 저항 R_6과 A점과 B점 사이의 저항값이 10Ω으로 같기 때문에 80V를 반으로 나눈 값이 된다.

V_5가 40V이므로 20Ω의 저항 R_5를 흐르는 I_5는 40/20=2A가 된다. I_5가 2A이고 I_T가 4A이므로 I_4는 I_T에서 I_5를 뺀 2A가 되어야 한다. A점으로 흘러들어가는 전류는 가지전류 I_4와 I_5를 더한 것과 같다.

12Ω의 R_4를 흐르는 2A의 I_4는 2×12=24V의 전압강하를 일으킨다. V_3과 V_4를 포함하는 경로의 전압과 V_5의 전압이 AB나 AD의 두 점 사이에서 동일하기 때문에 V_3과 V_4를 더하면 V_5와 같게 된다. 어느 경로든 두 점 사이에 걸리는 전위차가 동일하기 때문에 $V_5=V_4+V_3$이 된다. 이제 V_3은 40V의 V_5에서 24V의 V_4를 빼서 구할 수 있다. 즉, V_3은 40−24=16V이다.

16V의 V_3이 16Ω인 R_3에 걸리므로 전류 I_3은 1A가 된다. 마찬가지로 R_1과 R_2를 포함하는 가지의 전류 I_{1-2}도 1A가 된다. 2A의 I_4는 I_3과 I_{1-2}의 가지전류의 합으로 C점으로 흘러들어간다.

마지막으로 8Ω의 저항 R_2와 8Ω의 저항 R_1에 1A의 전류가 흐르기 때문에 전압강하는 V_2=8V, V_1=8V가 된다. 8V의 V_1과 8V의 V_2는 직렬이므로 이를 더하면 C점과 D점 사이의 전위차 V_3은 16V가 된다.

〈그림 6-9〉에서 구한 모든 결과를 요약하면 다음과 같다.

$$R_T = 20\Omega \quad I_T = 4A \quad V_6 = 40V$$
$$V_5 = 40V \quad I_5 = 2A \quad I_4 = 2A$$
$$V_4 = 24V \quad V_3 = 16V \quad I_3 = 1A$$
$$I_{1-2} = 1A \quad V_2 = 8V \quad V_1 = 8V$$

■ 6-5 복습문제

a. 〈그림 6-6〉에서 R_2와 직렬로 연결된 저항은 어느 저항인가?

b. 〈그림 6-6〉에서 어느 저항에 V_A가 걸리는가?

c. 〈그림 6-7〉에서 I_2의 크기는?

d. 〈그림 6-8〉에서 V_3은 얼마인가?

6-6 휘트스톤 브리지

알아두기▸▸

정밀하고 분해능이 높은 DMM의 사용이 가능하다면 미지저항의 크기를 측정하는 데 휘트스톤 브리지를 사용할 필요가 없다. 그러나 여기에서는 일반적으로 전자분야에서 널리 사용되는 평형 브리지 회로의 기본적인 구조의 관점에서 휘트스톤 브리지의 개념을 설명한다.

휘트스톤[1] 브리지는 미지저항의 값을 결정하는 데 사용하는 회로이다. 일반적인 휘트스톤 브리지를 〈그림 6-10〉에 보였다. 4개의 저항이 다이아몬드와 같은 배열로 구성되어 있음에 주목하라. 보통 이런 배열로 휘트스톤 브리지를 그린다. 〈그림 6-10〉을 보면 인가전압 V_T가 단자 A와 B에 연결되는데, 이는 휘트스톤 브리지의 입력단자를 나타낸다. 검류계 M_1이 출력단자인 C와 D 사이에 연결되는데, 이 M_1은 "0" 눈금이 가운데에 위치하고 있으며 전류의 흐름에 아주 민감하게 반응하는 전류계이다.

〈그림 6-10〉에 보인 것처럼 미지저항 R_X는 가변 표준저항(standard resistor) R_S와 같은 가지에 위치하고 있다. 표준저항 R_S가 0-9999Ω 사이에서 1Ω 단위로 변하는 정밀저항이라는 사실에 주목하는 것이 중요하다. 저항 R_1과 R_2는 비례변(ratio arm)으로 알려진 다른 가지를 구성하고 있다. R_1과 R_2 또한 정밀저항으로 저항오차가 아주 작다. 미지저항 R_X의 값을 결정하기 위해 표준저항 R_S를 조정하여 M_1에서 전류가 정확하게 0μA를 가리키도록 한다. M_1에 전류가 흐르지 않을 때 휘트스톤 브리지는 평형을 이루었다고 한다. 그러나 어떻게 평형상태에서 미지저항 R_X의 값을 구할 수 있겠는가? 좋은 질문이다. M_1에 전류가 흐르지 않으면 R_X와 R_S 사이의 전압분배는 비례변의 저항 R_1과 R_2 사이의 전압분배와 같게 된다. R_X–R_S 가지의 전압분배가 R_1–R_2 가지의 전압분배와 같다는 것은 C점과 D점 사이의 전위차가 0V라는 것을 말해준다. C점과 D점 사이의 전위차가 0V일 때 M_1의 전류는 0μA를 가리키게 되고 이것을 평형상태라고 한다. 평형상태에서 등가 전압비는 다음과 같이 나타낼 수 있다.

$$\frac{I_1 R_X}{I_1 R_S} = \frac{I_2 R_1}{I_2 R_2}$$

I_1과 I_2가 식에서 상쇄되므로, 이 식은 다음과 같이 된다.

$$\frac{R_X}{R_S} = \frac{R_1}{R_2}$$

그림 6-10 휘트스톤 브리지

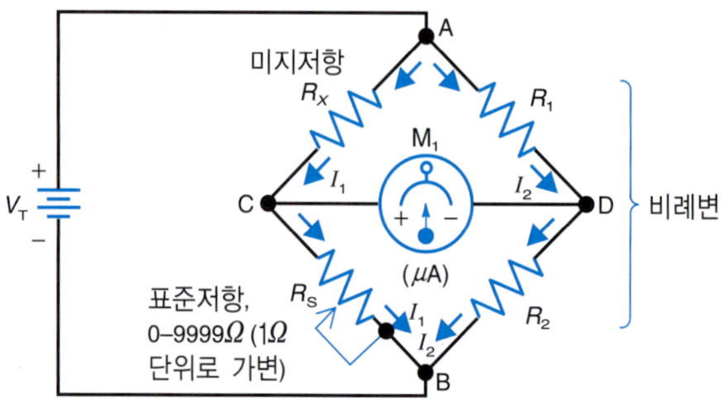

1) 찰스 휘트스톤(Charles Wheatstome, 1802~1875) 경. 영국 물리학자·발명가

R_X에 대해서 풀면 다음 결과를 얻는다.

$$R_X = R_S \times \frac{R_1}{R_2} \tag{6-1}$$

비례변 R_1/R_2은 대부분의 경우에 그 값이 변할 수 있는데 보통 100/1, 10/1, 1/1, 1/10, 그리고 1/100 등 10의 급수로 변하게 된다. 그러나 표준저항 R_S를 조정하면 여전히 브리지가 평형을 이루게 된다. R_X의 측정 정밀도는 R_1/R_2의 비에 따라 결정된다. 예를 들어, R_1/R_2=1/10이라면 R_X의 값은 ±0.1Ω 이내의 정밀도를 갖는다. 마찬가지로 R_1/R_2=1/100이라면 R_X의 값은 ±0.01Ω 이내의 정밀도를 갖는다. R_1/R_2의 비는 또한 측정할 수 있는 미지저항의 최대값을 결정한다. 식으로 표현하면 다음과 같다.

$$R_{X(max)} = R_{S(max)} \times \frac{R_1}{R_2} \tag{6-2}$$

예제 6-1

〈그림 6-11〉에서 표준저항 R_S를 5,642Ω로 조정하여 M_1의 전류가 0μA를 가리키게 하였다. 미지저항 R_X의 값은 얼마인가?

정답 식 (6-1)을 사용하여 R_X를 계산하면 다음과 같다.

$$R_X = R_S \times \frac{R_1}{R_2}$$
$$= 5642\Omega \times \frac{1k\Omega}{10k\Omega}$$
$$R_X = 564.2\Omega$$

MultiSim **그림 6-11** 휘트스톤 브리지. 〈예제 6-1〉, 〈예제 6-2〉 참조

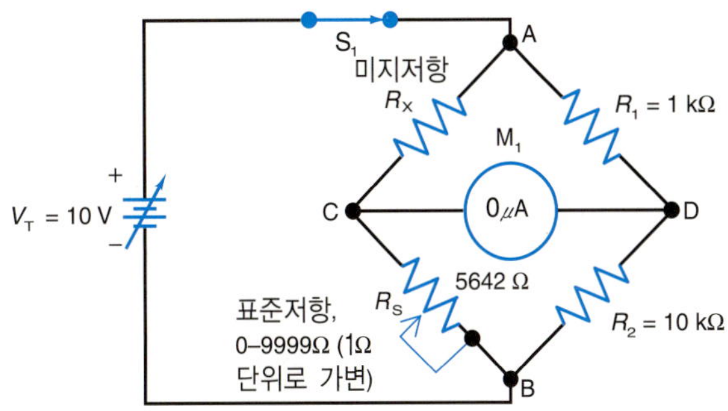

예제 6-2

〈그림 6-11〉에서 비례변의 값이 그림과 같이 주어졌을 때 측정할 수 있는 미지저항 R_X의 최대값은 얼마인가?

정답

$$R_{X(max)} = R_{S(max)} \times \frac{R_1}{R_2}$$
$$= 9999\Omega \times \frac{1k\Omega}{10k\Omega}$$
$$R_{X(max)} = 999.9\Omega$$

R_X가 999.9Ω보다 크다면 브리지는 이 가지에서 전압분배가 1/10보다 크게 되어 평형을 이룰 수가 없다. 달리 말하면 M_1의 전류가 0μA로 조정될 수 없다. 그 값이 999.9Ω보다 큰 미지저항을 측정하기 위해서는 비례변의 비율을 1/1, 10/1 또는 더 큰 값으로 변경할 필요가 있다.

휘트스톤 브리지가 평형일 때 브리지는 단순히 두 개의 직렬연결이 병렬로 연결된 것으로 해석할 수 있음을 명심하라. 이는 M_1의 전류가 0일 때 C와 D점 사이의 전류경로는 사실상 개방상태이기 때문이다. 그러나 M_1을 통해 전류가 흐르면 브리지 회로는 9장과 10장에서 설명할 다른 방법으로 해석해야만 한다.

그 밖의 평형 브리지 응용

전자분야에서 평형 브리지회로는 여러 가지로 응용될 수 있다. 예를 들어, 여러 가지 센서들이 브리지 회로에서 사용되어 압력, 유체의 흐름, 빛, 온도 등의 변화를 감지한다. 이런 센서들은 브리지 회로에 있는 여러 저항 중의 한 곳에서 사용된다. 더욱이 압력, 유체의 흐름, 빛, 온도가 원하는 기준 레벨이 되도록 브리지를 평형시키거나 0으로 만들 수 있다. 그런 다음 변화가 감지되면 브리지는 불평형 상태가 되고 출력단자(C와 D)에 전압이 나타나게 된다. 그때, 이 출력전압은 증폭기나 감지된 변화를 상쇄시키는 다른 소자의 입력으로 인가되고, 그렇게 해서 시스템을 처음에 정한 레벨로 돌려놓게 된다.

〈그림 6-12〉의 온도 조정 회로를 생각해보자. 이 회로에서 가변저항 R_3은 그림에 보인 것처럼 그 저항값이 25℃(R_0)에서 5kΩ인 음의 온도계수를 가진 서미스터와 같은 가지 내에 있다. 주변 온도 T_A가 25℃일 때 R_3을 조정하여 평형을 맞춘다고 하자. 브리지가 평형일 때 단자 C와 D에 걸리는 전압은 0V란 사실을 기억하라. 이 전압은 증폭기의 입력으로 들어간다. 증폭기에 0V가 인가되면 출력으로 0V가 나온다.

이제 주변 온도가 25℃ 위로 증가할 때, 말하자면 30℃로 증가할 때 어떤 일이 발생하는지 생각해보자. 온도가 증가하면 서미스터가 음의 온도계수를 갖고 있기 때문에 저항값이 감소하게 된다. 서미스터의 저항이 감소하면 C점의 전압도 감소한다.

그림 6-12 평형 브리지 개념을 적용한 온도 조정 회로

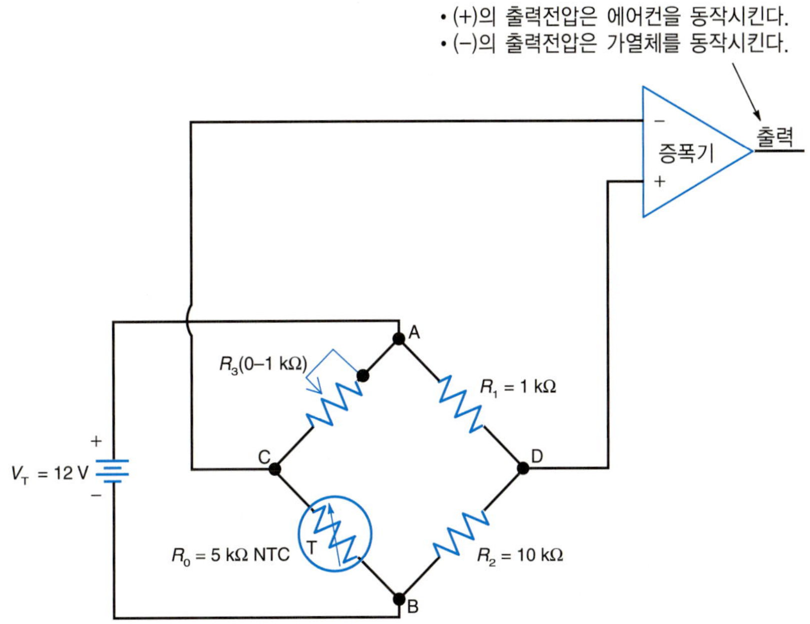

그러나 R_1과 R_2는 일반 저항이기 때문에 D점에서의 전압은 변하지 않는다. 그 결과로 출력전압 V_{CD}는 음(−)의 값을 갖는다. 이 음의 전압이 증폭기로 입력되고 증폭기는 이번에는 양의 전압을 출력한다. 증폭기에서 발생한 양의 전압은 냉각팬이나 에어컨을 작동시키게 된다. 에어컨은 주변온도가 원래 값인 25℃로 내려갈 때까지 동작한다. 온도가 25℃로 내려가면 서미스터의 저항값은 원래 값으로 증가하게 되고 V_{CD}의 전압은 0V로 돌아간다. 그렇게 해서 에어컨이 정지하게 된다.

다음에 주변온도 T_A가 25℃ 아래로, 말하자면 20℃로 내려갔을 경우 발생하는 문제점을 생각해보자. 온도의 감소는 서미스터 저항의 증가를 가져오고 C점의 전압은 더 높아지게 된다. 그 결과 V_{CD}는 양(+)의 값이 된다. 이 양의 전압이 증폭기로 들어가서 다음에는 음의 전압이 출력된다. 증폭기에서 발생한 음의 전압으로 인해 가열체가 동작되고 이 상태는 주변온도가 원래의 온도인 25℃가 될 때까지 지속된다. 〈그림 6-12〉에 온도-조정 회로를 자세히 나타내진 않았지만 서미스터를 포함한 평형 브리지 회로가 실내에서 어떻게 온도를 조절하는 데 사용될 수 있는가에 대한 개념을 배웠을 것이다. 전자분야에서 평형 브리지를 응용한 회로는 대단히 많다.

■ 6-6 복습문제

a. 〈그림 6-10〉에서 어느 단자가 입력단자이고 어느 단자가 출력단자인가?

b. 〈그림 6-10〉에서 브리지가 평형일 때 M_1에 흐르는 전류는 얼마인가?

c. 〈그림 6-11〉에서 R_1=100Ω이고 R_2=10kΩ이라고 하자. R_S를 7135Ω으로 조정하여 브리지가 평형이 될 때 R_X의 값은 얼마인가?

d. 〈질문 c〉에서 주어진 회로의 값으로 측정할 수 있는 미지저항의 최대값은 얼마가 되겠는가?

e. 〈그림 6-12〉에서 R_3의 값이 얼마일 때 25℃에서 출력이 0V로 되는가?

6-7 고장수리 : 직 · 병렬 회로에서의 개방과 단락

> **알아두기▸▸**
>
> 직 · 병렬 회로에서의 단락이 그 회로에 전압원으로부터 과다한 전류가 흐른다는 것을 의미하진 않는다.

단락회로에서는 실제로 저항값이 0Ω이다. 그러므로 결과적으로 과다한 전류가 흐르게 된다. 개방회로는 단락회로와는 반대의 성질을 보이는데, 이는 개방회로의 저항값이 무한대이기 때문에 실제적으로 전류가 0이 된다. 더욱이 직·병렬 회로에서 한 경로의 개방이나 단락은 다른 경로의 저항에 영향을 미쳐 회로가 변화된다. 예를 들면, 〈그림 6-13〉에서 〈그림 6-13a〉에 있는 직·병렬 회로의 단자 A와 B 사이가 단락된다면 오직 R_1만이 연결된 회로가 된다. 개방회로의 예는 〈그림 6-14a〉에 보인 직·병렬 회로로, 단자 C와 D 사이가 개방된다면 R_1과 R_2만이 직렬로 연결된 회로가 된다.

단락회로의 영향

단락회로의 영향을 알아보기 위해 〈그림 6-13a〉의 직·병렬 회로를 해석해본다. S_1이 개방된 정상적인 회로에서 R_2와 R_3은 병렬이다. R_3이 수평으로 그려져 있지만 양 끝이 R_2와 연결되어 있기 때문이다. 스위치 S_1이 개방되어 있으므로 여기에 있는 병렬가지에 아무런 영향도 줄 수 없다.

80Ω의 R_2와 80Ω의 R_3과의 병렬합성 저항값은 40Ω이 된다. 이 40Ω의 뱅크저항은 10Ω의 R_1과 직렬로 연결되어 있다. 이때 R_T는 40+10=50Ω이다.

주 회로선에 흐르는 전류 I_T는 100/50=2A로, 이때 10Ω의 R_1에 걸리는 전압 V_1은 2×10=20V가 된다. 나머지 80V의 전압은 병렬뱅크 R_2와 R_3에 걸린다. 결과적으로 V_2=80V 그리고 V_3=80V가 된다.

이제 스위치 S_1을 닫을 때 생기는 영향을 살펴보자. 닫힌 스위치는 0Ω의 저항값을 갖게 된다. 이때 R_2뿐만 아니라 R_2와 병렬로 연결된 R_3도 단락회로가 된다. 스위치를 닫으면 단자 A와 B에 연결된 모든 회로는 단락회로가 된다. 그 결과가 〈그

그림 6-13 직 · 병렬 회로에서 단락회로의 영향 (a) S_1이 개방된 정상회로 (b) S_1이 닫혔을 때 A점과 B점 사이가 단락된 회로. 이때 R_2와 R_3은 단락회로로 된다.

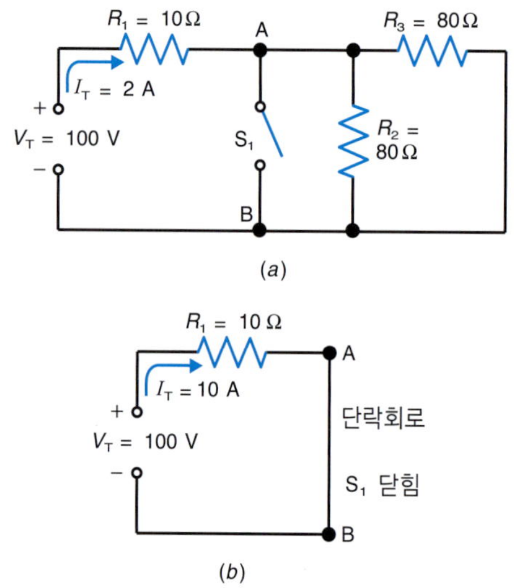

림 6-13b〉에 보인 직렬회로로 나타난다.

이제 10Ω의 R_1만이 전류의 흐름을 방해하고 있다. I는 V/R_1으로 100/10=10A이다. 이 10A가 R_1과 닫힌 스위치를 통해 흘러서 전압원의 (−)단자로 돌아간다. R_1에 정상적인 전류 2A 대신에 10A의 과도한 전류가 흐르게 되어 R_1이 과열될 수 있다. R_2와 R_3에는 전류경로가 단락되어 전류가 흐르지 않는다.

개방회로의 영향

〈그림 6-14a〉는 〈그림 6-13a〉와 동일한 직·병렬 회로로, 서로 다른 점은 스위치 S_2가 R_2와 병렬인 R_3에 연결되어 동작한다는 것이다. 정상적인 동작에서는 S_2가 닫혀 있어 모든 전류와 전압은 직·병렬 회로를 계산하여 구하면 된다. 그러나 〈그림 6-14b〉처럼 S_2를 개방했을 때, 그 영향을 고려해보자. 개방된 스위치는 무한대의 저항값을 갖는다. 이제 단자 C와 D 사이는 개방회로가 된다. 더욱이 R_3이 개방된 경로에 있기 때문에 그 저항값 80Ω은 R_2와 병렬로 생각될 수 없다.

〈그림 6-14b〉에 있는 S_2가 개방된 회로는 100V 전원과 직렬로 연결된 저항 R_1과 R_2만 있는 회로와 같게 된다. R_3이 있는 개방경로는 더 이상 병렬가지의 역할을 할 수 없기 때문에 R_3에는 전류가 흐르지 않는다.

각각의 전압강하가 그 저항값에 비례하는 전압분배기로서의 R_1과 R_2의 직렬저항을 생각해보자. 전체저항은 80+10=90Ω이다. 10Ω인 R_1은 총 저항 R_T의 10/90이고 R_1의 전압은 인가전압 V_T의 1/9이다. 이때 V_1은 대략 1/9×100V=11V이고 V_2는 8/9×100V=89V가 된다. 11V의 전압강하 V_1과 89V의 전압강하 V_2를 더하면 100V의 인가전압과 같게 된다.

V_3은 0V라는 것을 주목하라. R_3에 전류가 흐르지 않기 때문에 전압강하도 생기지 않는다.

더욱이 개방단자 C와 D에 걸리는 전압은 R_2에 걸리는 전위차 V_2와 같은 89V이다. R_3에 전압강하가 없기 때문에 단자 C의 전위는 R_2의 위쪽 단자와 같게 된다. 단자 D는 R_2의 밑의 단자와 직접 연결되어 있어 단자 C에서 단자 D까지의 전위차는 R_2에 걸리는 전압 89V와 같다.

그림 6-14 직·병렬 회로에서 개방회로의 영향 (a) S_2가 닫힌 정상회로 (b) S_2가 열렸을 때 R_1과 R_2가 포함된 직렬회로. 이때 개방된 경로에 있는 R_3에는 전류가 흐르지 않으며 전압강하 IR도 0이 된다.

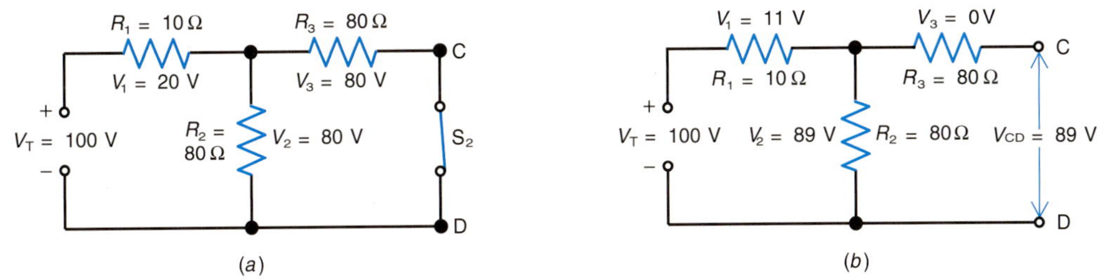

예제 6-3

〈그림 6-15a〉의 직·병렬 회로가 고장이 났다고 가정하자. 이 회로를 수리하는 기술자가 측정한 전압은 다음과 같다.

$$V_1 = 10.8\text{V}$$
$$V_{AB} = 9\text{V}$$
$$V_4 = 16.2\text{V}$$

이 전압은 〈그림 6-15b〉에 보인 것과 같다. 전압계의 지시를 바탕으로 어느 부품이 고장이 났는지 그리고 고장의 형태는 어떤 것인지 설명하라.

정답 A와 B점 사이의 저항값이 저항 한 개의 값과 같다면 이 회로는 단순한 직렬회로처럼 해석할 수 있다. V_1과 V_4가 각각 정상값인 12V와 18V보다 작다는 것에 주목하라. 반면에 R_2와 R_3에 걸리는 전압 V_{AB}는 6V에서 9V로 증가하였다.

직렬회로가 세 개 이상의 부품을 포함할 때 고장 난 부품에 걸리는 전압은 정상적인 부품에 걸리는 전압에서의 변화와 반대 방향으로 변화한다. V_1과 V_4가 감소하고 V_{AB}는 증가했기 때문에 고장난 부품은 A와 B점 사이의 R_2나 R_3이 틀림없다.

A와 B점 사이의 전압 증가로 인해 A와 B점 사이의 저항값은 증가되어야만 한다. R_{AB}의 증가는 R_2나 R_3이 개방되었다는 사실을 말해준다.

그러나 어느 저항이 개방되었는지 어떻게 알 수 있겠는가? 이것을 알아내기 위해 적어도 3개의 접근방법을 사용할 수 있다. 첫 번째 방법은 A와 B점에 걸리는 저항을 계산하는 것이다. 그러기 위해서는 R_1이나 R_4에 흐르는 전체 전류를 알아야 한다. R_1에 흐르는 I_T를 구해보자.

$$I_T = \frac{V_1}{R_1} = \frac{10.8\text{V}}{120\Omega}$$
$$I_T = 90\text{mA}$$

다음에 R_{AB}를 구하기 위해 측정된 전압 V_{AB}를 I_T로 나눈다.

$$R_{AB} = \frac{V_{AB}}{I_T} = \frac{9\text{V}}{90\text{mA}}$$
$$R_{AB} = 100\Omega$$

R_{AB}의 크기가 R_2의 크기와 같다는 사실에 주목하라. 이것은 물론 R_3이 개방됐다는 것을 의미한다.

어느 저항이 개방되었는지 알아내기 위한 또 다른 접근방법은 S_1을 개방시키고 A와 B점 사이의 저항을 측정하는 것이다. 이 측정은 저항 R_{AB}가 100Ω인 것을 보여줄 것이며 이는 또한 R_3이 개방된 것을 말해준다.
개방된 저항을 결정하는 마지막 접근 방법은 스위치 S_1을 닫고 I_2와 I_3을 측정하는 것이다. 〈그림 6-15b〉에서 I_2는 90mA로 측정된 반면 I_3은 0mA로 측정되었다. I_3=0mA라면 R_3은 개방된 것이 틀림없다.

예제 6-4

〈그림 6-15a〉의 직·병렬 회로가 고장이 났다고 가정하자. 이 회로를 수리하는 기술자가 측정한 전압은 다음과 같다.

$$V_1 = 14.4\text{V}$$
$$V_{AB} = 0\text{V}$$
$$V_4 = 21.6\text{V}$$

이 전압은 〈그림 6-15c〉에 보인 것과 같다. 전압계의 지시를 바탕으로 어느 부품이 고장이 났는지 그리고 고장의 형태는 어떤 것인지 설명하라.

정답 V_1과 V_4가 모두 증가하고 V_{AB}는 감소하기 때문에 고장부품은 A와 B점 사이에 있는 R_2나 R_3이 틀림없다. V_{AB}가 0V이므로 R_2나 R_3 중 하나는 단락된 것이 틀림없다.
그러나 어느 저항이 단락되었는지 어떻게 알아낼 것인가? 한 가지 방법은 I_2와 I_3을 측정하는 것이다. 단락된 부품은 전체전류가 흐르는 부품이다.
단락된 저항을 알아내는 또 다른 방법은 스위치 S_1을 개방하고 A와 B점 사이의 저항을 측정하는 것이다. 저항계를 관찰하면서 R_2나 R_3 중 한 저항을 선택하여 그 저항의 한 단자를 회로로부터 분리하라. 만약 R_3의 위쪽 단자를 A점으로부터 분리했는데 여전히 0Ω을 가리킨다면 R_2가 단락된 것을 알 수 있다. 비슷하게 R_2의 위쪽 단자를 A점으로부터 분리했는데(R_3은 계속 A점에 연결한 상태로) 여전히 0Ω을 가리킨다면 R_3이 단락된 것을 알 수 있다.

■ 6-7 복습문제

a. 〈그림 6-13〉에서 단락회로의 전류 I_T는 2A에서 어느 값까지 증가하겠는가?
b. 〈그림 6-14〉에서 개방가지의 전류 I_T는 2A에서 어느 값까지 감소하겠는가?
c. 〈그림 6-15a〉에서 R_4가 단락된다면 A점과 B점 사이에 걸리는 전압은 얼마인가?
d. 〈그림 6-15a〉에서 R_1이 개방된다면 V_{AB}는 얼마인가?

요약

- 직렬과 병렬 연결이 결합된 회로에서 어떠한 분기점도 없이 하나의 전류경로 내에 있는 부품들은 직렬로 연결되어 있다. 두 개의 동일한 분기점에 연결된 회로의 부품들은 병렬로 연결되어 있다.
- 주 회로선에 저항이 있는 직·병렬 회로에서 R_T를 계산하려면, 바깥쪽에서부터 전원을 향해 거슬러가면서 저항을 합성한다.
- 한 저항 양쪽 끝에서의 전위가 같다면 그 저항의 전압은 0V이다. 저항에 전류가 흐르지 않는다면 전압강하 IR도 일어날 수 없다.
- 휘트스톤 브리지 회로는 두 개의 입력단자와 두 개의 출력단자를 갖는다. 평형일 때 휘트스톤 브리지는 단순히 두 개의 직렬 저항열이 병렬로 연결된 것으로 해석할 수 있다.
- 휘트스톤 브리지는 비교 측정이 필요한 곳에서 여러 가지 응용에 많이 사용될 수 있다.
- 직·병렬 회로의 고장수리 과정은 직렬회로와 병렬회로를 수리하는 데 사용되는 과정을 조합한 것이다.

중요 용어

- 병렬 저항열 : 서로 병렬로 연결된 직렬 저항열
- 비례변 : 휘트스톤 브리지나 일반적인 브리지의 한쪽 다리에 있는 정밀하고 값이 변하지 않는 저항들. 비례변의 비 R_1/R_2는 여러 가지 경우에서 보통 10의 급수로 변하게 된다. 휘트스톤 브리지에서 비례변의 비는 다음 두 가지를 결정한다. 미지저항 R_X 측정의 정밀도와 측정할 수 있는 미지저항의 최대값 $R_{X(max)}$이다.
- 직렬 저항뱅크 : 서로 직렬로 연결된 병렬 저항뱅크
- 평형 브리지 : 두 개의 직렬 저항열이 병렬로 구성된 회로. 평형조건은 각 직렬 저항열의 전압비가 같을 때 일어난다. 브리지의 출력은 각 저항열의 가운데 사이에서 구해진다. 각 직렬 저항열의 전압비가 같다면 출력전압은 0V가 되고 브리지 회로는 평형이 되었다고 말한다.
- 표준저항 : 브리지의 두 직렬 저항열이 동일한 전압비를 갖도록 가변되는, 휘트스톤 브리지의 한쪽 다리에 있는 가변저항. 각 직렬 저항열이 동일한 전압비를 가지면 브리지는 평형되었다고 한다.
- 휘트스톤 브리지 : 미지저항을 구하는 데 사용되는 평형 브리지 회로

중요 공식

$$R_X = R_S \times \frac{R_1}{R_2}$$

$$R_{X(max)} = R_{S(max)} \times \frac{R_1}{R_2}$$

자습문제

그림 6-16

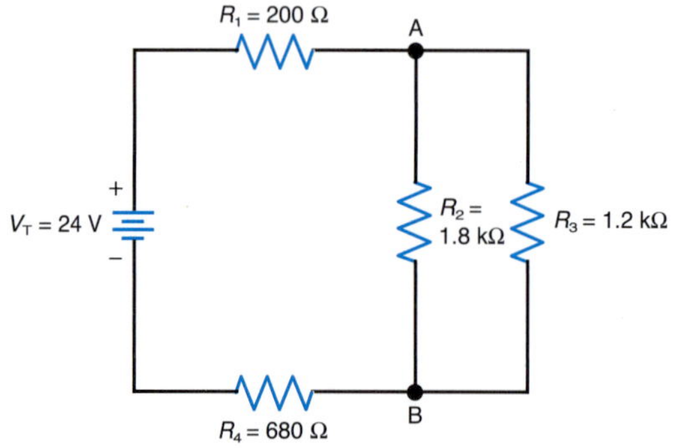

1. 〈그림 6-16〉에서
   a. R_1과 R_2는 직렬이다.
   b. R_3과 R_4는 직렬이다.
   c. R_1과 R_4는 직렬이다.
   d. R_2와 R_4는 직렬이다.

2. 〈그림 6-16〉에서
   a. R_2, R_3, V_T는 병렬이다.
   b. R_2와 R_3은 병렬이다.
   c. R_2와 R_3은 직렬이다.
   d. R_1과 R_4는 병렬이다.

3. 〈그림 6-16〉에서 총 저항 R_T는?
   a. 1.6kΩ
   b. 3.88kΩ
   c. 10kΩ
   d. 위에 답이 없다.

4. 〈그림 6-16〉에서 전체전류 I_T는?
   a. 6.19mA
   b. 150mA
   c. 15mA
   d. 25mA

5. 〈그림 6-16〉에서 A와 B점 사이에 걸리는 전압의 크기는?
   a. 12V
   b. 18V
   c. 13.8V
   d. 10.8V

6. 〈그림 6-16〉에서 R_2에 흐르는 전류 I_2의 크기는?
   a. 9mA
   b. 15mA
   c. 6mA
   d. 10.8mA

7. 〈그림 6-16〉에서 R_3에 흐르는 전류 I_3의 크기는?
   a. 9mA
   b. 15mA
   c. 6mA
   d. 45mA

8. 〈그림 6-16〉에서 R_4가 단락된다면 전압 V_{AB}는?
   a. 증가한다.
   b. 감소한다.
   c. 같은 값이다.
   d. 24V로 증가한다.

9. 〈그림 6-16〉에서 R_2가 개방된다면
   a. A와 B점 사이의 전압이 감소할 것이다.
   b. R_1, R_3, R_4는 직렬이 될 것이다.
   c. 총 저항 R_T는 감소할 것이다.
   d. A와 B점 사이의 전압은 24V로 측정될 것이다.

10. 〈그림 6-16〉에서 R_1이 개방된다면
    a. R_1에 걸리는 전압은 0V로 측정될 것이다.
    b. R_4에 걸리는 전압은 0V로 측정될 것이다.
    c. A와 B점 사이의 전압은 0V로 측정될 것이다.
    d. b와 c 모두 맞다.

11. 〈그림 6-16〉에서 R_3이 개방될 때 A와 B점 사이의 전압은?
    a. 감소한다.
    b. 증가한다.
    c. 같은 값을 유지한다.
    d. 위에 답이 없다.

12. 〈그림 6-16〉에서 R_2가 단락된다면
    a. V_{AB}는 0V로 감소한다.
    b. 전체전류 I_T는 R_3을 통해 흐른다.
    c. R_3의 전류 I_3은 0이다.
    d. a와 c 모두 맞다.

13. 〈그림 6-17〉에서 브리지가 평형일 때 단자 C와 D 사이의 전압은?
    a. 0V
    b. 10.9V
    c. 2.18V
    d. 12V

14. 〈그림 6-17〉에서 R_2를 55,943Ω으로 조정할 때 M_1의 전류가 0이라고 하자. 미지저항 R_X의 값은 얼마이겠는가?
    a. 55,943Ω
    b. 559.43Ω
    c. 5,594.3Ω
    d. 10kΩ

15. 〈그림 6-17〉에서 R_2를 15,000Ω으로 조정할 때 브리지가 평형이라고 하자. 전압원 V_T의 두 단자로 들어가고

나오는 총 전류 I_T는 얼마이겠는가?

a. 0

b. 약 727.27μA

c. 약 1.09mA

d. 약 1.5mA

16. 〈그림 6-17〉에서 비례변의 저항값으로 측정할 수 있는 미지저항의 최대값 $R_{X(max)}$은?

a. 99.99Ω

b. 9,999.9Ω

c. 99,999Ω

d. 999,999Ω

17. 〈그림 6-17〉에서 R_1/R_2의 비가 결정할 수 있는 것은?

a. R_X 측정의 정밀도

b. 측정할 수 있는 미지저항의 최대값 $R_{X(max)}$

c. 단자 A와 B 사이에서 이용할 수 있는 전압의 크기

d. a와 b 모두 맞다.

18. 〈그림 6-17〉에서 표준저항 R_S를 조정하여 M_1의 전류가 0μA가 되었다고 하자. 단자 B를 기준으로 단자 C의 전압은 얼마인가?

a. 1.1V

b. 0V

c. 10.9V

d. 위에 답이 없다.

19. 〈그림 6-17〉에서 비례변의 저항 R_1과 R_2를 서로 바꿨다고 하자. 브리지가 평형일 때 R_S가 33,950Ω이라면 미지저항 R_X의 값은 얼마이겠는가?

a. 339.5kΩ

b. 3.395kΩ

c. 33,950Ω

d. 위에 답이 없다.

20. 〈그림 6-17〉에서 표준저항 R_S의 크기가 평형조건을 만들기에 충분히 크지 않다고 하자. 평형조건을 만들려면 무엇을 변경해야만 하는가?

a. 비례변의 비 R_1/R_2을 1/10에서 1/100이나 더 작은 값으로 변경한다.

b. 비례변의 비 R_1/R_2을 1/10에서 1/1, 10/1이나 더 큰 값으로 변경한다.

c. 인가전압 V_T의 극성을 바꾼다.

d. 위에 답이 없다.

그림 6-17

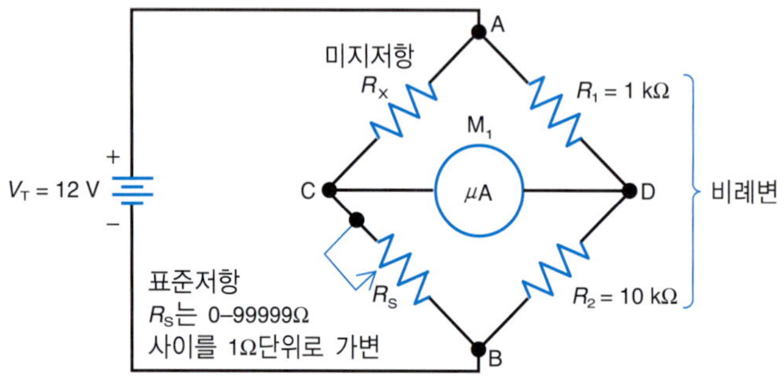

확인문제

1. 직·병렬 회로에서 어느 저항이 직렬이고 병렬인지 말할 수 있는가?

2. 한 저항과 직렬로 연결된 뱅크에 저항 두 개가 있는 회로도를 그려라.

3. 동일한 값을 갖는 세 개의 저항을 가지고 그 합성 저항값이 저항 한 개 크기의 $1\frac{1}{2}$ 배가 되도록 하는 회로도를 그려라.

4. 하나의 전압원에 병렬로 연결된 두 개의 직렬 저항열을 그려라. 각 저항열에는 각각 세 개의 저항이 있다.

5. 각자 설명할 대상으로 회로를 그려서 왜 부품들이 직·병렬로 연결되었는가를 설명하라.

6. 단락회로와 개방회로 사이의 차이점 두 가지를 설명하라.

7. 전압분배와 전류분배의 차이점을 설명하라.

8. 〈그림 6-12〉에서 서미스터가 양의 온도계수(PTC)를 가진다고 하자. (a) 주변온도가 감소할 때와 (b) 주변온도가 증가할 때 전압 V_{CD}의 변화를 설명하라.

9. 120V 전원에 40V, 100W인 9개의 전구가 연결된 회로를 그려라.

10. (a) 10Ω 저항 두 개가 100V의 전원에 연결된다. 만약 세 번째 10Ω 저항이 직렬로 더해질 때 전류 I가 감소하게 되는 이유를 설명하라. (b) 같은 값을 갖는 10Ω 저항 두 개가 100V 전원에 병렬로 연결되어 있다. 만약 세 번째 10Ω 저항이 병렬로 더해질 때 전류 I_T가 증가하게 되는 이유를 설명하라.

연습문제

6-1절 직·병렬 저항회로에서의 R_T 계산

6-1 〈그림 6-18〉에서 어느 부품이 직렬이고 어느 부품이 병렬로 연결되었는지 말해보라.

그림 6-18

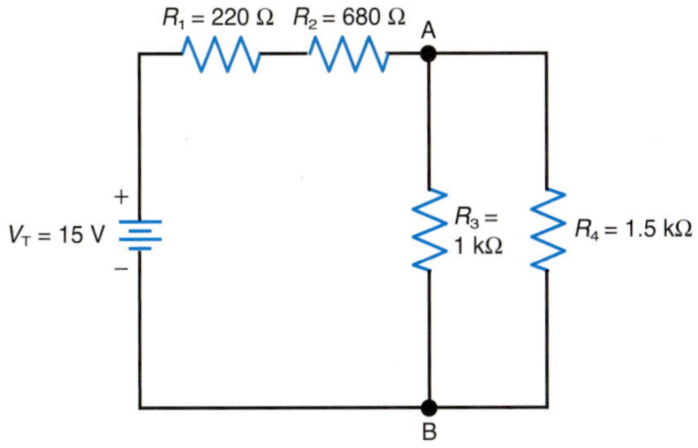

6-2 〈그림 6-18〉에서

a. R_1과 R_2만의 총 저항값은 얼마인가?

b. A와 B점 사이에 있는 R_3과 R_4의 등가저항은 얼마인가?

c. 전체회로의 총 저항 R_T는 얼마인가?

d. 회로의 총 전류 I_T는 얼마인가?

e. 얼마나 많은 전류가 B점에서 흘러나오는가?

f. 얼마나 많은 전류가 A점으로 흘러들어가는가?

6-3 MultiSim 〈그림 6-18〉에서 다음을 구하라.
I_1, I_2, V_1, V_2, V_3, V_4, I_3, I_4

6-4 〈그림 6-19〉에서 어느 부품이 직렬이고 어느 부품이 병렬로 연결되었는지 말해보라.

그림 6-19

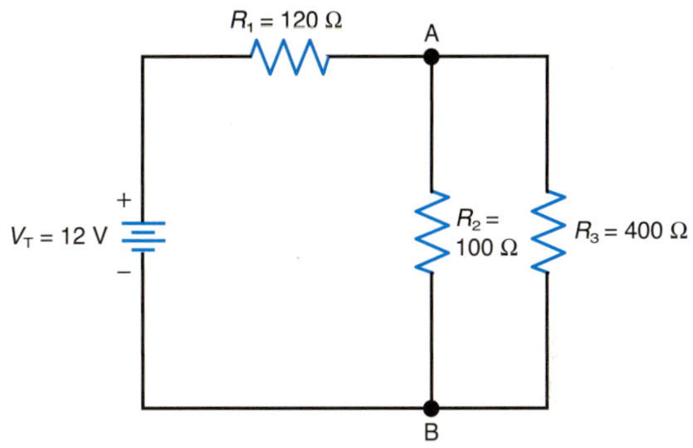

6-5 〈그림 6-19〉에서

a. A와 B점 사이에 있는 R_2와 R_3의 등가저항은 얼마인가?

b. 전체회로의 총 저항 R_T는 얼마인가?

d. 회로의 총 전류 I_T는 얼마인가?

e. 얼마나 많은 전류가 A점으로 흘러들어가서 B점으로 흘러나오는가?

6-6 MultiSim 〈그림 6-19〉에서 I_1, V_1, V_2, V_3, I_2, I_3을 구하라.

6-7 〈그림 6-19〉에서 P_1, P_2, P_3 그리고 P_T를 구하라.

6-8 〈그림 6-20〉에서 어느 부품이 직렬이고 어느 부품이 병렬로 연결되었는지 말해보라.

그림 6-20

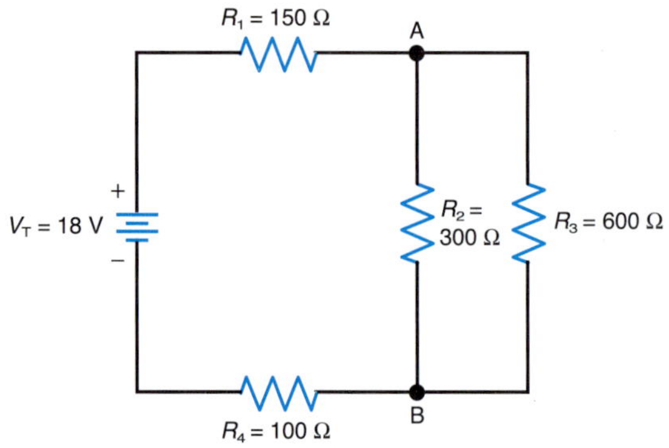

6-9 〈그림 6-20〉에서

a. R_1과 R_4만의 총 저항값은 얼마인가?

b. A와 B점 사이에 있는 R_2와 R_3의 등가저항은 얼마인가?

c. 전체회로의 총 저항 R_T는 얼마인가?

d. 회로의 총 전류 I_T는 얼마인가?

e. 얼마나 많은 전류가 A점으로 흘러들어가서 B점으로 흘러나오는가?

6-10 〈그림 6-20〉에서 다음을 구하라.

I_1, V_1, V_2, V_3, I_2, I_3, I_4, V_4, P_1, P_2, P_3, P_4, P_T

6-2절 병렬로 연결된 저항열

6-11 〈그림 6-21〉에서

a. 가지 1의 총 저항은 얼마인가?

b. 가지 2의 저항은 얼마인가?

c. 가지전류 I_1과 I_2의 크기는?

d. 회로의 총 전류 I_T는 얼마인가?

e. 전체 회로의 총 저항 R_T는 얼마인가?

f. V_1, V_2, V_3의 값은?

그림 6-21

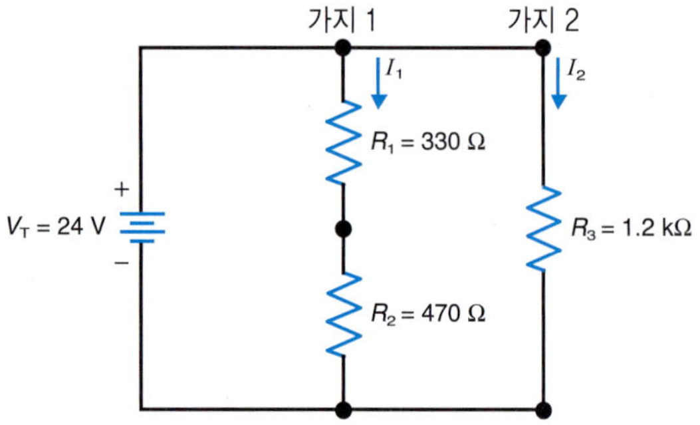

6-12 〈그림 6-22〉에서

a. 가지 1의 총 저항은 얼마인가?

b. 가지 2의 총 저항은 얼마인가?

c. 가지전류 I_1과 I_2의 크기는?

d. 회로의 총 전류 I_T는 얼마인가?

e. 전체 회로의 총 저항 R_T는 얼마인가?

f. V_1, V_2, V_3, V_4의 값은?

그림 6-22

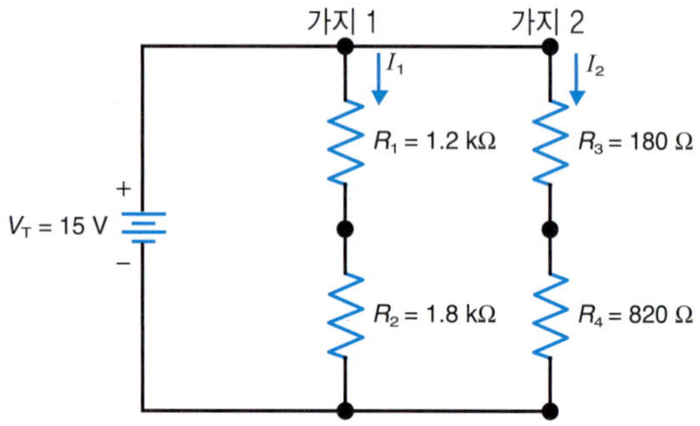

6-13 〈그림 6-23〉에서

a. 가지 1의 총 저항은 얼마인가?

b. 가지 2의 총 저항은 얼마인가?

c. 가지전류 I_1과 I_2의 크기는?

d. 회로의 총 전류 I_T는 얼마인가?

e. 전체 회로의 총 저항 R_T는 얼마인가?

f. V_1, V_2, V_3, V_4의 값은?

그림 6-23

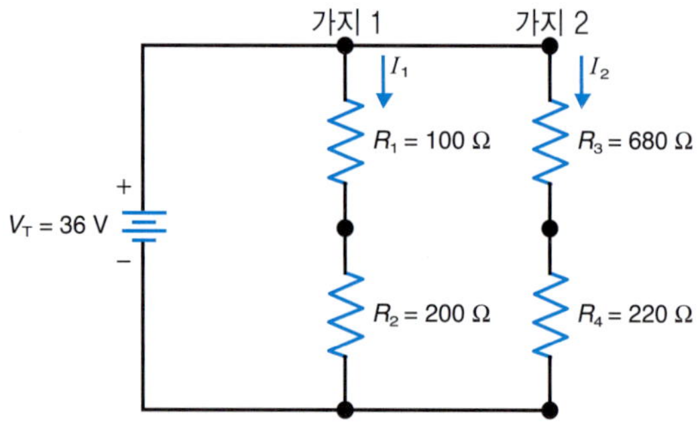

6-14 〈그림 6-24〉에서 다음을 구하라.

a. 가지전류 I_1, I_2 그리고 총 전류 I_T

b. R_T

c. V_1, V_2, V_3, V_4

d. P_1, P_2, P_3, P_4, P_T

그림 6-24

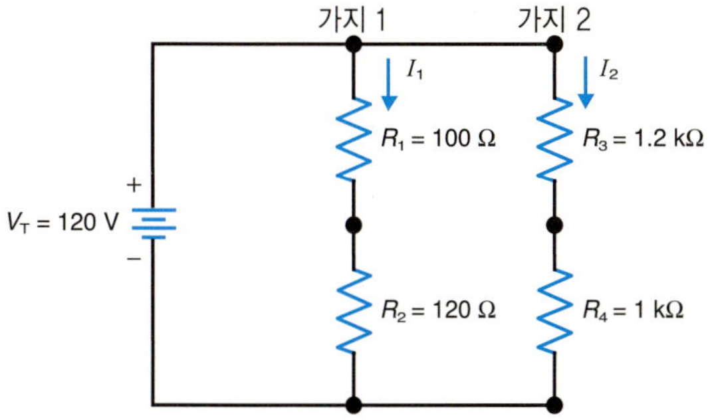

6-15 〈그림 6-25〉에서 다음을 구하라.

a. 가지전류 I_1, I_2, I_3 그리고 총 전류 I_T

b. R_T

c. V_1, V_2, V_3, V_4, V_5

그림 6-25

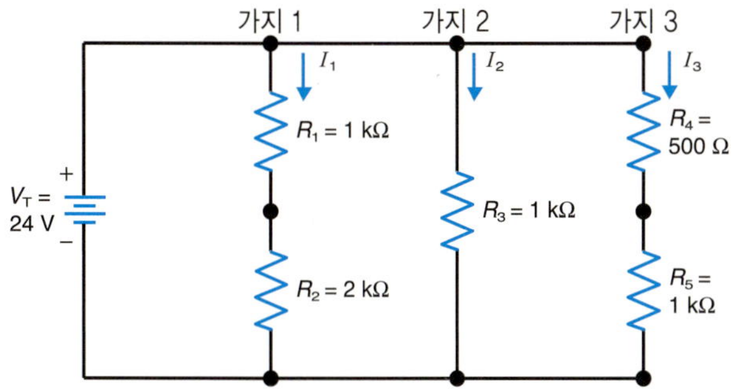

6-3절 직렬로 연결된 저항뱅크

6-16 〈그림 6-26〉에서

a. A와 B점 사이의 병렬회로에서 R_1과 R_2의 등가저항은 얼마인가?

b. 회로의 총 저항 R_T는 얼마인가?

c. 회로의 총 전류 I_T는 얼마인가?

d. A와 B점 사이에 걸리는 전압의 크기는?

e. R_3에 걸리는 전압강하의 크기는?

f. I_1과 I_2를 구하라.

g. 얼마나 많은 전류가 A점으로 흘러들어가서 B점으로 흘러나오는가?

그림 6-26

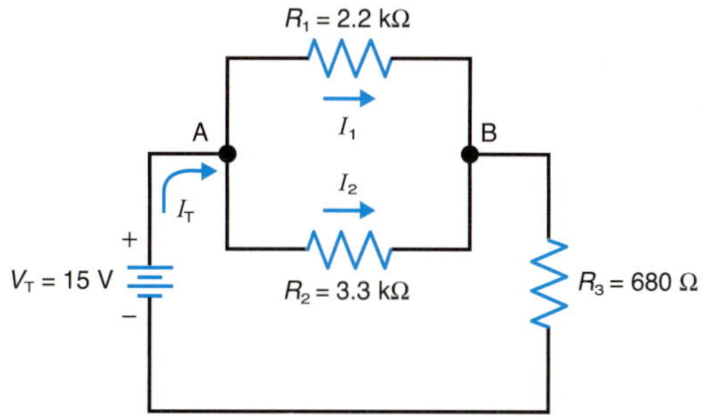

6-17 〈그림 6-27〉에서

a. A와 B점 사이의 병렬회로에서 R_2와 R_3의 등가저항은 얼마인가?

b. 회로의 총 저항 R_T는 얼마인가?

c. 회로의 총 전류 I_T는 얼마인가?

d. A와 B점 사이에 걸리는 전압의 크기는?

e. R_1에 걸리는 전압강하의 크기는?

f. I_2와 I_3을 구하라.

g. 얼마나 많은 전류가 A점으로 흘러들어가서 B점으로 흘러나오는가?

그림 6-27

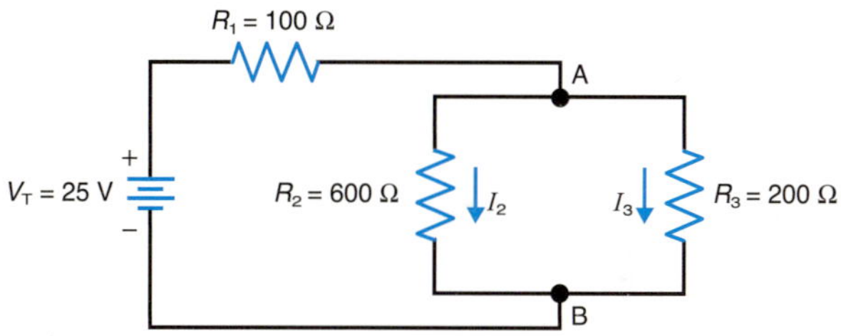

6-18 〈그림 6-28〉에서 다음을 구하라.

a. R_T

b. I_T

c. V_1, V_2, V_3

d. I_1, I_2

그림 6-28

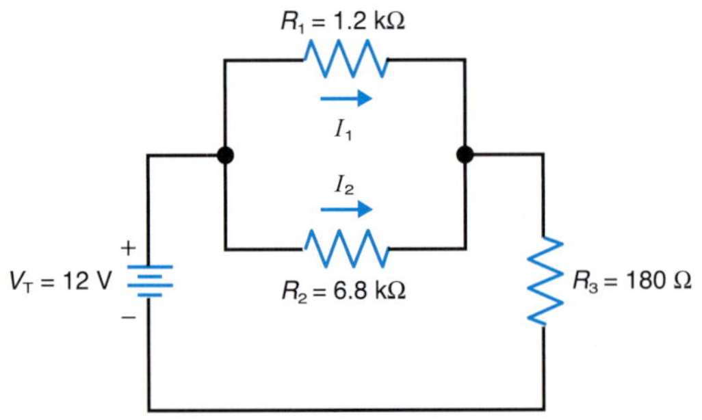

6-19 〈그림 6-29〉에서 다음을 구하라.

a. R_T

b. I_T

c. V_1, V_2, V_3

d. I_2, I_3

그림 6-29

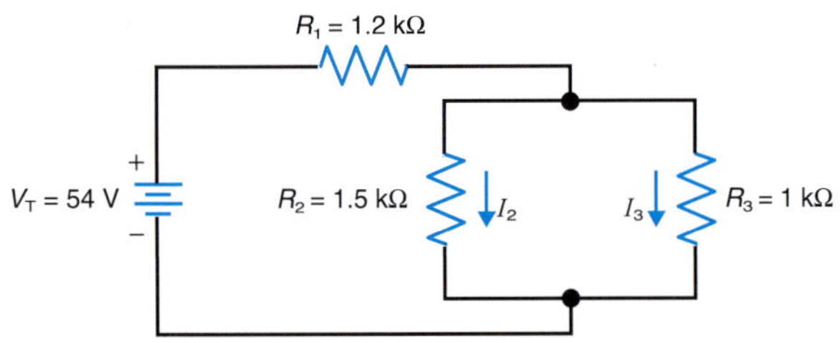

6-4절 직·병렬로 연결된 저항뱅크와 저항열

6-20 〈그림 6-30〉에서 다음을 구하라.

R_T, I_T, V_1, V_2, V_3, V_4, I_1, I_2, I_3, I_4

그림 6-30

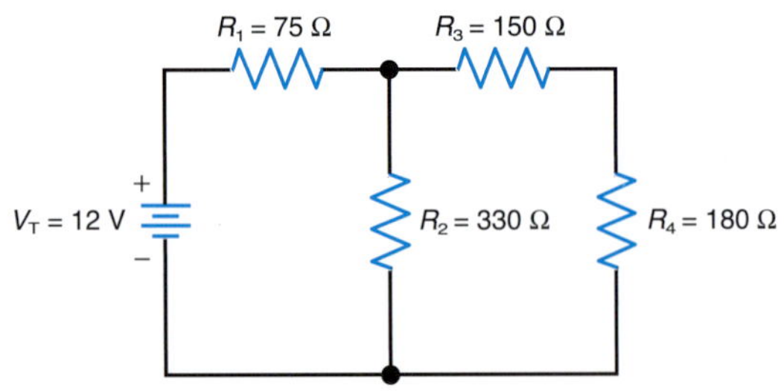

6-21 〈그림 6-31〉에서 다음을 구하라.

R_T, I_T, V_1, V_2, V_3, V_4, V_5, I_1, I_2, I_3, I_4, I_5

그림 6-31

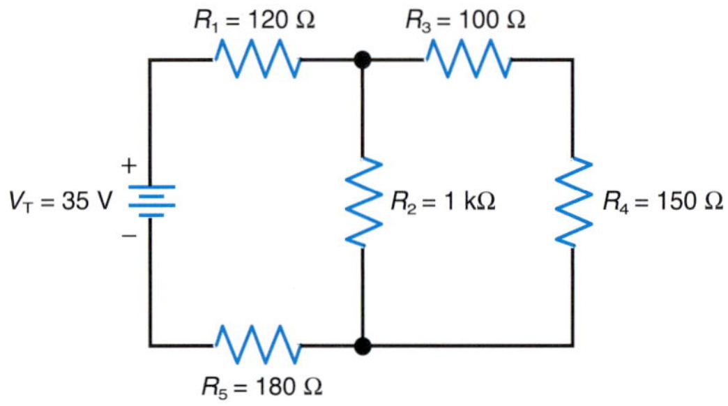

6-22 〈그림 6-32〉에서 다음을 구하라.

R_T, I_T, V_1, V_2, V_3, V_4, V_5, V_6, I_1, I_2, I_3, I_4, I_5, I_6

그림 6-32

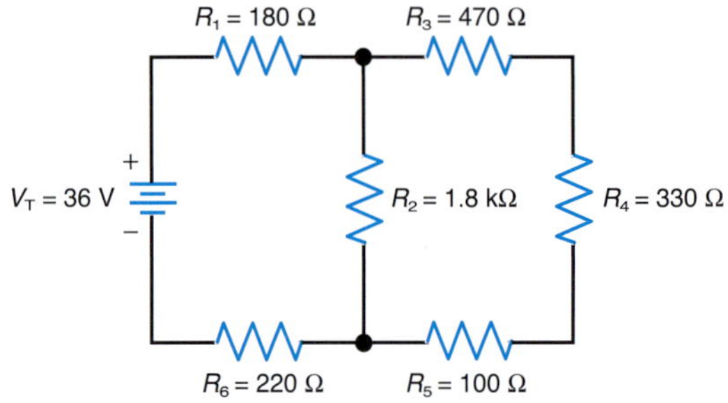

6-23 〈그림 6-33〉에서 다음을 구하라.

R_T, I_T, V_1, V_2, V_3, V_4, V_5, I_1, I_2, I_3, I_4, I_5

그림 6-33

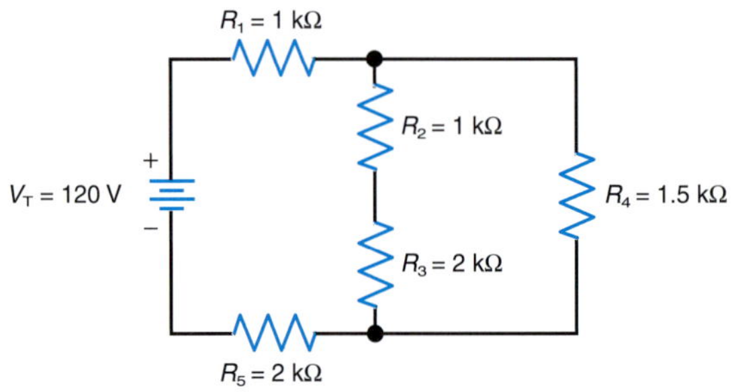

6-24 〈그림 6-34〉에서 다음을 구하라.

R_T, I_T, V_1, V_2, V_3, V_4, V_5, V_6, I_1, I_2, I_3, I_4, I_5, I_6

그림 6-34

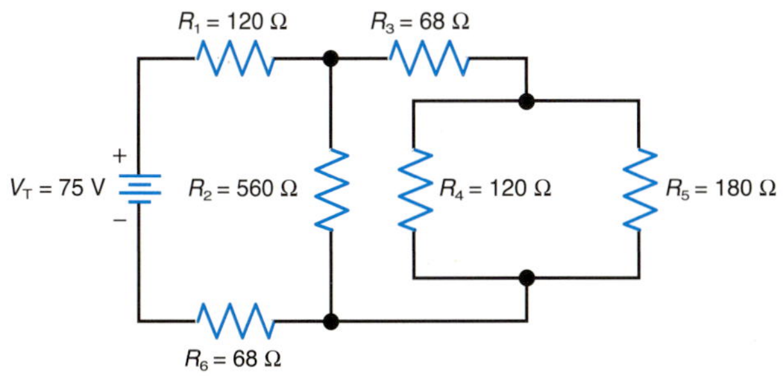

6-25 〈그림 6-35〉에서 다음을 구하라.
R_T, I_T, V_1, V_2, V_3, V_4, V_5, V_6, V_7, I_1, I_2, I_3, I_4, I_5, I_6, I_7

그림 6-35

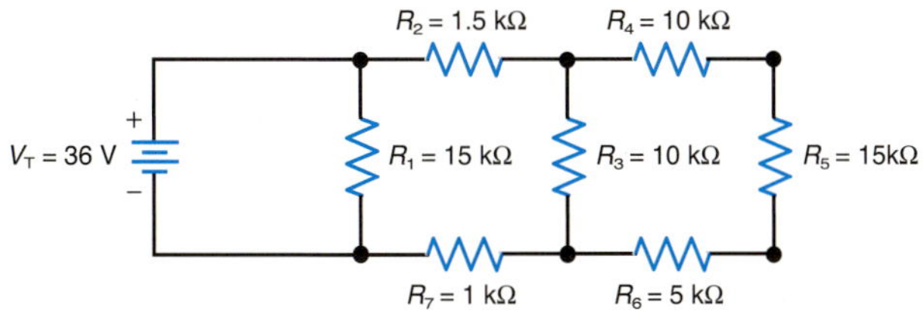

6-26 〈그림 6-36〉에서 다음을 구하라.
R_T, I_1, I_2, I_3, V_1, V_2, V_3, V_{AB}

그림 6-36

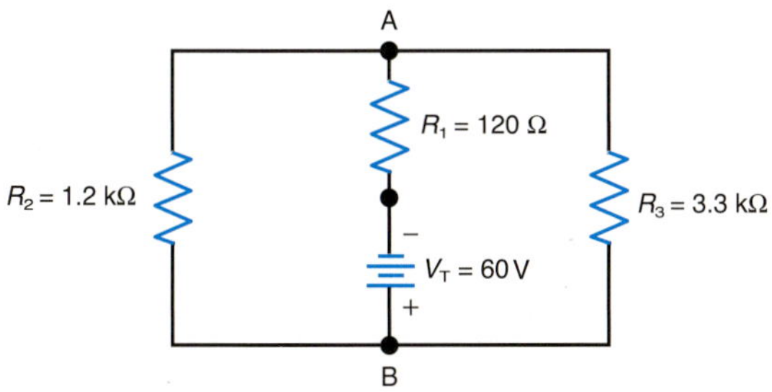

6-27 〈그림 6-37〉에서 다음을 구하라.
R_T, I_T, V_1, V_2, V_3, V_4, V_5, V_6, I_1, I_2, I_3, I_4, I_5, I_6

그림 6-37

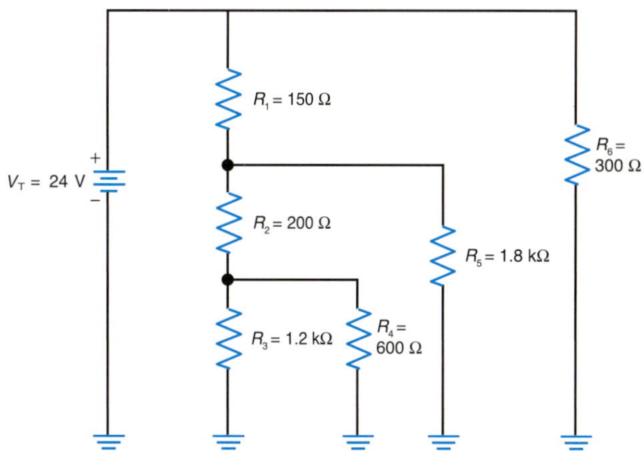

6-5절 미지값을 구하기 위한 직·병렬 회로 해석

6-28 〈그림 6-38〉에서 다음을 구하라.
V_1, V_2, V_3, I_2, R_3, R_T, V_T

그림 6-38

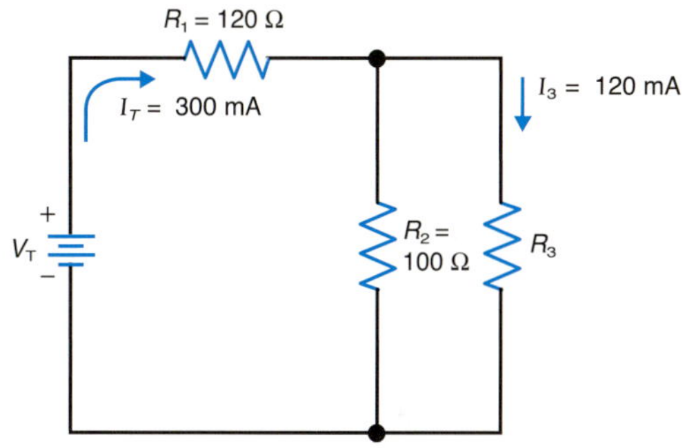

6-29 〈그림 6-39〉에서 다음을 구하라.
R_T, I_T, V_T, V_1, V_2, V_4, I_2, I_3

그림 6-39

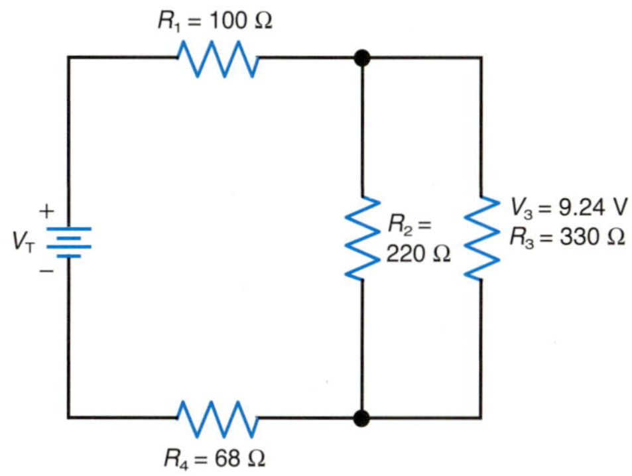

6-30 〈그림 6-40〉에서 다음을 구하라.

R_2, V_1, V_2, V_3, I_3, I_T, V_T

그림 6-40

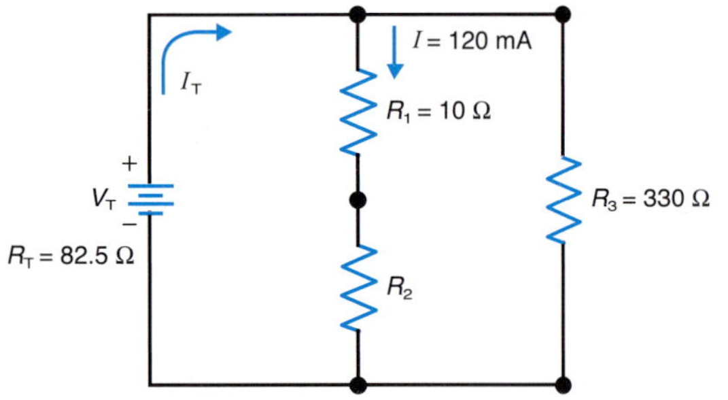

6-31 〈그림 6-41〉에서 다음을 구하라.

R_T, I_T, V_T, V_1, V_2, V_3, V_4, V_5, V_6, I_2, I_3, I_4, I_5

그림 6-41

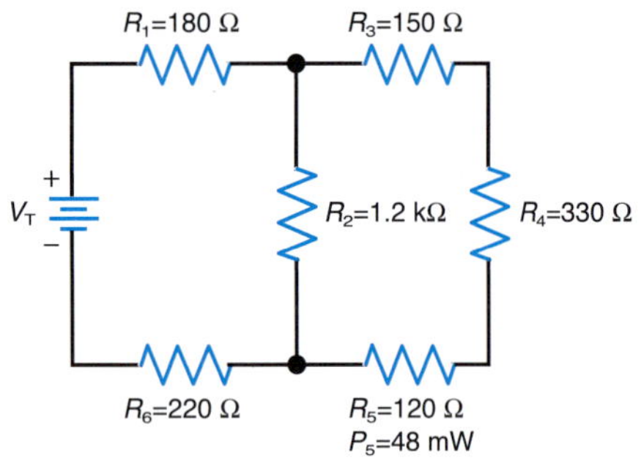

6-32 〈그림 6-42〉에서 다음을 구하라.

R_T, I_T, V_1, V_2, V_3, V_4, V_5, V_6, I_1, I_2, I_3, I_4, I_5, I_6

그림 6-42

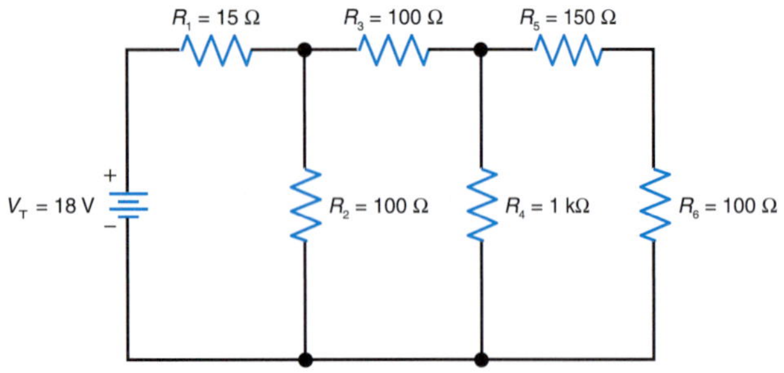

6-33 〈그림 6-43〉에서 다음을 구하라.

I_T, R_T, R_2, V_2, V_3, V_4, V_5, V_6, I_2, I_3, I_4, I_5, I_6

그림 6-43

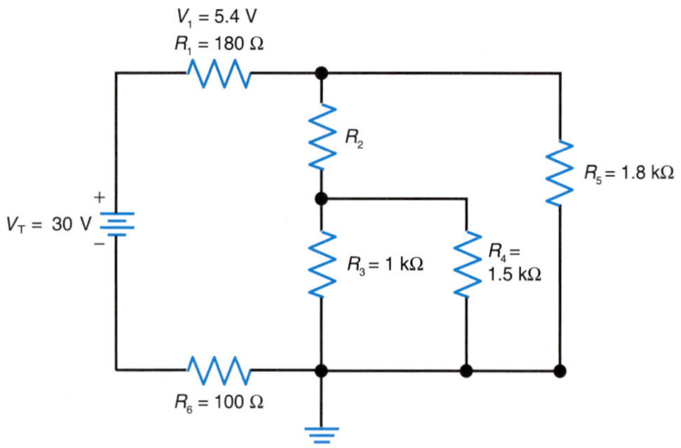

6-6절 휘트스톤 브리지

34~38번 문제는 〈그림 6-44〉 참조

6-34 〈그림 6-44〉에서

a. 휘트스톤 브리지가 평형일 때 M_1에 흐르는 전류는 얼마인가?

b. 브리지가 평형일 때 C점과 D점 사이의 전압은 얼마인가?

그림 6-44

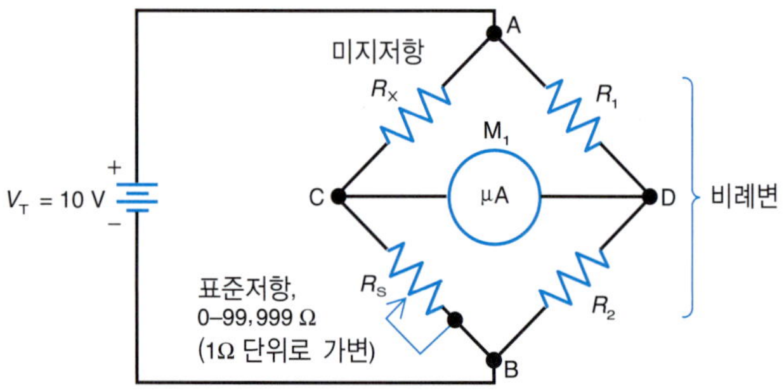

6-35 〈그림 6-44〉에서 R_1=1kΩ, R_{12}=5kΩ, R_{13}=34,080Ω이라고 하자. 다음을 구하라.

a. 미지저항 R_X의 값

b. 전압 V_{CB}와 V_{DB}

c. 전압원 V_T를 통해 흐르는 총 전류 I_T

6-36 (35번 문제)를 참조하라. 만약 R_S가 다음과 같을 때 M_1을 통해 흐르는 전류의 방향은(C에서 D로 또는 D에서 C로) 어떠한가?

a. R_S의 크기가 감소할 때

b. R_S의 크기가 증가할 때

6-37 〈그림 6-44〉에서 비례변의 값이 다음과 같을 때 측정할 수 있는 미지저항의 최대값 $R_{X(max)}$를 계산하라.

a. $\frac{R_1}{R_2} = \frac{1}{1000}$

b. $\frac{R_1}{R_2} = \frac{1}{100}$

c. $\frac{R_1}{R_2} = \frac{1}{10}$

d. $\frac{R_1}{R_2} = \frac{1}{1}$

e. $\frac{R_1}{R_2} = \frac{10}{1}$

f. $\frac{R_1}{R_2} = \frac{100}{1}$

6-38 〈그림 6-44〉에서 미지저항 R_X를 다양한 비례변의 비를 사용하여 측정한다고 하자. 각각의 경우에 표준저항 R_S를 조정하여 평형을 이룬다. 각 측정값은 다음과 같다.

a. $R_S = 123\Omega$ 그리고 $\frac{R_1}{R_2} = \frac{1}{1}$

b. $R_S = 1232\Omega$ 그리고 $\frac{R_1}{R_2} = \frac{1}{10}$

c. $R_S = 12,317\Omega$ 그리고 $\frac{R_1}{R_2} = \frac{1}{100}$

각 측정값에 대해 미지저항 R_X의 값을 계산하라. 어떤 비례변의 비를 사용하는 것이 가장 정확한가?

39~41번 문제는 〈그림 6-45〉 참조

6-39 〈그림 6-45〉에서 주변온도 T_A가 25℃일 때 단자 C와 D 사이에 걸리는 전압이 0V가 되도록 하려면 R_3을 어느 값까지 조정해야 하는가? (참조 : R_0은 주변온도 T_A가 25℃일 때 서미스터의 저항값이다.)

그림 6-45

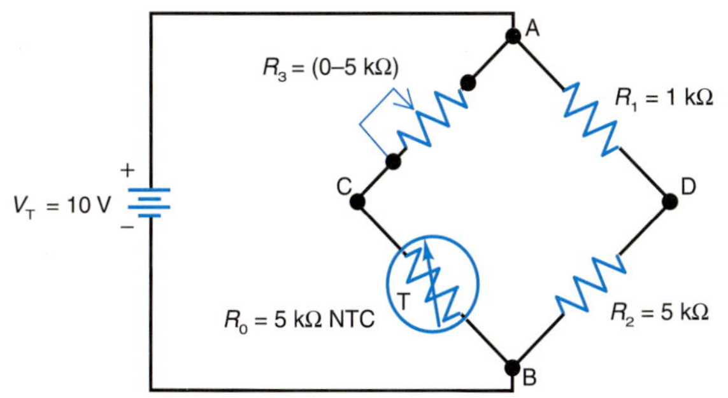

6-40 〈그림 6-45〉에서 R_3을 조정하여 주변온도 T_A가 25℃일 때 단자 C와 D 사이에 걸리는 전압이 0V가 되었다고 하자. 다음과 같은 경우 출력전압 V_{CD}의 극성은 어떻게 되는가?

a. 주변온도 T_A가 25℃ 위로 증가한다.

b. 주변온도 T_A가 25℃ 아래로 감소한다.

6-41 〈그림 6-45〉에서 R_3을 850Ω으로 조정하여 출력단자 C와 D사이에 걸리는 전압이 0V가 되었다고 하자. 다음을 구하라.

a. 서미스터의 저항값

b. 주변온도 T_A가 25℃에서 증가했는지 또는 감소했는지

6-7절 고장수리 : 직·병렬 회로에서의 개방과 단락

〈그림 6-46〉은 직·병렬 회로로 정상적인 동작전압과 전류를 보여준다.

6-42 MultiSim 〈그림 6-46〉에서 다음의 부품이 고장난 경우 V_1, V_{AB}, V_3, V_{CD} 그리고 V_5를 구하라.

a. R_4가 개방되었을 경우

b. R_2가 단락되었을 경우

c. R_3이 개방되었을 경우

d. R_4가 단락되었을 경우

e. R_2가 개방되었을 경우

f. R_1이 개방되었을 경우

g. R_1이 단락되었을 경우

그림 6-46

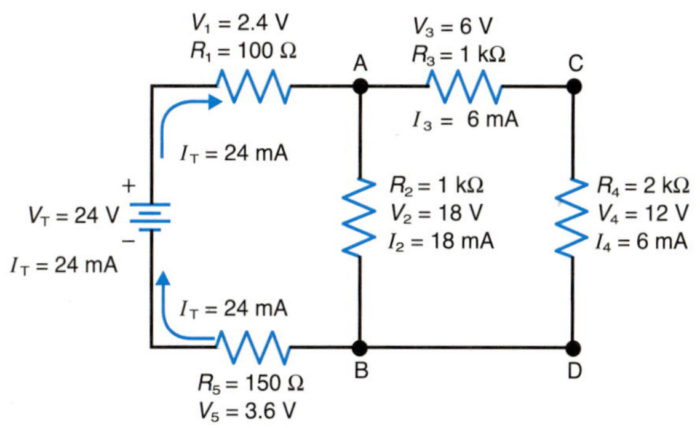

사고력 문제

6-43 〈그림 6-47〉에서 각각의 전구 A와 B는 28V로 동작된다. 전구 A와 B의 전력정격이 각각 1.12W와 2.8W일 때, 다음을 계산하라. (a) 요구되는 R_1의 저항값 (b) R_1에 적합한 전력정격 (c) 전체저항 R_T

그림 6-47

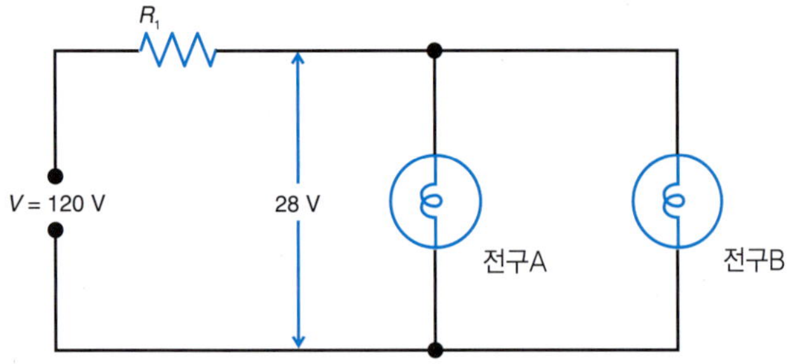

6-44 〈그림 6-48〉을 참조하라. 선형 전위차계의 와이퍼 암이 (a) A점 (b) B점 (c) A점과 B점의 중간 부분에 위치할 때 전압계가 가리키는 전압은 얼마이겠는가?

6-45 인가전압 V_T의 극성이 반대로 될 때 〈그림 6-12〉의 온도조정회로에 미치는 영향을 설명하라.

그림 6-48

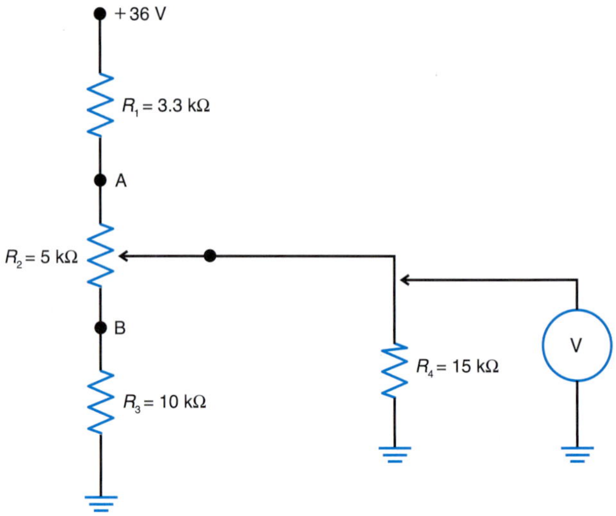

고장수리 문제

〈표 6-1〉은 〈그림 6-49〉에서 측정한 전압을 보여주고 있다. 첫 번째 줄은 회로가 정상적으로 동작할 때의 정상적인 값을 나타낸다. 2줄에서 13줄까지는 회로의 한 부품이 고장났을 때 측정한 전압을 나타낸다. 〈표 6-1〉의 각 줄에서, 어느 부품이 고장났는지를 알아내고 어떤 고장인지 말해보아라.

그림 6-49 고장수리 문제를 위한 회로도. 정상 동작전압이 표시되어 있다.

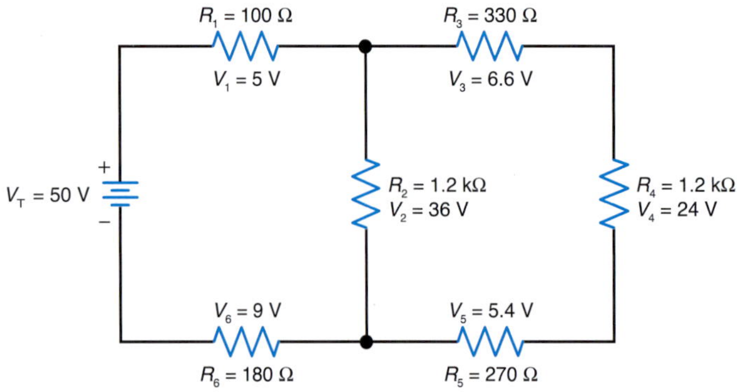

표 6-1	고장수리 문제를 위해 측정한 전압						
	V_1	V_2	V_3	V_4	V_5	V_6	고장부품
	볼트(V)						
1 정상값	5	36	6.6	24	5.4	9	없음
2 고장 1	0	0	0	0	0	50	
3 고장 2	17.86	0	0	0	0	32.14	
4 고장 3	3.38	40.54	0	40.54	0	6.08	
5 고장 4	3.38	40.54	0	0	40.54	6.08	
6 고장 5	6.1	43.9	8.05	29.27	6.59	0	
7 고장 6	2.4	43.27	7.93	28.85	6.49	4.33	
8 고장 7	50	0	0	0	0	0	
9 고장 8	7.35	29.41	16.18	0	13.24	13.24	
10 고장 9	0	40	7.33	26.67	6	10	
11 고장 10	3.38	40.54	40.54	0	0	6.08	
12 고장 11	5.32	35.11	0	28.67	6.45	9.57	
13 고장 12	5.25	35.3	7.61	27.7	0	9.45	

복습문제 정답

6-1 a. $R=1\text{k}\Omega$
b. $R=0.5\text{k}\Omega$
c. $R_T=1.5\text{k}\Omega$

6-2 a. 12V
b. $I=6\text{A}$
c. $V_3=18\text{V}$

6-3 a. $V_3=40\text{V}$
b. $I=8\text{A}$
c. $V_1=4\text{V}$

6-4 a. R_1
b. R_4
c. R_6

6-5 a. R_3
b. R_1
c. $I_2=4\text{A}$
d. $V_3=60\text{V}$

6-6 a. A와 B는 입력, C와 D는 출력
b. 0
c. $R_X=71.35\Omega$
d. 99.99Ω
e. 500Ω

6-7 a. $I=10\text{A}$
b. $I=1.1\text{A}$
c. $V_{AB}=12\text{V}$
d. 0V

chapter

7

전압분배기와 전류분배기

어떤 직렬회로는 각 저항에서의 전압강하가 그 직렬저항의 크기에 비례하는 전압분배기로 동작한다. 마찬가지로 어떤 병렬회로는 각 가지전류가 그 가지저항의 크기에 반비례하는 전류분배기로 동작한다. 직렬회로에 부하를 병렬로 연결하면 그 회로는 부하가 걸린 전압분배기가 된다. 실제로 부하가 걸린 전압분배기는 직·병렬 회로를 응용한 회로이다.

직렬전류의 크기를 모른다 해도 직렬회로에 있는 각 저항의 전압강하를 구할 수 있다. 마찬가지로 병렬회로에서 인가전압의 크기를 모르더라도 각 가지전류를 구하는 것이 가능하다. 이 장에서는 계산을 간단하게 하는 특별한 공식을 사용하여 직렬회로에서 전압을 구하고 병렬회로에서 전류를 구하는 방법을 배울 것이다. 또한 단일 전압원 V_T로부터 다양한 부하전압과 전류를 끌어내도록 하는 부하가 걸린 전압분배기의 설계 방법을 배울 것이다.

단원 차례

단원 목표

- 무부하 전압분배기에서 전압강하의 크기를 계산한다.
- 직렬회로에서 저항의 전압강하가 그 저항값에 비례하는 이유를 설명한다.
- 병렬회로에서 가지전류를 계산한다.
- 병렬회로에서 가지전류가 가지의 저항값에 반비례하는 이유를 설명한다.
- "부하가 걸린 전압분배기"란 용어의 의미를 정의한다.
- 부하가 걸린 전압분배기에서 전압, 전류 그리고 전력을 계산한다.

중요 용어

부하전류	분압기 전류	전압분배기	전압탭
부하전압	전류분배기		

알아두기▸▸

$V = IR$ 식에서, I 대신 $\frac{V_T}{R_T}$를 대입하면 $V = \frac{V_T}{R_T} \times R$이 된다.

V_T와 R을 바꾸면 식 (7-1)의 $V = \frac{R}{R_T} \times V_T$를 얻는다.

7-1 직렬 전압분배기

직렬회로에서는 모든 저항에 동일한 전류가 흐른다. 또한 전압강하는 I와 R을 곱한 값과 같다. 그러므로 IR 전압은 직렬저항의 크기에 비례한다. 동일한 직렬회로에서는 저항값이 높으면 낮은 저항보다 전압강하가 더 크게 일어난다. 저항값이 같으면 전압강하도 같다. 만약 R_1이 R_2의 두 배이면, V_1도 V_2의 두 배가 될 것이다.

직렬 저항열을 전압분배기로 생각할 수 있다. 인가전압은 그 저항의 비에 비례하여 나누어져 각 저항에 전압강하를 가져온다. 공식으로 설명하면 다음과 같다.

$$V = \frac{R}{R_T} \times V_T \tag{7-1}$$

예제 7-1

세 개의 50kΩ 저항, R_1, R_2, R_3이 직렬이고 180V가 인가되고 있다. 각 저항에 걸리는 전압강하는 얼마인가?

정답 각 저항에 60V씩의 전압강하가 있다. R_1, R_2, R_3이 동일하기 때문에 각 저항은 전체저항의 1/3로 전체 인가전압의 1/3씩 걸리게 된다. 공식을 적용하면

$$V = \frac{R}{R_T} \times V_T = \frac{50\text{k}\Omega}{150\text{k}\Omega} \times 180\text{V}$$
$$= \frac{1}{3} \times 180\text{V}$$
$$= 60\text{V}$$

R과 R_T는 비례식에서 같은 단위라는 것을 주목하라. 그러므로 V는 V_T와 같은 단위이다.

MultiSim **그림 7-1** 비례 전압분배기로 사용된 직렬 저항열. 각각의 V_R은 전체 전원전압 V_T의 R/R_T 비율에 해당한다.

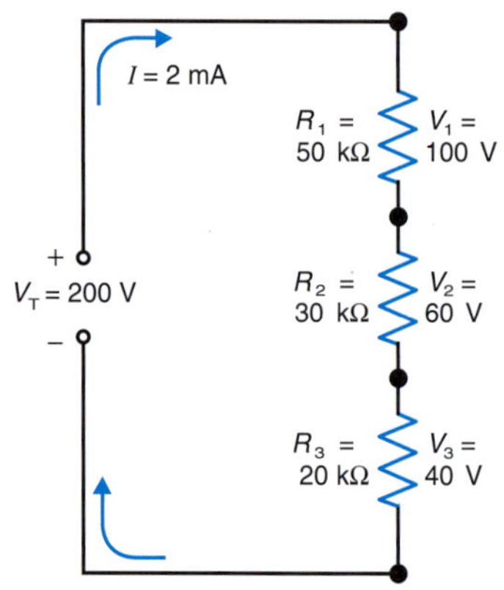

일반적인 회로

<그림 7-1>은 비례 전압분배기에 대한 다른 예를 보여주고 있다. R_3에 걸리는 전압을 구해보자. 우리는 전압 V_3을 IR_3으로 계산하거나 전체 인가전압 V_T의 비례량을 구해서 얻을 수 있다. 두 방법의 결과는 동일하다. R_T가 20+30+50=100kΩ인 것을 기억하라.

비례전압 방법

식 (7-1)을 적용하면, R_3이 20kΩ이고 R_T가 100kΩ이므로 V_3은 200V인 인가전압 V_T의 20/100과 같다. 그러므로 V_3은 200의 20/100 또는 200의 1/5로 40V가 된다. 계산식은 다음과 같다.

$$V_3 = \frac{R_3}{R_T} \times V_T = \frac{20}{100} \times 200\text{V}$$
$$V_3 = 40\text{V}$$

같은 방법으로 구하면, V_2는 60V이다. 계산식은 다음과 같다.

$$V_2 = \frac{R_2}{R_T} \times V_T = \frac{30}{100} \times 200\text{V}$$
$$V_2 = 60\text{V}$$

또한, V_1은 100V이다. 계산식은 다음과 같다.

$$V_1 = \frac{R_1}{R_T} \times V_T = \frac{50}{100} \times 200\text{V}$$
$$V_1 = 100\text{V}$$

직렬회로에서 V_1, V_2, V_3을 더하면 100+60+40=200V로 이 값은 V_T와 같다.

전압강하 방법

〈그림 7-1〉에서 전류를 구하면, $I=V_T/R_T$이므로 200V/100kΩ=2mA가 된다. 이 전류가 직렬로 연결된 R_1, R_2, R_3을 통해 흐른다. 각 저항에 인가되는 전압강하는 다음과 같다.

$$V_1 = I \times R_1 = 2\text{mA} \times 50\text{k}\Omega = 100\text{V}$$
$$V_2 = I \times R_2 = 2\text{mA} \times 30\text{k}\Omega = 60\text{V}$$
$$V_3 = I \times R_3 = 2\text{mA} \times 20\text{k}\Omega = 40\text{V}$$

이 전압들은 비례 전압분배기에 식 (7-1)을 적용하여 계산한 값과 같다.

직렬인 두 전압강하

이 경우에는 두 전압을 모두 계산하지 않아도 된다. 한 전압을 구해서 V_T로부터 그 전압을 빼면 다른 전압을 얻을 수 있다.

예를 들어, 두 개의 직렬저항 R_1과 R_2에 걸리는 전압 V_T가 48V라 하자. V_1이 18V이면, V_2는 48−18=30V가 된다.

가장 큰 직렬저항에 대부분의 전압이 걸린다.

직렬 전압강하가 저항값에 비례한다는 사실은 아주 큰 저항과 직렬로 연결된 아주 작은 저항의 전압강하는 무시될 수 있다는 것을 의미한다. 〈그림 7-2a〉가 이것과 관련된 예를 보여주고 있다. 여기서 R_1은 1kΩ으로 999kΩ의 매우 큰 값을 갖는 R_2와 직렬로 연결되어 있다. V_T는 1,000V이다.

그림 7-2 (a) 저항값이 큰 R_2와 직렬로 연결된 아주 작은 저항값을 갖는 R_1의 예. V_2는 전체전압 V_T와 거의 같다. (b) 전압탭이 있는 직렬 전압분배기

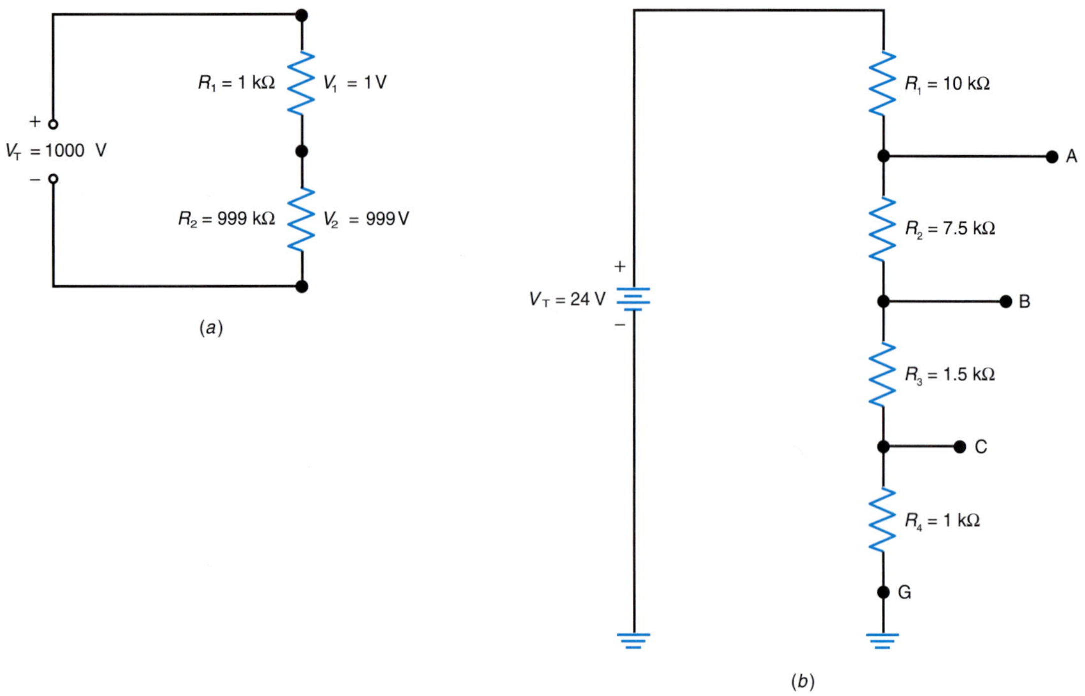

〈그림 7-2a〉의 R_1과 R_2에 걸리는 전압은 전압분배공식으로 계산할 수 있다. R_T는 1kΩ+999kΩ=1000kΩ이라는 사실을 기억하라.

$$V_1 = \frac{R_1}{R_T} \times V_T = \frac{1\text{k}\Omega}{1000\text{k}\Omega} \times 1000\text{V} = 1\text{V}$$

$$V_2 = \frac{R_2}{R_T} \times V_T = \frac{999\text{k}\Omega}{1000\text{k}\Omega} \times 1000\text{V} = 999\text{V}$$

R_2에 걸리는 999V는 실제로 전체 인가전압이나 마찬가지다. 또한, 아주 높은 값의 직렬저항에서 거의 모든 전력이 소비되고 있다.

〈그림 7-2a〉에서 R_1과 R_2에 흐르는 1mA의 전류는 거의 모두가 999kΩ의 R_2에 의해 결정된다. R_T에 흐르는 전류 I는 1000V/1000kΩ으로 1mA이다. 그러나 999kΩ의 R_2만 고려한다면 전류는 1.001mA가 흐르게 되는데, 이는 원래 1mA의 전류와는 아주 작은 차이이다.

직렬 전압분배기의 전압탭

〈그림 7-2b〉와 같이 전압탭이 있는 직렬 전압분배기를 생각해보자. 이 회로를 보면 A, B, C점의 탭으로부터 여러 전압을 사용할 수 있다는 사실을 알 수 있다. 총 저항 R_T가 20kΩ이라는 사실을 기억하라. 이 저항값은 각 직렬저항들을 더해서 구할 수 있다. 각 탭에서의 전압은 접지를 기준으로 측정된다. 탭 C점에서 V_{CG}로 표시되는 전압은 R_4에 걸리는 전압과 같다. V_{CG}에 대한 계산은 다음과 같다.

$$V_{CG} = \frac{R_4}{R_T} \times V_T$$
$$= \frac{1k\Omega}{20k\Omega} \times 24V$$
$$V_{CG} = 1.2V$$

탭 B점에서의 전압 V_{BG}는 R_3과 R_4에 걸리는 전압의 합과 같다. V_{BG}에 대한 계산은 다음과 같다.

$$V_{BG} = \frac{R_3 + R_4}{R_T} \times V_T$$
$$= \frac{1.5k\Omega + 1k\Omega}{20k\Omega} \times 24V$$
$$V_{BG} = 3V$$

탭 A점에서의 전압 V_{AG}는 R_2, R_3 그리고 R_4에 걸리는 전압을 더한 것이다. V_{AG}에 대한 계산은 다음과 같다.

$$V_{AG} = \frac{R_2 + R_3 + R_4}{R_T} \times V_T$$
$$= \frac{7.5k\Omega + 1.5k\Omega + 1k\Omega}{20k\Omega} \times 24V$$
$$V_{AG} = 12V$$

V_{AG}는 12V로, 인가전압 V_T의 1/2이라는 것을 주목하라. $R_2 + R_3 + R_4$가 총 저항 R_T의 50%가 되기 때문에 이런 결과는 당연한 것이다. 마찬가지로 $R_3 + R_4$가 총 저항의 12.5%이므로 전압 V_{BG} 또한 인가전압의 12.5%가 될 것이다. 이 경우에는 3V가 된다. V_{CG}에도 똑같이 적용된다.

각 탭에서의 전압은 전압원의 음(−) 단자가 접지되어 있기 때문에 양(+)의 값을 갖는다.

전압분배법칙의 장점

식 (7-1)을 적용하면, 전류 I의 크기를 알지 못해도 V_T와 직렬저항들로부터 비례 전압강하의 크기를 구할 수 있다. 특정한 값을 갖는 저항들에 대해 전류 I를 계산하여 전압을 구하는 것은 직접 비례전압으로 구하는 것보다 더 복잡할지 모른다. 또한 많은 경우에 있어 자세하게 계산할 필요 없이 대략적인 전압분배의 크기를 구할 수 있다.

■ 7-1 복습문제

a에서 c까지의 문제는 〈그림 7-1〉을 참조하라.

a. R_T의 크기는?

b. 인가전압에 대한 V_3의 비는 얼마인가?

c. 각 저항의 크기가 2배가 될 때 V_1의 크기는?

d. 〈그림 7-2b〉에서 R_2와 R_3을 바꾼다면 V_{BG}의 크기는?

7-2 두 개의 병렬저항을 포함한 전류분배기

때때로 병렬 저항뱅크에 얼마 만큼의 전압이 걸리는지 모르는 상태에서, 저항과 I_T만으로 한 뱅크에 있는 각각의 가지전류를 구할 필요가 있을 수 있다. 이 문제는 전류가 가지저항에 반비례한다는 사실을 적용하여 해결할 수 있다. 예를 들어, 〈그림 7-3〉의 전류분배기를 살펴보자. 두 가지전류를 구하는 식은 다음과 같다.

$$I_1 = \frac{R_2}{R_1 + R_2} \times I_T$$
$$I_2 = \frac{R_1}{R_1 + R_2} \times I_T \quad (7\text{-}2)$$

각각의 가지전류에 대한 식은 분자가 상대 가지의 저항인 것을 주목하라. 이것은 각 가지전류가 그 가지의 저항값에 반비례하기 때문이다. 분모는 두 식에서 동일한데, 그 값은 두 가지 저항을 더한 것과 같다.

〈그림 7-3〉에서 I_T가 30A, R_1이 2Ω 그리고 R_2가 4Ω일 때 전류를 계산해보면 다음과 같다.

$$I_1 = \frac{4}{2+4} \times 30 = \frac{4}{6} \times 30$$
$$I_1 = 20\text{A}$$

다른 가지에서 전류 I_2를 구하면,

$$I_2 = \frac{2}{2+4} \times 30 = \frac{2}{6} \times 30$$
$$I_2 = 10\text{A}$$

모든 저항의 단위가 같다면, 가지전류는 I_T의 단위와 같게 된다. 예를 들어, kΩ 단위의 저항과 mA 단위의 전류가 사용될 수 있다.

그림 7-3 두 개의 가지저항을 포함한 전류분배기. 각각의 가지전류는 그 가지의 저항값에 반비례한다. 저항값이 작으면 전류는 커진다.

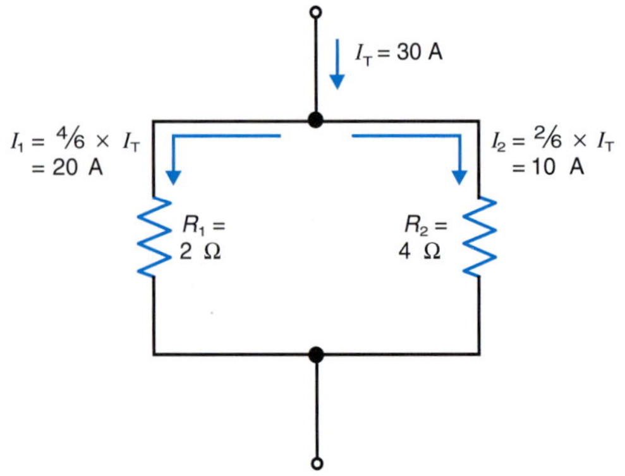

실제로 두 전류 모두를 계산할 필요는 없다. 한 전류를 계산하면 다른 전류는 I_T에서 그 전류를 빼서 구할 수 있다.

병렬뱅크에서의 전류분배는 직렬 저항열에서의 전압분배와 반대라는 것을 기억하라. 직렬저항에서 저항값이 크면 저항에 비례하여 전압도 커지게 된다. 병렬가지에선 저항값이 낮을수록 가지전류는 커지며, 크기는 V/R와 같다.

〈그림 7-3〉에서 2Ω인 R_1의 크기는 4Ω인 R_2의 반이기 때문에 20A의 전류 I_1은 10A인 전류 I_2의 두 배가 된다. 전류와 저항은 반비례의 관계에 있다.

그림 7-4 작은 값의 R_1과 큰 값의 R_2가 병렬인 예. 가지전류를 보면, 작은 값의 R_1에 전체전류 I_T의 대부분이 흐른다.

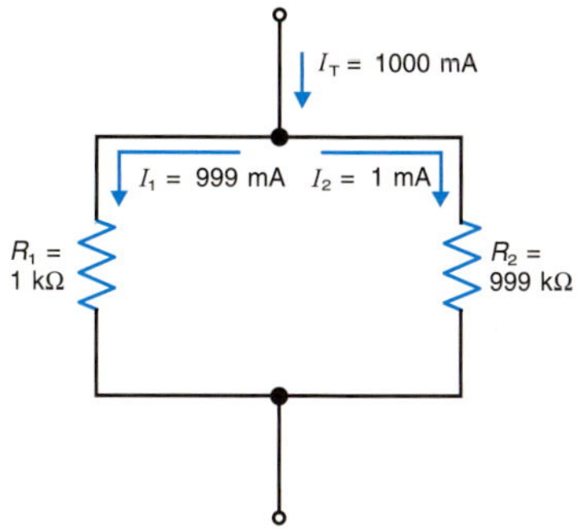

병렬뱅크에서 전류와 저항은 반비례하기 때문에, 아주 큰 값의 저항은 아주 작은 값을 갖는 저항과 비교해볼 때 병렬회로에 거의 영향을 미치지 못하게 된다. 예를 들어, 〈그림 7-4〉를 보면 999kΩ인 R_2는 1kΩ의 R_1과 병렬이므로 1000mA의 I_T가 두 저항에 나누어서 흐르고 있다. 가지전류는 다음과 같이 계산할 수 있다.

$$I_1 = \frac{999\text{k}\Omega}{1000\text{k}\Omega} \times 1000\text{mA} = 999\text{mA}$$

$$I_2 = \frac{1\text{k}\Omega}{1000\text{k}\Omega} \times 1000\text{mA} = 1\text{mA}$$

R_1이 R_2보다 아주 작기 때문에 I_1은 999mA로 전체전류 1000mA의 대부분을 차지하고 있다. 또한 가지저항이 작을수록 그 가지에 더욱 많은 전류가 흐르기 때문에 가장 많은 전력을 소비하게 된다.

전류분배공식 (7-2)는 2개의 가지에 있는 저항들에 대해서만 적용할 수 있다. 이는 각 가지전류와 그 가지저항이 반비례 관계에 있기 때문이다. 반면에, 전압분배공식 (7-1)은 각 전압강하와 그 저항이 정비례하기 때문에 직렬저항의 수가 많아도 사용할 수 있다.

가지들이 많으면, 그 가지들을 한 번에 전류가 두 곳으로만 흐르도록 합성을 하여 해석해 나간다. 그러나 다음 절에서 설명하는 것처럼, 전류 I와 컨덕턴스 G가 정비례하기 때문에 병렬 컨덕턴스를 사용하는 것이 더 좋은 방법이다.

알아두기▸▸

병렬로 연결된 많은 저항들에 대해서도 각 가지전류는 다음과 같이 계산할 수 있다. $I_R = \frac{R_{EQ}}{R} \times I_T$

여기서 I_R과 R은 각각의 가지전류와 저항값을 나타낸다.

■ 7-2 복습문제

〈그림 7-3〉을 참조하라.

a. R_1과 R_2의 비는 얼마인가?

b. I_1과 I_2의 비는 얼마인가?

7-3 병렬 컨덕턴스에 의한 전류분배

컨덕턴스 G는 $1/R$이다. 그러므로 컨덕턴스와 전류는 정비례한다. 전압이 동일하다면 컨덕턴스가 클수록 더 많은 전류가 흐른다. 병렬가지가 여러 개 있을 때, 각각의 가지전류는 다음과 같다.

$$I = \frac{G}{G_T} \times I_T \tag{7-3}$$

여기서 G는 한 가지의 컨덕턴스이고 G_T는 모든 병렬 컨덕턴스의 합이다. G의 단위는 지멘스(S : Siemens)이다.

컨덕턴스에 비례하여 나누어지는 가지전류를 계산하기 위한 식 (7–3)은 저항에 비례하여 나누어지는 직렬전압을 계산하기 위한 식 (7–1)과 같은 형태를 지닌다. 이는 두 식이 모두 정비례를 나타내기 때문이다.

두 개의 가지

식 (7–3)을 적용한 예로서, 〈그림 7–3〉으로 돌아가서 저항 대신 컨덕턴스로 가지전류를 구할 수 있다. 2Ω의 R_1에 대해 G_1은 1/2=0.5S이다. 4Ω의 R_2에서 G_2는 1/4=0.25S가 된다. 그때 G_T는 0.5+0.25=0.75S이다.

〈그림 7–3〉에서 I_T는 30A이다. 가지전류는

$$I_1 = \frac{G_1}{G_T} \times I_T = \frac{0.50}{0.75} \times 30\text{A}$$

$$I_1 = 20\text{A}$$

이 20A는 앞에서 계산한 I_1과 같은 값이다.

다른 가지에서 I_2는 30−20=10A이다. 또한, I_2는 I_T의 0.25/0.75 또는 1/3로서, 계산하면 앞에서 구한 것과 같은 값인 10A를 얻는다.

세 개의 가지

〈그림 7–5〉에 세 개의 가지전류를 포함한 회로가 있다. 10Ω의 R_1, 2Ω의 R_2 그리고 5Ω의 R_3에 대한 컨덕턴스는 다음과 같다.

$$G_1 = \frac{1}{R_1} = \frac{1}{10\Omega} = 0.1\text{S}$$

$$G_2 = \frac{1}{R_2} = \frac{1}{2\Omega} = 0.5\text{S}$$

$$G_3 = \frac{1}{R_3} = \frac{1}{5\Omega} = 0.2\text{S}$$

MultiSim **그림 7–5** 가지의 컨덕턴스 G_1, G_2 그리고 G_3을 포함한 전류분배기. S는 지멘스로 컨덕턴스의 단위이다. 각 가지전류들은 그 가지의 컨덕턴스에 정비례한다.

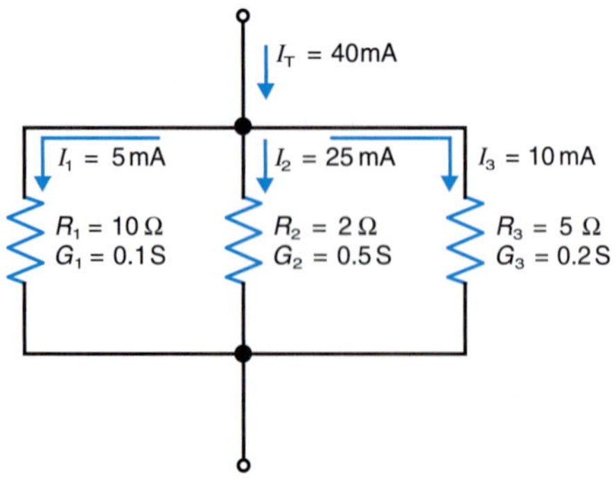

지멘스(S)는 옴(Ω)의 역수라는 사실을 기억하라. 총 컨덕턴스는

$$\begin{aligned} G_T &= G_1 + G_2 + G_3 \\ &= 0.1 + 0.5 + 0.2 \\ G_T &= 0.8\text{S} \end{aligned}$$

〈그림 7-5〉에서 I_T는 40mA이다. 식 (7-3)을 적용하여 가지전류를 계산하면,

$$I_1 = 0.1/0.8 \times 40\text{mA} = 5\text{mA}$$
$$I_2 = 0.5/0.8 \times 40\text{mA} = 25\text{mA}$$
$$I_3 = 0.2/0.8 \times 40\text{mA} = 10\text{mA}$$

I_T는 5+25+10=40mA가 된다.

비록 여기서 세 개의 가지를 예로 들었지만, 전류와 컨덕턴스가 정비례하기 때문에 식 (7-3)을 적용하여 여러 개의 병렬 컨덕턴스들에 흐르는 전류를 구할 수 있다. 컨덕턴스를 이용하는 방법은 3개이나 그 이상의 가지들에서 저항값을 이용하여 구하는 방법보다 더 쉽게 가지에 흐르는 전류를 구할 수 있다.

■ 7-3 복습문제

〈그림 7-5〉를 참조하라.

a. G_1과 G_3의 비는 얼마인가?

b. I_1과 I_3의 비는 얼마인가?

7-4 병렬 부하전류를 포함한 직렬 전압분배기

지금까지 전압분배기는 어떠한 가지전류도 없는 직렬 저항열로 이루어진 것만 살펴보았다. 그러나 V_T보다 작은 전압을 부하에 공급하기 위해 인가전압의 한 부분에 탭을 내는 데 전압분배기가 흔히 사용되곤 한다. 그때 회로에 연결된 부하는 〈그림 7-6〉과 같이 분배기의 한 부분에서 병렬가지로 동작한다. 여기서 보인 예는 탭 F점에서의 부하전압이 무부하 시(R_L에 가지전류가 흐르지 않을 때)의 전압보다 작아지는 이유를 설명하고 있다.

부하전압이 감소하는 이유

먼저 〈그림 7-6a〉부터 시작하자. 이 회로는 R_1–R_2 전압분배기만의 회로이다. 직렬 저항 R_1과 R_2는 단순히 60V의 전압원, V_T에 연결된 비례 분배기로 동작한다.

R_1이 40kΩ이고 R_2가 20kΩ이므로 R_T는 60kΩ이 된다. 또한 전류는 $I=V_T/R_T$, 즉 60V/60kΩ=1mA이다. 〈그림 7-6a〉에서 분배된 전압의 크기는 다음과 같다.

$$V_1 = \frac{40}{60} \times 60\text{V} = 40\text{V}$$

$$V_2 = \frac{20}{60} \times 60\text{V} = 20\text{V}$$

V_1+V_2는 40+20=60V라는 사실을 주목하라. 이 값은 전체 인가 전압과 같다.

그러나 〈그림 7-6b〉에서 20kΩ의 R_L로 인해 접지에 대한 탭 F점에서의 등가저항값이 변하게 된다. 저항값의 변화로 분배되는 전압의 크기가 바뀐다. 각각 20kΩ인 R_2와 R_L이 병렬이기 때문에 F와 G 사이의 저항값은 10kΩ이다. 이 등가 뱅크저항값은 〈그림 7-6c〉에서 10kΩ으로 표시되어 있다.

R_1에는 병렬가지가 없기 때문에 여전히 저항값이 40kΩ이다. 〈그림 7-6c〉의 전압분배기에서 R_T를 다시 구하면 40kΩ+10kΩ=50kΩ이다. 결론적으로 〈그림 7-6c〉에서 F와 G 사이의 전압 V_E는 다음의 값을 갖게 된다.

$$V_E = \frac{R_E}{R_T} \times V_T = \frac{10}{50} \times 60\text{V}$$

$$V_E = 12\text{V}$$

그러므로 〈그림 7-6b〉의 병렬저항 R_2와 R_L에 걸리는 전압은 12V로 줄어들게 된다. 이 전압이 탭 F점에서 R_L에 걸리는 전압이다.

〈그림 7-6c〉에서 R_1에 걸리는 V_1은 48V로 증가하는 것을 주목하라. V_1은 40/50×60V=48V이다. V_1이 증가하는 이유는 R_1에 더 많은 전류가 흐르기 때문이다.

〈그림 7-6c〉에서 V_1+V_E는 48+12=60V이다. 각 저항의 전압강하를 더하면 여전히 인가전압과 같다.

R_L에 흐르는 전류의 경로

회로의 모든 전류는 전원 V_T로부터 나온다. R_L에서 전류의 흐름을 살펴보자. 전류는 V_T의 양극에서 시작하여 분배기의 R_1을 통해 F점을 통과한 후 다시 R_L을 통해

MultiSim **그림 7-6** 직렬 전압분배기의 한 부분에 연결된 병렬부하의 영향 (a) 가지전류가 없는 직렬저항 R_1과 R_2 (b) R_2와 병렬 부하저항 R_L에 걸리는 전압의 감소 (c) 부하가 걸린 전압분배기의 등가회로

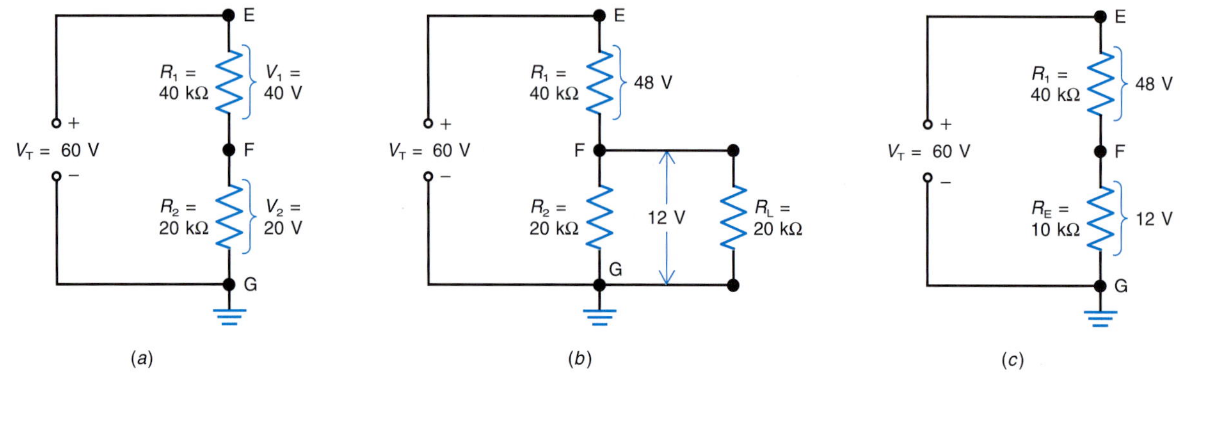

V_T의 음극으로 돌아간다. 이 전류 I_L은 R_2가 아닌 R_1을 통과해서 흐른다.

분압기 전류(bleeder current)

R_1과 R_2에는 전원으로부터 각각 전류가 흐르고 있다. 분배기에 있는 모든 저항을 통해 흐르는 전류를 분압기 전류 I_B라고 한다. I_B는 V_T의 (+)단자에서 R_1과 R_2를 통해 흘러서 V_T의 (–)단자로 돌아간다.

이제 〈그림 7–6b〉에 있는 세 개의 저항에 흐르는 전류를 요약하면 다음과 같다.

1. R_L에는 부하전류 I_L만 흐른다.
2. R_2에는 분압기 전류 I_B만 흐른다.
3. R_1에는 I_L과 I_B 전류 모두 흐른다.

오직 R_1에만 분압기 전류와 부하전류가 모두 흐른다는 사실에 주목하라.

■ 7–4 복습문제

〈그림 7–6〉을 참조하라.

a. 〈그림 7–6a〉에서 R_2/R_T의 비는 얼마인가?

b. 〈그림 7–6c〉에서 R_E/R_T의 비는 얼마인가?

7–5 부하가 걸린 전압분배기의 설계

앞에서 언급한 법칙들을 적용하여 〈그림 7–7〉에 보인 실제적인 전압분배기를 설계할 수 있다. 전자장치에 있는 전원공급기는 이런 형태의 회로를 사용하여 여러 탭에 다양한 전압을 공급해서 서로 다른 부하전류가 흐르도록 한다. 예를 들어, 부하 D는 컬렉터 전원으로 100V가 필요한 1개 이상의 파워 트랜지스터들의 컬렉터–이미터 회로가 될 수 있다. 또한 탭 E점에서는 40V가 중간–파워 트랜지스터들의 컬렉터 전원이 될 수 있다. 마지막으로 탭 F점의 18V 전압이 파워 트랜지스터들의 베이스–이미터 바이어스 전류를 위해 사용될 수 있고, 작은 트랜지스터들에서는 컬렉터 전압이 될 수 있다.

〈그림 7–7〉에 있는 부하의 사양을 주목하라. 부하 F는 F점에서 섀시접지까지 18V가 필요하다. 분배기의 F점으로부터 18V가 공급된다면, 36mA의 가지전류가 부하를 통해 흐를 것이다. 마찬가지로 탭 E에서 부하 E에 54mA의 I_E가 흐르기 위해선 40V가 공급되어야 한다. 또한 부하전류 I_D가 180mA가 되려면 D점이 100V가 되어야 한다. 여기서 전체 부하전류는 36+54+180=270mA이다.

더욱이 분배기 전체를 흐르는 분압기 전류 I_B는 일반적으로 부하전류의 약 10% 정도로 정해진다. 여기에서의 예를 보면 전원으로부터 전체전류 I_T가 270+30=300mA가 되도록 하기 위해 I_B를 30mA로 정했다. 30mA의 I_B는 R_1과 R_2, R_3을 흐른다는 것을 기억하라.

그림 7-7 전원 V_T로부터 다양한 전압과 전류를 얻기 위한 전압분배기

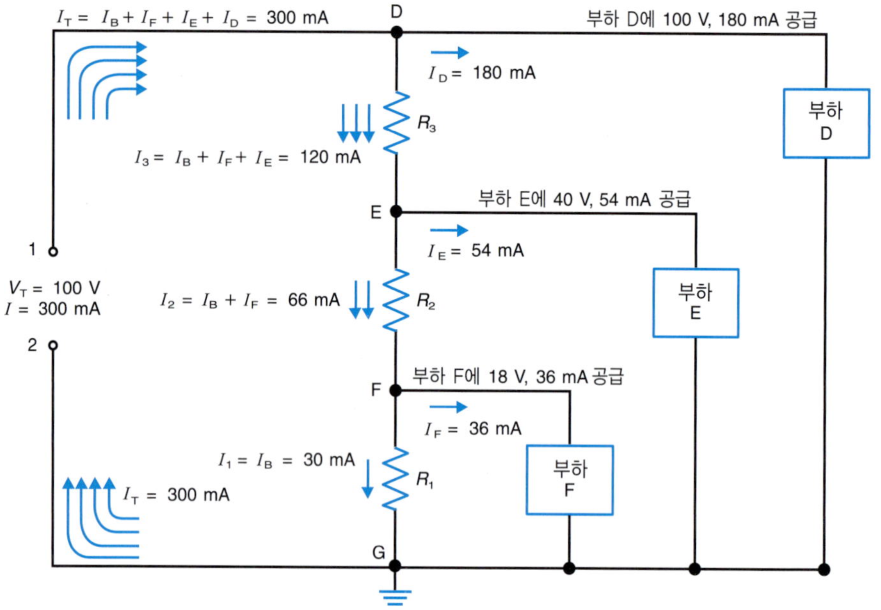

〈그림 7-7〉의 설계에 주어진 문제는 특정한 전압을 공급하기 위한 R_1, R_2 그리고 R_3의 크기를 구하는 것이다. 각 저항은 V/I의 비율로 계산할 수 있다. 그러나 분배기의 각 부분에 적용될 전압과 전류의 정확한 값을 알아야 한다.

알아두기▸▸

부하가 걸린 전압분배기는 직·병렬 회로의 실제적인 응용이다.

각 저항에 흐르는 전류 구하기

R_1에는 오직 30mA의 분압기 전류 I_B만 흐르기 때문에 R_1부터 시작해보자. R_1에는 어떤 부하전류도 흐르지 않는다. 그러므로 R_1에 흐르는 전류 I_1은 30mA이다.

부하 F에 흐르는 36mA의 전류 I_F는 R_3과 R_2를 통해 흘러들어와서 전원으로 되돌아간다. R_2만 생각한다면, 부하전류 I_F와 30mA의 분압기 전류 I_B가 R_2에 흐르고 있다. 그러므로 R_2에 흐르는 I_2는 36+30=66mA이다.

부하 E에 흐르는 54mA의 전류 I_E는 R_3을 통해 흘러들어와서 전원으로 되돌아간다. 그러나 R_3에는 또한 36mA의 I_F와 30mA의 I_B가 흐르고 있다. 그러므로 R_3에 흐르는 I_3은 54+36+30=120mA가 된다. I_1, I_2 그리고 I_3의 값을 〈표 7-1〉에 나타냈다.

회로도 위쪽의 부하 D에 흐르는 부하전류 I_D는 R_3을 통해 흐르지 않으며 또한 분배기에 있는 어떤 저항을 통해 흐르지도 않는다. 그렇지만 180mA의 I_D는 인가전압원을 흐르는 부하전류이다. 분압기 전류와 부하전류를 더한 120mA의 전류에 180mA의 I_D를 더하면 전원공급기의 주 회로선에 흐르는 300mA의 I_T와 같게 된다.

각 저항에 걸리는 전압 계산

〈그림 7-7〉의 각 탭에서의 전압은 섀시접지에 대한 전위차이다. 그러나 각 저항의

양단 간에 걸리는 전압을 구할 필요가 있다. R_1을 보면, V_1은 R_1의 한쪽이 접지되어 있으므로 접지에 대해 18V가 된다. 그러나 R_2에 걸리는 전압은 E점의 전압 40V에서 F점의 전압 18V를 뺀 값이다. 그러므로 V_2는 40−18=22V이다. 마찬가지로 V_3은 D점의 전압 100V에서 E점의 전압 40V를 뺀, 즉 100−40=60V이다. V_1, V_2, V_3의 크기도 〈표 7–1〉에 요약해 놓았다.

표 7–1	전압분배기의 설계값		
〈그림 7–7〉에서	전류, mA	전압, V	저항, Ω
R_1	30	18	600
R_2	66	22	333
R_3	120	60	500

각 저항 계산

이제 각 V/I의 비로 R_1, R_2 그리고 R_3을 계산할 수 있다. 〈표 7–1〉에 표시된 값에 대해

$$R_1 = \frac{V_1}{I_1} = \frac{18\text{V}}{30\text{mA}} = 0.6\text{k}\Omega = 600\Omega$$

$$R_2 = \frac{V_2}{I_2} = \frac{22\text{V}}{66\text{mA}} = 0.333\text{k}\Omega = 333\Omega$$

$$R_3 = \frac{V_3}{I_3} = \frac{60\text{V}}{120\text{mA}} = 0.5\text{k}\Omega = 500\Omega$$

〈그림 7–7〉과 같이 이 값들을 R_1, R_2 그리고 R_3에 적용해서 100V의 전원에 연결된 전압분배기를 구성한다면, 각각의 부하에는 특정한 전압이 걸리게 되고 그것에 비례하는 전류가 흐르게 될 것이다.

■ 7–5 복습문제

〈그림 7–7〉을 참조하라.

a. R_1, R_2 그리고 R_3을 통해 흐르는 분압기 전류 I_B는 얼마인가?

b. 부하 E가 연결된 탭 E에서 접지까지의 전압은 얼마인가?

c. R_2에 걸리는 전압 V_2의 크기는?

d. 부하 D가 개방됐다면 탭 F에서 접지까지 측정한 전압은 얼마가 되겠는가?

요약

- 직렬회로에서 V_T는 저항값에 비례하여 각 저항에 걸리는 전압강하로 나누어진다. 직렬저항이 많이 있을 때 각각의 전압강하 V_R은 $V_R=(R/R_T)\times V_T$이다. 가장 큰 직렬저항에 가장 큰 전압강하가 일어난다.
- 병렬회로에서 I_T는 가지전류로 나누어진다. 각 가지전류는 가지의 저항에 반비례한다. 2개의 저항에서 가지전류는 식 (7-2)로 구한다.
- 여러 개의 병렬가지에서 I_T는 각 컨덕턴스 G에 정비례하는 가지전류들로 나누어진다. 각각의 가지전류 I는 다음과 같다.

  $I=(G/G_T)\times I_T$
- 직렬 전압분배기에는 〈그림 7-6〉과 같이 보통 병렬 부하를 연결하는 탭(중간접점)이 있다. 그때 탭에서의 전압은 부하전류로 인해 감소한다.
- 〈그림 7-7〉과 같이 부하가 걸린 전압분배기를 설계하려면 각 저항에 대한 계산을 해야 한다. 전류 I와 각 저항에서의 전위차 V를 구한다. 그러면 저항은 $R=V/I$이다.

중요 용어

- 부하전류 : 부하가 걸린 전압분배기에서 부하로 연결된 전자장치나 부품들에 흐르는 전류
- 부하전압 : 직렬 전압분배기에서 부하가 병렬로 연결된 점에서의 전압
- 분압기 전류 : 부하가 걸린 전압분배기에 있는 모든 저항을 통해 흐르는 전류. I_B로 표시되는 분압기 전류는 일반적으로 전체 부하전류의 약 10% 정도로 생각한다.
- 전류분배기 : 회로 내의 각 가지전류들이 그 가지의 저항값에 반비례하는 병렬회로는 전류분배기로 동작한다. 컨덕턴스를 고려하면, 각 가지전류는 그 가지의 컨덕턴스 값에 정비례한다.
- 전압분배기 : 각 직렬저항의 전압강하가 그 직렬저항값에 비례하는 직렬회로는 전압분배기로 동작한다.
- 전압탭 : 접지를 기준으로 서로 다른 전압들을 제공하는 직렬 전압분배기 내의 접점

중요 공식

$$V=\frac{R}{R_T}\times V_T$$

병렬인 두 저항에 대해 : $I_1=\dfrac{R_2}{R_1+R_2}\times I_T \qquad I_2=\dfrac{R_1}{R_1+R_2}\times I_T$

$$I=\frac{G}{G_T}\times I_T$$

자습문제

1. 직렬회로에서 각 저항의 전압강하는?

a. 직렬 저항값에 반비례한다.
b. 직렬 저항값에 비례한다.
c. 직렬 저항값과 무관하다.
d. 위에 답이 없다.

2. 병렬회로에서 각각의 가지전류는?

a. 가지 저항값에 관계없다.
b. 가지 저항값에 정비례한다.
c. 가지 저항값에 반비례한다.
d. 위에 답이 없다.

3. R_1, R_2, R_3이 24V의 인가전압 V_T에 직렬로 연결되어 있다. R_2가 R_T의 3분의 1 크기라면, V_2는?
   a. 8V
   b. 16V
   c. 4V
   d. 크기를 알 수 없다.

4. R_1과 R_2는 병렬이다. R_1이 R_2의 두 배라면, I_T가 6A일 때 R_2에 흐르는 I_2는 얼마인가?
   a. 1A
   b. 2A
   c. 3A
   d. 4A

5. R_1과 R_2는 병렬이다. R_1의 컨덕턴스 G_1이 R_2의 컨덕턴스 G_2의 두 배라면, I_T가 6A일 때 I_2는 얼마인가?
   a. 1A
   b. 2A
   c. 3A
   d. 4A

6. 〈그림 7-8〉에서 R_1에 흐르는 전류 I_1의 크기는?
   a. 400mA
   b. 300mA
   c. 100mA
   d. 500mA

그림 7-8

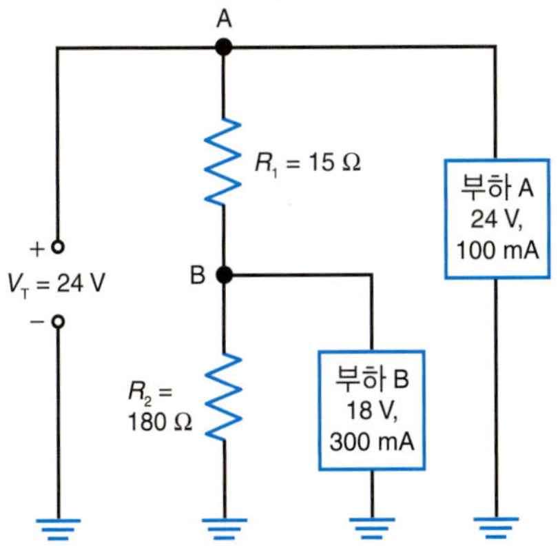

7. 〈그림 7-8〉에서 분압기 전류 I_B의 크기는?
   a. 500mA
   b. 400mA
   c. 100mA
   d. 300mA

8. 〈그림 7-8〉에서 총 전류 I_T는?
   a. 500mA
   b. 400mA
   c. 100mA
   d. 300mA

9. 〈그림 7-8〉에서 부하 B가 개방된다면, 전압 V_{BG}의 크기는?
   a. 18V
   b. 19.2V
   c. 6V
   d. 22.15V

10. 〈그림 7-8〉에서 부하 A가 개방된다면, 전압 V_{BG}는 어떻게 되는가?
   a. 증가한다.
   b. 감소한다
   c. 변하지 않는다.
   d. 계산할 수 없다.

확인문제

1. 직렬 전압분배기를 정의하라.
2. 병렬 전류분배기를 정의하라.
3. 직렬 전압분배기와 병렬 전류분배기 사이의 두 가지 차이점을 말하라.
4. 가지저항에 대한 식 (7–2)와 가지컨덕턴스에 대한 식 (7–3)의 세 가지 차이점을 말하라.
5. 분압기 전류를 정의하라.
6. 〈그림 7–6〉에서 a 회로와 b 회로 간에 가장 큰 차이는 무엇인가?
7. 〈그림 7–1〉에서 V_1이 V_2, V_3과 직렬로 같은 위치에 있으나 V_T와 마주보는 위치에 있는 이유는? 각 전압강하의 극성을 표시하라.
8. 저항 두 개로 구성된 병렬뱅크에서 각 가지 전류를 구하기 위한 식 (7–2)를 유도하라. [힌트 : 뱅크에 걸리는 전압은 $I_T \times R_{EQ}$이고 R_{EQ}는 $R_1R_2/(R_1+R_2)$이다.]

연습문제

7–1절 직렬 전압분배기

7–1 100Ω의 R_1이 200Ω의 R_2, 300Ω의 R_3과 직렬로 연결되었다. 인가전압 V_T는 18V이다. V_1, V_2, V_3을 계산하라.

7–2 10kΩ의 R_1이 12kΩ의 R_2, 4.7kΩ의 R_3 그리고 3.3kΩ의 R_4와 직렬이다. 인가전압 V_T가 36V일 때 V_1, V_2, V_3, V_4를 계산하라.

7–3 MultiSim 〈그림 7–9〉에서 V_1, V_2, V_3을 계산하라.

그림 7–9

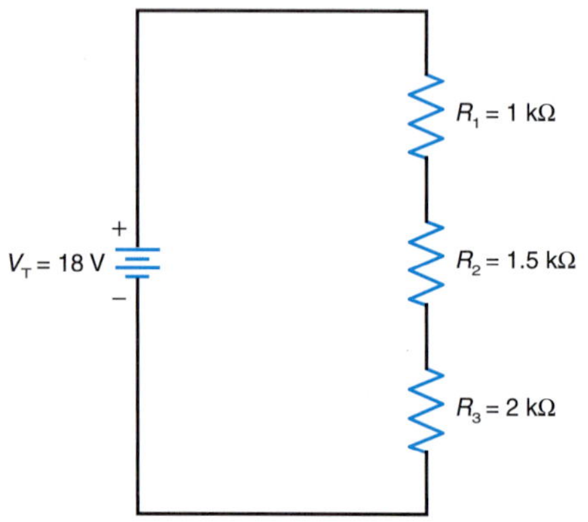

7–4 MultiSim 〈그림 7–9〉에서 R_1=10Ω, R_2=12Ω, R_3=18Ω 그리고 V_T=20V일 때 V_1, V_2, V_3을 다시 계산하라.

7–5 〈그림 7–10〉에서 V_1, V_2, V_3을 계산하라. R_2는 R_1의 3배이고 R_3은 R_2의 2배인 것에 주목하라.

그림 7–10

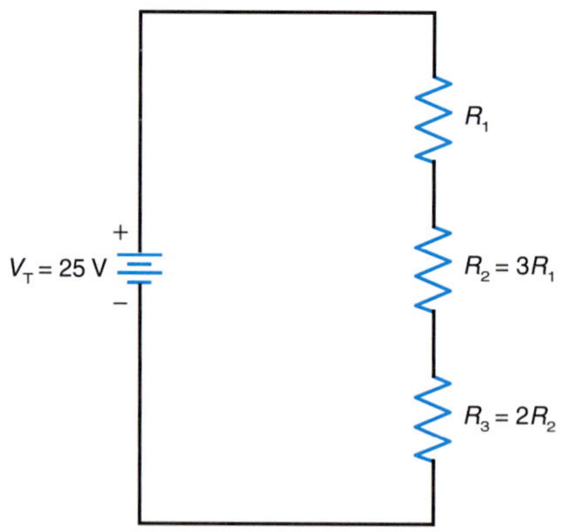

7–6 〈그림 7–11〉에서 다음을 계산하라.

a. V_1, V_2, V_3

b. V_{AG}, V_{BG}, V_{CG}

그림 7–11

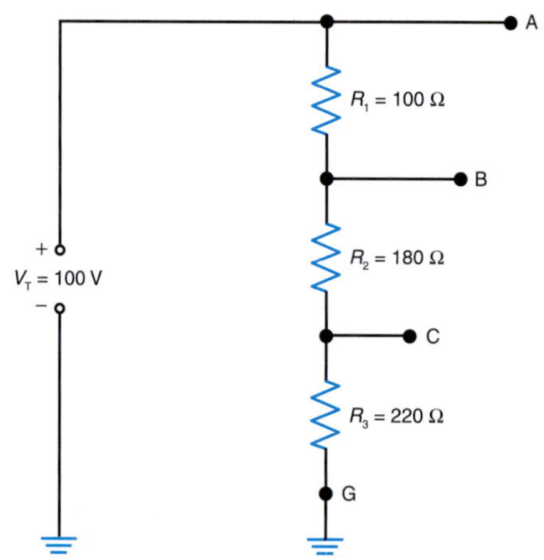

7-7 〈그림 7-11〉에서 R_1, R_2, R_3과 인가전압 V_T를 다음 값으로 변경하라. R_1=9kΩ, R_2=900Ω, R_3=100Ω 그리고 V_T=10V. 다음을 다시 계산하라.

a. V_1, V_2, V_3

b. V_{AG}, V_{BG}, V_{CG}

7-8 〈그림 7-12〉에서 다음 값을 구하라.

a. V_1, V_2, V_3, V_4

b. V_{AG}, V_{BG}, V_{CG}, V_{DG}

그림 7-12

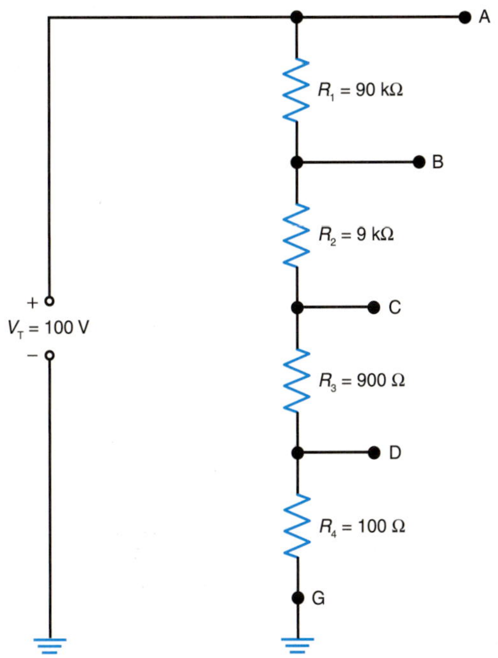

7-9 〈그림 7-13〉에서 다음 값을 구하라.

a. V_1, V_2, V_3, V_4

b. V_{AG}, V_{BG}, V_{CG}, V_{DG}

그림 7-13

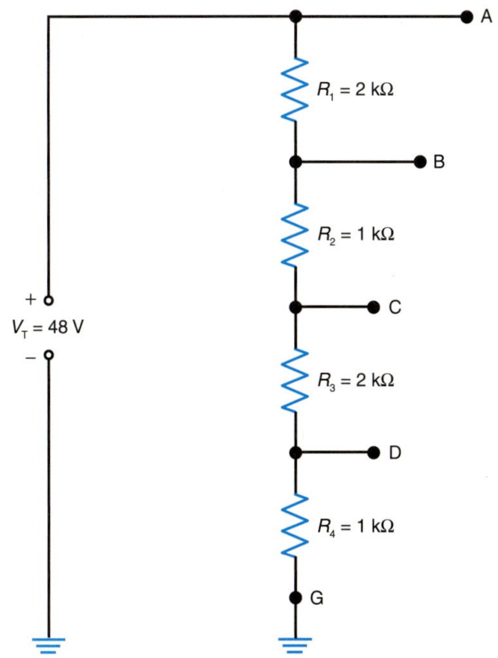

7-10 〈그림 7-14〉에서 다음을 구하라.

a. V_1, V_2, V_3, V_4, V_5

b. V_{AG}, V_{BG}, V_{CG}, V_{DG}

그림 7-14

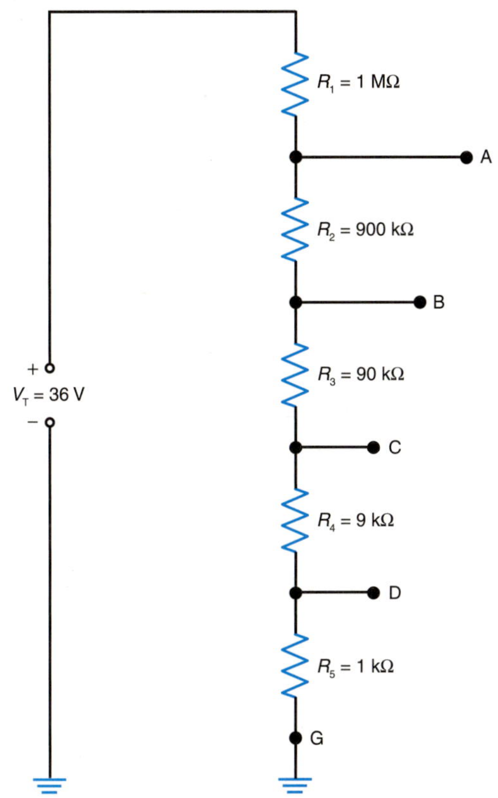

7-2절 두 개의 병렬저항을 포함한 전류분배기

7-11 〈그림 7-15〉에서 I_1과 I_2를 구하라.

그림 7-15

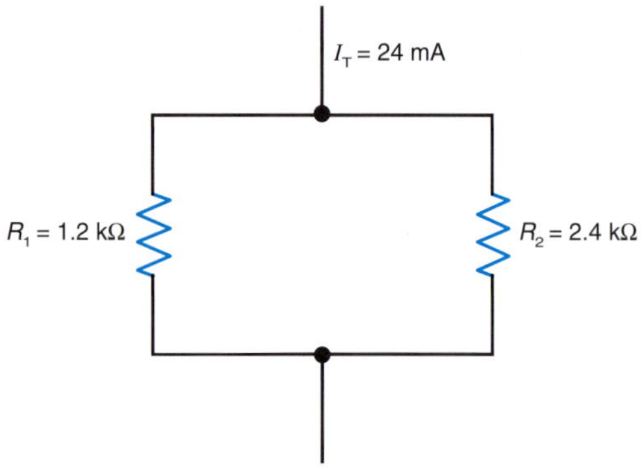

7-12 MultiSim 〈그림 7-16〉에서 I_1과 I_2를 구하라.

그림 7-16

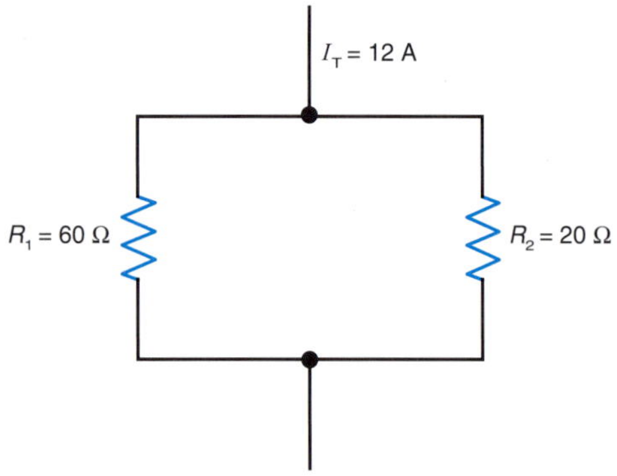

7-13 〈그림 7-17〉에서 I_1과 I_2를 구하라.

그림 7-17

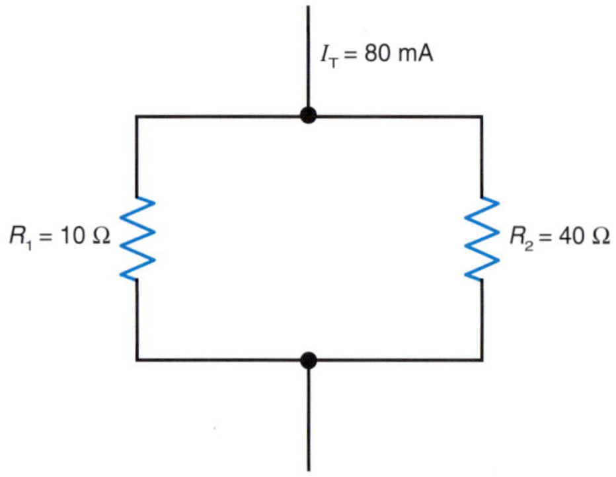

7-14 MultiSim 〈그림 7-18〉에서 I_1과 I_2를 구하라.

그림 7-18

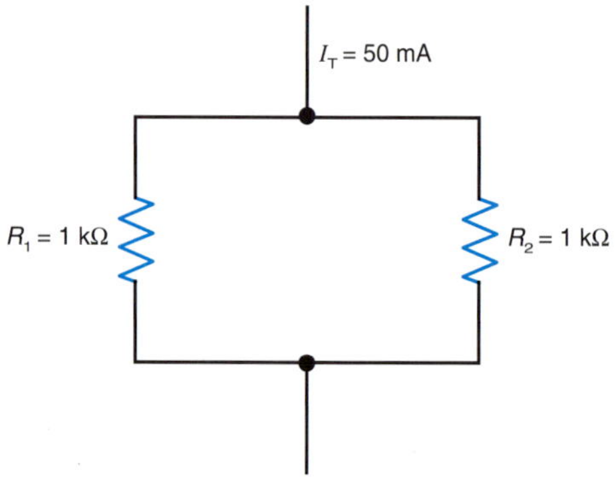

7-15 〈그림 7-19〉에서 I_1과 I_2를 구하라.

그림 7-19

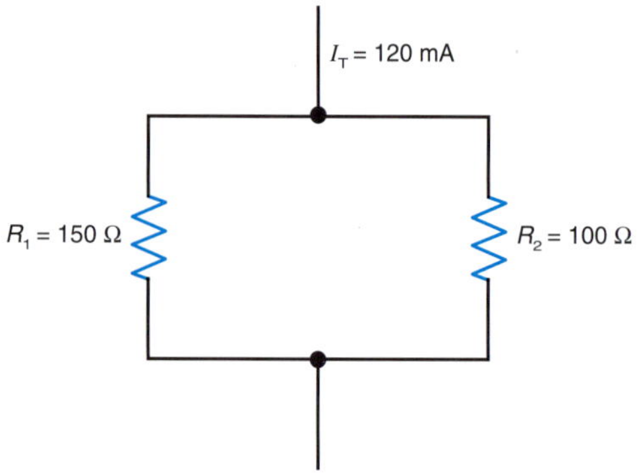

7-3절 병렬 컨덕턴스에 의한 전류분배

7-16 〈그림 7-20〉에서 I_1, I_2 그리고 I_3을 구하라.

그림 7-20

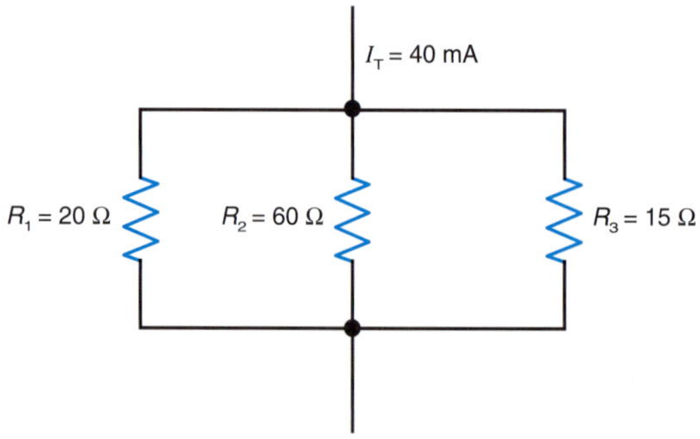

7-17 〈그림 7-21〉에서 I_1, I_2 그리고 I_3을 구하라.

그림 7-21

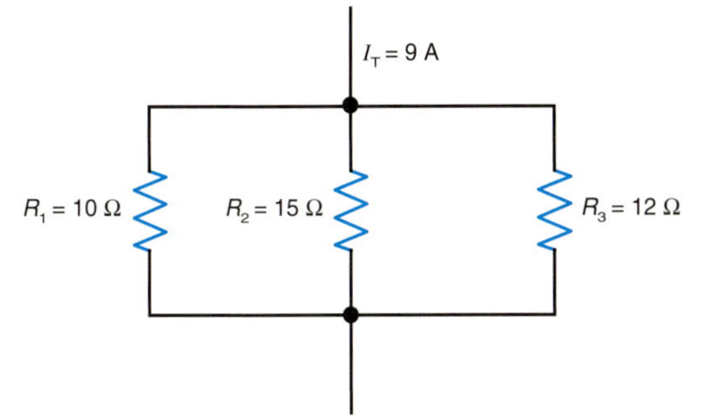

7-18 〈그림 7-22〉에서 I_1, I_2 그리고 I_3을 구하라.

그림 7-22

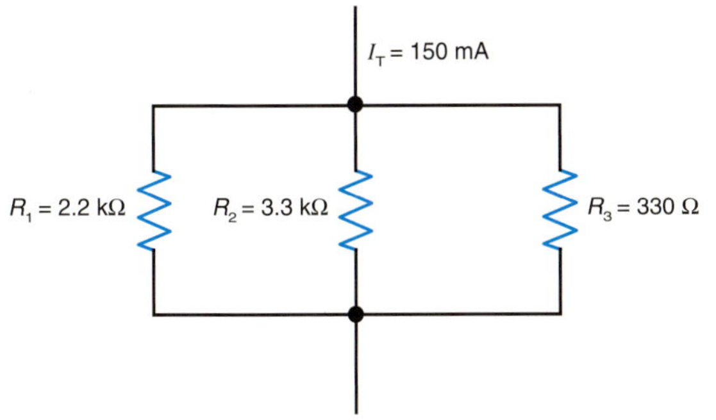

7-19 〈그림 7-23〉에서 I_1, I_2 그리고 I_3을 구하라.

그림 7-23

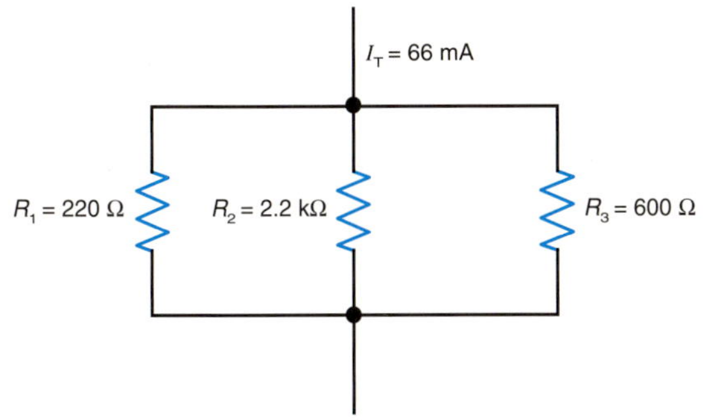

7-20 〈그림 7-24〉에서 I_1, I_2, I_3 그리고 I_4를 구하라.

그림 7-24

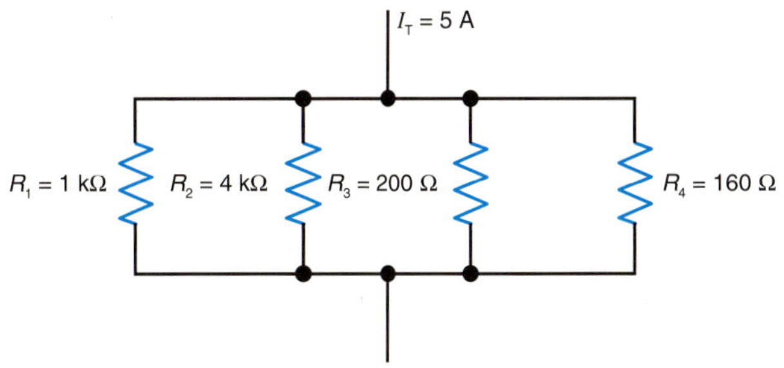

7-21 〈그림 7-25〉에서 I_1, I_2, I_3 그리고 I_4를 구하라.

그림 7-25

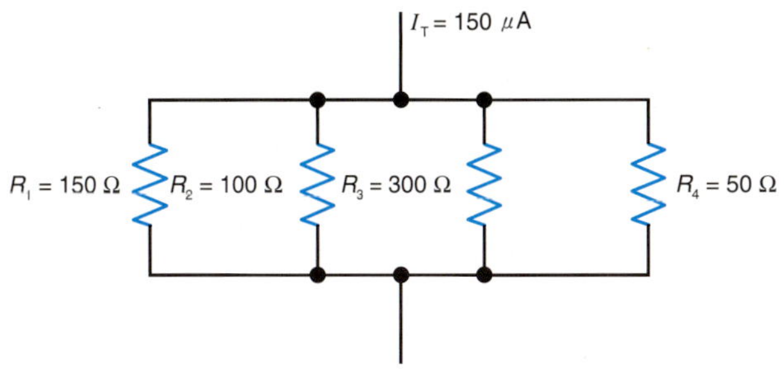

7-4절 병렬 부하전류를 포함한 직렬 전압분배기

7-22 〈그림 7-26〉에서 S_1이 다음과 같을 때 I_1, I_2, I_L, V_{BG} 그리고 V_{AG}를 계산하라.

a. S_1이 열렸을 때

b. S_1이 닫혔을 때

그림 7-26

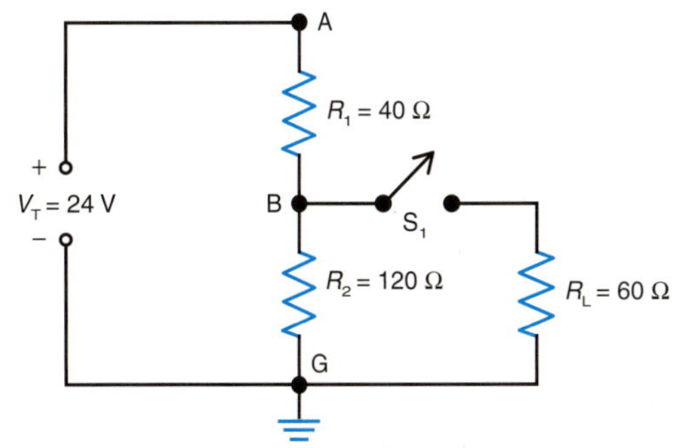

7-23 〈그림 7-26〉에서 스위치 S_1이 닫혔을 때 V_{BG}가 감소하는 이유를 설명하라.

7-24 〈그림 7-27〉에서 S_1이 다음과 같을 때 I_1, I_2, I_L, V_{BG} 그리고 V_{AG}를 계산하라.

a. S_1이 열렸을 때

b. S_1이 닫혔을 때

그림 7-27

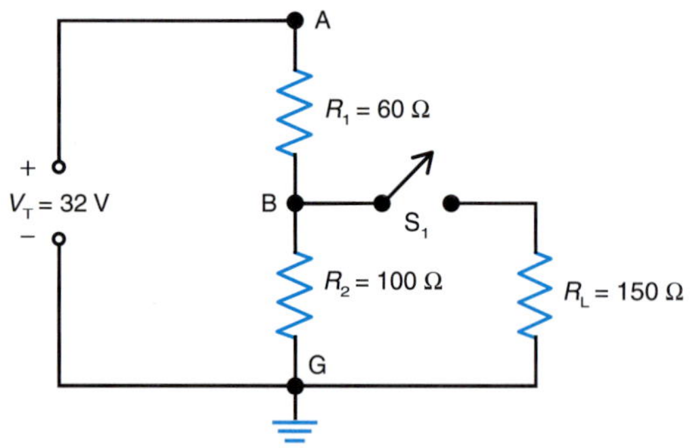

7-25 〈그림 7-27〉에서 스위치 S_1이 닫혔을 때 분압기 전류 I_B만 흐르게 되는 저항은 어느 것인가?

7-26 〈그림 7-28〉에서 S_1이 다음과 같을 때 I_1, I_2, I_L, V_{BG} 그리고 V_{AG}를 계산하라.

a. S_1이 열렸을 때

b. S_1이 닫혔을 때

그림 7-28

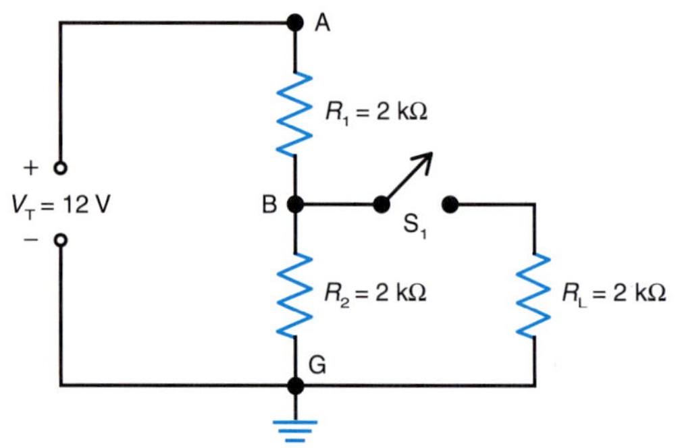

7-5절 부하가 걸린 전압분배기의 설계

7-27 〈그림 7-29〉에서 분압기 전류 I_B가 전체 부하전류의 10%라고 할 때 다음을 구하라.

a. I_1, I_2, I_3, I_T

b. V_1, V_2, V_3

c. R_1, R_2, R_3

d. R_1, R_2, R_3에서 소비되는 전력

그림 7-29

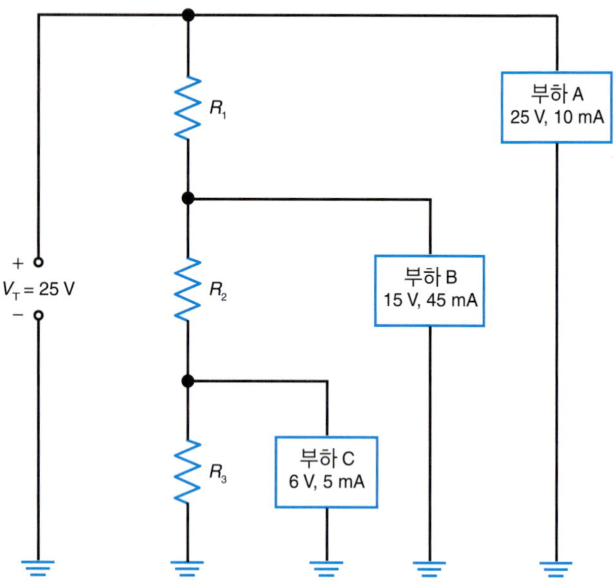

7-28 〈그림 7-30〉에서 분압기 전류 I_B가 전체 부하전류의 10%라고 할 때 다음을 구하라.

a. I_1, I_2, I_3, I_T

b. V_1, V_2, V_3

c. R_1, R_2, R_3

d. R_1, R_2, R_3에서 소비되는 전력

그림 7-30

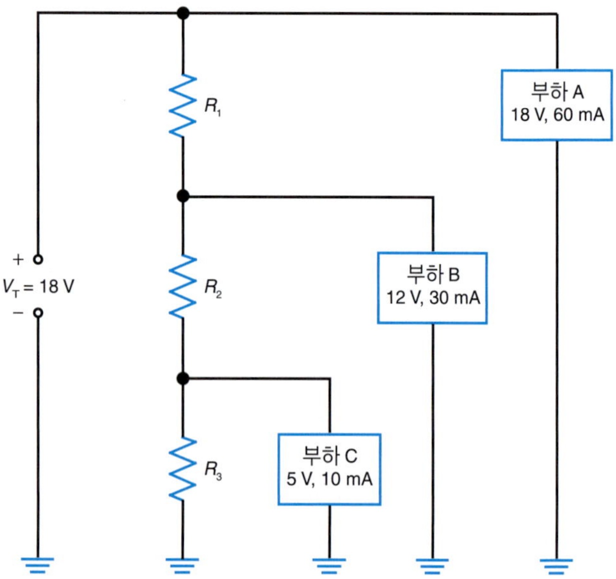

7-29 〈그림 7-31〉에서 분압기 전류 I_B가 6mA일 때 다음을 구하라.

a. I_1, I_2, I_3, I_T
b. V_1, V_2, V_3
c. R_1, R_2, R_3
d. R_1, R_2, R_3에서 소비되는 전력

그림 7-31

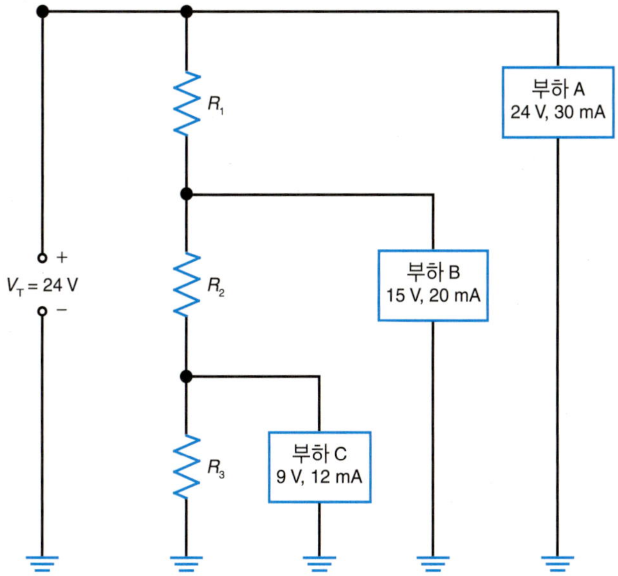

7-30 〈그림 7-32〉에서 분압기 전류 I_B가 15mA일 때 다음을 구하라.
a. I_1, I_2, I_3, I_T
b. V_1, V_2, V_3
c. R_1, R_2, R_3
d. R_1, R_2, R_3에서 소비되는 전력

그림 7-32

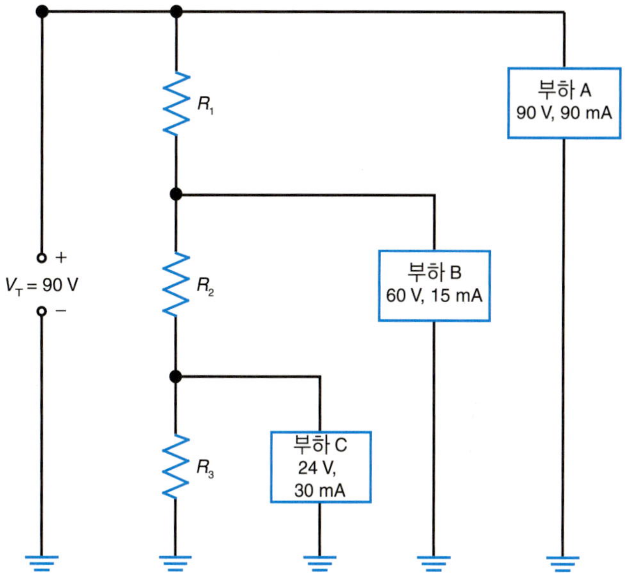

사고력 문제

7-31 〈그림 7-33〉에서 출력전압을 6V에서 15V 사이에서 변하게 하는 R_1과 R_3의 값을 선택하라.

7-32 25V의 전원을 사용하여 다음 조건을 만족하도록 부하가 연결된 전압분배기를 설계하라. 부하 A=25V, 10mA, 부하 B=15V, 45mA, 부하 C=6V, 5mA, I_B=전체 부하전류의 10%. 모든 값을 포함하는 회로도를 그려라.

7-33 24V의 전원을 사용하여 다음 조건을 만족하도록 부하가 연결된 전압분배기를 설계하라. 부하 A=18V, 10mA, 부하 B=12V, 30mA, 부하 C=5V, 6mA, I_B=전체 부하전류의 10%. 모든 값을 포함하는 회로도를 그려라.

7-34 25V의 전원을 사용하여 다음 조건을 만족하도록 부하가 연결된 전압분배기를 설계하라. 부하 A=20V, 25mA, 부하 B=12V, 10mA, 부하 C=−5V, 10mA, 전체전류 I_T=40mA. 모든 값을 포함하는 회로도를 그려라.

그림 7-33

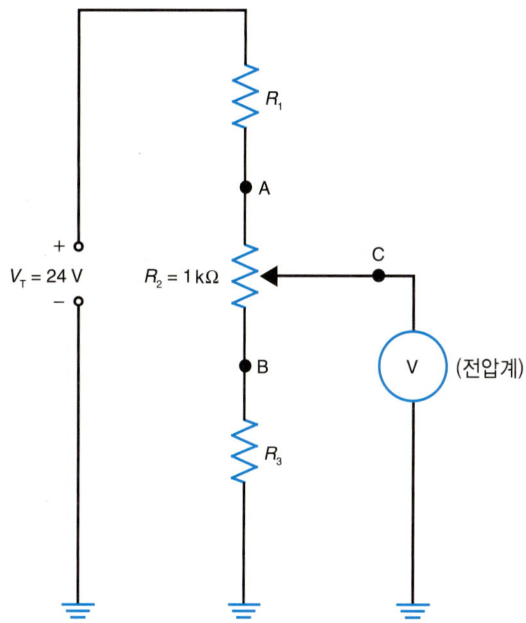

고장수리 문제

〈표 7-2〉는 〈그림 7-34〉에서 측정한 전압을 보여주고 있다. 첫 줄은 회로가 정상적으로 동작할 때의 정상적인 값을 나타낸다. 2줄에서 9줄까지는 회로의 한 부품이 고장일 때 측정한 전압을 나타낸다. 각 줄에서 어느 부품이 고장인지 알아내고, 그 부품에서 발생한 고장의 종류를 설명하라.

〈표 7-3〉은 〈그림 7-35〉에서 측정한 전압을 보여주고 있다. 첫 줄은 회로가 정상적으로 동작할 때의 정상적인 값을 나타낸다. 2줄에서 9줄까지는 회로의 한 부품이 고장일 때 측정한 전압을 나타낸다. 각 줄에서 어느 부품이 고장인지 알아내고, 그 부품에서 발생한 고장의 종류를 설명하라.

그림 7-34 고장수리 문제를 위한 직렬 전압분배기

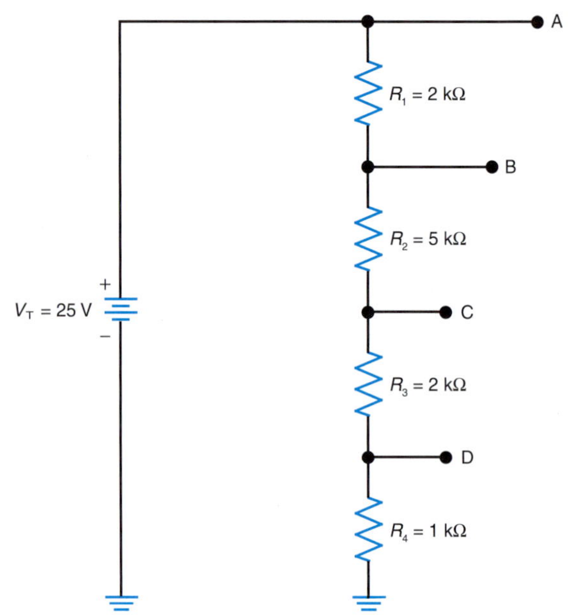

그림 7-35 고장수리 문제를 위한 부하가 연결된 전압분배기

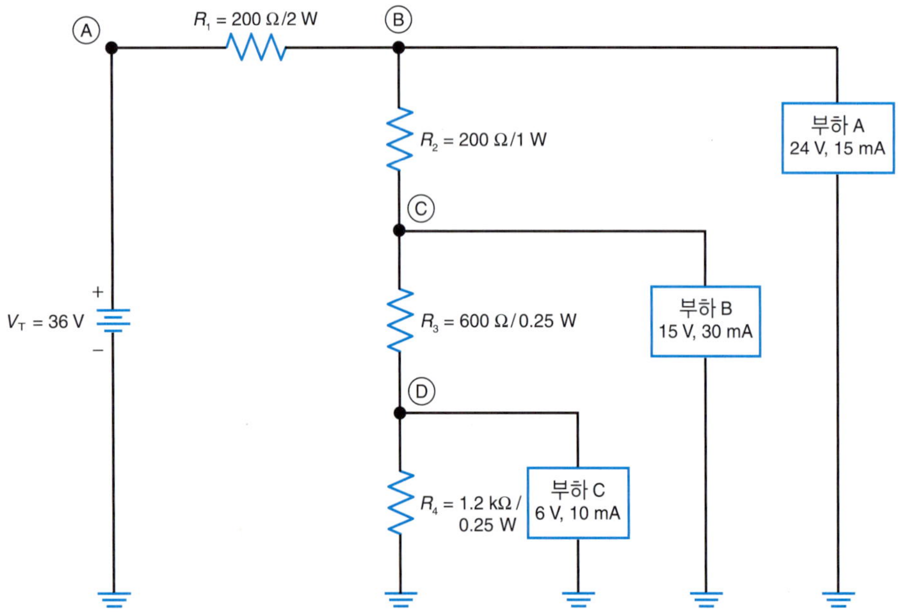

표 7-2	〈그림 7-34〉에서 측정한 전압				
	V_{AG}	V_{BG}	V_{CG}	V_{DG}	고장부품
볼트(V)					
1 정상값	25	20	7.5	2.5	없음
2 고장 1	25	25	0	0	
3 고장 2	25	0	0	0	
4 고장 3	25	18.75	3.125	3.125	
5 고장 4	25	24	25	25	
6 고장 5	25	15	15	5	
7 고장 6	25	25	9.375	3.125	
8 고장 7	25	25	25	0	
9 고장 8	25	19.4	5.56	0	

표 7-3	〈그림 7-35〉에서 측정한 전압					
	V_A	V_B	V_C	V_D	비 고	고장부품
볼트(V)						
1 정상값	36	24	15	6	–	없음
2 고장 1	36	32	0	0	–	
3 고장 2	36	16.94	0	0	R_2 따뜻함	
4 고장 3	36	25.52	18.23	0	–	
5 고장 4	36	0	0	0	R_1 뜨거움	
6 고장 5	36	0	0	0	–	
7 고장 6	36	27.87	23.23	9.29	–	
8 고장 7	36	23.25	13.4	0	–	
9 고장 8	36	36	22.5	9	–	

복습문제 정답

7-1 a. R_T=100kΩ
b. V_3=(2/10)×V_T
c. V_1=100V
d. V_{BG}=10.2V

7-2 a. 1 대 2
b. 2 대 1

7-3 a. 1 대 2
b. 1 대 2

7-4 a. 1/3
b. 1/5

7-5 a. I_B=30mA
b. V_E=40V
c. V_2=22V
d. 18V

chapter

8

아날로그와 디지털 멀티미터

디지털 멀티미터(DMM)는 전자기술자들이 가장 많이 사용하는 측정기기이다. 모든 DMM들은 전압, 전류, 저항을 측정할 수 있고, 그 중 어떤 것들은 커패시터, 다이오드, 트랜지스터 같은 전자부품들도 측정하고 시험할 수 있다. DMM은 숫자로 된 디스플레이를 사용하여 측정한 값을 표시한다.

아날로그 멀티미터는 가동지침(moving pointer)과 눈금판을 이용한다. DMM과 마찬가지로, 아날로그 멀티미터는 전압, 전류, 저항을 측정할 수 있다. 그러나 아날로그 멀티미터를 사용하면 가동지침이 가리키는 눈금의 값을 측정량의 종류와 범위에 맞춰 주의 깊게 읽어내야 하므로 번거롭다는 단점이 있다. 비록 아날로그 멀티미터가 전자분야에서 어느 정도 사용에 제약이 있긴 하지만, 멀티미터의 기본적인 구조와 동작을 이해하는 데 있어서 큰 역할을 하고 있다. 아날로그 멀티미터를 다루는 주된 이유 중의 하나는 이미 배운 직렬, 병렬, 직·병렬 회로의 개념이 적용된다는 것이다. 그러므로 이 장에서는 전압계의 부하효과에 대한 개념뿐만 아니라, 아날로그 미터기의 구조와 동작에 대한 기본적인 개념에 대해서도 다루려고 한다. 또한 DMM의 중요한 특징에 대해서도 배울 것이다.

단원 차례

단원 목표

- 아날로그와 디지털 미터기의 차이점을 설명한다.
- 가동코일 미터의 구조와 동작을 설명한다.
- 기본적인 가동코일 미터의 전류범위를 확대하기 위한 분류기 저항의 크기를 계산한다.
- 기본적인 가동코일 미터로 전압을 측정하기 위해 필요한 배율기 저항의 크기를 계산한다.
- 전압계의 Ω/V 정격(ohms-per-volt rating)을 설명한다.
- 전압계의 부하효과가 갖는 의미를 설명한다.
- 기본적인 가동코일 미터로 저항계를 만들기 위해 전지가 사용되는 이유를 설명한다.
- 디지털 멀티미터(DMM)의 중요한 특징을 알아본다.

중요 용어

단락시험	부하효과	영점 조정	Ω/V 정격
디지털 멀티미터(DMM)	분류기 저항	저항계의 역방향눈금	
배율기 저항	아날로그 멀티미터	전류-집게 프로브	

8-1 가동코일 미터

〈그림 8-1〉은 전자기술자들이 사용하는 두 가지 형태의 멀티미터를 보여준다. 〈그림 8-1a〉는 아날로그 볼트-옴-밀리암미터(volt-ohm-milliammeter: VOM)를, 〈그림 8-1b〉는 디지털 멀티미터를 보여준다. 이 두 가지 형태의 멀티미터는 전압, 전류, 저항을 측정할 수 있다.

〈그림 8-2〉에 보인 가동코일 미터의 가동체(movement)는 일반적으로 아날로그 VOM에 사용된다. 그 구조를 보면 가느다란 코일을 감은 드럼이 영구자석의 양극 사이에 위치한 형태를 하고 있다. 직류가 코일에 흐르면, 전류에 의한 자기장이 영구자석의 자기장과 반응하게 된다.[1] 그 결과로 작용하는 힘이 지침이 달린 드럼을 회전시키는데, 이 드럼에는 복원 스프링이 감겨져 있다. 전류가 흐르지 않게 되면 지침은 0으로 돌아간다. 코일에 흐르는 전류의 양에 따라 편향되는 폭이 달라진다. 극성을 올바르게 연결하면 지침은 오른쪽으로 눈금이 증가하는 방향으로 움직인다. 극성을 반대로 연결하면 왼쪽의 눈금 밖으로 지침이 움직인다. (가동코일의 결합체는 흔히 다르송발의 가동체(D'Arsonval movement)로 불리는데, 다르송발은 1881년에 지금 사용되는 미터기 가동체를 발명한 발명가이다.)

지침의 편향은 코일에 흐르는 전류의 양에 정비례한다. 만약 최대눈금편향(full-scale deflection)에 100μA의 전류가 필요하다면 코일에 50μA를 흘리면 반눈금편향(half-scale deflection)이 될 것이다. 가동코일 미터 구조의 정밀도는 0.1~2% 정도이다.

I_M의 크기

최대눈금편향에 필요한 전류 I_M은 오른쪽으로 눈금판의 마지막 표시까지 지침을 편

그림 8-1 V, I, R을 측정하기 위한 일반적인 멀티미터 (a) 아날로그 VOM (b) DMM

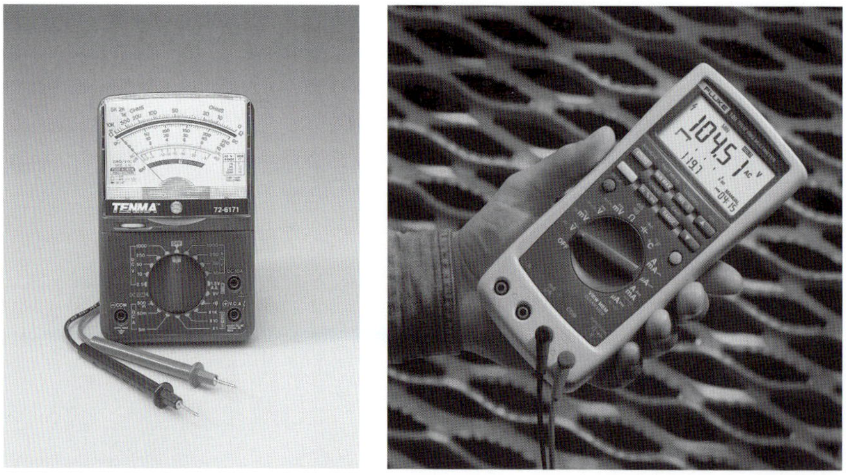

(a) (b)

1) 두 자기장 사이의 상호작용에 대한 자세한 설명은 14장 전자기현상을 참조하라.

알아두기▸▸

I_M의 크기를 초과하게 되면 미터기의 지침은 눈금판 오른쪽의 마지막 표시를 넘어서까지 움직이게 된다.

그림 8-2 가동코일 미터의 구조. 코일의 직경은 1/2에서 1인치 정도이다.

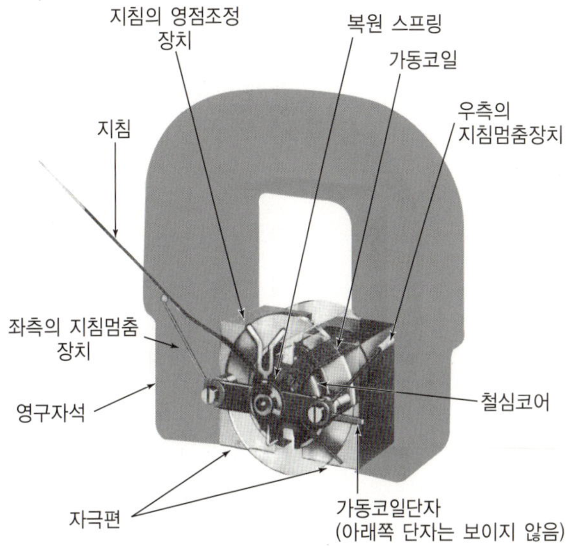

향시키는 데 필요한 양이다. I_M의 일반적인 값은 10μA에서 30mA 정도이다. VOM에서 I_M은 일반적으로 50μA 또는 1mA 정도가 된다.

〈그림 8-1a〉의 아날로그 VOM을 참조하라. 눈금판의 눈금과 같이 있는 거울은 판독오차를 없애기 위해 사용된다. 지침과 거울에 비친 반영이 하나로 일치될 때 미터기의 눈금을 읽는다. 이렇게 하면 옆에서 미터기를 보기 때문에 생기는 광학적인 오차, 즉 시차(parallex)를 제거할 수 있다.

그림 8-3 다르송발 가동코일 미터의 가동체를 확대한 그림

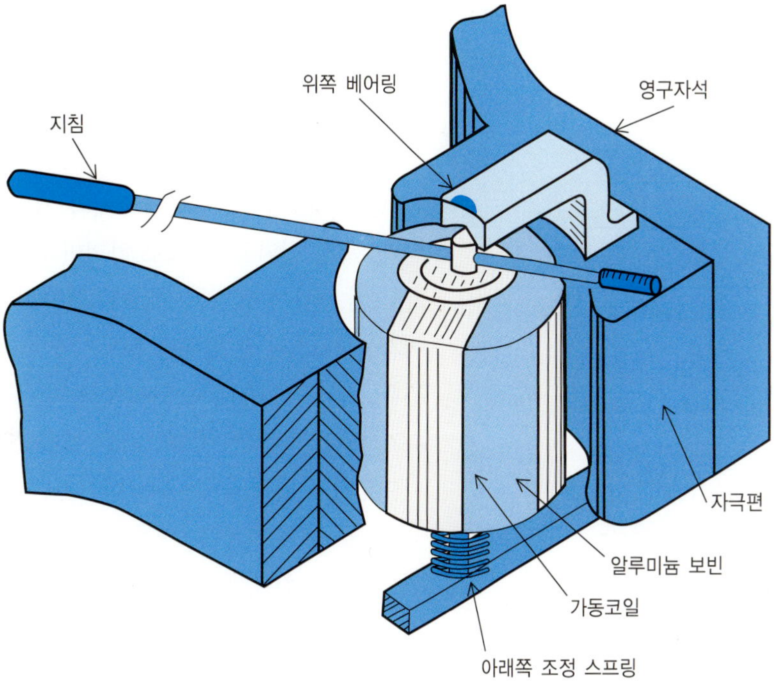

r_M의 크기

이 저항은 가동코일에 감긴 선의 내부저항을 나타낸다. 이 저항은 일반적으로 30mA 가동체의 1.2Ω에서부터 50μA 가동체의 2000Ω까지의 범위를 가지고 있다. 가동체의 I_M이 작을수록 가는 선을 더 많이 감아야 하기 때문에 r_M은 더 높아지게 된다. 1mA의 가동체에서 r_M의 평균값은 대략 50Ω 정도이다. 〈그림 8-3〉에 다르송발의 미터기 가동체가 포함된 기본 계측기를 확대한 그림을 나타내었다. 직류전류가 가동코일의 권선을 통해 흐를 때 회전하는 드럼 주위에 가동코일이 감겨 있다는 사실에 주목하라.

■ 8-1 복습문제

a. 다르송발의 가동체는 1mA의 I_M을 갖고 있다. 가동코일에 흐르는 전류가 0.5mA일 때 지침은 얼마만큼 편향되는가?

b. a번 문제에서 가동코일의 전류가 0이라면 지침의 편향은 어떻게 되겠는가?

8-2 미터기의 분류기

미터기의 분류기는 미터기의 가동체 주위로 회로에 흐르는 전류의 일부분을 분기하거나 우회하여 흐르게 할 목적으로 미터기의 가동체에 연결한 정밀저항을 말한다. 분류기를 연결하면 전류계를 원하는 범위까지 확장시킬 수 있다. 이 분류기는 보통 계측기 케이스 안에 위치한다. 그렇지만 보통 전류계의 회로 기호에는 분류기를 나타내지 않는다.

전류를 측정할 때 분류기와 가동체의 병렬뱅크는 회로 내에서(〈그림 8-4〉) 전류계와 직렬로 연결된다. 내부 분류기를 가진 미터기의 눈금은 분류기와 미터기의 가동체를 통해 흐르는 전류를 고려하여 매겨져 있다. 그러므로 눈금은 미터기의 회로 전체에 흐르는 전류를 가리킨다.

미터기 분류기의 저항값

〈그림 8-4b〉에서 1mA 가동체의 저항값은 50Ω으로 이는 가동코일 r_M의 저항값이다. 측정 범위를 두 배로 하려면 분류기 저항 R_S를 가동체의 50Ω과 같게 한다. 2mA의 전류가 흐르는 회로에 미터기를 직렬로 연결하면, 미터기의 한쪽 단자로 들어가는 2mA의 총 전류는 분류기와 미터기의 가동체 사이를 똑같이 나누어 흐르게 된다. 미터기의 다른 쪽 단자에서 이 두 가지 전류는 다시 합쳐져서 2mA의 회로전류가 된다.

미터기의 내부에서는 1mA의 전류는 분류기를 통해 흐르고 나머지 1mA는 가동코일을 통해 흐른다. 가동체가 1mA만 견딜 수 있기 때문에 이 전류는 최대눈금 편향을 일으킨다. 그렇지만 분류기를 통해 흐르는 또 다른 1mA의 전류를 나타내기 위해 눈금은 두 배인 2mA를 지시한다. 그러므로 지침이 가리키는 눈금은 코일

그림 8-4 1mA에서 2mA로 범위를 확대하기 위해 가동체 주위로 전류를 우회시키는 미터기 분류기 R_S의 예 (a) 연결도 (b) 분류기의 효과를 보여주는 회로도. $R_S = r_M$일 때 전류는 두 배이다. (c) 전류를 측정하기 위해 2mA의 전류계를 포함한 회로

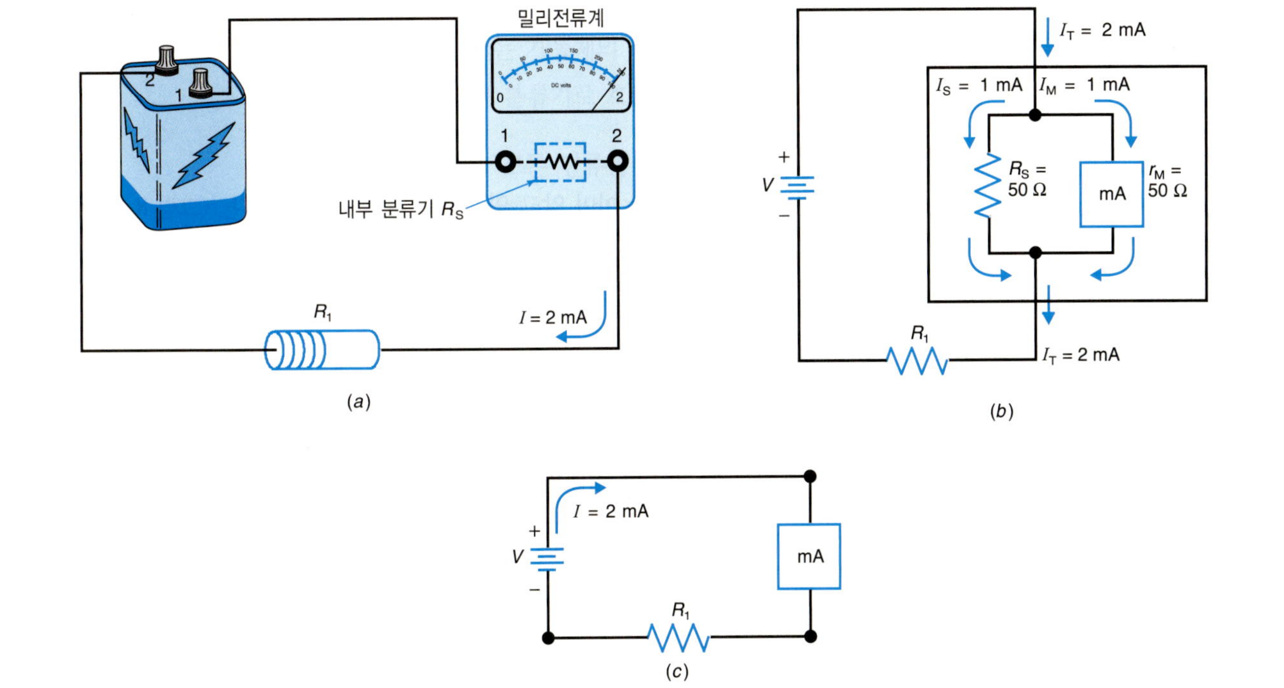

에 흐르는 전류만이 아닌 미터기의 단자에 흐르는 총 전류를 나타낸다. 이제 분류기가 있는 가동체는 2mA를 측정하는 미터기가 된다. 미터기의 내부저항값은 50×1/2=25Ω이다.

〈그림 8-5〉에 다른 예를 나타냈다. 일반적으로 분류기 저항값의 범위는 옴의 법칙을 적용하여 다음 공식으로부터 계산할 수 있다.

$$R_S = \frac{V_M}{I_S} \tag{8-1}$$

여기서 R_S는 분류기의 저항값을 나타내고 I_S는 분류기에 흐르는 전류를 나타낸다.

전압 V_M은 $I_M \times r_M$과 같다. 이 전압은 병렬인 분류기와 미터기의 가동체 모두에 걸리는 전압이다.

알아두기▸▸

분류기 저항을 계산하기 위한 다른 공식은 다음과 같다.

$$R_S = \frac{I_M}{I_T - I_M} \times r_M$$

그림 8-5 미터기의 분류기 저항값 계산. R_S는 V_M/I_S이다.

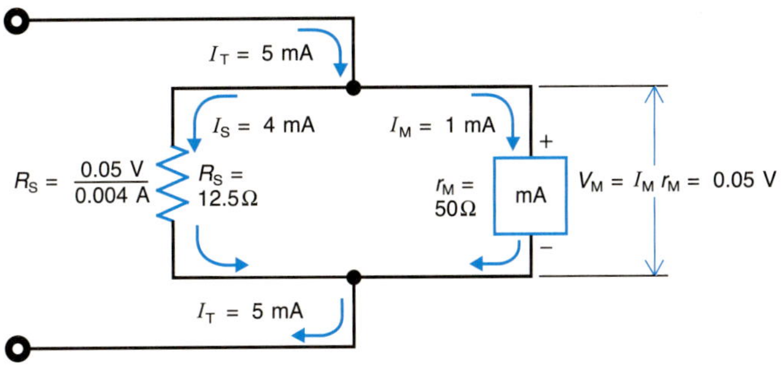

그림 8-7 다양한 범위의 측정을 위한 배율기 저항들을 포함하고 있는 일반적인 전압계 회로

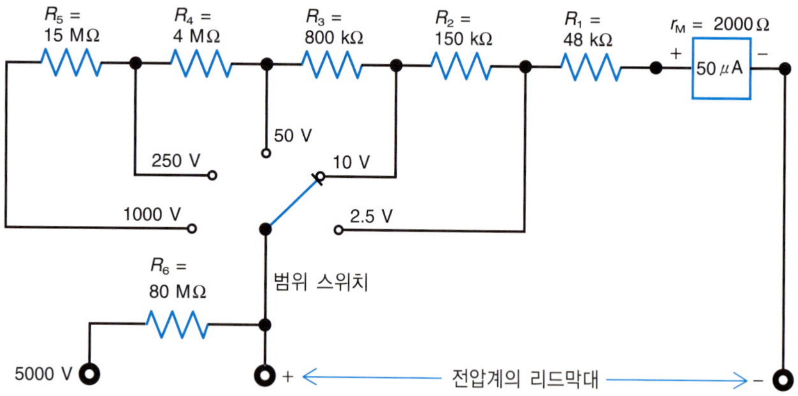

이 50000Ω이기 때문에, R_2는 10V 범위의 전체 직렬저항값이 200000Ω이므로 150000Ω이 되어야 한다. 마찬가지로 전압범위를 더 높게 확장하기 위해서는 배율기의 저항값을 증가시켜야 하는데 스위치를 통해 필요한 저항들을 더한다. 5000V의 가장 높은 전압 범위에서는 잭을 분리하고 별도의 배율기 R_6을 사용한 것을 주목하라. 전압 범위를 높이기 위해 이렇게 직렬배율기를 더하는 방법은 상용 멀티미터에서 일반적으로 사용되고 있는 방법이다.

전압계의 저항

배율기가 하나인 전압계가 가지고 있는 높은 저항값은 기본적으로 그 배율기의 저항값이다. 배율기가 각 범위마다 변하기 때문에 전압계의 저항도 변한다.

〈표 8-1〉은 전압계의 저항이 범위가 높을수록 증가한다는 것을 보여준다. 중간의 세로행은 R_{mult}와 r_M을 포함한 전체 내부저항 R_V의 값을 나타내고 있다. 50μA의 가동체를 사용한 전압계에서 R_V는 2.5V 범위일 때의 50kΩ에서 1000V 범위의 20MΩ까지 증가한다. R_V는 최대눈금을 가리키든 말든 관계없이 각 범위에서 이러한 값들을 가진다는 것에 주목하라.

알아두기▸▸

아날로그 VOM의 전압계 저항은 아날로그 VOM의 리드막대에 DMM의 리드막대를 연결해서 측정할 수 있다. DMM을 저항측정으로 맞추고 VOM을 전압측정으로 맞추면, DMM은 전압계의 저항 R_V를 나타낼 것이다. 전압계의 범위가 높을수록 저항값은 더 높다.

표 8-1	50μA 가동체를 사용한 전압계	
최대눈금 전압 V_F	$R_V = R_{mult} + r_M$	볼트당 저항 $= R_V/V_F$
2.5	50kΩ	20,000 Ω/V
10	200kΩ	20,000 Ω/V
50	1MΩ	20,000 Ω/V
250	5MΩ	20,000 Ω/V
1000	20MΩ	20,000 Ω/V

Ω/V 정격(Ohms-per-Volt Rating)

전압계의 저항값을 그 범위와 관계없이 나타내기 위해 일반적으로 아날로그 전압계는 1V의 편향에 필요한 저항값을 정하고 있다. 이 값이 전압계의 Ω/V 정격이다. 예를 들어, 〈표 8-1〉의 마지막 행을 보자. 첫째 열의 값은 이 전압계가 2.5V의 최대눈금편향을 위해 50000Ω의 R_V가 필요하다는 것을 보여준다. 그때 1V를 편향시키는데 필요한 저항값은 50000/2.5로 20000Ω/V이다.

Ω/V 값은 미터기 가동체의 최대편향 전류 I_M에 의해 특성이 결정되기 때문에 모든 범위에서 동일한 값을 가진다. Ω/V 정격을 계산하려면 암페어 단위로 나타낸 I_M의 역수를 구한다. 예를 들어, 1mA의 가동체는 1/0.001 또는 1000Ω/V가 되고 50μA의 가동체는 20000Ω/V 그리고 20μA의 가동체는 50000Ω/V가 된다. 이 Ω/V 정격은 또한 전압계의 감도(sensitivity)라고도 부른다.

높은 Ω/V 정격은 전압계의 저항 R_V가 높다는 것을 의미한다. R_V는 Ω/V 정격에 각 범위에서의 최대눈금 전압을 곱해서 계산할 수 있다. 예를 들면, 〈표 8-1〉의 두 번째 행에 보인 20000Ω/V 정격인 10V 범위에 대해 R_V는 다음과 같이 계산할 수 있다.

$$R_V = 10\text{V} \times \frac{20000\Omega}{\text{V}}$$

$$R_V = 200000\Omega$$

보통 전압계의 Ω/V 정격은 계측기의 표면에 적혀 있다.

■ **8-3 복습문제**

〈그림 8-7〉을 참조하라.

a. 2.5V 범위일 때 전압계의 저항 R_V를 계산하라.

b. 50V 범위일 때 전압계의 저항 R_V를 계산하라.

c. 전압계의 배율기저항은 미터기의 가동체와 직렬인가, 병렬인가?

d. 전압계는 측정할 전위차와 직렬로 연결해야 하는가, 병렬로 연결해야 하는가?

e. 25V 눈금에서 20000Ω/V의 감도를 가진 전압계의 총 저항은 얼마인가?

8-4 전압계의 부하효과

전압계의 저항이 충분히 높지 않을 때 전압계를 회로에 연결하여 측정한 전압이 전압계를 연결하지 않았을 때의 전압보다 작을 수 있다. 이런 효과는 미터기를 흐르는 부하전류의 발생으로 인해 측정전압이 감소하기 때문에 나타나는 것으로 부하효과라고 한다.

부하효과

전압계 부하(전압계를 연결하면 회로에 대해 전압계가 부하로 작용)는 〈그림 8-8〉에 보인 것처럼 고저항 회로에서 상당한 영향을 줄 수 있다. 〈그림 8-8a〉에서 전압계를 연결하지 않았을 때 R_1과 R_2는 120V의 인가전압에 걸리는 전압분배기를 구성하고 있다. 각각 100kΩ인 동일한 크기의 두 저항에 인가되는 전압은 똑같이 60V로 나누어 인가된다.

그렇지만 〈그림 8-8b〉에서 전위차를 측정하기 위해 전압계를 R_2 양단에 연결하면 전압분배의 크기가 변한다. 100V 범위일 때 1000Ω/V의 감도를 가진 미터기의 전압계 저항 R_V 값은 100kΩ이다. 이제 R_2와 병렬로 연결한 전압계로 인해 추가적인 전류가 흐르게 되고, 측정 단자 1과 2 사이의 등가 저항값은 100000Ω에서 50000Ω으로 감소한다. 이 저항값은 전체 회로 저항의 1/3로 단자 1과 2 사이에서 측정한 전압은 〈그림 8-8c〉에서 보는 바와 같이 40V로 떨어진다. 전압계로 인해 흐르는 추가전류는 직렬저항 R_1을 통해 흐르게 되므로 R_1에 걸리는 전압이 80V로 높아진다.

마찬가지로 전압계가 R_1에 연결되면, R_1에 걸리는 전압은 40V로 낮아지고 R_2에 걸리는 전압은 80V로 높아진다. 전압계를 분리하면 회로는 〈그림 8-8a〉와 같은 조건으로 돌아가고 R_1과 R_2에 각각 60V가 걸리게 된다.

전압을 측정하려는 저항보다 더 높은 저항값을 갖는 전압계를 사용한다면 부하효과를 줄일 수 있다. 〈그림 8-9〉에 보인 것처럼 10MΩ을 갖는 전압계를 사용하면 부하효과는 무시된다. R_V가 매우 높기 때문에 회로에서의 전압분배는 변하지 않는다. 100000Ω의 R_2와 병렬인 10MΩ의 미터기저항을 합성하면 실제적으로 등가저항이 100000Ω과 같은 결과를 얻게 된다.

다중 범위를 갖는 VOM에서 전압계의 저항은 선택한 범위에 따라 변한다. 범위가 높을수록 배율기저항도 높아지고 전압계의 저항도 증가한다. 예를 들면, 250V 범위인 20000Ω/V 미터기의 내부저항 R_V는 20000×250으로 5MΩ이다. 그렇지만 2.5V 범위에서 동일한 미터기의 R_V는 20000×2.5인데 이는 고작 50000Ω 정도이다.

MultiSim **그림 8-8** 전압계의 부하효과로 인한 전압지시의 감소 (a) 전압계가 연결되지 않은 고저항 직렬회로 (b) 직렬저항 중 한 저항에 연결된 전압계 (c) R_2 양단에 병렬가지로 연결된 전압계로 인해 단자 1과 2 사이에서 줄어든 저항과 전압. R_{2V}는 R_2와 R_V의 병렬 등가저항이다.

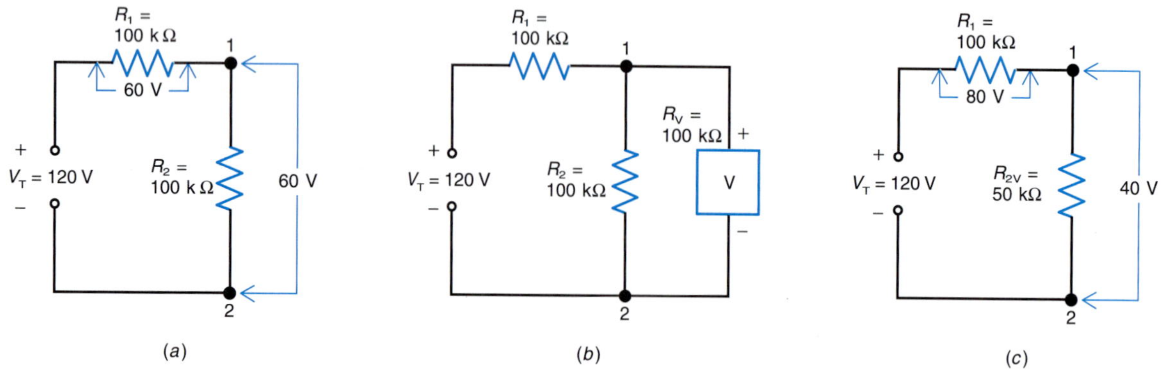

알아두기▸▸

전압계의 부하효과는 고저항 회로에서 전압을 측정할 때 가장 고려해야 한다. 고저항 회로의 고장을 수리하는 기술자는 정상적인 전압표시보다 낮은 것이 부품이 고장난 결과 때문인지 아니면 전압계 부하 때문인지 판단할 수 있어야 한다.

그림 8-9 고저항 전압계의 연결로 무시되는 부하효과 (a) 〈그림 8-8a〉와 같이 전압계를 연결하지 않은 고저항 직렬회로 (b) R_V가 매우 크기 때문에 전압계를 연결한 회로의 전압은 동일

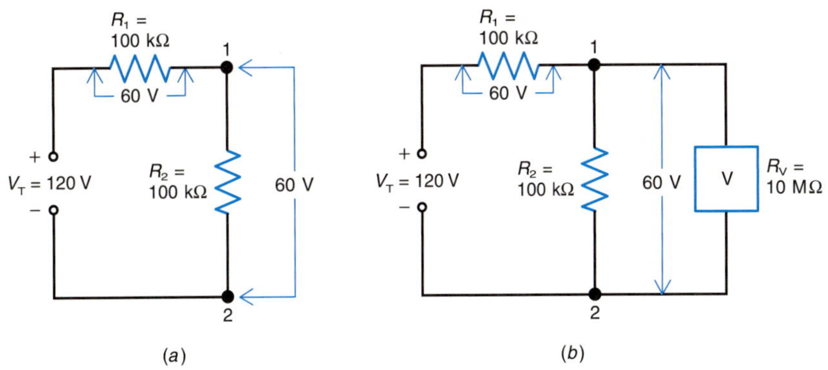

하지만 어떤 범위를 선택하든지 선택한 범위 안에서는 최대눈금이든 최대눈금편향보다 작은 값이든 전압계의 저항은 일정하다. 이런 이유로 범위 선택 스위치에 의해 정해진 배율기저항은 그 범위 안에서 표시되는 어떤 눈금에서도 동일한 값을 가지게 된다.

부하효과에 대한 보정

다음 공식을 사용할 수 있다.

실제 눈금표시 + 보정

$$V = V_M + \frac{R_1 R_2}{R_V(R_1 + R_2)} V_M \quad (8\text{–}4)$$

전압 V는 전압계의 저항이 무한히 크다고 할 때 전압계가 지시할 것으로 예상되는 보정된 표시값이다. 전압 V_M은 실제로 표시되는 전압이다. 저항 R_1과 R_2는 전압계의 저항 R_V를 연결하지 않은 회로에서의 전압분배 저항들이다. 〈그림 8-8〉을 예로 들면,

$$\mathrm{V} = 40\mathrm{V} + \frac{100\mathrm{k\Omega} \times 100\mathrm{k\Omega}}{100\mathrm{k\Omega} \times (100\mathrm{k\Omega} + 100\mathrm{k\Omega})} \times 40\mathrm{V} = 40 + \frac{1}{2} \times 40 = 40 + 20$$

$$V = 60\mathrm{V}$$

R_V가 아주 작은 값의 병렬저항으로 동작하므로 전압계의 부하효과로 인해 전압 표시값은 아주 작은 값을 가리키게 된다. 이것은 R_M이 직렬저항으로서 매우 높은 값을 가질 때 전류계의 표시값이 매우 작게 되는 것과 같은 경우이다. 측정할 회로를 변경하지 않고 어떤 측정도 할 수 있도록 하는 일반적인 문제에 대해 이 두 효과를 예로 들어 설명하였다.

디지털 멀티미터(DMM)를 전압계로 사용할 때는 실제적으로 어떤 부하효과도 일으키지 않는다는 것에 주목하라. DMM의 입력저항은 보통 10MΩ이나 20MΩ으

로 모든 범위에서 같은 값을 가진다.

■ 8-4 복습문제

〈그림 8-8b〉에서 전압계로 R_2의 양단을 측정할 때 다음 값을 구하라.

a. V_1

b. V_2

8-5 저항계

저항계는 〈그림 8-10〉에서 보는 것처럼 내부전지, 미터기 가동체 그리고 전류를 제한하기 위한 저항으로 구성한다. 저항을 측정하려면 저항계의 두 리드막대를 측정할 외부저항 양단에 연결한다. 측정하려는 회로의 전원은 반드시 꺼야 한다. 그러면 저항계에 있는 유일한 전지로 인해 미터기의 가동체를 편향시킬 전류가 흐른다. 미터기를 흐르는 전류의 양은 외부저항값에 따라 다르므로 저항값에 맞게 눈금을 표시할 수 있다.

저항눈금 위에서 편향되는 양은 직접 측정한 저항값을 가리킨다. 저항계는 내부전지의 극성에 따라 미터기 가동체의 전류 방향이 정해지기 때문에 리드막대의 극성에 관계없이 눈금을 가리키게 된다.

직렬 저항계 회로

〈그림 8-10a〉에서 회로의 R_1+r_M은 1500Ω이다. 이때 1.5V의 전지는 가동코일이 최대눈금으로 편향되도록 1mA의 전류를 흘려준다. 이런 부품들을 〈그림 8-10b〉처럼 케이스 안에 넣으면 그 안의 직렬회로는 저항계로 만들어진다. M은 미터기의 가동체를 나타낸다.

그림 8-10 미터기 가동체 M을 1.5V 건전지로 구동되는 저항계로 사용하기 위한 구성도
(a) 저항계의 두 리드막대를 0Ω의 외부저항에 연결하여 단락회로가 될 때 R_1과 전지를 포함한 등가 단락회로 (b) 외부저항을 측정할 수 있도록 두 리드막대가 개방된 저항계의 내부회로

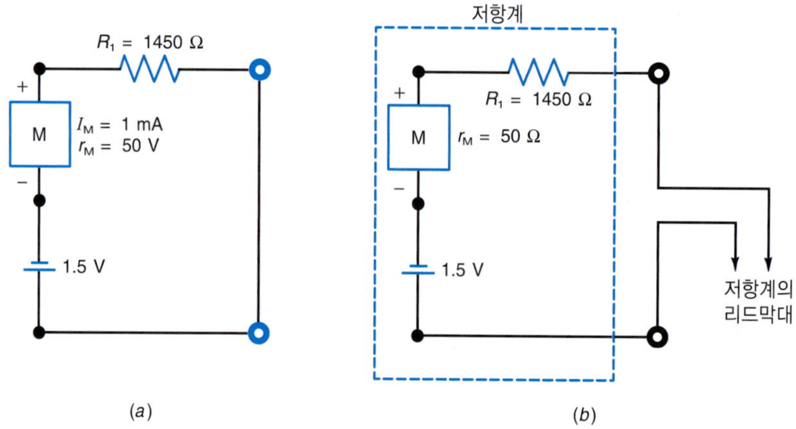

두 리드막대를 서로 단락시키거나 〈그림 8-10a〉처럼 단락회로에 연결하면 1mA가 흐른다. 미터기의 가동체는 오른쪽으로 최대눈금편향을 한다. 이 저항계는 0Ω을 가리킨다.

저항계의 두 리드막대를 개방하면, 즉 서로 접촉하지 않으면 전류가 흐르지 않는다. 저항계는 무한대의 높은 저항값을 가리키고 두 단자 양단이 개방된 것을 나타낸다.

그러므로 오른쪽 최대눈금편향일 때 미터기의 눈금을 0Ω으로 표시하며 왼쪽의 편향이 없는 상태는 무한대로 표시한다. 그 사이의 저항값들은 미터기의 가동체에 1mA보다 작은 전류가 흐를 때를 나타낸다. 편향 정도에 대응하여 표시되는 저항눈금은 저항계 단자에 연결되는 저항의 크기를 나타낸다.

저항계의 역방향눈금(Back-Off Ohmmeter Scale)

〈표 8-2〉와 〈그림 8-11〉은 미터기의 전류에 따라 저항계의 눈금을 표시하는 것을 보여준다. 전류는 V/R_T와 같다. 전압 V는 1.5V로 내부전지에 의해 공급된다. 저항 R_T는 R_X와 저항계의 내부저항 R_i를 더한 전체 저항값을 나타낸다. R_X는 측정하려는 외부 저항값이다.

여기서 저항계의 내부저항 R_i는 50+1450으로 1500Ω이다. 예를 들어, R_X 역시 1500Ω이라면 R_T는 3000Ω이 된다. 그때 전류는 1.5V/3000Ω, 즉 0.5mA로 1mA 가동체를 반눈금 편향시킨다. 그러므로 저항눈금의 중앙을 1500Ω으로 표시한다. 마찬가지로 외부저항 R_X가 어떤 값을 갖더라도 전류의 양과 미터기의 편향을 계산할 수 있다.

저항눈금은 오른쪽에서 왼쪽으로 증가한다는 사실에 주목하라. 이 배열을 역방향눈금(back-off scale)이라고 하는데, 저항값은 전류가 최대눈금편향으로부터 줄어드는 크기에 따라서 왼쪽으로 증가하도록 되어 있다. 이 역방향눈금은 내부전지가 미터기의 가동체와 직렬로 연결되어 있는 모든 저항계의 특징이다. 외부저항 R_X가 커지면 미터기의 전류는 줄어든다.

표 8-2	〈그림 8-10〉에 있는 저항계의 눈금표시				
외부저항 R_X, Ω	내부저항 $R_i=R_1+r_M$, Ω	$R_T=R_X+R_i$, Ω	$I=V/R_T$, mA	편향	눈금표시, Ω
0	1,500	1,500	1	최대눈금	0
750	1,500	2,250	2/3=0.67	2/3 눈금	750
1,500	1,500	3,000	1/2=0.5	1/2 눈금	1,500
3,000	1,500	4,500	1/3=0.33	1/3 눈금	3,000
150,000	1,500	151,500	0.01	1/100 눈금	150,000
500,000	1,500	501,500	0	없음	∞

그림 8-11 오른쪽에서 왼쪽으로 값이 증가하도록 저항 표시가 되어 있는 저항계의 역방향눈금 (a) 외부의 미지저항 R_X를 측정하기 위한 직렬저항계 회로 (b) 저항눈금은 R_X가 크면 I_M이 감소하는 것과 같이 왼쪽 눈금이 더 높은 저항을 나타낸다.

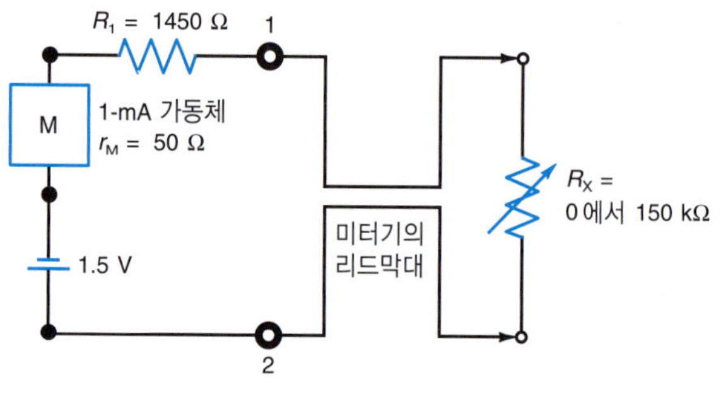

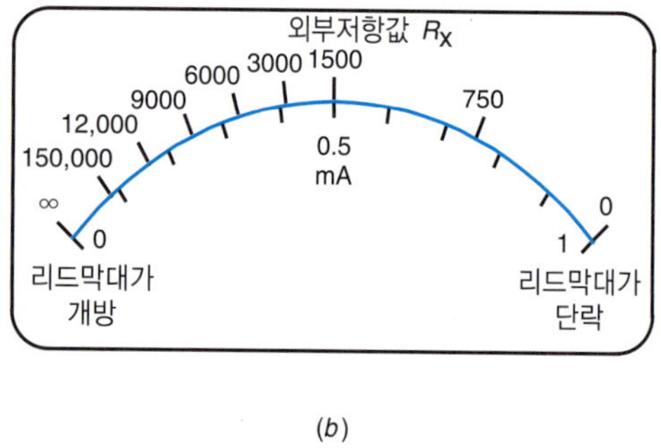

전압계의 역방향눈금은 0Ω 근처의 오른쪽에서는 눈금간격이 넓고 무한대 근처의 왼쪽에서는 조밀하게 되어 있다. 이렇게 비선형인 눈금은 크기가 1.5V로 일정한 전압 V와 전류 $I=V/R$의 관계로 인해 생긴다. V가 일정할 때 I와 R은 반비례한다는 것을 기억하라.

저항계로 나타낼 수 있는 가장 큰 저항값은 전체 내부저항의 약 100배 정도이다. 그러므로 저항눈금에서 무한대 표시, 즉 무한대를 나타내는 "게으른 8(lazy eight)"의 심볼 ∞(게을러서 옆으로 누웠음)는 오직 상대적일 뿐이다. 이것은 단순히 측정한 저항값이 저항계의 저항값보다 무한히 크다는 것을 의미한다.

〈그림 8-11〉에 있는 저항계는 완전히 실용적인 것은 아니다. 그 이유는 전지의 전압 V_b가 정확히 1.5V가 아니라면 저항계의 눈금은 정확하지 않을 것이기 때문이다. 또한, 아주 작거나 아주 큰 저항을 측정할 필요가 있을 때 저항계의 범위가 하나라는 것은 실용적이 아니다. 회로를 자세히 살펴보지 않아도 상업적으로 이용할 수 있는 저항계는 전지 전압 V_b의 변화에 대한 보정뿐 아니라 다중 범위의 저항계로 설계된다는 사실을 알 것이다.

다중 범위의 저항계

상용 멀티미터는 여러 범위에서 1Ω보다 작은 값으로부터 수 MΩ까지 저항을 측정할 수 있다. 〈그림 8-12〉의 범위스위치(range switch)는 배율(읽은 저항눈금에 곱할 계수)을 가리키고 있다. 작은 저항을 측정하기 위한 $R\times1$ 범위에서는 저항눈금을 직접 읽으면 된다. 여기에서는 지침이 12Ω을 가리키고 있다. 범위스위치가 $R\times100$에 있을 때는 읽은 눈금에 100을 곱한다. 그러면 읽은 값은 12×100으로 1200Ω이 된다. $R\times10000$ 범위에서 지침은 120000Ω을 나타낸다.

그림 8-12 오직 한 개의 저항눈금만 표시된 다중 범위의 저항계. 범위스위치가 가리킨 배율을 저항눈금에 곱한다.

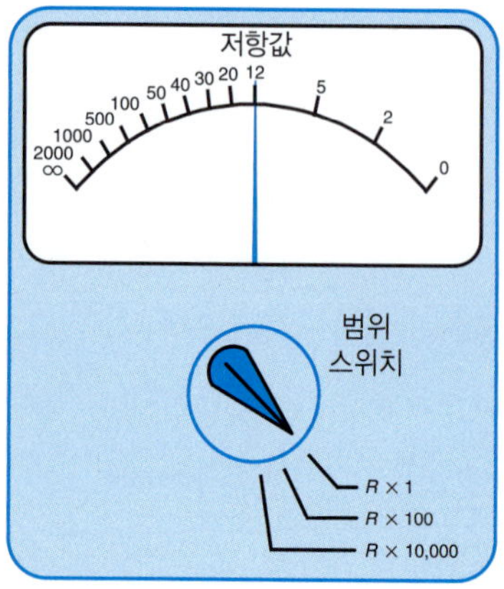

저항의 측정범위를 어디로 설정하든 그 범위에서 가장 큰 값은 무한대이므로 각 저항범위에서 측정할 수 있는 최대 눈금 저항값 대신 배율이 주어진다. 이 경우에 저항값을 읽는 방법을 전압측정범위에서 전압값을 읽는 방법과 혼동해서는 안 된다. 저항측정범위에서는 읽은 눈금에 해당 측정범위의 배율($R\times$계수)을 곱하기만 하면 된다. 전압측정범위에서 전압을 측정할 때는 눈금판에 표시된 최대전압이 범위스위치로 설정한 값과 같아지게 하기 위해 곱하거나 나눈 값을 읽은 눈금에 곱하거나 나누어 주어야 한다.

영점 조정

내부 전지가 오래되어서 전압이 낮아지는 것에 대한 보정을 위해 전압계에는 저항 눈금을 교정하기 위한 가변저항이 있다. 역방향눈금의 저항계는 항상 0Ω을 맞추는 조정을 해야 한다. 저항계의 두 리드막대를 단락시킨 후 미터기의 전면 패널에 있는 "영점조정" 조정기를 돌려서 지침이 항상 저항눈금의 오른쪽 끝에 있는 0Ω을 가리키도록 조정한다. 그렇게 하면 저항표시는 전체 눈금에 대해 정확하게 교정된다.

이런 형태의 저항계는 범위를 바꿀 때마다 내부회로가 변하기 때문에 다시 영점 조정을 해야 한다.

아무리 조정을 해도 지침이 오른쪽 끝에 있는 0Ω을 가리키지 못한다면, 이는 보통 전지의 전압이 너무 낮아진 것을 의미하므로 전지를 교체해야 한다. 보통 이런 상태는 $R\times1$ 범위에서 먼저 나타나게 되는데, 이 범위에서 전지로부터 가장 많은 전류가 흐르기 때문이다.

■ 8-5 복습문제

a. 저항계가 $R\times10$ 범위에서 40Ω을 가리키고 있다. R_X의 값은?

b. 범위스위치를 30V로 했을 때 전압계가 300V 눈금에서 40을 가리키고 있다. 측정한 전압은 얼마인가?

8-6 멀티미터

멀티미터는 멀티테스터로도 불리는데 전압, 전류, 저항을 측정하는 데 사용된다. 〈표 8-3〉에 대표적인 멀티미터들에 대한 특징을 비교해 놓았다. 먼저, 〈그림 8-13〉의 볼트-옴-밀리암미터(VOM)와 그 다음 〈그림 8-14〉의 디지털 멀티미터(DMM)를 비교해 놓았다. DMM은 다음 절에서 자세히 설명한다.

디지털 표시 외에 DMM의 장점은 직류전압계로 사용할 때 입력저항 R_V가 높다는 것이다. R_V는 보통 10MΩ 정도로 모든 범위에서 동일한데, 이 값은 대부분의 회로에서 전압계에 의한 부하효과를 막기에 충분히 높은 값이다. 어떤 형태의 DMM은 R_V가 22MΩ인 것도 있다. 요즘의 최신 DMM들은 자동범위 기능을 가지고 있다. 즉, 내부회로가 적절한 범위를 선택하여 판독결과로서 범위를 나타낸다.

VOM이나 DMM 모두 0.2V나 그 이하의 값을 측정하기에 충분한 해상력을 가지고 저전압 직류를 측정할 수 있는 능력이 중요하다. 트랜지스터 회로의 직류 바이어스 전압을 측정하기 위해서는 0.2에서 0.6V 또는 200에서 600mV의 범위를 필요로 한다.

알아두기▸▸

전류나 전압의 미지값을 측정할 때는 항상 미터기를 최고 범위로 놓고 범위를 낮춰가면서 측정한다. 가장 낮은 범위로 놓았을 때 상당히 큰 값의 전류나 전압을 측정하려고 하면 미터기가 고장날 가능성이 있다.

표 8-3	VOM과 DMM의 비교
VOM	DMM
아날로그 지침 판독	디지털 판독
직류전압계의 R_V는 범위에 따라 변함	R_V는 10MΩ 또는 20MΩ, 모든 범위에서 동일
각 범위에서 영점 조정이 필요	영점 조정이 필요 없음
저항범위는 $R \times 10{,}000\Omega$까지임. 배율(곱셈계수)로 사용	저항범위가 20MΩ까지임. 각 범위가 최대 측정값임

그림 8-13 기능선택기와 범위스위치를 결합한 아날로그 VOM

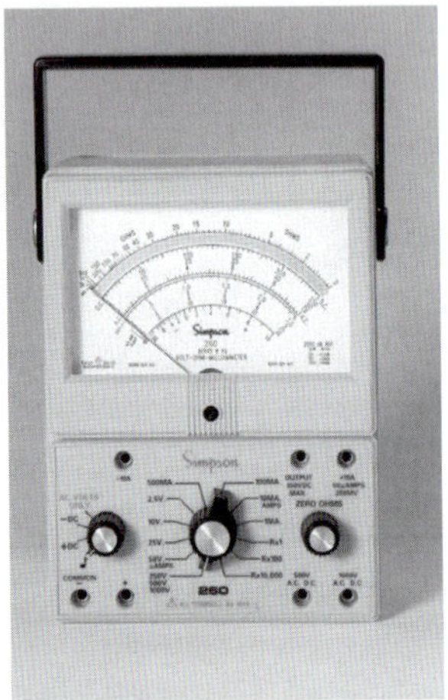

그림 8-14 휴대용 디지털 멀티미터(DMM)

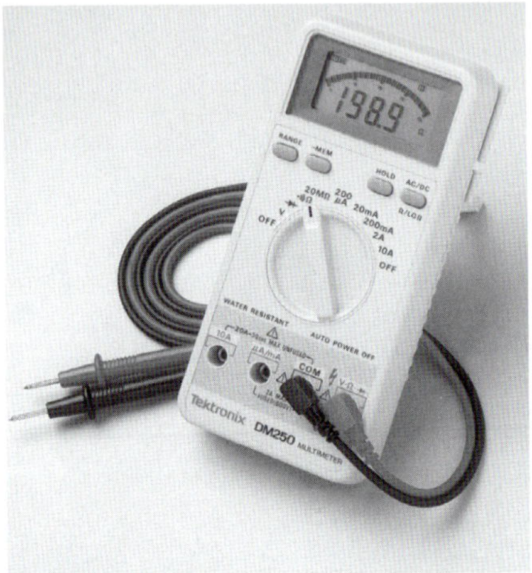

저전력 저항계(LPΩ : Low-Power Ohms)

트랜지스터 계측기가 갖추어야 할 또 다른 특성은 전지전압이 낮아서 반도체 접합이 도통(on) 상태나 도전(conducting) 상태로 바이어스되지 못하게 만드는 저항계이다. 그 기준은 0.2V나 그 이하이다. 이는 트랜지스터 증폭기 회로에서 저항계가 더 낮은 값을 표시하도록 만드는 트랜지스터의 병렬 도전경로가 생기지 못하게 하는 것이 목적이다.

데시벨 눈금(Decibel Scale)

대부분의 아날로그 멀티미터는 교류신호를 측정하기 위해 데시벨(dB) 단위로 표시된 교류전압 눈금을 갖고 있다. 데시벨은 전력레벨이나 전압레벨을 비교하기 위해 로그 단위를 사용한다. 0dB의 눈금표시는 기준레벨을 나타내는데, 이 값은 보통 600Ω 양단에서 1mW의 전력에 대해 0.775V가 된다. 0dB보다 높은 (+)데시벨 값은 0.775V의 기준보다 높은 교류전압을 나타내고 (−)데시벨은 기준레벨보다 낮은 교류전압을 나타낸다.

그림 8-15 전류집게 액세서리를 부착한 DMM

전류-집게 프로브(Amp-Clamp Probe)

전류를 측정하기 위해 회로를 개방해야 하는 문제는 전류가 흐르는 전선 둘레에 꼭 맞는 집게를 가진 프로브를 사용하여 해결할 수 있다. 전선에 생기는 자기장을 이용하여 전류가 흐르는 양을 나타낸다. 〈그림 8-15〉에 측정 예를 보였다. 이 집게 프로브는 일반적으로 60Hz의 교류전원선에 흐르는 교류전류만을 측정한다.

고전압 프로브

액세서리 프로브를 사용하여 멀티미터로 30kV까지의 직류전압을 측정할 수 있다. 이 프로브를 흔히 고전압 프로브라 한다. 이를 적용한 것이 텔레비전 수상기의 컬러 픽쳐 튜브의 (+)극에서 20kV에서 30kV의 고전압을 측정하는 것이다. 이 프로브는 직류전압계에 대해선 단지 외부에 있는 배율기 저항으로 동작할 뿐이다. 30kV의 프로브에 필요한 저항값은 1000V 범위의 20kΩ/V 미터기에서 580MΩ이다.

■ 8-6 복습문제

a. 20kΩ/V의 감도를 가진 VOM의 R_V는 1V 범위에서 얼마인가?

b. 100V 범위에서 DMM의 R_V가 10MΩ이라면 200mV 범위일 때의 R_V는 얼마인가?

c. 저전력 저항 측정기능(LPΩ)은 내부 전지가 필요 없다. 맞는가 틀리는가?

8-7 디지털 멀티미터(DMM)

그림 8-16 일반적인 디지털 멀티미터 (DMM)

디지털 멀티미터는 측정한 디지털 값이 자동적으로 십진수의 숫자, 극성 그리고 V, A, Ω의 단위로 표시되기 때문에 아주 인기 있는 실험장비이다. 아날로그 미터에서 지침이 가리키는 여러 눈금을 읽을 때 자주 발생하는 오차를 없앨 수 있기 때문에 일반적으로 디지털 미터가 사용하기에 더 쉽다. 휴대용 DMM의 예를 〈그림 8-14〉와 〈그림 8-16〉에 나타내었다.

DMM의 동작의 근본은 아날로그-디지털(A/D) 변환회로이다. A/D 변환기는 입력되는 아날로그 전압값을 등가의 이진수 형태로 변환한다. 이러한 값들을 디지털 회로에서 처리하여 십진수 표시로 액정화면(LCD)에 보여준다.

전압 측정

A/D 변환기는 특정한 범위의 입력전압만 받아들인다. 일반적인 값은 −200mV에서 +200mV이다. DMM의 입력전압이 이보다 높으면 전압을 분배해서 낮추게 된다. 입력전압이 너무 낮으면 직류증폭기로 증가시킨다. 그러면 측정한 전압은 비교기 회로에서 미터기 내부에 고정된 기존 전압과 비교된다. 실제적으로 DMM에 있는 모든 기능들은 변환기와 비교기 회로에서 처리한 전압 측정값으로 실행된다.

DMM의 입력저항값은 10MΩ에서 20MΩ의 범위에 있는데, 50pF의 커패시턴스에 의해 분기된다. 이 저항값은 대부분의 트랜지스터 회로에서 미터기의 부하효과를 무시할 수 있을 정도로 높은 값이다. DMM은 입력저항값이 높을 뿐 아니라 모든 범위에서 동일한 입력저항값을 가지고 있다.

교류를 측정할 때는 교류입력을 직류전압으로 변환해서 A/D 변환기로 입력한다. DMM은 내부에 교류변환기로 동작하는 다이오드 정류회로가 있다.

저항 측정

저항계로 동작할 때 내부전지에서 측정하는 저항에 전류가 흐르는데, 이때 DMM으로 저항의 전압강하를 측정하여 환산된 저항값을 표시하게 된다. 전지는 보통 휴대용 기기에 많이 사용되는 작은 크기의 9V를 사용한다. 아주 작은 저항값부터 30MΩ 이상까지 넓은 범위의 저항값을 측정할 수 있다. 저항계로 측정할 회로의 전원을 반드시 꺼야 한다는 사실을 기억하라.

DMM이 저항계로 동작할 때 두 리드막대 사이의 개방회로 전압은 보통 크기가 너무 작아서 반도체 접합을 도통(on)시키지 못한다. 그 결과 저전력 저항계로 동작한다.

전류 측정

전류를 측정하기 위해 내부저항들은 저항에 비례한 *IR* 전압을 일으킨다. 디스플레이는 전류값을 보여준다. 전류를 측정할 때 DMM은 여전히 회로의 부품과 직렬로 연결되어야 한다는 사실을 기억하라.

다이오드 시험

DMM은 보통 반도체(실리콘 또는 게르마늄) 다이오드를 테스트할 수 있다. 다이오드의 접합부에 걸리는 전압을 측정하기 위한 전류는 DMM에서 공급한다. 정상적인 값은 실리콘 다이오드인 경우에 0.7V이고 게르마늄 다이오드인 경우는 0.3V이다. 접합부가 단락되었다면 0V일 것이다. 개방된 다이오드에 걸리는 전압은 매우 높은 값을 가리킨다. 대부분의 다이오드는 실리콘 다이오드이다.

해상도(Resolution)

DMM에서의 해상도는 얼마나 많은 자리수를 사용하여 소수점에 관계없이 숫자 0에서 9를 표시하는가를 나타낸다. 예를 들어, 9.99V는 3자리를 표시하고 9.999V는 4자리를 표시한다. 그러나 대부분의 휴대용 기기는 $3\frac{1}{2}$을 표시한다. 이것은 가장 큰 숫자를 나타내기 위한 왼쪽의 4번째 숫자가 오직 1만 표시할 수 있다는 것을 의미한다. 그런 경우가 아니면 디스플레이는 3자리를 표시한다. 예를 들어 $3\frac{1}{2}$자리의 디스플레이는 19.99V는 표시할 수 있으나 29.99V는 30.0V로 읽히게 된다. 특히 실험대에 거치하는 커다란 DMM 기기 같은 고급 미터기는 해상도가 더 좋아 자리수를 많이 표시한다. 그러나 실제로 $3\frac{1}{2}$자리의 해상도는 전자기기를 고장 수리하는 데 사용되는 모든 측정기기에 충분한 해상도이다.

범위를 초과한 과부하

DMM의 선택 스위치는 특정한 범위를 가진다. 선택한 범위보다 높은 값은 과부하를 일으킨다. 화면상의 표시를 통해 그 값이 정확하지 않다는 것을 경고한다. 그러면 더 높은 범위를 선택한다. 어떤 기기는 자동범위 기능이 있어 과부하가 나타난 즉시 자동으로 더 높은 범위를 선택한다.

일반적인 DMM

〈그림 8-16〉의 기기를 예로 들어본다. 전면 패널에서 오른쪽 아래에 있는 두 개의 잭은 테스트 리드막대를 위한 것이다. 맨 아래의 잭은 공통단자로 검정 리드막대를 연결하는데 모든 측정에 사용한다. 위쪽은 "hot" 리드막대를 위한 잭인데 보통 빨강으로 직류나 교류의 V와 R 값 측정에 사용한다. 왼쪽 아래에 있는 두 잭은 직류전류와 교류전류를 측정할 때 사용하는 빨강 리드막대를 위한 잭이다.

〈그림 8-16〉에서 중앙에 있는 커다란 선택스위치의 각 기능을 생각해보자. 스위치를 OFF 위치로부터 시계방향으로 돌릴 때, 첫 번째 위치는 정현파 표시가 되어 있는데 교류전압을 측정할 때 사용한다. 미터기에 자동범위 기능이 있으면 어떤 범위도 표시되지 않는다. 측정을 할 때 미터기는 600mV, 6V, 60V, 600V 그리고 최대 1000V의 범위를 가진다.

만약 자동범위 기능을 원하지 않으면 디스플레이 밑의 "범위" 버튼을 눌러 선택한 범위를 유지하도록 한다. 버튼을 누를 때마다 범위가 바뀐다. 자동범위 동작으로 돌아가려면 버튼을 길게 누르면 된다.

선택스위치의 다음 두 위치는 직류전압을 측정하기 위한 것이다. 그 위치들은 V 위에 실선과 점선으로 나타낸 것으로 (+)나 (–) 극성이 표시될 수 있다. 측정할 수 있는 전압의 범위는 6V, 60V, 600V 그리고 최대 1000V이다. 직류전압이 아주 작으면 mV 범위를 선택해서 측정한다. 이 범위에서는 600mV 이하의 값을 측정할 수 있다.

저항을 측정하려면 선택스위치로 Ω 기호의 위치를 선택한다. 6개의 범위에서 0~50MΩ 사이의 저항값을 측정할 수 있다. 측정할 회로의 전원은 꺼야 한다는 것을 기억하라. 그렇지 않으면 저항계는 틀린 값을 가리키게 된다. (더 나쁜 것은 미터기가 고장날 수도 있다.)

다음에 표시된 선택스위치의 위치는 다이오드 기호가 그려진 것으로, 반도체 다이오드를 테스트하기 위한 것이다. 기호 옆의 선들은 미터기가 비프음을 내는 것을 표시한다. 최대로 테스트할 수 있는 다이오드의 전압은 2.4V이다.

전압이든 전류든 교류값을 측정할 때 미터기의 주파수 범위는 대략 45Hz에서 1000Hz로 제한된다. 고주파 신호의 진폭을 측정하려면 RF 측정기 같은 특별한 계측기가 필요하다. 그러나 일반적인 미터기는 60Hz의 전원선 주파수와 음향기기에 사용되는 400Hz의 테스트 주파수에서 전압과 전류를 측정하는 데 사용된다.

아날로그 표시화면

〈그림 8–16〉에서 디스플레이의 아래 부분에 있는 막대는 단지 사용하고 있는 범위의 최대 눈금값과 비교하여 입력의 상대적인 크기를 보여준다. 최대값이나 최소값(0점)에 대해 회로를 조정할 때 이런 기능이 편리하게 사용된다. 이런 동작은 VOM에서 지침을 바라보면서 최대값이나 영점 조정을 하는 것에 비교할 수 있다.

■ 8–7 복습문제

a. DMM 전압계의 일반적인 저항값은 10MΩ이다. (참, 거짓)

b. 휴대용 DMM의 전압계는 내부 전지가 필요 없다. (참, 거짓)

c. $3\frac{1}{2}$ 자리의 해상력을 가진 DMM은 14.59V를 표시할 수 있다. (참, 거짓)

8–8 미터기의 응용

〈표 8–4〉에 전압계, 저항계, 밀리전류계를 사용할 때 기억해야 할 중요한 점들을 요약해 놓았다. 이런 규칙들은 미터기가 단일기기이든, 한 가지 기능만을 갖는 멀티미터든 항상 적용된다. 전압과 전류의 측정은 또한 직류나 교류회로 모두에게 적용된다.

미터기에 과도한 전류가 흐르지 않게 하기 위해서 미지의 전압이나 전류를 측정할 때 높은 범위부터 측정하는 것은 좋은 습관이다. 전류계를 병렬로 연결하는 실수를 하지 않는 것이 매우 중요한데 보통 이런 실수로 미터기가 고장나기 때문이다. 전압계를 직렬로 연결하는 실수로 전압계가 고장나지는 않지만 잘못된 값을 가리키게 된다.

회로에 전원을 공급한 채 저항계를 회로에 연결하면 미터기가 손상될 뿐만 아니라 잘못된 값을 나타낸다. 저항계에는 내부전지가 있어 측정하려는 회로의 전원은 반드시 꺼야 한다. 저항계로 저항을 측정할 때 병렬 경로를 끊기 위해 회로에서 저항의 한쪽을 분리하는 것이 필요할지도 모른다.

표 8-4	미터기 사용시 유의사항	
전압계	밀리전류계 또는 전류계	저항계
회로 내의 전원 켬	회로 내의 전원 켬	회로 내의 전원 끔
병렬로 연결	직렬로 연결	병렬로 연결
내부저항이 높음	내부저항이 낮음	내부전지 포함
내부에 직렬배율기 포함, 범위가 높으면 배율기 저항도 높음	내부에 분류기 포함, 전류 범위가 높으면 배율기 저항은 낮음	저항 범위가 높으면 미터기가 민감해짐

회로 내에서 전류계의 연결

직·병렬 회로에서 가지전류를 측정하려면 전류계를 가지에 삽입해야 한다. 주 회로선에 연결된 미터기는 전체전류를 표시한다. 〈그림 8-17〉에 다양한 연결의 예를 나타내었다. 그림에서 점선으로 표시한 것은 미터기들로 각 부분에 흐르는 전류를 측정하게 된다.

여기서 주 회로선의 A점을 개방하여 미터기를 직렬로 삽입하면, 미터기는 R_1에 흐르는 전체전류 I_T를 표시할 것이다. B나 C점에서의 미터기도 같은 전류값을 표시

그림 8-17 원하는 전류를 측정하기 위해 직 · 병렬 회로의 여러 부분에 전류계를 삽입하는 방법. A, B, C 점에서 미터기는 I_T를 나타낸다. D나 E점에서는 미터기가 I_2를 나타낸다. F나 G점에서 미터기는 I_3을 나타낸다.

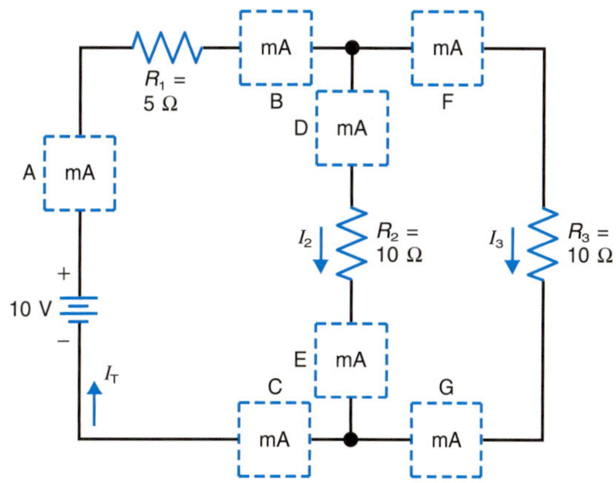

할 것이다.

R_2에 흐르는 가지전류를 측정하려면, 이 저항의 어느 한쪽 끝에서 주 회로선과의 연결부분을 끊어야 한다. 그 결과, D나 E점에 삽입한 미터기는 R_2에 흐르는 가지전류 I_2를 표시할 것이다. 마찬가지로 F나 G점에서의 미터기는 R_3에 흐르는 가지전류 I_3을 나타낸다.

측정 전압으로부터 전류의 계산

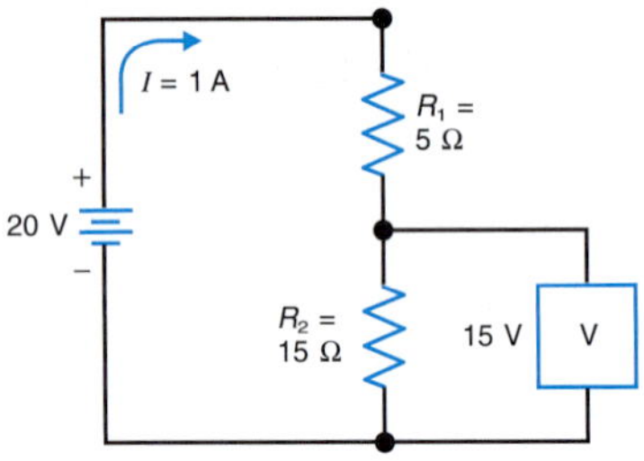

그림 8-18 15Ω의 저항에서 측정한 전압이 15V일 때 전류는 V/R로서 15V/15Ω=1A로 계산할 수 있다.

전류를 측정하려고 회로를 끊어야 하는 불편함은 보통 옴의 법칙을 적용하여 없앨 수 있다. 전압과 저항은 회로를 끊지 않고 측정할 수 있으며 전류는 V/R로 계산한다. 〈그림 8-18〉을 예로 들면, R_2에 걸리는 전압이 15V이고 그 저항값이 15Ω이라면 R_2에 흐르는 전류는 1A가 될 것이다. 고장 수리를 하는 과정에서 이런 값들을 점검할 때 전압과 저항값이 정상이라면 전류도 정상일 것이다.

더욱이 필요하다면 값을 알고 있는 저항 R_S를 일시적으로 회로에 직렬로 삽입하여 V_S를 측정할 수 있다. 그러면 I는 V_S/R_S로 계산된다. 그러나 R_S의 저항값은 R_T와 직렬회로에 흐르는 전류 I에 영향을 주지 않도록 충분히 작아야만 한다.

이런 기술은 오실로스코프로 저항에 흐르는 전류와 동일한 파형을 가진 IR의 전압파형을 발생시키는 데 자주 사용한다. 오실로스코프는 입력저항값이 크기 때문에 전압계처럼 병렬로 연결해야 한다.

퓨즈의 점검

전원을 끄고 저항계로 점검할 회로에서 퓨즈를 분리하라. 정상적인 퓨즈는 0Ω이다. 퓨즈가 끊어지면 회로가 개방되는데 저항계는 무한대를 가리키게 된다.

회로에 전원을 넣은 상태에서는 전압계를 사용하여 퓨즈를 점검할 수 있다. 퓨즈의 두 단자에 전압계를 연결하라. 정상적인 퓨즈는 실제적으로 전압강하가 없기 때문에 0V를 가리킨다. 그러나 퓨즈가 끊어지면 전압계는 인가전압과 같은 값을 가리키게 된다. 전체 인가전압이 측정되면 좋은 것이 아닌가 하고 생각할 지도 모르겠지만 이 전압은 절대로 퓨즈에 걸려서는 안 된다.

개방회로에 대한 전압 테스트

〈그림 8-19〉에는 4개의 등가저항들이 100V 전원과 직렬로 연결되어 있다. 섀시접지나 대지접지를 기준으로 전압을 측정하는 것이 보통이므로 이 그림에서는 접지기호를 사용하여 회로를 나타냈다. 정상적으로 각 저항에는 25V의 전압강하가 생긴다. 그때 B점에서의 접지에 대한 전압은 100−25=75V가 된다. 또한 〈그림 8-19a〉처럼 C점에서의 전압은 50V가 되고 D점에선 25V가 된다.

그러나 〈그림 8-19b〉의 회로에서는 접지 쪽으로 연결된 저항 중 R_3에서 개방이 되었다. 이제 B점에서의 측정은 100V를 가리키는데, 이는 인가전압과 같은 크기이다. B점에서 이렇게 전체전압이 측정되는 것으로 보아 직렬회로가 개방되어 R_1에 전압강하가 없다는 것을 알 수 있다. 그러나 어느 저항이 개방되었는지 어떻게 알

그림 8-19 어느 한 곳이 개방된 전압 테스트 (a) 섀시접지를 기준으로 전압을 측정한 정상적인 회로 (b) D점에서의 0V 측정은 R_3이 개방된 것을 보여준다.

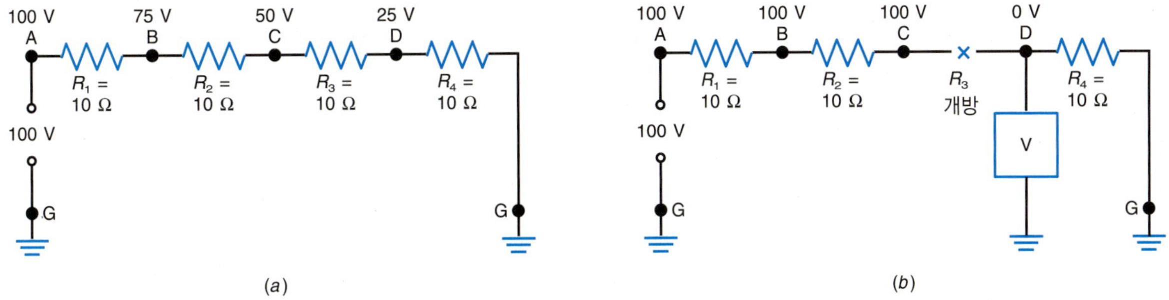

수 있을까? 접지 쪽으로 전압측정을 계속해 나가면 결국 0V를 측정할 수 있을 것이다. 이번 예에서 C점의 100V와 D점의 0V 사이에 있는 R_3이 개방된 것을 알 수 있다.

인가전압의 전체 값을 가리키는 점들은 전원 쪽으로 연결된 경로가 있다. 첫 번째로 0V를 가리키는 점은 전원의 높은 전위 쪽으로 연결된 경로가 없다. 그러므로 개방회로는 〈그림 8-19a〉에서 C점과 D점 사이가 틀림없다.

■ 8-8 복습문제

a. 어떤 형태의 미터기가 내부전지를 필요로 하는가?
b. 정상적인 퓨즈에 걸리는 통상적인 전압은 얼마인가?
c. 〈그림 8-19a〉에서 R_1에 걸리는 전압은 얼마인가?
d. 〈그림 8-19b〉에서 R_1에 걸리는 전압은 얼마인가?

8-9 저항계로 단락 검사

알아두기▸▸

대부분의 DMM들은 두 점 사이의 단락 여부를 검사하기 위한 스위치 선택위치가 있다. 두 점 사이의 저항이 약 200Ω보다 작다면 "삐" 소리를 들을 수 있을 것이다. 이 "삐" 소리로 측정하는 두 점 사이가 연결되었는지 아니면 끊어졌는지 즉시 알 수 있다.

끊어지지 않고 정상적으로 이어져 있는 전선의 저항값은 실질적으로 0Ω이다. 그러므로 저항계는 전선의 단락 여부를 측정하는 데 유용하게 사용된다. 이 테스트는 가장 낮은 저항 범위에서 해야 한다. 이를 이용한 응용이 많이 있다. 전선은 절연체로 감싸져 있기 때문에 내부가 끊어져도 볼 수가 없고 또한 전선과 단자의 연결이 잘못될 수도 있다. 전선의 어느 두 점 사이의 저항이 0Ω인가를 검사하면 전선의 단락 여부를 알 수가 있다. 중간에 전선이 끊어지면 개방회로를 나타내는 무한대의 저항값을 가리킬 것이다.

단락 여부를 검사하기 위한 또 다른 방법으로 〈그림 8-20〉에 보인 것처럼 서로 묶여 있는 전선을 생각해보자. 각 전선을 볼 수는 없지만 A단자에 연결한 전선을 알아내려고 한다. 각 전선에 대해 A점의 단락 여부를 검사하면 된다. A점과 0Ω인 전선이 이 단자에 연결된 전선이다. 때때로 각 전선들은 색-코드로 되어 있지만, 각 전선의 단락 여부를 검사하는 것이 필요할 때도 있다.

유용하게 사용할 수 있는 또 다른 기술이 〈그림 8-21〉에 예시되어 있다. 여기서는 저항계의 리드막대가 도달하지 못할 정도로 그 끝이 멀리 떨어진 두 선의 단락

그림 8-20 A점에서 3번 전선까지의 단락 테스트는 이 선이 연결된 것을 보여주고 있다.

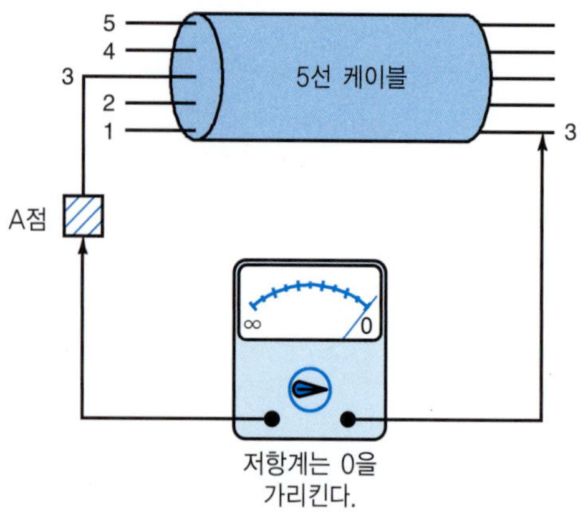

그림 8-21 반대편에서 각 전선의 단락 여부를 검사하기 위해 기다란 두 전선의 한쪽 끝을 일시적으로 단락시킨 회로

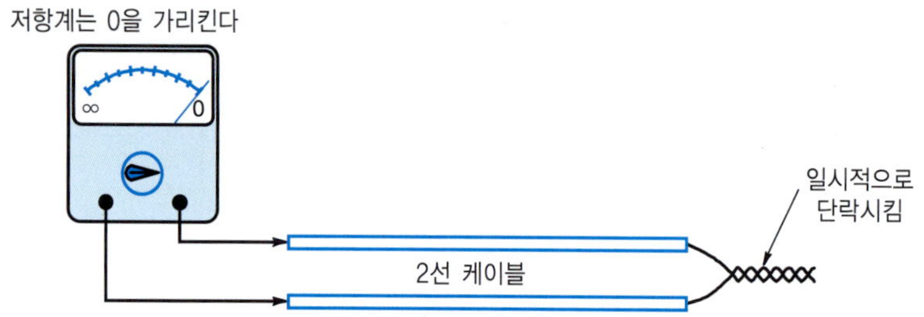

여부를 검사하려 한다. 두 전선을 한쪽 끝에서 일시적으로 단락시키면 두 선의 개별적인 단락 여부를 다른 쪽 끝에서 검사할 수 있다.

요약하면 저항계는 어느 전선의 단락 여부를 검사하는 데 유용하게 사용된다. 토스터의 전선이나 백열전구의 필라멘트 같은 저항성 가열체에도 적용할 수 있다. 이런 가열체가 차가울 때의 저항은 보통 수 Ω 정도이다. 무한대의 저항값은 전선이 끊어진 것을 의미한다. 마찬가지로 정상인 퓨즈의 저항값은 실질적으로 0Ω이다. 타버린 퓨즈의 저항값은 무한대, 즉 개방 상태가 된다. 또한 변압기, 솔레노이드 또는 저항의 코일도 권선이 끊어진다면 무한대의 저항값이 될 것이다.

■ 8-9 복습문제

a. 저항계에서 눈금의 왼쪽 끝이 0Ω인가 오른쪽 끝이 0Ω인가?

b. 회로가 개방되었을 때 저항계는 어떤 값을 가리키는가?

집게 전류계의 이해와 응용

전압, 전류 및 저항의 세 가지 전기량 중에서 전류를 측정하는 것은 아마도 가장 불편하고 어려울 것이다. 불편함이나 어려움은 회로가 개방되어야 하고 전류계가 움직이는 전하의 경로에 위치해야 한다는 사실에 있다. 어렵거나 불편할 뿐만 아니라 이 전류 측정방법은 특히 고전압 AC 회로에서 전류를 측정할 때 그다지 안전하지 않다. 따라서 전자제품 또는 이와 유사한 장치에 의해 소비되는 전류를 측정할 때 〈그림 8-22〉에 표시된 것과 같은 집게 전류계를 사용하는 것이 훨씬 쉽고 안전하다. 이 그림에서 각 제어, 키 및 기능에 대하여 알아본다.

계측기의 제어, 키, 기능

- **집게 헤드** – 집게 헤드는 AC 또는 DC 전류를 측정할 때 도선 주위를 집는 데 사용된다.
- **보호대** – 이것은 계측기 제어와 집게 헤드 사이의 물리적 경계이다. 안전을 위해 전류 및 비접촉 전압 측정을 수행할 때 손과 손가락이 이 지점 아래에 있도록 해야 한다.
- **집게 헤드 트리거** – 트리거를 당겨 집게 헤드를 열고 트리거를 놓아 집게 헤드를 닫는다.
- **기능 선택 스위치** – 이 제어를 회전하여 측정하고자 하는 전기량을 선택할 수 있다.
- **비접촉 전압(NCV) 표시기** – 이 기능은 활성 도선과 물리적으로 접촉하지 않고 AC 전압의 유무를 감지하는 데 사용된다. 기능 선택 스위치를 NCV 위치로 설정한 상태에서 집게 헤드의 앞쪽 끝을 전압원 가까이에 놓는다. 전압이 인가되면 NCV 표시기가 깜박이고 계측기가 삐 소리를 낸다.
- **보존/백라이트 키** – 이 키는 접근하기 어려운 장소에서 측정할 때 지연된 판독을 위해 디스플레이에 측정값의 표시를 보존하는데 사용된다. 디스플레이의 백라이트를 켜거나 끌 때도 사용된다. 이 버튼을 2초 동안 누르고 있으면 디스플레이의 백라이트가 켜지거나 꺼진다.
- **제로 키** – 이 키는 DC 암페어 및 커패시턴스 값을 측정하기 전에 디스플레이를 0으로 만들기 위해 사용된다.
- **선택 키** – 이 키는 ACV/DCV, ACA/DCA 및 옴(Ω), 연속성, 다이오드 테스트 및 커패시턴스와 같은 기능모드를 선택한다.
- **LCD 디스플레이** – LCD 디스플레이는 측정하고 있는 전기량과 측정값을 나타낸다.
- **입력 잭** – 집게 헤드로 감지하거나 측정할 수 없는 전기량을 측정할 때 빨간색과 검은색 테스트 리드가 이 잭에 삽입된다.

집게 전류계로 전류 측정하기

1장 '전기'에서 전류가 흐르는 도선에는 관련된 자기장이 있음을 기억하라. 자기장의 세기는 도선에 의해 전달되는 전류에 비례한다. 즉, 전류가 클수록 자기장이 더 강해진다. 페라이트 재질의 집게 헤드는 AC 전류의 자기장의 세기를 감지하여 전류의 크기에 비례하는 전압을 발생시킨다. 이 전압은 측정된 전류값을 표시하도록 보정된 내부 측정회로에 공급된다. 집게 헤드에는 DC 전류의 강도를 감지할 수 있는 홀효과(Hall effect) 변환기도 포함되어 있다.

AC 전류 측정하기

〈그림 8-22〉에 표시된 것과 같은 독립형 집게 전류계는 단일 도선의 전류만 측정할 수 있다. 연장 코드와 같은 두 개의 전류가 흐르는 도선 주위에 집게 헤드를 위치하면 각 도선의 반대 자기장이 서로 상쇄되기 때문에 판독값이 0(또는 잘못된 판독값)이 된다. 단일 도선에서 AC 전류의 크기를 측정하려면 측정할 예상 전류값에 따라 FUNCTION 선택 스위치를 원하는 범위 설정으로 이동한다. SELECT 키를 사용하여 DC 증폭기가 아닌 AC 증폭기를 선택한다. 다음으로, 트리거를 누르고 집게 헤드의 입구를 열고 도선이 입구의 내부에 있도록 위치를 설정한다. 이제 입구가 전류가 흐르는 도선 주위에 고정되도록 트리거를 놓는다. 이 과정은 〈그림 8-23a〉 및 〈그림 8-23b〉에 나와 있다. 측정된 전류값이 LCD 디스

그림 8-22 집게 전류계

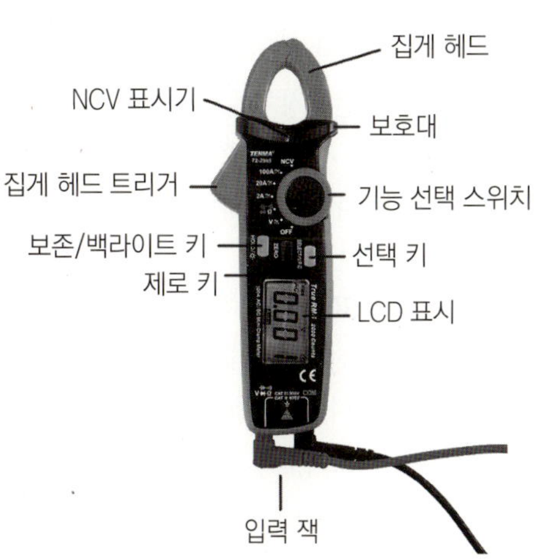

그림 8-23a 트리거를 눌러 집게 헤드를 연다.

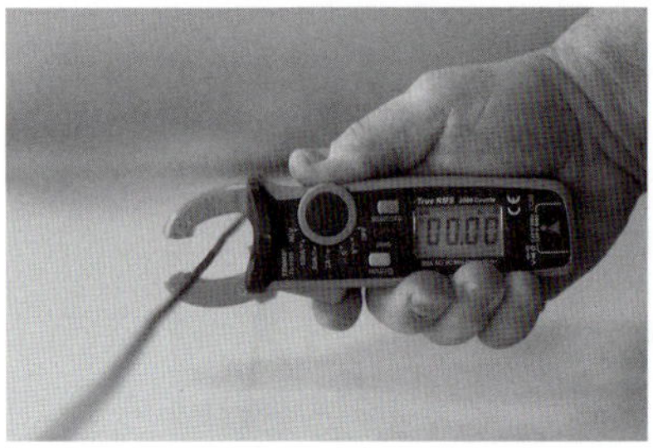

그림 8-23b 집게 헤드가 전류가 흐르는 도선 주위에 있도록 트리거를 놓는다.

플레이에 나타난다. 가장 정확한 판독을 위해서는 도선을 집게 헤드의 입구 중앙에 위치시키는 것이 중요하다. (집게 헤드에는 도선을 중앙에 맞추기 위한 특별 표시가 있다.)

교류선 분리기

AC 전류를 측정하려면 교류선 분리기를 사용해야 한다. 일반적인 교류선 분리기는 〈그림 8-24a〉에 있다. 모든 교류선 분리기는 플러그와 콘센트가 있다. 교류선 분리기가 하는 일은 전원코드의 고온 도선과 중성 도선을 분리하는 것이므로 집게 전류계를 사용하여 단 하나의 도선에서 전류를 측정할 수 있다. 교류선 분리기는 120V AC 콘센트에 꽂혀 있고 전자제품이나 장치는 교류선 분리기의 콘센트 끝에 꽂혀 있다. 다음으로, 집게 전류계는 〈그림 8-24b〉와 같이 ×1 또는 ×10 사각대 주위에 고정된다. ×1 사각대 주위를 찝으면 교류선 분리기에 연결된 전자장치에서 끌어온 전류의 정확한 값을 얻을 수 있다. ×10 사각대 주변을 찝으면 판독값에 10배를 곱한다. ×10 사각대를 사용하면 더 낮은 전류값을 더 정확하게 측정할 수 있다. 그러나 ×10 사각대 주위를 찝을 때 집게 전류계에 의해 표시되는 전류값을 10으로 나누어야 한다. 그 결과 계측기가 ×1 사각대 주위에 고정될 때와 거의 동일한 전류값이 생성된다. 교류선 분리기의 콘센트 끝에 있는 두 개의 구멍을 살펴보라. 이 구멍은 이 지점에서 AC 전

그림 8-24a 교류선 분리기

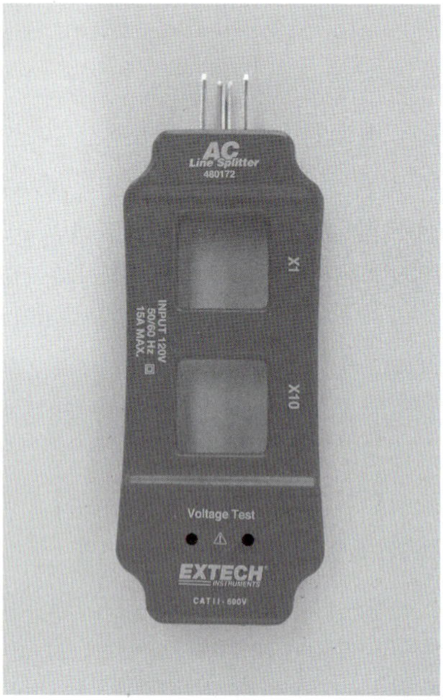

그림 8-24b 교류선 분리기의 ×1 사각대 주위를 꽉 문다.

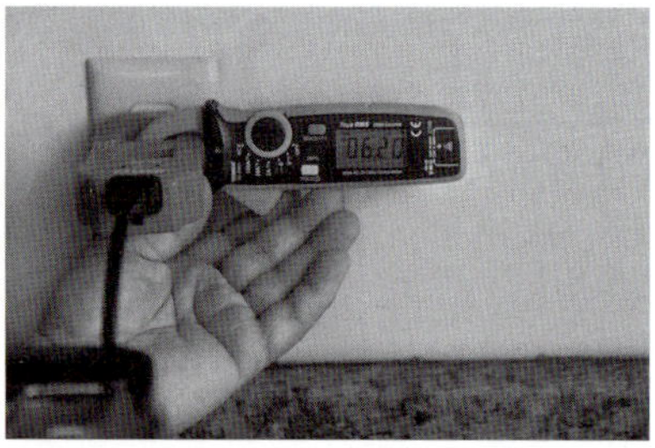

원 전압을 측정할 수 있도록 고온 및 중성 도선에 대한 액세스를 제공한다.

DC 전류 측정하기

단일 도선의 DC 전류량을 측정하려면 FUNCTION 선택 스위치를 사용하여 원하는 전류범위를 선택하고 SELECT 키를 사용하여 DC를 선택한다. 집게 헤드를 도선 주위에 배치하기 전에 LCD 디스플레이의 판독값이 0이 될 때까지 ZERO 키를 반복해서 누른다. 영점 조정 시 최고의 정확도를 얻으려면 계측기의 위치가 도선 주위에 배치될 때와 같아야 한다. 다음으로, DC 전류를 측정하기 위해 도선 주위에 집게 헤드를 놓는다. 판독값이 양수이면 전류가 집게 헤드의 양극에서 음극으로 흐르고 있음을 나타낸다. (극성 표시는 집게 헤드의 입구 하단에 있다.) 전류가 양수 값이면 기존의 전류 방향을 나타내고 음수 값이면 전자 방향을 나타낸다.

그림 8-25 NCV 측정

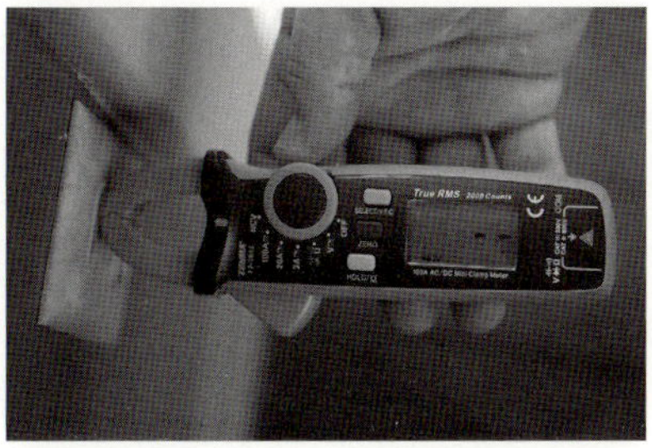

비접촉 전압(NCV) 측정

이 기능은 전기 도선과 물리적으로 접촉하지 않고도 AC 전압의 존재를 감지하는 편리하고 안전한 방법이다. 이 기능을 활용하려면 FUNCTION 선택 스위치를 NCV 위치로 옮기기만 하면 된다. 그런 다음 집게 헤드를 예상되는 활성 도선 가까이에 놓는다. AC 전압이 있으면 NCV LED 표시등이 깜박이고 계측기에서 반복적으로 신호음이 울린다. 또한 LCD 디스플레이는 전압의 크기에 따라 하나 이상의 대시 마크(–)를 표시한다. 전압이 높을수록 대시 마크의 수가 많을수록 NCV LED 표시기가 더 빨리 깜박이고 계측기에서 더 빨리 경고음이 울린다. (NCV 측정은 실제로 AC 전압과 관련된 전기장의 세기를 감지한다는 점에 유의하라. 이 계측기는 네 가지 다른 레벨의 전기장 세기를 감지하도록 설계되었다.) 이 기능을 사용하는 방법의 예는 〈그림 8-25〉를 참조하라. 이 그림에서 NCV 기능은 일반적인 120V AC 콘센트에 전압이 있는지 확인하는 데 사용된다. 집게 헤드가 출구면에 가깝게 배치되어 있는지 확인한다. 실제로 집게 헤드가 콘센트 면에 닿아도 괜찮다. 이 경우 NCV 표시기 LED가 깜박이고 계측기가 반복적으로 신호음을 내면 콘센트에 전압이 실제로 존재함을 나타낸다.

계측기의 추가 기능

전압, 저항 또는 커패시턴스를 측정하거나 다이오드를 테스트하려면 빨간색과 검은색 테스트 리드를 계측기 하단의 입력 잭에 삽입해야 한다. (이 계측기는 일반적인 DMM과 같은 회로 내 전류측정을 수행할 수 없다.) 측정을 수행할 때 계측기의 자동범위 기능은 올바른 범위를 선택한다. 계측기의 전압계 부분에는 10MΩ의 입력저항이 있다. 또한 연속성을 측정할 때 저항이 10Ω 미만이면 계측기는 연속적인 톤을 생성한다. 에너지 또는 배터리 수명을 절약하기 위해 이 계측기의 FUNCTION 선택 스위치가 15분 동안 움직이지 않으면 자동으로 꺼지는 자동전원끄기 기능이 있다. 경고로 계량기가 꺼지기 1분 전에 5번의 신호음을 울린다. 계측기가 실제로 꺼지기 직전에는 길고 지속적인 경고음이 울린다. 계측기를 다시 켜려면 FUNCTION 선택 스위치를 꺼짐 위치로 돌렸다가 다시 원하는 설정으로 돌려야 한다. 계측기를 다시 켜거나 깨우는 더 쉬운 방법은 계측기에 있는 세 개의 키 중 하나를 누르는 것이다. 자동전원끄기 기능은 다음과 같이 비활성화할 수 있다. FUNCTION 선택 스위치가 꺼진 위치에 있는 상태에서 SELECT 키를 누른 상태로 FUNCTION 선택 스위치를 원하는 설정으로 돌린다. 계측기가 처음 켜질 때 여러 번 연속 비프음이 들린다. 이것은 자동전원끄기 기능이 비활성화되었음을 나타낸다. 자동전원끄기 기능이 비활성화되면 계측기는 15분마다 5번의 연속적인 경고음을 울린다(정확히 1분 후에 5번의 경고음이 더 울림). 자동전원끄기 기능을 다시 활성화하려면 측정기를 껐다가 다시 켜라.

요약

- 가동코일 미터기에 흐르는 전류는 전류의 양에 비례하여 코일을 편향시킨다.
- 전류계는 회로에 흐르는 전류의 양을 측정하기 위해 직렬로 연결하는 저저항 미터기이다.
- 미터기의 가동체와 병렬인 미터기의 분류기 R_S는 전류계의 범위를 확장시킨다[식 (8-1) 참조].
- 전압계는 미터기 가동체와 직렬로 연결한 고-저항 배율기로 구성된다. 배율기를 가진 전압계는 전위차를 측정하기 위해 두 점 사이에 연결된다. 배율기의 저항값은 식 (8-3)으로 계산할 수 있다.
- 직렬배율기를 가진 전압계의 Ω/V 정격은 모든 전압 범위에서의 감도를 나타낸다. 이 정격은 미터기의 최대눈금편향 전류의 역수와 같다. 50μA 가동체를 사용한 전압계에서의 일반적인 값은 20,000Ω/V이다.
- 전압계의 저항 R_V는 고저항 배율기 때문에 높은 범위에서 더 큰 값을 가진다. Ω/V 정격에 전압 범위를 곱해서 각 범위에서의 R_V를 계산한다.
- 저항계는 미터기 가동체와 직렬인 내부전지로 구성된다. 저항계로 검사할 회로의 전원은 반드시 꺼야 한다. 직렬저항계는 0Ω이 오른쪽 끝에 표시되고 무한대의 저항이 왼쪽 끝에 표시된 역방향 눈금판을 가진다. 저항범위를 변경할 때마다 두 리드막대를 단락시켜 영점 조정을 한다.
- VOM은 전압, 저항, 밀리전류를 측정할 수 있는 휴대용 멀티미터이다.
- 디지털 멀티미터는 일반적으로 모든 직류전압 범위에서 10MΩ의 입력저항을 가진다.
- 전선을 검사할 때 정상적인 상태에서 저항계는 0Ω을 가리키거나 매우 낮은 값을 가리키고, 전선이 끊어지면 무한대의 저항값을 가리킨다.

중요 용어

- 단락시험 : 전선의 양 끝과 같은 두 점 사이의 저항값이 0Ω(근처)인지 아닌지를 알아보기 위한 저항 측정
- 디지털 멀티미터(DMM) : 전압, 전류, 저항 측정에 많이 사용하는 시험기기. DMM은 측정값을 직접 나타내는 숫자표시 디스플레이를 사용한다.
- 배율기 저항 : 가동코일 미터기의 가동체와 직렬로 연결된 큰 값을 갖는 저항으로 미터기로 회로의 전압을 측정할 수 있게 한다.
- 부하효과 : 전압계를 사용하여 회로의 전압을 측정할 때 측정한 전압이 감소하는 것을 설명한 용어. 이 용어는 전류계로 회로의 전류를 측정할 때 전류가 감소하는 현상을 설명하는 데 사용할 수도 있다. 전압계의 부하효과는 전압계의 저항이 충분히 크지 않을 때 나타난다. 반대로 전류계의 부하효과는 전류계의 저항이 너무 클 때 나타난다.
- 분류기 저항 : 미터기 가동체의 I_M값 이상으로 전류범위를 확장하기 위해 기본적인 가동코일 미터기의 가동체와 병렬로 연결한 저항
- 아날로그 멀티미터 : 전압, 전류, 저항 측정에 사용되는 시험기기. 아날로그 멀티미터는 측정값을 표시하기 위해 움직이는 지침과 눈금판을 사용한다.
- 영점 조정 : 저항계의 두 리드막대를 단락시켰을 때 0Ω의 위치를 조정하는 아날로그 VOM에서의 조정. 이 조정은 저항계의 눈금을 교정하기 위해 저항계의 범위를 변경할 때마다 해야 한다.
- 저항계의 역방향눈금 : 최대눈금편향일 때는 0Ω을, 편향이 없을 때는 ∞Ω을 보여주는 저항계의 눈금. 이름이 암시하듯, 지침이 최대눈금편향에서 돌아오는 것처럼 눈금상의 오른쪽에서 왼쪽으로 저항값이 증가한다.
- 전류-집게 프로브 : 회로를 개방하지 않고도 일반적으로 60Hz 전원선으로부터 교류전류를 측정할 수 있는 미터기의 프로브. 이 프로브는 실제 전류가 흐르는 도체 둘레에 꼭 맞는 집게이다.
- Ω/V 정격 : 1V의 편향당 필요한 저항값을 정의한 전압계의 정격. Ω/V 정격=$1/I_M$ 또는 $R_V/V_{\text{범위}}$

중요 공식

$$R_S = \frac{V_M}{I_S}$$

$$I_S = I_T - I_M$$

$$R_{mult} = \frac{\text{최대눈금전압}}{\text{최대눈금전류}} - r_M$$

$$V = V_M + \frac{R_1 R_2}{R_V(R_1 + R_2)} V_M$$

자습문제

1. 가동코일 미터기의 가동체에서 I_M은?

a. 미터기의 지침이 최대눈금편향이 되도록 가동코일에 흘려야 되는 전류의 양이다.
b. 지침의 편향을 위해 가동코일에 흐르는 전류값이다.
c. 미터기 지침이 반눈금편향이 되도록 가동코일에 흘려야 하는 전류의 양이다.
d. 위에 답이 없다.

2. 눈금판의 눈금을 따라 거울이 있는 아날로그 VOM에서

a. 지침의 편향은 작은 값의 전압, 전류, 저항을 측정할 때 거울에 의해 확대될 것이다.
b. 미터기는 항상 옆에서 미터기를 바라보면서 눈금을 읽어야 한다.
c. 지침과 거울에 비친 그림자가 일치할 때 미터기를 읽는다.
d. a와 b 둘 다 맞다.

3. 전류계는 다음 값을 가져야 한다.

a. 매우 높은 내부저항값
b. 매우 낮은 내부저항값
c. 무한히 높은 내부저항값
d. 위에 답이 없다.

4. 전압계는 다음 값을 가져야 한다.

a. 대략 0Ω의 저항값
b. 매우 낮은 저항값
c. 매우 높은 내부저항값
d. 위에 답이 없다.

5. 전압계 부하는 보통 다음 회로의 전압을 측정할 때 문제가 된다.

a. 병렬회로
b. 저항값이 낮은 회로
c. 저항값이 낮은 직렬회로
d. 저항값이 높은 회로

6. 50μA, 2kΩ 가동코일 미터기의 가동체에서 전류의 범위를 두 배로 하려면 분류기 저항 R_S는 다음 값이 되어야 한다.

a. 2kΩ
b. 1kΩ
c. 18kΩ
d. 50kΩ

7. 20μA 미터기 가동체를 사용하는 전압계의 Ω/V 정격은?

a. 20kΩ/V
b. 50kΩ/V
c. 1kΩ/V
d. 10MΩ/V

8. 아날로그 미터기에서 전류범위가 증가할 때, 미터기의 전체저항 R_M은?

a. 감소한다.
b. 증가한다.
c. 같은 값이다.
d. 위에 답이 없다.

9. 아날로그 VOM에서 전압범위가 증가할 때, 전압계의 전체저항 R_V는?

a. 감소한다.
b. 증가한다.
c. 같은 값이다.
d. 위에 답이 없다.

10. 아날로그 VOM의 Ω/V 정격이 10kΩ/V이다. 전압계가 25V 범위일 때 전압계의 저항 R_V는 얼마인가?

a. 10kΩ
b. 10MΩ
c. 25kΩ
d. 250kΩ

8-7 내부저항값이 매우 낮은 전류계가 바람직한 이유는?

8-3절 전압계

8-8 다음의 각 전압범위에 대해 〈그림 8-29〉에서 필요한 배율기의 저항값 R_{mult}를 계산하라. (a) 1V (b) 5V (c) 10V (d) 50V (e) 100V (f) 500V

그림 8-29

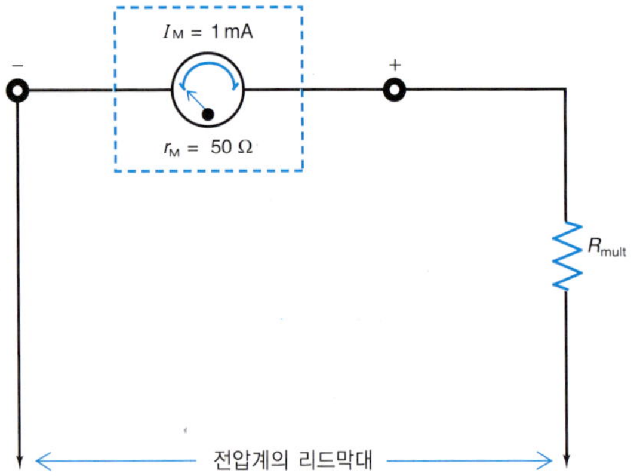

8-9 (문제 8-8)에서 전압계의 Ω/V 정격은 얼마인가?

8-10 다음의 각 전압범위에 대해 〈그림 8-30〉에서 필요한 배율기의 저항값 R_{mult}를 계산하라. (a) 3V (b) 10V (c) 30V (d) 100V (e) 300V

그림 8-30

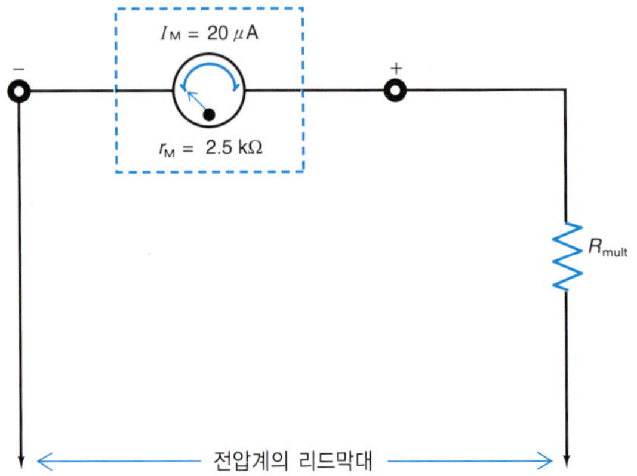

8-11 (문제 8-10)에서 전압계의 Ω/V 정격은 얼마인가?

8-12 〈그림 8-31〉을 참조하라. (a) 배율기 저항 R_1, R_2, R_3, R_4, R_5, R_6의 값들을 계산하라. (b) 범위스위치가 가리키는 각 범위에 대해 전압계의 전체 저항값 R_V를 계산하라. (c) 전압계의 Ω/V 정격을 결정하라.

그림 8-31

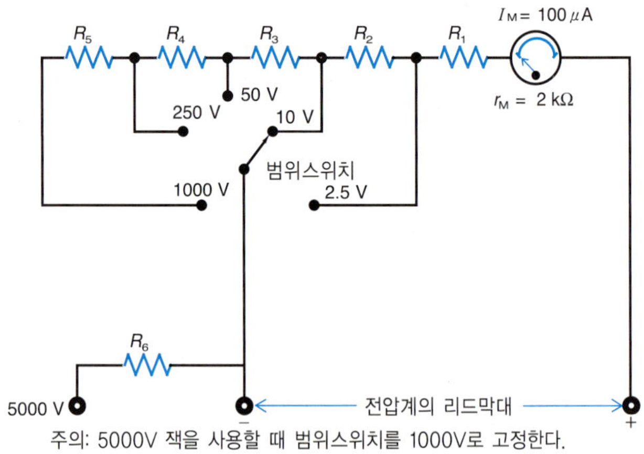

주의: 5000V 잭을 사용할 때 범위스위치를 1000V로 고정한다.

8-13 〈그림 8-32〉를 참조하라. (a) 배율기 저항 R_1, R_2, R_3, R_4, R_5, R_6의 값들을 계산하라. (b) 범위스위치가 가리키는 각 범위에 대해 전압계의 전체 저항값 R_V를 계산하라. (c) 전압계의 Ω/V 정격을 결정하라.

그림 8-32

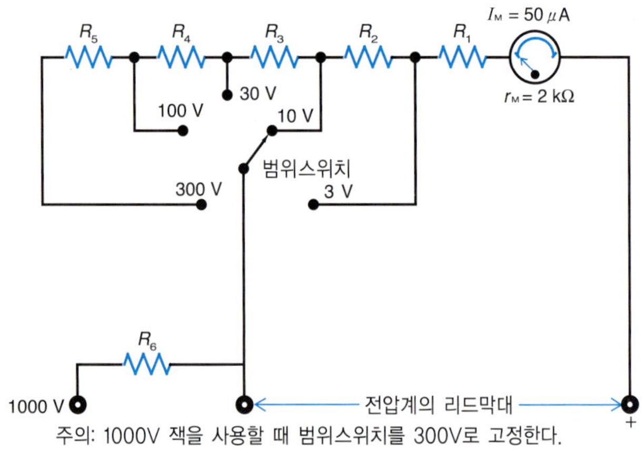

주의: 1000V 잭을 사용할 때 범위스위치를 300V로 고정한다.

8-14 어떤 전압계의 Ω/V 정격이 25kΩ/V이다. 다음의 각 전압범위에 대한 전압계의 전체 저항값 R_V를 계산하라. (a) 2.5V (b) 10V (c) 25V (d) 100V (e) 250V (f) 1000V (g) 5000V

8-15 I_M의 값이 (a) 1mA (b) 100μA (c) 50μA (d) 10μA인 가동체를 사용하는 전압계의 Ω/V 정격을 계산하라.

8-4절 전압계의 부하효과

8-16 〈그림 8-33〉을 참조하라. (a) 전압계가 연결되지 않았을 때 R_2에 걸리는 직류전압을 계산하라. (b) 10V 범위로 고정된 10kΩ/V의 아날로그 전압계를 사용할

때 R_2 양단에서 측정되는 직류전압을 계산하라. (c) 모든 직류전압 범위에서 10MΩ의 R_V를 갖는 DMM을 사용할 때 R_2 양단에서 측정되는 직류전압을 계산하라.

그림 8-33

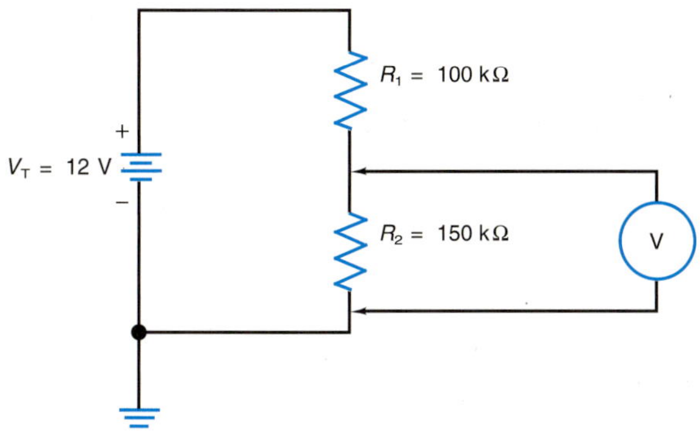

8-17 R_1=1kΩ, R_2=1.5kΩ일 때 (문제 8-16)을 반복하라.

8-18 〈그림 8-34〉를 참조하라. (a) 전압계가 연결되지 않았을 때 R_2에 걸리는 직류전압을 계산하라. (b) 10V 범위로 고정된 100kΩ/V의 아날로그 전압계를 사용할 때 R_2 양단에서 측정되는 직류전압을 계산하라. (c) 모든 직류전압 범위에서 10MΩ의 R_V를 갖는 DMM을 사용할 때 R_2 양단에서 측정되는 직류전압을 계산하라.

그림 8-34

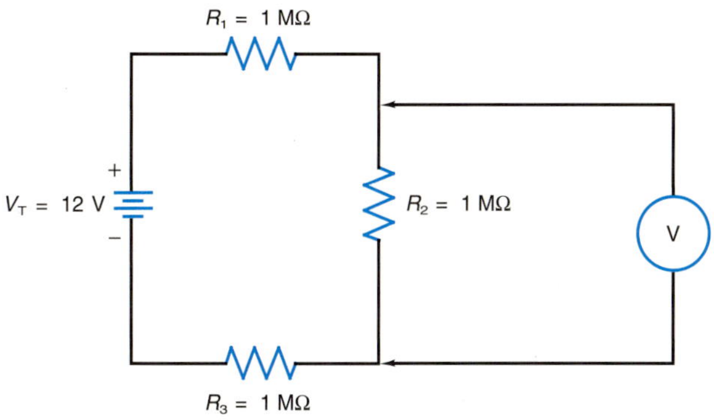

8-19 (문제 8-18)에서 가장 큰 부하효과를 일으키는 전압계는 어떤 것인가? 그 이유는?

8-20 〈그림 8-35〉에서 다음을 결정하라. (a) 전압계의 저항 R_V (b) 식 (8-4)를 적용하여 나타나는 전압계의 보정값

그림 8-35

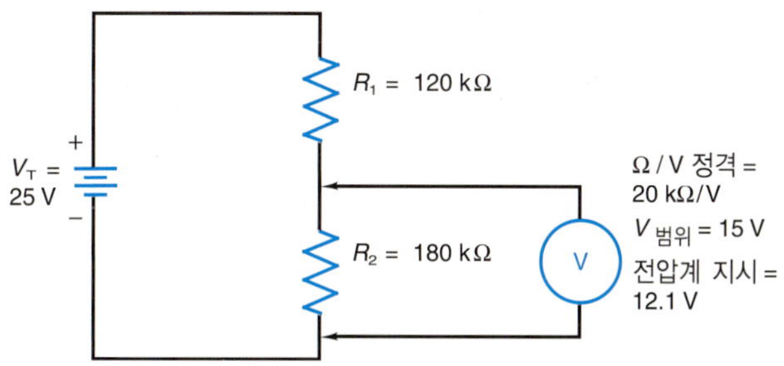

8-5절 저항계

8-21 〈그림 8-36〉은 직렬 저항계와 그에 대응하는 미터기의 눈금면을 보여준다. 다음 편향 상태에 대하여 저항계의 두 리드막대에 연결하는 외부저항값 R_X는 얼마이겠는가? (a) 최대눈금편향 (b) 최대눈금편향의 3/4 편향 (c) 반(1/2)눈금편향 (d) 최대눈금편향의 1/4 편향 (e) 편향이 없음

8-22 〈그림 8-36〉에서 다음 편향 상태에 대한 외부저항값 R_X는? (a) 최대눈금편향의 4/5 편향 (b) 최대눈금편향의 2/3 편향 (c) 최대눈금편향의 3/5 편향 (d) 최대눈금편향의 2/5 편향 (e) 최대눈금편향의 1/3 편향 (f) 최대눈금편향의 1/5 편향

8-23 〈그림 8-36〉에 있는 미터기 표면의 눈금 위에 (문제 8-21)과 (문제 8-22)에서 구한 저항값을 그려 넣는다면, 눈금이 선형이겠는가, 비선형이겠는가? 그 이유는?

8-24 〈그림 8-36〉의 직렬 저항계에서 저항을 측정할 때 저항계 리드막대의 방향이 중요한 영향을 미치는가?

8-25 〈그림 8-36〉의 저항계 눈금을 저항계의 역방향눈금으로 언급하는 이유는?

8-26 아날로그 저항계는 R×1, R×10, R×100, R×1k, R×10k의 5가지 범위를 갖고 있다. 다음에 나타낸 각 저항계의 지시값에 대해 측정한 저항값을 결정하라

저항계 지시	측정범위	측정 저항값
2.4	R×100	?
100	R×10	?
8.6	R×10k	?
5.5	R×1	?
100	R×1k	?
30	R×100	?
500	R×10k	?

그림 8-36

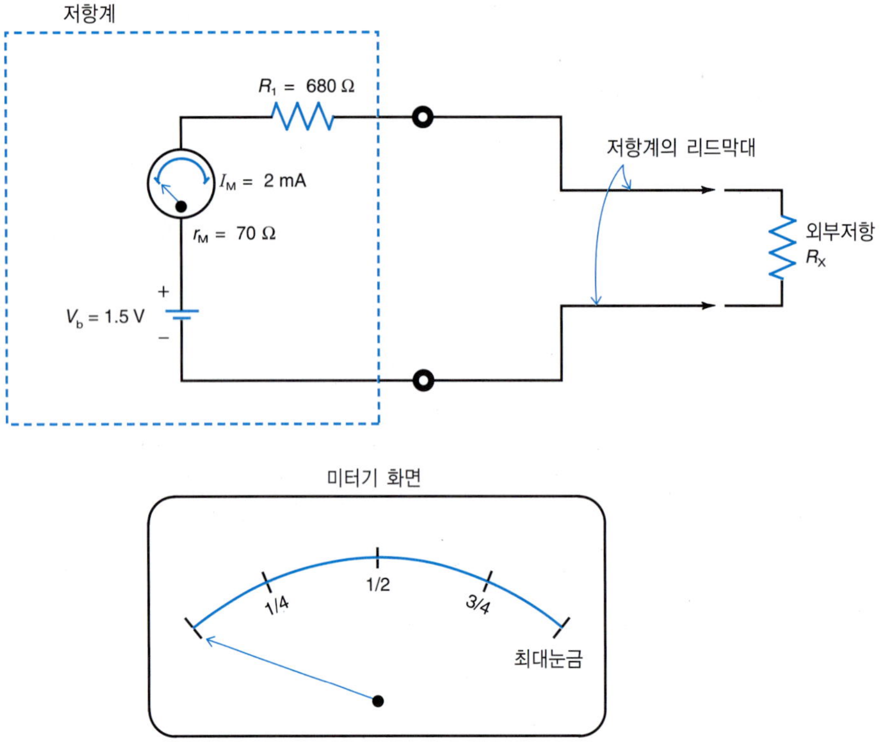

8-27 아날로그 멀티미터들은 미터기의 저항계 부분을 위해 영점 조정 단자를 갖고 있다. 영점 조정을 하는 목적과 방법을 설명하라.

8-8절 미터기의 응용

8-28 미지의 전압과 전류를 측정할 때 범위를 어떻게 놓아야 하는가? 그 이유는?

8-29 전원이 들어가 있는 회로의 저항에 저항계를 연결한다면 저항계는 어떻게 되겠는가?

8-30 저항을 측정할 때 회로에서 저항의 한쪽 다리를 분리해야 하는 이유는?

8-31 전류계를 직렬로 연결해야 하는가, 병렬로 연결해야 하는가?

8-32 대부분의 경우에 전류를 측정할 때 회로를 끊어야 하는 불편함이 있다. 이런 불편을 없애는 방법은 어떤 것이 있는가?

8-33 다음의 저항값은 얼마인가?

(a) 정상적인 퓨즈

(b) 끊어진 퓨즈

8-34 〈그림 8-37〉에서 다음 각 상태에 대해 A, B, C, D 점에서의 전압(접지에 대한 전압)을 구하라.

a. 모든 저항이 정상동작

b. R_1 개방

c. R_2 개방

d. R_3 개방

e. R_4 개방

그림 8-37

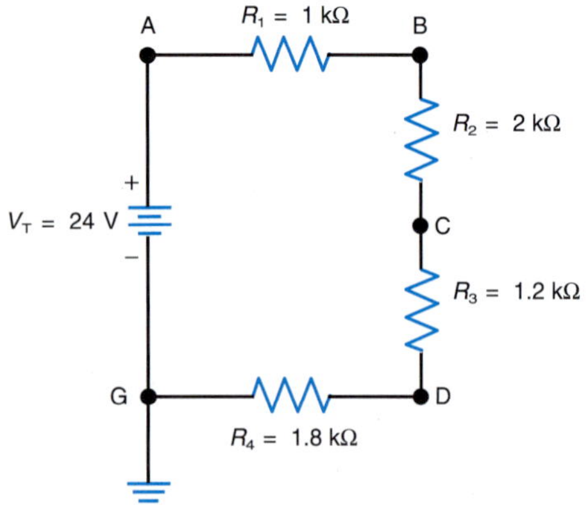

사고력 문제

8-35 〈그림 8-38〉은 만능 전류계를 보여주고 있다. 전류 범위가 2mA, 10mA, 50mA가 되도록 하는 R_1, R_2, R_3의 값을 계산하라.

그림 8-38

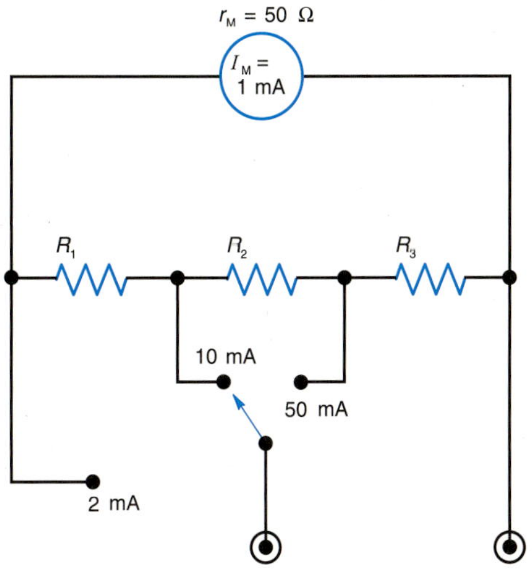

8-36 2kΩ, 50μA 미터기 가동체와 1.5V 전지를 사용하여 직렬 저항계를 설계하라. 가운데 눈금은 150Ω이 되게 한다.

8-37 〈그림 8-39〉에서 R_2에 연결한 전압계는 20V를 가리킨다. 전압계의 범위가 30V일 때 미터기의 Ω/V 정격을 계산하라.

그림 8-39

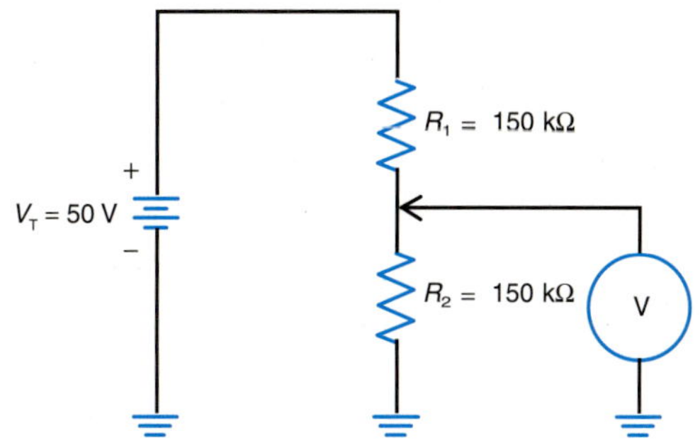

복습문제 정답

8-1 a. 1/2 눈금
b. 편향이 없다.

8-2 a. I_S=450μA
b. V_M=0.045V
c. R_S=100Ω

8-3 a. R_V=50kΩ
b. R_V=1MΩ
c. 직렬
d. 병렬
e. R=500kΩ

8-4 a. V_1=80V
b. V_2=40V

8-5 a. R_X=400Ω
b. V=4V

8-6 a. 20kΩ
b. 10MΩ
c. 틀리다.

8-7 a. 참
b. 거짓
c. 참

8-8 a. 저항계
b. 0V
c. 25V
d. 0V

8-9 a. 오른쪽 끝
b. ∞Ω

chapter

9

키르히호프의 법칙

다양한 형태의 회로들에는 직렬, 병렬 또는 직·병렬이 아닌 부품들이 있다. 예를 들면, 어떤 회로에는 2개의 전압원이 서로 다른 가지에 인가될 수 있다. 다른 예로는 불평형 브리지 회로를 들 수 있다. 직렬과 병렬 회로에 관한 법칙을 적용하기 어려우면, 일반적인 분석 방법들이 더 필요하게 된다. 이러한 방법들은 이 장에서 설명한 것과 같이 키르히호프의 법칙을 응용하고 있다.

직렬이나 병렬 연결에 상관없이 적용할 수 있는 키르히호프의 법칙들을 사용하여 모든 회로를 해석할 수 있다. 키르히호프의 전압 법칙과 전류 법칙을 4장과 5장에서 간단하게 소개했지만, 이 장에서는 회로해석에 키르히호프의 법칙들을 적용하여 더욱 심도 깊은 접근을 할 것이다.

키르히호프의 전압 법칙과 전류 법칙은 독일 물리학자 구스타프 R. 키르히호프에 의해 1847년에 세워졌다.

KVL : 폐회로에 있는 전압원과 전압강하의 대수합은 0이 되어야 한다.

KCL : 회로 내의 한 점에서 그 점으로 들어가고 나가는 전류의 대수합은 0이 되어야 한다.

이것은 키르히호프의 전압 법칙과 전류 법칙에 관한 가장 정확한 설명이다. 이 장에서 보게 되는 것처럼, 이러한 설명은 앞의 장들에서 소개한 키르히호프의 법칙들에 관한 일반적인 설명과 다른 것은 아니다.

단원 차례

단원 목표

- 키르히호프의 전류 법칙을 설명한다.
- 키르히호프의 전압 법칙을 설명한다.
- 가지 전류법을 적용하여 서로 다른 가지들에 두 개 이상의 전압원을 포함한 회로에서 모든 전압과 전류를 구한다.
- 절점 전압법을 적용하여 서로 다른 가지들에 두 개 이상의 전압원을 포함한 회로에서 미지의 전압과 전류를 구한다.
- 망 전류법을 적용하여 서로 다른 가지들에 두 개 이상의 전압원을 포함한 회로에서 미지의 전압과 전류를 구한다.

중요 용어

루프(폐회로)	망	절점	키르히호프의 전류 법칙(KCL)
루프 방정식	망 전류	주 절점(principal node)	키르히호프의 전압 법칙(KVL)

9-1 키르히호프의 전류 법칙(KCL)

회로 내의 어느 한 점으로 들어가고 나오는 전류의 대수합은 0과 같아야 한다. 또는 다른 말로 하면, 회로의 어느 한 점에 들어가는 전류의 대수합은 그 점에서 나오는 전류의 대수합과 같아야 한다. 대수합이란 양의 값과 음의 값을 합한다는 것을 의미한다.

알아두기▸▸

〈그림 9-1〉에서 P점으로 들어가고 나오는 전류들은 파이프를 흐르는 물에 비교할 수 있다. P점에 들어가는 모든 물을 합한 것은 P점에서 나오는 모든 물의 합과 같아야 한다.

그림 9-1 P점에서 나오는 전류 I_C는 P점으로 들어가는 5A+3A와 같다.

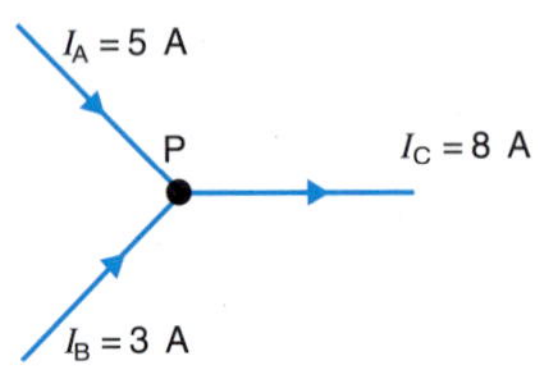

대수 부호

키르히호프의 법칙을 사용하여 회로를 해석할 때 전류와 전압 항들의 부호를 정하는 데는 통상적인 방법을 사용할 필요가 있다. 전류의 부호는 분기점에 들어가는 모든 전류는 (+)로 정하고 그 점에서 나오는 모든 전류는 (−)로 정한다.

예를 들면, 〈그림 9-1〉에서 전류는 다음과 같이 쓸 수 있다.

$$I_A + I_B - I_C = 0$$

또는

$$5A + 3A - 8A = 0$$

전류 I_A와 I_B는 P점으로 들어가므로 (+)이나 I_C는 P점에서 나오기 때문에 (−)이다.

전류 방정식

〈그림 9-2〉의 응용 회로에서 회로도 상단에 있는 C점을 참조하라. C점으로 들어가는 6A의 I_T는 2A의 I_3과 4A의 I_{4-5}로 나누어져 흘러나간다. I_{4-5}는 R_4와 R_5를 흐르는 전류이다. 대수식은 다음과 같다.

$$I_T - I_3 - I_{4-5} = 0$$

MultiSim **그림 9-2** 키르히호프의 법칙들을 보여주는 직·병렬 회로

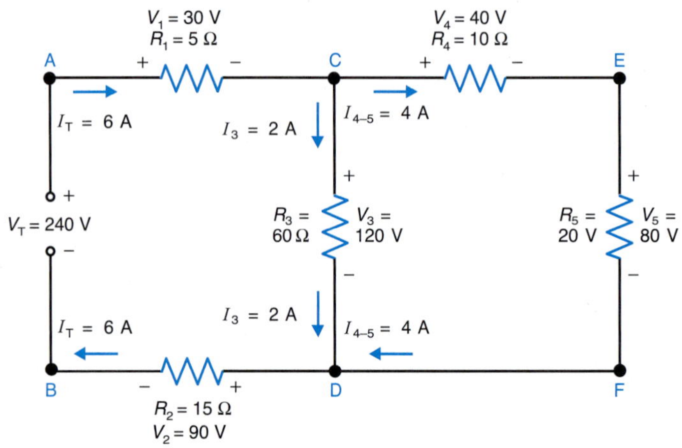

각 전류에 그 값을 대입하면

$$6\text{A}-2\text{A}-4\text{A}=0$$

반대 방향에 대해선 〈그림 9-2〉의 밑에 있는 D점을 참조한다. 여기서 D점으로 들어가는 가지전류들이 합쳐져서 주 회로선을 흐르는 전류 I_T가 되어 전압원으로 돌아가게 된다. I_3과 I_{4-5}는 D점으로 들어오고 I_T는 D점에서 나간다. 대수식은 다음과 같다.

$$I_3+I_{4-5}-I_T=0$$

또는

$$2\text{A}+4\text{A}-6\text{A}=0$$

$I_{in}=I_{out}$

〈그림 9-2〉의 C점과 D점에서 2A와 4A인 가지전류의 합은 6A인 전체경로의 전류와 같아야 한다. 그러므로 키르히호프의 전류 법칙은 또한 $I_{in}=I_{out}$으로 말할 수 있다. 〈그림 9-2〉에서 전류공식은 다음과 같이 쓸 수 있다.

C점에서 : 6A = 2A + 4A
D점에서 : 2A + 4A = 6A

키르히호프의 전류 법칙은 병렬회로에서 전체경로의 전류는 가지전류들의 합과 같아야 한다는 것을 말해주고 있다.

예제 9-1

〈그림 9-3〉에서 키르히호프의 전류 법칙을 적용하여 미지 전류 I_3을 구하라.

그림 9-3

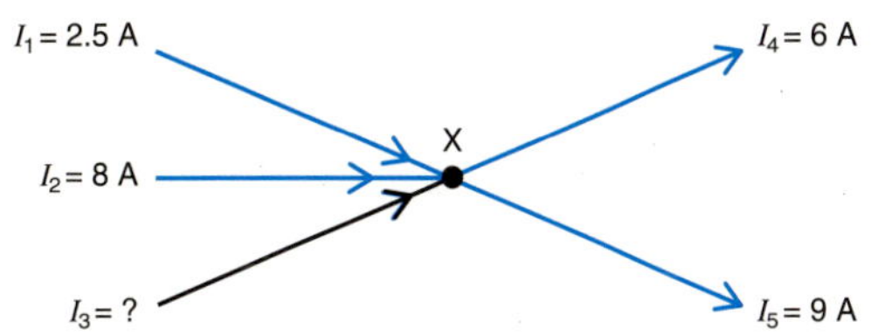

정답 〈그림 9-3〉에서 X점으로 흘러들어가는 전류 I_1, I_2, I_3은 (+)로 하는 반면 X점에서 흘러나오는 전류 I_4와 I_5는 (−)로 한다. X점의 전류들에 대한 식은 다음과 같다.

$$I_1 + I_2 + I_3 - I_4 - I_5 = 0$$

또는

$$I_1 + I_2 + I_3 = I_4 + I_5$$

〈그림 9-3〉에 있는 값을 대입하면

$$2.5\text{A} + 8\text{A} + I_3 = 6\text{A} + 9\text{A}$$

I_3에 대해 풀면

$$I_3 = 6\text{A} + 9\text{A} - 2.5\text{A} - 8\text{A} = 4.5\text{A}$$

■ **9-1 복습문제**

a. 한 점으로 1A의 I_1, 2A의 I_2, 3A의 I_3이 들어간다면 I_{out}은 얼마인가?

b. 한 점으로 들어가는 I_1이 3A이고 그 점에서 나오는 I_3이 7A라면 그 점으로 들어가는 I_2는 얼마인가?

9-2 키르히호프의 전압 법칙(KVL)

어떤 폐회로 둘레의 전압들의 대수합은 0이다. 한 전위점에서부터 시작하여 폐회로를 일주한 후 같은 전위점으로 돌아온다면 전위차는 0이 되어야 한다.

대수 부호

KVL 방정식에서 전압항의 대수 부호를 정할 때, 〈그림 9-2〉에 보인 것처럼 먼저 각 전압의 극성을 표시한다. **폐회로를 일주하면서 (-)단자가 먼저 나오는 전압은 (-)항으로 생각하고 (+)단자가 먼저 나오는 전압은 (+)항으로 생각하는 것이 극성을 표시하는 데 있어 편리하다.** 이 방법을 전압강하와 전압원에 적용한다. 일주하는 방향은 시계방향이든 반시계방향이든 상관없다.

저항으로 흘러들어가는 전류는 들어가는 쪽을 (+)로 한다는 것을 기억하라. 전압원의 (-)단자로 돌아오는 전류는 정상적인 전류의 방향으로, 이는 전원이 전압 방정식에서 (-)항이 된다는 것을 의미한다.

폐회로를 따라 돌아서 시작점으로 돌아올 때 모든 전압항들의 대수합은 0이 되어야 한다. 그 점에서는 어떤 전위차도 생기기 않는다.

시작점으로 돌아오지 않는다면 대수합은 시작점과 마지막점 사이의 전압이 된다.

회로 내의 어느 두 점 사이의 전압은 전위차를 결정하는 데 사용되는 경로에 관계없이 동일하기 때문에 어떤 폐회로를 선택해도 동일한 결과를 얻는다.

알아두기▸▸

키르히호프의 전압 법칙과 전류 법칙은 직류 전압원들과 저항들을 포함한 회로만이 아니라 모든 형태의 전자회로에 적용할 수 있다. 예를 들면, 다이오드, 트랜지스터, OP-AMP 등을 포함한 회로를 해석할 때 KVL과 KCL을 적용할 수 있다.

전자공학의 선구자들

독일 물리학자 구스타프 키르히호프(1824~1887)는 전류와 전압의 동작에 관한 두 개의 기본적인 법칙에 대한 설명으로 매우 유명해졌다. 1847년에 발전시킨 이 법칙들로 인해 과학자들이 회로망의 동작을 이해하고 평가할 수 있게 되었다.

루프 방정식

폐회로를 루프라고 부른다. 루프 방정식은 루프 둘레에 있는 전압들의 관계를 나타낸다.

〈그림 9-2〉에는 3개의 루프가 있다. 위쪽의 A점에서 시작하여 CEFDB를 거쳐 A점으로 돌아오는 바깥 루프에는 전압강하들인 V_1, V_4, V_5, V_2 그리고 전원 V_T가 있다.

안쪽 루프 ACDBA는 V_1, V_3, V_2 그리고 V_T를 포함한다. V_4, V_5 그리고 V_3을 포함한 안쪽의 다른 루프 CEFDC에는 전압원이 없다.

V_T가 있는 안쪽 루프에 대한 전압 방정식을 생각해보자. A점에서 시작하여 시계방향으로 일주할 때 전압들의 대수합은 다음과 같다.

$$V_1 + V_3 + V_2 - V_T = 0$$

또는

$$30V + 120V + 90V - 240V = 0$$

전압 V_1, V_3, V_2는 이들 각 전압들의 (+)단자가 먼저 나오기 때문에 (+)부호를 가진다. 그러나 전원 V_T는 같은 방향으로 일주할 때 (−)단자에 먼저 도착하므로 (−)항이 된다.

밑에 있는 B점으로부터 같은 루프를 반시계방향으로 도는 반대 방향에서는 V_2, V_3, V_1이 (−)값을 갖고 V_T는 (+)가 된다. 그때

$$-V_2 - V_3 - V_1 + V_T = 0$$

또는

$$-90V - 120V - 30V + 240V = 0$$

(−)항을 이항하고 정리하면 이 식은 다음과 같이 된다.

$$240V = 90V + 120V + 30V$$

이 식에서 전압강하의 합은 인가된 전압과 같다는 것을 알 수 있다.

$\Sigma V = V_T$

그리스 문자 Σ는 "……의 합"을 의미한다. 어떤 루프의 각 방향에서 전압강하의 합은 인가전압 V_T와 같아야 한다. 〈그림 9-2〉의 B점으로부터 반시계방향으로 일주하는 전원 V_T를 포함한 안쪽 루프에서

$$240V = 90V + 120V + 30V$$

이 방법은 대수 부호에 대한 법칙에 모순되는 것은 아니다. 240V가 이 식의 오른쪽에 있다면 이 항은 (−)부호가 될 것이다.

루프 방정식에 $\Sigma V = V_T$를 적용하면 한쪽에서 다른 쪽으로 (−)항들을 이항하여 (+)로 만드는 단계를 생략할 수 있다. 여기에서 루프 방정식은, 직렬회로에서 전압강하의 합은 인가전압과 같아야 한다는 키르히호프의 전압법칙을 보여주고 있다. 예를 들면, 〈그림 9−2〉에서 C점으로부터 시계방향으로 전원 V_T가 포함되지 않은 루프 CEFDC에 대해 루프 방정식을 세우면 다음과 같은 식을 얻을 수 있다.

$$V_4 + V_5 - V_3 = 0$$
$$40V + 80V - 120V = 0$$
$$0 = 0$$

이 루프의 D에서 C로 시계방향으로 돌 때 V_3의 (−)단자에 먼저 도달하므로 V_3이 (−)인 것에 주목하라.

예제 9−2

〈그림 9−4a〉에서 키르히호프의 전압 법칙을 적용하여 V_{AG}와 V_{BG}의 전압을 구하라.

그림 9−4

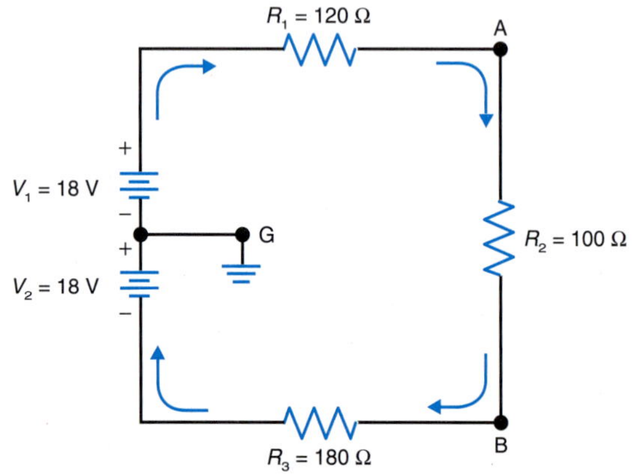

(a)

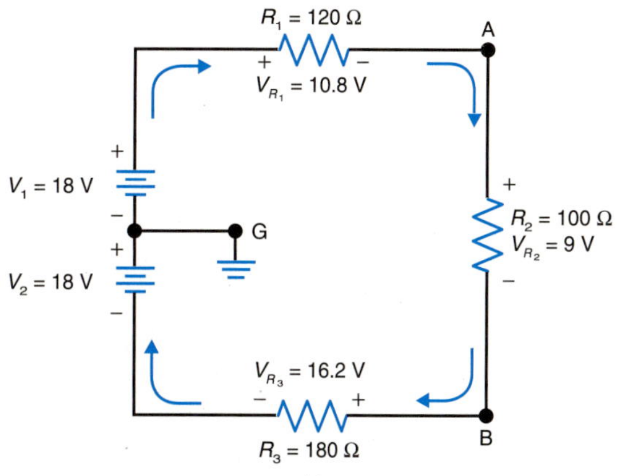

(b)

정답 〈그림 9-4a〉에서 전압원 V_1과 V_2는 같은 방향으로 회로의 전류를 흐르게 하므로 직렬로 더해지는 형식으로 연결되어 있다. V_1과 V_2의 접합점에 연결한 대지접지는 단순히 기준점으로 사용된다. 이 회로를 풀면 다음과 같다.

$$
\begin{aligned}
V_T &= V_1 + V_2 \\
&= 18\text{V} + 18\text{V} \\
&= 36\text{V}
\end{aligned}
$$

$$
\begin{aligned}
R_T &= R_1 + R_2 + R_3 \\
&= 120\Omega + 100\Omega + 180\Omega \\
&= 400\Omega
\end{aligned}
$$

$$
\begin{aligned}
I &= \frac{V_T}{R_T} \\
&= \frac{36\text{V}}{400\Omega} \\
&= 90\text{mA}
\end{aligned}
$$

$$
\begin{aligned}
V_{R_1} &= I \times R_1 \\
&= 90\text{mA} \times 120\Omega \\
&= 10.8\text{V}
\end{aligned}
$$

$$
\begin{aligned}
V_{R_2} &= I \times R_2 \\
&= 90\text{mA} \times 100\Omega \\
&= 9\text{V}
\end{aligned}
$$

$$
\begin{aligned}
V_{R_3} &= I \times R_3 \\
&= 90\text{mA} \times 180\Omega \\
&= 16.2\text{V}
\end{aligned}
$$

〈그림 9-4b〉는 각 저항 양단의 전압강하를 보여준다. 각 저항에 걸리는 전압강하의 극성은 전류가 저항에 들어가는 쪽은 (+)로 하고 저항에서 나오는 쪽은 (−)로 표시한다.

다음에 키르히호프의 전압 법칙을 적용하여 회로를 정확하게 해석해본다. V_1

의 (+)단자에서 시작하여 시계방향으로 루프를 일주한다면 대수합은 0V가 된다. 루프방정식은 다음과 같다.

$$V_{R_1} + V_{R_2} + V_{R_3} - V_2 - V_1 = 0$$

전압원 V_1과 V_2는 루프를 일주할 때 (−)단자가 먼저 나오므로 방정식에서 (−)항으로 표시된다는 것에 주목하라. 마찬가지로 전압강하 V_{R1}, V_{R2}, V_{R3}은 루프를 일주할 때 각 저항의 전압강하의 (+)단자를 먼저 만나기 때문에 (+)항으로 표시된다.

〈그림 9−4b〉의 값을 대입하면 다음을 얻는다.

$$10.8\text{V} + 9\text{V} + 16.2\text{V} - 18\text{V} - 18\text{V} = 0$$

저항에 걸리는 전압강하들의 합이 인가전압 V_T와 같아야 한다는 사실을 아는 것이 중요하다. 이 경우에는 V_T가 V_1+V_2로 36V이다. 식으로 표현하면,

$$\begin{aligned} V_\text{T} &= V_{R_1} + V_{R_2} + V_{R_3} \\ &= 10.8\text{V} + 9\text{V} + 16.2\text{V} \\ &= 36\text{V} \end{aligned}$$

이제 키르히호프의 전압 법칙을 적용하여 V_AG와 V_BG의 전압을 구할 수 있다. 그러기 위해 V_AG에선 A점과 G점을, V_BG에선 B점과 G점을 시작점과 끝점으로 하고 단순히 그 루프 사이의 전압들을 더한다. 〈그림 9−4b〉의 값을 적용하면,

$$\begin{aligned} V_\text{AG} &= -V_{R_1} + V_1 \\ &= -10.8\text{V} + 18\text{V} \ \ (\text{A에서 G까지 반시계방향}) \\ &= 7.2\text{V} \end{aligned}$$

A에서 G까지 시계방향으로 일주해도 같은 결과를 얻는다.

$$\begin{aligned} V_\text{AG} &= V_{R_2} + V_{R_3} - V_2 \\ &= 9\text{V} + 16.2\text{V} - 18\text{V} \ \ (\text{A에서 G까지 시계방향}) \\ &= 7.2\text{V} \end{aligned}$$

A점으로부터 반시계방향으로 일주하며 더하는 전압의 수가 작기 때문에, V_AG를 구하는 데 이 방법이 더 추천할 만하다.

전압 V_BG도 같은 방법을 적용한다.

$$V_{BG} = V_{R_3} - V_2$$
$$= 16.2V - 18V \text{ (B에서 G까지 시계방향)}$$
$$= -1.8V$$

반대 방향으로 루프를 일주하면 다음 결과를 얻는다.

$$V_{BG} = -V_{R_2} - V_{R_1} + V_1$$
$$= -9V - 10.8V + 18V \text{ (B에서 G까지 반시계방향)}$$
$$= -1.8V$$

B점으로부터 시계방향으로 일주하며 디하는 전압의 수가 작기 때문에 이 방법이 V_{BG}를 구하는 데 추천할 만하다.

9-2 복습문제

〈그림 9-2〉를 참조하라.

a. 부분루프 CEFD에서 V_4가 −40V이고 V_5가 −80V일 때 CD에 걸리는 총 전압은 얼마인가?

b. 루프 CEFDC에서 V_4가 40V, V_5가 80V일 때 120V의 V_3을 포함한 총 전압은 얼마인가?

9-3 가지 전류법

키르히호프의 전압 법칙을 사용하여 〈그림 9-5〉의 회로를 분석할 수 있다. 세 저항에 대한 전류와 전압을 구해보자.

먼저 전류방향을 나타내고, 가정한 전류방향에 맞도록 각 저항에 걸리는 전압의

MultiSim **그림 9-5** 서로 다른 가지에 두 개의 전원을 가진 회로에서 키르히호프의 법칙 적용

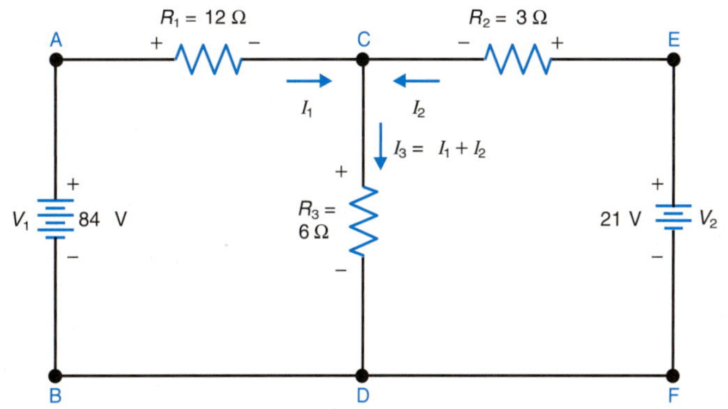

극성을 표시한다. 저항을 흐르는 전류는 전류가 들어가는 곳을 (+)로 만든다는 것을 기억하라. 〈그림 9-5〉에서 전원 V_1은 전류가 R_1을 통해 왼쪽에서 오른쪽으로 흐르도록 하고, V_2는 R_2를 통해 전류가 오른쪽에서 왼쪽으로 흐르게 한다고 가정한다.

R_1, R_2, R_3을 각각 흐르는 세 전류를 I_1, I_2, I_3으로 표시한다. 이 3개의 미지전류를 구하기 위해서는 3개의 방정식이 필요하다. 키르히호프의 전류 법칙으로부터 C점으로 들어오는 전류는 나가는 전류의 합과 같아야 하기 때문에 $I_1 + I_2 = I_3$ 식을 얻는다. 그러므로 R_3을 흐르는 전류는 $I_1 + I_2$로 구할 수 있다.

두 미지전류 I_1과 I_2를 구하기 위해서는 2개의 독립 방정식이 필요하다. 이 방정식들은 2개의 루프 주위에 두 개의 키르히호프 전압 방정식을 세워서 얻는다. 〈그림 9-5〉에는 안쪽 루프 2개, 바깥쪽 루프 1개, 모두 3개의 루프가 있으나 필요한 것은 2개뿐이다. 여기서는 안쪽 루프들을 사용한다.

알아두기▸▸

〈그림 9-5〉에서 $I_1 + I_2 = I_3$이다. 전류 I_1은 $I_1 = I_3 - I_2$로, I_2는 $I_2 = I_3 - I_1$로 구한다.

루프 방정식

V_1을 포함한 루프에서 B점부터 시작하여 시계방향으로 V_1, V_{R_1}, V_{R_3}을 일주한다. 이 루프 방정식 1은 다음과 같다.

$$-84 + V_{R_1} + V_{R_3} = 0$$

V_2를 포함한 루프에서 F점부터 시작하여 반시계방향으로 V_2, V_{R_2}, V_{R_3}을 일주한다. 이 루프 방정식 2는 다음과 같다.

$$-21 + V_{R_2} + V_{R_3} = 0$$

전압강하들을 구하기 위해 R_1, R_2, R_3의 값을 사용하면,

$$V_{R_1} = I_1 R_1 = I_1 \times 12 = 12I_1$$
$$V_{R_2} = I_2 R_2 = I_2 \times 3 = 3I_2$$
$$V_{R_3} = (I_1 + I_2)R_3 = 6(I_1 + I_2)$$

이 값들을 루프 1의 전압 방정식에 대입하면,

$$-84 + 12I_1 + 6(I_1 + I_2) = 0$$

또한 루프 2에서,

$$-21 + 3I_2 + 6(I_1 + I_2) = 0$$

$(I_1 + I_2)$에 6을 곱해서 항들을 정리한 다음 이항하면, 두 방정식은 다음과 같이 정리된다.

$$18I_1 + 6I_2 = 84$$
$$6I_1 + 9I_2 = 21$$

위쪽의 방정식을 6으로 나누고 아래 방정식을 3으로 나누어 식을 가장 간단하게 한다. 그러면 두 방정식은 다음과 같다.

$$3I_1 + I_2 = 14$$
$$2I_1 + 3I_2 = 7$$

전류에 대한 풀이

두 미지전류 I_1과 I_2에 대한 이 2개의 방정식을 풀어서 회로망의 답을 구할 수 있다. 이 식들이 회로의 모든 저항을 포함하고 있음을 주목하라. 전류 I_1과 I_2는 연립방정식을 풀기 위한 여러 가지 방법을 적용하여 계산할 수 있다. 변수 소거법을 사용한다면, 위의 식에 3을 곱해 두 방정식에서 I_2의 항을 같게 만든다. 그러면,

$$9I_1 + 3I_2 = 42$$
$$2I_1 + 3I_2 = 7$$

I_2를 소거하기 위해 위의 식에서 같은 항끼리 아래의 식을 뺀다. 그러면 I_2항이 0으로 된다.

$$7I_1 = 35$$
$$I_1 = 5\text{A}$$

이 5A의 I_1이 R_1을 흐르는 전류다. 그 방향은 I_1의 결과가 (+)이므로 앞에서 가정한 것과 같이 A에서 C로 흐른다.

I_2는 두 루프 방정식 중 하나에 I_1 대신 5를 대입해서 계산한다. 아래 식에 대입을 하면,

$$2(5) + 3I_2 = 7$$
$$3I_2 = 7 - 10$$
$$3I_2 = -3$$
$$I_2 = -1\text{A}$$

I_2의 (−)부호는 전류가 가정한 방향과 반대로 흐른다는 것을 의미한다. 그러므로 I_2는 앞에서 가정한 것처럼 E에서 C로 흐르는 것이 아니라 C에서 E로 R_2를 통해 흐른다.

I_2의 결과가 (−)인 이유

〈그림 9-5〉에서 I_2는 V_2가 E에서 C 방향으로 전류를 흘리기 때문에 R_2를 통해 이

그림 9-6 모든 전류와 전압이 표시된 〈그림 9-5〉의 회로에 대한 결과

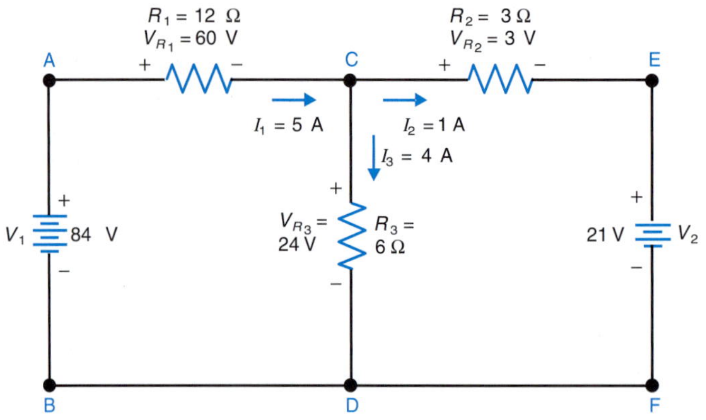

방향으로 흐른다고 가정하였다. 그러나 다른 전압원 V_1은 C에서 E로 R_2를 통해 V_2와는 반대 방향으로 전류를 흘리고 있다. I_2의 결과가 −1A인 것은 V_1에 의해 R_2를 흐르는 전류가 V_2에 의한 전류보다 더 크다는 것을 의미한다. 실제의 결과는 C에서 E로 R_2를 통해 1A가 흐른다.

I_2의 실제 방향을 〈그림 9-6〉에 보였는데 이 회로에는 모든 결과 값들이 표시되어 있다. V_{R_2}의 극성이 〈그림 9-5〉에서 가정한 극성과 반대로 되어 있음에 주의하라. R_2를 흐르는 순전류는 실제 C에서 E로 흐르기 때문에, C에 연결된 R_2의 끝부분이 (+)이다. 그렇지만 V_2의 극성은 그 자신이 극성을 발생시키는 전압원이기 때문에 두 회로도에서 동일하다.

R_3에 흐르는 I_3을 계산하면,

$$I_3 = I_1 - I_2 = 5 - 1$$
$$I_3 = 4\text{A}$$

4A의 I_3은 C에서 D로 가정한 방향과 같다. 비록 I_2의 부호가 단지 방향이 반대인 것을 의미하지만, 가정한 방향에 대해 세워진 대수식에 대입할 때는 −1의 대수값을 사용해야 한다.

전압 계산

앞에서 구한 모든 전류값으로 각 저항에 걸리는 전압을 다음과 같이 계산할 수 있다.

$$V_{R_1} = I_1 R_1 = 5 \times 12 = 60\text{V}$$
$$V_{R_2} = I_2 R_2 = 1 \times 3 = 3\text{V}$$
$$V_{R_3} = I_3 R_3 = 4 \times 6 = 24\text{V}$$

전압을 계산하기 위해 모든 전류는 흐르는 방향대로 적용하여 (+)로 정했다. 각 전압강하의 극성은 전류의 실제 방향에 따라 정해지는데 전류가 들어가는 곳을 (+)로

하였다(〈그림 9-6〉을 보라). 루프 2에서 V_{R_2}와 V_{R_3}이 반대 극성인 것에 주의하라. 그때 −3V와 +24V의 합은 V_2의 값인 +21V와 같다.

결과 검사

이 문제에서 구한 모든 결과들을 요약하여 〈그림 9-6〉에 모든 전류들과 전압들을 표시한 회로를 나타냈다. 각 전압의 극성은 계산한 방향으로 표시되어 있다. 결과를 검사해보면, 키르히호프의 전류 법칙과 전압 법칙의 만족 여부를 알 수 있다.

C점에서 : $5\text{A} = 4\text{A} + 1\text{A}$

D점에서 : $4\text{A} + 1\text{A} = 5\text{A}$

B점으로부터 시계방향으로 V_1을 포함한 루프에서,

$$-84\text{V} + 60\text{V} + 24\text{V} = 0$$

F점으로부터 반시계방향으로 V_2를 포함한 루프에서,

$$-21\text{V} - 3\text{V} + 24\text{V} = 0$$

직렬회로나 병렬회로에 대한 어떤 특정한 공식을 적용하지 않고 오직 키르히호프의 두 법칙만을 사용하여 회로를 해석한 것에 주목하라. 어떤 회로든지 키르히호프의 법칙들을 루프 둘레의 전압들과 한 가지점에서의 전류들에 적용하여 해석할 수 있다.

■ **9-3 복습문제**

〈그림 9-6〉을 참조하라.

a. 부분루프 CEFD 둘레의 전압은 얼마인가?

b. 루프 CEFDC 둘레의 전압은 얼마인가?

9-4 절점 전압법

가지 전류법에서는 루프 둘레의 전압강하를 나타내기 위해 전류들을 사용하였다. 그런 다음 키르히호프의 전압 법칙을 만족하는 루프 방정식을 세웠다. 이 루프 방정식을 풀면 미지의 가지전류를 구할 수 있다.

전류를 구하는 다른 방법으로는 절점(노드 : node)으로 부르는 가지 분기점에서 전류를 구하기 위해 전압을 사용하는 방법이다. 전류에 대한 절점 방정식은 키르히호프의 전류 방정식에 맞게 세운다. 이 절점 방정식을 풀면 미지의 절점 전압을 구할 수 있다. 이 절점 전압법은 가지 전류법보다 보통 더 간단하다.

절점은 단순히 둘 또는 그 이상의 부품들이 공통으로 연결되는 점이다. 주 절점

알아두기▸▸

복잡한 회로를 해석하는 데 가지 전류법보다 절점 전압법을 선호하는 사람들이 많다. 그 이유는 절점 전압법은 가지 전류법에서 사용하는 연립방정식이 필요 없기 때문이다.

그림 9-7 〈그림 9-5〉와 동일한 회로에 대한 절점 전압법

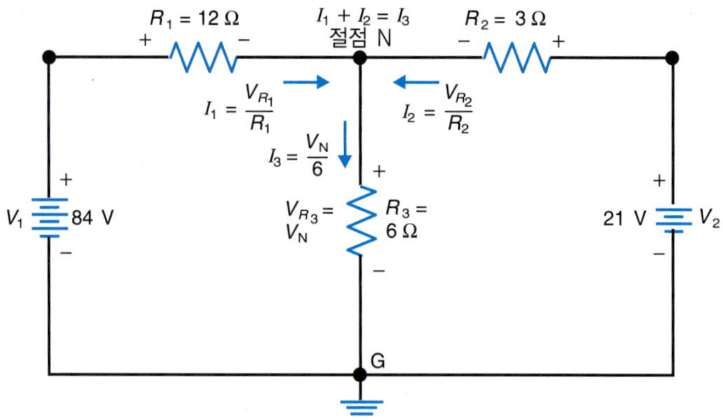

(principle node)은 셋 또는 그 이상의 연결을 가진다. 사실상 주 절점은 전류들이 나누어지거나 모이는 접합점 또는 가지 분기점이다. 그러므로 주 절점에서는 전류방정식을 항상 세울 수 있다. 〈그림 9-7〉에서 N점과 G점이 주 절점이다.

그러나 그 중에 한 절점은 다른 절점에서의 전압을 표시하기 위한 기준 절점이 되어야 한다. 〈그림 9-7〉에서는 섀시접지에 연결된 G점이 기준 절점이다. 그러므로 다른 절점 N에서 오직 한 개의 방정식을 세우면 된다. 일반적으로 어떤 회로를 해석하는 데 필요한 전류 방정식의 수는 주 절점들의 수보다 한 개가 작다.

절점 방정식 작성

앞에서 가지 전류법으로 해석한 〈그림 9-5〉의 회로를 절점 전압법으로 풀어보기 위해 〈그림 9-7〉에서 다시 그렸다. 여기서의 문제는 N부터 G까지 절점 전압 V_N을 구하는 것이다. 일단 이 전압을 구하면 모든 다른 전압들과 전류들도 구할 수 있다.

절점 N으로 들어가고 나오는 전류들을 다음과 같이 표기하였다. I_1은 12Ω의 R_1을 흐르는 유일한 전류이다. 그러므로 I_1은 V_{R_1}/R_1 또는 $V_{R_1}/12\Omega$이다. 마찬가지로 I_2는 $V_{R_2}/3\Omega$이고 I_3은 $V_{R_3}/6\Omega$이다.

V_{R_3}은 계산해야 할 절점 전압 V_N이라는 사실을 명심하라. 그러므로 I_3은 또한 $V_N/6\Omega$으로 시작할 수 있다.

절점 N에서 전류 방정식은 다음과 같다.

$$I_1 + I_2 = I_3$$

또는 $$\frac{V_{R_1}}{12} + \frac{V_{R_2}}{3} = \frac{V_N}{6}$$

여기에는 3개의 미지수가 있으나 V_{R_1}과 V_{R_2}는 V_N과 이미 값을 알고 있는 V_1과 V_2의 항으로 나타낼 수 있다. 인가전압은 전압강하의 대수합과 같아야 하기 때문에 키르히호프의 전압 법칙을 사용할 수 있다. 84V의 V_1을 포함한 루프에서,

$$V_{R_1} + V_N = 84 \quad \text{또는} \quad V_{R_1} = 84 - V_N$$

21V의 루프에서,

$$V_{R_2} + V_{\rm N} = 21 \quad \text{또는} \quad V_{R_2} = 21 - V_{\rm N}$$

이제 다음의 전류 방정식에 V_{R_1}과 V_{R_2}의 값을 대입한다.

$$I_1 + I_2 = I_3$$
$$\frac{V_{R_1}}{12} + \frac{V_{R_2}}{3} = \frac{V_{\rm N}}{6}$$

위에서 구한 각 전압값을 사용하여 $V_{\rm N}$의 항들로 나타내면,

$$\frac{(84 - V_{\rm N})}{12} + \frac{(21 - V_{\rm N})}{3} = \frac{V_{\rm N}}{6}$$

이 방정식에는 오직 1개의 미지수 $V_{\rm N}$만 있다. 각 항에 12를 곱해서 분수를 정리하면, 이 식은 다음과 같다.

$$(84 - V_{\rm N}) + 4(21 - V_{\rm N}) = 2V_{\rm N}$$
$$84 - V_{\rm N} + 84 - 4V_{\rm N} = 2V_{\rm N}$$
$$-7V_{\rm N} = -168$$
$$V_{\rm N} = 24\text{V}$$

결과로 나온 $V_{\rm N}$은 24V인데 이는 가지 전류법에서 구한 V_{R_3}과 같은 값이다. 이 (+) 값은 I_3의 방향이 올바르다는 것을 나타내는데, 그 결과 $V_{\rm N}$의 부호를 보면 〈그림 9-7〉에서 R_3의 위쪽을 (+)로 표시하게 된다.

모든 전압과 전류의 계산

다른 여러 전압을 구하는 대신에 한 절점에서의 전압을 구한 이유는 그 절점의 전압이 2개의 루프에 공유되어 있다는 사실 때문이다. 결과적으로, 그 절점 전압은 여러 루프의 모든 전압을 계산하는 데 사용될 수 있다. 〈그림 9-7〉에서 $V_{\rm N}$이 24V라면 V_{R_1}은 84-24=60V이다. 또한 I_1은 60V/12Ω으로 5A이다.

V_{R_2}는 21-24=-3V이다. 결과가 (-)인 것은 I_2가 가정한 방향과는 반대로 흐른다는 것을 말하며 V_{R_2}의 극성이 〈그림 9-7〉의 R_2 양단에 표시한 부호의 반대라는 것을 의미한다. 〈그림 9-6〉에서 표시한 회로의 결과에 올바른 방향이 나타나 있다. I_2의 크기는 3V/3Ω으로 1A이다.

다음의 비교는 절점 방정식과 루프 방정식을 사용하는 데 도움이 될 것이다. 절점 방정식은 절점에 들어오고 나가는 모든 전류에 키르히호프의 전류 방정식을 적용한다. 그렇지만 전류 방정식을 사용하여 절점 전압을 구할 수 있도록 전류들을 V/R 형태로 나타낸다.

루프방정식은 폐회로 둘레의 전압들에 키르히호프의 전압 법칙을 적용한다. 그렇지만 전압들은 IR의 형태로 전압 방정식에 적용되어 루프전류를 구하는 데 사용된

다. 전압 방정식으로 푸는 과정은 앞에서 설명한 〈그림 9-5〉의 가지 전류법과 다음에 〈그림 9-8〉에서 설명할 망 전류법에서 사용된다.

■ 9-4 복습문제

a. 〈그림 9-7〉에는 주 절점이 몇 개가 있는가?

b. 주절점이 3개인 회로를 풀기 위해 절점 방정식은 몇 개가 필요한가?

9-5 망 전류법

망(mesh)은 가장 간단한 폐회로이다. 〈그림 9-8〉에는 2개의 망, 즉 ACDBA와 CEFDC가 있다. 각각의 망은 1개의 창틀과 같아 보인다. 거기에는 어떤 가지도 존재하지 않고 오직 1개의 경로만 있다.

망 전류는 갈라지지 않고 망 둘레를 흐른다고 가정한 전류이다. 〈그림 9-8〉에서 망 전류 I_A는 V_1, R_1, R_3을 흐르고 망 전류 I_B는 V_2, R_2, R_3을 흐른다. R_3과 같이 2개의 망에 공통으로 있는 저항에는 2개의 망 전류, 여기서는 I_A와 I_B가 흐른다.

망 전류가 가지 분기점에서 나누어지지 않는다는 사실이 망 전류와 가지전류사이의 차이점이다. 망 전류는 가상의 전류이고 가지전류는 실제로 흐르는 전류이다. 그렇지만 망 전류를 알면 각각의 모든 전류와 전압들을 구할 수 있다.

예를 들어, 이제 〈그림 9-5〉와 동일한 회로인 〈그림 9-8〉의 회로를 가상의 망 전류 I_A와 I_B를 사용하여 풀어볼 것이다. 망 방정식은

$$18I_A - 6I_B = 84\text{V} \qquad : \text{망 A에서의 식}$$
$$-6I_A + 9I_B = 21\text{V} \qquad : \text{망 B에서의 식}$$

망 방정식 작성

망의 수는 망 전류들의 수와 같은데 이는 필요한 방정식의 수이다. 여기서는 2개의 망에 흐르는 I_A와 I_B를 구하기 위해 2개의 방정식이 사용된다.

가상전류의 방향은 보통 일관성을 유지하기 위해 망 둘레를 같은 방향으로 흐르

알아두기▸▸

〈그림 9-8〉에서 R_3에는 2개의 망 전류가 흐르기 때문에 흔히 공통저항으로 언급된다.

그림 9-8 〈그림 9-5〉와 동일한 회로를 2개의 망으로 분석한다.

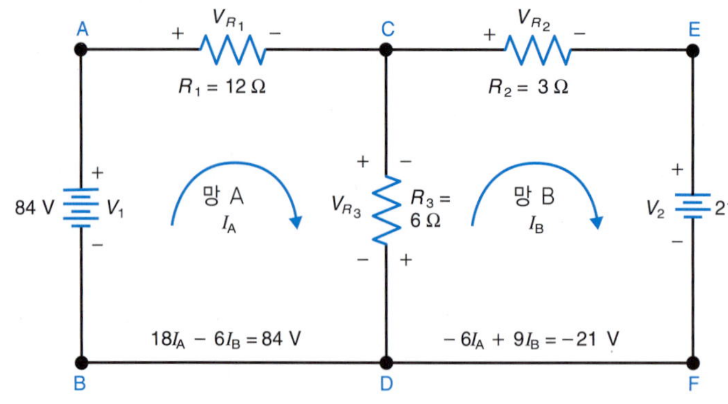

도록 잡는다. 일반적으로 〈그림 9-8〉에서 보인 I_A와 I_B처럼 시계방향이 사용된다.

각각의 망 방정식에서 전압강하들의 대수합은 인가전압과 같다.

망 전류와 같은 방향으로 망 둘레를 따라 전압강하들을 더한다. 그 자신의 망 전류에 의한 자기 망에서의 전압강하는 망 전류의 방향에 따라 더해지므로 (+)로 생각한다.

자기 망에 흐르는 망 전류로 인해 생기는 모든 전압강하들은 모두 같은 (+) 부호를 갖기 때문에 그 망의 모든 저항들을 더해 하나의 전압강하가 일어난 것처럼 쓸 수 있다. 예를 들면, 망 A의 첫 번째 식에서 총 저항은 12+6으로 18Ω이다. 그러므로 망 A에서 I_A로 인한 전압강하는 $18I_A$이다.

망 B의 두 번째 식에서 총 저항은 3+6=9Ω으로 망 B에서 I_B로 인한 전압강하는 $9I_B$이다. 가상의 망 전류에 대해 모든 저항들을 직렬로 여기기 때문에 망 내의 모든 저항들을 더해서 1개의 R_T를 얻는다.

2개의 망 사이에 공통인 저항에는 반대 방향으로 2개의 망 전류가 흐른다. 〈그림 9-8〉에서 두 전류가 시계방향으로 흐르기 때문에 공통 저항 R_3에서 I_A는 아래로, I_B는 위로 흐르게 된다. 결과적으로 공통 저항에는 반대되는 2개의 전압강하가 생긴다. 한 전압은 방정식을 세우는 망의 전류에 대해서 (+)이고 반대되는 전압은 인접한 망의 전류에 대해서 (-)가 된다.

망 A에서 공통 저항 R_3은 $6I_A$와 $-6I_B$의 반대 전압을 가진다. R_3의 $6I_A$는 R_1의 $12I_A$에 더해져 총 (+)전압강하는 $18I_A$가 된다. $-6I_B$의 반대 전압이 있으므로 망 A에 대한 방정식은 $18I_A-6I_B$=84V가 된다.

같은 생각을 망 B에도 적용한다. 그러나 이제 $6I_B$의 전압은 망 B에 대한 식에서는 (+)가 된다. $-6I_A$ 전압은 여기서는 I_A가 인접한 망의 전류이기 때문에 (-)이다. $6I_B$는 R_2의 $3I_B$와 더해져서 망 B에서 총 (+)전압강하는 $9I_B$가 된다. 반대전압이 $-6I_A$이기 때문에 이때 망 B에 대한 방정식은 $-6I_A+9I_B$=-21V가 된다.

하나의 망에서 전압원의 대수식 부호는 전압원의 극성에 따라 정한다. 〈그림 9-8〉의 V_1은 가상한 망 전류가 (+)단자에서 흘러나오기 때문에 망 방정식의 우변에 놓고 부호를 (+)로 한다. 이 방향의 전류로 인해 생기는 전압강하를 더하면 인가전압과 같게 된다.

〈그림 9-8〉의 V_2처럼 망 전류가 (-)단자에서 흘러나오기 때문에 전압의 부호를 (-)로 한다. 이는 망 B의 방정식에서 V_2가 -21V인 이유이다. 이때 V_2는 전원으로 동작하는 대신 더 큰 인가전압 V_1에 대하여 실제적으로 부하로 동작하게 된다. 망에 전압원이 없으면 전압강하의 대수합은 0이 되어야 한다.

전압원에 이러한 법칙을 적용하는 것은 전류의 방향을 망 전류의 방향으로 가정한다는 것을 의미한다. 그때 전류의 흐름으로 인해 전압강하의 극성이 결정된다. 전류가 전압원의 (+)단자에서 나올 때 전압원의 부호를 (+)값으로 생각한 것이 정상적인 전류의 흐름이라는 사실에 주목하라. 만약 망 전류의 결과가 (-)라면 실제 망 전류의 방향은 가상한 전류의 방향과는 반대 방향이 된다.

■ 9-5 복습문제

a. 망 전류가 4개인 회로망을 해석하기 위해서는 4개의 망 방정식이 필요하다. (참, 거짓)

b. 2개의 망에 공통으로 있는 저항에는 서로 반대 방향으로 망 전류가 흐른다. (참, 거짓)

요약

- 키르히호프의 전압 법칙은 어떤 폐회로의 둘레에 있는 모든 전압들의 대수합은 '0'이라는 것을 말한다.
- 키르히호프의 전류 법칙은 회로 내의 어떤 점으로 들어가고 나오는 모든 전류들의 대수합은 '0'이라는 것을 말한다.
- 폐회로는 루프이다. 가지전류들을 계산하기 위해 대수식을 루프 둘레의 전압들에 대해 적용하는 방법이 〈그림 9–5〉에 예시되어 있다.
- 주 절점은 전류가 나누어지거나 합쳐지는 가지 분기점이다. 절점 전압들을 계산하기 위해 한 절점에서 전류들에 대한 대수식을 사용하는 방법이 〈그림 9–7〉에 예시되어 있다.
- 망은 가장 간단한 폐회로이다. 망 전류는 갈라지지 않고 망 둘레를 흐른다고 가정한 전류이다. 망 전류들을 계산하기 위해 망 둘레의 전압들에 대한 대수식을 사용하는 방법이 〈그림 9–8〉에 예시되어 있다.

중요 용어

- 루프(폐회로) : 회로 내의 폐회로를 가리키는 다른 용어
- 루프 방정식 : 루프 둘레의 전압들에 대한 방정식
- 망 : 회로 내의 가장 간단한 폐회로
- 망 전류 : 갈라지지 않고 망 둘레를 흐른다고 가정한 전류
- 절점 : 회로에서 둘 또는 그 이상의 부품들이 공통으로 연결되는 점. 이 점에서 전류들이 합쳐지거나 나누어진다.
- 주 절점 : 회로에서 셋 또는 그 이상의 부품들이 공통으로 연결되는 점. 이 점에서 전류들이 합쳐지거나 나누어진다.
- 키르히호프의 전류 법칙(KCL) : 키르히호프의 전류 법칙은 회로 내의 어떤 점으로 들어가고 나오는 모든 전류들의 대수합은 '0'이라는 것을 말한다.
- 키르히호프의 전압 법칙(KVL) : 키르히호프의 전압 법칙은 어떤 폐회로의 둘레에 있는 모든 전압들의 대수합은 '0'이라는 것을 말한다.

자습문제

1. 키르히호프의 전류 법칙은 다음을 설명한 것이다.

a. 회로 내의 어느 점에 흘러들어가는 전류들의 대수합은 '0'과 같아야 한다.

b. 회로 내의 어느 점에 들어가고 나오는 전류들의 대수합은 '0'과 같아야 한다.

c. 회로 내의 어느 점에서 흘러나오는 전류들의 대수합은 '0'과 같아야 한다.

d. 어떤 폐회로의 둘레를 흐르는 모든 전류들의 대수합은 '0'과 같아야 한다.

2. 키르히호프의 전류 법칙을 적용할 때,

a. 한 가지 분기점으로 흘러들어가는 모든 전류들은 (+)로 간주하고 그 점에서 나오는 모든 전류들은 (–)로 간주한다.

b. 한 가지 분기점으로 흘러들어가는 모든 전류들은 (–)로 간주하고 그 점에서 나오는 모든 전류들은 (+)로 간주한다.

c. 한 가지 분기점으로 흘러들어가는 모든 전류들의 합은 항상 그 점을 떠나는 전류들의 합보다 커야 한다는 것을 명심하라.

d. 한 가지 분기점에 들어가고 나오는 전류들의 대수합이 꼭 '0'이 될 필요는 없다.

3. 10A의 I_1과 3A의 I_2가 X점으로 흘러들어간다면, X점에서 흘러나오는 전류는 얼마가 되겠는가?

a. 7A

b. 30A

c. 13A

d. 얼마인지 알 수 없다.

4. 세 전류 I_1, I_2, I_3이 X점으로 흘러들어가는 반면 I_4는 X점에서 흘러나온다. I_1=2.5A, I_3=6A, I_4=18A라면 I_2는 얼마인가?

a. 21.5A

b. 14.5A

c. 26.5A
d. 9.5A

5. 키르히호프의 전압 법칙을 적용할 때 폐회로는 보통 (   )으로 언급된다.
a. 절점
b. 주 절점
c. 루프
d. 가지 분기점

6. 키르히호프의 전압 법칙은 다음을 설명한 것이다.
a. 어느 폐회로에서 전압원들과 전압강하들의 대수합은 모두 '0'이 되어야 한다.
b. 어느 폐회로 둘레의 전압원들과 전압강하들의 대수합은 결코 '0'과 같을 수 없다.
c. 어느 폐회로 둘레를 흐르는 모든 전류들의 대수합은 모두 '0'이 되어야 한다.
d. 위에 답이 없다.

7. 키르히호프의 전압 법칙을 적용할 때,
a. (+)단자가 먼저 도달하는 전압은 (−)항으로 생각하고 (−)단자가 먼저 도달하는 전압은 (+)항으로 생각한다.
b. 항상 모든 전압원들은 (+)로, 모든 저항의 전압강하들은 (−)로 생각한다.
c. (−)단자가 먼저 도달하는 전압은 (−)항으로 생각하고 (+)단자가 먼저 도달하는 전압은 (+)항으로 생각한다.
d. 항상 모든 저항의 전압강하들은 (+)로, 모든 전압원들은 (−)로 생각한다.

8. +40V와 −30V의 대수합은?
a. −10V
b. +10V
c. +70V
d. −70V

9. 주 절점은?
a. 전압들의 대수합이 '0'이 되는 폐회로나 루프
b. 회로 둘레의 가장 간단한 폐회로
c. 가지전류들이 합쳐지거나 나누어지는 교차점
d. 위에 답이 없다.

10. 주 절점이 2개인 회로를 풀기 위해 필요한 방정식은 몇 개인가?
a. 3
b. 2
c. 4
d. 1

11. 망 전류와 가지전류의 차이는?
a. 망 전류는 가상전류이고 가지전류는 실제로 흐르는 전류이다.
b. 전류들의 방향이다.
c. 망 전류는 가지 분기점에서 나누어지지 않는다.
d. a와 c 둘 다 맞다.

12. 망 전류법을 사용할 때 2개의 망들에 공통인 저항에는
a. 반대로 흐르는 2개의 망 전류가 있다.
b. 1개의 망 전류가 공통이다.
c. 전류가 '0'이다.
d. 위에 답이 없다.

13. 직렬회로에서 저항에 생기는 전압강하의 합이 인가전압과 같다는 사실은 다음 법칙의 근거가 된다.
a. 키르히호프의 전류 법칙
b. 절점 전압법
c. 키르히호프의 전압 법칙
d. 망 전류법

14. 병렬회로에서 각 가지전류들의 합이 총전류와 같다는 사실은 다음 법칙의 근거가 된다.
a. 키르히호프의 전류 법칙
b. 절점 전압법
c. 키르히호프의 전압 법칙
d. 망 전류법

15. 키르히호프의 전압 법칙을 사용할 때 루프 둘레를 완전히 일주하지 못한다면,
a. 전압들의 대수합은 항상 (+)다.
b. 대수합은 시작점과 끝점 사이의 전압이다.
c. 전압들의 대수합은 항상 (−)다.
d. 전압들의 대수합을 구할 수 없다.

확인문제

1. 키르히호프의 전류 법칙을 2가지 방식으로 설명하라.
2. 키르히호프의 전압 법칙을 2가지 방식으로 설명하라.
3. 루프와 망 사이의 차이점은 무엇인가?
4. 가지전류와 망 전류의 차이점은 무엇인가?
5. 주 절점을 정의하라.
6. 절점 전압을 정의하라.
7. 〈그림 9-6〉에 표시된 값들을 사용하여 바깥 루프 ACEFDBA 둘레에 있는 전압들의 대수합이 '0'이라는 것을 보여라.
8. 〈그림 9-6〉에 표시된 값들을 사용하여 절점 C와 D로 들어가고 나오는 모든 전류들의 대수합이 '0'이라는 것을 보여라.

연습문제

9-1절 키르히호프의 전류 법칙(KCL)

9-1 5A의 I_1과 10A의 I_2가 X점으로 흘러들어간다면 그 점에서 나오는 전류 I_3은 얼마인가?

9-2 키르히호프의 전류 법칙을 적용하여 (문제 9-1)에서 X점으로 들어가고 나오는 전류에 대한 방정식을 세워라.

9-3 〈그림 9-10〉에서 미지전류 I_3을 구하라.

그림 9-10

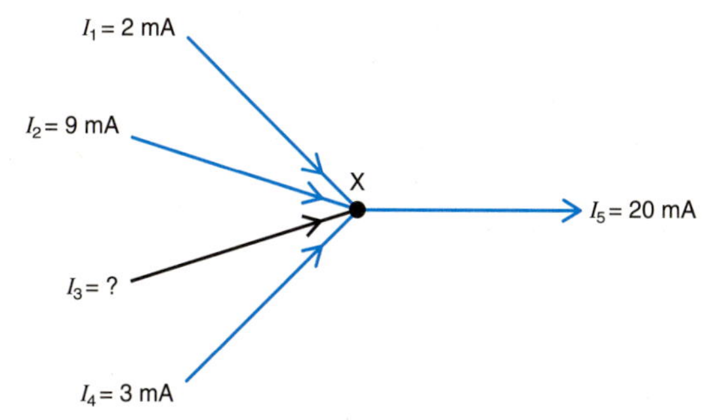

그림 9-11

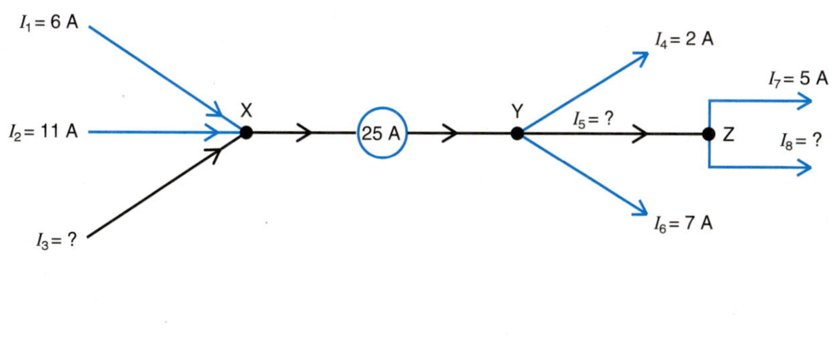

9-4 〈그림 9-11〉에서 미지전류 I_3, I_5, I_8을 구하라.

9-5 〈그림 9-11〉에 키르히호프의 전류 법칙을 적용하여 다음의 각 점에 들어가고 나오는 전류들에 대한 방정식을 세워라.

a. X점
b. Y점
c. Z점

9-2절 키르히호프의 전압 법칙(KVL)

9-6 MultiSim 〈그림 9-12〉에서,

a. C점에서 시작하여 시계방향으로 도는 루프 CEFDC에 대한 KVL 방정식을 써라.

b. A점에서 시작하여 시계방향으로 도는 루프 ACDBA에 대한 KVL 방정식을 써라.

c. A점에서 시작하여 시계방향으로 도는 루프 ACEFDBA에 대한 KVL 방정식을 써라.

그림 9-12

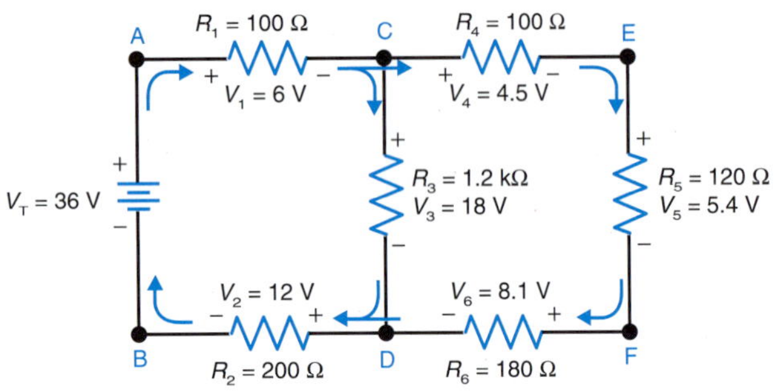

9-7 〈그림 9-12〉에서,

a. C점에서 시작하여 시계방향으로 도는 부분루프 CEFD에 대한 전압을 구하라. 이 값과 R_3 양단의 전압강하를 비교하라.

b. A점에서 시작하여 시계방향으로 도는 부분루프 ACDB에 대한 전압을 구하라. 이 값과 A점과 B점 사이에 걸리는 인가전압 V_T의 값을 비교하라.

c. A점에서 시작하여 시계방향으로 도는 부분루프 ACEFDB에 대한 전압을 구하라. 이 값과 A점과 B점 사이에 걸리는 인가전압 V_T의 값을 비교하라.

d. C점에서 시작하여 반시계방향으로 도는 부분 루프 CDFE에 대한 전압을 구하라. 이 값과 R_4 양단의 전압강하를 비교하라.

9-8 〈그림 9-13〉에서 V_{AG}와 V_{BG}를 구하라. 각 전압에 대해 맞는 극성을 표시하라.

그림 9-13

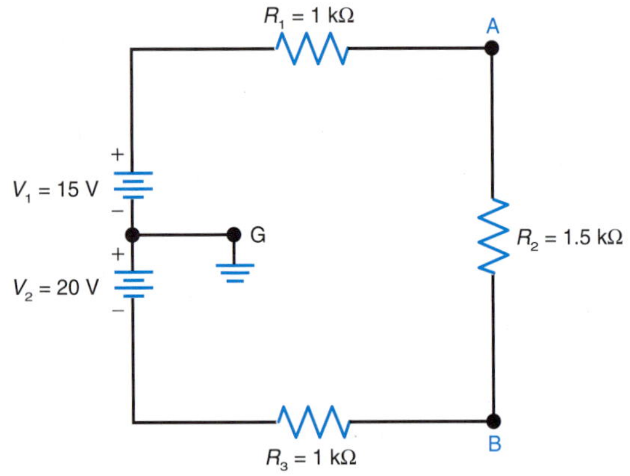

9-9 〈그림 9-14〉에서 V_{AG}와 V_{BG}를 구하라. 각 전압에 대해 맞는 극성을 표시하라.

그림 9-14

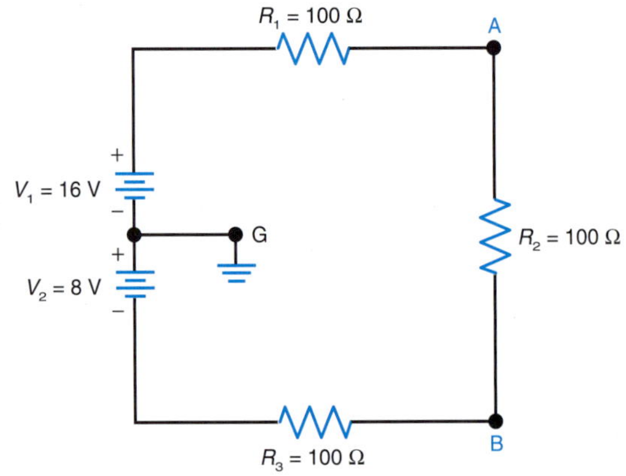

9-10 〈그림 9-15〉에서 V_{AG}와 V_{BG}를 구하라. 각 전압에 대해 맞는 극성을 표시하라.

그림 9-15

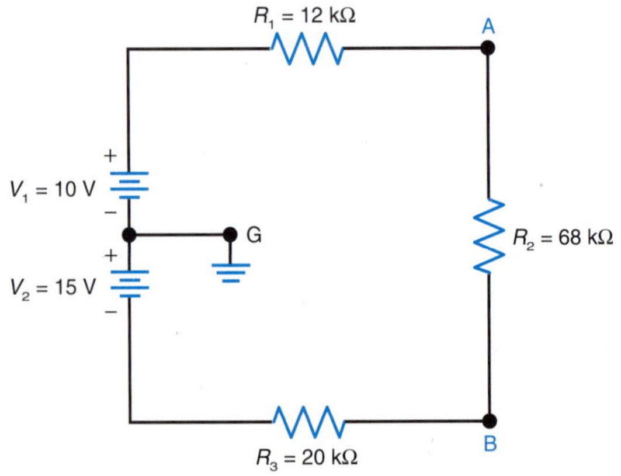

9-11 〈그림 9-16〉에서 V_{AG}, V_{BG}, V_{CG}, V_{DG}, V_{AD}를 구하라. 각 전압에 대해 맞는 극성을 표시하라.

그림 9-16

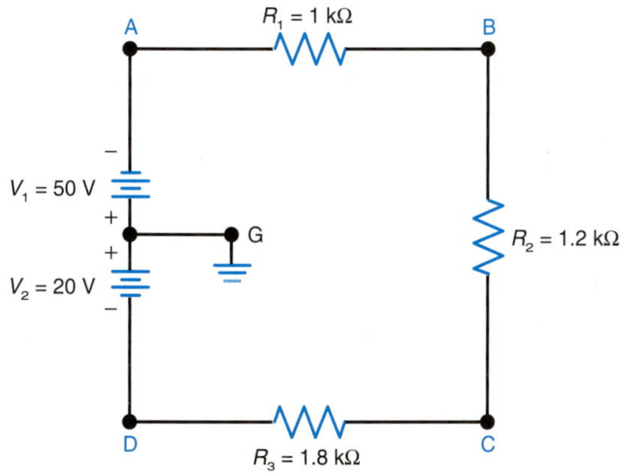

9-12 〈그림 9-17〉에서 V_{AG}, V_{BG}, V_{CG}를 구하라. 각 전압에 대해 맞는 극성을 표시하라.

그림 9-17

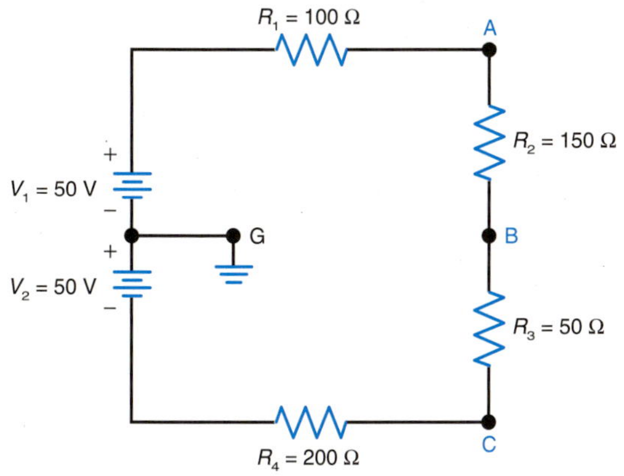

9-13 〈그림 9-18〉에서 A점에서 시작하여 반시계방향으로 도는 루프 ABDCA에 대한 KVL 방정식을 써라.

9-14 〈그림 9-18〉에서 E점에서 시작하여 시계방향으로 도는 루프 EFDCE에 대한 KVL 방정식을 써라.

9-15 〈그림 9-18〉에서 A점에서 시작하여 시계방향으로 도는 루프 ACEFDBA에 대한 KVL 방정식을 써라.

그림 9-18

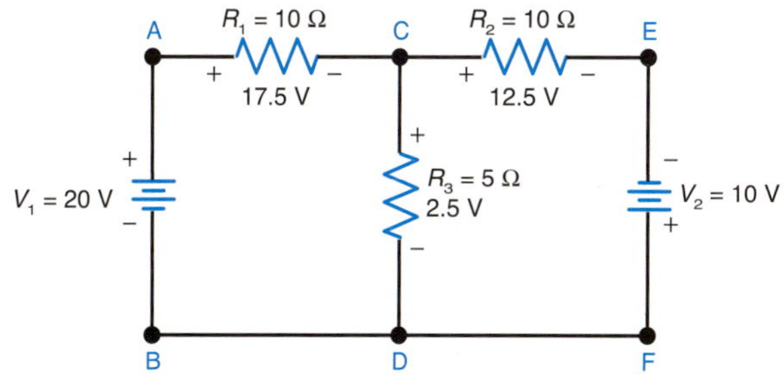

9-3절 가지 전류법

9-16 가지 전류법을 사용하여 〈그림 9-19〉에 있는 미지 전압과 미지 전류의 값들을 구하라. 그러기 위해 a부터 m까지의 단계를 수행한다. 모든 전류는 그림에 표시한 방향으로 흐른다고 가정한다.

그림 9-19

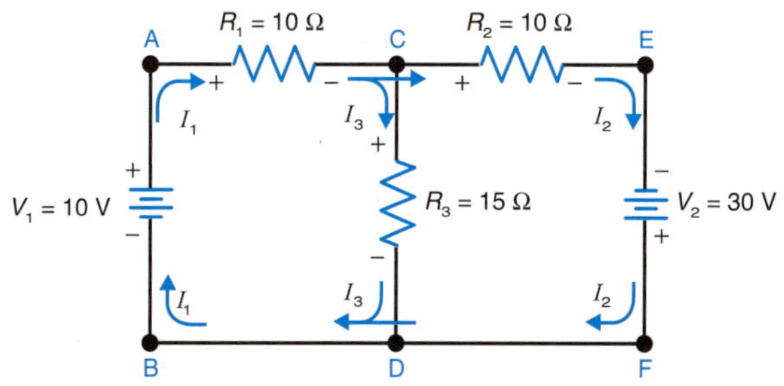

a. 키르히호프의 전류 법칙을 사용하여 C점에서의 전류 I_1, I_2, I_3에 대한 방정식을 작성하라.

b. I_1과 I_2의 항으로 I_3을 나타내라.

c. V_1, V_{R_1}, V_{R_3}의 항들을 사용하여, A점에서 시작하여 반시계방향으로 도는 루프 ABDCA에 대한 KVL 방정식을 작성하라. 이 루프를 루프 1이라 부른다.

d. V_2, V_{R_2}, V_{R_3}의 항들을 사용하여, F점에서 시작하여 반시계방향으로 도는 루프 FECDF에 대한 KVL 방정식을 작성하라. 이 루프를 루프 2라 부른다.

e. R_1, R_2, R_3의 실제 저항값들을 사용하여 IR의 형태로 각 저항의 전압강하를 나타내라.

f. (e)에서 나타낸 V_{R_1}과 V_{R_3}에 대한 IR 전압값을 사용하여 (c)의 루프 1에서 구한 KVL 방정식을 다시 작성하라.

g. (e)에서 나타낸 V_{R_2}와 V_{R_3}에 대한 IR 전압값을 사용하여 (d)의 루프 2에서 구한 KVL 방정식을 다시 작성하라.

h. (f)와 (g)에서 세운 루프 1과 루프 2의 방정식을 가장 간단한 형태로 정리하라.

i. 연립방정식을 풀어서 I_1과 I_2를 구하라. 그 다음 I_3을 구하라.

j. 〈그림 9-19〉에서 모든 전류들이 가정한 방향과 일치하는가? 어떻게 알 수 있는가?

k. I_1, I_2, I_3의 실제값을 사용하여 각 저항의 전압강하를 계산하라.

l. 실제 전압값을 사용하여 루프 1과 루프 2에 대한 KVL 루프 방정식을 다시 작성하라. 전압들을 더할 때 두 루프 둘레를 시계방향으로 돈다. (저항의 전압강하들은 모두 I_1, I_2, I_3의 실제 방향에 맞는 극성을 가지고 있다.)

m. I_1, I_2, I_3의 실제 방향에 맞게 C점에서 전류들에 대한 KCL 방정식을 작성하라.

9-17 〈그림 9-20〉에 대해 (문제 9-16)을 반복하라.

그림 9-20

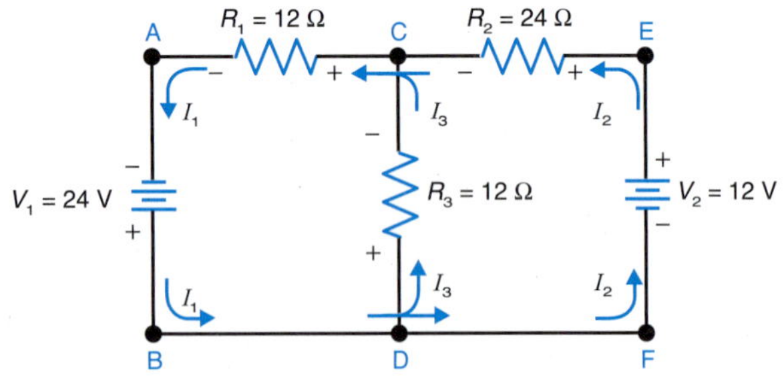

9-4절 절점 전압법

9-18 절점 전압법을 사용하여 〈그림 9-21〉에 있는 모든 미지 전압과 미지 전류의 값들을 구하라. 그러기 위해 a부터 l까지의 단계를 수행한다. 모든 전류는 그림에 표시한 방향으로 흐른다고 가정한다.

그림 9-21

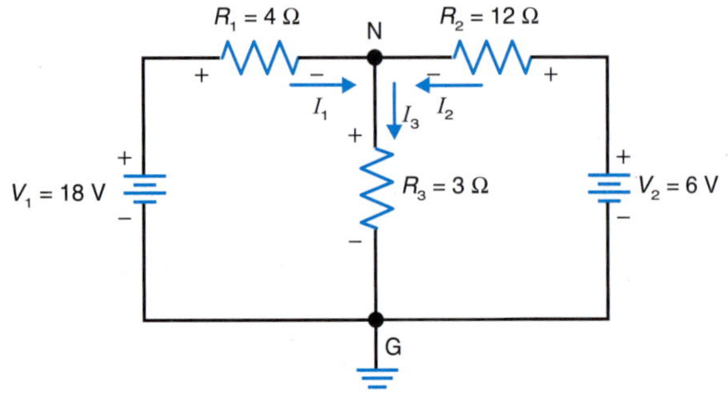

a. 키르히호프의 전류 법칙을 사용하여 절점 N에서의 전류 I_1, I_2, I_3에 대한 방정식을 써라.

b. (a)에서 구한 KCL 방정식을 V_R/R과 V_N/R의 항으로 나타내라.

c. V_1, V_{R_1}, V_{R_3}을 포함한 루프에서 KVL 방정식을 작성하라.

d. V_2, V_{R_2}, V_{R_3}을 포함한 루프에서 KVL 방정식을 작성하라.

e. V_{R_1}과 V_{R_2}를 V_N의 항과 그 값을 알고 있는 V_1과 V_2로 나타내라.

f. (e)에서 구한 V_{R_1}과 V_{R_2}의 값을 사용하여 절점 N에서의 전류들에 대한 KCL 방정식을 작성하라.

g. 절점 전압 V_N을 구하라.

h. (e)에서 작성한 방정식을 사용하여 전압강하 V_{R_1}과 V_{R_2}를 구하라.

i. 〈그림 9-21〉에서 전류들이 가정한 방향과 일치하는가? 어떻게 알 수 있는가?

j. 전류 I_1, I_2, I_3을 계산하라.

k. 실제 전압값을 사용하여 안쪽에 있는 두 루프에 대해 KVL 루프 방정식을 다시 작성하라. (저항의 전압강하들은 모두 V_{R_1}과 V_{R_2}의 최종 결과에 맞는 극성을 가지고 있다.)

l. I_1, I_2, I_3의 실제값을 대입하여 절점 N에서의 전류들에 대한 KCL 방정식을 작성하라.

9-19 〈그림 9-22〉에 대해 (문제 9-18)을 반복하라.

그림 9-22

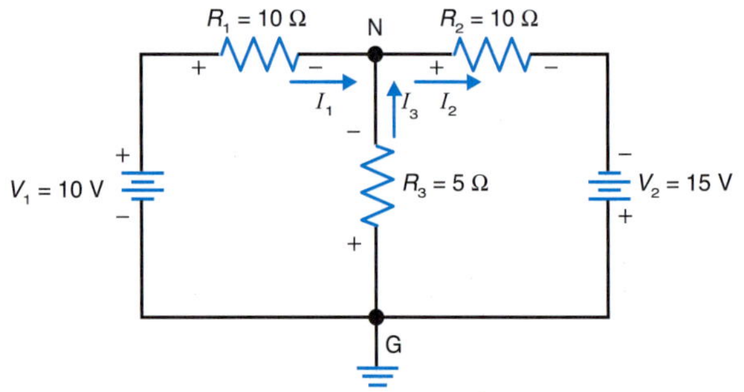

9-5절 망 전류법

9-20 망 전류법을 사용하여 〈그림 9-23〉에 있는 모든 미지 전압과 미지 전류의 값들을 구하라. 그러기 위해 a부터 m까지의 단계를 수행하라.

그림 9-23

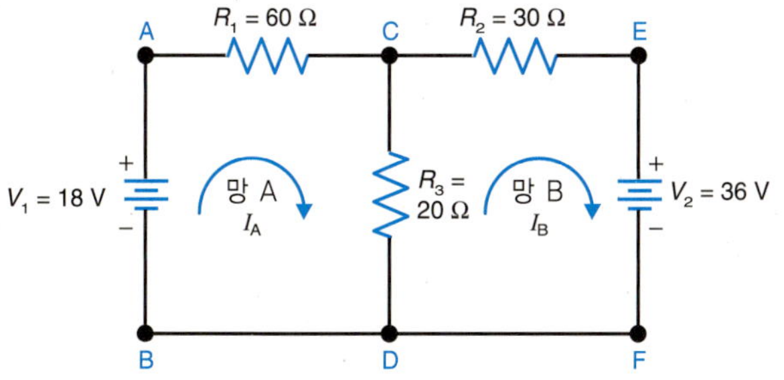

a. 망 전류 I_A가 흐르는 부품들을 말하라.
b. 망 전류 I_B가 흐르는 부품들을 말하라.
c. 어느 부품에서 망 전류들이 반대로 흐르는가?
d. 망 A에 대한 망 방정식을 작성하라.
e. 망 B에 대한 망 방정식을 작성하라.
f. 연립방정식을 풀어서 I_A와 I_B를 구하라.
g. I_1, I_2, I_3의 값을 구하라.
h. 망 A와 망 B에서 가정한 전류의 방향이 맞는가? 어떻게 알 수 있는가?
i. R_3을 흐르는 전류 I_3의 방향은?
j. 전압강하 V_{R_1}, V_{R_2}, V_{R_3}을 구하라.
k. V_{R_1}, V_{R_2}, V_{R_3}의 최종 결과값을 사용하여 A점에서 시작하여 시계방향으로 도는 루프 ACDBA에 대한 KVL 방정식을 작성하라.
l. V_{R_1}, V_{R_2}, V_{R_3}의 최종 결과값을 사용하여 E점에서 시작하여 시계방향으로 도는 루프 EFDCE에 대한 KVL 방정식을 작성하라.
m. I_1, I_2, I_3의 최종 결과값(과 방향)을 사용하여 C점에서 전류들에 대한 KCL 방정식을 작성하라.

9-21 〈그림 9-24〉에 대해 (문제 9-20)을 반복하라.

그림 9-24

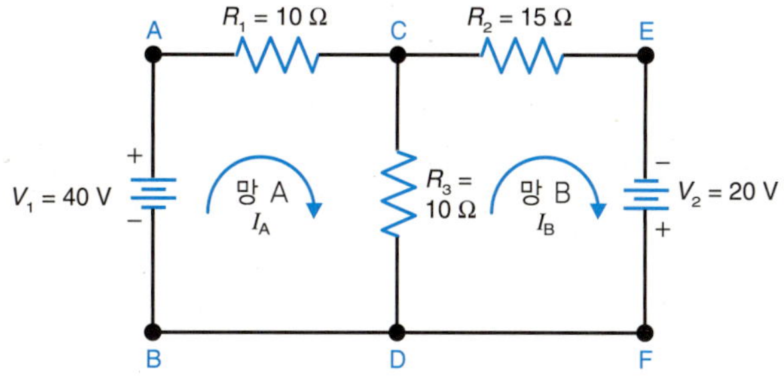

사고력 문제

9-22 〈그림 9-25〉에서 출력전압이 −5V에서 5V로 변하도록 하는 R_1과 R_3의 값을 구하라.

9-23 〈그림 9-9〉를 참조하라. 모든 저항값이 10Ω일 때 다음을 계산하라.
(a) I_A, I_B, I_C
(b) I_1, I_2, I_3, I_4, I_5, I_6, I_7, I_8

그림 9-25

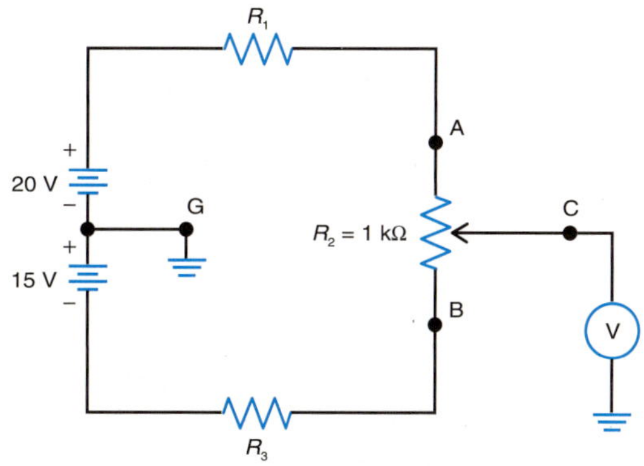

복습문제 정답

9-1 a. 6A
b. 4A

9-2 a. −120V
b. 0V

9-3 a. 24V
b. 0V

9-4 a. 2개
b. 2개

9-5 a. 참
b. 참

chapter 10

회로망 정리

회로망은 저항이나 전압원들과 같은 여러 부품들을 조합하여 특정한 결과를 얻기 위해 서로 연결한 회로이다. 그렇지만 일반적으로 회로망을 해석하기 위해서는 직렬과 병렬 회로에 사용된 법칙보다 더 많은 법칙들을 필요로 한다. 키르히호프의 법칙들은 어떤 회로에도 항상 적용될 수 있다. 그러나 여기서 소개하는 회로망 정리들은 회로를 해석하는 데 보통 더 간결한 방법들을 제공하고 있다.

몇몇 정리들을 사용하여 회로망을 원래의 회로와 등가이면서 더 간단한 회로로 변환할 수 있다. 그런 후에 직렬과 병렬 회로의 법칙들을 사용하여 등가회로를 해석할 수 있다. 그 밖의 여러 정리들을 사용하면 주어진 회로를 더 쉽게 해석할 수 있는 형태로 변환할 수 있다.

키르히호프의 법칙들로부터 모든 회로망 정리들을 유도할 수 있지만 여기서는 그 응용들만 살펴본다. 전지가 포함된 저항 회로망들을 예로 들었지만 그 정리들은 또한 교류 회로망에도 적용될 수 있다는 사실에 주목하라.

단원 차례

단원 목표

- 중첩 정리를 적용하여 1개 이상의 전압원을 포함한 회로에서 두 점 사이에 걸리는 전압을 구한다.
- 중첩 정리를 적용하기 위한 조건을 설명한다.
- 복잡한 회로망에 있는 임의의 두 단자에서 테브낭과 노턴 등가회로를 구한다.
- 테브낭과 노턴 정리를 적용하여 미지의 전압과 전류를 구한다.
- 테브낭 등가회로를 노턴 등가회로로 변환한다. 또 그 반대로도 변환해본다.
- 밀만 정리를 적용하여 여러 개의 병렬가지 양단의 공통 전압을 구한다.
- 델타-와이(Δ to Y) 변환공식을 사용하여 브리지 회로를 쉽게 해석한다.

중요 용어

노턴 정리
능동소자
밀만 정리
선형소자
수동소자
양방향성 소자
전류원
전압원
중첩 정리
테브낭 정리

10-1 중첩 정리

중첩 정리는 전원이 2개 이상 있는 회로에 대해 옴의 법칙을 확장해서 사용할 수 있도록 하기 때문에 매우 유용하다. 요약하면 한 번에 1개의 전원으로 인한 영향을 계산하고 그 결과를 더해서 모든 전원으로 인한 영향을 구한다. 중첩 정리에 대한 정의는 다음과 같다. 2개 이상의 전원을 가진 회로망에서 임의의 부품에서의 전류와 전압은 각각의 전원이 개별적으로 작용할 때 나타나는 영향을 합한 것이다.

한 번에 1개의 전원만 사용하기 위해서는 다른 모든 전원들을 잠시 죽여야 한다. 이 말은 회로의 저항값은 그대로 두고 해당 전원이 전압이나 전류를 발생하지 못하도록 한다는 것을 의미한다. 전지와 같은 전압원은 전위차가 있는 양단을 단락회로로 가정하여 제거한다. 내부 저항값은 그대로 둔다.

전원이 2개 있는 전압분배기

〈그림 10-1〉에 제시한 문제는 〈그림 10-1a〉의 회로에서 P점에서 섀시접지까지의 전압을 구하는 것이다. 이것을 푸는 방법은 〈그림 10-1b〉와 〈그림 10-1c〉처럼 각 전원을 분리하여 한 전원에 의한 P점에서의 전압을 계산하고 이 전압들을 더하면 된다.

먼저 V_1의 영향을 구하기 위해 〈그림 10-1b〉에 보인 것과 같이 V_2를 단락시킨다. 그러면 V_2 양단이 단락되었기 때문에 R_1의 아래쪽이 접지에 연결된 상태가 된다. 결과적으로 R_2와 R_1은 V_1 전원에 대한 직렬 전압분배기가 된다.

또한 R_1에 걸리는 전압은 P에서 접지까지의 전압과 같다. V_1 전원으로 인해 R_1에 분배되는 V_{R_1}을 구하기 위해 전압분배식을 사용한다.

$$V_{R_1} = \frac{R_1}{R_1 + R_2} \times V_1 = \frac{60\text{k}\Omega}{30\text{k}\Omega + 60\text{k}\Omega} \times 24\text{V}$$

$$= \frac{60}{90} \times 24\text{V}$$

$$V_{R_1} = 16\text{V}$$

MultiSim **그림 10-1** 2개의 전원 V_1과 V_2가 있는 전압분배기에 적용된 중첩 정리 (a) P점에서 접지까지가 13V인 실제 회로 (b) V_1 단독으로는 P점에 16V를 발생시킴 (c) V_2 단독으로는 P점에 −3V를 발생시킴

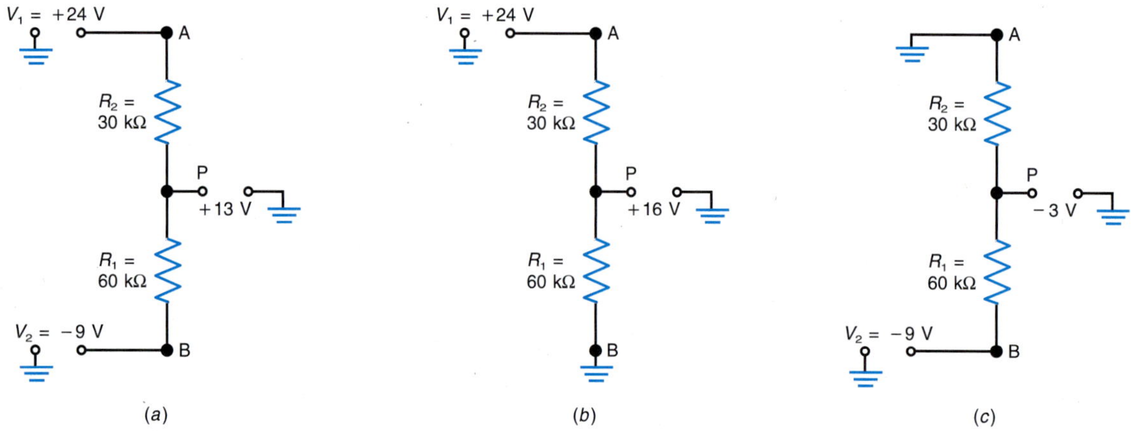

다음에 〈그림 10-1c〉처럼 V_1을 단락시킨 채 V_2만의 영향을 구한다. 이때 R_1의 위쪽에 있는 A점이 접지가 된다. R_1과 R_2는 다시 직렬 전압분배기가 되나 여기서는 R_2의 전압이 P에서 접지까지의 전압이 된다.

R_2의 한쪽이 접지로 연결되고 다른 쪽은 P점에 연결되므로 V_{R_2}를 계산할 수 있다. 이 회로도 직렬 전압분배기이지만 이번에는 V_2의 전압이 (−)이다. V_2 전원으로 인한 P점에서의 전압 V_{R_2}를 구하기 위해 전압분배식을 사용하면,

$$\begin{aligned} V_{R_2} &= \frac{R_2}{R_1+R_2} \times V_2 = \frac{30\text{k}\Omega}{30\text{k}\Omega+60\text{k}\Omega} \times (-9)\text{V} \\ &= \frac{30}{90} \times (-9)\text{V} \\ V_{R_2} &= -3\text{V} \end{aligned}$$

V_2가 (−)이므로 P점에서의 전압도 (−)이다.

마지막으로 P점에서의 총 전압은 다음과 같다.

$$\begin{aligned} V_{\text{P}} &= V_{R_1} + V_{R_2} = 16-3 \\ V_{\text{P}} &= 13\text{V} \end{aligned}$$

V_2의 (+)값이 V_2의 (−)값보다 크기 때문에 V_{P}의 값은 (+)이다.

그러므로 중첩에 의해 이 문제는 2개의 직렬 전압분배기로 좁혀졌다. 2개 이상의 전원에도 동일한 과정을 적용할 수 있다. 또한 각 전압분배기에는 여러 개의 직렬저항이 있을 수 있다. 이런 경우에는 전압원을 이상적인 전압원, 즉 내부저항이 '0'인 전압원으로 다룬다는 것에 주목하라. 전원이 내부저항값을 가지고 있다면 R_1과 R_2에 직렬로 더해질 것이다.

중첩 정리를 적용하기 위한 조건

전류들과 전압들을 서로 더할 수 있기 위해서는 모든 부품들이 선형이고 양방향성(bilateral)이어야 한다. 선형이란 말은 전류가 인가전압에 비례한다는 것을 의미한다. 선형회로에서는 여러 전압원에서 각각 구한 전류를 더할 수가 있다.

양방향성은 전류가 전압원의 극성을 반대로 해도 동일한 값을 가진다는 것을 말한다. 이때는 반대 방향으로 흐르는 전류들을 대수적으로 통합할 수 있다. 저항, 커패시터, 공심 인덕터들을 포함한 회로망은 일반적으로 선형이고 양방향성이다. 이런 소자들을 또한 수동소자라 하는데 이는 증폭이나 정류를 하지 못하는 소자를 말한다. 트랜지스터, 반도체 다이오드, 전자튜브 같은 능동소자들은 전혀 양방향성이 아니며 때로 선형적이지도 않는다.

알아두기▸▸

여러 개의 병렬가지에 2개 이상의 전압원을 포함한 복잡한 회로망에서 모든 전압들과 전류들을 구하는데 중첩 정리를 사용할 수 있다. 중첩 정리를 사용하면 연립방정식, 행렬식 또는 다른 수학적인 방법을 사용하지 않고도 전압과 전류를 구할 수 있다는 장점이 있다.

■ 10-1 복습문제

a. 〈그림 10-1b〉에서 어느 저항의 한쪽이 접지와 연결되었는가?

b. 〈그림 10-1c〉에서 어느 저항의 한쪽이 접지와 연결되었는가?

10-2 테브낭 정리

알아두기▸▸

이 장에서 다루는 여러 정리들 중에서 테브낭 정리가 가장 널리 사용된다.

프랑스 기술자인 M. L. Thevenin의 이름을 딴 테브낭 정리는 회로망 내의 미지 전압과 전류값들을 해석하는 과정을 단순화하는 데 매우 유용하게 사용된다. 테브낭 정리에 의해 많은 전원과 부품들은 어떻게 연결되어 있든지 간에 회로망 내의 어느 두 단자에 대해 등가의 직렬회로로 표현될 수 있다. 〈그림 10-2〉에서 왼쪽에 있는 블록은 A와 B 단자에 연결된 회로망을 포함하고 있다고 가정하자. 테브낭 정리에 의해 A와 B에 연결된 전체 회로망은 저항 R_{TH} 1개와 직렬인 전압원 V_{TH} 1개가 동일한 두 단자에 연결된 회로로 대치될 수 있다.

전압 V_{TH}는 단자 A와 B 양단에 걸리는 개방회로의 전압이다. 이 전압을 구하는 방법은 A와 B 사이를 개방하고 두 단자에 걸리는 전압을 측정한다. V_{TH}의 극성은 원래의 회로망과 같은 방향으로 A에서 B로 전류가 흐르도록 한다.

저항 R_{TH}는 단자 A와 B 사이의 개방회로 저항이지만 모든 전원을 제거한 상태에서 구한 저항이다. 이는 단자 A와 B에서 회로망을 향하여 들여다본 저항을 말한다. 비록 두 단자가 개방되었지만 저항계로 AB 사이를 측정하여 R_{TH}를 얻을 수 있는데, 이 저항은 전원을 제거한 회로망의 저항값이다.

회로를 테브낭화하기

이에 대한 예로 〈그림 10-3a〉를 참조하라. 여기서 2Ω의 R_L에 걸리는 전압 V_L과 이 저항에 흐르는 전류 I_L을 구하려 한다. 테브낭 정리를 적용하기 위해 마음속으로 R_L을 제거한다. 그러면 단자 A와 B가 개방된다. 이제 A와 B에 여전히 연결되어 있는 나머지 회로에 대한 테브낭 등가회로를 구한다. 일반적으로 분석할 회로부분을 개방하고 2개의 개방단자에 연결된 나머지 회로를 “테브낭화”한다.

이제 AB에 걸리는 개방회로 전압 V_{TH}와 등가저항 R_{TH}를 구하면 된다. 테브낭 등가회로는 항상 〈그림 10-3d〉와 같이 저항 1개에 직렬로 연결된 전압원 1개로 구성된다.

R_L을 개방한 결과를 〈그림 10-3b〉에 나타내었다. 결과적으로 3Ω의 R_1과 6Ω의 R_2는 R_L을 제거한 상태에서 직렬 전압분배기를 나타내고 있다.

더욱이 R_2에 걸리는 전압은 이제 A와 B 단자에 걸리는 개방회로 전압과 같다. 그러므로 R_L을 개방했을 때의 V_{R_2}는 V_{AB}와 같다. 이것이 테브낭 등가회로에서 필요한 V_{TH}이다. 전압 분배식을 사용하면,

그림 10-2 왼쪽 블록에 있는 어떤 회로망도 오른쪽의 테브낭 등가 직렬회로로 간단하게 만들 수 있다.

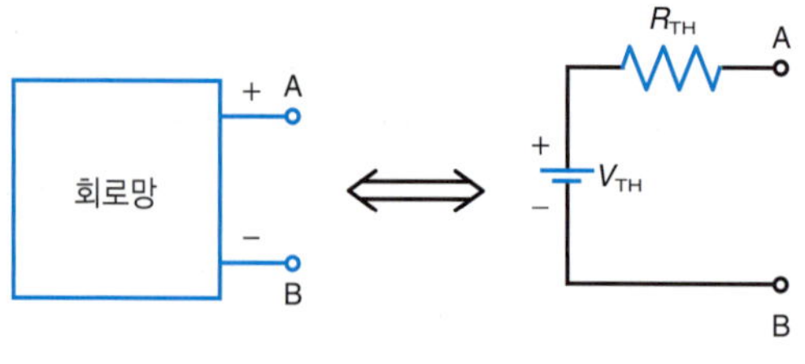

$$V_{R_2} = \frac{6}{9} \times 36\text{V} = 24\text{V}$$

$$V_{R_2} = V_{\text{AB}} = V_{\text{TH}} = 24\text{V}$$

이 전압은 단자 A가 (+)가 된다.

R_{TH}를 구하기 위해 여전히 2Ω의 R_L을 연결하지 않은 상태로 전원 V를 단락시킨다. 그런 후의 회로는 〈그림 10-3c〉와 같다. 동일한 두 점 사이에 두 저항이 연결되었기 때문에 3Ω의 R_1은 이제 6Ω의 R_2와 병렬이다. 이 합성저항은 R_1과 R_2의 곱을 R_1과 R_2의 합으로 나누어 구한다.

$$R_{\text{TH}} = \frac{18}{9} = 2\Omega$$

다시 내부 저항이 0인 이상적인 전압원을 가정한다.

〈그림 10-3d〉에 보인 것처럼 A와 B 단자의 왼쪽에 있는 테브낭 회로는 2Ω인 등가 직렬저항 R_{TH}와 24V인 등가전압 V_{TH}가 직렬로 연결된 회로이다. 이 테브낭 등가회로에는 R_L이 연결되지 않은 상태이므로 어떤 값의 R_L에 대해서도 동일하게 적용할 수 있다. 실제로 AB 단자를 개방한 회로를 테브낭화하고 있다.

V_L과 I_L을 구하기 위해 마지막으로 〈그림 10-3e〉처럼 테브낭 회로의 A와 B 단자에 R_L을 다시 연결한다. 그러면 R_L은 R_{TH}하고 V_{TH}와 직렬이 된다. 2Ω의 R_{TH}와 2Ω의 R_L에 전압분배 공식을 적용하면 V_L=1/2×24V=12V가 된다. I_L은 V_L/R_L로 구하는데 12V/2Ω으로 6A이다.

I_L이 6A이고 V_L이 12V인 결과를 〈그림 10-3a〉의 원래 회로와 〈그림 10-3e〉의 등가회로에 있는 R_L에 모두 적용한다. 6A인 I_L은 또한 R_{TH}에도 흐른다는 사실을 명심하라.

MultiSim **그림 10-3** 테브낭 정리의 응용 (a) R_L 양단이 A와 B 단자인 실제 회로 (b) R_L을 제거하여 24V의 V_{AB}를 구함 (c) V를 단락시켜 2Ω의 V_{AB}를 구함 (d) 테브낭 등가회로 (e) 단자 A와 B에 R_L을 다시 연결하여 12V의 V_L을 구함

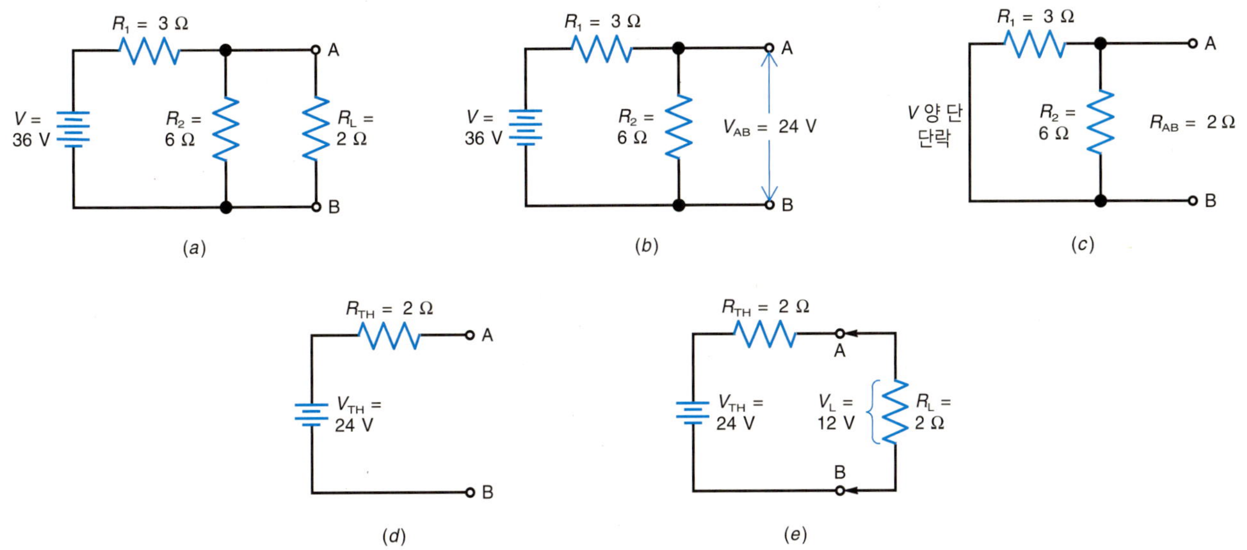

이 값은 오직 V_1로 인한 V_{AB}의 값이다. 단자 A에서의 극성은 (+)이다.

V_2로 인해 A와 B 사이에서 발생하는 전압을 구하기 위해 V_1을 단락시킨다. 그러면 R_1의 전압이 A에서 B까지의 전압이 된다. R_1에 분배되는 전압을 계산하면,

$$V_{R_1} = \frac{R_1}{R_{1-2}} \times V_2 = \frac{12}{15} \times 21$$
$$V_{R_1} = 16.8\text{V}$$

V_1과 V_2 모두 같은 극성으로 AB 단자에서 +16.8V를 발생시킨다. 그러므로 이 두 전압을 더한다.

〈그림 10-5b〉에 보인 V_{AB}=33.6V의 결과값이 V_{TH}의 값이다. (+)극성은 단자 A가 B에 대해 (+)라는 것을 의미한다.

R_{TH}를 계산하기 위해 〈그림 10-5c〉와 같이 전원 V_1과 V_2를 단락시킨다. 그러면 12Ω의 R_1과 3Ω의 R_2는 단자 A와 B 양단에서 병렬상태가 된다. 합성저항값은 36/15으로 2.4Ω이 되고 이것이 R_{TH}의 값이다.

〈그림 10-5d〉에 있는 테브낭 등가회로의 최종 결과를 보면 R_{TH}는 2.4Ω이고 V_{TH}는 33.6V로 단자 A 쪽이 (+)이다.

알아두기▸▸

V_{TH}의 극성은 R_3을 흐르는 I_3의 방향을 결정하기 때문에 아주 중요하다.

R_3을 흐르는 전류를 구하기 위해 단자 A와 B 양단에 R_3을 부하저항으로 다시 연결한다. 그러면 V_{TH}가 2.4Ω의 R_{TH}와 6Ω의 R_3을 더한 총 저항을 흐르는 전류를 발생시킨다.

$$I_3 = \frac{V_{TH}}{R_{TH} + R_3} = \frac{33.6}{2.4+6} = \frac{33.6}{8.4} = 4\text{A}$$

I_3이 4A인 결과는 앞서 〈그림 9-5〉에서 키르히호프의 법칙을 사용하여 구한 값과 동일하다.

R_3을 제거하지 않는다면 이 회로는 테브낭 정리를 사용하지 못하고 중첩 정리만 사용하여 풀 수 있다는 사실을 명심해야 한다. 테브낭 등가회로를 구하기 위해 단자 A와 B를 개방하면 병렬전류 경로가 없이 오직 직렬 전압분배기만 가진 회로처럼 되어 중첩 정리를 적용해야 하는 회로를 단순하게 만든다. 일반적으로 테브낭 정리를 위해 단자 A와 B를 개방하여 부품을 제거함으로써 회로를 단순하게 만들 수 있다.

■ 10-3 복습문제

〈그림 10-5d〉의 테브낭 등가회로에서

a. R_T는 얼마인가?

b. V_{R_L}은 얼마인가?

10-4 브리지 회로의 테브낭화

테브낭 정리의 다른 예로서 〈그림 10-6a〉의 브리지 회로의 중앙에 있는 2Ω의 R_L에 흐르는 전류를 구해본다. 단자 A와 B를 개방하기 위해 R_L을 제거한 결과를 〈그림 10-6b〉에 보였다. 회로가 개방으로 인해 얼마나 간단하게 되었는지를 주목하라. 결과를 얻기 위해 키르히호프의 법칙이 필요한 〈그림 10-6a〉의 불평형 브리지 대신에 〈그림 10-6b〉의 테브낭 등가회로는 단지 두 개의 전압분배기로 구성되어 있다. R_3-R_4 분배기와 R_1-R_2 분배기 모두 동일한 30V의 전원에 걸린다.

개방단자 A가 R_3과 R_4의 연결점이기 때문에 이 분배기를 A점의 전위를 구하는데 사용할 수 있다. 마찬가지로 단자 B에서의 전위는 R_1-R_2 분배기에서 구할 수 있다. 그때 V_{AB}는 단자 A와 B 사이의 전위차이다.

두 분배기에서의 전압을 주목하라. 3Ω의 R_3과 6Ω의 R_4로 구성된 분배기에서 밑에 있는 전압 V_{R_4}는 6/9×30=20V이다. 그때 위에 있는 전압 V_{R_3}은 두 전압을 더해서 30V가 되어야 하기 때문에 10V가 된다. 극성은 전압원 V와 같이 모두 위쪽이 (+)로 표시된다.

마찬가지로 6Ω의 R_1과 4Ω의 R_2로 구성된 분배기에서 밑에 있는 전압 V_{R_2}는 4/10×30=12V이다. 그때 위에 있는 전압 V_{R_1}은 두 전압을 더해서 30V가 되어야 하기 때문에 18V가 된다. 극성은 또한 V와 같이 모두 위쪽이 (+)이다.

이제 공통 기준점에 대해 단자 A와 B에서 전위들을 결정하여 V_{AB}를 구할 수 있다. 전원 V의 (−) 쪽이 섀시접지에 연결되었다고 가정하자. 그러면 회로도의 밑에 있는 선을 전압의 기준으로 사용할 수 있다. R_3-R_4 분배기의 밑에 있는 V_{R_4}는 점

그림 10-6 브리지 회로의 테브낭화 (a) 중앙의 저항 R_L 양단이 단자 A와 B인 원래 회로 (b) R_L을 제거하고 8V의 V_{AB}를 구함 (c) V가 단락되었을 때 R_{AB}는 2+2.4=4.4Ω (d) 단자 A와 B에 R_L을 다시 연결한 테브낭 등가회로

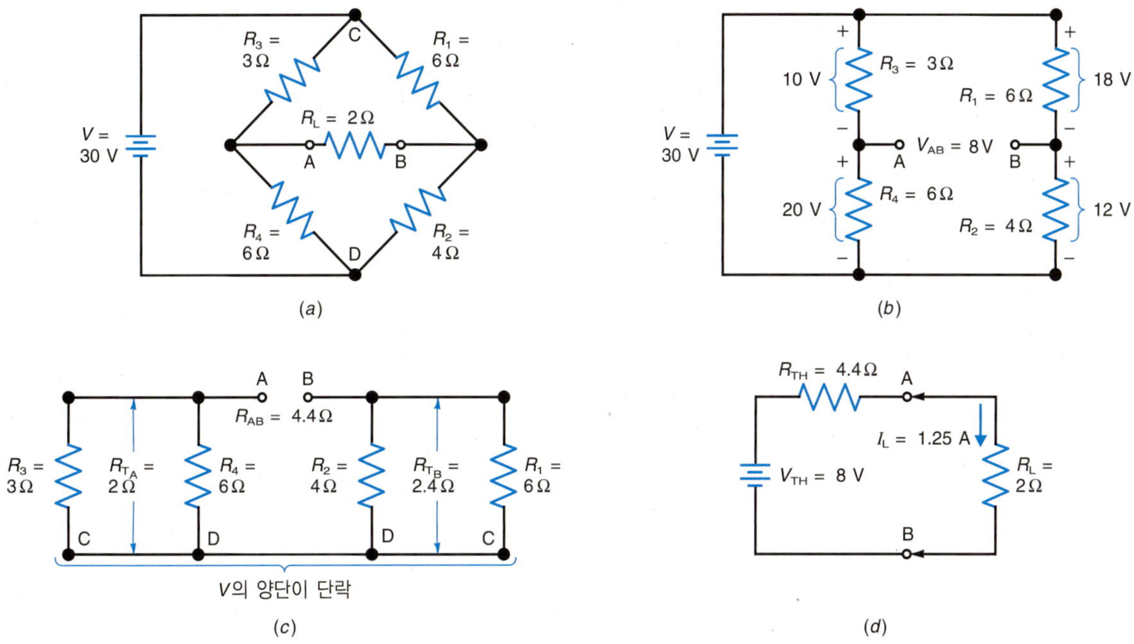

지에 대한 단자 A의 전위와 같다. 이 값은 20V로 A단자는 (+)이다.

마찬가지로 R_1–R_2 분배기의 V_{R_2}는 접지에 대한 B의 전위와 같다. 이 값은 12V로 B 단자는 (+)이다. 결과적으로 V_{AB}는 A점의 20V와 B점의 12V 사이의 차로 둘 다 공통접지를 기준으로 한 값이다.

그때 전위차 V_{AB}는 다음과 같다.

$$V_{AB} = 20 - 12 = 8\text{V}$$

단자 A는 B를 기준으로 할 때 8V가 된다. 그러므로 V_{TH}는 8V로 〈그림 10-6d〉의 테브낭 등가회로에 보인 것처럼 단자 A 쪽이 (+)이다.

전위차 V_{AB}는 또한 〈그림 10-6b〉에서 V_{R_3}과 V_{R_1}사이의 차로써 구할 수도 있다. 이 경우에 V_{R_3}은 10V이고 V_{R_1}은 18V로 전원 V의 (+) 쪽에 연결되어 있는 위쪽 선에 대해 둘 다 (+)이다. 이때 단자 A와 B 사이의 전위차는 −10+18로 8V가 된다. V_{AB}는 어떤 경로를 사용하여 전압을 결정하는가에 관계없이 같은 값을 가져야 한다.

R_{TH}를 구하려면 단자 A와 B를 여전히 개방한 상태에서 30V의 전원을 단락시킨다. 그러면 회로는 〈그림 10-6c〉와 같아진다. 단자 A와 B에서 반대편으로 바라보면 3Ω의 R_3과 6Ω의 R_4는 병렬상태이고 합성저항 R_{TA}는 18/9=2Ω이다. 그 이유는 R_3과 R_4가 단자 A에서 연결되는 반면 그 반대편 끝은 전원 V의 양단이 단락되어 서로 연결되기 때문이다. 마찬가지로 6Ω의 R_1과 4Ω의 R_2는 병렬로 합성저항 R_{TB}는 24/10=2.4Ω이다. 더욱이 전압원 양단의 단락으로 R_{TA}와 R_{TB}가 직렬이 된다. R_{AB}나 R_{TH}로 표시되는 총 저항값은 2+2.4=4.4Ω이다.

〈그림 10-6d〉의 테브낭 등가회로는 개방단자 A와 B에 8V의 V_{TH}와 4.4Ω의 R_{TH}가 연결된 브리지 회로를 나타낸다. 이제 단자 A와 B에 2Ω의 R_L을 연결하여 I_L을 계산한다. 이 전류는 다음과 같다.

$$I_L = \frac{V_{TH}}{R_{TH} + R_L} = \frac{8}{4.4 + 2} = \frac{8}{6.4}$$

$$I_L = 1.25\text{A}$$

이 1.25A는 〈그림 10-6a〉에서 불평형 브리지의 중앙에 있는 2Ω의 R_L에 흐르는 전류이다. 더욱이 〈그림 10-6a〉에서 임의의 R_L에 흐르는 I_L의 크기는 〈그림 10-6d〉의 등가회로로부터 계산할 수 있다.

■ 10-4 복습문제

〈그림 10-6d〉의 테브낭 등가회로에서

a. R_T의 값은?

b. V_{R_L}의 값은?

10-5 노턴 정리

그림 10-7 단자 A와 B의 부하 R_L에 연결된 전압원과 전류원에 대한 일반적인 형태 (a) 저항과 직렬인 전압원 (b) 저항과 병렬인 전류원 (c) 컨덕턴스와 병렬인 전류원

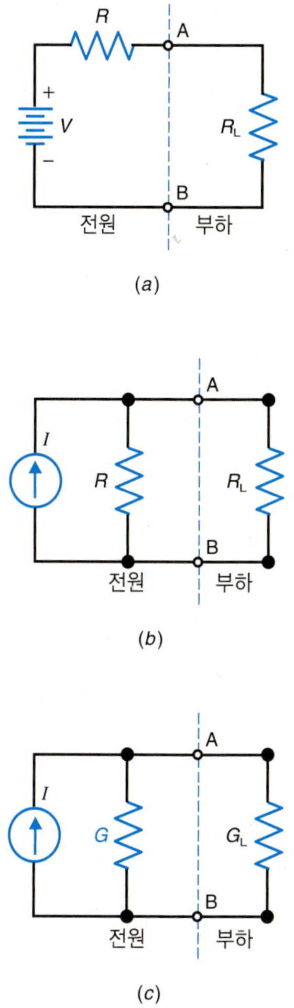

벨 전화기 연구소의 과학자인 E. L. Norton의 이름을 딴 노턴 정리는 전압 대신 전류의 항으로 회로를 단순화하는 데 사용된다. 많은 경우에 있어 전류의 분배에 대한 해석은 전압으로 해석하는 것보다 쉬울 수 있다. 그러므로 전류분석을 위해 노턴 정리를 사용하여 회로망을 전류원을 가진 간단한 병렬회로로 줄일 수 있다. 전류원의 개념은 직렬 부품들에 나누어지는 전체 전압을 공급하는 전압원에 대응되는 것으로, 전류원은 병렬가지들에 나누어 흐르게 되는 전체전류를 공급한다. 이에 대한 비교를 〈그림 10-7〉에 나타내었다.

전류원에 관한 예

전압을 공급하는 전기에너지원은 〈그림 10-7a〉에서처럼 보통 전원의 내부저항을 나타내는 직렬저항과 같이 나타낸다. 이 방법은 직류회로에서의 전지와 같은 실제 전압원을 나타내는 방법이다. 그렇지만 전원은 또한 〈그림 10-7b〉와 같이 저항과 병렬인 전류원으로 나타내기도 한다. 병렬가지를 분석하기 위해선 전류원의 개념을 사용하는 것이 전압원의 개념을 사용하는 것보다 더 편리할 수 있다.

〈그림 10-7b〉에서 전류원의 전류가 2A라면 전류원은 출력단자 A와 B에 어떤 것이 연결되든 2A를 공급한다. A와 B에 아무것도 연결하지 않아도 2A가 분류기 저항을 통해 흐른다. 부하저항 R_L을 A와 B 사이에 연결하면 2A의 전류는 병렬가지의 전류분배법칙에 따라 나누어진다.

병렬전류는 가지저항에 반비례하여 나누어지나 컨덕턴스에는 정비례하여 나누어진다는 것을 기억하라. 이런 이유로 〈그림 10-7c〉처럼 컨덕턴스 G에 의해 분기되는 전류원을 고려하는 것이 좋을 수도 있다. $1/R$이 G와 같기 때문에 저항과 컨덕턴스 사이는 항상 변환할 수 있다.

전류원의 심볼은 〈그림 10-7b와 c〉같이 원 안에 전류의 방향을 나타내는 화살표로 나타낸다. 이 방향은 대응되는 전압원의 극성에 따라 발생하는 전류의 방향과 같아야 한다. 전압원은 전류가 (+)단자에서 흘러나오게 한다는 사실을 기억하라.

전압원과 전류원의 중요한 차이는 전원을 죽일 때 전류원은 개방하고 전압원은 단락시킨다는 점이다. 전류원을 개방하면 어떠한 병렬가지에도 영향을 주지 않는 상태가 되어 전류를 공급하는 능력을 잃는다. 전압원을 단락시키면 어떠한 직렬 부품에도 영향을 주지 않는 상태로 전압을 공급하는 능력을 잃게 된다.

노턴 등가회로

〈그림 10-8〉처럼 노턴 정리는 단자 A와 B에 연결된 전체 회로망이 저항 R_N 1개와 병렬인 전류원 I_N 1개로 대치될 수 있다는 것을 보여준다. I_N의 값은 AB단자를 통해 흐르는 단락회로의 전류와 같다. 이것은 A와 B의 두 단자를 단락시킨 후 A에서 B로 흐르는 전류를 말한다.

R_N의 값은 개방단자 A와 B에서 반대편으로 바라본 저항이다. R_N을 구할 때

알아두기▸▸

실선을 사용하는 전류원의 심볼은 관습 전류 흐름의 방향을 나타낸다. 점선이나 끊어진 화살표는 전자가 흐르는 방향을 나타낸다.

그림 10-8 왼쪽 블록에 있는 어떤 회로망도 오른쪽의 노턴 등가 병렬회로로 간단하게 만들 수 있다.

개방단자들은 테브낭 정리에서 R_{TH}를 계산할 때처럼 단락시키지 않고 개방한 상태로 둔다. 실제로 이 저항은 노턴 등가회로와 테브낭 등가회로에서 동일한 값을 가진다. 노턴 회로인 경우에 R_{AB}의 값은 전류원과 병렬인 R_N과 같고 테브낭의 경우엔 전압원과 직렬인 R_{TH}와 같다.

회로의 노턴화

이에 대한 예로서, 〈그림 10-9a〉에서 전류 I_L을 다시 계산해보자. 이 회로는 테브낭 정리를 적용하여 앞에서 해석했었다. 노턴 정리를 적용하는 첫 번째 단계는 〈그림 10-9b〉와 같이 단자 A와 B 사이를 단락회로로 생각하는 것이다. 얼마만큼의 전류가 단락회로에 흐르겠는가? AB를 단락시키면, R_L과 함께 병렬인 R_2도 단락된다는 것을 명심하라. 그러면 회로에 남은 유일한 저항은 〈그림 10-9c〉에서 보는 바와 같이 36V의 전원에 직렬로 연결된 3Ω의 R_1이다. 그러므로 단락 전류는 다음과 같다.

$$I_N = \frac{36\text{V}}{3\Omega} = 12\text{A}$$

MultiSim **그림 10-9** 〈그림 10-3〉과 같은 회로이나 노턴 정리로 해석한다. (a) 원래 회로 (b) 단자 A와 B 양단이 단락된 회로 (c) 단락 전류 I_N은 36/3=12A (d) 단자 A와 B를 개방하고 V를 단락시킨 상태로 구한 R_{AB}는 2Ω으로 R_{TH}와 같다. (e) 노턴 등가회로 (f) 단자 A와 B에 R_L을 다시 연결한 후 구한 I_L은 6A

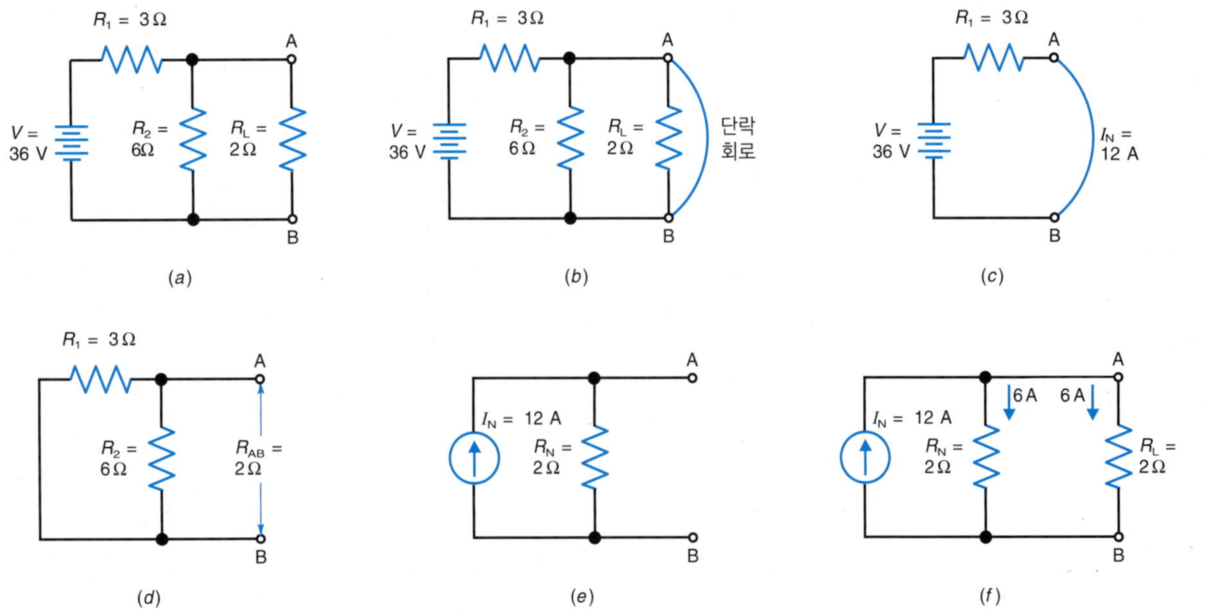

이 12A의 I_N은 〈그림 10-9e〉의 노턴 등가회로에서 전류원으로부터 흐르는 전체 전류이다.

R_N을 구하기 위해 A와 B 사이의 단락을 제거하고 R_L을 없애 단자를 개방한다. 이제 전원 V는 단락회로로 생각한다. 〈그림 10-9d〉에 보인 것처럼 단자 A와 B에서 바라본 저항은 3Ω과 6Ω의 병렬저항인데 크기는 2Ω으로 R_N과 같다.

노턴 등가회로의 최종 결과를 〈그림 10-9e〉에 나타내었다. 노턴 등가회로는 12A의 전류원 I_N과 병렬인 2Ω의 R_N으로 구성된다. 전류원의 화살표는 원래 회로와 같이 단자 A에서 B로 흐르는 전류의 방향을 보여준다.

마지막으로 I_L을 계산하기 위해 〈그림 10-9f〉처럼 단자 A와 B 사이를 2Ω의 R_L로 대치한다. 전류원은 여전히 12A를 공급하지만 이제 그 전류는 R_N과 R_L의 두 가지로 나누어진다. 두 저항의 크기가 같기 때문에 12A의 I_N은 각 가지로 6A씩 나누어 흘러 I_L은 6A가 된다. 이 값은 〈그림 10-3〉에서 테브낭 정리로 계산한 것과 같은 전류값이다. 또는 V_L은 $I_L R_L$로 계산할 수 있는데 6A×2Ω으로 12V가 된다.

단락회로의 전류 관찰

몇몇 경우에 있어 단자 A와 B가 단락되었을 때 어느 전류가 I_N인지 알아내는 문제가 있을 수 있다. 이 단자들을 단락시키기 위해 A와 B 사이에 점퍼선을 연결한다고 생각하자. 그러면 I_N은 단자 A와 B 사이의 점퍼선을 흐르는 전류일 것이다.

이러한 두 단자에 직접 연결되는 부품들은 어떤 것들도 또한 이 점퍼선에 의해 단락된다는 것을 기억하라. 그때 이 두 단자에 연결된 병렬경로들은 어떤 영향도 줄 수가 없다. 그러나 단자 A나 단자 B에 직렬로 연결된 부품들은 모두 이 점퍼선과 직렬로 연결된다. 그러므로 단락회로의 전류 I_N은 또한 이 직렬 부품을 통해 흐른다.

〈그림 10-10〉에 단락시킨 단자 AB와 직렬로 연결된 저항에 대한 예를 보였다. 여기서는 단락전류 I_N이 주 회로선을 흐르는 전체전류가 아닌 가지전류이다. 〈그림 10-10a〉를 참조하라. 여기서 A와 B를 단락시킨 결과 R_3이 R_2의 양단에 연결되게 된다. 또한 단락전류 I_N은 이제 R_3에 흐르는 I_3과 같은 전류이다. I_3이 그 가지의 유일한 가지전류라는 것을 명심하라.

MultiSim **그림 10-10** 단락회로의 전류 I_N이 가지전류인 회로의 노턴화 (a) I_N은 2A로 단락단자 A와 B 그리고 R_3을 통해 흐른다. (b) R_N=R_{AB}=14.4Ω (c) 노턴 등가회로

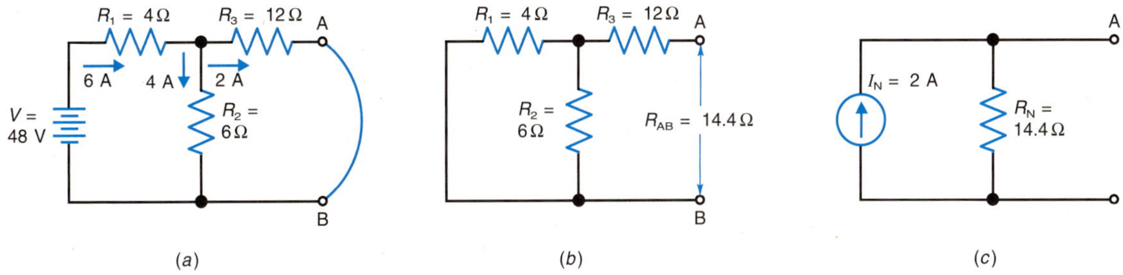

그림 10-12 테브낭-노턴 변환의 예 (a) 〈그림 10-3a〉와 〈그림 10-9a〉와 같은 원래 회로 (b) 테브낭 등가회로 (c) 노턴 등가회로

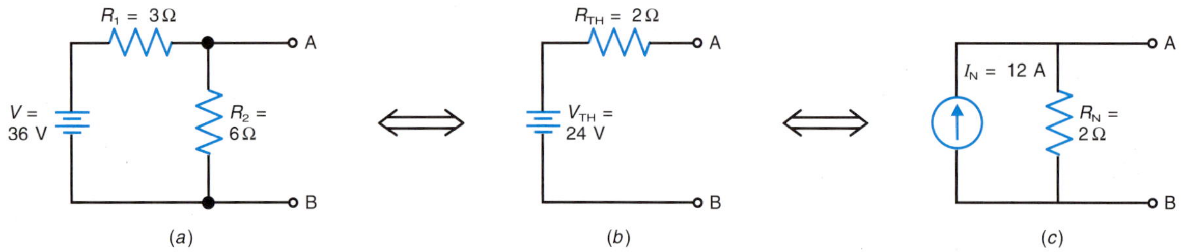

이런 변환에 대한 다른 예가 〈그림 10-12〉에 있다.

■ 10-6 복습문제

a. 테브낭-노턴 변환에서 저항 R_N과 R_{TH}는 같다. (참, 거짓)

b. 테브낭-노턴 변환에서 전류 I_N은 V_{TH}/R_{TH}이다. (참, 거짓)

c. 테브낭-노턴 변환에서 전압 V_{TH}는 $I_N \times R_N$이다. (참, 거짓)

10-7 전압원과 전류원의 변환

노턴 변환은 저항과 직렬로 연결된 전압원을 동일한 저항이 병렬로 연결된 등가 전류원으로 변환할 수 있다는 일반적인 법칙의 특별한 예이다. 〈그림 10-13〉에서 (a)의 전압원은 (b)의 전류원과 등가이다. 전압원 V를 직렬저항 R로 나누면 동일한 저항 R과 병렬인 등가 전류원 I의 값을 계산할 수 있다. 두 전원은 단자 A와 B에 연결된 어떤 부품에 대해서도 동일한 전류와 전압을 공급할 것이다.

전압원과 전류원의 변환은 흔히 회로, 특히 둘 이상의 전원을 포함한 회로를 간단하게 할 수 있다. 전류원을 가진 회로는 전류들을 더하거나 나눌 수 있는 병렬연결에서 더 쉽게 해석될 수 있다. 전압원을 포함한 회로는 전압을 더하거나 나눌 수 있는 직렬연결에서 쉽게 해석된다.

병렬가지의 두 전원

〈그림 10-14a〉에서 가운데에 있는 저항 R_3에 흐르는 I_3을 구하는 문제를 생각해보

그림 10-13 (a)의 전압원은 (b)의 전류원에 대응한다.

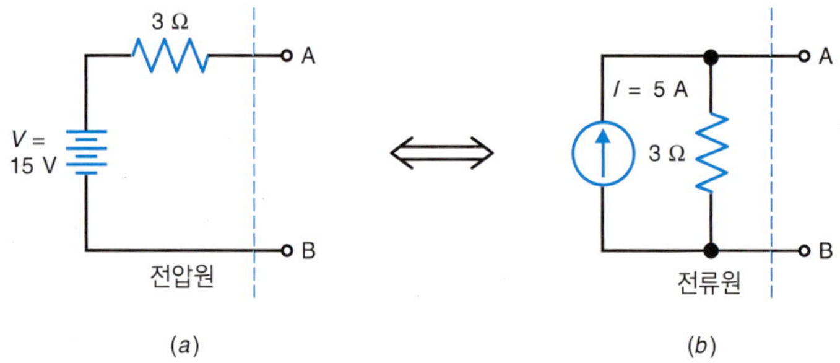

그림 10-14 병렬가지의 두 전압원 V_1과 V_2를 합성이 가능한 두 전류원 I_1과 I_2로 변환 (a) 원래 회로 (b) 병렬 전류원 I_1과 I_2로 변환된 V_1과 V_2 (c) 1개로 합성한 전류원 I_T를 포함하고 있는 등가회로

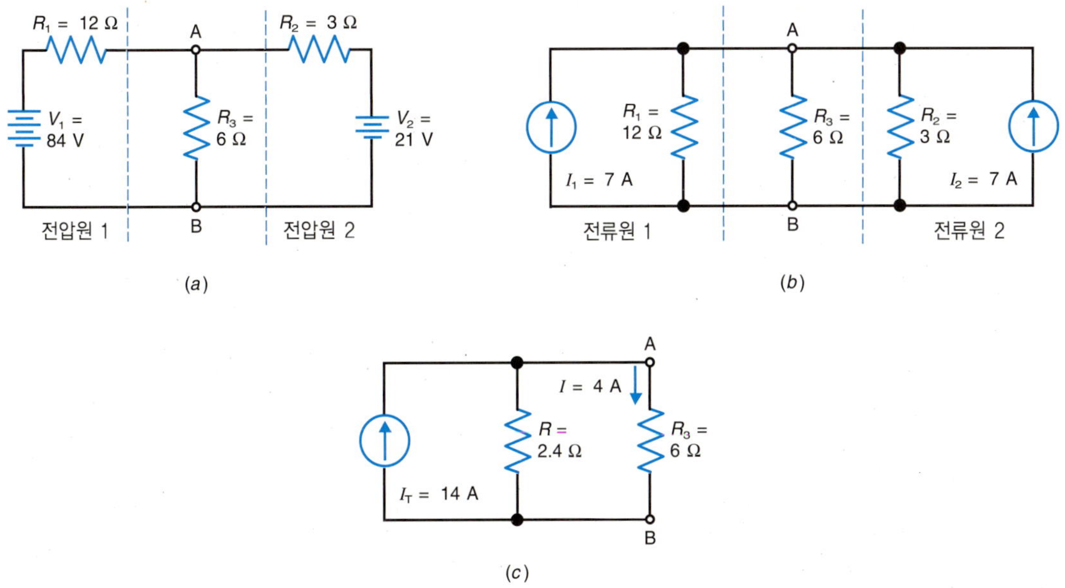

알아두기▸▸

많은 전자회로는 전압원과 전류원을 모두 포함하고 있다.

자. R_1과 V_1 그리고 R_2와 V_2는 R_3과 병렬인 가지들이다. 3개의 가지 모두 단자 A와 B에 연결되어 있다.

〈그림 10-14b〉에서 V_1과 V_2를 전류원으로 변환하면 회로는 모두 병렬가지로 바뀌게 된다. 전류 I_1은 84/12로 7A이고 I_2는 21/3로 우연하게도 역시 7A가 된다. 전류 I_1은 12Ω의 저항과 병렬이고 I_2는 3Ω의 저항과 병렬이다.

더욱이 I_1과 I_2는 합성되어 〈그림 10-14c〉에 있는 1개의 등가 전류원 I_T로 된다. 두 전원이 같은 방향으로 R_L에 전류를 흘리므로 전류들을 더하면 I_T=7+7=14A가 된다.

14A의 합성 전원에 병렬인 저항은 12Ω의 R_1과 3Ω의 R_2를 병렬합성한 저항이다. 이 저항은 〈그림 10-14c〉에 보인 것처럼 36/15로 2.4Ω이다.

6Ω과 2.4Ω의 가지에 대한 전류분배 공식을 사용하여 I_L을 구할 수 있는데, 전류원으로부터 나오는 14A의 I_T가 이들 가지로 나누어져 들어간다. 그때

$$I_L = \frac{2.4}{2.4+6} \times 14 = 4\text{A}$$

단자 A와 B 양단의 전압 V_{R_3}은 $I_L R_L$로 크기는 4×6=24V이다. 이 값은 〈그림 9-5〉에서의 키르히호프 법칙과 〈그림 10-5〉에서의 테브낭 법칙으로 계산한 V_{R_3}과 I_3의 값과 동일하다.

직렬인 두 전원

〈그림 10-15〉를 참조하여 단자 A와 B 사이의 부하저항 R_L에 흐르는 전류 I_L을 구하는 문제를 생각해보자. 이 회로에는 2개의 전류원 I_1과 I_2가 직렬로 연결되어

그림 10-15 직렬로 연결된 두 전류원 I_1과 I_2를 합성이 가능한 두 전압원 V_1과 V_2로 변환 (a) 원래 회로 (b) 직렬 전압원 V_1과 V_2로 변환된 I_1과 I_2 (c) 1개로 합성한 전압원 V_T를 포함하고 있는 등가회로

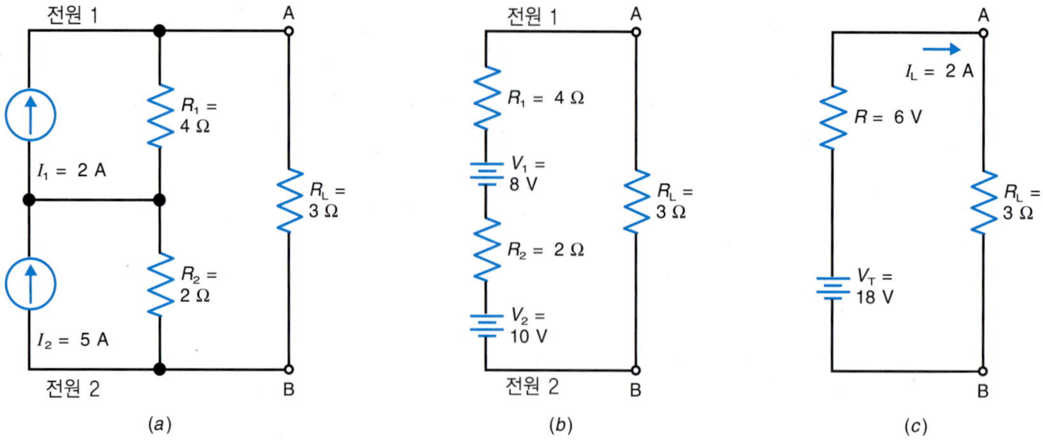

있다.

여기서는 I_1과 I_2를 〈그림 10-15b〉에서 보인 직렬 전압원 V_1과 V_2로 변환하면 문제를 간단하게 만들 수 있다. 4Ω의 R_1과 병렬인 2A의 I_1로 구성된 회로는 4Ω의 저항과 직렬인 V_1로 구성된 회로와 등가회로의 관계인데 여기서 V_1의 크기는 4×2로 8V이다. 마찬가지로 2Ω의 R_2와 병렬인 5A의 I_2는 2Ω의 저항과 직렬인 V_2와 등가인데 이 V_2의 크기는 5×2로 10V이다. V_1과 V_2는 I_1과 I_2가 같은 방향으로 흐르도록 극성이 같다.

이제 〈그림 10-15c〉에서처럼 직렬 전압원을 합성할 수 있다. 8V의 V_1과 10V의 V_2가 직렬이므로 서로 더하면 18V의 총 전압 V_T가 되고 4Ω의 R_1과 2Ω의 R_2도 더해서 총 합성저항은 6Ω이 된다. 이 저항은 단자 A와 B 양단에 연결된 18V의 전압원 V_T와 직렬이다.

〈그림 10-15c〉에 있는 회로의 총 저항은 R 더하기 R_L로 6+3=9Ω이다. 18V를 인가하면 I_L=18/9=2A의 전류가 단자 A와 B 사이의 R_L에 흐른다.

■ 10-7 복습문제

전압원은 3Ω의 직렬저항과 함께 21V의 크기를 가진다. 등가 전류원에 대해서

a. I의 값은 얼마인가?

b. 병렬저항 R의 크기는 얼마인가?

10-8 밀만 정리

알아두기▸▸

I와 G의 값을 어느 회로에서든 알고 있다면, 전압 V는 $V=I/G$로 계산할 수 있다.

밀만 정리는 서로 다른 전압원을 포함한 여러 개의 병렬가지들에 걸리는 공통 전압을 쉽게 구할 수 있는 방법을 제공한다. 〈그림 10-16〉에 일반적인 예를 보였다. Y점에서 모든 가지들의 끝은 섀시접지에 연결되어 있다. 더욱이 모든 가지들의 반대편 끝도 공통점 X에 연결되어 있다. 그러므로 전압 V_{XY}는 모든 가지에 공통인 전압이다.

그림 10-16 V_{XY}를 구하기 위한 밀만 정리의 예. V_{XY}는 개별적인 전압원을 가진 가지들에 걸리는 공통 전압이다.

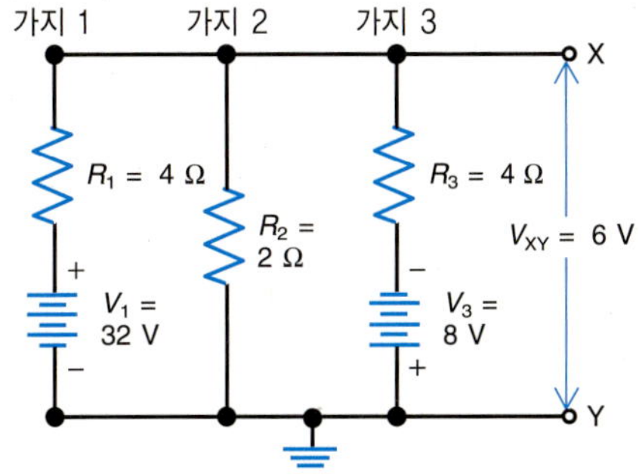

V_{XY}를 구하려면 접지에 대한 X점의 전압을 결정하는 데 있어 모든 전압원의 영향을 고려해야 한다. 이 전압을 계산하면,

$$V_{XY} = \frac{V_1/R_1 + V_2/R_2 + V_3/R_3 + \cdots\cdots}{1/R_1 + 1/R_2 + 1/R_3 + \cdots\cdots} \tag{10-1}$$

이 식은 전압원을 전류원으로 변환하고 그 결과를 합성해서 얻는다. V/R의 항들로 된 분자는 병렬 전류원들을 더한 것이다. $1/R$의 항들로 된 분모는 병렬 컨덕턴스들의 합이다. 이때 V_{XY}는 I/G나 $I \times R$의 형태로 전압의 단위를 가진다.

V_{XY} 계산

〈그림 10-16〉에 있는 값을 사용하여 구한 V_{XY}는 다음과 같다.

$$V_{XY} = \frac{32/4 + 0/2 - 8/4}{1/4 + 1/2 + 1/4}$$
$$= \frac{8 + 0 - 2}{1}$$
$$V_{XY} = 6\text{V}$$

가지 3에서 V_3은 X점이 (–)이므로 (–)로 놓는다. 그렇지만 모든 저항들은 (+)이다. V_{XY}가 (+)인 결과는 X점이 Y점에 대해 (+)라는 것을 의미한다.

가지 2에서는 전압원이 없기 때문에 V_2는 0이다. 그렇지만 R_2는 여전히 분모에서 사용된다.

이 방법은 가지의 수에 관계없이 사용될 수 있으나 모든 가지는 서로 병렬인 상태여야 하며 가지들 사이에 어떤 직렬저항도 있어서는 안된다. 한 가지에 직렬로 저항들이 여러 개 있으면 모두 합성해서 1개의 R_T로 만든다. 한 가지에 1개 이상의 전압원이 있을 때는 전압원들을 모두 합성하여 1개의 V_T로 나타낸다.

밀만 정리의 응용

많은 경우에 어떤 회로를 다시 그리면 병렬 가지들과 공통전압 V_{XY}를 나타낼 수 있

그림 10-17 키르히호프의 법칙을 적용한 〈그림 9-5〉와 동일한 회로. 그러나 밀만 정리를 적용하여 V_{XY}를 계산하기 위해 병렬 가지들로 나타냈다.

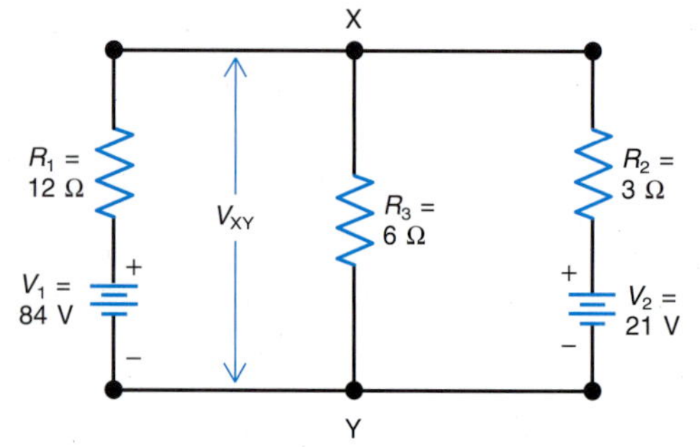

다. 그때 V_{XY}를 안다면 전체 회로를 빨리 분석할 수 있다. 예를 들면, 〈그림 10-17〉은 앞에서 다른 방법으로 풀었었다. 밀만 정리를 적용하면 모든 가지에 걸리는 공통전압 V_{XY}를 구할 수 있는데 이 V_{XY}는 R_3에 걸리는 V_3과 같다. 이 전압은 다음과 같이 식 (10-1)로 계산할 수 있다.

$$V_{XY} = \frac{84/12+0/6+21/3}{1/12+1/6+1/3} = \frac{7+0+7}{7/12}$$
$$= \frac{14}{7+12} = 14 \times \frac{12}{7}$$
$$V_{XY} = 24\text{V} = V_3$$

(+) 부호는 X점이 V_{XY}의 (+) 쪽에 있다는 것을 의미한다.

6Ω의 R_3에 걸리는 V_3이 24V이기 때문에 I_3은 24/6=4A가 된다. 마찬가지로 이 회로의 모든 전압들과 전류들을 계산할 수 있다.(9장의 〈그림 9-6〉을 보라.)

다른 예로서 〈그림 10-1〉의 중첩에 관한 예를 밀만 정리로 계산할 공통전압 V_{XY}를 포함한 형태의 병렬가지들을 보이기 위해 〈그림 10-18〉과 같이 다시 그렸다. 그러면,

그림 10-18 중첩 정리를 위한 〈그림 10-1〉과 동일한 회로. 밀만 정리를 적용하여 V_{XY}를 계산하기 위해 병렬가지로 나타냈다.

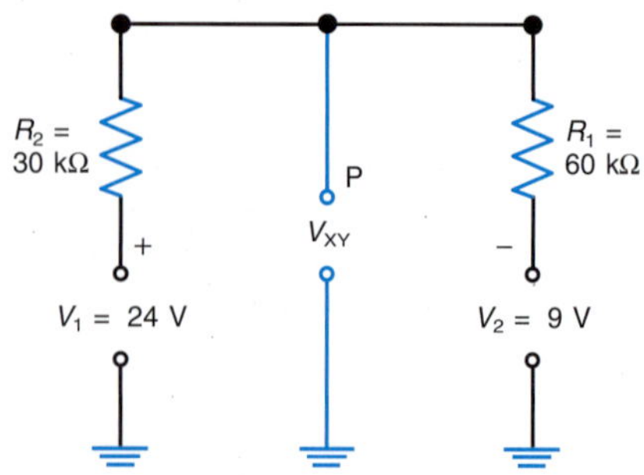

$$V_{XY} = \frac{24V/30k\Omega - 9V/60k\Omega}{1/(30k\Omega)+1/(60k\Omega)} = \frac{0.8mA - 0.15mA}{3/(60k\Omega)}$$

$$= 0.65 \times \frac{60}{3} = \frac{39}{3}$$

$$V_{XY} = 13V = V_P$$

밀만 정리를 사용하여 구한 P점에서 접지까지의 전압 13V는 앞에서 중첩 정리를 사용하여 계산한 결과와 동일한 값이다.

10-8 복습문제

〈그림 10-16〉에 있는 밀만 정리의 예에서

a. V_{R_2}의 크기는?

b. V_{R_3}의 크기는?

10-9 T나 Y 연결 그리고 π나 Δ 연결

알아두기▸▸

3상 교류 전원을 포함한 회로를 공부하면 델타(Δ)나 와이(Y) 회로를 접할 수 있다.

〈그림 10-19〉의 회로는 형태에서 알 수 있는 것처럼 T 또는 Y 회로망으로 불린다. 이들은 동일한 회로망을 다르게 부르는 명칭이다. 둘 사이의 유일한 차이는 R_2와 R_3의 다리가 Y에서 어떤 각도를 보여준다는 것이다.

〈그림 10-20〉의 회로는 π(pi) 또는 Δ(delta) 회로망으로 불리는데 그 형태가 그리스 문자와 비슷하기 때문이다. 두 형태는 동일한 회로망이다. 실제로 이 회로망은 R_B와 R_C 사이에 R_A가 위나 아래쪽에 위치하게 된다. 〈그림 10-20〉에서는 R_A가 위에 있는데 뒤집어진 델타의 형태가 되어 π 회로망처럼 보인다.

〈그림 10-19〉와 〈그림 10-20〉의 회로는 어떤 에너지원도 없는 수동 회로망들이다. 이들은 또한 3단자 회로망들로 1개의 공통단자를 가지며 입력과 출력전압을 위한 2쌍의 연결단자를 가지고 있다. 〈그림 10-19〉에서 B점이 공통단자이고 〈그림 10-20〉에선 점 2가 공통단자이다.

Y와 Δ 형태는 수동 회로망에서 저항 3개를 연결하는 방법이 서로 다르다. Y회로에서 저항들의 첨자를 1, 2, 3으로 표시하였고 반면에 Δ회로에서는 서로 다른 연결이라는 것을 강조하기 위해 A, B, C로 첨자를 표시한 것에 주목하라.

그림 10-19 T 또는 Y 회로망 형태

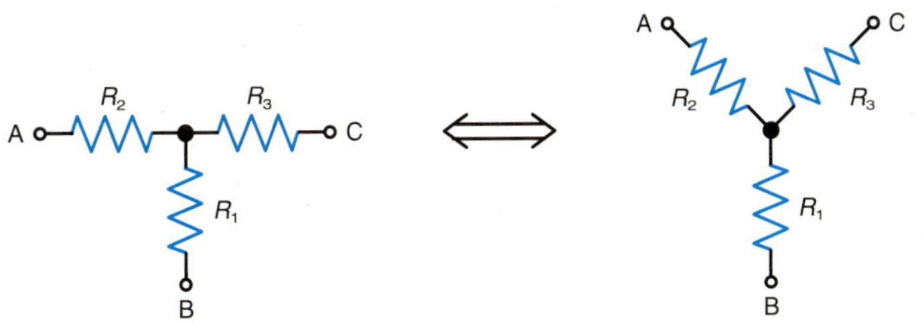

자습문제

1. **저항은 (   )의 예이다.**
   a. 양방향성 소자(부품)
   b. 능동소자
   c. 수동수자
   d. a와 c 둘 다 맞다.

2. **중첩 정리를 적용하기 위해서는 모든 부품들은 다음을 만족해야 한다.**
   a. 능동형 형태
   b. 선형이고 양방향성
   c. 접지
   d. 비선형이고 단방향성

3. **노턴 등가회로를 테브낭 등가회로로 변환하거나 반대로 변환할 때,**
   a. R_N과 R_{TH}는 같은 값이다.
   b. R_N은 항상 R_{TH}보다 클 것이다.
   c. V_{TH}를 구하기 위해 I_N은 단락시킨다.
   d. I_N을 구하기 위해 V_{TH}는 단락시킨다.

4. **테브낭 등가저항 R_{TH}를 구할 때,**
   a. 모든 전압원을 개방해야 한다.
   b. 모든 전압원을 단락시켜야 한다.
   c. 모든 전압원을 전류원으로 변환해야 한다.
   d. 위에 답이 없다.

5. **테브낭 정리는 한 쌍의 단자에 연결된 전체 회로망을 다음 회로로 대치할 수 있다는 것을 설명한다.**
   a. 저항 1개와 병렬인 전류원 1개
   b. 저항 1개와 병렬인 전압원 1개
   c. 저항 1개와 직렬인 전압원 1개
   d. 저항 1개와 직렬인 전류원 1개

6. **노턴 정리는 한 쌍의 단자에 연결된 전체 회로망을 다음 회로로 대치할 수 있다는 것을 설명한다.**
   a. 저항 1개와 병렬인 전류원 1개
   b. 저항 1개와 병렬인 전압원 1개
   c. 저항 1개와 직렬인 전압원 1개
   d. 저항 1개와 직렬인 전류원 1개

7. **복잡한 회로망 내의 단자 A와 B에서 테브낭 전압 V_{TH}는?**
   a. 단자를 단락시킬 때 단자 A와 B 양단의 전압이다.
   b. 단자 A와 B 양단의 개방회로 전압이다.
   c. 복잡한 회로망에 인가된 전압과 같다.
   d. 위에 답이 없다.

8. **노턴 등가회로는 10kΩ인 저항 R_N과 병렬인 100μA의 전류원 I_N으로 구성된다. 이 회로를 테브낭 회로로 변환할 때 V_{TH}는 얼마인가?**
   a. 1kV
   b. 10V
   c. 1V
   d. 알 수 없다.

9. **복잡한 회로망 내의 단자 A와 B에서 노턴 전류 I_N은?**
   a. 단자를 개방시킬 때 단자 A와 B 사이에 흐르는 전류와 같다.
   b. 회로망에 인가된 전압이 공급하는 총 전류와 같다.
   c. 단자 A와 B가 단락될 때 0이다.
   d. 단자를 단락시킬 때 단자 A와 B 사이에 흐르는 전류와 같다.

10. **서로 다른 전압원을 가진 여러 개의 병렬가지들에 걸리는 공통전압을 쉽게 구하는 방법을 제공하는 정리는 어느 것인가?**
    a. 중첩 정리
    b. 테브낭 정리
    c. 노턴 정리
    d. 밀만 정리

확인문제

1. 중첩 정리를 설명하고 적용 방법에 대하여 말해보라.
2. 테브낭 등가회로에서 V_{TH}와 R_{TH}를 계산하는 방법을 설명하라.
3. 노턴 등가회로에서 I_N과 R_N을 계산하는 방법을 설명하라.
4. 전압원을 전류원으로 변환하는 방법은? 그리고 그 반대로 변환하는 방법은?
5. 밀만 정리를 사용할 수 있는 회로의 형태는 어떤 것이 있는가?
6. Δ회로망과 Y회로망을 그리고 서로 변환하는 데 필요한 6개의 공식을 써라.

연습문제

10-1절 중첩 정리

10-1 MultiSim 〈그림 10-24〉에서 중첩 정리를 사용하여 접지에 대한 전압 V_P를 구하라.

그림 10-24

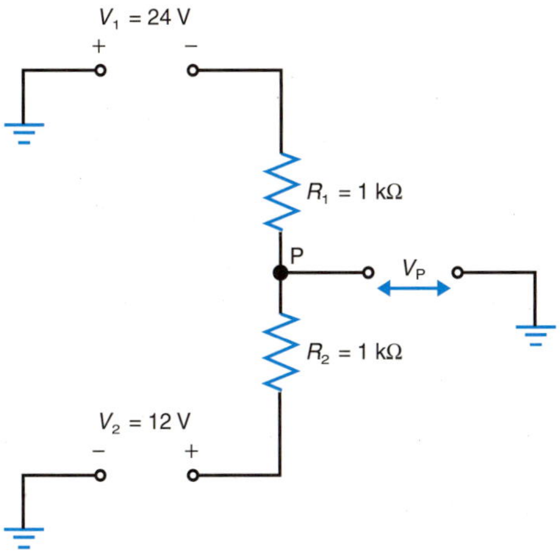

10-2 MultiSim 〈그림 10-25〉에서 중첩 정리를 사용하여 접지에 대한 전압 V_P를 구하라.

그림 10-25

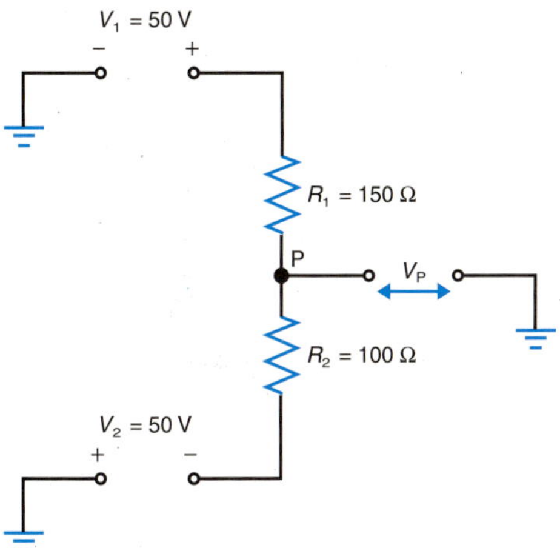

10-3 〈그림 10-25〉에서 R_1과 R_2가 바뀌었을 때 V_P를 다시 계산하라.

10-4 〈그림 10-26〉에서 중첩 정리를 사용하여 V_{AB}를 구하라.

그림 10-26

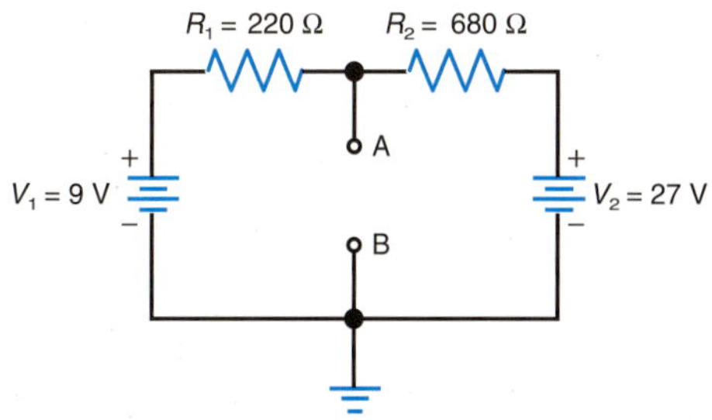

10-5 〈그림 10-26〉에서 V_2의 극성이 반대일 때 V_{AB}를 다시 계산하라.

10-2절 테브냥 정리

10-6 MultiSim 〈그림 10-27〉에서 단자 A와 B에서 구한 테브낭 등가회로를 그려라. (마음속으로 R_L을 제거한다.)

그림 10-27

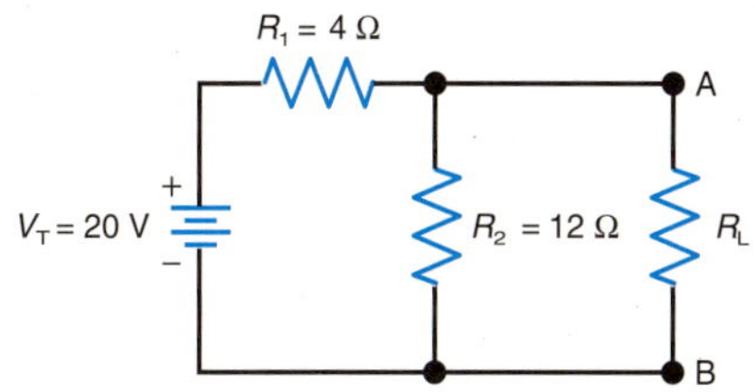

10-7 〈그림 10-27〉에서 테브낭 등가회로를 사용하여 R_L의 값이 다음과 같을 때 I_L과 V_L을 계산하라. R_L=3Ω, R_L=6Ω, R_L=12Ω

10-8 MultiSim 〈그림 10-28〉에서 단자 A와 B에서 구한 테브낭 등가회로를 그려라. (마음속으로 R_L을 제거한다.)

그림 10-28

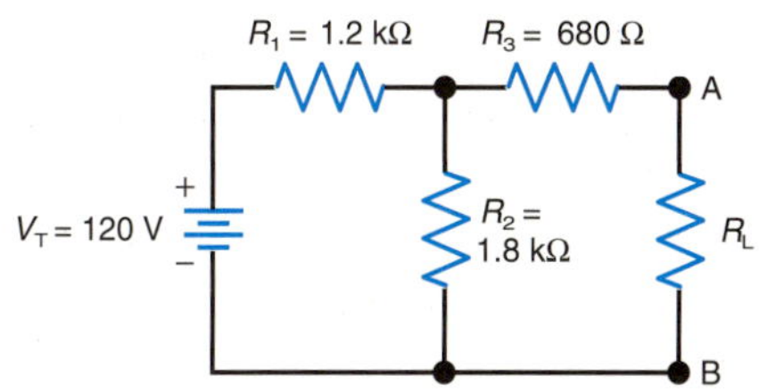

10-9 〈그림 10-28〉에서 테브낭 등가회로를 사용하여 R_L의 값이 다음과 같을 때 I_L과 V_L을 계산하라. R_L=100Ω, R_L=1kΩ, R_L=5.6kΩ

10-10 〈그림 10-29〉에서 단자 A와 B에서 구한 테브낭 등가회로를 그려라. (마음속으로 R_L을 제거한다.)

그림 10-29

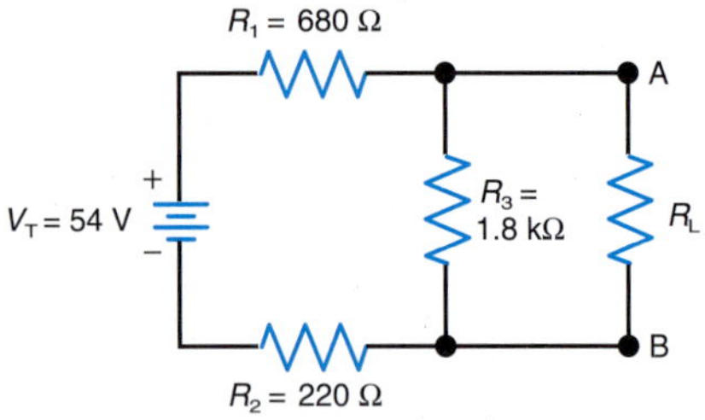

10-11 〈그림 10-29〉에서 테브낭 등가회로를 사용하여 R_L의 값이 다음과 같을 때 I_L과 V_L을 계산하라. R_L=200Ω, R_L=1.2kΩ, R_L=1.8kΩ

10-12 〈그림 10-30〉에서 단자 A와 B에서 구한 테브낭 등가회로를 그려라. (마음속으로 R_L을 제거한다.)

그림 10-30

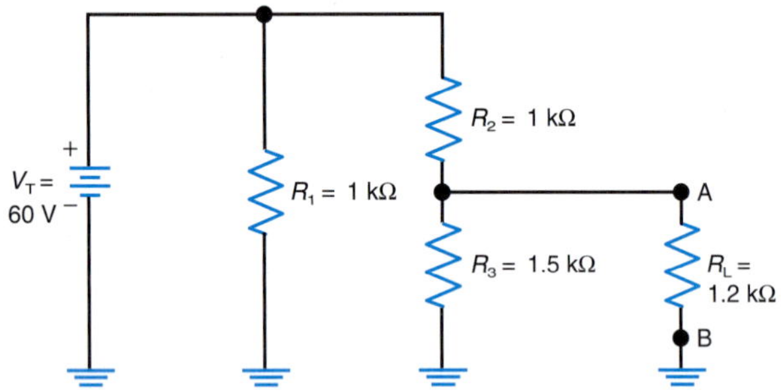

10-13 〈그림 10-30〉에서 테브낭 등가회로를 사용하여 I_L과 R_L을 구하라.

10-3절 전압원이 2개인 회로의 테브낭화

10-14 〈그림 10-31〉에서 단자 A와 B에서 구한 테브낭 등가회로를 그려라. (마음속으로 R_3을 제거한다.)

그림 10-31

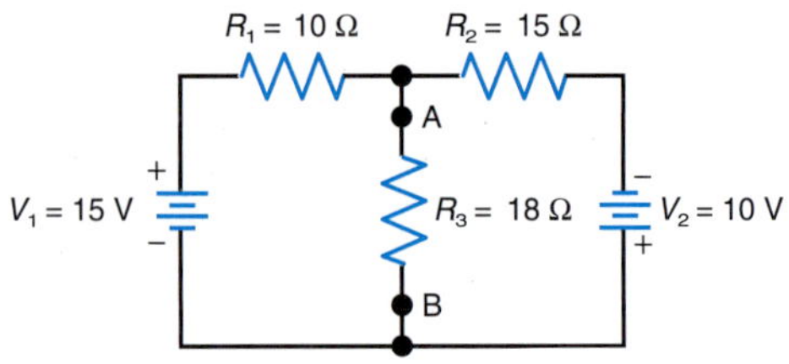

10-15 〈그림 10-31〉에 대한 테브낭 등가회로를 사용하여 I_3과 V_{R_3}을 계산하라.

10-16 〈그림 10-32〉에서 단자 A와 B에서 구한 테브낭 등가회로를 그려라. (마음속으로 R_3을 제거한다.)

그림 10-32

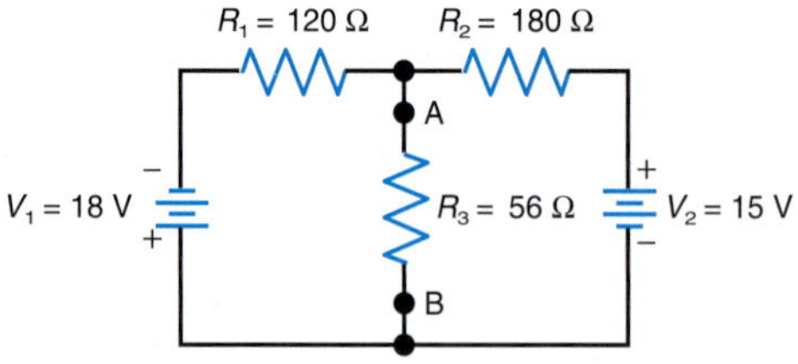

10-17 〈그림 10-32〉에 대한 테브낭 등가회로를 사용하여 I_3과 V_{R_3}을 계산하라.

10-18 〈그림 10-32〉에서 V_1의 극성이 반대일 때, 단자 A와 B에서 구한 테브낭 등가회로를 다시 그려라. 또한 I_3과 V_{R_3}의 값을 다시 계산하라.

10-4절 브리지 회로의 테브낭화

10-19 〈그림 10-33〉에서 단자 A와 B에서 구한 테브낭 등가회로를 그려라. (마음속으로 R_L을 제거한다.)

그림 10-33

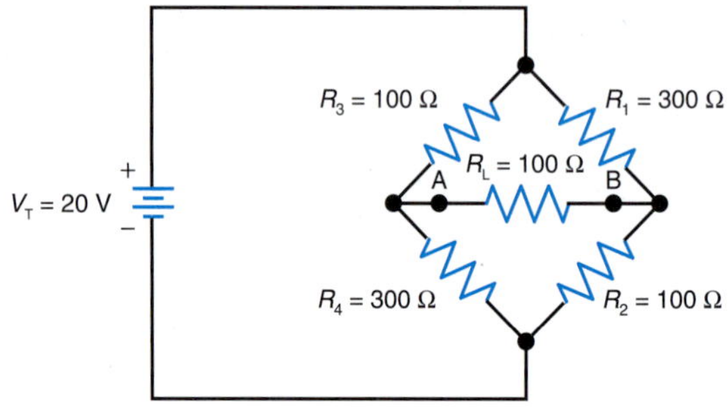

10-20 〈그림 10-33〉에 대한 테브낭 등가회로를 사용하여 I_L과 V_L을 계산하라.

10-21 〈그림 10-34〉에서 단자 A와 B에서 구한 테브낭 등가회로를 그려라. (마음속으로 R_L을 제거한다.)

그림 10-34

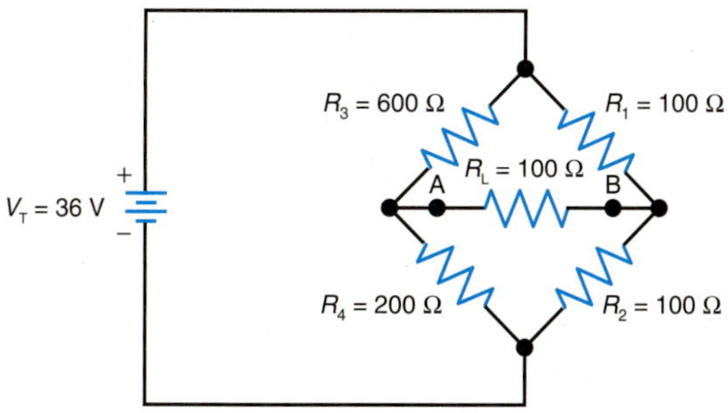

10-22 〈그림 10-34〉에 대한 테브낭 등가회로를 사용하여 I_L과 V_L을 계산하라.

10-5절 노턴 정리

10-23 MultiSim 〈그림 10-35〉에서 단자 A와 B에서 구한 노턴 등가회로를 그려라. (마음속으로 R_L을 제거한다.)

그림 10-35

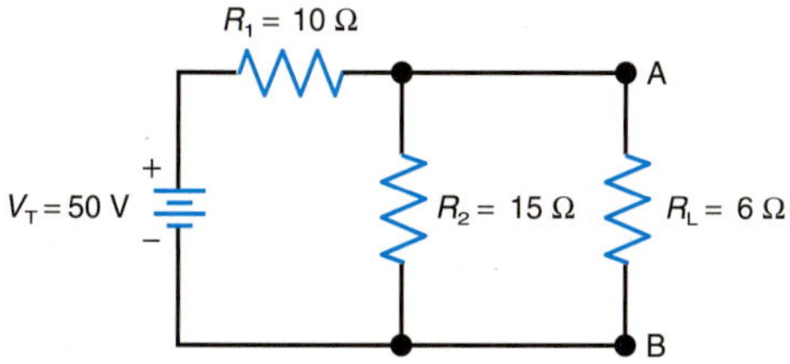

10-24 〈그림 10-35〉에 대한 노턴 등가회로를 사용하여 I_L과 V_L을 계산하라.

10-25 〈그림 10-36〉에서 단자 A와 B에서 구한 노턴 등가회로를 그려라. (마음속으로 R_L을 제거한다.)

그림 10-36

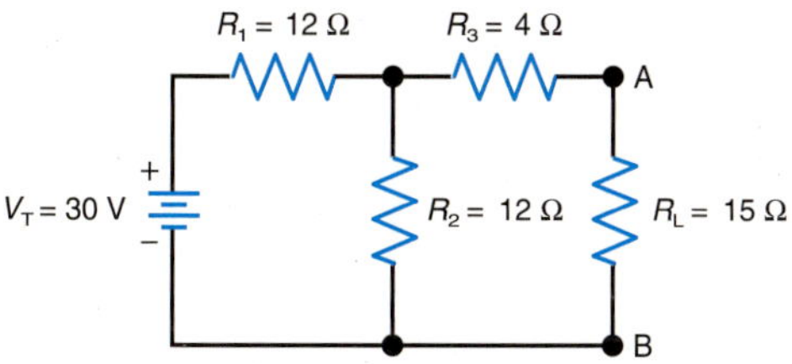

10-26 〈그림 10-36〉에 대한 노턴 등가회로를 사용하여 I_L과 V_L을 계산하라.

10-27 〈그림 10-36〉에서 R_3이 24Ω일 때, 단자 A와 B에서 구한 노턴 등가회로를 다시 그려라. 또한 I_L과 V_L의 값을 다시 계산하라.

10-6절 테브낭-노턴 변환

10-28 〈그림 10-37〉의 테브낭 등가회로에서 V_{TH}=15V 그리고 R_{TH}=5Ω이라고 하자. 노턴 등가회로의 I_N과 V_N은 얼마인가?

그림 10-37

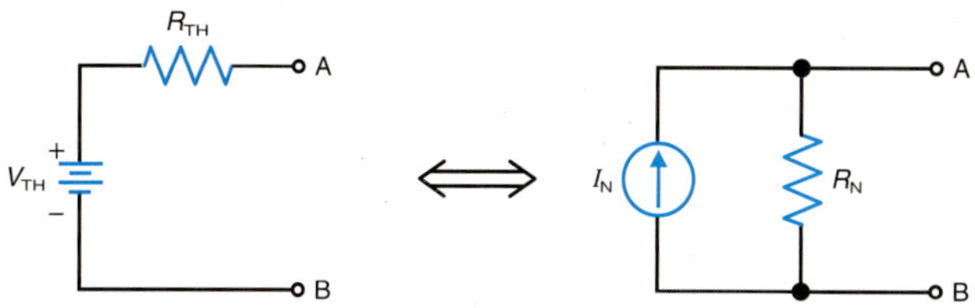

10-29 〈그림 10-37〉의 노턴 등가회로에서 I_N=20mA 그리고 R_N=1.2kΩ이라고 하자. 테브낭 등가회로의 V_{TH}와 R_{TH}는 얼마인가?

10-30 〈그림 10-37〉의 노턴 등가회로에서 I_N=5mA 그리고 R_N=1.5kΩ이라고 하자. 테브낭 등가회로의 V_{TH}와 R_{TH}는 얼마인가?

10-31 〈그림 10-37〉의 테브낭 등가회로에서 V_{TH}=36V 그리고 R_{TH}=1.2kΩ이라고 하자. 노턴 등가회로의 I_N과 V_N은 얼마인가?

10-7절 전압원과 전류원의 변환

10-32 〈그림 10-38〉에서

a. 전압원 1과 2를 등가의 전류원 I_1과 I_2로 변환하라. V_1과 V_2 대신 전류원이 표시되도록 원래 회로를 다시 그려라.

b. 전류원 I_1과 I_2를 1개의 등가 전류원 I_T로 합성하여 등가회로를 그려라.

c. 등가 전류원 I_T를 사용하여 I_3과 V_{R_3}을 계산하라.

그림 10-38

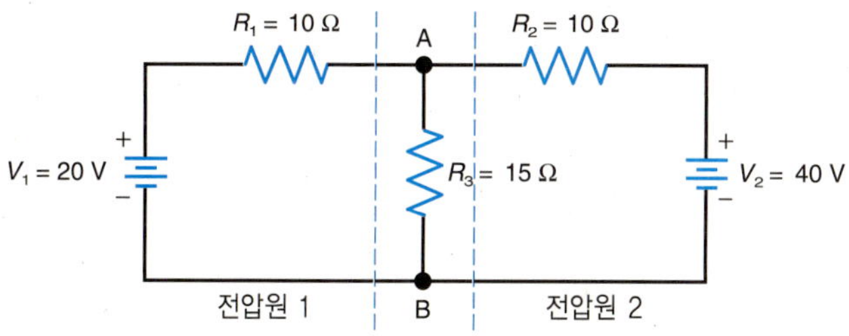

10-33 〈그림 10-39〉에서

a. 전류원 1과 2를 등가의 전압원 V_1과 V_2로 변환하라. I_1과 I_2 대신 전압원이 표시되도록 원래 회로를 다시 그려라.

b. 전압원 V_1과 V_2를 1개의 등가 전압원 V_T로 합성하여 등가회로를 그려라.

c. 등가 전압원 V_T를 사용하여 I_3과 V_{R_3}을 계산하라.

그림 10-39

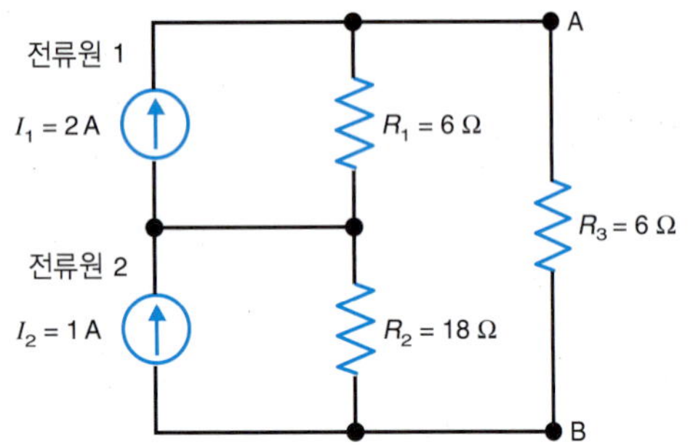

10-8절 밀만 정리

10-34 〈그림 10-40〉에서 밀만 정리를 적용하여 V_{XY}를 구하라.

그림 10-40

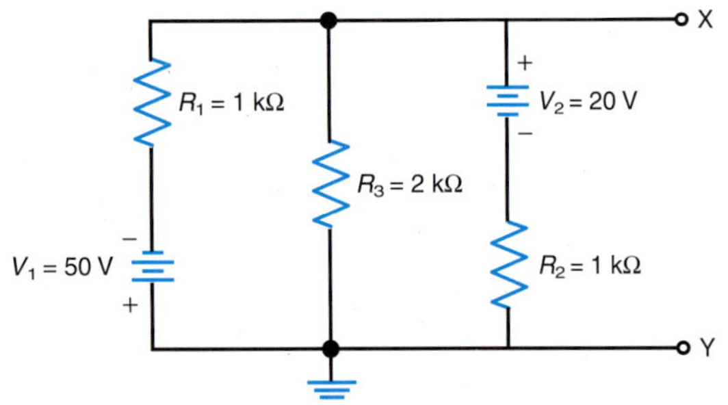

10-35 〈그림 10-40〉에서 V_2의 극성이 반대일 때 V_{XY}를 다시 계산하라.

10-36 〈그림 10-41〉에서 밀만 정리를 적용하여 V_{XY}를 구하라.

그림 10-41

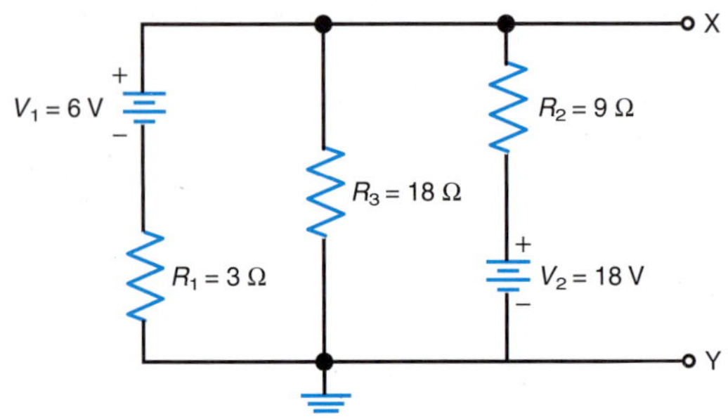

10-37 〈그림 10-41〉에서 V_2의 극성이 반대일 때 V_{XY}를 다시 계산하라.

10-38 〈그림 10-42〉에서 밀만 정리를 적용하여 V_{XY}를 구하라.

그림 10-42

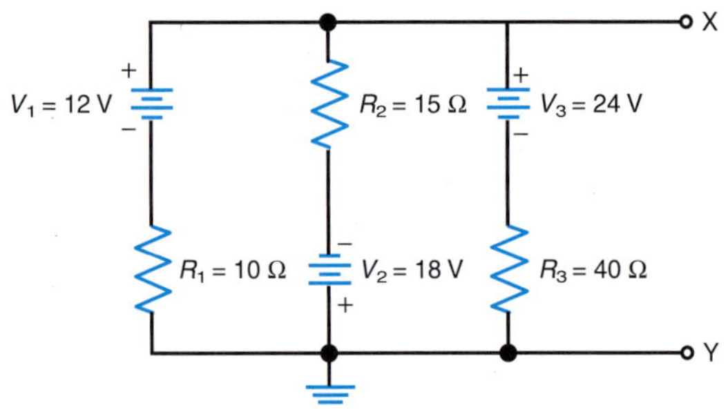

10-9절 T나 Y 연결 그리고 π나 Δ 연결

10-39 〈그림 10-43〉의 T회로망을 등가의 π회로망으로 변환하라.

그림 10-43

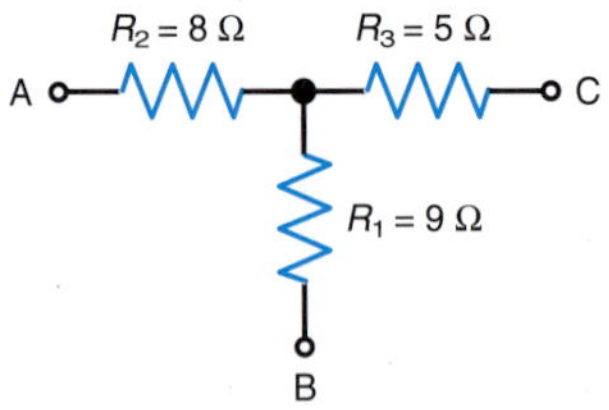

10-40 〈그림 10-44〉의 π회로망을 등가의 T회로망으로 변환하라.

그림 10-44

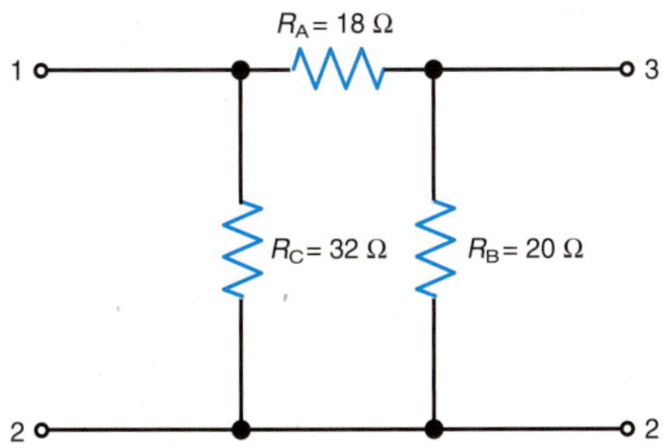

그림 10-45

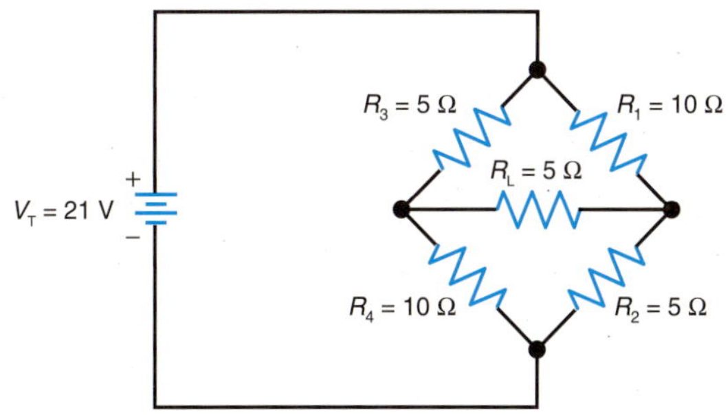

10-41 〈그림 10-45〉에서 Δ-Y 변환을 사용하여 R_T와 I_T를 계산하라.

사고력 문제

10-42 〈그림 10-46〉에서 단자 A와 B에서 바라본 회로를 테브낭화 한다. 테브낭 등가회로를 보이고 I_L과 V_L을 계산하라.

그림 10-46

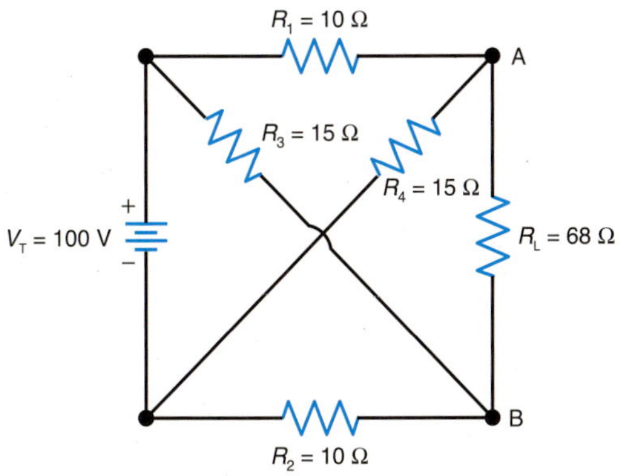

10-43 〈그림 10-47〉에서 중첩 정리를 사용하여 I_L과 V_L을 구하라.

10-44 〈그림 10-47〉에서 단자 A와 B에서 바라본 테브낭 회로를 구하라.

그림 10-47

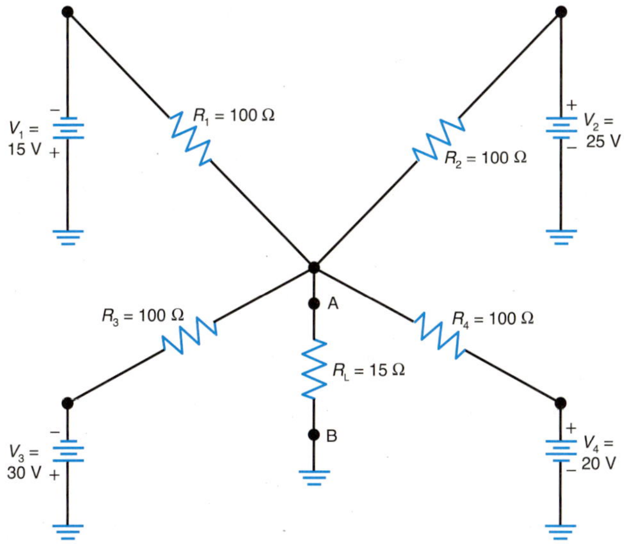

10-45 〈그림 10-34〉를 참조하라. 회로에서 R_4를 제거하고 그 개방단자에서 바라본 테브낭 회로를 구하라. 또한 I_4와 V_{R_4}를 계산하라.

복습문제 정답

10-1 a. R_1
b. R_2

10-2 a. 참
b. 참

10-3 a. 8.4Ω
b. 24V

10-4 a. 6.4Ω
b. 2.5V

10-5 a. 참
b. 참

10-6 a. 참
b. 참
c. 참

10-7 a. 7A
b. 3Ω

10-8 a. 6V
b. 14V

10-9 a. R_1
b. R_B와 R_C

chapter

11

도체와 절연체

전기가 흐르는 도선을 물이 흐르는 파이프(pipe)로 생각해보자. 그러면 도선의 지름이 클수록 더 많은 양의 전류를 흘릴 수 있다는 것을 쉽게 이해할 수 있다. 도선의 지름이 작으면 흘릴 수 있는 전류의 양도 적어진다. 따라서 도선의 길이가 일정한 경우, 도선의 저항 R은 도선의 지름과 단면적이 클수록 작아진다. 도선의 지름과 단면적이 일정한 경우에는 도선의 길이가 길수록 도선의 저항은 증가한다. 일반적으로, 도체는 전류의 흐름을 거의 방해하지 않는다.

절연체는 전하의 흐름을 방해하는 물질이다. 절연체의 저항은 수백 MΩ 이상으로 매우 높은 것이 보통이다. 절연체는 저항값이 무한히 커서 전류를 거의 흐르지 못하게 하는 개방회로(open circuit)로 볼 수 있다.

11장에서는 도체, 절연체, 커넥터, 스위치, 퓨즈 등과 같은 다양한 주제들에 대해 알아본다. 이들은 동작 상태에 따라 전류를 흐르게 하거나 차단하므로 결국 도체, 절연체와 관련이 있다.

단원 차례

단원 목표

- 전기회로에서 도체의 주요 기능을 설명한다.
- 원형도선에서 지름이 주어질 때 단면적을 계산한다.
- 꼰 도선(stranded wire)이 균일 도선(solid wire)보다 좋은 점을 설명한다.
- 도선을 연결하는 데 사용하는 커넥터의 종류를 설명한다.
- 스위치의 폴(pole)과 스로우(throw)를 정의한다.
- 속단형 퓨즈(fast-acting fuse)와 지연형 퓨즈(slow-blow fuse)의 차이점을 설명한다.
- 도선의 길이, 단면적, 저항률이 주어질 때 도선의 저항을 계산한다.
- 저항의 온도계수가 무엇인지 설명한다.
- 이온전류와 전자전류를 설명한다.
- 절연체를 유전체라고 말하는 까닭을 설명한다.
- 코로나 현상이 무엇인지 설명한다.

중요 용어

도선규격(wire gauge)	온도계수	지연형 퓨즈	회로차단기
서큘러 밀	유전체	코로나 현상	
스로우(throw)	이온화 전류	폴(pole)	
스위치	저항률(specific resistance)	퓨즈	

11-1 도체의 기능

〈그림 11-1〉에서 도체인 구리도선 한 가닥의 길이가 10피트(약 3미터)라면 도선 두 가닥의 저항값 R은 0.08Ω이다. 이 R값은 텅스텐 전구의 필라멘트의 저항값인 144Ω에 견주어 매우 작다. 전구와 도선이 직렬로 연결된 이 회로에 0.833A의 전류가 흐르면 도선 전체의 IR 전압강하는 0.07V에 지나지 않고 전구에 119.93V의 전압이 걸리게 된다. 거의 모든 전압이 전구의 필라멘트 양단에 걸린다. 이 전구의 정격전압을 120V라고 하면, 전구는 정격전력 100W를 소비하여 최대 밝기로 빛을 낸다.

도선과 전구는 직렬로 연결되어 있으므로 같은 전류가 흐르지만 도선의 R값이 거의 0과 같으므로 도선의 IR 전압강하도 0으로 간주할 수 있다.

또한 도체에서 소비되는 I^2R 전력도 무시할 수 있을 정도로 작으므로 도체에는 동작 중에 거의 열이 발생하지 않는다. 따라서 도체는 손실을 최소로 하여 내부의 전자를 이동시켜 전원에서 부하로 에너지를 전달한다.

도체의 저항이 아주 작기는 하지만 아주 큰 전류가 흐르는 경우에는 상당한 크기의 IR 전압강하가 생길 수 있다. 예를 들어, 전압 120V의 전력선이 두 도선을 통해 부하로 30A의 전류를 공급하고 있다고 하자. 도선 한 가닥의 저항값이 0.2Ω이면 각 도선의 IR 전압강하는 30A×0.2Ω=6V가 된다. 각 도선에서 6V씩 전압이 떨어지므로 부하는 120V 전부가 아닌 108V만을 받게 된다. 부하가 정상보다 낮은 전압을 받게 되면 제대로 동작하지 않을 수도 있다. 또한 각 도선에서 소비되는 I^2R 전력은 $(30A)^2 \times 0.2\Omega = 180W$가 되는데, 이 정도의 전력손실은 지나치게 큰 것으로 볼 수 있다.

알아두기▸▸

요즈음에는 110V 대신 220V의 전압을 공급하여 가정에서 사용하는 가전제품을 동작시킨다. 전압을 2배로 높이면 기존 전류의 절반만 흘려주어도 가전제품이 필요로 하는 전력을 공급할 수 있게 된다. 전류 I를 1/2로 줄이면 가전제품에 전압을 공급하는 도선의 저항성분 R에 의해 손실되는 전력(I^2R)은 1/4로 줄어든다. 전압을 높여 전류를 줄이면 더욱 가는 도선을 쓸 수도 있으므로 유리하다.

MultiSim **그림 11-1** 전구를 최대 밝기로 빛나게 하려면 도선의 저항을 최소로 하여야 한다. (a) 연결도 (b) 회로도. 도선이 갖는 매우 작은 저항값을 R_1과 R_2로 나타내었다.

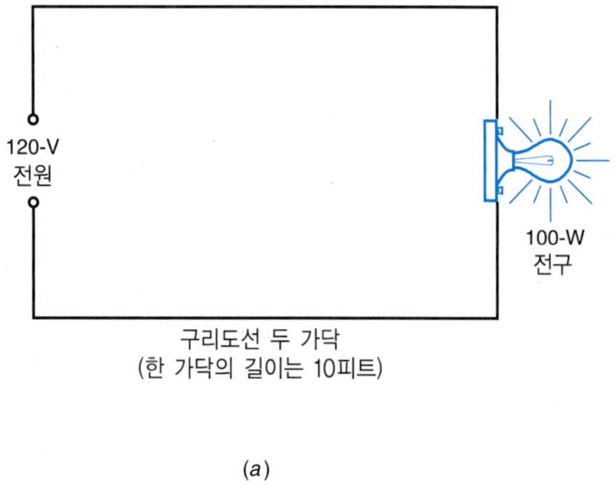

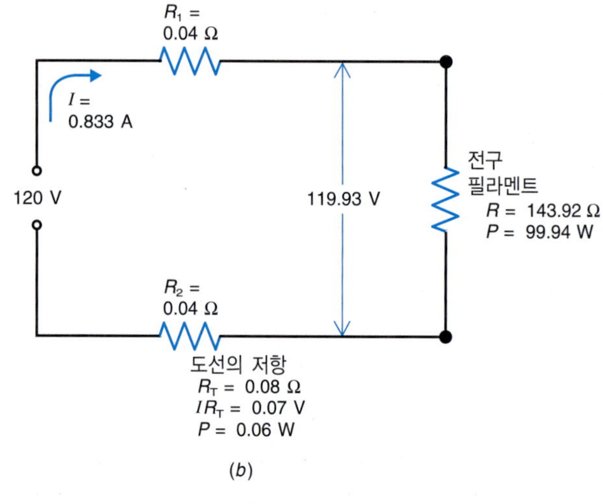

■ 11-1 복습문제

〈그림 11-1〉을 보고 다음 물음에 답하여라.

a. 20피트 구리선의 저항값 R은 얼마인가?

b. 두 도선에서 발생하는 IR 전압강하는 얼마인가?

c. 두 도선의 IR 전압강하는 가해준 전압의 몇 %인가?

11-2 도선 규격

알아두기▸▸

도선 규격(gauge) 번호가 1번보다 낮은 것도 있다. 0번, 00번, 000번, 0000번이 바로 이것으로 0의 개수가 많을수록 단면적이 크다.

〈표 11-1〉에 미국 도선 규격(American Wire Gage, AWG)이라는 표준규격에서 규정한 도선의 굵기를 나열하였다. 규격(게이지, gauge) 번호로 원형 도선의 지름과 단면적을 지정하여 도선의 굵기를 나타내게 된다. 다음 세 가지 사항을 잘 알아두도록 하자.

1. 1~40 범위인 규격 번호에서 번호가 높을수록 도선의 지름과 단면적은 작아진다. 즉, 규격 번호가 높을수록 가는 도선이다.
2. 규격 번호의 차이가 3이면 단면적은 두 배 차이가 난다. 예를 들어, 10번 도선의 단면적은 13번 도선의 두 배이다.
3. 규격 번호가 높을수록 도선의 굵기가 가늘어지므로 도선의 저항값은 커진다.

전자회로에서 밀리암페어 단위의 전류를 흘릴 수 있는 접속용 도선(hookup wire)으로 주로 사용되는 것은 22번 규격이다. 이 도선의 최대 허용전류는 0.5A에서 1A 사이이다.

옥내 회로 배선용으로 사용되는 도선은 5~15A의 허용전류를 가진 14번 규격이다. 옥내배선용 도선의 최소 굵기는 각 지역 전기기준에 의해 지정되어 있는데, 이들 기준은 미국 화재 예방 협회(National Fire Protection Association)에서 공포한 미국전기기준을 근거로 하고 있는 것이 일반적이다.

서큘러 밀(circular mil)

그림 11-2 미국 도선 규격

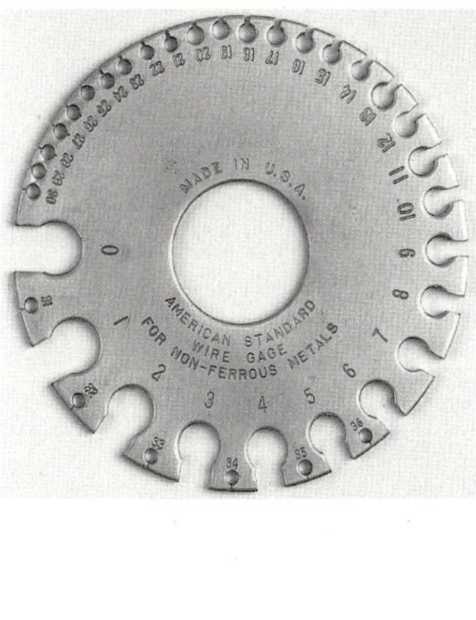

서큘러 밀은 원형 도선의 단면적을 측정하는 단위로 줄여서 cmil로 쓴다. 1mil은 1/1000인치 = 0.001인치이다. 지름 1mil인 도선의 단면적이 1cmil이다. 지름이 d mil인 도선의 단면적은 서큘러 밀 단위로 d^2 cmil이 된다.

cmil은 지름을 제곱하여 계산한 면적의 단위인 반면, mil은 1/1000인치와 같은 길이의 단위임을 잘 알고 있어야 한다. cmil 면적은 지름의 제곱에 비례하여 증가하게 된다. 〈그림 11-3〉에서 설명한 것처럼 지름이 두 배가 되면 면적은 네 배가 된다. cmil 단위로 원의 면적을 나타내면 면적 공식인 πr^2이나 $\pi d^2/4$을 사용하지 않아도 되므로 원형도선의 단면적을 나타내는 데 편리하다.

표 11-1 구리도선 규격

규격 번호 (gauge No.)	지름 mil	단면적 cmil	구리선의 저항 Ω/1000ft (25℃에서)	규격 번호 (gauge No.)	지름 mil	단면적 cmil	구리선의 저항 Ω/1000ft (25℃에서)
1	289.3	83,690	0.1264	21	28.46	810.1	13.05
2	257.6	66,370	0.1593	22	25.35	642.4	16.46
3	229.4	52,640	0.2009	23	22.57	509.5	20.76
4	204.3	41,740	0.2533	24	20.10	404.0	26.17
5	181.9	33,100	0.3195	25	17.90	320.4	33.00
6	162.0	26,250	0.4028	26	15.94	254.1	41.62
7	144.3	20,820	0.5080	27	14.20	201.5	52.48
8	128.5	16,510	0.6405	28	12.64	159.8	66.17
9	114.4	13,090	0.8077	29	11.26	126.7	83.44
10	101.9	10,380	1.018	30	10.03	100.5	105.2
11	90.74	8234	1.284	31	8.928	79.70	132.7
12	80.81	6530	1.619	32	7.950	63.21	167.3
13	71.96	5178	2.042	33	7.080	50.13	211.0
14	64.08	4107	2.575	34	6.305	39.75	266.0
15	57.07	3257	3.247	35	5.615	31.52	335.0
16	50.82	2583	4.094	36	5.000	25.00	423.0
17	45.26	2048	5.163	37	4.453	19.83	533.4
18	40.30	1624	6.510	38	3.965	15.72	672.6
19	35.89	1288	8.210	39	3.531	12.47	848.1
20	31.96	1022	10.35	40	3.145	9.88	1069

그림 11-3 원형 도선의 단면적. 도선의 지름이 두 배가 되면 단면적은 네 배가 된다.

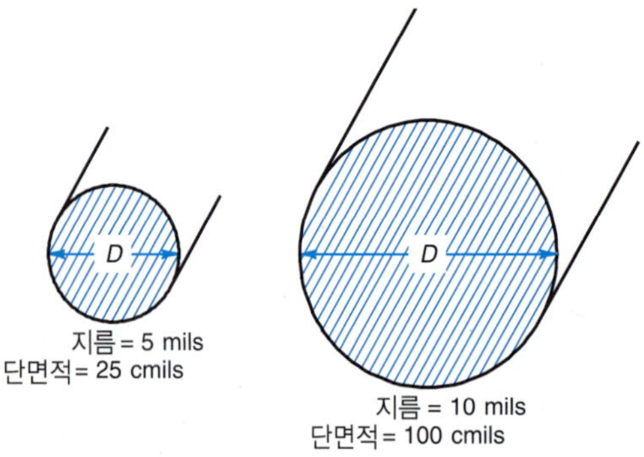

예제 11-1

지름이 0.005인치인 도선의 단면적은 몇 서큘러 밀(cmil)인가?

정답 먼저 반지름을 인치 단위에서 mil 단위로 변환해야 한다. 0.005인치 = 5mil이므로

$$\text{서큘러 밀 면적} = (5\text{mil})^2 = 25\text{cmil}$$

11-2 복습문제

a. 길이가 20피트인 22번 도선의 저항값 R은 얼마인가?
b. 지름이 0.0025인치인 도선의 단면적은 몇 cmil인가?
c. 〈그림 11-1〉에 있는 도선의 규격은 몇 번인가?

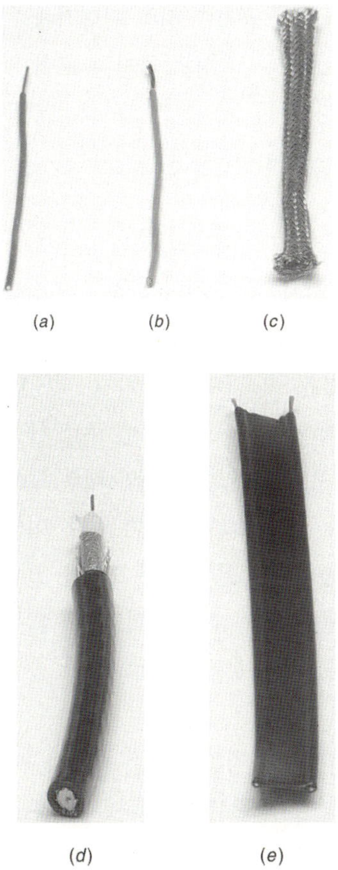

그림 11-4 도선의 종류 (a) 균일 도선 (b) 꼰 도선 (c) R값이 매우 작은 엮은 도선(편조선) (d) 동축케이블. 엮은 도선이 안쪽 도체를 감싸면서 차폐하고 있다. (e) 2선 선로

11-3 도선의 종류

도선은 대부분 원가를 싸게 하기 위하여 구리로 만들지만, 경우에 따라서는 알루미늄과 은도 사용된다. 구리에 납을 얇게 도금하면 은빛이 나게 된다. 도금한 도선을 사용하면 납땜을 쉽게 할 수 있다. 〈그림 11-4〉의 a와 b에서 보듯이 도선을 한 가닥으로 균일하게 하거나 여러 가닥을 꼬아서 만들 수 있다. 균일 도선(solid wire)은 도체 한 개로 만들어진다. 균일 도선을 여러 번 되풀이하여 구부리거나 휘게 되면 끊어질 수 있다. 따라서 도선을 구부리거나 휘지 않는 곳에서 균일 도선을 사용하여야 한다. 예를 들어, 옥내 배선의 경우에는 균일 도선을 사용하여도 좋다. 꼰 도선(stranded wire)은 여러 가닥의 도체를 하나로 땋아 만든다. 꼰 도선을 사용하는 예를 몇 가지만 들어보면, 전화 코드(telephone cord), 연장 코드(extension cord), 스피커 선(speaker wire)이 있다.

꼰 도선은 유연하고 다루기 쉬우며 끊어질 가능성이 적다. 꼰 선의 굵기는 개별 가닥의 굵기를 더한 것과 같다. 예를 들어, 30번 도선 두 가닥을 꼬아 만든 선이라면 그 굵기는 27번 균일 도선과 같게 된다.

30번 도선처럼 매우 가는 도선은 에나멜(enamel)이나 셸락(shellac)과 같은 절연체로 코팅되는 경우가 종종 있다. 이 코팅된 도선은 구리선처럼 보이지만 다른 것과 연결할 때는 선 끝의 코팅을 벗겨내야 접촉이 잘 되게 할 수 있다. 이런 도선은 소형 코일을 만드는 데 사용된다.

이보다 굵은 도선은 그 주위를 고무나 플라스틱 재료로 만든 절연 재킷(튜브)으로 감싸는 것이 보통이다. 전자 부품의 연결에 널리 사용되는 접속용 도선은 20번 규격의 플라스틱으로 코팅된 도선이다. 접속용 도선을 속이 빈 절연 재킷으로 감싸

는데, 이 재킷을 스파게티(spaghetti)라고 한다.

〈그림 11-4c〉의 엮은 도선(편조선, braided wire)은 저항값이 매우 작다. 이것은 가는 도선 여러 가닥을 엮어 만든 것으로 폭이 넓어 저항값 R이 작고, 굵기가 가늘어서 유연성이 좋다. 이 도선은 저항값 R이 아주 작아야 하는 접지연결선으로 널리 사용된다.

예제 11-2

27번 규격의 도선 16가닥을 땋아 만든 꼰 선의 굵기는 몇 번 균일 도선과 같은가?

정답 꼰 선을 만드는 데 사용된 모든 도선가닥의 단면적을 더하면 이에 상당하는 균일 도선의 굵기가 된다. 〈표 11-1〉을 보면 27번 규격 도선의 단면적은 201.5cmil이다. 16개를 꼬아 만들었으므로 전체 단면적은 다음과 같이 구할 수 있다.

$$\text{전체 단면적} = 16\text{가닥} \times \frac{201.5\text{cmil}}{1\text{가닥}}$$
$$= 3224\text{cmil}$$

〈표 11-1〉을 다시 살펴보면 단면적 3224cmil은 15번 규격 도선의 단면적에 가장 가깝다. 따라서 27번 규격 도선 16가닥으로 만든 꼰 선의 굵기는 15번 규격의 균일 도선과 거의 같다.

전송 선로(transmission line)

도선으로 전송 선로를 만들 경우에는 전체 길이에 걸쳐 두 도체의 간격을 일정하게 하여야 한다. 전송 선로의 예를 들어보면, 〈그림 11-4d〉의 동축 케이블(coaxial cable)과 〈그림 11-4e〉의 2선 선로(twin lead)가 있다.

외부 지름이 1/4인치인 동축 케이블이 케이블 텔레비전의 신호 전송에 주로 사용된다. 동축 케이블의 구조를 살펴보면 한 개의 도체로 된 균일한 도선인 내부 도체와 이를 감싸고 있는 엮은 도선으로 된 외부 도체가 절연체로 분리되어 있다. 이들 전체의 외부는 다시 플라스틱 재킷으로 덮여 있다. 동축 케이블의 내부 도선은 필요한 신호전압을 전달하고 엮은 도선은 신호전압의 기준이 되는 접지와 연결되어 외부의 전기장과 자기장을 차폐한다. 따라서 동축 케이블은 차폐 전송 선로의 한 종류이다.

2선 선로는 두 도체를 플라스틱으로 고정하여 간격이 일정하게 만든 것이다. 이 전송 선로는 텔레비전에서 안테나와 텔레비전 내부의 수신회로를 연결하는 데 주로

그림 11-5 여러 가닥의 도선으로 구성된 리본 케이블

사용된다. 도선의 굵기가 20번 규격, 두 도선의 간격을 5/8인치로 한 것이 여기에 사용된다. 이 전송 선로는 외부 전자기장을 차폐하지 못한다.

도선 케이블

한 케이블에 두 개 이상의 도체가 들어 있는 경우도 있다. 이때 각 도체는 다른 도체들과 절연되어 있다. 케이블은 둘, 셋, 열 쌍 또는 그 이상의 도체로 구성되기도 하는데, 케이블의 양 끝에서 각 도체를 구별할 수 있도록 색깔이 입혀진 경우도 종종 있다.

〈그림 11-5〉에 여러 가닥의 도선으로 이루어진 리본 케이블을 볼 수 있다. 이 케이블은 컴퓨터와 주변 장치를 연결하는 데 사용된다.

■ 11-3 복습문제

a. 플라스틱으로 코팅된 도선 커넥터의 저항값 R은 매우 높다. (참, 거짓)

b. 동축 케이블은 차폐 케이블의 한 종류이다. (참, 거짓)

c. 균일 도선은 꼰 도선에 견주어 구부리고 휠 때 끊어질 가능성이 더 높다. (참, 거짓)

11-4 커넥터

〈그림 11-6〉에서 여러 종류의 커넥터를 살펴볼 수 있다. 나사형 단자(screw-type terminal)에는 〈그림 11-6a〉의 러그(lug)를 사용한다. 임시로 연결할 때 간편하게 쓸 수 있는 것은 〈그림 11-6b〉의 악어클립(alligator clip)이다. 악어클립에는 크기가 큰 것, 작은 것이 모두 있다. 〈그림 11-6c〉의 바나나 핀은 스프링 타입으로 탄력이 있으므로 연결을 탄탄하게 할 수 있다. 〈그림 11-6d〉의 단자 조각은 여러 선을 납땜하여 연결할 경우에 사용된다.

알아두기▸▸

커넥터에 케이블(도선)을 제대로 부착하려면 숙련된 기술이 필요하다. 연결 작업이 제대로 되지 않은 케이블 커넥터를 제품에 사용하면 제품이 동작하지 않게 된다.

그림 11-6 커넥터의 종류 (a) 스페이드 러그(spade lug) (b) 악어클립(alligator clip) (c) 바나나 핀 플러그(banana pin plug) (d) 단자 조각(terminal strip) (e) 오디오용 RCA 타입 플러그 (f) 전화 플러그(phone plug) (g) 케이블 TV용 F 커넥터 (h) 다중 핀 커넥터 (i) 스프링 달린 금속집게. 회로를 테스트할 때 계측기의 측정단자로 많이 사용된다.

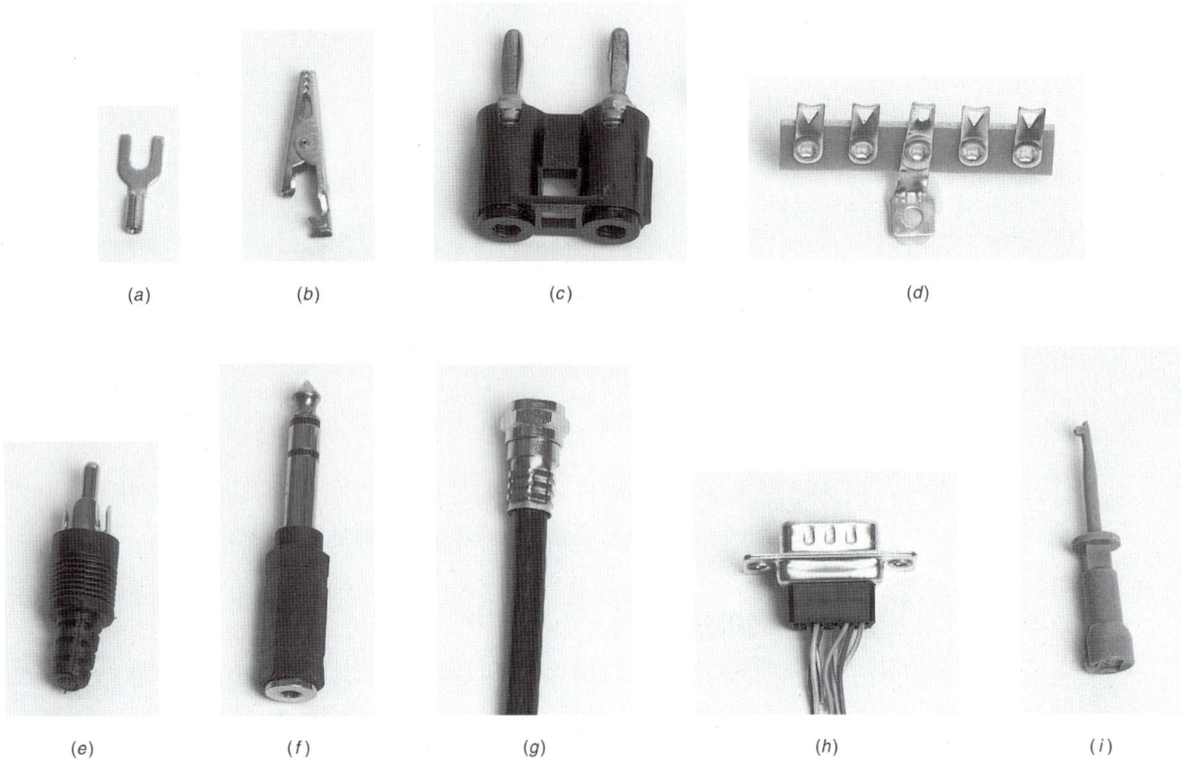

〈그림 11-6e〉의 RCA 타입 플러그는 오디오 장치의 차폐 케이블(shielded cable)에 주로 사용된다. 차폐 케이블의 내부 도선은 플러그의 가운데 핀에 연결하고 케이블의 외부의 엮은 도선은 플러그의 차폐용 도체와 연결한다. 이때 반드시 납땜으로 각 부분을 연결하여야 한다.

〈그림 11-6f〉의 전화 플러그는 여러 분야에서 여전히 사용되고 있는데, 크기는 소형인 것이 보통이다. 링(ring)과 슬리브(sleeve)는 절연되어 있으므로 저마다 다른 곳과 연결된다. 팁(tip), 링, 슬리브가 모두 분리되어 있는 것은 세 곳과 연결된다. 슬리브를 접지로 사용하는 것이 보통이다.

〈그림 11-6g〉는 F 커넥터이다. 이 커넥터를 사용하면 연결이 간편하므로 케이블 텔레비전용으로 널리 사용한다. 동축 케이블의 가운데 도선이 플러그의 가운데 핀의 역할을 하므로 납땜을 할 필요가 없다. 또한 플러그의 차폐용 외부도체는 케이블의 플라스틱 재킷 아래쪽의 엮은 도선에 밀착하여 연결된다.

〈그림 11-6h〉는 도선이 여러 개 들어 있는 다중 핀 커넥터이다. 이러한 종류의 커넥터는 컴퓨터와 모니터, 키보드와 같은 주변장치를 연결하는 데 자주 사용된다.

〈그림 11-6i〉은 스프링이 달린 갈고리 모양의 집게로 회로에 잠시 연결할 필요가 있을 때 사용한다. 이것은 아날로그 테스터(VOM)나 디지털 멀티미터(DMM)의 테스트 단자로 많이 사용된다.

■ 11-4 복습문제

a. RCA 타입 플러그는 오디오 장치의 차폐용 케이블로 주로 사용된다. (참, 거짓)

b. F 타입 커넥터는 동축 케이블에 사용된다. (참, 거짓)

c. F 타입 커넥터는 두 선이 나란한 2단자 선로(twin-lead line)에도 사용될 수 있다. (참, 거짓)

11-5 인쇄 배선

알아두기▸▸

인쇄회로기판 가운데는 배선할 수 있는 층이 여러 개인 다층기판(multilayer board)이 있다. 배선 층이 넷인 4층 기판, 다섯인 5층 기판을 찾아보는 일이 이제는 그렇게 어렵지 않다.

플라스틱이나 섬유유리(fiberglass)를 절연체로 사용한 기판에 배선을 인쇄한 다음 여기에 회로부품을 장착하여 전자회로를 제작하는 것이 대부분이다. 이 기판을 인쇄회로기판(PCB, printed-circuit board) 또는 인쇄배선기판(PWB, printed-wiring board)이라고 한다. 기판의 윗면에는 저항, 커패시터, 코일, 트랜지스터, 다이오드, 집적회로(IC)와 같은 부품을 꽂아 넣는다. 기판의 아랫면에는 도선을 사용하는 대신 은이나 구리로 된 연결 경로를 인쇄한다. 양면 기판의 경우에는 부품이 장착된 면에도 배선을 인쇄한다. 기판에서 부품을 배선과 연결하기 위하여 소켓과 홀을 사용한다.

기판의 한 면에 밝은 빛을 비추면 반대쪽 면이 드러나 보이므로 연결 경로를 알아볼 수 있다.

납땜을 하거나 땜납을 제거할 때는 열을 너무 많이 가하지 않도록 하는 것이 중요하다. 열을 너무 뜨겁게 가하면 인쇄 배선이 기판에서 들떠버릴 수도 있다. 정격 소비전력이 25~30W 정도인 소형 인두를 사용하는 것이 좋다. 반도체 다이오드와 트랜지스터를 납땜할 때에는 이들 반도체 부품의 단자를 플라이어(plier)로 집거나 악

그림 11-7 인쇄회로기판 (a) 저항, 커패시터, 트랜지스터, 집적회로(IC)를 꽂은 부품면(component side) (b) 배선이 인쇄된 기판면

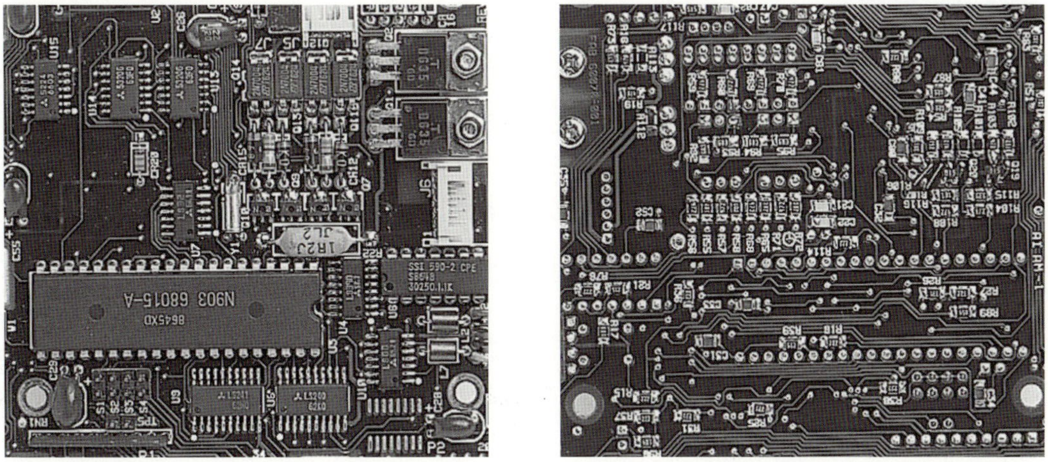

(a) (b)

어클립을 연결하여 히트싱크(heat sink, 방열판)의 역할을 하게 함으로써 반도체 접합부의 열을 빼줄 수 있다.

납 흡입기(solder sucker)를 사용하면 납땜된 단자에서 납을 깨끗이 제거할 수 있다. 땜납을 없애는 또 다른 방법은 로진 용제(rosin flux)를 주입한 구리 끈(copper wire braid)을 사용하는 것이다. 이 땜납 제거용 구리 끈은 녹은 납을 빨아들이는 데 탁월하다. 이 구리 끈을 납땜된 부분 위에 놓고 납이 녹아 끈에 빨려 올라갈 때까지 열을 가한다. 부품 단자의 납을 깨끗이 제거하여 인쇄회로기판을 손상시키지 않고 부품을 들어올릴 수 있어야 한다. 땜납 제거용 끈은 그 자체가 히트싱크의 역할도 하게 되므로 인쇄회로기판의 구리배선을 손상시킬 위험성을 줄일 수 있어서 납 흡입기보다는 이로운 점이 있다.

인쇄 배선에 갈라진 가는 금이 있으면 전류가 흐르지 않게 되므로 이 배선은 끊어진 개방 회로로 동작한다. 이 갈라진 부분 위에 피복을 벗긴 짧은 도선으로 납땜을 하면 다시 연결될 수 있다. 인쇄 배선의 갈라진 금이 넓은 경우나 기판 자체가 쪼개진 경우에는 이 끊어진 배선의 양쪽 부분을 적당한 길이의 접속선으로 연결하여 수리하면 된다. 전자관련 업체에서 인쇄회로기판에서 손상되거나 끊어진 배선의 수리용 키트를 구입할 수 있다.

■ **11-5 복습문제**

a. 정격 소비전력이 25W, 100W, 150W인 인두 가운데 인쇄회로기판의 납땜용으로 가장 좋은 것은 어느 것인가?

b. 인쇄 배선의 한가운데에 금이 가 있을 때, 이 배선의 저항값은 얼마인가?

11-6 스위치

알아두기▸▸

스위치 중에는 폴과 스로우가 각각 세 개 이상인 것들도 있다. 예를 들어, 폴이 하나인 스위치에 스로우가 3개 이상인 것, 또는 폴이 3개이고 스로우는 하나인 것 등이다.

회로에 전류를 흐르게 할 것인지 아니면 차단할 것인지를 제어하는 부품이 스위치이다. 닫힌 스위치의 저항은 0Ω에 가까우며 열린 스위치의 저항은 거의 ∞Ω이다.

〈그림 11-8〉을 보면 스위치가 전압원과 전구에 직렬로 연결되어 있다. 〈그림 11-8a〉와 같이 스위치가 닫히면 전류가 흐르는 경로가 만들어지므로 전구가 켜진다. 닫힌 스위치의 저항은 매우 낮으므로 스위치의 두 접점 사이의 전압은 0V가 된다. 〈그림 11-8b〉와 같이 전류의 경로가 끊어지면 전구는 켜지지 않는다. 열린 스위치의 저항은 매우 높으므로 전원전압은 모두 열린 스위치의 두 접점 사이에 걸리게 되며 부하 전압은 0V가 된다.

스위치의 정격

스위치에는 정격전류와 정격전압이 있다. 스위치가 닫혀 있을 때 스위치에 흘릴 수 있는 최대 허용전류가 정격전류이다. 정격전류 값은 스위치의 접점의 크기와 접점에 사용된 금속의 종류에 따라 달라진다. 스위치가 닫힐 때의 저항값을 낮추기 위해

MultiSim **그림 11-8** 회로를 끊거나 연결하는 직렬 스위치 (a) 스위치가 닫히면 전류가 흘러 전구에 불이 들어온다. 이때 닫힌 스위치 양단의 전압은 0V이다. (b) 스위치가 열리면 전구는 꺼진다. 열린 스위치 양단의 전압은 12V이다.

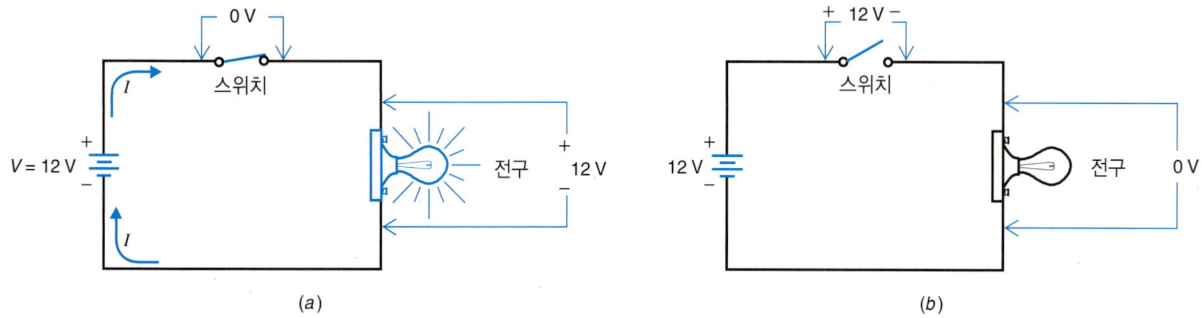

접점을 금이나 은으로 도금하는 경우가 많이 있다.

스위치가 열려 있을 때 두 접점 사이에서 불꽃이 일어나지 않는 한에서 스위치에 가할 수 있는 최대전압이 정격전압이다. 스위치를 닫은 상태에서는 정격전압을 인가하지 않는데, 이것은 닫힌 스위치의 두 접점 사이의 전압강하가 거의 0V가 되기 때문이다.

스위치의 구분

스위치에 들어 있는 폴(pole)과 스로우(throw)의 수에 따라 토글 스위치(toggle switch)를 구분하게 된다. 〈그림 11-8〉의 회로에 사용한 스위치는 폴과 스로우가 한 개씩인 SPST(single-pole single-throw) 스위치이다. 다른 종류로는 SPDT(single-pole double-throw), DPST(double-pole single-throw), DPDT(double-pole double-throw)가 있다. 각 스위치의 회로기호를 〈그림 11-9〉에 나타내었다. 각 스위치의 연결단자 수를 살펴보면, SPST 스위치는 둘, SPDT는 셋, DPST는 넷, DPDT는 여섯이다.

폴은 스위치로 제어할 수 있는 회로의 개수(또는 스위치 안에서 접점을 연결해주는 움직이는 팔(arm)의 개수)이다. 스로우는 폴 하나가 연결할 수 있는 접점의 개수이다. 〈그림 11-8〉의 회로에 있는 스위치는 회로 한 개의 전류를 제어하고 있으며 폴과 연결되는 접점도 한 개이므로 SPST 스위치이다.

〈그림 11-10〉에 스위치를 사용한 여러 회로를 나타내었다. 〈그림 11-10a〉에서는 12V 직류전원 한 개와 부하 두 개 사이의 연결을 제어하기 위하여 SPDT 스위치를 사용하고 있다. 〈그림 11-10b〉에서는 완전히 별개인 두 회로를 동시에 제어할 수 있도록 DPST 스위치를 사용하고 있다. 〈그림 11-10c〉에서는 직류모터의 회전방향을 바꿀 수 있도록 모터의 두 단자에 걸어주는 전압의 극성을 바꾸는 데 DPDT 스위치를 사용하고 있다. 〈그림 11-10b〉와 〈그림 11-10c〉의 두 폴 사이에 표시된 점선은 두 폴이 한 세트가 되어 동시에 접점에 붙고 떨어진다는 것을 나타내고 있다.

그림 11-9 스위치의 구분
(a) SPST(single-pole single-throw)
(b) SPDT(single-pole double-throw)
(c) DPST(double-pole single-throw)
(d) DPDT(double-pole double-throw)

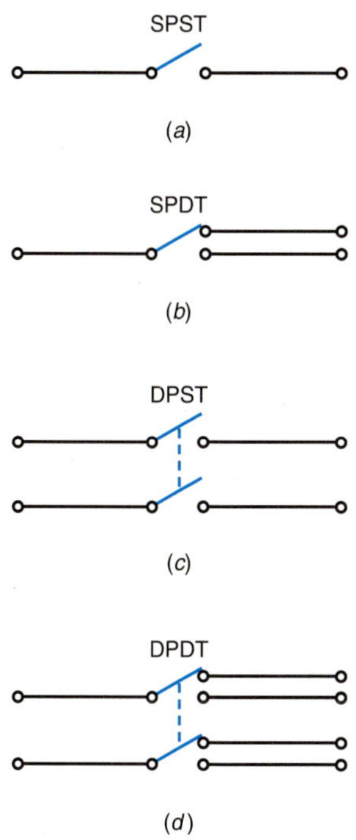

그림 11-10 스위치의 사용 예 (a) 12V 직류전원과 부하 두 개 사이의 연결을 제어하기 위하여 사용된 SPDT 스위치 (b) 완전히 별개인 두 회로를 동시에 제어할 수 있도록 사용된 DPST 스위치 (c) 직류모터의 두 단자에 걸어주는 전압의 극성을 바꾸는 데 사용된 DPDT 스위치

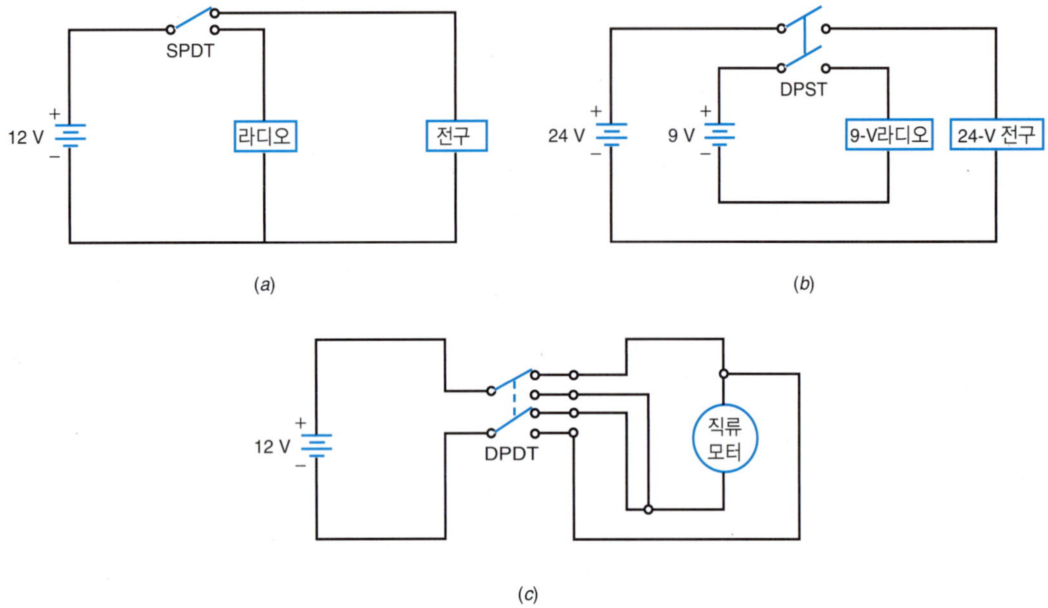

그림 11-11 토글 스위치의 종류

그림 11-12 푸시버튼 스위치의 회로기호 (a) NO 푸시버튼 스위치 (b) NC 푸시버튼 스위치

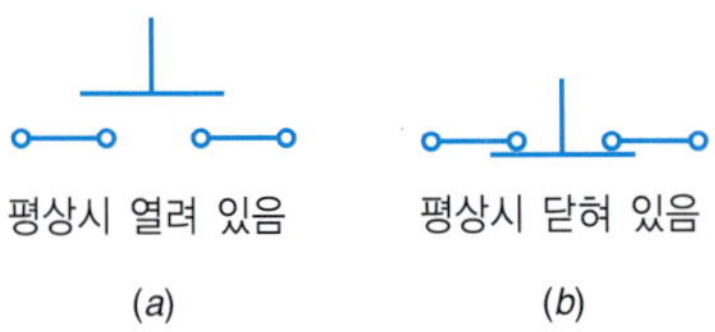

스위치의 종류

〈그림 11-11〉에 다양한 토글 스위치를 나타내었다. 널리 사용되고 있는 토글 스위치 말고도 푸시버튼 스위치(push-button switch), 로커 스위치(rocker switch), 슬라이드 스위치(slide switch), 로터리 스위치(rotary switch), 딥스위치(DIP switch)와 같은 여러 종류의 스위치가 전자장치에 사용되고 있다.

푸시버튼 스위치 안에는 스프링이 들어 있는데, 평상시 열려 있는 NO(normally open) 스위치와 이와 반대로 평상시 닫혀 있는 NC(normally closed) 스위치의 두 종류가 있다. 〈그림 11-12a〉에서 보듯이 NO 스위치는 푸시버튼을 누르기 전까지는 항상 열려 있다. 푸시버튼을 누르면 스위치가 닫히면서 전류가 흐르게 된다. 이와 반대로 〈그림 11-12b〉의 NC 스위치는 푸시버튼을 누르면 스위치가 열려 회로에 흐르는 전류를 차단한다. 〈그림 11-13〉에 대표적인 푸시버튼 스위치를 나타내었다.

〈그림 11-14〉에 딥(DIP, dual-inline package) 스위치를 나타내었다. 이 스위치에는 아주 작은 로커 스위치 8개가 들어 있는데, 각 스위치를 따로따로 제어할 수 있다. 딥 스위치의 핀들은 표준 IC 소켓에 딱 들어맞게 되어 있다.

〈그림 11-15〉에는 로터리 스위치를 나타내었다. 그림에서 볼 수 있듯이 세 장의 원판을 중앙의 샤프트에 끼운 구조로 되어 있다.

11-6 복습문제

a. 닫힌 스위치 양단의 *IR* 전압강하는 얼마인가?

b. SPDT 스위치에는 연결단자가 모두 몇 개 있는가?

c. 열린 스위치의 두 접점 사이의 저항값은 얼마인가?

그림 11-13 대표적인 푸시버튼 스위치

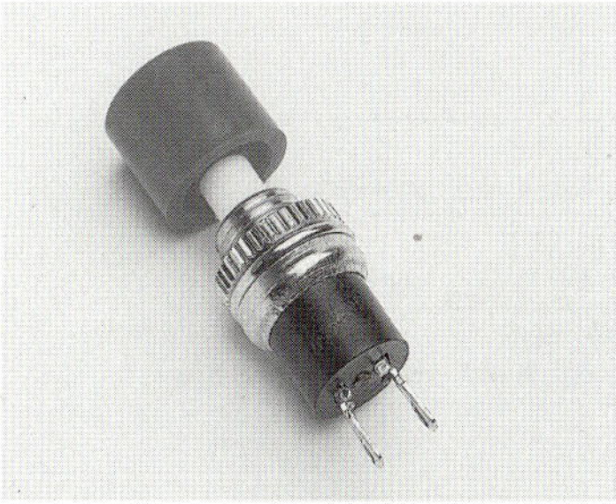

그림 11-14 딥 스위치(DIP switch)

그림 11-15 로터리 스위치

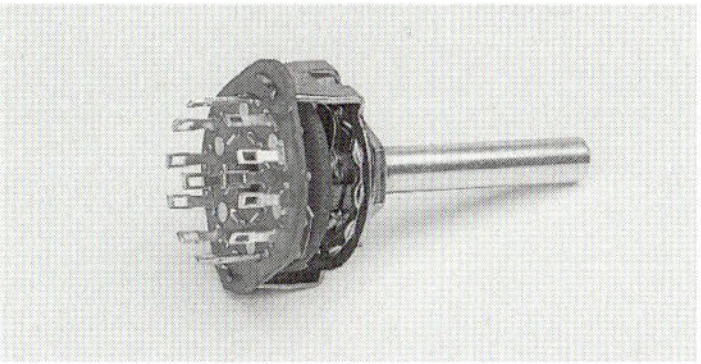

d. SPST 스위치의 정격이 10A, 250V이다. 120V, 1500W의 전열기를 켜고 끄는 데 이 스위치를 쓸 수 있는가?

11-7 퓨즈

회로에는 회로가 단락(short)되어 과부하가 걸리는 것을 막을 수 있도록 퓨즈를 직렬로 연결하는 것이 보통이다. 지나치게 큰 전류가 흐르면 퓨즈가 녹아 끊어지므로 회로와의 연결이 끊어지게 된다. 회로의 부품이나 배선이 손상을 입지 않게 하기 위해 이렇게 퓨즈를 끊어지게 하는 것이다. 과부하를 일으킨 원인을 제거한 다음에는 끊어진 퓨즈를 새것으로 교체하면 된다. 유리용기 퓨즈(glass-cartridge fuse)를 〈그림 11-16〉에 나타내었다. 이 퓨즈는 3AG 타입으로 지름이 0.25인치, 길이가 1.25인치이다. AG는 "automobile glass"의 약자로 퓨즈 안의 도선의 상태를 볼 수 있도록 유리용기 안에 넣어 만든 퓨즈를 맨 처음 사용한 곳의 이름을 따서 만든 용어이다. 퓨즈의 회로기호는 〈그림 11-18a〉에서 볼 수 있듯이  이다.

퓨즈에 사용되는 금속재료로는 알루미늄, 니켈, 주석이 도금된 구리가 있다. 정격전류가 1/500A인 퓨즈에서 수백A인 퓨즈까지 그 종류는 다양하다. 퓨즈 도선이 가늘면 정격전류가 작다. 예를 들어, 굵기가 28번이고 길이가 2인치인 도선이라면 2A 퓨즈로 쓸 수 있다. 지은 지 오래된 집안에 사용하는 퓨즈의 정격은 주로 15A인 것이 보통이다. 텔레비전 수신기 내의 고압 회로에는 보호용으로 0.25A 정격의 유리용기 퓨즈가 주로 사용된다. 자동차에는 정격이 10~30A인 퓨즈가 주로 사용되는데, 정해진 전력을 내기 위해서는 12V 전압원에서 큰 전류를 흘려주어야 하기 때문이다.

지연형 퓨즈(slow-blow fuse)

이 퓨즈는 도선이 코일 구조로 되어 있다. 이 퓨즈는 단락회로(short circuit)와 같이 과부하의 원인이 계속 유지되는 경우에만 끊어지도록 설계된 것이다. 코일 구조로 한 것은 일시적인 전류의 급증으로 인해 퓨즈가 끊어지는 것을 막기 위해서이다. 예를 들어, 지연형 퓨즈는 정격의 400%인 과전류가 흘러도 2초 동안은 끊어지지 않

그림 11-16 (a) 유리용기 퓨즈 (b) 퓨즈 홀더(fuse holder) (c) 판 장착용 퓨즈 홀더(panel-mounted fuse holder)

(a) (b) (c)

그림 11-17 퓨즈의 정격전류와 끊어질 때까지 걸리는 시간의 관계

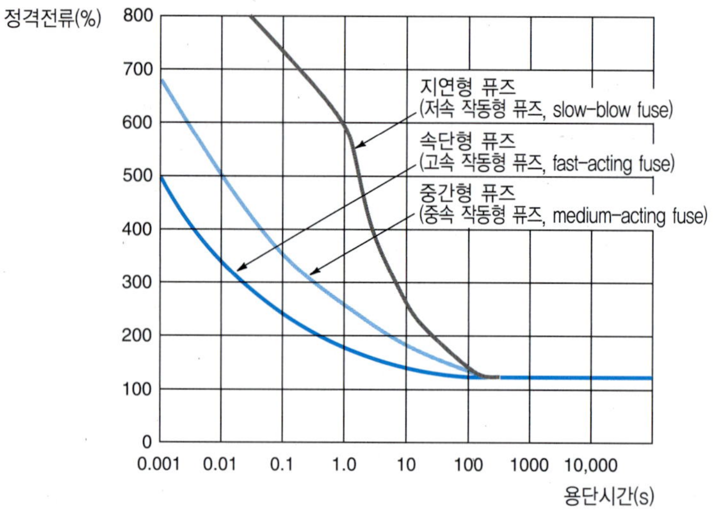

는다. 〈그림 11-17〉에 퓨즈의 정격전류와 끊어질 때까지 걸리는 시간의 관계를 보여주는 그래프를 나타내었다. 전기모터를 사용하는 회로에는 지연형 퓨즈를 사용하는데, 이것은 모터를 맨 처음 움직이게 할 때는 정상 동작전류보다 훨씬 큰 전류를 흘려주어야 하기 때문이다.

회로 차단기(circuit breaker)

회로가 단락되어 생기는 과도한 전류로부터 회로의 부품이나 배선을 보호할 목적으로 퓨즈 대신 사용할 수 있는 것이 회로 차단기이다. 회로 차단기는 바이메탈을 얇게 하여 만드는데, 열에 의해 팽창하여 회로와의 연결을 끊어준다. 바이메탈의 열이 식고 회로 단락의 원인을 제거한 다음에는 다시 처음 상태로 복구할 수 있다는 것이 장점이다. 따라서 최근에 지은 집에는 거의 퓨즈 대신 회로 차단기를 사용한다. 회로 차단기의 회로기호는  이다.

퓨즈 검사

유리 퓨즈의 경우에는 내부의 도선이 끊어졌는지 아닌지를 눈으로 확인할 수 있다. 양호한 퓨즈를 저항계로 측정해보면 저항값이 거의 0Ω에 가깝다. 끊어진 퓨즈의 저항을 측정하면 ∞Ω에 가깝다. 퓨즈가 회로에 꽂힌 상태에서는 반드시 회로의 전원을 끄고 저항계로 퓨즈를 검사하여야 한다. 그렇지 않을 경우 퓨즈를 회로에서 꺼낸 다음 검사하면 된다. 〈그림 11-18b〉에서 볼 수 있듯이 퓨즈가 끊어지면 인가 전압은 모두 퓨즈 양단에 걸리게 된다. 그래서 퓨즈에는 정격전압이 있는 것이다. 이 전압은 불꽃이 일어나지 않는 한에서 끊어진 퓨즈에 가할 수 있는 최대전압이다.

〈그림 11-18〉에서 퓨즈의 두 단자와 접지 사이의 전압을 측정한 결과를 잘 살펴보기 바란다. 〈그림 11-18a〉에서는 퓨즈의 각 단자와 접지 사이의 전압이 모두 120V인데, 이것은 양호한 퓨즈에서는 전압강하가 발생하지 않기 때문이다. 〈그림

MultiSim **그림 11-18** 퓨즈가 끊어지면 퓨즈 양단의 전압이 인가전압과 같아진다. (a) 정상인 퓨즈 (b) 끊어진 퓨즈

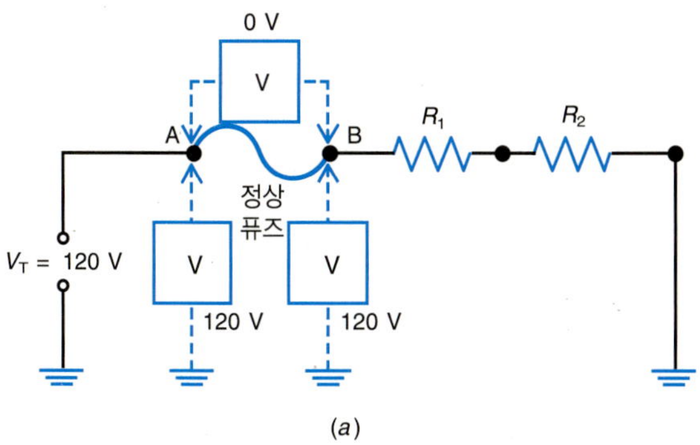

11-18b〉에서는 퓨즈의 B점과 접지 사이의 전압이 0V인데, 이것은 퓨즈가 끊어져 B점과 V_T 사이의 연결이 끊어졌기 때문이다. 지금까지 설명한 검사 결과는 V_T가 직류든 교류든 상관없이 적용된다.

■ **11-7 복습문제**

a. 양호한 퓨즈의 저항값은 얼마인가?

b. 양호한 퓨즈 양단의 IR 전압강하는 얼마인가?

11-8 도선 저항

알아두기▸▸

도선의 저항성분은 도선의 길이에 정비례하고 도선의 단면적에 반비례한다.

도선의 길이가 길수록 저항값이 더 커진다. 도선이 길수록 도선의 한쪽 끝에서 다른 쪽 끝까지 전자를 이동시키려면 더 많은 일을 해주어야 한다. 그렇지만 도선의 지름이 클수록 저항값은 작아진다. 이것은 도선의 단면에 자유전자가 더 많이 있기 때문이다. 식으로 나타내면

$$R = \rho\frac{l}{A} \tag{11-1}$$

여기서, R은 도선의 전체 저항값, l은 도선의 길이, A는 도선의 단면적, ρ는 도선의 저항률(resistivity)이다. 저항률은 비저항(specific resistance)이라고도 한다. ρ는 도선을 만드는 재료의 고유한 성질에 따라서만 달라지는 것이지 길이나 면적에는 아무런 관계가 없다. ρ가 클수록 저항값은 커지게 된다. ρ는 그리스 문자로 '로(rho)'라고 읽는다.

저항률(cmil · Ω/ft 단위)

〈표 11-2〉에 여러 가지 금속으로 만든 도선의 저항값을 수록하였다. 여기서 도선의 길이는 1피트, 단면적은 1cmil로 하였다. cmil·Ω/ft 단위를 갖는 저항률로 재료들을 평가할 수 있는데, 은, 구리, 금, 알루미늄은 저항률이 낮으므로 도체의 재료로 아주 적합하다. 텅스텐과 철은 저항률이 훨씬 크다.

예제 11-3

20번 규격인 구리 도선의 길이가 100피트이다. 이 도선의 저항값은?

정답 〈표 11-1〉을 보면 20번 규격 도선의 단면적은 1022cmil이다. 〈표 11-2〉를 보면 구리의 저항률 ρ는 10.4이다. 식 (11-1)에 대입하면

$$R = \rho \frac{l}{A}$$
$$= 10.4 \frac{\text{cmil} \cdot \Omega}{\text{ft}} \times \frac{100\text{ft}}{1022\text{cmil}}$$
$$R = 1.02\Omega$$

표 11-2	도체의 종류와 특성[1]			
종류	구성 물질	저항률 cmil · Ω/ft (20℃에서)	온도계수 α/℃	녹는점 ℃
알루미늄(aluminum)	원소(Al)	17	0.004	660
탄소(carbon)	원소(C)	2)	−0.0003	3000
콘스탄탄(constantan)	합금(Cu 55%+Ni 45%)	295	0 (평균)	1210
구리(copper)	원소(Cu)	10.4	0.004	1083
금(gold)	원소(Au)	14	0.004	1063
철(iron)	원소(Fe)	58	0.006	1535
망간(manganin)	합금(Cu 84%+ Mn 12%+Ni 4%)	270	0 (평균)	910
니크롬(nichrome)	합금(Cu 65%+ Fe 23%+Cr 12%)	676	0.0002	1350
니켈(nickel)	원소(Ni)	52	0.005	1452
은(silver)	원소(Ag)	9.8	0.004	961
강철(steel)	합금(Fe 99.5%+ C 10.5%)	100	0.003	1480
텅스텐(tungsten)	원소(W)	33.8	0.005	3370

1) 이 표의 값은 근사값으로 정확한 값은 도체의 구조에 따라 다를 수 있다.

2) 탄소의 저항률은 구리의 2500~7500배이다. 흑연(graphite)은 탄소의 일종이다.

예제의 계산 과정에서 다른 단위는 모두 상쇄되고 Ω 단위만 남게 된다. 여기서 구한 20번 규격 도선 100피트의 저항값인 1.02Ω은 〈표 11-1〉에 수록된 20번 규격의 1000피트 도선 저항값 10.35Ω의 약 1/10이 된다. 따라서 저항값은 도선의 길이

에 비례한다는 것을 알 수 있다. 또 한 가지 중요한 점은 도선의 규격 번호가 3만큼 높으면 단면적이 1/2이 되므로 저항값은 2배가 된다는 것이다.

예제 11-4

23번 규격인 구리 도선의 길이가 100피트이다. 이 도선의 저항값은?

정답

$$R = \rho\frac{l}{A}$$

$$= 10.4\frac{\text{cmil}\cdot\Omega}{\text{ft}} \times \frac{100\text{ft}}{509.5\text{cmil}}$$

$$R = 2.04\Omega$$

저항률(Ω · cm 단위)

금속이 아닌 물질에 대해서는 각 물질의 저항을 1cm^3의 단위 체적을 기준으로 서로 비교하여 나타내는 것이 보통이다. 그러면 1cm^2의 단위 면적에 대한 저항률 ρ의 단위가 $\Omega\cdot\text{cm}$가 된다.

예를 들어, 불순물이 전혀 섞이지 않은 게르마늄의 저항률은 〈표 11-3〉에서 보듯이 ρ=55$\Omega\cdot$cm이다. 이 값은 단면적이 1cm^2이고 길이가 1cm인 체적 1cm^3의 게르마늄 조각의 저항값이 R=55Ω이 된다는 것을 뜻한다.

표 11-3	물질의 종류와 저항률	
종류	저항률 ρ, Ω · cm (25℃)	특성
은(silver)	1.6×10^{-6}	도체
게르마늄(germanium)	55	반도체
실리콘(silicon)	55,000	반도체
운모(mica)	2×10^{12}	절연체

예제 11-5

어떤 게르마늄 조각의 길이가 0.2cm, 단면적이 1cm^2이다. 이 조각의 저항값은?

정답

$$R = \rho\frac{l}{A}$$

$$= 55\Omega\cdot\text{cm} \times \frac{0.2\text{cm}}{1\text{cm}^2}$$

$$R = 11\Omega$$

길이 l(cm)과 단면적 A(cm^2)이 다른 경우에는 식 (11-1)을 사용하면 된다. 식의 단위를 살펴보면 Ω 단위를 제외하고는 모두 상쇄되어 결국 R의 단위인 Ω만이 남게 된다.

같은 조각을 실리콘으로 만들게 되면 저항값이 R=11000Ω이 된다. 〈표 11-3〉에서 알 수 있듯이 실리콘의 저항률 ρ는 게르마늄의 1000배이다.

전열선의 종류

토스터, 백열전구, 히터와 같이 열을 발생시키는 장치에 사용하는 도선의 재료는 은, 금, 알루미늄과 같은 양도체보다 저항값이 더 커야 한다. 도선에서 소비되어 열로 변환되는 전력은 I^2R이므로 저항값이 클수록 큰 전류를 흘려주지 않아도 충분한 열을 발생시킬 수 있다. 전열선으로 사용되는 재료 가운데 대표적인 것에 텅스텐, 니켈, 철이 있으며, 이밖에도 망가닌(구리, 망간, 니켈의 합금), 니크롬(니켈, 크롬의 합금), 콘스탄탄(구리, 니켈의 합금)과 같은 합금류가 있다. 이러한 재료로 만든 도선은 구리선보다 R 값이 크므로 전열선(또는 저항선)이라고 한다.

■ 11-8 복습문제

a. 니크롬 도선의 저항값은 구리 도선보다 큰가, 작은가?

b. 길이가 100피트인 14번 규격 구리 도선의 저항값이 R=0.26Ω이다. 이 도선의 길이를 1000피트로 하면 저항값은 얼마가 되는가?

11-9 저항의 온도계수

온도계수는 온도 변화에 따라 저항값이 변화하는 정도를 나타내는 것으로 α(알파)라는 기호로 표시한다. α가 (+)값인 경우 온도가 증가하면 R도 증가하며, α가 (−)값이면 R은 감소한다. α가 0이라는 것은 R이 상수라는 것을 뜻한다. 〈표 11-2〉의 네 번째 열에 여러 가지 금속과 탄소의 α값을 수록하였다.

α>0인 물질

구리, 텅스텐과 같은 금속들은 모두 온도계수 α의 값이 양수이다. 예를 들이, 텅스텐은 α=0.005이다. α값이 전혀 변하지 않는 것은 아니지만 다음 식을 써서 온도 상승에 따른 도선 저항값의 변화를 어림잡아 계산할 수 있다.

$$R_t = R_0 + R_0(\alpha \Delta t) \tag{11-2}$$

여기서, R_0는 20℃에서의 저항값, Δt는 변한 온도와 20℃와의 차이, R_t는 변한 온도에서의 저항값을 뜻한다.

온도가 100℃ 증가하면 도선의 저항값은 50%인 7Ω만큼 더 커진다는 것을 알 수 있다. 도선의 온도계수 α>0이라는 것은 온도가 저항값 R을 증가시킨다는 것을 뜻

예제 11-6

온도가 20℃일 때, 어떤 텅스텐 도선의 저항값이 R=14Ω이다. 온도가 120℃로 변할 때 이 도선의 저항값을 구하여라.

정답 온도 변화가 Δt=100℃이고, α=0.005이므로 이를 식 (11-2)에 대입하면

$$\begin{aligned} R_t &= 14+14(0.005\times100) \\ &= 14+7 \\ R_t &= 21\Omega \end{aligned}$$

한다. 따라서 인가전압이 일정한 경우에 온도가 증가하면 전류 I가 줄어들게 된다.

α<0인 물질

탄소의 온도계수는 음수이다. 일반적으로 게르마늄, 실리콘과 같은 반도체 물질은 모두 온도계수 α의 값이 음수이다. 또한 황산(sulfuric acid)이나 물과 같은 전해액도 모두 α의 값이 음수이다.

온도계수 $\alpha<0$이라는 것은 온도가 올라가면 저항값 R이 작아진다는 것을 뜻한다. 반도체 다이오드, 트랜지스터의 경우에는 정상적인 전류가 흘러도 이것에 의해 온도가 올라가게 되어 저항값이 상당히 줄어든다.

α=0인 물질

온도계수 α=0이라는 것은 R값이 온도의 변화에 상관없이 일정하다는 것을 뜻한다. 예를 들어, 콘스탄탄, 망가닌과 같은 합금의 온도계수는 α=0이다. 이들은 온도가 변하여도 저항값이 일정하므로 정밀한 권선 저항을 만드는 재료로 사용된다.

고온 저항

텅스텐, 니크롬, 철, 니켈과 같은 재료로 전열선을 만든 경우, 정상 동작전류가 흘러 열이 날 때의 저항값은 전류가 흐르지 않아 차가울 때의 저항값과 큰 차이가 난다. 이것은 〈표 11-2〉에서 볼 수 있듯이 이들 물질의 온도계수 α가 양수이므로 온도가 올라가면 저항값도 따라서 증가하기 때문이다.

예를 들어, 필라멘트가 텅스텐인 100W, 120V 백열전구가 정격전력을 소비하면서 정상적인 밝기로 빛나고 있다고 가정하면 $I=P/V$=100W/12V에 의해 전구에는 0.833A의 전류가 흐른다. 전류가 흘러 뜨거운 상태에서 텅스텐 필라멘트의 저항값은 옴의 법칙을 적용하면 $R=V/I$=120V/0.833A에 의해 144Ω이 된다. 그렇지만 전구에 전원을 인가하지 않아 차가운 상태에서 저항계로 필라멘트의 저항을 측정해보면 그 값은 10Ω에 지나지 않는다.

초전도 현상(superconductivity)

금속을 매우 낮은 온도로 냉각하면 저항값이 줄어드는 현상이 나타난다. 섭씨 −273℃에 해당하는 절대온도 0K 부근에서 어떤 종류의 금속들은 자신의 저항값을 갑자기 잃어버리는 현상을 보인다. 예를 들어, 액체 헬륨을 사용하여 주석을 절대온도 3.7K까지 냉각하면 이 금속에 초전도 현상이 나타난다. 저항이 사라져 엄청나게 큰 전류를 흐르게 할 수 있으므로 매우 강한 전자기장을 발생시킬 수 있다. 절대온도 0K 부근의 매우 낮은 온도에서 일어나는 현상을 연구하는 학문을 저온학(cryogenics)이라고 한다.

절대온도 0K보다도 상당히 높은 온도에서 저항값이 0이 되는 새로운 종류의 세라믹 물질들이 잇달아 밝혀지면서 초전도 현상에 대한 관심도 크게 늘어나고 있다. 이트륨(yttrium), 바륨(barium), 구리, 산소 원자가 포함된 지름 1인치인 세라믹 펠릿(pellet)이 이러한 물질 가운데 하나로 초전도 현상이 절대온도 93K(−160℃)에서 나타난다. 이 온도도 실온에 견주어 보면 아주 낮지만, 액체 헬륨에 비해 훨씬 싼 액체 질소를 사용하여도 이 정도의 온도까지는 충분히 낮출 수 있으므로 경제적이다. 앞으로 연구가 계속되면 이보다도 더욱 높은 온도에서 초전도 현상을 나타내는 새로운 물질이 개발될 가능성은 충분하다.

■ **11-9 복습문제**

a. 금속재료로 만든 도선의 저항값은 온도가 올라갈수록 커진다. (참, 거짓)
b. 텅스텐은 전열선으로 사용된다. (참, 거짓)
c. 초전도 물질의 저항값은 특정 온도에서 0Ω이 된다. (참, 거짓)

11-10 액체와 기체에 흐르는 이온전류

알아두기▸▸
백열전구의 빛은 기체 속에 전자전류가 흐르면서 발생하는 현상이다.

전류를 흐르게 하는 도체라고 하면 우리는 흔히 금속으로 된 도선을 생각하지만 다른 것도 도체가 될 수 있다. 전하는 소금물, 묽은황산과 같은 액체 속을 이동할 수 있다. 또한 네온이 들어 있는 네온램프를 생각해보면, 네온과 같은 기체도 도체의 역할을 할 수 있다는 것을 알 수 있다.

금속, 액체, 기체 속을 전하가 움직이는 방식은 서로 다르지만 결국 전하가 움직인다는 점에서는 모두 같으므로 어디서나 전류가 흐르는 것이다. 흐르는 전류의 양은 Q/T이다. 따라서 전류 1암페어(A)는 1초(sec) 동안에 전하 1쿨롱(C)이 움직이는 것을 나타낸다.

금속과 같은 고체에서는 원자들은 자유롭게 움직일 수 없다. 따라서 자유전자의 드리프트(drift)에 의해 전하가 이동하여 전류가 발생한다. 금속 내의 수많은 자유전자들은 원자들을 지나가며 이동하는데, 이 과정에서 각 원자가 전하를 추가로 얻거나 잃어버리는 것은 아니므로 전기적으로 중성인 상태를 계속 유지한다.

그렇지만 액체나 기체에서는 각 원자가 다른 원자들 사이를 자유롭게 지나다닐

수 있다. 따라서 원자들은 쉽게 전자를 얻거나 잃어버릴 수 있는데, 원자의 맨 바깥 궤도에 위치한 가전자(valance electron)의 경우에 특히 그렇다. 이렇게 되면 원자는 더 이상 전기적으로 중성이 아니다. 전자를 얻으면 원자는 (–)전하를 띠게 되고, 전자를 잃으면 원자는 (+)전하를 띠게 된다. 이처럼 전하를 띠게 된 원자를 이온(ion)이라고 한다. 액체와 금속에는 이러한 이온들이 많이 만들어진다.

이온

그림 11-19 이온의 형성 (a) 중성인 나트륨(Na) 원자 (b) 자유전자 하나를 잃어버려 (+)전하를 띠게 된 나트륨 이온(Na+)

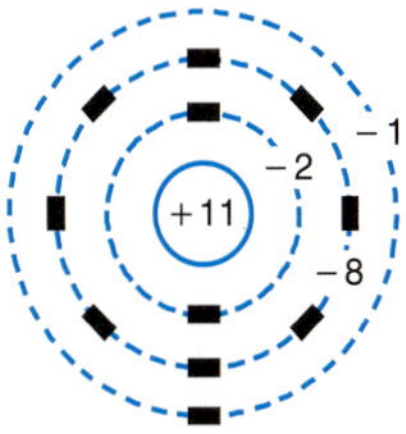

나트륨 원자(Na)

(a)

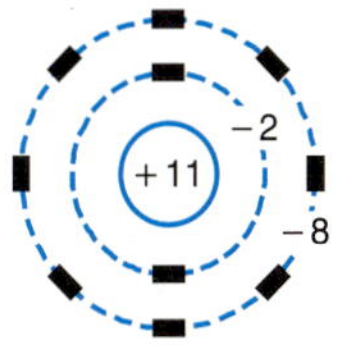

나트륨 이온(Na^+)

(b)

원자가 전자를 얻거나 읽어버려 (–)나 (+)전하를 띠게 되면 이온이 된다. 〈그림 11-19a〉를 보면 나트륨 원자에서는 11개의 전자가 핵 주위의 궤도를 돌고 있고, 핵은 +11의 전하량을 가지므로 (–)와 (+)가 균형을 이루어 전기적으로 중성을 나타낸다. 핵에서 가장 멀리 떨어진 맨 바깥쪽 궤도에는 전자가 한 개만 돌고 있다. 나트륨을 녹여 액체로 만들면 이 전자는 원자로부터 쉽게 벗어날 수 있다. 원자는 맨 바깥쪽 궤도의 전자를 8개로 만들면 안정된 상태가 될 수 있으므로 나트륨 근처의 어떤 원자가 이렇게 되려고 나트륨의 가전자를 가져가면 이 전자가 나트륨 원자를 벗어나게 되는 것이다. 나트륨 원자가 가전자 한 개를 잃으면 〈그림 11-9b〉에서 보듯이 나트륨 원자의 맨 바깥 궤도에는 8개의 전자가 있게 된다. 그러면 나트륨 원자는 (+)이온이 되며, 그 전하량은 양성자 1개의 전하량과 같다.

이온전류

극성이 다른 이온은 서로 끌어당기고 극성이 같은 전하는 서로 밀어낸다. 이렇게 작용하는 힘에 의해 이온이 움직이면 전류가 흐르게 된다. 따라서 액체나 고체에서는 이온이 이동하여 전류가 흐르는데, 이 전류를 이온전류라고 한다. 이온 속에는 원자핵이 들어 있으므로 이온은 전자에 견주어 매우 무거우며 이동 속도도 느리다. 따라서 이온은 전자보다 이동하기 어렵다.

이온전류가 흐르는 방향은 전자가 흐르는 방향과 같을 수도, 아니면 다를 수도 있다. 이온이 (–)전하를 띤 음이온이면 전자와 마찬가지로 외부에 연결한 전압원의 (+)단자 쪽으로 끌려가므로 전자의 이동방향과 같아진다. 반대로 이온이 (+)전하를 띤 양이온이면 외부 전압원의 (–)단자를 향해 움직인다.

이온전류의 크기는 전하량이 움직이는 속도에 따라 달라진다. 예를 들어, 초당 +3C의 이온 전하가 어떤 점을 지나간다면 그 점의 전류는 3A가 된다. –3C의 음이온이나 전자가 움직인 경우에도 전류는 마찬가지로 3A이며 흐르는 방향만 반대가 된다.

액체의 이온화

소금이나 산(acid)을 물에 녹이면 이온이 만들어진다. 아무것도 녹이지 않은 순수한 증류수는 전류가 흐르지 못하는 절연체이지만 소금을 녹이면 소금물이 이온화되어 전류가 흐를 수 있다. 어떤 금속을 산이나 알칼리 용액에 넣으면 이온화가 된다. 이온화에 의해 전류가 잘 흐르는 양도체가 된 액체를 전해액(electrolyte)이라고 한다. 온도가 올라가면 전해액에서는 이온화가 더욱 활발해져 저항값이 낮아지므로 전해액의 온도계수 α는 (−)값인 것이 보통이다.

기체의 이온화

기체의 이온화 전압이란 그 기체를 이온화하기 위해 가해주어야 할 최소전압을 말한다. 기체가 이온화하기 전에는 그 기체는 절연체이지만 기체가 이온화하면 저항이 낮아져 이온전류가 흐르게 된다. 기체가 이온화하면 빛을 내는 것이 보통이다. 예를 들어, 아르곤(argon) 가스가 이온화하면 파란 빛을 내며 네온 가스가 이온화하면 빨간 빛을 낸다. 이온화 전압의 크기는 기체마다 다르며, 같은 기체라도 압력에 따라 달라진다. 예를 들어, 야간등으로 사용하는 네온램프의 이온화 전압은 약 70V이다.

이온결합

〈그림 11−19b〉에서 나트륨 이온은 전자를 한 개 잃었으므로 +1의 전하량을 가진다. 이 +1의 양전하 근처에 −1의 전하량을 가진 음전하가 있으면 두 이온은 서로에게 끌려 결합하는데 이것이 이온 결합이다.

대표적인 이온결합의 예로 나트륨(Na) 이온과 염소(Cl) 이온이 결합하여 소금(NaCl)이 만들어지는 것을 들 수 있다. Cl 원자의 맨 바깥쪽 궤도에는 7개의 전자가 있는데, 여기에 Na 원자의 맨 바깥쪽에 있는 1개의 전자를 채우면 꼭 들어맞게 된다. 이 두 원자가 결합하는 과정에서 Na 원자는 전자 1개를 제공하므로 (+)이온이 되면서 맨 바깥궤도(L각)의 전자가 8개인 안정된 구조로 된다. 또한 Cl 원자는 Na 원자로부터 전자 1개를 받아 (−)이온이 되면서 역시 맨 바깥궤도(M각)의 전자가 8개인 안정된 구조로 된다. 전하의 극성이 서로 다른 이 두 이온 사이에는 강력한 결합력이 작용하므로 NaCl이 형성된다.

순수한 물에는 전기가 통하지 않지만 NaCl을 물에 녹이면 두 이온이 분리되므로 소금물에는 전기가 통한다. 따라서 소금물에 흐르는 전류는 이온이 이동하여 생기는 것이므로 이온전류이다.

그림 11−20 나트륨(Na) 원자와 염소(Cl) 원자의 이온결합에 의해 염화나트륨(NaCl) 분자가 형성된다.

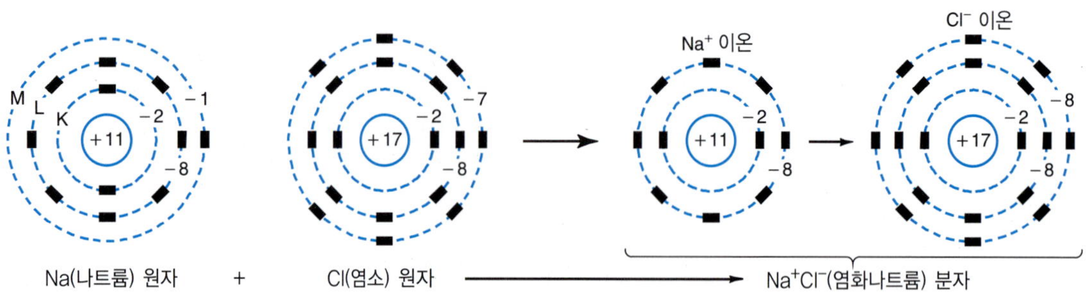

■ 11-10 복습문제

a. 1초 동안 어떤 점을 지나는 양이온의 전하량이 +2C일 때, 이 점에 흐르는 전류 I는 얼마인가?

b. 양이온, 음이온, 전자 가운데 가장 잘 움직이는 것은 무엇인가?

c. 유전체는 전기를 잘 통하는 양도체이다. (참, 거짓)

11-11 절연체

MΩ 단위의 매우 큰 저항값을 갖는 물질을 절연체라고 한다. 이처럼 저항값이 매우 높으므로 절연체에는 전압을 인가하여도 거의 전류가 흐르지 못한다. 이러한 성질을 이용하여 절연체를 대개 두 가지 용도로 사용한다. 먼저 도체가 여러 개 있는 경우, 절연체로 이들을 분리하여 서로 단락(short)되지 않게 한다. 절연체의 다른 용도로 절연체에 전압이 인가될 때 전하를 저장하는 것이 있다.

전압이 가해지면 절연체는 전하량을 유지하게 되는데, 이것은 절연체에서는 전하가 움직일 수 없어서 전하량을 중성(0)으로 만들 수 없기 때문이다. 여기에 사용하는 절연체를 전하를 저장할 수 있다는 뜻에서 유전체(dielectric material)라고 한다.

유전체의 종류로는 공기(air), 진공(vacuum), 물, 고무, 왁스(wax), 셸락(shellac), 유리, 운모(마이카, mica), 사기(porcelain), 기름(oil), 종이(dry paper), 섬유(textile fiber)와 이밖에도 베이클라이트(Bakelite), 포마이카(Formica), 폴리스티렌(polystyrene)과 같은 플라스틱류가 있다. 순수한 물은 절연체이지만 소금물은 아니다. 습기 있는 축축한 흙은 아주 좋은 도체이며 마른 흙, 모래는 절연체이다.

절연체에 매우 높은 전압을 인가하면 물질의 내부구조가 파괴되어 절연체에 전류가 흐르게 된다. 이것을 절연파괴(dielectric breakdown)라고 하는데, 대개 불꽃이 생기면서 절연 물질의 구조가 파괴되어 일어난다. 이렇게 되면 더 이상 그 절연체를

표 11-4	절연체의 종류와 절연강도		
종류	절연강도 V/mil	종류	절연강도 V/mil
공기(air), 진공(vacuu'm)	20	파라핀 왁스(paraffin wax)	200~300
베이클라이트(Bakelite)	300~550	페놀(phenol)	300~700
파이버(fiber)	150~180	폴리스티렌(polystyrene)	500~760
유리(glass)	335~2000	자기(porcelain)	40~150
운모(mica)	600~1500	고무(rubber)	450
종이(paper)	1250	셸락(shellac)	900
파라핀 오일(paraffin oil)	380		

사용할 수 없다. 〈표 11-4〉에 여러 가지 절연체의 절연강도(dielectric strength)를 수록하였다. 절연강도는 절연파괴가 일어나는 전압을 말한다. 절연강도가 높을수록 더 높은 전압에서 절연파괴가 일어나므로 좋은 절연체라고 할 수 있다. 〈표 11-4〉의 절연파괴 전압은 유전체의 기준 두께를 1 mil(=0.001인치)로 하여 측정한 것으로, 유전체의 두께가 이보다 두꺼우면 절연파괴 전압은 더 커진다. 공기나 진공의 절연강도는 20V/mil로, 이를 인치 단위로 환산하면 20kV/in가 된다.

절연체의 방전 전류

절연체에 전압원을 연결하면 절연체에는 전하가 저장되어 여기에 전위가 발생한다. 전하는 절연체에 계속해서 남아 있게 되는데, 다음의 방법을 사용하면 절연체로부터 전하가 방전되어 사라진다.

1. 도체 경로를 통한 방전 : 도체로 전하가 움직일 수 있는 경로를 만든다. 예를 들어, 전하가 저장된 절연체의 양쪽을 도선으로 연결하면 전하가 방전된다. 전하가 모두 방전된 절연체의 전위는 0V이다.
2. 브러시 방전(brush discharge) : 고압을 걸어준 끝이 뾰족한 도선을 절연체에 가까이 하면 고압에 의해 공기분자가 이온화하므로 절연체의 전하가 주위의 공기를 통해 방전된다. 이렇게 전하가 방전되면 어두운 곳에서는 파랗거나 빨간 불빛이 발생하는데, 이를 코로나 현상(corona effect)이라고 한다.
3. 불꽃 방전(spark discharge) : 절연체에 매우 높은 전압이 걸려 절연체가 파괴될 때 발생한다. 절연파괴가 일어나는 순간 절연체를 통해 흐르는 전류가 불꽃으로 나타난다.

주위 공기를 통해 브러시 방전이 일어나면 전위가 낮아지므로 코로나는 바람직하지 않은 현상이다. 또한 코로나로 인해 불꽃 방전이 시작되는 일이 종종 있다. 공기의 절연파괴 전압이 20kV/in 정도이므로 코로나 현상이 일어나기 위해서는 kV 단위의 전위가 걸려야 한다. 코로나 현상을 줄이려면 고전압을 사용하는 도체의 형상을 뾰족하거나 날카로운 부분 없이 평평하고 둥글고 두껍게 만들어야 한다. 이렇게 하면 도체 전체 부분과 주위 공기 사이의 전위를 일정하게 유지할 수 있다. 뾰족한 부분에서는 전기장이 강하므로 코로나 현상이 일어나기 쉬워 결국 불꽃 방전으로 이어질 수 있다.

■ 11-11 복습문제

a. 공기와 운모(mica) 가운데 어느 것의 절연파괴 전압이 높은가?
b. 공기 중에 1인치 떨어진 두 도체판에 30kV의 전압이 걸려 있다. 두 도체판 사이의 공기에 불꽃이 발생하는가?

11-12 도선과 커넥터의 고장 진단

각종 전자 장치에서 흔히 일어나는 고장으로 도선, 커넥터, 스위치 접점 등이 제대로 연결되지 않고 끊어지는 것을 들 수 있다.

저항계를 사용하여 도선과 기판에 인쇄된 배선의 연결 상태를 검사할 수 있다. 도체로 연결이 제대로 되어 있으면 저항계는 0Ω을 가리키며 끊어져 있으면 ∞Ω을 가리킨다.

도선과 커넥터 사이의 연결 상태도 역시 저항계로 검사할 수 있다. 커넥터는 더럽게 되거나 녹슬거나 산화될 수 있는데, 이렇게 되면 사포(sandpaper or emery cloth)로 깨끗이 닦아낸다. 경우에 따라서는 커넥터의 플러그를 뽑아 다시 끼워 확실히 연결되도록 하면 효과가 있다.

케이블용 플러그 커넥터의 경우에는 도선과 플러그가 제대로 연결되어 있는지 살펴보아야 한다. F 타입 커넥터를 제외한 나머지 커넥터들에 대해서는 플러그를 가운데 핀에 주의를 기울여 납땜하여야 한다.

스위치의 접점에 오물이 끼게 되면 제대로 동작하지 않을 수 있다. 스위치는 분해할 수 없게 된 것이 대부분인데, 이 경우에는 새것으로 교체하여야 한다.

■ 11-12 복습문제

a. 인쇄된 배선이 제대로 연결되었는지 저항계로 검사할 수 없다. (참, 거짓)

b. 연결 부위가 녹슬게 되면 정상인 경우에 견주어 저항값이 커진다. (참, 거짓)

요약

- 도체의 저항은 매우 작다. 금속은 모두 좋은 도체의 재료인데 이 가운데에서도 은, 구리, 알루미늄이 가장 좋다. 구리는 값이 싸므로 도선을 만드는 데 널리 사용된다.
- 미국 도선 규격(American Wire Gauge, AWG)으로 구리선의 굵기를 나타낸다. 규격 번호가 클수록 굵기는 가늘다. 전자회로에서 접속용으로 널리 사용되는 것은 22번 규격, 가정 내의 배선에 사용되는 것은 12번과 14번 규격의 도선이다.
- 원형 도선의 단면적을 나타내는 단위에 서큘러 밀(circular mil, cmil)이 있다. 1밀(mil)은 1/1000인치(in.)이다. 지름 1mil인 도선의 단면적은 1cmil이다. 지름이 $d$mil인 도선의 단면적을 서큘러 밀 단위로 나타내면 d^2cmil이 된다.
- 도체의 저항 R은 $R = \rho(l/A)$라는 식을 써서 구할 수 있다. 여기서 ρ는 도체의 저항률, l은 도체의 길이, A는 도체의 단면적이다. 이 식에서 알 수 있듯이 도체의 저항은 도체의 길이 l에 정비례하고 도체의 단면적 A에 반비례한다.
- 직렬회로에서 닫힌 스위치 양단의 전압은 0V이다. 열린 스위치 양단의 전압은 인가전압의 크기와 같다.
- 퓨즈는 과부하(overload)가 걸릴 때 회로의 부품과 배선을 보호한다. 즉, 지나치게 큰 전류가 흐르면 퓨즈가 끊어져 전류가 회로에 흐를 수 없게 된다. 좋은 퓨즈는 저항이 매우 작으므로 퓨즈 양단의 전압이 0V가 된다.
- 액체나 기체가 이온화되면 이들을 구성하는 중성 원자는 이온이 된다. 중성 원자가 전자를 더 얻으면 (−)이온이 되고 전자를 잃어버리면 (+)이온이 된다. 액체나 기체에서 전류가 흐르는 것은 바로 이들 이온이 이동을 하는 것이다.
- 순수한 금속의 저항은 온도에 비례하여 증가한다. 반도체나 전해액의 저항은 온도가 높을수록 감소한다.
- 절연체의 저항은 매우 크다. 대표적인 절연체로는 공기, 진공, 고무, 종이, 유리, 자기, 셸락, 플라스틱이 있다. 절연체를 유전체라고 말하기도 한다.
- 초전도체의 저항은 거의 0Ω에 가깝다.
- 회로에서 흔히 발생하는 고장으로 도선이 끊어지는 것, 스위치의 접점에 오물이 생겨 접촉이 나빠지는 것, 커넥터와 단자에 오물이 생기고 산화되고 부식되는 것을 들 수 있다.

중요 용어

- 도선규격(wire gauge) : 번호로 원형 도선의 지름과 단면적을 지정하여 도선의 굵기를 나타내는 방법. 미국 도선 규격(American Wire Gauge, AWG)이라는 표준규격에서 제공하는 표에는 규격번호(gauge size)의 종류와 각 번호에 해당하는 도선지름 d(mil), 도선단면적 A(cmil)이 모두 수록되어 있다.
- 서큘러 밀(circular mil, cmil) : 원형도선의 단면적을 나타내는 단위. 1밀(mil)은 1/1000인치(in.)이다. 지름 1mil인 원형도선의 단면적은 1cmil이다. 지름이 $d$mil인 원형도선의 단면적을 서큘러 밀 단위로 나타내면 d^2cmil이 된다.
- 스로우(throw) : 스위치에서 폴 하나가 연결할 수 있는 접점의 개수
- 스위치 : 회로에 전류를 흐르게 하거나(on) 흐르지 못하게(off) 제어하는 부품
- 온도계수(temperature coefficient) : 물질의 저항값이 온도 변화에 따라 얼마만큼 변하는지 나타내는 계수. 저항값이 온도에 따라 증가하면 온도계수가 (+)값이 되며 온도에 따라 감소하면 (−)값이 된다.
- 유전체(dielectric material) : 절연체를 일컫는 다른 말. 절연체를 유전체라고 하는 것은 절연체가 전하를 유지하거나 저장할 수 있기 때문이다.
- 이온화 전류(ionization current) : 액체나 기체 속의 전하가 움직여 발생하는 전류
- 저항률(비저항, specific resistance) : 길이가 1피트, 단면적이 1cmil인 금속도체의 저항값. 저항률은 ρ로 표시하며 단위는 cmil·Ω/ft이다.
- 지연형 퓨즈(slow-blow fuse) : 퓨즈의 정격전류보다 큰 서지전류(surge current)가 순간적으로 들어올 때 끊어지지 않는 퓨즈. 이러한 유형의 퓨즈는 고리 모양으로 감긴 구조를 하고 있으며, 회로의 단락(short)과 같은 원인으로 과부하가 계속해서 걸릴 때만 끊어지도록 설계되어 있다.
- 코로나 현상(corona effect) : 높은 전압이 걸려 있는 끝이 뾰족한 도선에서 주위의 공기로 방전이 일어나면 공기 분자가 이온화하는데 이 과정에서 파랗거나 빨간 불빛이

발생하는 현상

- 폴(pole) : 스위치로 제어할 수 있는 회로의 개수(이때 제어되는 각 회로는 서로 절연된 것이어야 한다.)
- 퓨즈(fuse): 회로가 단락될 때 회로 내의 부품이나 배선을 보호하는 부품. 퓨즈의 재료로는 알루미늄, 주석으로 도금한 구리, 니켈이 있다. 큰 전류가 흐르면 퓨즈가 녹아 끊어진다.
- 회로차단기(circuit breaker) : 회로가 단락(short)될 때 회로 내의 부품이나 배선을 보호하는 장치. 바이메탈을 얇게 하여 회로차단기를 만드는데, 열에 의해 팽창하면 회로와의 연결이 끊어진다. 바이메탈의 열이 식고 회로 단락의 원인을 제거한 다음에는 처음상태로 복구하여 다시 사용할 수 있다.

중요 공식

$$R = \rho \frac{l}{A}$$

$$R_t = R_0 + R_0(\alpha \Delta t)$$

자습문제

1. 닫힌 스위치 양단의 저항은?

a. ∞Ω
b. 0Ω
c. 1MΩ
d. 답이 없음

2. 퓨즈가 끊어지면 퓨즈 양단의 저항은?

a. ∞Ω
b. 0Ω
c. 1~2MΩ
d. 답이 없음

3. SPDT 스위치에는 모두 몇 개의 연결단자가 있는가?

a. 2
b. 6
c. 3
d. 4

4. 닫힌 스위치 양단의 전압강하는?

a. 인가전압의 크기와 같다.
b. 0V
c. ∞V
d. 답이 없음

5. 원형도선의 규격번호가 1에서 40으로 증가할수록

a. 도선의 지름과 단면적이 증가한다.
b. 도선의 저항값이 감소한다.
c. 도선의 지름은 증가하지만 단면적은 그대로이다.
d. 도선의 지름과 단면적이 감소한다.

6. 다음 중 어느 경우에 원형도선의 단면적이 두 배 차이가 나는가?

a. 규격번호의 차이가 2
b. 규격번호의 차이가 3
c. 규격번호의 차이가 1
d. 규격번호의 차이가 10

7. 12번 규격의 구리선과 12번 규격의 알루미늄선의 길이가 100ft로 같을 때 저항이 큰 것은?

a. 알루미늄선
b. 구리선
c. 두 선의 저항이 같다.
d. 구할 수 없다.

8. 순수한 금속은?

a. 온도계수가 음수이다.
b. 온도계수가 0이다.
c. 온도계수가 양수이다.
d. 저항값이 매우 크다.

9. 스위치의 정격전류는 스위치가 어떠한 상태에 있을 때 스위치에 흘릴 수 있는 최대 전류를 말하는가?
   a. 열려 있을 때
   b. 열려 있거나 닫혀 있을 때
   c. 닫혀 있을 때
   d. 답이 없음

10. 20번 규격의 알루미늄선의 저항값은 얼마인가?
   a. 1Ω 미만
   b. 20.35Ω
   c. 3.33kΩ
   d. 33.27Ω

11. DPST 스위치가 제어할 수 있는 회로의 수는?
   a. 1
   b. 2
   c. 3
   d. 4

12. 다음 금속 중에서 도선의 재료로 가장 좋은 것은?
   a. 강철
   b. 알루미늄
   c. 은
   d. 금

13. 지름이 d=0.01인치인 원형도선의 단면적은?
   a. 0.001cmil
   b. 10cmil
   c. 1cmil
   d. 100cmil

14. 스위치에서 폴은?
   a. 스위치로 제어할 수 있는 회로의 수
   b. 스위치가 있는 닫힌 접점의 수
   c. 스위치에 있는 연결단자의 수
   d. 답이 없음

15. 액체나 기체에서 이온 전하가 움직이는 것을 무엇이라고 하는가?
   a. 코로나 현상
   b. 홀 전류
   c. 초전도성
   d. 이온화 전류

확인문제

1. 저항이 작은 순서로 금속의 종류를 세 가지 적고 이들 금속의 용도를 한 가지 이상 말하여라.
2. 절연체의 종류를 네 가지 적고 용도를 한 가지 이상 말하여라.
3. 반도체의 종류를 두 가지 적어라.
4. 도선의 종류를 두 가지 적고 용도 한 가지를 말하여라.
5. 절연체의 절연강도를 설명하여라.
6. 금속 도체에 견주어 액체와 기체에서 이온화가 잘 일어나는 까닭은 무엇인가? 또 이온화 전류의 예를 한 가지 들어라.
7. 다음 용어의 정의를 말하여라.
   (이온, 이온 결합, 전해액)
8. SPDT 스위치를 써서 배터리 한 개와 전구 두 개의 연결을 제어하는 회로를 그려라.
9. 불이 켜진 필라멘트의 저항을 저항계로 잴 수 없는 까닭은 무엇인가?
10. (−)전하를 띤 음이온과 전자의 공통점과 다른 점을 하나씩 말하여라.
11. 스위치에 사용되는 다음 용어의 정의를 말하여라.
   (DPST, DPDT, NO, NC)
12. 도선과 커넥터 플러그에서 자주 발생하는 고장 두 가지를 말하여라.

연습문제

11-1절 도체의 기능

11-1 〈그림 11-21〉을 보면 저항이 8Ω인 전열기(heater)와 120V가 공급되는 전력선을 길이가 50ft인 구리선 두 개를 사용하여 연결하고 있다. 두 구리선의 저항이 각각 0.08Ω일 때 다음을 계산하여라.

a. 전열기와 전력선을 연결하는 데 사용한 구리선의 총 길이
b. 회로의 전체 저항 R_T
c. 회로에 흐르는 전류 I
d. 50ft 구리선 한 개에서 발생하는 전압강하
e. 8Ω 전열기 양단의 전압강하
f. 50ft 구리선 한 개에서 손실되는 전력
g. 8Ω 전열기에서 소비되는 전력
h. 120V 전력선이 회로에 공급하는 전체전력 P_T
i. 전체전력 P_T 중에서 8Ω 전열기에서 소비되는 전력의 백분율(%)

그림 11-21

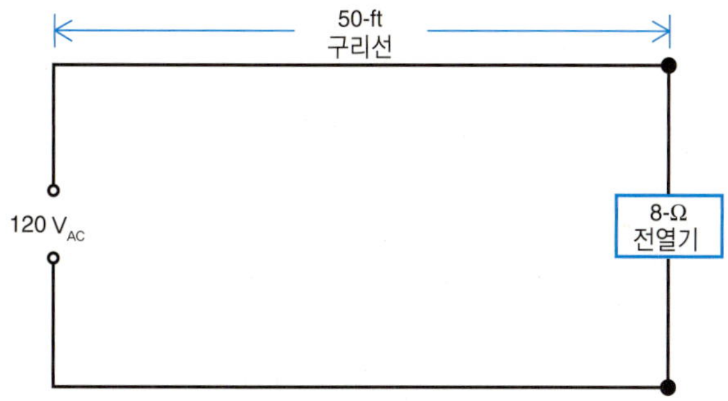

11-2 〈그림 11-21〉에서 저항이 8Ω인 전열기를 저항이 24Ω인 선풍기로 바꾼 다음 문제 11-1의 a~i를 되풀이하여라.

11-2절 도선 규격

11-3 도선의 지름 d가 다음과 같을 때 도선의 단면적을 cmil 단위로 구하여라.

a. 0.005인치
b. 0.021인치
c. 0.032인치
d. 0.05인치
e. 0.1인치
f. 0.2인치

11-4 지름이 d=0.072인치인 도선의 규격번호는 몇 번인가?

11-5 〈표 11-1〉을 보면서 길이가 1000ft인 구리선의 규격번호가 다음과 같을 때, 구리선이 갖는 저항값을 구하여라.

a. 10번 규격
b. 13번 규격
c. 16번 규격
d. 24번 규격

11-6 14번 규격의 구리선과 12번 규격의 구리선의 길이가 100ft로 같을 때 저항이 큰 선은 어느 것인가?

11-7 23번으로 규격이 같은 두 구리선의 길이가 각각 1000ft와 100ft일 때 저항이 큰 선은 어느 것인가?

11-3절 도선의 종류

11-8 30번 규격의 구리선 41가닥을 꼬아 만든 도선이 있다. 이 꼰 도선과 같은 굵기로 볼 수 있는 한 가닥 균일 도선의 규격번호는 몇 번인가?

11-9 28번 규격의 구리선 65가닥을 꼬아 만든 연장코드(extension cord)용 도선이 있다. 이 꼰 도선과 같은 굵기로 볼 수 있는 균일 도선의 규격번호는 몇 번인가?

11-10 36번 규격의 구리선 몇 가닥을 꼬아야 16번 규격의 균일 도선과 같은 굵기로 볼 수 있는가?

11-11 구리선 8개를 꼬아 만든 도선의 굵기가 10번 규격의 균일 도선과 같다. 각 구리선의 규격번호는 몇 번인가?

11-6절 스위치

11-12 〈그림 11-22〉에서 스위치가 닫혀 있을 때

a. 스위치 양단의 전압을 구하여라.
b. 램프 양단의 전압을 구하여라.
c. 램프에 불이 들어오는가?
d. 램프의 정격을 잘 살펴보면서 회로에 흐르는 전류 I를 구하여라.

그림 11-22

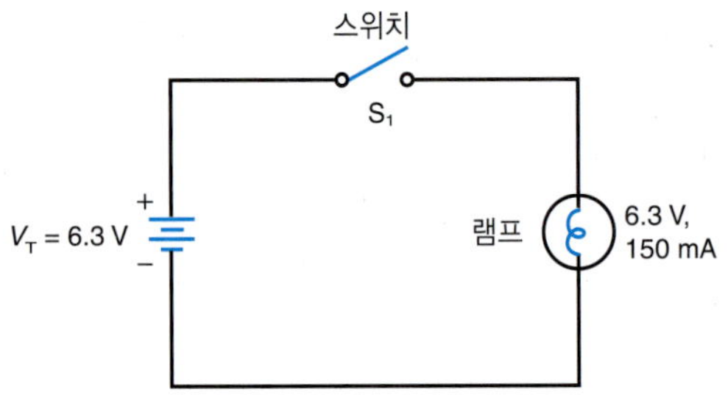

11-13 〈그림 11-22〉에서 스위치가 열려 있을 때
a. 스위치 양단의 전압을 구하여라.
b. 램프 양단의 전압을 구하여라.
c. 램프에 불이 들어오는가?
d. 램프의 정격을 잘 살펴보면서 회로에 흐르는 전류 I를 구하여라.

11-14 SPDT 스위치 한 개를 사용하여 두 개의 배터리 6V, 12V와 한 개의 저항성 발열소자 사이의 연결을 제어하는 회로도를 그려라.

11-15 DPDT 스위치 한 개를 사용하여 다음 기능을 갖는 회로도를 그려라.
a. 스테레오 수신기 한 대와 서로 다른 스피커 두 개 사이의 연결을 제어하는 회로
b. 직류모터의 회전 방향을 바꿀 수 있도록 모터로 공급되는 배터리 전압의 극성을 바꾸어주는 회로

11-16 정격이 10A/250V인 SPST 스위치가 있다. 이 스위치로 정격이 120V, 1000W인 가전제품을 제어할 수 있는가?

11-8절 도선 저항

11-17 다음 도선의 저항값을 계산하여라.
a. 길이가 250ft인 20번 규격 구리선
b. 길이가 250ft인 20번 규격 알루미늄선
c. 길이가 250ft인 20번 규격 강철선

11-18 다음 도선의 저항값을 계산하여라.
a. 길이가 100ft인 14번 규격 구리선
b. 길이가 200ft인 14번 규격 구리선

11-19 다음 도선의 저항값을 계산하여라.
a. 길이가 100ft인 15번 규격 구리선
b. 길이가 100ft인 18번 규격 구리선

11-20 단면적이 1cm^2, 길이가 0.1cm인 실리콘 조각의 저항값은 얼마인가?

11-21 14번 규격의 구리선 두 개로 50ft 길이의 연장코드(extension cord)를 만들었다. 각 구리선의 저항값을 구하여라.

11-22 14번 규격의 구리선으로 만든 100ft 길이의 연장코드(extension cord)가 있다. 이 연장코드를 사용하여 10A 부하를 120V 전력선에 연결할 때 부하 양단에 걸리는 전압을 구하여라.

11-23 길이가 200ft인 구리도선을 사용하여 120V의 전압을 6A 부하에 연결하려고 한다. 도선에서 발생하는 전압강하가 5V를 넘지 않게 하려면 구리도선의 규격을 몇 번보다 작게 하여야 하는가?

11-9절 저항의 온도계수

11-24 어떤 텅스텐선의 저항이 20℃에서 20Ω이다. 온도가 70℃로 되면 이 선의 저항은 얼마가 되는가?

11-25 어떤 강철선의 저항이 20℃에서 10Ω이다. 온도가 100℃로 되면 이 선의 저항은 얼마가 되는가?

11-26 어떤 니켈선의 저항이 20℃에서 150Ω이다. 온도가 250℃로 되면 이 선의 저항은 얼마가 되는가?

11-27 어떤 알루미늄의 저항이 20℃에서 100Ω이다. 온도가 120℃로 되면 이 선의 저항은 얼마가 되는가?

11-28 어떤 니크롬선의 저항이 20℃에서 1kΩ이다. 온도가 220℃로 되면 이 선의 저항은 얼마가 되는가?

11-29 어떤 강철선의 저항이 20℃에서 10Ω이다. 온도가 −30℃로 되면 이 선의 저항은 얼마가 되는가?

11-30 14번 규격의 알루미늄선의 저항이 −20℃에서 8.4Ω이다. 온도가 50℃로 되면 이 선의 저항은 얼마가 되는가?

사고력 문제

11-31 두 개의 스위치를 사용하여 십진저항상자(decade resistance box)를 설계하여라. 저항상자에는 A, B로 표시된 두 단자를 만들고 두 단자 사이의 저항값이 0~99Ω 범위에서 1Ω과 10Ω 간격으로 조정될 수 있도록 하여야 한다. 두 스위치의 폴의 개수와 스위치의 개수는 여러분이 마음대로 정할 수 있다. 이 십진저항상자의 회로도를 그리고 사용된 모든 저항기(resistor)의 저항값(resistance)을 써 넣어라.

11-32 SPDT 스위치 두 개를 사용하여 서로 떨어진 두 곳(예를 들어, 1층과 2층)에서 전등 하나를 ON/OFF할 수 있는 회로를 설계하여라. 단, 전등의 전원은 12V 배터리 한 개이다.

복습문제 정답

11-1 a. 0.08Ω
b. 약 0.07V
c. 약 0.06%

11-2 a. 0.01646Ω
b. 625cmil
c. 16번

11-3 a. 참
b. 참
c. 참

11-4 a. 참
b. 참
c. 거짓

11-5 a. 25W
b. ∞Ω

11-6 a. 0
b. 3
c. ∞
d. 아니다.

11-7 a. 0
b. 0

11-8 a. 크다.
b. 2.6Ω

11-9 a. 참
b. 참
c. 참

11-10 a. I=2A
b. 전자
c. 거짓

11-11 a. 운모(mica)
b. 그렇다.

11-12 a. 거짓
b. 참

chapter 12

배터리

배터리(battery) 안에는 화학반응을 이용하여 에너지를 발생시키는 전지(cell)가 여러 개 들어 있다. 전지 하나를 살펴보면 전해액(electrolyte) 속에 두 개의 전극(electrode)이 잠겨 있는데, 두 전극은 서로 다른 도전체(conducting material)로 만들어진다. 전극과 전해액 사이의 화학반응에 의해 원자는 이온과 자유전자로 분리된다. 그러면 두 전극 사이에 전위차가 발생하는데, 이것이 전지 한 개에서 출력되는 전압이다.

전지의 종류 가운데 대표적인 것으로 출력전압이 1.5V인 알칼라인 전지(alkaline cell)와 2.1V인 납축전지(lead-sulfuric acid wet cell)가 있다. 우리 주변에서는 흔히 납작한 형태의 9V 배터리를 볼 수 있다. 이 안에는 6×1.5=9V가 되도록 여섯 개의 전지가 직렬로 연결되어 있다. 여러 가지 휴대용 전자제품의 전원으로는 건전지(dry battery)가 사용된다.

자동차의 전원으로는 대체로 납축전지가 사용된다. 그 속에는 여섯 개의 전지가 직렬로 연결되어 12V를 출력한다.

배터리는 크기가 일정한 직류전압을 공급하며 전압의 극성은 바뀌지 않는다. 배터리는 발전기, 다시 말해 에너지를 공급하는 여러 장치 가운데 하나이다. 전원의 역할을 하는 배터리는 부하(load)의 역할을 하는 회로에 전압을 공급하여 그 회로에서 필요로 하는 부하전류가 흐르도록 한다. 전원에 부하가 연결될 때, 전원의 출력전압에 영향을 주는 중요한 항목이 전원의 내부저항 r_i이다. r_i가 작으면 부하전류가 변동하여도 전원은 일정한 출력전압을 유지할 수 있다. 반대로 r_i가 큰 경우에는 출력전압의 강하가 발생하는 대신 일정한 부하전류가 유지된다.

단원 차례

단원 목표

- 1차 전지와 2차 전지의 차이점을 설명한다.
- 전지의 내부저항이 뜻하는 것을 이해한다.
- 볼타전지의 종류를 알아본다.
- 배터리의 전류용량이나 전압출력을 증가시키기 위한 전지의 연결 방법을 설명한다.
- 부하전류가 커지면 배터리 내부에서 전압강하가 증가하는 까닭을 설명한다.
- 전압원과 전류원의 차이점을 설명한다.
- 최대전력전달의 개념을 설명한다.

중요 용어

개방회로 전압
내부저항 r_i
방전
배터리
볼타전지
비중(상대밀도, specific gravity)
암페어-시(A-H) 정격(ampere-hour rating)
액체 비중계(hydrometer)
연료전지
정전류원(constant-current source)
정전압원(constant-voltage source)
축전지
충전
플로트 충전(float charging)
1차 전지
2차 전지

12-1 개요

알아두기▸▸

대부분의 휴대용 전자제품은 배터리로 동작시킬 수도, 110V/220V 60Hz 교류전원으로 동작시킬 수도 있다. 교류전원으로 동작시킬 때는 60Hz 교류전압이 직류전원공급기(DC power supply)에서 직류전압으로 변환된다.

오늘날 우리는 배터리를 사용하여 수많은 전자제품을 동작시키고 있다. 배터리가 특히 많이 사용되는 예로 자동차, 개인용 컴퓨터, 휴대용 라디오, 랩톱 컴퓨터, MP3 플레이어, 핸드폰을 들 수 있다. 배터리에는 많은 종류가 있고 크기도 다양하며 정격전압과 정격전류도 여러 가지가 있다. 배터리를 필요로 하는 곳이 굉장히 많기 때문에 배터리의 크기와 정격이 다양해야 한다. 그렇지만 종류에 관계없이 모든 배터리는 볼타전지를 기본으로 하고 이들의 조합으로 구성된 것이다. 이렇게 만들어진 배터리는 일정한 직류전압을 출력한다. 배터리의 출력전압과 전류의 정격은 몇 가지 요소에 의해 결정되는데, 전극으로 사용되는 물질의 종류, 전극의 크기, 전해액의 종류가 여기에 속한다.

우리가 잘 알고 있는 것처럼 배터리에는 다 쓰고 나면 다시 충전을 할 수 없는 종류가 있다. 또한 수백 번이나 심지어 수천 번까지 재충전하여도 정격 출력전압을 발생시킬 수 있는 종류도 있다. 배터리를 구성하는 전지의 종류에 따라 재충전 여부가 결정된다. 전지의 종류에는 1차 전지와 2차 전지의 두 가지가 있다.

1차 전지

재충전할 수 없는 전지가 1차 전지이다. 전지의 정격용량을 다 쓴 다음에는 전지 내부에서 화학반응이 다시 일어나게 할 수 없으므로 전지를 버릴 수밖에 없다. 〈그림 12-1〉에 여러 종류의 건전지와 배터리를 나타내었다. 또 〈표 12-1〉에 여러 가지 전지의 이름을 수록하고 1차와 2차 가운데 어느 종류에 속하는지 분류하였다. 표에 기록한 전압은 개방회로 전압이다.

2차 전지

화학작용을 다시 일어나게 할 수 있으므로 재충전이 되는 전지가 2차 전지이다. 전지가 부하저항에 전류를 공급하는 경우에는 내부의 두 전극에 (+), (−)로 분리되어

그림 12-1 건전지와 배터리의 종류. 이것들은 1차 전지이므로 다시 충전할 수 없다.

알아두기▸▸

배터리의 내부에서는 끊임없이 (+)전하와 (-)전하가 분리되는 일이 일어난다. 사용하지 않고 보관 중인 배터리에서도 마찬가지이다. 이 때문에 단 한 번도 사용하지 않은 배터리가 다 닳아버리는 일도 일어난다. 따라서 배터리를 구입할 때는 제조일자를 잘 확인해서 만든 지 오래되지 않은 것을 골라야 한다.

표 12-1	전지의 종류와 개방회로전압	
전지 이름	종류	개방회로전압
탄소-아연	1차 전지	1.5V
염화아연	1차 전지	1.5V
이산화망간(알칼라인)	1차, 2차 전지	1.5V
산화수은	1차 전지	1.35V
산화은	1차 전지	1.5V
리튬	1차 전지	3.0V
납축	2차 전지	2.1V
니켈-카드뮴	2차 전지	1.2V
니켈-수소	2차 전지	1.2V
니켈-철(에디슨)	2차 전지	1.2V
니켈-아연	2차 전지	1.6V
태양	2차 전지	0.5V

그림 12-2 12V 자동차용 배터리로 6개의 납축전지를 직렬로 연결하여 제작한다. 이 배터리는 2차 전지에 속하므로 재충전할 수 있다.

있던 전하들이 만나 중성이 되는데 이것이 전지의 방전이다. 이와 반대로 전류의 방향이 바뀌면 화학작용이 반대가 되어 전극이 다시 형성된다. 이것이 전지의 충전작용이다. 충전전류를 공급할 때는 전지의 외부에 직류전압원을 연결하여 전지가 부하의 역할을 하도록 하여야 한다. 충전과 방전을 전지의 사이클링(cycling, 순환)이라고 한다. 재충전할 수 있으므로 2차 전지를 축전지라고도 한다. 가장 대표적인 것이 자동차 배터리로 널리 사용되는 납축전지이다(〈그림 12-2〉). 〈표 12-1〉에 2차 전지에 속하는 전지를 수록하였다.

건전지(dry cell)

우리가 물기가 없다는 뜻으로 "건(dry)"전지라는 이름으로 부르지만 실제로는 액체인 전해질이 들어 있다. 그렇지만 전해액이 전지 밖으로 쏟아지지 않도록 되어 있어 전지가 어떤 자세로 있든지 관계없이 동작할 수 있다.

밀봉된 충전전지(sealed rechargeable cell)

이 전지는 재충전할 수 있는 2차 전지이지만 밀봉되어 있어서 전해액을 다시 보충할 수는 없다. 이 전지는 전지가 놓인 자세에 관계없이 충전과 방전을 할 수 있다.

■ 12-1 복습문제

a. 탄소-아연(carbon-zinc) 전지의 출력전압은 얼마인가?

b. 납축전지의 출력전압은 얼마인가?

c. 1차 전지와 2차 전지 중에서 재충전할 수 있는 것은 어느 것인가?

12-2 볼타전지

〈그림 12-3〉과 같이 서로 다른 두 개의 도전물질이 전해액 속에 잠겨 있을 때 화학 반응에 의해 새로운 용액이 만들어지면서 전하의 분리가 일어난다. 화학에너지를 전기에너지로 바꾸어 주는 이 장치를 볼타전지(voltaic cell)라고 한다. 이 전지를 갈바니(Luigi Galvani, 1737~1798)의 이름을 따서 갈바니 전지(galvanic cell)라고도 한다.

〈그림 12-3a〉에서 전해액 속에 잠긴 (+)와 (−)로 각각 대전된 두 도체를 전지의 전극 또는 전극판이라고 한다. 〈그림 12-3b〉에서 보듯이 여기에 달려 있는 단자로 전압 출력을 외부회로에 연결하게 된다. 서로 다른 전하에 의해 전위차가 발생하므로 전지는 전압을 공급하는 전압원으로 동작한다. 전지의 두 단자 사이의 전압에 의해 회로에 전류가 흐르게 되어 전구에 불이 들어온다.

전지 밖에 흐르는 전류

전지의 (+)단자에 나온 전하는 저항값이 R_L인 외부회로를 지나 (−)단자로 되돌아온다. 전지에서는 화학반응에 의해 계속해서 전하의 분리가 일어나므로 외부회로에 전류를 공급하는 동안에 단자의 전압을 유지할 수 있다.

전지에서 발생한 전하는 흐르는 전류에 의해 중성이 된다. 따라서 부하전류를 발생시키는 과정에서 전지의 방전이 일어난다. 그렇지만 내부의 화학반응으로 전하의 분리가 계속되어 출력전압을 발생시키게 된다.

전지 안을 흐르는 전류

전해액 속에 있는 이온이 이동하는 것이 전지 안의 전류이다. 〈그림 12-3b〉에서 전지 내부의 전류는 (−)단자에서 (+)단자로 흐르는 것에 주의한다. 이 과정에서 화학반응으로 발생한 에너지에 의해 출력단자 사이에 전압이 발생한다. 〈그림 12-3a〉에

그림 12-3 볼타전지에서 화학에너지가 전기에너지로 변환되는 방식 (a) 전해액 속에 잠겨 있는 두 전극(판) (b) (a)를 회로도로 나타낸 것으로 직류전압원(볼타전지) V에서 만들어진 전류가 부하(전구) R_L로 공급된다.

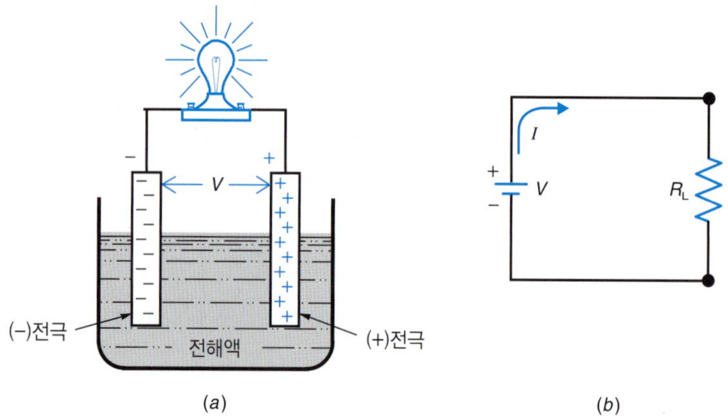

서 (−)로 표시된 단자가 전해액에서 (+)이온을 형성하므로 전지의 (+)극이 된다. (+) 단자는 전지의 (−)극이 된다.

내부저항

우리가 사용하는 실제 전압원은 모두 내부저항 r_i을 가지고 있다. 이 저항에 의해 전압원이 공급하는 전류가 제한된다. 〈그림 12−3〉과 같은 화학전지의 경우, 전극의 저항성분이 r_i의 대부분을 차지한다. 품질이 좋은 전지의 경우에는 1Ω 미만의 낮은 r_i값을 갖는 것이 보통이다. 그렇지만 전지의 특성이 나빠지면 r_i가 증가한다. 그러면 부하전류가 흐를 때 r_i에 걸리는 전압강하가 커져 출력단자의 전압이 줄어들므로 정상적인 전압을 발생시키지 못하게 된다. 건전지의 전압을 전압계로 측정할 때는 전류가 거의 흐르지 않으므로 정상적인 전압이 측정되지만 부하를 연결하면 건전지의 전압이 낮아지는 것은 바로 이 때문이다.

전지의 전극과 전해액을 구성하는 성분의 종류에 따라 전압출력이 결정된다. 정격전류에 영향을 주는 요소는 주로 전지의 크기이다. 배터리가 클수록 더 큰 전류를 공급할 수 있다. 건전지의 정격전류는 250mA까지가 보통이며 납축전지는 300A 이상의 전류까지 공급할 수 있다. r_i값이 작을수록 더욱 큰 정격전류가 가능하다.

전극전위 서열(Electromotive Series)

〈표 12−2〉를 보면 전지를 구성하는 원소에 따라 전압출력이 달라지는 것을 알 수 있다. 이 표를 전기화학 서열(electrochemical series) 또는 전극전위 서열

표 12−2	원소의 전극전위 서열
원소	전위 [V]
리튬(Lithium)	−2.96
마그네슘(Magnesium)	−2.40
알루미늄(Aluminium)	−1.70
아연(Zinc)	−0.76
카드뮴(Cadmium)	−0.40
니켈(Nickel)	−0.23
납(Lead)	−0.13
수소(Hydrogen) (기준)	0.00
구리(Copper)	+0.35
수은(Mercury)	+0.80
은(Silver)	+0.80
금(Gold)	+1.36

(electromotive series)이라고 하는데, 몇 가지 화학 원소에 대해 이온화가 되는 경향을 순서대로 나타낸 것이다. 각 원소의 전위는 수소를 기준으로 0V로 정하여 이에 대한 상대적인 전압을 표시한 것이다. 전극이 두 개인 전지의 전압은 이론적으로 전극을 구성하는 두 원소 사이의 전압차가 된다. 이밖에도 시판용 배터리의 제조에 영향을 주는 중요한 요소로 전해액, 가격, 안정성, 전지수명이 있다.

■ 12-2 복습문제

a. 화학반응을 이용하는 전지의 (−)단자에는 과잉전자가 모인다. (참, 거짓)
b. 전지의 내부저항 때문에 출력전류의 크기가 제한된다. (참, 거짓)
c. 두 전극을 같은 금속으로 만들면 전압출력이 최대가 된다. (참, 거짓)

12-3 1차 전지의 종류

이 절에서는 요즘 사용되고 있는 몇 가지 1차 전지에 대해 살펴본다.

탄소-아연

탄소-아연 건전지는 저렴해서 흔히 볼 수 있다. 발명자의 이름을 따서 르클랑세(Leclanché) 전지라고도 한다. 〈그림 12-1〉에 보이는 전지들이 바로 이 종류이다. 〈그림 12-4〉에 D-사이즈인 원형 전지의 내부 구조를 나타내었다. 이 탄소-아연 전지의 전압출력은 1.5V로 표시되어 있는데[이 값을 공칭값(nominal value)이라고 함] 실제로는 1.4~1.6V 정도의 값을 나타낸다. 높이가 2.25인치이고 부피가 3.18in.^{3}인 D-사이즈의 경우에 권장 전류 범위는 최대 150mA이다. 사이즈가 C, AA, AAA 형으로 갈수록 크기가 작아지고 전류정격도 작아진다.

그림 12-4 탄소-아연 건전지의 단면. 이 전지의 사이즈는 높이가 2.25인치인 D형이다.

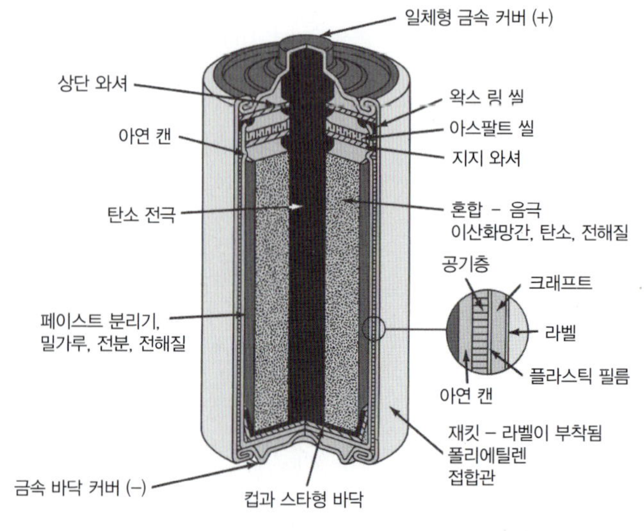

전기화학 시스템은 아연으로 된 (+)극과 이산화망간으로 된 (−)극이 전해액 속에 잠겨 있는 구조로 구성되어 있다. 전해액은 염화암모늄과 염화아연을 물에 용해시킨 것이다. 〈그림 12−4〉에서 볼 수 있듯이 원형 구조의 전지에서는 탄소봉이 한 가운데에 내리박혀 있다. 탄소봉은 불활성으로 스스로 화학작용을 일으키지 않지만 위쪽에 있는 (+)단자로 전류를 모으는 역할을 한다. 전지 내부에서 전류는 (−)전극인 아연 캔에서 전해액, 이산화망간, (+)전극인 탄소막대의 경로를 따라 흐른다. 탄소막대는 전해액이 새는 것을 막는 것은 물론, 작은 구멍이 많이 있어서 전지 안에 축적된 가스를 내보내는 역할도 한다.

전지가 동작할 때는 암모니아가 탄소전극 주위에 모인 수소가스를 방출한다. 이것을 분극(polarization)이라고 하는데, 이 작용에 의해 출력전압이 낮아진다. 이산화망간은 산소를 방출하는데, 산소는 수소와 결합하여 물이 된다. 이산화망간은 분극을 없애주는 감극제(depolarizer)로 작용한다. 탄소분말을 감극제에 첨가하면 전도성을 좋게 하고 습도를 유지할 수 있다.

탄소−아연 건전지는 70℉(21℃) 정도의 온도에서 가장 잘 동작한다. 온도가 올라가면 전지의 전압이 커진다. 온도가 125℉(52℃) 이상이 되면 전지의 성능이 급격하게 저하된다.

탄소−아연 건전지는 전류소모가 작을수록 전지의 화학적 효율이 증가한다. 그러므로 전지를 연속이 아니라 잠깐씩 여러 번 동작시키는 것이 더 좋은 성능을 내게 한다. 이렇게 하면 전지를 사용하지 않는 동안에 분극이 제거되어 기능을 회복할 수 있다.

탄소−아연 D 전지를 최대 정격전류가 계속 흐르도록 동작시키면 몇 시간밖에 사용할 수 없다. 그런데 같은 전지를 한 번 쓸 때 1시간 미만으로 작은 전류가 흐르도록 하면 몇 달, 길게는 일 년도 쓸 수 있다.

알칼라인 전지

〈그림 12−5〉에서 볼 수 있는 전지가 알칼리 전해액을 가진 망간−아연 전지이다. 이 전지는 1차 전지, 2차 전지의 두 종류로 모두 만들 수 있지만 1차 전지로 제작하는 것이 일반적이다. 전지의 출력전압은 탄소−아연 전지와 마찬가지로 1.5V이지만 수명이 훨씬 길다.

이 전지의 내부에는 (+)극의 아연분말과 (−)극의 이산화망간이 알칼리 전해액 속에 담겨 있다. 이 알칼라인 전지의 전해액은 르클랑세 전지(탄소−아연 전지)와 달리 수산화칼륨이다. 수산화화합물은 (−)이온인 수산(OH) 이온이 들어 있는 알칼리성 물질인 반면에 산성 전해액은 (+)이온인 수소(H) 이온을 가지고 있다.

알칼라인 전지는 연속적으로 사용해도 높은 효율을 유지하므로 여러 곳에 응용된다. 사용되는 곳에 따라서는 탄소−아연 전지보다 7배까지 오래 사용할 수 있다. 예를 들어, 휴대용 CD 재생기에 알칼라인 전지를 사용하면 일반형 탄소−아연 전지보다 2배 정도 오래 사용할 수 있다. 장난감 같은 경우에는 7배 정도 오래 사용할 수 있다.

그림 12-5 알칼라인 전지의 구조

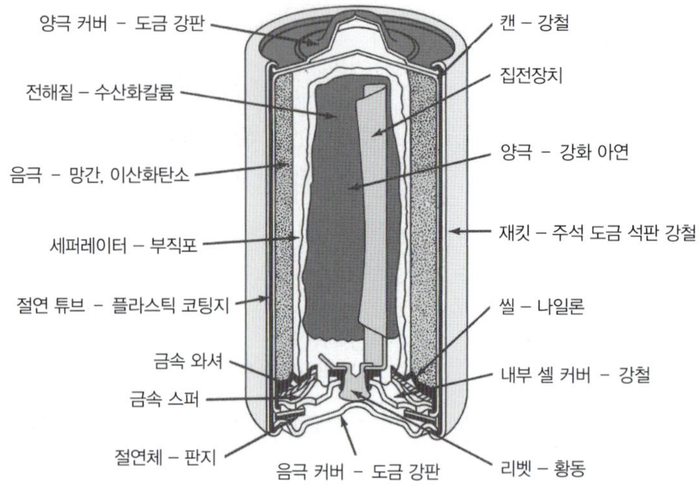

이러한 알칼라인 전지의 성능이 뛰어난 것은 내부 저항이 작기 때문이다. 내부저항이 작은 것은 (–)극 물질의 밀도가 높고, (+)극의 표면적이 넓어 전해액과의 접촉이 좋으며 전해액의 도전성이 높기 때문이다. 또한 알칼라인 전지는 낮은 온도에서도 좋은 성능을 발휘한다.

염화아연 전지

이 전지는 〈그림 12–4〉의 탄소–아연 전지가 변형된 것으로 전해액으로는 염화아연만이 사용된다. 이 전지는 탄소–아연 전지보다 수명이 길고 더 많은 전류를 공급할 수 있는 뛰어난 성능을 가진다. 염화아연 전지에서는 화학반응이 일어나면 물과 화학적 활성물질을 함께 소비하므로 수명이 다 되면 전지가 거의 말라버려 전지에서 액체가 새는 문제가 일어나지 않는다.

그 밖의 1차 전지

〈그림 12–6〉과 같이 작은 단추 모양으로 된 전지로 수은 전지와 산화은 전지가 있다. 전지의 지름은 3/8~1인치 정도이다.

수은 전지

수은 전지는 (+)극의 아연과 (–)극의 수은화합물, 수산화칼륨이나 수산화나트륨으로 된 전해액으로 구성되어 있다. 수은 전지의 모양에는 납작하고 둥근 원통형과 작은 단추 모양 등이 있다. 종류에 따라서는 버튼의 위쪽이 (–), 아래쪽이 (+)로 된 것도 있다. (–)극 물질로 산화제이수은(HgO)을 사용한 수은 전지의 전압은 1.35V이고 산화제이수은/이산화망간을 사용한 것은 1.4V 이상인데, 이 가운데 1.35V인 종류가 더 많이 나와 있다.

그림 12-6 단추 모양의 1차 전지 구조. 지름은 3/8~1인치 정도이다. AgO_2는 산화은, HgO는 산화제이수은, MnO_2는 이산화망간이다.

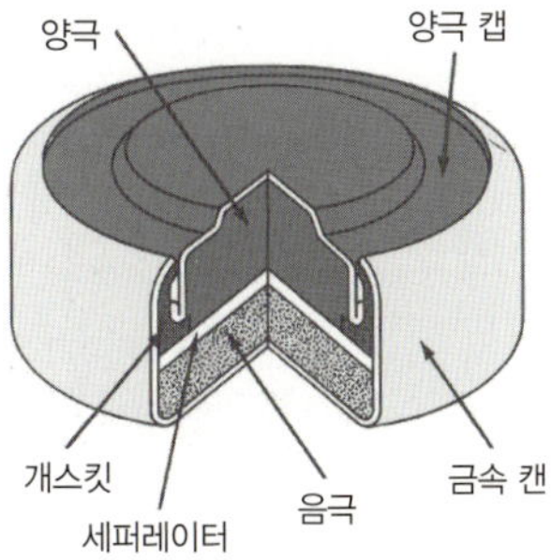

• 양극은 아연분말과 전해질이 혼합된 겔화된 혼합물이다.

• 음극

은 전지	:	AgO_2, MnO_2, 도체
수은 전지	:	HgO, 도체(MnO_2를 포함할 수 있음)
이산화망간 전지	:	MnO_2, 도체

수은 전지는 많은 전류를 일정하게 공급해야 할 곳에 사용하는 데 적합하다. 이 전지의 내부저항은 아주 낮고 거의 일정하다. 이 전지는 130°F(54℃)의 온도까지는 연속적으로 사용하여도 잘 동작하며 잠깐 사용하는 경우에는 200°F(93℃)까지도 쓸 수 있다. 한 가지 단점이 있다면 탄소-아연 전지에 견주어 값이 비싸다는 것이다. 수은 전지는 다 쓴 다음 적절히 처리하지 않아 생기는 여러 위험들 때문에 사용이 급격하게 줄고 있다.

산화은 전지

산화은 전지는 (+)극은 아연, (-)극은 소량의 이산화망간이 섞인 산화은(AgO_2)으로 되어 있고, 전해액으로는 수산화칼륨이나 수산화나트륨이 사용된다. 보통 〈그림 12-6〉과 같은 작은 단추 형태가 많다. 전압은 1.6V인데, 부하를 연결하면 1.5V 정도가 된다. 보청기, 카메라, 전자시계와 같이 작은 크기의 전류를 필요로 하는 곳에 주로 사용된다.

여러 건전지의 특징 요약

널리 사용되는 건전지의 종류에는 탄소-아연 전지, 염화아연 전지, 망간-아연(알칼라인) 전지가 있다. 많은 전류가 필요한 곳에는 알칼라인 전지가 염화아연 전지보다 낫다. 전지의 모양은 원통형이고 사이즈의 종류로는 〈표 12-3〉에 수록된 것처럼 D, C, AA, AAA가 있다. 작은 단추 모양 전지는 보통 수은이나 산화은 전지이다. 앞에서 말한 모든 건전지는 1차 전지로 재충전할 수 없다. 수은 전지의 전압은 1.35V이고 나머지 전지들은 모두 1.5V이다.

건전지를 사용하지 않고 보관만 했는데도 전압을 공급하는 능력이 없어질 수 있다. 전지의 보관수명을 살펴보면 알칼라인 전지는 약 2년이고, 탄소-아연 전지는 이보다 훨씬 짧으며 특히 사이즈가 작고 중간에 일부 사용한 전지의 경우에는 특히 더 짧다. 이것은 전지 내부에서 자체 방전이 일어나고 전해액에서 수분이 사라지기 때문에 생기는 현상이다. 하지만 최근에 배터리 관련 기술이 발전하면서 건전지의 보관수명은 꾸준히 증가하고 있다.

알아두기▸▸

재충전하지 못하는 배터리를 냉장고와 같은 추운 장소에 보관하는 일이 흔히 있다. 보관 온도가 낮으면 배터리 내의 화학작용을 늦출 수 있으므로 보관수명을 연장할 수 있다.

표 12-3	건전지 사이즈의 종류	
종류	높이(인치)	지름(인치)
D	$2\frac{1}{4}$	$1\frac{1}{4}$
C	$1\frac{3}{4}$	1
AA	$1\frac{7}{8}$	$\frac{9}{16}$
AAA	$1\frac{3}{4}$	$\frac{3}{8}$

전지를 약 40~50°F(0.7~10℃) 정도의 낮은 온도에 보관하면 수명이 길어진다는 사실을 잘 알아두기 바란다. 32°F(0℃) 이하로 온도가 아주 낮아도 전지에는 크게 해가 되지 않는다. 하지만 전지를 사용하기 전에는 되도록이면 처음 포장된 상태 그대로 하여 평상온도로 되돌아올 때까지 기다려서 물기가 사라지도록 해야 한다.

알칼라인 건전지는 비용 효과가 가장 좋다고 할 수 있다. 비용은 더 들지만 사용 가능 시간이 훨씬 더 길며 보관수명도 길다. D 사이즈 건전지의 경우, 알칼라인 건전지의 수명은 탄소-아연 전지에 견주어 연속해서 사용할 때는 약 10배, 띄엄띄엄 사용할 때는 약 7배 길다. 염화아연 건전지의 수명은 일반용 탄소-아연 건전지의 약 2배이다. 그렇지만 약 10mA 이하의 작은 전류를 공급할 때는 배터리 수명에 큰 차이가 없다.

리튬 전지

리튬 전지는 1차 전지로 다른 종류의 전지보다 나중에 나온 편이다. 하지만 출력전압이 높고 보관수명이 길며 무게도 가볍고 부피도 작기 때문에 특별한 용도로 매우 적합하다. 부하가 연결되지 않은 상태에서 리튬 전지의 전압은 사용된 전해액에 따라 2.9V나 3.7V이다. 앞에서 나온 〈표 12-2〉에 수록된 원소의 전극전위 서열을 보면 리튬의 전위가 높은 것을 알 수 있다.

리튬전지는 같은 급의 탄소-아연 전지보다 적어도 10배 이상 많은 에너지를 공급할 수 있다. 그러나 리튬은 화학적으로 매우 활발히 반응하는 원소이다. 그래서 적은 전류를 공급하는 소형 전지를 만들기 위해 그 동안 여러 구조적인 문제의 해결이 이루어져야 했다. 심장 박동기에 사용하는 전지는 수명이 길어야 하므로 리튬 전지가 직류전원으로서 사용되고 있다.

그림 12-7 리튬 배터리

널리 사용되는 리튬 전지에는 리튬이산화황(lithium-sulfur dioxide, $LiSO_2$)과 리튬염화티오닐(lithium-thionyl chloride)의 두 종류가 있다. 출력전압은 약 3V이다.

리튬이산화황 전지에서는 이산화황이 고압용기와 시안화메틸(methyl cyanide)로 된 유기 액체 용제를 사용하여 이산화황을 액체 상태로 담아둔다. 문제는 용기에 구멍이 뚫리거나 금이 가서 유독성 증기가 새어 나오지 않도록 안전하게 감싸야 한다는 것이다. 특히 전지를 다 쓴 뒤에 버릴 때 이 문제를 고려하여 안전하게 처리하여야 한다.

리튬전지의 보관수명은 10년 이상으로 다른 종류보다 훨씬 길다.

■ **12-3 복습문제**

a. 알칼라인 전지와 탄소-아연 전지 가운데 보관수명이 긴 것은 어느 것인가?
b. 알칼라인 전지와 탄소-아연 건전지 가운데 같은 제품을 더 오래 동작시킬 수 있는 것은 어느 것인가?
c. C와 AA 사이즈 가운데 어느 전지의 크기가 더 큰가?
d. 손목시계, 보청기, 카메라 등에는 주로 어떤 전지가 사용되는가?

12-4 납축전지

그림 12-8 자동차에 사용되는 12V 납축전지 배터리

큰 부하전류를 필요로 하는 곳에 가장 널리 사용되는 것이 납축전지이다. 전해액으로는 묽은황산(H_2SO_4)이 사용된다. 예를 들어, 자동차 엔진의 시동을 걸 때에는 보통 200~400A 정도의 전류가 배터리에서 공급된다. 전지 한 개의 출력전압은 2.1V이지만 여러 개의 전지를 직렬로 연결하여 납축전지를 만들게 되므로 6V 납축전지에는 세 개의 전지가, 12V 납축전지에는 여섯 개의 전지가 들어 있다. 〈그림 12-2〉와 〈그림 12-8〉에서 실제 납축전지를 볼 수 있다.

납축전지는 2차 전지로 재충전을 할 수 있다. 전지가 양호한 상태에 있는 동안에는 방전되어 전압이 낮아질 때마다 다시 충전만 하면 정상 전압으로 되돌릴 수 있다. 그렇지만 지나치게 큰 전류로 충전과 방전을 하게 되면 열이 발생하여 자동차의 경우에는 전지의 수명이 3~5년 정도로 단축된다. 납축전지는 다른 종류의 2차 전지보다 출력전압이 높으므로 다른 종류에 견주어 적은 수의 전지로 필요한 전압이 되도록 만들 수 있다.

구조

납축전지에서는 여러 개의 판(plate)을 연결용 띠(strap)에 용접하여 (+)전극과 (–)전극을 만들게 된다. 이들 판은 물과 농축 황산으로 구성된 전해액 속에 담기게 된다. 각 판은 납-안티몬 합금으로 만든 격자구조로 되어 있어 활성물질인 산화납을 격자에 달라붙게 한다. (+) 판에 붙은 활성물질은 과산화납(PrO_2)으로 바뀌고 (–) 판의 활성물질은 스펀지처럼 구멍이 뚫려 있는 구조의 해면상납(spongy Pb)으로 된다. 이 과정에서 전하가 형성되어 (+), (–)전극이 만들어진다.

제조회사에서는 보통 전해액이 없는 상태로 자동차 배터리를 운송한다. 배터리를 설치할 때 전해액을 채우면 배터리가 충전되어 전극 판이 형성된다. 관리할 필요 없는 타입의 배터리(maintenance-free battery)는 평상시에 물을 보충해주지 않아도 된다. 그래서 종류에 따라서는 압력배출 부위를 제외한 나머지 부분이 밀봉되어 있다.

화학반응

황산은 수소와 황산이온의 화합물이다. 전지가 방전되면 (+) 전극의 과산화납이 수소이온과 결합하여 물이 만들어진다. 또 과산화납이 황산이온과 결합하면서 황산납이 만들어진다. 황산납은 (–) 전극의 납이 황산이온과 결합할 때도 만들어진다. 따라서 방전이 되면 물이 계속 생기므로 전해액이 묽어지고 전극 판에 황산납이 생겨난다.

방전이 계속되면 황산이 격자의 틈을 메워 활성물질 내에서 산의 순환이 늦어지게 된다. 오래된 배터리 단자 밖으로 황산납 분말이 새어 나온 것을 가끔 볼 수 있다. 전해액이 묽어지고 판의 황산화가 진행되면 배터리의 출력이 낮아지므로 다시 충전을 해주어야 한다.

충전할 때에는 방전될 때와 전류방향이 반대가 되도록 배터리의 외부에 직류전원을 연결하여 배터리로 전류를 공급해준다. 이처럼 전해액으로 이온이 흘러들어가면 화학반응도 방전할 때와 반대로 일어난다. (+) 전극 판의 황산납이 물, 황산이온과 각각 반응하여 과산화납, 황산이 생기게 된다. 이러한 작용으로 (+) 전극 판이 다시 형성되고 전해액에 황산이 더해져 농도가 진해진다. 이와 함께 충전에 의해 (–) 전극 판의 황산납이 수소이온과 반응하여 황산이 만들어지고 (–) 전극 판에는 납이 다시 생겨난다.

따라서 충전전류에 의해 다시 꽉 찬 상태로 회복되어 원래대로 (+) 판에는 과산화납, (–) 판에는 스펀지 구조의 납, 전해액에는 충분한 농도의 황산을 갖추게 된다. 납축전지에서 일어나는 반응의 화학방정식은 다음과 같다.

$$Pb + PbO_2 + 2H_2SO_4 \underset{\text{충전}}{\overset{\text{방전}}{\rightleftarrows}} 2PbSO_4 + 2H_2O$$

방전이 될 때는 방정식의 좌변에서 보듯이 Pb와 $PbSO_2$가 SO_4와 결합하여 우변에 나타난 것처럼 황산납($PbSO_4$)과 물(H_2O)이 만들어진다.

충전이 될 때는 전해액을 통해 방전될 때와는 반대로 전류가 흐르므로 화학반응이 반대로 일어난다. 따라서 방정식 우변에 있는 황산납의 Pb 이온이 납과 과산화납을 다시 만들어낸다. 또한 SO_4 이온이 물의 H_2 이온과 결합하여 방정식 좌변에서 보듯이 황산을 만들어낸다.

정격전류

어떤 정해진 시간 동안에 납축전지가 계속 공급할 수 있는 전류의 양으로 전지의 정격을 표시하는 것이 보통이다. 이 시간 동안에 출력전압은 납축전지 내부의 전지마다 최소 1.5~1.8V 범위를 유지하여야 한다. 일반적으로 많이 사용되는 정격은 암페어-시(ampere-hour, A·h)이다. 방전시간은 보통 8h이다. 자동차용 전지의 정격은 대체로 100~300A·h이다.

예를 들어, 정격이 200A·h인 전지는 방전시간을 8시간으로 하면 200/8=25A 크기의 전류를 부하에 공급할 수 있다. 배터리의 방전시간이 이보다 길어지면 공급 전류는 작아지고 방전시간이 짧아지면 공급 전류는 커진다. 자동차용 배터리에는 '저온시동력(cold cranking power)'이라는 정격이 있는데, 이것은 엔진의 시동과 관련된 항목이다. 저온시동력의 값은 0℉(−18℃)에서 30초 동안 계속 공급할 수 있는 전류의 크기로 대략 50A 정도의 값을 갖는다.

암페어−시(A·h) 단위는 전하의 단위인 쿨롱(C)과 같다. 예를 들어, 200A·h 는 '200A×3600s'(1h=3600s)이다. 1암페어−초(A·s)는 1쿨롱(C)과 같으므로 200A·h = 7.2×10^5C이 된다. 이 정도의 전하를 배터리에 다시 충전시키려면 20A의 충전 전류를 20시간 동안 배터리로 흘려주어야 한다.

납축전지의 정격은 77~80℉(25~27℃)의 온도범위에서 유효한 값으로 온도가 올라가면 화학반응이 더욱 활발해지는데, 온도가 110℉(43℃)를 넘어서면 배터리 수명이 단축된다.

온도가 내려가면 전류용량과 출력전압이 줄어든다. 암페어−시 용량은 정상온도범위를 벗어나 1℉(약 0.6℃)씩 내려갈 때마다 0.75%만큼 감소한다. 0℉(−18℃)에서는 암페어−시 정격이 정상 값의 60%에 지나지 않는다. 따라서 추운 계절에는 자동차 배터리를 완전히 충전해놓는 것이 매우 중요하다. 또한 방전상태에서는 물이 생겨 전해액의 농도가 낮아지므로 더욱 쉽게 얼어버리게 되는 점에 주의하여야 한다.

비중

그림 12-9 납축전지의 비중을 알려주는 액체 비중계

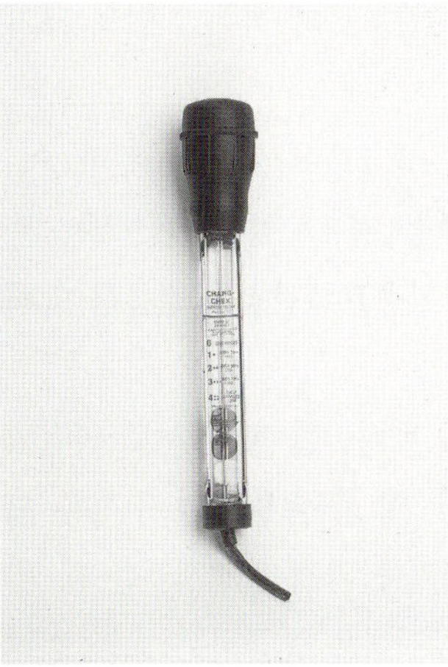

납축전지의 경우에 전해액의 비중(상대밀도)을 측정하면 전지의 방전상태를 검사할 수 있다. 비중은 어떤 물질의 밀도가 물의 밀도에 비해 몇 배가 되는지를 나타내는 것이다. 예를 들어, 농축 황산의 무게는 이것과 부피가 같은 물의 무게보다 1.835배만큼 무거우므로 황산의 비중은 1.835가 된다. 물이 기준이 되는 물질이므로 물의 비중은 1이 된다.

완전 충전된 자동차용 전지 속에는 황산과 물이 섞여 있으므로 70~80℉(21~27℃)의 온도범위에서는 비중이 1.280 정도이다. 전지가 방전되면서 물이 계속 생기므로 비중은 낮아진다. 전지의 비중이 1.145 이하가 되면 완전히 방전된 것으로 볼 수 있다.

〈그림 12-9〉와 같은 액체 비중계(hydrometer)를 사용하면 비중을 잴 수 있다. 그림과 같은 유형의 비중계는 배터리 내부의 여러 전지의 충전상태를 떠 있는 원반의 개수로 나타낸다. 예를 들어, 떠 있는 원반이 1개이면 전지가 최대값의 25%로 충전되어 있다는 것을 나타낸다. 따라서 떠 있는 원반이 2개이면 50% 충전, 3개이면 75%, 4개이면 100%로 완전 충전된 것이다. 이처럼 떠 있는 원반의 개수는 비중과 비례하므로 비중이 증가하면 더 많은 원반이 뜨게 된다.

비중과 납축전지의 출력전압 사이에는 다음과 같은 관계가 있다.

$$V = \text{비중} + 0.84$$

예를 들어, 완전 충전된 전지는 전해액의 비중이 1.280이므로 전지의 출력전압은 '1.280+0.84=2.12V'가 된다.

그림 12-10 배터리의 충전전류와 방전전류의 방향. r_i는 배터리의 내부저항이다.
(a) 배터리가 방전될 때는 배터리 V_B에서 부하 R_L로 전류가 공급된다.
(b) 배터리가 충전될 때는 배터리가 부하가 되어 외부의 충전전압원 V_G에서 배터리로 전류가 공급된다.

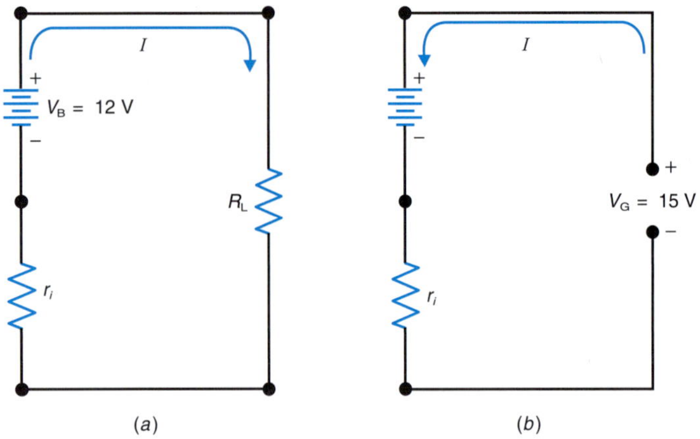

납축전지의 충전

〈그림 12-10〉을 보면서 납축전지를 다시 충전하기 위해 필요한 것을 알아보자. 전지로 전류를 흐르게 하려면 외부에 직류전원을 달아주어야 하는데, 이 전원의 전압은 전지의 전압보다 높아야 한다. 약 2.5V 정도면 방전전류가 흐르는 방향과 반대로 충전전류를 흐르게 할 수 있다.

〈그림 12-10b〉에서 보듯이 충전용 외부전압 V_G와 전지전압 V_B의 (+)와 (+)가 서로 맞닿고 (−)와 (−)가 서로 만나도록 하면 충전전류가 흐른다. V_G가 V_B보다 크면 배터리가 부하로서 동작한다. 이 경우에 충전전류를 흐르게 하는 전압의 크기는 15−12=3V이다.

시중에서 판매되는 자동차 배터리 충전기를 〈그림 12-11〉에서 볼 수 있다. 이 충전기를 이용하여 배터리를 시험하거나 자동차의 시동을 걸 수 있다. 충전기는 본질상 직류발전기의 일종으로 교류전력선에서 공급되는 상용교류전원을 정류하여 배터리를 충전하는 데 사용되는 직류전압을 만들어낸다.

그림 12-11 자동차 배터리용 충전기

플로트 충전(float charging) 방식에서는 충전기와 배터리를 항상 서로 연결해놓고 부하에 전류를 공급한다. 〈그림 12-12〉에 나타낸 이 충전 방식의 구성을 보면 충전기가 부하에 전류를 공급하는 것과 동시에 배터리를 완전 충전시키는 데 필요한 전류도 함께 공급한다. 이 방식에서 배터리는 직류전력을 공급하는 보조 전원의 역할을 한다.

그림 12-12 플로트 충전방식 구성도

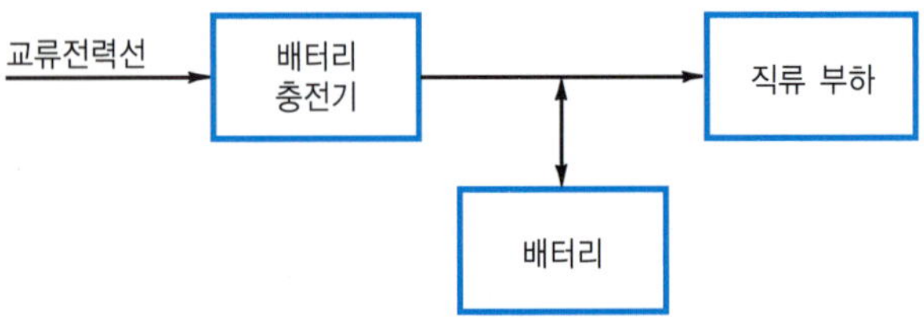

배터리 충전기는 자동차 엔진과 연결된 벨트로 동력을 전달받아 구동되는 교류발전기의 일종으로 내부에 정류다이오드가 들어 있다. 배터리는 자동차의 시동을 걸 때 필요한 전력을 공급한다. 일단 엔진이 회전하기 시작하면 교류발전기가 배터리를 충전한다. 엔진이 돌면 자동차가 움직이지 않아도 충전된다. 이러한 충전장치에는 정전압기(전압안정기, voltage regulator)를 사용하여 충전기의 출력전압을 13~15V로 일정하게 유지되도록 하고 있다.

■ 12-4 복습문제

a. 12V 배터리 속에는 납축전지 몇 개가 직렬로 연결되어 있는가?

b. 77°F의 온도에서 어떤 배터리의 정격이 120A·h이다. 이 배터리로 8시간 동안 몇 A의 전류를 공급할 수 있는가?

c. 완전 충전된 납축전지의 비중은 1.080, 1.180, 1.280 가운데 어느 것인가?

12-5 2차 전지의 종류

방전할 때와 반대의 화학반응이 일어나게 하여 다시 충전할 수 있는 전지가 2차 전지이다. 완전히 방전된 전지가 1차 전지라면 그 전지를 충전할 수 없으므로 버릴 수밖에 없다. 2차 전지에는 이를 대표하는 납축전지 말고도 여러 가지 종류가 있다. 이제부터 이에 대해 알아보기로 하자.

니켈-카드뮴(NiCd) 전지

이 전지는 큰 전류를 공급할 수 있을 뿐만 아니라 여러 번 충전할 수 있으므로 널리 사용되고 있다. 또한 방전되고 나서 오랜 시간이 지난 뒤에도 별다른 문제없이 사용할 수 있다. 니켈-카드뮴 전지는 밀봉된 종류와 밀봉되지 않은 종류 모두가 시중에 나와 있는데, 〈그림 12-13〉에서 볼 수 있는 것은 밀봉된 유형이다. 출력전압은 1.2V이다. 경보기, 휴대용 라디오나 비디오 등의 장치에 사용된다.

니켈-카드뮴 전지에서 일어나는 화학반응식은 다음과 같다.

$$2Ni(OH)_3 + Cd \underset{\text{충전}}{\overset{\text{방전}}{\rightleftharpoons}} 2Ni(OH)_2 + Cd(OH)_2$$

전해액은 수산화칼륨(KOH)으로 되어 있지만 이것이 화학반응식에는 나타나 있지 않은데, 이는 전해액은 수산(OH) 이온을 이동시키는 도체의 역할을 하기 때문이다. 따라서 납축전지와는 달리 니켈-카드뮴 전지의 전해액의 비중은 충전상태에 따라 달라지지 않는다.

니켈-카드뮴 전지는 1000번 정도까지 화학반응을 반대로 일어나게 하여 재충전할 수 있는 성능이 확실한 2차 전지이다. 최대충전전류는 방전시간이 10시간일 때 흐르는 전류의 값이다. 새 니켈-카드뮴 배터리를 맨 처음 사용할 때는 충전을 해주어야 한다. 니켈-카드뮴 배터리의 단점은 메모리 현상이 있다는 것이다. 메모리 현

그림 12-13 니켈-카드뮴 전지. 출력전압은 1.2V이다.

상은 배터리가 완전히 방전되지 않고 어느 일정한 양이 남은 상태에서 다시 충전하기를 반복하면 최대 양으로 충전하지 못하게 되는 현상이다. 이 때문에 메모리 현상을 없애기 위해 배터리의 방전 양을 매번 다르게 하고 가끔씩은 배터리를 완전히 방전한 다음 충전하는 것이 좋다.

니켈-수소 전지(nickel-metal-hydride cell, NiMH)

니켈-수소 전지는 동작시간이 긴 성능이 뛰어난 배터리이므로 이러한 장점을 살려 현재 고성능의 휴대용 전기·전자 제품에 널리 사용되고 있다. 니켈-수소 전지는 앞에서 다룬 밀봉형 니켈-카드뮴 전지의 성능을 개선한 것으로 같은 크기의 니켈-카드뮴 전지보다 용량이 40% 더 크다. 다시 말해 무게와 부피가 같은 니켈-카드뮴 전지보다 더욱 큰 암페어-시(A·h) 정격 값을 갖는다.

니켈-수소 전지는 (−) 전극의 재료만 빼고는 나머지 모든 구성요소가 밀봉된 니켈-카드뮴 전지와 같다. 따라서 니켈-수소 전지의 출력전압은 니켈-카드뮴 전지와 마찬가지로 1.2V이다. 니켈-수소 전지는 니켈-카드뮴 전지에 견주어 암페어-시(A·h) 정격이 높다는 장점 말고도 메모리 현상을 거의 나타내지 않는다는 특징을 나타낸다. 니켈-수소 전지는 이러한 장점을 가지고 있으므로 긴 동작시간과 큰 전력이 필요한 곳에 널리 사용되고 있다.

니켈-수소 전지는 니켈-카드뮴 전지보다 훨씬 비싸다는 것이 흠이다. 또한 보관 중이거나 사용하지 않을 때 니켈-카드뮴 전지보다 훨씬 빠르게 자체방전이 일어난다. 그리고 재충전할 수 있는 횟수가 니켈-카드뮴 전지보다 적다. 그렇지만 니켈-수소 전지의 성능이 끊임없이 개선되고 있으므로 앞에서 언급한 여러 단점을 상당 부분 극복할 수 있을 것으로 예상하고 있다.

니켈-철 전지(에디슨 전지)

에디슨(Thomas Edison)이 발명한 이 전지는 한때 산업용 트럭이나 철도에 널리 사용되었지만 이후 납축전지로 거의 대체되었다. 그렇지만 전지의 무게를 가볍게 하는 새로운 제조방법이 개발되면서 여러 곳에 이 전지를 사용하고 있다.

에디슨 전지는 산화니켈로 된 (+) 전극판, 철로 만든 (–) 전극판, 그리고 물과 수산화칼륨의 혼합물에 소량의 수산화리튬이 첨가된 전해액으로 구성되어 있다. 전지를 다시 충전할 때는 방전할 때와 반대의 화학반응이 일어난다. 전지 하나의 출력전압은 1.2V이다.

니켈-아연 전지

니켈-아연 전지는 철도에 국한되어 사용되고 있다. 이 전지는 에너지 밀도가 높으므로 전기자동차가 이 전지의 새로운 사용 분야로 관심을 끌고 있다. 그러나 재충전할 수 있는 횟수가 제한되어 있다는 단점이 있다. 전지 하나의 출력전압은 1.6V이다.

연료전지

연료전지(fuel cell)는 수소와 산소를 반응시켜 물과 전기를 만들어내는 전기화학장치이다. 연료전지는 양 끝에 전극의 역할을 하는 판 사이에 두 개의 탄소판을 끼우고 두 탄소판 사이에는 다시 플라스틱 물질을 집어넣은 구조이다. 이 판들은 연료와 산소를 전달하는 채널이 된다. 반응물질인 순수한 수소와 산소가 연료전지에 공급되는 동안에는 끊임없이 전기가 발생한다. 기존의 전지는 모든 화학물질들을 내부에 저장해두고 화학에너지를 전기에너지로 변환한다. 따라서 배터리는 결국 다 닳아버리거나 성능이 떨어져서 더 이상 사용할 수 없게 되어 버릴 수밖에 없게 된다. 연료전지에서는 화학물질이 끊임없이 흘러들어오므로 다 닳아버리는 일은 일어나지 않는다. 오늘날 사용되는 연료전지는 수소와 산소를 사용하는 것이 대부분이지만 메탄올과 산소를 사용하는 새로운 종류의 연료전지에 대한 연구도 진행되고 있다. 아직은 이 새로운 형태의 전지는 개발 초기 단계에 있다. 연료전지는 직류전압을 출력하여 모터, 전등, 그밖에 여러 전기장치를 구동시킨다. 연료전지는 효율이 매우 높아서 수백 킬로와트의 전력을 공급할 수 있다.

현재 나와 있는 연료전지는 제조에 사용된 전해액에 따라 분류된다. 이 가운데 유망한 것이 양자 교환막 연료전지(proton exchange membrane fuel cell)로 앞으로 자동차, 버스를 구동시키고 여기서 더 나아가 가정에 필요한 전력을 공급하는데 사용될 수 있을 것이다.

태양전지

태양전지는 태양빛을 전기에너지로 직접 변환한다. 빛으로 전압을 만들어내는 반도체 물질을 사용하여 이 전지를 만든다. 현재 주로 사용되는 반도체 물질은 실리콘으로 전지 한 개의 출력전압은 0.5V이다. 황화카드뮴(CdS)과 갈륨비소(GaAs)와 같이 더 높은 출력전압을 얻을 수 있는 물질에 대해서도 연구가 진행되고 있다. 실제로 사용할 때에는 충분한 전력을 얻을 수 있도록 많은 태양전지를 배열한 모듈 여러 개를 조립하여 큰 태양전지판을 만든다.

대부분의 경우에 태양전지를 납축전지와 함께 사용한다. 태양빛이 있을 때는 태양전지로 부하에 전력을 공급하는 것과 동시에 납축전지를 충전하여 태양빛이 없을 때 납축전지가 필요한 전력을 공급할 수 있도록 한다.

■ 12-5 복습문제

a. 니켈-카드뮴 전지는 1차 전지에 속한다. (참, 거짓)
b. 니켈-수소 전지의 출력전압은 1.2V이다. (참, 거짓)
c. 니켈-수소 전지는 니켈-카드뮴 전지보다 재충전할 수 있는 횟수가 적다. (참, 거짓)
d. 태양전지 하나의 출력은 0.5V이다. (참, 거짓)

12-6 전지의 직렬연결과 병렬연결

전지 한 개의 전압보다 큰 배터리 전압이 필요한 경우에는 여러 개의 전지를 직렬로 연결하면 된다. 전지 여러 개를 직렬로 하여 만든 배터리의 전압은 각 전지의 전압을 모두 더한 것과 같다. 여러 개의 전지를 병렬로 연결하면 전압은 전지 한 개의 크기와 같지만 공급할 수 있는 전류용량이 늘어난다.

직렬연결

〈그림 12-14〉를 보면 세 개의 건전지가 직렬로 연결되어 있다. 1.5V 전지 세 개가 직렬이므로 전체 전압은 4.5V가 된다. 여기서 단자 A와 단자 B는 4.5V 배터리의 (+) 단자와 (-) 단자로 〈그림 12-14c〉와 같이 부하는 이 두 단자를 통해 배터리에 연결된다.

〈그림 12-2〉의 납축전지 내부는 짧고 두툼한 금속 띠에 의해 여러 개의 전지가 직렬로 연결되어 있다. 직렬로 연결된 여러 개의 전지로 구성된 배터리의 전류용량은 전지 한 개의 전류용량과 같은데, 이것은 직렬로 연결된 모든 전지를 통해 같은 전류가 흐르기 때문이다.

병렬연결

배터리의 전류용량을 증가시키려면 〈그림 12-15〉와 같이 여러 전지를 병렬로 연결하여 배터리를 만들어야 한다. 이렇게 하려면 모든 전지의 (+) 단자는 (+) 단자끼리, (-) 단자는 (-) 단자끼리 서로 연결한다. 이때 어느 전지의 (+) 단자가 되었든 배터리의 (+) 단자와 연결되고 어느 전지의 (-) 단자이든 배터리의 (-) 단자와 연결된다.

여러 전지를 병렬로 연결한 것은 한 전지의 전극과 전해액의 크기를 증가시킨 것과 마찬가지로 볼 수 있으므로 전류용량이 증가하게 되는 것이다. 하지만 배터리의

그림 12-14 높은 전압을 만드는 직렬연결. 직렬 배터리의 정격전류는 전지 하나의 정격과 같다. (a) 전지 3개로 구성된 배터리의 회로도 (b) 부하 R_L을 연결한 배터리

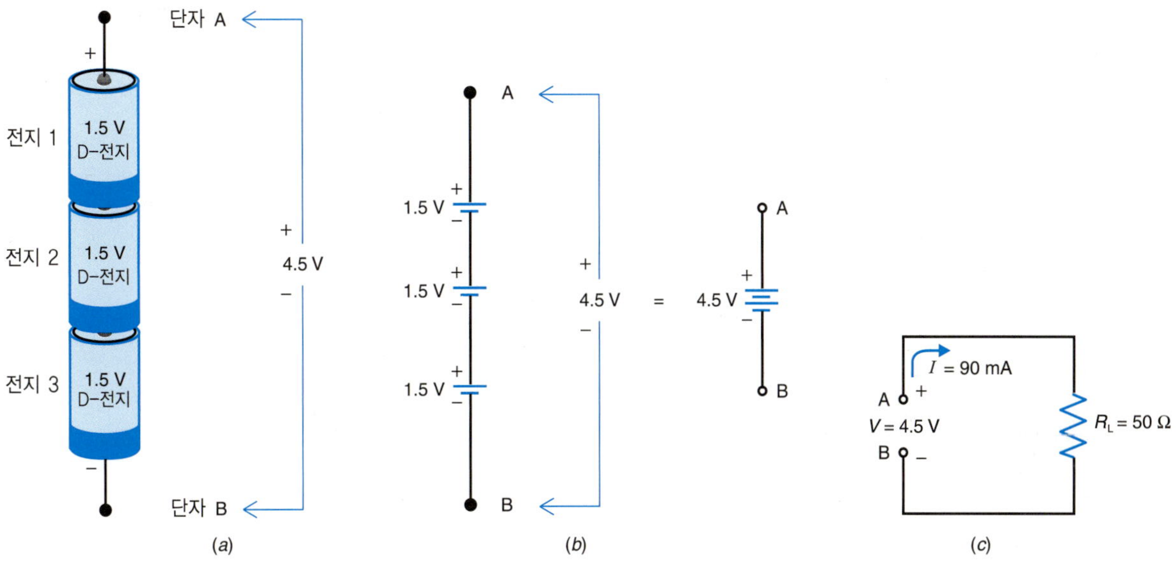

출력전압은 전지 한 개와 같다.

병렬로 연결된 각 전지는 부하 전류를 똑같이 나누어 공급한다. 예를 들어, 세 개의 같은 전지가 병렬로 연결된 배터리가 부하에 300mA의 전류를 공급하고 있는 경우에는 각 전지가 똑같이 100mA의 전류를 흘려주고 있는 것이다. 여기서 주의할 점은 병렬로 연결된 전지 중에 불량전지가 있으면 나머지 양호한 전지들이 더 많은 전류를 흘려주게 되어 과부하가 걸릴 수 있으므로 불량전지의 사용을 피해야 한다는 것이다. 또한 어떤 전지 하나의 전압이 나머지 전지들의 전압보다 낮으면 그 전지가 부하가 되어 높은 전압의 여러 전지에서 지나치게 큰 전류가 흐르게 된다.

그림 12-15 정격전류를 크게 하기 위한 병렬연결 (a) 배선도 (b) 전지 3개가 병렬로 연결된 배터리의 회로도 (c) 부하 R_L을 연결한 배터리

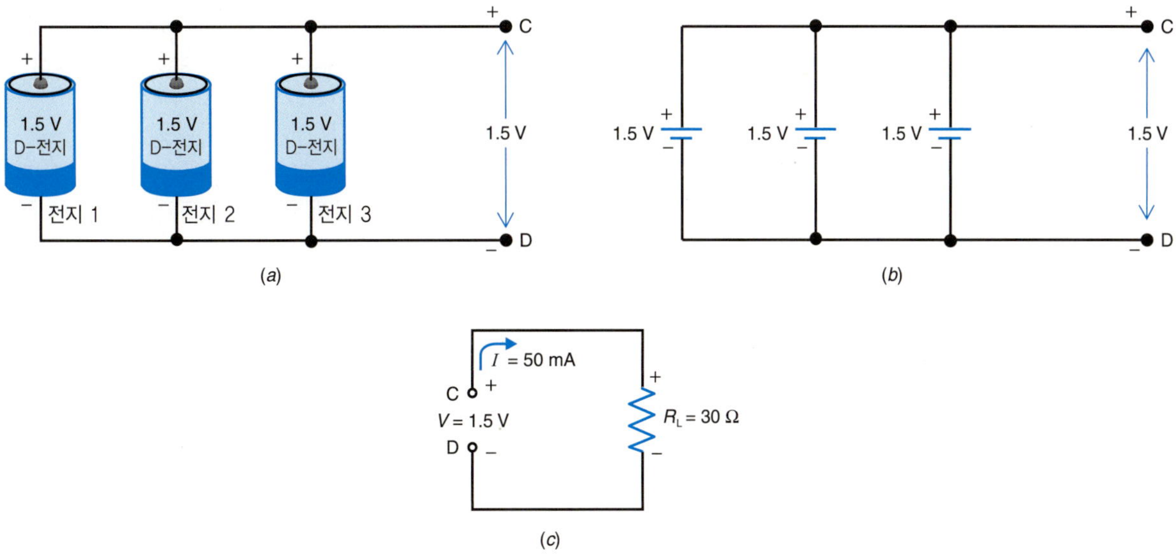

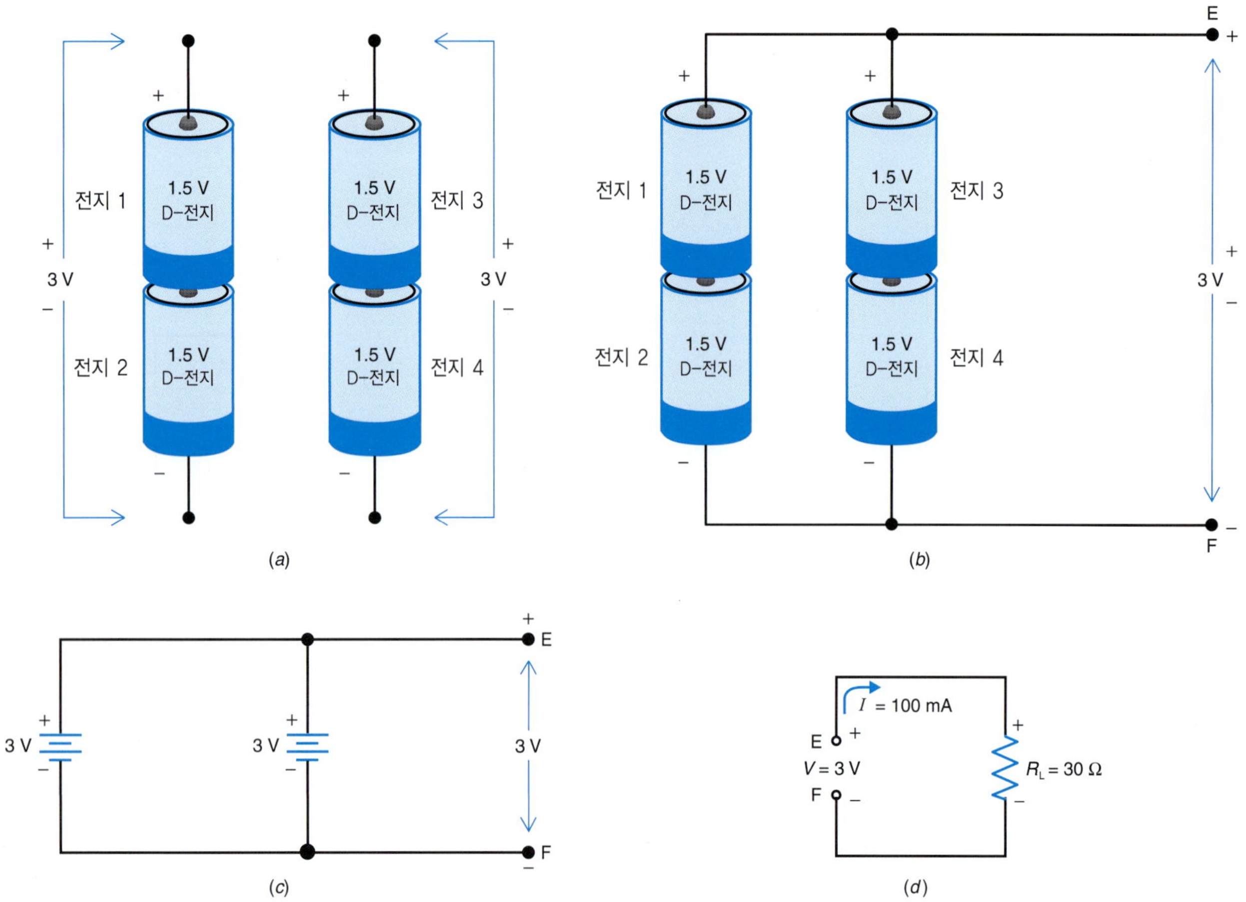

그림 12-16 전지 여러 개를 직렬과 병렬로 연결한 배터리 (a) 1.5V 전지 4개를 2개씩 직렬로 연결하여 만든 두 개의 3V 출력 (b) 두 개의 3V 출력을 병렬로 연결 (c) (b)의 회로도 (d) 부하 R_L을 연결한 배터리의 등가회로

직 · 병렬 연결

높은 전압과 많은 전류를 공급하는 배터리를 만들려면 배터리 내부에 여러 전지를 직·병렬로 연결하여야 한다. 〈그림 12-16〉은 D 사이즈 전지 네 개가 직·병렬로 연결된 전류용량이 1/2A이고 출력전압이 3V인 배터리를 나타내고 있다. 1.5V 전지 두 개가 직렬로 연결된 부분의 출력전압은 3V이고 전류용량은 전지 한 개의 전류용량과 마찬가지로 1/4A이다.

전류용량을 두 배인 1/2A로 하기 위해 전지 두 개를 직렬로 연결한 부분을 두 개로 하여 이들을 병렬로 연결한 것이다. 이렇게 하면 병렬로 연결된 두 직렬부분의 출력전압은 직렬부분이 한 개 있을 때와 같이 3V이지만 전류용량은 한 부분의 1/4A의 두 배인 1/2A가 된다.

■ 12-6 복습문제

a. 탄소-아연 전지 몇 개를 직렬로 연결하여야 직류 9V를 만들 수 있는가? 또 납축전지 몇 개를 직렬로 연결하여야 직류 12.6V를 만들 수 있는가?

b. 배터리의 정격전류가 전지 한 개의 정격전류의 두 배가 되게 하려면 전지 몇

개를 병렬로 연결하여야 하는가?

c. 출력전압이 1.5V이고 정격전류가 300mA인 전지를 직·병렬로 연결하여 출력 전압 6V, 정격전류 900mA의 배터리를 만들려면 모두 몇 개의 전지가 필요한가?

12-7 부하저항과 부하전류의 관계

배터리를 비롯하여 모든 전압원의 정격전류는 전압원의 정상적인 동작수명에 지장을 주지 않는 표준 전류값으로 실제 부하가 배터리에 연결되면 이 전류가 아니라 옴의 법칙에 의해 $I = V/R$에 해당하는 전류가 배터리에서 부하로 흐르게 된다.

〈그림 12-17〉에 1.5V 건전지를 사용한 세 가지 경우를 나타내었다. 〈그림 12-17a〉에서는 부하저항이 R_1=7.5Ω이므로 전류 I = 1.5/7.5=1/5A=200mA가 흐른다.

회로의 1.5V 건전지로 암페어-시 정격이 1500mA·h인 No. 6 탄소-아연 전지를 사용하면 70°F(21℃) 온도에서 7.5시간 동안 아무리 전압이 내려가도 1.2V 이상은 유지하면서 이 200mA의 부하전류를 공급할 수 있다. 부하에 인가되는 전지의 전압이 1.0V까지 허용된다면 이 전지를 그보다 더 오래 사용할 수 있다.

〈그림 12-17b〉에는 〈그림 12-17a〉보다 큰 부하저항 R_2가 달려 있다. R_2=150Ω이므로 전류 I=1.5/150=0.001A=10mA가 흐른다. 여기서도 건전지가 No. 6 탄소-아연 전지이면 70°F(21℃) 온도에서 적어도 1.2V 이상의 전압을 유지하면서 150시간 동안 연속해서 전지를 사용할 수 있다. 이상의 결과에서 다음 두 가지 원리를 알 수 있다.

1. 부하회로의 저항이 크면 전지가 공급하는 전류의 크기는 작아진다.
2. 전지가 공급하는 부하전류의 크기가 작으면 전지를 더 오래 사용할 수 있다.

〈그림 12-17c〉에서는 부하저항 R_3이 2.5Ω으로 〈그림 12-17a〉보다 더 작아졌다. 그러면 전류 I=1.5/2.5=0.6A=600mA가 흐른다. 이 경우에는 No. 6 탄소-아연 전지로 적어도 1.2V 이상의 전압을 유지하려면 연속해서 2.5시간밖에 전지를 사용할 수 없다. 전류가 공급하는 부하전류가 커져서 사용 시간은 더 짧아지게 된다. 이상

그림 12-17 부하저항 R의 값과 배터리에서 공급하는 전류량 사이의 관계를 설명하는 예. 세 경우 모두 배터리 전압은 1.5V로 같다. (a) $I=V/R_1$=200mA (b) $I=V/R_2$=10mA (c) $I=V/R_3$=600mA

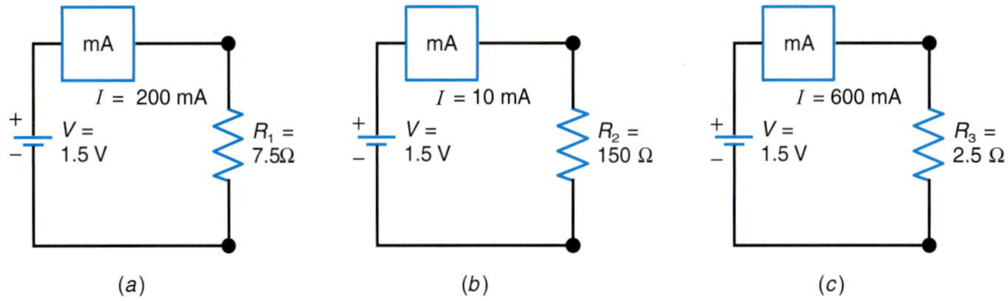

의 결과에서 알 수 있듯이 전지가 실제 공급하는 전류의 양은 전지의 정격전류가 아니라 전지에 연결되는 회로에 따라 정해진다.

■ 12-7 복습문제

a. 정격전류가 250mA인 전지는 부하저항 R_L의 값이 무엇이든 항상 250mA의 전류를 공급한다. (참, 거짓)

b. 배터리에 연결된 부하저항 R_L의 값이 클수록 배터리는 정상전압을 공급하면서 더 오랫동안 사용할 수 있다. (참, 거짓)

12-8 발전기의 내부저항

알아두기▸▸

배터리나 발전기 안에 들어 있는 내부저항을 저항계로 측정하는 것은 불가능하다.

전압을 발생시켜 출력하는 장치는 어느 것이든 발전기라고 할 수 있다. 발전기의 대표적인 예를 들어보면 화학작용에 의해 (+)와 (−) 전하로 분리시켜 전압을 출력하는 전지, 회전운동과 자기력을 전압으로 변환하여 출력하는 회전발전기가 있다. 모든 발전기는 내부저항을 가지고 있는데, 〈그림 12−18〉을 보면 이 내부저항이 r_i로 표시되어 있다.

발전기가 부하전류를 공급할 때 이 r_i에 의해 발전기 내부에서 Ir_i의 전압강하가 생겨 그만큼이 발전기에서 만들어진 전압에서 빠지므로 발전기 출력단자의 전압이 낮아진다. 이것이 발전기의 내부저항 r_i를 중요하게 생각해야 하는 까닭이다. 회전발전기의 경우, 제작에 사용된 도선의 저항에 의해 r_i가 생기고 화학 전지의 경우에는 두 전극 사이에 존재하는 전해액의 저항에 의해 r_i가 생긴다. 발전기의 종류가 무엇이든지 발전기 내부에서 전류의 흐름을 방해하는 성분이 내부저항 r_i가 된다.

〈그림 12−18c〉에서 보듯이 발전기에서 공급하는 전류는 발전기에서 만들어진 전압과 직렬로 연결된 내부저항 r_i를 통해 흐르게 된다. 발전기의 두 단자에 부하 R_L을 연결하면 이 R_L이 r_i와 직렬로 연결된다.

발전기의 두 단자가 단락(short)되어도 이 내부저항 r_i가 무한대의 큰 전류가 흐르지 않도록 해준다. 예를 들어, 1.5V 전지의 두 단자가 단락되면 15A 정도의 전류가 흐르게 된다. 이 경우, 전지의 내부저항 r_i를 구해보면 V/I_{SC}=1.5/15=0.1Ω이 되

그림 12−18 발전기의 내부저항 r_i는 발전기 전압 V_G와 직렬로 연결되어 있다. (a) 전지 내부의 실제 구조 (b) 내부저항 r_i의 회로기호 (c) 전지(발전기)의 등가회로

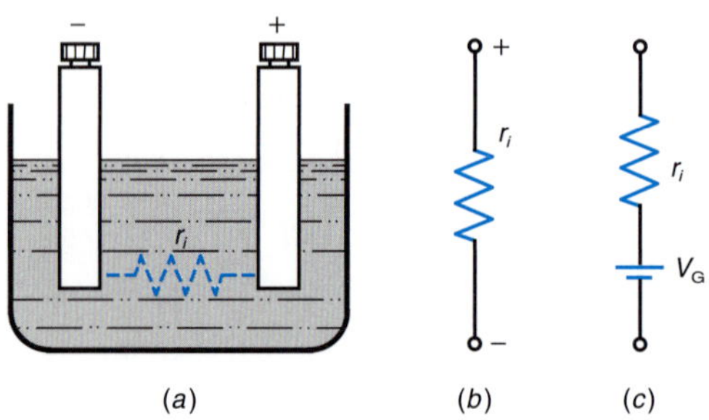

는데, 이 값은 D-사이즈의 탄소-아연 전지의 전형적인 내부저항 값이다. (D-사이즈의 알칼라인 전지의 r_i 값은 이보다 작다.)

전지의 출력전압과 부하전류 사이의 관계

〈그림 12-19〉에 100V 전원 속에 들어 있는 내부저항 r_i에 10V의 전압강하가 생겨 전원단자의 전압이 100V에서 90V로 낮아지게 된 이유를 설명하였다. 먼저, 〈그림 12-19a〉에서는 전원에 부하가 달려 있지 않아서 전류가 흐르지 않는다. 전류가 흐르지 않으면 r_i의 전압강하가 0V가 되므로 전원의 출력단자에는 V_G의 전압 100V가 그대로 나타난다. 이 값을 전원의 개방회로전압(open-circuit voltage) 또는 무부하 전압(no-load voltage)이라고 한다.

V_G는 r_i와 함께 직렬로 연결된 채 전원 속에 들어 있으므로 전압계로 V_G의 전압만을 따로 측정하는 것은 불가능하다. 그렇지만 앞에서 설명한 것과 같이 부하전류가 흐르지 않을 때의 전압인 무부하 전압을 측정하는 것이 전원 내부의 전압 V_G를 알아내는 방법이 된다. 실제로 전원의 두 단자에 전압계를 연결하면 전압계의 내부저항이 매우 높아서 거의 전류가 흐르지 않으므로 V_G 값을 상당히 정확하게 알아낼 수 있다.

〈그림 12-19b〉를 보면 전원에 연결된 부하에 0.1A의 전류가 흐르므로 100Ω인 내부저항 r_i에 10V의 전압강하가 발생한다. 이 회로의 전체저항 R_T는 900+100=1000Ω이므로 부하전류 I_L은 100/1000=0.1A가 되는 것이다.

따라서 출력전압 V_L은 100−10=90V가 된다. 전원의 단자전압이자 부하전압인 이 전압은 전원에 부하회로가 연결되어 전류가 흐를 때 전원의 단자에서 측정되는 전압이다. 이처럼 전원 내부의 전압강하 10V는 V_G와 반대방향으로 발생하므로 V_G의 값에서 빠진다.

알아두기▸▸

배터리로부터 정격전류를 흐르게 하면서 출력전압을 재는 방법만이 배터리의 상태를 확실히 알아낼 수 있는 유일한 방법이다.

〈그림 12-20〉의 그래프를 보면 부하전류 I_L이 증가하면 부하전압이자 전원단자전압인 V_L이 감소하는 것을 알 수 있다. 이것은 〈표 12-4〉에 수록한 계산 결과에 나타나 있듯이 부하전류가 증가할수록 내부저항 r_i의 전압강하가 커지기 때문이다. 표

MultiSim **그림 12-19** 내부저항의 전압강하에 의해 전원의 출력단자 전압이 낮아지는 것을 설명하는 예 (a) 부하전류가 흐르지 않으므로 전원의 출력단자에는 V_G의 전압 100V가 그대로 나타난다. (b) 부하전류 I_L=0.1A가 흐르므로 100Ω인 내부저항 r_i에 10V의 전압강하가 발생하여 A, B 단자 사이의 전압은 90V로 줄어든다.

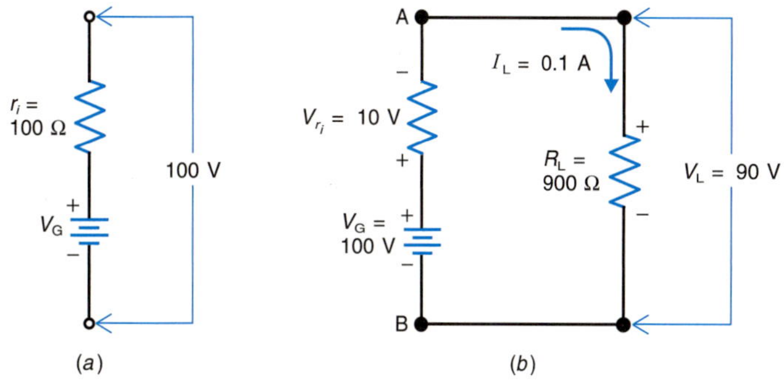

표 12-4	I_L과 V_L 사이의 관계					
V_G, V	r_i, Ω	R_L, Ω	$R_T = R_L + r_i$, Ω	$I_L = V_G / R_T$, A	$V_i = I_L r_i$, V	$V_L = V_G - V_i$, V
100	100	∞	∞	0	0	100
100	100	900	1000	0.1	10	90
100	100	600	700	0.143	14.3	85.7
100	100	300	400	0.25	25	75
100	100	100	200	0.5	50	50

그림 12-20 부하전류 I_L이 증가할수록 전원단자전압 V_L은 감소한다. 이 직선은 〈표 12-4〉의 계산결과를 그래프로 나타낸 것이다.

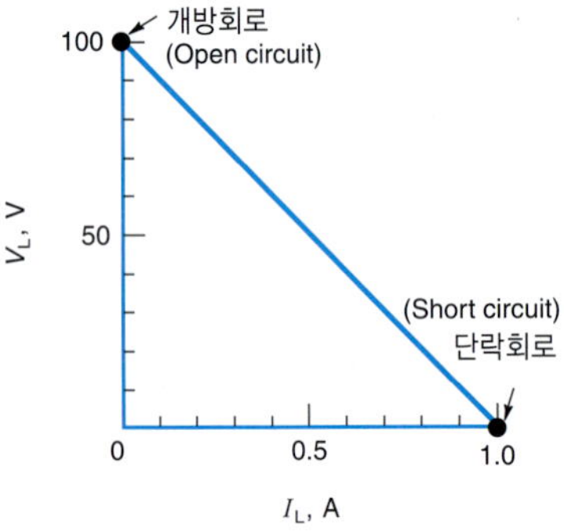

에 수록된 값은 V_G=100V, r_i=100Ω로 하여 계산한 결과이다.

맨 윗줄에 있는 R_L=∞Ω은 전원단자에 부하가 연결되지 않은 개방회로임을 뜻한다. 따라서 I_L은 0이 되고 내부저항 r_i의 전압강하 V_i도 0이 되므로 V_L은 100V로 V_G의 값과 같게 된다.

맨 아랫줄에 있는 R_L=0Ω은 전원단자가 도선만으로 연결된 단락회로(short circuit)를 뜻한다. 이 경우에는 단락전류 I_L=1A가 흐르는데 전원전압이 모두 내부저항 r_i에 걸리므로 V_L은 0V가 된다. 전원단자가 단락될 때 흐르는 전류는 V_G/r_i로 제한된다.

전원의 내부저항이 작을수록 전원의 출력전압을 크게 유지하면서 부하에 전류를 공급할 수 있다. 예를 들어, 12V 납축전지의 내부저항 r_i가 0.01Ω으로 아주 작으면 많은 부하전류가 흐르는 경우에도 12V의 전압을 거의 그대로 유지할 수 있다.

이와 반대로 r_i가 크면 부하전류가 흐를 때 전원의 단자전압이 크게 낮아진다. 예를 들어, 배터리가 오래되어 r_i가 500Ω이 된 경우 부하가 연결되지 않은 상태로 이 배터리의 전압을 전압계로 측정하면 정상전압이 표시되지만, 배터리에 실제 회로를 연결하여 부하전류가 흐르면 배터리의 전압이 낮아지므로 이 배터리를 쓸 수 없게 된다.

내부저항 r_i를 측정하는 방법

전원의 내부저항을 직접 잴 수는 없지만 어떤 정해진 부하전류가 흐를 때 출력선압을 구하여 내부저항을 알아내는 방법이 있다. 무부하전압과 부하전압의 차이가 바로 전원내부의 전압강하 $I_L r_i$가 된다. 이 값을 I_L로 나누면 r_i가 된다. 이것을 식으로 나타내면 다음과 같다.

$$r_i = \frac{V_{NL} - V_L}{I_L} \tag{12-1}$$

알아두기▸▸

부하저항 R_L의 값을 알고 있을 때는 다음 식으로 전원의 내부저항을 구할 수 있다.

$$r_i = \frac{V_{NL} - V_L}{V_L} \times R_L$$

부하저항 R_L로 가변저항을 사용하면 내부저항 r_i를 간편하게 측정할 수 있다. 가변저항 R_L의 값을 변화시키면서 R_L에 걸리는 전압이 무부하 전압의 1/2이 되도록

예제 12-1

어떤 전원에 부하가 연결되지 않을 때는 전원단자의 전압이 100V이고 부하가 연결되어 전류 I_L=2A가 흐를 때는 단자전압이 80V로 낮아졌다. 이 전원의 내부저항 r_i를 구하여라.

정답

$$r_i = \frac{100-80}{2}$$

$$= \frac{20}{2}$$

$$r_i = 10\Omega$$

조정한다. 이때의 R_L값이 내부저항 r_i의 값이 되는데, 이는 R_L의 값과 r_i의 값이 같을 때 전원의 전압이 양쪽에 반반씩 나누어지기 때문이다. (예제 12-1)에서 다룬 r_i가 10Ω인 100V 전원의 출력단자에 10Ω인 부하 R_L을 연결하면 부하전압은 50V가 되어 무부하전압 100V의 1/2이 된다.

이 결과를 옴의 법칙을 사용하여 설명해보면, R_L과 r_i를 합성한 전체저항 R_T는 20Ω이므로 전류 I_L은 5A가 되어 두 저항에는 각각 50V의 전압강하가 발생하며 이들의 합이 전원전압 100V와 같아진다.

■ 12-8 복습문제

a. 식 (12-1)에서 V_L은 V_{NL}보다 커야 한다. (참, 거짓)
b. 식 (12-1)에서 V_L이 V_{NL}의 1/2이면 R_L과 r_i는 같다. (참, 거짓)
c. 발전기의 내부저항 r_i는 부하와 직렬로 연결된다. (참, 거짓)
d. 부하전류가 클수록 r_i 양단의 전압강하가 커진다. (참, 거짓)

12-9 정전압원과 정전류원

내부저항이 아주 작은 발전기라면 정전압원(constant-voltage source)으로 볼 수 있다. 이 경우에는 부하에 흐르는 전류의 양이 변하여도 출력전압은 거의 일정하게 유지되기 때문이다. 이것을 〈그림 12-21〉에 나타낸 r_i=0.005Ω인 6V 납축전지를 예로 들어 살펴보기로 하자. 이 전지가 공급하는 부하전류가 1~100A의 넓은 범위에서 변한다고 가정하여도 내부저항 r_i=0.005Ω에 걸리는 전압강하 $I_L r_i$는 0.5V를 넘지 못한다.

정전류원

발전기의 저항이 외부에 달아주는 부하저항에 견주어 아주 크면 출력전압이 변하여

MultiSim **그림 12-21** 내부저항 r_i값이 아주 작은 정전압원. I가 R_L에 따라 변하여도 V_L은 6V에서 거의 변하지 않고 일정하게 유지된다. (a) 회로 (b) V_L의 그래프

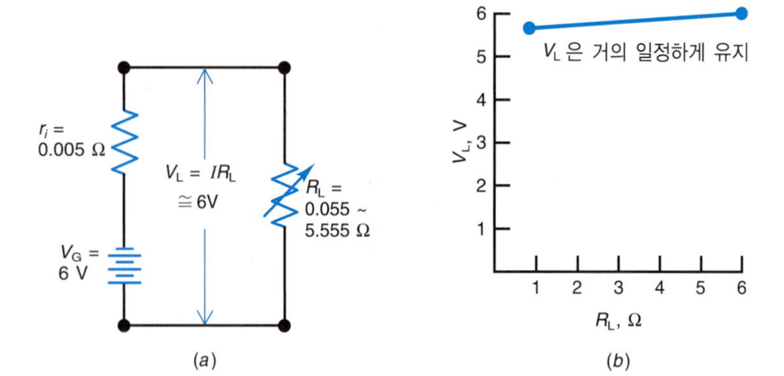

그림 12-22 내부저항 r_i값이 아주 큰 정전류원. V_L이 R_L에 따라 변하여도 I는 1mA에서 거의 변하지 않고 일정하게 유지된다. (a) 회로 (b) I의 그래프

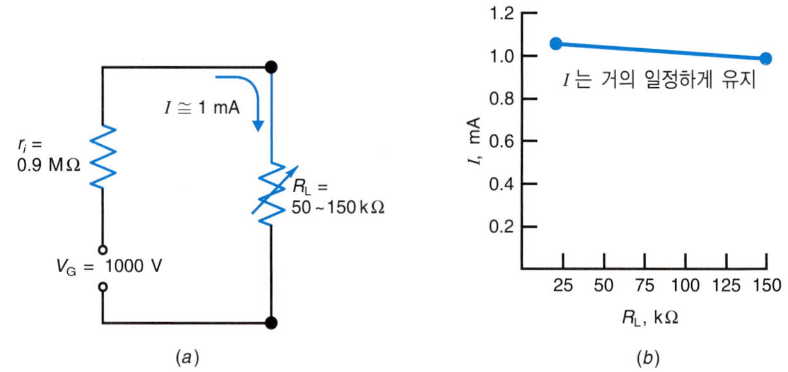

도 공급전류가 거의 일정하게 유지된다.

〈그림 12-22〉를 보면 전원의 내부저항이 r_i=0.9MΩ으로 무척 크기 때문에 전원전압 V_G가 공급하는 전류의 양은 거의 r_i값에 따라 정해지게 된다. 부하저항 R_L이 50~150KΩ의 3:1 범위에서 변한다고 가정하면 R_L과 r_i가 직렬로 연결된 이 회로에 흐르는 전류 I의 범위는 1.05~0.95mA로 1mA에서 거의 변하지 않는다. 〈그림 12-22b〉의 그래프에서 볼 수 있듯이 전류 I는 부하 R_L 값이 크게 달라져도 거의 변하지 않는다.

하지만 부하저항 R_L이 50~150kΩ의 3:1 범위에서 변할 때 전원단자의 전압 V_L도 대략 3:1의 범위로 변하게 된다. 또한 내부저항 r_i가 부하 R_L에 견주어 매우 크기 때문에 전원의 출력전압은 전원전압보다 훨씬 작다. 지금까지 설명한 것이 어떤 전원이 정전류원이 되기 위한 조건이 된다.

〈그림 12-23a〉와 같이 전원과 직렬로 저항 R_1을 연결하면 그 전원을 정전류원이 되도록 할 수 있다. 이때 저항 R_1은 R_L보다 훨씬 커야 한다. 그림에 나타낸 예에서는 50V 전원으로 I_L=50μA의 일정한 전류를 공급하기 위해 R_1을 1MΩ으로 하였다. 이 정도 크기의 R_1 값이면 R_L이 10:1의 넓은 범위에서 변하여도 I_L은 크게 변하

그림 12-23 부하저항 R_L이 연결된 A, B 단자에서 서로 등가인 두 전원회로 (a) 전압원 회로 (b) 전류원 회로

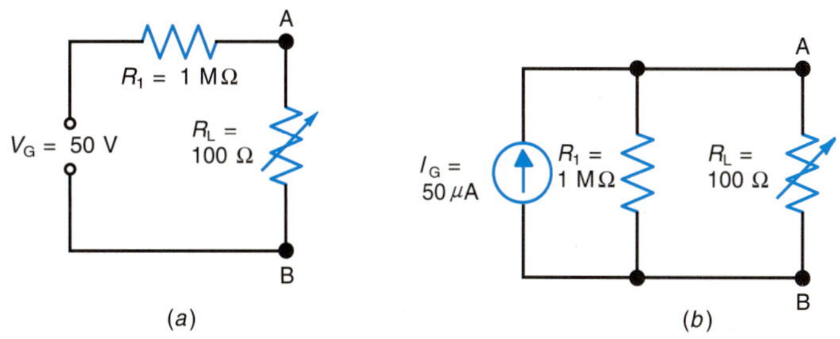

지 않는다.

〈그림 12-23b〉에 이 전원회로를 등가전류원 회로로 변환하여 나타내었다. 화살표가 들어 있는 전원이 전류원이다. R_L에서 바라보면 단자 A, B 왼쪽에 있는 회로는 1MΩ 저항과 50V 전압원이 직렬로 연결된 전원이나 1MΩ저항과 50μA 전류원이 병렬로 연결된 전원으로 보인다.

■ 12-9 복습문제

a. 정전압원의 내부저항은 큰 값인가, 아니면 작은 값인가?
b. 정전류원의 내부저항은 큰 값인가, 아니면 작은 값인가?

12-10 부하저항과 전원저항 r_i의 정합

〈그림 12-24〉에서 R_L과 r_i값이 같으면 부하저항과 발전기가 정합되었다고 말한다. 〈표 12-5〉에 수록한 계산 결과에서 알 수 있듯이 정합이 될 때 발전기에서 부하로 최대전력을 공급할 수 있으므로 매우 중요하다.

알아두기▸▸

통신시스템에서는 안테나의 방사저항값을 무선송신기의 출력저항값과 같게 해주어야 안테나에서 방사되는 전력이 최대가 된다. 이 경우도 $r_i = R_L$을 해야 하는 많은 예 가운데 하나이다.

R_L의 최대전력

R_L이 100Ω으로 100Ω인 r_i의 값과 같을 때 전원에서 부하로 최대전력이 전달된다. R_L이 100Ω보다 커지면 전압 V_L은 커지지만 전류가 줄어든다. R_L이 100Ω보다 작아지면 전류는 커지지만 전압 V_L이 줄어든다. R_L과 r_i의 값이 100Ω으로 서로 같을 때, 전압과 전류의 곱이 최대가 되어 R_L에 100W의 전력이 전달된다.

그러나 발전기의 저항이 매우 작은 경우에는 정합이 실용적이지 못한 것이 되어버린다. 예를 들어, 내부저항 r_i가 0.003Ω인 6V 납축전지에 0.003Ω의 부하저항 R_L을 연결하면 계산상으로 1000A나 되는 지나치게 큰 전류가 흘러 전지가 손상될 수 있다.

R_L의 최대전압

부하에서 최대전력이 아니라 최대전압을 얻고 싶으면 되도록 부하의 저항값을 크게 하여야 한다. 〈그림 12-24b〉에 나타나 있듯이 발전기의 전압은 R_L과 r_i에 나누어지

그림 12-24 R_L과 r_i가 정합이 될 때 효과를 살펴보기 위한 회로 (a) 회로도 (b) V_G는 r_i와 R_L에 나누어진다. (c) 저항 R_L과 전력 P_L 사이의 관계. 이 곡선은 〈표 12-5〉의 계산 결과를 그래프로 나타낸 것이다.

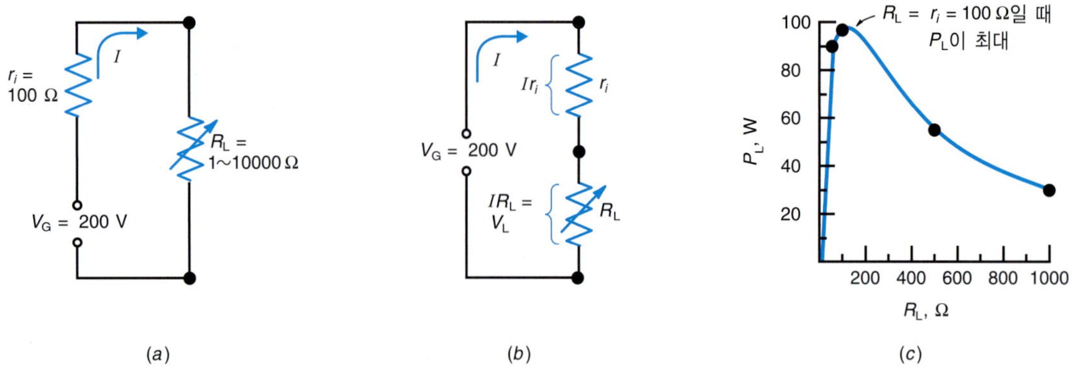

표 12-5	부하저항 RL이 회로의 전압, 전류, 전력에 미치는 영향							
	R_L, Ω	$I = V_G + R_T$, A	Ir_i, V	Ir_L, V	P_L, W	P_i, W	P_T, W	효율 = P_L/P_T, %
	1	1.98	198	2	4	392	396	1
	50	1.33	133	67	89	178	267	33
$R_L = r_i \rightarrow$	100	1	100	100	100	100	200	50
	500	0.33	33	167	55	11	66	83
	1,000	0.18	18	180	32	3.24	35.24	91
	10,000	0.02	2	198	4	0.04	4.04	99

게 된다. 〈표 12-5〉의 IR_L칸의 계산값에서 보듯이 출력전압 V_L은 R_L 값이 클수록 증가한다.

최대 효율

R_L의 값이 증가하면 전류가 적게 흘러 발전기 내부의 r_i에서 소모되는 전력이 줄어들므로 발전기의 효율은 증가한다. R_L이 r_i의 값과 같을 때는 발전기가 발생시킨 전체전력의 1/2이 r_i에서 소모되므로 발전기의 효율은 50%에 지나지 않는다. 따라서 부하와 발전기의 정합은 부하가 최대전력을 필요로 할 때 바람직한 것으로 정합할 때 너무 큰 전류가 흐르거나 최대효율 또는 최대부하전압이 요구될 때는 정합해서는 안 된다.

■ 12-10 복습문제

a. R_L=r_i일 때 P_L은 최대가 된다. (참, 거짓)

b. R_L이 최대가 되면 V_L도 최대가 된다. (참, 거짓)

요약

- 볼타전지에는 전극 역할을 하는 서로 다른 두 개의 도체가 전해액 속에 잠겨 있다. 전지 제조에 사용되는 화학물질(원소)의 종류에 따라 전지의 출력전압이 달라진다. 전지의 전류용량은 전지의 크기가 클수록 증가한다. 다시 충전해서 쓸 수 없는 전지를 1차 전지, 쓸 수 있는 전지를 2차 전지 또는 축전지라고 한다.
- 전지 여러 개를 직렬이나 병렬로 연결하여 만든 것이 배터리이다. 전지를 직렬로 연결할 때마다 전압은 더해져서 계속 커지지만 전류용량은 전지 한 개의 전류용량에서 더 이상 늘어나지 않는다. 전지를 병렬로 연결하면 전압은 전지 한 개의 전압과 같지만 전류용량은 연결할 때마다 더해져서 계속해서 늘어난다.
- 널리 사용되는 1차 전지로 탄소-아연 건전지가 있다. (+)전극으로 탄소, (-)전극으로 아연을 사용한다. 출력전압은 1.5V 정도이다.
- 가장 흔히 볼 수 있는 2차 전지로 납축전지가 있다. (+)전극으로 과산화납(PrO_2), (-)전극으로 스펀지처럼 구멍이 뚫려 있는 구조의 해면상납(spongy Pb)을 사용한다. 이들 두 전극은 묽은황산으로 만든 전해액 속에 담기게 된다. 전지 한 개의 출력전압은 2.1V 정도이다.
- 납축전지로 만든 배터리를 다시 충전할 때에는 충전용 직류전원의 전압을 2.5V 정도로 하여 납축전지와 연결한다. 충전용 전원의 (+)단자를 납축 배터리의 (+)단자에, 충전용 전원의 (-)단자를 납축 배터리의 (-)단자에 연결하여 배터리에 충전전류가 흐르도록 한다.
- 니켈-카드뮴 전지는 재충전할 수 있는 2차 전지에 속하며 출력전압은 1.2V이다.
- 정전압원의 내부저항은 매우 작다.
- 정전류원의 내부저항은 매우 크다.
- 모든 전원은 내부저항 r_i를 가지고 있다. 전원에 부하 R_L이 연결되어 전류가 흐르면 부하전류 I_L이 흐르므로 r_i에서 Ir_i의 전압강하가 생겨 전원 출력단자의 전압이 낮아진다. R_L과 r_i값이 같은 경우에는 출력단자전압이 R_L이 없을 때 전압(무부하전압)의 1/2이 된다.
- 부하 R_L의 값을 전원의 내부저항 r_i와 같게 하는 것을 정합(matching)이라고 한다. 정합을 하면 전원에서 부하로 전달되는 전력이 최대가 된다.

중요 용어

- 개방회로 전압(open-circuit voltage) : 부하가 연결되지 않은 전원출력단자 양단의 전압
- 내부저항(internal resistance, r_i) : 전원의 내부에 들어 있는 저항으로 이 저항에 의해 부하에 흐를 수 있는 전류량이 제한된다.
- 방전(discharging) : 전지나 배터리가 부하저항에 전류를 공급하면서 내부의 두 전극에 (+), (-)로 분리되어 있던 전하가 서로 만나 중성이 되는 과정
- 배터리(battery) : 볼타전지 여러 개로 구성되어 있으며 출력단자를 통해 외부 회로에 직류전압을 공급하는 장치
- 볼타전지(voltaic cell) : 화학에너지를 전기에너지로 바꾸어 주는 장치. 볼타전지의 전극에 사용되는 원소와 전해액의 종류에 따라 전지의 출력전압이 달라진다.
- 비중(상대밀도, specific gravity) : 어떤 물질의 밀도와 물의 밀도와의 비(ratio)
- 암페어-시(A-H) 정격(ampere-hour rating) : 어떤 정해진 시간 동안에 배터리가 부하에 계속 공급할 수 있는 전류의 크기. 예를 들어, 정격이 100A-H인 배터리는 100시간(h) 동안은 1A, 50시간 동안은 2A, 25시간 동안은 4A의 전류를 계속 흘려보낼 수 있다.
- 액체 비중계(hydrometer) : 납축 배터리 속에 들어 있는 전지의 충전 상태를 점검하는 데 사용하는 장치
- 연료전지(fuel cell) : 수소와 산소를 반응시켜 물과 전기를 만들어내는 전기화학장치. 연료전지는 직류전압을 출력하여 모터, 전등, 그 밖의 여러 전기장치를 구동시킨다. 연료전지에서는 화학물질이 끊임없이 흘러들어오므로 다 닳아서 못쓰게 되는 일은 일어나지 않는다.
- 정전류원(constant-current source) : 부하저항에 견주어 내부저항이 매우 큰 전원. 내부저항이 매우 크므로 부하의 저항값이 넓은 범위에서 변하여도 부하에 일정한 전류를 공급할 수 있다.
- 정전압원(constant-voltage source) : 부하저항에 견주어 내부저항이 매우 작은 전원. 내부저항이 매우 작으므로 부하의 저항값이 넓은 범위에서 변하여도 부하에 일정한

전압을 공급할 수 있다.

- 축전지(storage cell) : 2차 전지의 다른 이름
- 충전(charging) : 전지나 배터리를 사용할 때와 반대 방향으로 전류를 흐르게 하여 전지/배터리 안의 전극과 전해액을 원래 상태로 되돌리는 화학반응이 일어나게 하는 과정
- 플로트 충전(float charging) : 부하에 전류가 항상 공급될 수 있도록 충전기와 배터리, 부하를 서로 연결해놓고 충전하는 방식. 이 방식에서는 충전기가 부하에 전류를 공급하는 것과 동시에 배터리를 완전 충전시키는 데 필요한 전류도 함께 공급한다.
- 1차 전지(primary cell) : 전지를 다 쓴 다음에는 전극을 원래대로 회복시키는 화학반응을 일어나게 할 수 없으므로 다시 충전할 수 없는 전지
- 2차 전지(secondary cell) : 전지를 다 쓴 다음에 전극을 원래대로 회복시키는 화학반응을 일어나게 할 수 있으므로 다시 충전할 수 있는 전지

중요 공식

$$r_i = \frac{V_{\text{NL}} - V_{\text{L}}}{I_{\text{L}}}$$

$$V = \text{비중} + 0.84$$

자습문제

1. 다음 전지 중에서 1차 전지가 아닌 것은?
   a. 탄소-아연 전지
   b. 알칼라인 전지
   c. 염화아연 전지
   d. 납축전지

2. 사이즈가 C인 알칼라인 전지의 출력전압은?
   a. 1.2V
   b. 1.5V
   c. 2.1V
   d. 약 3V

3. 다음 전지 중에서 2차 전지인 것은?
   a. 산화은 전지
   b. 납축전지
   c. 니켈-카드뮴 전지
   d. b와 c 모두

4. 볼타전지의 성능이 떨어지면 내부저항 r_i는 어떻게 되는가?
   a. 증가한다.
   b. 감소한다.
   c. 변함없다.
   d. 사라진다.

5. 납축전지 한 개의 출력전압은?
   a. 1.35V
   b. 1.5V
   c. 2.1V
   d. 약 12V

6. 전지들을 직렬로 연결하면?
   a. 전류용량이 증가한다.
   b. 출력전압이 증가한다.
   c. 출력전압이 감소한다.
   d. 내부저항이 감소한다.

7. 전지들을 병렬로 연결하면?
   a. 전류용량이 증가한다.
   b. 출력전압이 증가한다.
   c. 출력전압이 감소한다.
   d. 전류용량이 감소한다.

8. 사이즈가 D인 알칼라인 전지 8개를 직렬로 연결한 배터리의 전압은?
   a. 1.5V
   b. 5.0V
   c. 7.5V
   d. 11.0V

9. 1차 전지와 2차 전지의 가장 큰 차이점은?
   a. 1차 전지는 다시 충전할 수 있고 2차 전지는 다시 충전할 수 없다.
   b. 2차 전지는 다시 충전할 수 있고 1차 전지는 다시 충전할 수 없다.
   c. 1차 전지는 아무리 오랫동안 보관해도 사용할 수 있지만 2차 전지는 안 된다.
   d. 1차 전지는 직류전압을 발생시키고 2차 전지는 교류전압을 발생시킨다.

10. 정전압원은?
   a. 내부저항이 매우 크다.
   b. 부하저항의 값에 관계없이 항상 일정한 전류를 공급한다.
   c. 내부저항이 매우 작다.
   d. 답이 없다.

11. 정전류원은?
   a. 내부저항이 매우 작다.
   b. 부하저항의 값이 넓은 범위에서 변하여도 항상 일정한 전류를 공급한다.
   c. 내부저항이 매우 크다.
   d. b와 c 모두

12. 부하를 연결하지 않을 때 출력전압이 6V인 배터리가 있다. 이 배터리에 부하를 연결하였더니 5mA의 전류가 흐르면서 출력전압이 5.4V로 낮아졌다. 배터리의 내부저항의 값은?
   a. 12Ω
   b. 108Ω
   c. 120Ω
   d. 구할 수 없다.

13. 전원에서 부하로 최대전력이 전달되는 조건은?
   a. $R_L = r_i$
   b. R_L이 최대가 될 때
   c. R_L이 최소가 될 때
   d. R_L이 r_i값의 10배 이상일 때

14. 전원과 부하의 정합이 이루어진 경우에 전력전달 효율은?
   a. 100%
   b. 0%
   c. 50%
   d. 구할 수 없다.

15. 배터리의 내부저항은?
   a. 저항계로 측정할 수 없다.
   b. 저항계로 측정할 수 있다.
   c. 부하가 연결될 때 흐르는 부하전류와 출력전압을 측정하여 간접적으로 구할 수 있다
   d. a와 c 모두

확인문제

1. (a) 전지들을 직렬로 연결할 때의 장점은 무엇인가?
   (b) 직렬로 연결된 전지의 양 끝 단자에는 무엇이 연결되는가?
2. (a) 전지들을 병렬로 연결할 때의 장점은 무엇인가?
   (b) 전지 여러 개를 병렬로 연결한 경우에 부하를 아무 전지 양단에 연결해도 괜찮은 까닭은 무엇인가?
3. 전지 한 개의 전압과 정격전류의 두 배인 배터리를 만들려면 모두 몇 개의 전지가 필요한가? 전지들의 배선도를 그려라.
4. 12V 납축전지를 15V의 전압원으로 충전하는 회로도를 그려라.
5. 내부저항이 매우 낮은 전원을 정전압원이라고 하는 까닭을 말하여라.
6. 납축전지에서 전류가 방전되면 전해액의 비중이 낮아지는 까닭을 말하여라.
7. 납축전지는 정전압원인가, 아니면 정전류원인가? 그 까닭도 함께 말하여라.
8. 화학 전지의 종류 다섯 가지를 적고 종류마다 특징을 두 가지씩 말하여라.
9. 〈그림 12-21b〉를 참고로 하여 R_L에 따른 I의 변화를 나타내는 그래프를 그려라.
10. 〈그림 12-22b〉를 참고로 하여 R_L에 따른 V_L의 변화를 나타내는 그래프를 그려라.
11. 〈그림 12-24c〉를 참고로 하여 R_L에 따른 V_L의 변화를 나타내는 그래프를 그려라.

연습문제

12-6절 전지의 직렬연결과 병렬연결

문제 12-1~12-5에서는 문제 속 전지의 정격은 모두 같고 부하에 흐르는 전류도 전지의 전류용량을 초과하지 않는 것으로 가정한다.

12-1 〈그림 12-25〉에서 부하전압 V_L, 부하전류 I_L을 구하여라. 또 전지 한 개가 공급하는 전류도 구하여라.

그림 12-25

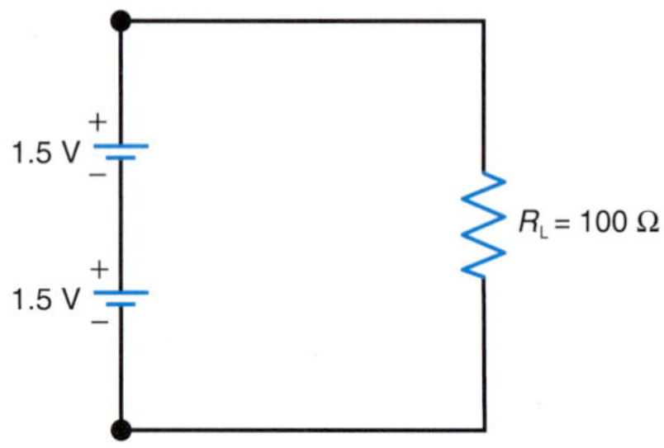

12-2 〈그림 12-26〉의 회로에 대해 문제 12-1을 되풀이하여라.

그림 12-26

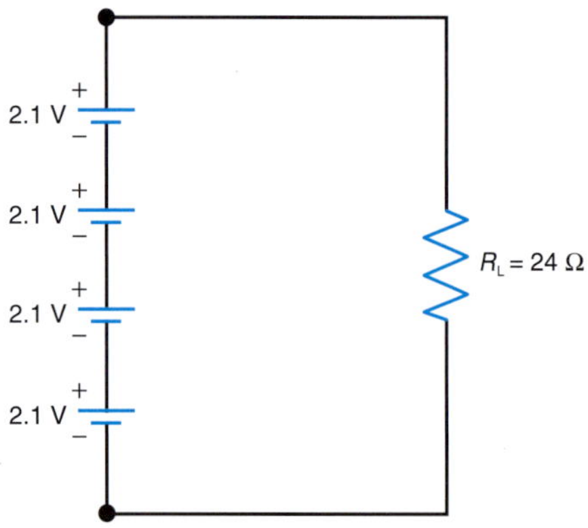

12-3 〈그림 12-27〉의 회로에 대해 문제 12-1을 되풀이하여라.

그림 12-27

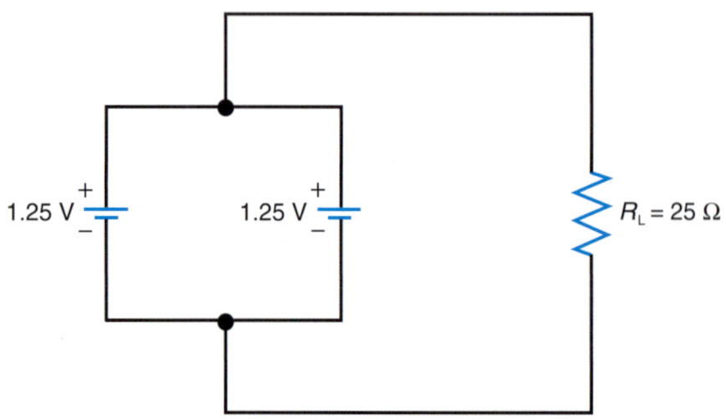

12-4 〈그림 12-28〉의 회로에 대해 문제 12-1을 되풀이하여라.

그림 12-28

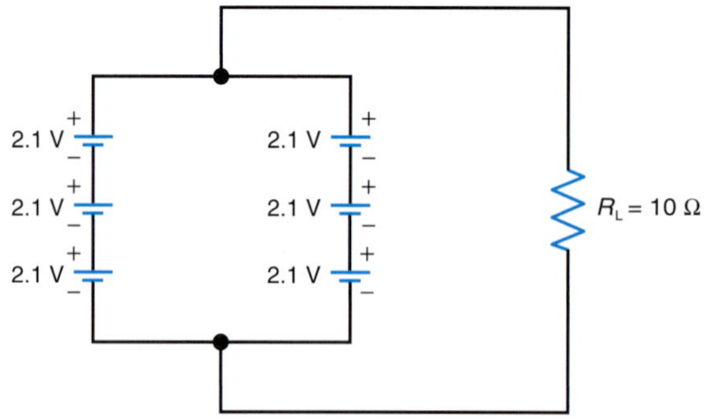

12-5 〈그림 12-29〉의 회로에 대해 문제 12-1을 되풀이하여라.

그림 12-29

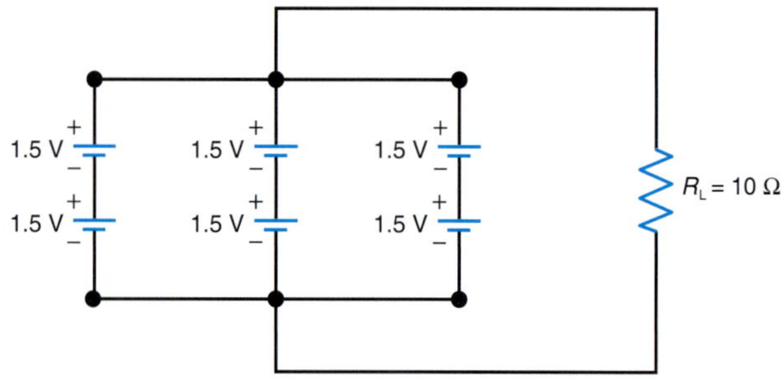

12-8절 발전기의 내부저항

12-6 부하를 연결하지 않을 때 출력전압이 9V인 배터리가 있다. 이 배터리에 부하를 연결하였더니 50mA의 전류가 흐르면서 출력전압이 8.5V로 낮아졌다. 배터리의 내부저항 r_i의 값을 구하여라.

12-7 부하를 연결하지 않을 때 출력전압이 6V인 배터리가 있다. 이 배터리에 부하를 연결하였더니 400mA의 전류가 흐르면서 출력전압이 5.2V로 낮아졌다. 배터리의 내부저항 r_i의 값을 구하여라.

12-8 MultiSim 9V 배터리의 내부저항이 0.6Ω이다. 배터리가 단락(short)될 경우, 배터리에서 흐르는 전류를 구하여라.

12-9 사이즈가 AA인 1.5V 알칼라인 전지가 부하저항에

25mA의 전류를 공급하고 있을 때 전지의 출력단자의 전압은 1.35V이다. 전지의 내부저항 r_i를 구하여라.

12-10 〈그림 12-30〉에서 S_1이 1번 위치에 있을 때 V=50V, S_1이 2번 위치에 있을 때 V=37.5V이다. 전지의 내부저항 r_i를 구하여라.

그림 12-30

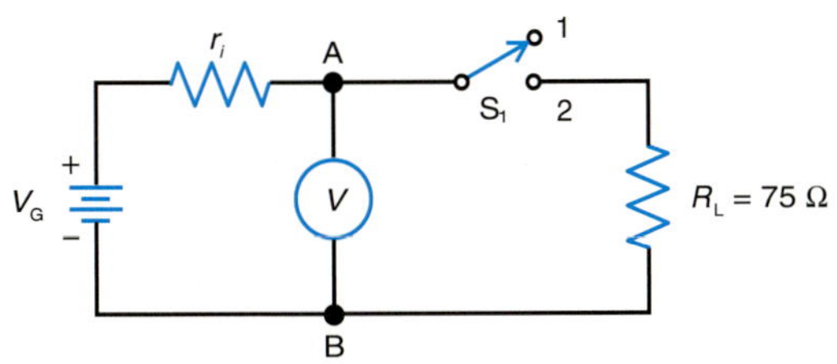

12-11 어떤 발전기의 개방단자 전압이 18V이다. 이 발전기의 출력단자에 저항이 75Ω인 부하를 연결하면 단자의 전압이 15V로 낮아진다. 발전기의 내부저항 r_i를 구하여라.

12-9절 정전압원과 정전류원

12-12 〈그림 12-31〉에서 전지의 내부저항이 r_i=0.01Ω이다. 부하 R_L의 값이 다음과 같을 때 I_L과 V_L을 구하여라.

a. R_L=1Ω
b. R_L=5Ω
c. R_L=10Ω
d. R_L=100Ω

그림 12-31

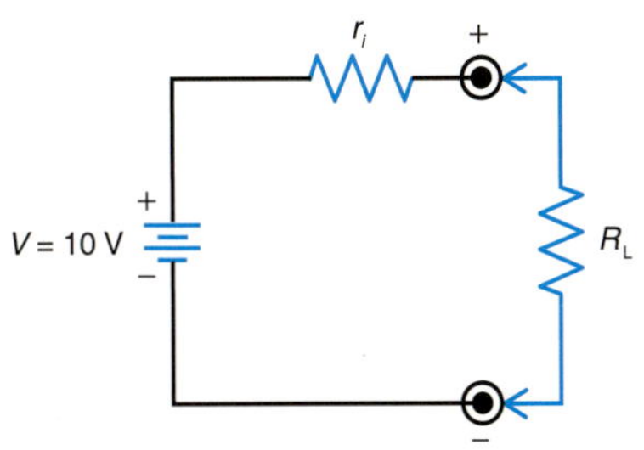

12-13 〈그림 12-31〉에서 전지의 내부저항이 r_i=10MΩ이다. 부하 R_L의 값이 다음과 같을 때 I_L과 V_L을 구하여라.

a. R_L=0Ω
b. R_L=100Ω
c. R_L=1kΩ
d. R_L=100kΩ

12-14 〈그림 12-32〉의 회로를 등가전류원 회로로 변환하여라.

그림 12-32

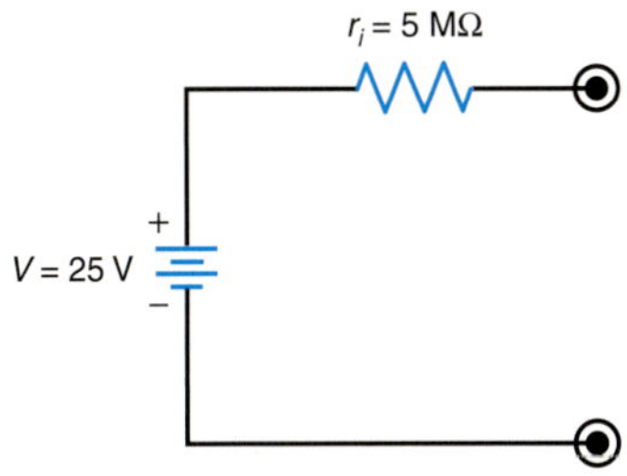

12-10절 부하저항과 전원저항 r_i의 정합

12-15 〈그림 12-33〉에서 부하 R_L의 값이 다음과 같을 때 I_L, V_L, P_L, P_T 그리고 효율(%)을 구하여라.

a. R_L=10Ω
b. R_L=25Ω
c. R_L=50Ω
d. R_L=75Ω
e. R_L=100Ω

그림 12-33

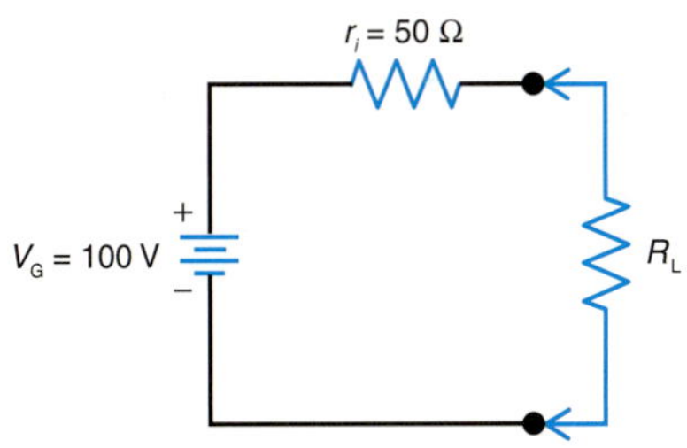

12-16 문제 12-15의 계산결과를 잘 보고 R_L의 값이 얼마일 때 다음의 결과가 되었는지 말하여라.

a. 부하전압 V_L이 최대
b. 50Ω 저항 양단의 전압강하가 최소
c. 부하에 전달된 전력이 최대
d. 효율이 최대

12-17 〈그림 12-34〉에서 다음을 구하여라.

a. 전원에서 부하로 최대전력이 전달되도록 하는 R_L의 값

b. 부하와 전원이 정합된 경우, 부하의 전력

c. $R_L = r_i$일 때 전체 전력 중에서 R_L에 전달되는 전력의 비율(%)

그림 12-34

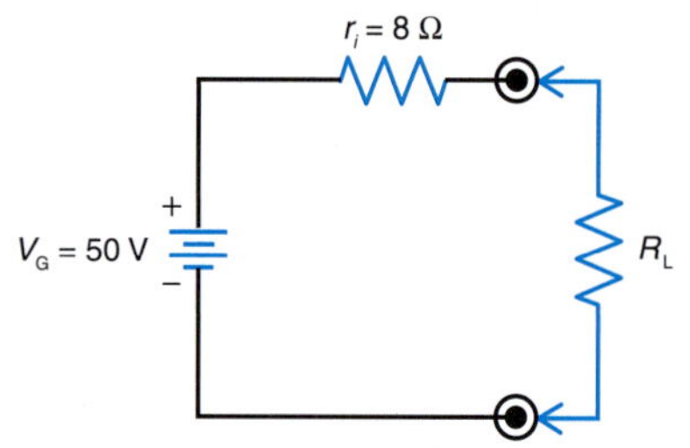

사고력 문제

12-18 〈그림 12-35〉에서 다음을 구하여라.

(a) V_L

(b) I_L

(c) 각 전압원이 공급하는 전류

12-19 〈그림 12-36〉에서 다음을 구하여라.

(a) 전원에서 R_L에 전달되는 전력이 최대가 되게 하는 R_L의 값

(b) R_L에 전달되는 최대전력

그림 12-35

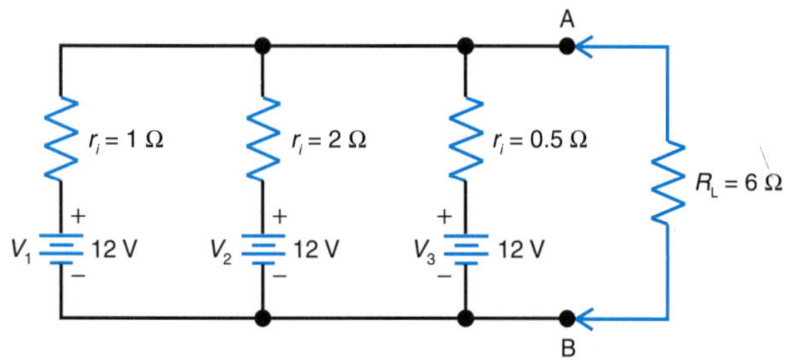

그림 12-36

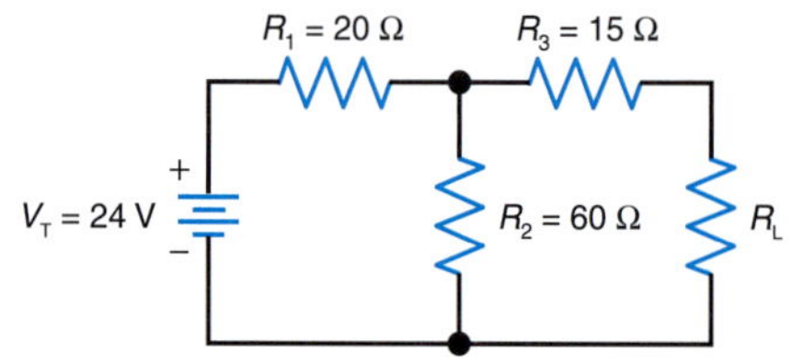

복습문제 정답

12-1 a. 1.5V
b. 2.1V
c. 2차

12-2 a. 참
b. 참
c. 거짓

12-3 a. 알칼라인
b. 알칼라인
d. C
d. 산화은

12-4 a. 6
b. 15A
c. 1,280

12-5 a. 거짓
b. 참
c. 참
d. 참

12-6 a. 6, 6
b. 2
c. 12

12-7 a. 거짓
b. 참

12-8 a. 거짓
b. 참
c. 참
d. 참

12-9 a. 작은 값
b. 큰 값

12-10 a. 참
b. 참

chapter

13

자기현상

자기작용(magnetism)이라는 현상은 기원전 100년경에 고대 그리스에서 처음 발견되었다. 그 당시에 어떤 이상한 돌이 작은 철 조각을 끌어당기는 성질이 있다는 것을 알게 되었다. 이 특이한 돌을 로드스톤(lodestone)이라고 부르고 끌어당기는 힘을 자력이라고 하였다. 자력이라는 성질을 가진 물질을 자석이라고 한다. 자석에는 북극(N)과 남극(S)의 두 극이 있다. 두 전하의 극성이 같으면 서로 밀치고 극성이 다르면 서로 당기는 것과 마찬가지로, 자석의 극이 서로 같으면 밀치고 다르면 당긴다. 이 천연자석의 발견이 방향을 찾는 장치인 나침반의 발명을 가져왔다. 지구는 하나의 거대한 천연자석이므로 자유롭게 놓인 자석은 지구의 북극과 남극에 맞추어 정렬하게 된다.

눈에 보이지는 않지만 자석의 두 극으로부터 바깥으로 자력선이 퍼져나간다. 특수한 시험장비로 자력선의 수와 밀도를 측정할 수 있다. 이 장에서는 자기장에 관련한 여러 기본단위에 대해 알아본다. 또한 여러 종류의 자석과 자성체의 분류방법에 대해서도 살펴본다.

단원 차례

단원 목표

- 자석 주위의 자기장에 대해 설명한다.
- 자속과 자속밀도의 단위를 정의한다.
- 단위 사이의 변환 방법을 설명한다.
- 쇠막대가 어떤 식으로 유도작용에 의해 자화되는지 설명한다.
- 비투자율이라는 용어를 정의한다.
- 막대자석과 전자석의 차이점을 설명한다.
- 자성체를 세 가지로 분류한다.
- 페라이트의 전기적 성질과 자기적 성질을 설명한다.
- 홀 효과를 설명한다.

중요 용어

가우스(gauss, G)

강자성체(ferromagnetic)

맥스웰(maxwell, Mx)

반자성체(diamagnetic)

비투자율(relative permeability, μ_r)

상자성체(paramagnetic)

영구자석(permanent magnet)

웨버(Wb)

유도작용

자속 ϕ

자속밀도 B

전자석(electromagnet)

퀴리 온도(Curie temperature)

토로이드

테슬라(tesla, T)

페라이트(ferrite)

홀 효과

13-1 자기장

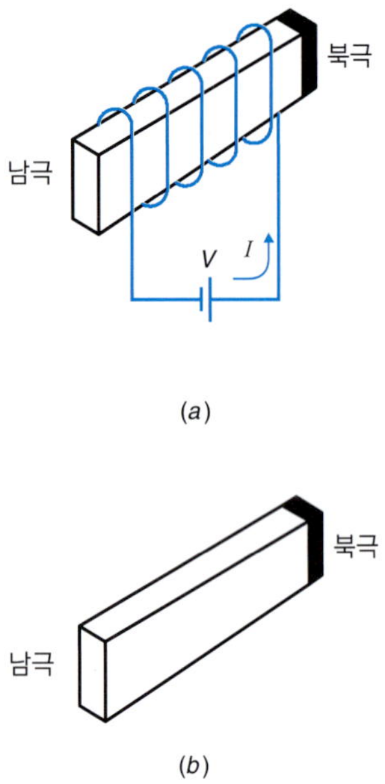

그림 13-1 자석의 북극(N극)과 남극(S극) (a) 전자석 : 외부의 배터리에서 전류가 흘러야 북극과 남극이 형성되어 자석이 된다. (b) 영구자석 : 외부 전류가 없어도 항상 자석이다.

〈그림 13-1〉과 〈그림 13-2〉에서 볼 수 있듯이 자석의 북극과 남극은 자기적인 힘이 집중되어 있는 부분이다. 자석의 양 끝에 있는 두 극 사이의 자기장에 의해 강한 자기작용이라는 실제 현상이 일어난다. 자기장은 눈에 보이지 않지만 〈그림 13-2a〉와 같이 막대자석 위에 놓인 유리나 종이에 쇳가루를 뿌리면 자기장의 흔적을 눈으로 확인할 수 있다. 쇳가루 하나하나가 작은 막대자석이 되므로 유리나 종이를 가볍게 쳐서 쇳가루가 움직여 잘 퍼지도록 하면 이들 쇳가루가 자기장에 맞추어 정렬하게 된다.

자석의 양 끝에 많은 쇳가루가 매달리므로 자기장은 두 극에서 가장 세다는 것을 알 수 있다. 자기장은 어느 방향이든 다 존재하지만 자석의 두 극으로부터 멀리 떨어질수록 세기는 약해진다.

자기력선

쇳가루 없이도 자기장을 나타낼 수 있도록 〈그림 13-2b〉와 같이 자기력선을 사용한다. 자석 외부에서 자기력선은 자석의 북극에서 나와 남극으로 들어간다.(자기력선은 자기장에서 북극이 따르는 경로를 택하므로 자석의 북극에서는 밀려나고 자석의 남극에서는 당겨지게 되어 이 방향이 자기력선의 방향이 되는 것이다.) 실제로 북극 하나만을 갖는 자석은 없지만 작은 나침반 바늘의 북극이 어떤 식으로 움직이는지 살펴보면 자기장을 조사할 수 있다.

자석은 끝에 있는 반대 성질의 두 극에 의해 외부에 자기장을 만들어내는 발생기라고 할 수 있다. 이것은 반대 성질의 두 전하에 의해 외부에 전기장을 만들어내는 발생기(전원)인 배터리에 대응한다고 할 수 있다.

자기력선은 공기, 진공, 종이, 유리, 나무, 플라스틱과 같은 비자성체에 의해서는 아무런 영향을 받지 않는다. 이러한 물체가 자석에서 발생된 자기장 안에 놓이더라도 자기력선은 물체가 없는 경우와 마찬가지이다.

그러나 자기장 안에 철과 같은 자성체를 놓게 되면 자기력선이 집중된다. 철 내부의 자기력선의 밀도는 공기 중에 비해 높다.

알아두기▸▸

자기력선들은 절대 교차하지 않으며 서로를 밀어낸다.

그림 13-2 막대자석 주위에 분포하는 자기장 (a) 쇳가루에 의해 드러난 자기장의 모습 (b) 자기장을 나타내는 자기력선

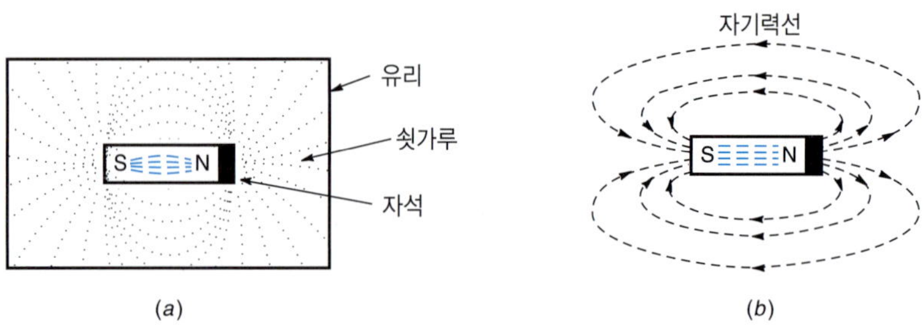

그림 13-3 막대자석의 북극과 남극 (a) 막대자석의 북극은 지구의 북극을 가리킨다. (b) 지구에 분포하는 자기장

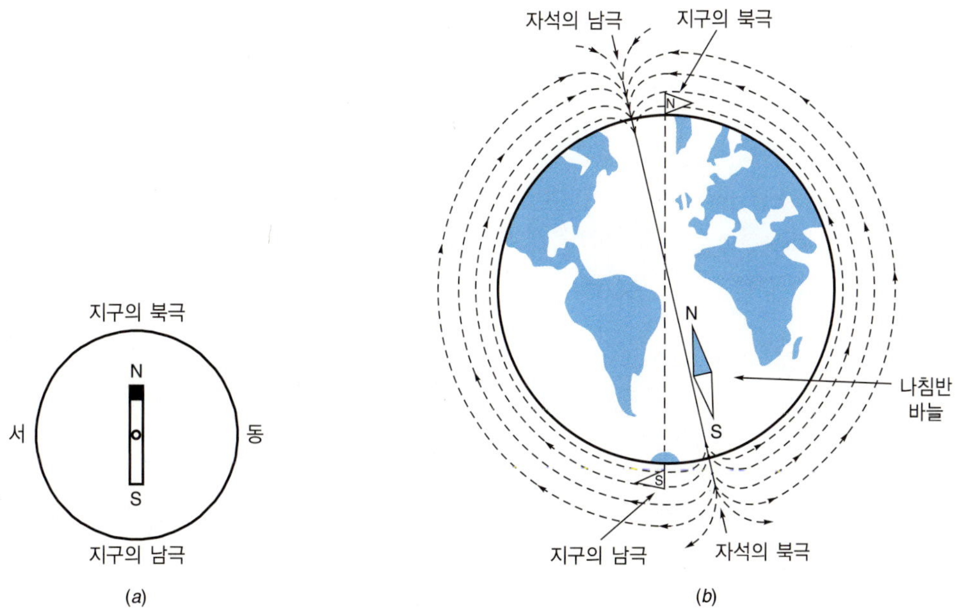

자석의 N극(북극)과 S극(남극)

지구는 그 자체가 거대한 천연자석으로 북극과 남극에서 자력의 세기가 가장 강하다. 이러한 지구의 두 극 때문에 작은 막대자석을 매달아 놓으면 자석의 한 쪽 끝이 언제나 지구의 북극을 가리키게 된다. 〈그림 13-3a〉에서 보듯이 지구의 북극을 가리키는 막대자석의 끝을 자석의 북극(N)으로 정의한다. 반대쪽 끝은 남극(S)이 된다. 〈그림 13-3b〉에서 볼 수 있는 것처럼 지구상의 북극은 자석의 남극과 같은 성질을, 지구상의 남극은 자석의 북극 같은 성질을 갖는다는 사실에 주의하도록 한다.

전하 사이의 힘과 비슷하게 자석에서도 같은 극끼리는 서로 끌어당기고 다른 극끼리는 밀어내는 힘이 작용한다.

1. N극과 S극은 서로 끌어당긴다.
2. N극은 다른 N극을 밀어내고, S극은 다른 S극을 밀어낸다.

철가루를 사용하면 반대 극 사이에서는 자기장이 〈그림 13-4a〉와 같이 분포하고, 같은 극 사이에서는 〈그림 13-4b〉처럼 분포하는 것을 볼 수 있다.

■ 13-1 복습문제

a. 자석에서 북극을 N으로 표시한다. (참, 거짓)
b. 같은 극 사이에서 작용하는 힘은 서로 밀어내는 힘이다. (참, 거짓)

MultiSim **그림 13-4** 쇳가루에 의해 드러난 자기장의 모습 (a) 서로 다른 극 사이에 분포하는 자기장. N극과 S극이 바뀌어도 자기장의 분포는 마찬가지이다. (b) 서로 같은 극 사이에 분포하는 자기장. 두 N극이 모두 S극으로 바뀌어도 자기장의 분포는 마찬가지이다.

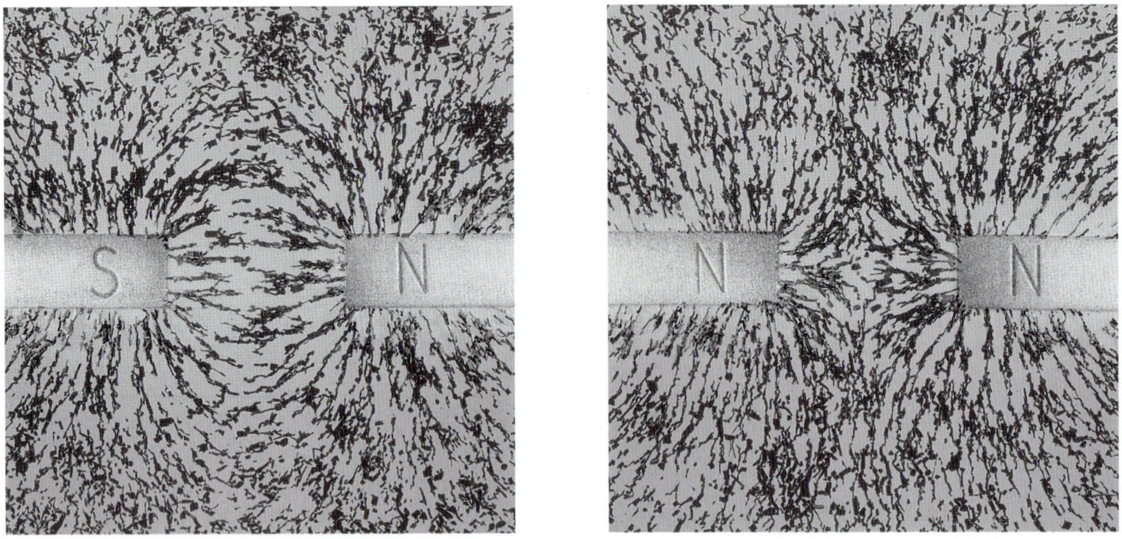

(*a*) (*b*)

13-2 자속 ϕ

모든 자기력선은 자석의 북극에서 밖을 향하여 빠져나오는 것으로 볼 수 있는데, 이 전체 자기력선을 한데 묶은 다발을 자속(magnetic flux)이라 하고 그리스 문자 ϕ로 나타낸다. 자기장이 강한 곳에는 약한 곳에 견주어 자기력선 수가 많으므로 자속도 크다.

맥스웰(Maxwell) 단위

1Mx(맥스웰)이란 단위는 자기력선 1개를 뜻한다. 예를 들어, 〈그림 13-5〉에서 자석의 N극에서 나오거나 S극으로 들어가는 자기력선의 수가 여섯 개이므로 자속은 6Mx이다. 무게 1파운드짜리 자석에서 나오는 자속 ϕ는 약 5000Mx이다. Mx 단위

MultiSim **그림 13-5** 자기력선이 모두 6개이므로 전체 자속 ϕ는 6Mx이다. P점에서는 $1cm^2$당 자기력선이 2개이므로 자속밀도 B는 2G이다.

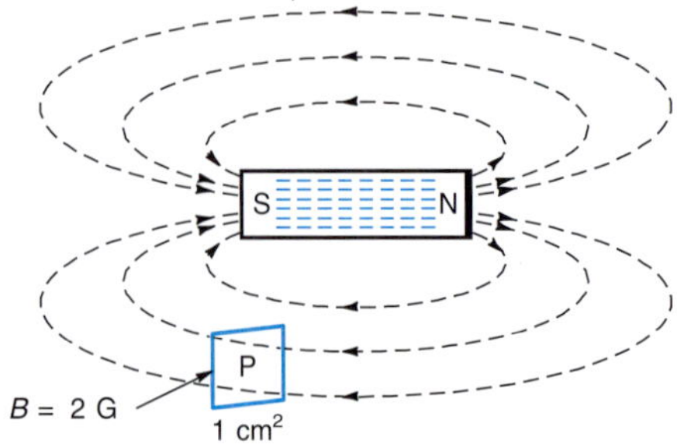

전자공학의 선구자들

물리학자인 맥스웰(James Clerk Maxwell, 1831~1879)은 전기현상과 자기현상에 관한 이론을 전자기장이론 하나로 통합하였다. 1865년에 맥스웰은 전자기 현상이 빛의 속도로 전파되는 파동임을 증명하였다. 1873년에는 빛이 전자기파의 한 종류라는 것을 발표하였다.

는 전기와 장이론(electrical and field theory)의 발전에 크게 기여한 스코틀랜드 태생의 수리물리학자인 제임스 클럭 맥스웰(James Clerk Maxwell, 1831~1879)의 이름을 따서 만든 것이다.

웨버(Weber) 단위

웨버(Wb)도 자속의 단위로 또 다른 자속의 단위인 맥스웰(Mx)보다 큰 단위이다. 1 Wb는 1×10^8Mx이다. Wb가 상당히 큰 자속을 나타내므로 μWb를 사용하는 경우가 많다. 1μWb= 1×10^{-6}Wb이다. Wb 단위는 독일 태생의 물리학자인 빌헬름 베버(Wilhelm Weber)의 이름을 따서 만든 것이다.

1μWb = 1×10^8Mx이므로 다음과 같이 1×10^8Mx/Wb을 곱하여 μWb 단위를 Mx 단위로 변환할 수 있다.

$$1\mu\text{Wb} = 1\times10^{-6}\,\text{Wb}\times1\times10^{8}\,\frac{\text{Mx}}{\text{Wb}}$$
$$= 1\times10^{2}\,\text{Mx}$$
$$1\mu\text{Wb} = 100\text{Mx}$$

이 변환 과정에서 Wb 단위를 서로 상쇄시켜 Mx 단위가 나오도록 배열한 것을 잘 살펴보기 바란다.

결국 μWb도 Mx보다는 큰 단위이다. 따라서 앞에서 언급한 무게 1파운드짜리 자석의 자속 5000Mx은 50μWb가 된다. 이 단위 변환과정을 살펴보면 다음과 같다.

$$\frac{5000\text{Mx}}{100\text{Mx}/\mu\text{Wb}} = 50\mu\text{Wb}$$

여기서도 Mx 단위가 상쇄되고 분모의 1/μWb가 뒤집어져서 역수가 되어 μWb 단위가 된 것을 잘 살펴보기 바란다.

단위 사이의 변환

다음 변환식을 사용하면 Mx과 Wb 단위 사이의 변환을 손쉽게 할 수 있다.

$$\text{Wb} = \text{Mx}\times\frac{1\text{Wb}}{1\times10^{8}\,\text{Mx}}$$
$$\text{Mx} = \text{Wb}\times\frac{1\times10^{8}\,\text{Mx}}{1\text{Wb}}$$

예제 13-1

(a) 2500Mx를 Wb 단위로 변환하여라.

(b) 0.005Wb를 Mx 단위로 변환하여라.

정답

$$\text{(a)}\ \ \text{Wb} = \text{Mx} \times \frac{1\text{Wb}}{1 \times 10^8 \text{Mx}}$$
$$= 25,000\text{Mx} \times \frac{1\text{Wb}}{1 \times 10^8 \text{Mx}}$$
$$\text{Wb} = 250 \times 10^{-6}\text{Wb} \quad \text{또는} \quad 250\mu\text{Wb}$$

$$\text{(b)}\ \ \text{Mx} = \text{Wb} \times \frac{1 \times 10^8 \text{Mx}}{1\text{Wb}}$$
$$= 0.005\text{Wb} \times \frac{1 \times 10^8 \text{Mx}}{1\text{Wb}}$$
$$\text{Mx} = 5.0 \times 10^5 \text{Mx}$$

전자공학의 선구자들

가우스(Carl Friedrich Gauss, 1777~1855)와 베버(Wilhelm Edward Weber, 1804~1890)는 독일 괴팅겐에서 최초로 전신장치(telegraph)를 발명했다. 그들은 길이가 1마일 정도 되는 구리 전선 두 가닥으로 서로 떨어져 있는 관측소와 연구실을 연결하였다. 그들은 자력계(자침, magneto-meter)를 사용하여 처음에는 몇 개의 단어를, 그 다음에는 문상들을 전송하는 데 성공하였다. 그 후 전신은 별로 사용되지 않다가 1840년 모스(Samuel Morse)가 개량된 전신기를 개발하면서 널리 사용되기 시작하였다. 가우스와 베버는 그 당시 패러데이가 새롭게 발견한 전자기 유도 작용도 함께 연구하였다. 가우스는 전기현상과 자기현상 분야에 매우 큰 영향을 주었으므로 자속밀도의 cgs 단위를 그의 이름을 따서 가우스라고 한다.

자기력 관련 단위 체계

미터법 체계 안에서 기본 단위들은 다음 두 가지 방식으로 정의될 수 있다.

1. cgs 단위계는 센티미터(centimeter)-그램(gram)-초(second) 단위로 구성된 체계로 여기에서는 크기가 작은 단위가 정의된다.
2. mks 단위계는 미터(meter)-킬로그램(kilogram)-초(second) 단위로 구성된 체계로 여기에서는 크기가 큰 단위가 정의된다.

이밖에도 전 세계의 표준으로 사용되고 있는 국제단위계(Système Inter-nationale unit, SI unit)가 있는데, 이 단위계 역시 미터, 킬로그램, 초로 구성된다.

자속의 단위 가운데 Mx은 cgs 단위이고 Wb는 mks 단위, 또는 SI 단위이다. 과학과 공학에서는 SI 단위가 주로 사용되지만 자기력이 응용되는 여러 분야에서는 cgs 단위계도 여전히 사용되고 있다.

■ **13-2 복습문제**

자기력선 수가 200인 자속을 다음 단위로 변환하여라.

a. Mx 단위

b. μWb 단위

13-3 자속밀도 B

〈그림 13-5〉에서 볼 수 있듯이 자속밀도는 단위 면적을 통과하는 자기력선 수이다. 여기서 면적은 자기력선의 방향과 수직이어야 한다. 식으로 나타내면

$$B = \frac{\phi}{A} \tag{13-1}$$

가우스 단위

cgs 단위계의 하나인 가우스(G) 단위는 단위면적($1cm^2$)당 자기력선 수(Mx)를 나타내므로 $1G=1Mx/cm^2$이다. 예를 들어, 〈그림 13-5〉에서 전체 자속 ϕ는 자기력선 수가 6개이므로 6Mx이다. P점에서의 자속밀도 B는 2G인데, 이것은 이 점에서 단위 면적을 통과하는 자기력선의 수가 2개이기 때문이다. 자석의 두 극에 가까운 곳일수록 자속이 더욱 집중하므로 자속밀도는 높아진다.

앞서 언급한 1파운드짜리 자석의 전속밀도는 N극과 S극에서는 1000G 정도가 된다. 이 단위는 독일의 수학자인 가우스(Karl F. Gauss, 1777~1855)의 이름을 따서 만든 것이다.

예제 13-2

면적이 $5cm^2$인 어떤 단면을 10,000Mx의 자속이 수직으로 통과한다면 자속밀도는 몇 G인가?

정답

$$B = \frac{\phi}{A} = \frac{10,000\text{Mx}}{5\text{cm}^2} = 2000\frac{\text{Mx}}{\text{cm}^2}$$

$$B = 2000\text{G}$$

보통, 지구의 자기장은 0.2G 정도이며 실험실에서 사용하는 큰 자석이 만드는 자기장은 50,000G나 된다. 이처럼 가우스 단위는 아주 작은 크기이므로 킬로가우스 단위가 주로 사용된다. $1kG = 10^3G$이다.

테슬라 단위

SI 단위계에서는 자속밀도 B의 단위로 단위면적($1m^2$)당 자속(Wb)인 테슬라(T)를 사용한다. 따라서 $1T=1Wb/m^2$이다. 이 단위는 유고슬라비아 태생의 미국인으로 전기와 자기분야의 발명가인 테슬라(Nikola Tesla, 1857~1943)의 이름을 따서 만든 것이다.

cgs 단위를 mks 단위로 변환할 때는

$$1\text{m} = 100\text{cm} = 1 \times 10^2\text{cm}$$
$$1\text{m}^2 = 10,000\text{cm}^2 = 1 \times 10^4\text{cm}^2$$

의 관계를 잘 알아야 한다. 이것은 큰 단위(m, m^2)에서 작은 단위(cm, cm^2)로 변환하는 것이다. 반대로 변환할 경우에는

$$1\text{cm} = 0.01\text{m} = 1 \times 10^{-2}\text{m}$$
$$1\text{cm}^2 = 0.0001\text{m}^2 = 1 \times 10^{-4}\text{m}^2$$

예를 들어, 5cm^{2}은 0.0005m^2 또는 5×10^{-4}m^{2}과 같다. 변환 과정을 살펴보면

$$5\text{cm}^2 \times \frac{0.0001\text{m}^2}{1\text{cm}^2} = 0.0005\text{m}^2$$

이며, 10의 거듭제곱을 사용할 경우에는

$$5\text{cm}^2 \times \frac{1\times10^{-4}\text{m}^2}{1\text{cm}^2} = 5\times10^{-4}\text{m}^2$$

이다. 두 경우 모두 cm^2 단위들이 상쇄되어 원하는 단위인 m^{2}가 되는 것을 잘 살펴보기 바란다.

예제 13-3

0.0005m^{2}인 어떤 단면을 통과하는 자속이 400μWb일 때, 자속밀도는 몇 T인가?

정답

$$\begin{aligned} B &= \frac{\phi}{A} = \frac{400\times10^{-6}\text{Wb}}{5\times10^{-4}\text{m}^2} \\ &= \frac{400}{5}\times10^{-2}\text{Wb/m}^2 \\ &= 80\times10^{-2}\text{Wb/m}^2 \\ B &= 0.80\text{T} \end{aligned}$$

테슬라는 가우스보다는 큰 단위로 1T = 1×10^{4}G이다.

예를 들어, 자속밀도 20,000G는 2T가 된다. 변환 과정을 살펴보면

$$\frac{20,000\text{G}}{1\times10^4\text{G/T}} = \frac{2\times10^4\text{T}}{1\times10^4} = 2\text{T}$$

이다. 두 G 단위가 상쇄되어 원하는 단위인 T 단위만 남게 되는 것을 잘 살펴보기 바란다.

단위 사이의 변환

다음 변환식을 사용하면 T와 G 단위 사이의 변환을 손쉽게 할 수 있다.

$$\text{G} = \text{T}\times\frac{1\times10^4\text{G}}{1\text{T}}$$

$$\text{T} = \text{G}\times\frac{1\text{T}}{1\times10^4\text{G}}$$

예제 13-4

(a) 0.003T를 G 단위로 변환하여라.

(b) 15,000G를 T 단위로 변환하여라.

정답

(a) $G = T \times \frac{1 \times 10^4 G}{T}$

$= 0.003T \times \frac{1 \times 10^4 G}{T}$

$G = 30G$

(b) $T = G \times \frac{1T}{1 \times 10^4 G}$

$= 15,000G \times \frac{1T}{1 \times 10^4 G}$

$T = 1.5T$

자속과 자속밀도의 비교

자속 ϕ에 대해서는 전체면적을, 자속밀도 B에 대해서는 단위면적을 고려하여야 한다. 〈그림 13-6〉에 ϕ와 B의 차이점을 설명하였다. 전체면적 A는 3cm×3cm = 9cm^{2}이다. 면적이 1cm^{2}인 단위 면적마다 16개의 자기력선이 표시되어 있다. 따라서 자속밀도 B는 1cm^2 당 16개이므로 16G가 된다. 전체면적은 9개의 단위면적으로 이루어져 있으므로 전체 자기력선 수는 $B \times A$=16×9=144가 되어 결국 144Mx이 된다.

앞의 경우와 반대 과정으로 설명해보기로 하자. 전체 자기력선 수는 144개이므로

그림 13-6 전체 자속 ϕ와 자속밀도 B의 비교. 전체 면적 9cm^{2}에 144개의 자기력선이 있으므로 ϕ는 144 Mx이다. 따라서 1cm^{2}에는 144/9=16개의 자기력선이 있으므로 자속밀도는 16G가 된다.

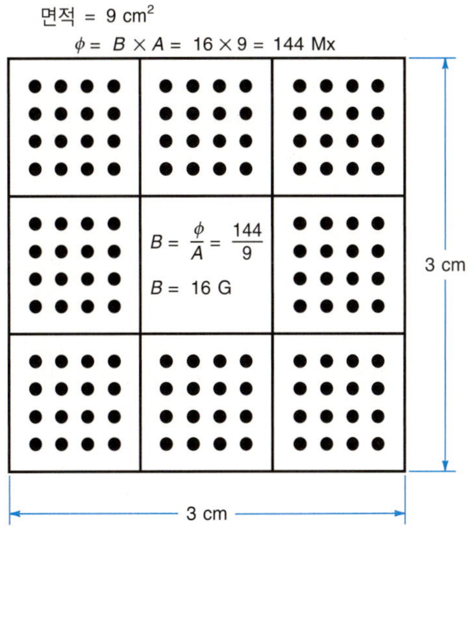

전체자속 ϕ는 144Mx이다. 144Mx을 전체면적 $9cm^2$로 나누면 자속밀도를 구할 수 있다. 그 결과, $16Mx/cm^2$ = 16G가 된다.

13-3 복습문제

a. 면적이 $3cm^2$인 단면을 ϕ=9000Mx인 자속이 통과하면 B는 몇 G인가?

b. 면적이 $0.0003m^2$인 단면을 ϕ=90μWb인 자속이 통과하면 B는 몇 T인가?

13-4 자기장에 의한 유도작용

어떤 물체가 다른 물체에 직접 접촉하지 않고 전기적이나 자기적으로 영향을 미치는 현상을 유도작용(induction)이라고 한다. 예를 들어, 영구자석을 자화되지 않은 쇠막대에 직접 접촉시키지 않아도 유도작용에 의해 쇠막대를 자석으로 만들 수 있다. 〈그림 13-7〉에서 보듯이 쇠막대는 자석이 된다. 그 원리를 살펴보자. 쇠막대는 수많은 분자 자석으로 구성되어 있는데, 자력을 띠지 않은 쇠막대의 경우에는 이들 분자 자석들이 각자 제멋대로 임의의 방향을 가리키고 있다. 영구자석을 가까이 갖다 대면 영구자석에서 발생한 자기력선이 쇠막대를 구성하는 수많은 분자(molecular) 자석을 같은 방향으로 정렬시킨다. 이러한 유도작용의 결과로 자력을 띠게 된 쇠막대의 양쪽 끝은 극성을 갖게 된다.

쇠막대에 유도된 극성은 영구자석의 극성과 반대가 되는 것을 잘 살펴보기 바란다. 서로 다른 극성끼리는 당기므로 쇠막대는 자석 쪽으로 끌리게 된다. 유도작용에 의해 자석은 모든 자성물질을 잡아당긴다.

〈그림 13-7〉을 보면 영구자석과 쇠막대가 서로 접촉하지 않고 있지만 쇠막대는 영구자석의 자속 안에 놓여 있다. 두 자석을 서로 연결하여 영향을 미치도록 하는 것이 바로 눈에 보이지 않는 자기장이다. 실제로, 자석의 극으로부터 밖으로 뻗어나오는 자속이라는 개념은 교류회로에서 일어나는 여러 가지 유도작용의 기본원리이다. 더욱 일반적으로 말해보면 자석의 극 사이의 자기장과 전하 사이의 전기장이 무선 송신과 수신의 기본원리이다.

MultiSim **그림 13-7** 유도작용으로 자력을 띠게 된 쇠막대

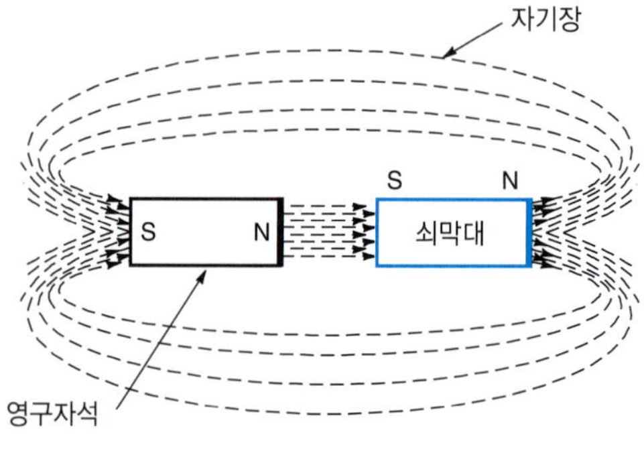

전자공학의 선구자들

테슬라(Nikola Tesla, 1857~1943)는 1884년 동유럽에서 미국으로 이민을 와서 에디슨(Thomas Edison)이 운영하는 회사에 들어가 일했다. 테슬라는 교류 유도전동기(모터)를 개발하려고 하였지만 에디슨이 허락하지 않았다. 교류발전 장치가 개발되면 에디슨의 직류발전소에 타격을 줄 것을 두려워했기 때문이다. 그래서 테슬라는 에디슨의 회사를 그만두고 자신의 회사를 만들어 교류 모터, 교류 발전기, 전력전송(송전) 시스템에 대한 특허를 획득했다. 사업가 웨스팅하우스(George Westing house)의 후원으로 테슬라의 교류발전 · 송전시스템이 여러 도시에서 계속해서 채택되었다. 테슬라와 웨스팅하우스는 나이아가라 폭포에 교류발전소를 세웠다. 테슬라의 교류발전 · 송전시스템은 전 세계의 전력표준이 되었다.

유도된 극성

〈그림 13-7〉에서 영구자석의 북극(N)은 쇠막대에서 가까운 쪽 끝에 반대되는 극성인 남극(S)을 유도한다. 영구자석의 방향을 반대로 하면 자석의 남극(S)이 쇠막대에 북극(N)을 유도한다. 이처럼 가까운 쪽에는 항상 반대되는 극성이 유도된다. 따라서 자석을 어떤 방향으로 놓더라도 자성물질을 잡아당길 수 있다. 어느 극이 사용되든 반대 극성의 극을 유도하므로 두 극은 서로 잡아당기게 된다.

비투자율

연철(soft iron)은 유도작용에 의해 자신의 속으로 자기력선을 집중시키는 데 매우 효과적이다. 자속을 집중시키는 이 능력을 투자율(permeability)이라고 한다. 투자율이 높은 물질에는 유도작용에 의해 자기력선이 집중되므로 이러한 물질은 쉽게 자기력을 띠게 된다.

공기(air)나 진공(vacuum)의 투자율 값과 비교하여 다른 물질의 투자율 값을 표시한다. 예를 들어, 공기 중의 한 위치에서 어떤 자기장의 자속밀도가 1G이고, 다시 같은 곳에 철 코어를 놓을 때 철 코어의 자속밀도가 200G라면 이 철 코어의 비투자율은 200/1=200이 된다.

비투자율을 기호로는 μ_r로 나타내는데, 첨자 r은 상대적(relative)인 값임을 뜻한다. 철과 강철의 μ_r 값은 100~9000 정도가 보통이다. μ_r의 단위는 없는데, 이것은 μ_r이 두 자속밀도의 비이므로 단위가 상쇄되기 때문이다. 비투자율로 K_m이란 기호를 쓰기도 하는데, 이것은 전기장에 대한 물질의 특성을 나타내는데 K_e를 사용하는 것에 대응하여 자기장에 대한 물질의 특성인 비투자율을 표시하기 위해서이다.

■ 13-4 복습문제

a. 유도된 극의 극성은 이를 유도한 극의 극성과 항상 같다. (참, 거짓)

b. 공기나 진공의 비투자율은 약 300이다. (참, 거짓)

13-5 자석 두 극의 간격

그림 13-8 말굽자석(a)의 두 극 사이의 간격이 막대자석(b)의 두 극 사이의 간격보다 좁다.

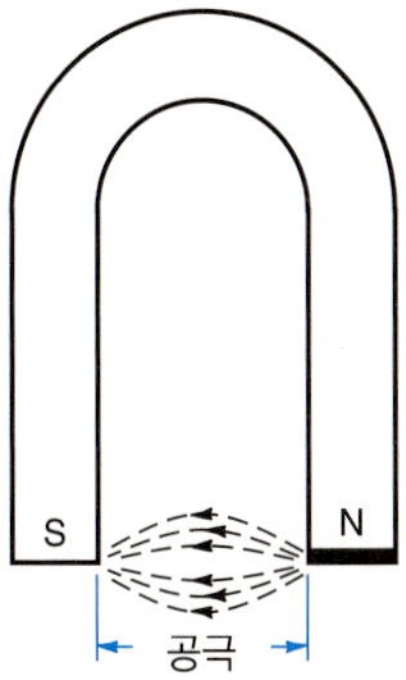

(a)

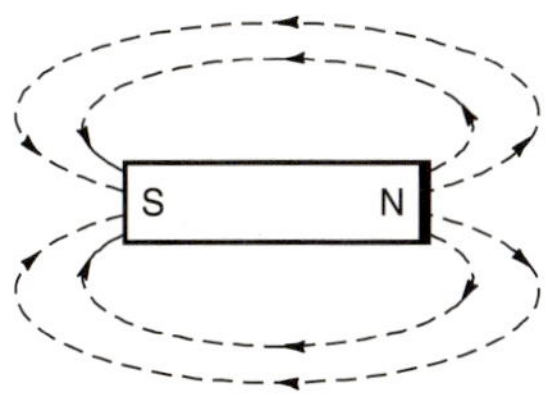

(b)

〈그림 13-8〉에서 볼 수 있듯이 공기 중에 놓인 자석의 두 극 사이에는 간격이 존재한다. [이 간격을 공극(air gap)이라고 한다.] 두 극의 세기가 같다면 이 간격이 좁을수록 간격 사이의 자기장이 강하다. 공기는 자성물질이 아니므로 자기력선을 집중시키지 못한다. 따라서 두 극 사이의 간격이 넓을수록 자기력선이 퍼질 공간이 더 생기게 된다.

말굽자석과 막대자석을 비교해보면, 〈그림 13-8a〉에서 볼 수 있듯이 말굽자석의 두 극 사이에는 자기력선이 아주 빽빽하게 모여 있다. 이에 비해 〈그림 13-8b〉의 막대자석 주위에는 자기력선이 서로 멀리 떨어져 있다. 실제로 막대자석을 구부려 극성이 다른 두 극이 가까워지도록 한 것이 막대자석이라고 볼 수도 있다. 두 극이

그림 13-9 고리 모양으로 하여 공극을 없앤 예 (a) 말굽자석 두 개로 반대 극끼리 접촉시킨 것 (b) 도넛 모양 자석

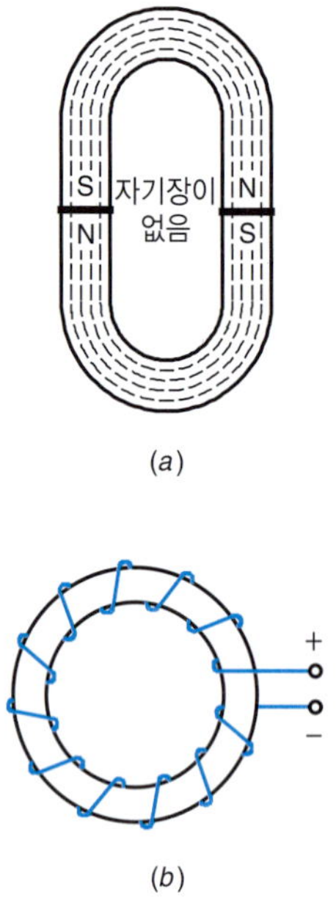

가까워지면 두 극 사이의 자기력이 강해진다. 두 극 사이의 간격을 좁게 하면 자기력선을 집중시킬 수 있으므로 두 극 사이에 자성물질을 놓으면 강한 유도작용을 일으킬 수 있다.

공극이 없는 원형 자석

자기력선을 영구자석 내부에만 집중하게 하고 싶다면 자석의 형태를 닫힌 루프로 하면 된다. 이 방법을 〈그림 13-9a〉에 설명하였는데, 말굽자석 두 개의 서로 다른 극을 접촉시켜 고리 모양의 닫힌 루프가 되도록 하였다. 루프에는 끊어진 끝부분이 없으므로 공극이나 극도 없게 된다. 한 자석의 북극과 남극이 다른 자석의 반대 극과 접촉하므로 서로 상쇄되기 때문이다.

한 자석의 내부에는 자신의 자기력선과 다른 자석의 자기력선이 함께 존재한다. 하지만 자석의 외부에서는 두 자석의 자기력선의 방향이 서로 반대이므로 상쇄된다. 따라서 자석이 닫힌 루프가 되면 자석 내부에는 자기력선이 집중하여 최대가 되고 자석 외부에는 최소가 되는 효과를 발휘한다.

〈그림 13-9b〉에 나타낸 도넛 모양의 원형자석으로도 닫힌 루프의 효과를 얻을 수 있다. 이러한 모양을 철로 만들어 코어로 사용한다. 이러한 유형의 전자석은 원형 철 코어의 내부에서는 자기력이 최대이고 바깥에서는 매우 약하게 된다. 따라서 원형 자석은 외부 자기장에 의한 유도작용의 영향을 거의 받지 않고, 외부에도 자기력의 영향을 거의 주지 않는다.

비록 원형 코어의 일부분에만 도선이 감겨 있지만 거의 모든 자속이 철 코어 내부에 존재하게 된다. 이는 철의 투자율이 공기에 견주어 매우 크기 때문이다. 공기 중에 분포하는 일부 자기장을 누설 자속(leakage flux)이라고 한다.

그림 13-10 서로 반대 극끼리 접촉시켜 닫힌 루프가 형성되도록 한 영구자석의 보관 방법 (a) 막대자석 4개 보관법 (b) 막대자석 2개 보관법 (c) 연철막대를 이용한 말굽자석 보관법

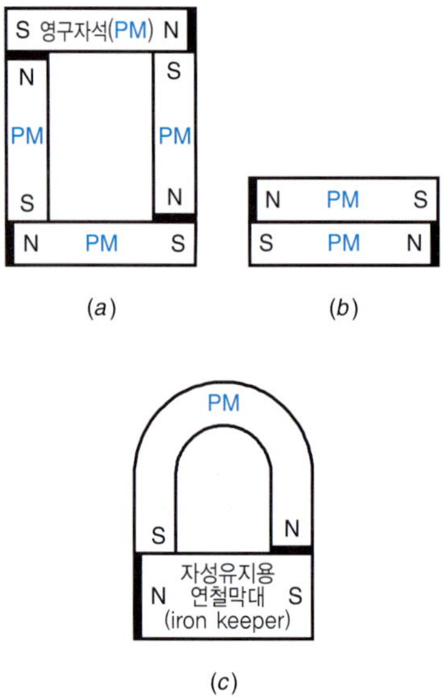

자석의 보관 방법

〈그림 13-10a〉에는 네 개의 영구 막대자석을 루프 모양으로 하고, 〈그림 13-10b〉에는 겹쳐 놓은 것을 볼 수 있다. 마찬가지 방식으로 다른 극을 접촉시켜 막대자석을 추가로 겹쳐 놓을 수 있다. 〈그림 13-10c〉에서 영구 말굽자석의 양 끝 사이에 연철막대를 걸쳐 놓아 닫힌 루프를 형성한 것을 볼 수 있다. 이 연철 막대는 유도작용에 의해 자성을 띠게 되어 닫힌 루프를 형성하므로 영구자석의 자기력을 유지시킬 수 있다. 이렇게 하면 외부의 자기장이 유도작용에 의해 영구자석에 반대극성을 유도시키지 않고 이 닫힌 루프 내로 집중하게 된다. 영구자석을 이러한 방식으로 보관하지 않으면 직류전원에 의해 발생한 강한 외부 자기장의 유도작용에 의해 반대 극성이 유도될 수 있으므로 자석이 자성을 잃게 된다.

■ 13-5 복습문제

a. 자기력이 같을 때, 두 극 사이의 간격이 좁은 경우가 넓은 경우에 비해 자기장이 강하다. (참, 거짓)

b. 토로이드는 도넛 모양으로 만들어진다. (참, 거짓)

13-6 자석의 종류

자석을 크게 두 종류로 나누어 보면 영구자석과 전자석이 있다. 전자석이 자기장을 발생시키려면 외부 전원에서 전자석으로 전류를 공급해야 한다. 반면에 영구자석은 외부 전류 없이도 자기장을 발생시키는 것은 물론 자기장의 세기도 계속 유지할 수 있다. 그러나 기계적인 충격이나 아주 높은 열이 가해지면 자기력을 잃어버릴 수도 있다.

전자석(electromagnet)

그림 13-11 스위치 S가 닫혀 전류가 흐르는 동안에는 전자석이 쇠못을 붙들고 있다.

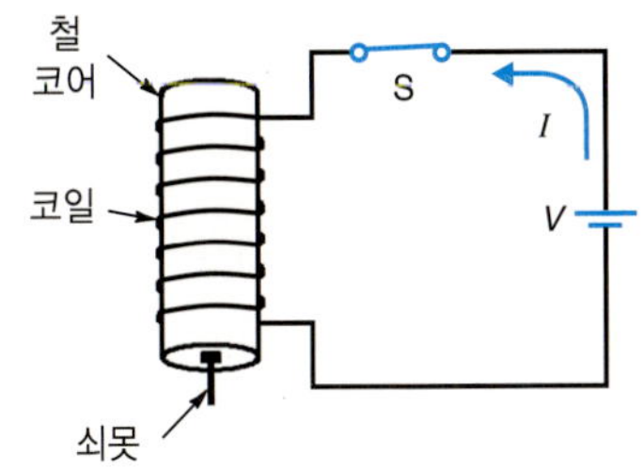

도선에 전류가 흐르면 자기장이 발생한다. 〈그림 13-11〉과 같이 도선을 코일 모양으로 감으면 자기장이 더 좁은 공간에 모이게 되므로 자기장이 강해진다. 코일의 길이가 코일의 폭보다 작으면 그 코일을 솔레노이드(solenoid)라고 한다. 솔레노이드는 양 끝에 N극과 S극이 있는 막대자석과 마찬가지로 동작한다.

솔레노이드에 흐르는 전류가 크고 감은 횟수가 많을수록 자기장은 더욱 강해진다. 코일의 내부에 철 코어를 넣으면 자기력선이 더욱 집중한다. 코어로는 연철(soft iron)이 주로 사용되는데, 자성을 띠게 하거나 잃게 하기가 쉽기 때문이다.

〈그림 13-11〉에서 스위치가 닫혀 전류가 흐르면 코일은 전자석이 되어 쇠못을 끌어당긴다. 스위치가 열리면 자기장이 없어지므로 쇠못이 떨어진다. 이처럼 전자석으로 강한 자기력을 ON/OFF할 수 있으므로 리프트(lift), 부저(buzzer), 벨(bell), 릴레이(relay)에 널리 사용되고 있다. 릴레이는 내부에 들어 있는 전자석의 작용으로 접점을 열고 닫을 수 있는 스위치의 일종이다.

그 밖의 용도로 자기 테이프 기록(magnetic tape recording) 장치가 있다. 테이프는 아주 작은 산화철 입자로 코팅되어 있다. 코일이 들어 있는 기록 헤드는 전류에 비례하는 자기장을 발생시킨다. 자기 테이프가 헤드의 바로 아래를 지나가면 유도작용에 의해 코팅된 부분이 자화된다. 기록된 내용을 재생할 때는 자기 테이프가 움직이면서 전류가 변하게 된다.

영구자석(permanent magnet, PM)

그림 13-12 영구자석이 들어 있는 스피커

영구자석은 코발트 강(cobalt steel)과 같은 경자성체(hard magnetic material)를 제조과정에서 유도작용으로 자성을 띠게 하여 만든다. 경자성체에 유도작용을 일으키려면 아주 강한 자기장을 외부에서 가해주어야 한다. 그러면 외부 자기장을 제거하여도 자성이 그대로 남게 되므로 자성체는 영구자석이 된다. 대표적인 영구자석의 재료로 알니코(alnico)가 있는데, 이 물질은 알루미늄, 니켈, 철에 코발트, 구리, 티타늄 성분을 혼합하여 만든 합금의 일종으로 모두 12종류가 있다. 이 가운데 알니코 5(alnico Ⅴ)는 〈그림 13-12〉와 같은 스피커를 만드는 데 주로 사용된다. 스피커 속에 들어가는 영구자석의 무게는 대개 수 온스~5파운드 정도이며 ϕ=500~25,000Mx 정도의 자속을 발생시킨다. 스피커에 영구자석을 사용하는 경우, 자기장을 발생시키기 위한 코일이 필요 없으므로 음성코일과 연결되는 단자 두 개만 스피커에 달아주면 된다는 장점이 있다.

시중에 나와 있는 영구자석은 고온, 충격, 강한 자기장의 영향을 받지 않는 한 영구히 사용할 수 있다. 자석에 열을 가하면 분자구조가 재배치되어 자성을 잃게 되는데, 이렇게 되면 열이 식은 다음에도 자성을 되찾지 못한다. 자성체가 자성을 잃어버리는 온도를 퀴리온도(Curie temperature)라고 한다. 철의 퀴리온도는 약 800℃로 이 온도에서 철의 비투자율은 1로 떨어진다. 영구자석을 계속 사용하여도 자기력을 잃지 않는 까닭은 그 자기적인 성질이 자석을 이루는 물질 내의 원자와 분자구조에 의해 생긴 것이기 때문이다.

자성체의 분류

철이 강한 자력을 띠는 성질이 있다는 사실에 비추어 우리는 어떤 물질을 단순히 자성체와 비자성체로 나누어 생각하는 것이 보통이다. 하지만 어떤 응용분야에서는 약한 자성체도 중요하다. 따라서 더욱 정확하게 다음의 세 종류로 나눈다.

알아두기▸▸

강력한 자석도 반자성체는 끌어당기지 못한다. 상자성체는 강력한 자석에 약하게 끌린다. 몇 가지 종류의 반자성체와 상자성체를 가지고 실제 그렇게 되는지 확인해보기 바란다.

1. 강자성체 : 철, 강철, 니켈, 코발트 그리고 알니코와 퍼멀로이(Permalloy)와 같은 합금이 여기에 속한다. 비투자율 μ_r이 50~5000 정도로 매우 높은 이러한 강자성체는 외부 자기장과 같은 방향으로 자화되어 강한 자력을 띠게 된다. μ_r이 100,000인 퍼멀로이는 다른 강자성체에 견주어 낮은 자속밀도에서도 쉽게 포화된다.
2. 상자성체 : 알루미늄, 백금, 망간, 크롬이 여기에 속한다. 이들 상자성체는 비투자율 μ_r이 1보다 조금 크며 외부 자기장과 같은 방향으로 약하게 자화된다.
3. 반자성체 : 비스무트, 안티몬, 구리, 아연, 수은, 금, 은이 여기에 속한다. 이들 반자성체는 비투자율 μ_r이 1보다 약간 작으며 외부 자기장과 반대 방향으로 약하게 자화된다.

모든 자기 현상의 근본 원리는 움직이는 전하에 의해 발생하는 자기장이다. 원자 내부에서 궤도를 따라 움직이는 전자가 자기장을 발생시킨다. 원자 내부에 있는 전자의 움직임에는 두 종류가 있다. 먼저, 원자 궤도를 따라 도는 전자의 운동이다. 이러한 움직임으로 상자성이라는 특성이 나타난다. 하지만 이 자기 현상은 미약하다. 그것은 일반적인 실온에서 열에 의해 임의의 방향으로 불규칙하게 움직이므로 각 운동의 효과들이 서로 상쇄되기 때문이다.

전자가 자신의 축을 중심으로 회전하는 자전운동에 의해 생기는 자기현상이 더욱 큰 효력을 발휘한다. 자전하는 전자는 아주 작은 영구자석과 같이 동작한다. 자전 방향이 반대이면 극성이 반대가 된다. 서로 반대 방향으로 자전하는 두 전자가 쌍을 이루면 이들에 의한 자기장은 상쇄된다. 그러나 강자성체의 원자에서는 쌍을 이루지 않고 같은 방향으로 자전하는 전자가 많으므로 강한 자기 현상을 나타낸다.

분자구조에서 보자면, 철 원자가 배열되어 있는 아주 좁은 영역을 자기구역(magnetic domain, 자구)이라고 한다. 각 구역은 두 극을 가진 미소 영구자석으로 볼 수 있다. 결정구조에서는 철 원자의 자구가 결정의 축에 평행하다. 결정의 축이 서로 다르므로 각 자구는 서로 다른 방향을 가리킨다. 외부 자기장에 의해 자성체가 자화되면 이 자기장과 같은 방향으로 이 자성체 내의 자구들이 정렬하게 된다. 상자성체의 경우에는 이러한 자구의 정렬이 외부 자기장을 제거하여도 계속 유지된다.

■ 13-6 복습문제

a. 전자석이 자기장을 발생시키려면 전류를 흘려주어야 한다. (참, 거짓)
b. 릴레이 코일은 전자석의 한 종류이다. (참, 거짓)
c. 철은 반자성체이다. (참, 거짓)

13-7 페라이트

페라이트는 비금속 물질로 철의 강자성 특성을 가지고 있다. 페라이트의 투자율은 철과 마찬가지로 매우 높다. 그렇지만 철은 도체인 반면, 페라이트는 부도체인 세라믹 물질이다. 페라이트의 비투자율은 50~3000 정도이다. 저항률은 $10^5 \Omega\text{m}$이므로 페라이트는 절연체의 성질을 가진다.

페라이트는 RF 트랜스포머의 코일에 들어가는 '페라이트 코어'로 널리 사용된다. 전류의 주파수가 높은 경우에는 페라이트 코어가 철 코어에 견주어 특히 효과가 좋다. 코어에 에디 전류(eddy current)가 흐르면 I^2R의 손실이 생기는데, 페라이트는 저항이 매우 높아서 이 손실이 작기 때문이다.

페라이트 코어는 20MHz 이하 범위의 주파수를 갖는 신호용 소형코일, 트랜스포머에 사용된다. 투자율이 높으면 트랜스포머를 작게 만들 수는 있지만 작은 크기의 자화전류에도 쉽게 포화되는 단점이 있다. 따라서 페라이트는 전력용 트랜스포머로는 사용되지 않는다.

그림 13-13 10MHz의 주파수에서 20μH 코일과 같은 역할을 하는 페라이트 비드

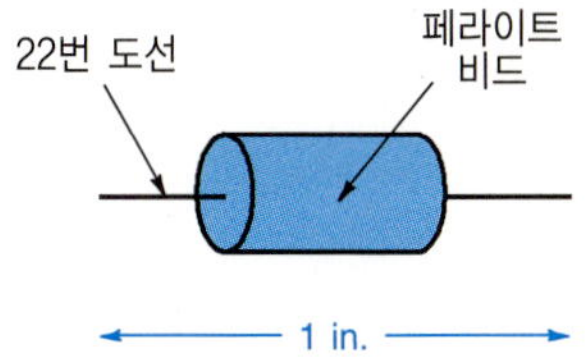

페라이트는 〈그림 13-13〉의 '페라이트 비드(bead)'로도 사용된다. 피복이 없는 도선에 한 개 이상의 비드를 달아주고 이를 회로에 연결하면 도선에 흐르는 전류에 의해 발생한 자기장은 비드로 집중된다. 이렇기 때문에 코일을 대신하여 페라이트 비드로 간단하고 경제적인 RF 초크(choke)를 만들 수 있다. 초크는 원하지 않는 무선 주파수를 발생시키는 전류를 억제하기 위해 사용된다.

■ 13-7 복습문제

a. 페라이트와 연철 가운데 저항 R이 더 것은?
b. 절연체와 도체 가운데 I^2R 손실이 더 큰 것은?

13-8 자기차폐

어떤 부품의 전기장이나 자기장이 다른 부품에 영향을 주지 못하도록 하는 것을 차폐(shielding)라고 한다. 차폐의 예를 들어보면, 동축 케이블의 내부 도체 주위를 감싸는 차폐용 구리선(braided copper wire, 엮은 구리선), RF 코일을 밀봉한 차폐용 금속 케이스, CRT(브라운관)를 에워싸고 있는 차폐용 자성체가 있다.

어떤 부품이 차폐된 부품에는 유도작용을 일으키지 않도록 차폐를 하는 것이 중요하다. 차폐용으로 사용하는 물질은 금속이다. 구리와 알루미늄과 같이 저항이 낮은 양호한 금속도체를 사용하는 경우와 연철과 같은 양호한 자성체를 사용하는 경우에는 차이가 발생한다.

양호한 특성의 도체는 다음 두 가지 차폐에 가장 좋은 성능을 나타낸다. 하나는 정전기 유도작용에 대한 차폐이고, 나머지는 크기가 변화하는 자기장(시변 자기장)에 대한 차폐이다. 차폐 구조 외부에 정전하가 있을 때, 차폐용 물질은 반대 극성의 전하를 유도하여 차폐된 내부에 유도작용이 일어나는 것을 막아준다. 차폐구조 외부에 시변 자기장이 있는 경우, 차폐 물질에는 전류가 유도되는데, 이 전류에 의해 발생하는 자기장이 외부 자기장을 상쇄시키므로 차폐구조 내부에 유도작용이 일어나지 않도록 한다.

크기 변화가 없는 일정한 자기장을 차폐하는 데 가장 좋은 재료는 투자율이 높은 양호한 특성의 자성체이다. 영구자석, 직류전류가 흐르는 코일, 지구에 의해 발생하는 자기장이 크기가 일정한 자기장의 보기이다. 투자율이 높은 차폐용 자성체는 자속을 집중시킨다. 따라서 차폐구조 내부에는 자속이 거의 없게 되므로 부품에 유도작용을 일으키지 않게 된다. 차폐 구조를 자기력선을 단락(short)시키는 단락회로(short circuit)로 볼 수 있다.

전자공학의 선구자들

1879년 존스 홉킨스 대학의 대학원생이던 홀(Edwin Hall)은 홀 효과(Hall effect)를 발견하였다. 전류가 흐르는 도선을 자기장 속에 놓아두면 도선의 양단에 전압이 발생하는 것을 관찰하였는데, 이 전압은 자기장의 세기에 비례하였다. 이 효과를 응용하여 많은 기술이 개발되었는데, 이들 기술이 적용된 분야로 '잠김방지 브레이크 장치'(antilock brake system, ABS)용 센서와 컴퓨터 키보드가 있다.

■ 13-8 복습문제

a. 투자율이 높은 자성체는 일정한 자기장을 차폐하는 데 좋은 재료이다. (참, 거짓)

b. 도체는 변하는 자기장을 차폐하는 데 좋은 재료이다. (참, 거짓)

13-9 홀 효과

1879년 홀(E. H. Hall)은 전류가 흐르는 도체에 자기장을 가해주면 도체 양단에 전압이 발생하는 것을 관찰하였다. 일반적인 도체의 경우에는 이 홀 전압이 매우 작아서 별로 소용이 없었다. 하지만 반도체가 개발되면서 큰 크기의 홀 전압을 발생시킬 수 있게 되었다. 여기에 주로 사용되는 반도체 재료는 인듐비소(InAs)이다.

〈그림 13-14〉에서 설명한 것처럼 인듐비소에 자기장을 가해주면 큰 전압이 발생하는데, 자속밀도 B=10kG이고 전류 I=100mA이면 약 60mV의 전압이 발생한다. 이때 자기장은 전류의 방향에 수직으로 가해주어야 한다. 도체의 세로 방향으로 전

그림 13-14 홀 효과. 도체 양단에 발생하는 전압 V_H는 수직방향 자속밀도 B의 세기에 비례한다.

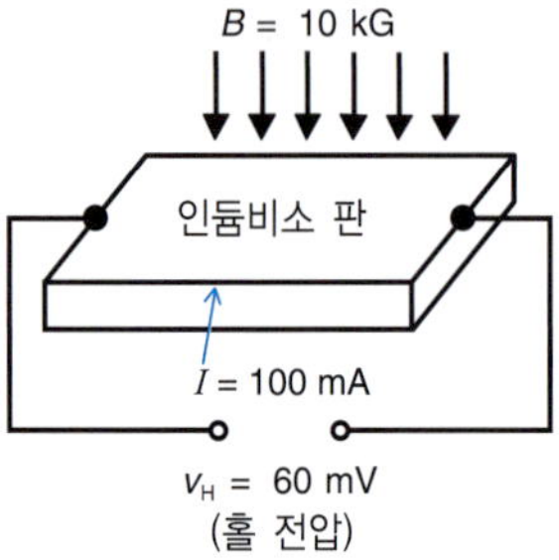

그림 13-15 자속밀도를 측정하는 가우스미터. 프로브 안에는 인듐비소(indium arsenide)가 들어 있다.

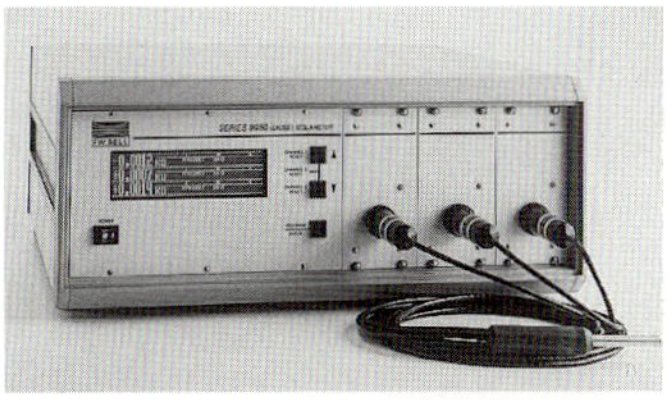

류가 흐를 때 전압은 도체의 가로 방향 양단에 발생한다.

홀 전압 V_H의 크기는 자속밀도 B의 크기에 정비례한다. 따라서 V_H 값을 알면 그때 B의 크기를 구할 수 있다. 〈그림 13-15〉의 가우스미터(gaussmeter)에 연결된 인듐비소 프로브에 자기장이 가해지면 그 크기에 비례하는 홀 전압 V_H가 발생한다. 그러면 가우스미터는 이 V_H 값에 대응하는 가우스 값으로 맞춰준다. V_H 값과 가우스 값 사이의 변환이 정확하게 이루어지도록 맨 처음에는 어떤 정해진 크기의 자속밀도를 발생시키는 기준 자석으로 교정(calibration)을 한다.

13-9 복습문제

a. 〈그림 13-14〉에서 발생한 홀 전압 V_H의 크기는 얼마인가?

b. 〈그림 13-15〉의 가우스미터로 측정하는 것은 자속과 자속밀도 가운데 어느 것인가?

요약

- 자성체의 대표적인 예로는 철, 니켈, 코발트가 있다. 비자성체의 예로 공기, 종이, 나무, 플라스틱을 들 수 있다.
- 자석의 두 끝 중에서 지구의 북극을 가리키는 쪽이 북극(N극)이 되고 그 반대쪽이 남극(S극)이 된다.
- 자석에서도 같은 극끼리는 서로 끌어당기고 다른 극끼리는 밀어내는 힘이 작용한다.
- 전자석이 자기장을 발생시키려면 외부 전원에서 전자석으로 전류를 공급해야 한다. 영구자석은 외부 전류 없이도 영구히 자기장을 발생시킨다.
- 모든 자석은 주변 공간에 눈에 보이지 않는 자기장을 발생시킨다. 눈에 보이지 않는 자기장을 표시하기 위해 자기력선을 사용하는데, 자기력선의 방향은 자석의 북극에서 남극을 향한다.
- 자석 양 끝의 두 극은 항상 극성이 반대이다.
- 자석 두 극 사이의 공간에는 N극에서 나와 S극으로 들어가는 수많은 자기력선이 분포한다. 자석이 고리 모양처럼 닫힌 루프 구조가 되면 극이 없어진다.
- 자석이 자화되지 않은 자성체와 직접 접촉하지 않아도 자석의 자기장에 의해 자성체에는 N극과 S극이 유도된다.(이것이 자기장의 유도작용이다.)
- 자속을 집중시키는 물질의 능력을 투자율(permeability)이라고 한다. 투자율이 높은 물질이 좋은 자성체이다.
- 자기장이 부품에 영향을 주지 못하도록 자기장을 차단하는 것을 자기차폐(magnetic shielding)라고 한다. 크기 변화가 없는 일정한 자기장을 차폐하는 데 가장 좋은 재료는 투자율이 높은 자성체이다.
- 도체의 길이 방향으로 전류가 흐르고 있을 때 이 전류의 방향과 수직으로 자기장을 가해주면 폭 방향으로 도체의 양단에 작은 전압이 발생하는데, 이를 홀 전압이라고 한다. 이러한 홀 현상을 이용하여 자속밀도를 측정하는 계측기가 가우스미터(gaussmeter)이다.
- 〈표 13-1〉에 자속 ϕ와 자속밀도 B의 단위를 간추려 정리하였다.

표 13-1	자속 ϕ와 자속밀도 B의 단위		
용어	기호	cgs 단위	mks(SI) 단위
자속(자기력선 수)	$\phi = B \times$ 면적	1 Mx = 1개	1 Wb = 10^8 Mx
자속밀도 (단위면적당 자기력선 수)	$B = \dfrac{\phi}{\text{면적}}$	1 G = 1 Mx/cm^2	1 T = 1 Wb/m^2

중요 용어

- 가우스(gauss, G) : cgs 단위계에서 자속밀도의 단위. 1G=1Mx/cm^2이다.
- 강자성체(ferromagnetic) : 외부 자기장과 같은 방향으로 자화되어 강한 자력을 띠는 물질. 비투자율 μ_r이 50~5000으로 매우 높다. 이보다 투자율이 더 높은 것도 있다. 철, 강철, 니켈, 코발트가 강자성체에 속한다.
- 맥스웰(maxwell, Mx) : cgs 단위계에서 자속의 단위. 1Mx은 자기력선 1개를 뜻한다.
- 반자성체(diamagnetic) : 외부 자기장과 반대 방향으로 약하게 자화되는 물질. 반자성체는 비투자율 μ_r이 1보다 약간 작다. 안티몬, 비스무트, 구리, 금, 수은, 은, 아연이 반자성체에 속한다.
- 비투자율(relative permeability, μ_r) : 자속을 집중시키는 물질의 능력. 기호로 μ_r로 나타내는 비투자율은 어떤 물질의 투자율과 공기(air)의 투자율과의 비(ratio)이다. μ_r의 단위는 없는데, 이것은 μ_r이 두 자속밀도의 비이므로 단위가 상쇄되기 때문이다.
- 상자성체(paramagnetic) : 외부 자기장과 같은 방향으로 약하게 자화되는 물질. 상자성체의 비투자율 μ_r은 1보다 조금 크다. 알루미늄, 백금, 망간, 크롬이 상자성체에 속한다.
- 영구자석(permanent magnet) : 코발트 강(cobalt steel)과 같은 경자성체(hard magnetic material)를 제조과정에서 유도작용으로 자성을 띠게 하여 만든 자석. 영

구자석은 고온, 충격, 강한 자기장의 영향을 받지 않는 자기적인 특성을 영구히 간직한다.

- 웨버(weber, Wb) : SI 단위계에서 자속의 단위. $1Wb=1\times10^8Mx$ 이다.
- 유도작용(induction) : 직접 접촉하지 않고 떨어져 있는 어떤 두 물체 사이에서 한 물체가 다른 물체에 전기적 또는 자기적으로 영향을 미치는 것
- 자속(magnetic flux) ϕ : 자기력선을 나타내는 용어
- 자속밀도(flux density) B : 단위 면적을 통과하는 자기력선 수이다. 이때 면적은 자기력선의 방향과 수직이어야 한다.
- 전자석(electromagnet) : 외부에서 코일에 전류를 흘려주어야 자기장을 발생하는 자석. 코일에 전류가 흐르지 않으면 자기장은 발생하지 않는다.
- 퀴리 온도(Curie temperature) : 자성체가 자성을 잃어버리는 온도
- 토로이드(toroid) : 도넛 모양으로 만든 코어에 코일을 감아 만든 전자석. 극이 없으며 거의 모든 자속이 도넛 모양의 코어에 집중하므로 그곳의 자기력이 최대가 된다.
- 테슬라(tesla, T) : SI 단위계에서 자속밀도의 단위. $1T=1Wb/m^2$이다.
- 페라이트(ferrite) : 철의 강자성 특성을 가지고 있는 비금속 물질
- 홀 효과(Hall effect) : 도체의 길이 방향으로 전류가 흐르고 있을 때 자기장을 가해주면 폭 방향으로 도체의 양단에 작은 전압이 발생하는 현상. 이 전압을 홀 전압이라고 하는데, 이 전압이 발생하려면 전류의 방향과 외부 자기장의 방향은 서로 수직이어야 한다.

중요 공식

$$B = \frac{\phi}{A}$$

$$\mathrm{Mx} = \mathrm{Wb} \times \frac{1\times10^8\,\mathrm{Mx}}{1\mathrm{Wb}}$$

$$\mathrm{Wb} = \mathrm{Mx} \times \frac{1\mathrm{Wb}}{1\times10^8\,\mathrm{Mx}}$$

$$\mathrm{G} = \mathrm{T} \times \frac{1\times10^4\,\mathrm{G}}{1\mathrm{T}}$$

$$\mathrm{T} = \mathrm{G} \times \frac{1\mathrm{T}}{1\times10^4\,\mathrm{G}}$$

자습문제

1. 맥스웰(Mx)은 무엇의 단위인가?

a. 자속밀도
b. 투자율
c. 자속
d. 자기장의 세기

2. 막대자석은?

a. 같은 극끼리는 서로 끌어당기고 다른 극끼리는 서로 밀어낸다.
b. 다른 극끼리는 서로 끌어당기고 같은 극끼리는 서로 밀어낸다.
c. 양 끝에 북극과 남극이 없다.
d. 답이 없음

3. 테슬라(T)는 무엇의 단위인가?

a. 자속밀도
b. 자속
c. 투자율
d. 기자력(자화력)

4. 1Mx와 같은 것은?

a. 1×10^8Wb
b. $1Wb/m^2$
c. 1×10^4G
d. 자기력선 1개

5. 1Wb와 같은 것은?

a. 1×10^8Mx
b. 자기력선 1개

c. $1Mx/cm^2$
d. 1×10^4kG

6. 직접 접촉하지 않고 떨어져 있는 어떤 두 물체 사이에서 한 물체가 다른 물체에 전기적 또는 자기적으로 영향을 미치는 것을 무엇이라고 하는가?
a. 투자율
b. 유도작용
c. 홀 효과
d. 히스테리시스

7. 시중에서 판매되는 영구자석은 다음 중 어떤 영향을 받게 되면 자력을 잃을 수 있는가?
a. 강한 자기장
b. 물리적 충격
c. 고온
d. a, b, c 모두

8. 철의 강자성 특성을 가지고 있는 비금속 물질을 무엇이라고 하는가?
a. 로드스톤(lodestone)
b. 토로이드(toroid)
c. 페라이트(ferrite)
d. 솔레노이드(solenoid)

9. 1T와 같은 것은?
a. $1Mx/m^2$
b. $1Mx/cm^2$
c. $1Wb/m^2$
d. $1Wb/cm^2$

10. 자속을 집중시키는 물질의 능력을 무엇이라고 하는가?
a. 유도작용
b. 투자율
c. 홀 효과
d. 반자성

11. 막대자석의 N극을 자화되지 않은 연철(soft iron) 가까이에 갖다 대면 자석과 가까운 쪽의 연철에 유도되는 극은?
a. S극
b. N극
c. S극이 될 수도 N극이 될 수도 있다.
d. 알 수 없다.

12. 코일에 전류를 흘려주어야 자기장을 발생시키는 자석은?
a. 영구자석
b. 전자석
c. 솔레노이드
d. b와 c 모두

13. 자석이 자성을 잃어버리는 온도를 무엇이라고 하는가?
a. 녹는점
b. 어는점
c. 퀴리 온도
d. 누출점

14. 외부 자기장과 같은 방향으로 자화되어 강한 자력을 띠는 물질을 무엇이라고 하는가?
a. 반자성체
b. 강자성체
c. 상자성체
d. 토로이드

15. 다음 물질 중에서 비자성체에 속하는 것은?
a. 공기
b. 나무
c. 유리
d. a, b, c 모두

16. 가우스(G)는 무엇의 단위인가?
a. 자속밀도
b. 자속
c. 투자율
d. 기자력(자화력)

17. 1G와 같은 것은?
a. $1Mx/m^2$
b. $1Wb/cm^2$
c. $1Mx/cm^2$
d. $1Wb/m^2$

18. $1\mu Wb$와 같은 것은?
a. 1×10^8Mx
b. 10,000Mx
c. $1\times10^{-8}Mx$
d. 100Mx

19. **토로이드는?**
a. 전자석의 한 종류이다.
b. N, S극이 없다.
c. 철 코어에 코일을 감아서 만든다.
d. a, b, c 모두

20. **도체의 길이 방향으로 전류가 흐르고 있을 때 자기장을 가해주면 폭 방향으로 도체의 양단에 작은 전압이 발생하는 현상을 무엇이라고 하는가?**
a. 도플러 효과
b. 밀러 효과
c. 홀 효과
d. 숄츠 효과

21. **웨버(Wb)는 무엇의 단위인가?**
a. 자속
b. 자속밀도
c. 투자율
d. 답이 없음

22. **어떤 전자석의 철 코어 내부에서 자속밀도가 0.25T이다. 철 코어를 제거하였더니 자속밀도가 6.25×10^{-6}T로 작아졌다. 철 코어의 비투자율은 얼마인가?**
a. $\mu_r = 4$
b. $\mu_r = 250$
c. $\mu_r = 4000$
d. 구할 수 없다.

23. **면적이 10cm^2인 어떤 단면을 통과하는 자속이 500Mx라면 자속밀도 B는 얼마인가?**
a. 50×10^{-3}T
b. 50G
c. 5000G
d. a와 b 모두

24. **지구의 북극은?**
a. 극성을 띠지 않는다.
b. S극의 성질을 갖고 있다.
c. N극의 성질을 갖고 있다.
d. 답이 없다.

25. **전자석에 대한 설명으로 맞는 것은?**
a. 코일의 감은 수가 많고 코일의 전류가 클수록 더 강한 자기장을 발생시킨다.
b. 코일의 감은 수가 적고 코일의 전류가 작을수록 더 강한 자기장을 발생시킨다.
c. 코일에 전류가 흐르지 않으면 자기장을 발생시키지 않는다.
d. a와 c 모두

확인문제

1. 자성체의 종류를 2가지, 비자성체의 종류를 3가지 말하여라.

2. 영구자석과 전자석의 차이점을 설명하여라.

3. 막대자석을 그리고 막대자석에 발생하는 자기장을 함께 나타내어라. 또 막대자석에 N극과 S극을 써넣고 공극이 어느 부분인지 나타낸 다음 자속의 방향을 표시하여라.

4. 다음 용어를 정의하여라.
(투자율, 차폐, 유도작용, 홀 전압)

5. 자속과 자속밀도를 나타내는 기호를 쓰고 cgs 단위와 SI 단위도 함께 적어라.

6. 어떤 막대자석의 N극과 S극을 나침반을 사용하여 찾아내려고 한다. 그 방법을 설명하여라.

7. 〈그림 13-11〉에서 전자석의 아래쪽뿐 아니라 위쪽도 쇠못을 끌어당기는 까닭을 설명하여라.

8. 자속 ϕ와 자속밀도 B의 차이점을 설명하여라.

연습문제

13-2절 자속 ϕ

13-1 다음을 정의하여라.
(a) 자속 ϕ의 단위 Mx
(b) 자속 ϕ의 단위 Wb

13-2 다음의 단위변환을 수행하여라.
a. 0.001Wb를 Mx 단위로
b. 0.05Wb를 Mx 단위로
c. 15×10^{-4}Wb를 Mx 단위로
d. 1×10^{-8}Wb를 Mx 단위로

13-3 다음의 단위변환을 수행하여라.
a. 1000Mx을 Wb 단위로
b. 10,000Mx를 Wb 단위로
c. 1Mx을 Wb 단위로
d. 100Mx를 Wb 단위로

13-4 다음의 단위변환을 수행하여라.
a. 0.0002Wb를 Mx 단위로
b. 5500Mx을 Wb 단위로
c. 70Mx을 Wb 단위로
d. 30×10^{-6}Wb를 Mx 단위로

13-5 다음의 단위변환을 수행하여라.
a. 0.00004Wb를 Mx 단위로
b. 225Mx을 Wb 단위로
c. 80,000Mx을 Wb 단위로
d. 650×10^{-6}Wb를 Mx 단위로

13-6 어떤 영구자석의 자속이 12,000μWb이다. 이 자속을 자기력선 수로 환산하면 얼마인가?

13-7 어떤 전자석의 자속이 900μWb이다. 이 자속을 자기력선 수로 환산하면 얼마인가?

13-8 어떤 영구자석의 자속이 50,000Mx이다. 이 자속을 Wb 단위로 변환하여라.

13-3절 자속밀도 B

13-9 다음을 정의하여라.
(a) 자속밀도 B의 단위 G
(b) 자속밀도 B의 단위 T

13-10 다음의 단위변환을 수행하여라.
a. 2.5T를 G 단위로
b. 0.05T를 G 단위로
c. 1×10^{-4}T를 G 단위로
d. 0.1T를 G 단위로

13-11 다음의 단위변환을 수행하여라.
a. 4000G를 T 단위로
b. 800,000G를 T 단위로
c. 600G를 T 단위로
d. 10,000G를 T 단위로

13-12 다음의 단위변환을 수행하여라.
a. 0.004T를 G 단위로
b. 1000G를 T 단위로
c. 1×10^{5}G를 T 단위로
d. 10T를 G 단위로

13-13 다음의 단위변환을 수행하여라.
a. 0.0905T를 G 단위로
b. 100T를 G 단위로
c. 75,000G를 T 단위로
d. 1.75×10^{6}G를 T 단위로

13-14 면적이 2cm^{2}인 어떤 단면을 통과하는 자속이 250Mx이라면 자속밀도는 몇 G인가?

13-15 면적이 0.01m^{2}인 어떤 단면 A를 통과하는 자속이 500μWb라면 자속밀도는 몇 T인가?

13-16 면적이 0.005m^{2}인 어떤 단면의 자속 ϕ가 400μWb라면 자속밀도는 몇 T인가?

13-17 면적이 5×10^{-4}m^{2}인 어떤 단면의 자속 ϕ가 200μWb라면 자속밀도는 몇 G인가?

13-18 면적이 6cm^{2}인 어떤 단면을 ϕ=30,000Mx의 자속이 수직으로 통과한다면 자속밀도는 몇 G인가?

13-19 면적이 0.0012m^{2}인 어떤 단면을 ϕ=160μWb의 자속이 수직으로 통과한다면 자속밀도는 몇 T인가?

13-20 면적이 0.0004m^{2}인 어떤 단면을 통과하는 자속 ϕ가 2000μWb라면 자속밀도는 몇 G인가?

13-21 어떤 자석의 N극의 자속밀도가 30kG이다. N극의 단면적이 8cm^{2}인 N극에서 발생하는 전체 자속은 몇 Mx인가?

13-22 어떤 철 코어의 자속밀도가 5×10^{3}T이다. 코어의 단면

적이 $10cm^2$라면 코어 속의 전체 자기력선 수는 얼마인가?

13-23 어떤 철 코어의 자속밀도가 5T이다. 코어의 단면적이 $40cm^2$라면 코어의 자속은 몇 Wb인가?

13-24 어떤 철 코어의 자속밀도가 80kG이다. 코어의 단면적이 $0.2m^2$라면 코어의 자속은 몇 Wb인가?

13-25 면적이 $0.05m^2$인 어떤 단면의 자속밀도가 2000G이다. 그 단면을 통과하는 자기력선 수는 얼마인가?

사고력 문제

13-26 면적이 $0.25in^2$인 어떤 단면을 통과하는 자속 ϕ가 25μWb일 때, 그 단면의 자속밀도 B를 G 단위와 T 단위로 각각 구하여라.

13-27 어떤 전자석의 N극의 자속밀도 B가 5T이다. N극의 단면적이 $0.125in^2$일 때 N극에서 발생하는 전체 자속 ϕ를 Mx 단위와 Wb 단위로 각각 구하여라.

복습문제 정답

13-1 a. 참
b. 참

13-2 a. 2000Mx
b. 20μWb

13-3 a. 3000G
b. 0.3T

13-4 a. 참
b. 거짓

13-5 a. 참
b. 참

13-6 a. 참
b. 참
c. 거짓

13-7 a. 페라이트
b. 도체

13-8 a. 참
b. 참

13-9 a. 60mV
b. 자속밀도

chapter

14

전자기현상

자기장은 전류에 의해 발생한다. 따라서 자기장의 세기를 나타내는 데 사용되는 단위는 전류를 기본으로 하여 만들어진다. 전자석의 경우, 자기장의 세기는 단위길이당 코일에 흐르는 전류의 양과 코일의 감은 횟수에 따라 달라진다. 전자석은 양 끝에 반대 극을 가진 막대자석과 마찬가지로 동작한다.

도체가 자기장 속을 가로질러 지나가면 이 도체의 길이(세로) 방향으로 자유전자가 움직인다. 자기장 속을 통과하는 도체의 속도와 도선이 뚫고 지나가는 자기력선의 수에 따라 유도전류와 유도전압의 크기가 정해진다. 이 장에서는 전자기현상에 관한 여러 가지 법칙과 단위에 대해 살펴본다. 또한 릴레이와 같이 전자기현상을 응용한 기계장치에 대한 내용도 다루도록 한다. 릴레이는 전자석을 이용하여 스위치 접점을 열고 닫는다.

단원 차례

단원 목표

- 자화력과 자기장의 세기를 정의하고 단위를 구별한다.
- B–H 자화곡선을 설명한다.
- 자기 코어에서 일어나는 포화 현상을 설명한다.
- 자기 히스테리시스가 무엇인지 설명한다.
- 직선 도선에 흐르는 전류에 의해 발생하는 자기장을 설명한다.
- 오른손 법칙을 사용하여 솔레노이드의 극성을 찾아낸다.
- 전동작용(모터작용)의 개념을 설명한다.
- 자기장 속에서 도체의 움직임을 설명한다.
- 자기장 속을 움직이는 도체의 양 끝에 유도전압이 발생하는 원리를 설명한다.
- 렌츠의 법칙을 설명한다.
- 패러데이의 법칙을 사용하여 자기장 속을 움직이는 도체의 양 끝에 발생하는 유도전압을 계산한다.
- 릴레이의 구조와 동작을 설명한다.
- 릴레이의 몇 가지 중요한 정격을 말하고 이를 설명한다.

중요 용어

기자력(magnetomotive force, mmf)	암페어-횟수(A·t)	패러데이의 법칙
단위길이당 암페어-횟수(A·t/m)	오른손 법칙	포화
디가우싱	유지전류	히스테리시스(hysteresis)
렌츠의 법칙(Lenz's law)	자기장의 세기 H	B–H 자화 곡선
시동전류	전동작용	

14-1 암페어-횟수

> **알아두기▸▸**
>
> 코일의 기자력은 전류 I와 감은 횟수 N에 정비례한다.

코일의 감은 횟수와 여기에 흐르는 전류의 크기에 따라 코일에서 발생시키는 자기장의 세기가 결정된다. 전류가 클수록 자기장의 세기도 강하다. 또한 감은 수가 많을수록 자기장이 더욱 집중된다. 코일은 양 끝에 반대 극을 가진 막대자석과 마찬가지로 동작하며 '암페어-횟수(ampere-turn, A·t)'에 비례하는 자기장을 발생시킨다. 식으로 나타내면,

$$\text{암페어-횟수(A·t)} = I \times N \qquad (14\text{-}1)$$

MultiSim **그림 14-1** 기자력이 같은 두 회로 (a) IN=2×5=10 (b) IN=1×10=10

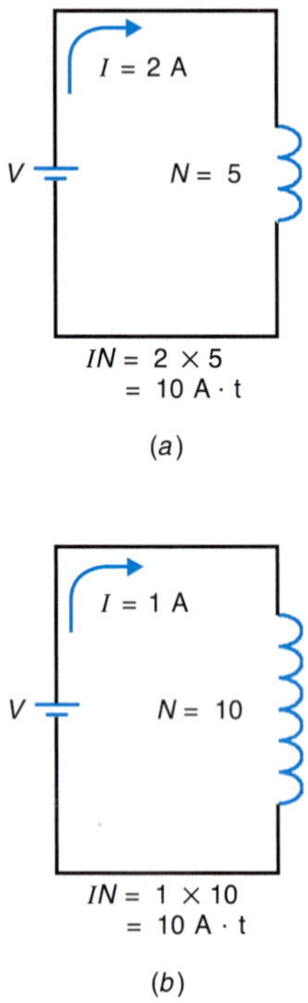

여기서 I는 전류(A), N은 감은 횟수(t)이다. 이 IN을 기자력(magnetomotive force, mmf)이라고 하며, 자화력(magnetizing force)이나 자기 전원(magnetic potential)의 크기를 나타낸다.

SI 단위계에서 '암페어-횟수'를 약자로는 A로 나타내는데, 이것은 전류의 단위와 똑같다. 이는 코일에서 감은 횟수는 보통 일정하고 전류의 크기가 변하기 때문이다. 그렇지만 여기서는 전류의 단위가 아닌 기자력의 단위임을 분명히 하기 위하여 약자로 A·t 단위를 사용하기로 한다.

〈그림 14-1〉을 보면 (a)에는 5회 감긴 솔레노이드에 2암페어의 전류가 흐르고, (b)에는 10회 감긴 솔레노이드에 1암페어의 전류가 흐르고 있는데, 암페어와 횟수를 곱하면 두 경우 모두 10이 되므로 기자력은 서로 같다. 코일을 만드는 도선의 굵기를 가늘게 하면 같은 공간에 더욱 많이 감을 수 있다. 전류의 크기는 도선의 저항값과 전원 전압의 크기에 좌우된다. 필요한 자기력의 세기에 맞추어 A·t 값을 정하게 된다.

예제 14-1

2000번 감긴 코일에 전류 5mA가 흐를 때, 이 코일의 기자력을 계산하여라.

정답 기자력 $= I \times N = 2000 \times 5 \times 10^{-3}$
$= 10\text{A·t}$

예제 14-2

어떤 코일에 전류 4A를 흘려주어 600A·t의 기자력을 공급하려고 한다. 이 코일의 감은 횟수를 얼마로 하여야 하는가?

정답 $N = \dfrac{\text{A·t}}{I} = \dfrac{600}{4}$
$= 150$번

예제 14-3

400번 감긴 어떤 코일로 800A·t의 기자력을 공급하려고 한다. 이 코일에 전류를 얼마나 흘려주어야 하는가?

정답 $I = \frac{\text{A}\cdot\text{t}}{N} = \frac{800}{400}$
$= 2\text{A}$

예제 14-4

도선을 250번 감아 만든 솔레노이드의 도선저항이 3Ω이다. (a) 이 솔레노이드에 6V 배터리를 연결할 때 흐르는 전류를 구하여라. (b) 이 솔레노이드의 기자력을 구하여라.

정답

a. $I = \frac{V}{R} = \frac{6\text{V}}{3\Omega}$
$= 2\text{A}$

b. 기자력 $= I \times N = 2\text{A} \times 250\text{t}$
$= 500\text{A}\cdot\text{t}$

cgs 단위계에서 기자력의 단위는 길버트[1](gilbert)인데, 줄여서 Gb로 쓴다. 1A·t는 1.26Gb와 같다. 1.26은 $4\pi/10$으로 쓸 수 있는데, 이 값은 구의 표면적 $4\pi r^2$에서 유도된 것이다.

A·t를 Gb로 바꿀 때에는 환산계수 1.26Gb/1A·t을 곱하면 된다. 예를 들어, 1000A·t를 1260Gb로 환산할 수 있는데, 이 계산 과정을 살펴보면,

$$1000\text{A}\cdot\text{t} \times 1.26\frac{\text{Gb}}{1\text{A}\cdot\text{t}} = 1260\text{Gb}$$

이다. 환산 과정에서 A·t 단위가 상쇄된 것을 잘 살펴보기 바란다.

■ 14-1 복습문제

a. 전류 2A가 흐르는 어떤 코일의 기자력이 243A·t이다. 4A로 전류가 두 배가 되면 기자력은 얼마가 되는가?

b. 500A·t를 Gb 단위로 바꾸어라.

1) 길버트(William Gilbert, 1540~1603)는 영국의 과학자로 지구의 자기현상을 연구하였다.

14-2 자기장의 세기 H

A·t 단위의 기자력은 자화력을 나타낸다. 코일이 같은 기자력을 가진 경우에도 자기장의 세기는 코일의 길이에 따라 달라진다. 길이가 다른 두 코일의 기자력이 서로 같을 때, 긴 코일이 발생시키는 자기장의 세기는 짧은 코일보다 약하다. 자기장의 세기 H를 mks 단위의 식으로 표현하면

$$H = \frac{\text{기자력(A·t)}}{l\text{(m)}} \tag{14-2}$$

이것은 솔레노이드에 대한 식이다. 자기장의 세기 H는 공기 코어의 한가운데에서의 값이다. 철 코어의 경우에 자기장의 세기 H는 코어 내부의 전체 영역에서의 값이다. 전자석이나 영구자석도 자기장을 발생시키므로 이들이 발생시키는 자기장의 세기 H의 값을 표시할 수 있다.

식 (14-2)에서 l은 두 극 사이의 길이이다. 〈그림 14-2a〉에서 코일의 양 끝에 있는 두 극 사이의 길이 l은 1m이다. 〈그림 14-2b〉에서도 철 코어 양 끝 사이의 길이 l은 역시 1m이다. 그러나 〈그림 14-2c〉에서 코일의 길이는 1m이지만 철 코어 양 끝에 있는 두 극 사이의 길이 l은 2m이다.

〈그림 14-2〉의 세 가지 경우를 서로 비교해보도록 하자.

1. 세 경우 모두 기자력은 모두 1000A·t로 같다.
2. 〈그림 14-2a〉와 〈그림 14-2b〉에서 H는 1000A·t/m이다. (a)의 경우, 이 H는 공기 코어의 한가운데 점에서의 세기이며, (b)에서는 H가 철 코어 전체 영역에서의 세기이다.
3. 〈그림 14-2c〉에서는 l이 2m이므로 H는 1000A·t/2m = 500A·t/m이다. 이 H 값은 철 코어 전체 영역에서의 세기이다.

H의 단위

자기장의 세기 H는 단위길이당 기자력을 뜻하므로 A·t/m이다. cgs 단위계에서는 H의 단위가 에르스텟[2](oersted)인데, 줄여서 Oe로 쓴다. 1Oe은 1cm당 1Gb의 기

그림 14-2 암페어-횟수와 자기장의 세기 사이의 관계. 'H=기자력/길이'이다. 여기에서 세 코일은 기자력은 같지만 코어의 종류나 길이는 다르다. (a) 공기 코어로 H는 1000A · t/m이다. (b) 길이가 코일과 같은 철 코어로 H는 1000A · t/m이다. (c) 길이가 코일의 두 배인 철 코어로 H는 1000/2=500A · t/m이다.

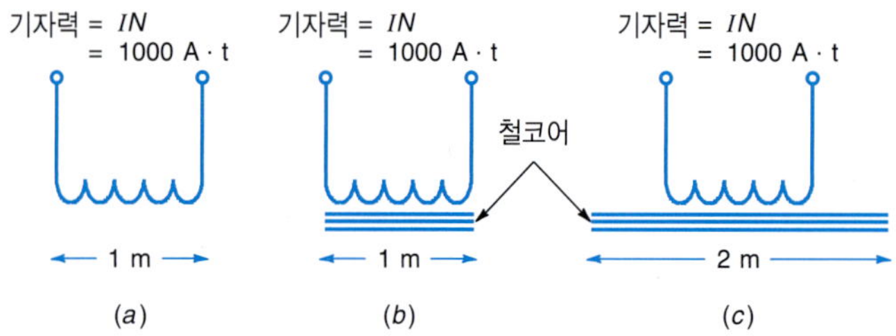

2) 에르스텟(Oersted, 1777~1851) 덴마크의 물리학자로 전자기현상을 발견하였다.

자력을 뜻한다.

단위 환산

SI 단위인 A·t/m를 cgs 단위인 Oe로 바꿀 때는 환산계수 0.0126Oe/1A·t/m을 곱하면 된다. 예를 들어, 어떤 자기장의 세기 1000A·t/m는 12.6Oe와 같다. 이 계산 과정을 살펴보면,

$$1000\frac{\mathrm{A \cdot t}}{\mathrm{m}} \times 0.0126\frac{\mathrm{Gb}}{1\mathrm{A \cdot t/m}} = 12.6\mathrm{Oe}$$

이다. 환산 과정에서 A·t 단위와 m 단위가 상쇄된 것을 잘 살펴보기 바란다. 환산계수에 있는 m 단위는 분자로 올라가서 상쇄되었다.

투자율(μ)

자기장의 세기 H를 알면 자속이 얼마나 발생할 수 있는지도 알 수 있다. H가 같아도 물질의 종류가 다르면 H에 의해 발생되는 자속의 크기는 달라진다. 비투자율이 높은 자성체는 자속을 집중시킬 수 있으므로 같은 H에 대해 큰 자속밀도 B를 발생시킨다. 이를 식으로 나타내면

$$B = \mu \times H \tag{14-3}$$

$$\mu = \frac{B}{H} \tag{14-4}$$

SI 단위계에서 자속밀도 B의 단위는 m^2당 Wb인 T(테슬라)이며 자기장의 세기 H의 단위는 A·t/m이다. cgs 단위계에서는 B의 단위는 G(가우스)이고 H의 단위는 Oe(에르스텟)이다.

μ는 물질의 투자율로 단위는 B/H와 같은 차원이다. cgs 단위계에서 μ의 단위는 G/Oe이다. 공기와 진공의 투자율은 모두 1G/Oe이다. 이로부터 공기와 진공에서는 B와 H의 값이 같다는 것을 알 수 있다. 예를 들어, 12.6Oe의 자기장의 세기는 공기 중에 12.5G의 자속밀도를 발생시키게 된다.

어떤 물질의 투자율을 공기의 투자율과의 비율로 나타낸 것을 그 물질의 비투자율 μ_r이라고 한다. cgs 단위계에서는 투자율 μ의 값이 비투자율 μ_r 값과 같다. 이렇게 되는 까닭은 기준이 되는 공기의 투자율이 1이기 때문이다. 예를 들어, 비투자율 μ_r이 600인 철은 투자율 μ도 600G/Oe가 된다.

> **알아두기▸▸**
>
> 물질의 투자율은 전자회로의 도전율(conductivity)과 여러 면에서 비슷하다.

그렇지만 SI 단위계에서는 공기의 투자율 μ은 1이 아니라 $4\pi \times 10^{-7} = 1.26 \times 10^{-6}$이다. 이 공기의 투자율을 간단히 μ_0로 나타낸다. 따라서 SI 단위계에서 어떤 물질의 투자율 μ를 계산하려면 그 물질의 μ_r에 공기의 투자율 $\mu_0 = 1.26 \times 10^{-6}$을 곱해야 한다.

예를 들어, 비투자율 $\mu_r = 100$인 물질의 투자율 μ을 다음과 같이 계산할 수 있다.

$$\mu = \mu_r \times \mu_0$$
$$= 100 \times 1.26 \times 10^{-6} \frac{\mathrm{T}}{\mathrm{A \cdot t/m}}$$
$$\mu = 126 \times 10^{-6} \frac{\mathrm{T}}{\mathrm{A \cdot t/m}}$$

예제 14-5

μ=500인 자성체가 있다. 이 자성체의 투자율 μ를 (a) cgs 단위와 (b) SI 단위로 각각 구하여라.

정답

(a) cgs 단위로 투자율을 구해보면

$$\mu = \mu_r \times \mu_0$$
$$= 500 \times 1 \frac{\mathrm{G}}{\mathrm{Oe}}$$
$$= 500 \frac{\mathrm{G}}{\mathrm{Oe}}$$

(b) SI 단위로 투자율을 구해보면

$$\mu = \mu_r \times \mu_0$$
$$= 500 \times 1.26 \times 10^{-6} \frac{\mathrm{T}}{\mathrm{A \cdot t/m}}$$
$$= 630 \times 10^{-6} \frac{\mathrm{T}}{\mathrm{A \cdot t/m}}$$

예제 14-6

세기가 H=1000A·t/m인 자기장에 의해 SI 단위로 μ=630×10^{-6}인 자성체에 발생하는 자속밀도 B를 구하여라.

정답

$$B = \mu H$$
$$= \left(630 \times 10^{-6} \frac{\mathrm{T}}{\mathrm{A \cdot t/m}}\right)\left(1000 \frac{\mathrm{A \cdot t}}{\mathrm{m}}\right)$$
$$= 630 \times 10^{-3}\mathrm{T}$$
$$= 0.63\mathrm{T}$$

계산 과정에서 A·t 단위와 m 단위가 상쇄되어 자속밀도 B의 단위인 T만 남은 것을 잘 살펴보기 바란다.

■ 14-2 복습문제

a. 공기와 진공의 비투자율 μ_r 값은 얼마인가?

b. 같은 세기의 자기장 H에 의해 철 코어에서 발생하는 자속밀도는 공기보다 200배 더 크다. 철 코어의 비투자율 μ_r 값은 얼마인가?

c. H=1Oe인 자기장이 철 코어에 200G의 자속밀도를 발생시켰다. 이 철 코어의 투자율 μ 값은 얼마인가?

d. 길이가 0.1m인 코일의 자화력이 25A·t일 때, 이 코일에서 발생하는 자기장의 세기 H를 구하여라.

e. $500\frac{A \cdot t}{m}$ 을 Oe 단위로 환산하여라.

14-3 B-H 자화곡선

> **알아두기▸▸**
>
> 자성체를 제조하는 회사에서는 해당 물질의 자기적인 특성에 관련된 여러 가지 정보를 제공하는 것이 보통이다. 따라서 제조사에서 제공하는 제품설명서에는 B-H 곡선과 그밖의 여러 데이터가 실려 있다.

자기장의 세기 H가 증가함에 따라 자속밀도 B가 어떻게 변하는지 알려주는 것이 〈그림 14-3〉에서 볼 수 있는 B-H 곡선이다. 이 곡선은 〈표 14-1〉에 수록한 연철(soft iron)에 대한 값을 그림으로 나타낸 것이다. 다른 자성체의 B-H 곡선도 비슷한 모양으로 나타난다.

H와 B 값의 계산

〈표 14-1〉의 값을 설명해보면 다음과 같다.

1. 코일에 흐르는 전류 I는 V/R과 같다. 저항값이 10Ω인 코일에 전압 20V가 가해지면 전류 2A가 흐른다. 표의 첫 번째 줄에는 이렇게 계산된 값이 적혀 있다.
2. 전류가 많이 흐르면 자화력을 나타내는 암페어-횟수 IN이 증가한다. 감은 횟수 N이 100으로 일정하므로 표의 첫줄에서 보듯이 전류가 2A이면 IN은 200이 되고, 맨 끝줄과 같이 전류가 10A이면 IN은 1000이 되어, 전류 크기에 따라 IN이 증가한다.
3. IN 값이 커지면 자기장의 세기 H도 증가한다. H의 단위는 mks 단위로 A·t/m이다. 코일의 길이가 0.2m이므로 H의 값은 $IN/0.2 = IN \times 5$와 같다. 따라서 H는 전류 I에 비례한다. H가 I에 비례하므로 B-H 곡선의 수평축에 H 대신 I를 사용하는 경우도 있다.
4. 자속밀도 B의 값은 자기장의 세기 H와 철의 투자율의 값을 알면 구할 수 있다. 표의 맨 마지막 칸의 B 값은 $\mu \times H$로 계산한 값이다. SI 단위인 테슬라(T)로 구하려면 μ 값으로 $\mu = \mu_r \times 1.26 \times 10^{-6}$을 사용하여야 한다.

포화

H가 어떤 값을 넘어서게 되면 투자율 μ 값이 감소한다는 것에 주의하여야 한다. 철

그림 14-3 연철(soft iron)의 B–H 자화곡선. 그래프에서 원점 부근에서는 이전의 자화 정도에 따라 연철의 μ가 다른 값을 가질 수 있으므로 곡선을 그리지 않았다.

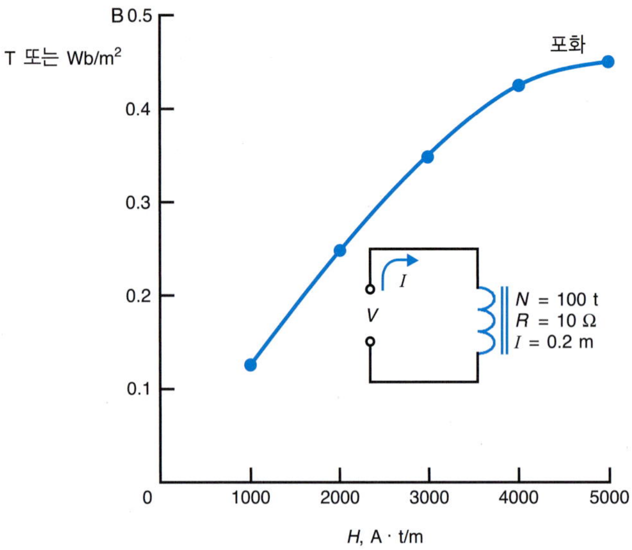

표 14-1	〈그림 14-3〉의 데이터							
V (V)	R (Ω)	$I=V/R$ (A)	N (번)	기자력 (A · t)	l (m)	H (A · t/m)	μ_r	$B=\mu\times H$ (T)
20	10	2	100	200	0.2	1000	100	0.126
40	10	4	100	400	0.2	2000	100	0.252
60	10	6	100	600	0.2	3000	100	0.378
80	10	8	100	800	0.2	4000	85	0.428
100	10	10	100	1000	0.2	5000	70	0.441

코어의 μ가 감소하면 H 값에 따라 B의 증가하는 비율이 달라진다. 〈그림 14-3〉에서 보듯이 H 값이 4000A·t/m을 넘어서면 B 값이 증가하는 비율이 줄어들므로 곡선의 기울기가 작아져서 평평한 모양이 된다. 자기장의 세기가 증가하여도 자속밀도가 거의 변하지 않게 되는 현상을 포화(saturation)라고 한다.

외부의 자기력에 의해 철 속의 분자 다이폴과 자기구역(magnetic domain)의 대부분이 정렬되고 나면, 그 다음부터는 더 이상의 유도작용이 거의 일어나지 않는다. 자성체의 μ 값은 보통 포화되지 않은 상태에서의 값을 말한다.

■ 14-3 복습문제

〈그림 14-3〉을 보고 물음에 답하여라.

a. H가 1500A·t/m일 때, B는 몇 T인가?

b. 포화를 일으키기 시작하는 H 값은 얼마인가?

14-4 자기 히스테리시스

히스테리시스(hysteresis)라는 말은 '뒤에 처진다(lagging behind)'라는 뜻을 가진다. 외부 자화력에 의해 전자석의 철 코어에 발생하는 자속밀도는 자화력의 증가, 감소를 뒤처져 따라가며 변화한다. 자기 다이폴이 완전탄성을 갖고 있지 못하므로 이 과정에서 히스테리시스 현상이 일어난다. 다이폴이 외부 자화력에 의해 정렬이 되고 나면 이 자화력이 사라져도 원래 위치로 완벽하게 돌아가지 않는다. 다이폴이 움직일 때 분자들 사이에서 마찰이 일어나기 때문이다. 또한 전자석에 흐르는 전류의 방향을 반대로 하여 자화력의 방향을 바꾸면 이에 따라 발생하는 자속은 자화력의 방향 변화를 뒤처져 따라간다.

히스테리시스 손실

자화력의 방향이 아주 빠르게 변하는 교류전류에 의해 초당 수천 번에서 수백만 번 바뀌면 히스테리시스로 인해 상당히 큰 에너지 손실이 발생할 수 있다. 그렇게 되면 자화력의 대부분이 분자 다이폴 사이의 마찰을 일으키므로 열이 발생된다. 이렇게 분자 다이폴이 자화력의 변화를 뒤따라 움직이는 과정에서 마찰열로 소모되는 에너지를 히스테리시스 손실(hysteresis loss)이라고 한다. 강철(steel)은 철(iron)에 견주어 히스테리시스 손실이 훨씬 크다.

자화력이 천천히 변할 때는 히스테리 손실은 무시할 수 있을 만큼 작아진다. 직류 전류를 단순히 온, 오프하여 사용하는 전자석이나 60Hz 이하의 교류전류를 사용하는 전자석에 의한 자화력을 예로 들 수 있다. 하지만 자화력이 이보다 빠른 속도로 변하면 히스테리시스 현상도 점점 두드러진다.

히스테리시스 루프

어떤 자성체에 대해 주기적으로 방향을 바꾸는 자화력에 따른 자속밀도 값의 변화를 그래프로 나타내면 그 자성체의 히스테리시스 특성을 살펴볼 수 있다. 〈그림 14-4〉의 곡선을 자성체의 히스테리시스 루프(hysteresis loop)라고 한다. 말하자면 교류 자화력에 의한 B–H 곡선이 바로 히스테리시스 루프이다.

그래프의 수직축은 가우스(G)나 테슬라(T) 단위를 갖는 자속밀도 B이다.

수평축을 Oe나 A·t/m 단위의 자기장의 세기 H로 하는데, H 대신 A·t 단위의 자화력이나 A 단위의 자화전류 I로 할 수도 있다.

전류의 방향이 바뀌면 자기장의 방향도 $+H$와 $-H$를 왔다 갔다 하며 이에 따라 자속밀도도 $+B$와 $-B$ 사이에서 변하게 된다.

좌표축 한가운데의 영점은 자성체가 자화되지 않은 것을 뜻한다. 전류를 흘려주기 시작하고 그 양을 점점 늘려가면 이에 따라 발생하는 H도 0점에서 증가하는데, 자속밀도 B의 값이 $+B_{max}$로 포화될 때까지 계속해서 증가시킨다. 그 다음에 H를 0으로 다시 감소시키면 히스테리시스 현상으로 인해 B 값은 0으로 떨어지지 않고 B_R이 된다. 전류의 방향을 반대로 하여 H의 값을 −로 하면 B 값은 0으로 떨어

그림 14-4 자성체의 히스테리시스 루프. 이 그래프의 일부 형태는 〈그림 14-3〉과 비슷하지만 교류전류의 방향이 바뀜에 따라 H의 부호도 바뀌게 된다.

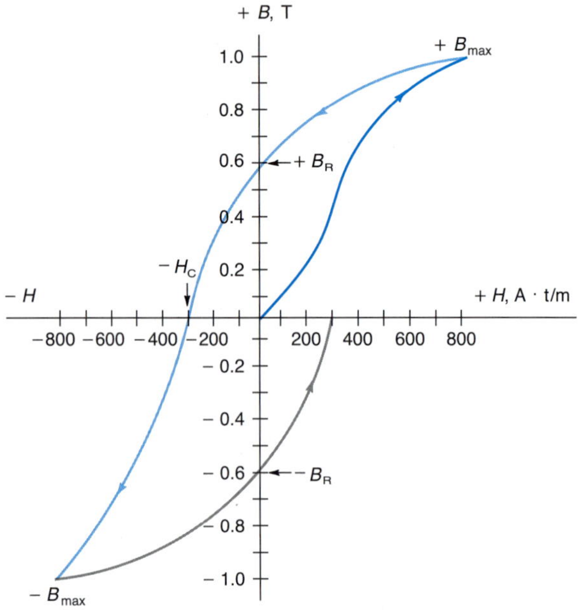

지고 계속해서 H가 −방향으로 증가하면 B 값은 $-B_{max}$로 포화될 때까지 계속해서 떨어진다.

이 점에서 $-H$ 값이 다시 줄어들어 0이 되어도 히스테리시스 현상 때문에 B 값은 0으로 되지 않고 $-B_R$이 된다. 자화력이 주기적으로 변하면 자속밀도의 값은 히스테리시스 루프의 바깥 곡선을 따라 계속해서 움직인다.

자화력이 0이 되어도 남아 있는 자속밀도의 크기인 B_R 값을 자성체의 잔류자속밀도(residual flux density 또는 retentivity)라고 한다. 〈그림 14-4〉에서 잔류자속밀도는 0.6T이다.

H_C는 자속밀도를 0으로 만들기 위해 반대 방향으로 가해주어야 할 자화력으로 자성체의 보자력(coercive force)이라고 한다. 〈그림 14-4〉에서 H_C 값은 300A·t/m이다.

자기소거

자성체의 자성을 완전히 없애려면 잔류자속밀도 B_R을 0으로 만들어야 한다. 이를 위해 직류 자화력의 방향을 반대로 하는 방법은 자성체를 반대 극성으로 자화시키므로 소용이 없다. 실용적인 방법으로 자성체의 히스테리시스 루프를 점점 줄여가는 것이 있다. 여기에는 교류전류로 발생시킨 자화력이 필요하다. 교류 자화력을 발생시키고 나서 자기장과 자성체를 서로 멀리 떼어 놓거나 전류의 크기를 감소시키면 히스테리시스 루프가 작아진다. 자성체에 가해지는 자기력을 점점 약하게 하면 루프는 아주 작아지므로 잔류자속밀도를 0으로 할 수 있다.

이와 같이 자성을 없애는 방법을 자기소거(demagnetization)라고 하며 다른 말로 디가우싱(degaussing)이라고도 한다. 디가우싱의 예를 들어보면, 컬러 TV 등에 사용되는 컬러 영상관(color picture tube)에는 디가우싱 코일이 부착되어 있는데, 이 코일은 교류전원선과 연결되어 교류전류가 흐르므로 금속전극의 자기를 없앨 수 있다. 또 다른 예로, 자기 테이프 기록장치(녹음/녹화 테이프, magnetic tape recorder)에서는 교류 바이어스 전류를 흘려주어 기록된 신호를 소거한다. 이때 소거 전류의 주파수는 기록된 신호보다 훨씬 높게 하고 소거 전류의 평균값은 0으로 해준다.

■ 14-4 복습문제

a. 주파수가 높아지면 히스테리시스 손실은 커진다. (참, 거짓)

b. 디가우싱에는 교류전류가 사용된다. (참, 거짓)

14-5 전류와 자기장의 관계

〈그림 14-5〉를 보면 도선 주위에 철가루가 원 모양으로 정렬되어 있는데, 이것이 도선에 흐르는 전류에 의해 발생한 자기장의 형태이다. 철가루가 빽빽한 곳은 희박한 곳보다 자기장의 세기가 강한 것을 나타내는데 철가루는 도선 가까이에 더욱 빽빽하게 모여 있다. 자기장의 세기는 도선에서 떨어진 거리의 제곱에 반비례하므로 도선에서 멀어질수록 약해진다. 자기력선에 대해서는 다음 두 항목을 잘 알아두는 것이 중요하다.

1. 자기장은 도선을 중심으로 대칭이므로 자기력선은 원 모양이 된다.
2. 원 모양의 자기력선은 전류 방향과 수직인 평면 안에 위치한다.

수직으로 놓인 도선의 C점에서 D점으로 전류가 흐르면 수평면상에 원 모양의 자기장이 발생한다. A에서 B, E에서 F 사이의 도선에 발생하는 자기장도 마찬가지로 수평면상에 놓이게 된다. B에서 C, D에서 E 사이와 같이 수평으로 놓인 도선에서는 수직면상에 자기장이 발생한다.

알아두기▸▸

전류클램프 프로브(amp clamp probe)는 전류에 의해 자기장이 발생하는 원리를 이용하여 전류를 측정하는 장치이다. 전류클램프에는 흐르는 도선 주위에 분포하는 자기장의 세기를 감지할 수 있는 픽업코일(pick-up coil)이 들어 있다. 이 계측기는 자기장의 세기에 대응하는 전류값을 가리키도록 조정되어 있다.

그림 14-5 전류가 흐르는 도선 주위에 분포하는 자기장은 눈에 보이지 않지만 쇳가루를 사용하면 그 모습이 드러나게 할 수 있다.

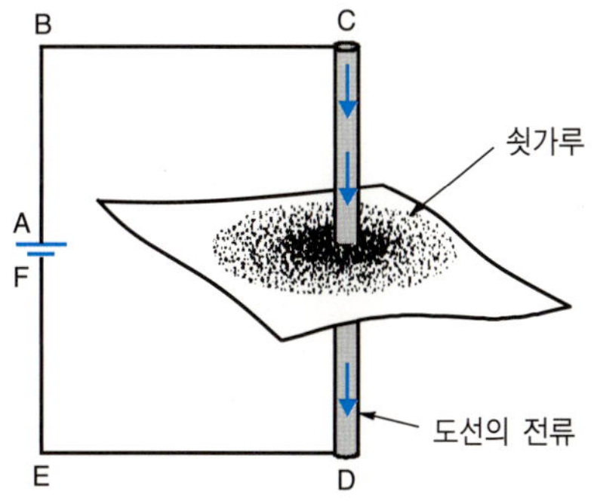

어떤 방식으로 전하가 움직이든 그 움직임에 수직한 평면상에 원 모양의 자기장이 발생한다는 이 두 조건은 항상 적용된다. 전자가 움직이든 양전하가 움직이든 이들에 의해 발생하는 자기장의 방향은 반드시 움직이는 방향과 수직 방향이다.

전류가 꼭 도선 속을 흐르는 것일 필요는 없다. 예를 들어, 브라운관(음극선관, CRT: cathode-ray tube) 내부의 진공 속을 전자 빔(beam)이 움직이면 자기장이 발생한다. 어느 경우이든 자기장은 전하가 움직이는 방향과 수직인 평면에 발생한다.

자기장의 방향

자기력선은 원 모양이므로 자기장에 자극을 놓으면 원의 둘레를 따라 정렬한다. 그러므로 자기장의 방향은 시계방향이나 반시계방향 가운데 하나가 된다. 〈그림 14-6〉에 이것을 설명하였다. 그림에서는 원형 자기장에 의해 자침의 북극이 어떻게 움직이는지 보여주고 있다.

나침반의 자침으로 자기장의 방향을 알아볼 수 있다. 도선의 앞쪽에 나침반을 놓으면 자침의 북극은 아래쪽을 가리킨다. 이와 반대로 도선의 뒤쪽에 나침반을 놓으면 자침의 북극은 위쪽을 향한다. 도선의 위쪽에 나침반을 놓으면 자침의 북극은 도선의 앞쪽(책을 뚫고 나오는 방향)을 향하며, 도선의 아래쪽에 나침반을 놓으면 자침의 북극은 도선의 뒤쪽(책을 뚫고 들어가는 방향)을 가리킨다. 이 네 가지 경우를 종합해보면 자기력선은 원형이며 반시계방향으로 회전하고 있다는 것을 알 수 있다.(여기에서 자기력선의 회전방향은 여러분이 전류가 흐르는 것을 앞에서 바라볼 때, 눈에 보이는 방향을 말한다.)

모든 도선에 발생하는 원형 자기장의 회전 방향을 나침반을 사용하여 알아보는 대신에 다음 법칙을 이용할 수 있다. "여러분의 오른손 엄지손가락을 도선에 흐르는 전류의 방향으로 하고 도선을 잡을 때, 도선을 감싼 나머지 손가락의 방향이 자기장의 회전방향이다." 〈그림 14-6〉에서 전류는 왼쪽에서 오른쪽으로 흐르고 있다. 여러분이 이 방향에 맞서고 있을 때 도선과 수직인 평면 위에서 반시계방향으로 회전하는 자기장을 보게 된다.

전류의 방향이 반대가 되면 자기장의 회전 방향도 반대가 되므로 자기장은 시계방향으로 돌게 된다. 따라서 〈그림 14-6〉에서 도선의 오른쪽에서 왼쪽으로 전류가 흐를 때는 시계방향으로 회전하는 자기장이 발생된다.

그림 14-6 직선 도선 주위에 발생하는 원형 자기장의 회전 방향을 알아내는 방법. 전류가 흐르는 방향으로 바라보면 자기장은 시계방향으로 회전한다. 전류의 방향이 바뀌면 자기장은 반시계방향으로 회전한다.

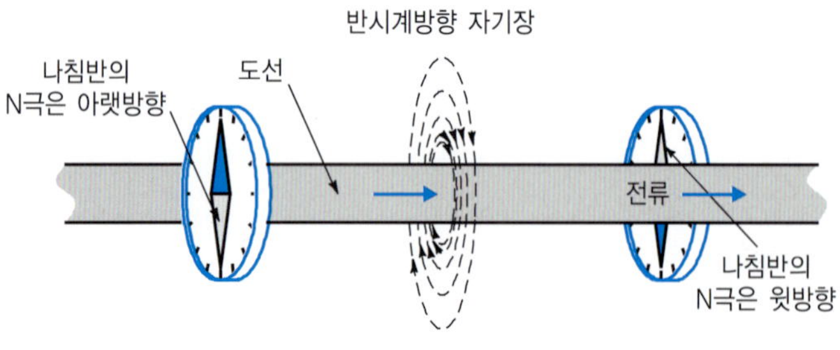

MultiSim **그림 14-7** 평행한 두 도선에 서로 반대 방향으로 전류가 흐르면 두 도선 사이의 영역에서는 두 도선의 자기장이 더해지므로 더욱 강해진다.

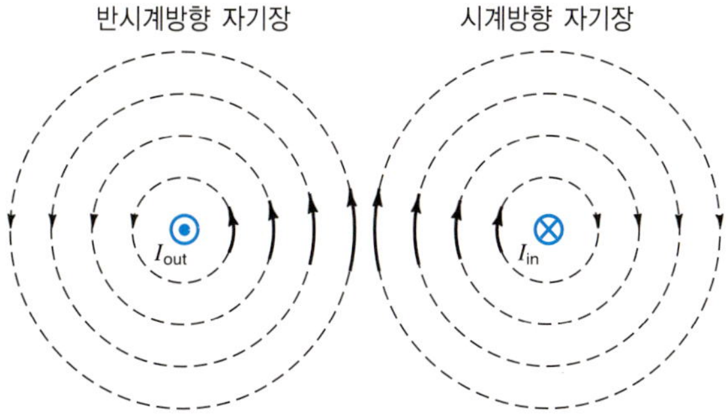

자기장의 보강과 상쇄

방향이 같은 자기장들은 서로 더해지고 방향이 다른 자기장은 서로 상쇄되므로 어떤 위치에 방향이 같은 두 자기장이 존재하면 그 위치에서 자기장은 강해지고 방향이 다른 두 자기장이 존재하면 약해진다.

〈그림 14-7〉에서 전류가 반대로 흐르는 두 도선에 발생하는 자기장을 볼 수 있다. 왼쪽 도선 속에 표시한 점은 화살촉을 그린 것으로 책을 뚫고 나오는 방향으로 흐르는 전류의 방향을 화살의 진행 방향으로 대신 나타낸 것이다. ×표시는 화살 뒤의 날개를 그린 것으로 책을 뚫고 들어가는 전류를 나타낸 것이다.

두 도선에서는 시계방향과 반시계방향으로 서로 반대 방향의 자기장이 발생하지만 두 도선 사이에서는 방향이 같아진 것을 볼 수 있다. 따라서 이 영역에서는 두 자기장이 서로 더해져 강한 자기장이 된다. 그렇지만 두 도선의 바깥 영역에서는 두 자기장의 방향이 반대가 되므로 서로 상쇄된다. 따라서 두 도선에 서로 반대방향으로 전류가 흐를 경우에는 두 도선 사이 영역에서 자기장이 강해진다.

■ 14-5 복습문제

a. 도선에 전류가 흐르면 도선과 수직인 평면에 원 모양의 자기장이 발생한다. (참, 거짓)

b. 〈그림 14-7〉에서 두 도선 사이 영역에서 자기장의 세기가 강하다. (참, 거짓)

그림 14-8 전류 고리(루프)의 N극과 S극

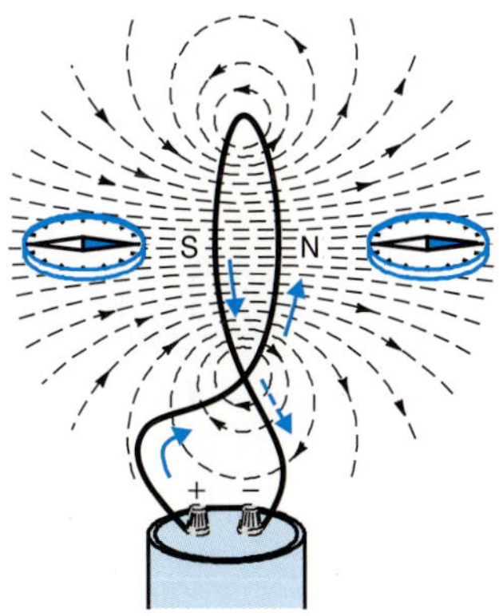

14-6 코일의 극성

〈그림 14-8〉과 같이 곧은 도선을 구부려 고리 모양으로 만들면 다음 두 가지 효과를 얻을 수 있다. 먼저, 자기력선은 고리 안쪽 영역에 더욱 밀집하게 된다. 전체 자기력선의 수는 도선이 곧은 경우나 고리 모양인 경우나 변함이 없지만 고리 안쪽 공간이 더 좁으므로 이 영역에서 밀도가 높아진다. 다음으로 고리 안쪽에서는 모든 자기력선이 같은 방향이므로 더해지게 된다. 따라서 고리에서 발생하는 자기장은 막대자석 내부의 자기장과 아무런 차이가 없게 된다.

알아두기▸▸

나침반을 사용하면 솔레노이드의 N극과 S극을 알아낼 수 있다.

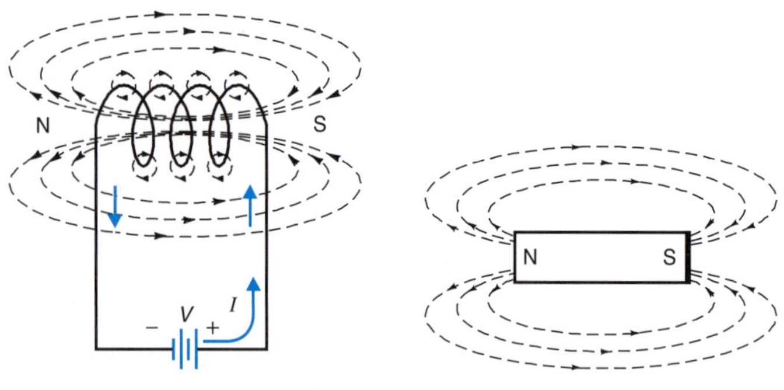

(a) (b)

그림 14-9 솔레노이드의 N극과 S극 (a) 코일로 감아 만든 솔레노이드 (b) 등가 막대자석

솔레노이드

도선을 고리 모양(코일)으로 여러 번 감은 것을 솔레노이드(solenoid)라고 한다. 한 번 감은 고리에서 발생하는 자기장이 고리 안쪽 영역에 집중하는 것과 마찬가지로 솔레노이드의 자기장도 코일 내부에 집중한다. 다만, 고리 하나를 작은 막대자석으로 볼 수 있으므로 여러 번 감긴 고리 모양의 솔레노이드는 감긴 수만큼 많은 막대자석이 줄지어 있는 셈이므로 이들 자석의 자기장이 모두 같은 방향으로 더해지는 효과를 내게 된다. 코일 바깥쪽 영역의 자기장은 〈그림 14-9〉에서 보듯이 막대자석에서 발생한 자기장과 마찬가지 형태이다.

솔레노이드의 극성

그림 14-10 오른손 법칙을 사용하면 전류 I가 흐르는 코일의 N극을 알아낼 수 있다.

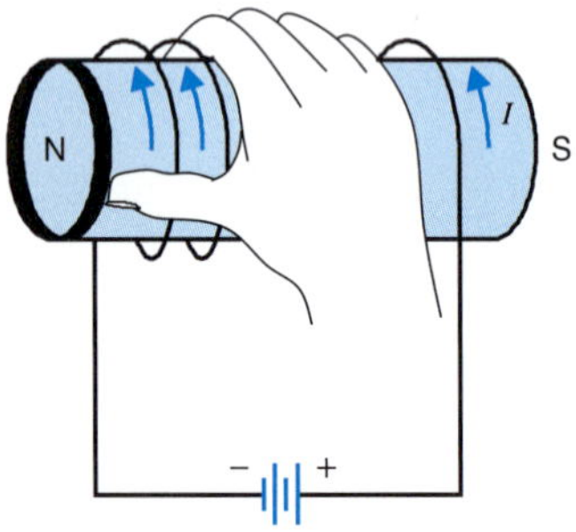

〈그림 14-10〉과 같이 솔레노이드에서 발생하는 자기장의 방향을 구할 때는 "오른손 법칙"을 사용한다. 즉 코일에서 전류가 흐르는 방향에 맞추어 "오른손" 손가락으로 코일을 감싸면 엄지손가락이 가리키는 방향이 솔레노이드의 북극(N)이 된다.

이처럼 막대자석과 마찬가지로 동작하는 솔레노이드의 내부에 철 코어를 끼워 넣으면 내부에 자속밀도를 더욱 증가시킬 수 있다. 또한 코어 전체 영역에서 자기장의 세기를 균일하게 만들 수 있다. 코어가 있든 없든 솔레노이드의 극성은 변함이 없다.

솔레노이드의 극성을 결정하는 것은 전류의 방향과 코일을 감은 방향이다. 전류가 흐르는 방향은 코일에 연결된 전압원의 극성에 의해 결정된다. 즉, 전원의 +단자

그림 14-11 직류전류 I의 방향과 코일의 극성과의 관계 (a)와 (b)는 배터리의 극성이 반대이므로 전류의 방향도 반대가 되어 N극의 위치가 바뀐다. (c)와 (d)는 코일의 감은 방향이 반대이므로 N극의 위치가 바뀐다.

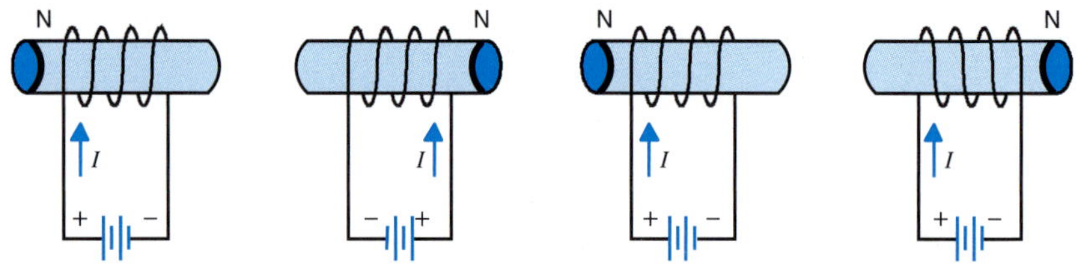

(a) (b) (c) (d)

에서 코일을 지나 전원의 −단자로 들어가는 방향으로 전류가 흐른다.

코일의 감는 방향은 위에서 아래로 가는 방향, 또는 아래서 위로 가는 방향으로 할 수 있다. 〈그림 14-11〉과 같이 코일의 감은 방향이나 전류의 방향이 바뀌면 솔레노이드의 극성도 바뀐다. 따라서 감은 방향과 전류 방향이 동시에 바뀌면 극성은 변하지 않는다.

■ 14-6 복습문제

a. 〈그림 14-9〉에서 배터리의 극성이 바뀌면 북극은 오른쪽과 왼쪽 가운데 어디가 되는가?

b. 솔레노이드의 한 끝이 북극이면 다른 끝은 북극과 남극 가운데 무엇인가?

14-7 자기장의 분포와 도체에 작용하는 힘

자기력에 의해 물체가 움직이는 것을 전자기적으로 움직이는 현상이라는 뜻에서 전동작용(모터작용, motor action)이라고 한다. 이것의 한 예로 두 막대자석이 서로 당기거나 밀어내는 힘을 들 수 있다.

자석은 같은 극끼리는 서로 밀치고 다른 극끼리는 서로 끌어당긴다. 자기장의 경우, 방향이 같은 두 자기장은 서로 밀치고 방향이 다른 두 자기장은 서로 끌어당긴다.

〈그림 14-12〉에서 보듯이 두 북극(N) 사이에는 밀어내는 힘이 작용한다. 극이 같으므로 같은 방향의 자기장이 발생한다. 따라서 같은 극이 서로 마주보면 같은 방향의 자기장이 발생하여 서로 밀어낸다는 것을 알 수 있다.

이러한 자석의 움직임을 설명하는 더욱 근본적인 원리는 자기장이 강한 곳에서

그림 14-12 자석의 같은 극 사이에는 서로 밀어내는 힘이 작용한다. 자석은 자기장이 강한 곳에서 약한 곳을 향해 움직인다.

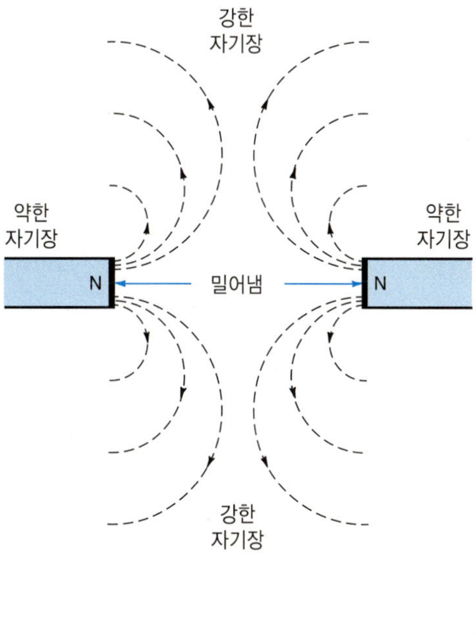

자기장이 약한 곳을 향해 움직임이 일어난다는 것이다. 〈그림 14-12〉에서 두 북극 사이 공간의 자기장의 세기가 더욱 강하다. 두 자석의 같은 극에서 발생한 자기장은 같은 방향으로 더해진다. 두 자석 사이 공간에서 양쪽으로 멀어질수록 자기장의 세기는 점점 약해져서 자석이 하나 놓여 있을 때와 거의 차이가 없어지게 된다. 이처럼 공간에 분포한 자기장의 세기에 차이가 생기면 움직임이 일어난다. 이동 방향은 언제나 자기장이 강한 쪽에서 약한 쪽을 향한다.

자기장의 세기를 균등하게 만들기 위해 강한 자기장이 약한 자기장이 있는 쪽으로 움직인다고 생각하면 이동 방향을 기억하는 데 도움이 될 것이다. 약한 자기장이 강한 자기장이 있는 쪽으로 움직인다면 강한 곳은 더 강하게, 약한 곳은 더 약하게 되는데, 어떤 곳의 자기장은 외부에서 발생한 자기장이 더해지지 않고는 결코 강해질 수 없으므로 이 방향으로 움직이는 일은 있을 수 없다.

직선 도선에 작용하는 힘

도선에 전류가 흐르면 자기장이 발생한다. 다른 도선이나 자석에 의해 발생한 자기장 속에 이 전류가 흐르는 도선을 가져다 놓으면 두 자기장이 서로 작용하여 전동작용을 일으킨다. 〈그림 14-13〉과 같이 전류가 흐르는 도선을 외부 자기장과 직각 방향으로 놓으면 도선에 의해 발생한 자기장은 외부 자기장과 같은 평면 안에 놓이게 된다.

두 자기장이 서로 수직인 평면에 각각 놓이면 서로에게 아무런 작용을 할 수 없다. 같은 평면 안에 있으면 방향이 같은 자기장끼리는 서로 더해져 더 강한 자기장이 되고, 방향이 반대인 자기장들은 상쇄되어 더 약한 자기장이 된다.

지금까지 설명한 내용을 간추려보면

1. 도선을 외부 자기장과 직각 방향(90°)으로 놓으면 두 자기장 사이의 상호작용은 최대가 된다.
2. 도선을 외부 자기장과 같은 방향(0°)으로 놓으면 두 자기장 사이의 상호작용은 없다.
3. 도선을 외부 자기장과 0°~90° 사이의 각도로 놓으면 직각 방향 성분만이 상호작용에 기여한다.

> **알아두기▸▸**
> 왼손 엄지손가락, 집게손가락, 가운데손가락을 서로 직각이 되도록 편다. 〈그림 14-13〉에서 집게손가락을 외부자기장의 방향과 맞추고, 가운데 손가락을 전류의 방향과 맞추면 엄지손가락이 가리키는 방향이 도선이 힘을 받아 움직이는 방향이다. 이 방법을 모터(전동기)의 왼손법칙이라고 한다.

〈그림 14-13〉을 보면 도선에는 책의 속에서 밖으로 나오는 방향으로 전류가 흐르고 있다. 이 전류에 의해 전류와 수직인 평면(즉 책과 평행인 평면) 위에 시계방향으로 회전하는 자기장 H_1이 발생한다. 외부의 자기장 H_M은 책의 왼쪽에서 오른쪽 방향을 향하고 있다. 따라서 도선의 위쪽과 아래쪽에서 두 자기장 H_1과 H_M은 서로 평행하게 된다.

도선의 아래쪽에서는 도선의 자기장 H_1이 왼쪽에서 오른쪽을 향하므로 외부 자기장 H_M의 방향과 같다. 따라서 두 자기장은 더해지므로 이곳의 자기장은 더욱 강해진다. 도선의 위쪽에서는 도선의 자기장 H_1과 외부 자기장 H_M의 방향이 반대가

MultiSim **그림 14-13** 전류가 흐르는 도선이 외부의 자기장 속에 놓일 때, 이 도선이 받는 힘. H_I은 도선 전류에 의해 발생한 원형 자기장이고 H_M은 두 자석의 N극과 S극에서 발생한 외부 자기장이다.

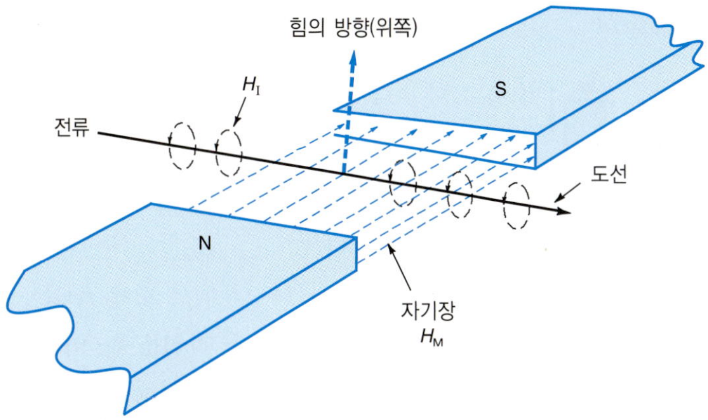

되므로 두 자기장은 상쇄되어 이곳의 자기장은 더욱 약해진다. 따라서 도선 아래쪽의 강한 자기장이 약한 위쪽 방향으로 도선을 밀어올린다.

도선에 흐르는 전류의 방향이 바뀌거나 외부 자기장의 방향이 반대가 되면 도선의 움직임도 바뀌어 아래쪽으로 이동한다. 외부 자기장과 전류 방향이 함께 바뀌면 원래대로 위쪽 방향으로 움직인다.

고리 모양의 도선에 작용하는 힘

고리 모양의 도선에 전류가 흐르면 도선 고리에서 서로 마주보는 부분에는 반대 방향의 전류가 흐른다. 따라서 이 두 전류는 서로 반대 방향으로 회전하는 자기장을 발생시킨다. 이 고리 도선을 외부 자기장 속에 가져다 놓으면 고리의 어느 한쪽은 위쪽 방향으로, 다른 쪽은 아래쪽 방향으로 힘을 받으므로 고리 도선은 회전하게 된다. 이렇게 회전을 일으키는 힘을 토크(torque, 돌림힘)라고 한다.

자기장의 상호작용에 의해 토크가 발생하는 것이 바로 전기모터가 회전하는 원리이다. 8-1절에서 살펴본 가동 코일이 움직이는 것도 이를 응용한 것인데, 토크는 전류에 비례하므로 회전각도로 코일을 통해 흐르는 전류의 양을 나타내도록 한 것이다.

■ 14-7 복습문제

a. 〈그림 14-12〉에서 두 북극 사이 공간에서 자기장의 세기가 가장 강하다. (참, 거짓)

b. 〈그림 14-13〉에서 자기장의 방향과 전류의 방향이 모두 반대가 되면 도선은 위쪽 방향으로 움직인다. (참, 거짓)

그림 14-14 도체를 가로질러 지나가는 자기장에 의해 발생하는 유도전류

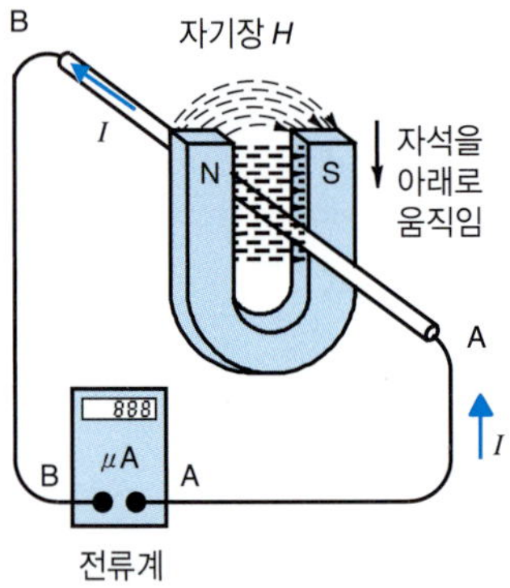

14-8 유도전류

전자가 움직여 전류가 흐르면 자기장이 발생하듯이 자석을 움직여 자기장이 도체를 가로질러 지나가게 하면 도체 속의 전자가 움직여 전류가 흐르게 된다. 자석과 도체는 직접 접촉하지 않은 상태이므로 이 현상을 유도작용(induction)이라고 한다. 발전기에서는 기계적 에너지가 전기적 에너지로 변환된다. 즉 기계적인 힘을 사용하여 발전기를 돌리면 발전기 자석의 자기장이 움직이므로 발전기의 도체에 유도전류가 흐른다.

〈그림 14-14〉에서 도체 AB는 말굽자석 두 극 사이에 발생하는 자기장과 수직으로 놓여 있다. 자석을 위, 아래로 움직이면 도체를 가로지르는 자기장도 움직이게 된다. 이 움직임에 의해 도체에는 전류가 발생한다. 도체에 연결한 전류계로 이를 확인할 수 있다.

그림에 표시된 전류 방향은 자석이 아래쪽으로 움직일 때 발생하는 유도전류의 방향이다. 자석이 위쪽으로 움직이면 전류의 방향은 반대가 되며, 자석이 움직이지 않으면 전류는 흐르지 않는다.

알아두기▸▸

오른손 엄지손가락, 집게손가락, 가운데손가락을 서로 직각이 되도록 편다. 〈그림 14-14〉에서 집게손가락을 외부 자기장의 방향과 맞추고, 엄지손가락을 도체가 움직이는 방향과 맞추면 가운데손가락이 가리키는 방향이 유도전류가 흐르는 방향이다. 이 방법을 발전기의 오른손법칙이라고 한다.

유도전류의 방향

자석을 움직여 도선을 가로지르는 자기장이 움직이도록 해도 되지만, 자기장이 직접 움직이는 대신 도체가 움직일 수도 있다. 도체가 위, 아래로 움직이면 도체가 자기장을 가르고 지나가므로 자기장이 움직인 경우와 마찬가지로 유도전류가 발생한다. 다만 도체가 위로 움직이는 것은 자석이 아래로 움직이는 것과 마찬가지이므로 유도전류의 방향은 자기장의 움직임에 의한 경우와 반대 방향이 된다.

외부 자기장에 수직인 도체

유도현상이 일어나려면 도체와 외부 자기장의 방향은 반드시 서로 직각을 이루고 있어야 한다. 그래야 자기장이 도체를 가르며 움직일 수 있다. 〈그림 14-14〉에서 보듯이 도체의 방향과 자기장 H의 방향은 서로 수직이다.

이렇게 수직으로 되어 있으면 유도된 전류에 의해 발생하는 자기장이 외부 자기장과 같은 평면에 놓이게 된다. 외부 자기장과 도체가 서로 같은 방향으로 놓이면 유도전류는 흐르지 않는다.

유도전류의 발생 원리

도선의 단면에 분포하는 모든 자유전자와 외부 자기장과의 상호작용에 의해 일어나는 현상이 유도전류이다. 외부 자기장이 없으면 자유전자들은 저마다 제멋대로 움직이므로 각 자유전자에 의한 자기장은 서로 상쇄되어 0이 된다. 도체를 외부 자기장 속에 놓고 어떤 움직임도 주지 않으면 자유전자의 불규칙적인 움직임에 아무런 영향을 주지 못하므로 여전히 아무런 일이 일어나지 않는다. 그렇지만 자기장이나 도체가 움직이면 이 움직임에 저항하는 작용이 동시에 일어난다. 이러한 작용은 자

유전자의 움직임에 의해 생기게 되므로 자기장이나 도체가 움직이면 결국 유도전류가 흐르게 된다.

〈그림 14-14〉를 예로 들어 설명하기로 하자. 자석을 아래로 당겨 도체에서 멀어지게 하면 자석의 움직임에 따라 자기장도 아래로 움직이는데, 이때 유도되는 전류는 반드시 그림에 표시된 방향으로 흘러야 한다. 그래야 이 전류에 의해 시계방향으로 도는 자기장이 발생하여 도체의 위쪽에서는 자석의 자기장과 더해지고 도체의 아래쪽에서는 자석의 자기장과 상쇄된다. 움직임은 자기장이 강한 곳에서 약한 곳을 향해 일어나므로 도체는 아래로 힘을 받아 움직이게 되어 자석과 멀어지게 하는 외부의 힘에 저항하게 된다.

도선을 여러 번 감은 코일을 사용하면 자기장의 유도작용을 더욱 크게 할 수 있다. 코일을 사용하면 좁은 영역에서 도선의 길이를 길게 할 수 있다. 〈그림 14-15〉에서 알 수 있듯이 자석을 코일 속으로 밀어넣으면 자기장이 도선을 가로지르며 지나가게 할 수 있다.

렌츠의 법칙

렌츠의 법칙을 적용하면 유도전압이나 유도전류의 방향을 알 수 있다. 에너지 보존법칙을 바탕으로 한 이 법칙에 따르면 외부 자기장에 의해 유도전류가 발생할 때, 그 전류가 흐르는 방향은 외부 자기장을 상쇄시키는 자기장을 만들어내는 방향이 된다.

〈그림 14-15〉를 예로 들어 설명하면, 코일에 흐르는 유도전류의 방향은 코일 안으로 밀고 들어오는 자석의 북극을 밀어낼 수 있게 코일의 왼쪽을 북극이 되게 하는 방향이 된다. 코일 속에 막대자석을 밀어넣는 데 사용한 에너지가 전기에너지로 변환되어 코일에 유도전류를 흐르게 한 것이다.

렌츠의 법칙에 따라 코일의 왼쪽은 북극이 되어 자석의 움직임을 방해해야 한다. 전류와 자기장은 오른손 법칙을 따르므로, 전류가 흐르는 방향에 맞춰 위에서 아래를 향해 오른손 손가락으로 코일을 감싸면 엄지손가락이 가리키는 왼쪽이 북극(N)이 된다.

〈그림 14-15〉에서 자석이 반대로 움직여 코일에서 멀어지는 경우를 생각해보자. 그러면 렌츠의 법칙에 따라 코일의 왼쪽 끝이 남극(S)으로 유도되어야 한다. 코일의 왼쪽에 유도된 남극은 자석의 북극을 끌어당겨 멀어지는 자석의 움직임을 방해한다. 코일의 왼쪽이 남극이 되려면 유도전류의 방향은 〈그림 14-15〉에 표시된 방향

전자공학의 선구자들

렌츠(Heinrich Friedrich Emil Lenz, 1804~1865)는 러시아의 물리학자로 금속의 저항이 온도의 증가에 따라서 커진다는 것을 증명하였다. 1834년에는 어떤 외부 변화에 유도되어 발생한 전류의 방향은 그 변화를 방해하는 방향이 된다는 렌츠의 법칙을 발표하였다. 1838년에는 비스무스와 안티몬을 연결한 막대에 전류를 흘려주어 열의 발생과 흡수가 일어나는 펠티에 효과(Peltier effect)를 증명하였다.

그림 14-15 코일의 감긴 선을 가르며 지나가는 자기장에 의해 발생하는 유도전류

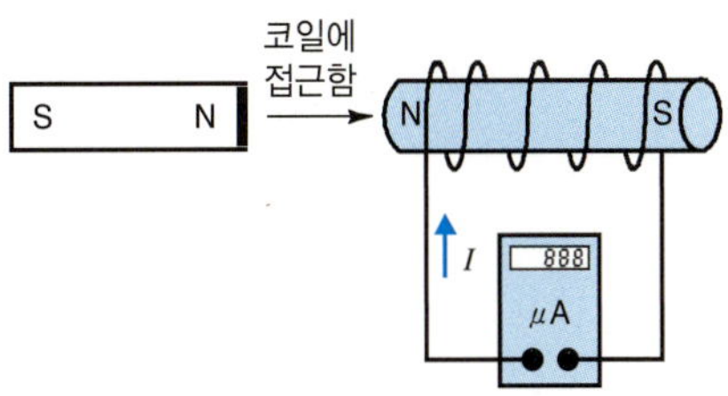

과 반대가 되어야 한다. 막대자석을 주기적으로 넣었다 뺐다 하면 코일에 교류전류를 흐르게 할 수 있다.

■ 14-8 복습문제

〈그림 14-15〉를 보고 다음 물음에 답하여라.

a. 자석의 북극이 코일에서 멀어지면 코일의 왼쪽은 북극이 되는가, 남극이 되는가?

b. 자석의 남극이 코일에 접근하면 코일의 왼쪽은 북극이 되는가, 남극이 되는가?

c. 〈그림 14-14〉에서 자석이 아래로 움직이는 대신에 도체가 위로 움직이면 유도전류의 방향은 변하지 않는가?

14-9 유도전압의 발생

그림 14-16 자기장이 양 끝이 개방된 도체를 가르며 지나갈 때 도체의 양 끝에는 전압이 유도된다.

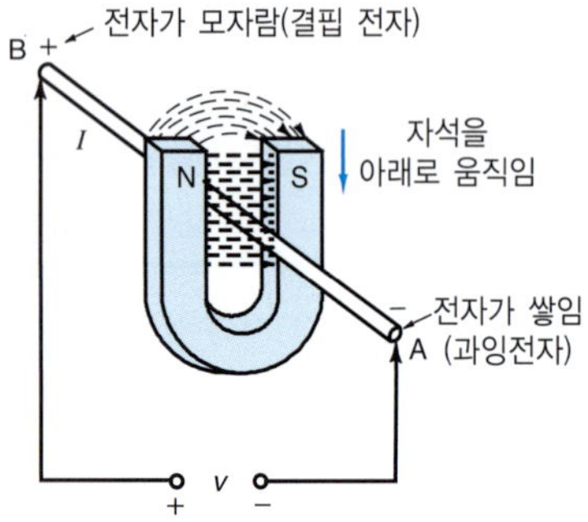

〈그림 14-16〉과 같이 연결이 끊어진 개방 회로에 있는 도체를 자기장이 가로질러 지나가는 경우를 살펴보자. 자기장이 도체를 가로질러 지나가면 자유전자가 움직인다. 회로가 개방되어 있으므로 개방된 양 끝에는 극성이 다른 전하가 모이게 된다.

도체의 자유전자는 A점으로 이동하는데, 이 점이 개방되어 있으므로 자유전자는 여기에 쌓인다. 따라서 A점의 전위는 (−)가 된다.

이 과정에서 자유전자가 B점을 떠나가므로 B점은 (+) 전하를 띠게 된다. 이처럼 도체의 전하가 (+)와 (−)로 분리되어 개방된 양 끝 사이에는 전위차(즉 전압)가 발생한다.

이 전위차를 기전력(electromotive force, emf)이라고 하는데, 이것은 자기장을 이동시키는 데 사용된 에너지가 변환되어 생겨난 것이다. 전압계를 사용하면 이 전위차를 측정할 수 있다. 도체는 전하를 충전할 수 없으므로 자기장이 도체를 가로질러 움직이는 동안만 도체에 유도된 전압이 나타나게 된다.

코일 양 끝의 유도전압

〈그림 14-17〉과 같은 코일에서는 감은 수가 많을수록 유도기전력이 커진다. 감은 수만큼 생기는 도선 고리 모두를 자기장이 가로질러 지나가면 각 도선 고리의 자유전자들이 움직여서 코일의 (−) 단자에는 전자가 모이고 코일의 (+) 단자에는 전자가 부족하게 된다. 따라서 코일의 두 단자 사이에는 각 고리에서 생기는 전압이 합해져 큰 유도전압이 발생한다.

유도전류가 흐르는 방향에 따라 유도전압의 극성이 정해진다. 도선에서 전자가 흘러들어가서 쌓이는 쪽이 (−)가 되고 전자가 부족하게 되는 그 반대쪽이 (+)가 된다. 코일의 도선 고리들은 직렬로 연결된 것으로 볼 수 있으므로 양 끝 단자 사이의 전위차는 각 도선 고리의 유도전압을 모두 더한 것이 된다.

그림 14-17 코일을 가르며 지나가는 자기장에 의해 코일의 양 끝에 유도되는 전압 (a) 자기장이 움직이면 코일에 유도전압이 발생된다. (b) 유도전압은 코일과 직렬로 연결된 것으로 볼 수 있다. (c) 코일의 유도전압은 전원이 되어 코일에 연결된 부하저항 R_L에 전류가 흐르게 된다.

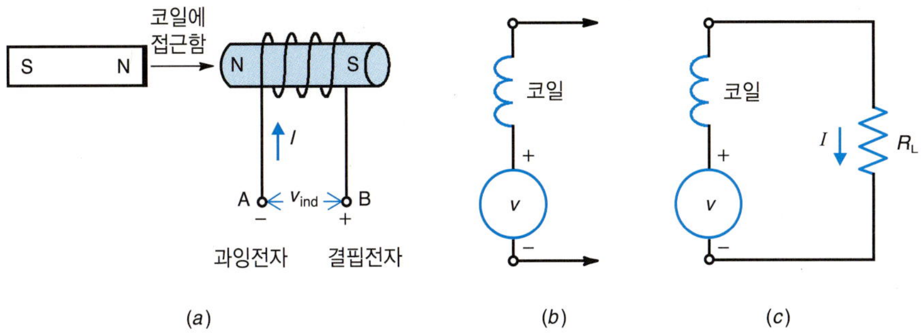

코일의 유도전압을 별도의 전원으로 취급하여 〈그림 14-17b〉의 등가회로에서 볼 수 있듯이 전원이 코일과 직렬로 연결된 것으로 나타낼 수 있다. 이 전원 v의 값은 전자기 유도 작용에 의해 전하가 (+)와 (−)로 분리되어 생기는 전위차이다. 코일의 (+)와 (−) 단자 사이에 부하회로(저항)를 연결하면 〈그림 14-17c〉의 등가회로에서 보듯이 전원 v에 의해 부하에 전류가 공급된다.

유도기전력에 의해 발생한 전류가 코일을 통해 흐르므로 유도전압이 코일과 직렬로 연결된 것으로 볼 수 있다. 예를 들어, 코일의 유도전압이 10V이고 부하저항 R_L이 5Ω이면 2A의 전류가 코일과 등가전원 v와 부하저항 R_L을 통해 흐른다.

〈그림 14-17c〉에서 전류의 방향은 전자가 흐르는 방향과 반대이다. 전류는 전원 v의 전위차에 의해 전원의 (+) 단자에서 나와 외부 회로를 통과한 다음 전원의 (−) 단자로 들어간다.

전원의 내부에서는 전류가 (−) 단자에서 (+) 단자로 흐른다. 〈그림 14-17a〉에서 보듯이 코일이 렌츠의 법칙에 따라 자석의 북극이 들어오는 것을 방해하려면 코일의 왼쪽이 북극이 되어야 하므로 전류의 방향이 그림과 같이 흐르게 된다.

모터와 발전기의 동작 원리가 자기장의 움직임을 이용한다는 점에서는 비슷하지만 동작 내용은 정반대이다. 모터의 경우, 전류를 흘려줄 때 발생하는 자기장이 외부 자기장과 상호작용하여 도체를 움직이게 한다. 발전기의 경우, 도체를 움직이면 자기장이 도체를 가로질러 움직이게 되어 도체의 양 끝에 전압이 유도된다.

패러데이 법칙

자기장이 코일을 가로질러 지나갈 때 유도되는 전압의 크기는 코일의 감은 수와 자기장이 코일을 지나가는 속도에 따라 변하게 된다. 이때 자기장이 움직일 수도, 코일이 움직일 수도 있다. 다음의 세 가지 요인이 유도전압의 크기를 결정한다.

1. 자기장의 세기 : 도체를 가로질러 지나가는 자기력선의 수가 많을수록(즉 자기장의 세기가 클수록) 유도전압의 크기가 커진다.
2. 코일의 감은 수 : 코일의 감은 수가 많을수록 유도전압의 크기가 커진다.

유도전압 v_{ind}는 감은 수만큼 생긴 고리 각각에서 발생한 유도전압을 모두 더한 것이 된다.

3. 자기장의 이동 속도 : 도체를 가로질러 지나가는 자기장의 속도가 빠를수록 유도전압의 크기가 커진다. 자기장의 속도가 빠르면 같은 시간에 더 많은 자기력선이 도체를 지나가게 된다.

다음의 패러데이 법칙(Faraday's law)으로 유도전압의 크기를 계산할 수 있다.

$$v_{\text{ind}} = N\frac{d\phi}{dt} \tag{14-5}$$

여기서, N은 코일의 감은 수, $d\phi/dt$는 도체를 지나가는 자속 ϕ의 변화율을 나타낸다. $d\phi/dt$의 단위 weber/sec는 결국 유도전압의 단위 V와 같다.

예를 들어, 변화율이 2Wb/s인 자속이 도선을 300번 감아 만든 코일을 가로질러 지날 때 발생하는 유도전압을 계산하면

$$\begin{aligned} v_{\text{ind}} &= N\frac{d\phi}{dt} \\ &= 300 \times 2 \\ &= 600\text{V} \end{aligned}$$

이 계산 결과는 자속 전체가 코일의 모든 권선을 빠짐없이 지나는 경우를 가정한 것으로 코일 속에 철 코어를 넣으면 거의 이런 상태가 될 수 있다.

변화율

$d\phi$와 dt에서 d라는 문자는 차이(즉 변화량)를 뜻한다. 따라서 $d\phi$는 자속 ϕ의 변화량, dt는 시간 t의 변화량을 뜻한다. 수학에서는 dt를 시간의 미소변화량을 나타내는 데 사용하지만 이 책에서는 아주 작지 않은 변화량을 나타낼 때도 d라는 문자를 쓰기로 한다. 이 책의 경우, 변화율이 일정하므로 변화량이 크고 작음에 관계없이 결과는 같아진다.

예를 들어, 4Wb이던 자속 ϕ의 크기가 6Wb로 변하면 자속의 변화량 $d\phi$는 2Wb가 된다. 자속 ϕ의 크기가 6Wb에서 4Wb로 줄어드는 경우에도 늘어난 때와 마찬가지로 자속의 변화량 $d\phi$는 2Wb가 된다. 그런데 증가하는 경우에는 기울기가 (+)이므로 변화량의 부호를 (+)로, 감소하는 경우에는 기울기가 (–)이므로 변화량의 부호를 (–)로 하는 것이 보통이다.

dt는 시간 t의 변화량이므로 2초일 때의 자속과 3초일 때의 자속을 다루는 경우에 시간 변화량은 3–2=1초가 된다. 시간은 언제나 증가하므로 그 변화량은 언제나 (+) 부호가 된다.

$d\phi$와 dt를 결합해보자. 예를 들어, 1초 동안 2Wb만큼 자속이 변하면 $d\phi/dt$= 2/1=2(Wb/s)가 된다. 이 값이 시간에 대한 자속의 변화율이다.

또 다른 예로, 0.5초 동안 2Wb만큼 자속이 변한 경우에는

그림 14-18 자속의 변화에 의해 코일에 유도되는 전압의 그래프 (a) 일정한 비율로 증가하는 자속 ϕ (b) 자속 ϕ의 변화율 $d\phi/dt$는 2Wb/s로 일정 (c) 300번 감긴 코일의 유도전압은 600V로 일정

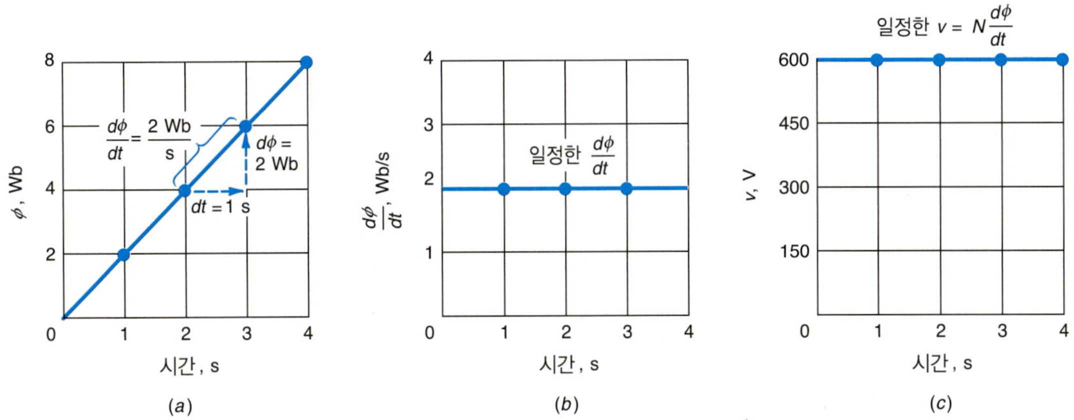

표 14-2	〈그림 14-18〉의 데이터					
ϕ (Wb)	$d\phi$ (Wb)	t (s)	dt (s)	$d\phi/dt$ (Wb/s)	N (번)	$N(d\phi/dt)$ (v)
2	2	1	1	2	300	600
4	2	2	1	2	300	600
6	2	3	1	2	300	600
8	2	4	1	2	300	600

$$\frac{d\phi}{dt} = \frac{2\text{Wb}}{0.5\text{s}} = 4\text{Wb/s}$$

가 된다.

유도전압 $v_{\text{ind}} = N(d\phi/dt)$의 분석

〈표 14-2〉에 수록한 값을 그래프로 나타낸 것이 〈그림 14-18〉이다. 그림의 각 그래프를 살펴보면서 자속의 변화로 유도되는 전압의 기본 개념에 대해 알아보자. 〈그림 14-18a〉를 보면 자속 ϕ의 그래프가 상승하는 직선 형태인데, 이것은 ϕ가 일정한 비율로 증가하고 있음을 나타내는 것이다. 이 경우에는 1초마다 2Wb씩 증가하고 있다. 따라서 이 직선의 기울기 $d\phi/dt$는 2Wb/s가 된다. 자속 ϕ는 계속해서 증가하고 있지만 기울기가 일정하므로 변화율은 일정한 상수가 된다.

유도전압의 발생에 영향을 주는 것은 자속의 크기가 아니라 자속의 변화율인 $d\phi/dt$이다. 〈그림 14-18b〉에 그린 $d\phi/dt$ 그래프를 보면서 이것에 대해 알아보자. 자속의 변화율이 2Wb/s로 일정하므로 $d\phi/dt$ 그래프는 그림에서 보듯이 수평으로 놓인 직선이 된다.

〈그림 14-18c〉에서 볼 수 있듯이 유도전압의 그래프도 역시 수평선이 된다.

$v_{ind}=N(d\phi/dt)$이므로 유도전압은 자속의 변화율 $d\phi/dt$에 코일의 감은 수 N을 곱한 값이 된다. 자속의 변화율이 2Wb/s로 일정하고 감은 수가 300이므로 유도전압도 600V의 일정한 값이 된다.

자속 ϕ의 값은 계속해서 증가하고 있지만 ϕ의 변화율은 일정하므로 유도전압은 계속해서 일정하다.

감은 수 N이나 자속의 변화율 $d\phi/dt$의 값이 달라지면 유도전압의 크기도 달라진다. 감은 수가 늘어나면 유도전압의 크기가 커진다. 또한 $d\phi/dt$가 커져도 유도전압의 크기가 커진다.

자속의 변화율 $d\phi/dt$의 값에는 두 가지 요소가 영향을 준다. $d\phi$가 커지거나 dt가 작아지면 값이 커지게 된다. 앞의 예에서 2Wb/s인 $d\phi/dt$ 값이 두 배가 되려면 $d\phi$가 4Wb로 증가하거나 dt가 0.5s로 줄어들면 된다. 어느 경우에나 $d\phi/dt=4/1$, $d\phi/dt=2/0.5$가 되어 4Wb/s가 된다. $d\phi$는 일정하고 dt가 줄어든다는 것은 도체를 가로질러 지나가는 자속의 속도가 빨라진다는 것을 뜻하는 것으로 $d\phi/dt$ 값이 증가하므로 유도전압의 크기도 커진다.

반대로 자속 ϕ의 속도가 느려지면 $d\phi/dt$의 값이 줄어들므로 유도전압의 크기도 작아진다. $d\phi/dt$ 값이 줄어들면 유도전압의 극성은 반대가 된다.

〈그림 14-18b〉에서는 자속 ϕ가 1초당 2Wb씩의 일정한 비율로 증가하고 있으므로 $d\phi/dt$ 값이 2Wb/s의 상수가 되어 그래프가 수평선이 된다. 하지만 자속의 변화율이 일정하지 않은 경우도 많이 있다. 이때에는 $d\phi/dt$ 값은 더 이상 상수가 되지 않는다. 그렇기 때문에 순간순간마다 $d\phi/dt$ 값을 모두 구하여야 해당 순간의 유도전압 $v_{ind}=N(d\phi/dt)$의 값을 구할 수 있다.

유도전압의 극성

렌츠의 법칙으로 유도전압의 극성을 구할 수 있다. 유도되는 전압의 극성은 그 유도전압을 일으킨 외부의 변화를 방해하는 방향이 된다. 이러한 점 때문에 식 (14-5)의 v_{ind} 수식에 (−) 부호를 붙이는 경우도 있다. 코일의 양 끝에 유도되는 전압의 극성은 자속이 증가하느냐 감소하느냐에 따라, 또 코일을 어느 방향으로 감았느냐에 따라 달라진다.

어느 경우가 되었든지 유도전압의 극성은, 유도전압 v_{ind}에 의해 전류가 흐를 때 발생하게 되는 자기장이 그 유도전압을 일으킨 외부 자기장을 상쇄시키는 방향이 되도록 정해진다. 증가하는 외부 자기장의 유도작용으로 발생한 전압에 의해 흐르게 되는 전류는 이 외부 자기장과 방향이 반대인 자기장을 발생시킨다. 감소하는 자기장에 의해 발생하는 유도전압이 흐르게 하는 전류는 외부 자기장과 같은 방향의 자기장을 발생시켜 외부 자기장의 감소에 저항하여 그 크기를 계속 유지하려고 한다.

■ 14-9 복습문제

〈그림 14-15〉를 보고 다음 물음에 답하여라.

a. 자속이 1초(s) 동안에 8Wb에서 10Wb로 변한 경우에 $d\phi/dt$ 값은 얼마가 되는가?

b. 자속이 1μs 동안에 8μWb에서 10μWb로 변한 경우에 $d\phi/dt$ 값은 얼마가 되는가?

14-10 릴레이

릴레이(relay)는 전자기 유도작용에 의해 동작하는 부품이다. 릴레이에는 전자석이 들어 있어서 교류나 직류를 흘려주면 접점(contact)을 열거나 닫을 수 있다. 릴레이에 전원을 가하지 않을 때 접점이 열려 있으면 그 접점을 NO(normally open, 평상시 열려 있음) 접점이라고 하고 반대로 전원을 가하지 않을 때 닫혀 있는 경우를 NC(normally closed, 평상시 닫혀 있음) 접점이라고 한다. 릴레이 접점은 스프링과 같은 기계 장치에 의해 '열린 상태'나 '닫힌 상태'를 계속 유지하게 된다. 스프링의 장력을 조절하여 적절한 힘으로 릴레이 접점의 열린 상태나 닫힌 상태가 유지될 수 있게 한다.

그림 14-19 릴레이 접점의 회로기호 (a) NO 접점 기호 (b) NC 접점 기호

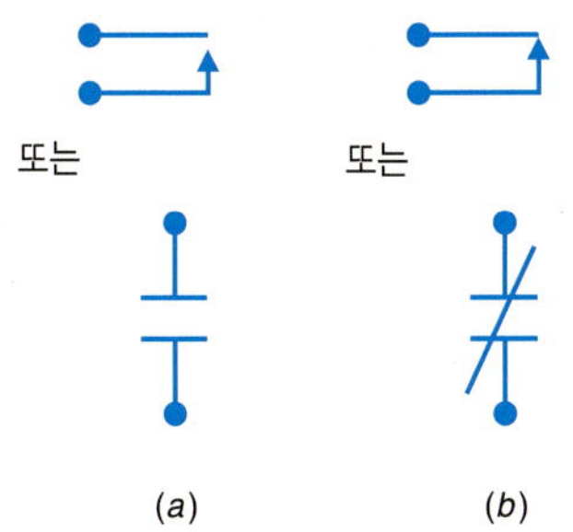

〈그림 14-19〉에 릴레이 접점의 회로기호를 나타내었다. 〈그림 14-19a〉의 회로기호는 NO 접점이고 〈그림 14-19b〉의 회로기호는 NC 접점이다. NO 접점이 닫힌 것을 영어로는 'make'(접속), 반대로 NC 접점이 열린 것을 'break'(차단)라고 한다. 물리적인 힘으로 동작하는 스위치와 마찬가지로 전기 스위치 안에도 여러 개의 폴(pole)과 스로우(throw)가 들어 있을 수 있다.

〈그림 14-20〉은 SPDT 릴레이의 내부 구조이다. 1번 단자와 2번 단자는 전자석의 릴레이 코일과 연결된다. 3번, 4번, 5번 단자는 SPDT 릴레이 속의 접점과 연결된다. 릴레이에 전원이 가해지면 NO 접점은 닫히고 NC 접점은 열리게 된다. 릴레이에서 움직이는 바늘(팔)을 아마추어(armature, 전기자)라고 한다. 릴레이에 전원을 가하면 아마추어가 있는 접점과 다른 접점이 서로 접속되거나 차단된다. 예를 들어, 〈그림 14-20〉의 1번과 2번 단자에 직류전원을 연결하면 릴레이 코일에 전류가

그림 14-20 SPDT 릴레이의 내부 구조. 1번 단자와 2번 단자는 전자석의 릴레이 코일과 연결된다. 3번, 4번, 5번 단자는 릴레이가 동작할 때 서로 붙거나 떨어지는 릴레이의 접점과 연결된다.

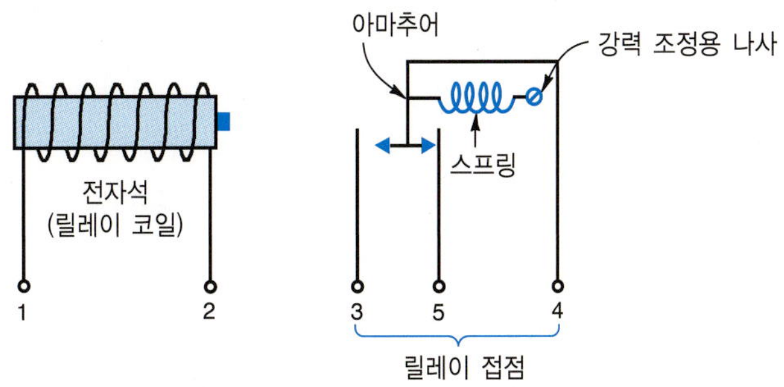

흘러 전자석이 동작하게 된다. 그러면 3번 접점과 4번 접점은 접속(make)되고 4번과 5번 접점은 차단(break)된다. 전자석의 오른쪽이 북극(N)이든 남극(S)이든 상관없이 아마추어는 전자석 쪽으로 끌리게 된다. 〈그림 14-21〉에 릴레이의 사진을 실었다.

알아두기▸▸

릴레이 중에는 완전히 밀봉된 패키지 형태로 된 것이 많이 있다. 이러한 구조의 릴레이에서는 릴레이 속의 스위치 접점이 릴레이 외부의 환경과 완전히 격리된다.

그림 14-21 릴레이의 실제 모습

릴레이의 전기적 특성

릴레이를 만드는 제조회사에서는 각 릴레이 부품의 명세서(specification sheet)를 제공하고 있다. 이 명세서에는 릴레이 코일, 스위치 접점의 정격전압, 정격전류가 적혀 있다. 또한 릴레이 코일과 접점들이 몇 번 단자와 연결되어 있는지 알 수 있도록 각 단자 번호의 연결 위치도 표시되어 있다. 명세서에는 릴레이에 직류, 교류 가운데 어떤 전원을 사용해야 하는지도 나타나 있다. 릴레이와 관련한 몇 가지 중요한 정격 항목을 살펴보면 다음과 같다.

시동전압(pickup voltage 또는 pull-in voltage) : 릴레이를 동작시키기 위해 릴레이 코일에 가해주어야 할 최소 전압

시동전류(pickup current 또는 pull-in current) : 릴레이를 동작시키기 위해 릴레이 코일에 흘려주어야 할 최소 전류

유지전류(holding current) : 릴레이의 동작 상태를 유지하기 위해 릴레이 코일에 흘려주어야 할 최소 전류(유지전류의 크기는 시동전류보다 작다.)

복귀전압(dropout voltage 또는 release voltage) : 릴레이를 처음 위치로 되돌리기 위해 릴레이 코일에 가해주어야 할 최대 전압

접점 정격전압(contact voltage rating) : 릴레이 접점에 가해줄 수 있는 최대 전압

접점 정격전류(contact current rating) : 릴레이 접점을 통해 흐를 수 있는 최대 전류

접점 전압강하(contact voltage drop) : 릴레이가 동작하여 두 접점이 닫힐 때 접속된 이 두 접점 양단의 전압 강하

절연저항(insulation resistance) : 릴레이의 두 접점이 열려 있을 때, 차단된 이 두 접점 사이의 저항값

릴레이의 응용

〈그림 14-22〉에 릴레이를 사용한 회로 두 가지를 나타내었다. 〈그림 14-22a〉에서는 제어 스위치 S_1이 열려 있으므로 NO 릴레이도 열린 상태를 유지하여 부하는 동작하지 않는다. 스위치 S_1이 닫히면 릴레이 코일에 전류가 흐르므로 NO 릴레이의 접점이 닫혀 부하를 동작시킨다.

〈그림 14-22b〉에서는 평상시에 제어 스위치 S_1이 닫혀 있으므로 릴레이 코일에 전류가 흐르고 있다. 코일에 전류가 흐르면 NC 릴레이는 열리므로 부하는 동작하

MultiSim **그림 14-22** 릴레이를 사용한 회로의 예 (a) NO 릴레이 제어 시스템 (b) NC 릴레이 제어 시스템

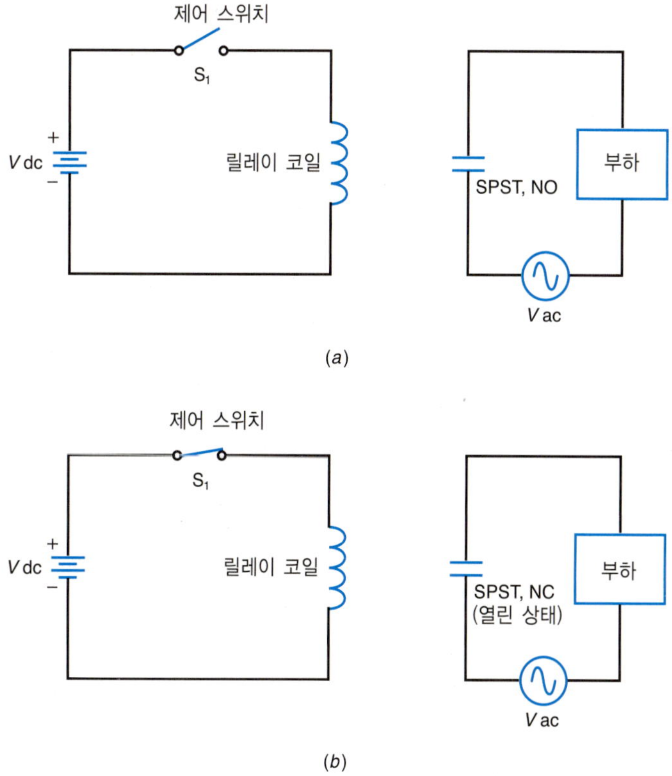

지 않는다. 부하를 동작시키려면 스위치 S_1을 열면 된다. 이렇게 하면 NC 릴레이는 닫힌 상태가 되므로 부하가 동작하게 된다.

릴레이의 접점을 동작시킬 때는 낮은 전압과 전력을 사용하여도 충분하다. 릴레이 접점에는 큰 전력을 소비하는 부하의 동작을 제어할 수 있도록 높은 전압을 연결할 수도 있다. 릴레이의 장점은 작은 전력을 사용하여 매우 큰 전력을 제어할 수 있다는 점에 있다. 릴레이를 리모컨과 같은 원격제어에 사용하면 큰 전력의 부하를 멀리 떨어진 곳에서 온/오프할 수 있으므로 일반 스위치를 사용한 것보다 효율적이다. 일반 스위치를 사용하여 먼 거리에서 큰 전력의 부하를 제어하려면 부하에 전력을 공급하는 도선의 길이가 길어져 이 도선에서 손실되는 전력(I^2R)이 커지게 된다. 〈사고력 문제 14-25〉와 〈사고력 문제 14-26〉을 풀어보면 먼 거리에서 큰 전력의 부하를 제어할 때 릴레이를 사용하는 것이 유리함을 확인해 볼 수 있다.

릴레이의 고장

릴레이 코일이 끊어지는 일이 생기면 릴레이는 동작하지 못한다. 그 이유는 아주 간단하다. 릴레이 코일이 끊어졌으므로 전류가 흐르지 못해 전자석이 자기장을 발생시키지 못하므로 릴레이의 아마추어를 끌어당기지 못한다. 저항계를 사용하여 릴레이 코일의 저항을 측정하면 고장을 검사할 수 있다. 릴레이 코일이 끊어지면 저항은 ∞Ω로 측정된다. 끊어진 코일을 수리할 방법은 없으므로 릴레이를 통째로 갈아야

한다.

또 다른 릴레이의 고장으로 접점의 접촉이 나쁜 경우가 있다. 접점이 열리거나 닫힐 때, 접점과 아마추어 사이에 불꽃이 발생하므로 한참 사용하게 되면 접점에 얇은 탄소막이 형성된다. 이렇게 해서 접점의 접촉이 나빠진 릴레이를 사용하면 부하의 동작이 제대로 제어되지 않는 일이 간헐적으로 발생하게 된다. 경우에 따라서는 릴레이가 따닥따닥 소리를 내며 진동하기도 한다.

릴레이 제조회사에서는 보통 릴레이의 최대 동작횟수로 릴레이의 수명을 표시하는데 일반적으로 500만 번 정도이다.

■ 14-10 복습문제

a. NC 접점이 열려 있으면 이 릴레이에는 전원이 가해져 있다. (참, 거짓)

b. 릴레이의 상태를 유지하기 위해 릴레이 코일에 흘려주는 최소 전류를 시동전류(pickup current)라고 한다.

c. 릴레이의 닫힌 두 접점 사이에 전류 1A가 흐를 때, 이 두 접점 양단의 전압강하는 매우 낮다. (참, 거짓)

d. 끊어진 릴레이 코일을 저항계로 측정하면 0Ω이 나온다. (참, 거짓)

요약

- 전자석이 발생시키는 자기장의 세기는 코일의 감긴 횟수와 코일에 흐르는 전류에 따라 달라진다. 전자석 코일의 양 끝에는 막대자석처럼 N극과 S극이 형성된다.
- 전자석의 세기를 나타내는 SI 단위는 암페어-횟수(ampere-turn, A·t)이다. 암페어(A)와 감은횟수(t)의 곱은 코일의 기자력을 나타낸다. 기자력의 cgs 단위는 길버트(Gb)이다.
- 코일이 발생시키는 자기장의 세기 H는 단위길이당 기자력을 뜻한다. H의 단위로는 A·t/m와 에르스텟(Oe)이 있다.
- 어떤 물질의 투자율은 그 물질이 자속을 집중시키는 능력을 나타낸다.
- 자성체의 자기력을 없애는 것을 디가우싱(degaussing)이라고 한다.
- 직선도체에 흐르는 전류에 의해 도체에 수직한 평면상에는 원 모양으로 자기장이 발생한다. 전류가 흐르는 방향으로 바라보면 이 원형 자기장은 시계방향으로 회전한다.
- 전자석의 극성을 찾을 때는 오른손 법칙을 적용하는데, 오른손의 엄지손가락을 뺀 나머지 네 손가락을 코일에 전류가 흐르는 방향에 맞추어 코일을 감싸면 엄지손가락이 가리키는 쪽이 N극이 된다.
- 두 개의 자기장이 서로 더해져 강해지거나 상쇄되어 약해져서 자기장의 분포에 강, 약이 생기면 도체가 힘을 받아 움직이게 되는데 이를 전동작용(motor action)이라고 한다. 이때 도체는 언제나 자기장이 강한 쪽에서 약한 쪽을 향해 움직이게 된다.
- N번 감은 코일에 유도되는 전압은 $v_{\text{ind}}=N(d\phi/dt)$이다. 여기서 $d\phi/dt$는 시간 t에 대한 자속 ϕ의 변화율을 나타낸다. $d\phi/dt$의 단위는 weber/sec이다. 전압이 유도되려면 반드시 자속 ϕ가 변해야 한다.
- 어떤 외부 자기장에 의해 발생하는 유도전류의 방향은 유도전류가 만들어 내는 자기장이 외부 자기장을 상쇄시키는 방향이 되는데, 이를 렌츠의 법칙이라고 한다.
- 릴레이에 전원을 인가하지 않은 상태에서 릴레이의 접점이 열려 있으면 그 접점을 NO(normally open, 평상시 열려 있음) 접점이라 하고, 반대로 닫혀 있으면 NC(normally closed, 평상시 닫혀 있음) 접점이라고 한다. 릴레이 접점은 스프링과 같은 기계장치에 의해 '열린 상태'나 '닫힌 상태'를 계속 유지하게 된다.
- 릴레이에서 움직이는 바늘(팔)을 아마추어(armature)라고 한다. 릴레이에 전원을 가하면 아마추어가 있는 접점과 다른 접점이 서로 접속되거나 차단된다.
- 릴레이의 시동전류(pickup current)는 릴레이를 동작시키기 위해 릴레이 코일에 흘려주어야 할 최소 전류이다. 유지전류(holding current)는 릴레이의 동작 상태를 유지하기 위해 릴레이 코일에 흘려주어야 할 최소 전류이다.

중요 용어

- 기자력(magnetomotive force, mmf) : 코일이 발생시키는 자기력의 세기로 코일의 감은 횟수와 여기에 흐르는 전류의 크기에 비례한다. 기자력의 단위로는 암페어-횟수(A·t)와 길버트(Gb)가 있다.
- 단위길이당 암페어-횟수(A·t/m) : SI 단위계에서 자기장의 단위
- 디가우싱(degaussing) : 교류전류를 사용하여 자성체의 자기력을 없애는 방법. 잔류 자속밀도가 0이 될 때까지 자성체에 가하는 자기력을 점점 줄여나간다.
- 렌츠의 법칙(Lenz's law) : 어떤 외부 작용에 의해 발생하는 유도전류의 방향은 유도전류가 만들어 내는 자기장이 이 외부 작용을 상쇄시키는 방향이 되는데 이를 렌츠의 법칙이라고 한다.
- 시동전류(pickup current) : 릴레이를 동작시키기 위해 릴레이 코일에 흘려주어야 하는 최소전류
- 암페어-횟수(A·t) : SI 단위계에서 기자력의 단위
- 오른손 법칙(right-hand rule) : 코일에서 전류가 흐르는 방향에 맞추어 "오른손" 손가락으로 코일을 감싸면 엄지손가락이 가리키는 방향이 솔레노이드의 북극(N)이 된다.
- 유지전류(holding current) : 릴레이의 동작 상태를 유지하기 위해 릴레이 코일에 흘려주어야 하는 최소전류
- 자기장의 세기(magnetic field intensity) H : 단위길이당 기자력의 크기. 단위로는 A·t/m와 에르스텟(Oe)이 있다.
- 전동작용(motor action) : 두 개의 자기장이 서로 더해져 강해지거나 상쇄되어 약해져서 자기장의 분포에 강, 약이

b. 반시계방향
c. 전류와 나란한 방향
d. 답이 없음

20. **150번 감긴 코일을 가로질러 지나가는 자속의 변화율이 5Wb/s일 때 코일에 유도되는 전압은?**

a. 7.5kV
b. 75V
c. 750V
d. 750mV

확인문제

1. 배터리와 부하저항 사이에 닫힌 스위치가 있고 이들이 도선으로 서로 연결된 회로를 그려라.
(a) 배터리의 (+)극에 연결된 도선의 자기장을 그려라. 또 (−)극에 연결된 도선의 자기장도 그려라.
(b) 두 자기장이 서로 합해져 강해지는 곳은 회로에서 어느 부분인가? 또 서로 상쇄되어 약해지는 곳은 어느 부분인가?

2. 솔레노이드의 N극과 S극을 알아내는 방법을 설명하여라.
(a) 솔레노이드에 생긴 N극과 S극의 위치를 서로 바꾸는 방법을 설명하여라.
(b) 솔레노이드에 전류가 흐르면 극이 생기지 않는 까닭을 설명하여라.

3. 두 자기장이 상호작용하여 자기장의 분포에 강, 약이 생기면 물체가 자기장이 강한 곳에서 약한 곳으로 움직이는 까닭을 설명하여라.

4. 전류가 책과 수직인 방향으로 흐를 때, 자기장이 책이 놓인 평면상에 있게 되는 까닭을 설명하여라.

5. 도체가 움직이거나 도체에 유도전압이 발생하려면 도체와 외부 자기장의 방향이 서로 수직이 되어야 하는 까닭을 설명하여라.

6. 외부 자기장 속에 놓인 도체에서 도체가 움직이는 전동작용(motor action)과 도체에 전압이 발생하는 발전작용(generator action)이 일어나는 원리를 각각 간단하게 설명하여라.

7. 세기가 점점 강해지는 자기장이 어떤 도선을 가로질러 지나가고 있다. 이 자기장에 의해 도선에는 10V의 유도전압이 발생하였다. 이때 전압의 극성은 도선의 위쪽이 (+)이다. 이 상황에 다음과 같은 변화가 일어날 때 일어나는 결과를 분석해보자.
(a) 자기장의 세기가 계속해서 강해지기는 하지만 그 속도가 이전보다 느려지면 유도전압의 크기와 극성은 어떻게 변하는가?
(b) 자기장의 세기가 변하지 않고 일정하게 되면 유도전압은 어떻게 되는가?
(c) 자기장의 세기가 점점 약해지고 이전과 반대 방향으로 도선을 가로질러 지나가면 유도전압의 극성은 어떻게 되는가?

8. 〈그림 14-18c〉에서 감은 횟수만 500회로 바뀌고 나머지 항목은 그대로일 때 그래프를 다시 그려라.

9. 〈그림 14-10〉의 경우와 반대로 N극과 S극이 나타나는 코일-배터리 회로를 두 가지만 그려보아라.

10. 자속이 〈그림 14-18〉에서 증가할 때와 마찬가지의 변화율로 8Wb에서 0으로 감소할 때 〈표 14-2〉를 다시 작성하여라. 또 〈그림 14-18〉에 있는 세 가지 형태의 그래프를 그려라.

11. 어떤 릴레이의 시동전류와 유지전류의 값을 모를 때, 실험을 하여 이 두 값을 알아내는 방법을 설명하여라.

12. 전자석에서 자기력의 세기를 결정하는 요소 두 가지를 말하여라.

13. 자기 히스테리시스를 설명하여라.

14. 철 코어에서 일어나는 포화를 설명하여라.

연습문제

14-1절 암페어-횟수

14-1 (a) cgs 단위계에서 기자력의 단위는?
(b) SI 단위계에서 기자력의 단위는?

14-2 다음 값을 갖는 코일의 기자력을 구하여라.
a. I=10mA, N=150번
b. I=15mA, N=100번
c. I=2mA, N=5000번
d. I=100μA, N=3000번

14-3 다음 값을 갖는 코일의 기자력을 구하여라.
a. I=5mA, N=4000번
b. I=40mA, N=50번
c. I=250mA, N=40번
d. I=600mA, N=300번

14-4 코일의 감은 횟수가 다음과 같을 때, 2A·t의 기자력을 발생시키기 위해 코일에 흘려주어야 할 전류의 크기를 구하여라.
a. 50
b. 500
c. 100
d. 2000

14-5 코일의 흐르는 전류가 다음과 같을 때, 100A·t의 기자력을 발생시키려면 코일의 감은 횟수를 얼마로 하여야 하는가?
a. I=100mA
b. I=25mA
c. I=40mA
d. I=2A

14-6 다음의 기자력을 Gb 단위로 환산하여라.
a. 100A·t
b. 30A·t
c. 500A·t

14-7 다음의 기자력을 A·t 단위로 환산하여라.
a. 126Gb
b. 37.8Gb
c. 630Gb

14-2절 자기장의 세기 H

14-8 (a) cgs 단위계에서 자기장의 세기의 단위는?
(b) SI 단위계에서 자기장의 세기의 단위는?

14-9 코일의 기자력과 코일의 길이 l이 다음과 같을 때 자기장의 세기 H를 A·t/m 단위로 구하여라.
a. 기자력=100A·t, l=0.2m
b. 기자력=25A·t, l=0.25m
c. 기자력=4A·t, l=0.08m
d. 기자력=20A·t, l=0.1m

14-10 코일의 전류 I, 감은 횟수 N, 길이 l이 다음과 같을 때 자기장의 세기 H를 A·t/m 단위로 구하여라.
a. I=40mA, N=500번, l=0.2m
b. I=100mA, N=1000번 l=0.5m
c. I=60mA, N=600번 l=0.25m
d. I=10mA, N=300번 l=0.075m

14-11 다음 자기장의 세기를 Oe 단위로 환산하여라.
a. 50A·t/m
b. 150A·t/m

14-12 다음 자기장의 세기를 A·t/m 단위로 환산하여라.
a. 0.63Oe
b. 1.89Oe

14-13 물질의 비투자율 μ_r이 다음과 같을 때, 투자율 μ를 구하여라.
a. 10
b. 50
c. 100
d. 500
e. 1000

14-14 철 코어를 사용하여 만든 어떤 코일에서 발생한 자기장의 세기 H가 50A·t/m이다. 철 코어의 비투자율 μ_r이 300일 때 자속 B를 T 단위로 구하여라.

14-15 철 코어를 사용하여 만든 어떤 코일에서 자기장의 세기 H=750A·t/m, 자속밀도 B=0.126T가 발생되고 있다. 철 코어의 비투자율 μ_r을 구하여라.

14-16 비투자율 μ_r=200인 코어로 만든 어떤 전자석의 자속밀도가 B=0.504T일 때, 철 코어에서 발생하는 자기장의 세기 H를 구하여라.

14-3절 B–H 자화곡선

14-17 〈그림 14-3〉의 B–H 곡선을 사용하여, 자기장의 세기가 다음과 같을 때 철 코어의 투자율 μ를 SI 단위로 구하여라.

a. 3000A·t/m
b. 5000A·t/m

14-9절 유도전압의 발생

14-18 500번 감은 코일을 가로질러 지나가는 자기장의 변화율이 100μWb/s일 때 유도전압 v_{ind}를 구하여라.

14-19 400번 감은 코일을 가로질러 지나가는 자기장의 변화율이 0.02Wb/s일 때 유도전압 v_{ind}를 구하여라.

14-20 300Mx의 자속이 200μs 동안 1500번 감은 코일을 가로질러 지나갈 때 유도전압 v_{ind}를 구하여라.

14-21 어떤 코일 주위의 자속이 5초 동안 1000Mx에서 6000Mx로 변하였다. 코일의 감은 횟수가 500일 때 유도전압 v_{ind}를 구하여라.

14-22 자속의 변화율이 0.5Wb/s일 때 코일에 1kV의 전압이 유도되었다. 코일의 감은 횟수를 구하여라.

사고력 문제

14-23 식 $\mu=B/H$를 사용하여 공기의 투자율 값 $\mu_0=1.26\times10^{-6}$T/(A·t/m)을 유도하여라.

14-24 연철(soft iron)의 투자율이 $\mu_0=3.0\times10^{-3}$T일 때 비투자율 μ_r을 구하여라.

14-25 〈그림 14-23a〉의 회로에 대해 다음 물음에 답하여라.

(a) 12번 규격 구리선의 전체 도선저항 R_W를 구하여라.
(b) 회로의 전체저항 R_T를 구하여라.
(c) 부하 R_L의 양단에 걸리는 전압을 구하여라.
(d) 구리선에서 손실되는 전력을 구하여라.
(e) 부하에서 소비되는 전력 R_L을 구하여라.
(f) 회로에서 소비되는 전체전력(즉 전원이 공급하는 전력) P_T를 구하여라.
(g) 식 $(R_L/P_T)\times100$으로 이 회로시스템의 효율(%)을 계산하여라.

14-26 〈그림 14-23b〉의 회로에 대해 다음 물음에 답하여라.

(a) 20번 규격 구리선의 전체 도선저항 R_W를 구하여라.
(b) 릴레이 코일 회로의 전체저항 R_T를 구하여라.
(c) 릴레이 코일 R_{coil}의 양단에 걸리는 전압을 구하여라.
(d) 릴레이 코일 회로에 사용된 20번 규격의 구리선에서 손실되는 전력을 구하여라.
(e) 교류 240V 전원과 부하 R_L을 연결하는 길이가 10ft인 12번 규격 구리선의 전체 도선저항 R_W를 구하여라.
(f) 부하 R_W의 양단에 걸리는 전압을 구하여라.
(g) 길이가 10ft인 12번 규격의 구리선에서 손실되는 전력을 구하여라.
(h) 부하에서 소비되는 전력 P_L을 구하여라.
(i) 교류 240V 전원이 공급하는 전체전력 P_T를 구하여라.
(j) 식 $(P_L/P_T)\times100$으로 이 회로시스템의 효율(%)을 계산하여라.

14-27 먼 곳에 있는 부하의 ON/OFF를 제어할 때, 보통 사용하는 기계 스위치(손으로 누르는 스위치)보다 릴레이를 사용하는 것이 유리한 점을 〈문제 14-25〉와 〈문제 14-26〉의 결과를 이용하여 설명하여라.

그림 14-23 〈문제 14-25〉와 〈문제 14-26〉의 회로도 (a) 기계 스위치(손으로 누르는 스위치)로 먼 곳에 있는 부하의 ON/OFF를 제어하는 회로 (b) 릴레이를 사용하여 먼 곳에 있는 부하의 ON/OFF를 제어하는 회로

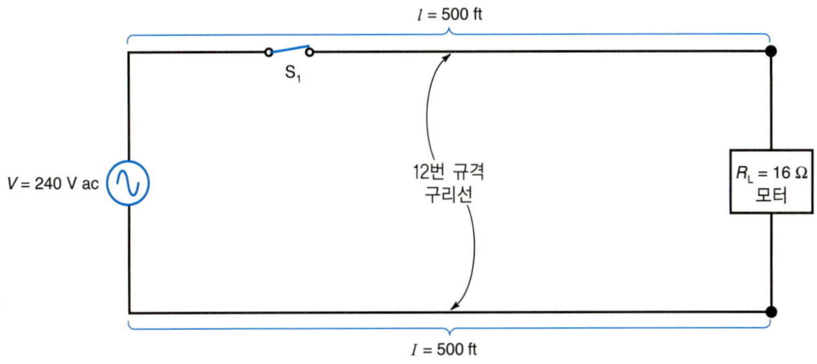

(a)

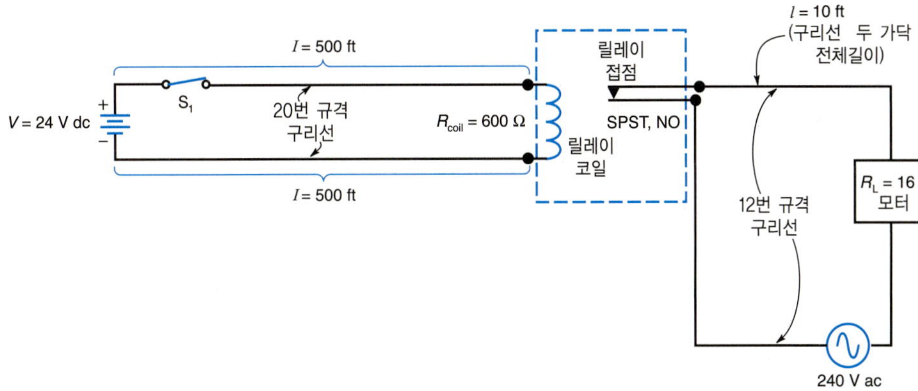

(b)

복습문제 정답

14-1 a. 486A·t
b. 630Gb

14-2 a. 1
b. 200
c. 200G/Oe
d. $250\,\frac{A \cdot t}{m}$
e. 6.3Oe

14-3 a. 0.189T
b. 약 4000A·t/m

14-4 a. 참
b. 참

14-5 a. 참
b. 참

14-6 a. 오른쪽
b. S극

14-7 a. 참
b. 참

14-8 a. S극
b. S극
c. 그렇다

14-9 a. 2Wb/s
b. 2Wb/s

14-10 a. 참
b. 거짓
c. 참
d. 거짓

chapter

15

교류전압과 교류전류

이 장과 다음 장에서는 교류전압원을 사용하여 작동하는 회로를 분석해본다. 구체적으로, 이 장에서는 정현파 파형과 관련된 특성과 용어를 분석할 것이지만 비정현파 파형도 살펴본다. 사인파 교류전압은 진폭이 지속적으로 변하고 극성이 주기적으로 역전되는 전압이다. 마찬가지로, 사인파 교류는 진폭이 지속적으로 변하고 주기적으로 방향으로 역전되는 전류이다. 교류전압의 한 사이클은 극성이 두 번 바뀐다. 초당 사이클 수는 헤르츠(Hz)로 측정되는 주파수이며 초당 1사이클은 1Hz와 같다. 정현파 전압이든 아니든 모든 AC 전압은 진폭 변동과 극성 반전을 모두 가지고 있다. 그러나 극성 반전의 진폭값과 속도는 AC 파형마다 다르다. 사인파 교류전압의 예로는 주파수가 60Hz인 120V AC 전력선 전압이 있다.

이 장에서는 (a) 교류전압의 사인파가 생성되는 방법, (b) 각도 측정의 다른 단위, (c) 사인파에 대한 다른 전압 및 전류값, (d) 정현파 파형의 주파수, 주기, 파장 및 위상이 의미하는 바를 살펴본다.

단원 차례

단원 목표

- 정현파(사인파) 교류전압에 대해 설명한다.
- 정현파 교류전압이나 교류전류의 순시값을 계산한다.
- 정현파의 피크값(최대값), 피크 대 피크값, 실효값, 평균값을 정의한다.
- 정현파의 피크값으로부터 실효값, 평균값, 피크 대 피크값을 계산한다.
- 주파수와 주기를 정의하고 단위를 구별한다.
- 주파수로부터 파장을 계산한다.
- 위상각의 개념을 설명한다.
- 비정현파의 특성을 설명한다.
- 고조파를 정의한다.
- 가정의 전기배선에 관한 기본 사항을 설명한다.

중요 용어

고조파주파수
교번(alternation)
데케이드
라디안
모터
발전기
비정현 파형
사이클
실효값
옥타브(octave)
위상각
유효값
정현파(사인파, sine wave)
주기
주파수
직교 위상
파장
파형률(form factor)
페이저(phasor)
평균값
피크값
헤르츠(hertz, Hz)

15-1 교류의 응용

〈그림 15-1〉은 발전기, 즉 교류전압 발생기의 출력파형으로 (+)극과 (−)극이 교대로 바뀌며 진폭이 계속 변하는 모습을 볼 수 있다. 교류전압을 오실로스코프로 측정하면 스크린에 〈그림 15-1a〉와 같은 파형이 나타난다. 오실로스코프는 교류전압 측정에 사용되는 중요한 시험 장비이다. 오실로스코프는 입력단자에 연결된 교류전압의 모양을 스크린에 보여준다. 또한 오실로스코프로 교류전압의 진폭을 측정할 수 있다. 교류전압을 측정하는 데 필요한 오실로스코프의 사용 방법을 부록 E에 자세히 설명해 놓았다.

알아두기▸▸

오실로스코프는 응용 범위가 매우 넓은 시험 장비이다. 오실로스코프의 기본 기능은 교류 파형을 스크린에 나타내고 측정하는 것이다. 대부분의 오실로스코프는 동시에 2개 이상의 파형을 스크린에 표시할 수 있는데, 이것은 파형들을 서로 비교하기 위해서 꼭 있어야 하는 중요한 기능이다.

〈그림 15-1b〉의 교류파형은 〈그림 15-1c〉의 발생기에서 나오는 출력으로 이 그래프를 보면 시간에 따라 전압이 어떠한 모습으로 변하는지 알 수 있다. 이 그래프가 단자 1에 대한 단자 2의 전압 V를 나타낸다고 가정하면 단자 1의 전압은 그래프의 기준 레벨인 0축에 해당된다. 단자 2의 출력전압의 진폭변화를 (+) 범위에서 살펴보면 0V에서 증가하여 피크값에 도달한 다음 다시 0V로 떨어진다. 여기서 단자 2의 모든 전압 값은 단자 1을 기준으로 한 것이다. 반주기가 지나면 단자 2의 전압은 단자 1을 기준으로 (−) 값이 된다. 단자 2의 전압 진폭의 변화 형태는 앞에서 설명한 (+) 범위인 경우와 같지만 부호가 (−)가 된다. 기준을 바꾸어 단자 2를 기준으로 단자 1의 전압 파형을 나타내면 〈그림 15-1b〉의 파형과 모양은 같지만 극성은 반대가 된다. 그러면 (−)의 반주기가 먼저 나오게 되는데 (+), (−) 파형 중에서 어느 것이 먼저 나오든 문제가 되지는 않는다.

이처럼 시간에 따라 값이 변하는 특성을 갖고 있는 교류는 여러 회로에 사용된다. 예를 들어, 교류전압의 크기를 크게 하거나 작게 하는 데 사용되는 변압기(트랜

MultiSim **그림 15-1** 주파수가 60Hz인 교류 전원선 전압의 파형. 두 주기를 나타내었다. (a) 오실로스코프 스크린 (b) 파형의 주요 항목과 극성 (c) 교류전압원의 회로기호

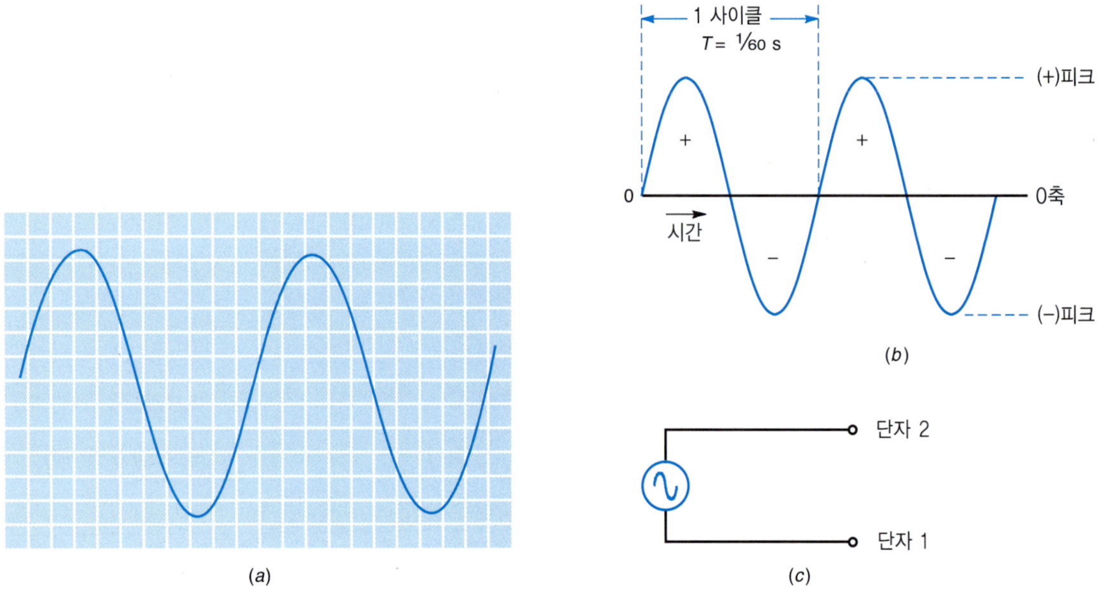

스포머)는 오직 교류전류에 대해서만 동작을 한다. 그 까닭은 전류의 값이 시간에 따라 값이 변해야 전류에 의해 발생하는 자기장의 세기도 변하기 때문이다. 이 원리로 동작하는 예로 교류회로의 인덕턴스 L을 들 수 있는데, 전류의 값이 변하면 이에 따라 자속도 변하여 인덕턴스 L에 유도전압이 발생한다. 인덕턴스에 대해서는 19장, 20장, 21장에서 자세히 설명하기로 한다.

교류회로에서 인덕턴스 L과 정반대의 현상을 보이는 것이 커패시턴스 C이다. 커패시턴스에서 중요한 것은 전압이 변하면 이에 따라 전기장이 변한다는 원리이다. L이 교류전류로 동작하는 것과 마찬가지로 C는 교류전압으로 동작한다. 커패시턴스에 대해서는 16장, 17장, 18장에서 자세히 설명한다.

교류회로에서는 저항 R은 물론이고 추가로 L과 C도 중요하다. R의 효과는 직류회로에서나 교류회로에서나 항상 같다. 그러나 L과 C의 효과는 회로에 사용되는 교류전원의 주파수에 따라 달라진다. 교류전원의 주파수의 값이 변하면 L과 C의 효과는 커지거나 작아지게 된다. 따라서 주파수가 달라지면 L과 C의 영향도 달라진다. 이러한 특성을 응용한 아주 중요한 예를 하나 들어보면 L과 C로 구성되어 특정한 주파수에 동조시키는 기능을 하는 공진회로가 있다. 라디오나 텔레비전 방송국의 주파수에 맞추어 신호를 수신하는 데 LC회로의 공진을 이용한다.

일반적으로 말해, 많은 수의 R, L, C가 서로 복잡하게 연결된 회로에 직류전류와 교류전류가 흐르는 것이 전자회로라고 할 수 있다. 음성신호(audio signal), 영상신호(video signal), 라디오신호(radio signal, 무선 신호)는 모두 교류전압과 교류전류이다. 트랜지스터와 집적회로로 이루어진 증폭기가 이들 교류신호를 증폭하려면 직류전압을 증폭기에 가해주어야 한다. 따라서 증폭기 회로의 출력은 직류전류에 교류신호가 더해진 형태로 된다.

■ 15-1 복습문제

a. 교류전압은 크기가 변하고 극성이 바뀐다. (참, 거짓)

b. 변압기는 교류나 직류 중에서 어느 것이 입력되어도 동작할 수 있다. (참, 거짓)

c. 인덕턴스 L과 커패시턴스 C는 교류회로에서 중요한 역할을 한다. (참, 거짓)

15-2 교류전압의 발생

교류전압은 크기가 연속적으로 변하고 극성이 주기적으로 바뀌는 전압이다. 〈그림 15-1〉에서 위와 아래로 파형이 변화하는 것이 바로 진폭이 변하는 모습이다. 그래프의 가운데를 지나는 수평선이 0축이다. 따라서 수평선 위에 있는 전압의 극성은 (+)이며 수평선 아래의 전압은 (−) 값이 된다.

〈그림 15-2〉는 회전발전기에 의해 〈그림 15-1〉의 교류전압파형이 발생되는 과정을 보여주고 있다. 도체 루프가 자장 속에서 회전하면 루프의 개방된 단자 양단에는 교류전압이 유도된다. 그림에서 자속의 방향은 수직이므로 책이 놓인 평면상에

그림 15-2 자기장 속에서 루프가 회전하면 극성이 주기적으로 바뀌는 유도전압이 발생된다. (a) 루프의 방향[1)]이 자기장에 평행하면(즉 루프 속을 통과하는 자속이 최대이면) 루프 도체에 유도되는 전압은 0V가 된다. (b) 루프가 자기장에 수직이면(즉 루프 속을 통과하는 자속이 최소이면) 루프 도체에 유도되는 전압은 최대가 된다.

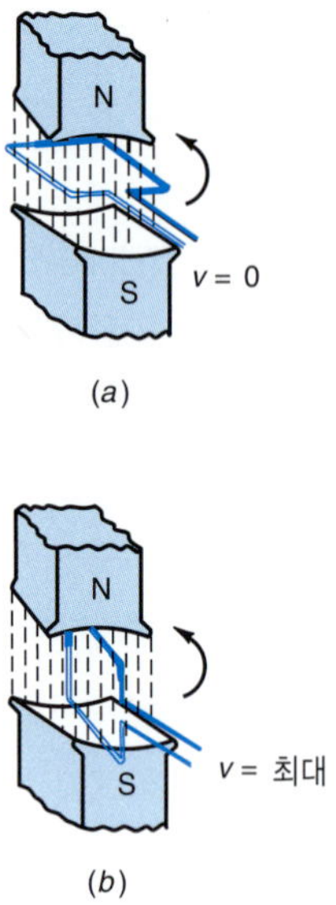

있게 된다.

〈그림 15-2a〉에서 루프는 수평으로 놓여 있다. 루프가 시계방향으로 회전하면 두 개의 긴 도체는 원을 그리며 움직인다. 루프가 수평으로 놓이는 순간에 루프를 통과하는 자속 자체가 아닌 자속의 변화율이 0이 되어 루프 도체에는 전압이 유도되지 않는다.

그렇지만 루프가 회전하다가 〈그림 15-2b〉와 같이 바로 서는 순간이 되면 루프를 통과하는 자속의 변화율이 최대가 되므로 유도전압도 최대로 발생한다. 루프를 만드는 도체의 길이가 짧아서 루프 내부의 면적이 작아지면 루프 도체에 유도되는 전압도 아주 작아진다.

위에 있는 긴 도체는 왼쪽으로 움직이는 반면 아래의 긴 도체는 오른쪽으로 움직이기 때문에 각 도체에 유도되는 전압의 극성은 서로 반대가 된다. 루프가 수평위치에서 수직위치로 움직이면 전압은 0V에서 최대값까지 변한다. 또한 루프가 반 바퀴를 돌 때마다 각 도체의 움직임이 반대가 되므로 루프 단자에서의 전압의 극성도 반대가 된다.

루프가 1회전을 끝마치고 처음 위치로 되돌아가면 루프 도체 양단의 유도전압 v는 〈그림 15-1〉과 같은 모양으로 변하는 전압파형이 된다. 루프가 초당 60바퀴의 속도로 회전하면 교류전압의 주파수는 60Hz가 된다.

사이클

루프가 원 주위를 1회전하는 것을 1사이클(cycle)이라고 한다. 〈그림 15-3〉에 발전기 루프가 한 바퀴를 도는 동안 1/4바퀴씩 회전한 위치에 있을 때의 모습을 나타내

그림 15-3 루프의 1회전으로 발생하는 교류전압의 1사이클. 여기에서 자기장은 그리지 않았는데 〈그림 15-2〉와 같이 위에서 아래쪽을 향하는 것으로 한다.

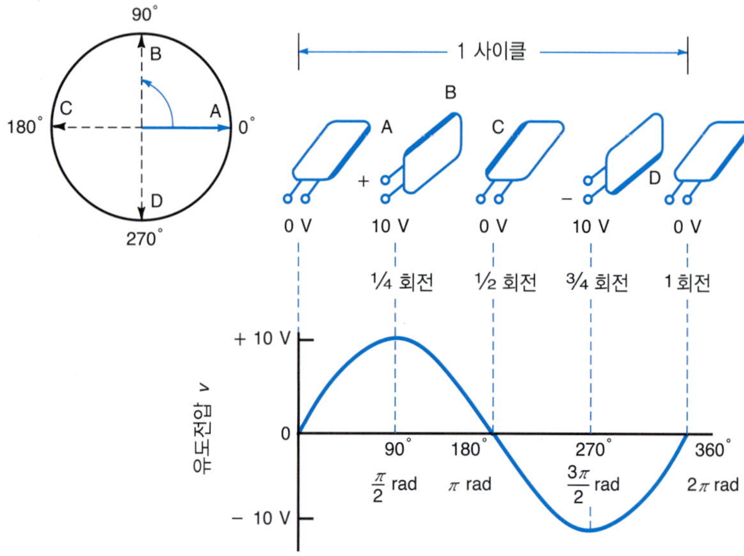

1) 루프 표면에 수직인 방향을 루프의 방향이라고 한다.

었다. 루프가 1회전에 대응하여 유도전압의 파형도 1사이클을 이룬다. 편의상 그림에 그려 넣지는 않았지만 자기장은 〈그림 15-2〉에서처럼 위에서 아래쪽을 향하는 것으로 한다.

〈그림 15-3〉의 A위치에서 수평으로 놓인 루프는 자기장에 평행하게 움직인다. 이때 루프를 지나는 자속의 변화율은 최소(0)가 되어 유도전압은 0이 된다. 루프가 반시계방향으로 회전하면 굵게 표시한 도체는 위쪽으로 움직여 B의 위치에 도달하는데 이 위치에서는 루프가 자기장에 수직으로 움직인다. 이때 루프를 지나는 자속의 변화율은 최대가 되어 유도전압이 최대가 된다. 여기서 유도전압의 극성을 나타낼 때 굵게 표시한 도체의 개방 단자를 (+)로 하였다. 위쪽의 도체는 오른쪽에서 왼쪽으로 자기장을 가로질러 지나간다. 이와 동시에 아래쪽의 도체는 왼쪽에서 오른쪽으로 움직이므로 유도전압의 극성은 위쪽 도체와 반대가 된다. 따라서 이 순간 루프의 개방된 두 단자에는 최대 유도전압이 발생한다. 여기서, 위쪽의 도체의 선압은 아래의 도체에 대해 (+)가 된다.

〈그림 15-3〉에서 회전하는 루프 바로 아래에 쓴 전압의 크기와 극성은 굵게 나타낸 도체에 해당하는 것으로 그 반대쪽 도체를 기준으로 표시한 값이다. 그래프의 0축(수평축) 위쪽이 (+) 전압을 나타낸다. 굵게 표시한 도체가 시작위치에서 자속과 평행하게 움직이는 순간에 자속의 변화율은 최소가 되고 맨 꼭대기 위치에서 자속과 수직으로 움직이는 순간에 자속의 변화율은 최대가 되어 가장 큰 값의 (+) 극성의 유도전압이 발생한다.

시작위치에서 1/4 회전한 루프가 1/4 회전을 더 하면 C의 수평위치로 돌아온다. 이때에는 루프를 지나는 자속의 변화율이 0이 되어 유도전압은 0이 된다. 따라서 그래프에 나타난 유도전압의 모습에서 알 수 있듯이 루프가 반 바퀴를 회전하면 유도전압은 0V에서 최대값까지 증가하다가 다시 0V로 감소한다.

반 바퀴를 회전한 루프가 다시 1/4 회전을 하면 〈그림 15-3〉의 D 위치가 되는데 이 위치에서는 루프를 지나는 자속의 변화율이 최대가 되므로 유도전압이 다시 최대가 된다. 그렇지만 이 경우에는 루프의 아래쪽에 있는 굵게 표시한 도체가 왼쪽에서 오른쪽으로 움직인다. 이 이동방향은 루프가 위쪽에 있을 때 오른쪽에서 왼쪽으로 움직인 방향과 반대가 된다. 이처럼 움직이는 방향이 두 번째로 반 바퀴를 회전하는 동안에는 반대가 되므로 유도전압의 극성은 반대가 되어 굵게 표시한 도체가 (−)가 된다. 따라서 유도전압은 0축 아래에 (−) 전압으로 표시된다. 3/4바퀴 회전을 하면 유도전압의 값은 첫 번째 1/4바퀴 회전할 때와 마찬가지로 최대값이 되지만 극성은 반대가 된다.

루프가 마지막으로 1/4 회전을 더하여 완전한 1사이클을 이루면 루프가 시작점인 수평위치 A로 돌아오면서 유도전압도 다시 0V로 되돌아온다. 루프가 한 바퀴 돌면 한 사이클의 전압이 발생하므로 루프가 계속 회전하면 회전할 때마다 한 사이클의 전압이 계속 되풀이된다.

루프가 돌기 시작할 때의 0V와 1/2 회전한 후의 0V는 값은 같지만 다음과 같이 서로 다른 점이 있다는 것을 잘 알아야 한다. 시작점에서 루프가 수평으로 놓여 있어서 0V였던 전압은 굵게 표시한 도체가 위쪽을 향해 움직이므로 (+) 값으로 증가하며 변한다. 1/2 회전한 다음에는 루프가 다시 수평으로 놓이므로 전압은 역시 0V가 되지만 굵은 도체가 아래쪽을 향해 움직이므로 (−) 값으로 변한다. 한 사이클의 변화를 완전히 마치면 루프와 유도전압은 다시 시작위치로 돌아온다. 어떤 양이 계속해서 변화하고 있을 때, 값이 다시 같아지고 방향도 다시 같아지는 인접한 두 점 사이에 나타난 변화의 형태를 사이클(cycle)이라고 한다.

알아두기▸▸

각도의 단위를 도(degree, °)에서 라디안(radian, rad)으로 변환하거나 그 반대로 변환할 때는 다음 변환 공식을 사용한다.

$\#^{\circ} = \text{rad} \times \frac{180^{\circ}}{\pi \text{rad}}$

$\#\text{rad} = \#^{\circ} \times \frac{\pi \text{rad}}{180^{\circ}}$

각도의 표시 방법

〈그림 15-3〉에서 한 사이클을 이루는 전압은 원 주위를 도는 루프의 회전에 대응하고 있으므로 한 사이클 내의 각 점을 각도로 생각하는 것이 편리하다. 원 전체의 각도는 360°이다. 따라서 1/2사이클은 180°를 회전한 것이다. 1/4 회전은 90°이다. 〈그림 15-3〉에서 루프 그림 왼쪽에 있는 원에는 굵게 표시한 도체의 회전 각도를 나타내었는데, 이 도체가 반시계방향으로 반 바퀴를 회전하면 각도는 0에서 90°를 거쳐 180°가 되며 완전히 한 사이클을 마치면 회전각도는 180°에서 270°를 거쳐 360°가 되어 처음 위치로 되돌아온다. 따라서 1사이클은 각도 360°에 해당한다.

라디안 단위

각도를 나타낼 때 도(degree, 줄여서 deg 또는 °)라는 단위 대신 라디안(radian, 줄여서 rad)이라고 하는 단위를 사용하는 것이 적합한 경우가 있다. 1rad은 57.3°에 해당하는 각도이다. 〈그림 15-4〉에서 볼 수 있듯이 원의 일부인 호의 길이가 원의 반지름과 같을 때 원의 중심과 이 호의 길이가 이루는 각도의 크기를 1rad이라고 한다. 원둘레의 길이는 $2\pi r$이다. 각도 1rad이 원둘레상에서 길이 r에 해당하므로 원둘레 전체의 각도는 2π rad이 된다. 따라서 1사이클은 각도 2π rad과 같다.

〈그림 15-3〉의 그래프에서 볼 수 있듯이 사이클을 구분하여 각 부분을 도(°)나 라디안(rad) 단위의 각도로 나타낼 수 있다. °와 rad 사이의 관계를 간추려보면 다음과 같다.

그림 15-4 1rad은 57.3°와 같은 각도이다. 원 전체의 각도는 360° 또는 2π rad이 된다.

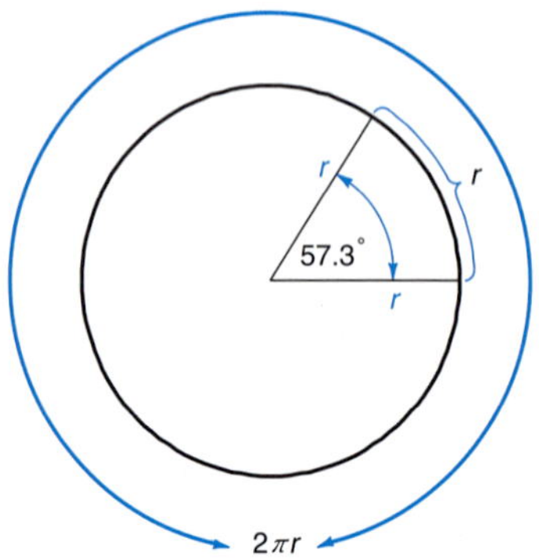

원둘레 = 2π rad

$$0^{\circ} = 0 \text{ rad}$$
$$360^{\circ} = 2\pi \text{ rad}$$
$$180^{\circ} = 1/2 \times 2\pi \text{ rad} = \pi \text{ rad}$$
$$90^{\circ} = 1/2 \times \pi \text{ rad} = \pi/2 \text{ rad}$$
$$270^{\circ} = 180^{\circ} + 90^{\circ} \rightarrow \pi \text{ rad} + \pi/2 \text{ rad} = 3\pi/2 \text{ rad}$$

π는 3.1416과 같은 수이므로 2π는 π의 2배수인 6.2832와 같다. 2π rad = $2\pi \times 1$rad = $2 \times 3.1416 \times 57.3^{\circ} = 360^{\circ}$가 된다.

■ 15-2 복습문제

〈그림 15-3〉을 보면서 물음에 답하여라.

a. $\pi/2$ rad에서 유도전압의 크기는 얼마인가?

b. 1사이클은 몇 도(°)에 해당하는가?

15-3 정현파

〈그림 15-1〉과 〈그림 15-3〉에 표시한 전압파형을 정현파(사인파, sine wave or sinusoidal wave)라고 하는데, 이것은 유도전압을 발생시키는 발전기의 원운동에서 특정 각도만큼 회전했을 때 발생하는 유도전압의 크기가 그 회전각도의 사인(sine) 값에 비례하기 때문에 붙여진 이름이다. 사인은 삼각함수의 한 종류로 어떤 각도의 사인함수 값은 직각삼각형의 높이를 빗변으로 나눈 값과 같다. 각도 0°의 사인함수 값은 0으로 최소이며 각도 90°의 사인함수 값은 1로 최대이다. 따라서 각도가 0°에서 90°까지 변하면 사인 값은 0에서 1로 증가한다.

회전각도가 0°에서 90°까지 증가하면 이 각도의 사인 값은 0에서 최대값 1까지 증가하는 것과 마찬가지 방식으로 루프가 0°(수평위치)에서 90°(수직위치)까지 회전하여 발생시키는 유도전압은 0V에서 최대값까지 증가하므로 전압파형은 사인파형이 된다. 한 사이클인 360° 범위에서 임의의 회전각도에 사인을 취하면 그 각도에서의 유도전압을 구할 수 있다. 정현파의 특성을 이해하는 데 도움이 되도록 〈표 15-1〉에 몇 개의 중요한 각도에서의 사인 값을 수록하였다.

정현파(사인파)는 90°의 1/3에 불과한 30°에서 최대값의 1/2에 도달한다는 것을 잘 기억하기 바란다(90°의 1/2인 45°가 아님). 이 내용이 뜻하는 것은 정현파는 0축 근처에서는 값이 빠르게 변하고(즉 기울기가 크고), 최대값 근처에서는 천천히 변한다는(기울기가 작다는) 사실이다.

회전각도가 θ일 때 정현파의 전압의 순시값은 다음 식으로 표시된다.

$$v = V_M \sin\theta \tag{15-1}$$

표 15-1	정현파의 값		
각 θ		sin θ	루프전압
도(°)	rad		
0	0	0	0
30	$\frac{\pi}{6}$	0.500	최대값의 50%
45	$\frac{\pi}{4}$	0.707	최대값의 70.7%
60	$\frac{\pi}{3}$	0.866	최대값의 86.6%
90	$\frac{\pi}{2}$	1.000	양(+)의 최대값
180	π	0	0
270	$\frac{3\pi}{2}$	−1.000	음(−)의 최대값
360	2π	0	0

여기서 θ는 각도를 나타내고 sin은 sine의 줄인 말이며 V_M은 전압의 최대값이다. 그리고 v는 회전각도가 θ일 때 전압의 순시값이다.

예제 15-1

어떤 정현파의 전압이 0에서 최대 100V까지 변하고 있다. 정현파의 사이클에서 30°인 순간의 전압은 얼마인가? 또 45°, 90°, 270°인 순간의 전압도 차례로 구하여라.

정답 $v = V_M \sin\theta = 100\sin\theta$

30° 일 때 : $v = V_M \sin 30° = 100 \times 0.5 = 50\text{V}$

45° 일 때 : $v = V_M \sin 45° = 100 \times 0.707 = 70.7\text{V}$

90° 일 때 : $v = V_M \sin 90° = 100 \times 1 = 100\text{V}$

270° 일 때 : $v = V_M \sin 270° = 100 \times -1 = -100\text{V}$

270°일 때의 값 −100V는 90°일 때와 크기는 같고 극성은 반대이다.

〈예제 15-1〉의 문제를 풀 때는 삼각함수 표를 참조하거나 삼각함수 계산 기능을 포함하고 있는 과학용(또는 공학용) 계산기를 사용하도록 한다.

한 사이클 내의 0°에서 90° 사이에서 정현파의 진폭은 0에서 최대값까지 증가하는데, 이때 진폭의 값은 각도의 사인 값과 정확히 비례한다. 다르게 말해보면 진폭 값은 원의 1사분면인 0°~90°에서의 값이다. 2사분면인 90°~180°에서는 정현파의 진폭 값이 감소하는데, 이 값들은 1사분면에서의 진폭 값과 정확히 대칭을 이룬다. 3사분면과 4사분면인 180°~360°에서는 0°~180°에서의 값과 크기는 같고 부호가 반대가 된다. 360°가 되면 처음 위치인 0°로 되돌아가게 되므로 정현파의 진폭은 각도가 360°의 배수가 될 때마다 같아진다.

지금까지 설명한 정현파 교류파형의 특징을 간추리면 다음과 같다.

1. 1 사이클은 360°, 다시 말해 2π rad 으로 이루어져 있다.
2. 극성은 1/2사이클마다 바뀐다.
3. 90°, 270°에서 정현파의 값은 최대가 된다.
4. 0°, 180°에서 정현파의 값은 0이다.
5. 정현파가 0축 근처를 지나는 순간에 정현파의 값이 가장 빠르게 변한다.

6. 정현파의 값이 최대값 근처를 지나는 순간에 정현파의 값이 가장 느리게 변한다. 정현파의 값은 점점 증가하다가 증가가 멈춘 다음 줄어들기 시작하는 변화 과정을 밟게 된다.

정현파 교류파형의 가장 대표적인 예로 〈그림 15-1〉에 나타낸 60Hz 전원선 전압을 들 수 있다.

■ 15-3 복습문제

피크값이 170V인 정현파가 있다. 다음 각도에서 이 정현파의 값은 얼마인가?

a. 30°

b. 45°

c. 90°

15-4 교류전류

정현파의 교류전압을 부하저항 양단에 연결하면 회로를 흐르는 전류도 정현파가 된다. 〈그림 15-5〉에서 R = 100Ω 저항에 연결한 전압원 v는 (a)같이 변하는 정현파 교류전압이다. 이렇게 연결할 때 회로에 흐르는 전류는 (c)와 같은 형태의 정현파 교류전류가 된다. v와 i의 주파수는 서로 같다는 것을 잘 알아두기 바란다.

〈그림 15-5〉에서 v의 처음 반주기 동안에는 단자 1의 전압 값은 단자 2에 대해 (+)이다. 전류가 흐르는 방향은 전원 v에서 값이 (+)인 단자에서 나와 R_1을 거쳐 값이 (−)인 v의 단자로 들어가는 방향이다. 따라서 전류는 처음 1/2사이클 동안에는 화살표 A가 가리키는 방향으로 흐르게 된다. 전압이 (+) 값일 때 전류도 (+) 값을 갖게 되는데, 이 (+) 값을 갖는 전류가 흐르는 방향이 바로 이 방향이다.

전류의 크기는 v/R_1와 같다. 순시값을 몇 개만 구해보기로 하자. v가 0일 때 i도 0이다. v가 50V일 때 i는 50V/100=0.5A이다. v가 100V이면 i는 100V/100=1A이다. 그러므로 (+) 극성인 모든 인가전압에 대해 전류는 한 방향으로 흐르고 전압과 마찬가지로 최대값까지 증가한 다음에 0으로 감소한다.

그림 15-5 R에 정현파 교류전압을 인가하면 회로에는 정현파 교류전류가 발생된다. (a) 인가 전압파형 (b) AC 회로. 정현파 전원 V의 기호를 잘 살펴보기 바란다. (c) 회로에 흐르는 전류 파형

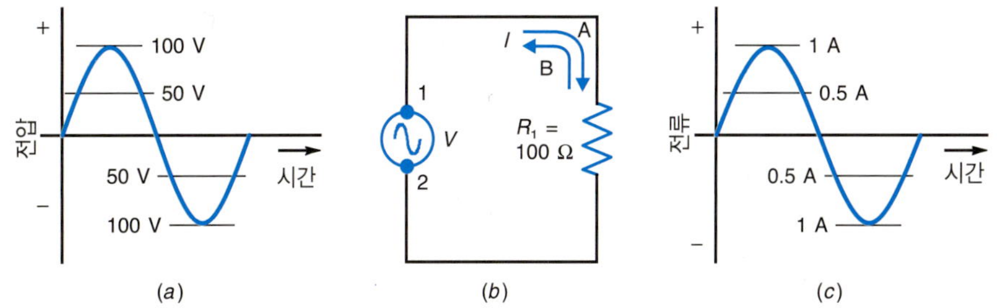

v의 두 번째 1/2사이클에서 교류전압의 극성은 반대가 된다. 이때는 단자 1의 전압 값이 단자 2에 대해 (−)가 된다. 전압의 극성이 바뀌면 전류는 반대 방향으로 흐르게 된다. 전류는 이제 값이 (+)인 전압원의 단자 2에서 나와 R_1을 거쳐 단자 1로 되돌아간다. 이렇게 〈그림 15−5c〉에서 (−) 값을 갖는 전류는 〈그림 15−5b〉에서 화살표 B가 가리키는 방향으로 흐른다.

v의 그래프에서 첫 번째 1/2사이클의 전압 값은 두 번째 1/2사이클의 값과 극성이 반대이므로 i의 그래프에서 두 번째 1/2사이클의 전류 값은 첫 번째 1/2사이클의 값과 같고 부호만 (−)가 된다. 따라서 회로에 흐르는 교류전류는 정현파 교류전압의 변화를 그대로 따라가므로 정현파 형태로 변하게 된다.

전압 v의 값과 전류 i의 값은 단위가 서로 다른 별개의 양이므로 직접적으로 비교할 수는 없지만 그 모양만은 서로 비교해볼 수 있다.

인가전압의 1사이클 내에서 값이 (+)인 1/2사이클이나 값이 (−)인 1/2사이클이나 회로에 전류를 발생시킨다는 점에서는 마찬가지라는 것을 잘 알아두어야 한다. 차이점은 오직 전압 값의 부호가 반대이면 전류의 방향이 반대가 된다는 것뿐이다.

전등에서는 전류가 흘러 필라멘트가 가열되면 불이 들어온다. 전류 값이 (+)인 1/2사이클이나 (−)인 1/2사이클이나 전등을 켜는 데 하는 역할은 마찬가지이다. 전류의 부호가 (+)일 때 전류는 어떤 한 방향으로 필라멘트를 통해 흐른다. 전류 부호가 (−)이면 전류는 (+) 때와는 반대 방향으로 흐르게 된다. 어느 경우가 되든지 전류는 전압원에서 (+) 전압 값을 갖는 단자에서 필라멘트를 거쳐 (−) 값을 갖는 전원단자로 흐른다. 전류가 필라멘트를 어느 방향으로 흐르든지 상관없이 필라멘트는 가열된다. 저항 속을 전자가 이동하면 전력소비가 일어나므로 이동 방향과 관계없이 전력은 항상 소비된다. 이제까지의 내용을 한마디로 간추려보면 저항 R은 직류이든 교류이든 상관없이 전류 I를 제한하는 역할을 한다는 것이다.

■ 15−4 복습문제

〈그림 15−5〉를 보면서 물음에 답하여라.

a. v가 70.7V일 때 i는 얼마인가?

b. 30°에서 i는 얼마인가?

15−5 정현파의 전압값과 전류값

크기와 극성이 계속해서 변하는 정현파 형태의 전압이나 전류는 한 사이클 안에서 수많은 순시값을 갖고 있으므로 한 파형을 다른 파형과 비교할 경우에는 파형을 대표하는 몇 가지 중요한 값을 정의하여 이 값들만으로 서로를 비교해보는 것이 편리하다.

〈그림 15−6〉에 파형을 대표하는 데 사용하는 값들인 피크값(peak value), 평균값(average value), 실효값(root−mean−square, rms)의 정의를 나타내었다. 이 값들은 전류, 전압 양쪽에 모두 사용할 수 있다.

MultiSim **그림 15-6** 정현파 전압, 전류에 대한 몇 가지 중요한 값의 정의

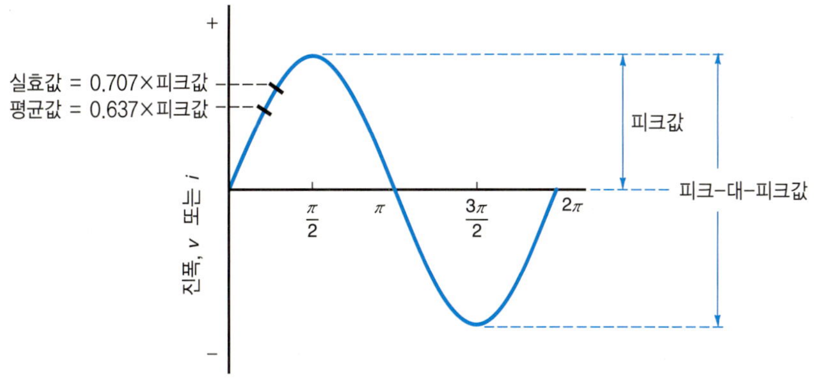

피크값

파형에서 최대값인 V_M이나 I_M을 피크값이라고 한다. 예를 들어, 어떤 정현파의 피크값이 170V라는 것은 그 사인 형태의 파형이 가질 수 있는 가장 큰 값이 170V라는 것을 말한다. 피크값에는 (+) 피크값과 (−) 피크값의 두 가지가 있다.

(+) 피크와 (−) 피크를 합해서 나타낸 것이 피크-대-피크(p-p)값이다. (+)와 (−) 피크값의 크기가 170V로 같은 정현파의 피크-대-피크값은 170V의 2배인 340V가 된다. (+) 피크값과 (−) 피크값은 항상 번갈아 나타난다. (+) 피크와 (−) 피크의 크기가 서로 다른 파형도 있다.

평균값

여러 값을 평균하여 얻어지는 값이 평균값이다. 따라서 정현파 1사이클 평균값은 1사이클 내의 모든 전압값을 평균하여 얻어지는 값으로 실제 구해보면 어떤 정현파이든 0이 되어 서로 다른 정현파들끼리 비교하는 데 쓸 수 없게 된다. 그래서 정현파의 평균값으로는 1/2사이클 평균값을 사용한다. 각도 0°~180° 사이의 모든 사인 값들을 다 더한 다음에 이 값들의 개수(또는 각도의 개수)로 나누면 사인함수의 1/2사이클 평균값을 얻을 수 있는데, 실제로 구해보면 0.637이 된다.

사인함수의 피크값은 1이고, 평균값은 0.637이므로 이들의 관계를 다음 식으로 나타낼 수 있다.

$$\text{평균값} = 0.637 \times \text{피크값} \tag{15-2}$$

예를 들어, 피크값이 170V인 정현파의 평균값은 0.637×170V로 약 108V가 된다.

알아두기▸▸

어떤 파형의 직류값(dc value)은 1사이클 전체에서의 평균값이다. 따라서 정현파의 교류전압에서 직류값은 0V이다.

1/2사이클만 고려하면 식 (15-2)로 정현파의 평균값을 계산할 수 있다. 1/2사이클의 평균값을 정현파의 직류값으로 혼동하여 0V라고 하는 일이 없도록 하여야 한다.

실효값(rms : Root-Mean-Square Value)

어떤 정현파 교류전압(또는 교류전류)의 크기를 나타낼 때, 그 정현파와 똑같은 열(즉 에너지)을 발생시키는 직류전압(또는 전류)의 크기를 구하여 이 값으로 나타내는 것이 가장 널리 사용되는 방법이다. 이렇게 구한 직류값을 교류의 실효값(root-

> **알아두기▸▸**
> 정현파 전압이나 전류를 교류전압계와 교류전류계로 측정할 때 표시되는 값이 바로 실효값이다.

mean-square value)이라고 하고 줄여서 rms라고 쓴다. 실효값을 구하는 공식은 다음과 같다.

$$\text{실효값} = 0.707 \times \text{피크값} \qquad (15\text{-}3)$$

다시 쓰면

$$V_{\text{rms}} = 0.707\ V_{\max}$$
$$I_{\text{rms}} = 0.707\ I_{\max}$$

예를 들어, 피크값이 170V인 교류전압의 실효값은 0.707×170V로 약 120V가 된다. 이것은 상용 교류 전력선으로 공급되는 정현파 교류전압의 실효값이다.

실효값을 피크값으로 바꾸어야 할 때도 많이 있다. 이 경우에는 식 (15-3)의 역수를 취해서 다음 식으로 계산할 수 있다.

$$\text{피크값} = \frac{1}{0.707} \times \text{실효값} = 1.414 \times \text{실효값} \qquad (15\text{-}4)$$

다시 쓰면

$$V_{\max} = 1.414\ V_{\text{rms}}$$
$$I_{\max} = 1.414\ I_{\text{rms}}$$

0.707로 나누는 것은 1.414를 곱하는 것과 같다.

> **알아두기▸▸**
> 오실로스코프를 사용하면 스크린에 표시된 교류파형으로부터 피크값과 피크-대-피크값을 측정할 수 있다.

예를 들어, 상용 전력선으로 공급되는 실효값이 120V인 교류전압의 피크값은 120×1.414로 약 170V이다. 피크-대-피크값은 2×170V=340V로 피크값의 2배이다. 이를 식으로 나타내면

$$\text{피크-대-피크값} = 2.828 \times \text{실효값} \qquad (15\text{-}5)$$

실효값을 구할 때 곱하는 수 0.707은 1사이클 내의 모든 사인 값을 제곱해서 평균을 구한 다음 제곱근을 취하여 나온 수이다.(1사이클 대신 1/2사이클로 해도 마찬가지 결과가 된다.) 즉, 1사이클 내의 각각의 각도에 사인을 취하여 값을 계산하고, 이 값들을 제곱하여 모두 더한 다음 더한 값들의 개수로 나누어 제곱의 평균을 구한 뒤에 이 평균값의 제곱근을 계산하여 얻은 답이 0.707이다. 〈표 15-2〉에 0°~180° 사이의 1/2사이클에 대한 계산 결과를 수록하였다. 극성이 반대인 180°~360° 사이의 1/2사이클에 대해서도 결과는 마찬가지이다.

실효값은 전압이나 전류를 제곱하여 유도된 것이고 전력은 I^2R이나 V^2/R과 같이 전류와 전류를 제곱하여 구하므로 실효값을 사용하면 정현파가 전력을 발생시키는 능력이 어느 정도인지 나타낼 수 있다는 장점이 있다. 정현파 교류전압(전류)의 실효값은 자신과 똑같은 전력을 발생시키는 직류전압(전류)의 크기와 같다. 예를 들

표 15-2	정현파 교류의 평균값과 실효값		
구간 번호	각도 θ	$\sin\theta$	$(\sin\theta)^2$
1	15°	0.26	0.07
2	30°	0.50	0.25
3	45°	0.71	0.50
4	60°	0.87	0.75
5	75°	0.97	0.93
6	90°	1.00	1.00
7*	105°	0.97	0.93
8	120°	0.87	0.75
9	135°	0.71	0.50
10	150°	0.50	0.25
11	165°	0.26	0.07
12	180°	0.00	0.00
	합계	7.62	6.00
	평균값 : $\frac{7.62}{12} = 0.635^{\dagger}$	실효값 : $\sqrt{\frac{6}{12}} = \sqrt{0.5} = 0.707$	

* θ가 90°~180°일 때는 $\sin\theta = \sin(180° - \theta)$이다.

† 구간을 더 작게 나누고 유효자릿수를 더 많이 사용하여 값을 표시하면 정확한 평균값 0.637이 된다.

어, 실효값이 120V인 교류전압이 전등의 필라멘트에 열을 발생시키는 효과는 120V의 직류전압의 효과와 똑같다. 이런 이유로 실효값을 유효값(effective value)이라고도 한다.

특별한 언급이 없는 경우에 정현파 교류에 대한 측정은 모두 실효값으로 한다. 실효값을 나타낼 때는 직류에 대해 사용하는 이탤릭체 대문자 V, I를 사용한다. 예를 들면, 상용 전력선으로 공급되는 교류전압의 실효값은 V = 120V이다.

실효값과 평균값의 비를 파형률(form factor)이라 한다. 정현파의 파형률은 0.707/0.637 = 1.11이다.

같은 정현파라도 진폭은 서로 다를 수 있다. 〈그림 15-7〉에 진폭이 서로 다른 두 정현파 교류전압을 비교하여 나타내었다. 각 파형의 실효값은 '실효값 = 0.707×피크값'이 된다.

그림 15-7 진폭이 다른 정현파 A와 정현파 B

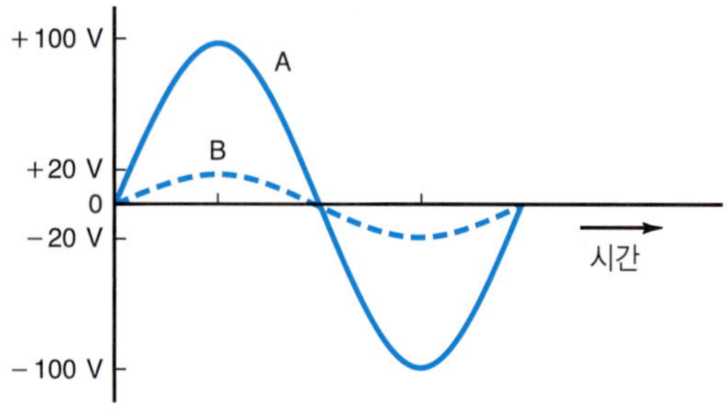

■ 15-5 복습문제

a. 피크값 170V를 실효값으로 변환하라.

b. 실효값 10V를 피크값으로 변환하라

c. 실효값 1V를 피크-대-피크값으로 변환하라.

15-6 주파수

MultiSim 그림 15-8 1초당 사이클의 수를 주파수라고 하며 단위는 헤르츠(Hz)이다. (a) f=1Hz (b) f=4Hz

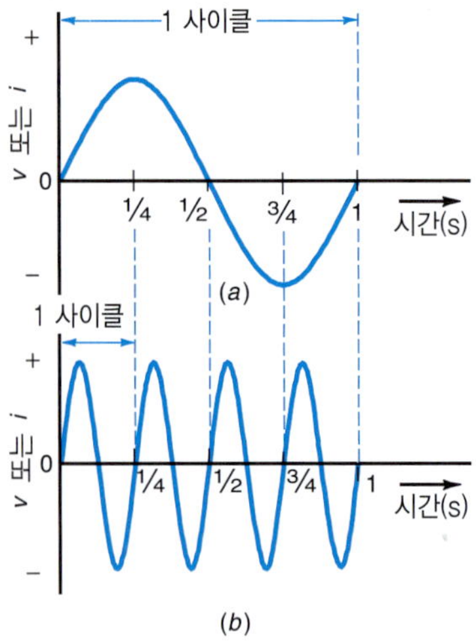

1초당 사이클의 수를 주파수라고 하며 기호로 f를 사용한다. 〈그림 15-3〉에서 루프가 1초 동안에 60번을 회전하여 60개의 사이클이 만들어지면 이때 발생하는 교류전압의 주파수는 60cps 또는 60Hz가 된다. 이 경우에 그림에서 보이는 한 사이클 정현파의 시간 간격은 1/60초이다. 초당 사이클의 수가 많아진다는 것은 〈그림 15-8〉에서 보듯이 주파수가 높아지고 1사이클의 시간이 짧아진다는 것을 뜻한다. 주파수가 높을수록 크기의 변화는 더 빠르게 일어난다.(즉 크기의 변화율이 크다.)

정현파에서 크기와 방향이 같아지는 인접한 두 점 사이가 1사이클이 된다. 〈그림 15-8〉에서 1사이클은 (+)로 증가하는 추세에 있는 두 0V점 사이가 된다. 인접한 두 (+) 피크[또는 두 (−) 피크] 사이가 1사이클이 될 수도 있다.

(a)의 파형은 1초 동안 1사이클로 이루어지고 (b)의 파형은 변화가 더 빨라서 1초 동안 4개의 사이클로 구성되어 있다. 두 파형은 주파수는 서로 다르지만 모두 정현파이다.

진폭과 주파수는 아무런 연관성을 갖고 있지 않다. 두 파형은 주파수는 같아도 진폭이 다를 수 있고(그림 15-7), 진폭은 같지만 주파수가 다를 수 있고(그림 15-8), 진폭도 다르고 주파수도 다를 수 있다. 진폭은 전압이나 전류의 크기를 나타내며 주파수는 초당 사이클의 수를 나타낸다.

주파수의 단위

헤르츠(Heinrich Hertz)의 이름을 딴 헤르츠(Hz)가 1초당 사이클의 수를 나타내는 주파수의 단위로 사용된다. 60cps = 60Hz이다. Hz 앞에 미터법 접두어를 붙여 사용할 수 있다. 예를 들어보면 다음과 같다.

1초당 1킬로사이클 = 1×10^3 Hz = 1kHz

1초당 1메가사이클 = 1×10^6 Hz = 1MHz

1초당 1기가사이클 = 1×10^9 Hz = 1GHz

전자공학의 선구자들

헤르츠(Heinrich Hertz, 1857~1894)는 1887년 전기가 전자기파에 실려 전송될 수 있다는 것을 증명하였다. 그의 업적을 기려 주파수의 단위를 헤르츠(Hertz, Hz)로 정하였다. 1초당 사이클의 수가 1개인 것을 1Hz라고 한다.

가청주파수(Audio Frequency)와 무선주파수(Radio Frequency)

1Hz~수백MHz의 전체 주파수 범위를 크게 두 개의 그룹으로 나누어 생각할 수 있다. 이것이 가청주파수(audio frequency, af)와 무선주파수(radio frequency, rf)이다. audio는 “I hear”라는 뜻을 가진 라틴어이다. 이를 우리말로 옮긴 “가청”은 “들을 수 있는”의 뜻으로 가청주파수 범위는 인간의 귀로 들을 수 있는 정현파의 주파수 범위를 말한다. 이 주파수 범위는 대략 16Hz에서 16,000Hz 정도이다.

주파수가 높을수록 소리의 피치(음의 높낮이)나 톤(음색)도 높아진다. 약 3000Hz 이상의 가청주파수는 높은 음을 만들어내며 약 300Hz 이하의 가청주파수는 낮은 음을 만들어낸다.

소리의 세기(loudness)를 결정하는 것은 진폭이다. 가청주파수 신호의 진폭이 클수록 그 신호가 발생시키는 소리의 세기도 커진다.

신호의 주파수가 높아지면 전자기파의 형태로 전송될 수 있으므로 가청주파수보다 높은 범위의 주파수를 가진 교류전압과 전류는 무선으로 전송되는 전자기파를 발생시킬 수 있다. 몇 가지 주파수 대역과 용도를 〈표 15-3〉에 수록하였다.

음파와 초음파주파수

전기적인 변동이 아니라 기계적인 진동에 의해 발생하는 압력의 변동을 음파(sound wave)라고 한다. 20℃의 공기 속을 전파하는 음파의 속도는 1130ft/s(344m/s) 정도이다. 음파 중에서 주파수가 가청주파수 범위를 넘어선 것을 초음파라고 한다. 따라서 초음파의 주파수 범위는 16,000Hz부터 수MHz까지이다. 16,000Hz보다 낮은 범위의 주파수를 음향주파수(sound frequency)라고 한다. 음향주파수와 가청주파수(audio frequency)의 주파수 범위는 같지만 음향주파수는 기계적인 진동에, 가청주파수는 전기적인 변동에 구별하여 사용하기로 한다.

표 15-3 주파수의 분류

주파수	용도
60 Hz	AC 전원선(한국, 미국)
50~15,000 Hz	오디오 장치
535~1605 kHz	AM 라디오 방송 주파수대역
54~60 MHz	TV 채널 2
88~108 MHz	FM 라디오 방송 주파수대역

■ 15-6 복습문제

a. 〈그림 15-8〉의 두 파형 중 아래에 있는 파형의 주파수는?

b. 1605kHz를 MHz 단위로 바꾸어라.

15-7 주기

1사이클을 형성하는 데 걸리는 시간을 주기(period)라고 하며 기호로는 T를 사용한다. 예를 들어 주파수가 60Hz일 때 1사이클 동안에 걸리는 시간은 1/60초이므로 주기는 1/60초가 된다. 주파수와 주기는 서로 역수 관계이다.

$$T = \frac{1}{f} \text{ 또는 } f = \frac{1}{T} \tag{15-6}$$

> **알아두기▸▸**
> 오실로스코프로 교류파형의 주기와 주파수를 측정할 수 있다.

주파수가 높을수록 주기는 짧아진다. 〈그림 15-8a〉에서 주파수가 1Hz인 파형의 주기는 1초이고 〈그림 15-8b〉의 주파수가 4Hz인 파형의 주기는 1/4초가 된다.

시간의 단위

시간의 기본 단위는 초(sec)로 줄여서 s로 나타낸다. 주파수가 높아져서 주기가 짧아지면 s보다 더 작은 단위를 사용하는 것이 편리하다. 자주 사용되는 단위는 다음과 같다.

$$T = 1 \text{ millisecond} = 1\text{ms} = 1\times10^{-3} \text{ s}$$
$$T = 1 \text{ microsecond} = 1\mu\text{s} = 1\times10^{-6} \text{ s}$$
$$T = 1 \text{ nanosecond} = 1\text{ns} = 1\times10^{-9} \text{ s}$$

주기의 단위 s는 주파수 단위인 Hz의 역수이다. 따라서 kHz 단위의 역수는 ms 단위가, MHz의 역수는 μs가, GHz의 역수는 ns가 된다.

예제 15-2

어떤 교류전류가 1/1000초 동안 1사이클을 형성하였다. 주기와 주파수를 계산하여라.

정답

$$T = \frac{1}{1000}\text{s}$$
$$f = \frac{1}{T} = \frac{1}{1/1000} = \frac{1000}{1} = 1000$$
$$= 1000\text{Hz} \quad \text{또는} \quad 1\text{kHz}$$

예제 15-3

주파수 1MHz와 2MHz의 주기를 각각 계산하여라.

정답

a. 1MHz

$$T = \frac{1}{f} = \frac{1}{1\times10^{6}} = 1\times10^{-6}\text{s} = 1\mu\text{s}$$

b. 2MHz

$$T = \frac{1}{f} = \frac{1}{2\times10^{6}} = 0.5\times10^{-6}\text{s} = 0.5\mu\text{s}$$

■ **15-7 복습문제**

a. 주기 T=1/400초일 때 주파수 f를 계산하여라.

b. 주파수 f=400Hz일 때 주기 T를 계산하여라.

15-8 파장

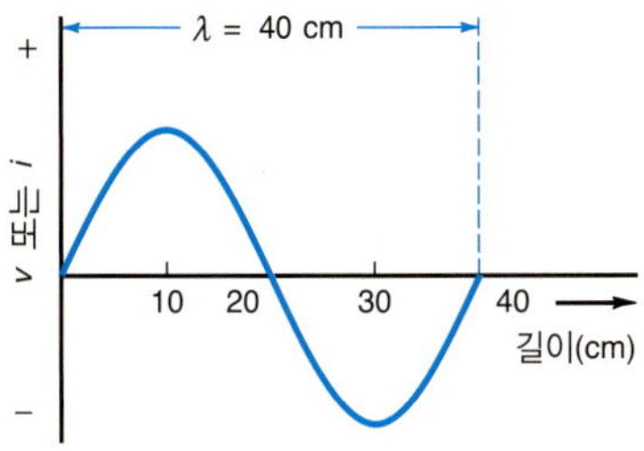

그림 15-9 파장 λ는 1사이클 동안 파가 진행한 거리이다.

시간영역이 아닌 공간영역에서 주기적으로 변동하고 있는 어떤 파의 움직임(즉 파동)을 생각해보자. 이 파동의 형태에서 1사이클이 차지하는 길이를 파장(wavelength)이라고 한다. 예를 들어, 무선파가 발생하면 이에 따라 공간에 생긴 전자기파라는 전기적인 파동이 공간을 전파한다. 또한 음파가 발생하면 이에 따라 공기 중에 생긴 압력의 변동(즉 파동)이 공기 속을 전파한다. 이러한 두 경우에서, 한 주기 동안 파동이 진행한 거리가 파장이다. 파장은 파동의 주파수와 파동의 전파속도에 따라 달라지는데, 이를 식으로 써보면 다음과 같다.

$$\lambda = \frac{\text{속도}}{\text{주파수}} \tag{15-7}$$

여기서 λ는 파장의 기호로 람다(lambda)라고 읽는다.

알아두기▸▸

전자기파의 파장을 미터(m) 단위로 구하는 식은 다음과 같다.

$$\lambda(\text{m}) = \frac{3\times10^{8}\,\text{m/s}}{f(\text{Hz})}$$

전자기파의 파장

공기나 진공에서 전자기파의 속도는 186,000mi/s 또는 3×10^{10}cm/s로 빛의 속도와 같다. 따라서 파장을 구하는 식은 다음과 같다.

$$\lambda(\text{m}) = \frac{3\times10^{10}\,\text{cm/s}}{f(\text{Hz})} \tag{15-8}$$

주파수가 높을수록 파장이 짧아진다는 것을 잘 알아두기 바란다. 예를 들어, 단파 라디오방송(short-wave radio broadcast)에 사용되는 주파수대역은 5.95MHz

15-9 위상각

〈그림 15-3〉으로 되돌아가서, 발전기가 사이클을 시작하는 점이 전압출력이 0인 A점이 아니라 전압출력이 최대가 되는 B점에서 시작하는 경우를 생각해보자. 시작점이 A인 경우와 B인 경우를 비교해보기 위해 출력전압 파형을 그려보면 〈그림 15-10〉과 같이 된다. 두 교류전압파형은 모양은 같지만 파형 B는 최대값에서 시작하고 파형 A는 0에서 시작하는 점이 다르다. 파형 B가 360°를 지나 1사이클이 완전히 끝나면 처음 시작한 최대값으로 다시 돌아온다. 파형 A는 0에서 시작하여 다시 0으로 돌아오며 사이클을 끝마친다. 두 파형을 시간을 기준으로 비교해보면 파형 A보다 파형 B의 전압이 먼저 발생하고 있음을 알 수 있다. 즉 1/4 회전에 걸리는 시간만큼 파형 B가 앞서는데 이를 각도로 환산하면 90°가 된다. 이 각도의 차이가 파형 B와 파형 A 사이의 위상각(phase angle)이다. 따라서 파형 B는 파형 A보다 위상각 90°만큼 앞선다.

파형 B와 A 사이의 위상각은 두 파형의 주파수가 같기만 하다면 사이클이 계속되어도 그대로 유지된다. 어느 순간에 파형 B의 값은 90° 뒤에 파형 A가 갖게 될 값과 같다. 예를 들면 180°인 순간에 파형 B의 값은 (-) 최대값인데, 같은 순간에 값이 0인 파형 A는 이보다 90° 후인 270°에서 이 (-) 최대값을 갖게 된다.

두 정현파의 위상을 비교하려면 주파수가 서로 같아야 한다. 그렇지 않으면 두 파형의 위상차가 계속해서 변하게 된다. 〈그림 15-10〉은 두 파형의 진폭이 같은 경우지만 두 파형의 진폭이 달라도 위상을 비교할 수 있다. 두 전압 사이에서, 두 전류 사이에서, 한 전압과 한 전류 사이에서 위상을 비교할 수 있다.

90° 위상각

〈그림 15-10〉의 두 파형은 각각 사인파와 코사인파로 90°만큼 위상이 어긋나 있다. 위상차가 90°이므로 한 파형의 진폭이 최대일 때 다른 파형은 0이 된다. 파형 A는 sin0°의 값인 0V에서 시작해서 90°와 270°에서 피크진폭에 도달한 다음 한 사이클의 마지막인 360°에서 처음 값 0V로 되돌아온다. 파형 B는 cos0°의 값인 피크값에서 시작해서 90°와 270°에서 각각 0V를 지난 다음 한 사이클의 끝인 360°에

알아두기▸▸
두 정현파의 위상을 비교하려면 주파수가 서로 같아야 한다.

그림 15-10 위상이 90° 만큼 차이가 나는 두 정현파 전압 (a) 파형 B는 파형 A에 90° 만큼 앞선다. (b) 두 정현파 전압의 페이저 V_B와 V_A. 두 페이저 사이의 각도 90° 가 위상차를 나타낸다.

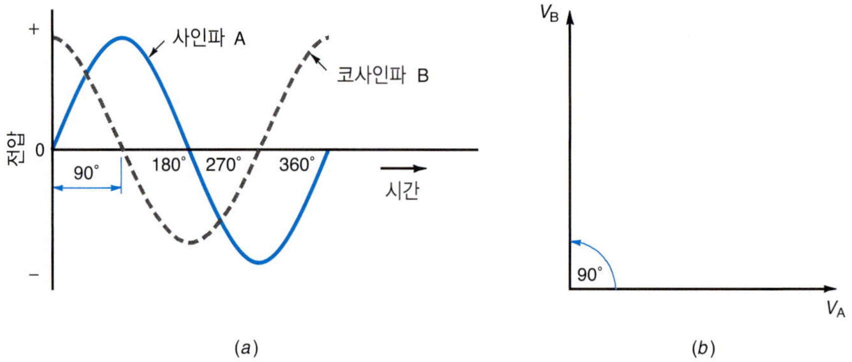

서 맨 처음 피크값으로 되돌아온다.

파형 B를 코사인파 대신 파형 A보다 90°만큼 앞서 시작하는 사인파로 생각할 수도 있다. 앞으로 배우게 될 인덕턴스나 커패시턴스를 갖는 교류회로에서는 전압파형과 전류파형 사이의 위상차가 90°이다.

사인파형과 코사인파형은 모양은 같지만 90°만큼 어긋나 있다. 두 파형을 모두 사인곡선(sinusoid)이라고 한다. 90°의 위상각을 직교위상(quadrature phase)이라고 한다.

페이저 도

교류 전류와 전압의 위상을 비교할 때는 〈그림 15-10b〉와 같이 전압파형과 전류파형을 페이저(phasor)로 나타내는 페이저 도(phase diagram)를 그려보는 것이 훨씬 알기 쉽다. 이 그림에서 화살표로 표시한 것이 발전기의 전압을 페이저 양으로 나타낸 것이다.

페이저는 크기와 방향(위상각)을 함께 가진 양이다. 교류전압의 실효값이나 피크값 중에서 어느 것으로 페이저의 크기를 삼아도 상관은 없다. 페이저를 그림으로 그릴 때는 화살표의 길이로 페이저의 크기를 나타낸다. 또한 화살표와 수평축 사이의 각으로 페이저의 위상각을 나타낸다.

크기뿐만 아니라 방향도 갖는 양을 나타내는 데 사용되는 것으로 페이저 말고도 벡터(vector)가 있다. 벡터는 공간영역에서 크기와 방향을 갖는 양을 나타내는 데 쓰인다. 예를 들어 어떤 공간에 특정 방향으로 작용하는 역학적인 힘을 화살표 벡터로 나타낼 수 있다. 이때 화살표의 길이로 힘의 크기를 나타내고 화살표와 수평(또는 수직) 방향 사이의 각으로 방향을 표시한다.

화살표가 가리키는 페이저의 각도로 여러 페이저 사이의 시간 차이를 나타낼 수 있다. 이 경우, 여러 페이저들 중에서 한 페이저를 기준으로 정하게 된다. 그러면 기준이 되는 화살표 페이저와 다른 화살표 페이저들 사이의 각도를 비교하여 시간의 차이를 알아낼 수 있다.

페이저가 교류전압의 사이클 전체를 나타내는 것이기는 하지만 이 중에서 시작점의 각도를 페이저의 각도로 삼는다. 사이클 전체의 변화를 일일이 나타내는 대신 이런 방법을 사용하면 교류전압이나 교류전류가 페이저로 간결하게 표시되므로 이들 사이의 위상각을 더욱 쉽게 비교할 수 있게 된다.

예를 들어, 〈그림 15-10b〉에서 페이저 V_A는 위상각이 0°인 전압 파형 A를 나타낸다. 페이저 V_A의 위상각이 0°인 것은 출력전압 0V에서 시작하는 회전발전기에서 맨 처음 루프평면이 놓여 있는 각도(즉 수평면의 각도)가 0°이기 때문이라고 생각할 수도 있다. 페이저 V_B는 위상각이 90°인 전압파형을 나타내기 위해 수직으로 그려져 있는데, 이 전압파형을 발생시키려면 발전기가 사이클을 시작할 때 루프가 수직으로 놓여 있어야 하기 때문이다. 이 두 페이저 사이의 위상각은 90°이다. 위상각을 나타내는 기호로는 그리스문자인 θ(theta)가 사용된다. 〈그림 15-10〉의 예에서 θ=90°이다.

위상각의 기준

어떤 한 파형의 위상각은 다른 파형을 기준으로 할 때만 나타낼 수 있다. 페이저 화살표를 어느 방향을 가리키도록 그리는가 하는 문제는 어떤 페이저를 기준 페이저로 삼느냐에 달려 있다. 기준 페이저를 그릴 때는 수평방향을 가리키도록 하는 것이 보통인데, 이 방향이 각도 0°에 해당한다. 페이저를 그리는 방법 두 가지를 〈그림 15-11〉에 나타내었다. 〈그림 15-11a〉에서는 전압파형 A, 즉 V_A가 기준 페이저이다. 이렇게 하면 페이저 V_B는 90°만큼 반시계방향에 있게 된다. 각을 나타낼 때는 반시계방향을 각의 (+) 방향으로 하는 것이 일반적인 규칙이다. 이 경우에는 기준 페이저 V_A에서 90°만큼 반시계방향으로 돌아간 위치에 V_B가 있으므로 V_B의 위상각은 +90°이며 파형 B가 이 각도만큼 파형 A에 앞서고 있다. 여기서 (+) 부호는 앞선 각도라는 것을 나타내고 있음을 알 수 있다.

〈그림 15-11b〉에서는 파형 B가 기준이므로 페이저 V_B가 수평으로 놓여 있다. 이렇게 하면 V_A는 V_B에서 90°만큼 시계방향에 돌아간 위치에 있게 된다. 따라서 V_A의 위상각은 V_B를 기준으로 −90°이다. 이 결과로부터 (−) 부호는 뒤지는 각도라는 것을 나타내고 있음을 알 수 있다.

그림 15-11 90° 만큼 위상 차이가 나는 두 페이저 (a) 페이저 V_A를 기준 페이저로 삼으면 페이저 V_B는 페이저 V_A보다 90° 앞선다. (b) 페이저 V_B를 기준 페이저로 삼으면 페이저 V_A는 페이저 V_B보다 90° 뒤진다.

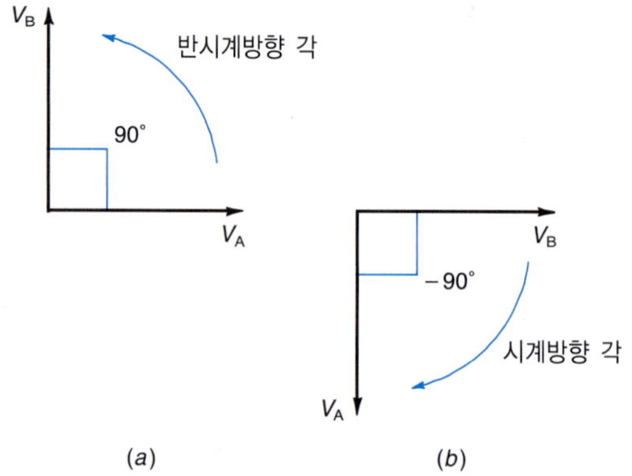

그림 15-12 위상각 60° 는 1/6사이클에 해당하는 시간이다(60/360=1/6). (a) 파형 (b) 페이저도

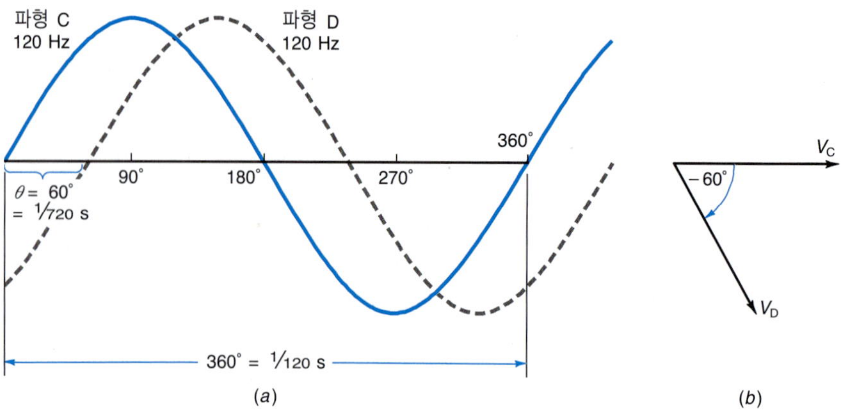

어느 파형을 기준으로 하든지 두 파형 사이의 위상 관계는 변하지 않는다. 〈그림 15-11〉에서 V_B는 V_A를 90°만큼 앞서고 있는데, V_B가 V_A에 90° 앞선다는 것이나 V_A가 V_B에 90° 뒤진다는 것이나 결국은 같은 말이다.

〈그림 15-12〉에 나타나 있는 두 파형 사이의 위상각은 60°이다. 〈그림 15-12a〉의 파형을 보면 파형 D는 파형 C에 60°만큼 뒤진다. 〈그림 15-12b〉의 페이저 도에 표시된 −60°의 위상각은 바로 이러한 위상지연을 나타내고 있다.

위상이 같은 파형

〈그림 15-13〉과 같이 두 파형의 위상이 같으면 위상각은 0°이다.

그림 15-13 위상이 같은 두 파형(위상각이 0°) (a) 파형 (b) 페이저도

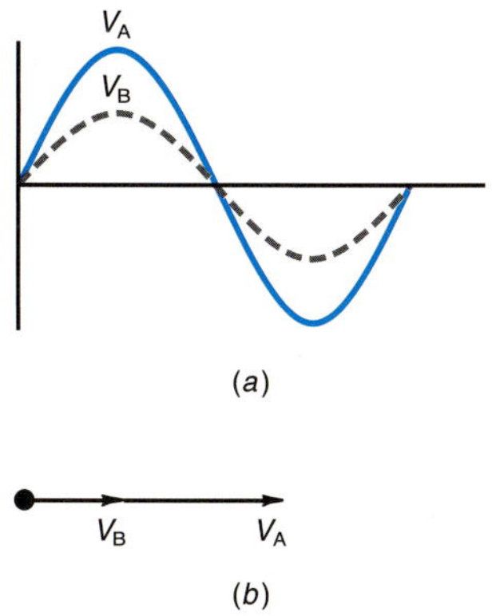

위상이 반대인 파형

〈그림 15-14〉와 같이 두 파형의 위상이 정확하게 반대이면 위상각은 180°이다. 이 경우에는 두 파형의 진폭변화가 반대 방향으로 일어나므로 부호가 서로 반대이다.

그림 15-14 위상이 반대인 두 파형(위상각이 180°) (a) 파형 (b) 페이저 도

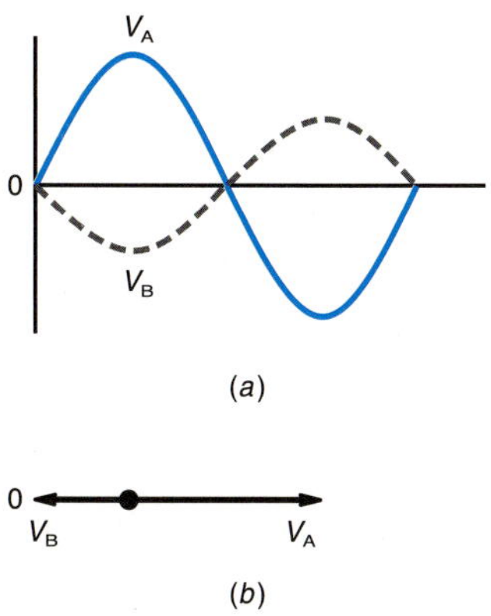

■ 15-9 복습문제

다음 그림에서 두 파형 사이의 위상각은 얼마인가?

a. 〈그림 15-10〉

b. 〈그림 15-12〉

c. 〈그림 15-13〉

15-10 위상과 시간 사이의 관계

우리는 종이에 그래프를 그려서 파형을 나타낸다. 파형은 시간 또는 거리에 따라 진폭이 변하므로 그래프에는 수직축을 진폭, 수평축을 시간이나 거리로 하여 각 축에 일정 간격의 눈금을 매긴다. 〈그림 15-9〉에서는 거리(길이)에 따른 진폭변화를 그래프로 그려 파형의 파장을 나타낸 것이다. 시간에 따른 진폭변화를 그래프로 그리면 파형의 주파수를 나타낼 수 있다. 한 사이클을 형성하는 데 걸리는 시간인 주기 T는 각도로는 360°에 해당한다.

전자장비는 클록(clock)이라는 아주 짧은 시간 단위를 기준으로 삼아 내부에 있는 여러 회로의 동기(보조)를 맞추는데, 이 기준클록으로 어떤 일정한 주파수를 갖는 안정된 파형이 실제로 사용된다. 이 파형으로 주파수가 10MHz인 전압파형을 사용한다고 가정하자. 이 파형의 주기 T는 0.1μs이다. 따라서 0.1μs마다 사이클이 반복된다. 각 전압 사이클을 시간을 나타내는 데 사용한다면 결국 이 전압파형은 0.1μs 단위로 시간을 측정할 수 있는 시계가 된다. 파형의 주파수를 더욱 높이면 더욱 짧은 단위로 시간을 측정할 수 있다. 일상생활에서 흔히 사용되는 것으로 상용교류 전력선에 연결된 전자시계가 있는데, 60Hz의 정확한 주파수를 가진 파형을 이용하여 시간을 측정하기 때문에 항상 정확한 시간을 가리키게 된다.

주파수가 같은 두 파형 사이의 위상각은 어떤 시간차를 나타낸다. 예를 들어, 〈그림 15-12〉에서는 파형 C가 파형 D에 60°의 위상각만큼 앞서고 있다. 두 파형의 주파수는 120Hz로 같다. 그러면 두 파형의 주기 T는 1/120초이다. 60°가 1사이클에 해당하는 각도인 360°의 1/6이므로 60°는 시간에 대해서는 1주기(=1/120초)의 1/6을 나타낸다. 따라서 60°의 위상각에 해당하는 시간은 1/6×1/120=1/720초가 된다. 파형 C보다 60°만큼 뒤진 파형 D는 시간상으로는 1/720초만큼 늦은 것이 된다. 결국 60° 위상지연은 1/720초 시간지연과 같다.

다음 식을 사용하면 위상각 θ를 시간으로 환산할 수 있다.

$$t = \frac{\theta}{360} \times \frac{1}{f} \tag{15-10}$$

> **알아두기▸▸**
> t와 f를 알고 있을 때 θ는
> $\theta = \frac{t}{T} \times 360°$ 로 계산할 수 있다.
> 여기서 $T = \frac{1}{f}$ 이다.

여기서 f의 단위는 Hz, θ의 단위는 °, t의 단위는 s이다.

이 공식은 위상각 θ가 1주기의 몇 분의 몇에 해당하는지를 이용하여 이에 해당하는 시간을 계산한다. 예를 들어, 주파수가 120Hz일 때 θ=60°를 시간으로 환산해 보면 다음과 같다.

$$\begin{aligned} t &= \frac{\theta}{360} \times \frac{1}{f} \\ &= \frac{60}{360} \times \frac{1}{120} = \frac{1}{6} \times \frac{1}{120} \\ &= \frac{1}{720}\,\text{s} \end{aligned}$$

■ **15-10 복습문제**

a. 〈그림 15-12〉에서 180°에 해당하는 시간은 얼마인가?

b. 주파수가 1MHz로 같은 두 파형의 위상각이 36°이다. 이 위상각은 얼마만큼의 시간에 해당하는가?

15-11 저항이 연결된 교류회로

교류회로에는 교류전압원이 들어 있다. 〈그림 15-15〉에서 볼 수 있는 전원의 기호는 정현파 교류전압원을 나타내는 데 사용된다. 전압원에 부하저항을 연결하면 회로에는 전압원의 교류전압파형과 주파수와 위상이 똑같은 교류전류가 발생된다.

이때 교류전류 I는 옴의 법칙에 의해 V/R가 된다. V가 실효값이라면 I도 실효값이 된다. V가 어떤 순간의 순시값이라면 I도 같은 순간에서의 순시값이 된다.

저항이 1개인 교류회로에서는 〈그림 15-15b〉에서 볼 수 있듯이 전류 I는 인가전압 V와 위상이 같다. V와 I는 위상이 서로 같아서 위상각을 고려할 필요가 없으므로 저항이 들어 있는 교류회로는 직류회로를 해석할 때 사용한 방법을 마찬가지로 사용하여 해석할 수 있다. 저항(resistance) R 성분만을 가지고 있는 회로 부품으로는 저항(resistor), 전등의 필라멘트, 발열체(전열선) 등이 있다.

그림 15-15 저항이 한 개인 교류회로 (a) 회로도 (b) 파형

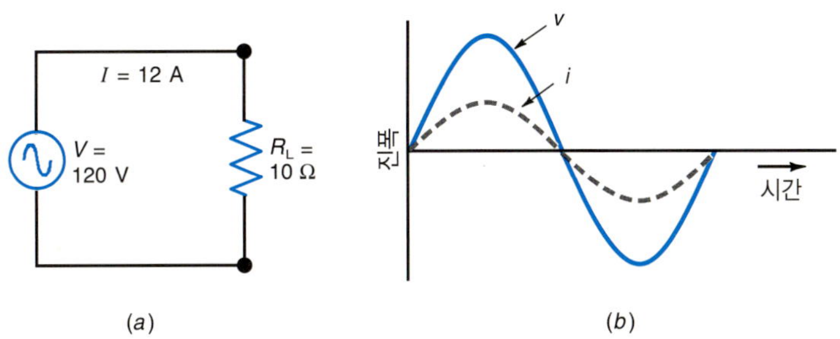

특별한 언급이 없는 경우, 교류회로에서는 실효값을 사용하여 계산하는 것이 보통이다. 여기서도 실효값을 사용하기로 한다. 예를 들어, 〈그림 15-15a〉에서 10Ω의 R_L에 120V를 연결하면 12A의 전류가 발생한다. 이것을 식으로 나타내면 다음과 같다.

$$I = \frac{V}{R_L} = \frac{120\text{V}}{10\Omega} = 12\text{A}$$

저항 R_L의 소비전력은 다음과 같이 I^2R_L로 계산된다.

$$P = 144 \times 10 = 1440\text{W}$$

저항이 직렬로 연결된 교류회로

그림 15-16 저항이 직렬로 연결된 교류회로

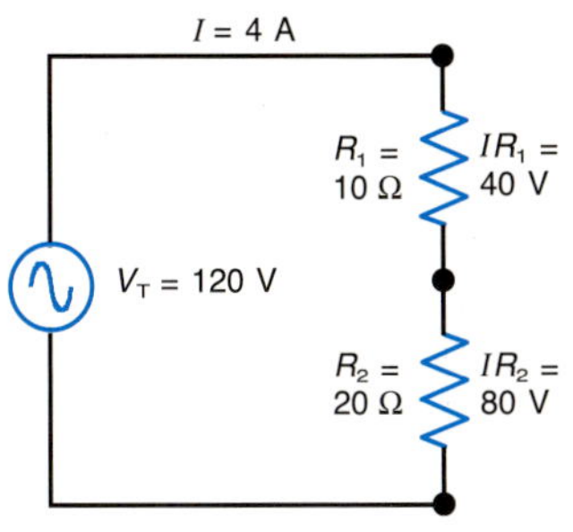

〈그림 15-16〉에서 R_1과 R_2가 직렬로 연결되어 있으므로 $R_T = R_1 + R_2 = 10\Omega + 20\Omega = 30\Omega$이다. 이 직렬회로에 흐르는 전류는 다음과 같다.

$$I = \frac{V_T}{R_T} = \frac{120\text{V}}{30\Omega} = 4\text{A}$$

직렬회로에서는 어느 곳에서나 똑같이 이 4A의 전류가 흐른다. 이 법칙은 직류회로에서는 전원이 교류든 직류든 상관없이 항상 적용된다.

이제 〈그림 15-16〉에서 각 저항의 전압강하를 계산해보자. $R_1 = 10\Omega$에 4A가 흐르므로 전압강하는 다음과 같다.

$$V_1 = I \times R_1 = 4\text{A} \times 10\Omega = 40\text{V}$$

4A의 전류가 $R_2 = 20\Omega$에도 흐르므로 전압강하는 다음과 같이 계산된다.

$$V_2 = I \times R_2 = 4\text{A} \times 20\Omega = 80\text{V}$$

두 직렬 저항의 전압강하인 $V_1 = 40\text{V}$와 $V_2 = 80\text{V}$를 더하면 인가전압 120V와 같아진다는 사실을 잘 알아두기 바란다.

그림 15-17 저항이 병렬로 연결된 교류회로

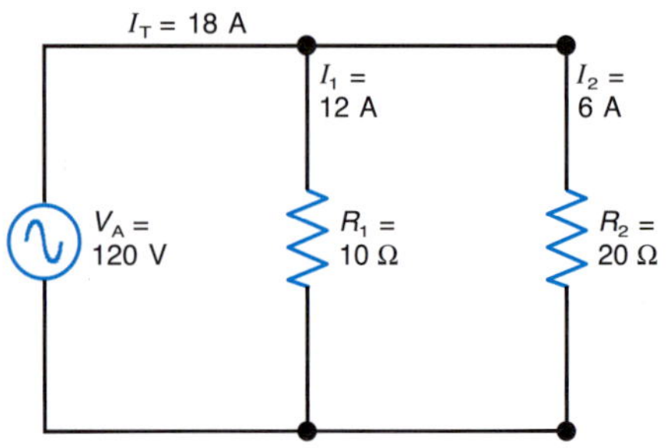

저항이 병렬로 연결된 교류회로

〈그림 15-17〉에서 R_1 = 10Ω과 R_2 = 20Ω이 120V의 교류전원에 병렬로 연결되어 있다. 그러므로 각 저항에 걸리는 전압은 인가전압과 같다.

따라서 각 저항에 흐르는 전류는 120V를 저항의 값으로 나눈 것과 같다. 따라서 R_1 = 10Ω에 흐르는 전류는

$$I_1 = \frac{120\text{V}}{10\Omega} = 12\text{A}$$

이다. R_2 = 20Ω에도 전압 120V가 걸리므로 이 저항에 흐르는 전류는 다음과 같다.

$$I_2 = \frac{120\text{V}}{20\Omega} = 6\text{A}$$

전체전류 I_T는 12+6=18A로 두 저항에 흐르는 전류를 더한 것과 같다.

저항이 직-병렬로 연결된 교류회로

〈그림 15-18〉을 보면 R_2 = 20Ω과 R_3 = 20Ω은 병렬로 연결된 부분이 있는데, 이 부분의 등가저항은 20/2 = 10Ω이다. 이 10Ω의 등가저항과 R_1 = 20Ω이 직렬로 연결되므로 전체저항 R_T는 30Ω이 된다. 이 전체저항 R_T = 30Ω이 120V 전원에 연결된 것으로 볼 수 있으므로 120V의 전원에 의해 발생되는 전체전류는 다음과 같다.

그림 15-18 저항이 직-병렬로 연결된 교류회로

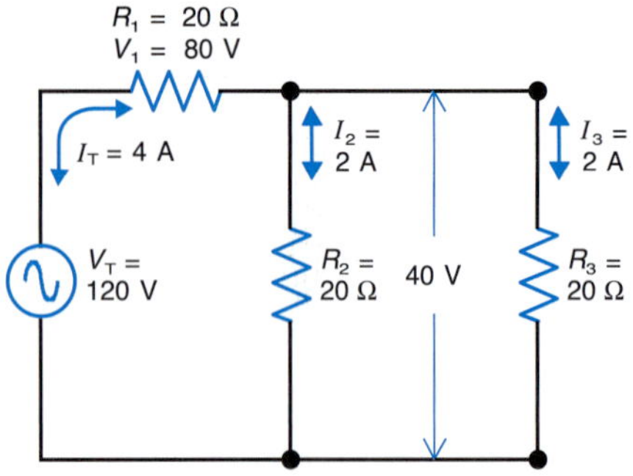

$$I_T = \frac{V_T}{R_T} = \frac{120\text{V}}{30\Omega} = 4\text{A}$$

R_1의 전압강하는 다음과 같이 계산할 수 있다.

$$V_1 = I_T \times R_1 = 4\text{A} \times 20\Omega = 80\text{V}$$

120V의 전원에서 이 80V를 뺀 나머지 40V가 R_2와 R_3이 병렬로 연결된 부분에 걸리게 된다. 저항 R_2와 R_3이 병렬이므로 두 저항에 걸리는 전압은 40V로 같다. 따라서 두 저항에 흐르는 전류는 각각 다음과 같이 계산할 수 있다.

$$I_2 = \frac{40\text{V}}{20\Omega} = 2\text{A}$$

$$I_3 = \frac{40\text{V}}{20\Omega} = 2\text{A}$$

R_2와 R_3의 저항값이 같기 때문에 전체전류 I_T = 4A가 R_2와 R_3에 2A씩 똑같이 나누어진다. 또한 I_2 = 2A와 I_3 = 2A가 합해져 다시 전체전류 4A가 된다.

■ **15-11 복습문제**

다음 그림에서 전체저항 R_T를 계산하여라.

a. 〈그림 15-16〉

b. 〈그림 15-17〉

c. 〈그림 15-18〉

15-12 정현파가 아닌 교류파형

정현파, 즉 사인파는 가장 기본적인 교류파형이다. 이 파형은 회전식 발전기에 의해 발생되는데, 발전기의 출력은 회전각도에 비례한다. 또한 인덕턴스와 커패시턴스로 구성된 발진기 회로(oscillator circuit)에 의해서도 사인파가 발생한다.

사인파는 원운동에 의해 생기므로 ° 단위나 rad 단위의 각도를 사용하여 사인파를 분석할 수 있다.

또한 사인파의 진폭의 변화율을 구해보면 모양은 그대로이고 위상만 90도 차이가 나는 코사인파가 되는 특징이 있다. 진폭의 변화율을 구해보면 다시 자신과 같은 형태가 되는데, 이러한 파형은 사인파가 유일하다.

사인파가 아닌 다른 형태의 파형도 여러 곳에 많이 사용된다. 사인파나 코사인파가 아닌 파형을 비정현파(nonsinusoidal wave)라고 한다. 비정현파의 대표적인 예로 〈그림 15-19〉의 구형파(사각파, rectangular wave)와 톱니파(sawtooth wave)가 있다.

비정현파 전압(또는 전류)과 정현파 전압(또는 전류) 사이의 공통점과 차이점은 다음과 같다.

1. 정현파든 비정현파든 파형에서 크기가 같고 변화 방향이 같은 인접한 두 점 사이가 1사이클이 된다. 1사이클이 되는 데 걸리는 시간이 주기(period)이다. 〈그림 15-19〉에서 네 파형 모두 주기 T는 4μs로 같다. 따라서 주파수는 $f = 1/T$의 관계를 이용하면 0.25MHz이다.
2. 정현파든 비정현파든 파형의 피크값은 0축과 (+) 최대값 사이의 크기, 또는 0축과 (–) 최대값 사이의 크기이다. 〈그림 15-19d〉와 같이 0축에 대해 대칭이 아닌 파형도 있으므로 피크값 대신 피크-대-피크값을 측정하는 것이 더 좋다. 〈그림 15-19〉에 있는 네 파형은 피크-대-피크값이 모

알아두기▸▸

디지털 전자회로에서 널리 사용되는 파형이 사각파와 펄스파이다. 그런데 이 회로에서 사용되는 파형은 0V와 어떤 정해진 (+) 값, 또는 0V와 어떤 정해진 (-) 값을 왔다 갔다 한다. 원래 교류는 (+) 값과 (-) 값을 번갈아 움직인다는 뜻을 가지는데, 디지털 회로의 파형은 (+) 값과 (-) 값 가운데 어느 한 값만을 갖고 두 값 모두를 갖지 않기 때문에 엄밀하게 따져서 교류파형은 아니라고 할 수 있다.

그림 15-19 정현파와 비정현파 (a) 정현파 (b) 톱니파 (c) 대칭 사각파 (d) 비대칭 사각파(펄스파)

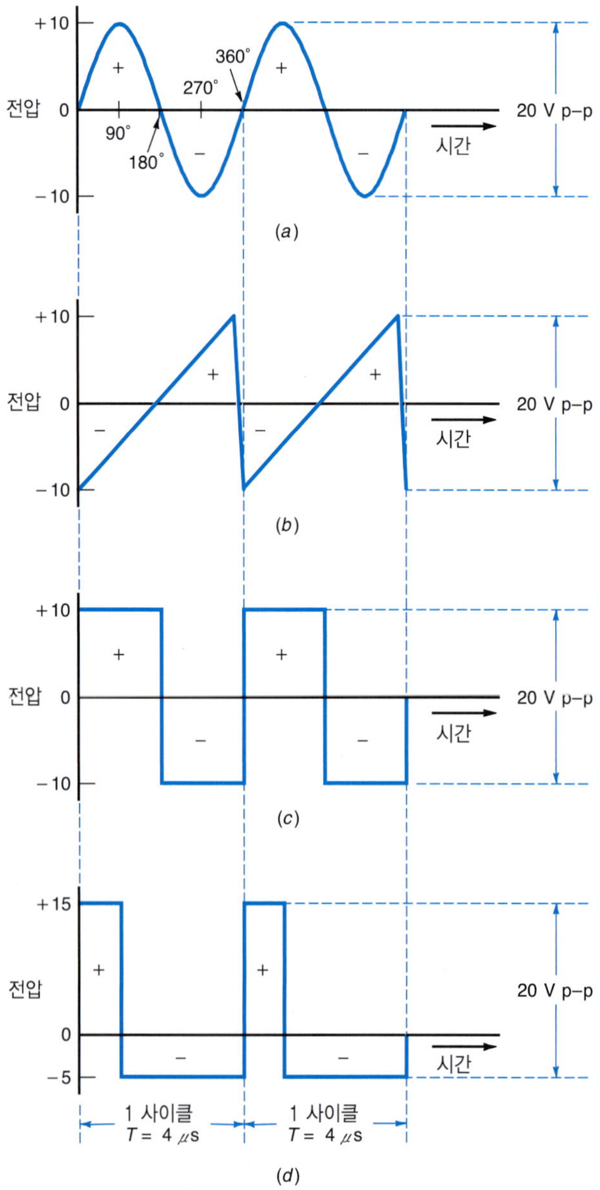

두 20V로 같다.

3. 실효값=피크값×0.707의 식에서 계수 0.707은 사인 함수를 사용하여 유도된 값이므로 이 식은 정현파에만 적용된다.
4. 각도는 사인 함수에만 사용되므로 위상각은 정현파에만 적용된다. 〈그림 15-19〉를 보면 그래프의 수평축은 시간을 나타내고 있는데, 정현파의 경우에만 시간축에 각도가 함께 표시되어 있고 나머지 비정현파의 경우에는 각도가 표시되어 있지 않은 것을 주의 깊게 살펴보기 바란다.
5. 정현파든 비정현파든 모두 교류에 속한다. 파형에서 0축 위에 있는 부분은 (+) 값을 갖고 0축 아래에 있는 부분은 (–) 값을 갖는다.

〈그림 15-19b〉의 톱니파는 최대값까지는 일정한 변화율로 증가하다가 처음 값으로 갑자기 떨어지는 파형이다. 이 형태의 전압을 다른 말로 램프 전압(ramp voltage)라고도 한다.

한 사이클이 느린 상승과 빠른 하강으로 구성되어 있다는 것을 잘 알아두기 바란다. 〈그림 15-19b〉에서 주기 T는 4μs이다. 따라서 이 톱니파의 주파수는 0.25MHz로 1초마다 250,000개의 사이클이 반복된다. 오실로스코프나 텔레비전의 화면(음극선관, CRT, cathode-ray tube)에서 전자빔(electron beam)을 수평방향으로 편향(deflection)시키는 신호로 바로 이 톱니파 전압이나 전류가 사용된다.

〈그림 15-19c〉의 사각파(rectangular wave)는 정사각파(square wave)로 스위칭 전압을 나타낸다. 처음에 10V 전압이 순간적으로 인가되어 1/2사이클에 해당하는 2μs 동안 유지된다. 그러다가 갑자기 –10V로 바뀐 뒤에 다시 2μs 동안 유지된다. 4μs가 걸려 1사이클이 만들어지므로 주파수는 0.25MHz이다.

〈그림 15-19d〉의 사각파는 정사각파와 비슷하지만 (+) 사이클과 (–) 사이클의 진폭과 시간폭이 서로 같지 않다. 그렇지만 주파수는 0.25MHz로 같으며 피크-대-피크값도 20V로 같다. 이렇게 일정한 속도로 되풀이되는 비대칭 사각파를 펄스(pulse)라고 한다.

■ 15-12 복습문제

a. 〈그림 15-19c〉에서 파형은 얼마 동안 +10V를 유지하는가?
b. 〈그림 15-19d〉에서 (+) 피크값은 얼마인가?

15-13 고조파주파수

주기적으로 반복하는 비정현파 중에서 주파수가 100Hz인 사각파를 생각해보자. 이 100Hz를 기본주파수(fundamental frequency)라고 한다. 기본주파수의 정수배를 고조파주파수(harmonic frequency)라고 한다. 2차고조파(second harmonic)는 200Hz이고 3차고조파(third harmonic)는 300Hz가 된다. 기본주파수의 짝수

service entrance)에는 〈그림 15-21〉에서 볼 수 있듯이 전원선 3개가 들어 있다. 이 3선으로 단상(single phase)의 120V와 240V를 공급할 수 있는데, 3선 중에서 이름이 뉴트럴(neutral)인 선은 접지와 연결된다. 이 가정용 전압은 송전선의 높은 전압을 변압기로 낮춘 것이다.

그림 15-21 단상 240V와 120V를 모두 공급할 수 있는 전기배선

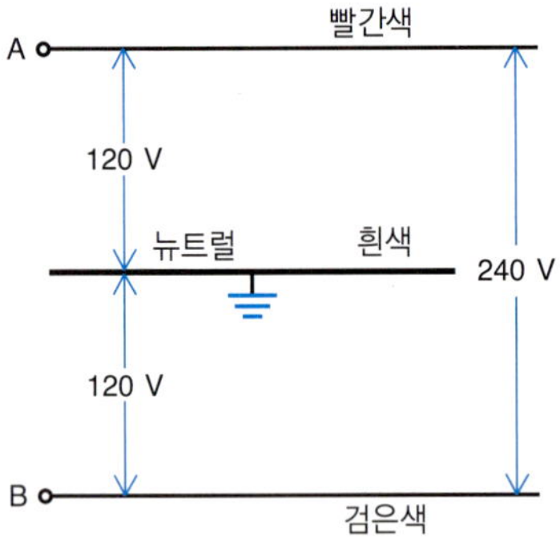

〈그림 15-21〉에 표시된 세 선의 색깔을 잘 살펴보기 바란다. 접지된 뉴트럴 선은 흰색이다. 뉴트럴 선 양쪽의 전압이 걸려 있는 두 선[2]에는 흰색과 초록색을 제외하면 어떤 색이라도 쓸 수 있지만 보통은 검은색[3]이나 빨간색이 사용된다. 흰색은 뉴트럴 선에 할당된 색이고 초록색은 접지에 연결하는 선에 사용한다. 아무런 색이 없는 전선도 접지에 연결하는 선으로 사용된다.

흰색의 뉴트럴 선에서 빨간색 선 사이나 뉴트럴에서 검은색 선 사이의 전압은 각각 120V이다. 여러 개의 콘센트와 전등에 각각 120V가 공급되도록 이 120V가 공급되는 두 선을 콘센트와 전등마다 따로따로 연결한다. 빨간색 선과 검은색 사이의 전압은 240V로 전력소비가 큰 전기제품에 사용된다. 접지된 뉴트럴 선을 포함하여 3선으로 전력을 공급하는 방식을 에디슨 시스템(Edison system)이라고 부른다.

가정에 공급되는 전류의 최대정격은 100A가 보통이다. 따라서 240V를 사용할 때 이용할 수 있는 최대전력은 100×240=24000W=24kW이다.

배전반에 사용하는 주 전선(main wire)의 굵기는 4번~8번 규격이다. 6번 규격보다 굵은 도선은 꼰 도선(stranded wire) 형태이다. 콘센트와 전등의 정격전류는 15A~20A 정도이므로 배전반과 이들 사이를 연결하는 지선(branch wire)으로는 12번~14번 굵기의 도선을 사용한다. 각 지선에는 퓨즈나 회로차단기가 설치된다. 배전반에서 공급하는 모든 전력을 한꺼번에 차단하는 주 스위치(main switch)도 설치되어 있는 것이 보통이다.

배전반에 있는 뉴트럴 선은 수도파이프나 금속막대를 이용하여 대지(땅) 속과 연결된다. 각 전기장치에 120V를 공급하는 두 선 중에서 한 선은 반드시 접지된 뉴트럴 선과 연결된 선이라야 하는데, 이 선의 색으로는 흰색을 사용한다. 또한 콘센트, 스위치, 전등을 감싸는 금속박스도 반드시 뉴트럴 선에 연결하여 접지가 되도록 하여야 한다.

도선으로 널리 사용되는 케이블(cable)에는 케이블의 외피를 금속으로 치리한 BX라는 상표의 외장 케이블(armored cable)과 외피가 금속이 아니어서 구부릴 수 있는 로멕스(Romex)라는 상표의 유연성 케이블(flexible cable)이 있다. 어느 종류이든지 케이블에는 두 개 이상의 도선이 들어 있는데, 이 선들은 뉴트럴 선(neutral wire)과 핫 선(hot wire) 그리고 접지와 연결하는 선으로 각각 사용된다. 이처럼 케이블에는 접지와 연결할 목적으로 피복 처리를 하지 않은 도선이 들어 있다. 가정의 전기배선은 미국 내 주의 전기기준(electrical code)에서 명시하고 있는 전기설비의 안전에 관한 규정을 따라야 한다. 통상, 이 전기기준은 미국방화협회(National

2) 뉴트럴 선(neutral wire)을 기준으로 120V의 전압이 걸려 있는 도선을 핫 선(hot wire)이라고 한다.

3) 전기장치에서는 검은색은 새시접지용 도선의 색으로 사용되지만 전기배선 작업에서는 뉴트럴이 아닌 전원이 걸려 있는 도선의 색으로 사용된다.

Fire Protection Association)가 제정한 국가전기기준(National Electrical Code, NEC)에 근거하여 만들어진다.

접지

교류 송전시스템에서는 전력선의 한쪽을 대지(earth, 땅)에 연결하는데 이렇게 하는 것을 접지(grounding)라고 한다. 접지를 하는 것은 다음 두 경우처럼 안전(safety)을 확보할 수 있기 때문이다. 첫째로, 감전사고의 위험을 막을 수 있다. 둘째로, 번개(lightning) 등에 의해 발생하는 엄청나게 높은 전압으로부터 송전선을 보호할 수 있다. 송전시스템이 번개를 맞아 아주 큰 전류가 흐르면 차단장치가 작동하여 이 전류를 접지로 흐르게 하므로 송전선을 보호할 수 있다.

알아두기▸▸

가정의 전기배선에서 흰색 뉴트럴 선과 초록색 접지선(또는 색이 없는 일반 선)을 접지에 연결할 때는 먼저 배전반 내의 어떤 한 곳에 함께 연결한 다음, 이곳을 접지와 연결하는 방식을 택한다. 뉴트럴 선에는 빨간색(또는 검은색) 선에 흐르는 전류가 똑같이 흐르지만 접지선에는 전류가 흐르지 않는다.

가정에 전기배선을 할 때는 접지를 잘하는 것이 특히 중요하다. 겉이 금속으로 되어 있는 빨래 건조기 케이스가 접지가 되어 있지 않은 경우를 예로 들어 설명해보자. 건조기의 케이스가 뜻하지 않게 교류전력선의 두 전선 중 핫 선(hot wire)과 단락(short)되면 건조기의 케이스와 대지 사이에는 전력선의 전압이 그대로 걸리게 된다. 이 상태에서 사람이 건조기 케이스를 만지면 그 사람의 몸을 통해 케이스에서 대지로 전류가 흐르게 되므로 감전사고가 일어난다. 그러나 건조기의 케이스가 접지되어 있으면 전력선의 핫 선과 케이스가 단락되는 순간 퓨즈나 회로차단기(circuit breaker)가 작동하여 전력선을 통해 건조기로 공급되는 전원이 차단된다.

전기회로는 접지가 있든 없든 정상적으로 동작할 수는 있지만 감전사고의 예방책의 하나로 접지를 하는 것이 매우 중요하다. 〈그림 15-22〉에 교류 전력선에 연결할 때 사용하는 플러그 두 종류가 있는데, 콘센트에 항상 정해진 방향으로 꽂힐 수 있도록 플러그에 달려 있는 납작한 두 발의 굵기가 다르게 되어 있다. 교류전압 자체는 (+), (−)가 계속해서 바뀌어서 꼭 극성을 맞추어 줄 필요는 없지만 전력선에 연결된 전기제품의 섀시나 케이스가 언제나 뉴트럴 선을 통해 접지와 확실히 연결되게 하기 위해 이렇게 한 것이다. 〈그림 15-22a〉의 120V용 플러그에 달린 두 발 중에서

그림 15-22 전자제품의 섀시나 케이스가 접지와 확실히 연결되도록 발의 굵기와 모양을 다르게 한 플러그 (a) 굵은 발이 뉴트럴 선과 연결된다. (b) 둥근 핀이 접지선과 연결된다.

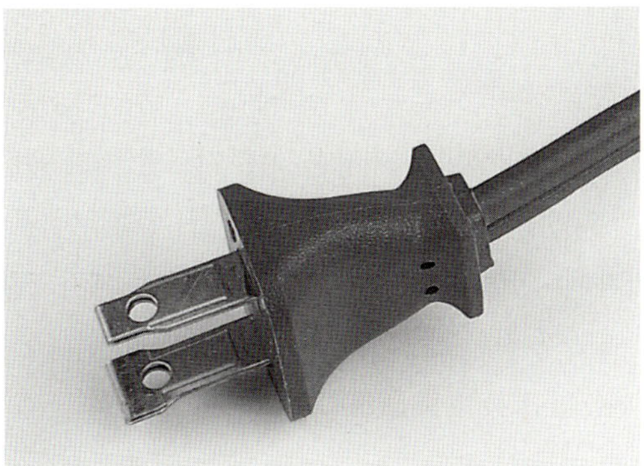

(a)

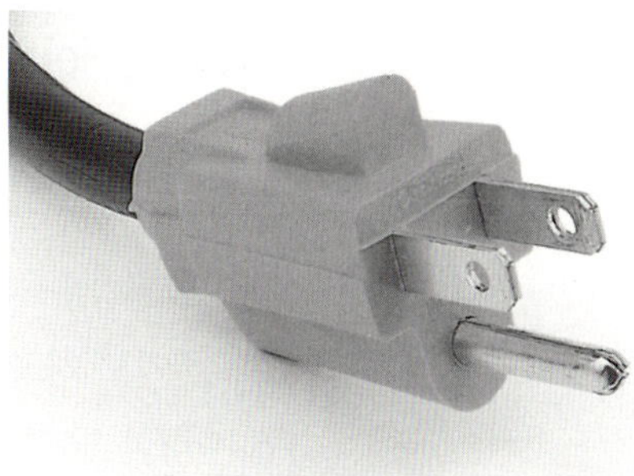

(b)

그림 15-23 누전차단기(GFCI : ground-fault circuit interrupter)

넓은 쪽이 콘센트를 통해 항상 뉴트럴 선과 연결되도록 규정되어 있다. 〈그림 15-22b〉의 세 발이 달린 플러그도 마찬가지인데, 특히 가운데의 둥근 발은 콘센트를 통해 뉴트럴 선, 핫 선과 별개인 초록색 접지선과 연결된다.

어떤 경우에는 전력선의 핫 선에서 접지로 누설전류가 흐르기도 한다. 이 누설전류의 크기가 5mA를 넘게 되면 아주 위험하다. 〈그림 15-23〉에 보인 것은 누전차단기(ground-fault circuit interrupter, GFCI)라는 장치로 누설전류를 감지하여 회로와 전원의 연결을 차단해주므로 감전되는 것을 막아준다.

고급 하이파이(high-fidelity, HI-FI) 음향기기의 경우에 접지가 제대로 되어 있지 않으면 윙윙 하는 잡음(험, hum)이 날 수 있다. 이 소리는 안전에 관련된 문제는 아니지만 그래도 바람직하지 못한 것임에는 틀림없다.

■ **15-14 복습문제**

a. 전력선으로 공급되는 120V 교류전압에서 120V는 피크-대-피크값을 말하는 것이다. (참, 거짓)
b. 전력선으로 공급되는 교류전압의 주파수는 60Hz±0.033%이다. (참, 거짓)
c. 〈그림 15-21〉에서 검은색 선과 흰색 선 사이의 전압은 120V이다. (참, 거짓)
d. 접지선의 색은 초록색이다. (참, 거짓)

15-15 모터와 발전기

발전기는 역학에너지를 전기에너지로 변환한다. 모터는 이와 반대로 전기에너지를 회전운동에너지로 변환한다. 〈그림 15-24〉에서 직류모터의 주요 부품들을 볼 수 있는데, 같은 부품을 사용하여 발전기도 만들 수 있다.

전기자(Armature)

발전기에서는 발전기에서 발생한 출력전압이 전기자에서 외부회로로 공급되고 모터에서는 외부의 전원이 전기자에 연결되어 모터를 움직이게 한다. 출력을 증가시킬 수 있도록 드럼 모양인 전기자에는 도체가 많이 감겨 있다. 〈그림 15-24〉에서 보듯이 전기자는 모터에서 회전을 하는 부분인 회전자(rotor)를 구성하는 부품이다.

계자코일(Field Coil)

회전자가 돌면서 계자코일에서 발생한 자기장을 가로지르며 지나가게 된다. 모터의 경우, 전기자에 연결된 외부 전원이 계자코일에도 전류를 흘려주어 자기장을 발생시킨다. 발전기에서는 전기자에서 발생된 출력전압을 이용하여 계자코일에 전류를 흐르게 하기도 하고 아예 별도의 전원을 사용하여 계자코일에 전류를 흘려주기도 한다. 자려식 발전기(self-excited generator)에서는 철 요크(iron yoke)의 잔류자기장에 의해 시동된다.

그림 15-24 직류모터의 주요 부품들

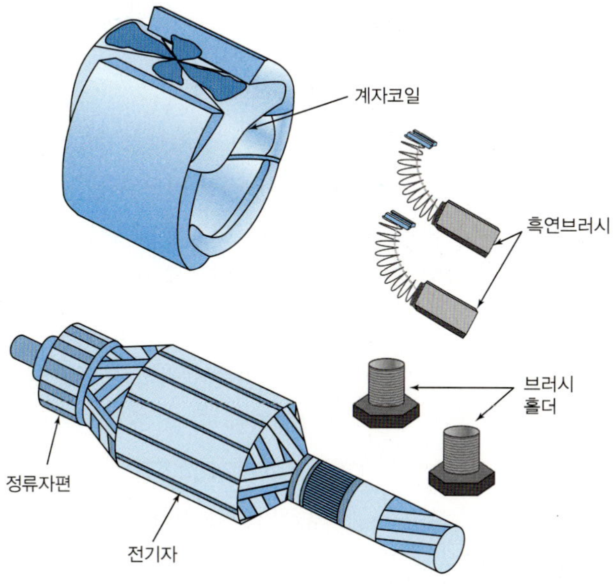

계자코일이 움직이지 않는 방식에서는 계자코일이 고정자(stator)를 구성하는 부품이 된다.

슬립링

교류발전기나 모터에 두 개 이상 들어 있는 슬립링(slip ring)은 외부회로 접속용 도선단자와 회전루프를 연결해준다.

브러시

스프링이 달려 있는 이 흑연 커넥터는 스프링의 힘으로 회전자 위의 회전링(spinning ring)에 닿게 된다. 외부 접속용 단자는 브러시(brush)를 통해 회전루프와 연결된다. 계속되는 마찰로 브러시가 다 닳아버리면 새것으로 교체해야 한다.

정류자

직류발전기나 모터에는 슬립링 대신 정류자 링(commutator ring)이 들어 있다. 〈그림 15-24〉에서 볼 수 있듯이 정류자 링은 여러 조각으로 구성되는데 조각의 개수는 전기자에 감겨 있는 루프 수의 두 배이다.(루프 한 개마다 조각 한 쌍) 정류자 조각들은 운모(mica)로 절연되어 있다.

정류자에 의해 교류발전기나 모터는 직류발전기와 모터로 동작하게 된다. 발전기의 루프에서 교류전압이 발생하여도 정류자편(조각)에 의해 브러시와 루프의 연결이 1/2사이클마다 반대가 되므로 한쪽 극성만을 갖는 전압이 출력된다. 직류모터에서는 정류자편에 의한 직류전압으로 토크가 한쪽 방향으로 발생한다.

정류자 링에는 브러시가 필요하다. 두 개의 고정 브러시는 회전하는 정류자의 여러 조각 중에서 서로 마주보는 두 조각과 연결된다. 흑연 브러시는 저항이 아주 작은 특성을 갖고 있다.

교류유도모터

교류전류로 동작하는 이 모터는 브러시를 필요로 하지 않는다. 따라서 교류전원이 고정자에 직접 연결된다. 고정자 코일과 회전자가 직접 연결되어 있지 않지만 교류전원에 의해 고정자 코일에 전류가 흐르면 회전자에 유도전류가 흐르게 된다. 회전자에 유도된 전류에 의해 발생하는 자기장은 고정자의 자기장과 상호작용하게 되므로 모터가 회전한다. 교류유도모터(alternating current induction motor)는 값이 싸고 골치 아픈 문제인 브러시 방전이 없으므로 안정적이다.

그렇지만 단상 교류전원으로 교류유도모터를 동작시키는 경우에는 시동토크(starting torque)를 공급해주어야 한다. 이에 사용되는 한 가지 방법으로 별도로 시동코일을 설치하고 이것과 직렬로 시동 커패시터를 연결하는 것이 있다. 이 커패시터는 모터가 처음 움직일 때 필요한 전류를 잠깐 동안 공급해준다. 또 다른 방법으로 쉐이디드 폴(shaded pole)을 사용하여 시동하는 것이 있다. 메인 폴(main pole) 상의 순 구리로 만든 링에 의해 자기장이 비대칭으로 발생하여 모터가 움직이게 된다.

교류유도모터의 회전자는 다람쥐 집 모양으로 되어 있다.

직 · 교류 겸용 모터

이 모터는 고정자(계자)코일이 회전자(전기자)와 직렬로 연결되어 있어서 직류와 교류에 모두 동작하는 종류로 만능 모터(universal motor)라고도 한다. 이 모터의 구조는 회전하는 전기자가 정류자, 브러시와 연결된 직류모터와 유사하다. 이 모터는 휴대용 드릴, 믹서와 같은 소형 제품에 널리 사용된다.

교류발전기

교류를 발생시키는 발전기가 교류발전기(Alternator)이다. 큰 전력을 발생시키는 교류발전기에서는 계자코일이 회전자가 되고 전기자는 고정자가 된다.

■ 15-15 복습문제

a. 〈그림 15-24〉에서 정류자편은 전기자에 있다. (참, 거짓)

b. 모터 브러시는 저항을 작게 하기 위해 흑연으로 만든다. (참, 거짓)

c. 시동 커패시터는 작은 브러시를 가진 직류모터에 사용된다. (참, 거짓)

15-16 3상 교류전원

발전기의 원 주위에 세 개의 코일을 같은 간격으로 설치하면 각 코일에서는 위상이 서로 120°씩 차이가 나는 교류전압이 출력된다. 〈그림 15-25a〉에 3상 출력 전압의 파형을 나타내었고, 〈그림 15-25b〉에는 이 파형을 페이저로 나타내었다. 전력을 더욱 효율적으로 전송할 수 있다는 것이 3상 교류시스템의 장점이다. 또한 3상 교류를 사용하는 교류유도모터는 별도의 시동방법을 사용할 필요가 없다. 또한 직류 전원 공급기의 정류 출력에 섞여 있는 리플전압을 쉽게 걸러낼 수 있다.

〈그림 15-26a〉에서는 세 개의 코일이 Y 모양으로 연결되어 있는데, 이를 스타 결선(star connection)이라고 한다. 세 코일의 한 끝은 모두 같은 곳에 연결되고 나머지 한 끝은 세 출력단자 A, B, C에 각각 연결된다. 세 단자 중에서 아무 단자나 두 개를 골라도 그 두 단자 사이에는 코일 두 개가 직렬로 연결되어 있다. 세 코일의 전압은 120V로 서로 같고 위상이 120°씩 차이가 나므로 임의의 두 단자 사이의 출력전압은 120×1.73=208V가 된다.

〈그림 15-26b〉에서는 세 개의 코일이 Δ(델타) 모양으로 연결되어 있다. 세 단자 중에서 아무 두 단자를 골라도 그 두 단자 사이에는 코일이 한 개 들어 있다. 따라서 두 단자 사이의 출력전압은 120V가 된다. 그런데 직렬로 연결된 나머지 두 코일이 이 코일과 병렬로 연결되므로 공급할 수 있는 전류용량은 1.73배만큼 증가한다.

〈그림 15-27〉의 3상 전력시스템에서는 Y 결선의 가운데 점을 뉴트럴 선으로 사용하고 있다. 이렇게 하면 208V의 3상 교류전압 또는 120V의 단상 교류전압을 출력할 수 있다. 에디슨 시스템에서는 단상의 240V 전압이 출력되지만 3상 시스템에서는 208V가 출력된다는 것을 잘 알아두기 바란다. 〈그림 15-27〉에서 단자 A, B,

알아두기▸▸

전기설비회사에서는 단상 교류시스템 대신 3상 교류시스템으로 전기를 발생시켜 송전한다. 전류가 흐르는 도선이 하나 더 있는 이 시스템에서는 단상 시스템에 견주어 전력처리 능력이 약 58% 증가한다.

그림 15-25 위상이 120° 씩 차이가 나는 3상 교류전압(또는 전류) (a) 파형 (b) 페이저 도

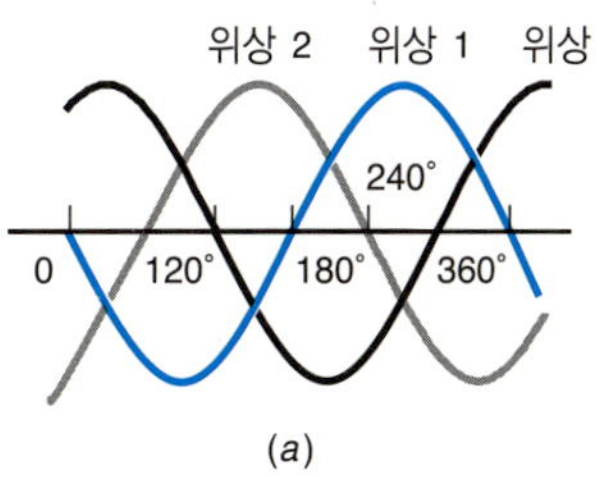

(a)

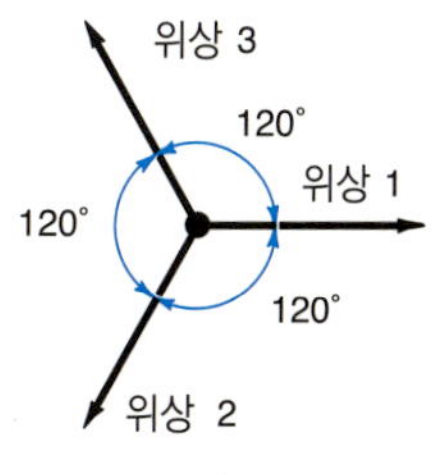

(b)

그림 15-26 3상 전력시스템의 결선 방식 (a) Y 결선 (b) Δ 결선

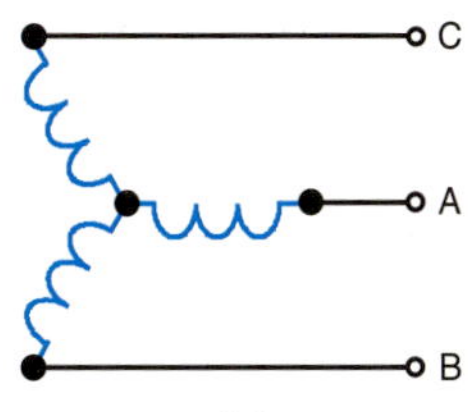

(a)

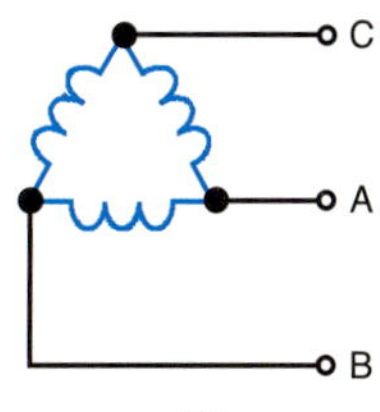

(b)

그림 15-27 뉴트럴 선을 포함하여 단자가 4개인 Y 결선 방식

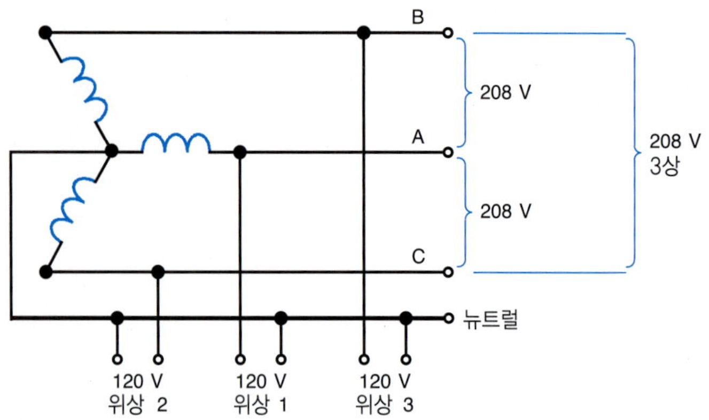

C와 뉴트럴 선 사이의 전압은 모두 120V로 코일 1개에 걸리는 전압과 같다. 이 세 120V 단상 전압은 전등회로로 공급되어 사용된다. 그러나 뉴트럴 선을 제외한 나머지 세 단자 중에서 택한 단자 AB, BC, CA 사이의 출력은 208V로 이 전압은 유도 모터나 3상 전원으로 동작하는 다른 회로로 공급되어 사용된다. 여기에서는 120V, 60Hz의 교류전압이 공급되는 전력선을 예로 들어 설명했지만 이보다 높은 전압에 대해서도 3상 결선방식이 널리 사용되고 있다는 것을 알아두기 바란다.

■ 15-16 복습문제

a. 세 개의 3상 출력전압 사이의 위상각은 얼마인가?

b. 〈그림 15-26a〉의 Y 결선에서 V_{AC}와 V_{AB}의 크기는 얼마인가?

요약

- 교류전압은 크기가 계속해서 변하며 극성이 주기적으로 바뀐다. 부하저항에 교류전압을 인가하면 회로에 교류전류가 흐른다.
- 시간에 따라 크기가 변하는 교류파형에서 주기적으로 되풀이되는 부분이 1사이클이다. 즉 교류파형에서 크기가 다시 같아지고 방향도 다시 같아지는 인접한 두 점 사이에 나타난 변화의 형태가 1사이클이 된다. 1사이클은 각도로는 360° 또는 2π rad에 해당한다.
- 정현파의 실효값은 "0.707×피크값"이다.
- 90°와 270°일 때의 정현파는 피크값을 갖게 되는데, 이 값은 "1.414×실효값"이다.
- 대칭 형태의 교류파형에서 피크–대–피크값은 "2×피크값" 또는 "2.828×실효값"이다.
- 정현파의 1/2사이클 평균값은 "0.637×피크값"이다.
- 1초당 사이클의 수를 주파수라고 한다. 1cps가 1Hz이다. 가청주파수(audio frequency)의 범위는 16Hz~16,000Hz이다. 300,000Hz 이상의 높은 주파수는 무선주파수(radio frequency)가 된다.
- 1사이클을 이루는 데 걸리는 시간이 주기 T이다. 주기와 주파수는 역수 관계이므로 다음과 같이 쓸 수 있다. $T = \frac{1}{f}$, $f = \frac{1}{T}$. 주파수가 높아질수록 주기는 짧아진다.
- 파장 λ는 1사이클 동안에 파가 진행한 거리이다. 주파수가 높을수록 파장은 짧다. 파장은 파가 진행하는 속도와 다음과 같은 관계를 갖는다. $\lambda = v/f$, 여기서 v는 파의 진행속도이고 f는 주파수이다.
- 위상각은 주파수가 같은 두 파형에서 같은 추세에 있는 값(피크값과 피크값, 또는 0과 0 등) 사이의 시간차를 각도의 차이로 나타낸 것이다.
- 어떤 순간에 한 정현파는 최대값이 되고 다른 정현파는 0이 될 때, 이 두 파형은 90°만큼 위상이 어긋나 있다. 두 파형의 위상이 같으면 두 파형 사이의 위상각은 0°이다. 두 파형의 위상이 정반대이면 두 파형 사이의 위상각은 180°이다.
- 페이저에서 화살표의 길이는 진폭을 나타내고 화살표가 가리키는 방향(각)은 위상을 나타낸다. 앞선 위상(즉 + 각도)은 반시계방향의 회전각으로 표시한다.
- 부하저항 R에 정현파 교류전압 V를 인가하면 회로에는 교류전류 I가 발생한다. 저항을 통해 흐르는 이 전류 I의 주파수, 위상 그리고 형태는 인가전압 V와 같다. 이들 사이의 관계를 식으로 나타내면 $I = V/R$이다
- 비정현파에 속하는 파형으로 톱니파와 구형파(사각파)가 있다. 이 두 파형의 크기는 보통 피크– 대–피크값으로 나타낸다.
- 고조파주파수는 기본주파수의 정수 배가 되는 주파수이다.
- 가정에서 사용하는 교류전압은 주파수가 60Hz이며 115V~125V 정도의 실효값을 갖는데 120V를 대표하는 값으로 삼아 나타낸다.
- 가정의 전기배선에서는 〈그림 15–21〉에 보인 3선의 단상 에디슨 시스템이 120V나 240V를 공급하는데 사용된다.
- 모터에서는 회전자인 전기자가 외부 전원에 연결된다. 고정자인 계자코일에서 발생하는 자속을 회전하는 전기자가 가로질러 지나간다. 모터와 발전기는 서로 반대의 작용을 한다. 발전기는 역학에너지를 전기에너지로 변환한다.
- 직류모터에서는 정류자편이 흑연브러시를 통해 외부 전원과 연결된다. 교류유도모터에는 브러시가 없다.
- 3상 전력시스템에서 세 출력파형 사이의 위상각은 120°이다. 〈그림 15–26a〉의 Y 결선에서 임의의 두 단자에서 출력되는 전압은 120×1.73=208V이다. 이 전압을 선간전압(line–to–line voltage)이라고 한다.

중요 용어

- 고조파주파수(harmonic frequency) : 기본주파수의 정수배가 되는 주파수
- 교번(alternation) : 정현파의 1/2사이클을 이르는 말
- 데케이드(decade) : 주파수의 비가 10:1인 두 주파수 또는 그 사이의 범위를 나타내는 단위
- 라디안(radian) : 각도를 나타내는 단위의 하나로 1라디안은 약 57.3°에 해당한다.
- 모터(motor) : 전기에너지를 역학에너지로 변환하는 장치
- 발전기(generator) : 역학에너지를 전기에너지로 변환하는 장치

- 비정현 파형(nonsinusoidal waveform) : 사인파나 코사인파가 아닌 파형
- 사이클(cycle) : 도체 루프가 자기장 속을 1회전 하는 것. 어느 파형이든지 크기가 다시 같아지고 방향도 다시 같아지는 인접한 두 점 사이에 나타난 변화의 형태가 1사이클이 된다.
- 실효값(root-mean-square value, rms) : 어떤 정현파의 크기를 그 정현파와 열을 발생시키는 능력이 같은 직류전압(또는 전류)의 크기로 나타낸 것. 별도의 언급이 없으면 정현파의 값은 실효값으로 나타내는 것이 보통이다. 실효값=0.707×피크값
- 옥타브(octave) : 주파수 비가 2:1인 두 주파수 또는 그 사이의 범위를 나타내는 단위
- 위상각(phase angle) : 두 정현파나 페이저 사이의 각도 차이
- 유효값(effective value) : 실효값의 다른 이름
- 정현파(사인파, sine wave) : 발전기에서 원 운동에 의해 유도전압(또는 전류)이 발생할 때, 그 크기가 회전각도의 사인 값에 비례하는 파형
- 주기(period): 교류전압이나 전류가 1사이클을 이루는 데 걸리는 시간. 주기를 나타내는 기호는 T이다. T의 단위는 초(sec, s)이다.
- 주파수(frequency) : 1초당 사이클의 수
- 직교 위상(quadrature phasor) : 90°의 위상각
- 파장(wavelength) : 1사이클 동안에 파가 진행한 거리. 결국 공간에 형성된 1사이클이 1파장이 된다.
- 파형률(form factor) : 실효값과 평균값의 비. 정현파의 파형률은 다음과 같다.

$$\frac{\text{실효값}}{\text{평균값}} = 1.1$$

- 페이저(phasor) : 교류전압이나 전류와 같이 시간에 따라 변하는 양을 크기, 방향을 가진 화살표로 나타낸 것
- 평균값(average value) : 1/2사이클 사이에 있는 정현파의 모든 값을 평균한 값. 평균값=0.637×피크값
- 피크값(peak value) : 정현파의 최대 크기
- 헤르츠(hertz, Hz) : 주파수의 단위. 1Hz=1cps(1초당 1사이클)

중요 공식

$v = V_M \sin\theta$

평균값 = 0.637×피크값

실효값 = 0.707×피크값

피크값 = $\frac{1}{0.707}$ ×실효값 = 1.414×실효값

피크 대 피크값 = 2.828×실효값

$T = \frac{1}{f}$ 또는 $f = \frac{1}{T}$

$\lambda = \frac{\text{속도}}{\text{주파수}}$

$\lambda = \frac{3\times10^{10}\,\text{cm/s}}{f(\text{Hz})}$ (전자기파)

$\lambda = \frac{1130\text{ft/s}}{f(\text{Hz})}$ (음파)

$t = \frac{\theta}{360} \times \frac{1}{f}$

자습문제

1. 교류전압은 어떤 전압인가?

a. 크기가 계속 변하는 전압
b. 극성이 주기적으로 바뀌는 전압
c. 진폭이 전혀 변하지 않는 전압
d. a와 b 모두

2. 자기장 속을 도체 루프가 1회전하는 것을 무엇이라고 하는가?

a. 옥타브
b. 데케이드
c. 사이클
d. 교번

3. 정현파의 1/2사이클을 이르는 말은?
   a. 교번
   b. 고조파
   c. 옥타브
   d. 주기

4. 1사이클에 해당하는 각도는?
   a. 180°
   b. 360°
   c. 2π rad
   d. b와 c 모두

5. 미국에서 교류 전력선으로 공급하는 전압의 주파수는?
   a. 120Hz
   b. 60Hz
   c. 50Hz
   d. 100Hz

6. 정현파에서 초당 사이클의 수를 무엇이라 하는가?
   a. 주기
   b. 파장
   c. 주파수
   d. 위상각

7. 정현파의 교류전압이 피크값이 되는 각도는?
   a. 90°와 270°
   b. 0°와 180°
   c. 180°와 360°
   d. 30°와 150°

8. 두 파형 사이에서 위상각을 비교할 수 있으려면?
   a. 진폭이 같아야 한다.
   b. 주파수가 같아야 한다.
   c. 주파수가 달라야 한다.
   d. a와 b 모두

9. f = 2kHz인 정현파의 주기 T는?
   a. 0.5μs
   b. 50μs
   c. 500μs
   d. 2ms

10. 현파의 주기 T가 40πs라면 주파수 f는?
   a. 25kHz
   b. 250kHz
   c. 40kHz
   d. 2.5kHz

11. 주파수가 15MHz인 전자기파의 파장은 얼마인가?
   a. 20m
   b. 15m
   c. 0.753ft
   d. 2000m

12. 교류전압(또는 전류)의 크기를 같은 열을 발생시키는 직류전압(또는 전류)의 값으로 대신 나타낸 것을 무엇이라 하는가?
   a. 피크값
   b. 평균값
   c. 실효값
   d. 피크-대-피크값

13. 500Hz 음파의 파장은?
   a. 60km
   b. 2.26ft
   c. 4.52ft
   d. 0.226ft

14. 가정의 전기배선에서 전압이 걸려 있는 핫 선(hot wire)은 보통 무슨 색인가?
   a. 흰색
   b. 초록색
   c. 검은색 또는 빨간색
   d. 순수한 구리 색

15. 피크값이 20V인 정현파의 실효값은?
   a. 28.28V
   b. 14.14V
   c. 12.74V
   d. 56.6V

16. 실효값이 25.2V인 정현파의 피크값은 얼마인가?
   a. 17.8V
   b. 16V
   c. 50.4V
   d. 35.6V

17. 주파수의 단위는?
   a. Hz
   b. Mx

c. rad
d. sec

18. 교류파형에서 주기 T는?
a. 초당 사이클의 수
b. 1사이클을 이루는 데 걸리는 시간
c. 파형이 피크값에 도달하는 데 걸리는 시간
d. 답이 없음

19. 전자기파의 파장은?
a. 주파수에 반비례한다.
b. 주파수에 정비례한다.
c. 진폭에 반비례한다.
d. 주파수와 관계없다.

20. 기본주파수의 정수배를 무엇이라 하는가?
a. 초음파주파수
b. 고조파주파수
c. 트레블(treble)주파수
d. 공진주파수

21. 500Hz의 주파수보다 2옥타브 높은 주파수는?
a. 2kHz
b. 1kHz
c. 4kHz
d. 250Hz

22. 가정의 전기배선에서 뉴트럴 선은 항상 무슨 색으로 해야 하는가?
a. 검은색
b. 순수한 구리 색
c. 초록색
d. 흰색

23. 7MHz의 2차 고조파는?
a. 3.5MHz
b. 28MHz
c. 14MHz
d. 7MHz

24. 어떤 정현파의 피크값이 170V이다. 각도 45°에서 순시값은 얼마인가?
a. 240V
b. 85V
c. 0V
d. 120V

25. 특별한 언급이 없으면 정현파의 값은 보통 무엇으로 표시하는가?
a. 피크-대-피크값
b. 피크값
c. 실효값
d. 평균값

확인문제

1. (a) 어떤 전압을 교류전압이라고 하는가? (b) 어떤 전류를 교류전류라고 하는가? (c) 회로에서 저항에 교류전압을 인가하면 왜 발생하는 전류도 교류가 되는지 설명하여라.
2. (a) 정현파 전압의 특징 두 가지를 말하라. (b) "실효값 = 0.707×피크값"의 관계가 정현파에만 적용되는 까닭을 설명하여라.
3. 피크-대-피크값이 40V인 톱니파 2사이클을 그래프로 그려라. 같은 값을 갖는 정사각파 2사이클의 그래프도 그려보아라.
4. 다음에 해당하는 각도를 °와 rad 단위로 나타내어라.
(a) 1사이클 (b) 1/2사이클 (c) 1/4사이클 (d) 3/4사이클
5. 어떤 정현파의 피크값이 1V이다. 평균값, 실효값, 유효값, 피크-대-피크값을 구하여라.
6. 나음 주파수 범위를 Hz 단위로 나타내어라. (a) 가청주파수 (b) 무선주파수 (c) 표준 AM 라디오 방송대역 (d) FM 방송대역 (e) VHF 대역 (f) 초고주파대역
7. 주파수가 각각 500kHz, 1000kHz인 두 파형의 그래프를 함께 그려라. 이때 그래프의 수평축을 시간으로 하여라.
8. 다음을 정현파의 파형과 페이저 도를 각각 그려라. (a) 위상이 180° 어긋난 두 파형 (b) 위상이 90° 어긋난 두 파형
9. 다음의 여러 각도에서 실효값이 120V인 60Hz 교류전압의 값을 구하여라.
(0°, 90°, 180°, 270° 360°)

10. (a) 90°는 몇 라디안인가?
(b) 다음의 여러 각도에서 위상이 90° 어긋난 두 정현파의 크기를 비교하라.
(0°, 90°, 180°, 270°, 360°)

11. 0°에서 360° 사이를 30° 간격으로 나눈 다음 각 각도에서 사인, 코사인 값을 계산하여 표로 만들어라. 또 이 표를 이용하여 사인파와 코사인파의 그래프를 그려라.

12. 0°에서 360° 사이에서 30° 간격의 각도 θ에 대해 $(\sin\theta)^2$의 값을 구하고 이를 그래프로 그려라.

13. 34.44kHz인 초음파의 파장이 30GHz로 주파수가 훨씬 더 높은 전자기파의 파장 1cm와 같아지는 까닭을 설명하여라.

14. 정현파 V_1이 다른 정현파 V_2를 45°만큼 앞서고 있다. 두 정현파의 파형과 페이저를 각각 그려라.

15. 일반적으로 비정현파의 진폭을 실효값이나 평균값 대신 피크-대-피크값으로 측정하는 까닭은 무엇인가?

16. 고조파가 무엇인지 실제 숫자로 예를 들어가면서 설명하여라.

17. 1옥타브가 무엇인지 실제 숫자로 예를 들어가면서 설명하여라.

18. 극성이 계속 바뀌는 특성과 값이 계속해서 바뀌는 특성 중에서 어느 것이 교류를 이용할 때 더 중요하다고 생각하는가?

19. 모터의 주요 구성 부품 중에서 다음을 설명하여라.
(a) 전기자 (b) 계자코일 (c) 슬립링 (d) 정류자편

20. 3상 교류전력시스템에 사용되는 Y 결선과 Δ 결선을 회로도로 그려라.

연습문제

15-2절 교류전압의 발생

15-1 정현파 교류전압에서, 다음의 사이클에 해당하는 각도를 도(°) 단위로 구하여라.
a. 1/4사이클
b. 1/2사이클
c. 3/4사이클
d. 1사이클

15-2 정현파 교류전압에서 다음의 사이클에 해당하는 각도를 rad 단위로 구하여라.
a. 1/4사이클
b. 1/2사이클
c. 3/4사이클
d. 1사이클

15-3 정현파 교류전압에서 다음 크기에 해당하는 각도를 구하여라.
a. (+) 피크값
b. (–) 피크값
c. 0

15-4 1rad은 몇 °와 같은가?

15-3절 정현파

15-5 어떤 정현파의 피크값이 20V이다. 다음 각도에서 이 정현파의 순시값을 계산하라.
a. 30°
b. 45°
c. 60°
d. 75°
e. 120°
f. 210°
g. 300°

15-6 어떤 정현파의 피크값이 100mV이다. 다음 각도에서 이 정현파의 순시값을 계산하라.
a. 15°
b. 50°
c. 90°
d. 150°
e. 180°
f. 240°
g. 330°

15-7 각도 60°일 때 어떤 정현파 교류전압의 순시값이 45V이다. 이 정현파의 피크값을 구하라.

15-4절 교류전류

15-8 〈그림 15-28〉에서 회로에 인가한 정현파 전압의 피크값이 10V이다. 다음 각도에서 회로에 흐르는 전류의 순시값을 계산하라.

a. 30°
b. 60°
c. 90°
d. 120°
e. 150°
f. 180°
g. 210°
h. 240°
i. 270°
j. 300°
k. 330°

15-9 〈그림 15-28〉에서 인가한 정현파 전압의 극성이 다음과 같을 때 전류는 시계방향과 반시계방향 중 어느 방향으로 흐르는가?

a. (+) 1/2사이클
b. (−) 1/2사이클

그림 15-28

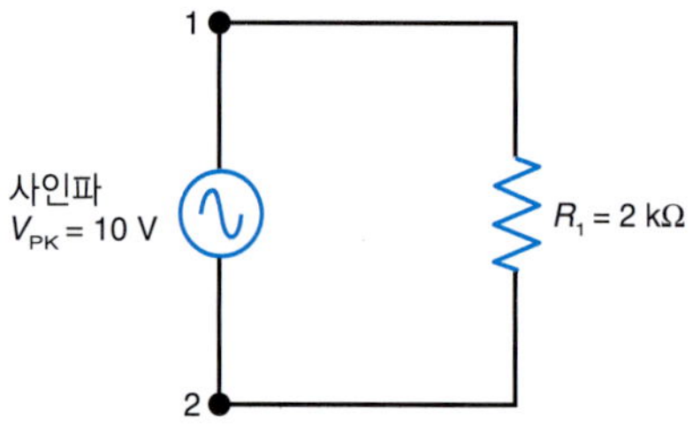

15-5절 정현파의 전압값과 전류값

15-10 〈그림 15-29〉에서 정현파의 피크값이 15V일 때 다음을 계산하라.

a. 피크-대-피크값
b. 실효값
c. 평균값

그림 15-29

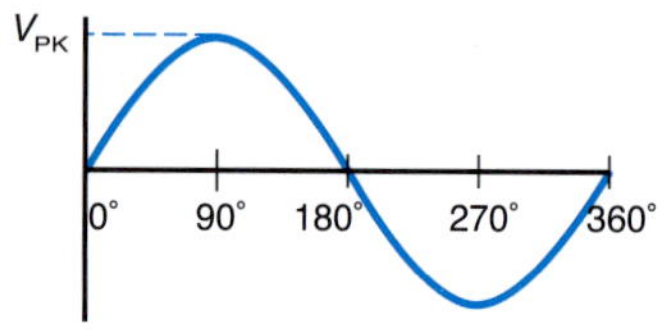

15-11 〈그림 15-29〉에서 정현파의 피크값이 50V일 때 다음을 계산하라.

a. 피크-대-피크값
b. 실효값
c. 평균값

15-12 〈그림 15-29〉에서 정현파의 실효값이 60V일 때 다음을 계산하라.

a. 피크값
b. 피크-대-피크값
c. 평균값

15-13 〈그림 15-29〉에서 정현파의 실효값이 40V일 때 다음을 계산하라.

a. 피크값
b. 피크-대-피크값
c. 평균값

15-14 〈그림 15-30〉에서 정현파 교류전압의 피크값이 25V일 때 다음을 계산하라.

a. 전류의 피크값
b. 전류의 피크-대-피크값
c. 전류의 실효값
d. 전류의 평균값

그림 15-30

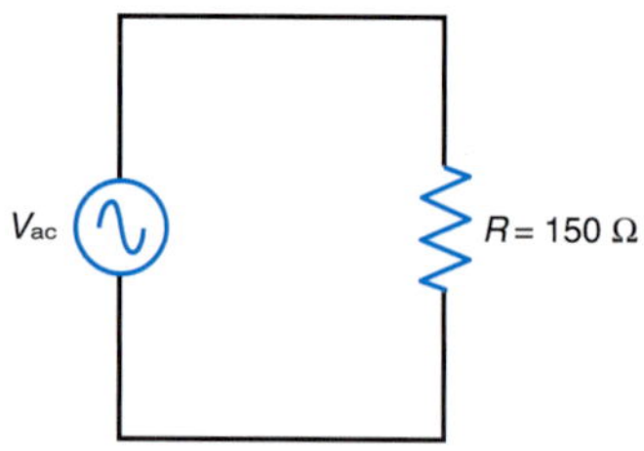

15-15 〈그림 15-30〉에서 정현파 교류전압의 실효값이 7.07V일 때 다음을 계산하라.

a. 전류의 실효값
b. 전류의 피크값

c. 전류의 피크-대-피크값
d. 전류의 평균값

15-16 다음 값을 실효값으로 변환하라.
a. 피크값 32V
b. 피크-대-피크값 18V
c. 평균값 90.09V
d. 피크-대-피크값 120mA

15-17 다음 값을 피크값으로 변환하라.
a. 실효값 12V
b. 평균값 72V
c. 피크-대-피크값 50V
d. 실효값 750mV

15-6절 주파수

15-18 초당 사이클의 수가 다음과 같은 정현파의 주파수 f를 구하여라.
a. 초당 10사이클
b. 초당 500사이클
c. 초당 50,000사이클
d. 초당 2,000,000사이클

15-19 주파수가 다음과 같을 때 초당 사이클의 수(cps)를 구하여라.
a. 2kHz
b. 15MHz
c. 10kHz
d. 5GHz

15-7절 주기

15-20 정현파의 주파수 f가 다음과 같을 때 주기 T를 계산하여라.
a. 50Hz
b. 100Hz
c. 500Hz
d. 1kHz

15-21 정현파의 주파수 f가 다음과 같을 때 주기 T를 계산하여라.
a. 2kHz
b. 4kHz
c. 200kHz
d. 2MHz

15-22 정현파의 주기 T가 다음과 같을 때 정현파의 주파수 f를 계산하여라.
a. 40μs
b. 50μs
c. 2.5ms
d. 16.67ms

15-23 정현파의 주기 T가 다음과 같을 때 정현파의 주파수 f를 계산하여라.
a. 5ms
b. 10μs
c. 500ns
d. 33.33μs

15-24 어떤 정현파의 주파수가 5kHz일 때 다음 각 사이클을 이루는데 걸리는 시간을 구하여라.
a. 1/4사이클
b. 1/2사이클
c. 3/4사이클
d. 1사이클

15-8절 파장

15-25 전자기파의 속도를 다음의 단위로 나타내라.
a. mi/s (miles/sec)
b. cm/s
c. m/s

15-26 기계적인 진동으로 발생하는 음파의 속도는 몇 ft/s인가?

15-27 주파수가 다음과 같은 전자기파의 파장은 몇 cm인가?
a. 3.75MHz
b. 7.5MHz
c. 15MHz
d. 20MHz

15-28 〈문제 15-27〉에서 구한 파장을 미터(m) 단위로 변환하라.

15-29 주파수가 150MHz인 전자기파의 파장은 몇 m인가?

15-30 주파수가 다음과 같은 음파의 파장은 몇 ft인가?
a. 50Hz
b. 200Hz
c. 750Hz
d. 2kHz

e. 4kHz

f. 10kHz

15-31 파장이 다음과 같은 전자기파의 주파수는 얼마인가?

a. 160m

b. 10m

c. 17m

d. 11m

15-32 파장이 다음과 같은 음파의 주파수는 얼마인가?

a. 4.52ft

b. 1.13ft

c. 3.39ft

d. 0.226ft

15-9절 위상각

15-33 사인파와 코사인파의 차이점을 설명하라.

15-34 두 전압파형 V_X와 V_Y는 진폭이 서로 같고 V_Y가 V_X보다 45°만큼 위상이 늦다. 다음 조건에 대해 두 파형을 나타내는 페이저 도를 그려라.

a. 기준 페이저를 V_X로 할 때

b. 기준 페이저를 V_Y로 할 때

15-10절 위상과 시간 사이의 관계

15-35 주파수가 1kHz로 같은 두 파형의 위상차가 다음과 같을 때, 이를 시간으로 환산하여라.

a. 30°

b. 45°

c. 60°

d. 90°

15-36 주파수가 50kHz로 같은 두 파형의 위상차가 다음과 같을 때, 이를 시간으로 환산하여라.

a. 15°

b. 36°

c. 60°

d. 150°

15-11절 저항이 연결된 교류회로

15-37 〈그림 15-31〉의 회로에서 다음을 구하여라.

R_T, I, V_1, V_2, P_1, P_2, P_T

그림 15-31

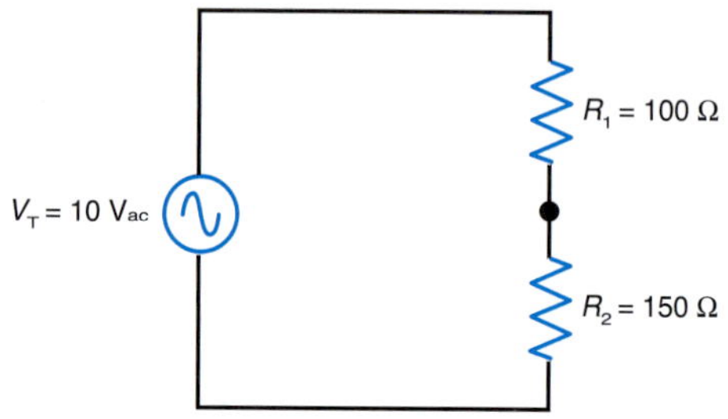

15-38 〈그림 15-32〉의 회로에서 다음을 구하여라.

I_1, I_2, I_T, R_{EQ}, P_1, P_2, P_T

그림 15-32

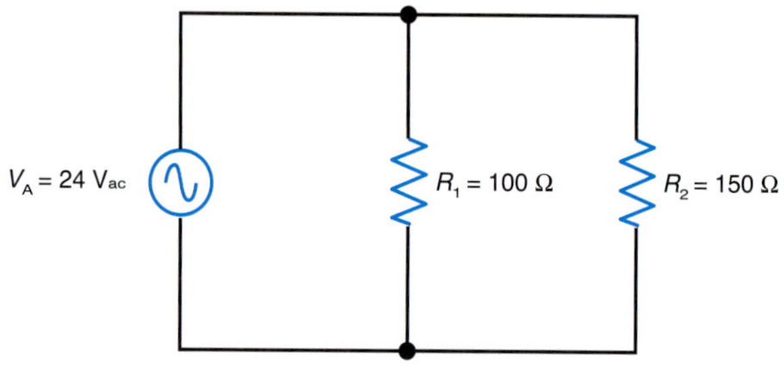

15-39 〈그림 15-33〉의 회로에서 다음을 구하여라.

R_T, I_T, V_1, V_2, V_3, I_2, I_3, P_1, P_2, P_3, P_T

그림 15-33

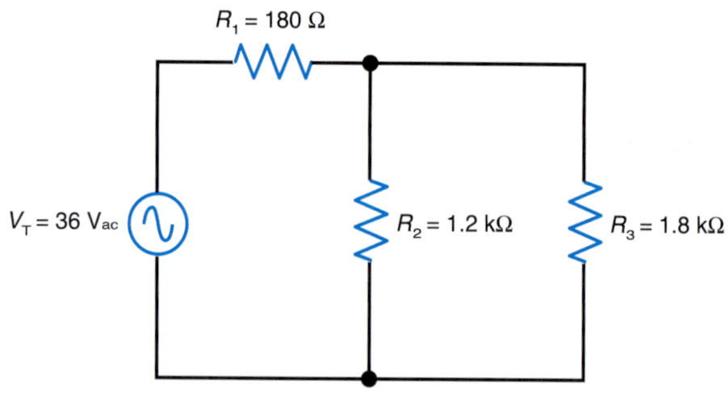

15-40 〈그림 15-33〉의 회로에서 다음을 구하라.

a. R_1에 흐르는 전류의 피크-대-피크값

b. R_2에 걸리는 전압의 평균값

c. R_3에 걸리는 전압의 피크값

d. R_3에 흐르는 전류의 평균값

15-12절 정현파가 아닌 교류파형

15-41 다음 그림에서 파형의 피크-대-피크값과 주파수를 구하라.

그림 15-34

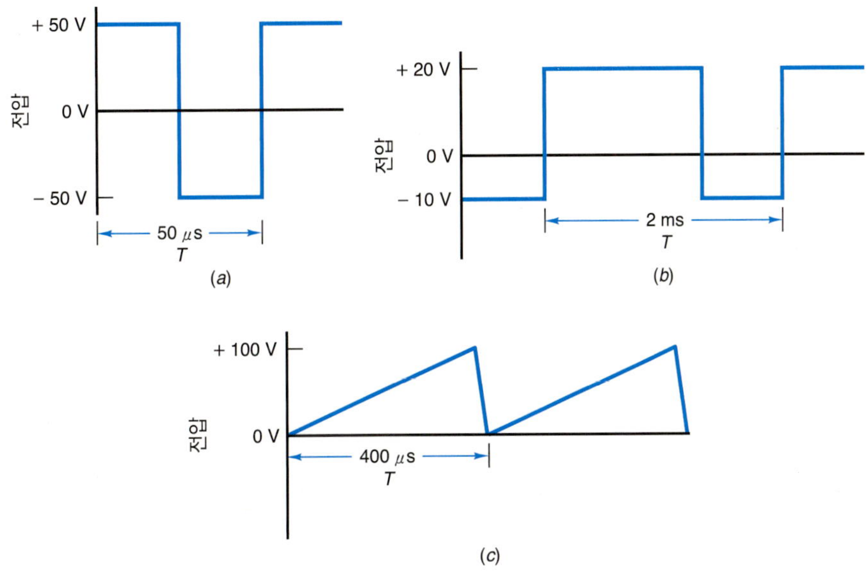

a. 〈그림 15-34a〉
b. 〈그림 15-34b〉
c. 〈그림 15-34c〉

15-13절 고조파주파수

15-42 3.8MHz 무선신호의 처음 4개의 고조파를 나열하여라.

15-43 1kHz 정현파의 처음 7개의 고조파를 나열하여라. 그리고 각 고조파를 짝수 고조파와 홀수 고조파로 분류하여라.

15-44 주파수 250Hz를 1옥타브 올리면 주파수는 얼마가 되는가?

15-45 주파수 3kHz를 2옥타브 내리면 주파수는 얼마가 되는가?

15-46 주파수 300Hz를 3옥타브 올리면 주파수는 얼마가 되는가?

15-47 1kHz보다 2데케이드 높은 주파수는 얼마인가?

15-14절 60Hz 교류전력선

15-48 대부분의 유럽국가에서 교류전력선으로 공급하는 전압의 주파수는 얼마인가?

15-49 가정이나 산업체에 교류전력을 공급할 때 교류전압의 크기를 올리거나(승압) 내리기 위해(강압) 사용하는 장치를 무엇이라고 하는가?

15-50 교류전력을 전송할 때 전압을 500kV로 엄청나게 높게 하여 송전선으로 보내는 까닭은 무엇인가?

사고력 문제

15-51 어떤 안테나의 길이가 주파수 f = 7.2MHz에서 반파장($\lambda/2$)과 같다. 이 안테나의 길이를 다음 단위로 구하여라.
(a) feet (b) cm

15-52 어떤 전송선의 길이가 7.5m이다. 주파수가 f = 10MHz일 때 이 전송선의 길이는 파장의 몇 배인가?

15-53 어떤 안테나의 전체 길이가 120ft이다. 어느 주파수에서 이 안테나의 길이가 반파장과 같아지는가?

15-54 $\theta=\pi/3$rad일 때 어떤 코사인파 전류의 크기가 45mA이다. $\theta=3\pi/2$rad일 때 이 파형의 크기를 구하여라.

복습문제 정답

15-1 a. 참
b. 거짓
c. 참

15-2 a. 10V
b. 360°

15-3 a. 85V
b. 120V
c. 170V

15-4 a. 0.707A
b. 0.5A

15-5 a. $120V_{rms}$
b. $14.14V_p$
c. $2.83V_{p-p}$

15-6 a. 4Hz
b. 1.605MHz

15-7 a. 400Hz
b. 1/400 s

15-8 a. 참
b. 거짓
c. 참

15-9 a. 90°
b. 60°
c. 0°

15-10 a. 1/240s
b. 0.1 μs

15-11 a. 30Ω
b. 6.67Ω
c. 30Ω

15-12 a. 2 μs
b. 15V

15-13 a. 48MHz
b. 440Hz

15-14 a. 거짓
b. 참
c. 참
d. 참

15-15 a. 참
b. 참
c. 거짓

15-16 a. 120°
b. 208V

chapter

16

커패시턴스

커패시턴스는 유전체가 전하를 보유하거나 저장하는 능력이다. 주어진 전압에서 더 많은 전하가 저장될수록 커패시턴스가 더 크다. 커패시턴스의 기호는 C이고 단위는 패럿(farad, F)인데, 이는 마이클 패러데이(Michael Faraday)의 이름에서 유래되었다.

커패시터는 두 개의 도체로 구성되는데, 두 도체 사이에는 절연체(유전체)가 들어 있다. 도체는 절연체를 가로질러 양단에 전압이 인가될 수 있도록 해준다. 특정한 C 값을 갖는 다양한 종류의 커패시터가 제조되고 있다. 커패시터는 사용된 유전체에 따라서 분류되며 커패시터의 흔한 종류는 공기, 세라믹(ceramic), 운모, 종이, 필름(film), 전해 콘덴서이다. 전자회로에서 사용되는 커패시터는 작고 경제적이다.

커패시터의 가장 중요한 특성은 교류(AC) 신호를 통과시키는 반면, 일정한 직류(DC) 전압을 차단하는 능력이다. 교류 신호의 주파수가 더 높아질수록 교류전압에 대한 저항 성분은 더 작아진다.

도체에서의 개방 혹은 유전체를 통한 단락회로로 인해 커패시터에는 흔히 고장이 발생된다. 이 장에서는 이런 고장들을 설명하며, 또한 저항계를 사용한 커패시터의 점검 방법에 대해서 설명한다.

단원 차례

단원 목표

- 커패시터의 유전체에 전하가 저장되는 방법을 설명한다
- 커패시터가 충전과 방전하는 방법을 설명한다.
- 커패시턴스의 단위 패럿(Farad)을 정의한다.
- 커패시턴스에 영향을 주는 요소들을 열거한다.
- 커패시터의 종류와 각각의 특성을 열거한다.
- 전해 커패시터의 구성 방법을 설명한다.
- 커패시터의 코딩 방법을 설명한다.
- 병렬 연결된 커패시터의 전체 커패시턴스를 계산한다.
- 직렬 연결된 커패시터의 등가 커패시턴스를 계산한다.
- 커패시터에 저장된 에너지를 계산한다.
- 커패시터와 관계된 누설, 유전체 흡수, 등가 직렬 저항을 정의한다.
- 커패시터를 점검하기 위한 저항계 사용법을 설명한다.

중요 용어

갱드 커패시터	마이크로 패럿(μF)	유전체	커패시턴스(C)
나노패럿(nF)	방전	유전흡수	콘덴서
누설저항	상대유전율 ϵ_r	전기장	패럿(F) 단위
누설전류	유전강도	충전	피코패럿(pF)
등가직렬저항(ESR)	유전상수 K_ϵ	커패시터	

16-1 유전체에 전하가 저장되는 방법

알아두기▸▸

자동차 산업계에서 커패시터는 흔히 콘덴서로 불린다. 하지만 전자 산업계에서 커패시터는 거의 콘덴서로 불리지 않는다.

자유전자는 절연체를 통해 흐를 수 없기 때문에 공기나 종이와 같은 유전 물질은 전하를 보유할 수 있다. 하지만 전하는 어떤 전원에 의해서 공급되어야 한다. 〈그림 16-1a〉에서 전지는 커패시터를 충전할 수 있다. 전위차가 V인 두 개의 금속판을 유전체를 통해 접촉하면, 전압원으로부터 전자가 V의 (–) 단자에 연결된 커패시터 쪽에 저장된다. 반대로, V의 (+) 단자에 연결된 커패시터의 반대쪽은 전자를 잃는다.

결과적으로 전자의 과잉이 커패시터의 한쪽 면에 (–) 전하를 발생하고 반대쪽 면은 (+) 전하를 가지게 된다. 예를 들어, 만약 6.25×10^{18}개의 전자가 저장되면 음의 전하는 1쿨롱(C)과 같아진다. 한쪽 극판에서 저장된 전하의 수는 반대 극판에서의 전하의 수와 정확히 같기 때문에 단지 한쪽 극판에서의 전하만 고려하면 된다.

전압원은 단지 커패시터의 한쪽 면에서 다른 쪽 면으로 전자를 재분배하는 일을 수행하며 이 과정을 커패시터를 충전한다고 한다. 충전은 커패시터 양단의 전위차가 인가전압과 같을 때까지 계속된다. 직렬저항 성분이 없다면 충전은 즉각적으로 이루어진다. 하지만 실제로는 회로 내에 항상 직렬저항이 존재하므로, 충전전류는 과도적으로 나타난다. 즉, 커패시터가 인가전압까지 충전될 때까지만 전류가 흐르고 충전이 끝나면 회로에는 더 이상 전류가 흐르지 않는다.

이러한 결과로 커패시터는 유전체에 전하를 저장하는 소자이다. 저장이란 전압원이 제거되더라도 전하가 유지됨을 의미하며 얼마나 많은 전하가 저장될 수 있는지의 정도가 커패시턴스 C이다. 주어진 양의 인가전압에서 전하가 많이 저장될수록 커패시턴스가 더 커진다. 특정 양의 커패시턴스를 제공하기 위해 만들어진 소자를 커패시터라고 하며 예전에는 콘덴서라고 불리기도 하였다.

전기적으로, 커패시턴스는 전하를 저장하는 능력이다. 커패시터는 간단하게 절연체에 의해 분리된 두 금속판으로 구성된다. 예로서, 〈그림 16-1b〉은 금속판 사이에 유전체로 공기를 사용한 가변 커패시터를 보여준다. 종이, 운모, 세라믹 등 유전체의 종류에 따라서 여러 종류의 커패시터가 있으나 〈그림 16-1c〉의 회로 기호는 모든 커패시터에 공통으로 적용된다.

그림 16-1 커패시턴스가 두 도선 사이의 유전체에 전하를 저장한다. (a) 구조 (b) 공기-절연을 이용한 가변 커패시터. 2인치 길이 (c) 고정 커패시터와 가변 커패시터의 도식 기호

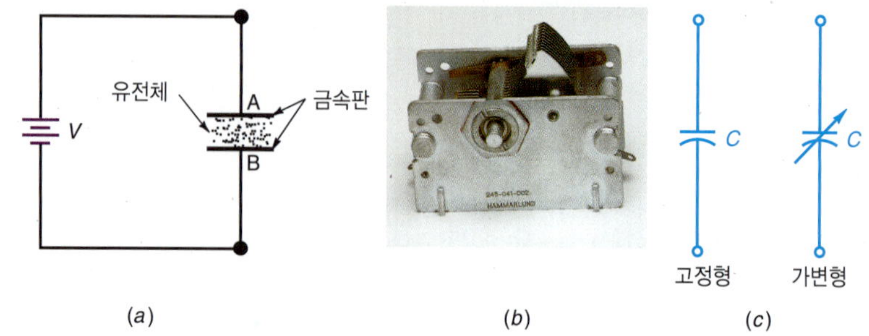

유전체에서의 전기장

어떤 전압이라도 반대의 전하 사이에 전기력선 장을 가진다. 전기장은 전류와 관계된 자기장의 자기력선에 해당한다. 커패시터는 두 극판 사이의 유전체에 전기장을 집중시키는 역할을 수행한다. 이는 인덕터에서 코일 권선에 자기장을 집중시키는 것에 해당한다. 커패시터 양극판과 도선을 통해서 유전체 양단에 전압원 V를 연결해 주면, 전기장은 모든 방향으로 퍼져서 분포되지 않고 커패시터 내에서 집중된다.

정전유도

커패시터는 전기장에 의한 정전유도로 인해 반대의 전하를 갖는다. 커패시터의 음극에 저장된 전자는 반대쪽에서 전자를 밀어내는 전기력선을 발생한다. 전자를 잃을 때 극판은 양으로 충전된다. 전기장에 의해 유도된 반대 극성의 전하는 자기장에 의해 자성체에서 유도된 반대 극에 해당한다.

■ **16-1 복습문제**

a. 커패시터에서 유전체 혹은 금속판 중 전하는 어느 곳에 저장되는가?

b. 커패시턴스의 단위는 무엇인가?

16-2 커패시터의 충전과 방전

충전과 방전은 커패시터에서 나타나는 주요한 효과이다. 인가전압은 커패시터에 전하를 제공하고 전하의 저장은 커패시터 극판 사이에 전위차를 발생시킨다. 커패시터 전압이 인가전압과 같으면 더 이상의 충전은 없으며 인가전압이 연결되거나 제거되어도 커패시터에는 전하가 남아 있게 된다.

인가전압이 없어도 도통 경로가 두 극판 사이에 제공되면 커패시터는 방전한다. 실제로 커패시터 전압이 인가전압보다 크다면 방전이 시작된다. 이때, 커패시터는 방전 경로에 방전 전류를 흐르게 하여 일시적으로 전압원 역할을 수행한다. 커패시터 방전은 커패시터 전압이 0으로 되거나 인가전압과 같아질 때까지 계속된다.

전하의 공급

〈그림 16-2a〉에서 커패시터는 인가전압과 연결되지 않았고 유전체에 정전기장이 없기 때문에 전하를 갖지 못한 중성 상태이다. 하지만 〈그림 16-2b〉의 스위치를 닫으면 음극 배터리 단자가 도체의 자유전자를 극판 A로 밀어낸다. 동시에 양극 배터리 단자에서는 극판 B로부터 자유전자를 끌어당긴다.

즉, 극판 A의 유전체 면은 전자를 축적하게 된다. 이는 절연체를 통해서는 전자가 이동할 수 없기 때문이다. 또한 극판 B는 동일한 잉여 양성자가 남게 된다. 반대 전하는 관련된 전위차, 즉 커패시터 양단의 전압을 가지게 된다. 커패시터 전압이 전지 전압과 같아질 때까지 충전 과정은 계속되는데 이 예에서 커패시터 전압은

10V가 된다. 그 후 더 이상의 충전이 이루어지지 않는데, 이는 인가전압이 도체에 전하를 더 이상 흐를 수 없게 하기 때문이다. 충전된 커패시터 양단의 전위차는 극판 A와 B 사이에서 10V이다. 그러나 각 극판에서 배터리 단자까지 전위차가 없기 때문에 커패시터 충전이 멈추게 된다.

전하의 저장

〈그림 16-2b〉와 〈그림 16-2c〉의 점선으로 표시된 것처럼, 양극판의 음전하와 양전하는 유전체를 관통하는 전기장을 갖게 된다. 전기력선의 방향은 극판 B로부터 전자를 밀어내서 극판이 양이 되는 것을 보여준다. 유전체를 통한 전기력선의 효과로 결국 전하를 저장하게 된다. 전기장은 분자 구조를 변형하여 더 이상 유전체를 중성 상태로 있지 못하게 한다. 유전체는 실제로 보이지 않는 힘인 전기장에 의해 응력을 받게 된다. 그 증거로서 커패시터 양단의 높은 전압을 갖는 매우 강한 전기장에 의해서 유전체는 파괴된다.

전기장에 의해 유전체는 전압원에서 공급된 전하를 갖게 된다. 유전체는 전하가 움직이지 못하는 절연체이기 때문에 전압원이 제거된 후라 해도 〈그림 16-2c〉에 나타난 것처럼 전하가 커패시터 내에 유지된다. 즉, 충전된 커패시터를 회로에서 분리한다 해도 커패시터는 두 단자 사이에 여전히 10V의 전압을 가진다.

방전

유전체 양단에 도통 경로가 연결되어 전하를 중성으로 만드는 작용을 커패시터의 방전이라 부른다. 〈그림 16-2d〉에서 극판 A와 B 사이의 전선이 방전전류가 흐르도록 하는 저 저항 경로이다. 전위차 10V를 만드는 유전체 내의 저장 전하가 방전 전류를 발생한다. 음극은 (+)와 (−) 전하가 중화될 때까지 전선을 통해 양극판으로 끌어당기는 전자를 밀어낸다. 더 이상 순전하가 존재하지 않을 때 커패시터는 완전히 방전되고 커패시터 양단의 전압은 0이 되며 더 이상 방전전류가 흐르지 않는다. 이제 〈그림 16-2a〉에서와 같이 커패시터는 전하가 없는 상태이다. 하지만 인가전압원에 의해 커패시터는 다시 충전될 수 있다.

MultiSim **그림 16-2** 커패시턴스에서의 전하 저장 (a) 전하 없는 커패시터 (b) 배터리가 커패시터를 10V의 인가전압으로 충전한다. (c) 배터리 없이 10V를 발생하며 저장 전하가 커패시터에 남아 있다. (d) 커패시터의 방전

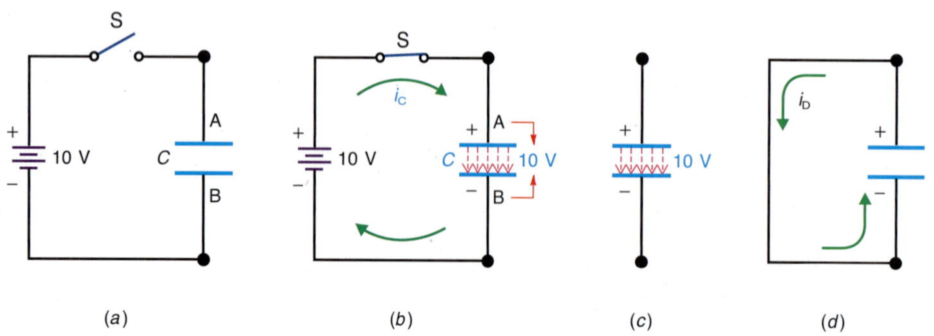

커패시턴스의 본질

커패시터는 충전전압과 같은 전위차를 발생시키기 위해 필요한 만큼 전하를 저장할 수 있다. 〈그림 16-2〉에 100V가 인가된다면 커패시터는 100V로 충전될 것이다. 커패시터 전압이 인가전압보다 작을 때 커패시터는 충전을 계속 진행하기 때문에 커패시터는 인가전압까지 충전한다. 커패시터 전압이 인가전압과 크기가 같아지는 순간 더 이상 충전전류가 흐를 수 없다. 충전전류와 방전전류는 유전체를 통해서 흐르지 않고 극판의 연결 도선을 통해서 흐르는 점에 주목하라.

충전전류와 방전전류

〈그림 16-2b〉에서 i_c는 〈그림 16-2d〉에서의 i_D와 반대 방향이다. 두 경우 그림에 나타난 전류는 전자의 흐름에 의해 표시된다. i_c는 커패시터의 충전전류이고 i_D는 커패시터의 방전전류이다. 충전전류와 방전전류는 방향이 반대이다. 〈그림 16-2b〉에서 C의 음극판은 전압원으로부터 전자를 저장하고 〈그림 16-2d〉에서 충전된 커패시터는 방전 경로 주위에 전자를 흘려보내는 전압원으로 동작한다.

주어진 양의 전압에 대해 C의 값이 클수록 더 많은 충전전류와 방전전류가 흐른다. 또한 커패시턴스가 일정할 때, 전압 V가 클수록 더 많은 충전전류와 방전전류가 흐른다. 하지만 C 값은 커패시터의 물리적 구성에 의해 결정되며 전압에 따라 변하지 않는다.

■ 16-2 복습문제

〈그림 16-2〉에서

a. 인가전압이 14.5V였다면 충전이 끝난 후 커패시터 양단의 전압은 얼마인가?

b. 커패시터가 완전히 방전된 후 커패시터 양단의 전압은 얼마인가?

c. 커패시터는 방전이 끝난 후 다시 충전될 수 있는가?

전자공학의 선구자들

커패시턴스 측정 단위 패럿(F)은 마이클 패러데이(1791 - 1867)의 이름을 따서 명명되었다. 그는 영국의 화학자이자 물리학자이며 유도의 원리를 발견했다. (1F는 커패시턴스의 단위이며, 1F은 1V의 전압이 인가되었을 때 1쿨롱[C]의 전하를 저장한다.)

16-3 커패시턴스의 단위(패럿)

충전전압이 클수록 전기장은 더 강해지고 더 많은 전하가 유전체에 저장된다. 따라서 커패시턴스에 저장되는 전하의 양 Q는 인가전압에 비례하며 커패시턴스가 커질수록 많은 전하를 저장할 수 있다. 이러한 관계는 다음 식에 의해 요약된다.

$$Q = CV(\mathrm{C}) \tag{16-1}$$

여기서 Q는 유전체에 저장된 전하로 단위는 쿨롱(C)이고, V는 커패시터의 극판 사이에 걸리는 전압이고 C는 커패시턴스로 단위는 패럿이다. C는 물리적인 상수로 주어진 충전전압의 양에 대해 저장할 수 있는 전하의 양을 나타낸다. 1쿨롱의 전하가 1V의 전위차를 가지는 유전체 내에 저장될 때, 커패시턴스는 1패럿이다.

실제 커패시터는 1/1,000,000 패럿 정도 또는 더 작은 크기를 가진다. 그 이유는

알아두기▸▸

커패시터는 일반적으로 pF 또는 μF 단위의 용량을 가지며, 드물게 nF 단위의 용량을 사용하기도 한다. 그러나 대부분의 커패시턴스 측정기는 nF 단위의 커패시턴스 범위를 갖는다.

대부분의 커패시터가 1μC 또는 그 이하의 전하를 저장하기 때문이다. 따라서 다음의 단위가 흔히 사용된다.

$$1\text{마이크로패럿} = 1\mu\text{F} = 1\times10^{-6}\ \text{F}$$
$$1\text{나노패럿} = 1\text{nF} = 1\times10^{-9}\ \text{F}$$
$$1\text{피코패럿} = 1\text{pF} = 1\times10^{-12}\ \text{F}$$

커패시턴스에서 나노패럿 단위는 종전에 많이 사용되지 않았지만, 전자산업 분야에 점점 더 많이 사용되는 추세이다.

예제 16-1

50V 전압원의 양단에 연결된 μF 커패시터에 저장된 전하는 얼마인가?

정답

$$\begin{aligned} Q = CV &= 2\times10^{-6}\times50 \\ &= 100\times10^{-6}\text{C} \end{aligned}$$

예제 16-2

50V 전압원의 양단에 연결된 40μF 커패시터에 저장된 전하는 얼마인가?

정답

$$\begin{aligned} Q = CV &= 40\times10^{-6}\times50 \\ &= 2000\times10^{-6}\text{C} \end{aligned}$$

전하 저장 능력인 커패시턴스의 정의에 따라 커패시터가 커지면 같은 전압에서 더 많은 전하를 저장하는 사실에 주목하라.

$Q=CV$ 관계는 다음으로 변환될 수 있다.

$$C = \frac{Q}{V} \tag{16-2}$$

또는

$$V = \frac{Q}{C} \tag{16-3}$$

3개의 공식에서 기본 단위로는 V는 볼트, Q는 쿨롱, C는 패럿이다. 공식 $C=Q/V$에서 1F의 커패시턴스는 1V의 전위차에서 1C의 저장 전하량으로 정의됨을 주목하

라. 이탤릭체 문자 C는 커패시턴스의 기호이며 로마체의 같은 C가 전하량의 쿨롱 단위를 표시하는 약자로 사용된다. 쿨롱과 커패시턴스 사이의 차이가 다음의 예제를 통해서 확실히 구분된다.

예제 16-3

2μA의 일정 전류가 20초 동안 커패시터를 충전한다. 저장된 전하량은 얼마인가? $I=Q/t$ 혹은 $Q=I\times t$를 기억하라.

정답

$$Q = I\times t$$
$$= 2\times 10^{-6}\times 20$$
$$= 40\times 10^{-6}\text{C 또는 } 40\mu\text{C}$$

예제 16-4

〈예제 16-3〉에서 충전된 커패시터 양단의 전압이 20V이다. C를 계산하라.

정답

$$C = \frac{Q}{V} = \frac{40\times 10^{-6}}{20} = 2\times 10^{-6}$$
$$= 2\mu\text{F}$$

예제 16-5

5mA의 일정 전류가 10μF의 커패시터를 1초 동안 충전한다. 커패시터 양단의 전압은 얼마인가?

정답 우선 저장된 전하량을 구한다.

$$Q = I\times t = 5\times 10^{-3}\times 1$$
$$= 5\times 10^{-3}\text{C 또는 5mC}$$
$$V = \frac{Q}{C} = \frac{5\times 10^{-3}}{10\times 10^{-6}} = 0.5\times 10^{3}$$
$$= 500\text{V}$$

그림 16-3 평판 면적이 넓어지거나 평판 사이의 거리가 좁아짐으로써 저장 전하와 커패시턴스가 증가한다. (a) C=1nF (b) C=2nF, 2배의 평판 면적과 같은 평판 사이의 거리 (c) C=2nF, 1/2배의 평판 사이 거리와 같은 평판 면적

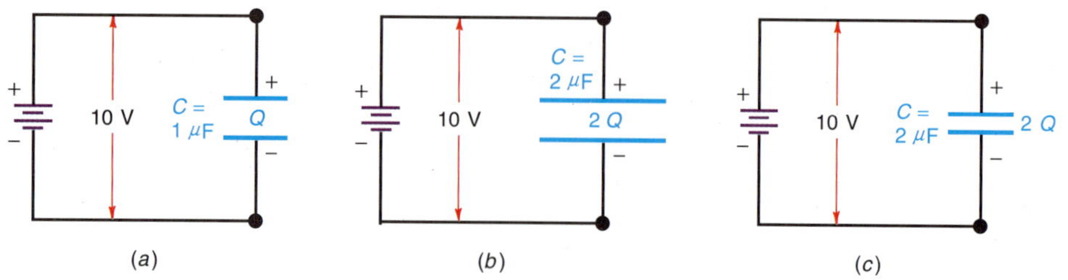

평판 면적이 커질수록 커패시턴스가 증가한다

〈그림 16-3〉에 나타난 것처럼 각 평판의 면적이 2배가 되면 〈그림 16-3b〉의 커패시턴스는 〈그림 16-3a〉에 비해 2배 전하를 저장한다. 두 경우 모두 전위차는 여전히 10V이다.

이 전압이 동일한 크기의 전기장을 발생한다. 그러나 평판 면적이 커질수록 각 평판과 접촉할 수 있는 유전체의 표면이 증가하여 더 많은 전기력선이 유전체를 통과하고 유전체 바깥쪽에 누설 전속은 감소한다. 따라서 전기장은 유전체에 더 많은 전하를 저장할 수 있다. 결과적으로 같은 인가전압에서 평판 면적이 커질수록 저장되는 전하의 양이 증가하게 되며 이는 커패시턴스가 커진다는 것을 의미한다.

알아두기▸▸

커패시터의 커패시턴스는 주파수, 전압 등과 같은 외부 회로 파라미터가 아닌 물리적 구성에 의해서만 결정된다.

유전체가 얇아질수록 커패시턴스를 증가시킨다

〈그림 16-3c〉에 나타난 것처럼 평판 사이의 거리가 1/2로 줄어들면 커패시턴스는 〈그림 16-3a〉의 전하의 2배를 저장한다. 전위차는 여전히 10V이지만 전기장은 더 얇은 유전체에서 더 큰 전속밀도를 가진다. 따라서 반대 평판 사이의 전기장은 유전체 내에 더 많은 전하를 저장할 수 있다. 평판 사이의 거리가 짧아질수록 동일한 인가전압에 대해 저장된 전하가 증가하며, 이는 커패시턴스가 더 커지는 것을 의미한다.

유전상수 K_ε

유전상수는 전기력선을 집중시키는 절연체의 능력이다. 유전상수의 값은 공기나 진공에서의 전속에 대한 절연체에서의 전속의 비로 표시된다. 공기나 진공의 유전상수는 1이며 기준값으로 사용된다.

예를 들어, 운모는 평균 유전상수 6을 갖는다. 이는 같은 인가전압과 물리적 크기에 대해 운모가 공기나 진공에서의 전속밀도에 비해 6배 큰 전속밀도를 갖는 것을 의미한다. 〈표 16-1〉에 나타난 것처럼, 절연체는 일반적으로 1보다 큰 유전상수 K_ε를 갖는다. K_ε의 값이 클수록 커패시턴스의 크기가 크다.

〈표 16-1〉에 표시된 산화알루미늄과 산화탄탈륨은 전해 커패시터에 유전체로 사용된다. 또한 플라스틱 필름은 흔히 감긴 포일형의 커패시터에 종이 대신 사용된다.

절연체의 유전상수는 상대적인 유전율의 크기를 나타내는 비유전율이다. 기호 ε_r

또는 K_ε는 전속을 집중하는 능력을 표시한다. 이것은 자속에서 기호 μ_r 혹은 K_m을 갖는 비투자율에 대응된다. ε_r 혹은 K_ε 모두 두 수의 비로 정의되기 때문에 단위가 없다.

평행 평판 커패시터에 이러한 물리적 요소는 다음 공식에 의해 요약된다.

$$C = K_\varepsilon \times \frac{A}{d} \times 8.85 \times 10^{-12}\text{F} \qquad (16\text{-}4)$$

여기서 A는 각 평판의 면적으로 m^2 단위를 사용하고, d는 평판 사이의 거리이고, K_ε는 〈표 16-1〉에 나타난 유전상수 혹은 비유전율이며, C는 커패시턴스이다. 상수 8.85×10^{-12}은 공기 또는 진공에서의 SI 단위로 절대 유전율을 나타낸다.

이는 커패시터가 1V의 전압에 1770×10^{-12}C의 전하를 저장시킬 수 있다는 것을 의미한다. 상당히 큰 $2m^2$의 평판 면적임에도 pF 단위의 상대적으로 작은 커패시턴스가 구해진다.

표 16-1	유전체	
물질	유전상수(K_ε)	유전강도(V/MIL)
공기 또는 진공	1	20
산화알루미늄	7	
도자기	80~1200	600~1250
유리	8	335~2000
운모	3~8	600~1500
기름	2~5	275
종이	2~6	1250
플라스틱필름	2~3	
산화탄탈륨	25	

예제 16-6

각 평판의 면적이 $2m^2$이고 1cm 떨어져 있으며 공기를 유전체로 사용한 커패시터의 C를 계산하라.

정답 공식 (16-4)에 대입하여

$$\begin{aligned} C &= 1 \times \frac{2}{10^{-2}} \times 8.85 \times 10^{-12}\text{F} \\ &= 200 \times 8.85 \times 10^{-12} \\ &= 1770 \times 10^{-12}\text{F} \text{ 또는 } 1770\text{pF} \end{aligned}$$

그림 16-5 종이 커패시터 (a) 물리 구조 (b) 종이 커패시터의 예

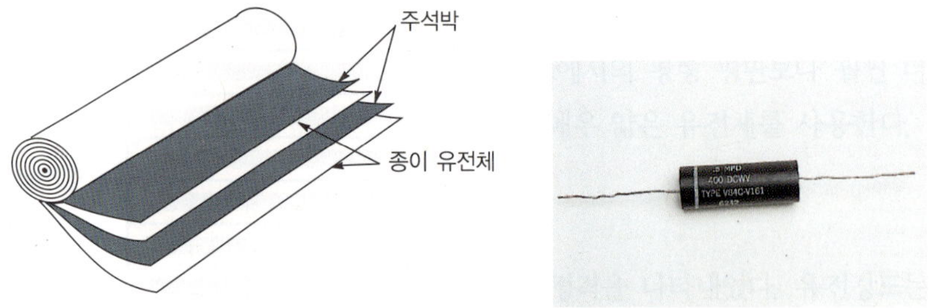

(a) (b)

커패시턴스의 크기는 같기 때문에 필요한 극성은 갖지 않는다. 또한 C를 나타내는 회로 기호에서 곡선이 보통 커패시터의 낮은 전위 쪽을 지시함을 주목하라.

필름 커패시터

필름 커패시터는 종이 커패시터와 매우 유사한 구조를 가지나 종이 유전체 대신에 폴리프로필렌, 폴리스티렌, 폴리카보네이트, 폴리에틸렌 테레프탈레이트(마일러)와 같은 플라스틱 필름을 사용한다. 필름 커패시터는 포일형과 금속형의 두 가지 주요 종류로 구분된다. 포일형은 도체 극판을 위해 알루미늄 또는 주석과 같은 금속 포일의 시트를 사용한다. 금속형은 플라스틱 필름 위에 알루미늄 또는 아연과 같은 얇은 금속 층을 도포(스프레이)하여 사용한다. 도포된 금속은 커패시터의 극판으로 동작한다. 호일형에 대한 금속형의 장점은 주어진 커패시턴스와 항복전압 정격에 대해 금속형의 크기가 훨씬 작아진다는 점이다. 그 이유는 금속형은 스프레이되어 훨씬 더 얇은 극판을 가지기 때문이다. 금속형의 또 다른 이점은 자체의 치유 특성이다. 이것은 만약 유전체가 항복전압을 초과하는 정격에 의해서 고장이 발생한다 하더라도 커패시터는 영구적으로 손상받지 않고 자체적으로 치유됨을 의미한다. 필름 커패시터는 온도에 대해 매우 안정성이 뛰어나 안정된 커패시턴스 값을 요구하는 회로에 자주 사용된다. 그러한 예로 라디오 주파수 발진기와 타이머 회로를 들 수 있다. 필름 커패시터는 약 100pF에서 100μF에 이르는 값들을 사용할 수 있다. 〈그림 16-6〉은 전형적인 필름 커패시터를 나타낸다.

그림 16-6 필름 커패시터

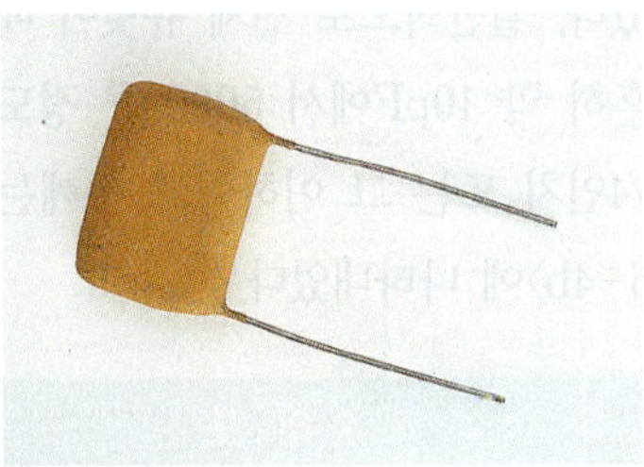

세라믹 커패시터

세라믹 커패시터에서 사용되는 세라믹 물질은 고온에서 만들어진다. 이산화티타늄 또는 여러 종류의 규산염 중 하나를 이용하여 매우 높은 값의 유전상수 K_ε를 얻을 수 있다. 〈그림 16-7〉과 같이 대부분의 세라믹 커패시터는 디스크 형태를 가진다. 디스크 형에서 커패시터 극판을 형성하기 위해서 은을 세라믹 유전체의 양쪽에 부착한다. 세라믹 커패시터는 1pF에서(혹은 이하) 약 1μF까지의 값을 갖는다. 대부분의 원하는 커패시턴스의 값을 제공하기 위해 유전상수 K_ε를 조정하는 것이 가능하기 때문에 이러한 다양한 크기가 가능하다. 또한, 디스크 형이 아닌 다른 형태의 세

그림 16-7 세라믹 디스크 커패시터

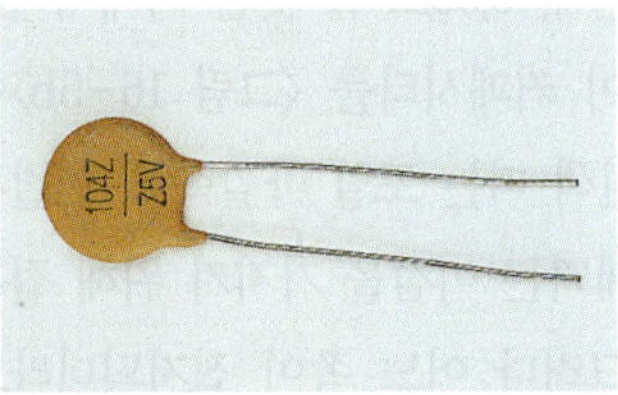

그림 16-8 칩 커패시터

라믹 커패시터도 구성할 수 있음에 주목하라. 일부 세라믹 커패시터는 보조 단자를 가지고 있고 저항과 유사한 색 코드를 사용하여 용량을 표시한다.

표면실장 커패시터

저항과 같이 커패시터도 표면실장(surface-mounted) 형태로 제조가 가능하다. 표면실장 커패시터는 흔히 칩 커패시터로 불린다. 칩 커패시터는 커패시터 극판을 구성하는 전도성 필름 사이에 세라믹 유전체를 배치한다. 커패시턴스는 유전상수 K_ε와 극판의 물리적인 면적에 의해 결정된다. 칩 커패시터는 여러 종류의 크기가 존재하며 일반적인 크기는 0.125인치의 길이와 0.063인치의 폭을 가지며 두께는 다양하다. 다른 일반적인 크기는 0.080인치의 길이와 0.050인치의 폭을 가지며 두께가 다양하다. 〈그림 16-8〉은 칩 커패시터의 두 종류를 나타낸다. 칩 저항과 같이 칩 커패시터도 인쇄회로기판(PCB)의 구리선에 직접 납땜되는 단자를 가진다.

칩 커패시터는 1pF에서 수 μF까지의 범위에 해당하는 값을 갖는다.

가변 커패시터

〈그림 16-1b〉는 가변 공기 커패시터를 나타낸다. 이 구조에서 고정된 금속 극판이 함께 연결되어 고정자(stator)를 구성한다. 축에 함께 연결되어 이동하는 극판은 회전자를 형성한다. 축이 회전함에 따라 회전자의 극판이 고정자의 극판과 맞물리기 때문에 커패시턴스가 변한다. 공기가 유전체이기 때문에 그들은 서로 연결되지 않는다. 완전하게 맞물리면 최대 커패시턴스 값을 가지며 회전자를 최대한 맞물리지 않

으면 최소의 커패시턴스 값을 갖는다.

흔히 적용되는 분야는 라디오 수신기에서의 동조용 커패시터이다. 다른 방송국을 동조하고자 할 때 회전자를 돌리면 커패시턴스가 변화한다. 인덕턴스와 같이 가변 커패시턴스는 수신기를 각 방송국의 다른 공진 주파수에 동조시킨다.

온도계수

세라믹 커패시터는 흔히 온도의 상승에 따라 커패시턴스를 증가하거나 감소하기 위한 온도 보상용으로 사용된다. 온도계수는 25℃를 기준으로 ℃당 PPM으로 주어진다. 예를 들면, −750PPM 단위는 N750으로 표시되고 같은 값의 (+)온도계수는 P750으로 표시된다. 온도에 따라 변하지 않는 커패시턴스는 NPO로 표시된다.

커패시턴스의 허용오차

일반적으로 세라믹 디스크 커패시터는 보통 ±20% 허용오차를 가진다. 보다 작은 허용오차를 위해 운모와 필름 커패시터가 사용된다. 이들은 2%에서 20%의 허용오차를 갖는다. 은 극판 운모 커패시터는 1%의 허용오차를 갖는다. 허용오차는 충분한 커패시턴스를 보장하기 위해서 (−) 쪽이 더 작아지며, 특히 전해 커패시터에서는 허용오차가 더욱 커진다. 예를 들어, −10%, +50%의 허용오차를 갖는 20μF의 전해 커패시터는 18μF에서 30μF의 커패시턴스를 갖는다. 하지만 필터링, 교류 결합용 및 바이패스 용 등의 대부분의 커패시터 응용에서는 정확한 커패시턴스 값이 그다지 중요하지 않다.

커패시터의 정격전압

정격은 유전체를 파괴하지 않고 극판 사이에 인가될 수 있는 최대 전압을 표시한다. 보통 정격전압은 약 60℃까지 온도를 상승시킨다. 온도가 높아질수록 낮은 정격전압을 갖는 범용의 종이, 운모, 세라믹 커패시터의 정격전압은 전형적으로 200V에서 500V까지이다. 1kV에서 20kV 범위의 정격을 갖는 세라믹 커패시터도 존재한다.

전해 커패시터는 전형적으로 16V, 35V, 50V의 정격을 갖는다. 낮은 정격전압이 허용되는 응용 분야에서는 작은 크기의 커패시터가 사용될 수 있다.

커패시터 양단의 전위차는 인가전압에 의존하며 정격전압과 반드시 같을 필요는 없다. 커패시터 양단의 전위차보다 정격전압이 더 높다면 커패시터를 안전하게 오래 사용할 수 있다. 하지만 전해 커패시터의 실제 커패시터 전압은 정격전압에 가까워야 한다.

정격전압은 직류전압에도 적용된다. 항복정격은 교류전압에서 더 낮아지는데, 그 이유는 지속적인 충전과 방전에 의해 발생되는 내부의 열 때문이다.

커패시터 응용

대부분의 전자회로에서 커패시터에는 직류전압과 이보다 크기가 훨씬 작은 교류전압이 함께 인가된다. 보통 커패시터의 기능은 충전 및 방전 전류에 의해 직류전압은 차단하고 교류신호 전압을 통과시키는 데 있다. 이러한 응용 분야는 교류신호의 결합, 바이패싱 및 필터링 등이 있다.

■ 16-4 복습문제

a. 전해 커패시터는 정확한 극성으로 연결되어야 한다. (참, 거짓)

b. 커패시터 양단의 전위차는 항상 그 최대 정격전압과 같다. (참, 거짓)

c. 세라믹 커패시터와 종이 커패시터는 항상 전해 커패시터보다 작은 C 값을 갖는다. (참, 거짓)

d. NPO 표시는 온도계수 0을 나타낸다. (참, 거짓)

16-5 전해 커패시터

전해 커패시터는 약 1μF에서 6800μF에 이르는 C 값용으로 흔히 사용되며, 그 이유는 최소한의 비용으로 가장 작은 공간에 가장 큰 커패시턴스 값을 제공할 수 있기 때문이다.

알아두기▸▸

전해 커패시터의 직류 누설전류는 보통 커패시턴스, 전압 그리고 소수의 곱으로 규정된다. 예를 들어, 전해질의 누설전류는 $I = 0.01\text{CV} + 3\mu\text{A}$로 표현된다. 직류 누설전류는 보통 정격전압 인가 시 25℃에서 측정된다.

구성

〈그림 16-9〉는 알루미늄 포일형을 보여준다. 두 알루미늄 전극은 붕사, 인산염, 탄산염 전해액에 들어 있다. 두 개 알루미늄 스트립 사이에서 흡수용 거즈는 산화막을 만드는 데 필요한 전기분해를 위해 전해액을 흡수한다. 이런 형태는 습 전해질이라고 간주된다.

그림 16-9 알루미늄 전해 커패시터의 구조 (a) 내부 전극 (b) 카트리지에 감긴 호일 (c) 일반적인 커패시터

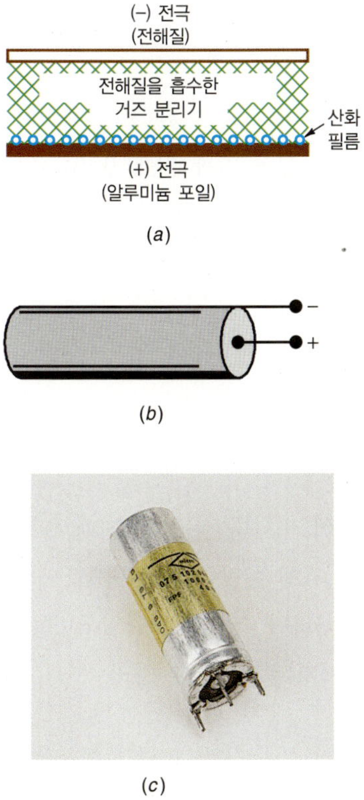

커패시턴스를 형성하기 위해 직류전압이 인가될 때 전해 작용이 양극 알루미늄 포일과 전해질 사이의 접합에서 얇은 알루미늄의 산화막을 축적한다. 이 산화막이 절연체이다. 결과적으로 양의 알루미늄 전극과 거즈로 분리된 전해액 사이에 커패시턴스가 형성된다. 음의 알루미늄 전극은 단지 전해액과 연결만을 제공한다. 〈그림 16-9c〉에 나타난 것처럼, 금속 캔은 보통 커패시터의 음의 단자가 된다.

극히 얇은 유전체 필름으로 인해 매우 큰 C 값을 얻을 수 있다. 알루미늄 포일의 긴 스트립과 거즈를 사용하면 면적이 증가되는데, 이는 매우 큰 커패시턴스를 갖는 빽빽한 실린더형으로 감겨진다. 예를 들면, 전해 커패시터는 0.1μF의 종이 커패시터와 같은 크기를 가질 경우, 10V의 항복전압 정격에 1000μF 커패시턴스 또는 그 이상의 커패시턴스를 형성할 수 있다. 더 높은 정격전압은 450V까지 가능하고 약 6800μF까지의 C 값이 가능하다. 매우 높은 C 값은 보통 낮은 정격전압을 가진다.

극성

전해 커패시터는 직류전압과 교류전압의 조합을 가지는 회로에서 사용된다. 직류전압은 산화막을 형성하기 위해 전해 커패시터 양단에 필요한 극성을 유지해야 한다. 전해질 필터 커패시터의 응용 분야는 직류 전력 공급 장치에서 60Hz 또는 120Hz

의 교류 리플을 제거하는 데 사용된다. 또 다른 응용 분야로 트랜지스터 증폭기에서 오디오 결합용으로 사용된다. 필터링이나 결합용으로 사용되는 두 분야 모두 전해질이 큰 C 값을 위해 필요하다. 교류 성분을 필터링해서 제거하는 것과 회로에 교류 성분을 결합하는 것 사이의 차이는 단지 병렬연결이나 직렬연결의 문제이다. 전원 공급 장치의 필터 커패시터는 전형적으로 100μF에서 1000μF 사이이다. 오디오 커패시터는 보통 10μF에서 47μF의 범위를 갖는다.

만약 전해 커패시터가 반대 극성으로 연결된다면 역방향의 전기분해가 일어나 커패시터 내에 가스를 형성하고 뜨거워져서 폭발할 수도 있다. 이는 오로지 전해 커패시터에서만 적용된다.

누설전류

전해 커패시터의 단점은 분극작용 이외에도 다른 커패시터에 비해 상대적으로 큰 누설전류를 갖는 데 있다. 그 이유는 산화막이 완전한 절연체가 아니기 때문이다. 커패시터에서 누설전류의 문제는 직류 성분 일부가 교류 성분과 같이 다음 회로 속으로 결합되는 것이다. 그러나 최근의 전해 커패시터에서 누설전류는 상당히 작다. 16-10절에서 커패시터의 누설전류를 자세히 설명한다.

비분극 전해 커패시터

이 커패시터는 60Hz 교류전력선의 전압과 같이 직류전압이 없는 분야에 사용될 수 있다. 하나의 응용 분야로 교류 전동기용 기동 커패시터를 들 수 있다. 비분극 전해질 커패시터는 실질적으로 두 개의 커패시터를 포함하며 내부에 반대의 극이 직렬로 연결되어 있다.

탄탈륨 커패시터

탄탈륨 커패시터는 알루미늄 대신에 탄탈륨(Ta)을 사용하는 전해 커패시터의 다른 형태로 티타늄(Ti)이 사용되기도 한다. 전형적인 탄탈륨 커패시터를 〈그림 16-10〉에 나타내었다. 탄탈륨 커패시터는 다음의 특성을 갖는다.

1. 작은 크기에 큰 C 값을 가진다.
2. 저장 수명이 더 길다.
3. 누설전류가 더 작다.

하지만, 탄탈륨 커패시터는 알루미늄 타입보다 가격이 비싸다. 탄탈륨 커패시터의 구조는 습포일 형과 고체 칩, 슬러그 형을 포함한다. 고체 탄탈륨은 유전체로 산화막을 갖도록 제조과정에서 처리된다. 〈표 16-1〉에 나타난 것처럼 산화알루미늄의 유전상수가 7인 것에 비해 탄탈륨은 유전상수 25를 가지는 점에 주목하라.

그림 16-10 탄탈륨 커패시터

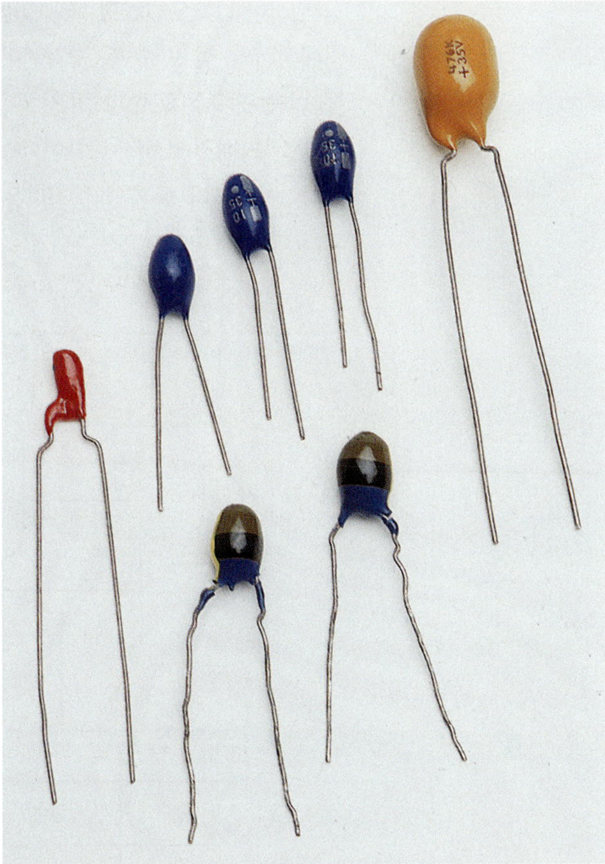

■ 16-5 복습문제

a. 전해 커패시터는 25V에서 1000μF의 정격을 가질 수 있다. (참, 거짓)

b. 전해 커패시터는 운모 커패시터보다 더 많은 누설전류를 가진다. (참, 거짓)

c. 탄탈륨 커패시터는 알루미늄 전해 커패시터보다 저장 수명이 더 길다. (참, 거짓)

16-6 커패시터 코딩

> **알아두기▸▸**
> 불행히도 커패시터 코딩에 대한 표준은 없다.

커패시터의 값은 항상 μF 또는 pF의 커패시턴스 단위로 표시된다. 하지만 이것이 모든 종류의 커패시터에 해당되지는 않는다. 일반적인 규칙으로는 만약 전해 커패시터가 아닌 커패시터가 33, 220이나 680과 같은 자연수를 사용하여 표시된다면 커패시턴스 C는 pF 단위이다. 그에 비해 커패시터가 0.1, 0.047, 0.0082 등과 같은 소수로 표시된다면 커패시턴스 C는 μF 단위를 가진다. 제조자가 커패시터의 값을 표시하는 다양한 방법이 있으며, 다음 절에서는 가장 일반적으로 사용되는 코딩법에 대해서 설명한다.

필름형 커패시터

〈그림 16-11〉은 필름형 커패시터에서 가장 흔히 사용하는 코딩 시스템을 나타낸다. 커패시터의 첫 번째 두 숫자는 커패시턴스 수치 값의 처음 두 자릿수를 지시한다. 세 번째 숫자는 곱수로 처음 두 자릿수에 곱해져야 하는 수이다. 가장 오른쪽 끝의 문자는 커패시터 허용오차이다. 이러한 코딩 체계에서 커패시턴스는 항상 pF 단위이다. 커패시터 항복전압 정격은 보통 커패시턴스 코드 값 아래 몸체에 직접 표시된다.

MultiSim **그림 16-11** 필름형 커패시터 코딩 체계

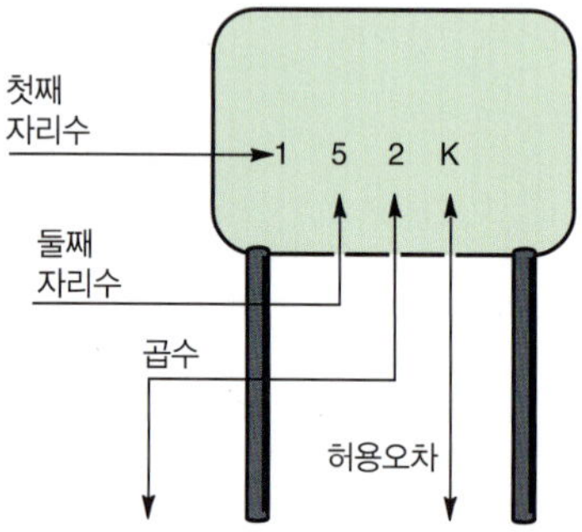

곱수		커패시터 허용오차		
수	곱수	문자	10 pF 또는 이하	10 pF 이상
0	1	B	±0.1 pF	
1	10	C	±0.25 pF	
2	100	D	±0.5 pF	
3	1,000	F	±1.0 pF	±1%
4	10,000	G	±2.0 pF	±2%
5	100,000	H		±3%
		J		±5%
8	0.01	K		±10%
9	0.1	M		±20%

예)
152K = 15×100 = 1500 pF 또는 0.0015 μF, ±10%
759J = 75 ×0.1 = 7.5 pF, ±5%

주: 2R2 = 2.2(pF 또는 μF)에서처럼 문자 R이 소수점을 나타내기 위해 사용되기도 한다.

예제 16-7

〈그림 16-12a〉와 〈그림 16-12b〉의 필름형 커패시터의 커패시턴스 값을 구하라.

그림 16-12 〈예제 16-7〉의 필름형 커패시터

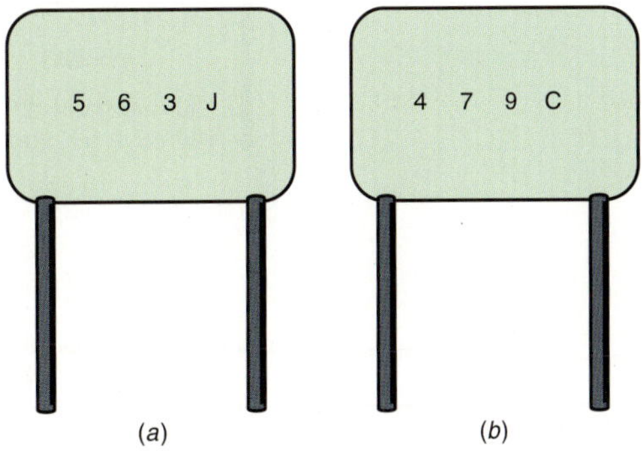

정답 〈그림 16-12a〉에서 첫 번째 두 숫자는 각각 5와 6이다. 이는 커패시턴스 수치 값 56을 만든다. 세 번째 숫자 3은 1000의 곱수를 나타내어 커패시턴스 값은 56×1000=56000pF이 된다. 문자 J는 ±5%의 커패시터 허용오차를 표시한다.

〈그림 16-12b〉에서 첫 번째 두 숫자는 각각 4와 7이다. 이는 커패시턴스 수치 값 47을 만든다. 세 번째 숫자 9는 0.1의 곱수를 나타내어 커패시턴스 값은 47×0.1=4.7pF이 된다. 문자 C는 ±0.25pF의 커패시터 허용오차를 표시한다.

세라믹 디스크 커패시터

〈그림 16-13〉은 대부분의 세라믹 디스크에서 커패시턴스 값을 표기하는 방법을 보여준다. 그림에서와 같이 커패시턴스는 자연수로 표시하거나 소수로 표시한다. 사용되는 코딩 체계 방식은 제조업자에 의해 결정된다. 세라믹 디스크 커패시터는 넓은 범위의 오차가 허용되는 분야에 교류신호 결합과 바이패싱을 위해 흔히 사용된다.

예제 16-8

〈그림 16-14〉에서 다음을 구하라. (a) 커패시턴스 값과 허용오차 (b) 온도 범위 표시 정보

정답 (a) 커패시턴스 값이 소수로 표시되기 때문에 그 값은 μF 단위를 가진다. 이 경우 C=0.047μF이다. 0.047 오른쪽의 문자 Z는 +80%에서 −20%의 커패시터 허용오차를 나타낸다. 실제 커패시턴스 값은 코딩된 값의 80%보다 많을 수도 있고 20%보다 작을 수도 있다.

그림 16-13 세라믹 디스크 커패시터의 코딩 체계

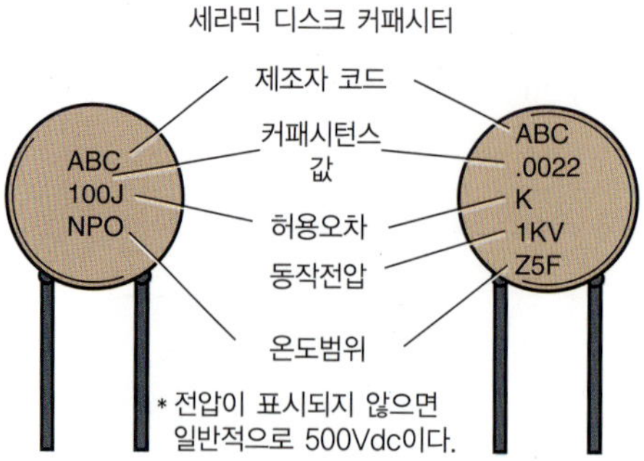

전형적인 세라믹 디스크 커패시터 표시

Z 5 F 1 0 0 J

저온	문자 기호	고온	숫자 기호	온도범위 이상에서 최대 커패시턴스 변화	문자 기호
+10℃	Z	+45℃	2	±1.0%	A
−30℃	Y	+65℃	4	±1.5%	B
−55℃	X	+85℃	5	±1.1%	C
		+105℃	6	±3.3%	D
		+125℃	7	±4.7%	E
				±7.5%	F
				±10.0%	P
				±15.0%	R
				±22.0%	S
				+22%, −33%	T
				+22%, −56%	U
				+22%, −82%	V

세라믹 디스크 커패시터의 온도범위 표시

첫 번째 두 번째 숫자	곱수	숫자 기호	커패시터 허용오차	문자 기호
	1	0		
	10	1		
	100	2	±5%	J
	1,000	3	±10%	K
	10,000	4	±20%	M
	100,000	5	+100%, −0%	P
		—	+80%, −20%	Z
		—		
	0.01	8		
	0.1	9		

세라믹 디스크 커패시터의 커패시턴스 값과 허용오차

그림 16-14 〈예제 16-8〉의 세라믹 디스크 커패시터

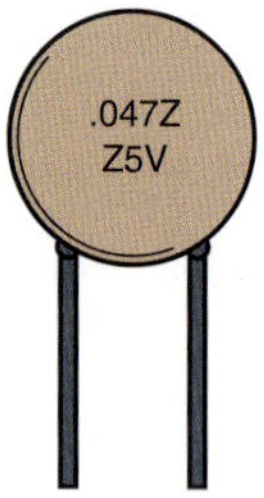

(b) 커패시턴스 값 아래에 알파벳과 숫자로 구성된 코드 Z5V는 부가적인 커패시터 정보를 나타낸다. 〈그림 16-13〉을 보면 문자 Z와 숫자 5는 각각 +10℃와 +85℃의 저온 및 고온을 나타낸다. 문자 V는 규정된 온도 범위(+10℃~+85℃)에 대한 최대 커패시턴스 값의 변화가 +22%, −82%임을 표시한다.

칩 커패시터

칩 커패시터의 커패시턴스를 결정하기 전에 저항기인지를 꼭 확인할 필요가 있다. 칩 커패시터는 다음의 주요 특징을 가진다.

1. 몸체는 흰색, 베이지, 회색, 황갈색, 갈색과 같은 한 가지 색이다.
2. 끝 전극은 부품의 끝을 완전히 감싸고 있다.

칩 커패시터 제조업체가 많이 사용하는 세 가지 코딩 체계가 있다. 세 가지 방법 모두에서 값들은 pF 단위이다. 한 가지 방법을 〈그림 16-15〉에 나타냈으며, 이 방법에서 문자는 커패시턴스 값을 표시하는 첫 번째와 두 번째 자릿수를 의미한다. 숫자는 0에서 9 사이의 곱수를 나타낸다. 이 방법에서는 24개의 대문자와 9개의 소문자를 기호로 사용하여 총 33개의 기호가 두 가지 중요한 정보를 표시하기 위해 사용된다. 〈그림 16-15〉에서 J3은 2200pF을 나타낸다.

〈그림 16-16〉에 또 다른 체계가 나타나 있다. 하지만 이 체계에서는 100pF 이하의 값을 갖는 커패시턴스 값이 직접 읽기 쉽도록 두 개의 숫자를 사용해 표시된다. 100pF 이상의 값들에 대해서는 앞에서와 같이 문자와 숫자를 이용해 표시한다. 이 체계에서는 단지 24개의 대문자만이 사용된다. 또한 이 체계의 알파뉴메릭 코드는 〈그림 16-15〉의 체계보다 10배 더 크다.

〈그림 16-17〉은 또 다른 체계를 보여주며 여기서는 단일 문자나 숫자가 커패시턴스 값의 처음 두 자릿수를 표시하기 위해 사용된다. 곱수는 문자의 색깔에 의해 결정된다. 그림의 예에서 주황색의 W는 4.7pF의 커패시턴스를 나타낸다.

칩 커패시터에 대한 또 다른 코딩 체계가 사용되며 이러한 방법은 이 절에서 다루지 않는다. 하지만 이 절에서 설명한 세 가지 코딩 체계는 현재 가장 흔히 사용되는 체계이다. 인쇄회로기판에서 발견되는 일부 칩 커패시터는 코딩되어 있지 않은 경우도 있다. 이때 커패시턴스 값은 측정을 통해서만 결정될 수 있다.

그림 16-15 칩 커패시터 코딩 체계

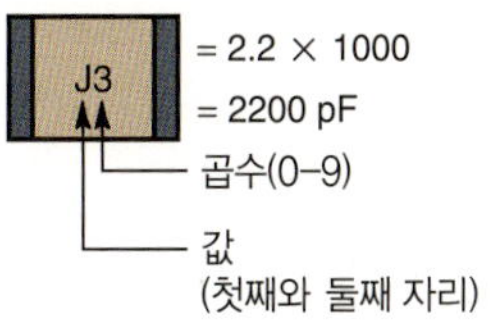

값(33개 기호) - 대소문자 표기					곱수
A-1.0	H-2.0	b-3.5	f-5.0	X-7.5	0 = × 1.0
B-1.1	J-2.2	P-3.6	T-5.1	t-8.0	1 = × 10
C-1.2	K-2.4	Q-3.9	U-5.6	Y-8.2	2 = × 100
D-1.3	a-2.5	d-4.0	m-6.0	y-9.0	3 = × 1,000
E-1.5	L-2.7	R-4.3	V-6.2	Z-9.1	4 = × 10,000
F-1.6	M-3.0	e-4.5	W-6.8		5 = × 100,000
G-1.8	N-3.3	S-4.7	n-7.0		등

그림 16-16 칩 커패시터 코딩 체계

다른 2문자 코딩 방법
(100pF 이하의 값 - 숫자를 직접 읽는다.)

100pF 이상의 값 - 문자와 숫자로 표시한다.

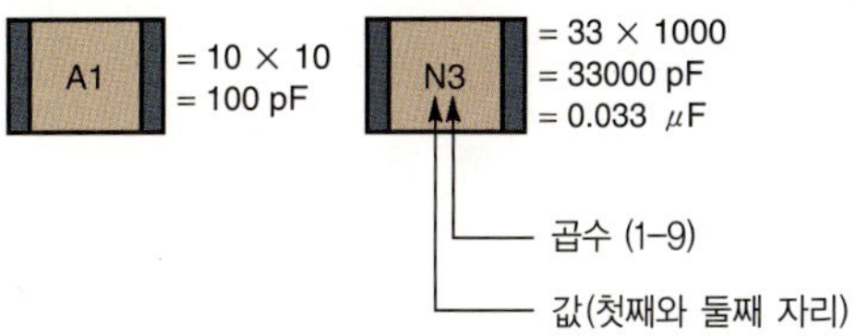

값(24개 기호) - 대문자 표기					곱수
A-10	F-16	L-27	R-43	W-68	1 = × 10
B-11	G-18	M-30	S-47	X-75	2 = × 100
C-12	H-20	N-33	T-51	Y-82	3 = × 1,000
D-13	J-22	P-36	U-56	Z-91	4 = × 10,000
E-15	K-24	Q-39	V-62		5 = × 100,000 등

그림 16-17 칩 커패시터 코딩 체계

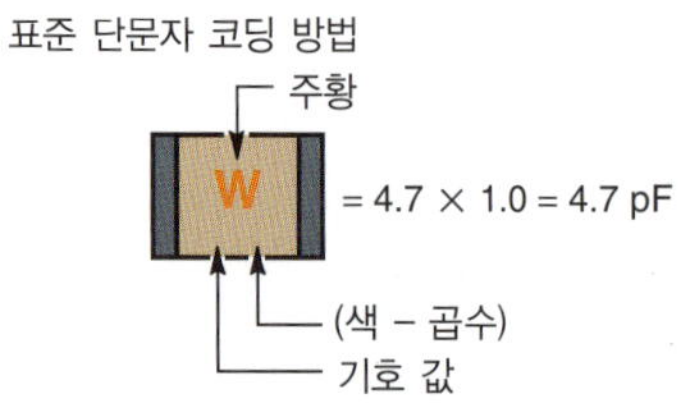

예) R (녹색) = 3.3 × 100 = 330 pF
7 (파랑) = 8.2 × 1000 = 8200 pF

값(24개 기호) – 대문자와 숫자 표기					곱수(색)
A-1.0	H-1.6	N-2.7	V-4.3	3-6.8	주황 = × 1.0
B-1.1	I-1.8	O-3.0	W-4.7	4-7.5	검정 = × 10
C-1.2	J-2.0	R-3.3	X-5.1	7-8.2	녹색 = × 100
D-1.3	K-2.2	S-3.6	Y-5.6	9-9.1	파랑 = × 1,000
E-1.5	L-2.4	T-3.9	Z-6.2		보라 = × 10,000
					빨강 = × 100,000

그림 16-18 탄탈륨 커패시터 코딩 체계

색	정격전압	커패시턴스(pF)		곱수
		첫째 숫자	둘째 숫자	
검정	4	0	0	–
갈색	6	1	1	–
빨강	10	2	2	–
주황	15	3	3	–
노랑	20	4	4	10,000
녹색	25	5	5	100,000
파랑	35	6	6	1,000,000
보라	50	7	7	10,000,000
회색	–	8	8	–
흰색	3	9	9	–

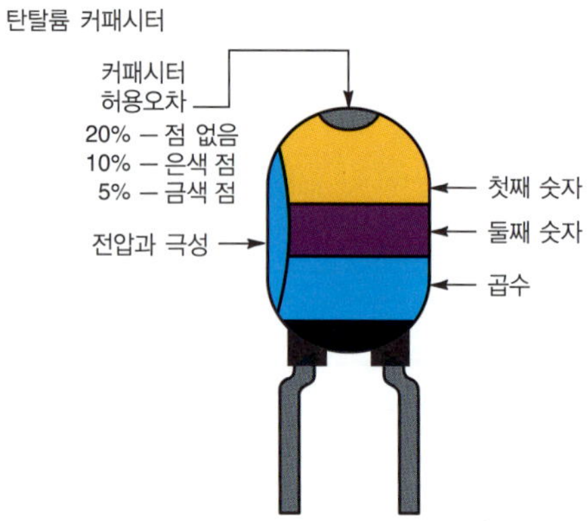

탄탈륨 커패시터

탄탈륨 커패시터는 pF 단위의 커패시턴스를 표시하기 위해 코딩되며 〈그림 16-18〉은 이런 코딩 체계를 나타낸다.

■ 16-6 복습문제

a. 세라믹 디스크 커패시터가 .01로 표시된다면 0.01pF의 커패시턴스를 갖는다. (참, 거짓)

b. 필름 커패시터가 224로 표시된다면 220,000pF의 커패시턴스를 갖는다. (참, 거짓)

c. 녹색 문자 E로 표시된 칩 커패시터는 150pF의 커패시턴스를 갖는다. (참, 거짓)

d. 세라믹 디스크 커패시터가 .001P로 표시된다면 허용오차는 +100%, −0%이다. (참, 거짓)

예제 16-9

〈그림 16−19〉에 보인 탄탈륨 커패시터에 대해 pF과 μF 단위로 커패시턴스 C를 구하라. 또한 정격전압과 허용오차를 구하라.

정답 위에서 아래로 이동하면 처음 두 색 밴드는 노랑과 보라이고 이는 각각 자릿수 4와 7을 나타낸다. 세 번째 색 밴드는 파랑이며 이는 1,000,000의 곱수를 나타낸다. 따라서 커패시턴스 C는 C=47×1,000,000=47,000,000pF 혹은 47μF이다. 왼쪽의 파랑은 35V의 정격전압을 표시하며 마지막으로 윗부분의 은색 점은 ±10%의 허용오차를 나타낸다.

그림 16-19 〈예제 16-10〉의 탄탈륨 커패시터

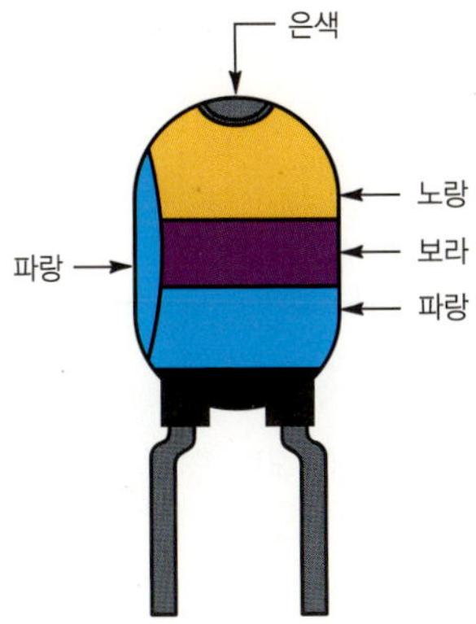

16-7 병렬 커패시턴스

커패시턴스를 병렬로 연결하면 평판의 면적을 더하는 것과 등가이다. 따라서 총 커패시턴스는 각 커패시턴스의 합과 같다. 또한 〈그림 16−20〉에 나타난 것처럼 다음을 구할 수 있다.

그림 16-20 커패시턴스 병렬 연결

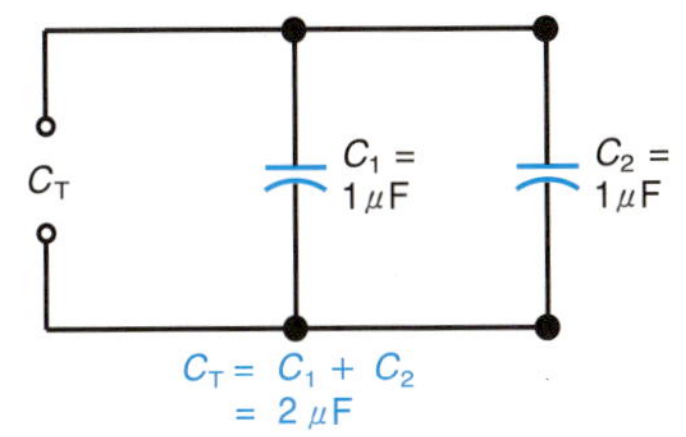

$$C_T = C_1 + C_2 + \cdots\cdots \qquad (16-5)$$

예를 들어, 10μF의 커패시터가 5μF의 커패시터와 병렬로 연결되면 총 커패시턴스는 15μF이 된다. 병렬 커패시터 양단의 전압은 같다. 병렬 커패시턴스는 병렬로 인덕턴스나 저항을 연결하는 것과는 반대라는 점을 주목하라.

■ 16-7 복습문제

a. 0.01μF과 0.02μF이 병렬로 연결된다면 C_T는 얼마인가?

b. 250pF의 C_T를 만들기 위해 100pF과 병렬로 연결되어야 하는 C는 얼마인

16-8 직렬 커패시턴스

커패시턴스를 직렬로 연결하는 것은 유전체의 두께를 증가시키는 것과 등가이다. 따라서 합성 커패시턴스는 가장 작은 커패시턴스보다 작아진다. 〈그림 16−21〉에 나타난 것처럼 합성 등가 커패시턴스는 다음의 역수 공식에 의해 계산된다.

MultiSim 그림 16-21 커패시턴스의 직렬연결

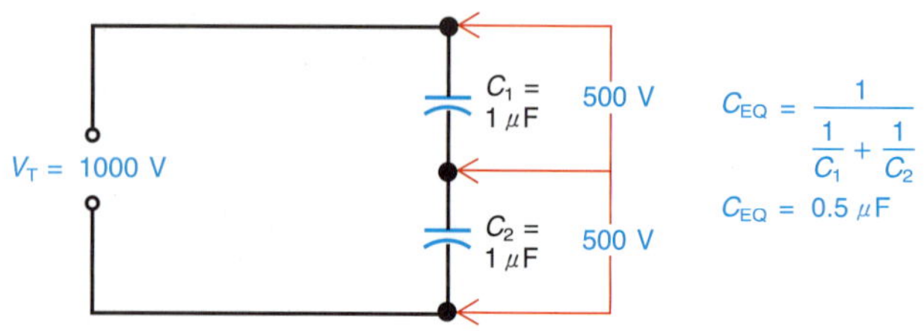

$$C_{EQ}=\frac{1}{\frac{1}{C_1}+\frac{1}{C_2}+\frac{1}{C_3}+\cdots\cdots} \tag{16-6}$$

예를 들어, 두 개의 10μF 커패시턴스가 직렬로 연결되면 합성 커패시턴스는 5μF이다. 직렬로 사용된 커패시터는 조합에 따라 더 높은 동작 정격전압을 제공하기 위해 사용된다. 예를 들어서 각각 크기가 같은 세 커패시턴스를 직렬 연결하면 인가전압은 1/3을 갖는다.

동일하지 않은 커패시턴스 양단의 전압 분배

커패시터를 직렬연결하면 C 양단의 전압은 〈그림 16-22〉에 표시한 것처럼 커패시턴스에 역비례한다. 커패시턴스가 작아질수록 더 큰 인가전압이 걸리게 된다. 그 이유는 직렬 연결된 커패시턴스 모두 하나의 전류 경로만을 가져 같은 양의 전하를 가지기 때문이다. 같은 전하를 가진다면 작은 커패시턴스가 더 큰 전위차를 가지게 된다.

〈그림 16-22〉에서 직렬연결된 커패시터의 전하량을 고려하자. 1초 동안 흐르는 충전전류가 600μA라면 전하량 Q는 $I\times t$ 또는 600μC이다. C_1과 C_2 모두 같은 직렬 충전전류 경로를 가지므로 600μC의 Q를 갖는다.

전하량은 C_1과 C_2에서 같더라도 다른 커패시턴스로 인해 두 커패시터는 다른 전압을 갖는다. 각 커패시터에 대해 $V=Q/C$이다. 〈그림 16-22〉의 두 커패시터에 대해 전압은 다음과 같다.

$$V_1=\frac{Q}{C_1}=\frac{600\mu\text{C}}{1\mu\text{F}}=600\text{V}$$

$$V_2=\frac{Q}{C_2}=\frac{600\mu\text{C}}{2\mu\text{F}}=300\text{V}$$

알아두기▸▸

직렬로 연결된 두 커패시터 C_1과 C_2에서 각각의 커패시터에 걸리는 전압은 다음 식을 사용하여 계산될 수 있다.

$$V_{C_1}=\frac{C_2}{C_1+C_2}\times V_T$$

$$V_{C_2}=\frac{C_1}{C_1+C_2}\times V_T$$

직렬 커패시턴스의 충전전류

전압원이 비록 두 절연체에 의해 분리된다 하더라도 C_1과 C_2 사이의 접합을 포함한 모든 직렬 경로에서 충전전류는 같다. 접합에서 전류는 C_2의 음극에서 밀어내는 전자와 C_1의 양극에서 끌어당기는 전자로 인해 발생한다. 회로에서 전류의 양은 직렬

그림 16-22 커패시터의 직렬 연결에서 더 작은 C가 같은 전하량에 대해 더 큰 전압을 갖는다.

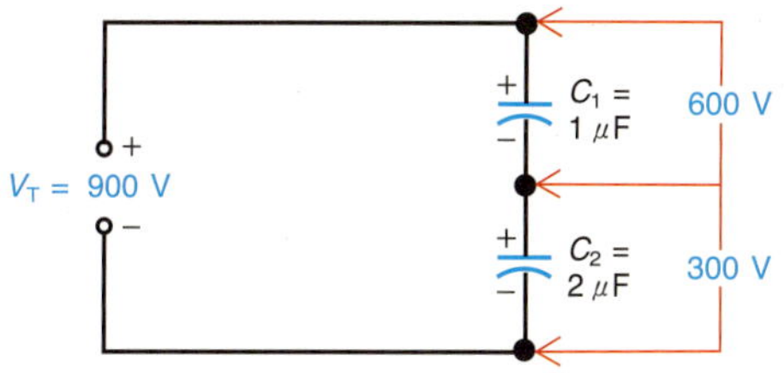

로 연결된 C_1과 C_2의 등가 커패시턴스에 의해 결정된다. 〈그림 16-22〉에서 등가 커패시턴스는 2/3μF이다.

■ 16-8 복습문제

a. 0.2μF의 커패시터 2개가 직렬로 연결된다면 C_{EQ}는 얼마인가?

b. 두 직렬연결된 커패시터 양단에 50V가 인가되면 각 커패시터 양단의 V_c는 얼마인가?

c. 100pF과 50pF이 직렬로 연결된다면 C_{EQ}는 얼마인가?

16-9 커패시터의 정전기장에 저장된 에너지

유전체에 저장된 전하의 정전기장은 C를 충전하는 전압원에 의하여 공급된 전기에너지를 갖는다. 이 에너지는 유전체 내에 저장된다. 이런 사실은 전압원이 제거된다 하더라도 커패시턴스가 방전전류를 발생하는 사실로 증명된다. 저장되는 전기에너지는 다음과 같다.

$$E = \frac{1}{2}CV^2(\text{J}) \tag{16-7}$$

여기서 C는 F 단위의 커패시턴스이고, V는 커패시터 양단의 전압이며, E는 J 단위의 전기에너지를 나타낸다. 예를 들어, 400V로 충전된 1μF 커패시터는 다음과 같은 저장 에너지를 갖는다.

$$\begin{aligned} E &= \frac{1}{2}CV^2 = \frac{1\times10^{-6}\times(4\times10^2)^2}{2} \\ &= \frac{1\times10^{-6}\times(16\times10^4)}{2} = 8\times10^{-2} \\ &= 0.08\text{J} \end{aligned}$$

이 0.08J의 에너지는 커패시터를 400V까지 충전하는 전압원에 의해 공급된다. 충전 회로가 개방될 때, 저장 에너지는 유전체 내에 전하로 남아 있다. 방전을 위한 폐경로가 제공되면 전체 0.08J의 에너지가 방전전류를 흐르게 한다. 커패시터가 방전함에 따라 방전전류를 발생하기 위해 에너지가 사용된다. 커패시터가 완전히 방전되었을 때 저장 에너지는 0이 된다.

저장된 에너지로 인해 충전된 커패시터는 회로가 연결되지 않은 경우라도 전기적 충격을 발생할 수 있다. 충전된 커패시터의 두 단자를 접촉하면 그 전압이 신체를 통해 방전전류를 흐르게 할 수 있다. 1J 이상의 저장 에너지는 충전된 커패시터에서 전기적 충격을 발생시킬 만큼 충분히 큰 전압을 일으키기 때문에 위험할 수 있다.

예제 16-10

컬러 브라운관의 고전압 회로는 500pF의 C 양단에 30kV 전압을 가지고 있다. 저장되는 에너지를 계산하라.

정답

$$\begin{aligned} E &= \frac{1}{2}CV^2 = \frac{500\times10^{-12}\times(30\times10^3)^2}{2} \\ &= 250\times10^{-12}\times900\times10^6 \\ &= 225\times10^{-3} \\ &= 0.225\text{J} \end{aligned}$$

16-9 복습문제

a. C에 저장되는 에너지는 V가 클수록 증가한다. (참, 거짓)

b. 저장된 에너지는 C가 작을수록 감소한다. (참, 거짓)

16-10 커패시터의 측정과 시험

커패시턴스 미터는 커패시터의 커패시턴스 값을 측정하기 위해 설계된 시험 장비이다. 커패시턴스 미터 단독으로 구입이 가능하지만 많은 휴대용 디지털 멀티미터(DMM)가 넓은 범위의 커패시턴스 값을 측정할 수 있다. 예를 들어, 〈그림 16-23〉은 다섯 개 범위, 즉 2nF, 20nF, 200nF, 2000nF, 20μF 범위의 커패시턴스 값을 측정하는 DMM이다. 이 장비를 사용하여 커패시터 값을 측정하기 위해 커패시터 단자를 장비의 오른쪽 위에 위치한 CX 라벨이 표기된 커패시턴스 소켓에 삽입한다. 다음에 CX(커패시턴스) 버튼을 누르고 원하는 커패시턴스 범위를 선택한다.

장비는 측정된 커패시턴스 값을 표시할 것이다. 최상의 정확도를 위해 측정된 커패시턴스 값은 표시할 가장 작은 범위로 설정해야 한다. 전해 커패시터가 삽입될 때는 커패시턴스 소켓 옆의 극성 표시를 관찰할 필요가 있다. 비전해 커패시터에서는 단자 극성이 중요하지 않다. 소켓에 커패시터를 삽입하기 전에 장비의 손상을 피하기 위해 커패시터는 완전히 방전되어야 한다.

16-6절에서 커패시터는 항상 μF이나 pF 단위로 코딩되며, nF 단위로는 코딩되

그림 16-23 커패시턴스 측정이 가능한 전형적인 DMM

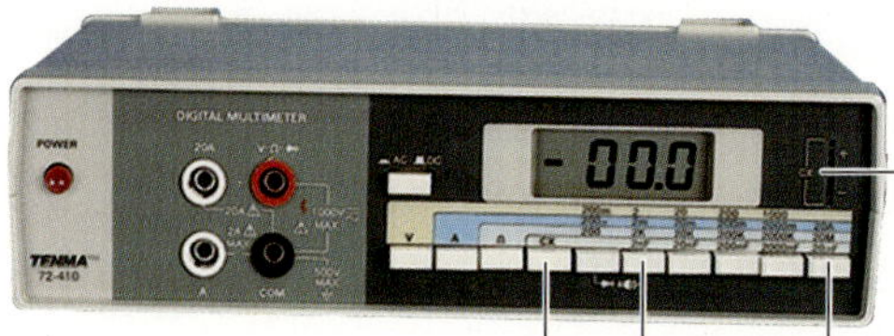

지 않음을 상기하라. 이러한 방법이 업계 표준이기는 하지만 〈그림 16-23〉에 보여진 것과 같은 커패시턴스를 측정할 수 있는 장비를 사용할 때 nF 단위의 커패시턴스를 만나게 된다. 따라서 nF 단위를 μF 단위나 pF 단위로 변환하는 방법을 아는 것이 중요하다. nF 단위를 pF 단위로 변환하기 위해 소수점을 세 자리 오른쪽으로 이동한다. 예를 들어 $33\text{nF}=33\times10^{-9}\text{F}=33{,}000\times10^{-12}\text{F}=33{,}000\text{pF}$이다. nF 단위를 μF 단위로 변환하기 위해 소수점을 세 자리 왼쪽으로 이동한다. 예를 들어, $470\text{nF}=470\times10^{-9}\text{F}=0.47\times10^{-6}\text{F}=0.47\mu\text{F}$이다. nF 단위의 커패시턴스 범위를 갖는 장비를 사용할 때 커패시턴스의 측정 값을 코딩 값과 비교하기 위해 이러한 변환을 사용할 필요가 있다.

예제 16-11

393J로 코딩된 필름 커패시터를 〈그림 16-23〉의 장비를 사용하여 측정하려고 한다. 만약 장비가 200nF 범위에서 37.6을 표시하면

(a) pF 단위로 커패시턴스 값은 얼마인가?

(b) 측정된 커패시턴스 값이 주어진 허용오차 내에 있는가?

정답 커패시터 코드 393J는 39,000pF ± 5%의 커패시턴스 값에 해당한다.

(a) 200nF 범위에서 37.6의 표시값은 37.6nF의 커패시턴스에 해당한다. 37.6nF을 pF 단위로 변환하기 위해 소수점을 세 자리 오른쪽으로 이동한다. 이를 이용하여 37,600pF의 결과를 얻는다.

(b) 허용 가능한 커패시턴스의 범위는 다음과 같이 계산된다. $39{,}000\text{pF}\times0.05 = 1950\text{pF}$. 따라서 커패시턴스의 측정값은 37,050pF에서 40,950pF까지의 어느 범위라도 있을 수 있으며 여전히 허용오차 내에 있다고 할 수 있다. nF 단위로는 이 값은 37.05nF에서 40.95nF의 범위에 해당한다. 37.6nF의 측정값은 이 범위에 해당하기 때문에 커패시턴스 측정값은 허용오차 내에 있다.

그림 16-24 커패시터의 누설저항 R_l

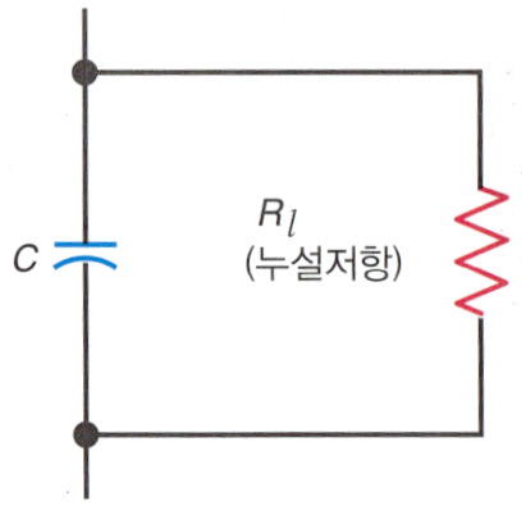

커패시터의 누설저항

직류 전압원에 의해 충전된 커패시터를 고려한다. 충전전압이 제거된 후에 커패시터는 그 전하를 계속 유지한다. 하지만 완전한 절연체는 없기 때문에 커패시터에 저장된 전하는 줄어들기 시작하고 결국 커패시터는 중성 상태로 된다. 커패시터가 방전하게 되는 세 가지의 누설 경로가 있으며 그것들은 (1) 유전체를 통한 누설, (2) 커패시터 단자 사이의 절연 케이스 또는 몸체를 통한 누설, (3) 커패시터 주위 공기를 통한 누설이다. 종이, 필름, 운모, 세라믹 커패시터에서 누설전류는 매우 작다. 그에 반해 누설저항은 매우 크다. 〈그림 16-24〉에 보인 것처럼, 모든 누설 경로의 저항성분을 합성하여 커패시터 극판 양단에 하나의 병렬저항 R_l로 나타낼 수 있다. 종이, 필름, 운모, 세라믹 커패시터에서, 누설저항 R_l은 전형적으로 100,000MΩ 이상이다. 하지만 누설저항은 전해 커패시터와 같은 큰 커패시터의 경우 훨씬 더 작아지며 전형적인 R_l값은 500kΩ에서 10MΩ까지의 범위를 갖는다. 일반적으로 커패시턴스가 더 커지면 누설저항이 더 작아진다. 커패시터에서 누설전류는 상당히 온도에 민감하다. 온도가 높을수록 누설저항은 작아지고 누설전류는 커진다.

커패시터의 누설저항은 DMM이나 아날로그 저항계로 측정할 수 있으나 누설에 대해 커패시터를 시험할 수 있는 최상의 방법은 아니다. 최상의 방법은 커패시터 극판 양단에 정격 동작 전압을 인가한 상태에서 커패시터의 누설전류를 측정하는 것이다. 커패시터는 유전체에 인가전압이 가해진 상태에서 훨씬 더 많은 누설을 가질 것이다. 사실 커패시터는 유전체에 인가전압이 가해질 때까지 전혀 누설이 일어나지 않을 수도 있다. 커패시터 값을 측정하고 커패시터의 누설을 시험하기 위해 〈그림 16-25〉에 보인 커패시터-인덕터 분석기가 흔히 사용된다. 이 분석기를 사용하여 정격 동작 전압을 커패시터에 인가하고 누설을 시험할 수 있다. 허용 가능한 누설의 양은 커패시터의 종류에 달려 있다. 대부분의 비극성 커패시터는 전혀 누설이 없는 반면, 전해 커패시터는 항상 어느 정도의 누설을 가진다. 대부분의 상용 전해 커패시터에 대한 최대 허용 가능한 누설을 보여주는 차트가 보통 제공된다.

그림 16-25 커패시터-인덕터 분석기

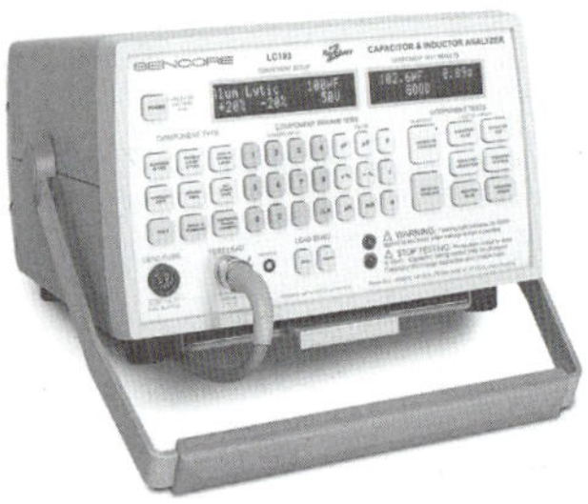

유전흡수(dielectric absorption)

커패시터가 완전히 0으로 방전하지 못하는 현상을 유전흡수라고 한다. 다른 말로 배터리효과(battery action) 또는 커패시터 메모리라고도 하는데, 방전되어야 할 전하가 커패시터의 유전체에 계속 남아 있는 경우에 발생한다. 유전흡수의 영향으로 커패시터의 커패시턴스 값이 줄어든다. 모든 커패시터는 조금씩은 유전 흡수를 가지는데 전해 커패시터가 가장 큰 양을 가진다. 유전흡수가 지나치게 커지면 회로에 원하지 않는 영향을 준다. 커패시터의 유전흡수는 〈그림 16-25〉의 커패시터-인덕터 분석기로 시험할 수 있다. 하지만 저항계로는 유전흡수를 시험할 수 있는 방법이 없다.

등가직렬저항(ESR)

교류전압이 커패시터에 인가되면 연속적인 충전, 방전 및 역충전 작용이 유전체 내

그림 16-26 커패시터에서 손실을 나타내는 저항 (a) 직렬과 병렬 저항이 커패시터 손실을 나타낸다. (b) 등가 직렬 저항(ESR)이 커패시터 총 손실을 나타낸다.

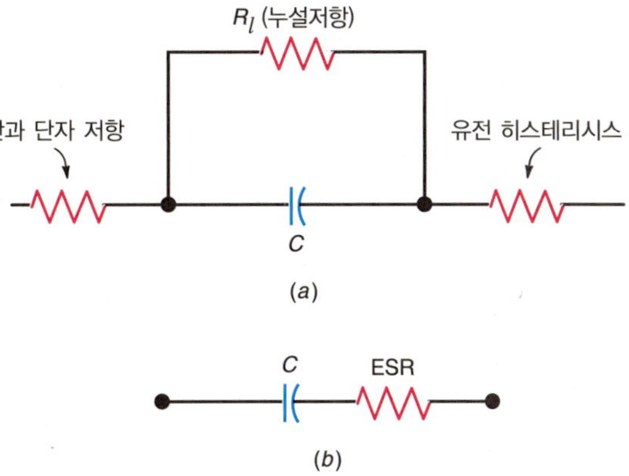

에서 순간적으로 이루어질 수 없다. 이는 자성체에서의 히스테리시스에 해당한다. 고주파 충전전압이 커패시터에 가해지면 커패시터에 인가된 교류전압과 유전체 양단의 실제 교류전압 사이에 차이가 발생할 수도 있다. 이 차이, 다시 말해 손실은 유전체에서 히스테리시스 효과 때문에 생길 수 있다. 유전체 히스테리시스 손실은 주파수에 따라 증가한다.

커패시터에서의 모든 손실은 이상적 커패시터와 직렬이나 병렬로 연결된 저항으로 나타낼 수 있다. 예를 들어, 유전체 히스테리시스에 의한 손실은 〈그림 16-26a〉에 보인 것처럼 커패시터와 직렬로 연결된 하나의 저항으로 나타낼 수 있다. 커패시터와 직렬로 연결된 다른 저항은 커패시터 단자와 극판의 저항을 나타낸다. 그것은 또한 커패시터 단자가 금속판과 연결된 부위의 저항도 포함한다. 앞에서 다루었듯이 누설저항 R_l은 커패시터와 병렬로 연결되어 있다. 〈그림 16-26a〉에 보여진 저항은 다같이 〈그림 16-26b〉에 보인 것과 같이 등가직렬저항(ESR)으로 합쳐질 수 있다. 이는 커패시터의 모든 손실을 나타내는 정확하고 편리한 방법이다. 이상적으로 커패시터의 ESR은 영이어야 한다. 종이, 필름, 세라믹, 운모 커패시터에서 ESR 값은 근사적으로 영이다. 하지만 전해 커패시터에서 ESR은 수Ω 정도 될 수 있고 제조되는 방법에 따라 그 이상이 될 수도 있다. ESR은 고주파 필터링 응용에서 사용되는 커패시터가 문제를 일으키는 흔한 이유이다. 예를 들어, 대부분의 컴퓨터는 전력을 공급하기 위한 스위칭 전력 공급 장치를 사용한다. 이러한 전력 공급 장치는 고주파수를 필터링하기 위해 커패시터를 필요로 한다. 이러한 응용 분야에서 높은 ESR은 커패시터의 정상적인 필터링 작용을 방해하여 비정상적인 회로 동작의 원인이 된다. 어떤 경우는 ESR에 의해 소모되는 전력이 커패시터에 과열을 발생할 수도 있다.

ESR은 유전체의 매우 높은 저항과 직렬연결되어 있으므로 커패시터의 ESR은 저항계로는 시험할 수 없다. 커패시터의 ESR을 시험하기 위해서는 〈그림 16-25〉의 커패시터-인덕터 분석기가 사용되어야 한다. 다른 형의 커패시터에 대한 최대 허용 가능한 ESR을 보여주는 차트가 보통 분석기와 같이 제공된다.

■ 16-10 복습문제

a. 150nF의 커패시터는 0.15μF의 커패시터와 똑같다. (참, 거짓)

b. 커패시터의 누설을 시험하기 위해서는 정격 동작 전압을 인가하는 것이 제일 좋다. (참, 거짓)

c. 이상적으로 전해 커패시터의 ESR은 무한대 값이어야 한다. (참, 거짓)

d. 커패시터의 유전흡수는 저항계로 감지될 수 있다. (참, 거짓)

16-11 커패시터의 고장

커패시터는 개방되거나 단락될 수 있다. 이러한 일이 생기면 커패시터는 전하를 저장할 수 없기 때문에 사용하지 못한다. 누설되는 커패시터는 부분적인 단락 회로와 등가이다. 이때 유전체는 인가전압하에서 점차적으로 절연 특성을 잃어버리고 마침내는 자신의 저항이 작아지게 한다. 좋은 커패시터는 수 MΩ 단위의 매우 큰 저항을 갖는 반면 단락 회로된 커패시터는 0Ω의 저항을 갖는다. 누설되는 커패시터의 저항값은 정상값보다 더 작다. 〈그림 16-25〉에 보여진 커패시터-인덕터 분석기가 커패시터를 시험하기 위해 사용되어야 한다. 하지만 만약 커패시터-인덕터 분석기를 이용하기 어려운 경우 저항계로(아날로그형이 선호됨) 문제를 해결할 수 있다. 다음에서는 아날로그 저항계를 사용하여 커패시터를 시험하는 일반적인 절차가 설명된다.

저항계를 이용한 커패시터 시험

커패시터는 보통 저항계로 시험될 수 있다. $R\times1$MΩ과 같은 가장 높은 저항 범위를 사용하는 것이 좋다. 또한 저항을 낮게 할 수 있는 병렬저항 경로를 없애기 위해 회로로부터 커패시터의 한쪽을 분리한다. 사람 몸의 저항이 표시값을 감소시킬 수 있으므로 손이 연결되지 않도록 주의할 필요가 있다.

〈그림 16-27〉에 보인 것처럼 저항계 단자가 커패시터의 양단에 연결된다. 좋은 커패시터에서는 계기의 지침이 스케일의 낮은 저항 쪽으로 빨리 움직이고 그 후 서서히 무한대 쪽으로 다시 이동한다. 지침이 멈출 때의 표시값이 커패시터의 절연 저항값이며 보통은 매우 큰 값을 갖는다. 종이, 필름, 운모, 세라믹 커패시터에서 저항은 보통 상당히 커서 계기의 지침은 무한대(∞) 표시에 놓여진다. 하지만 전해 커패시터는 보통 약 500kΩ에서 10MΩ까지의 무한대보다는 작은 저항을 표시한다. 모든 경우 저항계로 시험하기 전에 커패시터를 방전해야 한다.

저항계가 처음 연결될 때 배터리가 커패시터를 충전한다. 이 충전전류가 계기의 지침을 무한대에서부터 이동시키며, 이는 저항계를 통해 전류가 많이 흐를수록 낮은 저항을 지시하기 때문이다. 커패시터 전압이 인가전압으로 증가함에 따라 충전전류는 감소한다. 따라서 계기의 지침은 서서히 무한대 저항을 향해 이동한다. 마침내 커패시터는 저항계 배터리 전압으로 완전히 충전되고 충전전류는 영이 되며 저항계

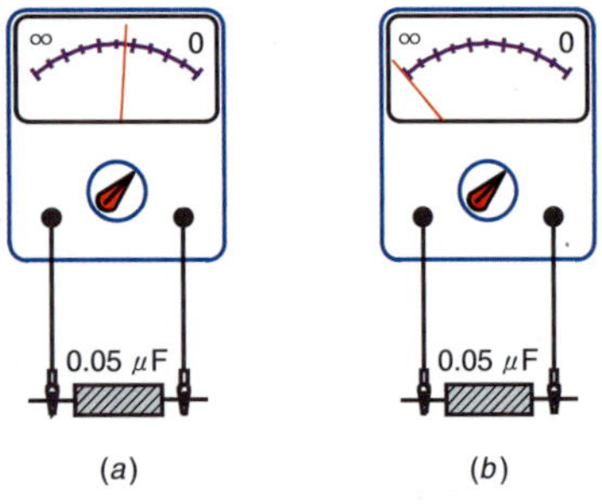

그림 16-27 저항계를 사용한 커패시터 시험. R 스케일은 오른쪽에서 왼쪽으로 보여진다. 가장 큰 저항 범위를 사용한다. (a) 저항계 배터리로부터의 충전 전류에 의해 바늘이 움직일 때 커패시터 동작 (b) 커패시터가 충전 완료된 후 실질적으로 무한대의 누설저항 표시

는 유전체를 통한 작은 누설전류에 의한 저항값을 지시하게 된다. 커패시터 작용이라 하는 이 충전 효과는 커패시터가 전하를 충전할 수 있는 것을 보여주며 커패시터가 정상임을 나타낸다. 계기의 지침의 상승과 하강은 충전에 의해서 나타나며 계기의 단자가 역으로 연결되면 커패시터는 방전한다.

저항계 읽는 법

커패시터의 고장은 다음과 같이 표시된다.

1. 만약 저항계의 바늘이 즉시 영으로 가서 거기에 머물러 있다면 커패시터는 단락된 것이다.
2. 만약 커패시터가 충전을 보이지만 최종 저항값이 정상보다 상당히 작다면 커패시터는 누설되고 있는 것이다. 그러한 커패시터는 고저항 회로에서 특히 문제를 일으킨다. 전해 커패시터를 시험할 때는 저항계의 단자를 반대로 하고 두 측정값 중 큰 값을 선택한다.
3. 만약 커패시터가 충전 작용을 보이지 않으나 매우 높은 저항값을 지시한다면 커패시터는 개방된 것이다. 그러나 커패시터가 정상일 때도 매우 높은 저항을 나타내므로 주의가 필요하다. 따라서 이때는 저항계의 단자를 반대로 연결하여 커패시터를 방전시킨 다음 다시 시험한다. 또한 100pF 이하의 커패시턴스 값은 보통 저항계의 낮은 배터리 전압에서 매우 작은 충전전류를 가진다는 점을 기억할 필요가 있다.

단락 연결된 커패시터

보통의 사용에서 커패시터는 단락 회로가 될 수 있는데, 이는 유전체가 오랜 기간 동안 충전전압의 응력으로 인해 특성이 나빠지기 때문이며 고온에서 특히 심해진다. 이 효과는 종이 커패시터와 전해 커패시터에서 특히 더 흔하게 일어난다. 커패시터는 점차적으로 누설이 일어나고 부분적 단락 회로를 나타내며 유전체는 구멍이 생겨서 단락 회로를 일으킨다.

개방 커패시터

어떤 종류의 커패시터라도 개방이라는 고장이 일어날 수 있다. 더구나 전해 커패시터는 시간이 지남에 따라서 특히 고온에서 높은 저항을 갖게 된다. 수년 동안의 사용 후 만약 전해질이 건조되면 커패시터는 부분적으로 개방될 것이다. 이때 커패시터의 여러 작용이 상실되기 때문에 커패시터는 교체되어야 한다.

누설 커패시터

누설 커패시터의 저항 R은 저항계로 측정할 때 정상 시 값보다 작다. 그러나 직류전압 시험은 훨씬 명확하다. 회로에서 커패시터의 한쪽 단자에 직류전압이 다른 쪽 단자의 직류전압에 영향을 주지 않는다.

저장 수명

전해 커패시터를 제외한 다른 커패시터는 저장 시 인가전압이 없기 때문에 시간이 지남에 따라 특성이 저하되지 않는다. 하지만 건전지와 마찬가지로 전해 커패시터는 새로운 것을 사용해야 하는데, 이는 전해액이 시간이 지남에 따라 건조해지기 때문이다.

커패시터 값의 변화

모든 커패시터는 시간이 지남에 따라 값이 변할 수 있으며 어떤 커패시터는 이 현상이 더 심할 수 있다. 세라믹 커패시터는 흔히 처음 일 년 동안 약 10~15% 정도 값이 변화한다. 전해 커패시터는 전해액이 건조해짐에 따라 값이 변할 수 있다.

교체 커패시터

새로운 커패시터를 설치할 때는 거의 같은 C와 V 정격이 사용되어야 한다. 동조용 커패시터를 제외하고는 C 값이 그다지 중요하지는 않다. 또한 더 높은 정격전압이 사용될 수도 있다. 이는 전해 커패시터의 경우 해당되지 않으며, 전해 커패시터에서는 두 가지 이유 때문에 원래의 값에 가까운 정격을 사용해야만 한다. 첫째로 필요한 커패시턴스를 제공하는 내부 산화막을 형성하기 위해서는 정해진 전압이 필요하다. 또한 너무 큰 C는 커패시터를 충전하는 회로에서 과도한 충전전류를 일으킨다. 전해 커패시터는 일반적으로 큰 커패시턴스 값을 가진다는 점을 기억할 필요가 있다.

■ 16–11 복습문제

a. 단락된 커패시터를 저항계로 측정한 저항값은 얼마인가?

b. 저항계를 이용한 커패시터 작용은 커패시터가 양호한지 불량인지를 표시하는가?

c. 운모 커패시터와 전해 커패시터 중 어느 커패시터가 고장 발생 확률이 더 높은가?

슈퍼커패시터의 이해와 응용

울트라커패시터라고도 하는 슈퍼커패시터는 아주 작은 값에부터 수천 패럿에 이르는 커패시턴스 값을 갖는다. 이 값은 전해 커패시터가 제공할 수 있는 것보다 훨씬 더 많은 커패시턴스이며, 슈퍼커패시터는 커패시턴스 값이 크기 때문에 엄청난 양의 전하와 에너지를 저장할 수 있다.

기억하겠지만, 기존의 커패시터는 절연체로 분리된 두 개의 금속판으로 구성되어 있다. 상기 정전용량 값은 극판의 면적(A), 극판 사이의 거리(d), 절연체의 유전율(K_ϵ)에 따라 달라진다. 커패시턴스인 C를 증가시키기 위해서는 극판의 면적을 늘리고, 극판 간의 거리를 줄이며, 유전율이 높은 절연체를 사용할 필요가 있다. 그러나 커패시턴스 값이 매우 높은 커패시터를 구성하려고 할 때 이 세 가지 요소에는 물리적 한계가 있다. 슈퍼커패시터의 구조를 〈그림 16-28〉에 나타내었다. 이 커패시터는 거대한 표면적을 제공하는 높은 다공성 탄소 물질로 코팅된 두 개의 금속판으로 구성되어 있다. 이러한 판들은 양 이온과 음 이온을 모두 가지고 이온화가 잘 되는 액체 전해질 재료에 잠기게 된다. 플레이트 사이의 분리기는 각 플레이트의 전하를 격리한다. 이 구조가 슈퍼커패시터이며, 다른 이름으로는 전기화학 이중-층 캐패시터(EDLC)라고 한다.

커패시터 플레이트에 전압이 인가되면 양극 플레이트는 전해액으로부터 음이온을 끌어당긴다. 동시에 음극판은 전해액으로부터 양이온을 끌어당긴다. 이렇게 하면 분리막의 양쪽에 두 개의 별도 충전된 표면이 생성되는데, 이는 직렬로 두 개의 커패시터에 해당된다. 각 플레이트의 전하들은 전해질내 이온의 크기만큼의 거리에 의해 분리된다. 이것은 단지 수 옹스트롬의 판 분리에 해당한다. (참고 : 1옹스트롬은 1×10^{-10}m와 같다.) 극판의 표면적이 매우 크고 극판들 사이의 간격이 좁아지면 커패시턴스의 값이 매우 커진다. 이 구성의 유일한 단점은 커패시터의 항복 전압이 매우 낮다는 것이다. 일반적인 항복전압 정격은 약 2.7V이다. 항복 전압 정격을 높이기 위해 개별 커패시터를 서로 직렬로 연결하게 된다. 그러나 이는 전체 정전용량을 감소시킨다는 단점이 있다. 또한 직렬로 연결된 커패시터가 3개 이상인 스트링은 개별 셀의 전압이 너무 높은 것을 방지하기 위해 전압 밸런싱이 필요하다.

슈퍼커패시터는 모든 커패시터 유형 중 단위 부피 또는 질량(에너지 밀도)당 가장 많은 에너지를 저장한다. 따라서 슈퍼커패시터는 기존의 커패시터와 재충전 가능한 배터리 사이의 갭을 보충한다. 짧은 시간 동안 부하에 대량의 전류가 공급되도록 빈번한 충전 및 방전 사이클을 포함하는 응용에 이상적이다. 슈퍼커패시터는 극성이 있으므로 적절한 극성으로 연결해야 한다.

슈퍼커패시터 응용

슈퍼커패시터는 요구될 때까지 에너지를 저장한다. 많은 경우에, 단시간 전력의 펄스를 공급하기 위해 배터리와 함께 사용된다. 어떤 경우에는, 보충 전원으로 사용되기도 한다. 슈퍼커패시터는 배터리와 병렬로 연결되는 것이 일반적이다. 이 경우 배터리는 배터리 전압과 슈퍼커패시터 전압이 같을 때

그림 16-28 슈퍼커패시터의 구조

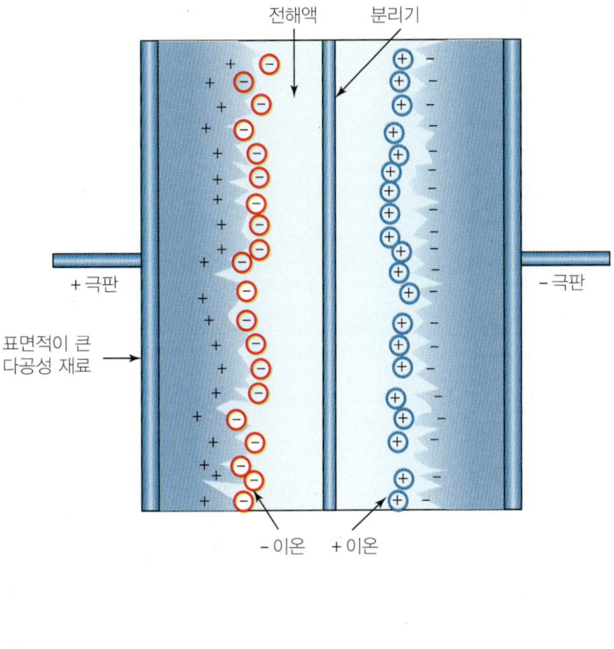

그림 16-29 고출력 자동차 오디오 시스템에 사용되는 슈퍼커패시터

까지 커패시터를 충전한다. 부하가 두 개에 걸쳐 연결되면 배터리와 슈퍼커패시터 모두에서 전류가 소비된다. 그러나 부하가 매우 짧은 시간 동안 갑자기 큰 값의 전류를 필요로 하는 경우 슈퍼커패시터는 배터리 대신 해당 전류를 공급한다. 이는 배터리에 내장된 내부 저항인 r_i의 함수인 피크 전류 한계가 있기 때문이다. 슈퍼커패시터는 내부 저항인 r_i가 극히 낮기 때문에 이 짧은 시간 동안 필요한 양의 전류를 공급할 수 있다. 예를 들어, 슈퍼커패시터는 종종 고출력 자동차 오디오 시스템과 함께 사용되는데, 높은 진폭의 베이스 노트가 매우 높은 전류 값을 요구하면 배터리만으로는 필요한 전류를 공급할 수 없다. 그러나 슈퍼커패시터는 필요한 고진폭 전류를 쉽게 공급할 수 있다. 슈퍼커패시터는 앰프의 DC 입력 단자에 최대한 가깝게 위치한다는 점에 유의해야 한다. 슈퍼커패시터는 또한 저전력 소비재에 응용되어 사용되기도 한다. 이 경우, 슈퍼커패시터는 배터리가 방전되거나 교체될 경우 회로에 전압을 공급한다. 예를 들어 메모리가 지워질 수 있는 제품이나 전원이 차단되면 시간 설정이 손실되는 시계 등에 활용될 수 있다. 〈그림 16-29〉는 고출력 자동차 오디오 시스템과 함께 사용되는 두 개의 다른 슈퍼커패시터를 보여준다.

요약

- 커패시터는 절연체 또는 유전체에 의해 분리된 두 도체로 구성된다. 커패시터에서 전하를 저장하는 능력은 커패시턴스 C이다. 전하를 저장하기 위해 전압을 인가하는 것을 커패시터 충전이라 한다. 전하를 중성으로 하기 위해 커패시터의 두 단자를 단락하는 것을 커패시터 방전이라 한다. 〈그림 16-30〉에 C의 회로 기호가 요약되어 있다.

그림 16-30 C의 종류에 대한 회로 기호 (a) 고정형 커패시터(공기, 종이, 플라스틱 필름, 운모, 세라믹 유전체로 구성됨) (b) 극성을 갖는 전해 커패시터 (c) 가변 커패시터

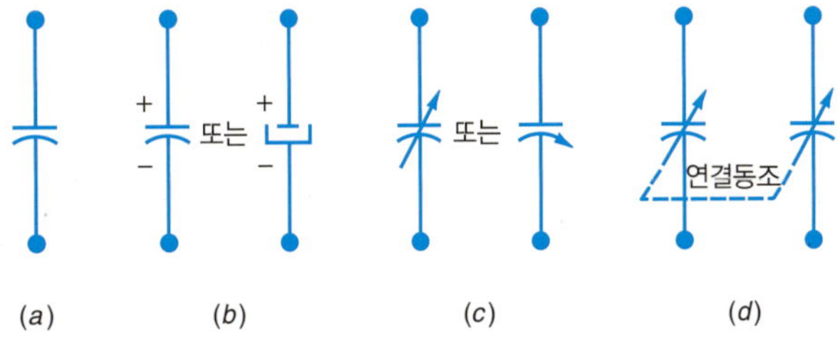

- 커패시턴스의 단위는 F이다. 1F의 커패시턴스는 1V의 전압이 인가될 때 1C의 전하를 저장한다. 실제의 커패시터는 1pF에서 1000μF까지의 훨씬 작은 커패시턴스 값을 갖는다. 1pF의 커패시턴스는 1×10^{-12}F이고, 1nF은 1×10^{-6}F이며 1nF은 1×10^{-9}F이다.
- $Q=CV$이고 여기서 Q는 전하로 C의 단위를, C는 커패시턴스로 F의 단위를, V는 커패시터 양단의 전위차로 V의 단위를 사용한다.
- 커패시턴스는 극판 면적이 증가할수록 증가하고 극판 사이의 거리가 감소할수록 증가한다.
- 공기에서 저장되는 전하에 대한 다른 절연체에서 저장되는 전하의 비를 물질의 유전상수 K_ϵ라 한다. 공기나 진공은 유전상수 1을 갖는다.
- 상용 커패시터의 가장 흔한 종류는 공기 커패시터, 플라스틱 필름 커패시터, 종이 커패시터, 운모 커패시터, 세라믹 커패시터 및 전해 커패시터이다. 전해 커패시터는 회로에 연결될 때 극성을 고려해야만 하는 유일한 커패시터이다. 여러 종류의 커패시터가 〈표 16-2〉에 비교되어 있다.
- 커패시터는 자신의 커패시턴스를 표시하기 위해서 μF 또는 pF 단위로 코딩된다.
- 병렬로 연결된 커패시터에서 $C_T=C_1+C_2+C_3+\cdots\cdots$이다.
- 직렬로 연결된 커패시터에서

$$C_{EQ}=\frac{1}{\frac{1}{C_1}+\frac{1}{C_2}+\frac{1}{C_3}+\cdots\cdots}$$ 이다.

- 커패시터의 전기장은 $E=1/2CV^2$으로 저장되는 에너지를 갖는다. 여기서 V는 V, C는 F, 전기에너지는 J의 단위를 갖는다.
- 아날로그 저항계로 시험할 때 좋은 커패시터는 충전전류를 표시하고 나서 저항계의 지침은 누설저항을 지시한다. 전해 커패시터를 제외한 모든 커패시터는 보통 100,000MΩ 이상과 같은 매우 높은 누설저항을 갖는다. 전해질은 더 큰 누설전류를 가지며 전형적인 누설저항은 약 500kΩ에서 10MΩ이다.

중요 용어

- 갱드 커패시터(ganged capacitor) : 하나의 회전축 상에 연결된 두 개 또는 세 개의 커패시터로 가변 커패시터의 한 종류
- 누설저항 : 커패시터가 방전할 수 있는 모든 누설 경로에 대한 커패시터의 병렬저항
- 누설전류 : 전압이 커패시터 극판 양단에 인가될 때 커패시터의 유전체를 통해 흐르는 전류
- 등가직렬저항(ESR) : 커패시터에서 모든 손실을 합쳐 나타내는 이상적인 커패시터의 직렬저항. 이상적으로 커패시터의 ESR은 영이어야 한다.
- 방전 : 커패시터 단자 양단에 도통 경로를 연결하여 커패시터에 저장된 전하를 중화시키는 작용
- 비유전율(ϵ_r) : 전속을 집중하는 절연체의 능력을 나타내는 요소로 유전상수(K_ϵ)라고도 한다.
- 유전강도 : 아크를 발생하지 않고 전위차를 견뎌낼 수 있는 유전체의 능력
- 유전상수(K_ϵ) : 전속을 집중하는 절연체의 능력을 나타내는 요소로 비유전율(ϵ_r)이라고도 한다.
- 유전흡수 : 커패시터가 완전히 0으로 방전하지 못하는 현상. 유전흡수를 배터리 효과 또는 커패시터 메모리라고도 한다.
- 전기장 : 반대 극성의 전하 사이에 작용하는 힘
- 충전 : 커패시터에 저장되는 전하의 양을 증가시키는 것. 저장된 전하의 저장은 커패시터 양단에 전압을 발생한다.
- 커패시터 : 전하를 저장할 수 있는 부품. 커패시터는 절연체에 의해 분리된 두 개의 금속판으로 구성된다. 커패시터는 사용된 유전체의 종류에 따라 분류된다. 흔한 커패시터 종류로는 공기, 세라믹, 플라스틱 필름, 운모, 종이, 알루미늄 전해 커패시터이다.
- 커패시턴스(C) : 전하를 보유하거나 저장하는 유전체의 능력. 주어진 전압에서 더 많은 전하를 저장할수록 커패시턴스가 더 크다.
- 콘덴서 : 커패시터의 다른 이름
- 패럿(F) : 커패시턴스의 기본 단위 $1\text{F} = \frac{1\text{C}}{1\text{V}}$
- μF : (1×10^{-6}F)와 같은 커패시턴스의 작은 단위
- nF : (1×10^{-9}F)와 같은 커패시턴스의 작은 단위
- pF : (1×10^{-12}F)와 같은 커패시턴스의 작은 단위

중요 공식

$$Q = CV(\text{C})$$

$$C = \frac{Q}{V}$$

$$V = \frac{Q}{C}$$

$$C = K_\epsilon \times \frac{A}{d} \times 8.85 \times 10^{-12}\text{F}$$

$$C_T = C_1 + C_2 + \cdots\cdots \text{(병렬 커패시터)}$$

$$C_{EQ} = \frac{1}{\frac{1}{C_1} + \frac{1}{C_2} + \frac{1}{C_3} + \cdots\cdots} \text{(직렬 커패시터)}$$

$$\text{에너지} = E = 1/2CV^2(\text{J})$$

자습문제

1. 일반적인 커패시터에 대한 설명 중 맞는 것은?

a. 직류전류를 통과시킬 수 있다.
b. 전하를 저장할 수 있다.
c. 막대자석으로 동작할 수 있다.
d. 교류전압을 승압하거나 강압할 수 있다.

2. 커패시턴스의 기본 단위는 무엇인가?

a. F(farad)
b. H(henry)
c. T(tesla)
d. Ω(ohm)

3. **다음 항목 중 커패시터의 커패시턴스에 영향을 주는 것은?**

a. 극판의 면적 A

b. 극판 사이의 거리 d

c. 사용된 유전체 종류

d. 모두 정답이다.

4. **극판 양단에 20V가 인가된 50μF의 커패시터에 의해 저장되는 전하는 몇 C인가?**

a. Q=100μC

b. Q=2.5μC

c. Q=1mC

d. Q=1μC

5. **커패시터는 어떻게 구성되어 있는가?**

a. 도체로 분리된 두 개의 절연체로 구성된다.

b. 철심 코어에 감겨져 있는 도선의 코일로 구성된다.

c. 절연체에 의해 분리된 두 개의 도체로 구성된다.

d. 정답 없음

6. **다음 중 82,000pF의 커패시턴스와 같은 값은?**

a. 0.082μF

b. 82μF

c. 82nF

d. a와 c 모두 정답이다.

7. **47μF의 커패시터가 2.35mC의 저장된 전하를 갖는다. 커패시터 극판 양단에 가해진 전압은 얼마인가?**

a. 50V

b. 대략 110V

c. 5V

d. 100V

8. **다음 중 어느 종류의 커패시터가 가장 큰 누설전류를 가지는가?**

a. 플라스틱 필름 커패시터

b. 전해 커패시터

c. 운모 커패시터

d. 공기 가변 커패시터

9. **다음 중 커패시터의 주요 응용 분야는 무엇인가?**

a. 교류를 차단하고 직류를 통과시키는 분야

b. 직류와 교류 모두를 차단하는 분야

c. 직류를 차단하고 교류를 통과시키는 분야

d. 직류와 교류 모두를 통과시키는 분야

10. **저항계로 검사할 때 단락된 커패시터는 어떤 값이 측정되는가?**

a. 무한대 저항

b. 영 저항

c. 1MΩ에서 10MΩ 사이의 저항

d. 정답 없음

11. **10μF과 40μF의 커패시터가 직렬로 연결된 경우의 등가 커패시턴스 C_{EQ}는 얼마인가?**

a. 50μF

b. 125μF

c. 8μF

d. 400μF

12. **0.33μF, 0.15μF 및 220,000pF의 커패시터가 병렬로 연결된다. 전체 커패시턴스 C_T는 얼마인가?**

a. 0.7μF

b. 0.007μF

c. 0.07μF

d. 7nF

13. **5μF의 커패시터 C_1과 15μF의 커패시터 C_2가 직렬로 연결된다. C_1에 저장된 전하가 90μC이면 커패시터 C_2 양단의 전압은 얼마인가?**

a. 18V

b. 12V

c. 9V

d. 6V

14. **333M으로 코딩된 플라스틱 필름 커패시터가 커패시터-인덕터 분석기를 이용하여 0.025nF으로 측정되었다. 측정된 커패시턴스에 대한 설명 중 맞는 것은?**

a. 측정된 커패시턴스는 허용오차 내에 있다.

b. 측정된 커패시턴스는 간신히 허용오차 내에 있다.

c. 측정된 커패시턴스는 약간의 허용오차 밖에 있다.

d. 측정된 커패시턴스는 코딩 값과 꼭 맞다.

15. **다음 중 커패시터가 보통 코딩되지 않는 단위 체계는 무엇인가?**

a. nF

b. μF

c. pF

d. b와 c 모두 정답이다.

16. 다음의 커패시터 종류 중 그 극판 양단의 전압 극성이 정확하지 않을 때 폭발하는 것은 무엇인가?

a. 공기 가변 커패시터
b. 운모 커패시터
c. 세라믹 디스크 커패시터
d. 알루미늄 전해 커패시터

17. 다음 중 커패시터의 정격전압이 영향을 받지 않는 것은 무엇인가?

a. 극판의 면적
b. 극판 사이의 거리
c. 사용된 유전체 종류
d. b와 c 모두 정답이다.

18. 커패시터의 누설저항은 전형적으로 어떻게 나타나는가?

a. 커패시터 극판과 직렬로 연결된 저항으로 나타난다.
b. 커패시터 극판 사이의 전기장으로 나타난다.
c. 커패시터 극판과 병렬로 연결된 저항으로 나타난다.
d. 유전체 물질 양단의 닫힌 스위치로 나타난다.

19. 35V의 정격전압을 갖는 2200μF의 커패시터는 다음 중 어느 종류일 가능성이 제일 큰가?

a. 전해 커패시터
b. 공기 가변 커패시터
c. 운모 커패시터
d. 종이 커패시터

20. 극판 양단에 10V의 전압 인가로 100μC의 전하를 저장할 수 있는 커패시터의 커패시턴스 값은 얼마인가?

a. 0.01μF
b. 10μF
c. 10nF
d. 100mF

21. 0.068Z로 코딩된 세라믹 디스크 커패시터의 허용 가능한 커패시턴스 범위는 얼마인가?

a. 0.0544μF에서 0.1224μF
b. 0.0136μF에서 0.0816μF
c. 0.0136μF에서 0.1224μF
d. 0.0544pF에서 0.1224pF

22. 커패시터의 등가직렬저항(ESR)은 이상적으로 어떤 값을 가져야 하는가?

a. 무한대
b. 가능한 높은 값
c. 100kΩ 근처 값
d. 영

23. 커패시터의 충전전류와 방전전류는 어디를 통해 흐르는가?

a. 유전체를 통해 흐른다.
b. 커패시터 극판으로 흐른다.
c. 커패시터가 완전히 충전될 때까지만 유전체를 통해 흐른다.
d. 한 극판에서 다른 극판 유전체를 통해 직접 흐른다.

24. 커패시턴스에 대한 설명 중 맞는 것은?

a. 극판 면적이 증가하고 극판 사이의 거리가 커질수록 커패시턴스가 증가한다.
b. 극판 면적이 작아지고 극판 사이의 거리가 커질수록 커패시턴스가 증가한다.
c. 극판 면적이 증가하고 극판 사이의 거리가 작아질수록 커패시턴스가 증가한다.
d. 인가전압의 값이 커질수록 커패시턴스가 증가한다.

25. 직렬로 연결된 두 개의 0.02μF, 500V 커패시터의 등가 커패시턴스와 항복전압 정격은 얼마인가?

a. 0.04μF, 1kV
b. 0.01μF, 250V
c. 0.01μF, 500V
d. 0.01μF, 1kV

확인문제

1. 물리적 구조와 전기적 기능에 대해 커패시턴스를 정의하라. 두 가닥의 도선이 커패시턴스를 어떻게 가지는지를 설명하라.
2. (a) 유전체 물질은 무엇을 의미하는가?
   (b) 흔히 사용되는 5가지 유전체 물질을 기술하라.
   (c) 전속을 정의하라.
3. 커패시터를 충전하는 방법을 간단히 설명하라. 충전된 커패시터는 어떻게 방전되는가?
4. 1F의 커패시턴스를 정의하라. 다음 값을 F 단위로 변환하라.
   (a) 50pF (b) 0.001μF (c) 0.047μF
   (d) 0.01μF (e) 10μF
5. (a) 극판 면적이 증가할 때의 (b) 유전체가 얇아질 때의 (c) 유전상수 값이 증가할 때의 커패시턴스의 효과를 설명하라.
6. 최소 개수의 400V, 2μF의 커패시터를 사용하여 정격 800V의 2μF의 전체 커패시턴스를 갖는 회로를 그려라.
7. 두 개의 동일한 충전되지 않은 커패시터를 가정하자. 한 개의 커패시터가 50V로 충전되고 충전되지 않은 다른 커패시터 양단에 연결된다. 두 커패시터 양단의 전압은 왜 25V가 되는가?
8. 저항계로 0.05μF의 커패시터를 검사하는 방법을 간단히 설명하라. 커패시터가 정상적일 때, 단락 회로 상태나 개방 상태일 때 저항계의 지시는 어떻게 되는지 설명하라.
9. 다음을 정의하라. (a) 누설저항 (b) 유전흡수 (c) 등가직렬저항
10. 커패시터의 전기장과 코일의 자기장 사이의 두 가지 특성을 비교하라.
11. 커패시터에서의 세 가지 종류의 고장 원인을 설명하라.
12. 커패시터가 방전할 때 왜 방전전류는 충전전류와 방향이 반대가 되는가?
13. 알루미늄과 탄탈륨 전해 커패시터의 특징을 비교하라.
14. 커패시터에서 종이 대신 플라스틱 필름이 사용되는 이유는 무엇인가?
15. 커패시터의 항복전압 정격을 결정하는 두 가지 요소는 무엇인가?

연습문제

16-3절 커패시턴스의 단위(패럿)

16-1 다음의 조건에서 커패시터에 의해 저장되는 전하량 Q를 계산하라.
a. C=10μF, V=5V
b. C=1μF, V=25V
c. C=0.01μF, V=150V
d. C=0.22μF, V=50V
e. C=680pF, V=200V
f. C=47pF, V=3kV

16-2 극판 양단의 전압이 다음과 같을 때 0.05μF의 커패시터에 의해 저장되는 전하 Q는 얼마인가?
a. 10V
b. 40V
c. 300V
d. 500V
e. 1kV

16-3 5mA의 일정 전류가 다음의 시간 동안 커패시터를 충전할 때 200μF의 커패시터 극판 양단에 존재하는 전압은 얼마인가?
a. 100ms
b. 250ms
c. 0.5s
d. 2s
e. 3s

16-4 다음에서 커패시터 양단의 전압 V를 구하라.
a. Q=2.5μC, C=0.01μF
b. Q=49.5nC, C=330pF
c. Q=10mC, C=1,000μF

d. Q=500μC, C=0.5μF

e. Q=188nC, C=0.0047μF

f. Q=75nC, C=0.015nμF

16-5 다음에서 커패시터의 커패시턴스 C를 구하라.

a. Q=15μC, V=1V

b. Q=15μC, V=30V

c. Q=100μC, V=25V

d. Q=3.3μC, V=15V

e. Q=0.12μC, V=120V

f. Q=100μC, V=2.5kV

16-6 커패시터의 커패시턴스 C에 영향을 주는 물리적 요소를 열거하라.

16-7 다음과 같은 물리적 특성을 갖는 각각에 대해 커패시터의 커패시턴스 C를 계산하라.

a. A=0.1cm^2, d=0.005cm, K_ε=1

b. A=0.05cm^2, d=0.001cm, K_ε=500

c. A=0.1cm^2, d=1×10^{-5}cm, K_ε=50

d. A=1cm^2, d=5×10^{-6}cm, K_ε=6

16-6절 커패시터 코딩

16-8 〈그림 16-31〉에 나타난 커패시터 각각에 대한 커패시턴스와 허용오차를 구하라.

그림 16-31

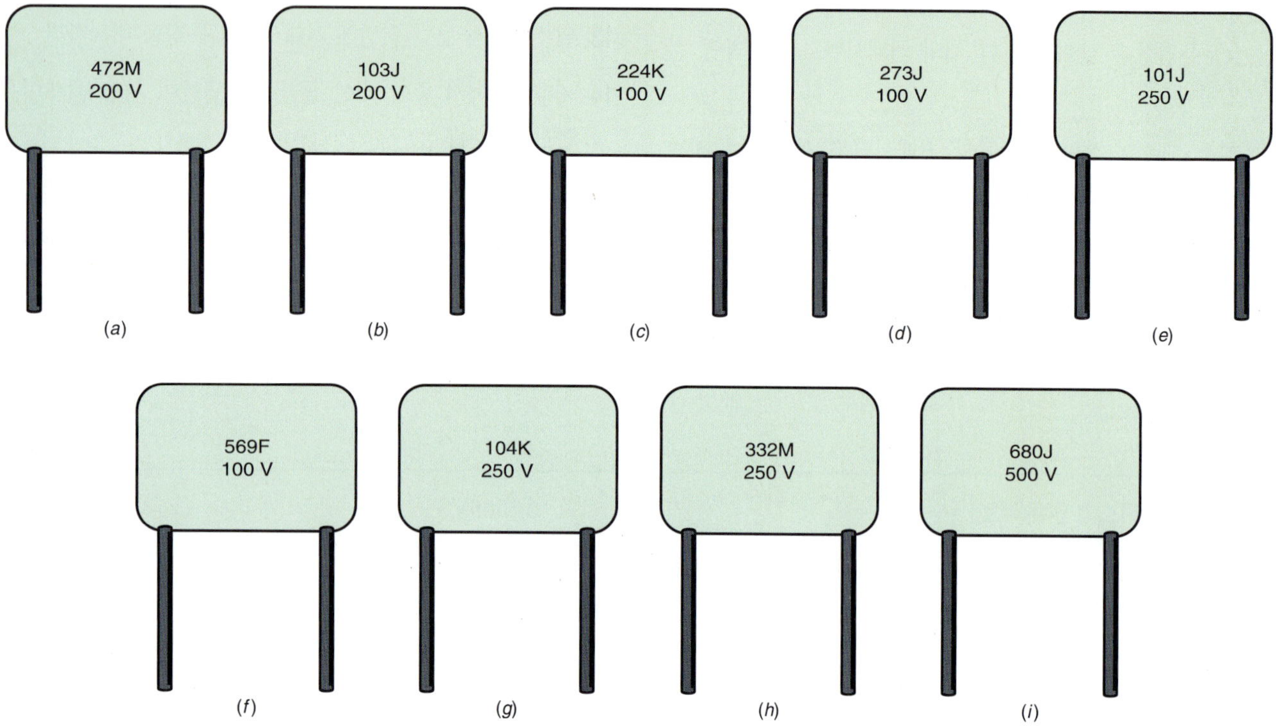

16-9 〈그림 16-32〉에 나타난 커패시터 각각에 대한 커패시턴스와 허용오차를 구하라.

그림 16-32

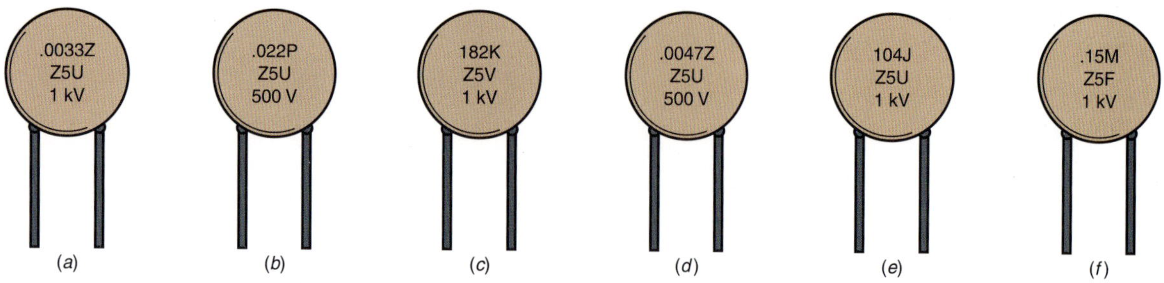

16-10 〈그림 16-33〉에 있는 각각의 칩 커패시터의 커패시턴스를 구하라. 〈그림 16-15〉의 코딩 체계를 사용하라.

그림 16-33

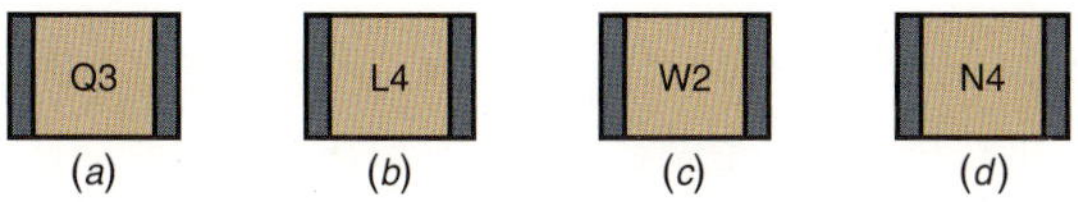

16-11 〈그림 16-34〉에 있는 각각의 칩 커패시터의 커패시턴스를 구하라. 〈그림 16-16〉의 코딩 체계를 사용하라.

그림 16-34

16-12 〈그림 16-35〉에 있는 각각의 칩 커패시터의 커패시턴스를 구하라.

그림 16-35

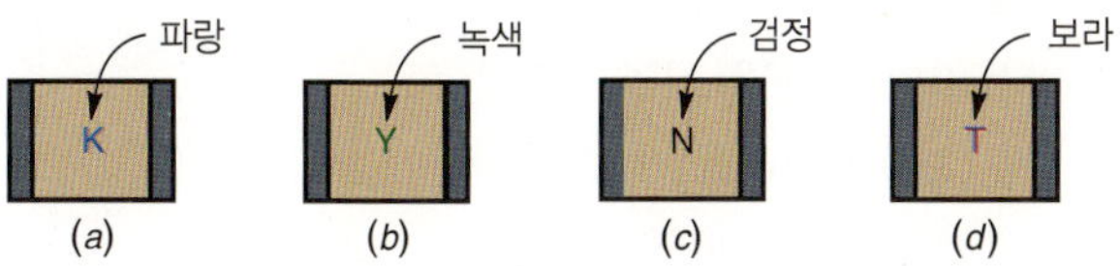

16-13 〈그림 16-36〉에 있는 각 커패시터의 커패시턴스와 허용오차를 구하라.

그림 16-36

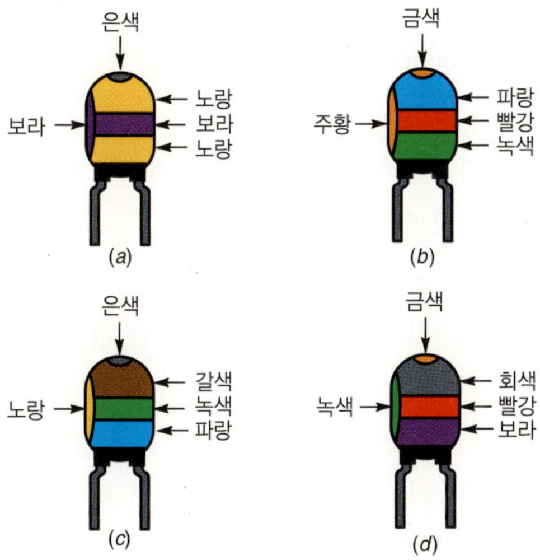

16-14 다음 보기에 나타난 그림에서의 허용 가능한 커패시턴스 범위를 결정하라.

a. 〈그림 16-31a〉

b. 〈그림 16-31d〉

c. 〈그림 16-31f〉

d. 〈그림 16-32c〉

e. 〈그림 16-32d〉

16-15 〈그림 16-32b〉에 있는 커패시터에 대한 알파뉴메릭 코드 Z5U를 설명하라.

16-7절 병렬 커패시턴스

16-16 5μF과 15μF의 커패시터가 병렬로 연결된다. C_T는 얼마인가?

16-17 0.1μF, 0.27μF, 0.01μF의 커패시터가 병렬로 연결된다. C_T는 얼마인가?

16-18 150pF, 330pF, 0.001μF의 커패시터가 병렬로 연결된다. C_T는 얼마인가?

16-19 〈그림 16-37〉에서 다음을 구하라.

a. 각 개별 커패시터 양단의 전압

b. C_1에 의해 저장된 전하

c. C_2에 의해 저장된 전하

d. C_3에 의해 저장된 전하

e. 모든 커패시터에 의해 저장된 전체 전하

f. C_T

그림 16-37

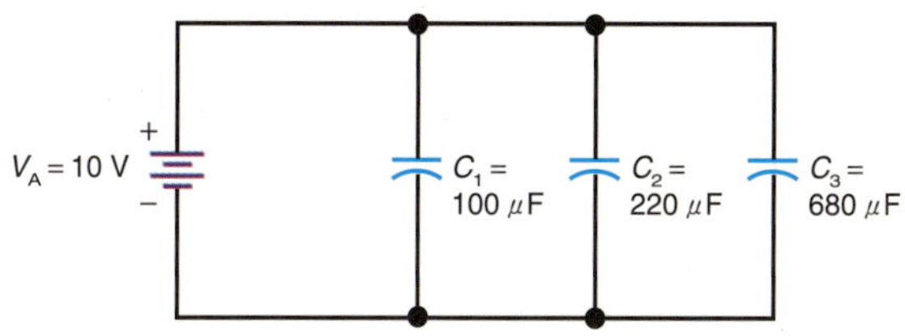

16-8절 직렬 커패시턴스

16-20 0.1μF과 0.4μF의 커패시터가 직렬로 연결된다. 등가 커패시턴스 C_{EQ}는 얼마인가?

16-21 1500pF과 0.001μF의 커패시터가 직렬로 연결된다. 등가 커패시턴스 C_{EQ}는 얼마인가?

16-22 0.082μF, 0.047μF, 0.012μF의 커패시터가 직렬로 연결된다. 등가 커패시턴스 C_{EQ}는 얼마인가?

16-23 〈그림 16-38〉에서 180μA의 충전전류가 1초 동안 흐른다고 가정하고 다음을 구하라.

a. C_{EQ}

b. C_1, C_2, C_3에 의해 저장된 전하

c. C_1, C_2, C_3 양단의 전압

d. 모든 커패시터에 의해 저장된 전체 전하

그림 16-38

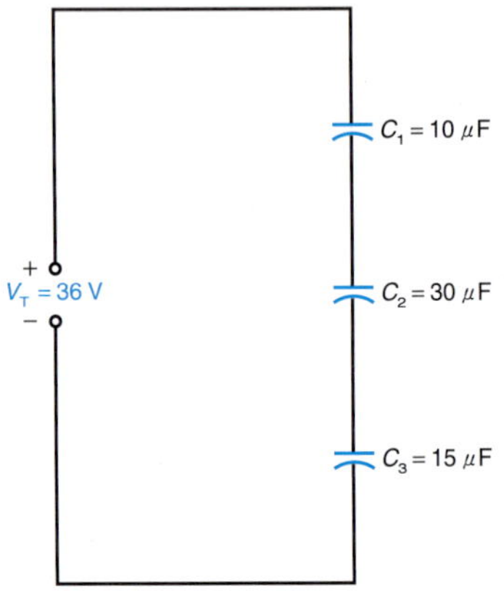

16-24 〈그림 16-39〉에서 2.4mA의 충전 전류가 1ms 동안 흐른다고 가정하고 다음을 구하라.

a. C_{EQ}

b. C_1, C_2, C_3에 의해 저장된 전하

c. C_1, C_2, C_3 양단의 전압

d. 모든 커패시터에 의해 저장된 전체 전하

그림 16-39

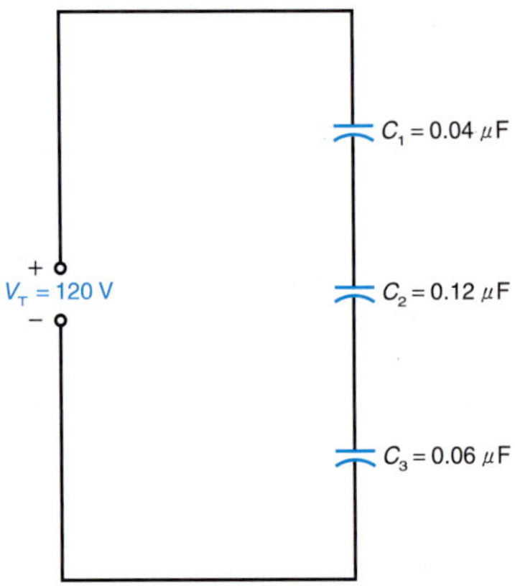

16-25 등가 커패시턴스 C_{EQ}가 100pF이 되기 위해 120pF의 커패시터와 직렬로 연결되어야 하는 커패시턴스는 얼마인가?

16-9절 커패시터의 정전기장에 저장된 에너지

16-26 다음과 같이 충전된 100μF의 커패시터에 의해 저장된 에너지는 얼마인가?

a. 5V

b. 10V

c. 50V

16-27 다음과 같이 충전된 0.027μF의 커패시터에 의해 저장된 에너지는 얼마인가?

a. 20V

b. 100V

c. 500V

16-28 〈그림 16-38〉에서 각 커패시터에 의해 저장된 에너지를 계산하라.

16-10절 커패시터의 측정과 시험

16-29 다음 단위 변환을 수행하라.

a. 0.047μF을 pF으로 변환

b. 0.0015μF을 pF으로 변환

c. 390,000pF을 μF으로 변환

d. 1000pF을 μF으로 변환

16-30 다음 단위 변환을 수행하라.

a. 15nF을 pF으로 변환

b. 1nF을 pF으로 변환

c. 680nF을 pF으로 변환

d. 33,000pF을 nF으로 변환

e. 1,000,000pF을 nF으로 변환

f. 560,000pF을 nF으로 변환

16-31 플라스틱 필름 커패시터가 154K로 코딩되어 있다. 커패시턴스의 측정값이 0.160μF이라면 커패시턴스 값은 허용오차 내에 있는가?

16-32 세라믹 디스크 커패시터가 102Z로 코딩되어 있다. 커패시턴스의 측정값이 680pF이라면 커패시턴스는 허용오차 내에 있는가?

16-33 플라스틱 필름 커패시터가 229B로 코딩되어 있다. 커패시턴스의 측정값이 2.05pF이라면 커패시턴스는 허용오차 내에 있는가?

16-11절 커패시터의 고장

16-34 다음의 조건에서 저항계가 지시하는 값은 무엇인가?
a. 단락 커패시터
b. 개방 커패시터
c. 누설 커패시터

16-35 $R\times10\text{K}$ 범위로 설정된 아날로그 저항계의 단자를 $0.47\mu\text{F}$의 커패시터에 연결한 효과를 묘사하라.

사고력 문제

16-36 직렬로 연결된 세 개의 커패시터가 1.6nF의 합성 등가 커패시턴스 C_{EQ}를 갖는다. 만약 $C_1=4C_2$이고 C_3=20C1이면 C_1, C_2, C_3은 얼마인가?

16-37 100pF의 세라믹 커패시터는 N500의 온도계수 T_C를 갖는다. 다음의 온도에서 그 커패시턴스를 계산하라.
(a) 75℃
(b) 125℃
(c) −25℃

16-38 (a) 100V로 충전된 $100\mu\text{F}$의 커패시터에 의해 저장되는 에너지를 계산하라.
(b) 만약 이 커패시터가 충전되지 않은 다른 $100\mu\text{F}$의 커패시터 양단에 연결되면 두 커패시터에 의해 저장된 전체 에너지를 계산하라.
(c) 문제 (b)에서 두 커패시터에 의해 저장된 에너지는 문제 (a)에서 하나의 커패시터에 의해 저장된 에너지보다 작은가? 그렇다면 에너지는 어디로 갔는가?

복습문제 정답

16-1 a. 유전체
b. F

16-2 a. 14.5V
b. 0V
c. 있다

16-3 a. $10\mu\text{F}$
b. 세라믹

16-4 a. 참
b. 거짓
c. 참
d. 참

16-5 a. 참
b. 참
c. 참

16-6 a. 거짓
b. 참
c. 참
d. 참

16-7 a. $0.03\mu\text{F}$
b. 150pF

16-8 a. $0.1\mu\text{F}$
b. 25V
c. 33.3pF

16-9 a. 참
b. 참

16-10 a. 참
b. 참
c. 거짓
d. 거짓

16-11 a. 0
b. 양호
c. 전해 커패시터

chapter 17

용량성 리액턴스

커패시터가 변하는 인가전압에 의해서 충전과 방전을 하면 교류전류가 흐른다. 비록 커패시터의 유전체를 통해서는 전류가 흐를 수 없지만 커패시터의 충전과 방전에 의해 커패시터의 극판에 연결된 회로에 교류전류가 흐르게 된다. 인가된 사인파 V에 의해 흐르는 전류 양 I는 커패시터 용량성 리액턴스에 의해 결정된다. 용량성 리액턴스의 기호는 X_C이고 단위는 옴이다. X_C에서 X는 리액턴스를 표시하며 첨자 C는 용량성을 나타낸다.

X_C의 양은 V/I의 비인데 이 X_C를 커패시턴스 값과 변하는 V와 I의 주파수를 이용하여 $X_C=1/(2\pi fC)$로 계산할 수 있다. f의 단위는 헤르츠(hertz), C의 단위는 패럿(farad), X_C의 단위는 옴(ohm)이다. $X_C=1/(2\pi fC)$이므로 X_C 값은 주파수가 증가하고 C가 커짐에 따라 감소하게 된다. 이렇게 되는 것은 커패시턴스가 클수록, 인가전압이 빠르게 변할수록 충전전류와 방전전류가 커지기 때문이다.

단원 차례

단원 목표

- 용량성 회로에서 교류전류가 흐르는 원리를 설명한다.
- 주파수와 커패시턴스를 알고 있을 때 커패시터의 리액턴스를 계산한다.
- 직렬연결된 커패시터의 총 용량성 리액턴스를 계산한다.
- 병렬연결된 커패시터의 등가 용량성 리액턴스를 계산한다.
- 용량성 리액턴스에 옴의 법칙이 적용되는 방법을 설명한다.
- 커패시턴스와 전압 변화율이 주어질 때 용량성 전류를 계산한다.

중요 용어

반비례　　용량성 리액턴스 X_C　　위상각　　충전전류

방전전류

17-1 용량성 회로에서의 교류전류

MultiSim **그림 17-1** 용량성 회로에서의 전류 (a) 4μF의 커패시터가 전구를 밝게 빛낼 수 있는 충분한 전류 I를 흐르게 한다. (b) 커패시터가 작으면 전류도 작아져 불빛이 희미해진다. (c) 커패시터는 직류를 차단하기 때문에 직류전압이 인가될 때 전구는 켜지지 않는다.

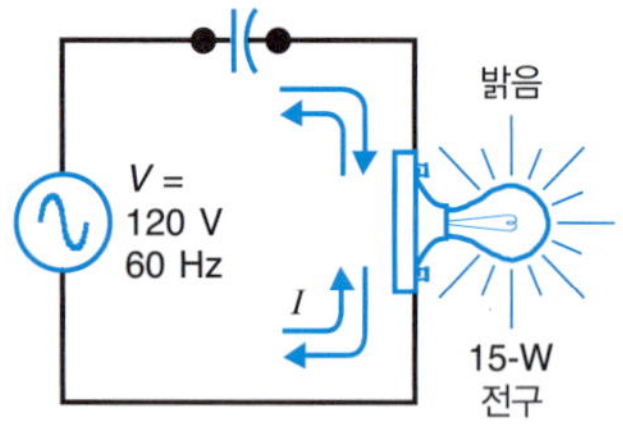

(a)

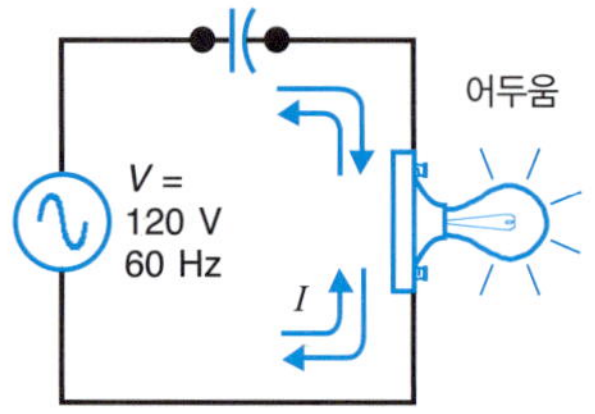

(b)

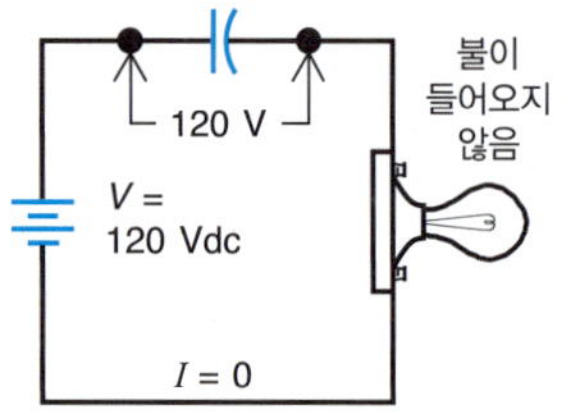

(c)

〈그림 17-1〉에 교류전압이 인가되면 전류가 흐른다는 사실을 나타내었다. 〈그림 17-1a〉와 〈그림 17-1b〉에서 전구는 불이 켜지게 되는데, 이는 커패시터의 충전 및 방전 전류가 흐르기 때문이다. 절연체인 유전체를 통해서 전류는 흐르지 않는다. 인가전압이 증가할 때 커패시터가 충전되며 충전전류는 도선을 따라 극판 쪽으로 흐른다. 인가전압이 감소할 때 커패시터는 방전하며 방전전류는 충전전류와 반대방향으로 흐른다. 교류전압이 인가될 때 커패시터는 반복적으로 충전과 방전을 한다.

먼저, 커패시터는 한쪽 극성으로 충전되고 방전하며 다시 커패시터는 반대 극성으로 충전되고 방전한다. 충전과 방전의 사이클이 회로 내에 인가된 전압과 주파수가 같은 교류전류를 흐르게 한다. 이것이 전구를 밝히는 전류이다.

〈그림 17-1a〉에서 4μF의 커패시터는 전구가 밝은 빛을 내기에 충분한 교류전류를 제공한다. 〈그림 17-1b〉에서 1μF의 커패시터에는 작아진 커패시턴스로 인해 더 작은 충전전류와 방전전류가 흐르므로 불빛이 그렇게 밝지는 못하다. 따라서 커패시턴스가 작을수록 같은 전압이 인가되더라도 전류가 적게 흐르므로 교류전류의 흐름을 방해하는 성질이 커지게 된다. 즉, 커패시턴스가 작을수록 큰 리액턴스를 가진다.

〈그림 17-1c〉에서는 일정한 직류전압이 커패시터를 120V로 충전할 것이다. 인가전압은 변하지 않기 때문에 커패시터는 충전된 상태를 계속 유지한다. 충전된 커패시터 양단의 120V의 전위차는 인가전압과 반대의 전압 강하이기 때문에 전류가 흐를 수 없다. 따라서 전구는 켜질 수 없다. 전압이 인가되는 순간 충전전류가 흐르기 때문에 전구가 순간적으로 깜박일 수는 있다. 하지만 이 전류는 커패시터가 충전될 때까지만 흐르는 일시적인 전류이다. 커패시터가 120V의 인가전압을 가지면 전구에 걸리는 전압은 영이다.

결과적으로, 커패시터는 직류전류나 전압을 차단한다고 할 수 있다. 다르게 표현하면, 커패시터가 일정한 직류전압에 의해 충전된 후에는 회로에 흐르는 전류는 없다. 모든 인가 직류전압은 충전된 커패시터 양단에 나타나고 어떤 직렬저항 양단에도 전압이 걸리지 않는다.

지금까지의 설명을 간추려보면 다음과 같다.

1. 교류전압이 인가될 때 용량성 회로에는 교류전류가 흐른다.
2. 커패시턴스가 작을수록 작은 전류가 흐른다. 이는 전류 흐름을 방해하는 리액턴스 X_C의 증가를 의미한다.
3. 인가전압의 주파수가 작을수록 전류는 작아지고 X_C는 증가한다. 일정한 직류전압원이 인가될 때, 직류전압원의 주파수는 0이므로 커패시터의 X_C는 ∞가 되어 전류는 흐르지 않는다. 이 경우 커패시터는 사실상 개방회로이다.

알아두기▸▸

커패시터에서 충전전류는 극판 쪽으로, 방전전류는 이와 반대인 극판 바깥쪽으로 흐르는데 유전체를 통해 흐르는 것은 아니다.

X_C는 주파수에 따라 결정되기 때문에, 이런 효과는 실제 회로에서 거의 제한되지

그림 17-2 용량성 리액턴스 X_C는 V_C/I_C의 비이다.

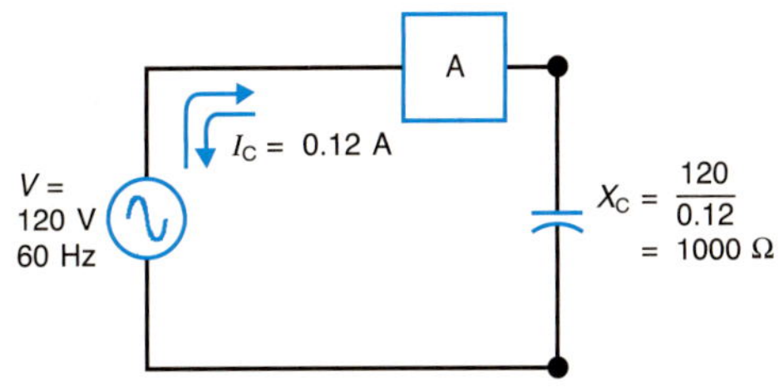

않고 응용할 수 있다. 커패시터는 교류전압을 통과시키고 직류전압을 차단하는 용도로 가장 널리 사용된다. 또 다른 사용 예로 저주파보다 고주파 교류회로에서 X_C의 크기가 작아진다는 특성을 이용하는 것이 있다.

용량성 전류

커패시터가 교류회로에서 전류를 흐르게 하는 이유는 충전과 방전을 반복하기 때문이다. 〈그림 17-2〉에 보인 것처럼 회로에 전류계를 연결하면 교류전류계는 충전전류와 방전전류의 양을 지시하게 된다. 이 예에서 I_C는 0.12A이다. 이 전류가 전압원, 연결도선, 커패시터의 극판에 똑같이 흐른다. 하지만 커패시터의 극판 사이의 절연체를 통한 전류는 없다.

X_C 값

알아두기▸▸

용량성 리액턴스 X_C는 교류전류의 흐름을 반대하는 커패시터의 척도이다. X_C의 단위는 옴(Ω)이고 X_C는 단지 사인파에만 적용된다.

사인파 전류를 방해하는 저항을 알기 위해 V_C/I_C의 비를 계산하면 이 값은 120/0.12=1000Ω이 된다. 이 1000Ω이 용량성 리액턴스 X_C이며 커패시터에 인가된 사인파 전압에 의해 발생되는 전류가 얼마인지를 나타낸다. 전압과 전류로 나타내면 $X_C = V_C/I_C$이다. 주파수와 커패시턴스로 나타내면 $X_C=1/(2\pi fC)$이다.

X_C 값은 커패시턴스와 인가전압의 주파수 값에 의해 결정된다. 만약 〈그림 17-2〉의 커패시턴스 C가 증가되면 더 커진 충전전류에 의해 더 많은 전하를 저장하므로 방전전류도 더 커지게 된다. 따라서 커패시턴스가 클수록 X_C는 작아진다. 또한 〈그림 17-2〉에서 주파수가 증가되면 커패시터는 더 많은 전류를 발생하기 위해 더 빨리 충전과 방전을 할 것이다. 같은 인가전압에서 더 많은 전류가 흐르게 되면 V_C/I_C는 더 작아진다. 따라서 더 높은 주파수에 대해 X_C는 더 작아진다. 리액턴스 X_C는 0Ω에 가까운 값에서 거의 무한대 Ω에 이르는 값도 가질 수 있다.

■ 17-1 복습문제

a. 같은 주파수에서 0.1μF과 0.5μF의 커패시터 중 어느 것이 더 큰 리액턴스를 갖는가?

b. 같은 주파수에서 0.1μF과 0.5μF의 커패시터 중 어느 것이 더 큰 충전전류와 방전전류를 흐르게 하는가?

17-3 직렬과 병렬 용량성 리액턴스

용량성 리액턴스는 단위가 옴이며 전류를 방해하는 역할을 하므로 저항과 똑같은 방법으로 합성될 수 있다. 〈그림 17-5a〉에서 보인 것처럼 직렬 용량성 리액턴스는 산술적으로 더해진다.

직렬 용량성 리액턴스 식

$$X_{C_T} = X_{C_1} + X_{C_2} + \cdots\cdots \tag{17-4}$$

병렬 리액턴스에 대해 합성 리액턴스는 〈그림 17-5b〉에 보인 것처럼 역수 공식에 의해 계산된다.

병렬 용량성 리액턴스 식

$$X_{C_{EQ}} = \frac{1}{\frac{1}{X_{C_1}} + \frac{1}{X_{C_2}} + \frac{1}{X_{C_3}} + \cdots\cdots} \tag{17-5}$$

〈그림 17-5b〉에서 100Ω과 200Ω의 병렬 합성 리액턴스 $X_{C_{EQ}}$는 $66\frac{2}{3}\Omega$이 된다. 합성 병렬 리액턴스는 가장 작은 가지 리액턴스보다 더 작아진다. 병렬저항의 합성에 사용되는 간단한 방법이 병렬 리액턴스를 구하기 위해 사용될 수 있다.

용량성 리액턴스를 합성하는 방법은 커패시턴스를 합성하는 방법과 반대이다. 이렇게 되는 것은 용량성 리액턴스와 커패시턴스가 서로 반비례하기 때문이다. 일반적으로 옴 단위의 성분은 직렬연결 시 더하고 병렬연결 시 역수 공식에 의해 합성한다.

■ 17-3 복습문제

a. 200Ω의 X_{C_1}과 300Ω의 X_{C_2}가 직렬연결되면 X_{C_T}는 얼마인가?

b. 200Ω의 X_{C_1}과 300Ω의 X_{C_2}가 병렬연결되면 $X_{C_{EQ}}$는 얼마인가?

그림 17-5 리액턴스는 저항과 같이 합성한다. (a) 직렬 리액턴스의 추가 (b) 두 개의 병렬 리액턴스는 두 개의 곱을 두 개의 합으로 나눈 것과 같다.

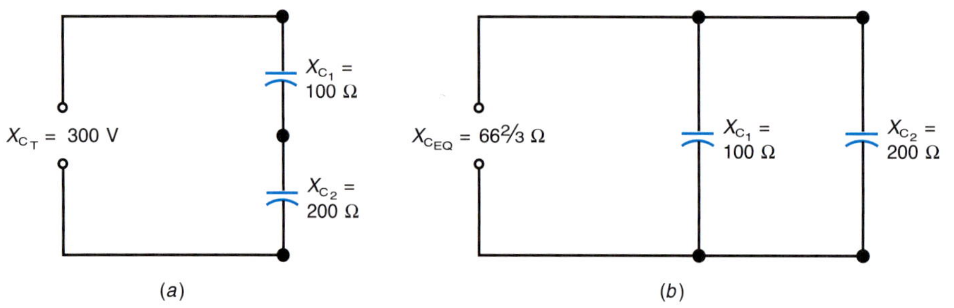

MultiSim **그림 17-6** X_C의 회로 계산 예 (a) X_C 하나만 가질 때 $I = V/X_C$ (b) 직렬전압 강하의 합은 인가전압 V_T와 같다. (c) 병렬 가지전류의 합은 총 선전류 I_T와 같다.

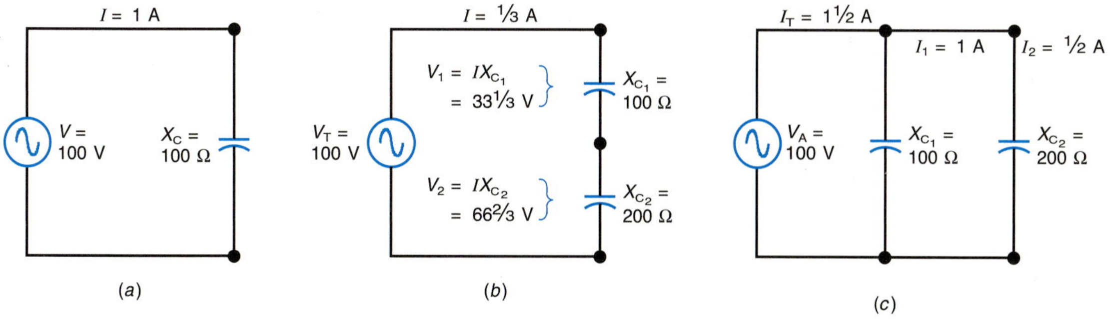

17-4 X_C에 적용되는 옴의 법칙

X_C만을 갖는 교류회로에서 전류는 인가전압을 X_C로 나눈 값과 같다. X_C를 가진 세 가지 회로 예가 〈그림 17-6〉에 나타내었다. 〈그림 17-6a〉에서는 100Ω의 리액턴스 하나만 존재하고 전류 I는 V/X_C와 같아 100V/100Ω으로 1A이다.

〈그림 17-6b〉의 직렬회로에서 전체 리액턴스는 직렬 리액턴스의 합과 같아 300Ω이다. 따라서 전류는 100V/300Ω으로 $\frac{1}{3}$A와 같다. 또한 각 리액턴스에 걸리는 전압은 IX_C의 곱과 같다. 이러한 직렬 전압강하의 합은 인가전압과 같다.

〈그림 17-6c〉의 병렬회로에서 각 병렬 리액턴스는 자신의 가지전류를 가지며 이는 인가전압을 가지 리액턴스로 나눈 값과 같다. 병렬연결이므로 인가전압은 두 리액턴스에 똑같이 나타난다. 그리고 전체전류는 $1\frac{1}{2}$A이며 이는 1A와 $\frac{1}{2}$A인 각 가지전류의 합과 같다. 인가전압이 실효값이므로 〈그림 17-6〉의 모든 계산된 전류와 전압강하도 역시 실효값이다.

■ 17-4 복습문제

a. 〈그림 17-6b〉에서 X_{C_T}는 얼마인가?
b. 〈그림 17-6c〉에서 $X_{C_{EQ}}$는 얼마인가?

17-5 용량성 리액턴스의 응용

X_C는 직류전류를 차단하고 교류전류에는 낮은 리액턴스를 제공하는 용도로 널리 사용된다. 이렇게 하면 변화하는 교류성분을 일정한 직류전류와 분리할 수 있다. 또한 커패시터는 낮은 주파수에 비해 높은 주파수를 갖는 교류전류에 대해 더 작은 리액턴스를 가진다.

R과 X_C의 차이는 다음과 같다. R은 직류회로나 교류회로에서 항상 같은 반면에 X_C는 주파수에 따라 결정된다.

표 17-1	10Ω의 리액턴스를 가지는 커패시턴스 값	
C(근사값)	주파수	비고
27 μF	60 Hz	전력선과 낮은 오디오 주파수
1.6 μF	1000 Hz	오디오 주파수
0.16 μF	10,000 Hz	오디오 주파수
1600 μF	1000 kHz (RF)	AM 라디오
160 μF	10 MHz (HF)	단파 라디오
16 μF	100 MHz (VHF)	FM 라디오

여러 주파수에서 X_C 값이 100Ω이 되는 커패시터의 값을 계산한 것이 〈표 17-1〉이다. 이 C 값들은 각 주파수 대역에서 대표적으로 사용되는 것들이다. 100Ω의 X_C 값을 얻는 데 필요한 C 값은 주파수가 높아질수록 더 작아진다는 것을 주목하라.

커패시터가 교류에 대해 결합커패시터, 바이패스커패시터, 필터커패시터로 사용되는 경우에는 〈표 17-1〉의 X_C 값 100Ω은 작은 것이어야 한다. 커패시터가 이러한 기능을 하기 위해서는 X_C 값이 회로의 저항값보다 작아야 한다. 대표적인 C 값은 RF 신호에 대해 16pF에서 1600pF이며 AF 신호에 대해서는 0.16μF에서 27μF의 범위이다. 낮은 오디오 주파수 대역인 60Hz의 전력선 주파수에서는 약 27μF 이상의 C 값이 필요하다.

■ 17-5 복습문제

커패시터 C가 60Hz에서 100Ω의 X_C 값을 가진다.

a. 120Hz에서 X_C는 얼마인가?

b. 6Hz에서 X_C는 얼마인가?

17-6 사인파 충전전류와 방전전류

〈그림 17-7〉에서 커패시터 양단의 사인파 인가전압이 교류 충전전류와 방전전류를 발생한다. 1/4주기마다 회로의 동작을 살펴보자. 커패시터 양단의 전압 v_C는 병렬연결이기 때문에 항상 인가전압 v_A와 같다. 하지만 전류 i는 C의 충전과 방전에 따라서 달라진다. v_A가 증가할 때 C가 충전되어 v_C를 v_A와 같은 전압으로 유지한다. v_A가 감소될 때 C가 방전되어 v_C를 v_A와 같은 전압으로 유지한다. v_A가 변하지 않을 때 충전전류와 방전전류는 흐르지 않는다.

〈그림 17-7a〉의 최초 1/4주기 동안에 v_A는 양이며 증가하고 그림에 보인 극성으로 C를 충전한다. 전류는 전원 전압의 (+) 단자에서 흘러나와 화살표로 나타낸 방향으로 충전전류를 발생한다. 두 번째 1/4주기 동안에 인가전압이 감소하면 커패시터가 방전되면서 v_C도 감소한다. 방전전류는 C의 (+) 극판에서 전원을 통해 다시

그림 17-7 용량성 충전전류와 방전전류 (a) 전압 v_A가 양으로 증가하여 C를 충전한다. (b) v_A가 감소함에 따라 C가 방전한다. (c) 전압 v_A가 음으로 증가하여 C를 반대 극성으로 충전한다. (d) v_A가 감소함에 따라 C가 역으로 방전한다.

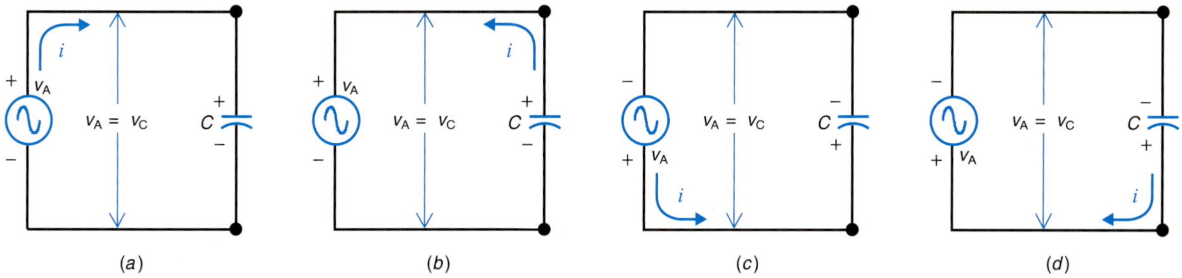

커패시터의 (−) 극판으로 흐른다.

〈그림 17-7b〉에서 방전전류의 방향은 〈그림 17-7a〉의 충전전류의 방향과 반대인 것을 주목하라.

〈그림 17-7c〉의 세 번째의 1/4주기에서 인가전압 v_A는 다시 음의 방향으로 증가한다. 이제 C는 역방향으로 다시 충전된다. 여기서 충전전류는 〈그림 17-7a〉의 충전전류와 반대 방향이며 〈그림 17-7b〉의 방전전류와 똑같은 방향이다. 마지막으로 〈그림 17-7d〉에서의 마지막 1/4주기에서 음극성 인가전압은 감소하고 결과로 C는 방전한다. 이 방전전류는 〈그림 17-7c〉의 충전전류와 반대 방향이며 〈그림 17-7a〉의 충전전류와 같은 방향이다.

따라서 사인파 인가전압에 대해 커패시터는 번갈아 나타나는 충전전류와 방전전류의 사이클을 발생한다. 전압이 증가하거나 감소하면서 변할 때마다 충전이나 방전을 위해 커패시터 전류가 흐른다. 또한 i와 v는 같은 주파수를 갖는다.

i_C 값의 계산

알아두기▸▸

사인파에 대한 전압 변화율 $\frac{dv}{dt}$는 그 진폭과 주파수에 의해 결정된다.

전압 변화가 커질수록 용량성 전류의 양도 더 커진다. 또한 인가전압이 증가할 때 더 큰 커패시터는 더 큰 충전전류와 방전전류를 흐르게 할 수 있다. 이러한 요인으로 인해 용량성 전류의 양이 다음과 같이 계산될 수 있다.

$$i_C = C\frac{dv}{dt} \tag{17-6}$$

여기서 i의 단위는 A, C의 단위는 F이며 $\frac{dv}{dt}$의 단위는 V/s이다. 예를 들어, 240pF의 커패시터 양단의 전압이 1μs 동안 25V 변한다고 가정하자. 용량성 전류의 양은 다음과 같이 계산된다.

$$\begin{aligned} i_C = C\frac{dv}{dt} &= 240\times10^{-12}\times\frac{25}{1\times10^{-6}} \\ &= 240\times25\times10^{-6} = 6000\times10^{-6} \\ &= 6\times10^{-3}\text{A} \quad \text{또는} \quad 6\text{mA} \end{aligned}$$

식 (17–6)은 커패시터 전하식 $Q=CV$와 유사하다. 전압이 변할 때 이러한 dv/dt 요소는 전하 Q에 변화를 일으킨다. 전하가 이동할 때 이러한 dq/dt 요소는 전류 i_C가 된다. 따라서 dq/dt나 i_C는 dv/dt에 비례하게 된다.

식 (17–6)에 의해 커패시터 양단에 걸리는 전압이 변할 때 i_C가 충전전류와 방전전류의 순시값을 구하기 위해 계산될 수 있다.

예제 17–5

1초 동안 전위차가 50V 증가될 때 6μF C에 의해 발생되는 충전전류 i_C의 순시 값을 계산하라.

정답

$$i_C = C\frac{dv}{dt} = 6\times10^{-6}\times\frac{50}{1}$$
$$= 300\mu\text{A}$$

예제 17–6

1초 동안 전위차가 50V 감소될 때 〈예제 17–5〉와 똑같은 C에 대한 i_C를 계산하라.

정답 똑같은 $C(dv/dt)$에 대해, i_C는 같은 300μA이다. 하지만 이 300μA는 방전전류로 충전 시의 i_C와 반대 방향으로 흐른다. i_C가 방전전류인 경우에는 – 부호를 사용하여 –300μA라고 할 수도 있다.

예제 17–7

1μs 동안에 50V의 전압 변화에 대해 250pF의 커패시터에 의해 발생하는 i_C를 계산하라.

정답

$$i_C = C\frac{dv}{dt}$$
$$= 250\times10^{-12}\times\frac{50}{1\times10^{-6}}$$
$$= 12{,}500\times10^{-6}\text{A} \quad \text{또는} \quad 12{,}500\mu\text{A} \quad \text{또는} \quad 12.5\text{mA}$$

〈예제 17–7〉에서 C는 〈예제 17–6〉에서보다 더 작지만 더 큰 i_C 값을 발생한다. 이는 dv/dt가 훨씬 더 크기 때문이다.

표 17-2		〈그림 17-8〉의 $i_C = C(dv/dt)$ 곡선에 대한 값					
시간		dt		dv, V	dv/dt, V/μs	C, pF	$i_C = C(dv/dt)$, mA
θ	μs	θ	μs				
30°	2	30°	2	50	25	240	6
60°	4	30°	2	36.6	18.3	240	4.4
90°	6	30°	2	13.4	6.7	240	1.6
120°	8	30°	2	−13.4	−6.7	240	−1.6
150°	10	30°	2	−36.6	−18.3	240	−4.4
180°	12	30°	2	−50	−25	240	−6
210°	14	30°	2	−13.4	−6.7	240	−1.6
240°	16	30°	2	−36.6	−18.3	240	−4.4
270°	18	30°	2	−13.4	−6.7	240	−1.6
300°	20	30°	2	13.4	6.7	240	1.6
330°	22	30°	2	36.6	18.3	240	4.4
360°	24	30°	2	50	25	240	6

v_C와 i_C 파형

〈표 17-2〉에 계산된 값들을 그래프로 그려보면 용량성 회로를 더욱 자세히 분석할 수 있다. 〈그림 17-8〉의 파형은 이 값들을 나타내고 있다. 〈그림 17-8a〉는 240pF 커패시턴스 C 양단의 사인파 전압 v_C를 보인다. 용량성 전류 i_C는 v의 절대 크기가 아닌 전압 변화율에 의해 결정되기 때문에 〈그림 17-8b〉의 곡선은 전압의 변화가 어떻게 나타나는지를 보여준다. 이 그래프에서 dv/dt 값은 30° 간격마다 그려진다.

〈그림 17-8c〉는 실제 용량성 전류 i_C를 보인다. 이 전류 i_C의 그래프는 dv/dt 특성과 유사하며 이는 i_C가 상수 C와 dv/dt의 곱과 같기 때문이다.

90° 위상각

〈그림 17-8〉의 가장 마지막 i_C의 그래프는 v_C 그래프가 최대값을 가질 때 영의 값을 가진다. 이 두 그래프를 비교하면 90°위상차를 확인할 수 있으며 이는 사인파의 전압 v_C에 대해 전류 i_C가 코사인파이기 때문이다. 90。위상차는 i_C가 v 자체가 아닌 전압 변화율 dv/dt에 의해 결정되기 때문이다. 커패시턴스에서 이 90°위상각의 상세한 내용은 다음 장에서 설명된다.

각각의 그래프에서 주기 T는 24μs이다. 따라서 주파수는 $1/T$ = 1/24μs이며 41.67kHz와 같다. 비록 i와 v 사이에 90°위상차가 있지만 각 그래프는 같은 주파수를 가진다.

그림 17-8 용량성 회로의 파형 (a) 사인파 전압 파형 (b) 전압 변화 (c) 충전전류와 방전전류 i_C 파형. 〈표 17-2〉에 주어진 값들을 이용하여 그린다.

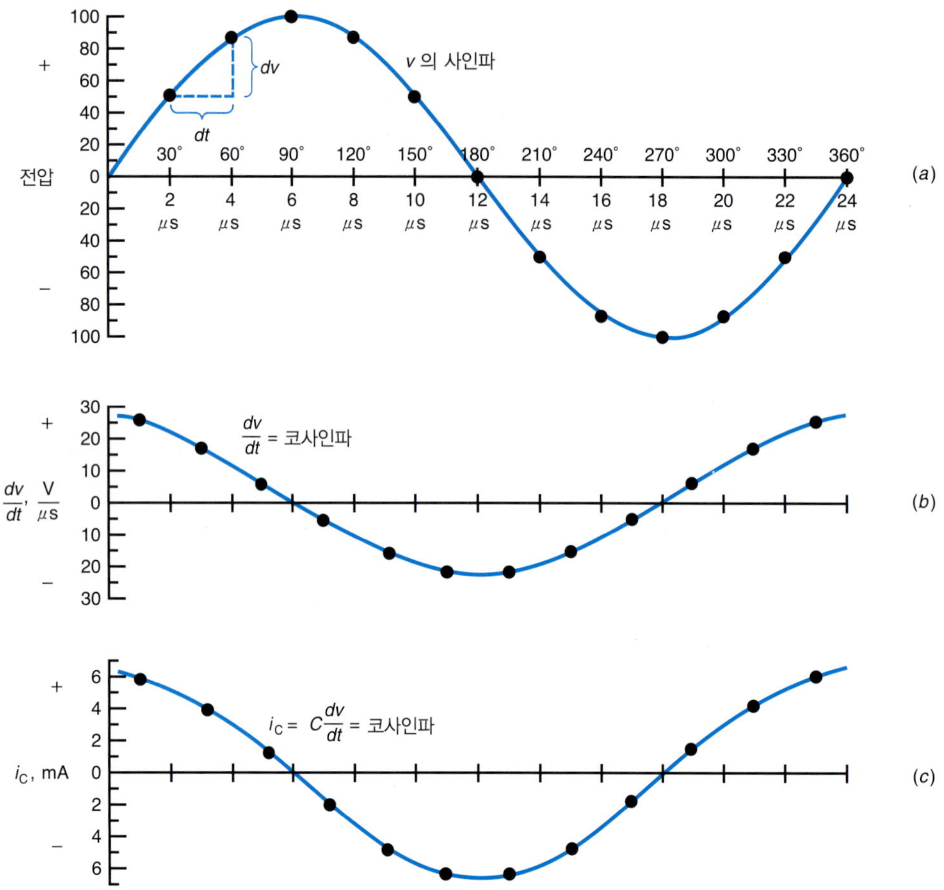

X_C 옴

v_C/i_C의 비는 옴 단위로 용량성 리액턴스를 나타낸다. 비교를 위해 100V 피크를 갖는 v_C의 실제값을 사용해 보자. 변화율 요소는 i_C에 포함된다. 비록 i_C의 피크 6mA가 v_C의 피크 100V보다 90°위상이 앞서지만 두 피크 값이 비교될 수 있으며 v_C/i_C는 100/0.006으로 16667Ω이다.

이 X_C 값은 근사값이며 이는 i_C가 30° 간격의 큰 dt 변화 동안 정확히 결정될 수 없기 때문이다. 만약 더 작은 시간 간격이 사용된다면 i_C의 피크는 6.28mA가 되고 X_C는 15,900Ω이 되어 240pF의 C와 41.67kHz의 주파수에 대해 $1/2\pi fC$로 구해지는 값과 같다.

■ 17-6 복습문제

〈그림 17-8〉에 있는 그래프를 보고 물음에 답하여라.

a. v는 어떤 각에서 최대 양의 값을 가지나?

b. dv/dt는 어떤 각에서 최대 양의 값을 가지나?

c. v_C와 i_C 사이의 위상각 차는 얼마인가?

요약

- 용량성 리액턴스는 사인파 교류전류의 흐름을 방해하는 커패시터의 성분으로 X_C로 표시된다.
- 리액턴스 X_C는 V/X_C의 값으로 전류를 제한하기 때문에 Ω 단위로 측정된다. 여기서 V는 V, X_C는 Ω, I는 A 단위를 사용한다.
- $X_C=1/2\pi fC$이며, 여기서 f는 Hz, C는 F, X_C는 Ω 단위를 사용한다.
- 같은 커패시턴스 값에 대해 주파수가 증가할 때 X_C는 감소한다.
- 같은 주파수에 대해 커패시턴스가 증가할 때 X_C는 감소한다.
- X_C와 f를 알면 커패시턴스는 $C=1/2\pi fX_C$에 의해 구해진다.
- X_C와 C를 알면 주파수는 $f=1/2\pi CX_C$에 의해 구해진다.
- 직렬로 연결된 전체 용량성 리액턴스 X_C는 직렬로 연결된 저항과 같이 각 값의 합과 같다. 직렬 리액턴스에는 같은 전류가 흐른다. 각 리액턴스 양단의 전압은 IX_C이다.
- 병렬 용량성 리액턴스의 합성 리액턴스는 병렬로 연결된 저항과 같이 역수 공식에 의해 계산된다. 각각의 가지전류는 V/X_C이다. 전체 본선 전류는 각 가지전류의 합이 된다.
- 〈표 17-3〉에 C와 X_C 사이의 차이를 요약하였다.

표 17-3	커패시턴스와 용량성 리액턴스의 비교
커패시턴스	용량성 리액턴스
기호는 C이다.	기호는 X_C이다.
F 단위로 측정된다.	Ω 단위로 측정된다.
커패시터 구조에 따라 결정된다.	사인파 전압의 주파수에 따라 결정된다.
$C = i_C/(dv/dt)$ 또는 Q/V	$X_C = V_C/i_C$ 또는 $1/2\pi fC$

중요 용어

- 반비례 : 분모의 값이 증가할 때 결과 값이 감소함을 의미. 공식 $X_C = \dfrac{1}{2\pi fC}$에서 X_C는 f와 C 모두에 반비례한다. 이는 f와 C가 증가할 때 X_C가 감소함을 의미한다.
- 방전전류 : 유전체에 저장된 전하가 감소함에 따라 커패시터 극판에 흐르는 전류. 커패시터의 방전전류는 충전전류와 반대 방향으로 흐른다.
- 위상각 : 두 파형 사이의 각 차이. 커패시터에서 충전전류와 방전전류 i_C는 커패시터 전압 v_C보다 90° 먼저 최대값에 도달한다. 결과적으로 충전전류와 방전전류 i_C는 커패시터 전압 v_C보다 90° 위상각 앞선다고 말할 수 있다.
- 용량성 리액턴스 X_C : 교류전류의 흐름을 방해하는 커패시터의 척도. X_C는 옴으로 측정된다.

$$X_C = \frac{1}{2\pi fC} \text{ 또는 } X_C = \frac{V_C}{I_C}$$

- 충전전류 : 유전체에 저장된 전하가 증가함에 따라 커패시터 극판에 흐르는 전류

중요 공식

$$X_C = \frac{1}{2\pi fC}$$

$$C = \frac{1}{2\pi fX_C}$$

$$f = \frac{1}{2\pi CX_C}$$

$$X_{C_T} = X_{C_1} + X_{C_2} + \cdots\cdots \text{(직렬 커패시턴스 리액턴스)}$$

$$X_{C_{EQ}} = \frac{1}{\dfrac{1}{X_{C_1}} + \dfrac{1}{X_{C_2}} + \dfrac{1}{X_{C_3}} + \cdots\cdots} \text{(병렬 커패시턴스 리액턴스)}$$

$$i_C = C\frac{dv}{dt}$$

$$X_C = \frac{V_C}{I_C}$$

자습문제

1. 커패시터의 용량성 리액턴스 X_C에 대한 설명 중 맞는 것은?
   a. 주파수에 반비례한다.
   b. 주파수와 무관하다.
   c. 주파수에 비례한다.
   d. 커패시턴스에 비례한다.

2. 커패시터의 충전전류와 방전전류에 대한 설명 중 맞는 것은?
   a. 유전체를 통해 흐른다.
   b. 직류전압이 인가될 때만 흐른다.
   c. 극판에서 극판으로 흐른다.
   d. a와 b 모두 정답이다.

3. 직류에서 커패시터에 대한 설명 중 맞는 것은?
   a. 닫힌 스위치처럼 동작한다.
   b. 개방회로처럼 동작한다.
   c. 단락회로처럼 동작한다.
   d. 작은 저항으로 동작한다.

4. 같은 주파수에서 커패시터가 증가함에 따라 어떻게 되는가?
   a. 충전전류와 방전전류가 증가한다.
   b. 충전전류와 방전전류가 감소한다.
   c. 용량성 리액턴스 X_C가 감소한다.
   d. a와 c 모두 정답이다.

5. 12V 교류발전기에서 4.8mA의 전류를 흐르게 하는 커패시터의 커패시턴스 C는 얼마인가? 교류발전기의 주파수는 636.6Hz이다.
   a. 0.01μF
   b. 0.1μF
   c. 0.001μF
   d. 100pF

6. 0.015μF의 커패시터가 2kΩ의 X_C 값을 갖도록 하는 주파수는 얼마인가?
   a. 5.3MHz
   b. 5.3Hz
   c. 5.3kHz
   d. 106kHz

7. 1MHz의 주파수에서 330pF 커패시터의 용량성 리액턴스 X_C는 얼마인가?
   a. 482Ω
   b. 48.2Ω
   c. 1kΩ
   d. 482MΩ

8. 커패시터 극판 양단의 전압이 250V/s의 변화율을 가지면 10μF의 커패시터에 흐르는 순시 충전전류의 값은 얼마인가?
   a. 250μA
   b. 2.5A
   c. 2.5μA
   d. 2.5mA

9. 커패시터에서 충전전류와 방전전류 I_C에 대한 설명 중 맞는 것은?
   a. 커패시터 전압 V_C보다 위상각 90° 뒤진다.
   b. 커패시터 전압 V_C보다 위상각 90° 앞선다.
   c. 커패시터 전압 V_C와 동상이다.
   d. 정답 없음

10. 두 개의 1kΩ X_C가 직렬로 연결되면 전체 용량성 리액턴스는 얼마인가?
   a. 1.414kΩ
   b. 500Ω
   c. 2kΩ
   d. 707Ω

11. 두 개의 5kΩ X_C가 병렬로 연결되면 등가 용량성 리액턴스는 얼마인가?
   a. 7.07kΩ
   b. 2.5kΩ
   c. 10kΩ
   d. 3.53kΩ

12. 커패시터에 대한 설명 중 맞는 것은?
   a. 커패시터 전압이 증가함에 따라 저장된 전하가 증가한다.
   b. 충전전류와 방전전류는 반대 방향이다.
   c. I_C는 V_C보다 90° 앞선다.
   d. 위의 모두가 정답이다.

13. 용량성 리액턴스 X_C의 단위는 무엇인가?

a. Ω

b. F

c. Hz

d. rad

14. 저항 R과 용량성 리액턴스 X_C의 주요한 차이는 무엇인가?

a. X_C는 직류와 교류에서 같은 반면에 R은 주파수에 따라 달라진다.

b. R은 직류와 교류에서 같은 반면에 X_C는 주파수에 따라 달라진다.

c. R은 Ω 단위로 측정되고 X_C는 F 단위로 측정된다.

d. 정답 없음

15. 커패시터는 어떠한 분야에서 매우 흔하게 사용되는가?

a. 직류전압을 차단하고 교류전압은 거의 방해하지 않고 통과시키기 위해

b. 직류와 교류 전압 모두를 차단하기 위해

c. 직류와 교류 전압 모두를 통과시키기 위해

d. 정답 없음

확인문제

1. 용량성 리액턴스는 왜 Ω 단위로 측정되는가? 커패시턴스와 용량성 리액턴스 사이의 두 가지 차이점을 설명하라.

2. 왜 〈그림 17-1a〉의 전구는 불이 켜지고 〈그림 17-1c〉의 전구는 켜지지 않는지를 간단히 설명하라.

3. 반비례하는 두 인자가 무엇을 의미하는지 간단히 설명하라. 이것이 어떻게 X_C와 C 또는 X_C와 f의 관계에 적용되는가?

4. X_C와 R을 비교하여 두 가지 차이점과 한 가지 유사점을 설명하라.

5. 왜 〈그림 17-8a〉와 〈그림 17-8b〉의 파형은 90°의 위상차를 가지며, 〈그림 17-8b〉와 〈그림 17-8c〉의 파형은 같은 위상을 가지는가?

6. 〈그림 17-3〉에서 이 그래프는 어떻게 X_C와 C 사이의 역비례관계를 보이는가?

7. 〈그림 17-4〉에서 이 그래프는 어떻게 X_C와 f 사이의 역비례관계를 보이는가?

8. 〈그림 17-8〉을 이용하여 주기 T=12μs를 갖는 사인파 전압에 대한 세 개의 유사한 파형을 전체 사이클 구간에서 그려라. 240pF의 C를 사용하라. $1/2\pi fC$ 식과 V_C/I_C 식으로 구해진 X_C의 값을 비교하라.

9. (a) 전하 q와 전류 I 사이의 관계는 무엇인가?
   (b) 이 비교는 두 공식 $Q=CV$와 $I_C=C(dv/dt)$ 사이의 관계와 어떻게 유사한가?

연습문제

17-1절 용량성 회로에서의 교류전류

17-1 〈그림 17-9〉에서 스위치 S_1이 닫힐 때 다음을 구하라.

a. 회로의 전류 I

b. 12V 전등 양단의 직류전압

c. 커패시터 양단의 직류전압

그림 17-9

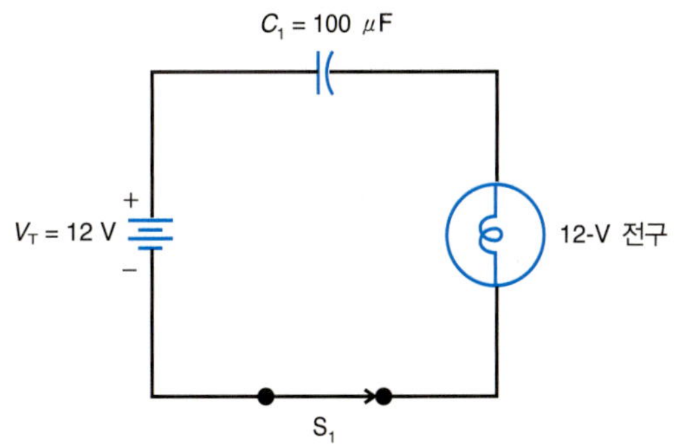

17-2 〈그림 17-9〉에서 왜 전구가 스위치 S_1이 처음 닫히는 순간 동안에만 켜지는지 설명하라.

17-3 〈그림 17-10〉에서 커패시터와 전구는 120V 교류전원에서 400mA를 흐르게 한다. 다음을 구하라.

a. 120V 교류전원에 흐르는 전류

b. 전구를 통해 흐르는 전류

c. 커패시터 극판에 흐르는 전류

d. 연결 도선을 통해 흐르는 전류

e. 커패시터 유전체를 통해 흐르는 전류

그림 17-10

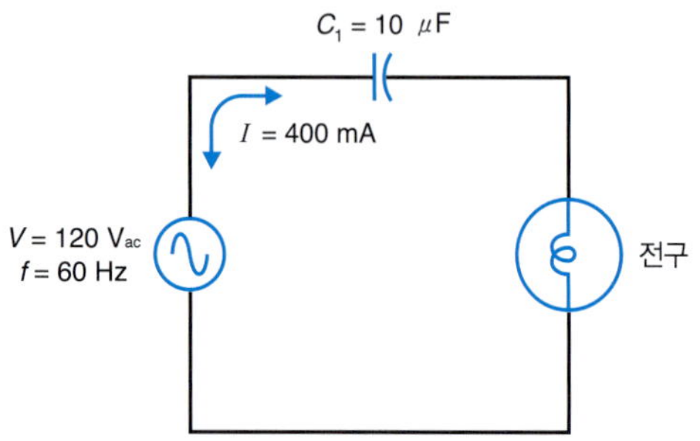

17-4 〈그림 17-11〉에서 다음의 교류 전압 V_{AC}와 I 값에 대한 용량성 리액턴스 X_C를 계산하라.

a. V_{AC}=10V, I=20mA

b. V_{AC}=24V, I=8mA

c. V_{AC}=15V, I=300μA

d. V_{AC}=100V, I=50μA

그림 17-11

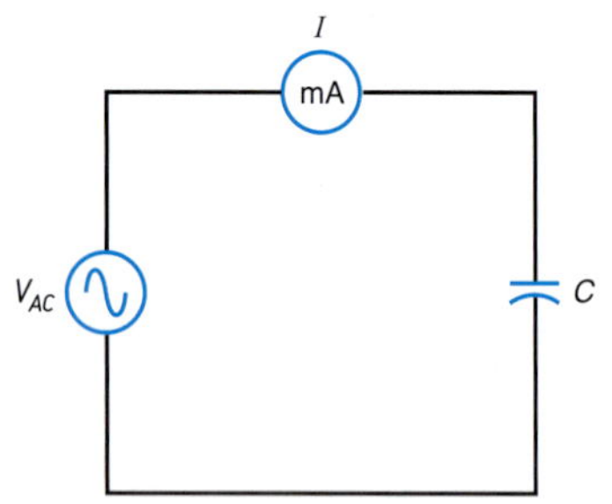

17-5 〈그림 17-11〉에서 회로에 흐르는 충전전류와 방전전류의 크기에 영향을 주는 세 가지 요소를 열거하라.

17-2절 X_C는 $1/(2\pi fC)$과 같다

17-6 다음 주파수에서 0.1μF 커패시터의 용량성 리액턴스 X_C를 계산하라.

a. f=10Hz

b. f=50Hz

c. f=200Hz

d. f=10kHz

17-7 다음 주파수에서 10μF 커패시터의 용량성 리액턴스 X_C를 계산하라.

a. f=60Hz b. f=120Hz

c. f=500Hz d. f=1kHz

17-8 다음 주파수에서 1kΩ의 X_C를 만드는 커패시턴스 값은 얼마인가?

a. f=318.3Hz

b. f=1.591kHz

c. f=3.183kHz

d. f=6.366kHz

17-9 다음의 X_C 값을 만드는 0.047μF 커패시터의 주파수는 얼마인가?

a. 100kΩ

b. 5kΩ

c. 1.5kΩ

d. 50Ω

17-10 주파수가 3.183kHz인 10V 교류발전기에서 2mA의 전류를 흐르게 하는 커패시터의 커패시턴스는 얼마인가?

17-11 어떤 주파수에서 820pF의 커패시턴스가 250Ω의 X_C 값을 가지는가?

17-12 50V 교류전원 양단에 연결될 때 0.01μF의 커패시터가 50mA의 전류를 흐르게 한다. 다음의 조건에서 커패시터에 흐르는 전류 값은 얼마인가?

a. 주파수가 2배가 될 때

b. 주파수가 1/2로 감소할 때

c. 커패시턴스가 2배인 0.02μF이 될 때

d. 커패시턴스가 1/2인 0.005μF으로 감소할 때

17-13 어떤 주파수에서 커패시터가 10kΩ의 X_C 값을 갖는다. 주파수가 다음과 같이 변할 때 X_C의 값은 얼마인가?

a. 주파수가 1/2로 감소할 때

b. 주파수가 2배가 될 때

c. 주파수가 4배가 될 때

d. 주파수가 10배로 증가할 때

17-14 다음의 커패시턴스와 주파수 값에 대해 용량성 리액턴스 X_C를 계산하라.

a. C=0.47μF, f=1kHz
b. C=100μF, f=120Hz
c. C=250pF, f=1MHz
d. C=0.0022μF, f=50kHz

17-15 다음의 주파수와 X_C 값에 대해 커패시턴스 값을 계산하라.

a. X_C=1kΩ, f=3.183kHz
b. X_C=200Ω, f=63.66kHz
c. X_C=25kΩ, f=1.592kHz
d. X_C=1MΩ, f=100Hz

17-16 다음의 커패시턴스와 X_C 값에 대해 주파수를 계산하라.

a. C=0.05μF, X_C=4kΩ
b. C=0.1μF, X_C=1.591kΩ
c. C=0.0082μF, X_C=6.366kΩ
d. C=50μF, X_C=100Ω

17-3절 직렬과 병렬 용량성 리액턴스

17-17 다음의 직렬로 연결된 용량성 리액턴스에 대해 전체 용량성 리액턴스 X_{C_T}는 얼마인가?

a. X_{C_1}=1kΩ, X_{C_2}=1.5kΩ, X_{C_3}=2.5kΩ
b. X_{C_1}=500Ω, X_{C_2}=1kΩ, X_{C_3}=1.5kΩ
c. X_{C_1}=20kΩ, X_{C_2}=10kΩ, X_{C_3}=120kΩ
d. X_{C_1}=340Ω, X_{C_2}=570Ω, X_{C_3}=2.09kΩ

17-18 다음의 병렬로 연결된 용량성 리액턴스에 대해 등가 용량성 리액턴스 $X_{C_{EQ}}$는 얼마인가?

a. X_{C_1}=100Ω, X_{C_2}=400Ω
b. X_{C_1}=1.2kΩ, X_{C_2}=1.8kΩ
c. X_{C_1}=15Ω, X_{C_2}=6Ω, X_{C_3}=10Ω
d. X_{C_1}=2.5kΩ, X_{C_2}=10kΩ, X_{C_3}=2kΩ, X_{C_4}=1kΩ

17-4절 X_C에 적용되는 옴의 법칙

17-19 〈그림 17-12〉에서 전류 I를 계산하라.

그림 17-12

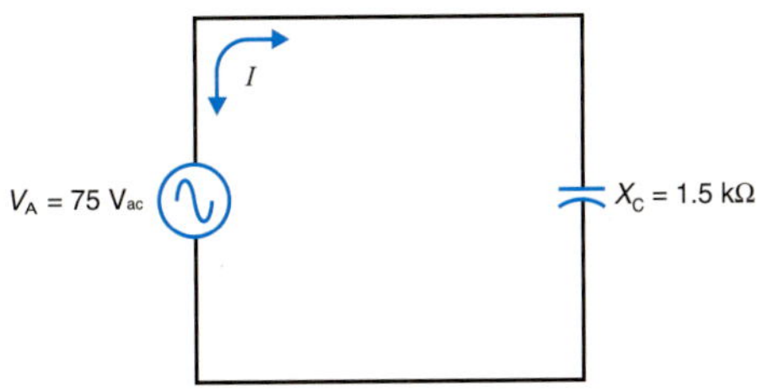

17-20 〈그림 17-12〉에서 인가전압의 주파수가 다음과 같이 변할 때 전류 I는 어떻게 되는가?

a. 감소할 때
b. 증가할 때

17-21 〈그림 17-13〉에서 다음을 구하라.

a. X_{C_T}
b. I
c. V_{C_1}, V_{C_2}, V_{C_3}

그림 17-13

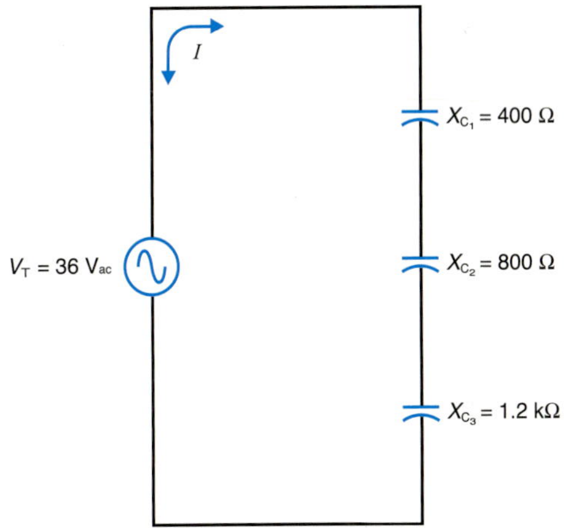

17-22 〈그림 17-14〉에서 다음을 구하라.

a. X_{C_1}, X_{C_2}, X_{C_3}
b. X_{C_T}
c. I
d. V_{C_1}, V_{C_2}, V_{C_3}
e. C_{EQ}

그림 17-14

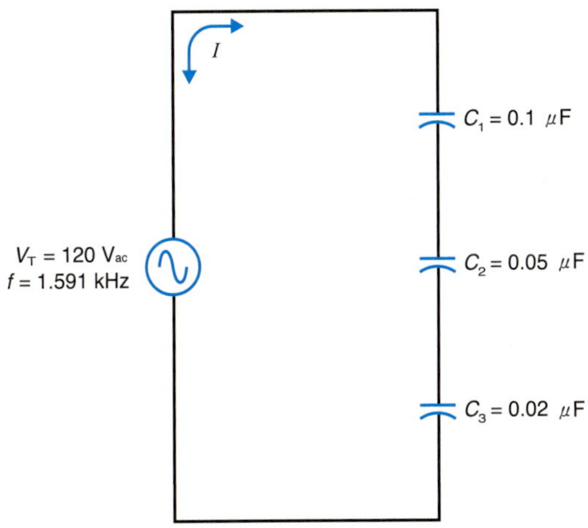

17-23 〈그림 17-13〉에서 인가전압의 주파수가 318.3Hz인 경우 C_1, C_2, C_3, C_{EQ}를 구하라.

17-24 〈그림 17-15〉에서 다음을 구하라.

a. I_{C1}, I_{C2}, I_{C3}

b. I_T

c. X_{CEQ}

그림 17-15

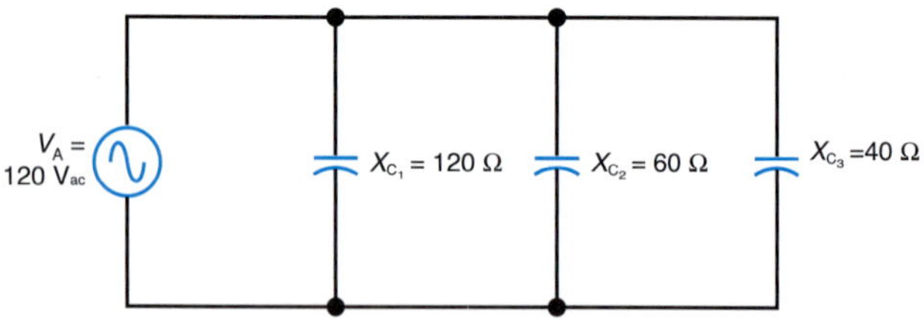

17-25 〈그림 17-16〉에서 다음을 구하라.

a. X_{C1}, X_{C2}, X_{C3}

b. I_{C1}, I_{C2}, I_{C3}

c. I_T

d. X_{CEQ}

e. C_T

그림 17-16

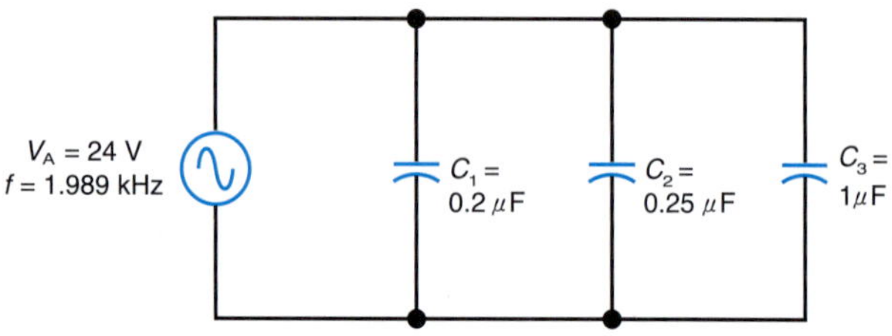

17-26 〈그림 17-15〉에서 인가전압의 주파수가 6.366kHz인 경우 C_1, C_2, C_3, C_T를 구하라.

17-5절 용량성 리액턴스의 응용

17-27 다음의 주파수에서 500Ω의 X_C 값을 만들기 위해 필요한 커패시턴스 C 값을 계산하라.

a. f=100Hz

b. f=2kHz

c. f=50kHz

d. f=10MHz

17-6절 사인파 충전전류와 방전전류

17-28 커패시터 극판 양단의 전압이 10V/1ms의 변화율을 가진다면 0.33μF 커패시터의 순시 충전전류 I_C를 계산하라.

17-29 커패시터 극판 양단의 전압이 다음과 같은 변화율을 가질 때 0.01μF 커패시터의 순시 충전전류 I_C를 계산하라.

a. 100V/s

b. 100V/ms

c. 50V/μs

17-30 커패시터 극판 양단의 전압이 다음과 같은 변화율로 감소할 때 100μF 커패시터의 순시 방전전류 I_C는 얼마인가?

a. 10V/s

b. 1V/ms

c. 50V/ms

17-31 커패시터에서 충전전류와 방전전류 I_C와 커패시터 전압 V_C 사이의 위상 관계는 어떻게 되는가? 답을 설명하라.

17-32 커패시터가 그 극판 양단의 전압이 150V/μs의 변화율로 감소할 때 15mA의 방전전류를 갖는다. C를 계산하라.

17-33 0.01μF의 커패시터에서 25mA의 충전전류를 발생하는 전압 변화율 dv/dt는 얼마인가? V/s의 단위로 답을 표현하라.

사고력 문제

17-34 표시되지 않은 커패시터의 값을 결정하는 실험 과정을 설명하라. (단, 이 경우 커패시턴스 미터는 사용할 수 없다.)

17-35 〈그림 17-17〉에서 X_{C_T}, X_{C_1}, X_{C_2}, C_1, C_3, V_{C_1}, V_{C_2}, V_{C_3}, I_2, I_3을 계산하라.

그림 17-17

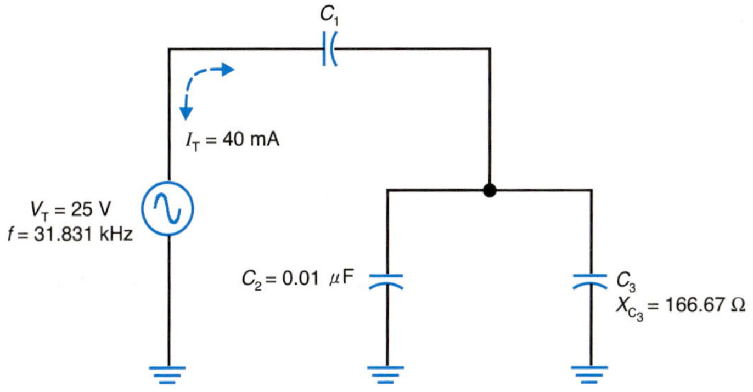

복습문제 정답

17-1 a. 0.1μF
b. 0.5μF

17-2 a. 200Ω
b. 800Ω
c. 더 크다.

17-3 a. 500Ω
b. 120Ω

17-4 a. 300Ω
b. 66.7Ω

17-5 a. 50Ω
b. 1000Ω

17-6 a. 90°
b. 0 또는 90°
c. 90°

chapter 18

용량성 회로

이 장은 용량성 리액턴스 X_C와 저항 R을 가지는 회로를 해석한다. 주로 다루어지는 문제는 어떻게 합성저항을 구하는가, 전류의 크기는 얼마인가, 위상각은 어떻게 되는가 등이다. X_C와 R 모두 옴의 단위로 측정되지만 다른 특징을 가진다. 특히, X_C는 사인파 교류 인가전압 하에서 C가 증가할수록 주파수가 높아질수록 감소하는 반면 R은 직류와 교류 회로에서 똑같다. X_C 양단에 걸리는 전압의 위상각은 i_C가 $0°$를 기준으로 시계방향으로 $-90°$에서 측정된다.

또한 결합 커패시터의 실제 응용은 어떻게 작은 X_C 값이 원하는 교류신호 변화를 통과시키는 반면 일정한 직류전압을 차단하는 데 사용될 수 있는지를 보여줄 것이다. C와 R이 직렬연결된 결합 회로에서 R 양단의 교류 성분은 출력 전압이 되지만 C 양단의 직류 성분은 출력 단자에 나타나지 않는다.

마지막으로 인가전압이 사인파가 아닌 다른 형태로 변하는 일반적인 경우에 대해 발생하는 용량성 충전전류와 방전전류를 살펴본다. 이 경우, v_C와 i_C의 파형이 비교된다. IX_C 전압에 대한 $-90°$의 위상각은 단지 사인파에 대해서만 적용될 수 있음을 기억할 필요가 있다.

단원 차례

단원 목표

- 커패시터에서 전류가 전압을 90° 앞서는 이유를 설명한다.
- 임피던스를 정의한다.
- 직렬 RC 회로의 총 임피던스와 위상각을 계산한다.
- RC 위상 이동 회로의 동작과 응용을 설명한다.
- 병렬 RC 회로의 총 전류, 등가 임피던스와 위상각을 계산한다.
- 커패시터가 어떤 교류 주파수 성분과는 결합하고 다른 것과는 결합하지 않는 원리를 설명한다.
- 커패시터의 직렬연결에서 각 커패시터 전압강하를 계산한다.
- 비정현파형으로 흐르는 용량성 전류를 계산한다.

중요 용어

결합커패시터 C_C	용량성 전압분배기	임피던스 Z	페이저 삼각형
아크탄젠트(arctan)	위상각 θ	탄젠트(tan)	RC 위상 이동

18-1 사인파 v_C는 i_C보다 90° 늦다

〈그림 18-1a〉에 보인 것처럼 사인파 인가전압에 대해 커패시터는 교류 충전전류와 방전전류의 사이클을 발생한다. 〈그림 18-1b〉에서 이 충전전류와 방전전류 i_C의 파형이 전압파형 v_C와 비교된다.

v_C와 i_C 파형의 조사

〈그림 18-1b〉에서 v_C가 최대값에 있을 때 i_C의 순시값은 영을 가진다. (+) 피크값이나 (−) 피크값에서 v_C는 변화하지 않는다. 따라서 (+)나 (−) 피크인 순간에 전압은 정적인 값을 가질 것이다. v는 변하지 않고 C는 충전도 방전도 하지 않게 된다. 이 결과로 전류는 이 순간에 영이 된다.

알아두기▸▸

임의의 커패시터에서 v_C와 i_C 사이의 90° 위상 관계는 커패시턴스의 값과 사인파 교류전압의 주파수에 관계없이 항상 존재한다.

또한 v_C가 영이면 i_C는 최대값을 갖는 점을 주목하라. v_C가 영인 점을 지날 때 전압 변화가 가장 빠르기 때문에 i_C는 최대값을 갖는다.

따라서 i_C와 v_C는 90° 위상차를 가지며 이는 한쪽의 최대값이 다른 쪽의 영 값에 해당하기 때문이다. i_C는 v_C가 피크에 도달되는 시간보다 1/4주기 전에 최대값을 가지므로 v_C보다 위상이 앞선다. 〈그림 18-1c〉의 페이저는 i_C가 v_C를 반시계방향으로 90° 앞서고 있음을 보여준다. 여기서 v_C는 0°의 기준각을 표시하는 수평 페이저이다. 하지만 〈그림 18-1d〉에서는 전류 i_C가 기준인 수평 페이저이다. i_C가 90° 앞서야 하므로 v_C가 −90° 시계방향으로 위상이 지연되어 나타난다. 직렬회로에서 전류 i_C를 기준으로 하면 전압 v_C는 i_C보다 90° 늦어진다.

i_C가 v_C보다 90° 앞서는 이유

i_C는 v_C의 변화율에 의해 결정되기 때문에 90°의 위상차가 나타난다. 다른 말로, i_C는 v의 위상이 아닌 dv/dt의 위상을 갖는다. 앞의 〈그림 17-8〉에서 보인 것처럼 사인파 v_C에 대해 용량성 충전전류와 방전전류는 코사인파(consine wave)이다. 사인파 교류회로에서 v_C와 i_C의 90° 위상 관계는 항상 일어나게 되며, C가 직렬연결이든 병렬연결이든 또는 C가 단독으로 존재하거나 다른 소자와 결합되어 있거나 관

그림 18-1 용량성 전류 i_C는 v_C보다 90° 앞선다. (a) C 양단에 사인파 v_A가 연결된 회로 (b) i_C의 파형은 v_C보다 90° 앞선다. (c) 페이저도. i_C가 수평 기준 v_C보다 반시계방향으로 90° 앞선다. (d) 페이저도. i_C를 기준 페이저로 하여 v_C가 i_C보다 −90° 늦다.

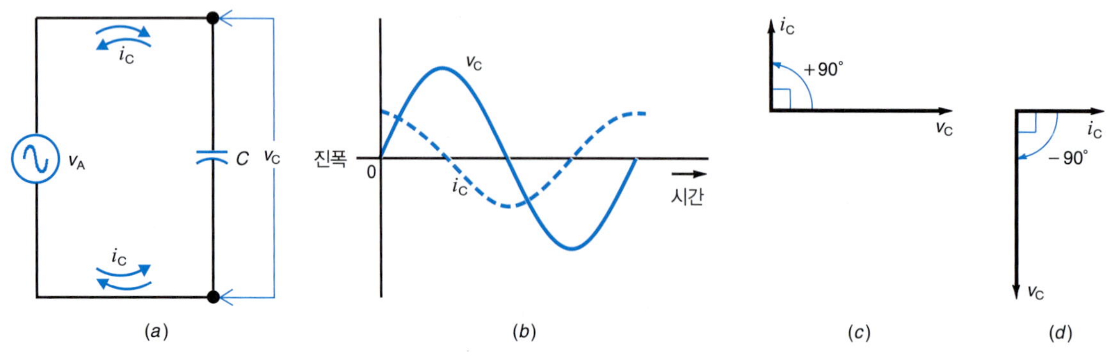

계없다. 임의의 X_C에 대해서 전류와 전압은 항상 90°의 위상차를 갖는다고 할 수 있다.

직렬회로에서 용량성 전류는 같다

용량성 전류의 앞선 위상각은 커패시터 양단의 전압에 대해서만이며, 이것이 직렬회로의 모든 부분에서 전류가 같다는 사실을 변화시키지는 않는다. 예를 들어, 〈그림 18-1a〉에서 교류전원, 도선, 커패시터의 양극판에 흐르는 전류는 같아야만 하는데, 이는 모든 성분들이 하나의 전류 경로를 가지기 때문이다.

용량성 전압은 병렬가지 양단에서 같다

〈그림 18-1a〉에서 전압은 서로 병렬이기 때문에 교류전원 C 양단에서 같다. 이러한 두 병렬전압 사이에 시간적으로 지연이나 선행은 있을 수 없다. 어느 순간에서나 교류전원 양단의 전압이 어떤 값일지라도 C 양단의 전압과 같다. 하지만 직렬전류에 대해서는 v_A와 v_C 모두 i_C와 90° 위상차이다.

주파수는 v_C와 i_C에서 같다

비록 v_C가 i_C보다 90° 위상이 뒤진다고 하더라도 v_C와 i_C는 같은 주파수를 가진다. 예를 들어, 〈그림 18-1b〉에서 사인파 v_C의 주파수가 100Hz이면 i_C의 주파수도 역시 100Hz가 된다.

■ **18-1 복습문제**

〈그림 18-1〉에서 다음을 구하라.

a. v_A와 v_C 사이의 위상각은 얼마인가 ?

b. v_C와 i_C 사이의 위상각은 얼마인가 ?

c. v_C는 i_C 보다 위상이 앞서는가, 뒤지는가?

18-2 X_C와 R의 직렬연결

〈그림 18-2a〉에서처럼 커패시터와 저항이 직렬로 연결될 때 전류 I는 X_C와 R 모두에 의해 제한된다. 전류 I는 X_C와 R이 직렬로 연결되기 때문에 X_C와 R에서 같다. 하지만 각 소자는 각각의 전압강하를 가지게 되며, 이는 저항에서는 IR이고 용량성 리액턴스에서는 IX_C와 같다.

〈그림 18-2a〉에서처럼 X_C와 R 두 성분이 직렬로 연결된 회로에서 다음 사항을 주목하라.

1. 전류는 모든 직렬로 연결된 소자를 통해 흐르기 때문에 I_C가 아닌 I로 표시된다.
2. V_R로 IR 전압강하를 나타내는 것처럼 X_C 양단의 전압 V_C로 IX_C 전압

$$I = \frac{V_T}{Z_T} = \frac{100V}{50\Omega} = 2A$$

$$V_R = IR = 2A \times 30\Omega = 60V$$

$$V_C = IX_C = 2A \times 40\Omega = 80V$$

$$\tan\theta_Z = -\frac{X_C}{R} = -\frac{40}{30} = -1.333$$

$$\theta_Z = -53.1^\circ$$

따라서 V_T는 I보다 53.1° 위상이 뒤진다. 또한 I와 V_R은 동상이고 V_C는 I보다 90° 위상이 뒤진다.

마지막으로,

$$V_T = \sqrt{V_R^2 + V_C^2} = \sqrt{60^2 + 80^2} = \sqrt{3600 + 6400}$$

$$= \sqrt{10,000}$$

$$= 100V$$

전압강하의 페이저 합이 인가전압 V_T와 같음을 주목하라.

X_C와 R의 직렬 조합

직렬회로에서 R에 비해 X_C가 클수록 회로는 더 용량성이 된다. 이때 용량성 리액턴스 X_C 양단에 더 많은 전압강하가 걸리고 위상각은 −90°를 향해 증가한다. 직렬 X_C로 인해 항상 직렬전류 I는 인가전압 V_T를 앞서게 된다. R 없이 X_C 성분만을 가지는 경우 전체 인가전압 V_T는 X_C 양단에 나타나고 θ는 −90°와 같다.

몇 개의 X_C와 R 조합에 대해 임피던스 값과 위상각을 〈표 18-1〉에 나타내었다. X_C : R이 10:1 이상이면 사실상 회로가 용량성이라는 것을 의미한다.

위상각 −84.3°는 거의 −90°와 같고 총 임피던스 Z_T는 근사값 X_C와 같다. 직렬 회로에서 X_C 양단의 전압강하는 R 양단에 전압강하 없이 거의 인가전압 V_T와 같다.

반대 극단의 경우에 R이 X_C보다 10배 이상 클 때 직렬회로는 주로 저항성이다. 위상각 −5.7°는 전류가 인가전압 V_T와 거의 동상임을 나타낸다. Z_T는 근사적으

알아두기▸▸

직렬 RC 회로에 대해

$X_C \geq 10R$ 일 때 $Z_T \cong X_C$

$R \geq 10X_C$ 일 때 $Z_T \cong R$

표 18-1	직렬 R과 X_C의 조합		
R, Ω	X_C, Ω	Z_T, Ω(근사값)	위상각 θ_Z
1	10	$\sqrt{101} = 10$	−84.3°
10	10	$\sqrt{200} = 14$	−45°
10	1	$\sqrt{101} = 10$	−5.7°

주의: θ_Z는 직렬회로에서 기준 페이저 I에 대한 Z_T 또는 V_T의 위상각이다.

로 R과 같고 X_C 양단에 전압강하 없이 R 양단의 전압강하는 거의 인가전압 V_T와 같다.

X_C와 R이 서로 같을 때 임피던스 Z_T는 각각의 크기의 1.41배이다. 위상각은 저항만 있을 때인 0°와 용량성 리액턴스만 있을 때인 −90° 사이의 중간값인 −45°이다.

■ 18-3 복습문제

a. 20Ω의 R과 20Ω의 X_C가 직렬로 연결된 회로의 Z_T는 얼마인가?

b. R 양단의 20V와 X_C 양단의 20V가 직렬로 연결된 회로의 V_T는 얼마인가?

c. 이 회로의 위상각 θ_Z는 얼마인가?

18-4 *RC* 위상 이동 회로

알아두기▸▸

〈그림 18-5a〉에서 회로의 출력에 다른 RC 위상 이동 회로를 덧붙이면 전체 위상 이동 범위는 더욱 커진다.

〈그림 18-5〉는 X_C와 R이 직렬로 연결된 회로를 이용하여 입력 V_T의 위상과 비교하여 출력 V_R의 위상을 이동시키는 예를 나타내고 있다. 위상각을 변화시키기 위해 R은 100kΩ까지 변할 수 있다. 여기서 60Hz 교류전력선 전압에 대해 C는 0.05μF이지만 더 높은 주파수에서 사용되려면 더 작은 C가 사용되어야 한다. 커패시터는 위상 이동을 위해 적절한 리액턴스 값을 가져야 한다.

〈그림 18-5a〉의 회로에서 R은 중간값인 50kΩ으로 설정된다고 가정하자. 60Hz에서 0.05μF 커패시터의 리액턴스는 근사값 53kΩ이다. X_C와 R의 이러한 값에 대해 회로의 위상각은 −46.7°이고 이 각의 탄젠트 값은 tan(−53/50) = −1.06이다.

〈그림 18-5b〉의 페이저 삼각형은 IR이나 V_R이 V_T보다 46.7°만큼 앞선 위상각을 가진다는 것을 보여준다. V_C는 직렬회로에서 항상 VR보다 90° 위상이 뒤진다는 것을 주목하라. V_C와 V_T 사이의 각은 90°− 46.7°=43.3°가 된다.

그래서 〈그림 18-5c〉와 같이 입력 V_T를 수평 기준으로 하여 페이저를 다시 그렸다. 결론적으로, R 양단의 출력전압은 입력 V_T보다 46.7° 앞서게 되며 반면에 V_C

MultiSim **그림 18-5** *RC* 위상 이동 회로 (a) 회로도 (b) 페이저 삼각형. IR 또는 V_R이 수평 기준이고 R을 50kΩ으로 설정할 때 V_R은 V_T보다 46.7° 앞선다. (c) V_T를 수평 기준으로 보인 페이저

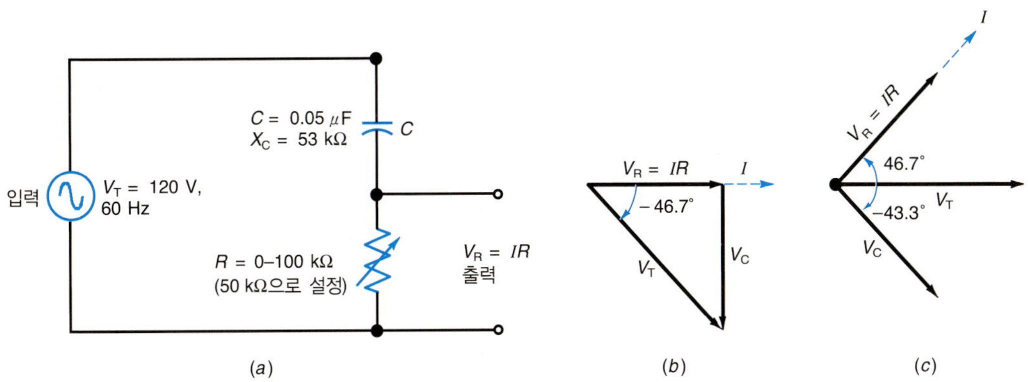

용될 수도 있다.

피타고라스 정리를 이용하여 전체전류 I_T가 각 변의 제곱을 더한 합의 제곱근을 취함으로써 계산될 수 있다. 따라서 〈그림 18-7〉의 전류 삼각형에 대해 I_T는 다음과 같다.

$$I_T = \sqrt{I_R^2 + I_C^2} \tag{18-4}$$

〈그림 18-6〉의 값들에 대해

$$\begin{aligned} I_T &= \sqrt{10^2 + 10^2} = \sqrt{100 + 100} \\ &= \sqrt{200} \\ &= 14.14\text{A} \end{aligned}$$

병렬회로에서 X_C와 R의 임피던스

> **알아두기▸▸**
>
> X_C와 병렬인 R에 대해 Z_{EQ}가 $Z_{EQ} = \dfrac{X_C R}{\sqrt{R^2 + X_C^2}}$ 으로 계산될 수 있다.

X_C와 R의 병렬회로에서 전체 또는 등가 임피던스를 계산하는 실질적인 방법은 전체 선전류 I_T를 계산하고 이 값으로 인가전압 V_A를 다음 식과 같이 나누는 것이다.

$$Z_{EQ} = \frac{V_A}{I_T} \tag{18-5}$$

〈그림 18-6a〉의 회로에 대해 V_A는 100V이고 I_R과 I_C의 페이저합으로 구해진 전체 전류 I_T는 14.14A이다. 따라서 등가 임피던스 Z_{EQ}를 다음과 같이 계산할 수 있다.

$$\begin{aligned} Z_{EQ} &= \frac{V_A}{I_T} = \frac{100\text{V}}{14.14\text{A}} \\ &= 7.07\Omega \end{aligned}$$

교류전원 양단에서 구한 이 임피던스 값은 10Ω의 저항과 10Ω의 X_C가 병렬로 합성된 것과 같다.

같은 값의 R과 X_C가 병렬연결된 경우의 임피던스 Z_{EQ}는 그 절반이 아니라 한쪽 값의 70.7%임을 주목하라. 여전히 Z_{EQ} 값은 병렬 가지의 가장 작은 옴 값보다 항상 작을 것이다.

인가전압 V_A가 임의의 값인 경우에도 병렬로 연결된 X_C와 R의 Z_{EQ}를 계산할 수 있다. 이는 가지전류를 이용하여 Z_{EQ}를 계산할 때 V_A의 값이 상쇄되기 때문이다. R과 X_C 값 중 큰 값을 V_A 값으로 가정하는 것이 좋다. 이렇게 하면 가지전류를 계산할 때 분수가 나오지 않는다.

병렬회로의 위상각

〈그림 18-7〉에서 R과 X_C는 같기 때문에 위상각 θ는 45°이고 똑같은 가지전류를 갖는다. 위상각은 전체전류 I_T와 교류전원전압 V_A 사이의 각이다. 하지만 V_A는 I_R

> **알아두기▸▸**
> 병렬 RC 회로에 대해 $\tan\theta_1 = \frac{R}{X_C}$ 이다.

과 동상이다. 따라서 θ는 또한 I_T와 I_R 사이의 각이 된다.

〈그림 18-7〉의 전류 삼각형으로부터 θ를 구하기 위해 탄젠트 식을 사용하면 다음을 구할 수 있다.

$$\tan\theta_1 = \frac{I_C}{I_R} \qquad (18\text{–}6)$$

I_C 페이저가 위쪽 방향이기 때문에 위상각은 양의 값이 되고 V_A보다 90° 앞서게 된다. 이 방향은 직렬 X_C의 뒤진 페이저와 반대 방향이다. 하지만 X_C의 효과에는 차이가 없고 단지 위상각의 기준이 바뀐 것이다.

병렬회로에서 가지전류의 페이저 삼각형을 보면 I_T의 각은 교류전원전압 V_A를 기준으로 θ_I이다. 즉, I_T의 위상각은 인가전압을 기준으로 θ_I가 된다. 직렬회로의 전압 페이저 삼각형에서는 Z_T와 V_T의 위상각은 직렬전류를 기준으로 θ_Z로 표시된다.

예제 18-2

30mA의 I_R이 40mA의 I_C를 갖는 다른 가지전류와 병렬연결되어 있다. 인가전압 V_A가 72V일 때 I_T, Z_{EQ}, θ_I를 계산하라.

정답 문제는 I에 대해 mA 단위를, Z에 대해 kΩ 단위를 사용하여 계산될 수 있다.

$$\begin{aligned} I_T &= \sqrt{I_R^2 + I_C^2} = \sqrt{(30)^2 + (40)^2} \\ &= \sqrt{900 + 1600} = \sqrt{2500} \\ &= 50\text{mA} \end{aligned}$$

$$\begin{aligned} Z_{EQ} &= \frac{V_A}{I_T} = \frac{72\text{V}}{50\text{mA}} \\ &= 1.44\text{k}\Omega \end{aligned}$$

$$\begin{aligned} \tan\theta_1 &= \frac{I_C}{I_R} = \frac{40}{30} = 1.333 \\ \theta_1 &= \tan^{-1}(1.333) \\ &= 53.1^\circ \end{aligned}$$

> **알아두기▸▸**
> 병렬 RC 회로에 대해
> $X_C \ge 10R$ 일 때 $Z_{EQ} \cong R$
> $R \ge 10X_C$ 일 때 $Z_{EQ} \cong X_C$

X_C와 R의 병렬 조합

〈표 18-2〉에서 X_C가 R보다 10배 클 때 병렬회로는 사실상 저항성이 되며 이는 본선전류에 위상이 앞서는 용량성 전류가 거의 없기 때문이다. I_C의 작은 값은 병렬 X_C의 높은 리액턴스 때문에 나타난다. 또한 병렬가지에서 X_C의 높은 값은 거의 효과가 없기 때문에 병렬회로의 전체 임피던스는 근사적으로 저항과 같다. 5.7°의 위상각은 0°에 가까운데, 이는 선전류의 거의 대부분이 저항성이기 때문이다.

X_C가 작아지면 본선전류에는 위상이 앞서는 용량성 전류가 증가한다. X_C가 R의

표 18-2	병렬 저항과 리액턴스 조합					
R, Ω	X_C, Ω	I_R, A	I_C, A	I_T, A(근사값)	Z_T, Ω(근사값)	위상각 θ_I
1	10	10	1	$\sqrt{101}=10$	1	5.7°
10	10	1	1	$\sqrt{2}=1.4$	7.07	45°
10	1	1	10	$\sqrt{101}=10$	1	84.3°

주의 : V_A=10V. θ_I는 병렬회로에서 기준 페이저 V_A에 대한 I_T의 위상각이다.

1/10일 때 실제로 선전류의 거의 대부분은 I_C 성분이다. 병렬회로는 전체 임피던스가 거의 X_C와 같은 사실상 용량성이 된다. 84.3°의 위상각은 거의 90°에 가까운데, 이는 선전류가 거의 용량성이기 때문이다. 이 조건은 X_C와 R이 직렬로 연결된 경우와 반대의 경우이다. X_C와 R이 같으면 가지전류는 같고 위상각은 45°가 된다.

직렬 RC 회로와 병렬 RC 회로를 비교하면 다음과 같다.

1. 직렬 전압강하 V_R과 V_C의 위상차는 90°이다. 따라서 V_R과 V_C는 페이저에 의해서 더해지고 그 크기는 인가전압 V_T와 같다. 음의 위상각 $-\theta_Z$는 V_T와 공통의 직렬전류 I 사이의 각이다. 직렬 X_C가 커질수록 V_C가 커지며 회로는 더욱 용량성이 되고 I에 대해 V_T는 더 큰 음의 위상각을 갖는다.
2. 병렬 가지전류 I_R과 I_C의 위상차는 90°이다. 따라서 I_R과 I_C는 페이저에 의해서 더해지고 그 크기는 본선전류 I_T와 같다. 양의 위상각 θ_I는 선전류 I_T와 공통의 병렬전압 V_A 사이에 있다. 병렬 X_C가 작을수록 I_C가 커지며 회로는 더욱 용량성이 되고 V_A에 대해 I_T는 더 큰 양의 위상각을 갖는다.

■ 18-5 복습문제

a. 두 가지전류로 2A의 I_R과 2A의 I_C를 갖는 회로의 I_T는 얼마인가?
b. I_T와 V_A 사이의 위상각 θ_I를 구하라.

18-6 RF 및 AF 결합 커패시터

〈그림 18-8〉에서 C_C는 결합 커패시터의 용도로 사용된다. 낮은 리액턴스로 인해 교류전원의 거의 모든 교류 신호 전압이 R 양단에 나타나게 된다. C_C 양단에 걸리는 교류전압의 크기는 매우 작다.

결합 커패시터는 낮은 주파수에서 더 큰 리액턴스를 가지므로 이러한 응용 분야에 사용되어 R 양단에 걸리는 교류전압의 크기를 줄이고 C_C 양단에 걸리는 교류전압의 크기를 증가시킨다. 커패시터는 직류를 차단하기 때문에 직류전압에서는 C

그림 18-8 R_C 결합 직렬회로. R에 비해 X_C가 작을 때 전원전압은 거의 전부가 출력 R 양단에 걸리고 C 양단에는 거의 걸리지 않는다.

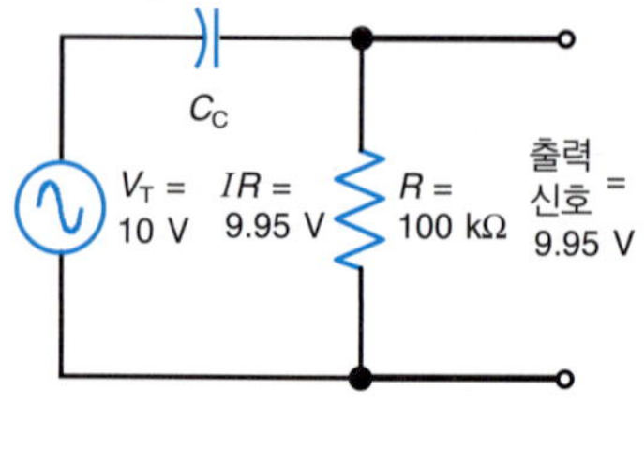

표 18-3	1600Ω의 리액턴스를 갖는 결합 커패시터	
f	C_C	비고
100 Hz	1 μF	초장파(Low audio frequency)
1000 Hz	0.1 μF	장파(Audio frequency)
10 kHz	0.01 μF	중파(Audio frequency)
1000 kHz	100 pF	단파(Radio frequency)
100 kHz	1 pF	초단파(Very High frequency)

주의 : 16000Ω의 직렬 R의 1/10인 X_C

양단에 모든 전압이 걸리게 되고 R 양단에는 전압이 존재하지 않는다. 결과적으로 R 양단의 출력 신호 전압은 원하는 고주파 성분만을 포함하며 직류 성분이나 매우 낮은 저주파 성분은 포함하지 않는다. 따라서 이러한 C_C의 응용을 교류결합(ac coupling)이라 한다.

C_C가 특정 주파수에서 결합 커패시터가 되기 위해 X_C는 직렬 R의 1/10 이하가 되어야 한다. 이러한 직렬 RC 회로는 주로 저항성이다. 실제로 교류발전기의 모든 전압강하는 R 양단에 나타나고 C 양단에는 거의 전압이 걸리지 않는다. 또한 위상각은 거의 0°이다.

직렬저항이 16000Ω인 경우 오디오 주파수나 라디오 주파수 대역에서 사용하기 적합한 결합 커패시터의 값을 계산해보자. 커패시터의 X_C는 1600Ω 이하여야 한다. C_C의 전형적인 값이 〈표 18-3〉에 나타나 있다.

100Hz에서 1600Ω의 리액턴스를 제공하기 위해 결합 커패시터는 1μF이어야 한다. 주파수가 높아질수록 같은 리액턴스를 갖는 결합 커패시터 C_C의 값은 더 작아진다. VHF 대역인 100MHz에서 필요한 커패시턴스는 단지 1pF이다.

C_C의 값은 각각의 주파수에서 하한값으로 계산된 것이다. 주파수가 높아지면 C_C의 리액턴스가 R의 1/10보다 작아지므로 결합효과가 향상된다.

회로의 결합 커패시터 선택

계산 예로서 오디오 증폭기를 위해 C_C를 결정하는 문제를 가정하자. 이 응용 예에서는 직렬저항이 작으므로 상대적으로 큰 커패시턴스 값을 갖는 커패시터가 필요하다는 것을 보여준다. C는 50Hz 오디오 주파수용 결합 커패시터로 4000Ω의 R과 직렬로 연결되어 있다. 그러면 필요한 X_C는 4000/10인 400Ω이다. 50Hz에서 C는 다음과 같이 구해진다.

$$\begin{aligned} C &= \frac{1}{2\pi f X_C} = \frac{1}{6.28 \times 50 \times 400} \\ &= \frac{1}{125,600} = 0.0000079 \\ &= 7.9 \times 10^{-6} \text{ 또는 } 7.9\mu\text{F} \end{aligned}$$

10μF 전해 커패시터를 이 용도로 사용하면 적합하다. 커패시턴스 값이 이보다 조금 크면 결합이 더욱 좋아진다. 정격전압은 회로 내의 커패시터 양단의 실제 전압보다 커야 한다. 전해 커패시터는 약간의 누설전류를 가지지만 이 응용 예에서는 회로의 직렬저항이 작으므로 결합 커패시터용으로 사용될 수 있다.

■ 18-6 복습문제

a. 결합 커패시터의 X_C는 200Hz에서 70Ω이다. 400Hz에서 X_C는 얼마인가?

b. 〈표 18-3〉에서, 50MHz에서 1600Ω의 X_C를 갖기 위해 필요한 C는 얼마인가?

18-7 용량성 전압분배기

여러 커패시터가 전압원의 양단에 직렬로 연결될 때 직렬 커패시터는 전압분배기로 동작한다. 각각의 커패시터는 인가전압의 일부분을 가지고 있고 모든 직렬전압강하의 합은 전원전압과 같다. 각각의 커패시터 양단의 전압의 크기는 자신의 커패시턴스에 반비례한다. 예를 들어, 2μF이 1μF과 직렬연결되면 더 작은 1μF의 커패시터가 더 큰 2μF의 커패시터보다 2배 큰 전압을 갖는다. 120V의 인가전압을 가정하면 이 전압의 1/3인 40V가 2μF의 커패시터 양단에 나타나고 2/3인 80V가 1μF의 커패시터 양단에 나타나게 된다.

40V와 80V의 두 직렬 전압강하를 더하면 인가전압 120V와 같다. 두 전압은 동상이므로 두 전압의 페이저합은 산술 합과 같다. 전압이 서로 위상차가 있을 때 산술 합은 가능하지 않고 페이저에 의한 합이 필요하다.

교류분배기

사인파 교류전류에서 직렬 커패시터 사이의 전압 분배는 리액턴스에 의해서 계산될 수 있다. 〈그림 18-9a〉에서 전체 리액턴스는 120V 전원 양단에서 120Ω이다. 직렬회로의 전류는 1A로 이 전류는 직렬로 있는 X_{C_1}과 X_{C_2}에서 같다. 따라서 C_1 양단의 전압 IX_{C_1}은 40V이고 C_2 양단에서는 80V이다.

그림 18-9 직렬 커패시터가 각 C에 반비례하여 V_T를 분배한다. 작은 C가 더 큰 V를 갖는다. (a) 교류분배기. 작은 C가 더 큰 X_C를 갖는다. (b) 직류분배기

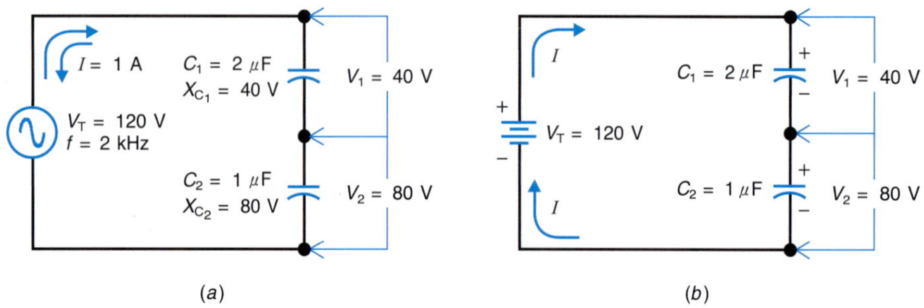

전압 분배는 직렬저항에서처럼 직렬 리액턴스에 비례한다. 하지만 리액턴스는 커패시턴스에 반비례한다. 결과적으로 작은 커패시턴스일수록 더 큰 리액턴스를 가지고 더 많은 인가전압이 걸리게 된다.

직류분배기

알아두기▸▸

〈그림 18-9b〉의 C_1 또는 C_2 양단에 직류 전압계를 연결하면 커패시터가 계기의 저항을 통해 방전하게 된다. 방전 양이 최소가 되도록 큰 내부 저항을 갖는 DMM을 사용하는 것이 제일 좋다. 전압계는 커패시터 양단에 연결된 후 즉시 읽어야 한다.

〈그림 18-9b〉에서 C_1과 C_2 모두 배터리에 의해 충전될 것이다. C_1과 C_2의 직렬 조합 양단의 전압은 V_T와 같아야 한다. 충전전류가 흐를 때 음의 배터리 단자에서 방출된 전자는 C_2의 음극판에 저장되고 그 양극판에서 전자를 방출한다. 이러한 전자는 C_1의 음극판으로 도선을 통해서 흐른다. 양의 배터리 단자는 전자를 잡아당기기 때문에 충전전류가 흐르게 된다. 따라서 C_1과 C_2는 극성을 보이며 충전된다.

C_1과 C_2는 충전전류가 같은 직렬 경로에 있어 모두 같은 양의 전하를 가진다. 그러나 같은 전하에 의해 제공된 전위차는 커패시턴스에 반비례하며 그 이유는 $Q=CV$ 또는 $V=Q/C$이기 때문이다. 따라서 1μF의 커패시터는 2μF의 커패시터의 2배 전압을 가진다.

만약 직류전압계로 C_1 양단의 전압을 측정한다면 계기는 40V를 표시하게 된다. C_2 양단에서 직류전압은 80V이다. 또한 C_2의 음의 단자에서 C_1의 양의 단자까지의 측정은 120V의 인가 배터리 전압과 같아질 것이다.

하지만 만약 계기가 C_2의 양의 단자에서 C_1의 음극판까지 연결된다면 전압은 영이다. 이 극판들은 똑같은 전위차를 가지며 이는 극판이 영의 저항을 갖는 도선에 의해 연결되기 때문이다.

C_1과 C_2 사이의 접합에서 극성 표시는 각 커패시터의 반대 극판에 대한 이 점에서의 전압을 표시한다. 이 접합은 전자의 과잉을 갖는 C_2의 반대 극판에 비해 양의 극성을 가지며, 같은 지점에서 전자가 부족한 C_1의 반대 극판에 비해 음의 극성을 가진다. 일반적으로 직렬연결된 커패시턴스를 위해 다음 식이 전압분배기로 사용될 수 있다.

$$V_C = \frac{C_{EQ}}{C} \times V_T \qquad (18\text{–}7)$$

직렬 커패시턴스에서 각 C 값보다 합성 C 값이 작아져야 하므로 C_{EQ}가 식의 분자에 있음을 주목하라. 〈그림 18-9a〉와 〈그림 18-9b〉의 전압분배기 예에서 다음을 구할 수 있다.

$$V_1 = \frac{C_{EQ}}{C_1} \times 120 = \frac{2/3}{2} \times 120 = 40\text{V}$$

$$V_2 = \frac{C_{EQ}}{C_2} \times 120 = \frac{2/3}{1} \times 120 = 80\text{V}$$

이 방법은 회로 내에 직렬저항이 존재하지 않는 한 직류나 교류 전압의 분배기로 직렬 커패시턴스 회로에 적용할 수 있다.

■ 18-7 복습문제

a. 커패시턴스 10pF의 C_1과 90pF의 C_2가 20kV 양단에 연결되어 있다. V_1과 V_2를 계산하라.

b. 〈그림 18-9a〉에서 X_{C_T}는 얼마인가?

18-8 용량성 전류 i_C의 일반적인 경우

알아두기▸▸

커패시터에서 dv/dt가 영일 때 충전전류와 방전전류의 값은 영이다. dv/dt가 일정한 값일 때 충전전류와 방전전류 또한 일정한 값이다.

용량성 충전전류와 방전전류 i_C는 항상 $C(dv/dt)$와 같다. v_C의 사인파 전압 변화는 코사인파형의 전류 i를 발생한다. 이는 v_C와 i_C가 같은 파형을 갖고 있지만 90° 위상차를 갖는다는 것을 의미한다.

사인파 회로에서는 계산을 위해 X_C를 사용하는 것이 보통 편리하다. X_C는 $1/(2\pi fC)$이므로 충전전류와 방전전류의 크기를 결정하는 요소가 f와 C에 포함된다. 이를 이용하면 I_C는 V_C/X_C와 같다. 만약 I_C를 알고 있다면 V_C는 $I_C \times X_C$로 계산될 수 있다.

비정현파 전압 V_C에 대해서는 리액턴스의 개념이 사용될 수 없다. 리액턴스 X_C는 오직 사인파에서만 적용 가능하다. 이때 i_C는 $C(dv/dt)$를 이용하여 결정해야 한다. 〈그림 18-10〉에 사인파 회로의 위상각 변화 대신 파형의 변화를 보여주는 예를 나타내었다.

톱니파형 전압 v_C는 사각파형의 전류와 관계됨을 주목할 필요가 있다. 톱니파형 전압의 선형 변화가 일정한 양의 충전전류 i_C를 발생하는데 이는 충전 전압의 변화율이 일정하기 때문이다. 커패시터가 방전할 때 v_C는 매우 빠른 속도로 떨어진다. 방전전류는 충전전류와 반대 방향으로 흐른다. 또한 v_C의 빠른 변화율 때문에 방전전류는 훨씬 더 큰 값을 갖는다.

■ 18-8 복습문제

a. 〈그림 18-10a〉에서 90μs 동안에 0에서 90V까지 상승하는 톱니파에 대한 dv/dt는 V/s 단위로 얼마인가?

b. 같은 dv/dt에 대해 $C(dv/dt)$로 구해지는 충전전류는 얼마인가?

그림 18-10 $C(dv/dt)$와 같은 i_C 파형 (a) 톱니파형 V_C (b) 톱니파형 전압의 일정한 변화율로부터 발생한 i_C의 사각파 전류 파형

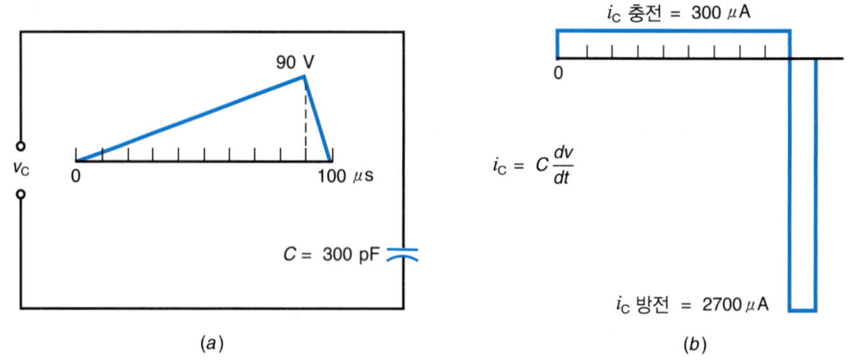

요약

- 사인파 교류회로에서 커패시턴스 양단의 전압은 그 충전전류와 방전전류보다 90° 위상이 뒤진다.
- 따라서 용량성 리액턴스 X_C는 자신의 직렬저항과 −90°의 위상차를 가지는 페이저 양이며 이는 $i_C=C(dv/dt)$이기 때문이다. 이 기본적인 사실이 다음 관계의 기초가 된다.
- 직렬로 연결된 X_C와 R의 조합이 전체 임피던스 Z_T를 만든다. 옴의 단위를 가지며 전류의 흐름을 방해하는 이 세 성분을 〈표 18-4〉에 비교하였다.
- X_C와 R을 갖는 직렬회로와 병렬회로의 반대되는 특징을 〈표 18-5〉에 요약하였다.
- 2개 이상의 커패시터가 전압원 양단에 직렬로 연결되면 전압분배기로 동작한다. 가장 작은 C에 인가전압의 가장 큰 부분이 걸린다.
- 결합 커패시터는 그 직렬저항보다 1/10 또는 그보다 더 작은 X_C를 가지며 모든 교류 인가전압이 거의 R 양단에 나타나고 C 양단에는 거의 전압이 나타나지 않는다.
- 사인파 회로에서 $I_C=V_C/X_C$이다. 이때 I_C는 V_C와 90°의 위상차를 갖는다.
- X_C와 R이 직렬로 연결된 회로에서 $\tan\theta_z=-(X_C/R)$이고 병렬로 연결된 회로에서 $\tan\theta_I=I_C/I_R$이다. 〈표 18-5〉를 보라.
- 전압이 사인파가 아닐 때 $i_C=C(dv/dt)$이다. 이때 i_C의 파형은 전압파형과 다르다.

표 18-4	R, X_C, Z의 비교	
R	$X_C = 1/(2\pi fC)$	$Z_T = \sqrt{R^2+X_C^2}$
단위는 Ω이다.	단위는 Ω이다.	단위는 Ω이다.
IR 전압은 I와 동상	X_C는 I_C보다 90° 뒤진다.	IZ_T는 인가전압과 같다.
모든 f에서 같다.	f가 증가함에 따라 감소한다.	f가 증가함에 따라 더 저항성이 된다. f가 감소함에 따라 더 용량성이 된다.

표 18-5	직렬과 병렬 RC 회로
X_C와 R의 직렬회로	X_C와 R의 병렬회로
I가 X_C와 R에서 같다.	V가 X_C와 R 양단에서 같다.
$V_T = \sqrt{V_R^2+V_C^2}$	$I_T = \sqrt{I_R^2+I_C^2}$
$Z_T = \sqrt{R^2+X_C^2}$	$Z_{EQ} = \frac{V_A}{I_T}$
V_C는 V_R보다 90° 뒤진다.	I_C는 I_R보다 90° 앞선다.
$\tan\theta_Z = -\frac{X_C}{R}$ X_C가 증가함에 따라 θ_Z가 증가한다. 결과적으로 V_C가 증가한다.	$\tan\theta_I = -\frac{I_C}{I_R}$ X_C가 증가함에 따라 θ_I는 감소한다. 결과적으로 I_C가 감소한다.

중요 용어

- 결합 커패시터(C_C) : 회로의 한 지점에서 다른 지점으로 특정 주파수보다 높은 교류 신호를 통과시키도록 하기 위해 선택된 커패시터. 결합 커패시턴스(C_C)를 계산하는 방식은 X_C를 직렬연결된 저항 R의 1/10 값으로 하는 것이다. C_C의 값은 특정 주파수에 대해 하한선으로 계산된다.
- 아크탄젠트(arctan) : 탄젠트 값이 주어져 있을 때 각 θ를 구하는 역 삼각함수
- 용량성 전압분배기 : 직렬연결된 커패시터로 구성된 전압 분배기. 각 커패시터 양단의 전압은 커패시턴스 값에 반비례한다.
- 위상각 θ : 사인파 교류회로에서 교류 전압과 전류 사이의 각
- 임피던스 Z : 사인파 교류회로에서 전류의 흐름을 방해하는 전체 성분. RC 회로에서 임피던스 Z는 X_C와 R 사이의 90° 위상 관계를 고려해야 한다. 임피던스 Z는 옴 단위로 측정된다.
- 탄젠트(tan) : 각의 삼각함수로 크기는 직각삼각형의 높이와 밑변의 비와 같다.
- 페이저 삼각형 : 서로 90° 위상차를 갖는 두 양의 페이저 합을 나타내는 직각삼각형
- RC 위상 이동 : R 또는 C 양단의 출력이 입력 전압에 대해 원하는 위상 이동을 만드는 직렬 RC 회로의 응용. RC 위상 이동 회로는 전력 제어 회로에서 반도체의 도통 시간을 제어하기 위해 흔히 사용된다.

중요 공식

직렬 RC 회로

$$V_T = \sqrt{V_R^2 + V_C^2}$$

$$Z_T = \sqrt{R^2 + X_C^2}$$

$$\tan\theta_Z = -\frac{X_C}{R}$$

병렬 RC 회로

$$I_T = \sqrt{I_R^2 + I_C^2}$$

$$Z_{EQ} = \frac{V_A}{I_T}$$

$$\tan\theta_1 = \frac{I_C}{I_R}$$

직렬 커패시터

$$V_C = \frac{C_{EQ}}{C} \times V_T$$

자습문제

1. 사인파 교류회로의 커패시터에 대한 설명 중 맞는 것은?

a. V_C가 I_C보다 90° 뒤진다.
b. I_C가 V_C보다 90° 앞선다.
c. I_C와 V_C는 같은 주파수를 갖는다.
d. 위의 모두가 정답이다.

2. 직렬 RC 회로에 대한 설명 중 맞는 것은?

a. V_C가 V_R보다 90° 앞선다.
b. V_C와 I는 동상이다.
c. V_C가 V_R보다 90° 뒤진다.
d. b와 c 모두 정답이다.

3. V_C=15V이고 V_R=20V인 직렬 RC 회로에서 전체전압 V_T는 얼마인가?

a. 35V
b. 25V
c. 625V
d. 5V

4. 10Ω의 저항이 10Ω의 용량성 리액턴스와 병렬로 연결된다. 이 조합의 합성 등가 임피던스 Z_{EQ}는 얼마인가?

a. 7.07Ω
b. 20Ω
c. 14.14Ω
d. 5Ω

5. 병렬 RC 회로에 대한 설명 중 맞는 것은?

a. I_C가 I_R보다 90° 뒤진다.
b. I_R과 I_C는 동상이다.
c. I_C가 I_R 보다 90° 앞선다.
d. I_R이 I_C보다 90° 앞선다.

6. I_R=8A이고 I_C=10A인 병렬 RC 회로에서 전체전류 I_T는 얼마인가?
   a. 2A
   b. 12.81A
   c. 18A
   d. 164A

7. $R=X_C$인 직렬 RC 회로에서 위상각 θ_Z는 얼마인가?
   a. +45°
   b. −90°
   c. 0°
   d. −45°

8. 10μF의 커패시터 C_1과 15μF의 커패시터 C_2가 12V 직류 전원에 직렬로 연결된다. C_2 양단에 걸리는 전압은 얼마인가?
   a. 4.8V
   b. 7.2V
   c. 12V
   d. 0V

9. 특정한 주파수에서 결합 커패시터는 어떻게 취해져야 하는가?
   a. X_C가 직렬저항보다 10배 이상 커야 한다.
   b. X_C가 R과 같아야 한다.
   c. X_C가 직렬저항의 1/10 이하여야 한다.
   d. 정답 없음

10. 100Ω의 저항이 75Ω의 용량성 리액턴스와 직렬로 연결된다. 전체 임피던스 Z_T는 얼마인가?
   a. 125Ω
   b. 25Ω
   c. 175Ω
   d. 15,625Ω

11. 직렬 RC 회로에 대한 설명 중 맞는 것은?
   a. V_C와 V_R은 동상이다.
   b. V_T와 I는 항상 동상이다.
   c. V_R과 I는 동상이다.
   d. V_R은 I 보다 90° 앞선다.

12. 병렬 RC 회로에 대한 설명 중 맞는 것은?
   a. V_A와 I_R은 동상이다.
   b. V_A와 I_C는 동상이다.
   c. I_C와 I_R은 동상이다.
   d. V_A와 I_R은 90° 위상차를 가진다.

13. 병렬 RC 회로에서 인가전압의 주파수가 증가할 때의 설명 중 맞는 것은?
   a. 위상각 θ_I가 증가한다.
   b. Z_{EQ}가 증가한다.
   c. Z_{EQ}가 감소한다.
   d. a와 c 모두 정답이다.

14. 직렬 RC 회로에서 인가전압의 주파수가 증가할 때의 설명 중 맞는 것은?
   a. 위상각 θ가 음의 방향으로 증가한다.
   b. Z_T가 증가한다.
   c. Z_T가 감소한다.
   d. a와 c 모두 정답이다.

15. 용량성 리액턴스 X_C에 대한 설명 중 맞는 것은?
   a. 비정현파나 직류에만 적용된다.
   b. 사인파에서만 적용된다.
   c. 사인파나 비정현파에 적용된다.
   d. 주파수에 직접 비례한다.

확인문제

1. (a) 인가전압이 증가할 때 커패시터는 왜 충전하는가?
   (b) 인가전압이 감소할 때 커패시터는 왜 방전하는가?

2. 사인파 전압 V가 커패시터 C 양단에 인가된다.
   (a) 회로도를 그려라.
   (b) 90°의 위상차를 가지는 사인파 전압과 전류를 그려라.
   (c) V와 I 사이에 −90°의 위상각을 나타내는 페이저도를 그려라.

3. 인가전압의 주파수가 증가함에 따라 R과 X_C가 직렬연결된 회로는 왜 더 용량성으로 되는가?

4. 다음을 정의하라. 결합 커패시터, 톱니파 전압, 용량성 전

압분배기

5. 결합 커패시터에서 발생할 수 있는 두 고장 요인을 설명하고 저항계로 커패시터를 어떻게 검사하는지 간단히 묘사하라.

6. RC 결합회로에서 R과 C의 기능을 설명하라.

7. 커패시터가 왜 직류전압을 차단할 수 있는지를 간단히 설명하라.

8. 사인파 v_C에 대해 i_C의 파형은 어떻게 나타나는가?

9. 주파수가 증가함에 따라 병렬 RC 회로의 임피던스 Z_{EQ}가 감소하는 이유를 설명하라.

10. 주파수가 감소함에 따라 직렬 RC 회로의 θ_Z가 증가하는(즉, 음의 방향으로 크기 증가) 이유를 설명하라.

연습문제

18-1절 사인파의 v_C는 i_C보다 90° 늦다

18-1 〈그림 18-11〉에서 다음을 구하라.

a. 커패시터 전압의 피크값 V_C
b. 충전 및 방전 전류의 피크값 I_C
c. 충전 및 방전 전류의 주파수
d. V_C와 I_C 사이의 위상 관계

그림 18-11

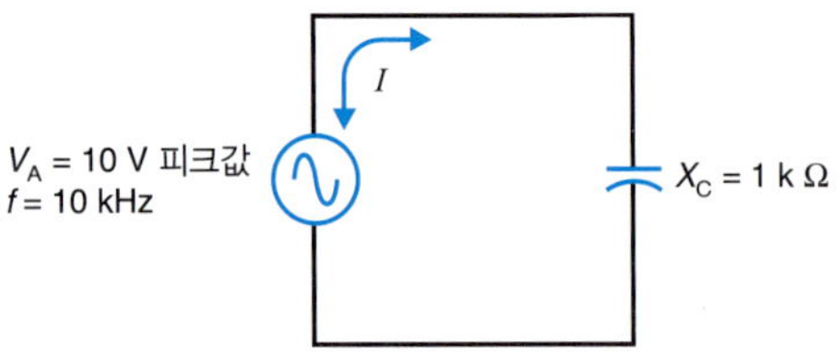

18-2 〈그림 18-11〉에서 V_C가 다음의 값과 같은 순간에 커패시터 전류 I_C의 값은 얼마인가?

a. +10V의 피크값인 순간
b. 0V인 순간
c. −10V의 피크값인 순간

18-3 〈그림 18-11〉에서 다음의 기준 페이저를 사용하여 V_C와 I_C를 나타내는 페이저를 그려라.

a. V_C를 기준 페이저로 사용
b. I_C를 기준 페이저로 사용

18-2절 X_C와 R의 직렬연결

18-4 〈그림 18-12〉에서 다음에서 지시하는 부분의 전류 I는 얼마인가?

a. 저항 30Ω에 흐르는 전류
b. 용량성 리액턴스 40Ω에 흐르는 전류
c. 인가전압 V_T 단자에 흐르는 전류

그림 18-12

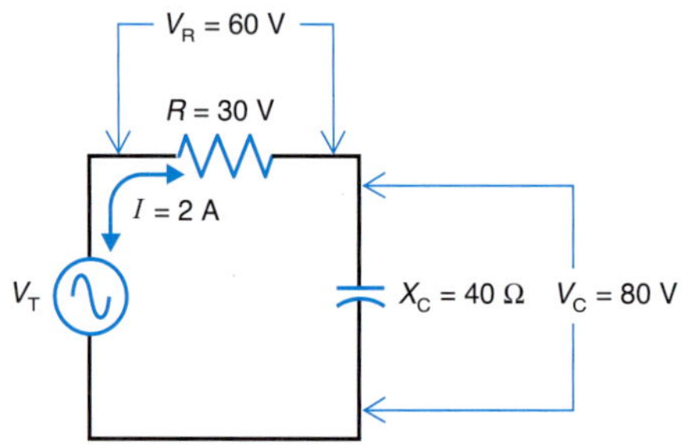

18-5 〈그림 18-12〉에서 다음 사이의 위상 관계는 얼마인가?

a. I와 V_R 사이의 위상 관계
b. I와 V_C 사이의 위상 관계
c. V_C와 V_R 사이의 위상 관계

18-6 〈그림 18-12〉에서 인가전압 V_T는 얼마인가?

18-7 〈그림 18-12〉에서 회로의 페이저 전압 삼각도를 그려라. (단, V_R을 기준 페이저로 사용하라.)

18-8 〈그림 18-13〉에서 다음에 대해 풀어라.

a. 저항 전압 V_R
b. 커패시터 전압 V_C
c. 전체 전압 V_T

그림 18-13

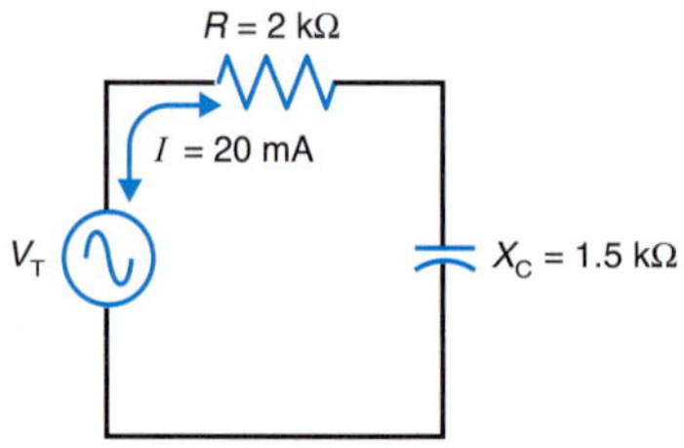

18-9 〈그림 18-14〉에서 다음에 대해 풀어라.

a. 저항 전압 V_R

b. 커패시터 전압 V_C

c. 전체 전압 V_T

그림 18-14

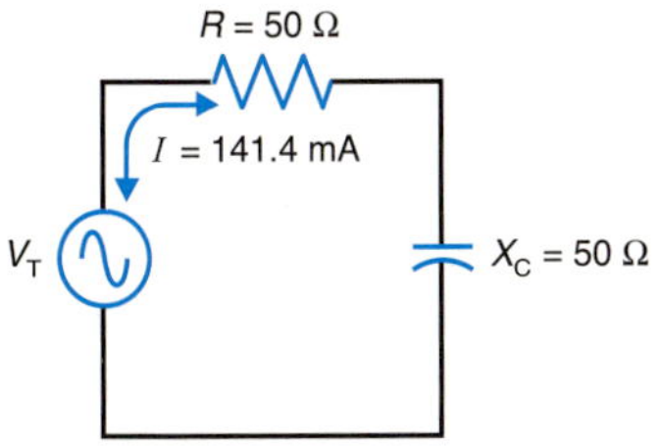

18-10 직렬 RC 회로에서 다음의 전압 성분에 대해 인가전압을 구하라.

a. V_R=40V, V_C=40V

b. V_R=10V, V_C=5V

c. V_R=48V, V_C=72V

d. V_R=12V, V_C=18V

18-3절 임피던스 Z 삼각형

18-11 〈그림 18-15〉에서 Z_T, I, V_C, V_R, θ_Z를 구하라.

그림 18-15

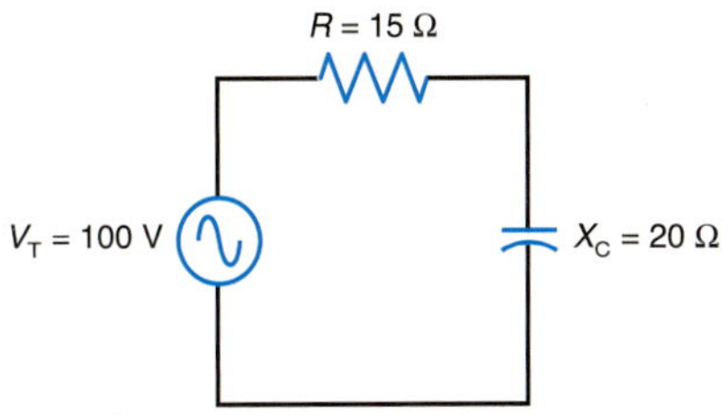

18-12 〈그림 18-15〉에서 회로의 임피던스 삼각도를 그려라. (단, R을 기준 페이저로 사용하라.)

18-13 〈그림 18-16〉에서 Z_T, I, V_C, V_R, θ_Z를 구하라.

그림 18-16

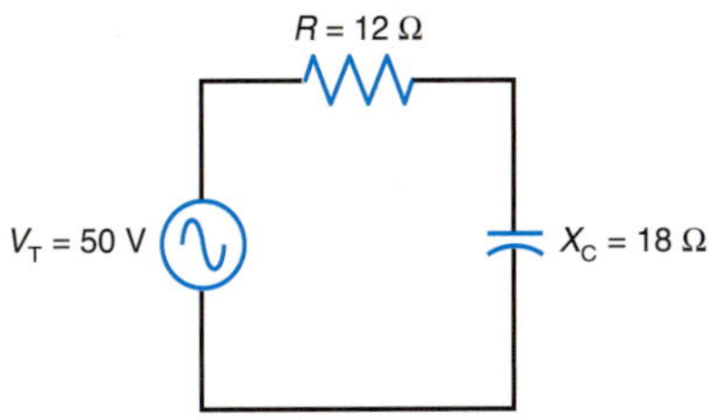

18-14 〈그림 18-17〉에서 Z_T, I, V_C, V_R, θ_Z를 구하라.

그림 18-17

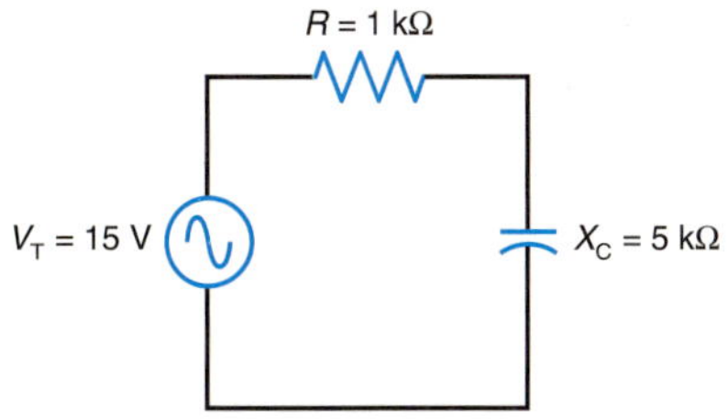

18-15 〈그림 18-18〉에서 Z_T, I, V_C, V_R, θ_Z를 구하라.

그림 18-18

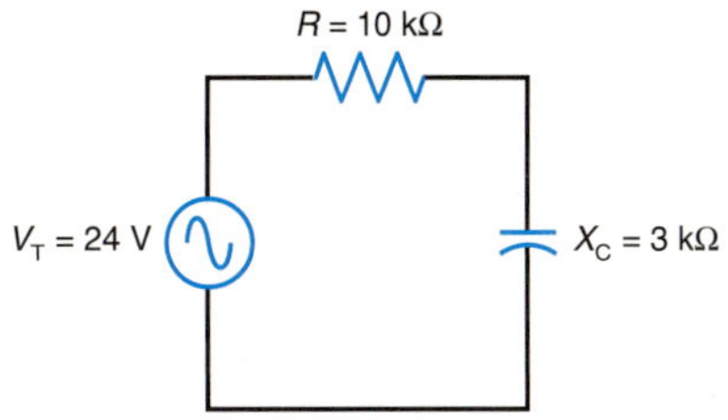

18-16 〈그림 18-19〉에서 다음의 회로 값에 대해 Z_T, I, V_C, V_R, θ_Z를 구하라.

a. X_C=30Ω, R=40Ω, V_T=50V

b. X_C=200Ω, R=200Ω, V_T=56.56V

c. X_C=10Ω, R=100Ω, V_T=10V

d. X_C=100Ω, R=10Ω, V_T=10V

그림 18-19

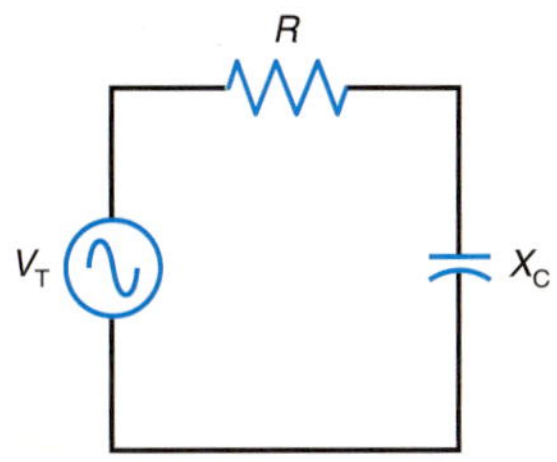

18-17 〈그림 18-20〉에서 X_C, Z_T, I, V_C, V_R, θ_Z를 구하라.

그림 18-20

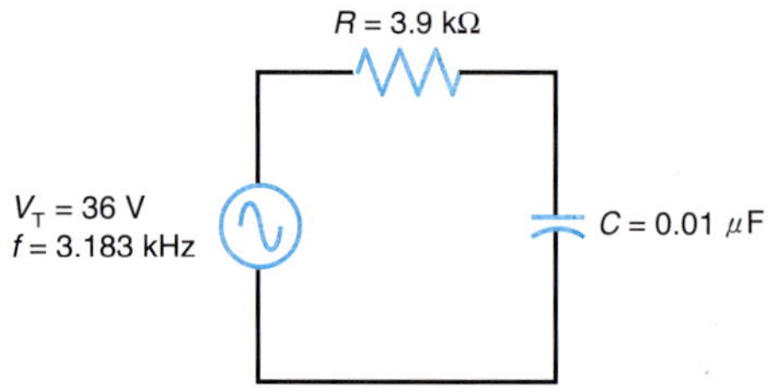

18-18 〈그림 18-20〉에서 만약 인가전압의 주파수가 증가하면 다음의 값 각각은 어떻게 되는가?

a. X_C

b. Z_T

c. I

d. V_C

e. V_R

f. θ_Z

18-19 인가전압의 주파수가 감소하는 경우 〈문제 18-18〉을 반복하라.

18-4절 R_C 위상 이동 회로

18-20 〈그림 18-21〉에서 R이 50kΩ으로 설정되는 경우 X_C, Z_T, I, V_R, V_C, θ_Z를 구하라.

그림 18-21

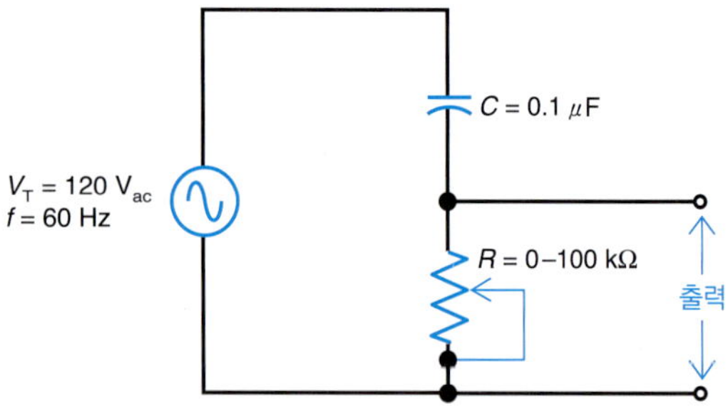

18-21 〈그림 18-21〉에서 R이 50kΩ으로 설정되는 경우 다음의 위상 관계는 어떻게 되는가?

a. V_T와 V_R 사이의 위상 관계

b. V_T와 V_C 사이의 위상 관계

18-22 〈그림 18-21〉에서 R이 50kΩ으로 설정되는 경우 V_R, V_C, V_T의 페이저를 그려라. V_T를 기준 페이저로 사용하라.

18-23 〈그림 18-21〉에서 R이 1kΩ으로 설정되는 경우 다음에 대해 풀어라.

a. Z_T, I, V_R, V_C, θ_Z

b. V_T와 V_R 사이의 위상 관계

c. V_T와 V_C 사이의 위상 관계

18-24 〈그림 18-21〉에서 R이 100kΩ으로 설정되는 경우 다음에 대해 풀어라.

a. Z_T, I, V_R, V_C, θ_Z

b. V_T와 V_R 사이의 위상 관계

c. V_T와 V_C 사이의 위상 관계

18-5절 X_C와 R의 병렬연결

18-25 〈그림 18-22〉에서 다음 소자 양단의 전압은 얼마인가?

a. 40Ω 저항

b. 30Ω 용량성 리액턴스

그림 18-22

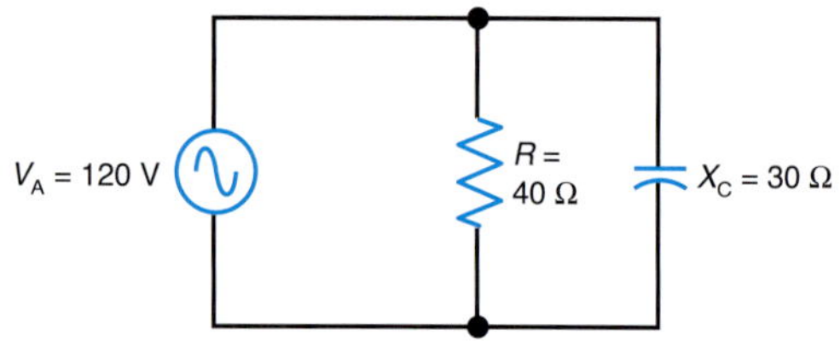

18-26 〈그림 18-22〉에서 다음의 위상 관계는 어떻게 되는가?

a. V_A와 I_R 사이의 위상 관계

b. V_A와 I_C 사이의 위상 관계

c. I_C와 I_R 사이의 위상 관계

18-27 〈그림 18-22〉에서 I_R, I_C, I_T, Z_{EQ}, θ_I를 구하라.

18-28 〈그림 18-22〉에서 회로의 페이저 전류 삼각도를 그려라. (단, I_R을 기준 페이저로 사용하라.)

18-29 〈그림 18-23〉에서 I_R, I_C, I_T, Z_{EQ}, θ_I를 구하라.

그림 18-23

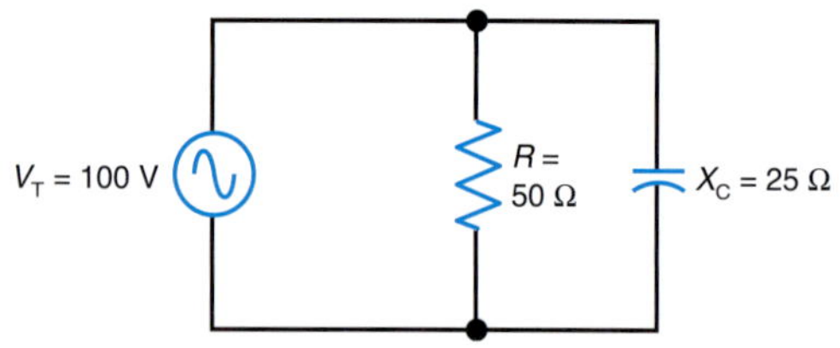

18-30 〈그림 18-24〉에서 I_R, I_C, I_T, Z_{EQ}, θ_I를 구하라.

그림 18-24

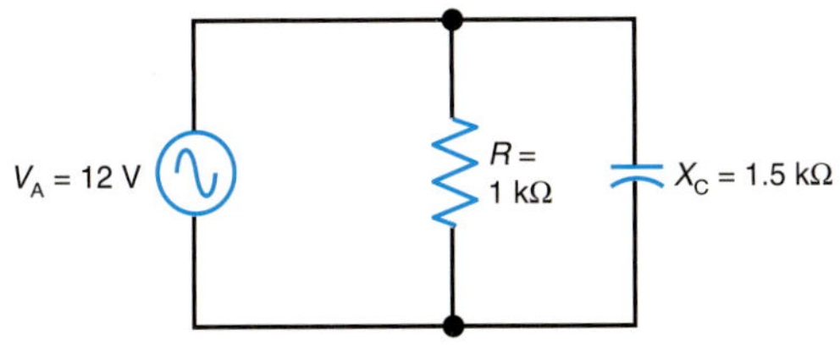

18-31 〈그림 18-25〉에서 I_R, I_C, I_T, Z_{EQ}, θ_I를 구하라.

그림 18-25

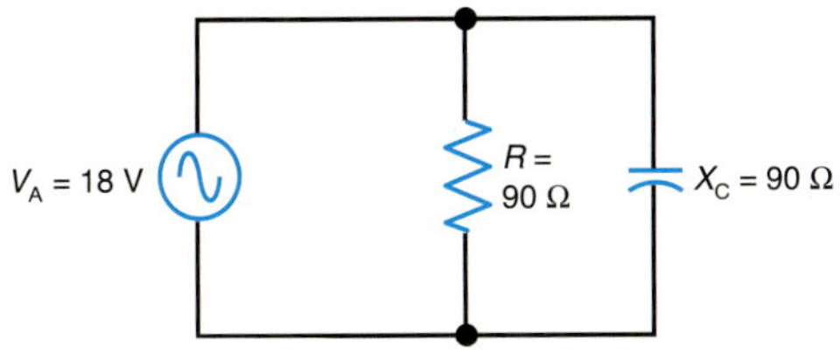

18-32 〈그림 18-26〉에서 I_R, I_C, I_T, Z_{EQ}, θ_I를 구하라.

그림 18-26

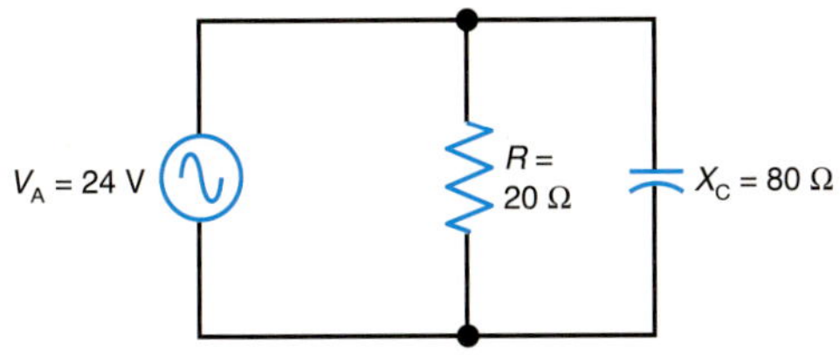

18-33 〈그림 18-27〉에서 다음의 회로 값에 대해 I_R, I_C, I_T, Z_{EQ}, θ_I를 구하라.

a. R=50Ω, X_C=50Ω, V_A=50V

b. R=10Ω, X_C=100Ω, V_A=20V

c. R=100Ω, X_C=10Ω, V_A=20V

그림 18-27

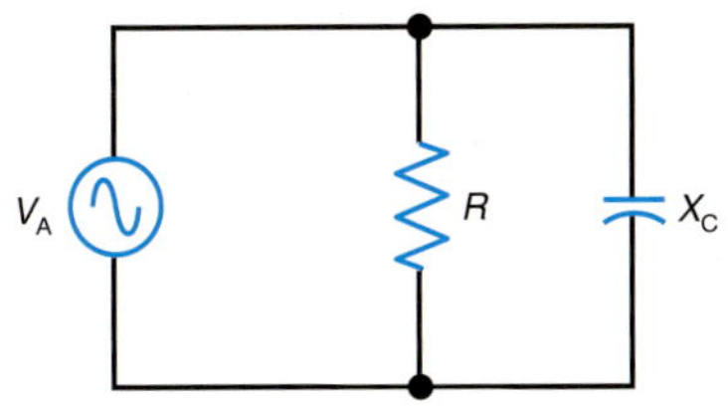

18-34 〈그림 18-27〉에서 R=60Ω이고 X_C=80Ω이면 Z_{EQ}는 얼마인가?

18-35 〈그림 18-28〉에서 X_C, I_R, I_C, I_T, Z_{EQ}, θ_I를 구하라.

그림 18-28

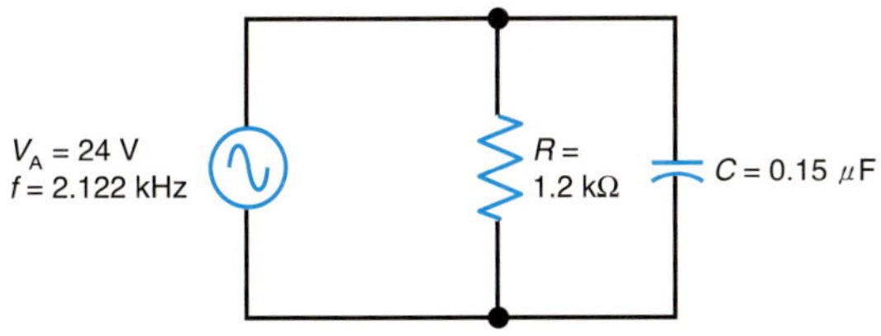

18-36 〈그림 18-28〉에서 만약 인가전압의 주파수가 증가하면 다음의 값 각각은 어떻게 되는가?

a. I_R b. I_C

c. I_T d. Z_{EQ}

e. θ_I

18-37 인가전압의 주파수가 감소하는 경우 〈문제 18-36〉을 반복하라.

18-6절 RF 및 AF 결합 커패시터

18-38 〈그림 18-29〉에서 인가전압의 주파수가 다음과 같을 때 1kΩ의 저항 R과 직렬로 연결되는 결합 커패시터 C_C를 계산하라.

a. 159.1Hz b. 1591Hz

c. 15.91kHz

그림 18-29

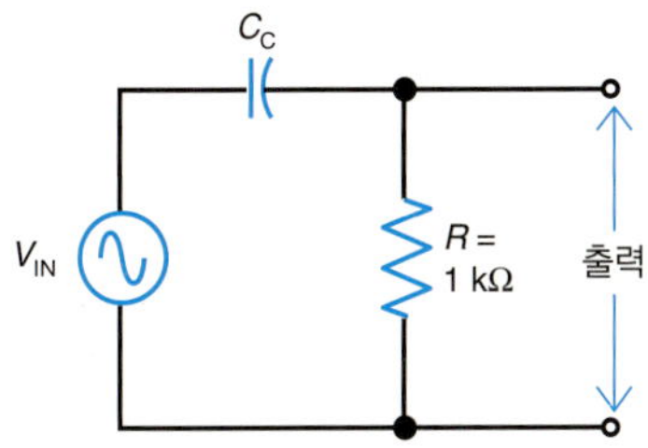

18-39 〈그림 18-29〉에서 C_C=0.047μF과 R=1kΩ으로 가정한다. 이 값에 대해 100Ω의 X_C를 만드는 인가전압의 가장 낮은 주파수는 얼마인가? 이 주파수에서 위상각 θ_Z는 얼마인가?

18-7절 용량성 전압분배기

18-40 〈그림 18-30〉에서 다음을 계산하라.

a. X_{C1}, X_{C2}, X_{C3}, X_{C4}, X_{CT}
b. I
c. V_{C1}, V_{C2}, V_{C3}, V_{C4}

그림 18-30

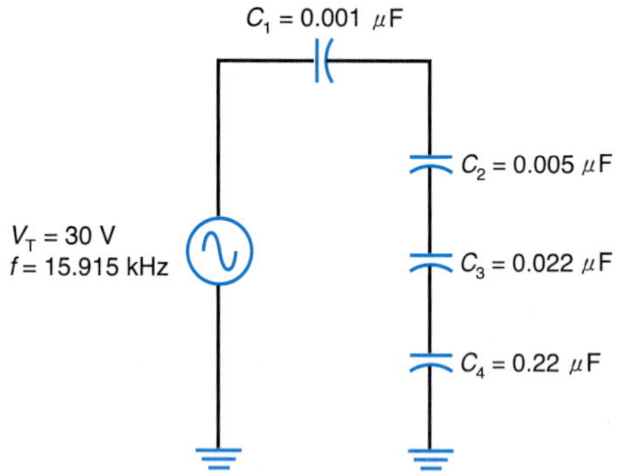

18-41 〈그림 18-31〉에서 V_{C1}, V_{C2}, V_{C3}를 계산하라.

그림 18-31

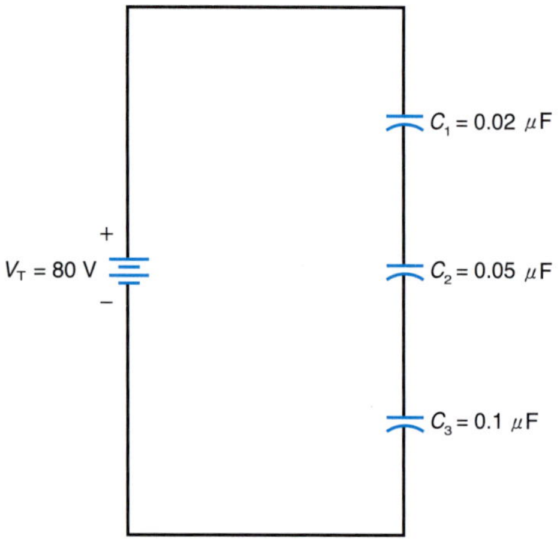

18-8절 용량성 전류 i_C의 일반적인 경우

18-42 〈그림 18-32〉의 커패시터 전압 V_C의 파형에서 200pF의 커패시턴스 값을 갖는 충전과 방전 전류 I_C를 그려라.

그림 18-32

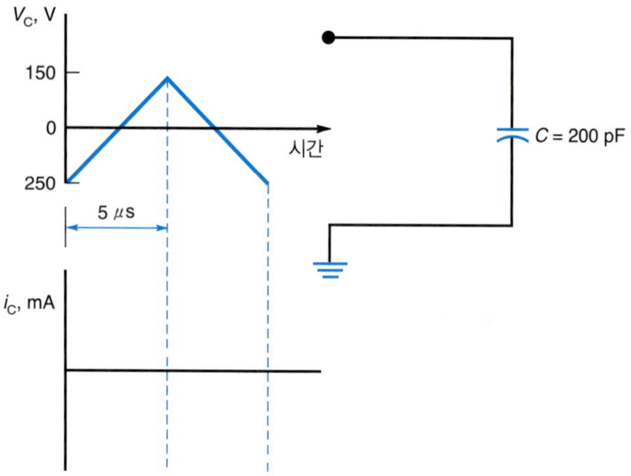

18-43 〈그림 18-33〉에서 주어진 커패시터 전압 파형에 대한 충전과 방전 전류 I_C를 그려라.

그림 18-33

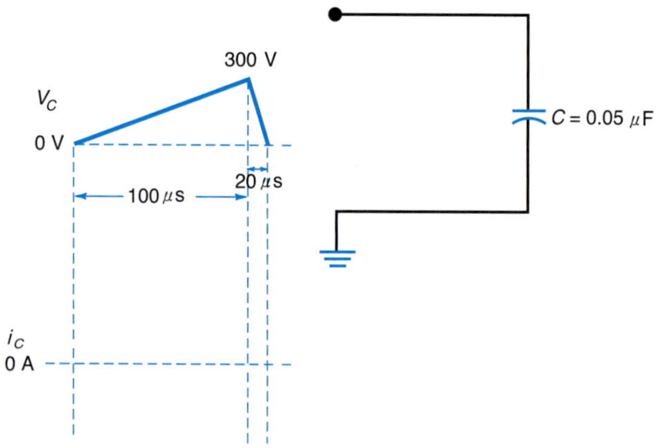

사고력 문제

18-44 〈그림 18-34〉에서 X_C, Z_T, I, f, V_T, V_R을 계산하라.

그림 18-34

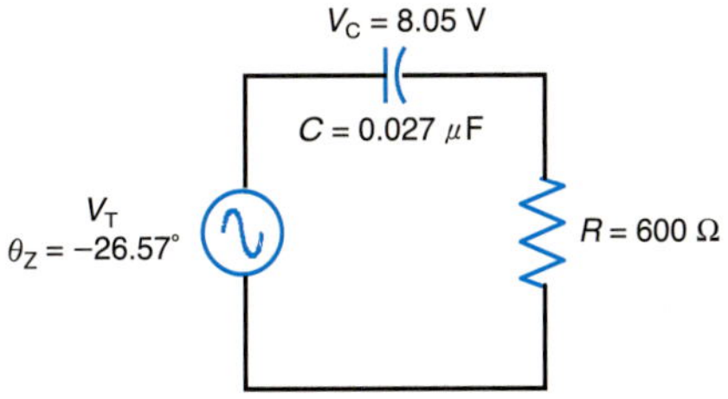

18-45 〈그림 18-35〉에서 I_C, I_R, V_T, X_C, C, Z_{EQ}를 계산하라.

18-46 〈그림 18-36〉에서 I_C, I_R, I_T, X_C, R, C를 계산하라.

그림 18-35

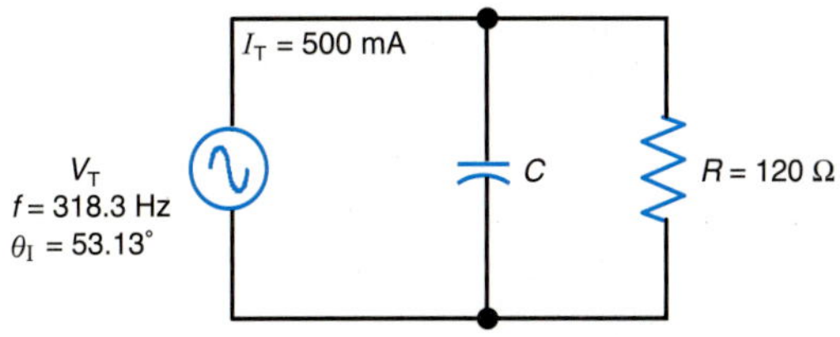

그림 18-36

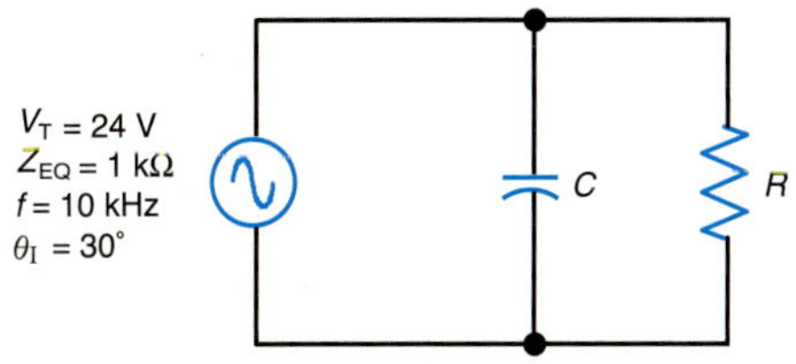

복습문제 정답

18-1 a. 0°
b. 90°
c. 뒤진다

18-2 a. 0°
b. 90°
c. 앞서다

18-3 a. 28.28Ω
b. 28.28V
c. θ_Z=−45°

18-4 a. 46.7°
b. 90°
c. 43.3°

18-5 a. 2.828A
b. θ_I=45°

18-6 a. 35Ω
b. 2pF

18-7 a. V_1=18kV
V_2=2kV
b. X_{C_T}=120Ω

18-8 a. $dv/dt=1\times10^6$V/s
b. $i_C=300\mu$A

chapter

19

인덕턴스

인덕턴스는 전류가 변할 때 유도전압을 발생하는 도체의 능력이다. 긴 도선은 짧은 도선보다 더 큰 인덕턴스를 가지는데, 이는 긴 도선이 자속이 자르는 길이가 길어 더욱 큰 유도전압을 발생하기 때문이다. 이와 비슷하게 코일은 같은 길이의 직선 도선보다 더 큰 인덕턴스를 가지는데 이는 코일이 자속을 집중시키기 때문이다. 일정한 인덕턴스 값을 갖도록 제조된 부품이 인덕터로 불리는 도선으로 만든 코일이다. 인덕턴스의 기호는 L이고 단위는 헨리(H)이다.

속이 빈 절연튜브에 도선을 감은 것이 코일이다. 도선 자체도 코일이 될 수 있다. 이러한 유형은 코일에서 전류의 자속이 공기 중에 있기 때문에 공심코일이라고 한다. 또 다른 코일의 유형으로, 더욱 큰 인덕턴스를 얻기 위해 도선을 철심에 감아 자속을 집중시키는 것이 있다.

주파수가 높아질수록 더 작은 L 값으로도 필요한 유도효과를 낼 수 있으므로 공심코일은 RF 회로에서 사용된다. 철심 인덕터는 오디오 주파수 대역, 특히 60Hz의 교류전력선 주파수와 일반 저주파수대에서 사용된다.

단원 차례

단원 목표

- 자기 인덕턴스의 개념을 설명한다.
- 인덕턴스의 단위 헨리(Henry)와 상호 인덕턴스를 정의한다.
- 유도전압과 전류 변화율을 알고 있을 때의 인덕턴스를 계산한다.
- 인덕터의 인덕턴스에 영향을 주는 물리적 요소를 열거한다.
- 인덕턴스와 전류 변화율이 주어질 때 인덕터 양단의 유도전압을 계산한다.
- 유도전압이 전류 변화를 방해하는 방법을 설명한다.
- 변압기의 동작 방법을 설명하고 중요한 변압기 정격을 나열한다.
- 변압기 회로의 전류, 전압 및 임피던스를 계산한다.
- 다양한 종류의 변압기 코어를 정의한다.
- 직렬연결된 인덕터의 전체 인덕턴스를 계산한다.
- 병렬연결된 인덕터의 등가 인덕턴스를 계산한다.
- 인덕터의 주요 고장 요인을 열거한다.

중요 용어

결합계수 k
권선비
누설자속
단권 변압기
렌츠의 법칙
바리악(Variac)
반사 임피던스
변압기
볼트-암페어(VA)
상호 인덕턴스 L_M
소용돌이 전류
역기전력(cemf)
위상 도트
인덕턴스 L
임피던스 정합
직렬 더하기
직렬 빼기
페라이트 코어
표유 인덕턴스
표유 커패시턴스
헨리(H)
효율

19-1 교류전류에 의한 유도

유도전압은 도체에 의해서 자속이 잘라지는 결과로 발생한다. 이런 작용은 자기장이나 도체 중에서 어느 하나가 움직이면 발생할 수 있다. 도체에서 전류의 진폭이 변화할 때 전류 및 그와 관계된 자기장의 변화는 자속의 이동과 등가이다. 전류가 증가할 때 자기장은 도체 외부로 확장하고, 전류가 감소할 때 자기장은 도체 쪽으로 축소된다. 자기장이 전류 변화에 따라 확장되고 축소되기 때문에 자속이 움직이는 것으로 볼 수 있다. 따라서 시간에 따라 변하는 전류는 도체의 이동을 필요로 하지 않으며 유도전압을 발생할 수 있다.

〈그림 19-1〉은 사인파 교류전류의 자기장 변화를 보여준다. 교류전류는 진폭이 변하고 방향이 반대가 되기 때문에 그 자기장도 똑같은 변화를 가지게 된다. A점에서 전류는 영이고 자속이 존재하지 않는다. B점에서 전류의 양의 방향이 시계방향으로 자기장을 만든다. C점은 최대 전류와 최대의 시계방향 자속을 갖는다.

D점에서는 C점에서보다 작은 자속을 갖는다. 이제 자기장은 전류가 작아지기 때문에 약해지기 시작한다. E점에서 전류가 영일 때 자속이 존재하지 않으며 자기장은 도선 속으로 축소된 것으로 간주될 수 있다.

다음 반주기에서의 전류로 인해 자기장은 다시 확장되고 쇠약해지나 방향이 반대이다. 자속이 F점과 G점에서 확장될 때 자기력선은 반시계방향으로 발생하며 이는 전류의 음의 방향에 해당한다. G점에서 H와 I까지 이 반시계방향의 자기장은 도선 속으로 축소된다.

자기장의 확장과 축소는 자기장이 이동한 것과 마찬가지이다. 이러한 이동 자속은 전류를 흐르는 도체를 절단하며 도선 자체에 유도전압을 발생한다. 또한 자기장 속에 다른 도체가 있으면 그 도체에 전류가 흐르든 흐르지 않든 변하는 자속이 도체를 자르며 지나가므로 도체에 유도전압이 발생한다.

교류전류에 의한 유도는 전류의 변화에 의해 기인한 것이며 전류 값 자체에 의한 것이 아님을 주목할 필요가 있다. 전류는 자속의 이동을 제공하기 위해 변화되어야 한다. 큰 전류인 1000A의 직류전류는 전류 값이 일정하기 때문에 어떤 유도전압도

알아두기▸▸

〈그림 19-1〉에서 교류전류가 영을 통해 지나갈 때 자속변화율이 가장 크다. 역으로, 교류전류가 두 피크값 중 하나에 도달할 때 자속변화율은 영이다.

그림 19-1 전류 변화에 따라 확장하고 축소하는 교류전류의 자기장

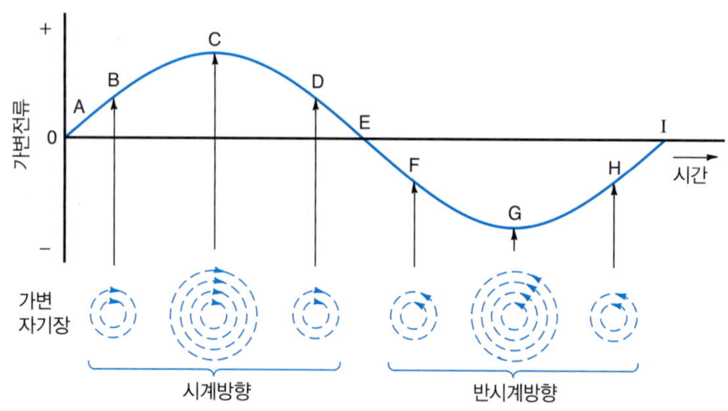

발생시킬 수 없다. 그러나 1μA에서 2μA로 변하는 전류는 전압을 유도한다. 또한 전류가 빨리 변할수록 유도전압의 크기가 더 커지며 이는 자속이 빠른 속도로 이동할 때 더 큰 전압을 유도할 수 있기 때문이다.

인덕턴스는 유도전압의 척도이기 때문에 인덕턴스의 크기는 전류가 변하는 임의의 회로에서 중요한 효과를 갖는다.

인덕턴스는 저항 이외에 회로의 또 다른 특성이며, 그 특성은 다음의 회로에서 중요하다.

1. 교류회로. 교류회로에서 전류는 계속 변하고 유도전압을 발생한다. 저주파수의 교류전류가 높은 주파수의 전류가 유도하는 전압과 같은 크기의 전압을 발생하려면 인덕턴스 값이 커야 한다. 전류는 그 진폭이 변하는 한 어떤 파형이라도 상관없다.
2. 전류 값이 변하는 직류회로. 전류가 방향을 바꿀 필요는 없다. 하나의 예가 온오프하는 직류회로이다. 직류전류가 영과 그 정상 상태 값 사이에서 변할 때 인덕턴스는 스위칭이 일어나는 순간에 회로에 영향을 준다. 갑작스런 이 변화 현상을 회로의 과도응답이라 한다. 하지만 값이 변하지 않는 정상 상태 직류전류는 인덕턴스에 의해 영향을 받지 않는데, 이는 전류 변화가 없으면 유도전압이 있을 수 없기 때문이다.

전자공학의 선구자들

미국 물리학자 조셉 헨리(1797~1878)의 연구는 많은 전기기술의 기초를 제공한다. 그의 주요 연구분야는 전자기장 이론이었다.

헨리는 철심코어에 절연도체를 감아 최초로 강력한 전자석을 만들었다. 그림은 조셉 헨리에 의해 개발된 초기의 전자석을 나타낸다.

헨리는 또 연구를 통해 자기인덕턴스가 회로의 구성, 특히 권선방식에 의해 크게 영향을 받음을 발견하였다.

전기 전동기, 최초의 전자기 전신 시스템의 개발로 헨리는 큰 명성을 얻었으며 이 전신 시스템은 상업 전신 시스템의 토대가 되었다. 인덕턴스의 단위는 그의 명성을 기리기 위해 그의 이름을 따서 지어졌다.

■ 19-1 복습문제

a. 철심을 갖는 코일과 철심이 없는 코일은 같은 감은 수(턴 수)와 주파수를 가질 때 어느 쪽이 더 큰 인덕턴스를 가지는가?

b. 〈그림 19-1〉에서 전류 변화는 B와 C 중 어디서 더 빠른가?

19-2 자기 인덕턴스 L

전류가 변할 때 자체에서 전압을 유도하는 도체의 능력을 자기 인덕턴스 또는 간단히 인덕턴스라고 한다. 인덕턴스의 기호는 L이고 이는 자속의 쇄교를 나타내고 단위는 헨리(H)이다.

이 단위는 조셉 헨리(Joseph Henry, 1797~1878)의 이름에서 유래한다.

헨리 단위의 정의

〈그림 19-2〉에 나타난 것처럼 1H는 전류가 1초에 1A의 변화율로 변할 때 유도되는 전압이 1V가 되는 인덕턴스의 크기이다. 식으로는 다음과 같이 표현된다.

$$L = \frac{v_L}{di/dt} \qquad (19\text{-}1)$$

여기서 v_L은 V의 단위이고 di/dt는 A/s 단위의 전류 변화이다.

그림 19-2 1A/s의 전류 변화가 L 양단에 1V를 유도할 때 인덕턴스는 1H와 같다.

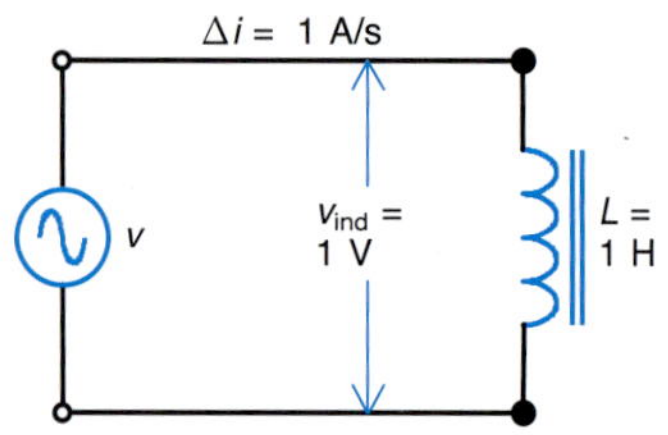

또한 기호 d는 시간에 대한 전류의 아주 작은 변화를 나타내기 위해 사용된다. 시간에 대한 전류 변화를 나타내는 인자 di/dt는 전류의 자속이 v_L을 발생하기 위해 도체를 얼마나 빨리 자르는지를 규정한다.

예제 19-1

인덕터에서의 전류가 1초 동안에 12A에서 16A까지 변한다. 전류 변화율 di/dt는 A/s 단위로 얼마인가?

정답 di는 16A와 12A 사이의 차이로 4A이다. 따라서

$$\frac{di}{dt} = 4\text{A/s}$$

예제 19-2

인덕터에서 전류가 2μs 동안에 50mA 변한다. 전류 변화율 di/dt는 A/s 단위로 얼마인가?

정답

$$\frac{di}{dt} = \frac{50 \times 10^{-3}}{2 \times 10^{-6}} = 25 \times 10^{3}$$
$$= 25{,}000\text{A/s}$$

예제 19-3

전류가 4A/s의 비율로 변할 때 40V를 유도하는 코일의 인덕턴스는 얼마인가?

정답

$$L = \frac{v_L}{di/dt} = \frac{40}{4}$$
$$= 10\text{H}$$

예제 19-4

전류가 2μs 동안 50mA의 비율로 변할 때 1000V를 유도하는 코일의 인덕턴스는 얼마인가?

정답 이 예에서 식 (19-1)의 분모에 있는 $1/dt$ 인자가 분자로 전환될 수 있다.

$$L = \frac{v_L}{di/dt} = \frac{v_L \times dt}{di}$$
$$= \frac{1 \times 10^3 \times 2 \times 10^{-6}}{50 \times 10^{-3}}$$
$$= \frac{2 \times 10^{-3}}{50 \times 10^{-3}} = \frac{2}{50}$$
$$= 0.04\text{H} \quad \text{또는} \quad 40\text{mH}$$

〈예제 19-4〉의 작은 인덕턴스가 〈예제 19-3〉의 인덕턴스보다 훨씬 더 큰 유도전압 v_L을 발생함에 유념하라. 〈예제 19-4〉에서 전류 변화는 매우 빠른 25,000A/s이다.

코일의 인덕턴스

물리적인 구조에 의해 인덕턴스는 코일의 감겨진 방법에 따라 결정된다. 다음 사항들을 주의하라.

1. 감은 수 N이 증가하면 더 많은 전압이 유도될 수 있으므로 L이 증가한다. L은 N^2에 비례하여 증가한다. 같은 면적과 길이에서 감은 수가 두 배로 증가하면 인덕턴스는 4배 증가한다.
2. 각 턴에 의해 감긴 면적 A가 증가하면 L이 증가한다. 이는 더 많은 감은 수를 가지면 인덕턴스가 증가함을 의미한다. L은 A에 직접 비례하고 각 턴의 직경의 제곱에 비례한다.
3. L은 코어의 투자율에 따라 증가한다. 공기 코어에서 μ_r=1이다. 자기 코어에서 L은 μ_r 인자에 의해 증가하며 이는 자속이 코일에 집중되기 때문이다.
4. L은 같은 감은 수에서 자속이 덜 집중되기 때문에 길이에 따라 감소한다.

알아두기▸▸

자기 코어를 갖는 코일의 인덕턴스는 코일을 통해 흐르는 전류(직류와 교류 모두)의 크기에 따라 변할 것이다. 너무 큰 전류는 자기 코어를 포화시켜 투자율 μ_r을 줄이고 다시 인덕턴스 L을 줄일 것이다. 초크로 알려진 대부분의 철심 인덕터는 미리 결정된 직류전류 값에서 인덕턴스 정격을 갖는다. 예를 들어, 철심 초크는 다음과 같은 정격을 갖는다. 8.5H @ 50mA

그림 19-3 코일의 인덕턴스 L에 대한 물리적 요소. L의 계산은 본문을 참조하라.

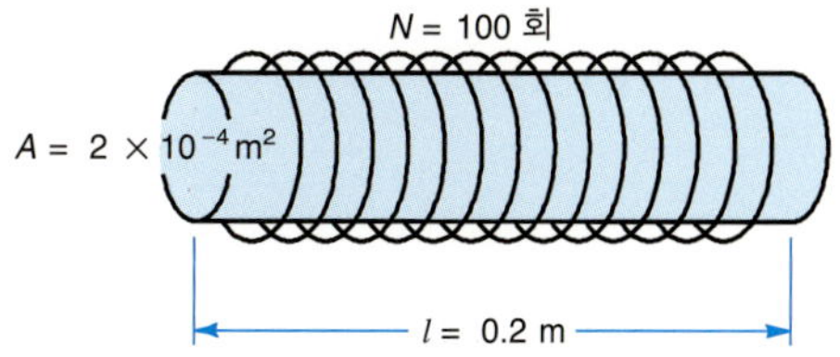

코일의 이러한 물리적 특성이 〈그림 19-3〉에 나타나 있다. 길이가 직경의 최소 10배인 긴 코일에서 인덕턴스는 다음 식으로 계산될 수 있다.

$$L = \mu_r \times \frac{N^2 \times A}{l} \times 1.26 \times 10^{-6}\text{H} \qquad (19\text{-}2)$$

여기서 L은 H 단위이고 l은 m 단위이며 A는 m^2 단위이다. 상수 인자 1.26×10^{-6}은 L을 H 단위로 계산하기 위한 SI 단위계에서 공기나 진공에서의 절대 투자율이다. 〈그림 19-3〉의 공심코일에 대해 다음과 같이 구할 수 있다.

$$L = 1 \times \frac{10^4 \times 2 \times 10^{-4}}{0.2} \times 1.26 \times 10^{-6}$$
$$= 12.6 \times 10^{-6}\text{H} = 12.6\mu\text{H}$$

그림 19-4 전형적인 인덕터와 기호 (a) RF 초크로 사용되는 공심코일. 길이가 2인치이다. (b) 60Hz에 사용되는 철심 코일. 높이가 2인치이다.

(a)

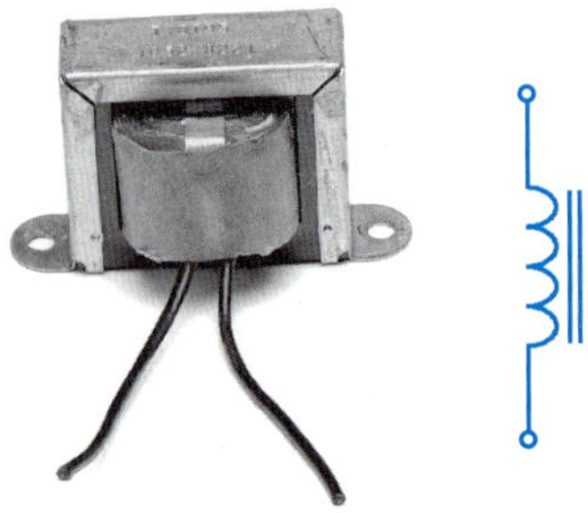

(b)

이 값은 $v_L = L(di/dt)$의 관계를 이용하여 전류가 1A/s의 비율로 변할 때 코일이 12.6μV의 자기유도 전압을 발생할 수 있음을 의미한다. 또한 만약 코일이 μ_r=100의 철심을 갖는다면 L은 100배 더 증가할 것이다.

전형적인 코일 인덕턴스 값

RF 응용을 위한 공심코일은 mH와 μH 단위의 L 값을 갖는다. 초크(choke)라고 부르는 전형적인 공심코어 RF 인덕터와 그 회로 기호가 〈그림 19-4a〉에 나타나 있다. 다음을 주의하라.

$$1\text{mH} = 1 \times 10^{-3}\ \text{H}$$
$$1\mu\text{H} = 1 \times 10^{-6}\ \text{H}$$

예를 들어, 535kHz에서 1605kHz까지의 라디오 방송 대역에서 RF 코일은 250μH 또는 0.250mH의 인덕턴스 L 값을 갖는다.

60Hz 전력선과 오디오 주파수 응용을 위한 철심 인덕터는 약 1H에서 25H의 인덕턴스 값을 갖는다. 철심 초크가 〈그림 19-4b〉에 나타나 있다.

■ 19-2 복습문제

a. 코일이 1A/s의 di/dt 값에서 2V를 유도한다. L은 얼마인가?

b. 코일이 125회의 감은 수와 8mH의 L을 가진다. 만약 감은 수가 2배가 되면 L은 얼마인가?

19-3 자기 유도전압 v_L

> **알아두기▸▸**
> 일정 직류전류는 자속의 변화가 없기 때문에 코일에 전압을 유도할 수 없다.

전류 변화 di/dt에 의해 발생되는 인덕턴스 L 양단의 자기 유도전압은 다음과 같이 표현된다.

$$v_L = L\frac{di}{dt} \tag{19-3}$$

여기서 v_L은 V 단위를, L은 H 단위를, di/dt는 A/s 단위를 사용한다. 이 식은 인덕턴스를 정의한 식 (19-1)의 변환된 형태이다.

실제로 두 식은 자기장에 관한 식 (14-5)의 $v = N(d\phi/dt)$에 기초를 두고 있다. 이는 초당 도체에 의해 절단되는 자속의 크기로 전압을 표시한다. 전류와 관계된 자속이 전류와 똑같이 변할 때 식 (19-3)은 유도전압을 계산하는 것과 같은 결과를 준다. 코일 양단의 유도전압은 실제로 도체 내에서 이동하는 유도전자의 결과로 유도전류가 존재한다는 것을 기억할 필요가 있다. vL을 계산하기 위해 식 (19-3)을 사용할 때 L과 di/dt 인자가 곱해진다.

예제 19-5

12A/s의 전류 변화에 의해 발생되는 4H의 인덕턴스 양단의 자기 유도전압은 얼마인가?

정답

$$\begin{aligned} v_L &= L\frac{di}{dt} = 4\times 12 \\ &= 48\text{V} \end{aligned}$$

예제 19-6

$2\mu s$ 동안에 200mH의 L을 통해 흐르는 전류가 0에서 100mA로 변한다. 유도전압 v_L은 얼마인가?

정답

$$\begin{aligned} v_L &= L\frac{di}{dt} \\ &= 200\times 10^{-3}\times\frac{100\times 10^{-3}}{2\times 10^{-6}} \\ &= 10{,}000\text{V} \quad \text{또는} \quad 10\text{kV} \end{aligned}$$

전류의 빠른 변화 때문에 200mH의 인덕턴스에 높은 전압이 유도됨을 주의할 필요가 있다.

v_L은 전류가 변하고 있을 때에만 발생되지만 유도전압은 측정이 가능한 실제의 전압이다. di/dt가 단지 짧은 시간 동안 존재할 때 v_L은 전압 펄스의 형태이다. 파형이 항상 변하는 사인파 전류에서는 v_L은 i_L과 90° 위상차의 사인파 전압이다.

■ 19-3 복습문제

a. 만약 L이 2H이고 di/dt가 1A/s이면 v_L은 얼마인가?

b. 똑같은 코일에서 di/dt가 100A/s로 증가된다면 v_L은 얼마인가?

19-4 v_L이 전류의 변화를 방해하는 방법

알아두기▸▸

역기전력(counter emf)을 다른 말로 백 기전력(back emf) 또는 버킹 기전력(bucking emf)이라고 한다.

렌츠의 법칙에 의해 유도전압 v_L은 v_L을 유도하는 전류의 변화를 방해하는 방향의 자기장으로 전류를 발생해야만 한다. 따라서 v_L의 극성은 전류변화 di의 방향에 따라서 달라진다. di가 증가할 때 v_L은 전류의 증가를 방해하는 극성을 갖게 되고 di가 감소할 때 v_L은 전류 감소를 방해하는 반대 극성을 갖는다.

두 경우 모두 전류의 변화는 유도전압에 의해 방해된다. 따라서 인덕턴스는 전류의 변화를 방해하는 특성이라 할 수 있으며 이런 이유로 유도전압은 보통 역기전력(counter emf, back emf)이라 부른다.

회로에서 v_L의 극성을 결정하기 위해 렌츠의 법칙을 적용하는 상세한 내용이 〈그림 19-5〉에 나타나 있으며 방향을 주의할 필요가 있다. 〈그림 19-5a〉에서 전류의 흐름은 코일의 위쪽으로 들어가며 전류가 증가하고 있다. 렌츠의 법칙에 의해 v_L은 이 전류의 증가를 방해하기 위해 필요한 극성을 가져야 한다. 위쪽이 (+)극이 되

그림 19-5 전류 i의 변화를 방해하는 전압 v_L 극성의 결정 (a) i가 증가하고 v_L은 전류를 방해하는 극성을 갖는다. (b) i가 감소하고 v_L은 전류 감소를 방해하는 극성을 갖는다. (c) i가 증가하지만 반대 방향이다. (d) i가 (c)와 같은 방향이지만 감소한다.

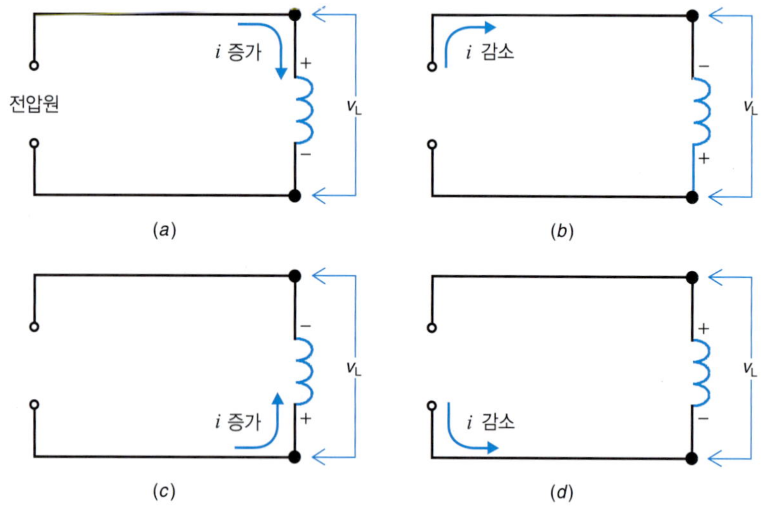

는 유도전압이 전류의 증가를 방해한다. 그 이유는 v_L의 이러한 극성이 외부회로에 (+)에서 (−)로 반대 방향으로 흐르는 전류를 발생시킬 수 있기 때문이다. v_L은 방해 전류를 발생하는 전원으로 동작하며 이러한 작용으로 회로에서 전류의 증가가 억제된다.

〈그림 19−5b〉에서 전원은 여전히 코일의 위쪽으로 들어오는 전류의 흐름을 일으키고 있지만 전원이 감소되고 있으므로 i가 감소하고 있다. 렌츠의 법칙에 의해 v_L은 전류의 감소를 방해하기 위해 필요한 극성을 가져야 한다. 위쪽이 (−)극이 되는 유도전압이 이 감소를 방해하며, 그 이유는 v_L의 이러한 극성이 줄어드는 전류가 흐르는 방향과 같은 방향으로 흐르는 전류를 발생시킬 수 있기 때문이다.

〈그림 19−5c〉에서 전압원의 극성이 반대가 되면 반대 방향으로 전류를 발생하여 코일의 아래쪽으로 들어오는 전류 흐름을 만든다. 이 반대 방향의 전류는 이제 증가하고 있다. 유도전압 v_L의 극성은 증가를 방해해야만 한다. 그림에서 보인 것처럼 코일의 밑쪽이 v_L의 (+)극이 되고 전압원 전류를 방해하는 전류를 발생한다. 마지막으로 〈그림 19−5d〉에서 반대 방향의 전류가 감소하고 있다. 이 감소는 그림에 보인 v_L의 극성에 의해 방해되고 전압원 전류와 같은 방향으로 전류를 유지하게 된다.

i의 방향이 반대가 되거나 증가 및 감소 값에 의해 di의 방향이 반대가 될 때 v_L의 극성이 바뀌는 점을 주의하라. 〈그림 19−5a〉와 〈그림 19−5d〉를 비교하면 전류의 방향과 변화의 방향 모두가 반대가 될 때 전압 v_L의 극성은 변하지 않는다.

렌츠의 법칙에 따라 변화를 '방해'하는 유도전압이 발생한다는 것을 나타내기 위해 유도전압 식에 (−)부호를 붙이는 경우도 가끔 있다. 그렇지만 이 책에서는 (−)부호를 생략하고 실제 유도전압의 극성은 회로에서 구하도록 한다.

이상을 요약하면 렌츠의 법칙에 따라 v_L은 전류 i의 변화를 방해하는 작용을 한다. i가 증가할 때 v_L은 반대 전류를 발생하고 반대의 경우인 i가 감소할 때 v_L은 더해지는 전류를 발생한다.

■ 19−4 복습문제

a. 〈그림 19−5a〉와 〈그림 19−5b〉에서 v_L은 반대 극성을 갖는다. (참, 거짓)

b. 〈그림 19−5b〉와 〈그림 19−5c〉에서 v_L의 극성은 같다. (참, 거짓)

19−5 상호 인덕턴스 L_M

인덕터의 전류가 변할 때 가변자속이 근처의 어떤 다른 인덕터 양단을 절단하게 되면 두 인덕터 모두에 유도전압을 발생한다. 〈그림 19−6〉에 코일 L_1이 발전기에 연결되어 있어 권선에 가변전류를 발생한다. 권선 L_2는 L_1과 도선으로 연결되지는 않았지만 권선은 자속에 의해 연결되어 있다. 따라서 L_1의 가변전류가 L_1과 L_2 양단 모두에 전압을 유도한다. 만약 L_1에서의 전류에 의한 모든 자속이 코일 L_2의 모든 권선에 결합된다면 L_2의 각 권선은 L_1의 각 권선과 똑같은 크기의 유도전압을 가

알아두기▸▸

〈그림 19-6〉에서 L_1, L_M, V_{L1}을 알면 L_2 양단의 유도전압을 다음 식으로 구할 수 있다.

$$V_{L_2} = \frac{L_M}{L_1} \times V_{L_1}$$

그림 19-6 자속에 의해 쇄교된 L_1과 L_2 사이의 상호 인덕턴스 L_M

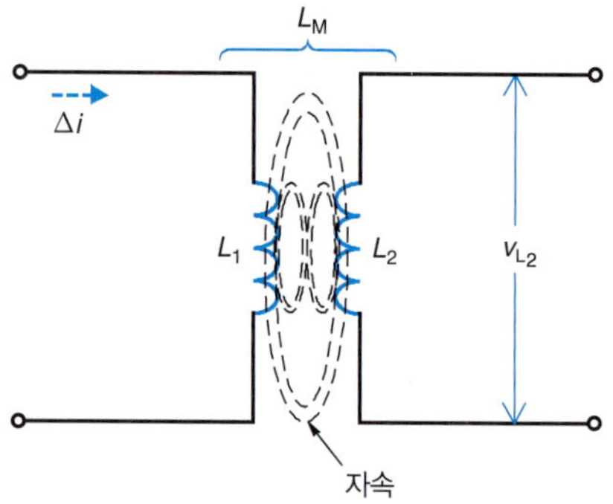

질 것이다. 또한 유도전압 v_{L_2}가 L_2 양단에 연결된 부하 저항에 전류를 발생할 수 있다.

유도전압이 L_2에 전류를 발생할 때 그 가변자속이 L_1에 전압을 유도한다. 따라서 두 코일 L_1과 L_2는 상호 인덕턴스를 가지며 이는 한 코일에서의 전류가 다른 코일에서 전압을 발생할 수 있기 때문이다.

상호 인덕턴스의 단위는 헨리(H)이고 기호는 L_M이다. 한 코일에서 1A/s의 전류 변화가 다른 코일에 1V의 전압을 유도할 때 두 코일은 1H의 L_M을 갖는다.

상호 인덕턴스를 가지는 두 코일의 회로 기호로 공기코어(공심)는 〈그림 19-7a〉에, 철코어(철심)는 〈그림 19-7b〉에 나타나 있다. 철심은 상호 인덕턴스를 증가시키는데, 이는 철심이 자속을 집중시키기 때문이다. 두 코일을 결합하지 않는 자기력선을 누설자속이라 한다.

그림 19-7 상호 인덕턴스를 갖는 두 코일의 회로 기호 (a) 공기코어 (b) 철코어

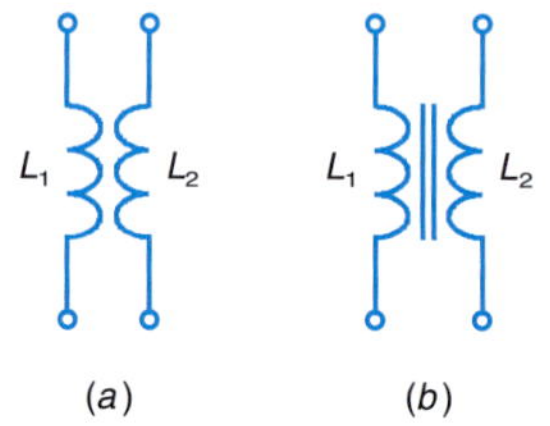

결합계수

한쪽 코일이 발생하는 전체 자속과 다른 코일과 결합하는 자속의 비가 두 코일 사이의 결합계수 k이다. 예를 들어, 〈그림 19-6〉의 L_1의 모든 자속이 L_2와 결합되면 k는 1이 된다. 만약 한 코일의 자속의 1/2이 다른 코일과 결합하면 k는 0.5가 된다. 결합계수 k는 다음과 같이 정의된다.

$$k = \frac{L_1\text{과 } L_2 \text{ 사이의 쇄교 자속}}{L_1\text{에 의해 발생하는 자속}}$$

k는 자속의 비를 나타내기 때문에 단위는 없다. k의 값은 일반적으로 %로 나타내기보다는 0.5처럼 소수점으로 나타낸다.

결합계수는 코일을 서로 가까이 위치시킴으로써 증가하며 가능하면 코일을 다른 코일의 바로 위에 감거나 서로 수직이 아닌 평행으로 위치시킴으로써 또는 공통의 철심에 코일을 감도록 하여 증가된다. 몇 개의 예가 〈그림 19-8〉에 나타나 있다.

강한 결합(tight coupling)이라고 부르는 k의 큰 값은 한 코일의 전류가 다른 코일에 큰 유도전압을 발생하게 한다. k의 값이 낮은 느슨한 결합(loose coupling)은 반대 효과를 갖는다. 영의 결합계수를 갖는 극단적인 경우에 상호 인덕턴스가 존재

그림 19-8 L_M에 의해 서로 연결되는 두 코일 사이의 결합 예 (a) 공기코어를 갖는 종이 또는 플라스틱 통 위의 L_1과 L_2. k는 0.1이다. (b) L_1이 강한 결합을 위해 L_2 위에 감긴다. k는 0.3이다. (c) 같은 철코어에 감긴 L_1과 L_2. k는 1이다. (d) 수직으로 놓인 두 공기코어 사이의 결합. k는 0이다.

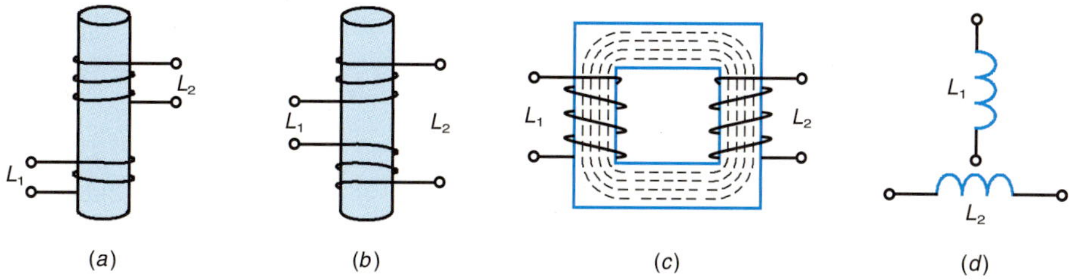

하지 않는다. 두 코일이 서로 수직으로 배치되고 멀리 떨어져 있으면 영의 결합이 발생하며 두 코일 사이의 상호 작용은 최소화된다.

공심코일은 근사값 0.05에서 0.3까지의 k 값을 가지며 이는 5%에서 30%의 쇄교에 해당한다. 공통 철심에서 코일의 k는 거의 1과 같다. 〈그림 19-8c〉에 나타난 것처럼 두 권선 L_1과 L_2에서 거의 모든 자속이 공통 철심 내에 존재한다. 상호 인덕턴스는 상호 결합이라고도 부른다.

예제 19-7

코일 L_1이 80μWb의 자속을 발생한다. 이 전체 자속 중 60μWb가 L_2와 결합된다. L_1과 L_2 사이의 결합계수 k는 얼마인가?

정답

$$k = \frac{60\mu\text{Wb}}{80\mu\text{Wb}} = 0.75$$

예제 19-8

철심에서 10H의 인덕턴스 L_1이 4Wb의 자속을 발생한다. 또 다른 코일 L_2가 같은 철심 위에 존재한다. L_1과 L_2 사이의 k는 얼마인가?

정답 1이다. 공통 철심상의 모든 코일은 거의 완전 결합을 갖는다.

L_M의 계산

상호 인덕턴스는 1차와 2차 권선의 인덕턴스 값과 결합계수가 증가함에 따라 증가한다.

$$L_M = k\sqrt{L_1 \times L_2} \tag{19-4}$$

여기서 L_1과 L_2는 두 코일의 자기 인덕턴스 값이고, k는 결합계수, L_M은 L_1과 L_2를 결합하는 상호 인덕턴스로 단위는 L_1, L_2와 같다. k는 두 코일 사이의 자속 쇄교를 나타내기 위해 필요하다.

예를 들어, 단일 결합을 갖는 철심상의 두 코일 L_1= 2H와 L_2= 8H를 가정하자. 이때 상호 인덕턴스는 다음과 같이 계산된다.

$$L_M = 1\sqrt{2 \times 8} = \sqrt{16} = 4\text{H}$$

이 예에서, L_M 4H 값은 한쪽 코일에서 1A/s의 비율로 전류가 변할 때 그 코일은 다른 쪽 코일에 4V의 전압을 유도함을 의미한다.

예제 19-9

두 개의 400mH 코일 L_1과 L_2가 결합계수 k=0.2를 가진다. L_M을 계산하라.

정답

$$\begin{aligned} L_M &= k\sqrt{L_1 \times L_2} \\ &= 0.2\sqrt{400 \times 10^{-3} \times 400 \times 10^{-3}} \\ &= 0.2 \times 400 \times 10^{-3} \\ &= 80 \times 10^{-3}\text{H} \quad \text{또는} \quad 80\text{mH} \end{aligned}$$

예제 19-10

만약 〈예제 19-9〉의 두 코일이 40mH의 상호 인덕턴스 L_M을 가진다면 k는 얼마가 되는가?

정답 식 (19-4)가 k를 구하기 위해 변환된다.

$$\begin{aligned} k &= \frac{L_M}{\sqrt{L_1 \times L_2}} \\ &= \frac{40 \times 10^{-3}}{\sqrt{400 \times 10^{-3} \times 400 \times 10^{-3}}} \\ &= \frac{40 \times 10^{-3}}{400 \times 100^{-3}} \\ &= 0.1 \end{aligned}$$

결합계수 k가 0.2에서 0.1로 되기 때문에 똑같은 두 코일이 원래 상호 인덕턴스 L_M의 1/2배를 가지는 점을 주의하라.

■ 19-5 복습문제

a. L_1에서의 전류에 의한 모든 자속이 L_2와 결합한다. 결합계수 k는 얼마인가?

b. 0.2의 k를 가진 상호 인덕턴스 L_M이 9mH이다. 만약 k가 0.4로 두 배가 되면 L_M은 얼마가 되는가?

19-6 변압기

변압기는 상호 인덕턴스의 중요한 응용분야가 된다. 〈그림 19-9〉에 보인 것처럼 변압기는 교류전류를 발생하는 전압원에 연결된 1차측 권선 인덕턴스 L_P와 부하 저항 R_L 양단에 연결된 2차측 권선 인덕턴스 L_S를 가지고 있다. 변압기의 목적은 교류전원이 연결된 1차측에서 2차측으로 전력을 전달하는 데 있으며 2차측에서는 유도전압이 L_S 양단에 연결된 부하 저항에 전류를 발생한다.

비록 1차측과 2차측은 서로 도선으로 직접 연결되지 않지만 1차측에서의 전력이 두 권선을 결합하는 자기장에 의해 2차측으로 결합된다. 변압기는 부하가 교류전원 전압보다 더 높거나 낮은 교류전압을 필요로 할 경우 교류전원 양단에 직접 R_L을 연결하지 않고 부하 저항 R_L에 전력을 공급하기 위해 사용된다. L_P와 비교해 L_S의 권선 수를 더 증가시키거나 감소시킴으로써 변압기는 필요한 2차측 전압을 제공하기 위해 교류전원 전압을 승압하거나 강압할 수 있다. 전형적인 변압기가 〈그림 19-10〉과 〈그림 19-11〉에 나타나 있다. 일정 직류전류가 유도전압을 발생할 수 없기 때문에 일정 직류전압은 변압기에 의해 승압하거나 강압할 수 없음을 주의하라.

권선비

1차측 권선 수와 2차측 권선 수의 비를 변압기의 권선비라고 한다.

$$\text{권선비} = \frac{N_P}{N_S} \qquad (19\text{-}5)$$

MultiSim **그림 19-9** 권선비 1:10을 갖는 철심 변압기. 1차측 전류 I_P가 2차측 전압 V_S를 유도하며 이 전압이 2차측 부하 R_L에 전류를 발생한다.

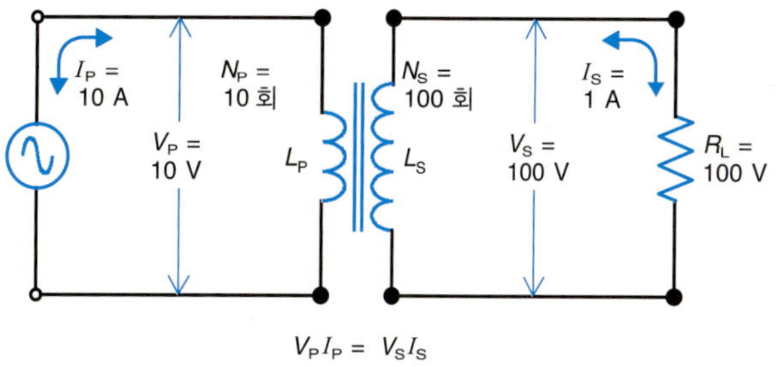

그림 19-11 철심형 전력변압기

그림 19-10 (a) 공심형 RF 변압기. 높이는 2인치이다. (b) 색 코드와 권선의 전형적인 직류저항

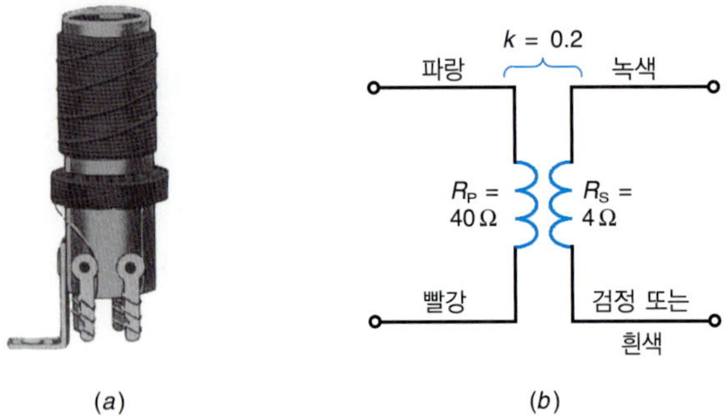

여기서 N_P는 1차측의 권선 수이고 N_S는 2차측의 권선 수이다. 예를 들어, 1차측 권선수가 500이고 2차측 권선 수가 50이면 권선비는 500/50 또는 10:1이 된다.

전압비

1차측과 2차측 사이의 단일 결합에서 2차측 각 권선에 유도된 전압은 1차측 각 권선의 자기 유도전압과 같다. 따라서 전압비는 권선비에 비례하게 된다.

> **알아두기▸▸**
>
> 권선비 N_P/N_S는 때때로 소문자 a를 이용하여 $a=N_P/N_S$로 표시한다.

$$\frac{V_P}{V_S} = \frac{N_P}{N_S} \tag{19-6}$$

2차측이 1차측보다 더 많은 권선 수를 가질 때 2차측 전압은 1차측 전압보다 더 높고 1차측 전압이 승압된다고 말한다. 승압비 10/100 또는 1:10으로 승압되는 원리가 〈그림 19-9〉에 나타나 있다. 2차측 권선이 더 작은 권선 수를 가질 때 유도전압은 강압된다.

어느 경우이든 비는 1차측 전압에 대한 값으로 표현된다.

이렇게 나타내는 것은 k=1인 철심형 변압기의 경우에만 가능하다. 〈그림 19-10a〉에 보인 RF 회로용 공심형 변압기는 일반적으로 공진용으로 사용된다. 이런 경우에 공진 인자가 권선비 대신에 고려된다.

예제 19-11

전력변압기가 100회의 N_P 값과 600회의 N_S 값을 가진다. 권선비는 얼마인가? 만약 1차측 전압 V_P가 120V이면 2차측 전압 V_S는 얼마인가?

정답 권선비는 100/600 또는 1:6이다. 따라서 V_P는 6배 승압되어 V_S는 6×120으로 720V가 된다.

예제 19-12

전력변압기가 100회의 N_P 값과 5회의 N_S 값을 가진다. 권선비는 얼마인가? 120V의 1차측 전압에 대해 2차측 전압 V_S는 얼마인가?

정답 권선비는 100/5 또는 20:1이다. 2차측 전압은 1/20으로 강압되어 V_S는 120/20으로 6V가 된다.

2차측 전류

옴의 법칙에 의해 2차측 전류의 크기는 2차측 전압을 2차측 회로의 저항으로 나눈 값과 같다. 〈그림 19-9〉에서 100Ω의 R_L에 대해 코일의 저항을 무시할 수 있다고 가정하면 다음과 같이 구할 수 있다.

$$I_S = \frac{V_S}{R_L} = \frac{100\text{V}}{100\Omega} = 1\text{A}$$

2차측 전력

2차측의 R_L에 의해 소모되는 전력은 $I_S^2 \times R_L$ 또는 $V_S \times I_S$이며, 이 예에서는 100W와 같다.

$$P = I_S^2 \times R_L = 1 \times 100 = 100\text{W}$$
$$P = V_S \times I_S = 100 \times 1 = 100\text{W}$$

〈그림 19-9〉의 R_L과 같은 2차측 부하 저항에서 사용되는 전력은 1차측의 교류 전원에 의해 공급되는 점을 주의할 필요가 있다. 2차측 부하가 1차측의 교류전원으로부터 전력을 가져오는 방법은 다음과 같이 설명될 수 있다.

2차측 권선의 전류로 인해 자기장이 1차측 전류에 의한 자속의 변화를 방해한다. 발전기는 L_P 양단의 자기 유도전압과 상호 인덕턴스에 의해 L_S에 유도되는 2차측 전압을 유지하기 위해 더 많은 1차측 전류를 발생해야만 한다. 예를 들어, 만약 부하 저항이 1/2로 줄어 2차측 전류가 2배가 되면 1차측 전류 역시 2차측에 필요한 전력을 제공하기 위해서 값이 2배가 될 것이다. 따라서 발전기에 대한 2차측 부하전력의 효과는 권선비에 의해 R_L의 전압이 승압되거나 강압되는 점을 제외하고는 R_L이 1차측에 있는 것과 똑같다.

전류비

변압기의 손실이 영이라고 가정하면 2차측에서의 전력은 1차측의 전력과 같다.

$$V_S I_S = V_P I_P \tag{19-7}$$

또는

$$\frac{I_S}{I_P} = \frac{V_P}{V_S} \tag{19-8}$$

전류비는 전압비와 역수 관계로 2차측에서의 승압은 전류의 감소를 의미하고 그 역의 관계도 성립한다. 2차측은 전력을 발생하지 못하고 1차측으로부터의 전력을 받는다. 따라서 전류의 증가와 감소는 2차측 전압 양단의 부하 저항에 의해 결정되는 2차측 전류 I_S에 의해 표현된다. 이 점이 다음의 두 예에 의해 설명된다.

예제 19-13

권선비 1:6의 변압기가 2차측의 7200Ω 양단에 720V를 가지고 있다. (a) I_S는 얼마인가? (b) I_P 값을 계산하라.

정답

(a) $I_S = \frac{V_S}{R_L} = \frac{720V}{7200\Omega}$
$= 0.1A$

(b) 1:6의 권선비에 대해 전류비는 6:1이다. 따라서
$I_P = 6 \times I_S = 6 \times 0.1$
$= 0.6A$

예제 19-14

20:1의 전압 강하비를 갖는 변압기가 2차측에서 0.6Ω 양단에 6V의 전압을 가진다. (a) I_S는 얼마인가? (b) I_P는 얼마인가?

정답

(a) $I_S = \frac{V_S}{R_L} = \frac{6V}{0.6\Omega}$
$= 10A$

(b) $I_P = 1/20 \times I_S = 1/20 \times 10$
$= 0.5A$

이 계산 예에서 높은 전압을 갖는 측은 작은 전류가 흐름을 기억하라. 1차측과 2차측의 V와 I는 1차측과 2차측의 권선 수에 비례하여 같다.

전체 2차측 전력은 1차측 전력과 같다

〈그림 19-12〉는 두 개의 2차측 권선 L_1과 L_2를 갖는 전력변압기를 나타낸다. 모든

그림 19-12 두 개의 2차측 부하 R_1과 R_2에서 사용되는 전체 전력은 1차측의 전원에 의해 공급되는 전력과 같다.

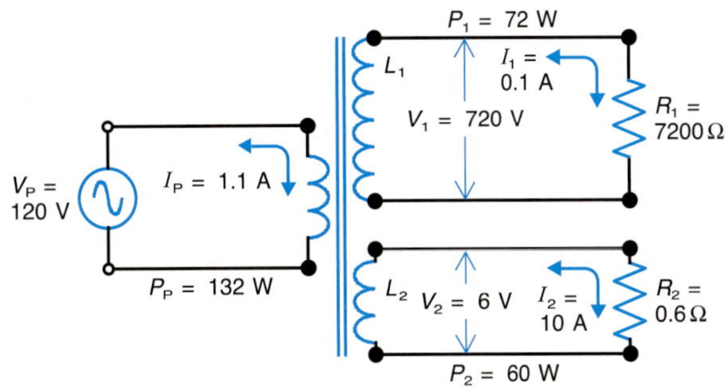

권선이 똑같은 철심상에 있는 한 1차측과 k=1로 결합하는 2차측 권선이 1개, 2개 또는 그 이상 존재할 수 있다. 각 2차측 권선은 120V 전원에 연결된 1차측 권선과의 권선비에 비례하는 유도전압을 발생한다.

2차측 권선 L_1은 6:1의 승압 전압을 가지며 720V를 발생한다. L_1 양단의 7200Ω의 부하 저항 R_1으로 인해 720V 전압은 이 2차측 회로에 0.1A의 I_1을 발생한다. 여기서 전력은 720V×0.1A=72W이다.

다른 2차측 권선 L_2는 20:1의 비로 전압을 강압하여 R_2 양단에 6V의 전압을 발생한다. 이 회로의 0.6Ω의 부하 저항은 10A의 I_2를 흐르게 한다. 따라서 여기서 전력은 6V×10A=60W이다. 권선이 분리되어 연결되어 있기 때문에 각각은 독립된 전압과 전류 값을 갖는다.

2차 회로에서 사용된 전체 전력은 1차측에서 공급된다. 이 예에서 전체 2차측 전력은 132W로 P_1의 72W와 P_2의 60W의 합과 같다. 1차측에서 120V 전원에 의해 공급된 전력은 72+60=132W이다.

1차측 전류 I_P는 1차측 전력 P_P를 1차측 전압 V_P로 나눈 값과 같다. 이 값은 132W를 120V로 나누어 1차측 전류 1.1A가 구해진다. L_1에 전력을 제공하는 1차측 전류 0.6A와 L_2에 대한 1차측 전류 0.5A의 합이 I_P의 전체 값 1.1A를 발생하기 때문에 같은 계산 결과가 구해질 수 있다.

이 예는 부하가 연결된 전력변압기를 해석하는 방법을 보여준다. 주요 개념은 1차측 전류가 2차측 부하에 의해서 결정된다는 것이다. 계산 과정이 다음과 같이 요약될 수 있다.

1. 권선비와 V_P로부터 V_S를 계산한다.
2. V_S를 사용하여 I_S를 계산한다. $I_S=V_S/R_L$
3. I_S를 사용하여 P_S를 계산한다. $P_S=V_S \times I_S$
4. P_S를 사용하여 P_P를 구한다. $P_P=P_S$
5. 마지막으로 I_P를 계산한다. $I_P=P_P/V_P$

하나 이상의 2차측 권선이 있다면 각각의 I_S와 P_S를 계산한다. 그리고 전체 2차측 전력을 구하기 위해 모든 P_S 값을 더해 이 값을 1차측 전력으로 이용한다.

그림 19-13 단권 변압기. 전체 60회의 권선 수 중 10회 권선이 단자 2의 탭에 연결된다. (a) 단자 1과 2사이의 V_P는 단자 1과 3 양단에서 승압된다. (b) 단자 1과 3 사이의 V_P는 단자 1과 2 양단에서 강압된다.

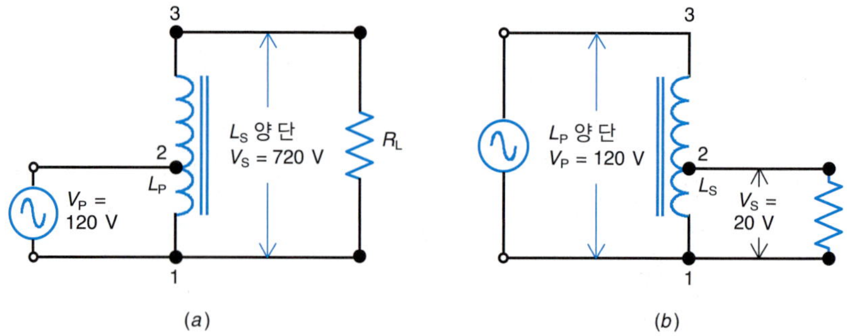

단권 변압기

〈그림 19-13〉에서와 같이 단권 변압기는 단자 1과 3의 끝 사이에 단자 2와 같은 탭으로 연결된 하나의 연속적인 코일로 구성된다. 〈그림 19-13a〉에서 단권 변압기는 발전기 전압을 승압한다. 단자 1과 2 사이의 전압 V_P는 전체 권선의 일부분에 연결되고 V_S는 전체 권선 양단에서 유도된다. 2차측의 권선이 1차측의 6배이므로 V_S 또한 V_P의 6배가 된다.

〈그림 19-13b〉에서 단권 변압기는 전체 코일 양단에 연결된 1차측 전압을 강압한다. 이때 2차측 전압은 전체 권선의 일부에서 취해진다.

전력을 공급하기 위해 전압원에 연결하는 권선은 1차측이고 2차측에는 부하 저항 R_L이 연결된다. 권선비와 전압비는 절연된 2차측 권선을 갖는 기존의 변압기와 같은 방식에 의해서 구해진다.

단권 변압기는 흔히 사용되는데, 그 이유는 작고 효율적이며 권선이 단지 한 개여서 저가이기 때문이다. 〈그림 19-9〉의 2차측이 절연된 변압기가 4개 단자를 가지는 반면, 〈그림 19-13〉의 단권 변압기가 단지 3개의 단자만을 가진다.

알아두기▸▸

고체 상태의 전력 제어 소자가 발명될 때까지 단권 변압기는 극장 조명으로 사용되었다.

2차측 절연

〈그림 19-9〉에서처럼 L_S의 분리된 2차측 권선을 갖는 변압기에서 2차측 부하는 1차측의 교류전력선에 직접 연결되지 않는다. 이러한 절연은 감전사고가 일어날 가능성을 줄이는 장점을 갖는다. 〈그림 19-13〉에서처럼 단권 변압기에서는 2차측이 절연되지 않는다. 2차측 절연의 또 다른 장점은 1차측의 어떤 직류전류도 2차측에 차단된다는 데 있다. 때때로 1:1의 권선비를 갖는 변압기가 교류전력선의 절연을 위해 사용된다.

변압기 효율

효율은 입력전력에 대한 출력전력의 비로 정의되며 다음 식으로 나타난다.

$$\text{효율}(\%) = \frac{P_{\text{출력}}}{P_{\text{입력}}} \times 100 \qquad (19\text{-}9)$$

예를 들어, 출력전력이 입력전력의 1/2과 같을 때 효율은 1/2이 되며 이는 0.5×100%=50%와 같다. 변압기에서 출력전력은 2차측 전력이고 입력전력은 1차측 전력이다.

변압기에서 손실이 영이라고 가정하면 출력전력은 입력전력과 같고 효율은 100%이다. 하지만 실제의 전력변압기는 100%보다 다소 작은 효율을 갖는다. 높은 정격전력을 갖는 변압기에서 효율은 약 80%에서 90%이다. 높은 전력의 변압기는 더 좋은 효율을 가지며, 이는 변압기가 더 굵은 도선을 필요로 하고 이는 다시 더 작은 저항을 가지기 때문이다.

100%보다 작은 효율을 갖는 변압기에서 1차측은 2차측 전력보다 더 많은 전력을 공급한다. 잃게 되는 1차측 전력은 변압기에서 열로 소비되어 도체에서의 손실과 코어에서의 손실의 원인이 된다. 1차측 권선의 R은 일반적으로 약 10Ω이며 전력변압기에서 더 작다.

■ 19-6 복습문제

a. 120V 교류 전력선에 연결된 변압기가 1:2의 권선비를 가진다. 승압 전압 V_S를 계산하라.

b. 240V의 V_S가 2400Ω의 R_L 양단에 연결된다. I_S를 계산하라.

c. 변압기는 절연된 2차측을 가진다. (참, 거짓)

d. 2차측 부하에 더 많은 I_S가 흐르면 I_P는 증가하는가, 감소하는가?

19-7 변압기 정격

대부분의 다른 부품과 같이 변압기는 정격전압, 정격전류 및 정격전력을 가지며 정격이 초과되지 않아야만 한다. 이러한 정격 중 하나라도 초과된다면 변압기는 파괴된다. 다음에 가장 중요한 변압기 정격에 대해 간단히 설명한다.

정격전압

변압기 제조업체는 항상 1차측과 2차측 권선의 정격전압을 표시한다. 어떤 상황에서도 1차측 정격전압이 초과되지 않아야 한다. 많은 경우 1차측과 2차측 정격전압이 변압기에 표시된다. 예를 들어, 〈그림 19-14a〉에 나타난 변압기를 고려해보자. 1차측 정격전압은 120V이고 2차측 전압은 12.6-0-12.6으로 표시되는데, 이는 2차측이 중간 탭을 가지고 있음을 나타낸다.

12.6-0-12.6의 표시는 중간 탭 단자와 두 2차측 단자 사이의 전압이 각각 12.6V라는 것을 나타낸다. 이용 가능한 전체 2차측 전압은 2×12.6V=25.2V이다. 〈그림 19-14a〉에서 변압기의 위쪽에서 나오는 검정 단자가 1차측 권선에 연결되어 있는 단자이다. 변압기의 밑쪽에서 나오는 두 개의 노랑 단자가 2차측 권선에 연결되어 있는 단자이다. 밑쪽 중간의 검정 단자는 2차측 권선의 중간 탭에 연결되어 있는 단

MultiSim **그림 19-14** 1차측과 2차측 정격전압을 갖는 변압기 (a) 위쪽의 검정 단자가 1차측 단자이다. 밑쪽의 노랑과 검정 단자가 2차측 단자이다. (b) 회로 기호

(a)

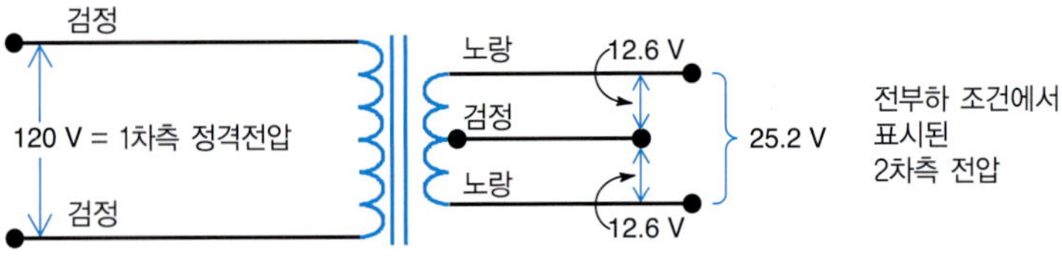

(b)

자이다.

제조업체가 변압기의 2차측 전압을 다른 방식으로 표시할 수 있음을 주의하라. 예를 들어, 〈그림 19-14a〉의 2차측은 25.2V CT로 표시될 수 있으며 이때 CT는 중간 탭 연결을 가진 2차측을 나타낸다. 〈그림 19-14a〉에서 2차측 전압을 표시하는 또 다른 방법은 중간 탭 양쪽에 12.6V를 표시하는 것이다.

변압기의 2차측 전압을 표시하는 방법에 관계없이 정격 값은 1차측 정격전압이 인가된 상태와 전부하 조건에서 규정된다. 변압기가 전부하 조건으로 동작한다는 것은 정격전류가 2차측에 흐르고 있다는 것을 말한다. 무부하일 때 2차측 전압은 정격 값에 비해 약 5%에서 10% 정도 큰 값으로 측정될 것이다. 〈그림 19-14a〉의 변압기를 예로 들어보자. 변압기는 2A의 2차측 정격전류를 갖는다. 만약 120V가 1차측에 연결되고 2차측에 부하가 연결되지 않은 경우에, 중간 탭을 기준으로 한 두 2차측 전압은 각각 약 13.2V에서 13.9V 사이의 측정값을 가질 것이다. 하지만 2A의 정격전류가 2차측으로 흐르면 2차측 각각은 약 12.6V로 측정될 것이다.

〈그림 19-14b〉는 〈그림 19-14a〉에 있는 변압기의 회로 기호이다. 각 단자의 색이 명확하게 표시되어 있다.

이미 알고 있는 것처럼 변압기는 1개 이상의 2차측 권선을 가질 수 있다. 또한 변압기는 한 개 이상의 1차측 권선을 가질 수도 있다. 이러한 변압기를 사용하는 목적은 하나 이상의 1차측 전압을 사용하기 위해서이다. 〈그림 19-15〉는 두 개의 분리된 1차측 권선과 1개의 2차측 권선을 가지는 변압기를 보여준다. 이러한 변압기는 120V 또는 240V의 1차측 전압으로 동작하도록 결선될 수 있다. 1차측 전압의 어느 값이든 2차측 전압은 24V이다. 〈그림 19-15a〉는 위상 도트를 갖는 두 1차측 권선을 보여주며 이러한 두 단자가 같은 순시 극성을 가짐을 나타낸다. 〈그림 19-15b〉는 1차측 권선에 240V를 연결하는 방법을 보여준다. 위상 도트와 단자의 연결에 주의하라. 이러한 연결에서 1차측 전압의 각 절반은 2차측 유도전압의 직렬연결을 제공하기 위한 적절한 위상이다. 게다가 1차측 권선의 직렬연결은 권선비 10:1의 N_P/N_S가 되도록 하여 24V의 2차측 전압을 만든다. 〈그림 19-15c〉는 1차측 권선에 120V가 어떻게 연결되는지를 보여준다. 다시, 위상 도트와 단자의 연결에 주의하라.

그림 19-15 다중 1차측 권선을 갖는 변압기 (a) 위상 도트가 동일한 순시 극성을 갖는 1차측 단자를 보여준다. (b) 240V의 1차측 전압으로 동작하는 직렬연결된 1차측 권선. N_P/N_S=10:1 (c) 120V의 1차측 전압으로 동작하는 병렬연결된 1차측 권선. N_P/N_S=5:1

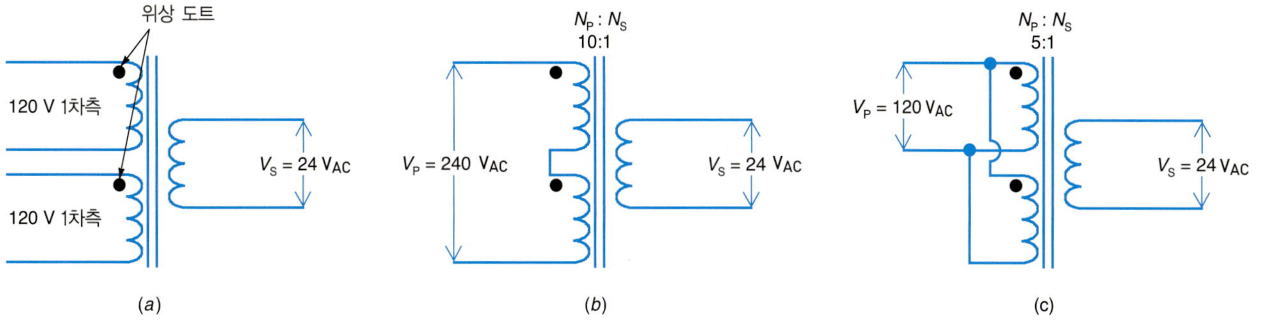

1차측 권선이 병렬로 연결될 때 전체 1차측 전류 I_P는 권선 사이에서 똑같이 분배된다. 병렬연결에 의해 권선비는 N_P/N_S는 5:1이 되고 2차측 전압은 24V이다.

〈그림 19-16〉은 120V 또는 440V의 어느 한쪽의 1차측 전압으로 동작할 수 있는 변압기를 보여준다. 이 경우 1차측 권선 중 단지 하나만이 주어진 1차측 전압 값으로 사용된다. 예를 들어, 만약 120V가 아래의 1차측 권선에 인가되면 위의 1차측 권선은 사용되지 않는다. 역으로 만약 440V가 위의 1차측 권선에 인가되면 아래의 1차측 권선은 사용되지 않는다.

정격전류

변압기 제조업체는 보통 2차측 권선의 정격전류만을 표시한다. 이유는 상당히 간단하다. 만약 2차측 전류가 과도하게 증가하지 않으면 1차측 전류가 과도해질 수 있을 가능성이 없기 때문이다. 만약 2차측 전류가 자신의 정격 값을 넘어서면 과도한 I^2R 손실이 2차측 권선에 발생할 것이다. 이것이 2차측과 1차측을 과열시키는 원인이 되어 결국 변압기를 파괴하게 된다. 2차측 권선 양단의 IR 전압 강하는 부하전류가 증가함에 따라 2차측 전압이 감소하는 이유가 된다.

그림 19-16 두 개의 1차측을 가지는 변압기. 1차측은 따로따로 사용되며 절대로 같이 사용되지 않는다.

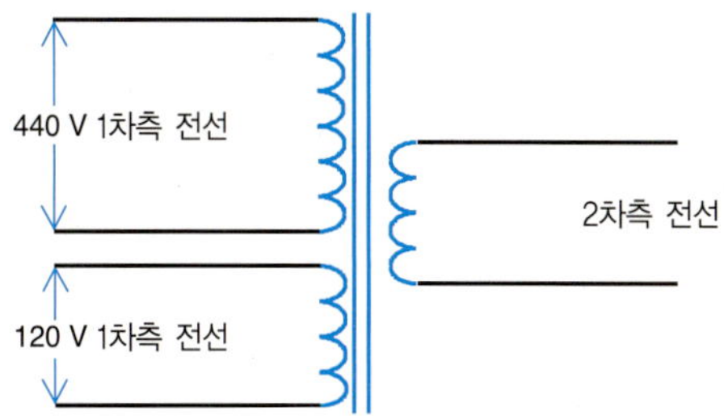

예제 19-15

〈그림 19-14b〉에서 만약 2차측 전류 I_S가 2A의 정격전류와 같다면 1차측 전류 I_P를 계산하라.

정답 식 (19-8)을 이용하여 1차측 전류 I_P에 대해 풀면 다음과 같다.

$$I_P = \frac{V_S}{V_P} \times I_S$$
$$= \frac{25.2V}{120V} \times 2A$$
$$= 0.42A \quad \text{또는} \quad 420mA$$

정격전력

변압기의 정격전력은 변압기가 저항 부하에 전달할 수 있는 전력의 양이다. 전력 정격은 와트(W)가 아니라 볼트암페어(VA)로 표시되며 이는 전력이 변압기에 의해 실제로 소모되는 것이 아니기 때문이다. VA의 곱은 피상전력이라 하는데, 이것은 변압기에 의해 사용되는 것처럼 보이는 전력이기 때문이다. W 단위는 저항에서 소모되는 전력에 사용되므로 피상전력의 단위로는 VA가 사용된다.

1차측과 2차측의 정격전압이 각각 120V와 25V인 전력변압기가 125VA의 정격전력을 가진다고 가정하고 이 의미를 알아보자. 이것은 변압기의 1차측 또는 2차측의 전압과 전류의 곱이 125VA를 초과하지 않아야 한다는 것을 의미한다. 만약 이 값이 초과된다면 변압기는 과열되어 파괴될 것이다. 이러한 변압기에서의 허용 가능한 최대 2차측 전류는 다음과 같이 계산될 수 있다.

$$I_{S(\text{최대})} = \frac{125VA}{25V}$$
$$I_{S(\text{최대})} = 5A$$

허용 가능한 최대 1차측 전류는 다음과 같이 계산될 수 있다.

$$I_{S(\text{최대})} = \frac{125VA}{120V}$$
$$I_{S(\text{최대})} = 1.04A$$

다중 2차측 권선을 가지는 변압기에서는 각각의 2차측의 VA 정격은 1차측 VA 정격에 대한 언급 없이 주어질 수도 있다. 이런 경우에는 허용 가능한 최대 1차측 전류를 구하기 위해서 모든 2차측 VA 정격의 합이 정격 1차측 전압에 의해 나누어져야 한다.

요약하면 변압기에 과부하가 걸리지 않게 사용하고, 최대 정격을 초과하지 않도록 사용하기 위해서는 다음의 두 기본 규칙이 준수되어야 한다.

1. 1차측에 정격전압보다 더 큰 전압이 인가되지 않아야 한다.
2. 2차측에 정격전류보다 더 큰 전류를 흘리지 않아야 한다.

주파수 정격

모든 변압기는 지켜야만 하는 주파수 정격을 갖는다. 전력변압기의 전형적인 주파수 정격은 50Hz, 60Hz, 400Hz이다. 400Hz의 주파수 정격을 가지는 전력변압기는 과열로 인해 50Hz와 60Hz에서는 사용될 수 없다. 하지만 많은 전력변압기가 50Hz나 60Hz에서 동작하도록 설계되는데 이는 전력선 주파수가 50Hz와 60Hz인 유럽과 미국에서 많은 종류의 변압기가 판매되기 때문이다. 400Hz의 정격을 가지는 전력변압기는 같은 정격전력을 갖는 50Hz나 60Hz의 변압기보다 훨씬 더 작고 가볍기 때문에 항공기에서 흔히 사용된다.

■ **19-7 복습문제**

a. 무부하 조건에서 2차측 양단의 측정 전압은 정격 값보다 보통 5%에서 10% 더 크다. (참, 거짓)
b. 변압기의 정격전류는 보통 2차측 권선에 대해서만 표시된다. (참, 거짓)
c. 변압기에서 300VA의 정격전력은 변압기 2차측이 이런 전력을 소비할 수 있어야 함을 의미한다. (참, 거짓)

19-8 임피던스 변환

MultiSim **그림 19-17** 2차측 부하 임피던스 Z_S는 권선비 N_P/N_S의 제곱에 비례하는 새로운 값으로 1차측으로 반사된다.

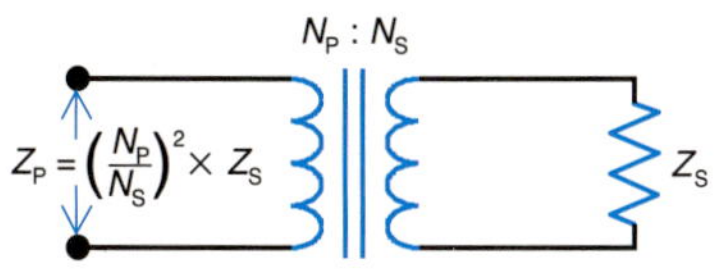

변압기는 2차측의 부하 임피던스를 1차측에서 보았을 때 새로운 값으로 변환하기 위해 사용될 수 있다. 2차측 부하 임피던스는 1차측으로 반사된다고 말하고 반사 임피던스라고 부른다. 2차측의 반사 임피던스는 변압기 권선비의 제곱에 의해서 증가하거나 감소된다.

변압기에서 전류, 전압, 권선비 사이의 관계를 이용하여 반사 임피던스 식이 구해질 수 있으며 관계식은 다음과 같다.

$$Z_P = \left(\frac{N_P}{N_S}\right)^2 \times Z_S \qquad (19\text{–}10)$$

여기서 Z_P는 1차측 임피던스이고 Z_S는 2차측 임피던스이다(그림 19-17 참조). 만약 권선비 N_P/N_S가 1보다 더 크다면 Z_S는 증가될 것이다. 역으로 권선비 N_P/N_S가 1보다 작다면 Z_S는 감소될 것이다. 다음의 설명과 예제에서 Z_P와 Z_S는 순 저항성이라고 가정할 것이다. 반사 임피던스의 개념은 전자공학에서 몇 가지 실제 응용 분야에서 사용된다.

알아두기▸▸

만약 변압기의 2차측 임피던스 Z_S가 용량성이나 유도성이라면 반사 임피던스 역시 용량성이나 유도성이 된다.

임피던스 비를 알고 있을 때 필요한 권선비를 구하기 위해 식 (19-10)이 다음과 같이 변형되어 사용된다.

$$\frac{N_P}{N_S} = \sqrt{\frac{Z_P}{Z_S}} \tag{19-11}$$

예제 19-16

〈그림 19-18〉의 변압기 회로에서 1차측 임피던스 Z_P를 결정하라.

그림 19-18 〈예제 19-16〉의 회로

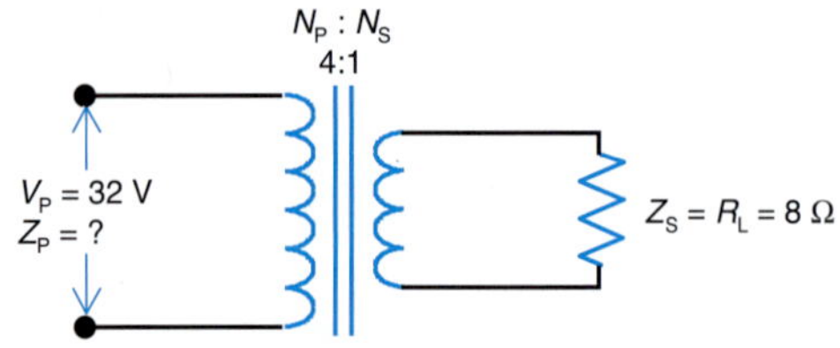

정답 식 (19-10)을 사용한다. $Z_S=R_L$이므로 다음을 구할 수 있다.

$$
\begin{aligned}
Z_P &= \left(\frac{N_P}{N_S}\right)^2 \times R_L \\
&= \left(\frac{4}{1}\right)^2 \times 8\Omega \\
&= 16 \times 8\Omega \\
&= 128\Omega
\end{aligned}
$$

식 (19-10)을 사용하여 구해진 Z_P 값 128Ω은 다음과 같이 입증될 수 있다.

$$
\begin{aligned}
V_S &= \frac{N_S}{N_P} \times V_P \\
&= \frac{1}{4} \times 32\text{V} \\
&= 8\text{V}
\end{aligned}
$$

$$
\begin{aligned}
I_S &= \frac{V_S}{R_L} \\
&= \frac{8\text{V}}{8\Omega} \\
&= 1\text{A}
\end{aligned}
$$

$$
\begin{aligned}
I_P &= \frac{V_S}{V_P} \times I_S \\
&= \frac{8\text{V}}{32\text{V}} \times 1\text{A} \\
&= 0.25\text{A}
\end{aligned}
$$

$$
\begin{aligned}
Z_P &= \frac{V_P}{I_P} \\
&= \frac{32\text{V}}{0.25\text{A}} \\
&= 128\Omega
\end{aligned}
$$

예제 19-17

〈그림 19-19〉에서 다음과 같은 1차측의 반사 임피던스를 발생하는 권선비 N_P/N_S를 계산하라. (a) 75Ω (b) 600Ω

그림 19-19 〈예제 19-17〉의 회로

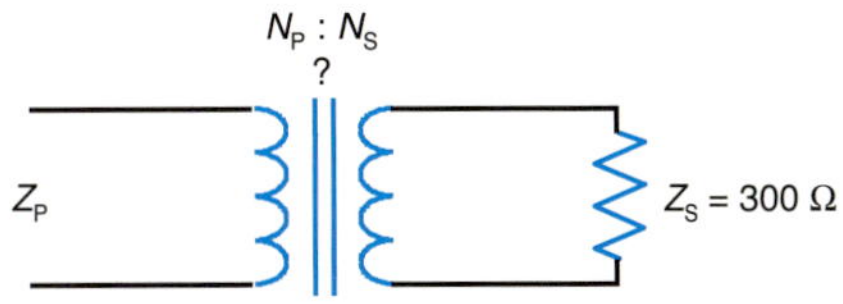

정답 식 (19-11)을 사용하라.

(a)
$$\frac{N_P}{N_S} = \sqrt{\frac{Z_P}{Z_S}} = \sqrt{\frac{75\Omega}{300\Omega}} = \sqrt{\frac{1}{4}} = \frac{1}{2}$$

(b)
$$\frac{N_P}{N_S} = \sqrt{\frac{Z_P}{Z_S}} = \sqrt{\frac{600\Omega}{300\Omega}} = \sqrt{\frac{1}{2}} = \frac{1.414}{1}$$

최대 전력 전달을 위한 임피던스 정합

변압기는 발전기와 부하의 임피던스가 같지 않을 때 발전기에서 부하로 최대 전력 전달을 얻는 것이 필요할 때 사용된다. 변압기의 이러한 응용을 임피던스 정합이라 부른다.

예를 들어, 〈그림 19-20a〉의 증폭기와 부하를 생각해보자. 증폭기의 내부저항 r_i는 200Ω이고 부하 R_L은 8Ω임을 주의하라. 만약 〈그림 19-20b〉에서와 같이 증폭기와 부하가 직접 연결되면 부하는 1.85W의 전력을 받으며 이는 다음과 같이 계산된다.

$$P_L = \left(\frac{V_G}{r_i + R_L}\right)^2 \times R_L = \left(\frac{100\text{V}}{200\Omega + 8\Omega}\right)^2 \times 8\Omega = 1.85\text{W}$$

그림 19-20 증폭기에서 부하 R_L로 전달되는 전력 (a) 증폭기는 r_i=200Ω을 가지며 R_L=8Ω이다. (b) 증폭기를 R_L에 직접 연결 (c) 8Ω의 R_L이 1차측에 200Ω과 같이 나타나도록 하기 위해 변압기 사용

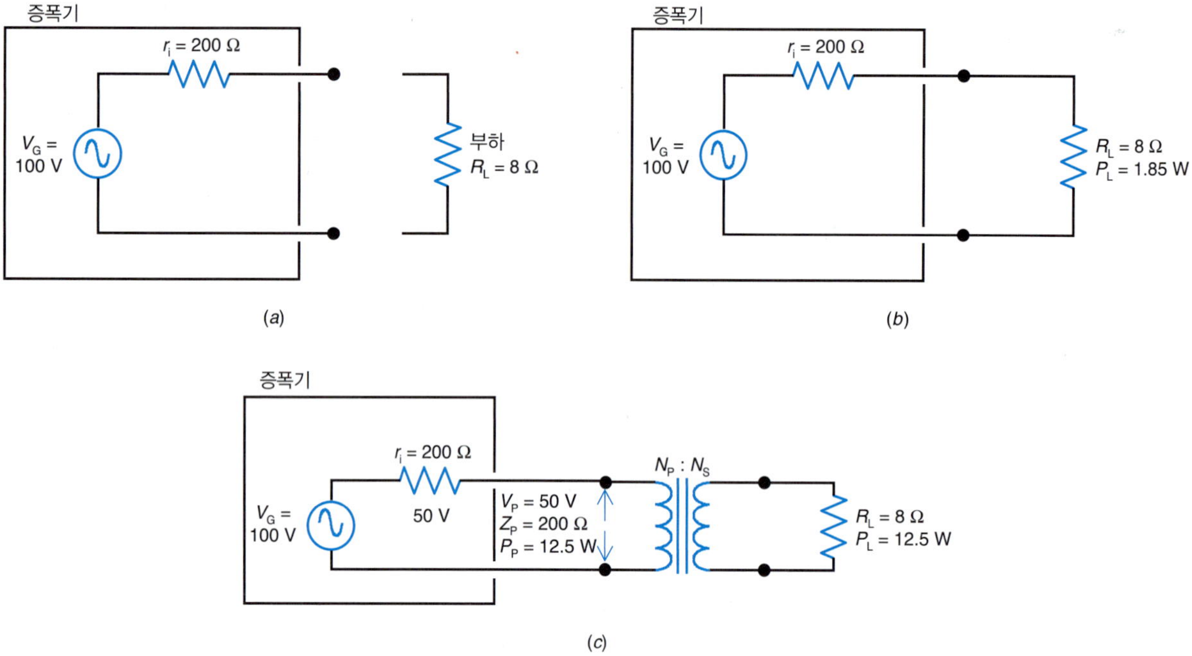

부하에 전달되는 전력을 증가시키기 위해서 변압기가 증폭기와 부하 사이에 사용될 수 있다. 이러한 연결이 〈그림 19-20c〉에 나타나 있다. 증폭기에서 부하에 최대 전력을 전달하기 위해서는 R_L이 1차측에서의 200Ω과 같은 값으로 변환되어야만 한다. Z_P가 r_i와 같을 때 최대 전력이 증폭기에서 변압기의 1차측으로 전달될 것이다. 1차측 전력 P_P는 2차측 전력 P_S와 같아야만 하기 때문에 최대 전력이 또한 부하 R_L에 전달될 것이다. 〈그림 19-20c〉에서 200Ω의 Z_P를 제공하는 권선비는 다음과 같이 계산될 수 있다.

$$\begin{aligned}\frac{N_P}{N_S} &= \sqrt{\frac{Z_P}{Z_S}}\\ &= \sqrt{\frac{200\Omega}{8\Omega}}\\ &= \frac{5}{1}\end{aligned}$$

r_i와 Z_P가 같을 때 1차측으로 전달되는 전력은 다음과 같이 계산될 수 있다.

$$\begin{aligned}P_P &= \left(\frac{V_G}{r_i + Z_P}\right)^2 \times Z_P\\ &= \left(\frac{100\text{V}}{400\Omega}\right)^2 \times 200\Omega\\ &= 12.5\text{W}\end{aligned}$$

P_P=P_S이므로 부하 R_L은 또한 12.5W의 전력을 받게 된다. 이를 증명하기 위해서 우선 2차측 전압을 다음과 같이 계산할 수 있다.

$$
\begin{aligned}
V_S &= \frac{N_S}{N_P} \times V_P \\
&= \frac{1}{5} \times 50\text{V} \\
&= 10\text{V}
\end{aligned}
$$

(r_i와 Z_P가 V_G를 똑같이 전압을 분배하므로 V_P는 $1/2V_G$가 됨을 주목하라.) 다음으로 부하 전력 P_L을 다음과 같이 계산할 수 있다.

$$
\begin{aligned}
P_L &= \frac{V_S^2}{R_L} \\
&= \frac{10^2\text{V}}{8\Omega} \\
&= 12.5\text{W}
\end{aligned}
$$

증폭기에서 부하로 최대 전력을 전달하기 위해서 어떻게 변압기가 임피던스 정합 소자로 사용되었는지를 주목하라. 〈그림 19-20b〉의 R_L에 의해 소비되는 전력과 〈그림 19-20c〉에서의 전력을 비교해보라. 〈그림 19-20b〉의 1.85W의 부하 전력과 〈그림 19-20c〉의 12.5W 부하 전력 사이에는 큰 차이가 있다.

■ 19-8 복습문제

a. 변압기의 권선비는 1차측 임피던스 Z_P에 영향을 주지 않는다. (참, 거짓)

b. 권선비 N_P/N_S가 1보다 클 때 1차측 임피던스 Z_P는 Z_S 값보다 작다. (참, 거짓)

c. 만약 변압기의 권선비 N_P/N_S가 2/1이고 Z_S=50Ω이면 1차측 임피던스 Z_P는 200Ω 이다. (참, 거짓)

19-9 코어 손실

자기 코어가 따뜻해지거나 심지어 뜨거워지는 사실에서 코일에 공급된 에너지의 일부가 코어에서 열로 사용됨을 알 수 있다. 두 가지의 주요 효과는 소용돌이 전류(eddy current) 손실과 히스테리시스 손실이다.

소용돌이 전류

그림 19-21 소용돌이 전류를 보이기 위한 철심 단면

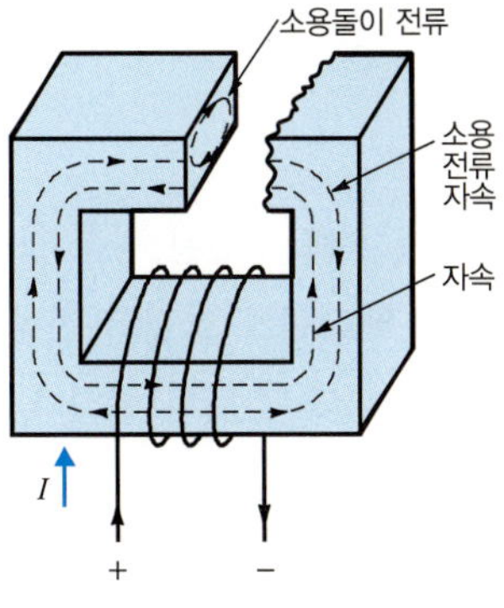

철심을 가지는 어떤 인덕턴스에서도 교류전류가 코어 자체에 전압을 유도한다. 철심은 도체이므로 유도전압에 의해 발생된 전류를 흐르게 한다. 이러한 전류를 소용돌이 전류라고 하는데, 이는 〈그림 19-21〉에 나타난 것처럼 철심의 단면을 통해서 원형 경로로 흐르기 때문이다.

소용돌이 전류는 코어에서 열로 소비되어 낭비되는 전력을 나타낸다. 〈그림 19-21〉에서 소용돌이 전류 자속은 코일 자속과 반대 방향이 되어 자기장을 유지하기 위해 코일에 더 큰 전류가 요구됨을 주목하라. 인덕턴스에 흐르는 교류전류의 주파수가 커질수록 소용돌이 전류 손실은 더욱 증가한다.

소용돌이 전류는 단지 코어뿐 아니라 교류전류가 흐르는 코일 근처라면 어떤 도

체에서도 유도될 수 있다. 예를 들어, 코일은 금속 커버 내에서 소용돌이 전류 손실을 갖는다. 실제로 유도 가열 기술은 유도 소용돌이 전류에 의한 열을 응용하는 것이다.

RF 차폐

코일이 보통 구리나 알루미늄의 금속 커버를 가지는 이유는 RF 전류의 자속 변화에 대한 차폐를 제공해 주기 위함이다. 이 경우 차폐 효과는 정자속에 대한 차폐를 위해 사용되는 자성체보다는 변하는 자속에 의해 발생되는 소용돌이 전류를 위한 양도체를 사용하는 데 달려 있다.

차폐 커버는 외부의 가변 자기장으로부터 코일을 절연시킬 뿐만 아니라 외부 회로에 대한 코일의 RF 전류의 영향을 최소화한다. 차폐가 앞에서 설명한 양쪽 모두에 도움을 주는 이유는 유도된 소용돌이 전류가 그 전류를 유도하는 자기장과 반대 방향의 자기장을 발생하기 때문이다.

인덕턴스를 감소시키는 차폐 효과를 최소화하기 위해서는 코일의 측면과 금속 사이의 간격이 코일 반경과 같거나 커야 한다.

히스테리시스 손실

소용돌이 전류 손실만큼 크지는 않아도 자기 코어에서 발생하는 또 다른 손실 요인이 히스테리시스 손실이다. 히스테리시스 손실은 자성체에 교류전류가 존재할 때 자기장의 방향을 반대로 하기 위해 필요한 추가적인 전력으로 인해 발생한다. 주파수가 증가할수록 히스테리시스 손실은 증가한다.

그림 19-22 적층 철심 (a) 셸(Shell) 형 구조 (b) E-I형 적층 (c) 철심 기호

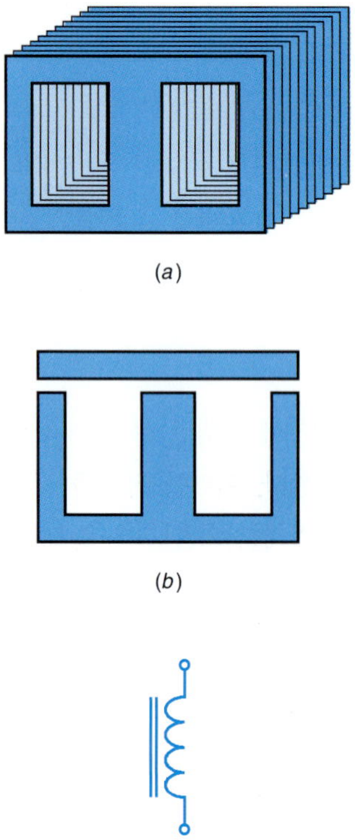

공기코일

공기는 실제로 소용돌이 전류나 히스테리시스에 의한 손실을 갖지 않음을 주목하라. 하지만 공심을 갖는 작은 코일의 인덕턴스는 nH 또는 mH 단위의 작은 값으로 제한되게 된다.

■ **19-9 복습문제**

a. 철심과 공심 중 어느 쪽이 더 큰 소용돌이 전류 손실을 가지는가?

b. 60Hz와 60MHz 중 어느 주파수가 더 큰 히스테리시스 손실을 발생하는가?

19-10 코어의 종류

큰 자속밀도를 유지하며 손실을 최소화하기 위해서 코어는 서로 절연된 적층 철 박판으로 만들어질 수 있다. 또한 절연된 분말철심 가루와 페라이트 물질이 사용될 수도 있다. 이러한 코어의 종류가 〈그림 19-22〉와 〈그림 19-23〉에 나타나 있다. 이 목적은 소용돌이 전류의 크기를 줄이는 것이다. 강판 자체의 종류가 히스테리시스 손실을 줄일 수도 있다.

적층 코어

〈그림 19-22a〉는 각 철판이 적층되어 그룹을 형성하는 셸(shell)형 코어를 보여준다. 각각의 적층 단면은 매우 얇은 산화철 코팅, 규소강판, 바니스에 의해 절연된다. 소용돌이 전류를 감소시키며 철심 주위에 큰 자속밀도를 가질 수 있는 낮은 릴럭턴스 경로를 만들기 위해 절연물질은 코어 단면적 방향의 저항을 증가시킨다. 오디오 주파수와 60Hz 전력용의 변압기는 일반적으로 적층 철심으로 만들어진다.

분말 철심

라디오 주파수에서는 인덕턴스의 철심에서 소용돌이 전류를 줄이기 위해 분말 철심이 일반적으로 사용된다. 분말 철심은 각각의 절연된 미세입자로 구성되며 슬러그라고 하는 고체 형태 내에서 압착되어 제조된다.

그림 19-23 페라이트 코어를 갖는 RF 코일. 코일의 폭은 1/2인치이다. (a) 1mH에서 3mH까지의 가변 L (b) 동조 코일

페라이트 코어

페라이트는 강자성인 합성 세라믹 물질이다. 이것은 철과 같은 높은 자속밀도 값을 가지며 절연체인 장점도 가지고 있다. 따라서 페라이트 코어는 최소의 소용돌이 전류 손실을 가지고 고주파수에서 사용될 수 있다.

이 코어는 보통 〈그림 19-23a〉에서와 같이 L을 가변하기 위해 코일의 안과 바깥으로 움직일 수 있는 슬러그를 가진다. 〈그림 19-23b〉에서 코어는 코일을 동조시키기 위해 플라스틱 조정 기구를 맞추는 구멍을 가지고 있다. 코일 속에 슬러그가 있을 때 L 값이 최대가 된다.

■ 19-10 복습문제

a. 철심은 결합계수 k가 1이다. (참, 거짓)

b. 적층 철심은 소용돌이 전류 손실을 감소시킨다. (참, 거짓)

c. 페라이트는 철보다 더 작은 소용돌이 전류 손실을 갖는다. (참, 거짓)

19-11 가변 인덕턴스

알아두기▸▸

바리악(Variac)은 기술자가 흔히 사용하는 시험 장비 일부이다. 바리악을 사용하여 기술자는 수리될 장비의 동작을 관찰하면서 교류전압을 서서히 증가시킬 수 있다.

코일의 인덕턴스는 〈그림 19-24〉에 나타난 방법들 중 한 방법에 의해 변할 수 있다. 〈그림 19-24a〉에서는 코일 위의 탭 중 하나에 연결함으로써 권선 수가 증가하거나 감소할 수 있다. 또한 〈그림 19-24b〉에서는 사용되는 권선 수를 가변하기 위해 슬라이드가 코일을 연결한다. 이러한 방법은 큰 코일에 대해 사용된다.

〈그림 19-24c〉는 분말 철심이나 페라이트의 슬러그를 갖는 코일의 회로 기호를 보여준다. 점선은 코어가 고체 철이 아님을 표시하고 있다. 화살표는 슬러그가 가변임을 보여준다. 보통 위쪽 방향의 화살표는 코일의 위쪽에서 조정이 일어남을 의미한다. 아래쪽 방향의 화살표는 아래쪽에서 조정이 일어남을 보여준다.

〈그림 19-24d〉의 기호는 바리오미터(Variometer)로 한 코일 내의 다른 코일의

그림 19-24 인덕턴스를 가변시키는 방법 (a) 탭 코일 (b) 슬라이드 접촉 (c) 조정 슬러그 (d) 바리오미터 (e) 가변 인덕턴스 기호

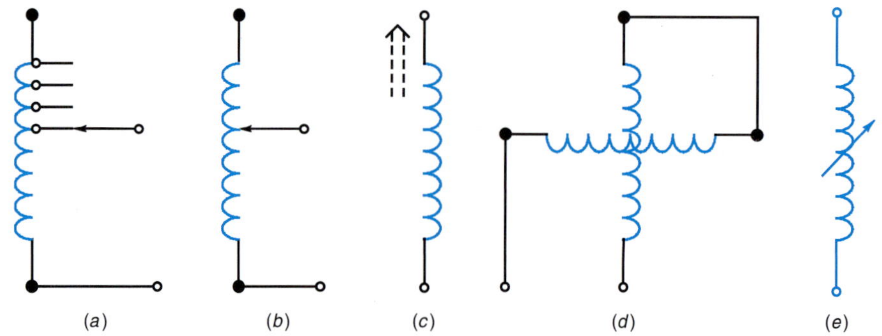

그림 19-25 절연된 출력을 갖는 바리악

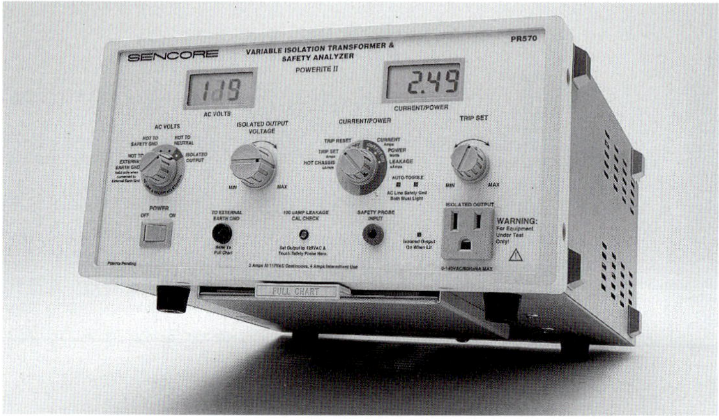

위치를 가변하는 장치이다. 직렬연결된 코일의 전체 인덕턴스는 서로 수직일 때 최소값이다.

L을 가변하는 어떤 방법에 대해서도 〈그림 19-24e〉와 같은 화살표를 갖는 코일이 사용될 수 있다. 하지만 조정 슬러그는 보통 〈그림 19-24c〉에 보인 것과 같다.

가변 인덕턴스의 실제적인 응용은 바리악(Variac)이다. 바리악은 권선비를 변화시키기 위해 가변 탭을 갖는 단권변압기이다. 120V, 60Hz의 전력선 입력에 대해 2차측의 출력전압은 0V에서 근사값 140V까지 가변될 수 있다. 하나의 사용처는 정상 선로전압 이상 또는 이하의 전압을 가지는 장치를 시험하는 것이다.

바리악은 전력선에 접속되고 시험될 장비는 바리악에 접속된다. 바리악의 정격전력은 시험될 장비에 의해 사용되는 전력과 같거나 커야 한다. 〈그림 19-25〉는 절연된 출력을 갖는 바리악을 보여준다.

■ 19-11 복습문제

a. 바리악은 가변 2차측 전압을 갖는 변압기이다. (참, 거짓)

b. 〈그림 19-24c〉는 페라이트나 분말 철심을 보여준다. (참, 거짓)

19-12 인덕턴스의 직렬연결과 병렬연결

그림 19-26 상호 결합이 없는 직렬연결된 인덕턴스 L_1과 L_2

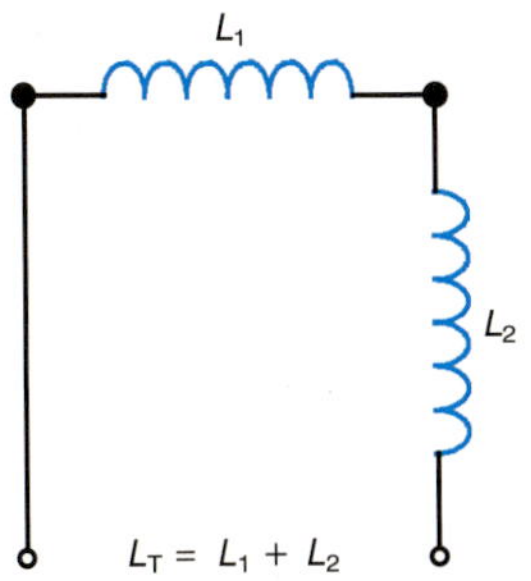

〈그림 19-26〉에 보인 것처럼 직렬로 연결된 코일의 전체 인덕턴스는 직렬저항 R과 같이 개별 L 값의 합이다. 직렬 코일에는 같은 전류가 흐르므로 전체 유도전압은 전체 권선 수에 의해 발생된 전압이다. 따라서 전체 직렬 인덕턴스는 다음과 같다.

$$L_T = L_1 + L_2 + L_3 + \cdots\cdots \tag{19-12}$$

여기서 L_T는 인덕턴스 L_1, L_2, L_3과 같은 단위이다. 이 식에서는 코일 사이의 상호 유도는 없다고 가정된다.

예제 19-18

〈그림 19-26〉에서 인덕턴스 L_1은 5mH이고 L_2는 10mH이다. L_T는 얼마인가?

정답

$$L_T = 5\text{mH} + 10\text{mH} = 15\text{mH}$$

병렬로 연결된 코일에서 등가 인덕턴스는 역수 공식을 사용하여 다음과 같이 계산된다.

$$L_{EQ} = \frac{1}{\frac{1}{L_1} + \frac{1}{L_2} + \frac{1}{L_3} + \cdots\cdots} \tag{19-13}$$

그림 19-27 상호 결합이 없는 병렬연결된 인덕턴스 L_1과 L_2

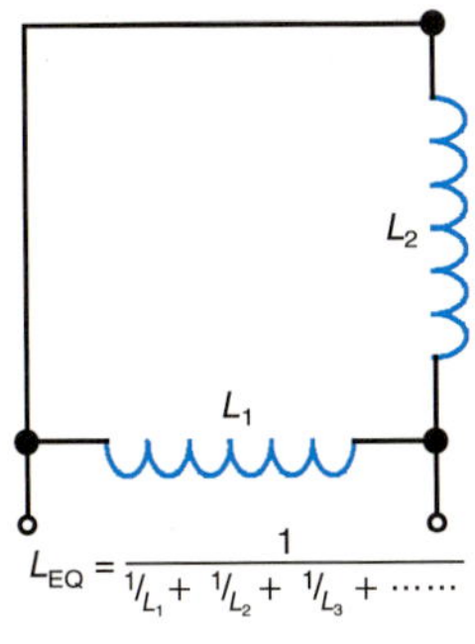

또다시 〈그림 19-27〉에 나타난 것처럼 상호 유도가 존재하지 않는다고 가정된다.

예제 19-19

〈그림 19-27〉에서 인덕턴스 L_1과 L_2는 각각 8mH이다. L_{EQ}는 얼마인가?

정답

$$L_{EQ} = \frac{1}{1/8 + 1/8}$$
$$= 4\text{mH}$$

병렬연결 R의 계산에 사용한 간단한 방법이 병렬 L에 사용될 수 있다. 이는 두 방법이 역수 공식을 사용하기 때문이다. 이 예에서 L_{EQ}는 $1/2 \times 8 = 4\text{mH}$이다.

그림 19-28 상호 결합 L_M을 갖는 직렬연결된 인덕턴스 L_1과 L_2 (a) 더해지는 자기장 (b) 반대 방향의 자기장

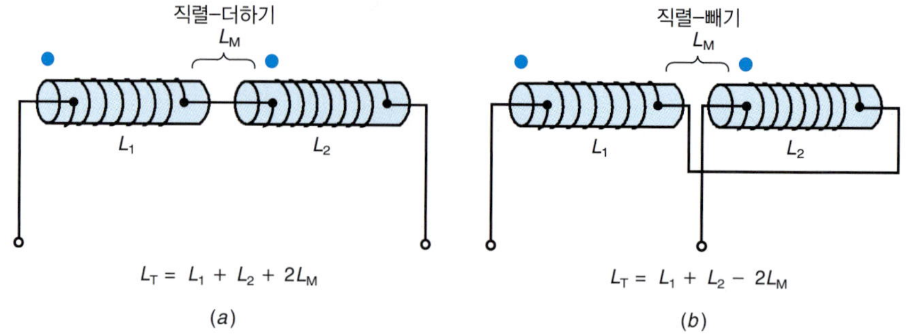

L_M을 갖는 직렬 코일

이것은 상호 결합의 크기와 코일이 연결되는 방법에 의해 결정되며, 이때 코일은 자기장을 더하거나 반대의 자기장이 발생하도록 연결될 수 있다. 직렬-더하기는 같은 전류가 두 코일에서 같은 방향의 자기장을 발생하도록 연결된 것이고, 직렬-빼기는 반대의 자기장을 발생하도록 연결된 것이다 .

결합은 코일의 연결과 권선의 감긴 방향에 따라서 달라진다. 어느 한쪽이 반대가 되면 자기장의 방향도 반대가 된다. 감긴 방향이 같은 권선의 인덕턴스 L_1과 L_2는 〈그림 19-28a〉에서와 같이 직렬-더하기로 연결된다. 하지만 〈그림 19-28b〉에서는 인덕턴스 L_1과 L_2의 반대쪽 끝에 연결되기 때문에 직렬-빼기로 연결된다. 직렬로 연결되고 상호 인덕턴스를 갖는 두 코일의 전체 인덕턴스를 계산하기 위해 다음 식이 사용된다.

$$L_T = L_1 + L_2 \pm 2L_M \tag{19-14}$$

코일이 직렬-더하기 연결일 때 상호 인덕턴스 L_M은 +가 되어 전체 인덕턴스는 증가하고 직렬-빼기 연결일 때 L_M은 −가 되어 전체 인덕턴스는 감소한다.

〈그림 19-28〉에서 코일 위쪽의 위상 도트를 주목하라. 같은 쪽에 위상 도트를 갖는 코일은 같은 권선 방향을 갖는다. 전류가 두 코일의 도트가 있는 쪽으로 들어갈 때 자기장은 더해지고 L_M은 더해진다.

알아두기▸▸

병렬연결된 인덕터 사이에 상호 인덕턴스가 존재할 때 합성 등가 인덕턴스 L_{EQ}를 구하는 것은 상당히 복잡하다.

L_M 측정법

두 코일의 인덕턴스를 알고 있을 때 식 (19-14)는 상호 인덕턴스를 결정하는 방법을 제공한다. 우선 직렬-더하기 연결에서 전체 인덕턴스가 측정된다. 이 값을 L_{T_a}라 하자. 다음에 한쪽 코일의 연결을 반대로 하여 직렬-빼기 코일에서 전체 인덕턴스가 측정된다. 이를 L_{T_o}라 하면 L_M은 다음과 같이 계산된다.

$$L_M = \frac{L_{T_a} - L_{T_o}}{4} \tag{19-15}$$

상호 인덕턴스가 알려져 있다면 결합계수 k가 $L_M = k\sqrt{L_1 L_2}$ 에 의해 계산될 수 있다.

예제 19-20

각각 250μH의 L을 갖는 두 직렬 코일이 직렬-더하기로 연결된 경우 전체 인덕턴스가 550μH이고 직렬-빼기로 연결된 경우 전체 인덕턴스가 450μH이다. (a) 두 코일 사이의 상호 인덕턴스 L_M은 얼마인가? (b) 결합계수 k는 얼마인가?

정답

(a)
$$L_M = \frac{L_{T_a} - L_{T_o}}{4} = \frac{550-450}{4} = \frac{100}{4} = 25\mu\text{H}$$

(b)
$$L_M = k\sqrt{L_1 L_2}$$
$$k = \frac{L_M}{\sqrt{L_1 L_2}} = \frac{25}{\sqrt{250 \times 250}} = \frac{25}{250} = \frac{1}{10} = 0.1$$

코일은 상호 인덕턴스를 가지며 병렬연결될 수도 있다. 하지만 이 문제는 병렬연결의 역관계와 더해지고 상쇄되는 자기장의 문제로 인해 복잡해진다. 실제로 상호 인덕턴스를 가지는 병렬연결은 거의 사용되지 않는다.

■ 19-12 복습문제

a. 500μH의 코일과 1mH의 코일이 L_M 없이 직렬로 연결된다. L_T를 계산하라.
b. 똑같은 코일이 L_M 없이 병렬로 연결된다. L_{EQ}를 계산하라.

19-13 인덕턴스의 자기장 에너지

인덕턴스에서 전류의 자속은 전류를 발생하는 전압원에 의해 공급된 전기에너지를 갖는다. 에너지는 자기장 내에 저장되며 자속이 변할 때 유도전압을 발생하는 일을 할 수 있다. 저장된 전기에너지의 양은 다음과 같다.

$$E = 1/2LI^2 \qquad (19\text{-}16)$$

계수 1/2은 에너지를 발생하는 I의 평균값이다. L은 단위가 H이고, I는 A이며, 에너지는 W·s 또는 J(joule)을 사용한다. 3A의 I 값을 갖는 10H의 L에 대해 자기장에서 저장된 전기에너지는 다음과 같다.

$$E = 1/2LI^2 = \frac{10\times 9}{2} = 45\text{J}$$

이 45J의 에너지는 인덕턴스에서 3A의 전류를 발생하는 전압원에 의해 공급된다. 회로가 개방될 때 자기장이 약해진다. 약해지는 자기장의 에너지는 유도전압의 형태로 회로에 반환되어 전류를 계속 흐르게 유지하려고 한다.

자기장에 의해 소모되는 에너지는 없기 때문에 45J 전체가 전압을 유도하는 일로 사용된다. 하지만 회로의 저항에서 유도전류에 의한 I^2R 손실이 모든 에너지를 소모한다.

예제 19-21

1.2A의 전류가 0.4H의 인덕턴스를 갖는 코일에 흐른다. 자기장에 저장되는 에너지는 얼마인가?

정답

$$E = \frac{LI^2}{2} = \frac{0.4\times 1.44}{2}$$
$$= 0.288\text{J}$$

■ **19-13 복습문제**

a. 자기장에 저장되는 전기에너지의 단위는 무엇인가?

b. 전류가 같을 때 4H 코일에 저장되는 에너지는 2H 코일보다 큰가, 작은가?

19-14 표유용량과 표유유도 효과

표유용량과 표유유도 효과는 어떤 회로에서도 생길 수 있다. 커패시터는 도체에서 작은 크기의 인덕턴스를 갖는다. 코일은 권선 사이에 약간의 커패시턴스를 갖는다. 저항기도 작은 크기의 인덕턴스와 커패시턴스를 갖는다. 결국 물리적으로 커패시턴스는 전위차를 갖는 두 도체 사이의 절연체이다. 인덕턴스는 기본적으로 전류를 흐르게 하는 도체이다.

실제로 이러한 표유 효과(stray effect)는 보통 커패시턴스나 인덕턴스의 값에 비해 아주 작다. 표유 커패시턴스(stray capacitance)의 전형적인 값은 1pF에서 10pF 정도이고 반면에 표유 인덕턴스(stray inductance)는 1μH의 몇 분의 1 정도이다. 하지만 매우 높은 라디오 주파수에서 작은 L과 C의 값이 사용되어야 한다면 표유 효과는 중요해진다. 또 다른 예로서 어떤 케이블 선이라도 도체 사이에 커패시턴스가 존재한다.

표유 L과 C에 의해 실제적인 문제점이 발생하는 경우가 RF 신호에 대해 긴 케이블을 사용한 경우이다. 만약 케이블이 공간을 줄이기 위해서 코일로 감겨진다면 도선의 전기적 특성에 심각한 변화가 일어날 것이다. 특히 텔레비전 수신기로 안테나 입력을 공급하는 이중선이나 동축 케이블에서 L과 C의 변화가 신호에 영향을 줄 수 있기 때문에 신호선이 코일 형태가 아니어야 한다. 과도하게 긴 신호선은 잘라서 줄여야 하며 필요한 작은 여유만 남겨야 한다. 이러한 조치는 오디오 케이블에서는 그다지 중요하지 않다.

회로의 표유 커패시턴스

회로에서 도선과 소자는 금속 섀시에 대해 커패시턴스를 갖는다. 이러한 표유 커패시턴스 C_S는 전형적으로 5pF에서 10pF 정도의 크기이다. C_S를 줄이기 위해 배선이 짧아야 하며 리드선과 부품은 섀시에서 떨어뜨려 놓아야 한다. 때때로 매우 높은 주파수에서 표유 커패시턴스가 회로 설계에 일부분 포함된다. 부품이나 배선의 위치 변경이 회로 동작에 영향을 준다. 그러한 중대한 배치와 배선 방법은 보통 제조사의 서비스 노트에 규정된다.

표유 인덕턴스

실제 인덕터는 일반적으로 코일로 만들지만 모든 도체도 인덕턴스를 가진다. L의 크기는 $v_L/(di/dt)$이며 전류가 변할 때 유도전압이 인덕턴스를 발생한다. 기존의 인덕터에 포함되지 않는 임의의 도선의 인덕턴스는 표유 인덕턴스로 고려될 수 있다. 대부분의 경우 표유 인덕턴스는 아주 작아 1μH 미만의 값을 갖는다. 그럼에도 높은 라디오 주파수에서는 심지어 작은 L 값도 상당한 유도성 효과를 가질 수 있다.

표유 인덕턴스의 한 원인은 연결 단자이다. 직경이 0.04인치이고 길이가 4인치인 도선은 근사값 0.1μH의 L을 갖는다. 낮은 주파수에서 이러한 인덕턴스는 무시될 수 있다. 하지만 10MHz 사인파의 1/4 주기에서 전류 i가 0.025μs의 짧은 시간 동안에 0에서 20mA의 피크값으로 변하는 RF 전류의 경우를 생각해보자. 이때 V_L은 80mV와 같고 이것은 상당한 유도성 효과가 된다. 이것이 RF 회로에서 연결 단자가 매우 짧아야 하는 이유이다.

또 다른 예를 들어보면 직선 코일로 감겨 있을 때 권선 저항기는 상당한 인덕턴스를 가질 수 있다. 이러한 이유로 RF 회로에서 표유 인덕턴스를 최소화하기 위해 탄소 저항기가 선호된다. 하지만 비유도성 권선 저항기가 사용될 수도 있다. 이것은 인접한 권선이 반대 방향의 전류를 갖도록 감겨져 자기장이 서로 반대 방향으로 발생되어 인덕턴스를 상쇄한다. 이러한 기법의 또 다른 응용으로 유도 효과를 줄이기 위해 한 쌍의 연결선을 꼬아서 사용하는 방법이 있다.

커패시터의 인덕턴스

코일 형태의 구조를 갖는 커패시터는 특히 종이 커패시터와 전해 커패시터에서 약간의 내부 인덕턴스를 갖는다. 커패시터가 커질수록 직렬 인덕턴스도 더 커진다. 하지만 운모와 세라믹 커패시터는 매우 작은 인덕턴스를 가져 이들은 주로 라디오 주파수에서 일반적으로 사용된다.

오디오 주파수 이상에서 사용되기 위해 감긴 포일형 커패시터는 비유도성 구조를 가져야만 한다.

이는 포일 권선의 시작과 끝이 커패시터의 단자가 되지 않아야 함을 의미한다. 대신에 포일의 권선은 상쇄된다. 한쪽 단자는 한쪽 모서리에 한 포일의 모든 층에 접촉되고, 다른 포일의 반대쪽 모서리는 두 번째 단자에 연결된다. 종이와 필름형을 포함한 대부분의 감긴 포일형 커패시터는 이러한 방식으로 제조된다.

코일의 분포 커패시턴스

그림 19-29 RF 코일의 등가 회로 (a) 도선의 권선 사이의 분포 커패시턴스 C_d (b) 등가 회로

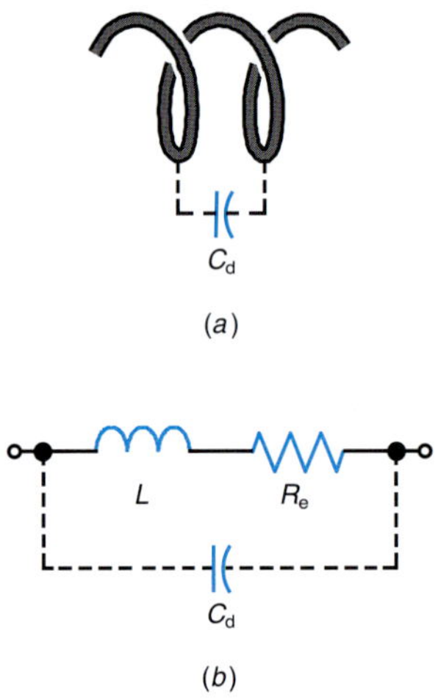

〈그림 19-29〉에 나타난 것처럼 코일은 권선 사이에 분포 커패시턴스 C_d를 갖는다. 각 권선의 도체는 다음 권선과 절연체에 의해 분리되며 이것이 커패시턴스의 정의임을 주목해야 한다. 더욱이 각 권선의 전위는 다음 권선과 달라지며, 이는 C_d를 충전하기 위해 전위차로 전체 전압의 일부를 제공한다. 이 결과는 RF 코일에서 보인 등가 회로가 된다. 이때 L은 인덕턴스이고, R_e는 L과 직렬로 연결된 내부 유효 교류 저항이며, 모든 권선에서의 전체 분포 커패시턴스 C_d는 전체 코일 양단에 나타난다.

C_d를 최소화하는 특별한 방법으로 공간 권선 코일(space-wound coil)이 있는데, 여기서 권선은 서로 멀리 떨어져 있다. 허니콤(Honeycomb) 또는 유니버설 권선(Universal winding)에서는 권선이 서로 직각으로 교차하며 뱅크 권선(Bank winding)에서는 파이(pie)라고 하는 분리된 부분을 가진다. 이러한 권선을 감는 방법은 RF 코일에서 사용된다. 오디오와 전력변압기에서 패러데이 스크린(Faraday screen)이라고 부르는 접지 도체 차폐는 흔히 권선 사이에 배치되어 용량성 결합을 줄인다.

저항기에서의 리액턴스 효과

그림 19-30 저항기의 고주파 등가 회로

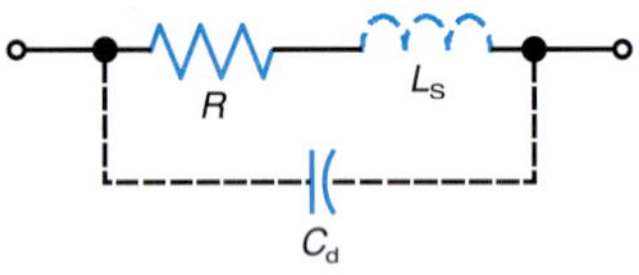

〈그림 19-30〉의 고주파 등가 회로에 나타난 것처럼 저항기는 작은 크기의 인덕턴스와 커패시턴스를 포함한다. 탄소 합성 저항기의 인덕턴스는 보통 무시할 수 있다. 하지만 단자 양단의 약 0.5pF의 커패시턴스가 높은 라디오 주파수에서 사용되는 큰 저항에 영향을 줄 수도 있다. 권선 저항기는 라디오 주파수에서 큰 인덕턴스를 가진다. 하지만 이중 권선을 갖는 특별한 저항기가 이용 가능하며, 이는 자기장을 반대 방향으로 하여 상쇄함으로써 비유도성 특징을 얻을 수 있다.

개방 회로의 커패시턴스

개방 스위치 또는 도통 도선의 차단이 개방 단자 양단에 커패시턴스 C_O를 갖게 한다. 그 이유는 개방된 두 도체 사이에 절연체가 있기 때문이다. 회로에 전압원이 있을 때 C_O는 인가전압까지 충전된다. C_O는 pF 크기의 작은 값이므로 커패시턴스는 짧은 시간에 인가전압으로 충전된다. 이러한 C_O의 충전으로 인해 개방 직렬회로는 개방 단자 양단에 인가전압의 크기를 갖는다. 충전전류가 순간적으로 흐른 후 C_O

는 인가전압까지 충전되고 이 전압을 유지하기 위해 필요한 전하를 저장한다.

19-14 복습문제

a. 나란한 두 도선으로 구성된 케이블은 도체 사이에 분포 커패시턴스를 갖는다. (참, 거짓)

b. 코일은 권선 사이에 분포 커패시턴스를 갖는다. (참, 거짓)

c. 표유 인덕턴스와 표유 커패시턴스는 고주파수에서 더 문제를 일으킨다. (참, 거짓)

19-15 인덕터의 측정과 시험

그림 19-31 전형적인 LCR 미터

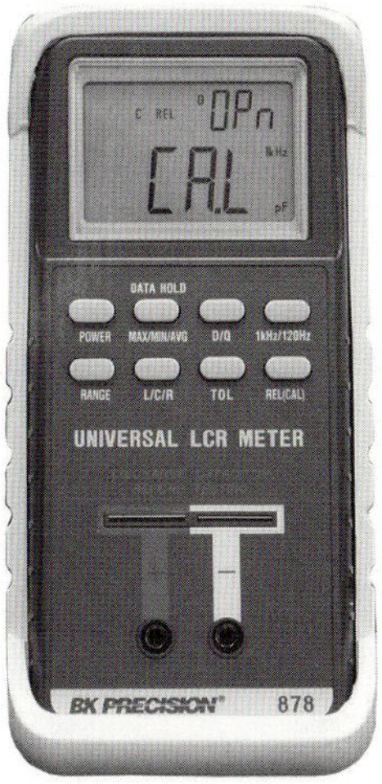

많은 DMM이 커패시터 값을 측정할 수 있지만 인덕터 값을 측정할 수 있는 계기는 거의 없다. 따라서 인덕터 값을 측정할 필요가 있을 때 16장에서 보인 것과 같은 커패시터-인덕터 분석기가 사용되어야 한다. 또한 커패시터-인덕터 분석기는 링잉(Ringing) 시험이라 부르는 방법을 사용하여 인덕터의 양호도(Q)를 시험할 수 있다.

인덕턴스 L, 커패시턴스 C 및 저항 R을 측정할 수 있는 다른 시험기기가 LCR 미터이다. 전형적인 LCR 미터가 〈그림 19-31〉에 나타나 있다. 이것은 휴대용 시험 장비이지만 대부분의 LCR 미터는 소자 값을 제외한 어떤 값도 측정할 수 없다. 하지만 일부 LCR 미터는 소자 값 측정 외에도 몇 개의 시험을 더 수행할 수 있음을 주목하라.

인덕터 코딩

인덕터는 H, mH, μH 단위로 인덕턴스 값을 나타내기 위해 코딩될 수도 되지 않을 수도 있다. RF 회로에 사용된 일부 매우 작은 인덕터는 5, 6회의 권선으로 구성되어 코딩이 될 수 없다. 오디오 주파수 영역에서 사용되는 초크와 같은 큰 인덕터는 보통 인덕턴스 값이 그 위에 인쇄된다. 어떤 인덕터는 필름 커패시터에서 사용되는 것과 유사한 코딩 체계를 사용한다. 이 경우 세 자리의 코드가 μH 단위의 인덕턴스 값을 나타내기 위해 사용된다. 예를 들어, 인덕터가 103으로 코딩되면 다음과 같이 해석된다. 처음의 두 자리 1과 0은 첫 번째와 두 번째 자리의 인덕턴스 값을 나타낸다. 곱수라고 하는 마지막 자리 3은 처음 두 자리에 더해지는 영의 수를 나타낸다. 이 경우 103은 10000μH의 인덕턴스에 해당한다. 일부 제조업체는 곱수를 마지막이 아닌 처음에 둔다. 예를 들어, 210으로 코딩된 인덕터에서 두 번째와 세 번째 자리가 인덕턴스 값의 처음 두 자리를 나타내고 처음 자리는 곱수를 나타낸다. 이 경우 210 코드는 1000μH의 인덕턴스에 해당한다. 보통 세 자리 코드는 허용오차를 포함하지 않는다. 때때로 인덕터는 몸체에 값이 인쇄되거나 색이 있는 줄로 표시되기도 하며 또한 전혀 코딩되지 않기도 한다. 이는 매우 혼란스러우며 따라서 인덕터 값을 결정하는 유일한 확실한 방법은 값을 측정하는 것이다. 인덕터 코딩 체계에 표준이 없기 때문에 이 주제는 더 이상 다루지 않는다.

코일의 고장

그림 19-32 저항계로 시험될 때 개방 코일은 무한대 저항을 지시한다.

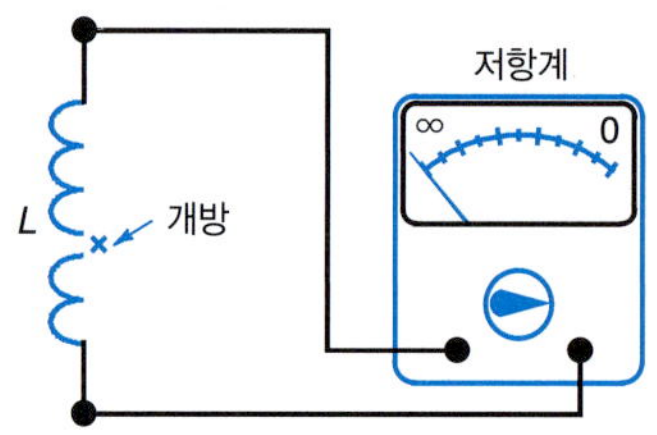

코일의 가장 흔한 고장 원인은 개방 권선으로 인해 발생한다. 〈그림 19-32〉에서 나타난 것처럼 개방회로에서 코일 양단에 연결된 저항계는 무한대를 지시한다. 이는 코일이 공심인지 철심인지에는 관계없다. 코일이 개방되므로 코일은 전류를 흐르게 할 수 없고 따라서 유도전압을 발생할 수 없기 때문에 인덕턴스가 존재하지 않는다. 저항이 시험될 때 저항값에 영향을 줄 수 있는 경로를 제거하기 위해 코일은 외부 회로와 분리되어야만 한다.

코일의 직류저항

코일은 권선에 사용된 도선의 저항과 같은 직류저항을 갖는다. 저항의 크기는 도선이 굵고 권선 수가 작을수록 더 작아진다. 수 mH 정도의 인덕턴스 값을 갖는 RF 코일을 만들려면 가는 도선을 10~100번 정도 감아주어야 하는데, 이 도선의 직류저항은 약 1~20Ω이다. 수백 회의 권선을 갖는 60Hz와 오디오 주파수에 대해 인덕터는 도선의 크기에 따라서 10Ω에서 500Ω 값의 저항을 가질 수 있다.

알아두기▸▸

두 인덕터는 인덕터를 구성하기 위해 사용된 도선의 직류저항이 다르다 하더라도 동일한 인덕턴스 값을 가질 수 있다.

〈그림 19-33〉에 나타난 것처럼 코일의 직류저항과 인덕턴스는 직렬로 연결되는데, 이는 권선에서 전압을 유도하는 같은 전류가 도선의 저항을 극복해야 하기 때문이다. 비록 저항은 유도전압을 발생하는 기능이 없더라도 코일의 직류저항을 아는 것이 유용한데, 이는 만약 저항이 정상이라면 보통 인덕턴스도 또한 정상값을 가지는 것으로 가정될 수 있기 때문이다.

그림 19-33 코일의 내부 직류저항 r_i는 인덕턴스 L과 직렬로 연결된다.

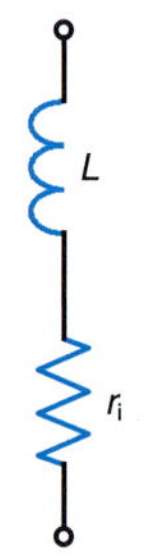

코일의 개방

저항계에 의해 표시되는 것처럼 개방 코일은 무한대의 저항을 갖는다. 4 또는 그 이상의 단자를 가지는 변압기에서는 1차측 두 단자 양단의 저항, 2차측 두 단자 양단의 저항 및 부가적인 2차측 권선 단자의 임의의 다른 쌍 양단의 저항을 측정한다. 3단자를 갖는 단권 변압기에서는 한 단자에서 다른 두 단자 각각의 저항을 측정한다.

권선 내에서 회로가 개방될 때 코일을 수리하는 것은 보통 실용적이지 않아 전체가 교체된다. 어떤 경우 단자에서 개방이 발생하면 납땜을 다시 할 수도 있다.

값의 변화

코어 파손, 권선의 느슨해짐, 짧아진 권선으로 인하여 인덕터 값은 시간이 지남에 따라 변할 수 있다. 인덕턴스 값이 변하는 코일은 저항계로 상태를 시험해야 함에 주목한다. 인덕터 값을 시험하기 위해 커패시터-인덕터 분석기나 LCR 미터를 사용한다.

1차측 권선의 개방

변압기의 1차측이 개방될 때 1차측 전류가 흐를 수 없고 어떤 2차측 권선에도 전압이 유도되지 않는다.

알아두기▸▸

변압기의 1차측과 2차측 권선 사이의 직류저항은 항상 무한대이어야 한다.

2차측 권선의 개방

변압기의 2차측이 개방될 때 개방 권선 양단의 어떤 부하 저항에도 전력을 공급할 수 없다. 더욱이 2차측에 전류가 흐르지 않으면 1차측 전류 또한 실제로 영이 되며 이는 마치 1차측 권선이 개방된 것과 같다. 이때 1차측에 흐르는 전류는 부하 없이 2차측 양단에 유도전압을 발생하는 자기장을 유지하기 위한 작은 자화전류뿐이다. 하지만 만약 변압기가 몇 개의 2차측 권선을 가지면 2차측의 권선 중 어느 하나의 개방이 변압기의 정상으로 동작하는 2차측에 영향을 주지 않는다.

2차측 권선의 단락

이 경우 마치 1차측이 단락된 것처럼 과도한 1차측 전류가 흐르게 되어 1차측 권선이 타버리는 일이 자주 일어난다. 그 이유는 큰 2차측 전류가 1차측의 양단에 자기 유도전압에 의한 자속을 방해하는 강한 자기장을 형성하여 교류전원으로부터 더 많은 전류가 흐르도록 하기 때문이다.

■ 19-15 복습문제

a. 코일의 정상 저항 R이 18Ω이다. 만약 코일이 개방된다면 저항계로 측정한 측정값은 얼마인가?

b. 1:3의 승압비를 가진 단권 변압기의 1차측이 120V 교류전력선에 연결된다. 만약 1차측이 개방되면 2차측 전압은 얼마인가?

c. 코일의 직류저항과 인덕턴스는 직렬로 연결되는가, 병렬로 연결되는가?

절연 변압기의 이해와 응용

별도의 1차 권선과 2차 권선이 있는 모든 변압기는 기술적으로 절연 변압기이다. 두 개의 개별 권선을 사용하면 1차 및 2차 사이의 저항이 무한히 높다. 즉, 1차 권선과 2차 권선이 전기적으로 연결되어 있지는 않지만, 2차 권선을 연결하는 자기장은 1차 권선의 교류 전압원으로부터 2차 권선의 부하로 전력을 전달한다. 이상적으로는 변압기 자체가 전력을 소모하지 않는다. 그러나 현실적으로 변압기는 항상 코어의 히스테리시스 및 와전류 손실뿐만 아니라 권선의 I^2R 손실로 인해 일부 전력을 분산시킨다. 변압기와 관련된 손실은 변압기가 정상적인 사용 또는 작동 중에 따뜻해질 수 있는 이유이다.

별도의 1차 권선과 2차 권선이 있는 변압기는 기술적으로 절연되어 있는 변압기이지만, 절연 변압기라는 이름은 일반적으로 1:1 권선 비율을 갖는 철심 변압기용으로 불린다. 이 유형의 변압기의 주요 기능은 1차 전압을 올리거나 내리는 것이 아니라 1차 전압원의 접지 연결을 2차 전압의 부하로부터 분리하는 것이기 때문이다. 〈그림 19-34〉는 120V_{AC} 전력선 전원이 절연 변압기의 1차 권선으로 연결된 것을 보여준다. 〈그림 19-34〉에서, 상부 1차 단자는 120V_{AC} 전원선의 검은색 핫 선에 연결되고, 하부 1차 단자는 접지된 흰색 중성선에 연결된다는 점에 주목하라. 두 이차 단자의 전압은 모두 120V로 측정되지만, 이차 단자에서 접지로 측정된 전압은 0V이다. 이는 절연 변압기의 2차 전압이 1차 권선의 120V_{AC} 전원선처럼 접지를 기준으로 측정되지 않기 때문이다. 지상에 서 있는 사람이 〈그림 19-35a〉와 같이 120V_{AC} 전원선의 검은색 핫 선과 우연히 접촉하게 되면 심한 전기 충격을 받을 수 있으며 감전될 위험이 있다. 그러나 〈그림 19-35b〉에서 절연 변압기의 이차 권선은 접지를 기준으로 하고 있지 않다는 것을 알 수 있다. 따라서 사람이 변압기 2차 단자 중 하나만 우연히 접촉하면 회로를 완성되는 접지 경로가 없어 감전되지 않는다.

그림 19-34 절연 변압기의 1차 권선은 120V_{AC} 전원선에 연결된다. 흰색 중성선의 접지 연결부에 주목하라. 1차 전압 120V는 접지를 기준으로 측정된다. 2차 권선에 걸쳐 측정된 전압도 120V이지만, 2차 단자 중 하나에서 접지로 측정된 전압은 0V이다.

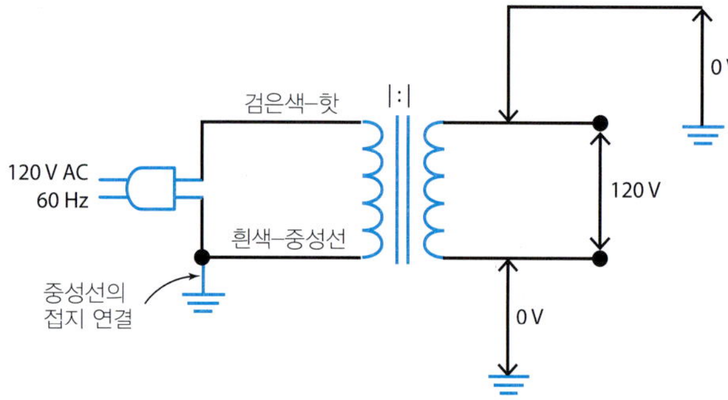

그림 19-35 이 그림은 절연 변압기에서 감전 가능성을 줄이는 방법을 보여준다. (a) 접지와 접촉한 상태에서 120V_{AC} 전원선의 핫 선을 잘못 건드리면 심각한 감전 또는 감전 사고가 발생한다. (b) 접지와 접촉한 상태에서 절연 변압기의 2차 리드 하나만 건드려도 감전되지 않는다.

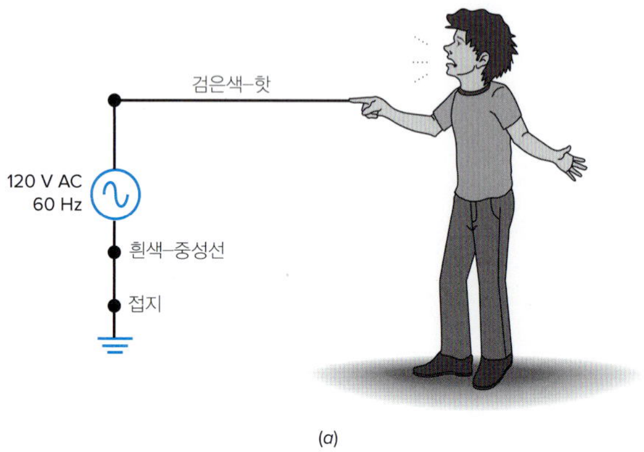

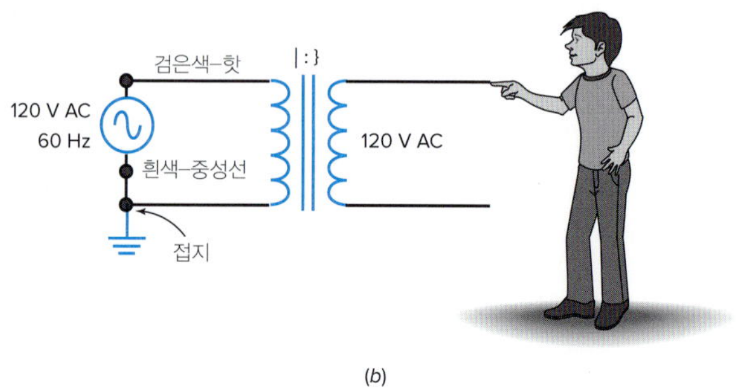

정비사가 전자 제품을 수리하는 중이고 제품이 $120V_{AC}$ 전원선에 직접 연결되어 있는 경우, 정비사의 몸이 실수로 전원 회로와 접촉할 경우 감전되거나 감전될 위험이 높다. 감전 위험을 줄이기 위해 전자 기술자는 전자 장비의 수리 시 절연 변압기를 사용하는 경우가 많다. 절연 변압기의 1차측은 $120V_{AC}$ 전원선에 직접 연결되고, 서비스 중인 전자제품은 변압기의 2차측에 연결된다. 보조 장치에 연결된 장비의 전원 회로에 정비사의 한 손만 실수로 닿아도 접지로 연결되는 경로가 없기 때문에 감전될 가능성은 없다. 그러나 기술자가 절연 변압기를 사용하더라도 치명적인 전기 충격을 받을 수 있다는 점에 유의해야 한다. 예를 들어, 정비사의 두 손이 상당한 양의 전위차를 갖는 두 지점에 연결되는 경우, 전류가 두 손 사이의 몸을 통해 흐르게 된다.

따라서 전원 회로에서 전압을 측정할 때 감전을 방지하려면 항상 한 손을 주머니에 넣거나 등 뒤에 두는 것이 가장 좋다.

절연 변압기는 1차 권선과 2차 권선 사이의 특수 절연을 사용하여 제작된다는 점에 유의해야 한다. 그 결과, 절연 변압기는 분해 및 전도 없이 두 권선 사이의 정상 전압보다 높은 전압을 견딜 수 있다.

절연 변압기는 또한 두 권선 사이에서 교류 전류를 흐르게 할 수 있는 1차 및 2차 사이의 용량성 결합을 최소화하도록 설계되었다. 또한 모든 절연 변압기가 $120V_{AC}$ 전원선과 함께 사용하도록 설계된 것은 아니다. 격리 변압기는 예를 들어, 홈시어터 시스템에서 하나 이상의 접지 루프와 관련된 웅웅거림과 소음을 줄이기 위해 사용된다. 이 경우 절연 변압기는 훨씬 작고 60Hz보다 훨씬 높은 주파수에서 작동하도록 설계된다.

요약

- 전류에 의한 자기장의 확장과 축소는 자속의 이동과 같은 효과를 나타내므로 변하는 전류는 도체 내에서 전압을 유도한다.
- 렌츠의 법칙에 의해 유도전압은 유도의 원인이 되는 전류의 변화를 방해하는 방향의 전류 I를 발생한다. 따라서 인덕턴스는 전류가 변하지 않도록 유지하려고 한다.
- 전류가 변할 때 자신의 양단에 유도전압을 발생하는 도체의 능력을 자기 인덕턴스 또는 인덕턴스라고 한다. 기호는 L이고 인덕턴스의 단위는 H이다. 인덕턴스 1H는 전류가 1A/s의 변화율을 가질 때 1V가 유도되게 한다. 더 작은 단위는 다음과 같다. $1\text{mH} = 1\times10^{-3}\text{H}$, $1\mu\text{H} = 1\times10^{-6}\text{H}$
- 자기 유도전압을 계산하기 위해 $V_L = L(di/dt)$가 사용된다. 이때 V는 V, L은 H, di/dt는 A/s가 단위이다.
- 상호 인덕턴스는 한 도체에서의 변하는 전류가 근처 다른 도체에 전압을 유도하는 능력이다. 기호는 L_M이고 H 단위로 측정된다. 또한 $L_M = k\sqrt{L_1 L_2}$ 이며 여기서 k는 도체 사이의 결합계수이다.
- 변압기는 상호 인덕턴스를 갖는 2개 이상의 권선으로 이루어져 있다. 1차측 권선은 전원 전압에 연결된다. 부하 저항은 2차측 권선 양단에 연결된다. 변압기는 교류전압을 승압하거나 강압하는데 사용된다.
- 단권 변압기는 탭을 가진 코일이며 1차측 전압을 승압하거나 강압하는 데 사용된다. 3개의 단자를 가지고 있으며 한 단자는 1차측과 2차측에 공통으로 연결된다.
- 철심을 갖는 변압기는 결합계수가 1이다. 따라서 전압비는 다음과 같이 권선비와 같다. $V_P/V_S = N_P/N_S$
- 철심 전력 변압기에서 100%의 효율을 가정하면 1차측에 공급되는 전력은 2차측에서 사용되는 전력과 같다.
- 변압기의 2차측 정격전압은 항상 1차측 정격전압이 인가되는 전부하 조건하에서 정의된다. 무부하 시 2차측 양단에서 측정된 전압은 보통 정격보다 5%에서 10% 크다.
- 변압기의 정격전류와 정격전력은 보통 2차측 권선에 대해서만 정의된다.
- 변압기는 자신의 실제값보다 크거나 작은 새로운 값으로 2차측 부하 임피던스를 1차측으로 반사하기 위해 사용될 수 있다. 1차측 임피던스 Z_P는 식 (19–10)을 사용하여 구해진다.
- 변압기가 임피던스를 변환하는 성질을 이용하여 전원과 부하 임피던스가 일치하지 않을 때 부하에 최대 전력을 전달하는 것이 가능하다. 필요한 권선비는 식 (19–11)을 사용하여 구해진다.
- 소용돌이 전류는 인덕턴스의 철심에서 유도되어 코어에서 열로 전력을 소비한다. 소용돌이 전류 손실은 교류전류의 주파수가 커질수록 증가한다. 소용돌이 전류를 감소시키기 위해 철심이 적층된다. 분말 철심과 페라이트 코어는 라디오 주파수에서 최소의 소용돌이 전류 손실을 갖는다. 히스테리시스 또한 전력 소비의 원인이 된다.
- 상호 결합이 없으면 직렬 인덕턴스는 저항의 직렬연결처럼 더해진다. 병렬로 연결된 인덕턴스의 등가 인덕턴스는 병렬 저항의 경우와 같이 역수 공식에 의해 계산된다.
- 인덕턴스의 자기장은 $E=1/2LI^2$의 저장 에너지를 가진다. 여기서 I는 A 단위, L은 H 단위, 에너지는 J의 단위를 갖는다.
- 인덕턴스 이외에 코일은 도선의 저항과 같은 직류저항을 갖는다. 코일이 개방되면 저항은 무한대가 된다.
- 변압기의 1차측이 개방되면 2차측 권선에 전압을 유도할 수 없다.
- 〈그림 19–36〉에 주요 인덕터 또는 코일이 회로 기호와 함께 요약되어 있다.
- 인덕턴스와 커패시턴스의 특징을 〈표 19–1〉에서 비교하였다.
- 표유 인덕턴스는 기존의 인덕터에 포함되지 않은 도선의 인덕턴스로 생각할 수 있다. 표유 커패시턴스는 기존의 커패시터에 포함되지 않고 절연체에 의해 서로 분리된 두 도체 사이의 커패시턴스로 생각할 수 있다.

그림 19-36 인덕터 종류의 요약 (a) 공심코일 (b) 철심코일 (c) 조정 가능한 페라이트 코어 (d) 공심 변압기 (e) 가변 L_P와 L_S (f) 철심 변압기 (g) 단권 변압기

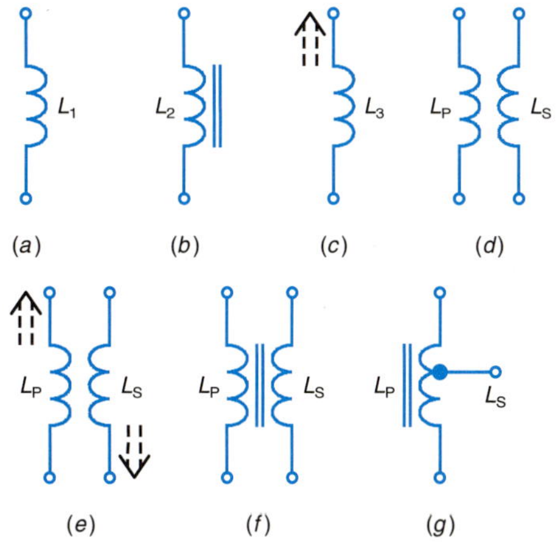

표 19-1	커패시턴스와 인덕턴스의 비교
커패시턴스	인덕턴스
기호는 C이다.	기호는 L이다.
단위는 F이다.	단위는 H이다.
절연체로 유전체가 필요하다.	회로 경로로 도체가 필요하다.
극판 면적이 커질수록 C가 커진다.	감은 수가 많을수록 L이 커진다.
유전체는 C가 클수록 더 전기장을 집중할 수 있다.	코어는 L이 클수록 더 자기장을 집중할 수 있다.
직렬연결 : $C_{EQ} = \dfrac{1}{\dfrac{1}{C_1}+\dfrac{1}{C_2}+\cdots\cdots}$	직렬연결 : $L_T = L_1 + L_2$
병렬연결 : $C_T = C_1 + C_2$	병렬연결 : $L_{EQ} = \dfrac{1}{1/L_1 + 1/L_2}$

중요 용어

- 결합계수 k : 한 코일에서 발생한 전체 자속 중 근처의 다른 코일과 결합되는 자속의 비율
- 권선비 : 변압기의 1차측 권선 수와 2차측 권선 수의 비
- 누설자속 : 서로 인접한 두 코일을 쇄교하지 않는 자기력선
- 단권 변압기 : 끝 단자 사이에 탭으로 연결된 하나의 연속적인 코일로 구성된 변압기. 단권 변압기는 세 개의 단자만을 가지고 있으며 1차측과 2차측 사이에 절연이 없다.
- 렌츠의 법칙 : 렌츠의 법칙이란 유도전압의 극성은 그 유도전압을 발생하는 전류를 방해하는 방향이 된다는 것이다.
- 바리악(Variac) : 가변 출력 전압을 발생하는 시험 장비. 바리악은 120V 교류전력선에 연결되고 시험 장비는 바리악에 연결된다. 현재 대부분의 바리악은 절연 출력을 가지고 있다.
- 반사 임피던스 : 2차측 부하 저항이 변환되어 1차측에 새로운 값으로 보이는 것을 나타내는 용어
- 변압기 : 교류전압을 승압하거나 강압하기 위해 상호 인덕턴스의 개념을 사용하는 장치
- 볼트-암페어(VA) : 변압기의 정격전력을 나타내는 피상전력의 단위. VA 곱은 변압기에서 사용되는 것처럼 보이는

전력이기 때문에 피상전력이라고 한다.

- 상호 인덕턴스 L_M : 인접한 다른 코일에 전압을 유도하는 코일의 능력. 한 코일에서 1A/s의 전류변화가 다른 코일에 1V의 전압을 유도할 때 두 코일은 상호 인덕턴스 1H의 L_M을 갖는다.
- 소용돌이 전류 : 변압기에서 철심의 단면을 통해 원형 경로로 흐르는 전류
- 역기전력(cemf) : 전류 변화를 방해하는 유도전압의 효과를 나타내기 위해 사용하는 용어
- 위상 도트 : 변압기 회로 기호에서 어떤 단자가 같은 극성을 갖는지 나타내는 1차측과 2차측 단자의 도트
- 인덕턴스 L : 전류가 변할 때 도체에 유도전압을 발생하는 능력. 인덕턴스는 전류의 변화를 방해하는 특성으로 정의될 수도 있다.
- 임피던스 정합 : 전원에서 부하로 최대 전력을 전달하기 위해 2차측 부하 저항이 전원의 저항과 같아지도록 변압기로 변환하는 것
- 직렬-더하기 : 두 코일에서 코일 전류가 같은 자기장 방향을 발생하는 코일의 연결
- 직렬-빼기 : 각 코일에서 코일 전류가 반대의 자기장 방향을 발생하는 코일의 연결
- 페라이트 코어 : 철과 같이 높은 자속 밀도를 가지나 절연체인 코어의 종류. 코일에 사용된 페라이트 코어는 높은 전압 때문에 최소의 소용돌이 전류 손실을 갖는다.
- 표유 인덕턴스 : 임의의 길이의 도체 또는 부품 단자의 작은 인덕턴스. 표유 인덕턴스와 표유 커패시턴스의 효과는 높은 주파수에서 매우 중요하다.
- 표유 커패시턴스 : 절연체로 분리된 두 도체 사이에 존재하는 매우 작은 커패시턴스. 예를 들어, 커패시턴스는 배선 다발의 두 도선 사이 또는 도선과 금속 섀시 사이에도 존재할 수 있다.
- 헨리(H) : 인덕턴스의 기본 단위. 1H는 전류가 1A/s의 변화율로 변할 때 유도전압 1V를 발생하는 인덕턴스의 크기이다.
- 효율 : 입력전력에 대한 출력전력의 비

중요 공식

$$L = \frac{V_L}{di/dt}$$

$$L = \mu_r \times \frac{N^2 \times A}{l} \times 1.26 \times 10^{-6}\text{H}$$

$$V_L = L\frac{di}{dt}$$

$$L_M = k\sqrt{L_1 \times L_2}$$

$$\text{권선비} = \frac{N_P}{N_S}$$

$$\frac{V_P}{V_S} = \frac{N_P}{N_S}$$

$$V_S I_S = V_P I_P$$

$$\frac{I_S}{I_P} = \frac{V_P}{V_S}$$

$$\text{효율}(\%) = \frac{P_{\text{출력}}}{P_{\text{입력}}} \times 100$$

$$Z_P = \left(\frac{N_P}{N_S}\right)^2 \times Z_S$$

$$\frac{N_P}{N_S} = \sqrt{\frac{Z_P}{Z_S}}$$

L_M이 없는 직렬연결

$$L_T = L_1 + L_2 + L_3 + \cdots\cdots$$

L_M이 있는 직렬연결

$$L_T = L_1 + L_2 \pm 2L_M$$

L_M이 없는 병렬연결

$$L_{EQ} = \frac{1}{\frac{1}{L_1} + \frac{1}{L_2} + \frac{1}{L_3} + \cdots\cdots}$$

$$L_M = \frac{L_{T_a} - L_{T_o}}{4}$$

$$\text{에너지} = E = \frac{1}{2}LI^2$$

자습문제

1. 인덕턴스의 단위는 무엇인가?
   a. H
   b. F
   c. Ω
   d. VA

2. 다음 중 어느 요소가 인덕터의 인덕턴스 L에 영향을 주는가?
   a. 권선 수
   b. 각 권선에 포함된 면적
   c. 코어의 투자율
   d. 위의 모든 요소

3. 다음 중 변압기가 사용될 수 없는 분야는 무엇인가?
   a. 교류전압의 승압이나 강압
   b. 직류전압의 승압이나 강압
   c. 임피던스 매칭
   d. 1차측에서 2차측으로 전력 전달

4. 물리적으로 매우 가까운 두 인덕터 사이의 상호 작용을 무엇이라 하는가?
   a. 역기전력
   b. 자기 인덕턴스
   c. 상호 인덕턴스
   d. 히스테리시스

5. 만약 강압 변압기의 2차측 전류가 증가하면 1차측 전류는 어떻게 되는가?
   a. 변하지 않는다.
   b. 증가한다.
   c. 감소한다.
   d. 다소 떨어진다.

6. 다음 중 인덕턴스의 특성에 대한 정의로 맞는 것은?
   a. 전류 변화를 방해한다.
   b. 전압 변화를 방해한다.
   c. 전류 변화를 돕거나 강화한다.
   d. 전하를 저장한다.

7. 만약 코일의 권선 수가 2배가 되고 길이와 면적이 같다면 인덕턴스 L은 어떻게 되는가?
   a. 2배
   b. 4배
   c. 똑같이 유지된다.
   d. 1/2배

8. 다음 중 코일의 개방 특성 중 맞는 것은?
   a. 저항과 인덕턴스 값이 모두 영이다.
   b. 무한대 값의 인덕턴스와 영의 저항
   c. 보통의 인덕턴스 값과 무한대 저항
   d. 무한대 값의 저항과 영의 인덕턴스

9. 2개의 10H 인덕터가 직렬-더하기 연결을 가지고 있고 0.75H의 상호 인덕턴스 L_M을 갖는다. 전체의 합성 인덕턴스 LT는 얼마인가?
   a. 18.5H
   b. 20.75H
   c. 21.5H
   d. 19.25H

10. 50,000A/s의 전류 변화를 발생하는 100mH 인덕터 양단의 자기 유도전압 V_L은 얼마인가?
   a. 5kV
   b. 50V
   c. 5MV
   d. 500kV

11. 변압기의 무부하 2차측 양단의 전압은 얼마로 측정되는가?
   a. 정격 2차측 전압과 같다.
   b. 정격 2차측 전압보다 5%에서 10% 정도 크다.
   c. 정격 2차측 전압보다 50% 크다.
   d. 정격 2차측 전압보다 5%에서 10% 정도 작다.

12. 적층 철심 변압기에서 소용돌이 전류 손실이 작아지는 이유는 무엇인가?
   a. 적층이 수직으로 쌓아지기 때문
   b. 더 작은 직류저항을 갖는 많은 도선이 사용되기 때문
   c. 자속이 코어의 공극 방향이기 때문
   d. 적층이 서로 절연되기 때문

13. 전류 변화가 500A/s일 때 50V를 유도하는 코일의 인덕턴스는 얼마인가?
   a. 100mH　　b. 1H
   c. 100μH　　d. 10μH

14. 100mH, 150mH, 120mH의 인덕터가 각각 병렬로 연결되어 있다. 코일 사이의 상호 인덕턴스가 없다고 가정하면 L_{EQ}는 얼마인가?

a. 400mH
b. 370mH
c. 40mH
d. 80mH

15. 400μH 코일이 1.2mH 코일과 상호 인덕턴스가 없이 직렬로 연결되어 있다. L_T는 얼마인가?

a. 401.2μH
b. 300μH
c. 160μH
d. 1.6mH

16. 강압 변압기가 N_P/N_S의 권선비 4:1을 갖는다. 만약 1차측 전압 V_P가 120V이면 2차측 전압 V_S는 얼마인가?

a. 480V
b. 120V
c. 30V
d. 구할 수 없음

17. 만약 철심 변압기가 N_P/N_S의 권선비 3:1을 갖는다. Z_S=16Ω이면 Z_P는 얼마인가?

a. 48Ω
b. 144Ω
c. 1.78Ω
d. 288Ω

18. 200mA의 일정 직류전류를 흐르는 5H 인덕터 양단의 유도전압 V_L은 얼마인가?

a. 0V
b. 1V
c. 100kV
d. 교류 120V

19. 철심 변압기에서 2차측 전류 I_S가 1.8A이다. 만약 권선비가 3:1이면 1차측 전류 I_P는 얼마인가?

a. I_P=1.8A
b. I_P=600mA
c. I_P=5.4A
d. 정답 없음

20. 코일에서 직류 저항 r_i와 인덕턴스 L에 대한 설명 중 맞는 것은?

a. 병렬로 연결된다.
b. 무한대 값이다.
c. 같다.
d. 직렬로 연결된다.

확인문제

1. 1H의 자기 인덕턴스와 1H의 상호 인덕턴스를 정의하라.
2. 가변 전류에 의해 발생되는 유도전압을 이용하여 렌츠의 법칙을 설명하라.
3. 〈그림 19-5〉에 있는 (a)와 (d)의 예제에서 V_L의 극성이 같은 이유를 설명하라.
4. 1:6의 전압 승압비를 갖는 철심 변압기의 1차측과 2차측을 나타내는 회로도를 그려라.
   (a) 단권 변압기를 사용하라.
   (b) 절연된 2차측 권선을 갖는 변압기를 사용하라.
   (c) 1차측에서 100회의 권선을 가지면 위의 두 경우 2차측 권선의 수는 얼마인가?
5. 다음을 정의하라.
   결합계수, 변압기 효율, 표유 인덕턴스, 소용돌이 전류 손실
6. 다음의 코어를 사용할 때 소용돌이 전류 손실이 감소되는 이유를 설명하라.
   (a) 적층 철심
   (b) 분말 철심
   (c) 페라이트
7. RF 차폐를 위해 좋은 도체가 사용되는 이유를 설명하라.
8. 가변 인덕턴스를 제공하는 두 방법을 보여라.
9. (a) 만약 2차측이 단락되면 전력 변압기의 1차측에 과도한 전류가 흐르는 이유를 설명하라.
   (b) 만약 1차측이 개방되면 2차측 양단에 전압이 나타나지 않는 이유를 설명하라.
10. (a) 저항계로 코일의 개방 상태를 검사하는 방법을 간단히 설명하라. 저항계의 측정 범위는 어떻게 선택되어

야 하는가?

(b) 하나의 2차측을 갖는 단권 변압기와 두 개의 절연 2차측 권선을 갖는 변압기의 어느 단자가 검사되어야 하나?

11. $L_{T_a} = L_1 + L_2 + 2L_M$과 $L_{T_o} = L_1 + L_2 - 2L_M$ 식을 이용하여 $L_M = (L_{T_a} - L_{T_o})/4$가 됨을 유도하라.

12. 1:1의 권선비를 가지는 2차측이 분리된 변압기가 120V 교류전력선에서의 전기 쇼크를 줄이기 위해 어떻게 사용될 수 있는지 설명하라.

13. 표유 인덕턴스와 표유 커패시턴스의 개념을 설명하고 각각의 예를 들어라.

연습문제

19-1절 교류전류에 의한 유도

19-1 10A의 일정 직류전류와 1mA에서 2mA로 변하는 작은 전류 중 어느 쪽이 도체에 더 큰 전압을 유도할 수 있는가?

19-2 〈그림 19-1〉의 사인파 교류전류를 조사하라. 전류 변화율 di/dt가 a. 최대 b. 영인 파형의 위치를 표시하라.

19-3 저주파 교류전류와 고주파 교류전류 중 어느 쪽이 도체 양단에 더 큰 전압을 유도하는가?

19-2절 자기 인덕턴스 L

19-4 다음 전류 변화 di/dt를 A/s 단위로 변환하라.

a. 2s 동안 0에서 3A로 변화
b. 5μs 동안 0에서 50mA로 변화
c. 5ms 동안 100mA에서 150mA로 변화
d. 20μs 동안 150mA에서 100mA로 변화
e. 1μs 동안 30mA에서 35mA로 변화
f. 0.4μs 동안 80mA에서 96mA로 변화
g. 1s 동안 10A에서 11A로 변화

19-5 〈문제 19-4〉에 나타난 di/dt 값 각각에 대해 15V의 유도전압 V_L을 발생하기 위해 필요한 인덕턴스 L은 얼마인가?

19-6 전류 변화율이 2500A/s일 때 75V를 유도하는 코일의 인덕턴스 L은 얼마인가?

19-7 전류 변화율이 400A/s일 때 20V를 유도하는 코일의 인덕턴스 L은 얼마인가?

19-8 다음 코일에 대해 인덕턴스 L을 계산하라. (단, 1m = 100cm, 1m^2 = 10,000cm^{2}이다).

a.공심, 20회, 면적 3.14, 길이 25cm
b. a와 같은 코일을 사용하고 μ_r이 5000인 페라이트 코어
c. 공심, 200회, 면적 3.14, 길이 25cm
d. 공심, 20회, 면적 3.14, 길이 50cm
e. μ_r이 2000인 철심, 100회, 면적 5, 길이 10cm

19-9 〈문제 19-8a〉에서 만약 권선 수가 40으로 두 배가 되면 인덕턴스 L은 얼마인가?

19-10 RF 인덕터의 다른 이름은 무엇인가?

19-3절 자기 유도전압 v_L

19-11 1ms 동안 100mA에서 200mA로 변화는 전류 변화에 의해 5H 인덕턴스 양단에 발생되는 자기 유도전압은 얼마인가?

19-12 전류 변화율이 1500A/s일 때 33mH 인덕턴스 양단의 자기 유도전압은 얼마인가?

19-13 다음의 di/dt 값에 대해 100mH 인덕터 양단의 자기 유도전압은 얼마인가?

a. 100 A/s
b. 200 A/s
c. 50 A/s
d. 1000 A/s

19-5절 상호 인덕턴스 L_M

19-14 코일 L_1이 200μWb의 자속을 발생한다. 근처의 코일 L_2가 50μWb의 자속에 의해 L_1과 결합된다. L_1과 L_2 사이의 결합계수 k는 얼마인가?

19-15 코일 L_1이 40μWb의 자속을 발생한다. 근처의 코일 L_2가 30μWb의 자속에 의해 L_1과 결합된다. 결합계수 k는 얼마인가?

19-16 두 50mH 코일 L_1과 L_2가 결합계수 k로 0.6의 값을 가진다. L_M을 계산하라.

19-17 두 인덕터 L_1과 L_2가 결합계수 k로 0.5의 값을 가진다. L_1=100mH이고 L_2=150mH일 때 L_M을 계산하라.

19-18 철심 변압기의 결합계수 k는 얼마로 가정되는가?

19-6절 변압기

19-19 〈그림 19-37〉에서 다음에 대해 풀어라.

a. 2차측 전압 V_S
b. 2차측 전류 I_S
c. 2차측 전력 P_{sec}
d. 1차측 전력 P_{pri}
e. 1차측 전류 I_P

그림 19-37

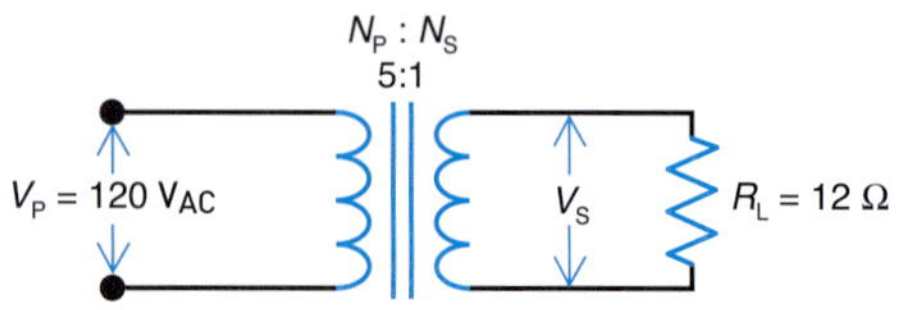

19-20 $N_P : N_S$ = 10 : 1일 때 〈문제 19-19〉를 반복하라.

19-21 〈그림 19-38〉에서 다음에 대해 풀어라.

a. V_{S_1} (첫 번째 2차측 전압)
b. V_{S_2} (두 번째 2차측 전압)
c. I_{S_1} (첫 번째 2차측 전류)
d. I_{S_2} (두 번째 2차측 전류)
e. P_{sec_1}
f. P_{sec_2}
g. P_{pri}
h. I_P

그림 19-38

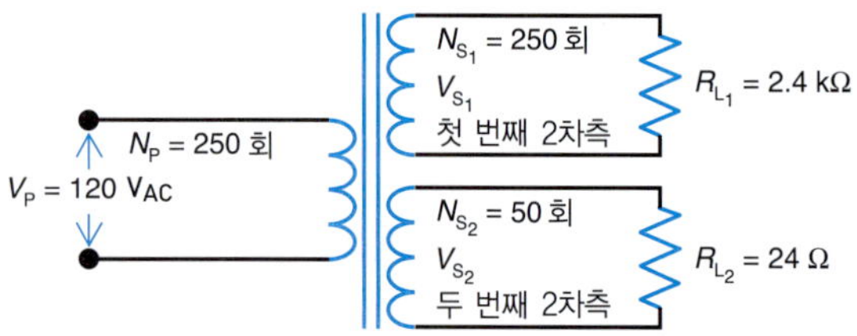

19-22 〈그림 19-38〉에서 만약 R_{L_1}이 개방되면 1차측 전류가 얼마인지 계산하라.

19-23 〈그림 19-39〉에서 다음에 대해 풀어라.

a. 권선비 N_P/N_S
b. 2차측 전류 I_S
c. 1차측 전류 I_P

그림 19-39

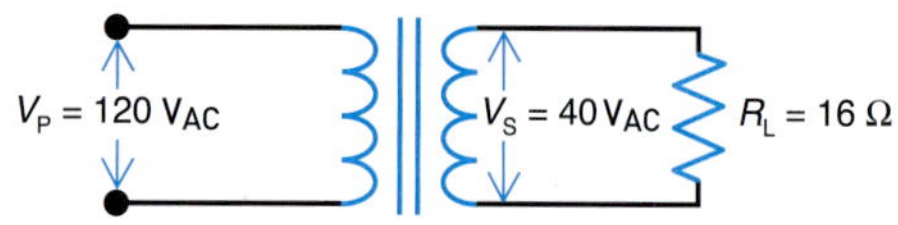

19-24 〈그림 19-40〉에서 다음의 2차측 전압을 구하기 위해 필요한 권선비 N_P/N_S는 얼마인가?

a. 교류 60V
b. 교류 600V
c. 교류 420V
d. 교류 24V
e. 교류 12.6V

그림 19-40

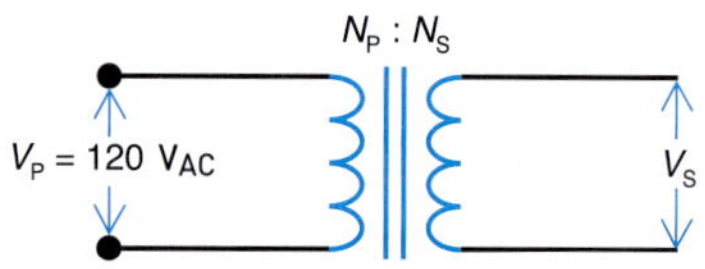

19-25 변압기가 2차측에 연결된 부하에 400W를 전달한다. 만약 1차측의 입력 전력이 500W이면 변압기의 효율은 얼마인가?

19-26 2차측이 분리된 변압기가 가지는 장점을 설명하라.

19-7절 변압기 정격

19-27 변압기의 정격전력은 어떻게 표시되는가?

19-28 변압기의 과부하를 방지하기 위해 지켜야 하는 두 가지 규칙은 무엇인가?

19-29 변압기의 회로 기호에서 위상 도트의 목적은 무엇인가?

19-30 〈그림 19-15b〉와 〈그림 19-15c〉에서 6Ω의 부하가 2차측에 연결된다고 가정하자. 다음의 각 경우 각각의 1차측 권선에 흐르는 전류는 얼마인가?

a. 〈그림 19-15b〉
b. 〈그림 19-15c〉

19-31 〈그림 19-41〉에서 다음을 계산하라.

a. V_{sec_1}
b. V_{sec_2}

c. 2차측 권선 1의 허용 가능한 최대 전류

d. 2차측 권선 2의 허용 가능한 최대 전류

e. 허용 가능한 최대 1차측 전류

그림 19-41

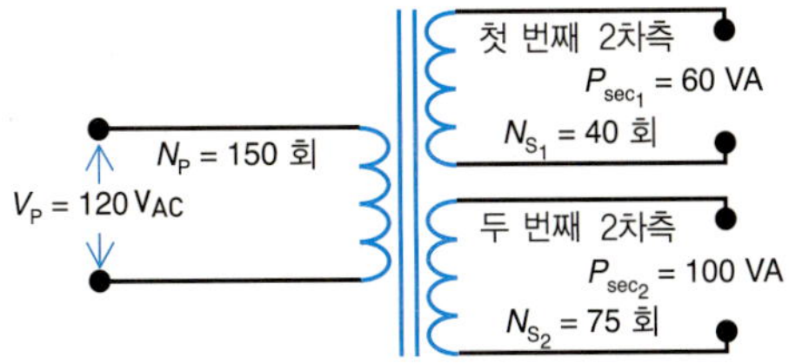

19-32 〈그림 19-42〉의 변압기를 고려하자. 만약 2차측 전류가 2A이면 다음 2차측 단자 양단에서 DMM으로 측정되는 전압은 얼마인가?

a. V_{AB}

b. V_{AC}

c. V_{BC}

그림 19-42

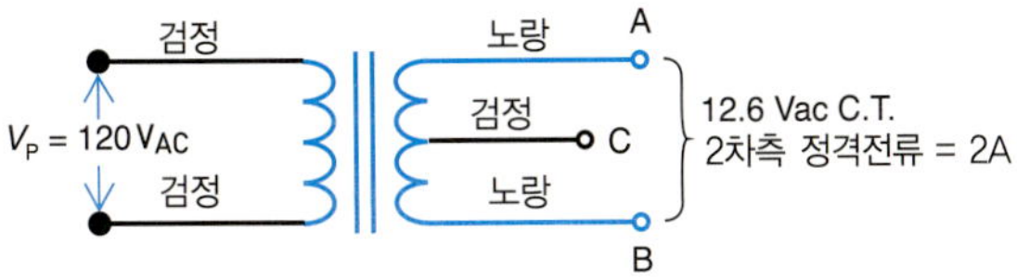

19-33 〈그림 19-42〉에서 만약 2차측 전류가 2A이면 1차측 전류 I_P는 얼마인가?

19-34 2차측이 무부하인 경우 〈문제 19-32〉를 반복하라.

19-8절 임피던스 변환

19-35 〈그림 19-43〉에서 다음의 권선비 N_P/N_S에 대해 1차측 임피던스 Z_P를 계산하라.

a. 2:1

b. 1:2

c. 11.18:1

d. 10:1

e. 1:3.16

그림 19-43

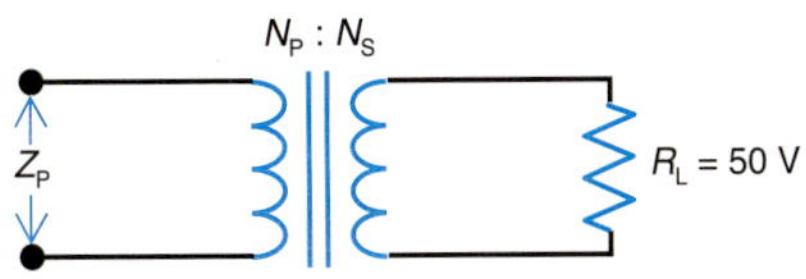

19-36 〈그림 19-44〉에서 다음의 조건이 만족되기 위해 필요한 권선비 N_P/N_S를 계산하라.

a. Z_P=10kΩ과 R_L=75Ω

b. Z_P=100Ω과 R_L=25Ω

c. Z_P=100Ω과 R_L=10kΩ

d. Z_P=1kΩ과 R_L=200Ω

e. Z_P=50Ω과 R_L=600Ω

f. Z_P=200Ω과 R_L=10Ω

그림 19-44

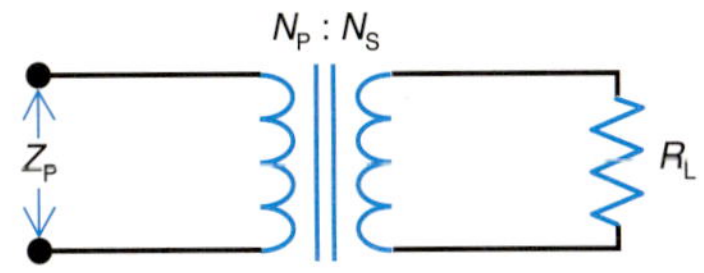

19-37 〈그림 19-45〉에서 볼 때 증폭기에서 4Ω의 스피커로 최대 전력을 전달하는 권선비 N_P/N_S는 얼마인가?

그림 19-45

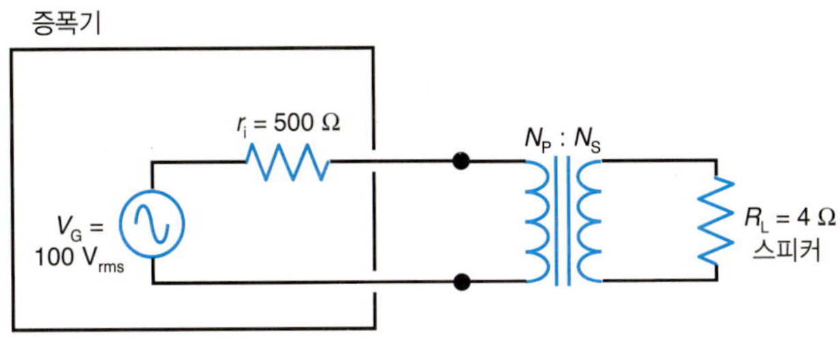

19-38 〈문제 19-37〉의 답을 사용하여 다음을 계산하라.

a. 1차측 임피던스 Z_P

b. 4Ω의 스피커로 전달되는 전력

c. 1차측 전력

19-12절 인덕턴스의 직렬연결과 병렬연결

19-39 직렬로 연결된 다음의 인덕터 조합에 대해 전체 인덕턴스 L_T를 계산하라. 단, 상호 인덕턴스는 없다고 가정한다.

a. L_1=5mH와 L_2=15mH

b. L_1=12mH와 L_2=6mH

c. L_1=220μH, L_2=330μH, L_3=450μH

d. L_1=1mH, L_2=500μH, L_3=2.5mH, L_4=6mH

19-40 〈문제 19-39〉에 나타난 인덕터 조합이 직렬이 아닌 병렬연결임을 가정하고 등가 인덕턴스 L_{EQ}를 계산하라. 단, 상호 인덕턴스는 없다고 가정한다.

19-41 100mH와 300mH의 인덕터가 직렬-더하기로 연결되고 130mH의 상호 인덕턴스 L_M을 가진다. 전체 인덕턴스 L_T는 얼마인가?

19-42 〈문제 19-41〉의 인덕터가 직렬-빼기 구성으로 연결된다면 L_T는 얼마인가?

19-43 20mH와 40mH의 인덕터가 결합계수 k로 0.4를 갖는다. 인덕터가 다음과 같이 연결된 경우의 L_T를 계산하라.

a. 직렬-더하기

b. 직렬-빼기

19-44 직렬로 연결된 두 개의 100mH 인덕터가 전체 인덕턴스 L_T로 직렬-빼기 구성으로 연결될 때 100mH를, 직렬-더하기 구성일 때 300mH를 갖는다. 다음을 계산하라.

a. L_M

b. k

19-13절 인덕턴스의 자기장 에너지

19-45 60mH의 인덕터에서 90mA의 전류에 의해 생성되는 자기장에 의해 저장되는 에너지를 J 단위로 계산하라.

19-46 5H의 인덕터에서 200mA의 전류에 의해 생성되는 자기장에 의해 저장되는 에너지를 J 단위로 계산하라.

19-47 3A의 전류가 150mH의 인덕턴스를 갖는 코일에 흐른다. 자기장에 의해 저장되는 에너지는 얼마인가?

사고력 문제

19-48 $Z_P = \left(\frac{N_P}{N_S}\right)^2 \times Z_S$를 유도하라.

19-49 〈그림 19-46〉에서 1차측 임피던스 Z_P를 계산하라.

그림 19-46

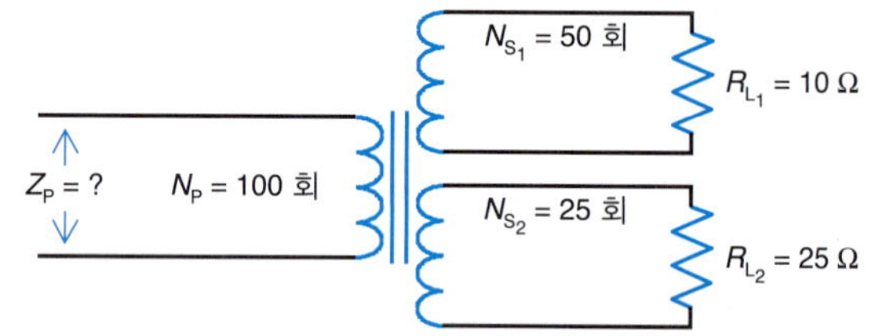

19-50 〈그림 19-47〉에서 다음의 1차측 단자 양단의 임피던스 Z_P를 계산하라. (단, 단자 2는 변압기 1차측의 중간 탭 연결 단자이다. 또한 4:1의 권선비가 1차측의 단자 1과 3을 사용해 표시된다.)

(a) 단자 1과 3

(b) 단자 1과 2

19-51 〈그림 19-38〉에서 만약 변압기가 80%의 효율을 갖는다면 1차측 전류 I_P를 계산하라.

그림 19-47

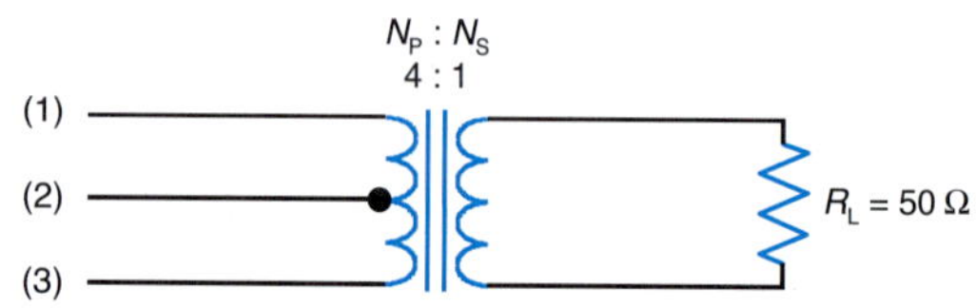

복습문제 정답

19-1 a. 철심코일
b. 시간 B

19-2 a. $L = 2\text{H}$
b. $L = 32\text{mH}$

19-3 a. $V_L = 2\text{V}$
b. $V_L = 200\text{V}$

19-4 a. 참
b. 참

19-5 a. $k = 1$
b. $L_M = 18\text{mH}$

19-6 a. $V_S = 240\text{V}$
b. $I_S = 0.1\text{A}$
c. 거짓
d. 증가

19-7 a. 참
b. 참
c. 거짓

19-8 a. 거짓
b. 거짓
c. 참

19-9 a. 철심
b. 60MHz

19-10 a. 참
b. 참
c. 참

19-11 a. 참
b. 참

19-12 a. $L_T = 1.5\text{mH}$
b. $L_{EQ} = 0.33\text{mH}$

19-13 a. J
b. 크다

19-14 a. 참
b. 참
c. 참

19-15 a. 무한대 저항
b. 120V
c. 직렬

chapter

20

유도성 리액턴스

교류전류가 인덕턴스 L에 흐를 때 전류의 크기는 직류저항만 있을 때 흐르는 전류보다 훨씬 더 작아진다. 그 이유는 전류 변화가 L 양단에 인가전압을 방해하는 전압을 유도하기 때문이다. 이렇게 사인파 교류전류를 방해하는 인덕턴스의 성질은 자신의 유도성 리액턴스 X_C의 크기로 표시된다. 리액턴스는 전류를 방해하는 성분으로 단위는 옴이다. 따라서 X_L은 인덕턴스 L이 가지는 사인파 전류를 방해하는 성분이다.

X_L의 양은 $2\pi fL$ Ω과 같으며 여기서 f의 단위는 헤르츠(Hz)이고 L의 단위은 헨리(H)이다. 주파수가 높고 인덕턴스가 클수록 X_L의 저항 작용은 증가한다. 상수 인자 2π는 사인파의 변화를 표시한다.

인덕터에서 유도전압이 발생되기 위한 조건이 X_L에 대해서도 그대로 적용된다. X_L이 생기려면 전류의 변화와 이에 따른 자속의 변화가 반드시 있어야 한다. 전류에 변화가 없는 일정한 직류전류에 대해서 X_L은 영이다. 하지만 사인파 교류전류에 대해서 X_L은 L의 효과를 해석하는 가장 좋은 방법이다.

단원 차례

단원 목표

- 유도성 리액턴스가 교류전류의 크기를 줄이는 원리를 설명한다.
- 주파수와 인덕턴스를 알고 있을 때 인덕터의 리액턴스를 계산한다.
- 직렬연결된 인덕터의 전체 리액턴스를 계산한다.
- 병렬연결된 인덕터의 등가 리액턴스를 계산한다.
- 유도성 리액턴스에 옴의 법칙이 적용되는 방법을 설명한다.
- 사인파 교류전류에 의해 발생되는 유도전압의 파형을 설명한다.

중요 용어

비례 | 위상각 | 유도성 리액턴스 X_L

20-1 X_L이 I의 크기를 줄이는 원리

그림 20-1 사인파 교류전류의 크기를 줄이는 유도성 리액턴스 X_L의 효과 (a) 2.4A의 전류로 전구는 밝게 빛난다. (b) 1000Ω의 X_L을 회로에 삽입하여 전류 I는 0.12A가 되고 전구는 켜지지 않는다. (c) 직류전류가 인가될 때 코일은 유도성 리액턴스를 갖지 않으므로 전구는 밝게 빛난다.

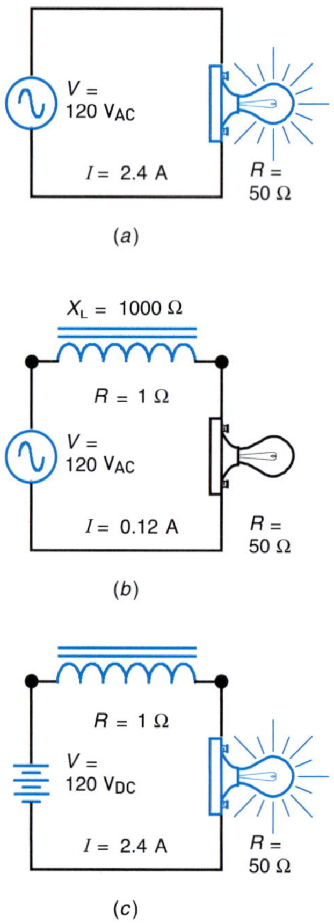

〈그림 20-1〉은 전구에서 교류전류를 줄이는 X_L의 효과를 설명한다. 옴 단위의 X_L이 커질수록 흐르는 전류는 작아진다. X_L이 I를 아주 작은 값으로 감소시킬 때 전구는 켜지지 않는다.

〈그림 20-1a〉에는 인덕턴스가 존재하지 않아 교류전압원은 2.4A의 전류를 발생하여 매우 밝게 전구가 빛난다. 이러한 2.4A의 I는 전구의 필라멘트 저항 50Ω 양단에 120V의 전원이 인가되어 발생한다.

하지만 〈그림 20-1b〉에서 코일이 전구와 직렬로 연결된다. 코일은 무시할 수 있는 단지 1Ω의 직류저항을 가지나 인덕턴스의 리액턴스는 1000Ω이다. 이 1000Ω의 X_L은 인가전압을 방해하고 전류를 줄이는 자체 유도전압을 발생하는 데 있어서 사인파 전류에 대한 코일 반작용의 척도이다.

이제 I는 근사값 120V/1000Ω이 되어 0.12A와 같다. 이러한 I는 전구를 켜기에는 충분하지 않다.

비록 직류저항은 단지 1Ω이지만 코일의 1000Ω X_L이 교류전류의 크기를 전구가 켜질 수 없는 낮은 값으로 제한한다. 60Hz에서 1000Ω의 X_L을 갖는 인덕턴스 L을 구해보면 약 2.65H이다.

〈그림 20-1c〉에서 또다시 코일은 전구와 직렬로 연결된다. 그러나 인가 배터리 전압이 일정한 직류전류값을 발생한다. 전류 변화가 없으므로 코일은 전압을 유도할 수 없고 리액턴스도 존재하지 않는다.

직류전류의 크기는 실제로 직류전압원이 전구 양단에 직접 연결된 것과 같아져 전구는 밝게 켜지게 된다. 이 경우 전류 변화가 없어 유도전압이 없기 때문에 코일은 단지 도선의 연장에 불과하다. 직류저항은 코일에 있어서 도선의 저항이다.

이상을 요약하면 다음의 결론에 도달할 수 있다.

1. 인덕턴스는 교류회로에서 전류의 크기를 줄이는 X_L을 가질 수 있다. 또한 교류전류의 주파수가 높아질수록 그리고 인덕턴스가 증가할수록 X_L이 더 증가한다.
2. 일정 직류전류에 대해 X_L은 존재하지 않는다. 이 경우 코일은 도선의 저항과 같은 저항으로 동작할 뿐이다.

이러한 효과는 실제 회로에서 거의 모든 분야에 응용된다. 옴의 단위를 가지고 전류를 방해하는 저항과 비교하여 옴 단위의 X_L이 다양한 종류의 전류에서 얼마나 유용하게 사용될 수 있는지를 생각해보자. 예를 하나 들어보면 교류전류를 방해하기 위해 큰 옴을 가질 필요가 있지만 직류전류의 흐름은 덜 방해할 필요가 있는 분야에 X_L을 사용하는 것이다. 또 다른 예로 저주파수에 비해 고주파수 교류전류의 흐름을 더 방해하기 위해 X_L을 사용하는 것이다.

MultiSim **그림 20-2** 유도성 리액턴스 X_L은 V_L/I_L의 비와 같고 단위는 Ω이다.

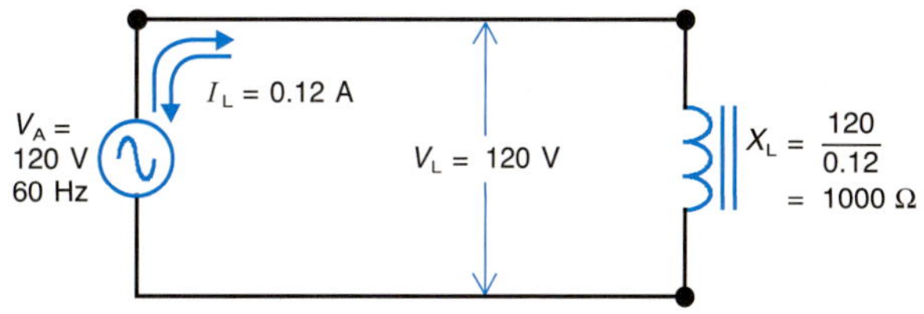

X_L은 유도성 효과이다

인덕턴스는 교류전류의 크기를 줄이기 위해 X_L을 가지는데, 이는 자체 유도전압이 인가전압을 방해하기 위해서 발생되기 때문이다. 〈그림 20-2〉에서 V_L은 L 양단의 전압으로 인가전압 V_A에 의해 발생된 사인파 전류에서의 변화에 의해 유도된다.

두 전압 V_A와 V_L은 병렬로 연결되기 때문에 같다. 그러나 전류 I_L은 V_A와 같은 자기 유도전압 V_L을 발생하게 하는데 이 예제에서 I는 0.12A이다. 이 60Hz의 전류 값이 인덕턴스에서 120V의 V_L을 만든다.

알아두기▸▸

코일의 유도성 리액턴스 X_L은 전류 변화 시 역기전력에 의해 발생한다. 역기전력의 극성은 항상 전류의 변화를 방해하는 방향이다.

리액턴스는 V/I의 비이다

사인파 전류를 방해하는 옴 단위의 값인 V/I의 비는 120/0.12로 1000Ω과 같다. 이 1000Ω을 X_L이라고 하며 이는 인덕턴스 양단에 사인파 전압에 의해 얼마나 많은 전류가 발생될 수 있는지를 나타낸다. X_L은 어떤 값이라도 될 수 있으며 여기서의 1000Ω은 특별한 한 예이다.

X_L에 대한 L과 f의 효과

X_L의 값은 교류전류의 인덕턴스와 주파수에 따라 결정된다. 〈그림 20-2〉에서 L이 증가하면 120V의 같은 크기의 V_L이 유도되지만 전류의 크기는 감소한다. 이때 V_L/I_L의 비는 더 증가하고 이는 더 큰 인덕턴스에서 X_L이 더 증가함을 의미한다.

또한 〈그림 20-2〉에서 주파수가 증가된다면 주파수가 더 높아짐에 따라 전류 변화도 더 빨라지게 된다. 이때 같은 L이 120V의 V_L을 발생하며 전류의 크기는 감소한다. 또한 이 조건에서도 더 작아진 전류로 인해 V_L/I_L의 비가 더 증가될 것이다. 이는 더 높은 주파수에서 X_L이 증가함을 의미한다.

알아두기▸▸

유도성 리액턴스 X_L은 교류전류의 흐름을 방해하는 코일의 척도이다. X_L은 옴 단위로 측정되고 사인파 교류전류에만 적용할 수 있다.

■ 20-1 복습문제

a. 〈그림 20-1c〉의 직류회로에서 X_L은 얼마인가?

b. 〈그림 20-1b〉의 교류회로에서 X_L을 구하기 위한 V/I의 비는 얼마인가?

MultiSim **그림 20-3** 높은 주파수에서 X_L의 선형 증가를 보여주는 그래프. L은 0.32H의 상수이다.

f가 증가함에 따라 X_L 증가

주파수 Hz	$X_L = 2\pi fL$, Ω
0	0
100	200
200	400
300	600
400	800

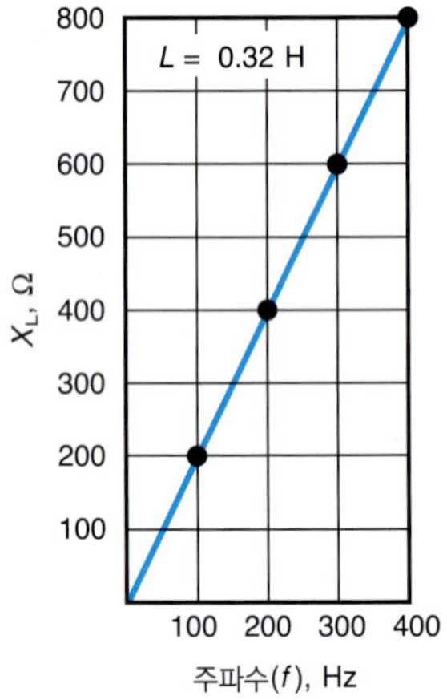

20-2 $X_L = 2\pi fL$

공식 $X_L=2\pi fL$은 유도성 리액턴스를 계산하는 데 있어 주파수와 인덕턴스의 효과를 포함한다. 주파수는 헤르츠(Hz) 단위이고 L은 헨리(H) 단위이며 X_L은 옴(Ω) 단위이다. 예를 들어, 2.65H의 인덕턴스는 60Hz의 주파수에서 다음과 같이 리액턴스를 계산할 수 있다.

$$X_L = 2\pi fL \tag{20-1}$$

$$= 6.28 \times 60 \times 2.65$$

$$X_L = 1000\Omega$$

공식 $X_L=2\pi fL$에서 다음 요소를 주목할 필요가 있다.

1. 상수항 2π는 항상 2×3.14=6.28이다. 이것은 사인파가 유도되는 원운동을 나타낸다. 따라서 이 공식은 단지 사인파 교류회로에서만 적용된다. 2π는 실제로 완전한 원 또는 한 사이클에 대해 2π rad 또는 360°이다.
2. 주파수 f는 시간과 관계된다. 주파수가 높을수록 전류가 더 빠르게 변화함을 의미한다. 빠른 전류 변화는 주어진 인덕턴스 양단에 더 많은 유도 전압을 발생시킨다. 따라서 주파수 f가 높을수록 X_L은 더 증가한다.
3. 인덕턴스 L은 코일의 물리적 요소를 나타내며 주어진 전류 변화 하에서 얼마나 큰 전압을 유도할 수 있는지를 결정한다.
4. 유도성 리액턴스 X_L은 사인파 교류회로에 대한 V_L/I_L의 비에 해당하고 단위는 Ω이며 주어진 인가전압에서 L이 얼마나 큰 전류를 흐르게 하는지를 결정한다.

그림 20-4 인덕턴스 L이 증가함에 따라 X_L의 선형 증가를 보여주는 그래프. 주파수는 100H의 상수이다.

L이 증가함에 따라 X_L 증가

인덕턴스, H	$X_L = 2\pi fL$, Ω
0	0
0.32	200
0.64	400
0.96	600
1.28	800

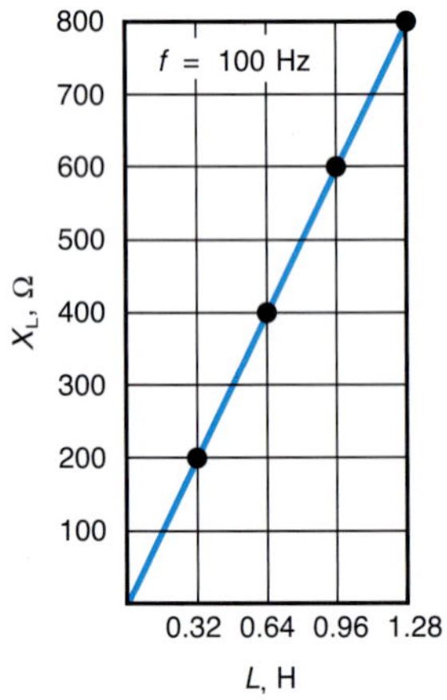

X_L은 Ω의 단위로 V_L/I_L이나 $2\pi fL$의 두 가지 방식으로 표현될 수 있다. 공식 $2\pi fL$은 X_L에 대한 L과 f의 영향을 나타내며 V_L/I_L의 비는 I의 크기를 줄이는 $2\pi fL$ 값을 나타낸다.

공식 $2\pi fL$은 X_L이 주파수에 비례함을 보여준다. 예를 들어, f가 2배가 되면 X_L도 2배가 된다. 주파수에 대한 유도성 리액턴스의 이러한 선형 증가가 〈그림 20-3〉에 나타나 있다.

리액턴스 공식은 또한 X_L이 인덕턴스에 비례함을 보여준다. L의 값이 2배가 되면 X_L도 역시 2배가 된다. 인덕턴스에 대한 유도성 리액턴스의 이러한 선형 증가가 〈그림 20-4〉에 나타나 있다.

예제 20-1

41.67kHz에서 6mH L의 X_L은 얼마인가?

정답

$$\begin{aligned} X_L &= 2\pi fL \\ &= 6.28 \times 41.67 \times 10^3 \times 6 \times 10^{-3} \\ &= 1570\Omega \end{aligned}$$

예제 20-2

다음의 X_L을 계산하라. (a) L=10H, f=60Hz (b) L=5H, f=60Hz

정답

(a) 10H의 L에 대해

$$\begin{aligned} X_L &= 2\pi fL = 6.28 \times 60 \times 10 \\ &= 3768\Omega \end{aligned}$$

(b) 5H의 L에 대해

$$X_L = 1/2 \times 3768 = 1884\Omega$$

예제 20-3

다음 주파수에서 코일 250μH의 X_L을 계산하라. (a) 1MHz (b) 10MHz

정답

(a) 1MHz에서

$$\begin{aligned} X_L &= 2\pi fL = 6.28 \times 1 \times 10^6 \times 250 \times 10^{-6} \\ &= 1570\Omega \end{aligned}$$

(b) 10MHz에서

$$X_L = 10 \times 1570 = 15,700\Omega$$

마지막 두 예제는 X_L이 주파수와 인덕턴스에 비례하는 사실을 보여준다. 〈예제 20-2b〉에서 X_L은 인덕턴스가 1/2이기 때문에 〈예제 20-2a〉에 있는 값의 1/2이다. 〈예제 20-3b〉에서 X_L은 주파수가 10배 더 증가하기 때문에 〈예제 20-3a〉에 있는 값의 10배가 된다.

X_L로부터 L 계산

X_L은 f와 L로부터 계산될 수 있는데 관계식에서 두 가지 요소를 알고 있다면 나머지 한 요소를 구할 수 있다. 흔히 X_L은 전압과 전류를 측정하여 구해질 수 있다. 따라서 주파수를 알고 있으면 L이 다음 식과 같이 계산될 수 있다.

$$L = \frac{X_L}{2\pi f} \tag{20-2}$$

이 식은 식 (20-1)에서 유도할 수 있다. 기본 단위로는 X_L은 Ω, f는 Hz, L은 H이다. 또한 식 (20-2)는 다음과 같이 표현될 수 있다.

$$L = \frac{1}{2\pi f} \times X_L$$

$1/2\pi f$의 역수값을 먼저 구하고 X_L을 곱하기 때문에 이 형태가 계산기에서 사용하기 더 쉽다.

다음 예제는 어떻게 V와 I로부터 X_L이 구해지고 식 (20-2)를 사용하여 구해진 X_L로부터 L이 결정되는지를 보여준다.

예제 20-4

무시해도 좋은 크기의 저항을 갖는 코일 양단에 62.8V의 전압이 걸리고 0.01A의 전류가 흐를 때 X_L은 얼마인가?

정답

$$X_L = \frac{V_L}{I_L} = \frac{62.8\text{V}}{0.01\text{A}}$$
$$= 6280\Omega$$

예제 20-5

〈예제 20-4〉에서 주파수가 1000Hz일 때 코일의 L을 구하라.

정답

$$L = \frac{X_L}{2\pi f} = \frac{3280}{6.28 \times 1000}$$
$$= 1\text{H}$$

예제 20-6

12MHz에서 15,700Ω을 가지는 코일의 L을 계산하라.

정답

$$L = \frac{X_L}{2\pi f} = \frac{1}{2\pi f} \times X_L$$
$$= \frac{1}{6.28 \times 12 \times 10^6} \times 15,700$$
$$= 0.0133 \times 10^{-6} \times 15,700$$
$$= 208.8 \times 10^{-6}\text{H} \quad \text{또는} \quad 208.8\mu\text{H}$$

알아두기▸▸

비록 X_L과 f가 알려져 있을 때 L이 결정될 수는 있지만, 엄밀히 말해 그 값은 물리적 구조에 의해 결정된다.

X_L로부터 f 계산

다음은 유도성 리액턴스의 세 번째 공식이다.

$$f = \frac{X_L}{2\pi L} \qquad (20\text{-}3)$$

기본 단위로는 X_L은 Ω, L은 Hz, f는 H이다.

공식 (20-3)은 다음과 같이 표현될 수 있다.

$$f = \frac{1}{2\pi L} \times X_L$$

이 형태가 계산기에서 사용하기 더 쉽다. 〈예제 20-6〉에 설명된 것처럼 먼저 역수 값을 구하고 X_L을 곱한다.

예제 20-7

1H에서 인덕턴스가 1000Ω의 리액턴스를 가질 때 주파수 값은 얼마인가?

정답

$$f = \frac{1}{2\pi L} \times X_L = \frac{1}{6.28 \times 1} \times 1000$$
$$= 0.159 \times 1000$$
$$= 159\text{Hz}$$

■ 20-2 복습문제

다음에서 X_L을 계산하라.

a. L이 1H이고 f가 100Hz인 경우

b. L이 0.5H이고 f가 100Hz인 경우

c. L이 1H이고 f가 1000Hz인 경우

그림 20-5 유도성 리액턴스 X_L의 합성 (a) 직렬연결된 X_{L_1}과 X_{L_2} (b) 병렬연결된 X_{L_1}과 X_{L_2}

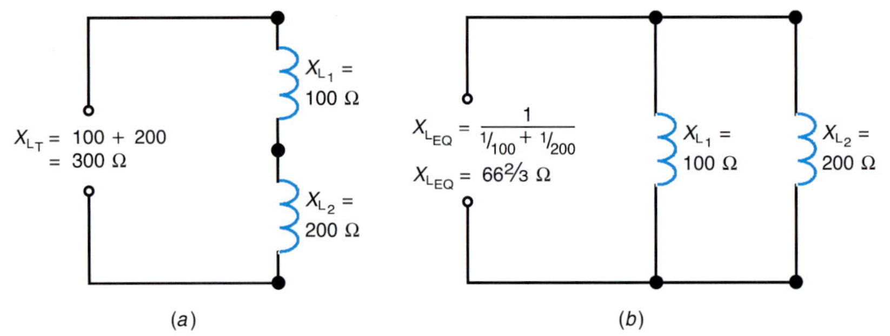

20-3 유도성 리액턴스의 직렬연결과 병렬연결

리액턴스는 전류를 방해하는 성분으로 단위가 옴이기 때문에 직렬연결이나 병렬연결에서의 X_L 값은 저항과 같은 방법으로 합성된다. 직렬로 연결된 리액턴스에서 전체 리액턴스는 〈그림 20-5a〉에 보인 것처럼 각각의 리액턴스 값의 합이 된다. 예를 들어, 100Ω과 200Ω의 직렬연결된 리액턴스는 더해져 300Ω의 X_L이 된다. 따라서 직렬회로에서는 다음과 같이 표현된다.

$$X_{L_T} = X_{L_1} + X_{L_2} + X_{L_3} + \cdots\cdots \tag{20-4}$$

병렬로 연결된 리액턴스의 합성 리액턴스는 역수 공식을 이용해서 계산된다.

〈그림 20-5b〉에 보인 것처럼 병렬회로에서는 다음과 같이 표현된다.

$$X_{L_{EQ}} = \frac{1}{\frac{1}{X_{L_1}} + \frac{1}{X_{L_2}} + \frac{1}{X_{L_3}} + \cdots\cdots} \tag{20-5}$$

병렬 리액턴스의 합성 리액턴스는 가장 작은 가지 리액턴스보다 작은 값을 가질 것이다. 병렬저항을 위한 빠른 계산법이 또한 병렬 리액턴스에도 적용된다. 예를 들어, 병렬로 연결된 두 개의 같은 리액턴스의 합성 리액턴스는 원래 값의 1/2이 된다.

■ 20-3 복습문제

a. 200Ω의 X_L과 300Ω의 X_L이 직렬로 연결된다. 전체 X_{L_T}는 얼마인가?

b. 200Ω의 X_L과 300Ω의 X_L이 병렬로 연결된다. 합성 리액턴스 $X_{L_{EQ}}$는 얼마인가?

20-4 X_L에 적용되는 옴의 법칙

단지 유도성 리액턴스만을 갖는 교류회로에서 전류의 세기는 인가전압을 X_L로 나눈 값과 같다. 세 가지 예가 〈그림 20-6〉에 주어진다. 그림의 코일에서 직류저항은 영으로 가정되기 때문에 표시되지 않는다. 〈그림 20-6a〉에서 100Ω의 한 개 리액턴스

그림 20-6 리액턴스 X_L, V, I를 갖는 회로 계산 (a) 한 개의 리액턴스 (b) 두 개의 직렬 리액턴스 (c) 두 개의 병렬 리액턴스

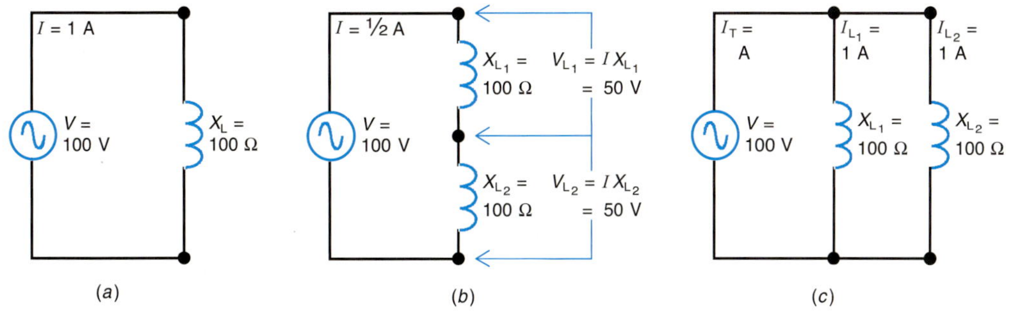

가 존재한다. 이때 $I=V/X_L$을 이용하면 100V/100Ω으로 1A이다.

〈그림 20-6b〉에서 전체 리액턴스는 각각 100Ω을 가지는 두 개의 직렬 리액턴스의 합이며 총 200Ω이 된다. 전류는 V/X_{LT}로 계산되어 100V/200Ω이 되어 0.5A가 된다. 이 전류는 두 직렬 리액턴스에서 똑같다. 따라서 각 리액턴스 양단의 전압은 IX_L의 곱과 같아 이 값은 0.5A×100Ω으로 50V가 된다.

〈그림 20-6c〉에서 각 합성 리액턴스는 각각의 가지전류를 가지며 이 값은 인가전압을 가지 리액턴스로 나눈 것과 같다. 각각의 가지전류는 100V/100Ω이 되어 1A가 된다. 전압은 두 리액턴스 양단에서 똑같고 발전기 전압과도 같은데, 이는 회로가 병렬로 연결되었기 때문이다.

2A의 전체 선전류는 각각 1A인 두 가지전류의 합이다. 인가전압이 실효값일 때 〈그림 20-6〉에서 계산된 모든 전류와 전압강하값 또한 실효값이다.

■ 20-4 복습문제

a. 〈그림 20-6b〉에서 X_{L_1}과 X_{L_2}를 통해 흐르는 I는 얼마인가?

b. 〈그림 20-6c〉에서 X_{L_1}과 X_{L_2}의 양단에 걸리는 전압 V는 얼마인가?

20-5 여러 주파수 신호에 대한 X_L의 응용

인덕턴스의 일반적인 용도는 상대적으로 낮은 주파수 신호에 대해서는 아주 작은 리액턴스를 제공하고 높은 주파수 신호에 대해서는 더 큰 리액턴스를 제공하는 것이다. 이러한 방식으로, 교류회로에서의 전류가 더 높은 주파수에서 증가한 X_L로 인해 감소될 수 있다. 회로 중에는 주파수가 서로 다른 전압들이 인가되어 다양한 주파수를 갖는 전류가 흐르는 회로들이 많이 있다. 이때 X_L의 일반적인 효과는 직류나 낮은 주파수에서 큰 전류가 흐르게 하고 높은 주파수에서는 X_L이 증가함에 따라 더 작은 전류를 흐르게 하는 것이다.

주파수가 저항과 X_L에 미치는 영향을 비교해보자. X_L은 주파수에 따라 증가하지만 저항 R은 주파수에 상관없이 일정하므로 R이 전류를 제한하는 효과는 직류전류든 임의의 주파수의 교류전류든 똑같은 효과를 갖는다.

표 20-1	1000Ω의 X_L을 위한 인덕턴스 L의 값	
L* (근사값)	주파수	비고
2.65 H	60 Hz	전력선 주파수와 낮은 오디오 주파수
160 mH	1000 Hz	중간 오디오 주파수
16 mH	10000 Hz	높은 오디오 주파수
160 μH	1000 kHz (RF)	라디오 방송 대역
16 μH	10 MHz (HF)	단파 라디오 대역
1.6 μH	100 MHz (VHF)	FM 방송 대역

X_L 값이 1000Ω이 되는 인덕턴스의 값을 여러 주파수에서 계산하여 〈표 20-1〉에 수록하였다.

예를 들어, 〈표 20-1〉의 첫줄에 있는 인덕턴스 L=2.65H는 60Hz에서 X_L값이 1000Ω이 된다. 이 값은 다음과 같이 계산된다.

$$L = \frac{X_L}{2\pi f} = \frac{1000}{2\pi \times 60} = \frac{1000}{377} = 2.65\text{H}$$

이 경우 인덕턴스는 직류전류나 60Hz 이하의 매우 낮은 주파수에 대해 거의 리액턴스를 갖지 않는다. 하지만 60Hz 이상에서 유도성 리액턴스는 1000Ω 이상으로 증가한다.

이상을 요약하면 이 2.65H의 인덕턴스에 대해 주파수를 증가하는 효과는 다음과 같다.

- 유도성 리액턴스 X_L은 0Hz에서 영이며 이는 일정 직류전류에 해당한다.
- 유도성 리액턴스 X_L은 60Hz 이하의 주파수에서 1000Ω보다 작다.
- 유도성 리액턴스 X_L은 60Hz에서 1000Ω과 같다.
- 유도성 리액턴스 X_L은 60Hz 이상의 주파수에서 1000Ω보다 크다.

알아두기▸▸

1μH 이하의 인덕터 값을 실제로 사용하는 경우는 거의 없다. 따라서 인덕턴스 단위 중에서 nH는 거의 사용되지 않는다.

주파수가 증가함에 따라 첫 번째 열의 마지막 줄에 있는 가장 작은 인덕턴스의 X_L 값도 1000Ω으로 같다는 것을 주목하라. 예를 들어, 전형적인 RF 코일은 100μH에서 300μH의 인덕턴스 값을 가진다. 초단파(VHF) 대역에서 1000Ω의 X_L을 갖는 데에는 수 μH의 인덕턴스면 충분하다.

주파수가 높아지면 좀 더 작은 인덕턴스 값을 사용할 필요가 있으며, 이는 크기가 너무 큰 코일은 고주파에서 과도한 손실을 가질 수 있기 때문이다. 특히, 철심을 갖는 코일에서 히스테리시스와 소용돌이 전류 손실이 주파수에 따라 증가한다.

■ 20-5 복습문제

〈표 20-1〉에서

a. 1000Ω의 X_L을 위해 어느 주파수에서 가장 작은 L을 요구하는가 ?

b. 200MHz에서 1.6μH의 L에 대해 X_L은 얼마인가?

20-6 사인파 전류에 의해 유도되는 v_L의 파형

〈그림 20-7〉의 파형으로 유도성 회로를 더욱 자세히 분석할 수 있다. 이 파형은 〈표 20-2〉에 계산된 값을 사용하여 그린 것이다. 가장 위의 파형은 6mH의 인덕턴스 L을 통해 흐르는 사인파 전류 i_L을 나타낸다. 유도전압이 i의 절대값이 아닌 전류 변화율에 의해 결정되기 때문에 〈그림 20-7b〉의 파형은 전류의 변화율을 보여준다. 이 그래프에서 di/dt 값은 사이클의 30°간격으로 전류 변화를 그린 것이다. 가장 아래 파형은 실제 유도전압 v_L을 나타낸다. v_L은 상수항 L과 di/dt의 곱과 같기 때문에 v_L의 파형은 di/dt 파형과 유사하다. di, dt는 i와 t에서의 무한히 작은 변화를 나타냄을 주목하라.

90° 위상각

〈그림 20-7〉의 가장 아래쪽의 v_L 파형은 i_L 파형이 최대값일 때 영을 가진다. 따라서 두 파형이 90°의 위상차가 있음을 알 수 있다. 사인파 전류 i_L에 대해서 v_L은 코사인파이다.

90°의 위상차는 v_L이 i 자체가 아닌 변화율 di/dt에 의해 결정된다는 사실에 원인이 있다. 인덕턴스에서 v_L과 i_L 사이의 90° 위상각에 대한 상세한 내용이 다음 장에서 설명된다.

> **알아두기▸▸**
> 인덕터에서 유도전압 v_L은 항상 전류 I보다 위상이 90° 앞선다. 이는 f 와 L 값에 관계없이 항상 적용된다.

주파수

파형에서 주기 T는 24μs이다. 따라서 주파수는 $1/T$인 1/24μs이므로 41.67kHz와 같다. 모든 파형은 같은 주파수를 가진다.

X_L값

v_L/I_L의 비는 Ω 단위의 유도성 리액턴스 값을 나타낸다. 두 값을 비교하는 데 i_L의 실제값인 100mA의 피크값을 사용한다. 변화율 인자는 유도전압 v_L에 포함된다. 150V인 v_L의 피크값이 100mA인 i_L의 피크값보다 90° 앞서고 있지만 이 두 피크값을 비교할 수 있으며, 이때 v_L/I_L의 비는 150/0.1이 되어 1500Ω과 같다.

이러한 X_L은 30° 간격마다 dt가 크게 변하여 정확한 v_L값을 계산할 수 없으므로 근사값이 된다. 시간 간격을 더욱 작게 하여 계산하면 피크값 v_L은 157V가 될 것이다. 이때 X_L은 1570Ω이 될 것이고 6mH의 L과 41.67kHz의 주파수에서 $2\pi fL$Ω과 같아진다. 이 값은 〈예제 20-1〉의 문제와 같은 X_L 값이다.

그림 20-7 유도성 회로의 파형 (a) 사인파 전류 i (b) 시간에 대한 전류 변화 di/dt (c) 유도전압 v_L

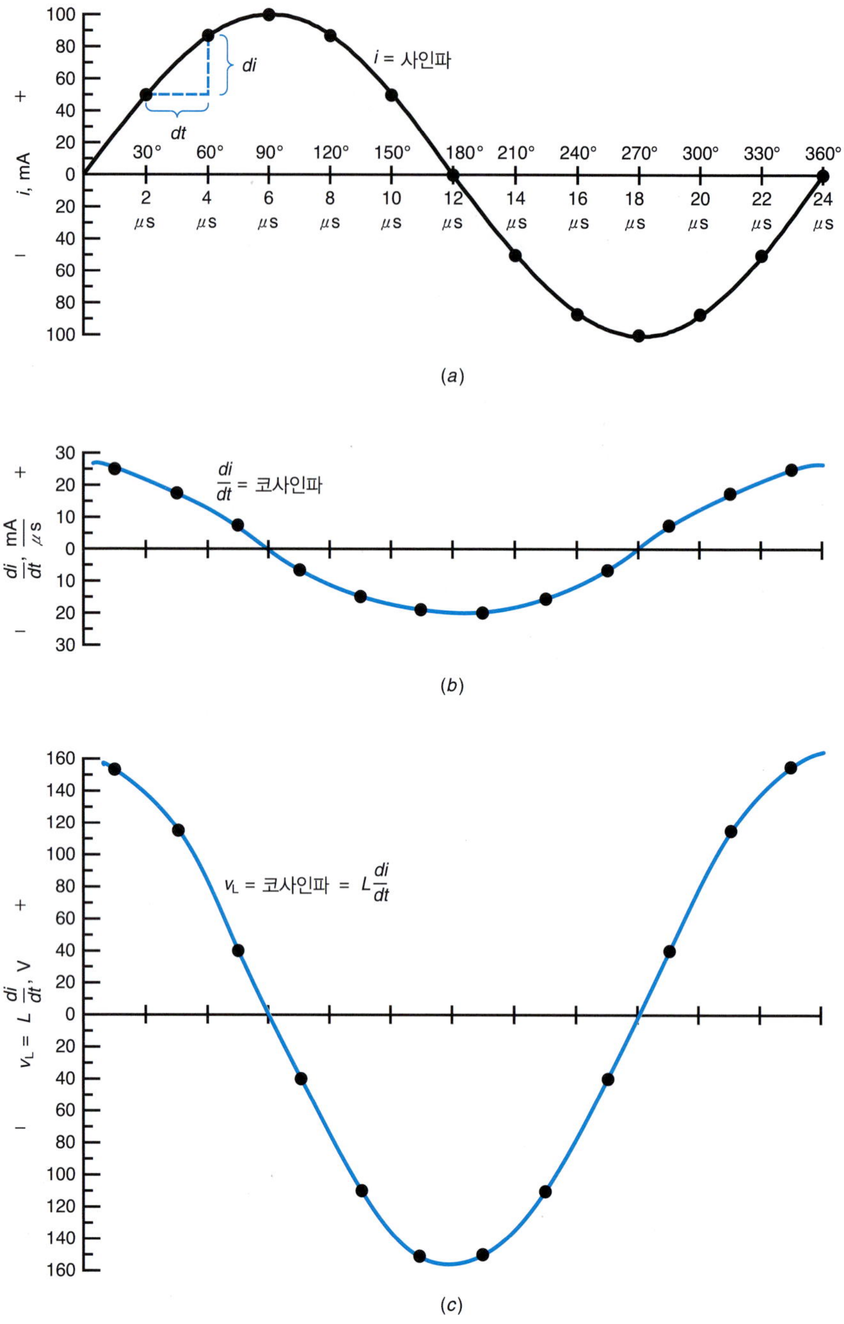

0° 에서 90° 까지의 도표 값

〈표 20-2〉의 수치는 다음과 같이 계산된다. 전류 i의 파형은 사인파이다. 이는 30°에서 그 피크값의 1/2, 60°에서 그 피크값의 0.866, 그리고 90°에서 그 피크값으로 증가함을 의미한다.

di/dt 파형에서 전류 i의 변화가 그려져 있다. 최초 30°구간에서 di는 50mA이고 dt 변화는 2μs이다. 따라서 di/dt는 50/2 또는 25mA/μs이다. 0°와 30° 사이의 2μs구간에 대해 전류 변화율이 25mA/μs임을 나타내기 위해 이 점이 0°와 30° 사

표 20-2		〈그림 20-7〉의 $v_L=L(di/dt)$ 파형 값					
시간		*dt*		*di*, mA	*di*/*dt* mA/μs	*L*, mH	$v_L=L(di/dt)$, V
θ	μs	θ	μs				
30°	2	30°	2	50	25	6	150
60°	4	30°	2	36.6	18.3	6	109.8
90°	6	30°	2	13.4	6.7	6	40.2
120°	8	30°	2	−13.4	−6.7	6	−40.2
150°	10	30°	2	−36.6	−18.3	6	−109.8
180°	12	30°	2	−50	−25	6	−150
210°	14	30°	2	−50	−25	6	−150
240°	16	30°	2	−36.6	−18.3	6	−109.8
270°	18	30°	2	−13.4	−6.7	6	−40.2
300°	20	30°	2	13.4	6.7	6	40.2
330°	22	30°	2	36.6	18.3	6	109.8
360°	24	30°	2	50	25	6	150

이에 그려진다. 만약 더 작은 구간이 사용된다면 *di*/*dt*의 값은 더욱 정확하게 결정될 수 있다.

30°에서 60°의 다음 2μs 구간 동안에 전류가 50mA에서 86.6mA로 증가한다. 이 시간 동안의 전류 변화는 86.6−50으로 36.6mA와 같다. 시간은 모든 구간에서 2μs로 똑같다. 이때 다음 점에서의 *di*/*dt*는 36.6/2로 18.3이 된다.

*i*가 100mA인 피크값에 도달하기 전의 마지막 2μs 구간에서 *di* 값은 100−86.6으로 13.4mA이고, *di*/*dt* 값은 6.7이다 이런 값들 모두가 〈표 20-2〉에 나타나 있다.

〈그림 20-7b〉의 *di*/*dt* 파형은 *i*가 영일 때 피크값을 가지고 *i*의 피크값은 *di*/*dt* 파형의 영인 점에서 나타나는 것에 주의해야 한다. 이런 조건은 정현파 *i*가 영에서 가장 날카로운 기울기를 가지므로 발생한다. 즉, *i* 파형이 영축을 통과할 때 변화율은 가장 커지게 된다. *i* 파형은 피크값 근처에서 평평해지고 피크값에서 정확히 영의 변화율을 가진다. 파형의 증가는 값이 떨어지기 전에 멈추어야 한다. 요약하면 *di*/*dt* 파형과 *i* 파형은 서로 90°의 위상차를 갖는다.

v_L 파형은 정확히 $v_L=L(di/dt)$이므로 *di*/*dt*의 파형을 따른다. v_L 파형의 위상은 정확히 *di*/*dt* 파형의 위상과 같으며 *i* 파형과 90°위상차를 갖는다. 처음의 그려진 점에서 다음을 구할 수 있다.

$$v_L = L\frac{di}{dt} = 6\times10^{-3}\times\frac{50\times10^{-3}}{2\times10^{-6}}$$
$$= 150\text{V}$$

다른 v_L 값도 똑같은 방법으로 계산되며, 6mH의 상수항에 2μs의 구간 동안의 di/dt 값을 곱하면 된다.

90° 에서 180° 구간

이 1/4 사이클에서 전류 i는 90°의 100mA의 피크값에서 180°의 영으로 감소한다. 이런 감소는 di가 음의 값을 갖는 것을 의미하고 기울기도 하강하는 음의 값을 갖는다. 물리적으로 전류의 감소는 전류에 의해 발생하는 자속의 축소를 의미하고 반면에 전류의 증가는 자속의 확장을 의미한다. 축소하는 자속을 방해하는 작용은 v_L을 반대 극성으로 만든다. 이러한 이유로 di 값은 90°에서 180°까지 음의 값을 갖는다. di/dt 값 또한 음의 값이며 v_L도 음의 값이 된다.

180° 에서 270° 구간

이 1/4 사이클에서 전류는 역방향으로 증가한다. 만약 도체가 $+i$ 값을 가질 때의 자속이 반시계방향으로 고려된다면 전류 $-i$ 값에 대해 자속은 반대로 시계방향을 갖는다. 한 방향으로 증가하는 자속에 의해 발생된 유도전압은 반대 방향으로 증가하는 자속에 의한 전압과 반대 극성을 가질 것이다. 이런 이유로 0°에서 90°까지의 양의 di 값과 비교해 두 번째 1/4 사이클인 180°에서 270°까지 di 값은 음으로 고려된다. 실제로, 증가하는 음의 값과 감소하는 양의 값은 같은 방향으로 변하고 있으며, 이런 이유로 v_L은 두 번째와 세 번째의 1/4 사이클에서 음의 값을 갖는다.

270° 에서 360° 구간

마지막 1/4 사이클에서 음의 i 값이 감소하고 있다. 극성의 효과는 양의 수를 만드는 두 개의 음의 수와 같다. 전류와 그 자속이 음의 방향을 갖는다. 자속이 축소하고 있으며 이는 증가하는 자속과 반대 방향의 전압을 유도한다. 따라서 270°에서 360°까지의 di 값은 양이며 di/dt 값과 유도전압 값도 양이 된다.

같은 현상이 각 사인파 전류 사이클마다 반복된다. 전류 i_L과 유도전압 v_L은 90°의 위상차를 가지며 이유는 v_L이 i 자체가 아닌 di/dt에 의해 결정되기 때문이다.

회로에서 90° 위상각의 응용

V_L과 I 사이의 90° 위상각은 사인파 전류를 갖는 임의의 L에 대해서도 항상 적용될 것이다. 이 관계는 한 코일 양단의 유도전압과 그 코일에 흐르는 전류 사이에서만 오직 성립함을 기억할 필요가 있다. 이 중요한 원리를 강조하기 위해 〈그림 20-8〉은 몇 개의 코일과 저항기를 갖는 교류회로를 보인다. 이와 같은 복잡한 회로의 상세 해석은 여기서 수행하지 않는다. 하지만 회로의 각 L에서 V_L은 I와 90° 위상차를 갖는다. I는 V_L보다 90° 뒤진다. 또는 V_L은 I 보다 앞선다. 〈그림 20-8〉의 세 코일에 대해 다음과 같이 표현할 수 있다.

그림 20-8 하나 이상의 인덕턴스를 갖는 복잡한 회로에서 V_L의 90° 위상각 적용 방법. 전류 I_1이 V_{L1}보다 90° 뒤지고, I_2는 V_{L2}보다 90° 뒤지며 I_3은 V_{L3}보다 90° 뒤진다.

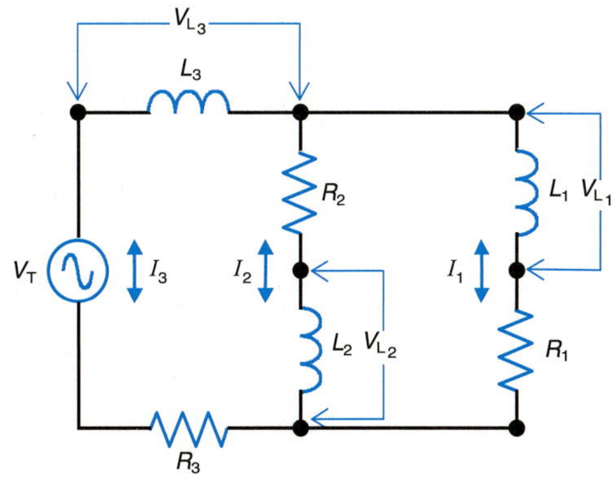

- 전류 I_1은 V_{L1}보다 90° 뒤진다.
- 전류 I_2는 V_{L2}보다 90° 뒤진다.
- 전류 I_3은 또한 V_{L3}보다 90° 뒤진다.
- 그림의 직병렬 회로에서 I_3은 I_T와 같음을 주목하라.

■ 20-6 복습문제

〈그림 20-7〉에서 다음에 대해 답하라.

a. 어느 각도에서 i는 자신의 양의 최대값을 가지는가?

b. 어느 각도에서 v_L은 자신의 양의 최대값을 가지는가?

c. 파형 i와 v_L 사이의 위상각 차는 얼마인가?

요약

- 유도성 리액턴스는 사인파 교류전류의 흐름을 방해하는 인덕턴스의 성질이다. 유도성 리액턴스의 기호는 X_L이다.
- 리액턴스 X_L은 $I=V/X_L$ 값으로 전류를 제한하기 때문에 옴(Ω) 단위로 측정된다. 여기서 V는 V를, X_L은 Ω을, I는 A를 단위로 사용한다.
- $X_L=2\pi fL$이며, 여기서 f는 Hz를, L은 H를, X_L은 Ω를 단위로 사용한다.
- 일정한 L에 대해 X_L은 주파수에 비례하여 증가한다.
- 일정 주파수에 대해 X_L은 인덕턴스에 비례하여 증가한다.
- X_L과 f를 알고 있을 때 인덕턴스는 $L=X_L/2\pi f$에 의해 구해진다.
- X_L과 L을 알고 있을 때 주파수는 $f=X_L/2\pi L$에 의해 구해진다.
- 직렬로 연결된 리액턴스의 전체 리액턴스 X_L은 직렬로 연결된 저항과 같이 각 리액턴스의 합이 된다. 직렬로 연결된 리액턴스는 똑같은 전류를 가진다. 각 유도 리액턴스 양단의 전압은 IX_L이다.
- 병렬로 연결된 리액턴스의 등가 리액턴스는 병렬로 연결된 저항과 같이 역수 공식에 의해 계산된다. 각 가지전류는 V/X_L이다. 전체 본선전류는 각 가지전류의 합이다.
- 〈표 20-3〉에 L과 X_L 사이의 차이가 요약되어 있다.
- 〈표 20-4〉에 X_L과 R이 비교되어 있다.
- 〈표 20-5〉에 용량성 리액턴스와 유도성 리액턴스 사이의 차이가 요약되어 있다.

표 20-3	인덕턴스와 유도성 리액턴스의 비교
인덕턴스	유도성 리액턴스
기호는 L이다.	기호는 X_L이다.
단위는 H이다.	단위는 Ω이다.
코일의 구조에 따라 결정된다.	주파수와 인덕턴스에 따라서 결정된다.
$L=v_L/(di/dt)$	$X_L=v_L/I_L$ 또는 $2\pi fL$

표 20-4	X_L과 R의 비교
X_L	R
단위는 Ω	단위는 Ω
주파수에 따라 증가한다.	모든 주파수에서 같다.
전류가 전압보다 90° 뒤진다. (θ=90°)	전류는 전압과 동상이다. (θ=0°)

표 20-5	용량성 리액턴스와 유도성 리액턴스의 비교
X_C, Ω	X_L, Ω
커패시턴스 C에 따라 감소한다.	인덕턴스 L에 따라 증가한다.
주파수 f의 증가에 따라 감소한다.	주파수 f의 증가에 따라 증가한다.
낮은 주파수에서 작은 전류가 흐르게 한다. 직류전류를 차단한다.	낮은 주파수에서 큰 전류가 흐르게 한다. 직류전류를 통과한다.

중요 용어

- 비례 : 두 양 사이의 관계를 나타내기 위해 사용되는 수학적 용어. 예를 들어, 공식 $X_L = 2\pi fL$ 에서 X_L은 주파수 f와 인덕턴스 L 모두에 직접 비례한다. 비례의 개념에 의해 f 또는 L이 어느 하나라도 두 배가 되면 X_L은 두 배가 될 것이다. 마찬가지로 f 또는 L이 어느 하나라도 1/2이 되면 X_L은 1/2이 될 것이다. 다시 말해, X_L은 f 또는 L에 정비례하여 증가하거나 감소할 것이다.
- 위상각 : 두 파형 사이의 각 차이. 인덕터에서 유도전압 V_L은 인덕터 전류 i_L보다 90° 먼저 최대값에 도달한다. 결과로 인덕터 양단의 유도전압 V_L은 인덕터 전류 i_L보다 90°위상각 앞선다고 말할 수 있다.
- 유도성 리액턴스 X_L : 교류전류의 흐름을 방해하는 인덕터의 성분. X_L은 옴(Ω) 단위로 측정되고 $X_L = 2\pi fL$ 또는 $X_L = \frac{V_L}{I_L} \cdot X_L$ 과 같이 계산된다. X_L은 사인파 교류회로에만 적용된다.

중요 공식

$$X_L = 2\pi fL$$

$$L = \frac{X_L}{2\pi f}$$

$$f = \frac{X_L}{2\pi L}$$

$$X_L = \frac{V_L}{I_L}$$

$$X_{L_T} = X_{L_1} + X_{L_2} + X_{L_3} + \cdots\cdots \text{ (직렬 인덕터)}$$

$$X_{L_{EQ}} = \frac{1}{1/X_{L_1} + 1/X_{L_2} + 1/X_{L_3} + \cdots\cdots} \text{ (병렬 인덕터)}$$

자습문제

1. 유도성 리액턴스 X_L의 단위는 무엇인가?

a. H

b. Ω

c. F

d. Hz

2. 인덕터의 유도성 리액턴스 X_L에 대한 설명 중 맞는 것은?

a. 주파수에 대해 반비례한다.

b. 주파수와 관계없다.

c. 주파수에 비례한다.

d. 인덕턴스에 반비례한다.

3. 인덕터에서 유도전압 V_L에 대한 설명 중 맞는 것은?

a. 인덕터 전류 I_L을 90° 앞선다.

b. 인덕터 전류 I_L에 90° 뒤진다.

c. 인덕터 전류 I_L과 동상이다.

d. 정답 없음

4. 일정 직류전류에서 인덕터의 유도성 리액턴스 X_L은 얼마인가?

a. 무한대

b. 매우 높다.

c. 약 10kΩ

d. 0Ω

5. 3.183kHz의 주파수에서 100mH 코일의 유도성 리액턴스 X_L은 얼마인가?

a. 2kΩ

b. 200Ω

c. 1MΩ

d. 4Ω

6. 60mH의 인덕터가 1kΩ의 X_L 값을 갖는 주파수는 얼마인가?

a. 377Hz

b. 265kHz

c. 2.65kHz

d. 15.9kHz

7. 159.15kHz의 주파수에서 500Ω의 X_L을 만드는 인덕턴스 값은 얼마인가?
a. 5H
b. 500μH
c. 500mH
d. 750μH

8. 두 인덕터 L_1과 L_2가 직렬로 연결되어 있다. 만약 X_{L_1}=4kΩ이고 X_{L_2}=2kΩ이면 X_{LT}는 얼마인가?
a. 6kΩ
b. 1.33kΩ
c. 4.47kΩ
d. 2kΩ

9. 두 인덕터 L_1과 L_2가 병렬로 연결되어 있다. 만약 X_{L_1}=1kΩ이고 X_{L_2}=1kΩ이면 X_{LEQ}는 얼마인가?
a. 707Ω
b. 2kΩ
c. 1.414kΩ
d. 500Ω

10. 주파수가 1kHz일 때 24V 교류전원에서 25mA의 전류를 흐르게 하는 코일의 인덕턴스는 얼마인가?
a. 63.7μH
b. 152.8mH
c. 6.37H
d. 15.28mH

확인문제

1. X_L이 교류전류의 크기를 제한하는 이유를 간단히 설명하라.
2. X_L과 R 사이의 차이점 두 개와 유사점 한 개를 설명하라.
3. X_L이 왜 주파수와 인덕턴스가 증가함에 따라 증가하는지 설명하라.
4. 코일의 인덕턴스 L과 그 리액턴스 X_L 사이의 두 가지 차이점을 설명하라.
5. 〈그림 20-7a〉와 〈그림 20-7b〉의 파형은 왜 90°의 위상차를 가지며, 〈그림 20-7b〉와 〈그림 20-7c〉의 파형은 왜 같은 위상을 갖는지를 설명하라.
6. 〈그림 20-3〉에서 그래프가 어떻게 X_L과 주파수 사이에 선형 비례를 보이는가?
7. 〈그림 20-4〉에서 그래프가 어떻게 X_L과 L 사이에 선형 비례를 보이는가?
8. 〈그림 20-3〉에서 2000Ω의 X_L을 만들기 위해 표에 나타나 있지 않은 각각의 주파수에 대해 필요한 L 값을 계산하여 도표화하라.
9. (a) 120V, 60Hz의 전원 양단에 40°의 R이 연결된 회로를 그려라.
   (b) 120V, 60Hz의 전원 양단에 40°의 X_L이 연결된 회로를 그려라.
   (c) 두 회로에서 왜 I가 3A로 같은가?
   (d) 두 회로 사이의 두 가지 차이점을 설명하라.
10. RF 응용에 사용되는 코일은 왜 AF 코일보다 일반적으로 크기가 작은가?

연습문제

20-1절 X_L이 I의 크기를 줄이는 원리

20-1 일정 직류전류에서 코일의 유도성 리액턴스 X_L은 얼마인가?

20-2 코일이 가지는 유도성 리액턴스의 크기를 결정하는 두 가지 요소를 열거하라.

20-3 〈그림 20-9〉에서 S_1이 위치 ①에 있으면 전류계 M_1에 의해 측정되는 직류전류는 얼마가 되는가?

그림 20-9

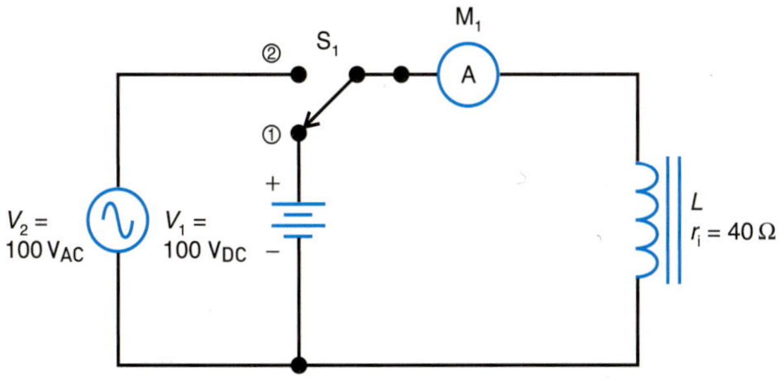

20-4 〈그림 20-9〉에서 S_1이 위치 ①에 있으면 코일이 가지는 유도성 리액턴스 X_L은 얼마인가? 답을 설명하라.

20-5 〈그림 20-9〉에서 S_1이 위치 ②에 있는 경우 전류계 M_1으로 25mA의 교류전류가 측정되었다. 다음에 대해 답하라.

a. S_1이 위치 ①에 있을 때보다 위치 ②에 있을 때 회로에 더 작은 전류가 흐르는 이유는 무엇인가?

b. 코일의 유도성 리액턴스 X_L은 얼마인가? (단, 코일의 저항 r_i의 효과는 무시하라.)

20-2절 $X_L = 2\pi fL$

20-6 〈그림 20-10〉에서 다음의 V_{AC}와 I 값 각각에 대한 유도성 리액턴스 X_L은 얼마인가?

a. V_{AC}=10V, I=2mA

b. V_{AC}=50V, I=20μA

c. V_{AC}=12V, I=15mA

d. V_{AC}=6V, I=40μA

e. V_{AC}=120V, I=400mA

그림 20-10

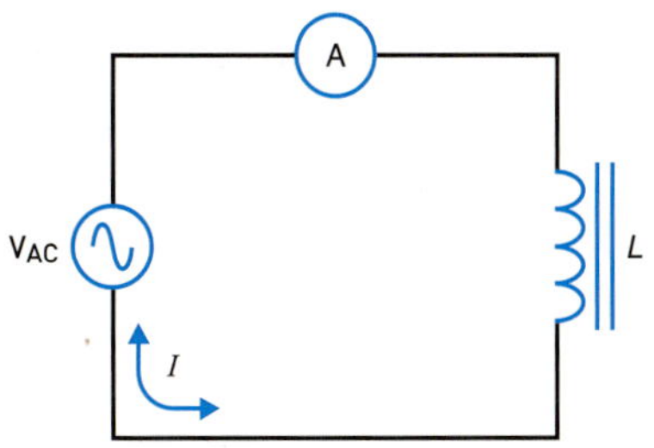

20-7 다음의 주파수에서 100mH 인덕터의 유도성 리액턴스 X_L을 계산하라.

a. f=60Hz

b. f=120Hz

c. f=1.592kHz

d. f=10kHz

20-8 다음의 주파수에서 50μH 코일의 유도성 리액턴스 X_L을 계산하라.

a. f=60Hz

b. f=10kHz

c. f=500kHz

d. f=3.8MHz

20-9 다음의 주파수에서 1kΩ의 X_L 값을 만드는 인덕턴스 L 값은 얼마인가?

a. f=318.3Hz

b. f=1.591kHz

c. f=5kHz

d. f=6.36kHz

20-10 30mH의 인덕터가 다음의 X_L 값을 만들기 위한 주파수는 얼마인가?

a. 50Ω

b. 200Ω

c. 1kΩ

d. 40kΩ

20-11 주파수가 1kHz일 때 24V 교류전원에서 15mA의 전류를 흐르게 하는 코일의 인덕턴스는 얼마인가?

20-12 0.25μH의 표유 인덕턴스가 100Ω의 X_L 값을 가지기 위한 주파수는 얼마인가?

20-13 25mH의 코일이 10V 교류전원에서 2mA의 전류를 흐르게 한다. 다음의 경우 인덕터에 흐르는 전류 값은 얼마인가?

a. 주파수가 2배일 때

b. 주파수가 1/2로 감소했을 때

c. 인덕턴스가 50mH로 2배가 되었을 때

d. 인덕턴스가 12.5mH로 1/2이 되었을 때

20-14 코일이 어떤 주파수에서 10kΩ의 유도성 리액턴스 X_L 값을 갖는다. 주파수가 다음과 같이 변할 때 X_L 값은 얼마인가?

a. 주파수가 1/2로 감소했을 때

b. 주파수가 2배가 될 때

c. 주파수가 4배가 될 때

d. 주파수가 10배가 될 때

20-15 다음의 인덕턴스와 주파수 값에서 유도성 리액턴스 X_L을 계산하라.

a. L=7H, f=60Hz

b. L=25μH, f=7MHz

c. L=500mH, f=318.31Hz

d. L=1mH, f=159.2kHz

20-16 다음의 주파수와 X_L 값에서 인덕턴스 값을 계산하라.

a. X_L=50Ω, f=15.91kHz

b. X_L=2kΩ, f=5kHz

c. X_L=10Ω, f=795.7kHz

d. X_L=4kΩ, f=6kHz

20-17 다음의 인덕턴스와 X_L 값에서 주파수를 계산하라.

a. L=80mH, X_L=1kΩ

b. L=60μH, X_L=200Ω

c. L=5H, X_L=100kΩ

d. L=150mH, X_L=7.5kΩ

20-3절 유도성 리액턴스의 직렬연결과 병렬연결

20-18 다음의 직렬로 연결된 유도성 리액턴스에 대해 전체 유도성 리액턴스 X_{LT}는 얼마인가?

a. X_{L_1}=250Ω, X_{L_2}=1.5kΩ

b. X_{L_1}=200Ω, X_{L_2}=400Ω, X_{L_3}=800Ω

c. X_{L_1}=10kΩ, X_{L_2}=30kΩ, X_{L_3}=15kΩ

d. X_{L_1}=1.8kΩ, X_{L_2}=2.2kΩ, X_{L_3}=1kΩ

20-19 다음의 병렬로 연결된 유도성 리액턴스에 대해 등가 유도성 리액턴스 X_{LEQ}는 얼마인가?

a. X_{L_1}=1.2kΩ, X_{L_2}=1.8kΩ

b. X_{L_1}=1.5kΩ, X_{L_2}=1kΩ

c. X_{L_1}=1.2kΩ, X_{L_2}=400Ω, X_{L_3}=300Ω

d. X_{L_1}=1kΩ, X_{L_2}=4kΩ, X_{L_3}=800Ω, X_{L_4}=200Ω

20-4절 X_L에 적용되는 옴의 법칙

20-20 〈그림 20-11〉에서 전류 I를 계산하라.

그림 20-11

20-21 〈그림 20-11〉에서 인가전압의 주파수가 다음과 같이 변할 때 전류 I는 어떻게 되는가?

a. 감소할 때

b. 증가할 때

20-22 〈그림 20-12〉에서 다음에 대해 풀어라.

a. X_{LT}

b. I

c. V_{L1}, V_{L2}, V_{L3}

20-23 〈그림 20-12〉에서 인가전압의 주파수가 1.591kHz인 경우 L_1, L_2, L_3, L_T를 구하라.

그림 20-12

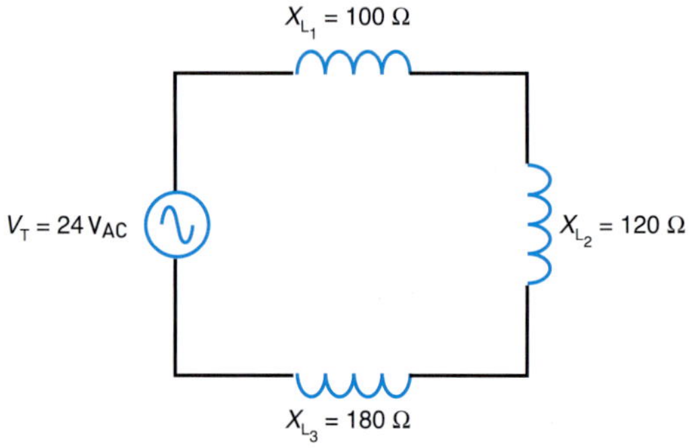

20-24 〈그림 20-13〉에서 다음에 대해 풀어라.

a. X_{L1}, X_{L2}, X_{L3}

b. X_{LT}

c. I

d. V_{L1}, V_{L2}, V_{L3}

e. L_T

그림 20-13

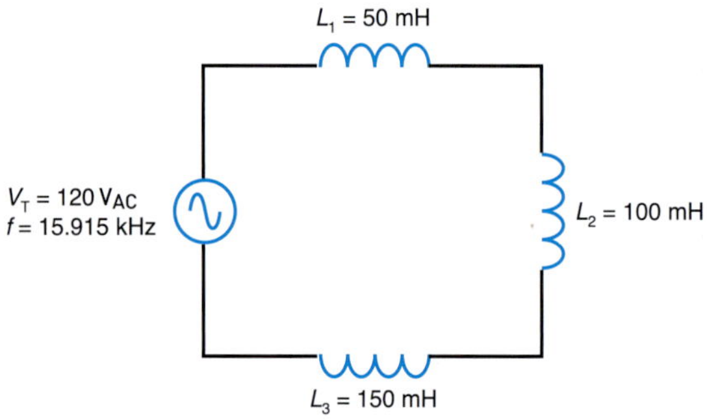

20-25 〈그림 20-14〉에서 다음에 대해 풀어라.

a. I_{L1}, I_{L2}, I_{L3}

b. I_T

c. X_{LEQ}

그림 20-14

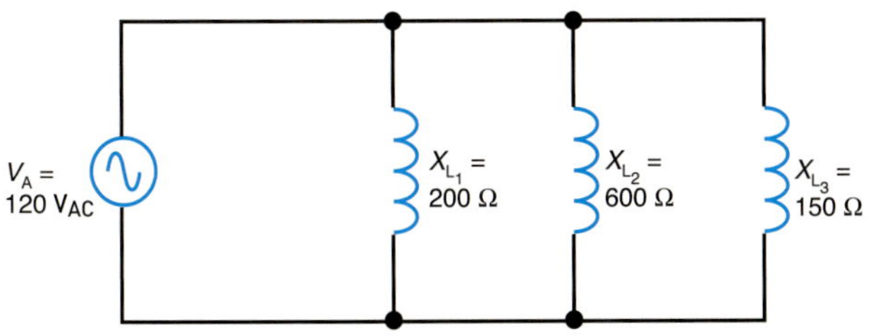

20-26 〈그림 20-14〉에서 인가전압의 주파수가 6.366kHz인 경우 L_1, L_2, L_3, L_T를 구하라.

20-27 〈그림 20-15〉에서 다음에 대해 풀어라.

a. X_{L1}, X_{L2}, X_{L3}

b. I_{L1}, I_{L2}, I_{L3}

c. I_T

d. X_{LEQ}

e. L_{EQ}

그림 20-15

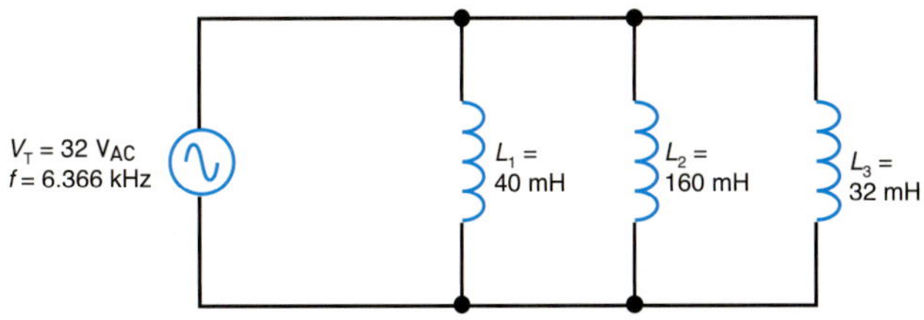

20-5절 여러 주파수 신호에 대한 X_L의 응용

20-28 다음의 주파수에서 500Ω의 X_L 값을 만들기 위해 필요한 인덕턴스 L 값을 계산하라.

a. f=250Hz

b. f=636.6Hz

c. f=3.183kHz

d. f=7.957kHz

20-6절 사인파 전류에 의해 유도되는 v_L 파형

20-29 인덕터에서 유도전압 V_L과 인덕터 전류 I_L 사이의 위상 관계는 어떻게 되는가? 이유를 설명하라.

20-30 인덕터를 통해 흐르는 사인파 교류전류에서 사이클의 어느 각도에서 유도전압이

a. 최대가 되는가?

b. 영이 되는가?

사고력 문제

20-31 〈그림 20-16〉에서 L_1, L_2, L_3, L_T, X_{L1}, X_{L2}, X_{LT}, V_{L1}, V_{L3}, I_{L2}, I_{L3}을 계산하라.

그림 20-16

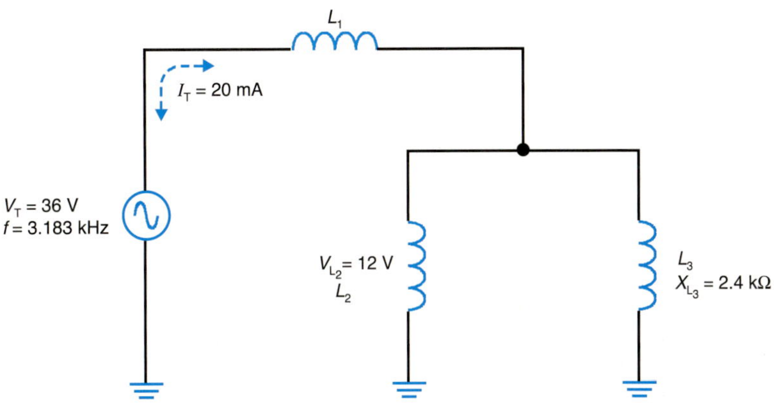

20-32 L_M 없이 직렬로 연결된 두 인덕터가 전체 인덕턴스 값 L_T로 120μH를 갖는다. 만약 L_1/L_2=1/20이면 L_1과 L_2의 값은 얼마인가?

20-33 병렬로 연결된 세 인덕터가 등가 인덕턴스 L_{EQ}로 7.5mH를 갖는다. 만약 L_2=3L_3이고 L_3=4L_1이면 L_1, L_2, L_3의 값은 얼마인가?

복습문제 정답

20-1 a. 0Ω
b. 1000Ω

20-2 a. X_L= 628Ω
b. X_L= 314Ω
c. X_L= 6280Ω

20-3 a. X_{LT}= 500Ω
b. X_{LEQ}= 120Ω

20-4 a. 0.5A
b. 100V

20-5 a. 100MHz
b. 2000Ω

20-6 a. 90°
b. 0° 또는 360°
c. 90°

chapter

21

유도성 회로

이 장에서는 유도성 리액턴스 X_L과 저항 R이 연결되어 있는 회로를 해석한다. 주된 내용은 두 저항을 합성하는 방법과 저항에 흐르는 전류의 크기 그리고 위상각의 측정에 관한 것들이다. 유도성 리액턴스 X_L과 저항 R은 모두 저항값으로 측정되기는 하지만 서로 다른 특성을 갖는다. 사인파(정현파) 교류전압이 인가될 때, X_L은 L값이 커짐에 따라 또 주파수가 높아짐에 따라 증가하게 되지만 저항 R은 직류회로나 교류회로에서 동일한 값을 가진다. 더욱이 리액턴스 X_L 양단 전압의 위상각은 L을 통해 흐르는 전류보다 $90°$만큼 앞서게 된다.

또한 특정 주파수의 전류를 감소시키기 위해 초크로 코일을 사용하는 실제적인 응용에 대해서도 이 장에서 설명한다. L과 R이 직렬로 연결된 회로에서, X_L은 원치 않는 특정 교류신호의 주파수에 대해 높은 값을 나타낼 수 있지만 R은 직류나 교류에 대해 동일한 값을 갖는다.

마지막으로 L 양단에 발생되는 일반적인 유도전압의 형태는 비정현적인 전류의 변화를 보여준다. 이 경우에는 위상 대신에 i_L과 v_L의 파형을 비교하게 된다. IX_L 전압에서의 위상각 $90°$는 오직 사인파에서만 적용된다는 것을 기억하라.

전류나 전압 펄스와 같은 비정현 파형을 갖는 회로에 대해서는 22장에서 설명되어 있는 것처럼 L/R 시정수를 통해서 해석할 수 있다.

단원 차례

단원 목표

- 인덕터에서 전압이 전류에 대해서 90° 앞서는 이유를 설명한다.
- 직렬 RL 회로의 전체 임피던스와 위상각을 계산한다.
- 병렬 RL 회로의 전체 전류, 등가 임피던스 및 위상각을 계산한다.
- 코일의 Q가 갖는 의미를 정의한다.
- 인덕터가 특정 교류 주파수는 통과시키나 다른 주파수를 억제하는 데 사용되는 이유를 설명한다.
- 비정현 전류에 의해서 발생되는 유도전압을 계산한다.

중요 용어

교류 유효 저항 R_e	위상각 θ	초크	탄젠트(tan)
아크탄젠트(arctan)	위상 삼각형	코일의 Q	표면 효과
임피던스 Z			

21-1 사인파 i_L은 v_L에 90° 뒤진다

사인파 전류의 변화로 유도전압이 발생하면, 〈그림 21-1〉과 같이 전류는 정확하게 90°만큼 유도전압에 뒤진다. 〈그림 21-1a〉의 유도성 회로는 〈그림 21-1b〉와 같은 전류, 전압 파형을 갖는다. 〈그림 21-1c〉의 페이저는 i_L과 v_L 사이의 위상각이 90° 만큼 차이가 나는 것을 보여준다. 즉 i_L이 v_L보다 90° 뒤지거나 또는 v_L이 i_L보다 90° 앞선다고 말할 수 있다.

i_L과 v_L 사이의 90° 위상 관계는 L이 직렬이든 병렬이든 그리고 L만 있든지 또는 다른 소자들과 연결되어 있든지에 관계없이 어떠한 사인파 교류 회로에서도 적용된다. 또한 X_L 양단의 전압은 L에 흐르는 전류와 항상 90°만큼 위상차가 난다고 말할 수 있다.

알아두기▸▸

코사인 파형은 0°와 90° 사이에서 최대값을 가지며 90°와 270° 사이에서 최소값을 갖는다.

위상차가 90°인 이유

이 질문에 대한 답은 v_L이 i_L의 시간적 변화율에 비례하기 때문이다. 앞 장의 〈그림 20-7〉에서도 언급한 바와 같이 전류 i_L이 사인파일 때 유도전압은 코사인파가 된다. 다시 말하면 v_L은 i의 위상을 갖는 것이 아니고 di/dt의 위상을 갖는다.

i_L이 v_L에 뒤지는 이유

90°차이는 i_L과 v_L 파형에서 같은 값을 갖는 임의의 두 개의 점에서 측정할 수 있다. 측정하기에 편리한 점은 정(+)의 피크값이다. i_L 파형은 v_L 파형이 90°를 진행한 후에야 비로소 정(+)의 피크값을 가지게 됨을 유념하라. 따라서 i_L은 v_L에 90° 뒤지게 된다. 뒤지는 시간은 전체 사이클의 1/4이 되는 시간과 같다.

유도성 전류는 직렬회로에서 동일

인덕턴스에 흐르는 전류의 시간지연과 결과적인 위상각은 오직 인덕턴스 양단의 전압에 따라서만 달라진다. 이러한 조건으로 인해 전류가 직렬회로의 모든 소자에 동일하게 흐른다는 사실이 바뀌지는 않는다. 〈그림 21-1a〉에서 발생기의 전류는 전선을 통해 직렬로 연결되어 있는 L에 동일하게 흐른다. 어느 순간 전류값이 어떤 값을 갖더라도 모든 직렬 소자에서 동일한 전류값을 갖는다. 전류와 전압 사이에서 시간지연이 나타난다.

MultiSim **그림 21-1** (a) 인덕턴스 L이 연결된 회로 (b) 사인파 i_L은 v_L에 90° 만큼 늦다. (c) 페이저도

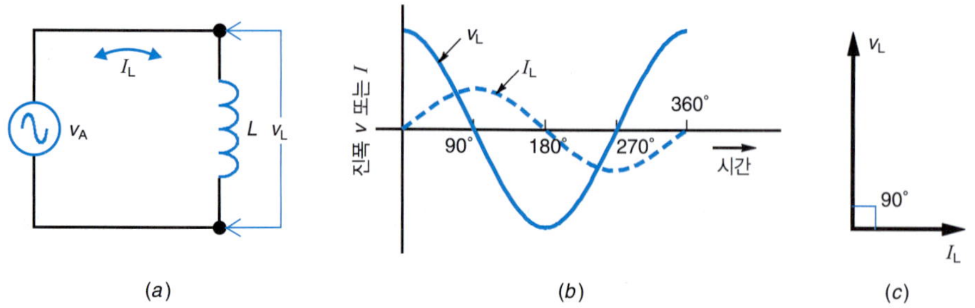

유도성 전압은 병렬가지에서 동일

〈그림 21-1a〉에서 병렬로 연결된 발생기와 인덕터 L 양단의 전압값은 동일하다. 따라서 두 개의 병렬전압은 어느 쪽이 앞서거나 뒤지지 않는다. 어느 순간 발생기 양단의 전압값이 어떤 값을 갖더라도 L 양단의 전압은 발생기 전압과 동일한 값을 갖는다. 병렬전압 v_A나 v_L은 전류와 90°만큼 위상차가 난다.

이 회로에서 L 양단의 전압은 두 전압이 같기 때문에 인가된 전압에 의해서 결정된다. 여기에서 유도성 효과는 $L(di/dt)$이 병렬전압과 같아지는 전류의 값을 결정하는 것이다.

i_L과 v_L의 주파수는 동일

i_L이 v_L에 대해 90°만큼 위상이 뒤진다 할지라도 두 파형의 주파수는 동일하다. i_L 파형은 v_L 파형에 비해서 90°만큼 늦게 피크값에 도달하나 변환 사이클은 동일한 비율로 반복된다. 예를 들어, 〈그림 21-1b〉에서 사인파 v_L의 주파수가 100Hz라면 i_L의 주파수 또한 100Hz가 된다.

■ 21-1 복습문제

〈그림 21-1〉에서

a. v_A와 v_L 사이의 위상각은 얼마인가?

b. i_L과 v_L 사이의 위상각은 얼마인가?

c. i_L이 v_L에 대해서 앞서는가 뒤지는가?

21-2 X_L과 R의 직렬연결

코일과 저항이 직렬로 연결되어 있으면 전류는 X_L과 R 모두에 의해서 제한된다. 이 전류는 서로 직렬이기 때문에 X_L과 R에 동일하게 흐른다. 각각에 일어나는 직렬전압강하는 저항의 경우에는 IR이고 리액턴스의 경우에는 IX_L이다.

〈그림 21-2〉와 같이 X_L과 R이 직렬로 연결된 회로에 대해 다음 사항에 유의하라.

1. I가 모든 직렬 소자를 통해 흐르기 때문에 전류는 I_L이 아닌 I로 표기한다.
2. X_L 양단의 전압은 V_L로 표기하며, V_R이 IR 전압강하를 나타내는 것과 마찬가지로 V_L은 IX_L 전압강하를 나타낸다.
3. 인덕턴스를 흐르는 전류와 자기-유도전압 사이의 위상각의 차이가 90°이기 때문에 X_L을 통해 흐르는 전류 I는 V_L에 대해서 90°만큼 뒤지게 된다.
4. R을 통해 흐르는 전류 I와 전압강하 IR은 동상이다. 저항에 흐르는 사인파 전류에는 리액턴스 성분이 없다. 따라서 I와 IR은 위상차가 없다.

MultiSim **그림 21-2** 직렬회로에서 유도성 리액턴스 X_L과 저항 R (a) 회로도 (b) 전류와 전압의 파형 (c) 페이저도

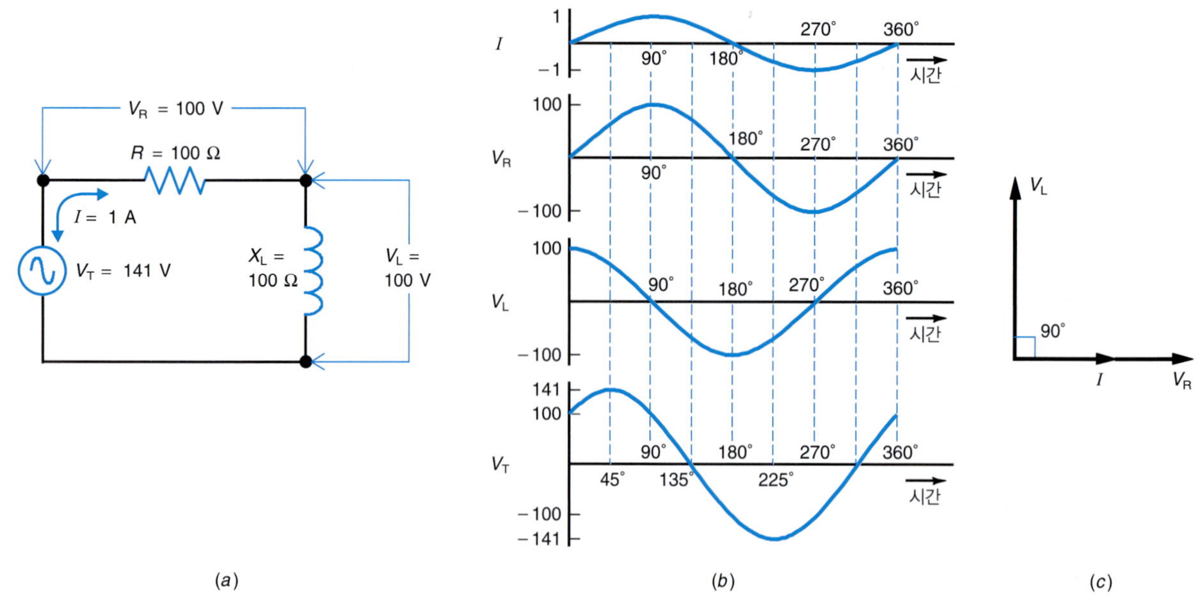

저항 R은 코일의 내부 저항이거나 외부 직렬저항일 수 있다. I와 V 값들은 동일한 방법으로 측정된다면 실효(rms)값, 피크값 또는 순시값 등 어느 값도 될 수 있다. 여기에서는 파형을 비교하기가 편하기 때문에 피크값을 사용한다.

위상 비교

다음에 유의하라.

1. 전압 V_L은 전류 I와 90°의 위상차가 난다.
2. 그러나 V_R과 I는 동상이다.
3. 만일, 전류 I를 기준으로 한다면 V_L과 V_R의 위상차는 90°이다.

특별히 전류 I가 V_L에 뒤지는 것과 같이 V_R은 V_L에 대해 90°만큼 뒤진다. 이와 같은 위상 관계는 〈그림 21-2b〉의 파형과 〈그림21-2c〉의 페이저도에 잘 나타나 있다.

V_R과 V_L의 합성

〈그림 21-2b〉에서 보는 바와 같이 V_R의 전압파형과 V_L의 전압파형을 더하면 그 결과는 인가된 발생기 전압 V_T의 파형이 된다. 전압강하의 합은 인가된 전압과 같아야만 한다. 즉 V_R과 V_L의 전압이 각각 100V의 피크값을 갖는다고 하면, 90°의 위상차 때문에 두 전압을 더한 전압은 200V가 아니라 141V가 된다.

피크값이 100V인 V_R과 V_L의 전압이 산술적으로 더해질 수 없는 이유에 대해서는 몇 개의 순시값에 대한 고찰이 필요하다. 예를 들면 V_R이 100V의 최대값을 가질 때 V_L은 0V가 되고 전체 합인 V_T는 100V가 된다. 마찬가지로, V_L이 최대값이

100V일 때 V_R은 0V가 되고 전체 합인 V_T는 역시 100V가 된다.

실제로 V_R과 V_L의 전압이 각각 70.7V일 때 V_T의 최대값은 141.4V가 된다. 따라서 위상이 서로 다른 직렬 전압강하를 합성하게 되면 위상 차이를 고려하지 않고 산술적으로 합할 수가 없다.

전압의 페이저 삼각형

위상이 다른 파형을 직접 결합하는 대신 〈그림 21-3〉에 보는 바와 같이 그들의 등가 페이저를 이용해서 신속하게 더할 수 있다. 〈그림 21-3a〉는 더하지 않은 상태로 90°의 위상차만을 보여주는 페이저이다. 〈그림 21-3b〉는 한 페이저의 화살표 머리 부분에 다른 페이저의 꼬리 부분을 더하는 과정을 설명하고 있다. 전압 V_R과 V_L은 서로 90°의 위상차가 있으므로 직각을 이루는 페이저가 된다. 페이저의 합은 한 페이저의 시작으로부터 시작하여 다른 페이저의 끝을 향하는 페이서가 된다. V_R과 V_L이 직각을 이루는 페이저이기 때문에 합성한 페이저는 직각삼각형의 빗변이 된다.

직각삼각형의 도형으로부터, 피타고라스의 정리를 적용하면 빗변은 각 변을 제곱하여 더한 후에 제곱근을 한 결과가 된다. 그러므로 〈그림 21-3b〉의 전압삼각형으로부터 다음 결과식을 얻는다.

$$V_T = \sqrt{V_R^2 + V_L^2} \tag{21-1}$$

여기에서 V_T는 90°의 위상차를 갖는 V_R과 V_L의 페이저 합이다.

이 공식은 직렬로 연결되어 90°의 위상차를 가지게 된 V_R과 V_L에 적용된다. 모든 전압들의 단위는 같아야 한다. V_T가 rms값이라면 V_R과 V_L도 역시 rms값이 된다. 〈그림 21-3〉에서의 예를 보면 다음과 같다.

$$\begin{aligned} V_T &= \sqrt{100^2 + 100^2} = \sqrt{10,000 + 10,000} \\ &= \sqrt{20,000} \\ &= 141\text{V} \end{aligned}$$

그림 21-3 90° 의 위상차를 갖는 두 전압의 합 (a) 90° 의 위상차를 갖는 V_R과 V_L페이저 (b) 두 페이저를 더한 결과는 직각 삼각형의 빗변으로 V_T가 된다.

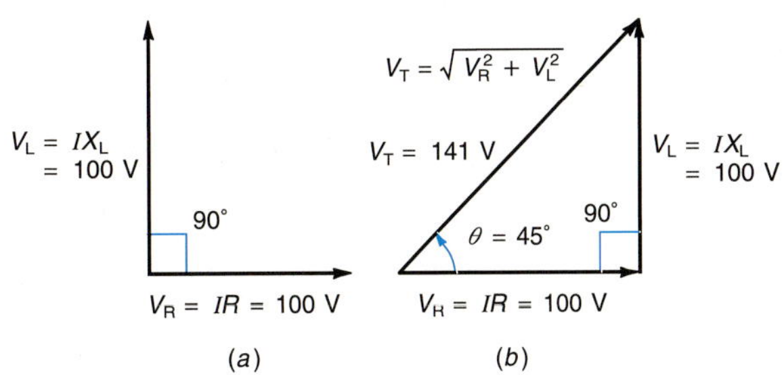

■ 21-2 복습문제

a. X_L과 저항 R로 구성된 직렬회로에서 I와 V_R 사이의 위상각은 얼마인가?
b. V_R과 V_L 사이의 위상각은 얼마인가?

21-3 임피던스 Z의 삼각형 페이저도

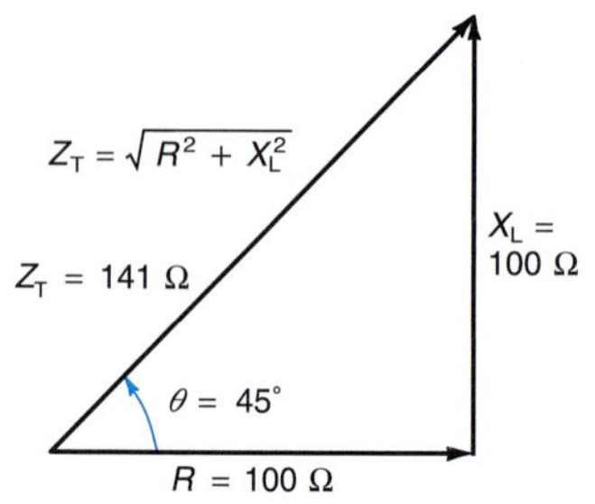

그림 21-4 직렬회로에서 90° 위상차가 있는 R과 X_L을 더하면 임피던스 Z_T를 얻는다.

전압삼각형 페이저도에 대응하는, 직렬로 연결된 R과 X_L의 삼각형 페이저도를 〈그림 21-4〉에 나타내었다. 이것은 〈그림 21-3〉의 전압삼각형 페이저도와 유사하나 전류가 R과 X_L에 동일하게 흐르므로 공통 요소인 I를 삭제하였다. R과 X_L의 페이저 합의 결과는 임피던스라고 부르는 기호가 Z_T인 전체저항이다. Z는 R과 X_L 사이에 생기는 90°의 위상관계를 포함하고 있다.

리액턴스와 저항을 갖는 직렬회로의 임피던스 삼각형 페이저도에서 다음 식을 얻는다.

$$Z_T = \sqrt{R^2 + X_L^2} \qquad (21\text{–}2)$$

여기에서 R과 X_L, Z_T의 단위는 모두 Ω이다. 예로 들은 〈그림 21-4〉의 결과는 다음과 같다.

$$\begin{aligned} Z_T &= \sqrt{100^2 + 100^2} = \sqrt{10,000 + 10,000} \\ &= \sqrt{20,000} \\ &= 141\Omega \end{aligned}$$

인가전압 141V를 전체 임피던스 141Ω으로 나누면 결과적으로 직렬회로의 전류는 1A가 된다는 것에 주목하라. IR 전압은 1×100 즉 100V이고 IX_L 전압도 역시 1×100 즉 100V가 된다. 전체 직렬 전압강하는 IR과 IX_L에서 각각 100V씩 되므로 페이저의 합을 이용하면, 인가전압 141V와 같게 된다. 결론적으로, 인가전압은 IZ와 같고 크기는 1×141 즉 141V가 된다.

직렬 회로에서 전압과 저항에 대한 페이저 삼각도의 유사점을 요약하면 다음과 같다.

1. R, IR 또는 V_R에 대한 페이저는 0°로서 기준페이저로 사용된다.
2. X_L, IX_L 또는 V_L에 대한 페이저는 90°이다.
3. Z, IZ 또는 V_T에 대한 페이저는 전체 회로의 위상각 θ를 갖는다.

직렬 X_L과의 위상각

발생기 전압과 전류사이의 위상각은 회로의 위상각이다. 기호는 θ(theta)로 나타낸다. 〈그림 21-3〉에서 V_T와 IR 사이의 위상각은 45°이다. IR과 I는 동상이기 때문에 V_T와 I 사이의 위상각 역시 45°이다.

〈그림 21-4〉에서 임피던스 삼각형 페이저도를 보면, Z_T와 R 사이의 위상각 역시 동일한 위상각을 갖는다. 따라서 위상각은 다음과 같은 공식에 의해서 직렬회로의 임피던스 삼각형 페이저도로부터 구할 수 있다.

$$\tan\theta_Z = \frac{X_L}{R} \tag{21-3}$$

탄젠트(tan)는 직각 삼각형에서 각에 인접한 변(밑변)에 대한 마주보는 변(높이)의 비로 표현되는 삼각함수이다. 임피던스 삼각형에서 X_L이 각에 마주보는 변이고 R이 각에 인접한 변이 된다. 직렬회로의 임피던스 삼각도로부터 구해지는 θ_Z를 나타내기 위해 θ에 첨자 z를 사용한다. 이 위상각을 계산하면 다음과 같다.

$$\tan\theta_Z = \frac{X_L}{R} = \frac{100}{100} = 1$$

탄젠트값이 1이 되는 각은 45°이다. 따라서 이 예제에서의 위상각은 45°이다. 삼각함수의 값들은 함수표나 공학용 계산기로부터 얻을 수 있다.

R과 X_L이 같으므로 위상각이 0°와 90°사이의 반인 45°인 것에 주목하라.

예제 21-1

30Ω의 R과 40Ω의 X_L이 100V의 전압과 직렬로 연결되어 있다. Z_T, I, V_R, V_L, θ_Z를 구하라. 전류 I에 대한 V_L과 V_R 사이의 위상각은 얼마인가? 직렬 연결된 소자의 전압 강하의 합이 인가전압 V_T와 같다는 것을 증명하라.

정답

$$\begin{aligned}
Z_T &= \sqrt{R^2 + X_L^2} = \sqrt{900+1600} \\
&= \sqrt{2500} \\
&= 50\Omega
\end{aligned}$$

$$I = \frac{V_T}{Z_T} = \frac{100}{50} = 2\text{A}$$

$$V_R = IR = 2\times 30 = 60\text{V}$$

$$V_L = IX_L = 2\times 40 = 80\text{V}$$

$$\tan\theta_Z = \frac{X_L}{R} = \frac{40}{30} = \frac{4}{3} = 1.33$$

$$\theta_Z = 53.1^\circ$$

따라서 I는 V_T에 53.1° 뒤지게 된다. 더욱이 I와 V_R은 동상이고 I는 V_L에 90°만큼 뒤진다. 최종적으로 다음 결과를 얻는다.

$$V_T = \sqrt{V_R^2 + V_L^2} = \sqrt{60^2 + 80^2} = \sqrt{3600+6400}$$
$$= \sqrt{10,000}$$
$$= 100\text{V}$$

전압강하의 페이저 합은 인가된 전압과 같다는 것을 유의하라.

X_L과 R의 직렬 합성

직렬 회로에서 R과 비교해서 X_L 값이 커질수록 더욱더 유도성 회로가 된다. 이는 유도성 리액턴스에 더 많은 전압강하가 생기고 위상각이 90°에 가까워짐을 의미한다. 직렬전류는 인가된 발생기 전압보다 늦게 된다. R이 없고 X_L만 있다면 전체 인가 전압은 X_L의 양단에 모두 걸리고 θ_Z는 90°가 된다.

직렬인 X_L과 R의 여러 가지 합성 결과를 임피던스와 위상각으로 〈표 21-1〉에 나타내었다. X_L/R의 비가 10:1 이상이 되면 회로는 실제적으로 거의 유도성만의 회로가 된다는 것에 유의하라. 10:1의 비율이므로 84.3°가 되는 위상각은 90°보다 조금 작을 뿐이고 전체 임피던스 Z_T은 거의 X_L과 같다. 직렬회로에서 X_L의 전압강하는 실제적으로 인가 전압과 같아지게 될 것이다. 즉 저항에서의 전압강하는 거의 없다.

반대로 생각해서, R이 X_L보다 10배 큰 경우를 생각해 보면 직렬회로는 거의 저항성 회로가 된다. 5.7°의 위상각이 의미하는 것은 전류가 거의 인가전압과 동상이고 전체 임피던스 Z_T가 거의 R과 같으며 R을 통한 전압강하는 실제적으로 인가전압과 같아지며 X_L을 통한 전압강하는 거의 없음을 의미한다.

X_L과 R이 같을 경우에, 결과적인 임피던스 Z_T는 각 개별적인 값의 1.41배가 된다. 위상각은 45°가 되며 이는 유도성 리액턴스만 존재할 경우의 90°와 저항만 존재할 경우의 0°의 중간값이다.

알아두기▸▸

직렬 RL 회로에서 $X_L \geq 10R$ 이면 $Z_T \cong X_L$ 이고, $R \geq 10X_L$ 이면 $Z_T \cong R$ 이다.

표 21-1	R 과 X_L의 직렬 합성		
R, Ω	X_L, Ω	Z_T, Ω(근사값)	임피던스 위상각 θ_z
1	10	$\sqrt{101} = 10$	84.3°
10	10	$\sqrt{200} = 14.1$	45°
10	1	$\sqrt{101} = 10$	5.7°

주의 : θ_Z는 직렬회로에서 I를 기눈으로 한 Z_T의 위상각이다.

■ 21-3 복습문제

a. 20Ω의 저항 R이 20Ω의 X_L과 직렬로 연결된 회로에서 Z_T는 얼마인가?

b. 저항 R의 양단 전압이 20V이고 직렬로 연결된 X_L의 전압이 20V일 때 V_T는 얼마인가?

c. 문제 a와 b에서 회로의 위상각은 얼마인가 ?

21-4 X_L과 R의 병렬연결

X_L과 R의 병렬회로에서 90°의 위상각은 전압강하 대신에 각각의 가지전류에 대해서 고려되어야 한다. 직렬회로에서는 전압강하는 서로 다르지만 전류는 동일하다. 병렬회로에서는 가지전류가 각각 다르지만 전압은 동일하다.

〈그림 21-5a〉의 병렬회로에서 인가 전압 V_A는 X_L과 R이 병렬로 연결되어 있기 때문에 X_L과 R 양단의 전압과 같다. 따라서 이러한 전압들 사이의 위상차도 없다. 그러나 각 가지에는 개별적인 전류가 흐른다. 저항 가지에서는 $I_R=V_A/R$이고 인덕터 가지에서는 $I_L=V_A/X_L$이다.

저항의 가지전류 I_R은 발생기 전압 V_A와 동상이다. 그러나 인덕터의 가지전류 I_L은 V_A에 뒤지게 된다. 왜냐하면 인덕터에 흐르는 전류는 인덕터의 양단 전압에 비해 90°만큼 뒤지기 때문이다.

따라서 전체 회로선의 전류는 I_R과 I_L을 더해서 얻게 되는데 이 전류들은 서로 90°만큼의 위상차를 갖고 있다. I_R과 I_L의 페이저 합은 전체 회로선의 전류 I_T와 같다. 이러한 페이저 관계를 〈그림 21-5b〉에 파형으로, 〈그림 21-5c〉에 페이저로 나타내었다. 그림과 같이 I_R이 10A, I_L이 10A일 때, 전체 페이저 합 I_T는 14.14A가 된다.

직각 성분들이 페이저 합에 의해 합성되어야 한다는 일반적인 법칙을 살펴보기 위한 두 가지 방법에 대한 예를 들어놓았다. 여기서 가지전류들은 병렬회로에서 90°만큼 위상차가 나기 때문에 페이저에 의해서 더해진다. 이러한 방법은 직렬회로에서 90°의 위상차가 나는 전압강하를 합성할 때와 유사하다.

MultiSim **그림 21-5** 병렬회로에서의 유도성 리액턴스 X_L과 저항 R (a) 회로도 (b) 인가된 전압과 가지전류에 대한 파형 (c) 페이저도

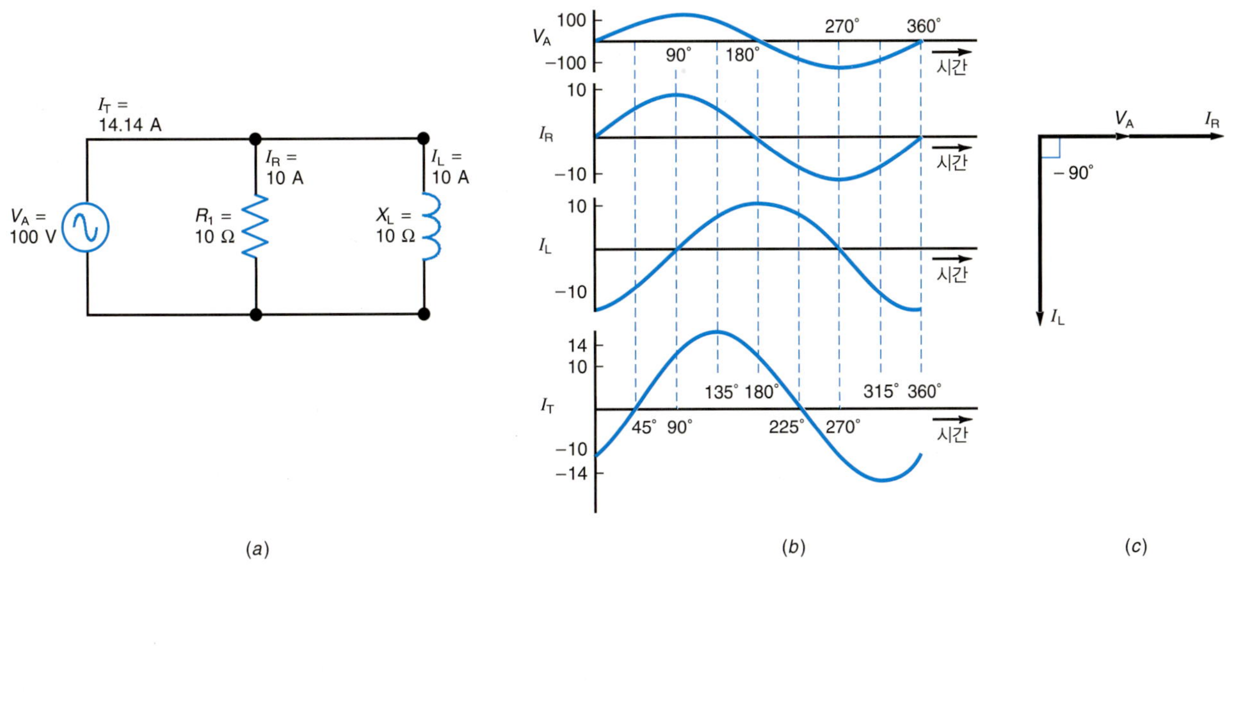

(a) (b) (c)

전류의 페이저 삼각형

〈그림 21-5c〉의 페이저도는 V_A가 병렬회로에서 공통인 값이기 때문에 인가전압의 페이저인 V_A를 기준 페이저로 삼는다.

I_L의 페이저는 X_L의 페이저가 위쪽을 향하는 것과 비교해볼 때 아래쪽을 향한다. 여기에서 병렬 가지전류 I_L은 병렬 기준전압 V_A보다 뒤지게 된다. 직렬회로에서는 X_L의 전압이 직렬 기준전류 I보다 앞서게 된다. 이러한 이유로 I_L페이저는 $-90°$를 갖는다. $-90°$라는 것은 전류 I_L이 기준 페이저 V_A보다 뒤진다는 것을 의미한다.

그림 21-6 병렬회로에서 90°의 위상차를 갖는 유도성 가지전류와 저항성 가지전류의 페이저 삼각형으로부터 구한 I_T

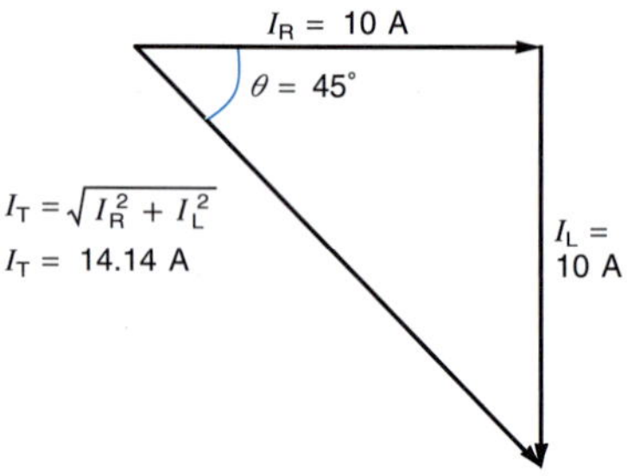

병렬회로에서 가지전류의 페이저 합은 〈그림 21-6〉에 보인 것처럼 전류에 대한 페이저 삼각형에 의해서 계산되어야 한다. 이 예제에서는 편하게 피크값을 사용하였으나 인가된 전압이 rms값이면 계산된 전류 역시 rms값이 된다. 전체 회로선의 전류를 계산하면 다음과 같다.

$$I_T = \sqrt{I_R^2 + I_L^2} \tag{21-4}$$

〈그림 21-6〉의 값들을 대입하면 다음 값을 얻는다.

$$\begin{aligned} I_T &= \sqrt{10^2 + 10^2} = \sqrt{100 + 100} \\ &= \sqrt{200} \\ &= 14.14\text{A} \end{aligned}$$

병렬회로에서 X_L과 R의 임피던스

병렬회로에서 X_L과 R의 전체 임피던스를 계산하는 방법은 전체 회로선의 전류 I_T를 계산하고 이 값으로 인가된 전압 V_A를 나누면 된다.

$$Z_{EQ} = \frac{V_A}{I_A} \tag{21-5}$$

예를 들면, 〈그림 21-5〉에서 V_A는 100V이고 저항 가지전류와 리액턴스 가지전류의 페이저 합에 의해서 얻어지는 I_T는 14.14A와 같다. 따라서 다음과 같이 임피던스를 계산할 수 있다.

$$\begin{aligned} Z_{EQ} &= \frac{V_A}{I_T} = \frac{100\text{V}}{14.14\text{A}} \\ &= 7.07\Omega \end{aligned}$$

이 값은 결국 병렬로 연결되어 있는 10Ω의 리액턴스 페이저와 10Ω인 저항 페이저의 합과 같다.

병렬회로에서 X_L과 R의 값이 같은 경우에 임피던스는 반이 되는 것이 아니고 한쪽 값의 70.7%가 된다는 것을 유의하라. 여전히 합성된 값은 병렬가지의 가장 작은 값보다 더 작아야 한다.

알아두기▸▸

R과 X_L이 병렬일 때 Z_{EQ}는 다음 식으로 계산된다.

$$Z_{EQ} = \frac{X_L R}{\sqrt{R^2 + X_L^2}}$$

병렬회로에서 일반적으로 X_L과 R의 임피던스를 계산할 때, 가지전류의 항으로 Z

를 계산하는 경우 V_A의 값이 생략되기 때문에 인가전압의 값을 임의로 가정할 수 있다. R 또는 X_L의 값 중에서 더 큰 값을 V_A의 값으로 가정하는 것이 좋다. 이렇게 하면 가지전류를 계산할 때 1보다 작은 분수가 없게 된다.

예제 21-2

300Ω인 X_L과 병렬로 600Ω인 R이 연결되어 있을 때 전체 임피던스 Z를 구하라. 인가된 전압은 600V라고 가정한다.

정답

$$I_R = \frac{600\text{V}}{600\Omega} = 1\text{A}$$

$$I_L = \frac{600\text{V}}{300\Omega} = 2\text{A}$$

$$\begin{aligned} I_T &= \sqrt{I_R^2 + I_L^2} \\ &= \sqrt{1+4} = \sqrt{5} \\ &= 2.24\text{A} \end{aligned}$$

이때 가정한 인가전압 600V를 전체 회로선의 전류 I_T로 나누면 다음과 같이 임피던스를 구할 수 있다.

$$\begin{aligned} Z_{EQ} &= \frac{V_A}{I_T} = \frac{600\text{V}}{2.24\text{A}} \\ &= 268\Omega \end{aligned}$$

인가된 전압이 아무리 크다 할지라도 300Ω의 X_L과 600Ω의 R이 병렬이면 전체 임피던스는 268Ω이 된다.

X_L과 R이 병렬일 때의 위상각

병렬회로에서 위상각은 전류 I_T와 모든 가지에 공통인 전압 V_A 사이의 각을 말한다. 그렇지만 저항성 가지전류 I_R은 V_A와 동상이다. 따라서 I_R의 위상은 V_A의 위상으로 대체될 수 있다. 이것을 〈그림 21-5c〉에 나타내었다. 전류에 대한 페이저 삼각도는 〈그림 21-6〉에 나타내었다. 가지전류들로부터 θ_I를 구하기 위해서는 다음과 같은 탄젠트 공식을 사용한다.

$$\tan\theta_I = \frac{I_L}{I_R} \qquad (21\text{-}6)$$

병렬회로에서 가지전류의 삼각형 페이저도로부터 θ_I를 구한다는 것을 나타내기 위해 θ에 I첨자를 사용한다. 〈그림 21-6〉에서 I_R과 I_L이 같기 때문에 θ_I는 −45°가 된다.

알아두기▸▸

병렬 RL 회로에서 $\tan\theta_I$ 는 또한 다음과 같이 계산할 수 있다.

$$\tan\theta_I = -\frac{R}{X_L}$$

> **알아두기▸▸**
> 병렬 RL 회로에서 $X_L \geq 10R$이면 $Z_{EQ} \cong R$이고 $R \geq 10X_L$이면 $Z_{EQ} \cong X_L$이다.

마이너스 기호는 I_L이 I_R과 비교해서 $-90°$ 뒤지기 때문에 이러한 전류의 비를 나타내기 위해서 사용한다. 여기에서 $-45°$의 위상각은 I_T가 I_R과 V_A에 비해서 $45°$만큼 뒤진다는 것을 의미한다.

가지전류의 페이저 삼각도에서 발생기 전압 V_A에 대한 I_T의 위상각으로서 θ_I가 주어졌다는 것에 주목하라. 이 I_T의 위상각은 인가전압을 $0°$의 기준 페이저로 했을 때의 값이다. 직렬회로에서 전압들의 페이저 삼각도에 대해, Z_T와 V_T에 대한 위상각 θ_Z는 직류전류를 $0°$의 기준 페이저로 했을 때의 값이다.

X_L과 R의 병렬합성

병렬인 X_L과 R의 여러 합성값을 〈표 21-2〉에 나타내었다. X_L이 R의 10배라면 회로에 유도성 전류는 거의 흐르지 않기 때문에 병렬회로는 실제적으로 저항회로가 된다. I_L이 작은 것은 결국 X_L이 높기 때문이다. 이때 병렬가지에 있는 X_L의 높은 값으로 인해 회로에 거의 영향이 없기 때문에 병렬회로의 전체 임피던스는 저항에 근접한다. $-5.7°$의 위상각은 전체 전류의 대부분이 저항을 통해 흐르기 때문에 실제적으로는 $0°$라고 볼 수 있다.

X_L이 점점 작아질수록 주회로선에 더 많은 유도성 전류가 흐른다. X_L이 $1/10R$이면 실제로 주회로선의 모든 전류가 I_L성분이 된다. 그때 병렬회로는 전체 임피던스가 X_L인 유도성 회로가 된다. 위상각 $-84.3°$는 회로선의 전류가 거의 유도성이므로 $-90°$와 같다고 볼 수 있다. 이러한 조건은 X_L과 R이 직렬인 상태와는 반대라는 것을 기억하라.

X_L과 R이 같다면, 그들의 가지전류는 같고 위상각은 $-45°$가 된다. 이러한 모든 위상각들은 I_L과 I_R이 병렬일 때 음(−)의 값을 가진다.

직렬과 병렬회로 사이의 추가적인 차이점을 다음에 정리하였다.

1. 직렬 전압강하 V_L과 V_R의 값들은 위상차가 $90°$가 난다. 따라서 V_L과 V_R은 페이저에 의해 더해지며 그 결과는 인가전압 V_T와 같다. 위상각 θ_Z는 V_T와 공통 직류전류 I 사이의 각이다. 직렬 X_L이 커지면 V_L도 커져서 회로는 더욱 유도성이 되고, I에 대한 V_T의 위상각은 정(+)의 값으로 더욱 커지게 된다.
2. 병렬 가지전류 I_R과 I_L의 값들은 위상차가 $90°$가 난다. 따라서 I_R과 I_L은

표 21-2	저항과 인덕턴스의 병렬합성*					
R, Ω	X_L, Ω	I_R, A	I_L, A	I_T, A(근사값)	$Z_{EQ} = V_A/I_T$, Ω	위상각 θ_I
1	10	10	1	$\sqrt{101} = 10$	1	$-5.7°$
10	10	1	1	$\sqrt{2} = 1.4$	7.07	$-45°$
10	1	1	10	$\sqrt{101} = 10$	1	$-84.3°$

* V_A = 10V. 주의 : θ_I는 병렬회로에서 V_A를 기준으로 한 I_T의 위상각이다.

페이저에 의해 더해지며 그 값은 주회로선의 전류 I_T와 같다. 음의 위상각 $-\theta_I$는 회로선의 전류 I_T와 공통 병렬전압 V_A 사이의 각이다. 병렬인 X_L이 작아지면 I_L이 커져서 회로는 더욱 유도성이 되고 V_A에 대한 I_T의 위상각은 음(−)의 값으로 더욱 커지게 된다.

■ 21–4 복습문제

a. 가지전류가 각각 I_R=2A이고 I_L=2A인 경우 I_T는 얼마인가?

b. 위상각 θ_I를 구하라.

21–5 코일의 Q

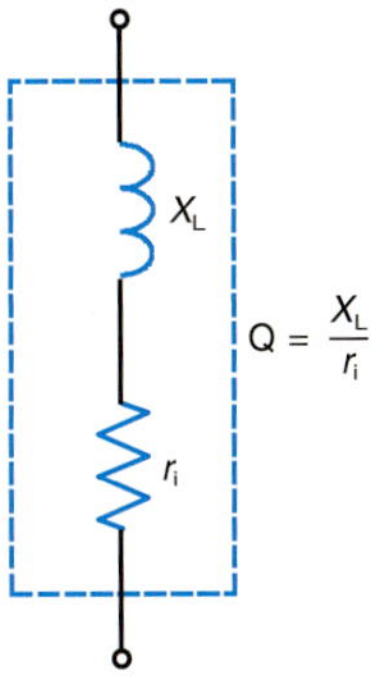

그림 21–7 코일의 Q는 유도성 리액턴스 X_L과 저항 r_i에 영향을 받는다.

자기–유도전압을 발생하는 코일의 성능은 X_L에 의해서 좌우된다. 왜냐하면 X_L이 주파수와 인덕턴스의 요소를 포함하고 있기 때문이다. 그러나 코일은 코일의 권선저항에 해당하는 내부저항을 갖는다. 이러한 코일의 내부저항 r_i는 전류를 감소시키고 결과적으로 유도전압의 발생을 억제하는 역할을 한다. 이러한 두 요소인 X_L과 r_i의 결합은 코일의 양호도(quality)를 나타내며 다음 식으로 표현된다.

$$Q = \frac{X_L}{r_i} = \frac{2\pi fL}{r_i} \qquad (21\text{–}7)$$

〈그림 21–7〉에서 보는 바와 같이 내부저항 r_i는 X_L과 직렬이다.

예를 들어, X_L이 500Ω이고 r_i가 5Ω인 코일은 500/5=100의 Q 값을 갖는다. 리액턴스와 저항의 비에서 저항의 단위가 삭제되기 때문에 Q는 단위가 없는 숫자이다. Q가 100이라는 의미는 코일의 X_L이 코일의 r_i 보다 100배 이상 크다는 것을 의미한다.

코일의 Q는 보통 10 이하의 낮은 Q로부터 1000 정도의 매우 높은 Q까지의 범위를 가진다. 라디오–주파수(RF) 코일은 일반적으로 30에서 300 사이의 Q 값을 갖는다.

저주파에서 r_i는 단지 코일을 감은 선의 직류저항일 뿐이다. 그러나 RF 코일에서는 주파수가 높아질수록 손실이 증가하며 유효 저항 r_i가 증가한다. 증가된 저항값은 결국 와전류(eddy current)와 다른 손실을 가져오게 된다.

이러한 손실 때문에 코일의 Q는, 주파수가 높아짐에 따라 X_L이 증가하는 것처럼 제한없이 증가하지 않는다. 일반적으로 Q는 설계된 범위 내에서 주파수 상승률의 2배의 비율로 증가할 수 있다. RF 코일의 최대 Q는 일반적으로 동작주파수에서 약 1000Ω 정도의 X_L이 되도록 하는 인덕턴스 값으로부터 얻어진다.

보다 기본적으로, Q는 인덕턴스의 무효전력 대 저항에서 소비되는 유효전력의 비로 정의된다.

$$Q = \frac{P_L}{P_{r_i}} = \frac{I^2 X_L}{I^2 r_i} = \frac{X_L}{r_i} = \frac{2\pi fL}{r_i}$$

이 식은 (21–7)식과 동일하다.

알아두기▸▸

병렬 RL 회로의 Q는 코일의 직렬 저항을 무시한다면 $Q=R/X_L$로 계산된다. 병렬 RL 회로의 Q 식은 다음과 같이 유도할 수 있다.

$$Q=\frac{P_L}{P_R}=\frac{V_A^2/X_L}{V_A^2/R}=\frac{R}{X_L}$$

주의 : R은 X_L과 병렬인 저항이다.

표면 효과(Skin Effect)

주파수가 매우 높을 때, 중앙의 고체 코어에는 전류가 거의 흐르지 않으면서 도체의 표면으로 라디오-주파수 전류가 흐르는 경향이 있다. 이와 같은 표면 효과는 도선의 중심을 통해 흐르는 전류가 더 많은 인덕턴스를 만나기 때문에 나타난다. 왜냐하면 자속의 일부분이 공기 중에 있게 되는 경계면과 비교해 볼 때 자속이 금속에 집중되기 때문이다. 이러한 이유로 VHF 전류를 위한 도체를 보통 가운데가 빈 튜브형태로 만든다. 표면 효과로 인해 도체의 전류통로로 사용되는 단면적이 더 작아지기 때문에 유효 저항을 증가시킨다.

교류 유효 저항

코일에 인가되는 전력과 전류가 RF 인가전압에 대해 측정될 때, I^2R의 손실은 저항계로 측정한 직류저항보다 더 큰 저항이 있는 것처럼 계산된다. 이렇게 더 높아진 저항을 교류 유효 저항 R_e라고 한다. 비록 고주파 교류전류의 결과이기는 하지만 R_e는 리액턴스는 아니다. R_e는 교류전압원으로부터 나오는 전류가 동상이기 때문에 저항 성분이다.

코일의 직류저항보다 더 큰 R_e를 만들게 하는 요소들은 표면 효과, 와전류 그리고 히스테리시스(자기이력) 손실이다. 공심 코일은 손실은 낮지만 인덕턴스가 작은 값으로 제한된다.

RF 코일에서 자기 코어(magnetic core)로는 분철(powdered-iron) 슬러그나 페라이트 슬러그가 일반적으로 사용된다. 분철 슬러그에서 철의 미립자들은 와전류를 감소시키기 위해 서로 절연된다. 페라이트 물질들은 자성체이지만 절연체이기 때문에 와전류 손실이 작다. 페라이트 코어는 쉽게 포화된다. 따라서 이들은 낮은 전류값을 갖는 코일로 제한해서 사용해야 한다. 일반적으로 응용되는 페라이트-코어

그림 21-8 라디오 수신기에 사용된 페라이트 코일 안테나

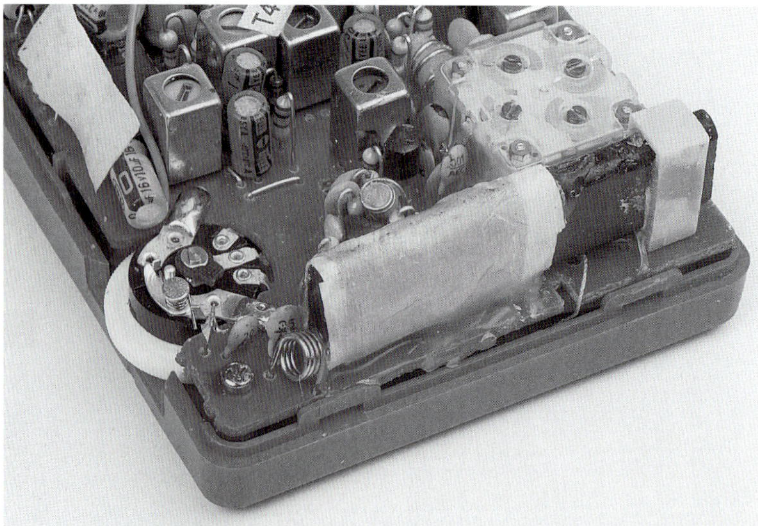

안테나 코일을 〈그림 21-8〉에 나타내었다.

조그만 RF 코일의 R_e를 줄이기 위해서는 연선을 서로 절연된 가닥으로 분리하고 각 가닥을 모든 다른 연선과 함께 바깥 표면에 있도록 꼬아 만든다. 이를 리츠(litz) 와이어라고 한다.

교류 손실의 영향에 대한 예로서, 50μH 인덕턴스의 공심 RF 코일이 1Ω의 직류 저항을 가지고 있다고 가정하자. 그렇지만 2MHz의 전류가 흐르는 교류회로에서 코일의 유효 저항 R_e는 12Ω으로 증가할 수 있다. 저항의 증가는 코일의 Q를 감소시킨다.

실제로, Q는 유효 교류저항을 결정하는 데 사용될 수 있다. Q가 X_L/R_e이므로 R_e는 X_L/Q이 된다. 2MHz에서 50μH의 L에 대해, X_L은 $2\pi fL$이므로 628Ω이 된다. 코일의 Q는 공진의 원리에 따라 동작하는 Q미터로 측정할 수 있다. Q가 50이라고 하자. 그러면 R_e=628/50=12.6Ω이 된다.

일반적으로, 코일의 내부저항이 낮아지게 되면 Q가 높아지게 된다.

예제 21-3

공심 코일이 700Ω의 X_L과 2Ω의 R_e를 갖는다. 이 코일의 Q의 값을 계산하라.

정답

$$Q = \frac{X_L}{R_e} = \frac{700}{2} = 350$$

예제 21-4

200μH 코일의 Q가 0.5MHz에서 40이다. R_e를 구하라.

정답

$$R_e = \frac{X_L}{Q} = \frac{2\pi fL}{Q} = \frac{2\pi \times 0.5 \times 10^6 \times 200 \times 10^{-6}}{40} = \frac{628}{40} = 15.7\Omega$$

커패시터의 Q

최소 손실의 항으로 커패시터의 Q는 역률에 의해서 표현되기도 한다. 역률의 값이 낮아질수록 커패시터의 성능을 더 좋아시게 된다. 손실은 유전체에서 존재하므로 커패시터의 역률은 본질적으로 유전체의 역률이며 커패시턴스의 값이나 정격전압과는 무관하다. 라디오 주파수에서 역률의 근사값은 공기나 진공의 경우는 0.000, 운모의 경우는 0.0004, 종이의 경우는 약 0.01 그리고 세라믹의 경우는 0.0001에서 0.03 정도이다.

역률의 역수는 커패시터의 Q를 의미하는데 코일의 Q에 대한 개념과 비슷하다. 예를 들어, 0.001의 역률은 1000의 Q에 해당한다. 따라서 Q가 높아진다는 것은 커패시터의 성능이 더 좋아진다는 것을 의미한다. 만일 누설 저항 R_l이 주어진다면 Q를 $Q=2\pi fR_lC$의 식으로 구할 수 있다. 커패시터의 Q는 인덕터의 Q보다 훨씬 더 높다. 일반적으로 커패시터의 Q는 설계에 따라 수천까지의 범위를 가진다.

■ 21-5 복습문제

a. 내부저항 R_e가 8Ω인 200μH의 코일이 600Ω의 X_L을 갖는다. Q를 계산하라.
b. 4MHz에서 Q가 50인 코일의 X_L이 500Ω이다. 내부저항 R_e를 계산하라.

21-6 AF와 RF 초크

인덕턴스는 주파수가 높아짐에 따라 리액턴스 저항이 더 커지는 유용한 특성을 갖고 있다. 저항은 모든 주파수와 직류에서 동일한 값을 가진다. 매우 높은 주파수일 때 나타나는 L에 대한 표면 효과는 여기에서 고려하지 않는다. L과 R의 이러한 특성은 〈그림 21-9〉의 회로에 적용된다. 여기에서 X_L은 교류 전원 V_T의 주파수에 대해서 R보다 훨씬 큰 값을 갖는다. 그 결과 실제적으로 직렬회로에서 대부분의 전압강하는 L에서 일어나고 R 양단의 전압은 거의 없는 것으로 나타난다.

인덕턴스 L은 여기에서는 초크로서 사용된다. 따라서 초크는 전원 주파수에서 교류신호 전압이 R 양단에 상당한 출력으로 나타나지 못하도록 하기 위해 외부저항 R에 직렬로 연결한 인덕턴스를 말한다.

초크로서 간주하기 위한 경계선은 X_L이 직렬저항 R의 10배 이상이 되어야 한다. 그러면 회로는 주로 유도성이 된다. 실제적으로 모든 교류 전압강하는 L에 걸리게 되고 R에는 거의 없게 된다. 이 경우에 또한 θ가 90°가 되나, 위상각은 X_L이 초크로서 동작하는데 관련이 없다.

〈그림 21-9b〉는 초크가 입력의 교류전압이 다음 회로를 위한 출력전압으로 전이되는 것을 차단시키는 방법을 보여준다. 이 회로의 출력은 A점으로부터 대지접지 사이의 전압 V_R이다. 실제적으로 모든 교류 입력전압은 B점과 C점 사이의 X_L에 걸린다. 그렇지만 이 전압은 B점이나 C점 어느 것도 접지가 되지 않았기 때문에 커플링되지는 않는다.

R 양단에서 원하는 출력은 교류 성분이 아무 것도 없이 입력으로부터 흐르는 직류일 수 있다. 따라서 X_L은 정상상태의 직류 성분에 어떠한 영향도 주지 않는다. 실제로 모든 직류전압은 출력에서 R 양단의 전압으로 나타나지만, 교류전압은 X_L 양

그림 21-9 최소 10×R의 X_L을 갖는 초크로 사용된 코일. R은 외부 저항이고 L 양단의 전압 V_L은 실제적으로 모든 인가전압과 같고 V_R에는 전압이 거의 없다는 것을 기억하라. (a) X_L과 R이 직렬인 회로 (b) 입력과 출력 전압

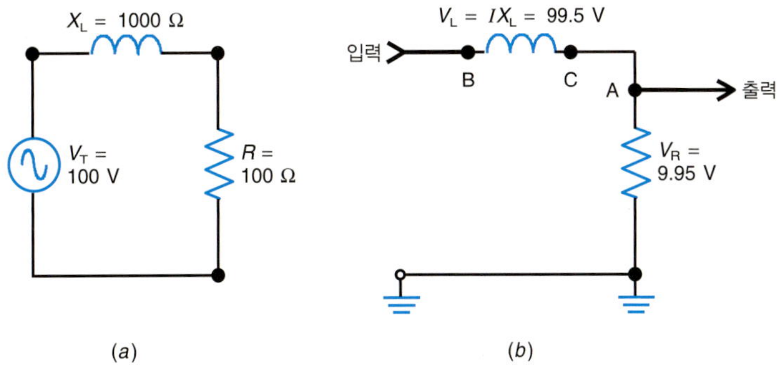

단에만 나타난다. 같은 개념을 R을 통해서 AF 신호가 통과하는 데 적용할 수 있다. 그런데 한편 주파수가 높아지면 X_L이 더 커지기 때문에 초크 양단에 IX_L로서 RF 신호가 차단된다.

초크값의 계산

예를 들어, 직렬저항이 100Ω이라면 오디오나 라디오 주파수의 전형적인 값을 계산할 수 있다. 이때 X_L은 적어도 1000Ω은 되어야 한다. 〈표 21-3〉에 나타낸 바와 같이 100Hz에서 상대적으로 큰 1.6H 인덕턴스의 X_L은 1000Ω 정도가 된다. 주파수가 더 높아지면 같은 리액턴스를 갖는 초크의 L값을 더 작게 할 수 있다. VHF 영역의 100MHz에서 초크는 단지 1.6μH를 갖는다.

〈그림 21-10〉에 몇 개의 대표적인 초크를 나타내었다. 〈그림 21-10a〉의 철심초크는 오디오 주파수용이다. 〈그림 21-10b〉의 공심초크는 라디오 주파수용이다. 〈그림 21-10c〉의 RF 초크는 작은 코일에 자주 사용하는 컬러코딩이 되어 있다. L의 값이 μH로 주어지는 것을 제외하면 색의 값은 저항과 같다. 예를 들면, 노란색, 빨간색 그리고 검정색 띠나 점이 새겨진 코일의 크기는 42μH가 된다.

인덕터는 또한 표면 실장 소자로 만들어진 것도 있다는 것을 기억하라. 기본적으로 표면을 완전하게 감싼 것과 감싸지 않고 그대로 둔 것, 2가지 형태가 있다. 감싼

그림 21-10 대표적인 초크들 (a) 8H의 인덕턴스와 350Ω의 r_i를 갖는 60Hz용 초크, 폭은 2인치 (b) 5mH 인덕턴스와 50Ω의 r_i를 갖는 RF 초크, 길이는 1인치 (c) 납땜용 리드가 나와 있고 플라스틱으로 둘러싼 작은 RF 초크, L=42μH이고 폭은 3/4인치

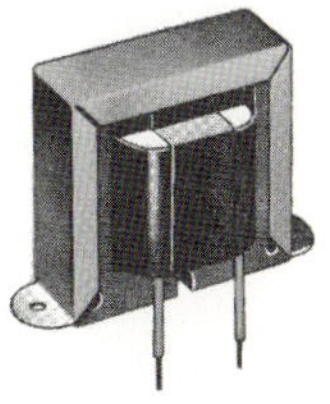
(a)

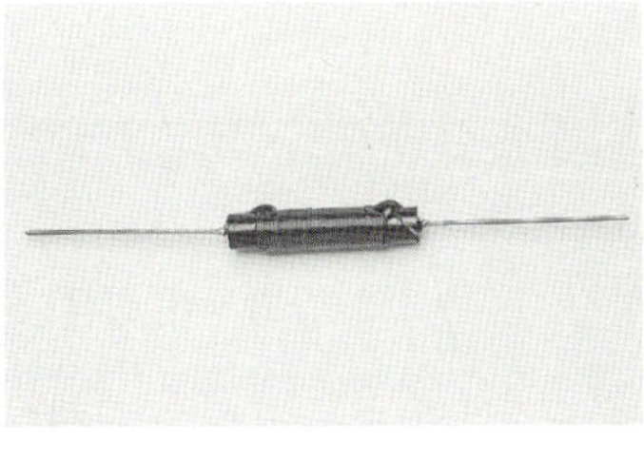
(b)

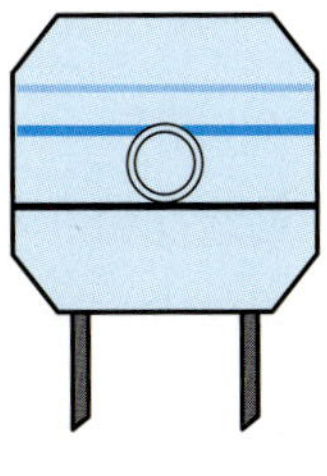
(c)

표 21-3	리액턴스가 1000Ω인 대표적인 초크들*	
F	L	비 고
100Hz	1.6H	낮은 오디오 주파수
1000Hz	0.16H	오디오 주파수
10kHz	16mH	오디오 주파수
1000kHz	0.16mH	라디오 주파수
100MHz	1.6nH	매우 높은 라디오 주파수

* X_L은 100Ω인 직렬저항 R의 10배

모양의 인덕터는 검은색으로 감싼 두꺼운 커패시터와 같아 보인다. 아무것도 안한 모양의 코일은 눈으로 볼 수 있기 때문에 쉽게 알아볼 수 있다. 표면 실장용 인덕터의 값은, 표기를 한다면, 보통 저항에서 쓰는 방법과 마찬가지로 3자리의 숫자 시스템을 사용하는데 그 값의 단위는 μH이다.

회로에 사용되는 초크의 선택

이런 계산값을 이용하는 예제로서, 다음과 같은 응용을 위해 초크를 선택하는 문제를 가정해보자. L은 R=300Ω인 외부 저항과 직렬로 연결된 RF 초크로 전류가 90mA이고 주파수가 0.2MHz이다. 이때 X_L은 적어도 10×300=3000Ω이 되어야 한다. 주파수가 0.2MHz일 때, L값은 다음과 같다.

$$\begin{aligned} L &= \frac{X_L}{2\pi f} = \frac{3000}{2\pi \times 0.2 \times 10^6} = \frac{3 \times 10^3}{1.256 \times 10^6} \\ &= \frac{3}{1.256} \times 10^{-3} \\ &= 2.4\text{mH} \end{aligned}$$

대표적으로 쉽게 이용할 수 있게 상용화된 크기는 〈그림 21-10b〉에 보인 RF 초크와 비슷한 2.5mH 정도의 크기인데 정격전류가 115mA이고 내부저항이 20Ω이다. 정격전류가 높은 것이 적합하다는 것을 명심하라. 또한, 내부저항은 외부저항 R과 비교하면 무시할 정도이다. 계산보다 약간 더 높은 인덕턴스는 X_L이 더 크기 때문에 초크로 사용하기에 더 좋다.

■ 21-6 복습문제

a. 80Ω의 저항과 직렬인 초크의 최소 X_L은 얼마인가?

b. 만일 3MHz에서 X_L이 800Ω이라면, 같은 코일에서 6MHz일 때 X_L은 얼마인가?

21-7 유도전압의 일반적인 경우

어떤 회로에 있는 임의의 인덕턴스 양단의 전압은 항상 $L\left(\frac{di}{dt}\right)$와 같다. 이 식은 전류의 변화로 인해 자속이 변함으로써 생기는 자기-유도전압의 순시값 v_L을 구하는 식이다.

사인파 전류 i는 $L\left(\frac{di}{dt}\right)$ 식에 의해서 코사인파인 유도전압 v_L을 생성한다. 즉 v_L은 전류 i와 파형은 동일하지만 90°의 위상차가 난다는 것을 의미한다.

유도전압은 사인파 교류회로에서 IX_L 식으로 구한다. X_L이 $2\pi fL$이기 때문에 유도전압은 결국 주파수와 인덕턴스에 의해 좌우됨을 알 수 있다. 보통 사인파 교류회로에서 유도전압을 나타낼 때 $L\left(\frac{di}{dt}\right)$ 대신에 IX_L을 사용하는 것이 더 편리하다.

그림 21-11 인덕턴스 L을 흐르는 톱니파 전류에 의해 발생된 v_L의 구형 파형 (a) 전류 i의 파형 (b) 유도된 전압 v_L은 $L(di/dt)$임

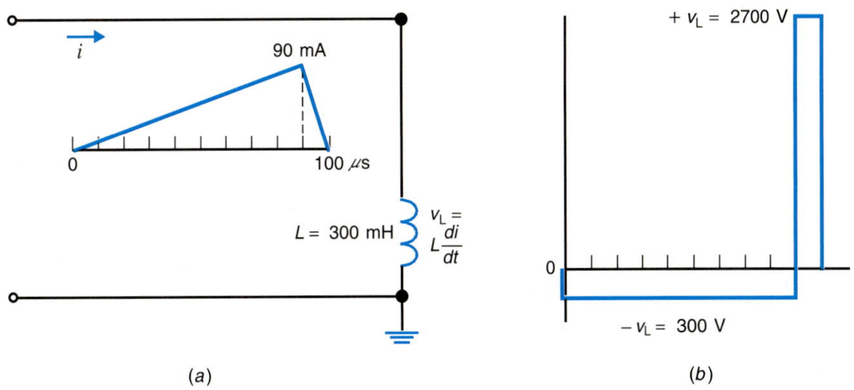

> **알아두기▸▸**
> 임의의 인덕터에서, 전류의 변화율이 일정하다면 유도전압 v_L도 일정한다.

그러나 비정현 전류파형에서는 리액턴스의 개념을 사용할 수 없다. X_L은 오직 사인파에만 적용된다. 따라서 v_L은 $L\left(\frac{di}{dt}\right)$ 식으로 계산해야 하는데 이 식은 어떠한 유도전압에도 적용될 수 있다.

〈그림 21-11a〉의 예는 톱니파 전류에 대한 것이다. 이 예에서 톱니파의 상승은 0부터 90mA까지의 전류에 대해서는 일정하게 선형적으로 증가한다. 그러나 전류는 90mA에서부터 0까지는 급격하게 떨어진다. 상승은 상대적으로 천천히 증가하여 90μs가 걸린다는 것을 주목하라. 이 시간은 10μs의 하강시간보다 9배나 긴 시간이다.

이 톱니파의 완전한 한 사이클의 주기는 100μs이다. i가 피크값까지 상승했다가 다시 처음 값으로 하강할 때까지가 한 사이클을 이룬다.

I의 기울기

임의의 곡선의 기울기는 각 수평단위에 대해서 수직으로 얼마나 많이 변하는가에 의해서 결정된다. 〈그림 21-11a〉에서 전류의 증가는 일정한 기울기를 갖는다. 여기에서 i는 90μs 동안 90mA 증가, 즉 10μs마다 10mA만큼 증가한다. 따라서 톱니파의 전체 상승 시간에 대해 di/dt는 10mA/10μs의 비율로 일정하다. 실제로 di/dt는 전류 i곡선의 기울기이다. di/dt가 일정하기 때문에 전류 i가 선형적으로 상승하는 동안 v_L파형이 일정한 전압값을 갖는다. 유도전압의 크기는 시간에 대한 전류의 변화에 따라 달라진다는 것을 기억하라.

전류 i의 하강 또한 선형적이나 상승할 때보다 급격히 떨어진다. 이 시간 동안에 기울기는 di/dt에 의해서 90mA/10μs가 된다.

v_L의 극성

〈그림 21-11〉은 v_L이 전류의 변화를 방해한다는 렌츠(Lenz)의 법칙을 보여준다. 전류가 L의 위쪽으로 흘러 들어가면 v_L은 전류가 증가하지 못하도록 음(−)이 된다. 이러한 극성은 전원에서 생성된 전류 i의 방향과 반대가 된다. 따라서 상승시간 동안 유도된 전압은 $-v_L$이 된다.

전류가 하강하는 동안에 유도된 전압은 반대 극성인 $+v_L$이 된다. 이러한 전압 극성은 접지를 기준으로 L의 위쪽에서 측정한 전압의 극성이다.

v_L의 계산

300mH인 L 양단에 생기는 유도전압의 값은 다음과 같이 계산된다.

톱니파가 상승하는 동안

$$\begin{aligned}-v_L &= L\frac{di}{dt} \\ &= 300\times10^{-3}\times\frac{90\times10^{-3}}{90\times10^{-6}} \\ &= 300\text{V}\end{aligned}$$

톱니파가 하강하는 동안

$$\begin{aligned}+v_L &= L\frac{di}{dt} \\ &= 300\times10^{-3}\times\frac{90\times10^{-3}}{10\times10^{-6}} \\ &= 2700\text{V}\end{aligned}$$

전류의 급격한 하강시간이 상대적으로 느린 상승시간보다 9배 정도 빠르기 때문에 전류의 하강 때 유도된 전압이 9배 큰 것을 볼 수 있다.

시간이 짧을 때는 전류가 작다고 하더라도 di/dt가 매우 클 수 있다는 것을 기억하라. 예를 들면 1μs에서 1mA의 전류 변화가 있다면 di/dt는 1000A/s로 매우 큰 값이 된다.

〈그림 21–11〉에 있는 유도성 파형의 흥미로운 특징은 이 파형들이, 전류와 전압 파형만 바뀌었을 뿐, 앞에서 보인 〈그림 18–10〉에서의 용량성 파형과 같다는 것이다. 이러한 비교는 v_L과 i_C가 모두 시간적 변화율에 의존한다는 사실로부터 나온다. 여기서 i_C는 $C(dv/dt)$이며 v_L은 $L(di/dt)$이다.

비정현 전류인 경우에 v_L과 i_L의 파형이 다르다는 것을 인식하는 것이 매우 중요하다. 이 경우에는 보통 위상각 대신에 파형을 비교한다. i나 v 어떤 것이든 비정현 파형의 흔한 예는 톱니파, 사각파 그리고 구형파 등을 들 수 있다. 사인파의 경우 $L(di/dt)$의 영향은 앞서 〈그림 20–7〉에 나타낸 바와 같이 코사인파로 나타난다.

■ 21–7 복습문제

〈그림 21–11〉을 참조하라.

a. 톱니파 전류 i가 상승할 때 시간당 전류인 di/dt는 얼마인가?

b. 톱니파 전류 i가 하강할 때 시간당 전류인 di/dt는 얼마인가?

요약

- 사인파 교류회로에서 인덕턴스를 흐르는 전류는 인덕턴스 양단 전압에 대해 90°만큼 뒤진다. 그 이유는 $V_L=L(di/dt)$이기 때문이다. 이러한 기본적인 사실은 다음에 나오는 모든 관계의 출발점이 된다.
- 따라서 유도성 리액턴스 X_L은 R과 위상이 90°만큼 차이가 난다. X_L과 R의 페이저 합은 임피던스 Z_T가 된다.
- 이러한 3가지 형태의 전류들을 〈표 21-4〉에 비교해 놓았다.
- 위상각 θ는 인가전압과 전류 사이의 각이다.
- X_L과 R로 구성된 직렬회로와 병렬회로의 상반되는 특성에 대해서는 〈표 21-5〉에 요약해 놓았다.
- 코일의 Q는 X_L/r_i이다. 여기에서 r_i는 코일의 내부저항이다.
- 초크는 직렬저항 R보다 X_L이 10배 이상 큰 인덕턴스이다.
- 사인파 회로에서 $V_L= IX_L$이다. 그때 V_L은 I와 90°만큼 위상차가 난다.
- X_L과 R의 직렬회로에서 $\tan\theta_Z=X_L/R$이다. 소자들이 병렬일 때는 $\tan\theta_I=-(I_L/I_R)$이다. 〈표 21-5〉를 참조하라.
- 전류가 사인파가 아닌 경우에는 $V_L=L(di/dt)$이다. 그때 V_L의 파형은 I의 파형과 다르게 나타난다.
- 인덕터는 표면 실장 소자로서 활용될 수 있다. 완전히 감싼 형태와 감싸지 않고 그대로 둔 형태 모두 표면 실장 인덕터들로 사용할 수 있다.

표 21-4	R, X_L 그리고 Z_T의 비교	
R	$X_L=2\pi fL$	$Z_T=\sqrt{R^2+X_L^2}$
단위 : 저항	단위 : 저항	단위 : 저항
IR 전압은 I와 동상	IX_L 전압은 90° 만큼 앞선다.	IZ는 인가전압 ; θ° 만큼 I에 앞선다.
모든 주파수에서 동일	주파수가 증가할수록 증가	높은 주파수에서 X_L과 함께 증가

표 21-5	직렬과 병렬 RL 회로
X_L과 R의 직렬회로	X_L과 R의 병렬회로
I는 X_L과 R에서 동일	V_A는 X_L과 R 양단에서 동일
$V_T=\sqrt{V_R^2+V_L^2}$	$I_T=\sqrt{I_R^2+I_L^2}$
$Z_T=\sqrt{R^2+X_L^2}$	$Z_{EQ}=\frac{V_A}{I_T}$
V_L이 V_R보다 90° 앞섬	I_L이 I_R에 90° 뒤짐
$\tan\theta_Z=\frac{X_L}{R}$	$\tan\theta_I=\frac{I_L}{I_R}$
X_L이 커짐에 따라 θ_Z가 증가 그 결과로 V_L이 커져서 회로가 점점 유도성이 됨	X_L이 커짐에 따라 $-\theta_I$가 감소 그 결과로 I_L이 작아져 회로가 점점 유도성으로부터 벗어남

중요 용어

- 교류 유효 저항 R_e : 주파수가 높은 교류전류에 대한 코일의 저항. R_e의 값은 코일에서 고주파 교류전류와 관련된 손실을 포함하고 있기 때문에 코일의 직류저항보다 크다. 이러한 손실은 표면효과, 와전류 그리고 히스테리시스 손실이다.
- 아크탄젠트(arctan) : 주어진 탄젠트(tan) 값에 해당하는 각도 θ를 구하기 위한 역삼각함수
- 임피던스 Z : 사인파 교류회로에서 전류의 흐름을 방해하는 모든 저항을 말한다. RL 회로에서 임피던스 Z는 X_L과 R 사이의 90° 위상 관계를 고려해야 한다. 임피던스의 단위는 옴(Ω)이다.
- 위상각 θ : 사인파 교류회로에서 인가전압과 전류 사이의 각
- 위상 삼각형 : 서로 90° 위상차가 나는 두 성분의 페이저 합을 나타내는 직각삼각형
- 초크 : 직렬 저항 R 양단에 생기는 교류전압의 양을 상당히 줄이고자 할 때 사용하는 코일의 다른 이름이다. 초크 인덕턴스를 계산하기 위한 경계선은 특정 주파수에서 X_L을 직렬저항 R의 10배 이상으로 만드는 가장 낮은 주파수가 된다.
- 코일의 Q : 코일의 품질이나 성능지수. 조금 더 전문적으로 설명하면, 코일의 Q는 코일의 저항에서 소모되는 유효전력에 대한 인덕턴스에서의 무효전력의 비이다. $Q=X_L/r_i$
- 탄젠트(tan) : 각에 대한 삼각함수로서 직각삼각형의 밑변에 대한 높이의 비와 같다.
- 표면효과 : 매우 높은 주파수에서 도체의 바깥쪽 표면을 통해 흐르는 전류를 설명하기 위한 용어. 표면효과는 주파수가 높아지면 코일의 유효저항이 증가한다는 것을 의미한다. 왜냐하면 이 효과는 도선의 단면적을 줄이는 것과 같기 때문이다.

중요 공식

직렬 RL 회로

$$V_T = \sqrt{V_R^2 + V_L^2}$$

$$Z_T = \sqrt{R^2 + X_L^2}$$

$$\tan\theta_Z = \frac{X_L}{R}$$

병렬 RL 회로

$$I_T = \sqrt{I_R^2 + I_L^2}$$

$$Z_{EQ} = \frac{V_A}{I_T}$$

$$\tan\theta_I = \frac{I_L}{I_R}$$

코일의 Q

$$Q = \frac{X_L}{r_i} = \frac{2\pi fL}{r_i}$$

자습문제

1. 유도성 리액턴스 X_L은?

a. 비정현 파형이나 직류에만 적용한다.
b. 사인파에만 적용한다.
c. 정현파나 비정현파 모두에 적용한다.
d. 주파수에 반비례한다.

2. 사인파 교류회로의 인덕터에서

a. V_L이 I_L에 90° 앞선다.
b. V_L이 I_L에 90° 뒤진다.
c. V_L과 I_L은 동상이다.
d. 위에 답이 없다.

3. 직렬 RL 회로에서

a. V_L이 V_R에 90° 뒤진다.
b. V_L이 V_R에 90° 앞선다.
c. V_R과 I는 동상이다.
d. b와 c 모두 맞다.

4. V_L=9V이고 V_R=12V인 직렬 RL 회로에서 전체 전압 V_T는 얼마인가?

a. 21V
b. 225V
c. 15V
d. 3V

5. 50Ω의 저항과 50Ω의 유도성 리액턴스 X_L이 병렬이다. 이 합성회로의 등가 합성 임피던스 Z_{EQ}를 구하라.

a. 70.7Ω
b. 100Ω
c. 35.36Ω
c. 25Ω

6. 병렬 RL 회로에서

a. I_L이 I_R에 90° 뒤진다.
b. I_L이 I_R에 90° 앞선다.
c. I_L과 I_R은 동상이다.
d. I_R이 I_L에 90° 뒤진다.

7. I_L=1.6A이고 I_R=1.2A인 병렬 RL 회로에서 전체전류 I_T는 얼마인가?

a. 2.8A
b. 2A
c. 4A
d. 400mA

8. X_L=R인 직렬 RL 회로에서 위상각 θ_Z는 얼마인가?

a. −45°
b. 0°
c. +90°
d. +45°

9. 병렬 RL 회로에서

a. V_A와 I_L은 동상이다.
b. I_L과 I_R은 동상이다.
c. V_A와 I_R은 동상이다.
d. V_A와 I_R은 90° 위상차가 난다.

10. 1kΩ의 저항과 2kΩ의 유도성 리액턴스 X_L이 직렬이다. 전체 임피던스 Z_T는 얼마인가?

a. 2.24kΩ
b. 3kΩ
c. 1kΩ
c. 5MΩ

11. 병렬 RL 회로에서 인가전압의 주파수가 감소할 때,

a. 위상각 θ_I가 음(−)으로 작아진다.
b. Z_{EQ}가 증가한다.
c. Z_{EQ}가 감소한다.
d. a와 b 모두 맞다.

12. 직렬 RL 회로에서 인가전압의 주파수가 증가할 때,

a. θ_Z가 증가한다.
b. Z_T가 감소한다.
c. Z_T가 증가한다.
d. a와 c 모두 맞다.

13. 초크 인덕턴스의 값으로 간주할 수 있기 위해서는

a. 직렬 R보다 X_L이 10배 이상 더 커야 한다.
b. 직렬 R보다 X_L이 1/10배 이하로 더 작아야 한다.
c. X_L이 R과 같아야 한다.
d. 직렬 X_L보다 R이 10배 이상 커야 한다.

14. 코일의 Q는 다음에 영향을 받는다.

a. 주파수
b. 코일의 저항
c. 표면효과
d. 위의 내용 모두 맞다.

15. 전류가 300mH인 코일을 통해서 10μs당 50mA의 선형적인 비율로 증가한다면, 유도전압 V_L은 얼마인가?

a. 1.5V
b. 1.5kV
c. X_L이 주어지지 않았기 때문에 구할 수 없다.
d. V_L 또한 선형적으로 증가하기 때문에 구할 수 없다.

확인문제

1. 인덕터에 흐르는 전류의 어떤 특성이 유도된 전압의 양을 결정하는가? 그 이유를 간단히 설명하라.
2. 사인파 전압원과 연결된 인덕턴스를 그리고 서로 90°의 위상차가 나는 전류와 전압을 나타내어라.
3. 저항을 통해 흐르는 전류와 저항 양단 전압의 위상이 같은 이유는 무엇인가?
4. (a) 각각의 피크값이 100V이고, 90°의 위상차가 나는 두 전압의 사인파형을 그려라.
   (b) 페이저 합이 왜 200V가 아닌 141V가 되는가?
   (c) 직렬인 두 100V 전압강하의 합이 200V와 같을 때는 언제인가?
5. (a) 사인파 교류회로의 위상각을 정의하라.
   (b) X_L과 R의 직렬회로에서 위상각에 대한 식을 써라.
6. 다음을 정의하라. (a) 코일의 Q (b) 교류 유효 저항 (c) RF 초크 (d) 톱니파 전류
7. 〈그림 21-2b〉의 모든 파형이 동일한 주파수를 갖는 이유는 무엇인가?
8. 저항계로 초크가 개방된 고장을 체크하는 방법을 설명하라.
9. 피크가 30mA인 톱니파 전류에 대해서 〈그림 21-11〉의 회로와 그래프를 다시 그려라.
10. 코일의 R_e에서 리액턴스보다 저항이 고려되는 이유는?
11. RF 초크가 보통 AF 초크보다 더 작은 이유는?
12. 사인파 i_L에 대한 v_L의 파형은 무엇인가?

연습문제

21-1절 사인파 i_L은 v_L에 90° 뒤진다

21-1 〈그림 21-12〉에서 다음을 구하라.
a. 인덕터 전압 V_L의 피크값
b. 인덕터 전류 i_L의 피크값
c. 인덕터 전류 i_L의 주파수
d. V_L과 i_L 사이의 위상 관계

그림 21-12

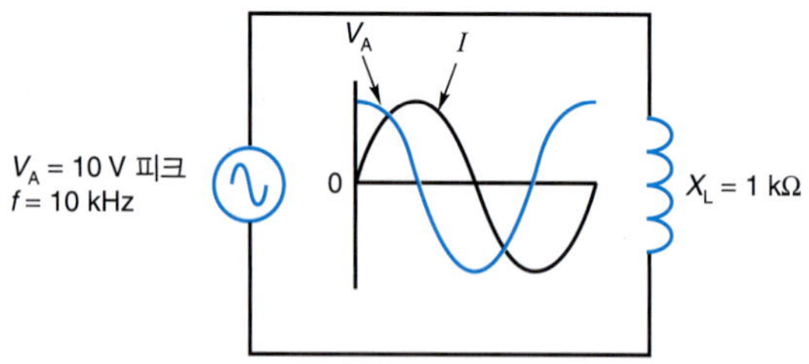

21-2 〈그림 21-12〉에서 i_L이 다음과 같을 때 유도전압 V_L의 값은?
a. 0mA?
b. 10mA의 양(+)의 피크?
c. 10mA의 음(−)의 피크?

21-3 〈그림 21-12〉에서 다음을 이용하여 V_L과 i_L을 나타내는 페이저를 그려라.
a. i_L을 기준 페이저로 할 때
b. V_L을 기준 페이저로 할 때

21-2절 X_L과 R의 직렬연결

21-4 〈그림 21-13〉에서 다음의 각 경우에 전류 I를 구하라.
a. 전류 I가 15Ω의 저항을 통해 흐를 때
b. 전류 I가 20Ω의 유도성 리액턴스, X_L을 통해 흐를 때
c. 전류 I가 인가전압, V_T를 통해 흐를 때

그림 21-13

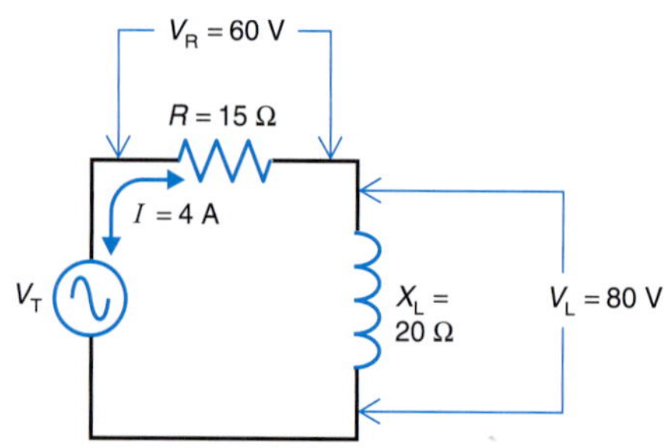

21-5 〈그림 21-13〉에서 다음 각 경우에 둘 사이의 위상관계를 말하라.

a. I 와 V_R

b. I 와 V_L

c. V_L와 V_R

21-6 〈그림 21-13〉에서 인가전압 V_T는 얼마인가?

21-7 〈그림 21-13〉의 회로에 대한 페이저 전압 삼각형을 그려라. (기준 페이저로 V_R을 사용하라.)

21-8 〈그림 21-14〉에서 다음을 구하라.

a. 저항 전압 V_R

b. 인덕터 전압 V_L

c. 전체 전압 V_T

그림 21-14

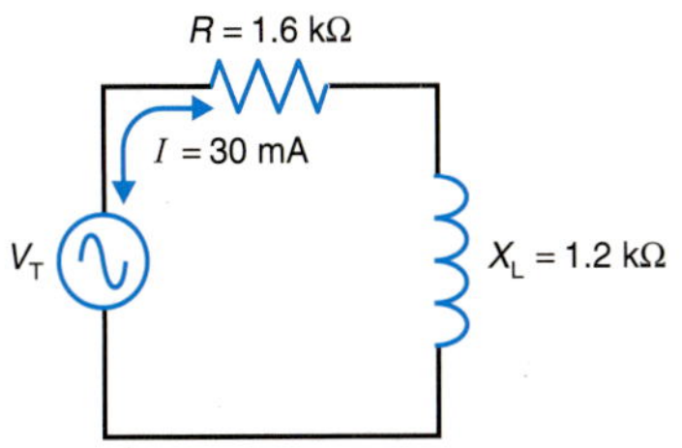

21-9 〈그림 21-15〉에서 다음을 구하라.

a. 저항 전압 V_R

b. 인덕터 전압 V_L

c. 전체 전압 V_T

그림 21-15

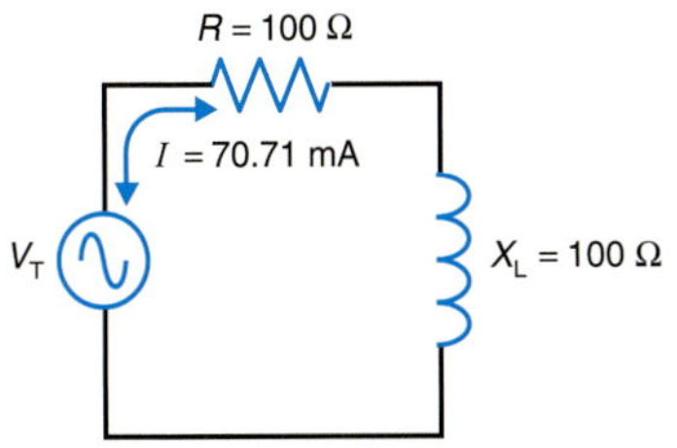

21-10 직렬 RL 회로에서 다음의 각 경우에 인가전압 V_T를 구하라.

a. V_R=12V와 V_L=6V

b. V_R=25V와 V_L=40V

c. V_R=9V와 V_L=16V

d. V_R=40V와 V_L=40V

21-3절 임피던스 Z의 삼각형 페이저도

21-11 〈그림 21-16〉에서 Z_T, I, V_L, V_R 및 θ_Z를 구하라.

그림 21-16

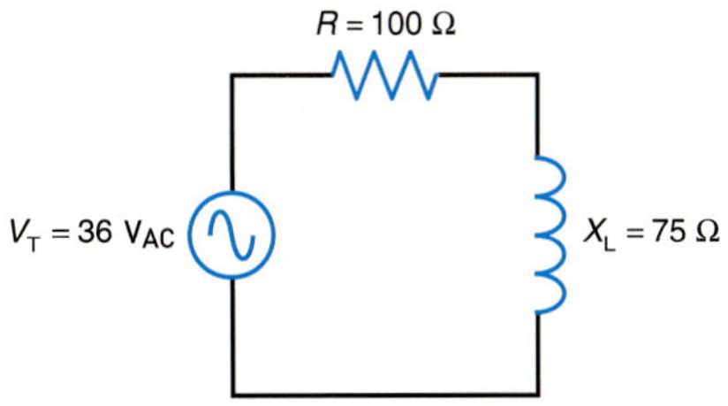

21-12 〈그림 21-16〉의 회로에서 임피던스 삼각형을 그려라. (기준 페이저로 R을 사용하라)

21-13 〈그림 21-17〉에서 Z_T, I, V_L, V_R 및 θ_Z를 구하라.

그림 21-17

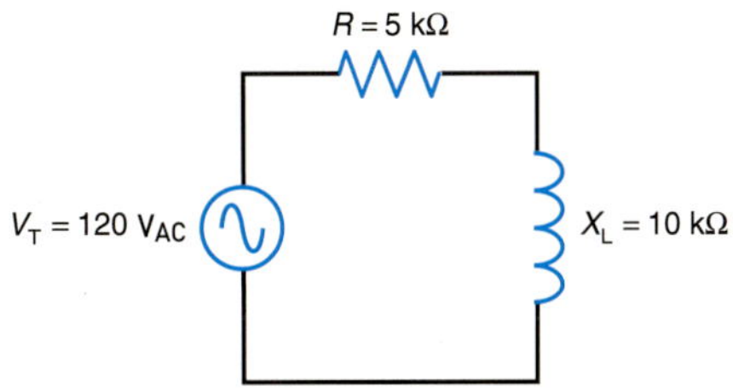

21-14 〈그림 21-18〉에서 Z_T, I, V_L, V_R 및 θ_Z를 구하라.

그림 21-18

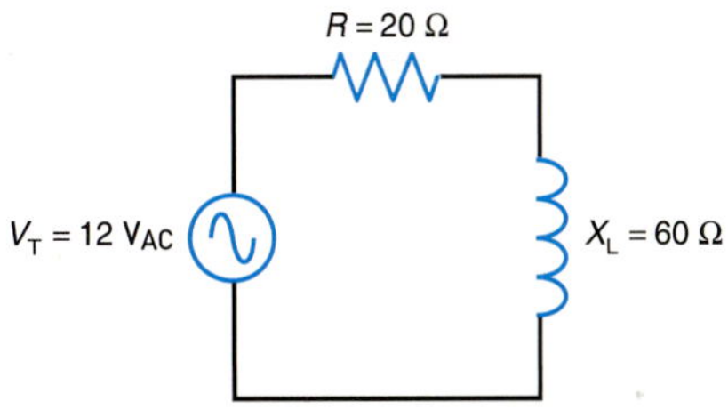

21-15 〈그림 21-19〉에서 Z_T, I, V_L, V_R 및 θ_Z를 구하라.

그림 21-19

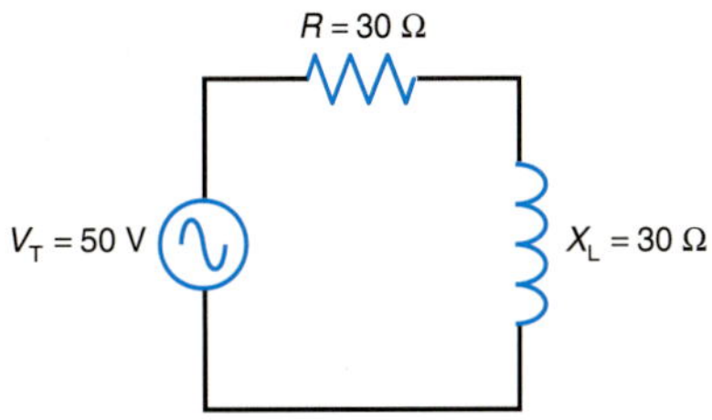

21-16 〈그림 21-20〉에서 다음과 같은 회로 소자의 값을 가질 때 Z_T, I, V_L, V_R 및 θ_Z를 구하라.

a. X_L=30Ω, R=40Ω, V_T=50V

b. X_L=50Ω, R=50Ω, V_T=141.4V

c. X_L=10Ω, R=100Ω, V_T=10V

d. X_L=100Ω, R=10Ω, V_T=10V

그림 21-20

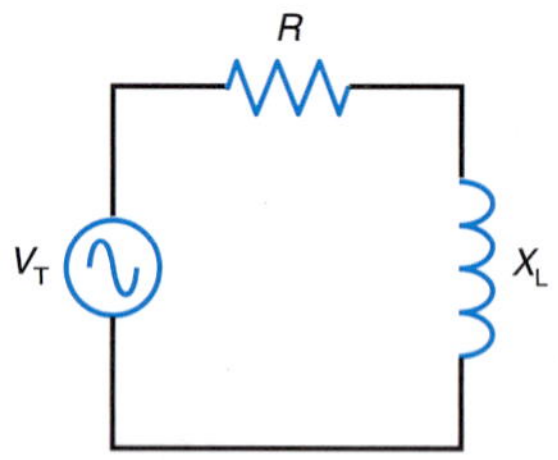

21-17 〈그림 21-21〉에서 X_L, Z_T, I, V_L, V_R 및 θ_Z를 구하라.

그림 21-21

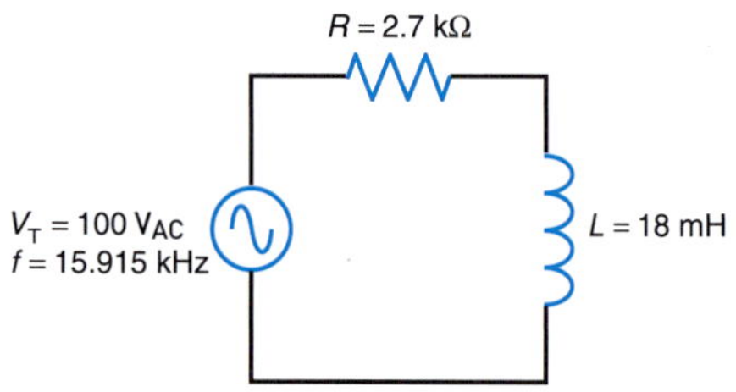

21-18 〈그림 21-21〉에서 인가전압의 주파수가 증가한다면 다음의 양들은 어떤 변화가 일어나는가?

a. X_L

b. Z_T

c. I

d. V_R

e. V_L

f. θ_Z

21-19 인가전압의 주파수가 감소할 경우에 대해 〈문제 21-18〉을 반복하라.

21-4절 X_L과 R의 병렬연결

21-20 〈그림 21-22〉에서 다음의 양단 전압을 구하라.

a. 30Ω 저항 R

b. 40Ω 유도성 리액턴스 X_L

그림 21-22

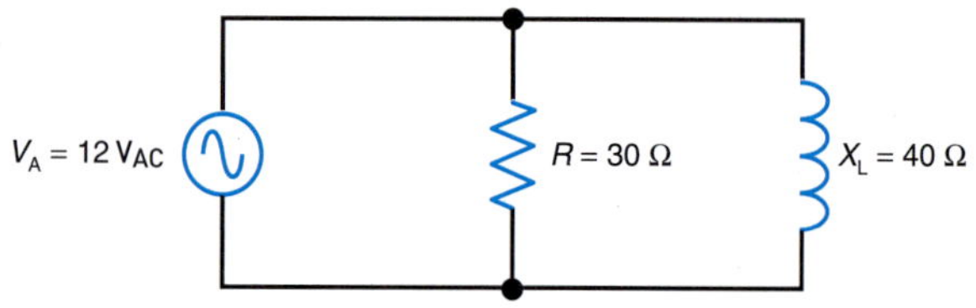

21-21 〈그림 21-22〉에서 다음 값들 사이의 위상관계를 구하라.

a. V_A와 I_R

b. V_A와 I_L

c. I_L과 I_R

21-22 〈그림 21-22〉에서 I_R, I_L, I_T, Z_{EQ}와 θ_I를 구하라.

21-23 〈그림 21-22〉의 회로에서 페이저 전류 삼각형을 그려라. (기준 페이저로 I_R을 사용하라.)

21-24 〈그림 21-23〉에서 I_R, I_L, I_T, Z_{EQ}와 θ_I를 구하라.

그림 21-23

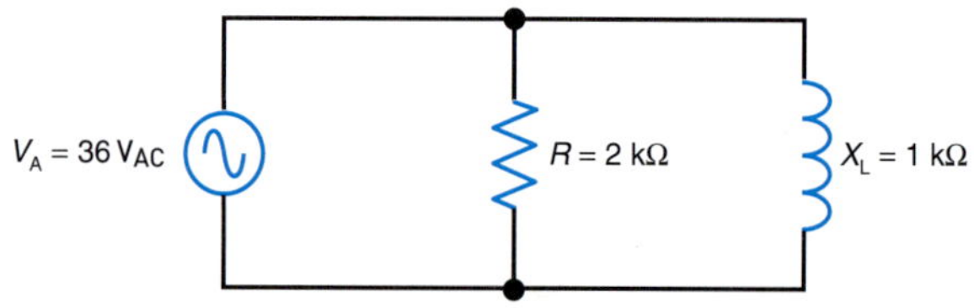

21-25 〈그림 21-24〉에서 I_R, I_L, I_T, Z_{EQ}와 θ_I를 구하라.

그림 21-24

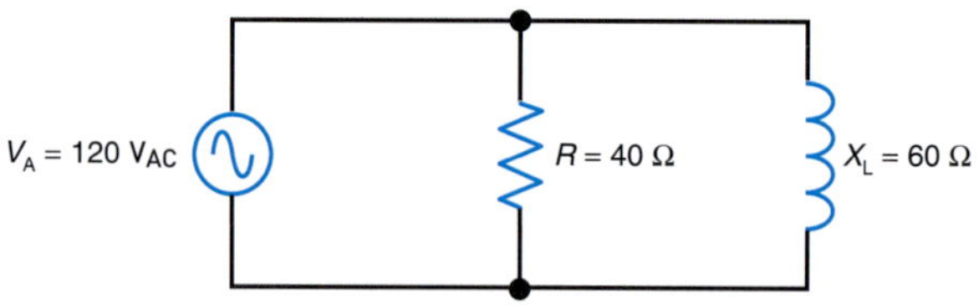

21-26 〈그림 21-25〉에서 I_R, I_L, I_T, Z_{EQ}와 θ_I를 구하라.

그림 21-25

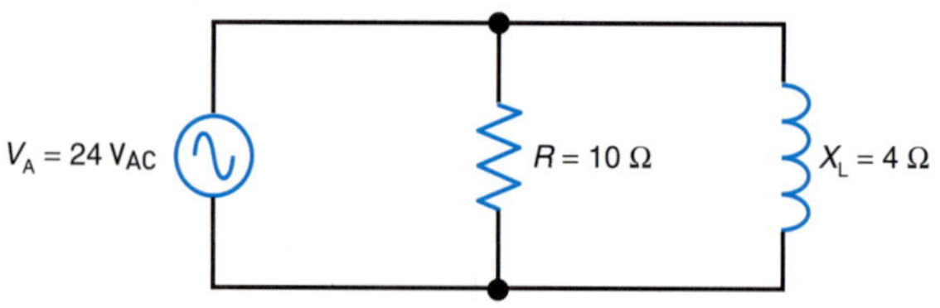

21-27 〈그림 21-26〉에서 I_R, I_L, I_T, Z_{EQ}와 θ_I를 구하라.

그림 21-26

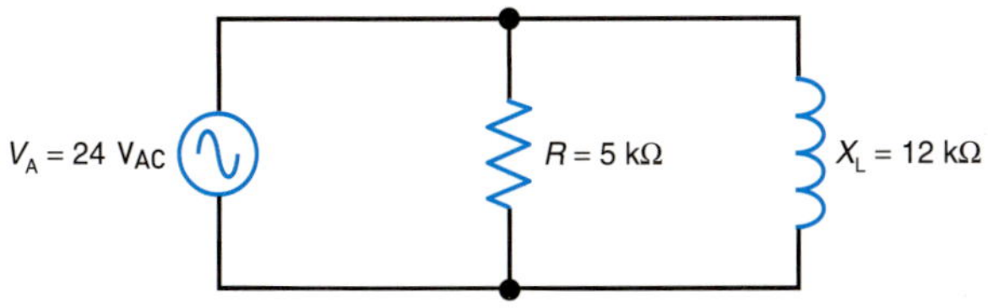

21-28 〈그림 21-27〉에서 다음과 같은 회로 소자값에 대해서 I_R, I_L, I_T, Z_{EQ}와 θ_I를 구하라.

a. R=50Ω, X_L=50Ω, V_A=50V
b. R=10Ω, X_L=100Ω, V_A=20V
c. R=100Ω, X_L=10Ω, V_A=20V

그림 21-27

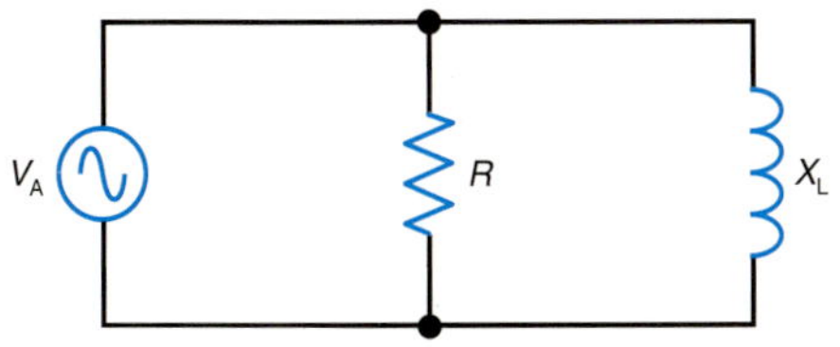

21-29 〈그림 21-27〉에서 R=320Ω이고 X_L=240Ω인 경우에 Z_{EQ}는 얼마인가?

21-30 〈그림 21-28〉에서 X_L, I_R, I_L, I_T, Z_{EQ}와 θ_I를 구하라.

그림 21-28

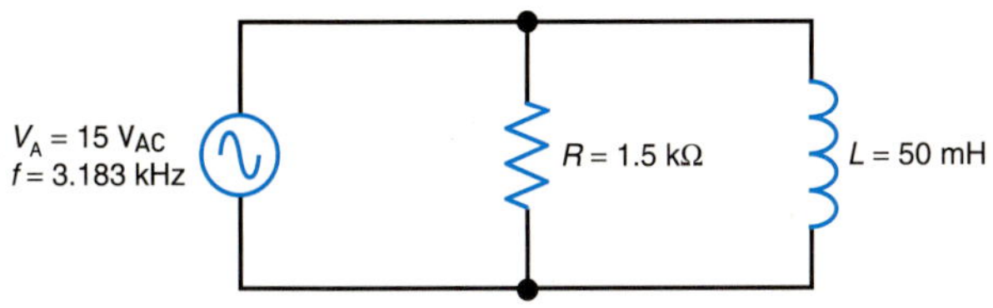

21-31 〈그림 21-28〉에서 인가전압의 주파수가 증가하면 다음 각 값들에 어떤 변화가 있는가?

a. I_R
b. I_L
c. I_T
d. Z_{EQ}
e. θ_I

21-32 인가전압의 주파수가 감소할 때 〈문제 21-31〉을 반복하라.

21-5절 코일의 Q

21-33 〈그림 21-29〉에 보인 인덕터에서 다음 각 주파수에 대한 Q를 계산하라.

a. f=500Hz
b. f=1kHz
c. f=1.592kHz
d. f=10kHz

그림 21-29

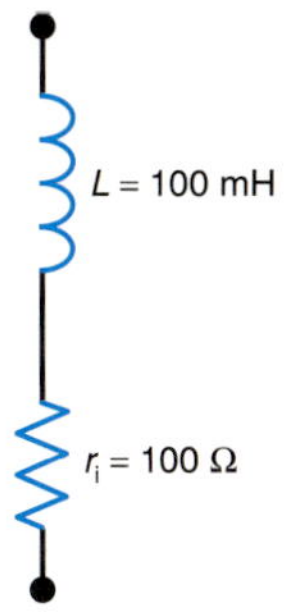

21-34 주파수가 높아질수록 X_L의 값이 증가하는 것처럼 제한없이 코일의 Q가 증가하지 못하는 이유는?

21-35 1.5MHz에서 Q가 35인 350μH의 인덕터에서 교류 유효 저항 R_e를 계산하라.

21-36 5MHz에서 Q의 값이 25로 감소할 경우 〈문제 21-35〉의 R_e를 다시 계산하라.

21-6절 AF와 RF 초크

21-37 〈그림 21-30〉에서 주파수가 다음과 같을 때 초크 인덕턴스 L의 값을 계산하라.

a. f=500Hz
b. f=2.5kHz
c. f=200kHz
d. f=1MHz

그림 21-30

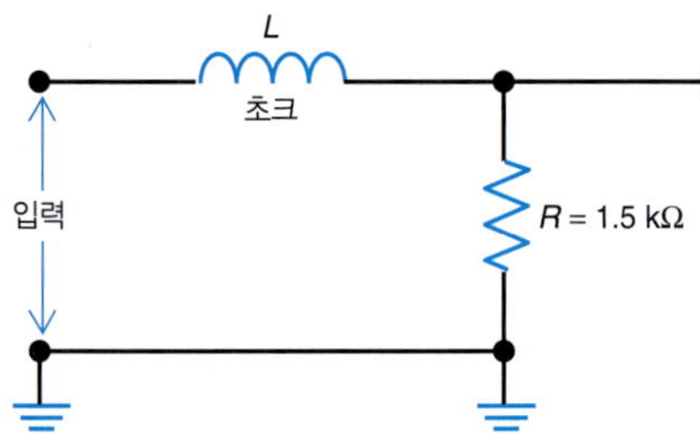

21-38 〈그림 21-30〉에서 L=50mH라면 L이 초크로서 사용될 수 있는 최소 주파수는 얼마인가?

21-39 〈그림 21-30〉에서 L=150mH일 때, 입력전압이 모든 주파수에 대해서 10V 피크-피크값을 갖는다고 가정한다면 다음 주파수에서 V_{out}을 계산하라.

a. 159.2Hz

b. 1.592kHz

c. 15.92kHz

21-7절 유도전압의 일반적인 경우

21-40 〈그림 21-31〉에서 보인 삼각파 전류에 대해서 8mH인 인덕터 양단의 유도전압 V_L의 파형을 그려라.

21-41 〈그림 21-32〉에서 보인 톱니파 전류에 대해서 250mH인 인덕터 양단의 유도전압 V_L의 파형을 그려라.

그림 21-31

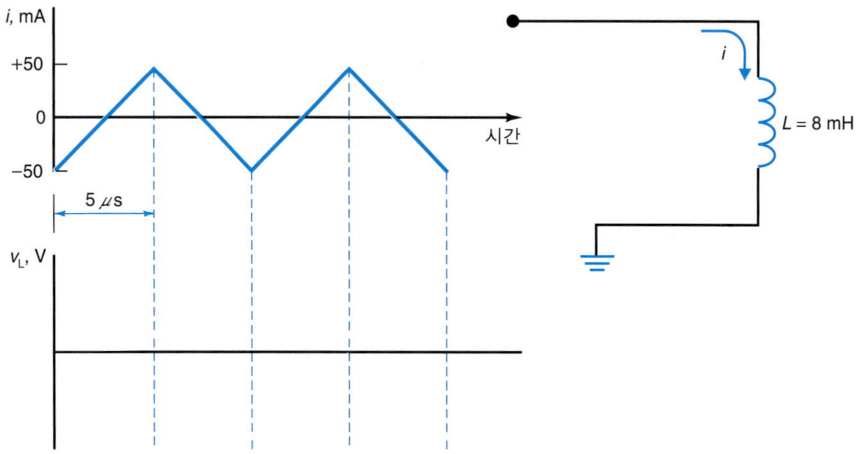

그림 21-32

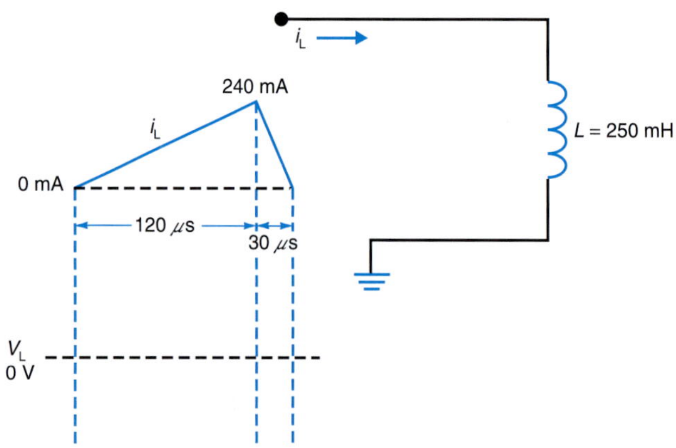

사고력 문제

21-42 〈그림 21-33〉에서 X_L, R, L, I, V_L과 V_R을 계산하라.

그림 21-33

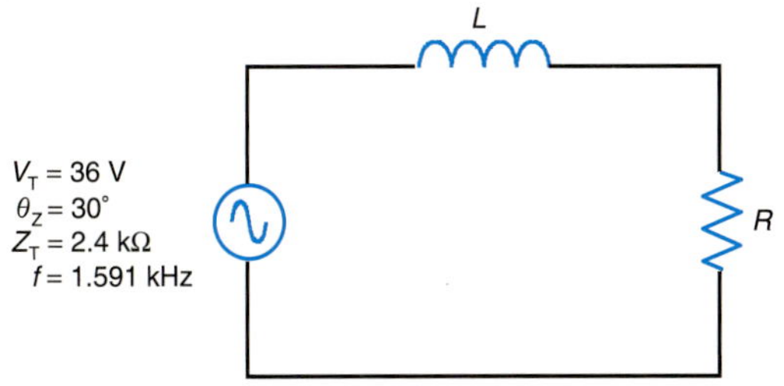

21-43 〈그림 21-34〉에서 I_R, I_L, I_T, X_L, R과 L을 계산하라.

그림 21-34

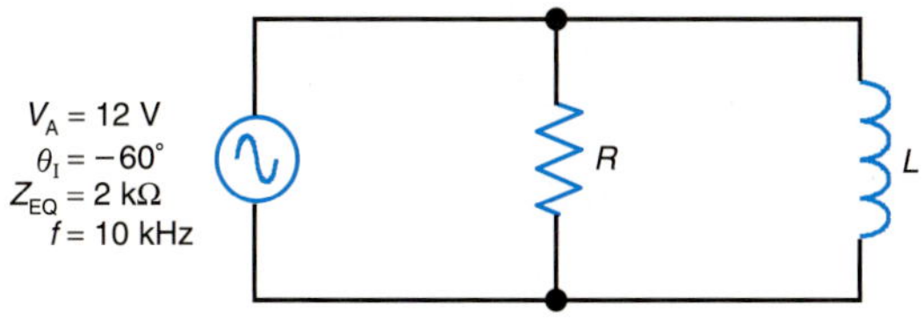

21-44 〈그림 21-35〉에서 V_R, V_{L_1}, X_{L_1}, X_{L_2}, I, Z_T, L_1, L_2와 θ_Z를 계산하라.

그림 21-35

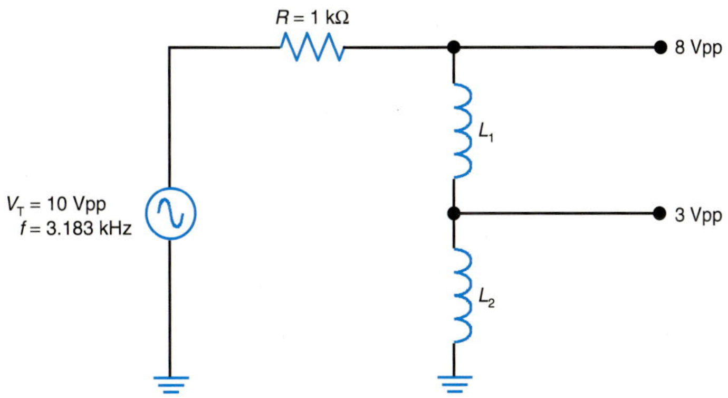

복습문제 정답

21-1 a. 0°
b. 90°
c. 뒤진다.

21-2 a. 0°
b. 90°

21-3 a. 28.28Ω
b. 28.28V
c. Ω_Z=45°

21-4 a. I_T=2.828A
b. θ_I=−45°

21-5 a. Q=75
b. R_e=10Ω

21-6 a. X_L=800Ω
b. X_L=1600Ω

21-7 a. di/dt = 1000A/s
b. di/dt = 9000A/s

chapter

22

RC와 L/R 시정수

인덕턴스 L은 사인파 교류회로에 많이 응용된다. L에 흐르는 전류가 변할 때마다 L에서는 유도전압이 발생된다. 사인파가 아닌 파형의 예로 직류전압을 스위치로 온(on), 오프(off)할 때 발생하는 파형, 사각파(square wave), 톱니파(sawtooth wave), 직사각형 펄스(pulse)를 들 수 있다. 커패시턴스 C도 사인파 교류회로에 많이 응용된다. 그런데 C에 인가되는 전압이 변할 때마다 C에는 충전전류나 방전전류가 흐르게 된다.

L이나 C가 들어 있는 회로에 사인파가 아닌 전압과 전류 파형이 인가되면 L과 C의 영향으로 파의 모양에 변화가 생긴다. 이러한 파형의 변화는 이들 회로의 시정수(time constant)를 이용하여 분석할 수 있다. 시정수란 L에 흐르는 전류나 C에 걸리는 전압이 63%만큼 변하는 데 걸리는 시간을 말한다.

RL 회로보다는 RC 회로를 실제로 더 자주 사용하는데, 이것은 커패시터가 인덕터보다 작고 값이 싼데다 강한 자기장을 발생시키지 않기 때문이다.

단원 차례

단원 목표

- 과도응답이라는 용어를 정의한다.
- 시정수를 정의한다.
- 저항과 인덕턴스로 구성된 회로의 시정수를 계산한다.
- RL 회로가 개방될 때 높은 전압이 발생하는 현상을 설명한다.
- 저항과 커패시턴스로 구성된 회로의 시정수를 계산한다.
- 커패시턴스가 전압의 변화를 방해하는 원리를 설명한다.
- 미분과 적분이 제대로 이루어지기 위한 조건을 나열할 수 있다.
- RC 결합회로(coupling circuit)에서는 왜 시정수가 길어야 하는지 설명한다.
- 범용 시정수 그래프를 사용하여 충전과 방전을 하는 RC 회로나 RL 회로의 전압값과 전류값을 구한다.
- 시정수와 리액턴스의 차이를 설명한다.

중요 용어

과도 응답	미분기	시정수	정상상태(steady-state)
긴 시정수	범용 시정수 그래프	적분기	짧은 시정수

22-1 저항만으로 구성된 회로의 응답

그림 22-1 R만 있는 회로의 응답. 스위치가 닫히면 전류 I는 10V/10Ω=1A (a) 회로 (b) 일정한 I 그래프

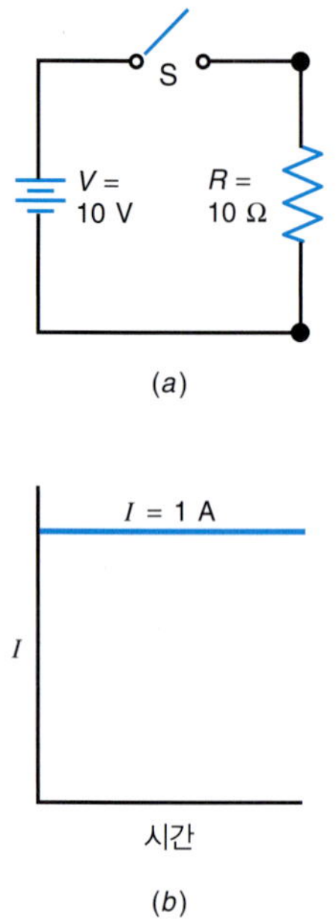

L과 C의 특성을 더욱 확실히 알 수 있도록 먼저 〈그림 22-1a〉에 있는 저항 회로의 동작을 살펴보기로 하자. 스위치가 닫히면 배터리는 10Ω 저항 양단에 10V를 공급하므로 전류 1A가 흐르게 된다. 〈그림 22-1b〉의 그래프에서 보듯이 스위치가 닫히자마자 전류 I는 0에서 1A로 곧바로 변한다. 배터리 전압이 5V로 바뀌면 전류도 0.5A로 즉시 변한다. 스위치가 열리면, I는 곧바로 0으로 떨어진다.

저항 R은 전류가 흐르는 것을 방해한다. 인덕턴스에서는 전류 I의 변화를 방해하는 자기장이 발생하고 커패시턴스에서는 전압 V의 변화를 방해하는 전기장이 발생하지만 저항에서는 그렇지 않으므로 저항은 변화에 반발하는 작용을 하지 않는다.

■ 21-1 복습문제

a. 저항 R은 전류 I의 변화에 대해 유도전압을 발생시키지 않는다. (참, 거짓)

b. 저항 R은 전압 V의 변화에 대해 충전전류나 방전전류를 발생시키지 않는다.(참, 거짓)

22-2 L/R 시정수

〈그림 22-2〉에 있는 R과 L이 직렬로 연결된 회로를 살펴보자. 스위치 S가 닫히면 전류 I는 0에서부터 계속 증가하다가 마침내 1A에 도달하면서 안정된다. 정상상태 값인 1A는 배터리 전압 10V를 회로의 저항 10Ω로 나눈 것이다. 전류 I가 0에서 1A로 변하는 동안에 인덕턴스는 그 변화를 방해하게 된다. RL 회로에서 정상상태의 전류 1A에 도달하기 전까지 잠시 동안 일어나는 이러한 동작을 RL 회로의 과도응답(transient response)이라고 한다. 스위치 S가 열린 경우에도 닫힌 경우와 마찬가지로 RL 회로는 정상상태 값인 0A를 향해 감소하는 전류의 변화를 방해하는 과도응답을 나타낸다.

유도성 회로의 과도응답은 이 회로의 시정수인 L/R로 살펴볼 수 있다. 시정수를 식으로 나타내면 다음과 같다.

$$T = \frac{L}{R} \tag{22-1}$$

알아두기▸▸

시정수를 표시하는 기호로는 그리스 문자 τ(타우)를 사용하는 것이 보통이다. 이 기호를 사용하면 식 (22-1)은 $\tau = \frac{L}{R}$이 된다.

여기서, T는 시정수로 단위는 초(second)이고 L은 인덕턴스로 단위는 헨리(henry)이며 R은 저항으로 단위는 옴(ohm)이다. 이때 R은 경우에 따라 L과 직렬로 연결된 외부저항이거나 L 속에 들어 있는 코일저항이거나 이 두 저항이 합성된 저항이 된다. 〈그림 22-2〉 회로의 시정수를 계산하면 다음과 같다.

$$T = \frac{L}{R} = \frac{1}{10} = 0.1\text{s}$$

알아두기▸▸

〈그림 22-2〉에서 스위치가 닫혔을 때 이론상으로 전류 I는 정상상태의 값인 1A에 한없이 가까워질 뿐 결코 그 값에 도달할 수 없다.

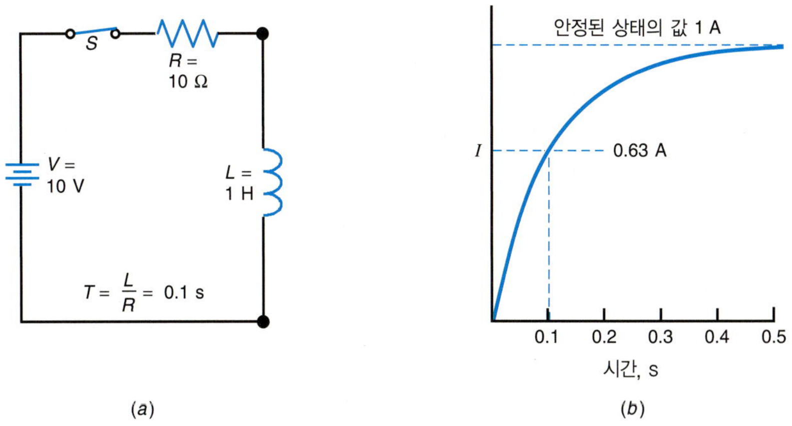

MultiSim **그림 22-2** R과 인덕턴스 L로 구성된 회로의 과도응답. 스위치가 닫히면 I는 0에서 정상상태의 값 1A까지 증가한다. (a) 회로의 시정수는 L/R=1H/10Ω=0.1s (b) 시정수의 5배가 되는 시간 동안 I의 그래프. 〈그림 22-1b〉의 그래프와 비교해볼 것

정확하게 말하자면 시정수는 전류가 63.2%(어림잡아 63%)만큼 변하는 데 걸리는 시간이다. 〈그림 22-2〉 회로에서 전류는 0.1s 동안에 0A에서 0.63A로 증가하는데, 0.63A는 정상상태 값 1A의 63%이다. 시정수 0.1s의 5배인 0.5s가 지나면 전류는 거의 정상상태의 값 1A가 된다.

시정수를 나타내는 L/R의 차원이 어떻게 해서 시간이 되는지 설명해보기로 한다. 유도전압 식 $V=L(di/dt)$을 L에 대해 정리하면 L의 차원은 $V\times T/I$가 된다. 따라서 L을 R로 나누어 L/R의 차원을 구해보면 $V\times T/IR$가 된다. IR과 V는 서로 약분되므로 L/R의 차원은 시간인 T가 된다.

예제 22-1

20H 코일의 직렬저항이 100Ω일 때 이 코일의 시정수를 구하라.

정답

$$T=\frac{L}{R}=\frac{20\text{H}}{100\Omega}$$
$$=0.2\text{s}$$

예제 22-2

〈예제 22-1〉의 코일에 직류전압 10V를 인가하면 정상상태에서는 100mA의 전류가 흐른다. 직류전압을 인가한 지 0.2s 후의 전류는 얼마인가? 또 1s 후에는 얼마인가?

정답 시정수가 0.2s이므로 0.2s 후에 I는 100mA의 63%인 63mA가 된다. 시정수의 5배인 1s(=0.2s×5) 후에 전류는 정상상태 값인 100mA에 도달한다. 인가전압이 10V를 유지하는 동안에는 전류는 이 값으로 계속 유지된다.

예제 22-3

〈예제 22-1〉의 코일에 저항 1MΩ이 직렬로 연결되면 저항이 커진 RL 회로의 시정수는 얼마가 되는가?

정답

$$T = \frac{L}{R} = \frac{20\text{H}}{1,000,000\Omega}$$
$$= 20 \times 10^{-6}\text{s}$$
$$= 20\mu\text{s}$$

L/R 시정수는 L의 값이 커질수록 길어진다. 또한 직렬 R이 커질수록 시정수는 짧아진다. 직렬저항이 커지면 RL 회로는 유도성 회로에서 저항성 회로로 변한다.

■ 22-2 복습문제

a. 2H와 100Ω이 직렬로 연결된 회로의 시정수를 계산하여라.

b. 2H와 4000Ω이 직렬로 연결된 회로의 시정수를 계산하여라.

22-3 RL 회로가 개방될 때 발생하는 고전압

유도성 회로가 개방되면 감소하는 전류의 시정수는 매우 짧다. 개방회로의 저항은 무한대에 가까우므로 시정수 L/R 값이 아주 작아지기 때문이다. 따라서 스위치가 열려 개방회로가 되면 스위치가 닫힐 때 전류가 증가할 때보다 훨씬 빠르게 전류가 0으로 줄어든다. 결국 RL 회로가 개방될 때마다 코일 양단에는 유도전압 V_L이 발생하는데, 이 유도전압은 인가전압보다도 훨씬 높다.

유도전압이 인가전압보다 크다고 해서 에너지가 증가한 것은 아니다. 전류 I는 처음에는 짧은 시간 동안에 매우 빠르게 감소하는데, 높은 유도전압은 이 시간 동안에만 나타난다. 이어서 I가 감소하는 속도가 느려지면 유도전압 V_L의 크기는 줄어든다. I가 0으로 떨어지면 V_L도 0이 된다.

〈그림 22-2〉에서 보듯이 코일 양단에 연결된 네온전구로 이러한 현상을 확인해 볼 수 있다. 네온전구를 이온화하면 불이 켜지는데, 전구가 이온화되기 위해서는 90V 이상의 전압이 전구에 인가되어야 한다. 그런데 전원전압은 8V에 지나지 않는

다. 그렇지만 스위치가 열리면 코일에는 전구를 켜기에 충분한 유도전압이 순간적으로 발생한다. 스위치가 열리면 전류 I는 곧바로 매우 빠르게 감소하는데, 이 짧은 시간 동안에 발생하는 전압펄스(전압스파이크라고도 함)의 크기는 90V 이상이 된다.

〈그림 22-2〉에서 저항 R_1=100Ω은 2H 코일의 내부저항이라는 것에 주의하기 바란다. 따라서 이 저항은 스위치 S가 열리든 닫히든 상관없이 L과 직렬로 연결된다. 스위치 양단 S에 연결된 저항은 S가 닫혀 있을 때는 회로에 없는 것과 마찬가지이지만 S가 열리면 비로소 다른 회로와 연결된다. S가 열릴 때 형성되는 회로에서는 R_2가 R_1보다 훨씬 크므로 L/R 시정수는 매우 짧아지게 된다.

스위치가 닫힐 때 회로의 동작

〈그림 22-3a〉에서 스위치가 닫히면 L에 전류가 흐르면서 자기장에 에너지가 저장된다. 닫힌 스위치에 의해 저항 R_2가 단락(short)되므로 회로에 있는 저항은 R_1=100Ω이 유일하다. 따라서 정상상태에서 전류 I는 V/R_1=8/100=0.08A가 된다. 전류 I가 이 값이 되는 것은 시정수의 5배만큼 시간이 지난 다음이다.

시정수는 L/R=2/100=0.02s이므로 시정수의 5배는 5×0.02=0.1s이다. 따라서 전류 I는 시간이 0.1s만큼 지난 다음에 0.08A가 된다. 자기장에 저장된 에너지는 $1/2LI^2=64\times10^{-4}$J이 된다.

스위치가 열릴 때 회로의 동작

〈그림 22-3b〉와 같이 스위치가 열리면 저항 R_2가 L과 직렬로 연결되므로 회로의 전체 저항은 4100Ω, 어림잡아 4kΩ이 된다. 따라서 전류가 감소할 때의 시정수는 훨씬 짧아진다. 시정수 L/R은 2/4000=0.5ms가 된다. 시정수의 5배인 2.5ms가 지나면 전류는 거의 0으로 떨어지게 된다.

전류가 급격하게 감소하면 자기장이 빠른 속도로 감소하면서 L 양단에는 높은 전압이 유도된다. 〈그림 22-3b〉의 회로에서는 유도전압 v_L의 피크값이 320V이다. 이 코일의 유도전압이 코일과 병렬로 연결된 네온전구에 인가되므로 전구가 이온화하

그림 22-3 유도성 회로가 개방될 때 높은 전압이 유도되는 현상의 설명 (a) 스위치가 닫힌 상태에서 네온전구에 인가되는 전압 8V로는 전구를 켜지 못한다. (b) 스위치가 열리는 순간 작은 L/R 시정수에 의해 높은 전압이 발생하여 네온전구가 켜짐

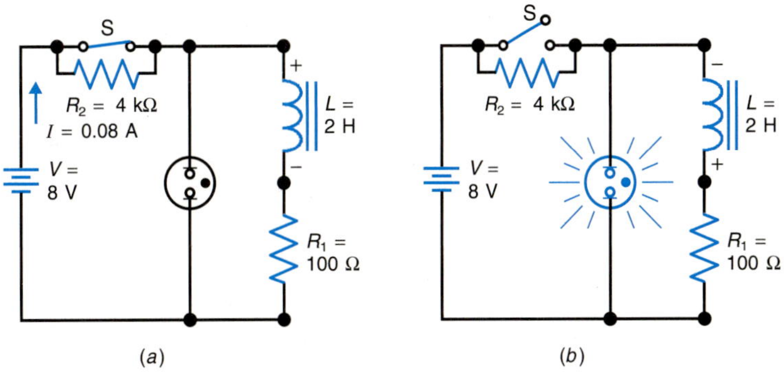

면서 순간적으로 불이 켜진다. 유도성 회로는 개방되는 순간 불꽃이 발생하는 문제점이 있다. 이 불꽃에 의해 스위치의 접점이 못쓰게 되며 경우에 따라서는 화재나 폭발사고를 일으킬 수 있다.

v_L의 피크값 계산

〈그림 22-3〉에서 S가 열릴 때 유도된 전압의 피크값 320V를 구하는 방법은 다음과 같다. 스위치가 닫혀 있으면 직렬 회로가 되므로 모든 부품에는 똑같은 전류 I=0.08A가 된다. S가 열리면 R_2는 L과 R_1에 직렬로 연결된다. 자기장에 저장된 에너지는 전류 I가 감소하기 직전에 아주 잠깐 동안에 I를 0.08A로 유지시킨다. 이 0.08A가 4kΩ에도 흐르므로 R_2 양단의 전압은 0.08×4000=320V이다. 즉 감소하는 자기장은 스위치가 열리는 순간에 전류 I=0.08A가 흐르도록 320V의 전압펄스를 유도한다.

전류 변화율 di/dt

L=2H인 코일에 v_L=320V의 전압이 유도되려면 전류의 변화율이 160A/s가 되어야 한다. $v_L=L(di/dt)$이므로 이 식을 di/dt에 대해 정리하면 $di/dt=v_L/L$이 된다. 따라서 di/dt=320V/2H=160A/s가 된다. 이 값은 〈그림 22-3b〉에서 스위치가 열리면서 전류가 감소하기 시작하는 순간의 값이다.[1)]

유도 전압펄스의 응용

유도성 회로를 개방할 때 높은 전압이 발생하는 현상은 여러 곳에 응용되고 있다. 그 가운데 하나로 자동차의 점화장치(ignition system)에 높은 전압을 사용하는 것을 들 수 있다. 큰 인덕턴스 값을 갖는 스파크 코일과 배터리가 직렬로 연결된 회로가 배전기(distributor)의 단속기 접점(breaker point)에 의해 개방되는 순간 각 점화플러그(spark plug)에 필요한 높은 전압이 발생한다. 유도성 회로를 아주 빠르게 개방하면 10,000V 정도의 전압도 쉽게 발생시킬 수 있다.

■ 22-3 복습문제

a. 〈그림 22-3〉에서 S가 열리면 시정수 L/R은 길어지는가, 짧아지는가?

b. v_L이 커지려면 전류의 변화율 di/dt은 커야 하는가, 작아야 하는가?

22-4 RC 시정수

용량성 회로의 과도응답은 $R×C$의 곱으로 구할 수 있다. 시정수를 계산하는 식은 다음과 같다.

1) 〈그림 22-9〉에서 곡선 (b)의 접선(점선 표시)의 기울기는 전류가 감소하기 시작하는 순간(t=0)의 di/dt 값과 같다.

알아두기▸▸

식 (22-2)를 $\tau = RC$ 로 표시하기도 한다.

$$T = R \times C \tag{22-2}$$

여기서, R의 단위는 옴(ohm), C의 단위는 패럿(farad), T의 단위는 초(second)이다. 예를 들어, 〈그림 22-4〉에서 R=3MΩ, C=1μF라면 시정수는 다음과 같이 계산된다.

$$T = 3 \times 10^6 \times 1 \times 10^{-6}$$
$$= 3\text{s}$$

MΩ에서 M을 나타내는 10^6과 μF에서 μ을 나타내는 10^{-6}을 서로 곱하면 1이 되므로 MΩ×μF하면 단위는 s가 된다.

RC 시정수를 구할 때 자주 나타나는 몇 가지 단위계산의 유형을 정리하면 다음과 같다.

$$\text{M}\Omega \times \mu\text{F} = \text{s}$$
$$\text{k}\Omega \times \mu\text{F} = \text{ms}$$
$$\text{M}\Omega \times p\text{F} = \mu\text{s}$$

$R \times C$의 단위가 초(second)가 되는 까닭을 설명하면 다음과 같다. $C=Q/V$이고 전하 $Q=I \times T$이며 $V=IR$이다. 따라서 $R \times C=R \times Q/V=(R \times IT)/IR$이 된다. 분자, 분모의 IR은 서로 약분되어 T만 남으므로 $R \times C$의 차원은 시간이 된다.

충전속도와 방전속도를 나타내는 시정수

RC는 C가 충전 전압의 63%까지 충전하는 데 걸리는 시간이다. 또 RC는 C가 충전되어 있던 초기전압의 63%를 방전하여 초기전압의 37% 값으로 줄어드는 데 걸리는 시간이기도 한다.

예를 들면, 〈그림 22-4a〉에서 충전할 때 시정수는 3s이다. 따라서 3s가 지난 뒤에 C는 100V 인가전압의 63%까지 충전하게 되므로 그 값은 63V가 된다. 시정수의 5배인 15s 후에 C는 거의 완전하게 100V에 도달하게 된다. C가 100V로 충전된 다음에 방전한다면 C는 3s 후에 36.8V(약 37V)까지 내려가게 된다. 시정수의 5배가 지난 뒤에 C는 완전히 방전되어 0V가 된다.

시정수가 짧을수록 커패시터는 더욱 빨리 충전되거나 방전된다. 〈그림 22-4〉에서 RC가 1s라면, C는 3s가 아닌 1s에서 63V로 충전될 것이다. 또한 v_C는 15s가 아닌 5s에서 인가전압 100V에 도달할 것이다. 같은 전압으로 충전하는데 걸리는 시간이 짧다는 것은 더 빠르게 충전된다는 것을 뜻한다.

또한 방전할 때는 3s가 아니라 짧아진 시정수인 1s 후에 C가 100V에서 37V로 방전한다. 그리고 v_C는 15s가 아닌 5s 후에 0으로 떨어지게 된다.

이와 반대로 시정수가 더 길다는 것은 커패시터의 충전과 방전이 더 늦게 된다는 것을 의미한다. R이나 C가 클수록 시정수는 더 길어진다.

MultiSim **그림 22-4** RC 회로에서 커패시터가 충전되고 방전되는 방식의 설명 (a) 스위치 S_1이 닫히면 시정수 RC=3s 동안 C는 V_T의 63% 값으로 충전된다. 시정수의 5배인 15s 동안에는 C는 거의 완전히 충전된다. (b) S_1이 열려 배터리와의 연결이 끊어진 다음에 S_2가 닫히면 C는 방전되기 시작한다. 시정수 3s 동안 C는 처음 전압의 37% 값까지 떨어지고 시정수의 5배인 15s 동안에는 거의 완전히 방전된다.

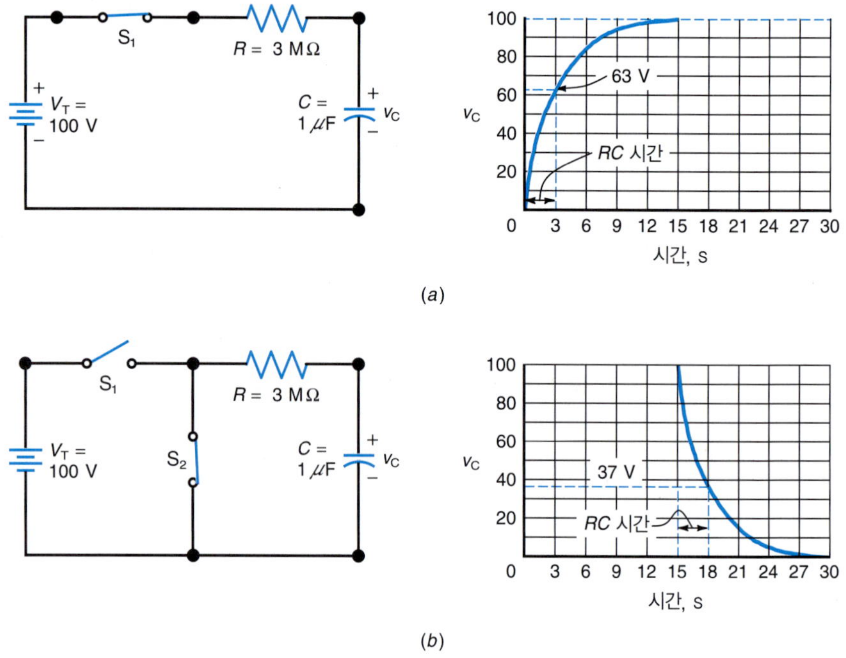

RC 응용

예제를 몇 개 풀어보면서 시정수가 RC 회로에 적용되는 방법을 설명하기로 한다.

예제 22-4

1MΩ 저항과 직렬로 연결된 0.01μF 커패시터의 시정수는 얼마인가?

정답

$$T = R \times C = 1 \times 10^{6} \times 0.01 \times 10^{-6}$$
$$= 0.01\text{s}$$

〈예제 22-4〉에서 충전이나 방전할 때 직렬저항이 동일하다면 충전할 때 시정수와 방전할 때 시정수는 서로 같다.

예제 22-5

인가전압이 직류 300V일 때, 〈예제 22-4〉에서 충전시 0.01s 후에 C 양단의 전압은 얼마인가? 0.05s 후에는 얼마인가? 2시간 후에는 얼마인가? 이틀 후에는 얼마인가?

정답 시정수가 0.01s이므로 0.01s 후에 C 양단 전압은 300V의 63%인 189V이다. 시정수의 5배의 0.05s 후에 C는 인가전압의 크기인 300V까지 충전하게 된다. 인가전압이 계속 연결되어 있는 경우에는 2시간 후나 2일 후에 C는 300V를 유지하고 있다.

예제 22-6

〈그림 22-5〉에서 커패시터가 300V로 충전이 되었다가, 방전을 하였다. 방전하기 시작한 뒤 0.01s가 지난 뒤 커패시터의 전압은 얼마인가? 충전할 때와 방전할 때 직렬저항은 같다.

정답 시정수가 지나면 C는 초기 전압의 37%로 방전된다. 즉 $0.37 \times 300\text{V} = 111\text{V}$가 된다.

예제 22-7

〈그림 22-5〉에서 커패시터가 200V로 충전된 후에 방전을 한다고 가정한다. 방전을 시작한 뒤 0.01s가 지난 다음의 C의 전압은 얼마인가? 직렬저항은 충전할 때와 방전할 때 서로 같다.

정답 시정수가 지나면 C는 방전되어 초기 전압의 37%인 $0.37 \times 200 = 74\text{V}$가 된다. 〈예제 22-7〉에서는 커패시터는 임의의 값으로 충전하거나, 임의의 충전된 값으로부터 방전될 수 있다는 것을 보여주고 있다. 충전이나 방전되는 속도는 RC에 의해 결정되는데, 이 RC 시정수는 충전이나 방전이 시작되는 순간부터 계산된다.

예제 22-8

〈그림 22-4〉의 커패시터와 저항에 다른 저항 1MΩ이 직렬로 연결되면 시정수는 얼마인가?

정답 이제 직렬저항은 2MΩ이다. 따라서 RC는 2×0.01인 0.02s이다.

RC 시정수는 R과 C 값이 커질수록 길어지게 된다. 커패시턴스가 커진다는 것은 커패시터가 더 많은 전하를 충전할 수 있다는 의미이다. 다시 말해 인가전압의 63%에 해당하는 전위차를 공급하는 데 필요한 전하를 저장하는 데 걸리는 시간이 더 길다는 뜻이다. 저항이 커지면 충전전류가 감소하므로 커패시터를 충전하는 데 더 오랜 시간이 걸리게 된다.

RC 시정수로는 충·방전이 이루어지는 속도만을 알 수 있다는 것을 잘 알아두기 바란다. 실제 커패시터 양단 전압의 크기는 RC 시정수뿐 아니라 인가전압의 크기에 따라서도 달라진다.

커패시터의 전압이 인가전압보다 작아질 때마다 커패시터는 충전을 수행한다. 커패시터가 완전하게 충전될 때까지 또는 인가전압과의 연결이 끊어질 때까지는 RC의 속도로 충전을 계속한다.

커패시터의 전압이 인가전압보다 커지게 되면 커패시터는 방전을 수행한다. 커패시터가 완전하게 방전되거나 커패시터의 전압이 인가전압과 같아지거나 또는 부하와의 연결이 끊어질 때까지는 RC의 속도로 방전을 계속한다.

충전, 방전과 관련하여 중요한 원리 두 가지를 간추려보면 다음과 같다.

1. 실제 충전전압 전압이 커패시터의 전압 v_C보다 크면 커패시터는 충전한다.
2. 커패시터의 전압 v_C가 실제 충전전압보다 크면 커패시터는 방전한다.

실제 충전전압이란 커패시터의 전압 v_C와 인가전압 사이의 차이이다.

■ 22-4 복습문제

a. 충전 시에 2MΩ과 직렬로 470pF가 연결되면 시정수는 얼마인가?
b. 방전 시에 1kΩ과 직렬로 470pF가 연결되면 시정수는 얼마인가?

22-5 RC 충전곡선과 방전곡선

〈그림 22-4〉에 있는 RC 충전곡선에서 보듯이 처음에는 빠르게 충전되다가 C에 전하가 모이는 속도가 점점 느려지므로 충전 속도도 느려진다. C가 충전되면서 커패시터의 전압은 점점 증가한다. 그러면 V_T와 v_C 사이의 전압 차는 줄어든다. 전압차가

줄어들면 C로 전하를 옮겨주는 전류가 감소한다. 따라서 C에 충전된 전하량이 많을수록 추가로 전하가 충전되는 데 더 오랜 시간이 걸린다.

방전할 때에도 충전할 때와 비슷하게 어떤 감소율을 가지고 전하를 방전한다. 방전이 시작되는 시점에는 v_C 값이 최대이므로 방전전류도 최대가 된다. 방전이 계속되면 값은 줄어들며 방전전류도 줄어든다. C가 방전한 전하량이 많을수록 남아 있는 전하는 더욱 천천히 방전된다.

충전전류와 방전전류

'직류전원으로 배터리가 사용된 용량성 회로에서 전류는 어떻게 흐를까?'라는 질문에는 다음과 같이 답할 수 있다. '전압에 변화가 있는 동안에는 언제나 전류가 흐른다.' V_T가 연결되면 0이었던 전압이 인가된 V_T 값으로 변한다. 그러면 충전전류가 흘러 C의 전압이 인가전압과 같아질 때까지 C를 충전한다. v_C가 V_T와 같아지면 전류는 더 이상 흐르지 않는다.

이와 비슷하게 v_C가 V_T보다 크면 C는 방전전류를 발생한다. V_T가 회로에서 끊어지면 충전전류와 반대방향으로 방전전류가 발생하여 v_C가 0으로 떨어진다. v_C가 0이 되면 더 이상 전류가 흐르지 않는다.

커패시턴스는 전압 변화를 방해한다

알아두기▸▸

커패시터 양단의 전압은 순간적으로 변화할 수 없다.

커패시턴스의 이 성질은 인덕턴스가 전류 변화를 방해하는 것에 대응하는 것으로 생각할 수 있다. RC 회로에서 인가전압이 증가하는 경우, 충전전류가 충분한 전하량을 C에 충전하여야 커패시터의 전압이 증가할 수 있다. C가 인가전압의 증가분만큼 추가로 충전되기 전까지는 이 증가분이 C와 직렬로 연결된 저항 양단에 나타나게 된다. 인가전압이 감소하는 경우에는 커패시터 양단의 전압이 곧바로 감소하지는 않는데, 이는 직렬저항이 방전전류의 크기를 제한하기 때문이다.

따라서 RC 회로에서 커패시턴스 양단의 전압은 인가전압의 변화를 곧바로 따라가지는 않는다. 즉 커패시턴스는 자신에 걸리는 전압의 변화를 방해한다. 직렬로 연결된 커패시터의 전압과 저항전압의 합은 인가전압 V_T와 언제나 같아야 하므로 V_T가 순간적으로 변하면 이 변화는 직렬저항 양단에 곧바로 나타나게 된다.

■ 22-5 복습문제

a. 〈그림 22-4a〉의 곡선에서 충전이 시작된 지 3s 후에 v_C는 얼마인가?

b. 〈그림 22-4b〉의 곡선에서 방전이 시작된 지 3s 후에 v_C는 얼마인가?

알아두기▸▸

성능 향상을 위해 배터리의 두 단자에 매우 큰 커패시터(1패럿 이상)를 연결하는 경우도 있다. 이때 커패시터는 배터리에서 순간적으로 매우 큰 전류가 흐르는 동안 임시 저장소의 역할을 한다. 이렇게 하면 배터리의 과도응답 특성이 좋아진다.

22-6 *RC* 회로가 단락될 때 발생하는 고전류

높은 저항값으로 작은 충전전류를 흐르게 하여 커패시터를 느리게 충전한 다음에 낮은 저항값으로 빠르게 방전하면 순간적인 서지(surge)나 펄스 형태의 방전전류를 흐르게 할 수 있다. 이것은 유도성 회로를 개방하여 높은 전압을 발생시키는 것과 대응하는 것이라고 할 수 있다.

〈그림 22-5〉의 회로에서는 카메라의 플래시를 터트리는 데 사용되는 배터리-커패시터(BC) 장치의 동작을 설명하고 있다. 플래시 전구를 켜려면 5A가 필요한데, 5A는 표준부하에 대한 정격전류가 30mA인 15V 배터리에게는 너무 큰 부하전류이다. 따라서 플래시 전구를 배터리와 바로 연결하는 대신에 〈그림 22-5a〉와 같이 배터리가 3kΩ의 저항을 통해 100μF 커패시터를 충전한 다음에 〈그림 22.5b〉와 같이 커패시터가 플래시 전구를 통해 방전하게 한다.

커패시터의 충전

〈그림 22-5a〉에서 S_1이 닫히면 3kΩ 저항을 통해서 C가 충전된다. 이 회로에는 전구가 없다. 이 *RC* 충전 회로의 시정수는 0.3s이다.

시정수의 5배인 1.5s가 지난 뒤에 C는 배터리 전압과 같은 15V로 충전된다. 충전을 시작하는 순간에 충전전류는 V/R=15V/3kΩ=5mA로 피크값이다. 이 값은 배터리가 공급하는 데 어려움이 없는 부하전류이다.

커패시터의 방전

〈그림 22-5b〉에서 v_C는 15V이다. 이 회로에는 배터리가 없다. 이제 S_2가 닫히면 C는 전구(저항 값 3Ω)를 통해 방전한다. 이때 방전 시정수는 $3\times100\times10^{-6}$=300μs 이다. 방전을 시작하는 순간에 v_C는 15V이므로 방전전류는 15/3=5A로 피크값이다. 이 전류는 전구를 켜기에 충분한 값이다.

*C*에 저장된 에너지

배터리로 100μF 커패시터를 15V로 충전할 때 전기장에 저장된 에너지는 $CV^2/2$로

그림 22-5 충전된 커패시터를 값이 작은 저항을 통해 방전하게 하여 큰 전류를 흐르게 하는 것을 설명하는 예 (a) S_1이 닫히면 3kΩ 저항을 통해 C를 15V로 충전한다. (b) 배터리가 없는 상태에서 S_2가 닫히면 (a)에서 v_C=15V로 충전된 커패시터가 3Ω 전구를 통해 5A의 피크 방전전류를 발생한다.

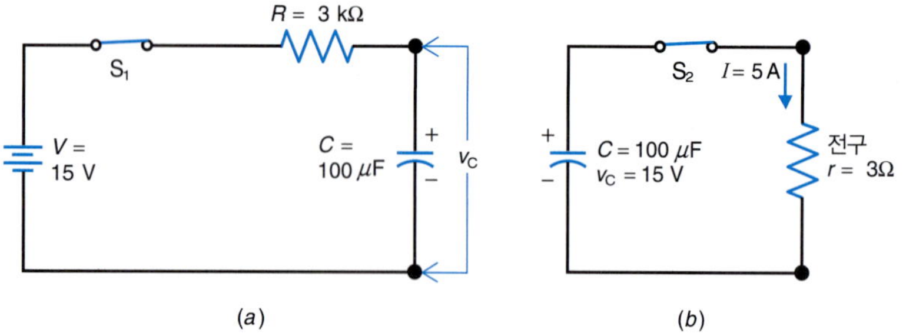

계산하면 약 0.01J이다. 이 에너지가 스위치가 닫히는 순간에 v_C를 15V로 유지하게 한다. 따라서 방전을 하는 순간 3Ω 전구를 통해 전류 5A가 흐르게 된다. 그 다음에 시정수의 5배에 해당하는 시간이 지나면 v_C와 i_C는 0으로 떨어진다.

i_C와 전압의 변화율 dv/dt

100μF 커패시터에 의해 5A의 방전전류가 흐르는 순간에 커패시터 전압의 변화율은 0.05×10^6V/s 이다. $i_C=C(dv/dt)$이므로 이 식을 다시 정리하여 $dv/dt= i_C/C$로 바꿀 수 있다. 따라서 dv/dt는 5A/100μF=0.05×10^6 V/s이다. 이 값이 〈그림 22-5b〉에서 스위치가 닫혀 방전이 시작되는 순간의 dv/dt 값이다. RC 시정수가 짧으므로 dv/dt값이 크다.

■ 22-6 복습문제

a. 〈그림 22-5b〉의 시정수는 〈그림 22-5a〉보다 긴가, 아니면 짧은가?
b. i_C가 커지면, dv/dt는 빨라지는가, 아니면 느려지는가?

22-7 RC 파형

〈그림 22-6〉에 있는 RC 회로의 전압파형과 전류파형을 보면 충전과 방전이 같은 저항을 통해 한 RC 시정수 동안 이루어지고 있다. 이것은 실제 RC 회로에서 대표적으로 사용되는 방식은 아니지만 충·방전 전압과 전류에 대해 몇 가지 유용한 내용을 알려준다. 이 예에서는 계산을 간단히 하기 위해 RC 시정수를 0.1s로 하였다.

사각파 인가전압

〈그림 22-6〉의 회로에서 S_1을 열면 V_T=100V가 회로에 인가되고 S_1을 닫으면 V_T와 회로의 연결이 끊기므로 일정한 속도로 S_1을 열고 닫으면 〈그림 22-6a〉와 같은 사각파형이 만들어진다. S_1이 닫히고 S_2가 열리면 충전이 되고 S_1이 열리고 S_2가 닫히면 방전이 된다. 사각파형은 RC 시정수인 0.1s 동안 온(on)이고 0.1s 동안 오프(off)되는 전압이다. 따라서 사각파의 주기는 0.2s이고 주파수는 1/0.2s=5Hz이다.

커패시터 전압 V_C

〈그림 22-6b〉에서 보듯이 커패시터는 0.1s의 RC 시간 동안 충전되어 63V가 되는데, 이 값은 충전전압의 63%에 해당된다. 그 다음에는 인가전압 V_T가 0으로 떨어지므로 커패시터는 방전된다. 결국 는 0.1s의 RC 시간 동안 63V의 37%인 23.7V로 떨어진다.

이제 다음 충전 사이클은 v_C=23.3V부터 시작된다. 이제 실제 충전에 사용되는 전압은 100−23.3=76.7V이다. 커패시터 전압은 76.7V의 63%인 48.3V만큼 증가하게 된다. 48.3V가 23.3V에 더해지므로 v_C는 71.6V까지 증가한다. 이제 방전이 되면 RC 시간이 지난 뒤에 v_C는 71.6V의 37%인 26.5V로 떨어진다.

알아두기▸▸

〈그림 22-6a〉에서 V_T의 평균값(직류값)은 50V이다. 어떤 파형의 직류값이란 한 사이클 구간에서 구한 파형의 평균 높이를 말한다.

그림 22-6 *RC* 회로의 충전파형과 방전파형. S_1과 S_2에 의해 사각파 인가전압이 공급된다

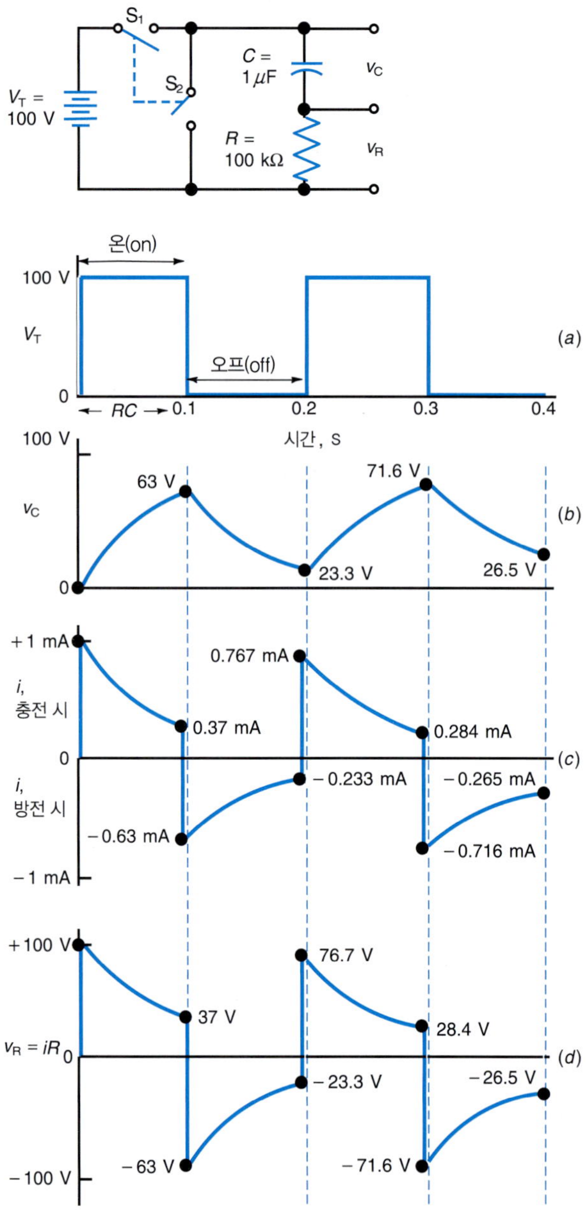

충전전류와 방전전류

〈그림 22-6c〉에서 보듯이 전류 i는 충전이 시작되는 순간에 (+) 피크값을, 방전이 시작되는 순간에 (−) 피크값을 갖는다. 충전전류는 실제 충전전압을 저항으로 나누어 $i=(V_T-v_C)/R$로 계산할 수 있으며 방전전류는 언제나 $i=v_C/R$이 된다.

C를 충전하기 직전에 실제 충전전압(V_T-v_C)의 크기는 최대이므로 충전이 시작되는 순간에 i는 최대가 된다. 마찬가지로 C가 방전되기 직전에 v_C의 값이 최대이므로 방전이 시작되는 순간에 i는 최대가 된다.

충전전류와 방전전류는 서로 반대방향으로 흐르므로 전류 i는 0축을 중심으로 위, 아래로 변하는 교류파형이 된다는 것을 잘 알아두기 바란다. 여기서는 i 파형에

서 충전전류의 부호를 (+)로 한다.

저항전압 v_R

〈그림 22-6d〉에서 보듯이 저항전압 v_R 파형은 $v_R= i\times R$이므로 전류파형과 같은 형태가 된다. 충전전류와 방전전류의 방향이 서로 반대이므로 v_R도 교류전압 파형이 된다.

충전 중에는 직렬회로이므로 항상 $v_R=V_T-v_C$가 성립하여야 한다. 방전 중에는 회로에 V_T가 없으므로 $v_R=v_C$가 된다.

i_C 파형이 중요한 까닭

〈그림 22-6〉에 있는 커패시터 전압 v_C 파형을 보면 충전과 방전을 곧바로 알 수 있다. 전류 i_C 파형에는 매우 흥미로운 점이 있다. 먼저 R 양단의 전압파형은 i_C 파형과 같다. 또한 충전할 때 흐르는 전류와 방전할 때 흐르는 전류는 모양은 서로 같고 극성만 반대이다. 저항 R 양단의 전압파형으로부터 전류 i_C의 형태를 알 수 있다. 이를 위해서 프로브를 저항 양단에 연결하여 오실로스코프로 저항의 전압 파형을 측정하는 것이 좋다.

v_R 파형을 알면 v_C 파형도 알 수 있다. 어떤 순간에 v_R과 v_C를 더한 것은 V_T가 같아야 하기 때문이다. 따라서 V_T가 C를 충전하고 있는 동안에는 $v_C=V_T-v_R$이 된다. C가 방전하고 있는 동안에는 V_T가 없으므로 $v_C=v_R$이 된다.

■ 22-7 복습문제

〈그림 22-6〉의 파형을 보고 물음에 답하여라.

a. v_C가 63V일 때 v_R은 몇 V인가?

b. v_R이 76.7V일 때 v_C은 몇 V인가?

22-8 긴 시정수와 짧은 시정수

RC 회로에서 시정수를 조정하여 여러 가지 유용한 파형을 만들 수 있다. 실제로 *RC* 회로를 사용하는 경우가 *RL* 회로보다는 많은데, 이것은 *RC*로 어떤 시정수 값이라도 쉽게 만들 수 있기 때문이다. 코일의 경우에는 내부저항을 없앨 수 없고 코일의 분포 커패시턴스에 의해 공진현상이 일어나는 경우도 있다.

긴 *RC* 시정수

RC 시정수가 긴지 짧은지를 판단하려면 인가전압으로 사용되는 펄스폭과 비교해보아야 한다. 펄스폭의 5배 이상인 시정수를 긴 시정수로 정의한다. 시정수가 길면 C는 아주 작은 전하량만을 충전하게 된다. 시정수가 너무 길면 v_C가 별로 상승하지 못한 상태에서 인가전압이 0으로 떨어지므로 C가 다시 방전된다. 방전할 때도 C가 전하를 거의 방전하지 못한 상태에서 인가전압이 다시 상승하므로 C가 다시 충전된다.

짧은 RC 시정수

인가전압 V_T 펄스폭의 1/5 이하인 시정수를 짧은 시정수로 정의한다. 이 경우에는 V_T가 인가되는 시간이 시정수의 5배 이상이 되므로 C가 완전히 충전된다. C가 완전히 충전된 다음에는 전압이 인가되고 있는 동안에 v_C가 V_T 값을 계속 유지한다. V_T가 0으로 떨어진 뒤 시정수의 5배에 해당하는 시간이 지나면 C는 완전히 방전되며 다시 전압이 인가되지 않는 동안에는 v_C는 0V를 계속 유지한다. 다음 사이클에서 이러한 방식의 완전한 충전과 방전이 되풀이된다.

미분

> **알아두기▸▸**
>
> 인덕터와 저항을 사용하여 미분출력이나 적분출력을 얻을 수 있다. RL 미분기에서는 인덕터 양단을 출력으로 삼는다. RL 적분기에서는 미분기와 반대로 저항 양단을 출력으로 한다.

RC 회로에서 v_R은 순간적으로 변할 수 있으므로 R 양단의 전압을 미분출력이라고 한다. v_R 펄스폭을 아주 좁게 하기 위해 미분회로에서는 짧은 시정수를 사용하여야 한다.

적분

v_C는 어떤 시간 동안 저장된 것이므로 C 양단의 전압을 적분출력이라고 한다. 적분회로에는 긴 시정수나 중간 정도의 시정수가 사용된다.

■ 22-8 복습문제

a. 전압 V_T는 0.4s 동안 온(on)되고 0.4s 동안 오프(off)된다. 충전과 방전시에 RC=6ms이다. 이것은 긴 RC 시정수인가, 아니면 짧은 시정수인가?

b. 전압 V_T는 2μs 동안 온(on)되고 2μs 동안 오프(off)된다. 충전과 방전시에 RC=6ms이다. 이것은 긴 RC 시정수인가, 아니면 짧은 시정수인가?

22-9 짧은 RC 시정수의 충전과 방전

좋은 파형을 얻으려면 시정수를 펄스폭보다 5배보다 길게 하거나 1/5배보다 짧게 한다. 〈그림 22-7〉에서 시정수 RC는 0.1ms이다. 사각파의 주파수는 25Hz로 주기는 0.04s=40ms이다. 이 주기의 절반인 20ms가 V_T가 인가되는 시간이다. 따라서 V_T는 20ms 동안 온(on)되고 20ms 동안 오프(off)된다. 시정수 0.1ms는 펄스폭 20ms의 1/200배로 매우 짧다. 〈그림 22-7〉의 모든 파형의 시간축의 값은 RC 시정수가 아니라 V_T의 주기를 나타내는 데 적합하게 조정되어 있다.

C 양단 전압 v_C는 사각파

〈그림 22-7b〉에 있는 v_C 파형은 인가전압인 사각파와 거의 같은 모양이다. 이렇게 된 까닭은 시정수가 짧아서 V_T가 온되고 오프된 직후 아주 빠르게 충전과 방전이 완전히 이루어지기 때문이다. 시정수의 5배에 해당하는 시간은 펄스폭에 견주어 훨씬 작다.

전류 i는 날카로운 펄스

〈그림 22-7b〉에서 보듯이 충전전류와 방전전류를 나타내는 i의 파형은 아주 뾰족한 형태이다. 두 전류 모두 피크값은 V_T/R=1mA이며 점점 감소하여 시정수의 5배가 경과하면 0이 된다. 이 전류 펄스는 사각파 V_T의 상승에지와 하강에지에서 맞추어 생긴다.

실제 펄스는 그림에서 보는 것보다 훨씬 더 날카로운 모양이다. 짧은 충전과 방전 동작이 잘 보일 수 있도록 수평축으로는 정확한 비율로 그리지 않았기 때문이다. v_C도 인가전압과 거의 같은 형태의 사각파이다. 다만 충전과 방전에 의해 모서리가 약간 뭉툭하게 된다.

전압 V_R 은 날카로운 펄스

v_R=iR이므로 저항 양단의 전압파형은 전류와 같은 모양이 된다. 1mA의 전류펄스가 100kΩ 저항 양단에 100V의 전압 펄스를 발생시킨다.

C의 충전이 시작되기 전에 v_R은 인가전압 V_T와 같다. C가 충전되면서 v_C가 V_T

MultiSim **그림 22-7** 짧은 시정수를 갖는 RC 회로의 충전과 방전. (d)에 있는 V_R 파형에서는 사각파의 상승에지와 하강에지에서 날카로운 전압 피크가 나타나는 것을 잘 알아두기 바란다.

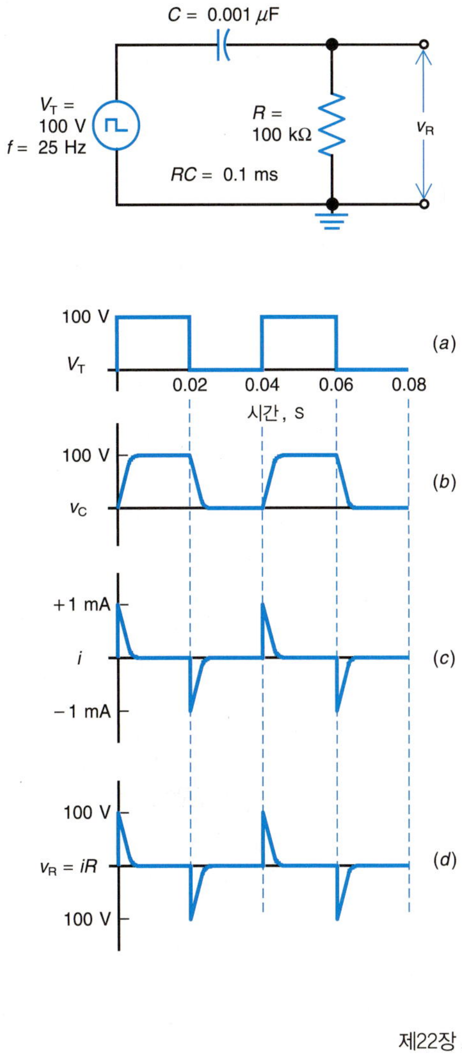

값을 향해 점점 증가하면 v_R값은 점점 0으로 떨어진다.

방전이 일어나는 동안에는 $v_R = v_C$이다. 방전이 시작되는 순간에 100V이었던 두 전압은 시정수의 5배가 지나면 0으로 떨어진다. 〈그림 22-7d〉에 있는 v_R 펄스는 사각파 인가전압 V_T의 에지 위치를 알려주는 타이밍펄스로 사용되기도 한다.

〈그림 22-7a〉의 *RC* 회로는 *RC* 미분기를 보여주는 좋은 예이다. *RC* 시정수가 인가전압 V_T의 펄스폭보다 훨씬 작으므로 전압 v_R은 V_T의 변화를 곧바로 따라간다. 미분기가 좋은 미분결과를 출력하려면 시정수가 V_T의 펄스폭보다 훨씬 짧아야 한다는 것을 잘 기억하여야 한다. *RC* 미분기에서 아주 좋은 미분결과를 얻으려면 시정수는 V_T의 1/10 이하가 되어야 한다.

■ 22-9 복습문제

〈그림 22-7〉을 보고 물음에 답하여라.

a. 시정수는 짧은가, 아니면 긴가?

b. *R*과 *C* 중에서 어느 부품 양단의 전압이 사각파 인가전압과 같은 형태인가?

22-10 *RC* 결합회로에 사용되는 긴 시정수

〈그림 22-8〉의 *RC* 회로는 〈그림 22-7〉과 같다. 그렇지만 인가전압의 주파수가 더 높으므로 *RC* 시정수는 긴 시정수가 된다. 이를 분명하게 살펴보면 0.1ms인 *RC* 시정수는 주파수가 1MHz인 V_T의 펄스폭 0.5μs의 200배이다. 〈그림 22-8〉에서 시간축의 값은 *RC* 시정수가 아니라 V_T의 주기를 나타내는 데 적합하게 조정되어 있다는 것에 주의하기 바란다.

C 양단 전압은 아주 작은 파형

〈그림 22-8b〉에서 보듯이 시정수가 매우 길기 때문에 v_C 파형에는 매우 작은 전압 상승만이 나타난다. V_T가 인가되는 시간인 0.5μs 동안에 *C*의 전압은 충전전압의 1/200밖에 되지 않는다. 방전 시에도 v_C는 아주 조금 떨어진다.

전류 *i*는 사각파

i 파형은 충전이 시작되는 순간에 1mA의 피크값을 갖는다. v_C가 별로 증가하지 않으므로 충전전류는 1mA에서 별로 줄어들지 않는다. 방전 중에는 v_C 값이 작으므로 매우 작은 방전전류가 충전전류와는 반대방향으로 흐른다.

R 양단 전압 v_R는 사각파

$v_R = iR$이므로 v_R 파형은 전류파형과 같은 사각파이다. *i*와 v_R 파형은 인가전압 V_T의 사각파형과 거의 같다. 파형에서 작은 충전과 방전 전압이 잘 나타날 수 있도록 수직축을 같은 비율로 그리지 않았다.

시간이 한참 지나면 v_C는 계속 증가하여 결국 인가전압의 평균값인 50V에 도달

그림 22-8 긴 시정수를 갖는 RC 회로의 충전과 방전. (d)에 있는 V_R 파형은 인가전압과 거의 같은 형태라는 것을 잘 알아두어라.

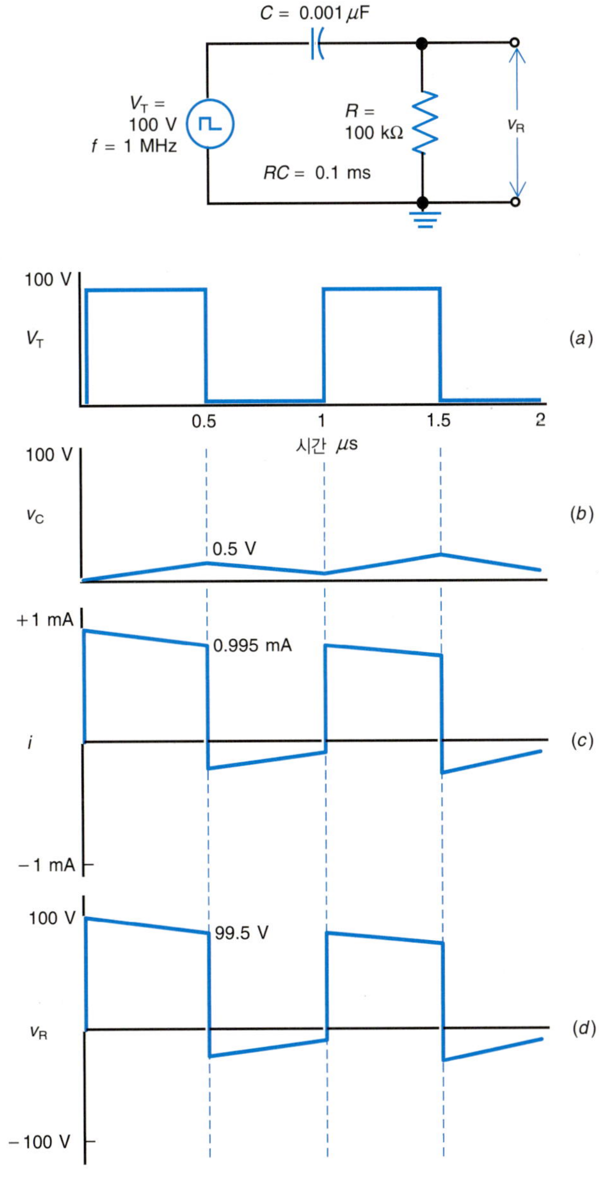

하고 i는 0을 중심으로 위, 아래로 ±5mA 사이를 오르내리며 v_R은 ±50V 사이를 오르내리게 된다. 이 RC 결합회로는 커패시터에 인가 교류전압 V_T의 직류값을 충전하여 v_R로 직류값이 전달되는 것을 막아 v_R에는 V_T와 모양은 같으면서 순수한 교류성분만을 갖는 파형이 나타나도록 한다.

〈그림 22-8a〉에서 출력을 R이 아닌 C 양단으로 삼으면 이 회로는 RC 적분기로 동작한다. 〈그림 22-8b〉에서 C는 인가되는 전압의 변화를 계속해서 자신의 전압에 더해가는 것을 알 수 있다. 입력 파형이 RC 시정수의 5배가 되는 시간 동안 인가된 다음에는 마침내 C 양단의 전압이 정상상태의 값 50V에 이르게 된다. 적분기가 좋은 미분결과를 출력하려면 RC 시정수가 V_T 펄스폭보다 커야 한다. 아주 좋은 미분결과를 얻으려면 시정수는 V_T의 10배 이상이 되어야 한다.

■ 22-10 복습문제

〈그림 22-8〉을 보고 물음에 답하라.

a. 시정수는 짧은가, 아니면 긴가?

b. R과 C 중에서 어느 부품 양단의 전압이 사각파 인가전압과 같은 형태인가?

22-11 정확한 시정수 해석

〈그림 22-9〉의 그래프로부터 임의의 순간에 충전이나 방전되고 있는 전압과 전류의 값이 얼마인지 구할 수 있다. RC 회로에서 C가 충전되면서 증가하는 v_C나 RC 회로에서 증가하는 i_L을 나타내는 곡선이 상승곡선 (a)이다. 또한 C가 방전되면서 감소하는 v_C나 감소하는 i_L을 나타내는 곡선이 하강곡선 (b)이다.

그래프에서 수평축의 단위는 시간(초)이 아니라 시정수로 되어 있는 것에 주의하여라. 어떤 RC 회로의 시정수가 5μs라고 가정하면 수평축의 1은 1단위 시정수 =5μs, 수평축의 2는 2단위 시정수=10μs, 수평축의 3은 3단위 시정수=15μs, 수평축의 4는 4단위 시정수=20μs, 수평축의 5는 5단위 시정수=25μs이다.

예를 들어, 충전이 시작된 다음 10μs가 지난 뒤에 v_C 값을 구하기 위해 〈그림 22-9〉에서 시간이 10μs(2시정수)일 때 곡선 (a)의 값을 읽어보면 86%이다. 따라서 시정수가 5μs인 RC 회로에서 v_C는 10μs 후에 인가전압 V_T의 86% 값으로 충전된다는 것을 알 수 있다. 비슷한 방법으로 곡선에서 읽은 몇 가지 중요한 값들을 〈표 22-1〉에 수록하였다.

〈그림 22-9〉의 곡선 (a)를 RC 충전곡선이라고 할 때 각 시정수 구간마다 실제

그림 22-9 RC, RL 회로용 범용 시정수 차트. 각 시정수 구간마다 63%씩 상승하거나 하강한다.

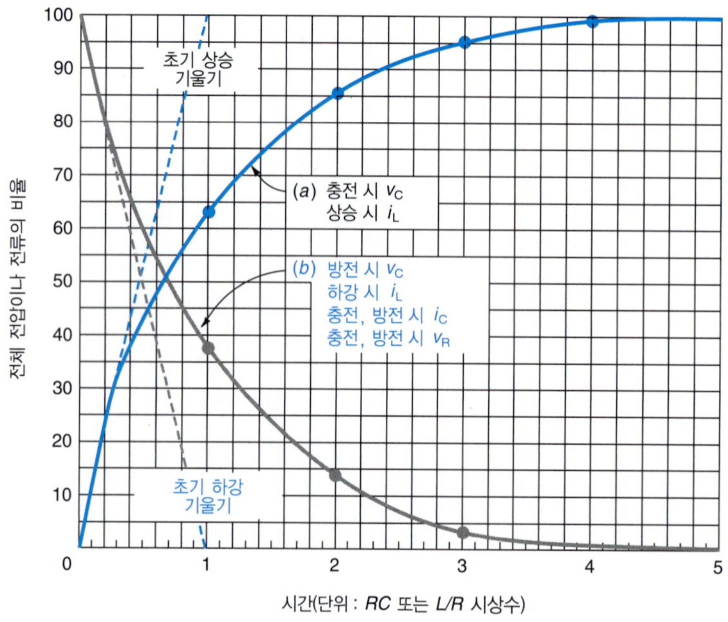

표 22-1	시정수와 크기의 관계
시간	크기
0.2×시정수	20%
0.5×시정수	40%
0.7×시정수	50%
1×시정수	63%
2×시정수	86%
3×시정수	96%
4×시정수	98%
5×시징수	99%

충전전압(인가전압과 커패시터전압의 차이)의 63%만큼씩 증가한다. 예를 들어, 두 번째 RC 시정수 구간에서는 v_C가 실제 충전전압($0.37V_T$)의 63%만큼 증가한다. 0.63×0.37=0.23이 첫 번째 RC 시정수 구간이 끝날 때의 전압 0.63에 더해져서 0.86이 되므로 두 번째 RC 시정수 구간이 끝날 때는 커패시터 전압이 인가전압의 86%가 된다.

t=0 에서의 기울기

〈그림 22-9〉의 충전곡선에서 처음 20%까지 변하는 부분은 거의 선형적으로 변한다고 볼 수 있다. 즉, 0.1단위 시정수 동안 크기는 약 10%가 증가하고 0.2단위 시정수동안에는 약 20%가 증가하고 있다. 〈그림 22-9〉에 점선으로 표시한 직선이 이러한 변화를 나타내는 것으로 이러한 변화율이 계속된다고 가정하여 100% 충전이 이루어지는 시간을 구해보면 1단위의 시정수가 된다. 물론 실제로는 이렇게 되지 않는데, 이것은 L과 C에 저장된 에너지가 변화를 방해하기 때문이다. v_L이나 i_L이 t=0에서 막 상승하거나 감소하는 순간의 변화율은 점선으로 표시한 직선의 기울기를 계산하여 구할 수 있다.

감소 곡선의 방정식

〈그림 22-9〉에 있는 상승곡선 (a)가 v_L이나 i_L을 나타내므로 하강곡선 (b)보다 더 많은 관심을 끌지도 모르지만 더욱 유용한 것은 하강곡선이다. 곡선 (b)는 RC 회로에서 다음을 나타내는 데 사용될 수 있다.

1. 방전 시 v_C
2. 충전이나 방전 시 i와 v_R

RC 회로의 전압을 나타내는 데 곡선 (b)를 사용한다고 하면 이 감소곡선의 방정식을 다음과 같이 쓸 수 있다.

그림 22-10 $V_R + V_C = V_T$가 성립하는 것을 보여주는 예 (a) $t=0$s일 때 (b) $t=RC$일 때 (c) $t=2RC$일 때 (d) $t=5RC$일 때

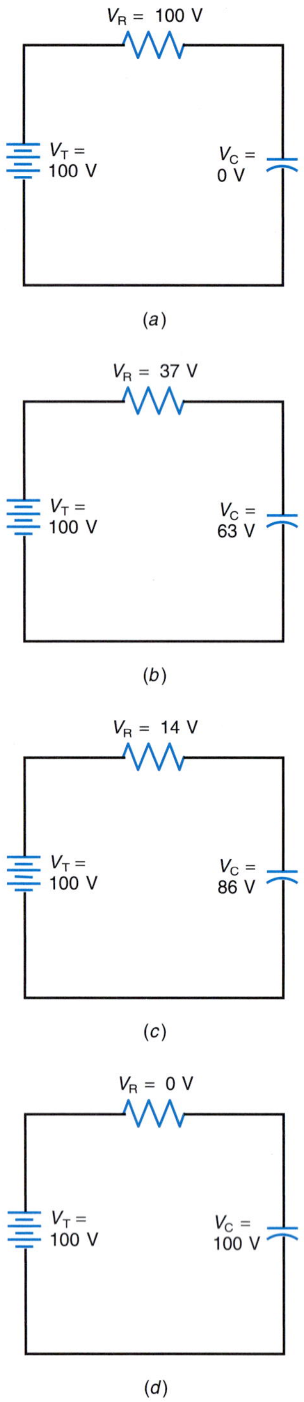

$$v = V \times e^{-t/RC} \tag{22-3}$$

여기서, V는 감소가 시작되는 순간의 전압(초기전압)이며 v는 시간 t가 지난 다음의 순시전압이다. v_R은 충전 중이나 방전 중에 모두 이 식으로 나타낼 수 있지만 v_C는 방전 중에만 이 식으로 나타낼 수 있다.

식에서 e는 2.71828을 나타내는 상수로 자연로그의 밑수로 사용된다. 지수 $-t/RC$는 감소하는 지수함수나 로그함수의 그래프를 나타낸다. t/RC는 실제 시간과 RC 시정수의 비이다.

식 (22-3)을 더욱 쉽게 계산할 수 있도록 상용로그를 포함하는 식으로 바꾸면 다음과 같다.

$$v = 10^{\left(\log V - 0.434 \times \frac{t}{RC}\right)} \tag{22-4}$$

v_R 계산

v_R이 100V에서 감소하고 있을 때 RC 시정수만큼 지난 순간에 v_R 값을 계산해보자. $t=RC$이므로 $t=RC=1$이다. 이 값을 식 (22-4)에 대입하면

$$\begin{aligned} v_R &= 10^{(\log 100 - 0.434 \times 1)} \\ &= 10^{(2-0.434)} \\ &= 10^{1.566} \\ &= 37\text{V} \end{aligned}$$

$v_C=V_T-v_R$이므로 v_R을 알면 v_C를 구할 수 있다. 따라서 $v_C=100-37=63$V가 된다. 이 두 계산 결과는 시정수만큼 시간이 지나면 v_R은 63%만큼 감소하고 v_C는 63%만큼 증가하는 사실과 일치하는 것을 알 수 있다.

〈그림 22-10〉은 R과 C가 직렬로 연결되어 있을 때 R 양단의 전압과 C 양단의 전압을 더하면 V_T와 같아지는 것을 설명하고 있다. 인가전압이 100V일 때 다음의 네 경우에서 이를 살펴보자.

1. $t=0$일 때, 즉 충전이 시작되는 순간에 $v_R=100$V이고 $v_C=0$V이다. 따라서 $v_R+v_C=100+0=V_T$가 된다.
2. $t=RC$일 때, 즉 시정수만큼 시간이 지난 다음에 $v_R=37$V이고 $v_C=63$V이다. 따라서 $v_R+v_C=37+63=100=V_T$가 된다.
3. $t=2RC$일 때, 즉 시정수의 2배가 지난 다음에 $v_R=14$V이고 $v_C=86$V이다. 따라서 $v_R+v_C=14+86=100=V_T$가 된다.
4. $t=5RC$일 때, 즉 시정수의 5배가 지난 다음에 $v_R=0$V이고 $v_C=100$V이다. 따라서 $v_R+v_C=0+100=100=V_T$가 된다.

식 (22-3)과 (22-4)는 〈그림 22-9〉의 곡선 (b)상의 감소하고 있는 값을 계산하

는 데 사용된다. RC 회로에서는 충전 시나 방전 시 v_R 값과 i 값, 그리고 방전 시 v_C 값을 계산할 때 이 식을 이용할 수 있다. 〈그림 22-9〉의 곡선 (a)상의 증가하고 있는 값을 계산하는 데는 식 (22-5)를 사용할 수 있다. RC 회로에서는 C가 충전 중일 때 커패시터 전압 v_C 값을 계산하는 데 이 식을 이용할 수 있다.

$$v_C = V(1-e^{-t/RC}) \tag{22-5}$$

식 (22-5)에서, V는 C가 충전할 수 있는 최대전압을 나타내고, v_C는 t만큼 지난 다음의 커패시터 순시전압이다. C가 충전 중일 때는 $v_C=V_T-v_R$이므로 이 관계를 이용하면 식 (22-5)를 유도할 수 있다.

예제 22-9

어떤 RC 회로의 시정수가 3s이다. 커패시터는 40V로 충전되어 있다. C가 방전을 시작한지 6s가 지난 뒤에 v_R 값은 얼마인가?

정답 6s는 시정수의 2배이므로 t/RC=2가 된다.

$$\begin{aligned} v_R &= 10^{(\log 40 - 0.434\times 2)} \\ &= 10^{(1.602-0.868)} \\ &= 10^{0.734} \\ &= 5.42\text{V} \end{aligned}$$

시정수의 2배만큼 시간이 지나면 v_R은 초기전압의 14%로 값이 떨어진다.

시간 t의 계산

특정한 값까지 줄어드는 데 걸리는 시간을 구하기 위해 식 (22-4)를 t에 대해 다시 정리하면 다음과 같다.

$$t = 2.3RC\log\frac{V}{v} \tag{22-6}$$

여기서, V는 초기전압이고 v는 나중에 줄어든 전압이다.

예를 들어, RC=1s인 경우 v_R이 100V에서 50V로 떨어지는 데 걸리는 시간을 구해보자. 식 (22-6)에 값을 대입하면

$$\begin{aligned} t &= 2.3\times 1\times \log\frac{100}{50} = 2.3\times 1\times \log 2 \\ &= 2.3\times 1\times 0.3 \\ &= 0.7\text{s} \end{aligned}$$

이 계산결과는 값이 50% 줄어드는 데 시정수의 0.7배만큼의 시간이 걸린다는 사실과 일치한다. v_C나 v_R이 어떤 값까지 줄어드는 데 걸리는 시간을 계산할 때 식 (22-6)을 사용할 수 있다.

식 (22-6)은 v_C가 상승하고 있을 때는 사용할 수 없다. 그렇지만 v_C가 상승하는 만큼 v_R이 감소하므로 v_R이 감소하는 데 걸리는 시간을 계산하면 이것이 v_C가 상승하는 데 걸리는 시간이 된다.

예제 22-10

RC 회로에서 R=10kΩ, C=0.05μF이다. 충전에 사용되는 인가전압은 36V이다. (a) 시정수를 계산하라. (b) C가 24V로 충전하는 데 걸리는 시간을 구하여라.

정답 (a) $RC = 10\text{k}\Omega \times 0.05\mu\text{F} = 0.5 \times 10^{-3}\text{s} = 0.5\text{ms}$

(b) v_C가 24V로 상승하는 동안 v_R은 36V에서 12V로 떨어지므로

$$
\begin{aligned}
t &= 2.3RC\log\frac{V}{v} \\
&= 2.3 \times 0.5 \times 10^{-3} \times \log\frac{36}{12} \\
&= 2.3 \times 0.5 \times 10^{-3} \times 0.477 \\
&= 0.549 \times 10^{-3}\text{s} \quad \text{또는} \quad 0.549\text{ms}
\end{aligned}
$$

알아두기▸▸

커패시터가 0이 아닌 값에서부터 충전되는 경우에 임의의 순간 t에서 커패시터의 전압을 다음 방정식으로 구할 수 있다.

$$v_C = (V_F - V_i)(1 - e^{-t/RC}) + V_i$$

여기에서, V_F와 V_i는 각각 처음전압(초기값)과 나중전압(최종값)을 나타낸다. (V_F - V_i)는 실제 충전전압을 나타낸다.

■ **22-11 복습문제**

〈그림 22-9〉의 범용 곡선을 보고 물음에 답하여라.

a. 곡선 (a)를 충전 시의 v_C에 적용할 수 있다. (참 또는 거짓)

b. 곡선 (b)를 방전 시의 v_C에 적용할 수 있다 (참 또는 거짓)

c. 곡선 (b)를 C가 충전이나 방전 중일 때의 v_R에 적용할 수 있다. (참 또는 거짓)

22-12 리액턴스와 시정수의 비교

용량성 리액턴스 식 X_C=1/(2πfC)에는 주파수 f가 들어 있으므로 결국 시간이라는 요소가 포함되어 있는 셈이다. 따라서 X_C는 물론 *RC* 시정수도 전압의 변화에 반대로 작용하는 커패시터의 성질을 나타내게 된다.

X_C는 특별히 사인파형에만 적용할 수 있고 *RC* 시정수는 사각파와 직사각형 펄스에 적용할 수 있다.

리액턴스의 위상각

커패시터의 충전전류와 방전전류는 언제나 $i_C= C(dv/dt)$이다. 커패시터 전압 v_C가 사인파형이면 커패시터 전류 i_C는 코사인파형이 된다. 즉 v_C와 i_C는 모양은 같으면서 90°만큼 위상차가 난다.

사인파 교류회로에서는 Z, I, 위상각 θ를 구할 때 X_C를 사용하는 것이 더 편리하다. 그러면 전류는 $I_C = V_C/X_C$가 된다. 또한 I_C 값을 알면 전압은 $V_C = I_C \times X_C$가 된다. 회로의 위상각은 X_C와 R 값의 상대적인 크기에 따라 결정된다.

파형의 변화

사인파가 아닌 다른 형태의 전압이 인가되는 경우에는 X_C를 쓸 수 없다. 이때는 전류를 $i_C= C(dv/dt)$ 식으로 계산하여야 한다. 인가전압이 사인파인 경우에는 i_C와 v_C는 모양은 같고 위상각이 다르지만 사인파가 아닌 경우에는 파형이 달라질 수 있다. v_C와 i_C의 모양은 RC 시정수에 따라 달라진다.

결합 커패시터

커패시터를 결합 커패시터의 용도로 사용하려면 사용할 주파수에서의 X_C 값이 직렬저항 값의 1/10 이하여야 한다. 이러한 조건은 RC 시정수 값이 한 주기보다 긴 경우와 마찬가지이다. X_C로 설명해보면, X_C가 R에 비해 아주 작으므로 C의 전압 IX_C는 아주 작고 거의 모든 전압이 직렬저항 R에 걸린다. RC 시정수로 설명해보면 시정수가 길므로 C는 별로 충전되지 않는다. 충전전류와 방전전류가 흘러 직렬저항 양단에 발생하는 $v_R=iR$ 전압은 인가전압과 거의 같아진다. 즉, 인가전압의 거의 전부는 직렬저항 양단에 걸리게 된다. 〈표 22-2〉에 지금까지 설명한 내용을 정리하였다.

유도성 회로

RC 회로와 비슷한 방식으로 RL 회로의 동작을 사인파에만 적용되는 $X_L=2\pi fL$과

표 22-2 리액턴스 X_C와 RC 시정수의 비교

사인파 전압	사인파가 아닌 전압(비정현파 전압)
60Hz 상용교류전원, AF 신호전압, RF 신호전압	직류를 온/오프한 파형, 사각파, 직사각형 펄스
리액턴스 $X_C = \frac{1}{2\pi fC}$	시정수 $T=RC$
C가 클수록 X_C는 작아진다.	C가 클수록 시정수는 길어진다.
주파수가 높을수록 X_C는 작아진다.	펄스 폭이 짧은 것은 시정수가 긴 것과 마찬가지로 취급할 수 있다.
$I_C = \frac{V_C}{X_C}$	$i_C = C\frac{dv}{dt}$
X_C는 I_C와 V_C 사이에 90° 의 위상차를 만든다.	i_C와 v_C 파형은 모양이 서로 달라진다.

시정수 L/R의 두 가지로 설명할 수 있다. 인덕터 양단의 전압은 $v_L=L(di/dt)$이다. 인덕터에 흐르는 전류 i_L이 사인파형이면 인덕터의 전압 v_L은 코사인파형이 된다. 즉, v_L와 i_L은 모양은 같으면서 90°만큼 위상차가 난다.

이 경우에 X_L을 사용하여 Z, I, 위상각 θ를 구할 수 있다. 전류는 $I_L=V_L/X_L$이 된다. 또한 I_L 값을 알면 전압은 $V_L=I_L \times X_L$이 된다. 회로의 위상각은 X_L과 R 값의 상대적인 크기에 따라 결정된다. 사인파가 아닌 다른 형태의 전압이 인가되는 경우에는 X_L을 쓸 수 없다. 이때는 전압을 $v_L= L(di/dt)$ 식으로 계산하여야 한다. i_L과 v_L 파형의 모양은 시정수 L/R 값에 따라 달라질 수 있다.

초크코일

이것은 인가된 교류전압의 거의 전부가 L 양단에 걸린다는 사실에 착안하여 응용한 것이다. 코일을 초크코일의 용도로 사용하기 위한 조건은 코일의 X_L 값이 저항 R 값의 10배 이상이 되는 것인데, 이것은 긴 시정수의 조건과 마찬가지이다. X_L 값이 R 값보다 훨씬 크기 때문에 IX_L, IR에 의해 인가전압의 거의 전부가 X_L 양단에 걸린다.

시정수 L/R이 길므로 i_L은 별로 증가하지 못하여 저항 양단의 전압 v_R도 아주 작아진다. 유도성 회로의 i_L과 v_R 파형은 용량성 회로의 v_C 파형과 같은 형태이다.

시정수의 적용 대상

사인파가 아닌 전압, 특히 직사각형 펄스의 형태에 L이나 C가 미치는 영향을 분석하는 데는 시정수를 사용하는 것이 편리하다. 직류전압을 온이나 오프할 때 일어나는 과도응답을 분석할 때도 시정수가 이용된다. v와 i는 시정수만큼 시간이 경과하면 63%만큼 변하는 특성이 있는데, 여기서 v나 i 가운데 어느 하나의 크기는 다른 것의 변화율에 비례한다.

리액턴스의 적용대상

X_L과 X_C는 일반적으로 사인파 V나 I에 사용된다. 이것을 이용하여 Z, I, 전압, 위상각을 구한다. 사인파의 변화율에 크기가 비례하는 파형이 코사인파형으로 이 파형의 위상각은 90°이다.

알아두기▸▸

X_L과 X_C는 사인파형에만 적용된다는 것을 명심하여라.

■ 22–12 복습문제

a. RC 결합회로에서는 X_C 값이 R보다 큰가, 아니면 작은가?

b. RC 결합회로는 인가전압의 주파수를 고려할 때 긴 시정수를 갖는가, 아니면 짧은 시정수를 갖는가?

요약

- 사인파가 아닌 형태의 전류가 흐르는 유도성 회로의 과도응답은 시정수 $T=L/R$로 표시된다. 시정수 T는 전류 i_L이 63%만큼 변하는 데 걸리는 시간이다. 시정수의 5배만큼 시간이 흐르면 전류 i_L은 정상상태의 값인 V_T/R에 도달한다.
- 유도성 회로가 개방되는 순간에 L 양단에는 높은 전압이 발생한다. 개방되면 시정수가 짧아져서 전류가 빠르게 감소하기 때문이다. 인덕터의 유도전압은 $v_L=L(di/dt)$이다. 여기서 di는 i_L의 변화량을 뜻한다.
- 사인파가 아닌 형태의 전압이 인가된 용량성 회로의 과도응답은 시징수 $T=RC$로 표시된다. 시정수 T는 커패시터 양단의 전압 v_C가 63%만큼 변하는 데 걸리는 시간이다. 시정수의 5배만큼 시간이 흐르면 v_C는 정상상태의 값인 V_T에 도달한다.
- 충전된 커패시터가 저항값이 낮은 저항을 통해서 방전되는 순간에 큰 방전전류가 발생한다. 시정수가 짧아서 빠르게 방전되기 때문에 방전전류 $i_C = C(dv/dt)$가 커지게 된다. 여기서 dv는 v_C의 변화량을 뜻한다.
- v_C와 i_L 파형은 안정상태가 될 때까지 상대적으로 천천히 증가한다는 점에서 서로 비슷하다.
- i_C와 v_L 파형은 순간적으로 변할 수 있다는 점에서 서로 비슷하다.
- RC 회로와 RL 회로에서 저항 전압은 $v_R = iR$이다.
- 인가전압 펄스폭의 1/5보다 작은 시정수를 짧은 시정수라고 한다.
- 인가전압 펄스폭의 5배보다 큰 시정수를 긴 시정수라고 한다.
- 짧은 시정수를 갖는 RC 회로에서는 인가전압인 사각파의 상승에지와 하강에지에서 전압 스파이크가 발생된다. 커패시터 양단 전압 V_C의 파형은 인가전압 V_T의 파형과 거의 같다. 〈그림 22-7〉를 참고하여라.
- 긴 시정수를 갖는 RC 회로에서는 v_R 전압파형은 인가전압 V_T의 모양과 거의 같다. V_T의 평균값(직류값)은 v_C에 저장되므로 v_R에는 나타나지 않고 차단된다. 〈그림 22-8〉을 참고하여라.
- 〈그림 22-9〉의 범용 상승곡선과 하강곡선 차트는 0~시정수의 5배 사이의 시간 범위 안에서 RC 회로와 RL 회로의 전압과 전류를 분석하는 데 사용된다.
- 미분기는 출력전압이 인가된 전압의 변화율에 비례하는 회로이다.
- 적분기에서는 처음 전압에 나중에 생긴 전압의 변화가 더해져 출력전압이 된다.
- 리액턴스라는 개념은 L과 C로 구성된 사인파 교류회로에서 유용하다.
- 시정수 방법은 L이나 C로 이루어진 회로에서 사인파가 아닌 형태의 파형을 해석하는 데 유용하다.

중요 용어

- 긴 시정수 : 인가전압 펄스폭의 5배보다 큰 시정수를 긴 시정수로 정의한다.
- 과도응답 : 전원이 인가되거나 제거된 직후 나타나는 과도적인 변화 상태를 설명하는 용어
- 미분기 : 출력전압이 인가전압의 변화율에 비례하는 회로이다. 좋은 미분출력을 얻으려면 회로의 시정수가 인가전압의 펄스폭보다 작아야 한다.
- 범용 시정수 그래프 : RC 회로나 RL 회로에서 시정수 단위에 대한 전압이나 전류의 퍼센트 변화를 나타내는 그래프
- 시정수 : 63.2%만큼 변화가 일어나는 데 걸리는 시간
- 적분기 : 출력이 처음 전압에 나중에 생긴 전압의 변화를 더한 것이 되는 회로이다. 좋은 적분출력을 얻으려면 회로의 시정수가 인가전압의 펄스폭보다 커야 한다.
- 정상상태 : 회로에서 초기의 과도상태가 끝난 다음에 나타나는 최종 상태를 설명하는 용어
- 짧은 시정수 : 인가전압 펄스폭의 1/5보다 작은 시정수를 짧은 시정수로 정의한다.

중요 공식

$$T = \frac{L}{R}$$

$$T = R \times C$$

$$v = V \times e^{-t/RC}$$

$$v = 10^{\left(\log V - 0.434 \times \frac{t}{RC}\right)}$$

$$v_C = V(1 - e^{-t/RC})$$

$$t = 2.3RC \log \frac{V}{v}$$

자습문제

1. 〈그림 22-11〉의 회로에서 S_1이 닫혀 있을 때, 시정수는 얼마인가?
   a. 250μs
   b. 31.6μs
   c. 50μs
   d. 5ms

그림 22-11

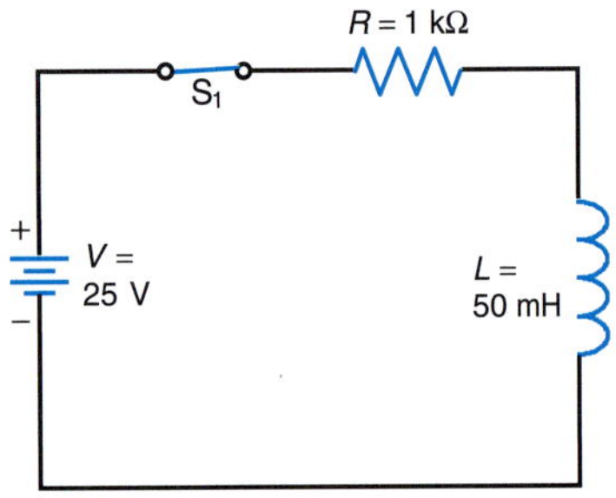

2. 〈그림 22-11〉에서 S_1이 닫혀 있을 때, 전류의 정상상태 값은 얼마인가?
   a. 15.8mA
   b. 12.5mA
   c. 0mA
   d. 25mA

3. 〈그림 22-11〉에서 S_1이 닫힌 후에, 전류 I가 정상상태 값에 도달하는 데 걸리는 시간은?
   a. 50μs
   b. 250μs
   c. 500μs
   d. 구할 수 없다.

4. 〈그림 22-11〉에서 S_1이 닫힌 순간(t=0s)에 저항 전압은 얼마인가?
   a. 0V
   b. 25V
   c. 15.8V
   d. 9.2V

5. 〈그림 22-11〉에서 S_1이 닫힌 후에 시정수만큼 시간이 지났을 때 저항에 걸리는 전압은 얼마인가?
   a. 15.8V
   b. 9.2V
   c. 6.32V
   d. 21.5V

6. 〈그림 22-11〉에서 스위치 S_1 양단에 2MΩ 저항을 병렬로 연결한 다음, S_1을 열었을 때 피크 인덕터 전압 V_L은 얼마인가?
   a. 0V
   b. 25V
   c. 50kV
   d. 구할 수 없다.

7. 〈그림 22-11〉에서 S_1이 닫히고 35μs만큼 시간이 지난 다음에 전류는 얼마인가?
   a. 근사값 20mA
   b. 근사값 12.5mA
   c. 15.8mA
   d. 20mA

8. 〈그림 22-11〉에서 S_1이 닫혀 있을 때 다음 중 어떤 경우에 시정수가 길어지는가?
   a. L이 작아진다.
   b. R이 작아진다.
   c. L이 커진다.
   d. b와 c 모두

9. 〈그림 22-11〉에서 S_1이 닫히고 시정수의 5배만큼 시간이 지난 다음에 인덕터 전압은 얼마인가?

a. 50kV
b. 25V
c. 0V
d. 9.2V

10. 〈그림 22-11〉에서 S_1이 닫히고 100μs만큼 시간이 지난 다음에 저항 전압은 얼마인가?
a. 12V
b. 21.6V
c. 3.4V
d. 15.8V

11. 〈그림 22-12〉에서 S_1이 ①의 위치에 있을 때, 회로의 시정수는 얼마인가?
a. 2s
b. 5s
c. 10s
d. 1s

그림 22-12

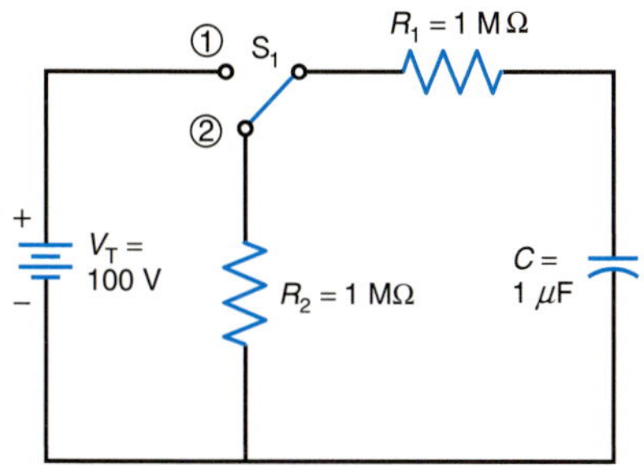

12. 〈그림 22-12〉에서 S_1이 ②의 위치에 있을 때, 회로의 시정수는 얼마인가?
a. 2s
b. 5s
c. 10s
d. 1s

13. 〈그림 22-12〉에서 S_1을 ①의 위치로 옮긴 다음에 C 양단 전압이 100V에 도달하는 데 걸리는 시간은 얼마인가?
a. 1s
b. 2s
c. 10s
d. 5s

14. 〈그림 22-12〉에서 스위치를 ②의 위치에서 ①의 위치로 옮기는 순간에 저항 R_1 양단의 전압은 얼마인가? (단, 스위치가 ②의 위치에 있을 때 C는 완전하게 방전된 것으로 가정한다.)
a. 100V
b. 63.2V
c. 0V
d. 36.8V

15. 〈그림 22-12〉에서 스위치가 ①의 위치에 있는 동안에 C는 100V로 완전하게 충전되었다. 스위치 S_1을 ②의 위치로 옮긴 다음에 C가 완전하게 방전할 때까지 걸리는 시간은 얼마인가?
a. 1s
b. 5s
c. 10s
d. 2s

16. 〈그림 22-12〉에서 스위치가 ②의 위치에 있는 동안에 C는 완전하게 방전되었다. 스위치 S_1을 ①의 위치로 옮기고 1s만큼 시간이 지난 다음에 C 양단의 전압은 얼마인가?
a. 50V
b. 63.2V
c. 36.8V
d. 100V

17. 〈그림 22-12〉에서 스위치가 ②의 위치에 있는 동안에 C는 완전하게 방전되었다. 스위치 S_1을 ①의 위치로 옮기고 시정수의 2배만큼 시간이 지난 다음에 R_1 양단의 전압은 얼마인가?
a. 37V
b. 13.5V
c. 50V
d. 86V

18. 〈그림 22-12〉에서 스위치 S_1이 ①의 위치에 있을 때 전류의 정상상태 값은 얼마인가?
a. 100μA
b. 50μA
c. 1A
d. 0μA

19. 〈그림 22-12〉에서 스위치가 ①의 위치에 있는 동안에 C는 100V로 완전하게 충전되었다. 스위치 S_1을 ②의 위치로 옮기고 3s만큼 시간이 지난 다음 커패시터 전압은 얼마인가?
   a. 77.7V
   b. 0V
   c. 22.3V
   d. 36.8V

20. 〈그림 22-12〉에서 스위치는 ①의 위치에 있으면서 C가 충전되고 있다. 커패시터 전압이 75V가 되는 순간에 S_1을 ②의 위치로 옮겼다. 스위치 S_1을 ②의 위치로 옮기고 시정수의 0.7배만큼 시간이 지난 다음 커패시터 전압은 약 얼마인가?
   a. 75V
   b. 27.6V
   c. 50V
   d. 37.5V

21. RC 결합회로가 제대로 동작하기 위한 조건은?
   a. 짧은 시정수
   b. 중간 시정수
   c. 긴 시정수
   d. 0의 시정수

22. 미분기의 설명으로 맞는 것은?
   a. 출력은 처음 전압에 나중에 생긴 전압의 변화가 더해진 것이다.
   b. 출력이 항상 V_{in}의 절반이다.
   c. 출력은 C 양단 전압이며 시정수는 길다.
   d. 출력은 인가전압의 변화에 비례한다.

23. 적분기의 설명으로 맞는 것은
   a. 출력은 처음 전압에 나중에 생긴 전압의 변화가 더해진 것이다.
   b. 출력이 항상 V_{in}의 절반이다.
   c. 출력은 인가전압의 변화에 비례한다.
   d. 출력은 R 양단 전압이며 시정수는 짧다.

24. 어떤 RL 회로의 시정수가 47μs이다. L=4.7mH일 때 R을 계산하여라.
   a. R=10kΩ
   b. R=100Ω
   c. R=10MΩ
   d. R=1kΩ

25. 어떤 RC 회로의 시정수는 330μs이다. R=1kΩ일 때 C를 계산하라.
   a. C=0.33μF
   b. C=0.033μF
   c. C=3.3μF
   d. C=330pF

확인문제

1. RL 회로의 시정수를 계산하는 식을 써라. 단위도 함께 표시하여라.
2. RC 회로의 시정수를 계산하는 식을 써라. 단위도 함께 표시하여라.
3. 〈그림 22-2〉의 RL 회로에서 L=2H, R=100Ω일 때 회로와 그래프를 다시 그려라.
4. 〈그림 22-5〉의 충전회로와 방전회로를 함께 포함하도록 〈그림 22-4〉의 회로를 다시 그려라. 충전 시에는 저항 3000Ω을, 방전 시에는 저항 3Ω을 사용하면 된다.
5. 사인파가 아닌 형태의 인가전압에 대해 RL 회로와 RC 회로의 차이점을 있는 대로 써라.
6. 사인파가 아닌 인가전압이 인가된 RC 회로와 사인파가 인가된 RC 회로의 차이점을 있는 대로 써라.
7. 다음을 정의하라. (a) 긴 시정수 (b) 짧은 시정수 (c) RC 미분 회로 (d) RC 적분 회로
8. 시정수가 2.3ms인 RC 회로에 대해서 〈그림 22-9〉에 있는 범용 차트의 수직축을 ms 단위로 하여 다시 그려라.
9. 〈그림 22-7〉의 회로에서 R=20kΩ이 되어 시정수가 짧아진 경우에 대해 회로와 그래프를 다시 그려라.

10. 〈그림 22-8〉의 회로에서 R=500kΩ이 되어 시정수가 길어진 경우에 대해 회로와 그래프를 다시 그려라.

11. 시정수 식 $T=RC$를 R에 대한 식과 C에 대한 식으로 각각 정리하여라.

12. 사인파가 아닌 파형의 예를 3가지만 들어라.

13. 긴 시정수의 RC 회로와 짧은 시정수를 갖는 RC 회로의 응용 예를 들어라.

14. 코일이 스위칭 회로에 사용되는 경우에 불꽃을 일으킬 수 있을 정도로 높은 전압이 발생하는 문제가 일어나는 까닭은 무엇인가?

연습문제

22-1절 저항만으로 구성된 회로의 응답

22-1 〈그림 22-13〉에서 S_1이 닫힌 후에 전류 I가 정상상태 값에 도달할 때까지 걸리는 시간은 얼마인가?

그림 22-13

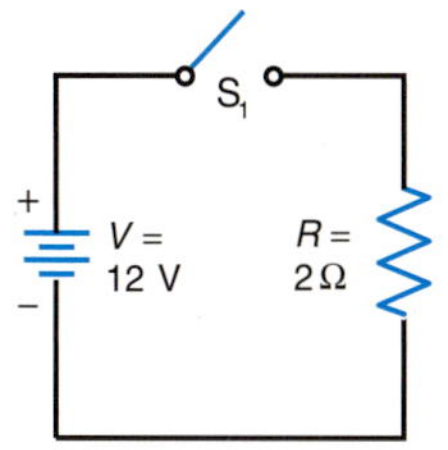

22-2 〈그림 22-13〉에서 S_1이 닫혀 있을 때 전류는 얼마인가?

22-3 〈그림 22-13〉에서 S_1이 열린 경우와 닫힌 경우에 저항이 어떻게 반응하는지 설명하여라.

22-2절 L/R 시정수

22-4 〈그림 22-14〉를 보고 물음에 답하여라.

a. S_1이 닫혀있을 때 시정수는 얼마인가?

b. S_1이 닫혀있을 때 정상상태 전류는 얼마인가?

c. S_1이 닫히는 순간(t=0s)에 회로에 흐르는 전류는 얼마인가?

d. S_1이 닫히고 시정수만큼의 시간이 지난 다음에 회로에 흐르는 전류는 얼마인가?

e. S_1이 닫힌 다음에 회로에 흐르는 전류가 정상상태 값에 도달할 때까지 걸리는 시간은 얼마인가?

그림 22-14

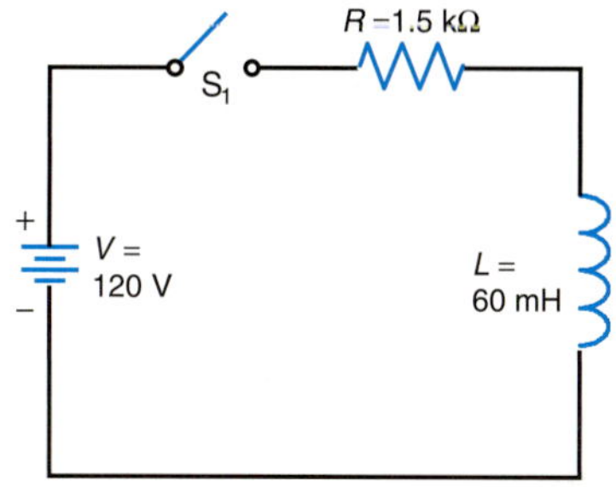

22-5 L=100mH, R=500Ω 일 때 〈문제 22-4〉를 되풀이하여라.

22-6 다음 값을 갖는 부품으로 구성된 유도성 회로의 시정수를 계산하여라.

a. L=10H, R=1kΩ

b L=500mH, R=2kΩ

c. L=250μH, R=50Ω

d. L=15mH, R=7.5kΩ

22-7 다음 물음에 답하여라.

a. 유도성 회로에서 시정수를 크게 하는 방법을 두 가지 들어라.

b. 유도성 회로에서 시정수를 작게 하는 방법을 두 가지 들어라.

22-3절 RL 회로가 개방될 때 발생하는 고전압

22-8 〈그림 22-14〉에서 스위치 S_1이 시정수 L/R의 5배가 넘는 시간 동안 닫혀 있었다. 스위치의 양쪽 단자에 1MΩ 저항이 연결되어 있다고 할 때 다음을 계산하여라.

a. S_1이 열려 있을 때 회로의 시정수

b. S_1이 열려 있을 때 피크 인덕터 전압 V_L

c. S_1이 열리는 순간에 di/dt 값

d. S_1이 열린 다음에 전류가 0으로 줄어들 때까지 걸리는 시간

22-9 〈그림 22-14〉에서 스위치 S_1의 양쪽 단자에 연결된 저항이 없는 경우에 스위치가 열려 있을 때 회로의 시정수를 계산할 수 있는가? 또 스위치가 열리는 순간에 스위치에서 일어나는 현상은 무엇인가?

22-4절 *RC* 시상수

22-10 〈그림 22-15〉에서 스위치 S_1이 다음의 위치에 있을 때 회로의 시정수를 구하여라.

a. ①의 위치

b. ②의 위치

그림 22-15

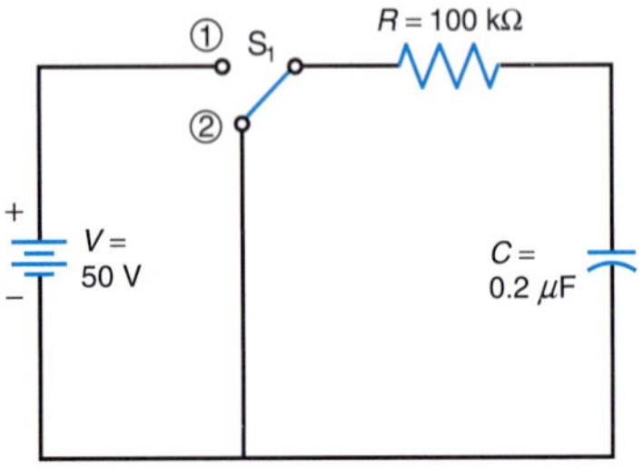

22-11 〈그림 22-15〉에서 S_1은 ②의 위치에 있고 커패시터는 완전히 방전되었다. 다음 경우에 대해서 커패시터 전압 V_C를 구하여라.

a. S_1을 ①의 위치로 옮기고 시정수만큼 시간이 지난 다음

b. S_1을 ①의 위치로 옮기고 시정수의 5배만큼 시간이 지난 다음

c. S_1을 ①의 위치로 옮기고 일주일이 지난 다음

22-12 〈그림 22-15〉에서 S_1은 ①의 위치에 있고 커패시터는 완전히 충전되었다. 다음 경우에 대해서 커패시터 전압 V_C를 구하여라.

a. S_1을 ②의 위치로 옮기고 시정수만큼 시간이 지난 다음

b. S_1을 ②의 위치로 옮기고 시정수의 5배만큼 시간이 지난 다음

c. S_1을 ②의 위치로 옮기고 일주일이 지난 다음

22-13 다음 값을 갖는 부품으로 구성된 용량성 회로의 시정수를 계산하여라.

a. R=1MΩ, C=1μF

b. R=150Ω, C=0.01μF

c. R=330kΩ, C=270pF

d. R=5kΩ, C=40μF

22-14 다음 물음에 답하여라.

a. 용량성 회로에서 시정수를 크게 하는 방법을 두 가지 들어라.

b. 용량성 회로에서 시정수를 작게 하는 방법을 두 가지 들어라.

22-15 〈그림 22-15〉에서 S_1은 ②의 위치에 있고 커패시터는 50V로부터 방전되고 있다. 커패시터 전압이 25V가 되는 순간에 S_1을 ①의 위치로 옮길 때 다음을 구하여라.

a. S_1을 ①의 위치로 옮긴 순간의 실제 충전전압(=인가전압−커패시터전압)

b. S_1을 ①의 위치로 옮기고 시정수만큼 시간이 지난 다음의 커패시터 전압

c. S_1을 ①의 위치로 옮기고 시정수의 5배만큼 시간이 지난 다음의 커패시터전압

22-16 〈그림 22-15〉에서 S_1은 ①의 위치에 있고 커패시터는 0V로부터 충전되고 있다. 커패시터 전압이 35V에 도달한 순간 S_1을 ②의 위치로 옮길 때 다음을 구하여라.

a. S_1을 ②의 위치로 옮기고 시정수만큼 시간이 지단 다음의 커패시터전압

b. S_1을 ②의 위치로 옮기고 시정수의 5배만큼 시간이 지난 다음의 커패시터전압

22-5절 *RC* 충전곡선과 방전곡선

22-17 〈그림 22-15〉에서 S_1이 ②의 위치에 있고 커패시터는 완전히 방전되었다. 다음을 구하여라.

a. S_1을 ①의 위치로 옮긴 순간 흐르는 충전전류

b. S_1을 ①의 위치로 옮기고 시정수의 5배만큼 시간이 지난 다음 흐르는 충전전류

c. S_1을 ①의 위치로 옮기고 시정수만큼 시간이 지난 다음의 저항전압

d. S_1이 ①의 위치로 옮기고 시정수만큼 시간이 지난 다음 흐르는 충전전류의 값

22-18 〈그림 22-15〉에서 S_1은 ①의 위치에 있고 커패시터는 50V로 완전히 충전되었다. 다음 경우에 방전전류를 구하여라.

a. S_1을 ②의 위치로 옮긴 순간

b. S_1을 ②의 위치로 옮기고 시정수만큼 시간이 지난 다음

c. S_1을 ②의 위치로 옮기고 시정수의 5배만큼 시간이 지난 다음

22-6절 *RC* 회로가 단락될 때 발생하는 고전류

22-19 〈그림 22-16〉에서 S_1이 다음 위치에 있을 때 *RC* 시정수는 얼마인가?

a. ①

b. ②

그림 22-16

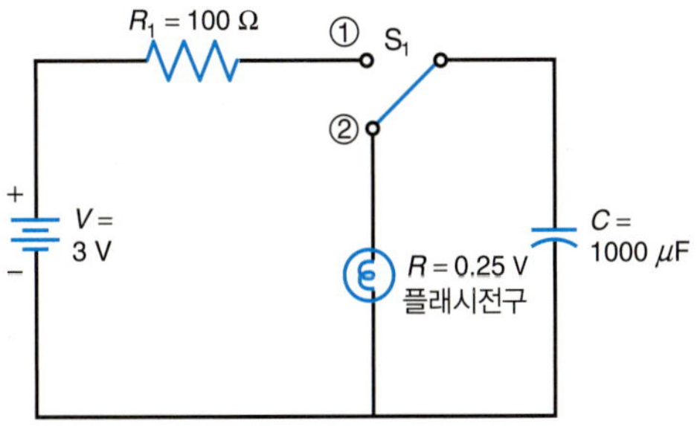

22-20 〈그림 22-16〉에서 커패시터 전압이 다음과 같이 될 때까지 걸리는 시간은 얼마인가?

a. S_1을 ①의 위치로 옮긴 다음 3V에 도달

b. S_1을 ②의 위치로 옮긴 다음 0으로 방전

22-21 〈그림 22-16〉에서 S_1은 ②의 위치에 있고 커패시터는 완전히 방전되어 있다. S_1을 ①의 위치로 옮긴 순간에 다음을 구하라.

a. 커패시터 양단의 전압

b. 저항 양단의 전압

c. 충전전류

22-22 〈그림 22-16〉에서 S_1은 ①의 위치에 있고 커패시터는 완전히 충전되어있다. S_1을 ②의 위치로 옮긴 순간에 다음을 구하라.

a. 플래시전구 양단의 직류전압

b. 방전전류

c. 전압변화율 dv/dt

22-23 〈그림 22-16〉에서 커패시터가 3V로 완전히 충전되어 있다면 커패시터에 저장된 에너지는 얼마인가?

22-7절 *RC* 파형

22-24 〈그림 22-17〉의 회로를 보고 다음 물음에 답하여라.

a. *RC* 시정수를 계산하라

b. 커패시터의 전압파형을 그리고 t_0, t_1, t_2, t_3, t_4에서의 전압값을 함께 표시하여라.

c. 저항의 전압파형을 그리고 t_0, t_1, t_2, t_3, t_4에서의 전압값을 함께 표시하여라.

d. 충전전류와 방전전류 파형을 그리고 t_0, t_1, t_2, t_3, t_4에서의 전류값을 함께 표시하여라.

그림 22-17

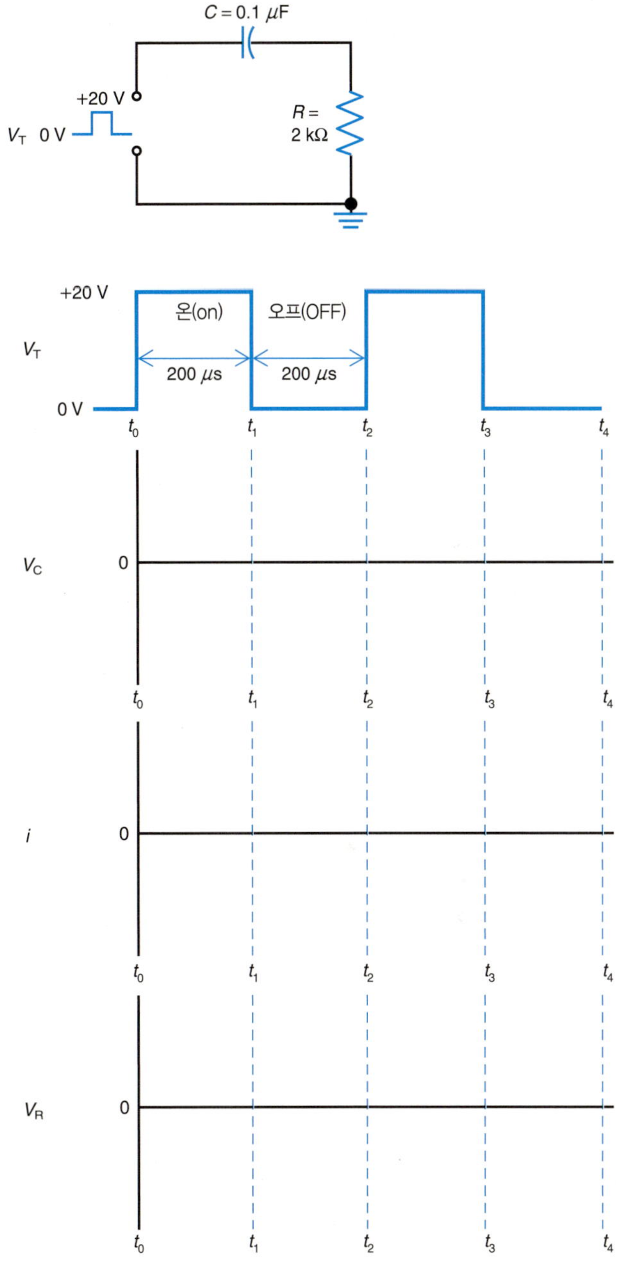

22-8절 긴 시정수와 짧은 시정수

22-25 〈그림 22-17〉에서 저항 *R*의 값이 다음과 같이 변할 때 때 회로의 시정수가 인가전압 V_T의 펄스폭에 견주어 긴지 짧은지 말하여라.

a. 10kΩ으로 증가

b. 400Ω으로 감소

22-26 미분기로 사용되는 RC 회로에 대해서

a. 어떤 부품의 양단을 출력으로 하는가?

b. 인가전압의 펄스폭에 견주어 시정수는 길어야 하는가, 아니면 짧아야 하는가?

22-27 적분기로 사용되는 RC 회로에 대해서

a. 어떤 부품의 양단을 출력으로 하는가?

b. 인가전압의 펄스폭에 견주어 시정수는 길어야 하는가, 아니면 짧아야 하는가?

22-9절 짧은 RC 시정수의 충전과 방전

22-28 〈그림 22-18〉의 회로에 대해서

a. RC 시정수를 계산하라.

b. 커패시터의 전압파형을 그리고 t_0, t_1, t_2, t_3, t_4에서의 전압값을 함께 표시하여라.

c. 저항의 전압파형을 그리고 t_0, t_1, t_2, t_3, t_4에서의 전압값을 함께 표시하여라.

d. 인가전압 펄스폭과 RC 시정수의 비를 구하여라.

그림 22-18

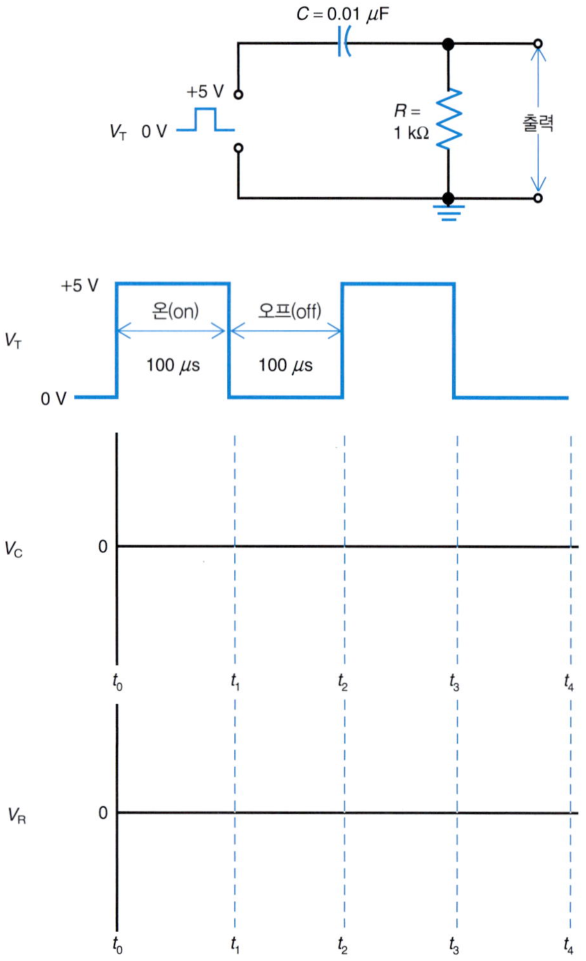

22-10절 RC 결합회로에 사용되는 긴 시정수

22-29 〈그림 22-18〉에서 저항 R을 10kΩ으로 크게 하고 인가전압의 주파수를 그대로 유지할 때 다음을 구하여라.

a. RC 시정수

b. 인가전압 펄스폭과 RC 시정수의 비

c. 입력전압이 시정수의 5배보다 긴 시간 동안 인가된 경우에 커패시터 전압파형과 저항 전압파형

22-11절 정확한 시정수 해석

22-30 〈그림 22-19〉 회로의 시정수를 구하여라.

그림 22-19

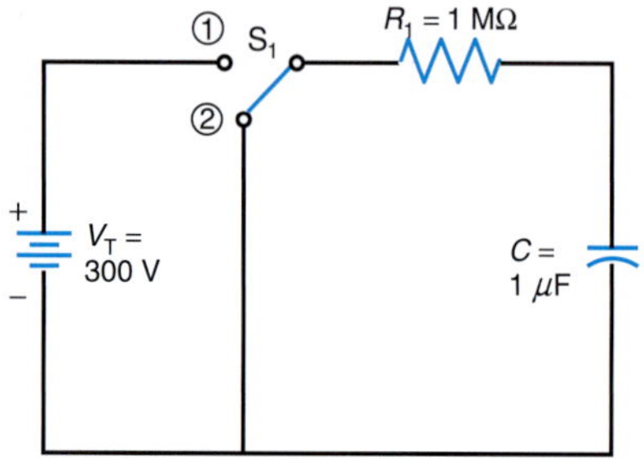

22-31 〈그림 22-19〉에서 S_1은 ②의 위치에 있고 C는 완전하게 방전되어 있다. S_1을 ①의 위치로 옮기고 나서 아래의 시간만큼 지난 다음에 커패시터 전압을 구하여라.

a. t = 0s

b. t = 0.7s

c. t = 1s

d. t = 1.5s

e. t = 2s

f. t = 2.5s

g. t = 3.5s

22-32 〈그림 22-19〉에서 S_1은 ②의 위치에 있고 C는 완전하게 충전되어 있다. S_1을 ②의 위치로 옮기고 나서 아래의 시간만큼 지난 다음에 저항 전압을 구하여라.

a. t = 0s

b. t = 0.7s

c. t = 1s

d. t = 1.5s

e. t = 2s

f. t = 2.5s

g. t = 3.5s

22-33 〈그림 22-19〉에서 S_1은 ②의 위치에 있고 C는 완전하게 방전되어 있다. S_1을 ①의 위치로 다시 옮기고 나서 커패시터 전압이 다음 값에 도달하는 데 걸리는 시간을 구하여라.

a. 90V
b. 150V
c. 200V
d. 240V
e. 270V

22-34 〈그림 22-19〉에서 S_1은 ②의 위치에 있고 C는 300V로부터 방전되고 있다. 커패시터의 전압이 150V가 되는 순간 S_1을 ①의 위치로 다시 옮기고 나서 1.25s가 지난 다음에 커패시터 전압을 구하라.

22-35 〈그림 22-20〉 회로의 시정수를 구하라.

그림 22-20

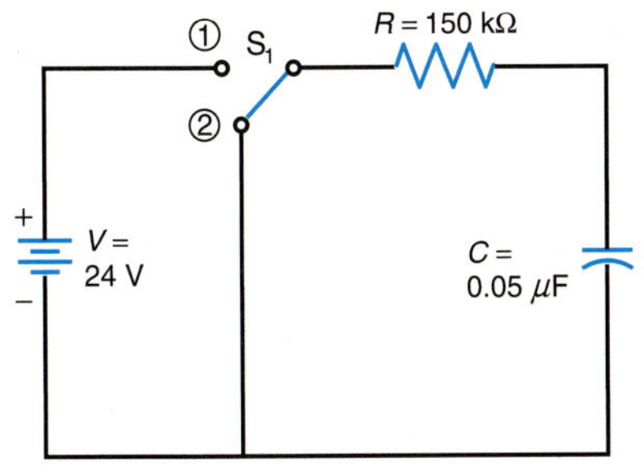

22-36 〈그림 22-20〉에서 S_1은 ②의 위치에 있고 C는 완전히 방전되어 있다. S_1을 ①의 위치로 다시 옮기고 나서 커패시터 전압이 다음 값에 도달하는 데 걸리는 시간을 구하여라.

a. 3V
b. 6V
c. 15V
d. 20V

22-37 〈그림 22-20〉에서 S_1은 ②의 위치에 있고 C는 완전히 방전되어 있다. S_1을 ①의 위치로 다시 옮기고 나서 아래의 시간만큼 지난 다음에 저항 전압을 구하여라.

a. t = 0s
b. t = 4.5ms
c. t = 10ms
d. t = 15ms
e. t = 25ms

22-38 〈그림 22-20〉에서 S_1은 ①의 위치에 있고 C는 완전히 충전되어 있다. S_1을 ②의 위치로 옮기고 나서 커패시터가 방전되어 다음 값으로 되는 데 걸리는 시간을 구하라.

a. 4V
b. 8V
c. 12V
d. 18V

22-12절 리액턴스와 시정수의 비교

22-39 저항과 커패시턴스 또는 저항과 인덕턴스를 포함하는 사인파 교류회로를 해석할 때 리액턴스 개념이나 시정수 개념을 사용하는가?

22-40 입력전압이 사각파인 회로를 해석할 때, 리액턴스 개념이나 시정수 개념을 사용하는가?

22-41 RC 결합회로는 교류 입력전압의 주기에 견주어 긴 시정수와 짧은 시정수 가운데 어느 시정수를 가져야 하는가?

사고력 문제

22-42 〈그림 22-21〉을 보고 물음에 답하여라.
(a) S_1이 오랫동안 닫혀 있어 커패시터 C가 완전히 충전되어있다면 C 양단 전압은 얼마인가? (b) C가 완전히 충전된 상태에서 S_1을 연다면 C가 완전히 방전하는 데 걸리는 시간은 얼마인가?

그림 22-21

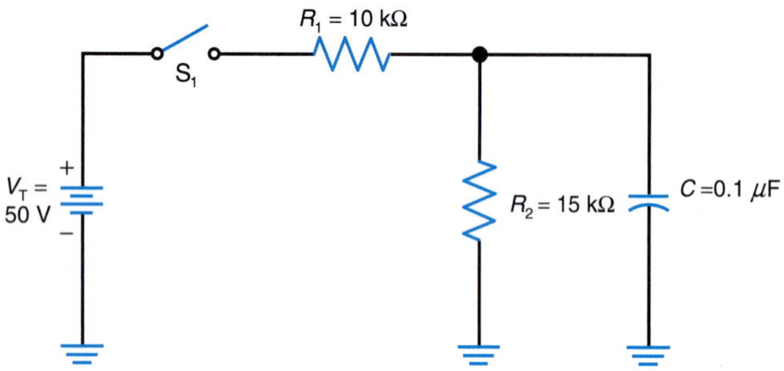

22-43 〈그림 22-21〉을 보고 물음에 답하여라. (a) S_1이 닫히고 나서 C가 완전히 충전될 때까지 걸리는 시간은? (b) S_1이 닫히고 1ms가 지난 다음에 V_C는 얼마인가? (c) S_1이 닫히고 나서 415.8ns가 지난 다음에 V_C는 얼마인가? (d) S_1이 닫히고 나서 1.5ms가 지난 다음에 V_C는 얼마인가?

22-44 〈그림 22-22〉의 회로에서 C가 완전히 충전된 다음 V_T의 극성이 갑자기 바뀌었다. V_T의 극성이 바뀌고 나서 아래의 시간만큼 지난 다음에 커패시터전압을 구하라.
(a) 0s (b) 6.93ms (c) 10ms (d) 15ms (e) 30ms

그림 22-22

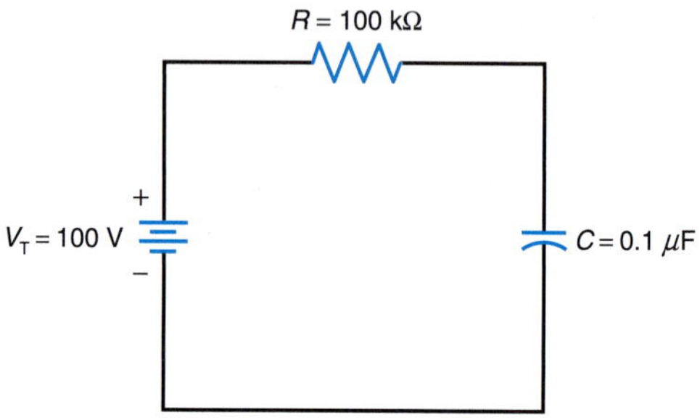

복습문제 정답

22-1 a. 참
b. 참

22-2 a. 0.02s
b. 0.5ms

22-3 a. 짧아진다
b. 커야 한다.

22-4 a. 940μs
b. 470ns

22-5 a. 63V
b. 37V

22-6 a. 짧다.
b. 빨라진다.

22-7 a. V_R = 37V
b. V_C = 23.3V

22-8 a. 짧은 시정수
b. 긴 시정수

22-9 a. 짧다
b. C 양단

22-10 a. 길다
b. R 양단

22-11 a. 참
b. 참
c. 참

22-12 a. X_C가 작다.
b. 긴 시정수

chapter

23

교류회로

이 장에서는 R, X_L, X_C를 갖는 사인파 교류회로를 해석하는 방법을 설명한다. 이런 세 가지 형태의 저항성분이 어떻게 결합되며 전류의 크기는 얼마인지, 또한 위상각(phase angle)은 얼마인지에 대한 해답을 직렬회로와 병렬회로에서 구한다.

이 문제는 직렬회로에서 X_L은 $90°$이고 X_C는 $-90°$로 반대 부호의 위상각을 가진다는 사실로 인해 간단해진다. 이때 한 리액턴스의 모든 성분은 다른 리액턴스 성분에 의해 상쇄되고 결국 크기가 큰 리액턴스 성분만 일부 남게 된다.

마찬가지로 병렬회로에서 I_L과 I_C는 반대의 위상각을 가지며 이들 전류는 서로 상쇄되고 그 결과로 상쇄되고 남은 순 리액티브 전류만 흐르게 된다.

끝으로 교류 리액턴스로 인한 교류전력과 직류전력이 어떻게 다른가를 설명한다. 또한 전력계와 교류전류계의 형태에 대해서도 설명한다.

단원 차례

단원 목표

- 직렬회로에서 반대 성분의 리액턴스가 상쇄됨을 설명한다.
- 저항, 커패시턴스 및 인덕턴스로 구성된 직렬회로의 총 임피던스와 위상각을 결정한다.
- 저항, 커패시턴스 및 인덕턴스로 구성된 병렬회로의 총 전류, 등가 임피던스 및 위상각을 결정한다.
- 유효전력, 피상전력, 무효전력 및 역률을 정의한다.
- 회로의 역률을 계산한다.

중요 용어

무효전력(VAR : volt-ampere reactive)	역률(PF : power factor)	이중 첨자	피상전력(apparent power)
	유효전력(real power)	전력계	VA(volt-ampere)

23-1 리액턴스 없이 저항만을 갖는 교류회로

알아두기▸▸

저항에서는 전압과 전류가 항상 동위상이다.

〈그림 23-1〉에 직렬 및 병렬 저항회로를 표시한다. 〈그림 23-1a〉와 〈그림 23-1b〉에서 모든 전압과 전류는 공급전압과 같은 위상을 갖는다. 전류나 전압에 위상차가 생기게 하는 리액턴스 성분이 없다.

직렬저항

〈그림 23-1a〉의 회로에서는 50Ω 저항 2개가 직렬로 연결되어 있고 공급전압의 크기가 100V이므로 계산은 다음과 같다.

$$R_T = R_1 + R_2 = 50 + 50 = 100\Omega$$
$$I = \frac{V_T}{R_T} = \frac{100}{100} = 1\text{A}$$
$$V_1 = IR_1 = 1 \times 50 = 50\text{V}$$
$$V_2 = IR_2 = 1 \times 50 = 50\text{V}$$

직렬저항 R_1, R_2는 직류회로에서와 같이 전압 분배기로 동작한다. 각 저항의 크기는 전체 저항의 1/2 크기이므로 전압 역시 공급전압의 1/2이 된다.

전압강하 V_1과 V_2는 공통 기준이 되는 직렬전류 I와 동위상을 가진다. 리액턴스가 없으므로 I 역시 공급전압과 동위상을 갖는다.

병렬저항

〈그림 23-1b〉의 회로에서는 50Ω의 저항 2개가 병렬로 연결되어 있고 공급전압의 크기가 100V이므로 계산은 다음과 같다.

$$I_1 = \frac{V_A}{R_1} = \frac{100}{50} = 2\text{A}$$
$$I_2 = \frac{V_A}{R_2} = \frac{100}{50} = 2\text{A}$$
$$I_T = I_1 + I_2 = 2 + 2 = 4\text{A}$$

그림 23-1 리액턴스 없이 저항만을 갖는 교류회로 (a) 직렬회로 (b) 병렬회로

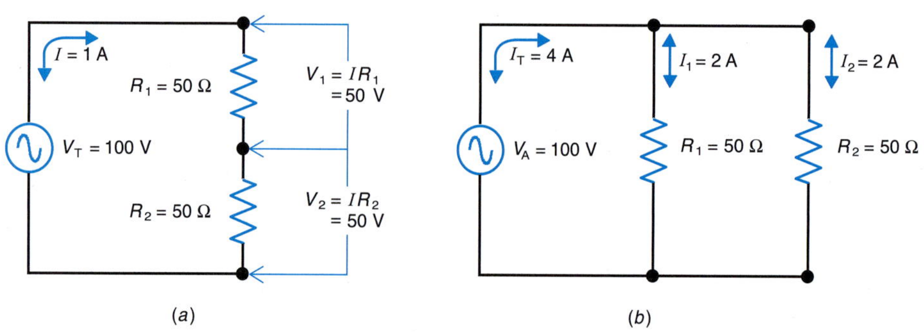

100V 전원의 주 회로선의 전류는 4A이고 합성저항은 25Ω이다. 이 등가저항 R_{EQ}는 두 개의 50Ω 가지에 대한 등가저항으로 100V/4A와 같다.

각 가지전류는 공급전압과 동위상을 갖는다. 양쪽 가지에 공통이 되는 전압 V_A가 기준이 된다.

■ 23-1 복습문제

a. 〈그림 23-1a〉에서 V_T와 I 사이의 위상각은 얼마인가?

b. 〈그림 23-1b〉에서 I_T와 V_A 사이의 위상각은 얼마인가?

23-2 X_L만을 갖는 회로

〈그림 23-2〉와 〈그림 23-3〉은 〈그림 23-1〉의 직렬과 병렬 회로에서 저항 R을 같은 값을 가지는 X_L로 대치한 회로이다. 공급전압의 크기가 같으므로 저항 R과 동일하게 전류를 제한하거나 전압강하를 발생시킨다.

X_L은 90° 위상각을 갖는 페이저 양이지만 여기서는 동일한 종류의 리액턴스만 있다. 따라서 R이나 X_C가 없으므로 직렬로 된 X_L의 총 저항값은 직렬저항과 같이 그대로 더하면 되고, 병렬회로에서 총 전류는 병렬전류 I_L을 더하면 된다.

그림 23-2 X_L만을 가지는 직렬회로 (a) 회로도 (b) 전압과 직렬전류의 페이저도

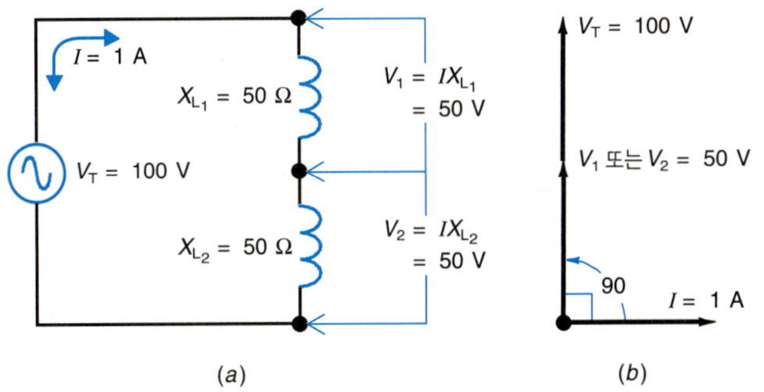

그림 23-3 X_L만을 가지는 병렬회로 (a) 회로도 (b) 가지전류, 총 전류 및 공급전압의 페이저도

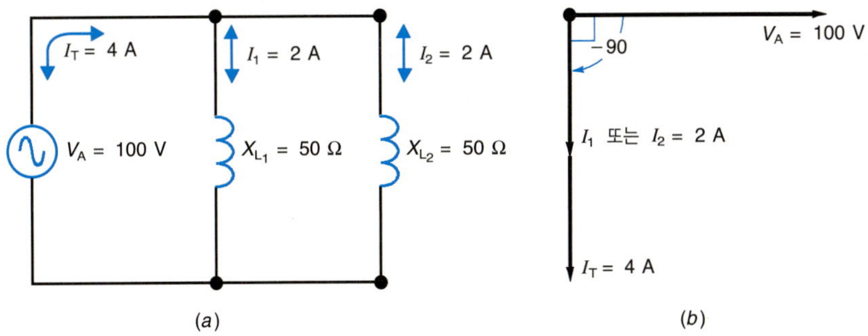

> **알아두기▸▸**
>
> 직렬 인덕터에서 각각의 전압강하는 전류에 대하여 동일한 위상을 가지므로 전체 전압강하는 산술적으로 더할 수 있다.

직렬회로에서 X_L 값

〈그림 23-2a〉에서 X_{LT}, I, V_1, V_2를 구하면 다음과 같다.

$$X_{L_T} = X_{L_1} + X_{L_2} = 50 + 50 = 100\Omega$$

$$I = \frac{V_T}{X_{L_T}} = \frac{100}{100} = 1\text{A}$$

$$V_1 = IX_{L_1} = 1 \times 50 = 50\text{V}$$

$$V_2 = IX_{L_2} = 1 \times 50 = 50\text{V}$$

두 전압강하 50V를 더하면 공급전압 100V와 크기가 같음을 알 수 있다.

유도성 리액턴스의 위상각을 고려하면 X_L 양단의 전압은 언제나 전류보다 90° 앞선다. 〈그림 23-2b〉에서 전류 I는 회로의 직렬 소자에서 동일하기 때문에 기준 페이저가 된다. 따라서 각각의 리액턴스 양단의 전압 V_1과 V_2 또는 두 리액턴스 양단의 전압 V_T는 I 보다 90°만큼 위상이 앞선다.

> **알아두기▸▸**
>
> 병렬 인덕터에서 각 가지의 전류는 공급전압에 대하여 동일한 위상을 가지므로 전체전류는 산술적으로 더할 수 있다.

병렬회로에서의 I_L 값

〈그림 23-3a〉에서 I_1, I_2, I_T를 구하면 다음과 같다.

$$I_1 = \frac{V_A}{X_{L_1}} = \frac{100}{50} = 2\text{A}$$

$$I_2 = \frac{V_A}{X_{L_2}} = \frac{100}{50} = 2\text{A}$$

$$I_T = I_1 + I_2 = 2 + 2 = 4\text{A}$$

두 전류의 위상이 같기 때문에 서로 더해질 수 있다. 두 전류의 위상은 〈그림 23-3b〉에 표시한 것처럼 전압 기준 페이저보다 90° 뒤지게 된다.

V_A는 모든 가지 X_{L1}과 X_{L2}에서 동일하기 때문에 병렬회로의 기준 페이저가 된다.

각각의 X_L 전압이 전류에 90° 앞서는 〈그림 23-2b〉와 각각의 X_L 전류가 전압에 90° 뒤지는 〈그림 23-2b〉 사이에는 근본적인 차이가 없다. 즉, 인덕터의 전압과 전류 사이의 위상각은 변함없이 90°이다.

■ 23-2 복습문제

a. 〈그림 23-2〉에서 I에 대한 V_T의 위상각은 얼마인가?

b. 〈그림 23-3〉에서 V_A에 대한 I_T의 위상각은 얼마인가?

알아두기▸▸

직렬 커패시터에서 총 전압강하는 각각의 전압강하를 산술적으로 더하여 구할 수 있다. 마찬가지로 병렬 커패시터에서 총 전류는 각 가지의 전류를 산술적으로 더하여 구할 수 있다.

23-3 X_C만을 갖는 회로

〈그림 23-4〉와 〈그림 23-5〉는 50Ω의 X_C로만 구성되는 직렬회로와 병렬회로를 표시하고 있다. R과 X_L이 존재하지 않기 때문에 X_C의 직렬저항은 직접 더할 수 있다. 또한 병렬전류 I_C도 직접 더할 수 있다.

직렬회로에서의 X_C 값

〈그림 23-4a〉에서 V_1과 V_2를 구하면 앞에서 구한 것과 같은 크기를 갖는다. 따라서 각각 전압강하의 크기를 더하면 공급전압의 크기와 일치하게 된다.

용량성 리액턴스의 위상각을 고려한다면 X_C 양단에 걸리는 전압은 항상 용량성 충전전류나 방전전류보다 90° 위상이 뒤지게 된다. 〈그림 23-4〉에서 I가 기준 페이저가 되고, 용량성 전류가 90°만큼 앞선 위상을 가지며, 전압이 전류에 비하여 90° 위상이 뒤지게 된다.

병렬회로에서의 I_C 값

〈그림 23-5〉에서 V_A가 기준 페이저가 된다. I_1과 I_2의 크기를 계산하면 앞에서 구한 것과 같은 크기를 갖는다. 그러나 각 용량성 가지전류와 I_T는 V_A보다 90° 앞선다.

그림 23-4 X_C만을 갖는 직렬회로 (a) 회로도 (b) 전압과 직렬전류의 페이저도

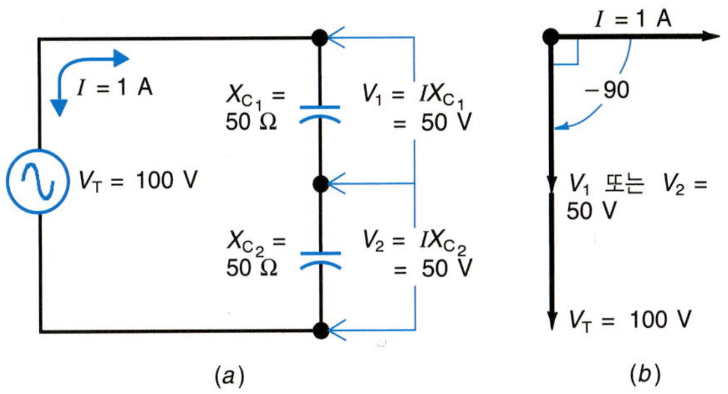

그림 23-5 X_C만을 갖는 병렬회로 (a) 회로도 (b) 가지전류, 총 전류 및 공급전압의 페이저도

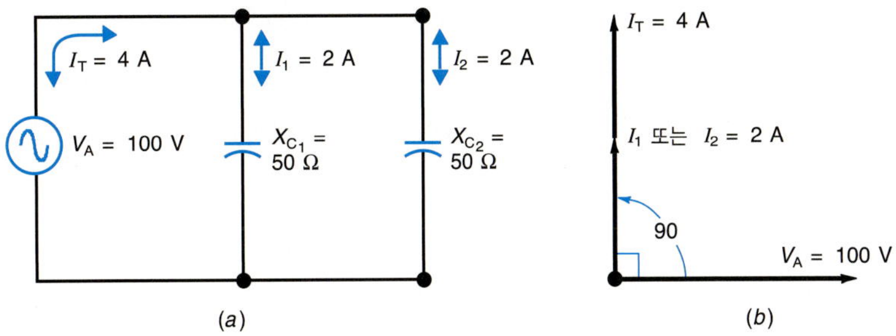

■ 23-3 복습문제

a. 〈그림 23-4〉에서 I에 대한 V_T의 위상각은 얼마인가?

b. 〈그림 23-5〉에서 V_A에 대한 I_T의 위상각은 얼마인가?

23-4 상쇄되는 반대의 리액턴스

X_L과 X_C가 함께 있는 회로에서는 반대되는 위상각들이 다른 것의 영향을 상쇄시킨다. 직렬로 연결된 X_L과 X_C의 합성 리액턴스는 두 직렬 리액턴스의 차이가 되고 결과적으로 어느 한 쪽의 리액턴스보다 작게 된다. 병렬회로에서 총 전류는 I_L과 I_C 가지전류들의 차이가 되고 결과적으로 어느 한 쪽의 가지전류보다 항상 작게 된다.

X_L과 X_C의 직렬회로

〈그림 23-6〉의 예에서는 60Ω의 X_L과 40Ω의 X_C가 직렬로 연결되어 있고, 이때의 총 리액턴스는 〈그림 23-6c〉와 같이 두 리액턴스의 차인 20Ω의 X_L이 된다. 공급전압의 크기가 120V이므로 전류는 6A가 흐르게 되고, 이 전류는 리액턴스가 유도성이기 때문에 공급전압보다 90° 위상이 뒤지게 된다.

〈그림 23-6a〉의 두 직렬 리액턴스에서 전류는 X_L과 X_C에 동일하게 흐르고 따라서 전압강하는 다음과 같다.

$$V_L \text{ 또는 } IX_L = 6\text{A} \times 60\Omega = 360\text{V}$$
$$V_C \text{ 또는 } IX_C = 6\text{A} \times 40\Omega = 240\text{V}$$

각각의 전압강하가 공급전압보다 클 수 있다는 점에 유의한다. 그러나 직렬 전압강하의 페이저 합은 공급전압 크기와 등가인 120V가 된다. 이것은 IX_L과 IX_C의 전압이 서로 반대이기 때문이며 IX_L의 전압은 90°만큼 직렬전류보다 앞서고 IX_C의 전압은 직렬전류보다 90° 뒤진다. 따라서 IX_L과 IX_C는 180°의 위상차를 갖게 되어 서로 상쇄된다. 이때 전체 전압은 360V−240V = 120V가 되며 이것은 공급전압의 크기와 일치한다.

만약 〈그림 23-6〉에서 리액턴스 값들이 반대가 되어 X_C가 60Ω이고 X_L이 40Ω이라면, 총 리액턴스는 20Ω의 X_C가 된다. 전류는 6A이지만 90° 위상이 뒤지는 용량성 전압이 된다. IX_C는 360V로 커지고 IX_L은 240V가 되며 이때도 역시 두 전압의 차이는 120V로서 공급전압과 크기가 일치한다.

X_L과 X_C의 병렬회로

〈그림 23-7〉에는 60Ω의 X_L과 40Ω의 X_C가 120V 전원에 병렬로 연결되어 있다. 60Ω의 X_L을 통해서 흐르는 가지전류 I_L은 2A이고 40Ω의 X_C를 통해서 흐르는 가지전류 I_C는 3A이다. X_C 리액턴스가 X_L 리액턴스보다 적기 때문에 X_C 가지에 더 많은 전류가 흐르게 된다. 위상각을 보면 I_L은 병렬전압 V_A보다 90° 뒤지는 반면 I_C는 V_A보다 90° 앞선다. 따라서 각각의 가지전류는 180°의 위상차를 갖게 되어 서로 상쇄되고 총 전류는 3A의 I_C와 2A의 I_L의 차이에 해당하는 1A의 전류만 남게 되므로 용량성 전류가 된다. 만약 〈그림 23-7〉에서 X_C와 X_L의 값이 반대로 된다면 I_L이 3A, I_C가 2A이므로 총 전류는 유도성 전류 1A의 I_L만 존재하게 된다.

알아두기▸▸

X_L과 X_C가 병렬일 때 등가 임피던스 Z_{EQ}는 다음과 같이 계산된다.

$Z_{EQ} = \dfrac{X_L \cdot X_C}{X}$. 여기서 X는 X_L과 X_C의 차이다.

MultiSim **그림 23-6** X_L과 X_C가 직렬인 회로에서 리액턴스의 크기는 서로 상쇄된다. (a) 직렬회로 (b) 페이저도 (c) 20Ω X_L의 총 리액턴스를 갖는 등가 회로

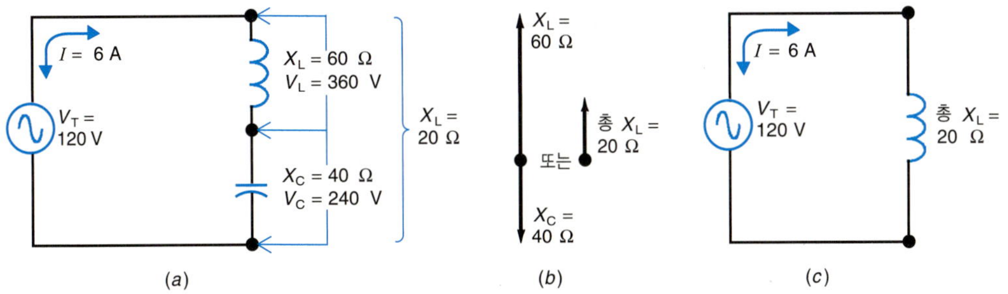

MultiSim **그림 23-7** X_L과 X_C가 병렬인 회로에서 그들의 가지전류는 서로 상쇄된다. (a) 병렬회로 (b) 페이저도 (c) 총 전류 I_C가 1A인 등가회로

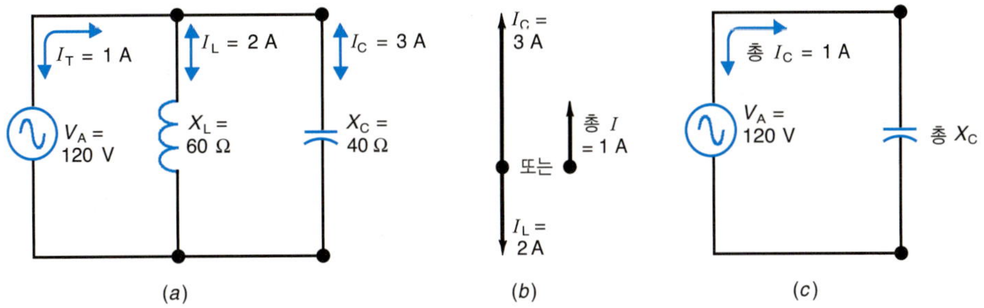

■ 23-4 복습문제

a. 〈그림 23-6〉에서 총 X_L은 얼마인가?

b. 〈그림 23-7〉에서 총 I_C는 얼마인가?

23-5 저항과 리액턴스의 직렬연결

저항과 리액턴스가 직렬로 연결된 경우에는 저항과 리액턴스의 영향이 페이저에 의해 결합되어야 한다. 직렬회로에서 Z_T를 구하기 위해서 각각의 저항성분끼리 더하면 된다. 첫 번째 전체 직렬저항을 더해서 전체 저항 R을 구한다. 또한 모든 직렬 리액턴스를 구하기 위하여 같은 종류끼리 더하고 최종적으로 X_L과 X_C의 차이를 구한다. 이 결과는 한 가지의 리액턴스가 되며 이것은 용량성일 수도 있고 유도성일 수도 있다. 이것은 어느 쪽의 리액턴스가 큰가에 따라서 달라진다. 전체 저항 R과 총 리액턴스 X는 페이저에 의해서 결합되어 전체 직렬회로의 Z_T를 구성하게 된다.

Z_T의 크기

전체저항 R과 총 리액턴스 X를 구하고 다음의 식 (23-1)을 사용하여 Z_T를 구한다.

$$Z_T = \sqrt{R^2 + X^2} \tag{23-1}$$

회로의 전체 임피던스 Z_T는 직렬저항과 리액턴스의 페이저 합으로 구해진다. 총 리

MultiSim **그림 23-8** 저항과 리액턴스가 직렬로 연결된 회로의 임피던스 Z_T (a) R, X_L, X_C의 직렬회로 (b) 한 개의 총 리액턴스를 가지는 등가회로 (c) 페이저도. 전압 페이저 삼각형은 직렬 회로의 임피던스 삼각형과 등가이다.

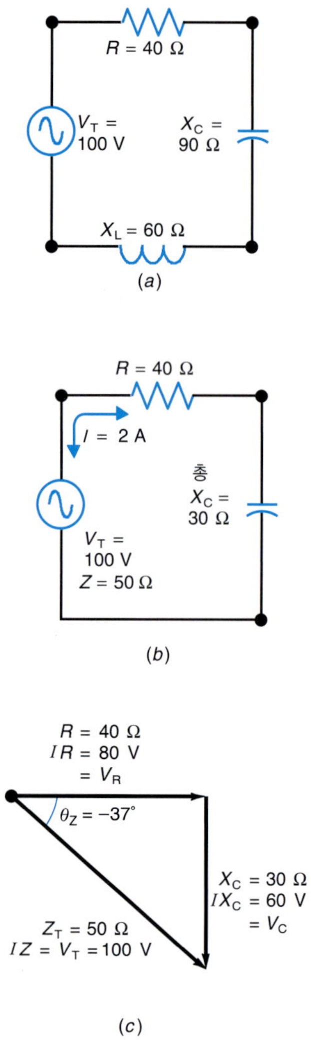

액턴스 X의 위상이 90°인 X_L이든 −90°인 X_C이든 간에 Z_T의 크기를 계산하는 데 영향을 미치지 않는다.

〈그림 23-8〉의 예를 살펴보자. 〈그림 23-8b〉에서 총 직렬 리액턴스는 30Ω의 X_C이다. 이 값은 〈그림 23-8a〉에서 90Ω의 X_C에서 60Ω의 X_L을 뺀 것이다. 〈그림 23-8b〉에서 총 30Ω의 X_C와 40Ω의 저항이 직렬로 연결되었고 따라서 합성 임피던스 Z_T는 50Ω이 된다.

$$
\begin{aligned}
Z_T &= \sqrt{R^2+X^2} = \sqrt{(40)^2+(30)^2} = \sqrt{1600+900} \\
&= \sqrt{2500} \\
&= 50\Omega
\end{aligned}
$$

$I = V / Z_T$

이 예에서 전류는 100V/50Ω = 2A이다. 이 값은 위상각을 고려하지 않은 크기만을 표시한 것이다.

직렬전압강하

모든 직렬소자에는 2A의 전류가 흐르고 있다. 〈그림 23-8a〉에서 각각의 전압강하는 다음과 같다.

$$
\begin{aligned}
V_R &= IR = 2\times 40 = 80\text{V} \\
V_C &= IX_C = 2\times 90 = 180\text{V} \\
V_L &= IX_L = 2\times 60 = 120\text{V}
\end{aligned}
$$

IX_C와 IX_L의 전압은 반대 극성을 가지므로 총 유도전압은 180V−120V = 60V이다. 80V의 IR과 60V인 리액티브 전압 IX의 페이저 합은 공급전압인 100V의 V_T와 같다.

Z_T의 위상각

직렬회로의 위상각은 X/R의 탄젠트 값으로 구하면 된다. 이 값은 X_C에 대하여 −이고 X_L에 대하여 +를 갖게 된다.

이 예에서는 X의 총 리액턴스가 30Ω의 X_C이고 저항이 40Ω이므로 $\tan\theta$ = −0.75이다. 따라서 θ는 약 −37°이다.

Z의 −각은 직렬회로가 위상이 뒤진 용량성 리액턴스를 표시하게 된다. 만약 X_C와 X_L이 바뀌었다면 위상각은 −37° 대신 +37°가 될 것이다. 그러나 Z_T의 크기는 변하지 않는다.

일반적으로 직렬저항과 리액턴스가 같으면 Z_T는 이 값의 1.414배가 된다. 여기서 Z_T는 1.414×27 = 38.18Ω이다. 또한 $\tan\theta$는 1이고 각도는 직각 이등변삼각형에서의 45°가 된다.

알아두기▸▸

RLC 직렬회로에서 Z_T가 X_L나 X_C 하나의 값보다 작을 수 있다. 이는 X_L과 X_C의 위상차가 180°이고 서로 값을 상쇄시키기에 가능하다.

예제 23-1

27Ω의 R이 54Ω의 X_L, 27Ω의 X_C와 직렬연결되어 있다. 50mV의 V_T가 공급된다고 가정하고 Z_T, I, θ_Z를 구하라.

정답 총 X_L이 27Ω이므로 다음과 같다.

$$
\begin{aligned}
Z_T &= \sqrt{R^2 + X_L^2} = \sqrt{(27)^2 + (27)^2} \\
&= \sqrt{729 + 729} = \sqrt{1458} \\
&= 38.18\Omega \\
I &= \frac{V_T}{Z_T} = \frac{50\text{mV}}{38.18\Omega} \\
&= 1.31\text{mA} \\
\tan\theta_Z &= \frac{X}{R} = \frac{27\Omega}{27\Omega} \\
&= 1 \\
\theta_Z &= \tan^{-1} 1 \\
&= 45^\circ
\end{aligned}
$$

직렬소자가 많을 때의 해석

여러 개의 직렬 저항과 리액턴스가 연결된 회로를 어떻게 해석하는지 〈그림 23-9〉에서 보여준다. 전체저항 R은 R_1 30Ω과 R_2 10Ω의 합인 40Ω이 된다. 모든 직렬 소자에 흐르는 전류는 동일하므로 소자의 연결 순서는 중요하지 않다.

전체 직렬 X_C는 90Ω이고(X_{C_1}= 70Ω, X_{C_2}= 20Ω), 전체 X_L은 60Ω이다(X_{L_1}= 30Ω, X_{L_2}= 30Ω).

따라서 전체 리액턴스는 90Ω−60Ω = 30Ω이고 X_C가 X_L보다 크기 때문에 전체 리액턴스는 용량성이 된다. 〈그림 23-9〉의 회로는 〈그림 23-8〉의 회로와 등가이며, 40Ω의 R과 30Ω의 X_C가 직렬로 연결된 회로가 된다.

그림 23-9 〈그림 23-8〉보다 많은 직렬소자를 갖는 회로. 그러나 Z, I, θ는 같은 크기를 갖는다.

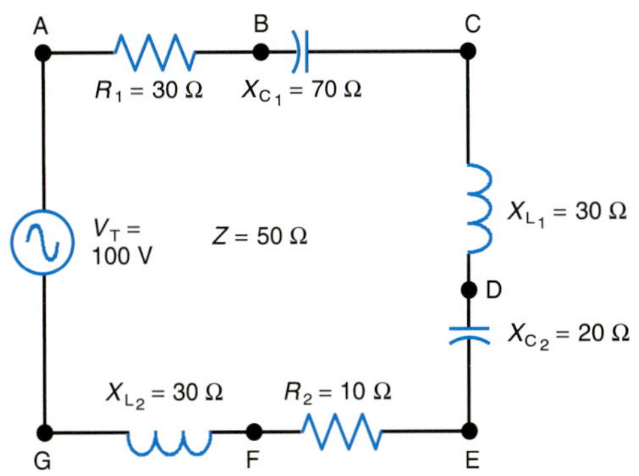

이중 첨자 표시

이 방법은 직류나 교류 전압을 표시할 때 극성이나 위상을 쉽게 나타내는 데 유용한 방법이다. 〈그림 23-9〉의 예를 보면 R_2 저항 양단의 전압은 V_{EF}나 V_{FE}로 나타낼 수 있는데 두 첨자가 반대로 표시되기 때문에 이들 사이에는 180°의 위상이 차이나게 된다. 이와 같이 이중 첨자를 사용할 때 두 번째 첨자를 기준으로 하여 첫 번째 첨자를 측정한다.

■ **23-5 복습문제**

a. 〈그림 23-8〉에서 전체 리액턴스는 얼마인가?
b. 〈그림 23-9〉에서 전체 리액턴스는 얼마인가?
c. 〈그림 23-9〉에서 V_{CD}와 V_{DC}의 위상차는 얼마인가?

23-6 저항과 리액턴스의 병렬연결

병렬회로에서 저항과 리액턴스의 가지전류는 페이저에 의해 더해지며 전체전류는 다음의 식 (23-2)와 같이 계산된다.

$$I_T = \sqrt{I_R^2 + I_X^2} \qquad (23\text{-}2)$$

I_T 계산

〈그림 23-10a〉에 표시된 회로는 3개의 가지를 갖는다. 이때 3개의 병렬가지에는 모두 100V의 공통전압이 공급되고 각각의 가지전류는 다음과 같다.

$$I_R = \frac{V_A}{R} = \frac{100\text{V}}{25\Omega} = 4\text{A}$$
$$I_L = \frac{V_A}{X_L} = \frac{100\text{V}}{25\Omega} = 4\text{A}$$
$$I_C = \frac{V_A}{X_C} = \frac{100\text{V}}{100\Omega} = 1\text{A}$$

전체 리액턴스 전류 I_X는 3A가 되며 이것은 〈그림 23-10b〉에 보이는 바와 같이 4A의 I_L과 1A의 I_C의 차이에 해당한다.

다음 단계로 I_R과 I_X의 페이저의 합에 의해서 I_T를 계산하면, 5A가 된다.

$$I_T = \sqrt{I_R^2 + I_X^2} = \sqrt{4^2 + 3^2} = \sqrt{16+9} = \sqrt{25}$$
$$= 5\text{A}$$

〈그림 23-10c〉에 I_T의 페이저도를 표시한다.

알아두기▸▸

병렬 RLC 회로에서 전체전류 I_T는 가지전류 I_L이나 I_C보다 작을 수 있다. 이것은 I_L과 I_C의 위상차가 180° 이고 어느 정도 서로 값을 상쇄시키기에 가능하다.

$Z_{EQ} = V_A / I_T$

병렬회로의 전체 임피던스는 V_A/I_T로 구할 수 있다. 이 예에서 Z_{EQ} = 100V/5A = 20Ω이다. 이 값은 전원 양단에 병렬로 연결된 3개의 가지에 대한 등가 임피던스이다.

위상각

병렬회로의 위상각은 가지전류로부터 구해진다. $\tan\theta = I_X/I_R$에서 θ를 구할 수 있다.

이 예에서 I_X는 3A의 유도성 전류 I_L이고 I_R은 4A이므로 페이저는 〈그림 23-10c〉에 표시된 것과 같다. θ는 −각을 가지며 $\tan\theta = -0.75$이므로 위상각은 −37° 가 된다.

I_T의 음(−)의 위상각은 지상 유도성 전류를 나타낸다. −37°의 값은 전압기준 V_A에 대한 I_T의 위상각을 표시한다.

병렬회로에서 Z_{EQ}는 V_A/I_T이므로 Z_{EQ}의 위상각의 크기는 I_T와 같고 부호만 반대이다. 이 예에서 Z_{EQ}는 37°의 위상각에 크기가 20Ω이고 I_T는 −37°의 위상각에 5A의 크기를 갖는다. 따라서 Z_{EQ}는 I_T에 대한 전압원의 위상각으로 생각할 수 있다.

가지전류가 같으므로 I_T = 1.414×1.8 = 2.55mA가 된다. 또한 유도성 전류이므로 위상각 θ_I는 음수가 된다.

그림 23-10 저항과 리액턴스로 이루어진 병렬회로의 전체전류 (a) 병렬 가지전류 I_R, I_C, I_L (b) 전체전류 I_T를 가지는 등가회로 (c) 페이저도

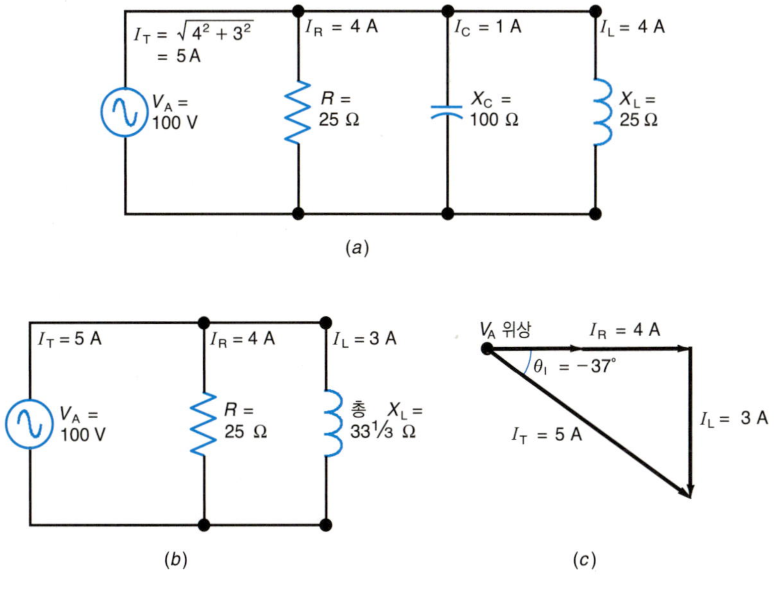

예제 23-2

50mV의 전원으로부터 I_R = 1.8mA, I_L = 2.8mA, I_C = 1mA의 가지전류가 공급된다. I_T, Z_{EQ}, θ_I를 구하라.

정답 전체전류 I_X는 1.8mA이므로 다음과 같다.

$$I_T = \sqrt{I_R^2 + I_X^2} = \sqrt{(1.8)^2 + (1.8)^2}$$
$$= \sqrt{3.24 + 3.24} = \sqrt{6.48}$$
$$= 2.55\text{mA}$$
$$Z_{EQ} = \frac{V_A}{I_T} = \frac{50\text{mV}}{2.55\text{mA}}$$
$$= 19.61\Omega$$
$$\tan\theta_I = -\frac{I_L}{I_R} = -\frac{1.8\text{mA}}{1.8\text{mA}}$$
$$= -1$$
$$\theta_I = \tan^{-1}1$$
$$= -45^\circ$$

병렬가지가 여러 개일 때의 해석

〈그림 23-11〉은 많은 수의 저항과 리액턴스가 병렬로 연결된 회로를 해석하는 방법을 표시하고 있다. 저항성 가지전류 I_R은 각각 2A의 저항 가지전류를 합한 4A이다. 가지전류는 전체전류에 더해지므로 연결된 순서에는 영향을 받지 않는다. 2개의 50Ω 저항이 병렬로 연결되면 25Ω 저항 한 개가 연결된 것과 같은 효과를 갖는다.

유도성 가지전류 I_L도 1A와 3A의 가지전류를 합하면 4A이다. 또한 용량성 가지전류 I_C도 각각 1/2A의 가지전류를 합하여 1A가 된다.

따라서 전체적으로는 3A의 유도성 가지전류 I_T가 된다($I_L - I_C$ = 3A). I_L이 크기 때문에 전체전류는 유도성이 된다.

그러므로 〈그림 23-11〉의 회로는 〈그림 23-10〉 회로와 등가가 되며, 4A의 저항성 전류 I_R과 3A의 유도성 전류 I_X가 된다. 이 값들을 페이저로 합하면 총 5A의 주 회로선을 흐르는 I_T를 구할 수 있다.

그림 23-11 〈그림 23-10〉보다 많은 수의 병렬 소자를 갖는 회로. 그러나 I_T, Z_{EQ}, θ_I의 값은 같다.

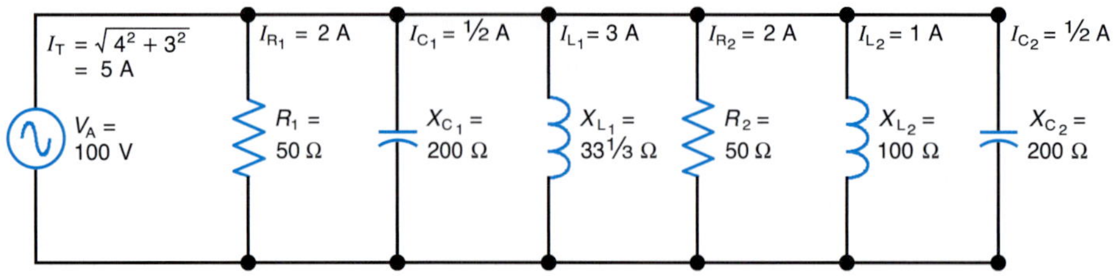

■ 23-6 복습문제

a. 〈그림 23-10〉에서 전체 리액턴스성 가지전류는 얼마인가?

b. 〈그림 23-11〉에서 전체 리액턴스성 가지전류는 얼마인가?

23-7 저항과 리액턴스의 직 · 병렬 연결

〈그림 23-12〉는 직·병렬 회로를 한 개의 저항과 한 개의 리액턴스를 갖는 등가회로로 간략화하는 방법을 설명하고 있다. 이 방법은 저항과 리액턴스가 병렬이나 직렬로 간단하게 합성되지 않을 경우에 적용할 수 있다.

〈그림 23-12a〉에서 외부 가지에서부터 전원 쪽으로 진행시킨다. 먼저 X_{L_1}과 X_{L_2}는 100Ω의 크기를 가지며 직렬연결이므로 총 200Ω이 된다. 이것은 〈그림 23-12b〉에서 X_{L_5}로 표시된다.

또 다른 가지에서 X_{L_3}과 X_C의 전체 리액턴스는 X_C가 400Ω이고, X_{L_3}가 600Ω이므로 200Ω의 X_{L_4}로 대체된다. 여기서 X_{L_4}와 X_{L_5}는 다시 100Ω의 X_L로 간략화된다.

〈그림 23-12c〉에서 100Ω의 X_L은 R_1과 R_2의 병렬 등가저항인 100Ω의 R_{1-2}와 직렬로 연결된다.

〈그림 23-12d〉와 같은 등가 임피던스 삼각형은 100Ω의 R과 100Ω의 X_L이 직렬인 회로에서 전체 임피던스 Z가 141Ω이라는 것을 보여준다.

그림 23-12 R, X_L, X_C가 연결된 직 · 병렬 회로를 R과 X로 구성되는 직렬회로로 간략화하는 방법 (a) 실제회로 (b) 간략화한 배열 (c) 등가 직렬회로 (d) 위상각이 표시된 임피던스 삼각형

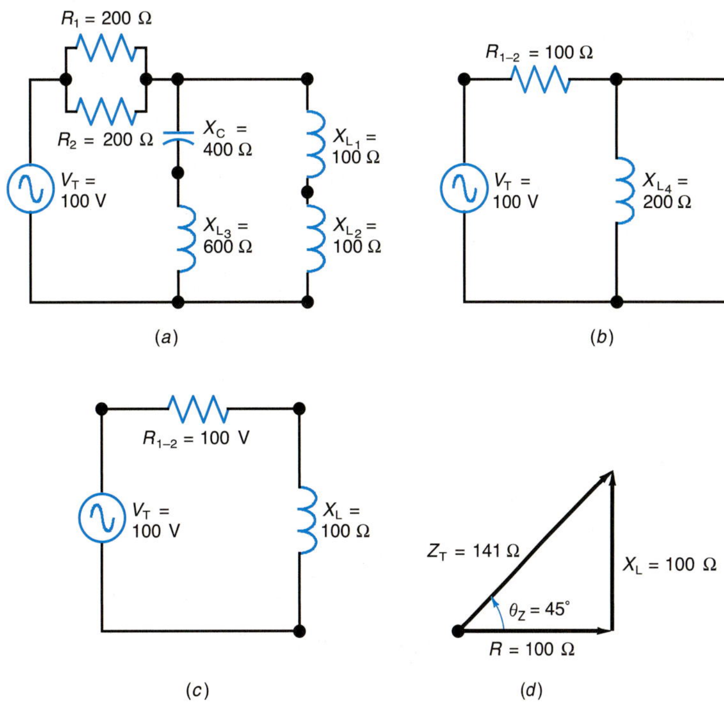

141Ω의 임피던스 Z에 대하여 공급전압이 100V이므로 전류는 0.7A, 위상각은 45°가 된다. (좀 더 복잡한 직·병렬 회로의 해석은 24장에서 복소수를 사용하여 설명한다.)

■ 23-7 복습문제

〈그림 23-12〉에서

a. $X_{L_1}+X_{L_2}$는 얼마인가?

b. $X_{L_3}-X_C$는 얼마인가?

c. X_{L_4}와 X_{L_5}의 병렬 리액턴스는 얼마인가?

23-8 유효전력

리액턴스를 갖는 교류회로에서 발전기에 의해서 공급되는 전류 I는 발전기 전압이 V보다 위상이 뒤지거나 앞선다. 전류가 거의 0일 때 전압이 높은 값을 가질 수 있으며, 반대인 경우도 있을 수 있으므로 VI가 발전기에 공급된 실제 전력이 되지는 않는다. 그러나 저항에서의 전류와 전압의 위상이 같으므로 R을 회로의 합성저항이라고 한다면 유효전력은 항상 I^2R(W)로 계산할 수 있다. 이것은 VI에 $\cos\theta$를 곱한 것과 같은 결과를 갖는다.

$$\text{유효전력} = P = I^2R \tag{23-3}$$

또는

$$\text{유효전력} = P = VI\cos\theta \tag{23-4}$$

여기서 V와 I는 실효값이며 유효전력 또는 실효전력 P는 W로 표시된다. VI에 $\cos\theta$를 곱하면 저항에서 소비되는 유효전력 I^2R을 구할 수 있다.

예로서 〈그림 23-13〉의 회로에서 2A의 전류가 직렬로 연결된 100Ω의 저항 R과 173Ω의 X_L을 통해서 흐른다. 따라서

$$P = I^2R = 4\times100 = 400\text{W}$$

가 된다. 또한, 이 회로의 위상각이 60°이고 cos 60°는 1/2이다. 따라서 공급전압이 400V이므로

$$P = VI\cos\theta = 400\times2\times0.5 = 400\text{W}$$

가 된다. 이 두 가지 예에서 유효전력은 동일한 400W가 되며 이것은 전원에 의해서 공급되는 전력과 저항에서 소비되는 전력이다. 따라서 어떤 공식을 사용해도 결과

그림 23-13 직렬회로의 유효전력 (a) 회로도 (b) 위상각이 표시된 임피던스 삼각형

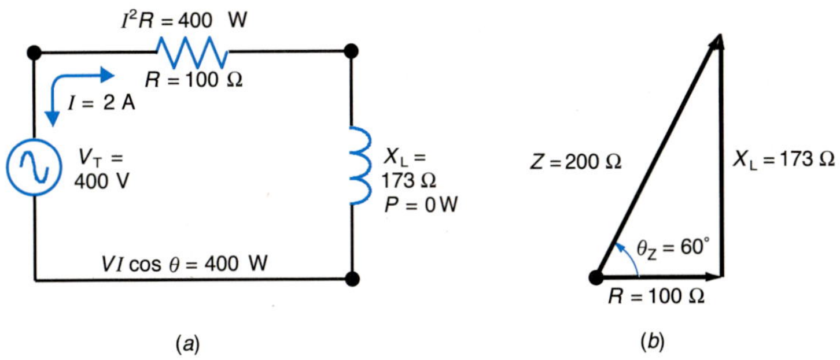

는 일치하므로 편리한 것을 골라 유효전력 계산에 사용할 수 있다.

유효전력은 열로 소비되는 저항성 전력으로 생각할 수 있다. 그러나 리액턴스는 전력을 소비하지 않고 전기장이나 자기장에 에너지를 저장한다.

> **알아두기▸▸**
> 역률 공식은 Z_T 또는 I_T 중의 저항의 비율을 나타낸다.

역률

cosθ는 저항 성분을 표시하므로 이것은 VI의 곱을 유효전력으로 변환시키는 회로의 역률(PF : power factor)을 나타낸다. 역률 공식은 다음과 같다.

직렬회로

$$\text{역률} = PF = \cos\theta = \frac{R}{Z} \tag{23-5}$$

병렬회로

$$\text{역률} = PF = \cos\theta = \frac{I_R}{I_T} \tag{23-6}$$

직렬회로의 예로서 〈그림 23-13〉에서 R과 Z를 사용하면

$$PF = \cos\theta = \frac{R}{Z} = \frac{100\Omega}{200\Omega} = 0.5$$

병렬회로의 예로서 〈그림 23-10〉에서 I_R과 I_T를 사용하면

$$PF = \cos\theta = \frac{I_R}{I_T} = \frac{4A}{5A} = 0.8$$

역률은 각도의 측정에 의한 것이 아니고 위상각의 코사인에 해당하는 0에서 1 사이의 수치비를 갖는다.

리액턴스가 0이고 모두 저항만으로 이루어진 직렬회로에서 Z와 R은 같은 크기를 가지고, 병렬회로에서 I_R과 I_T가 같으므로 역률은 1이 된다. 반대로 저항은 0이고 모두 리액턴스만으로 이루어진 회로에서는 역률이 0이다. 역률은 종종 %로 주어지며 역률 1은 100%가 된다. 소수 PF를 % PF로 바꾸려면 100을 곱하면 된다.

알아두기▸▸

피상전력은 전압과 전류 사이의 위상각을 고려하기 전에 "겉보기"로 사용되는 전력이다.

피상전력

리액턴스에 의해 V와 I가 위상차를 가질 경우 $V \times I$의 곱을 피상전력이라고 부른다. 단위는 유효전력에 사용되는 W 대신에 볼트암페어(VA)가 사용된다.

〈그림 23-13〉의 예에서 400V의 전압과 60°의 위상차를 가지는 2A에서 피상전력은 400×2 = 800VA이다. 피상전력은 단지 전압과 전류의 곱이며 역률 $\cos\theta$를 고려하지 않는다.

피상전력에 대한 유효전력의 비율이 $\cos\theta$이므로 이 방법으로도 역률을 계산할 수 있다. 예로서, 〈그림 23-13〉에서 유효전력은 400W이고 피상전력은 800VA이므로 비율은 0.5이고 이것은 역률 cos60°와 같다.

무효전력

VAR은 volt-ampere-reactive의 약자이다. 특별한 경우로 위상각이 90°일 때 VAR은 VA가 된다.

일반적으로 어떤 위상각 θ를 가지는 V와 I에서 VI에 $\sin\theta$를 곱하면 90°의 수직성분이 되는 VAR이 된다. 〈그림 23-13〉에서 $VI\sin 60°$는 800×0.866 = 692.8 VAR이 된다.

여기서 VAR을 구하기 위한 $\sin\theta$는 피상전력 VI의 수직성분 또는 리액티브 성분을 나타낸다. 그러나 VI에 $\sin\theta$를 곱하는 것은 수평성분 또는 유효전력이 되는 저항 성분을 나타낸다.

역률 개선

상업적인 면에서 효과적으로 전력을 공급하기 위하여 역률은 1에 가까워져야 한다. 그러나 예를 들어 전동기와 같은 유도성 부하인 경우, 위상각이 45° 정도로 역률은 0.7이 된다. 주 회로선을 흐르는 전류의 위상이 뒤지는 유도성 성분을 개선하기 위하여 커패시터를 병렬로 연결하여 전원으로부터 위상이 앞선 전류를 끌어낼 수 있다. 역률을 1로 끌어올리기 위한 커패시터의 크기는 부하 무효전력 성분과 같은 크기의 VA를 갖도록 계산하여 구한다.

■ 23-8 복습문제

a. 유효전력의 단위는 무엇인가?

b. 피상전력의 단위는 무엇인가?

c. I^2R은 유효전력인가 피상전력인가?

23-9 교류계기

다르송발(D'Arsonval) 가동코일형 구동장치는 극성이 빠르게 변화하는 교류회로에서는 사용될 수 없다. 즉, 교류에서는 두 극성이 상쇄되어 계기의 지침을 어느 한 쪽으로 이동시킬 수 없기 때문이다. 교류계기는 극성에 관계없이 지침을 한 방향으로 이동시킬 수 있어야 한다. 지침을 한 방향으로 편향시키기 위하여 전자식을 제외한 교류계기에서 다음의 세 가지 중 한 가지 방법을 사용한다.

1. 열형(thermal type) : 극성에 관계없는 전류의 발열효과를 이용하여 계기 편향을 발생시킨다. 이것을 응용한 것으로 열전대(thermocouple)형과 열선(hot-wire)형 계기가 있다.
2. 전자기형(electromagnetic type) : 전류가 바뀌어도 상대적인 자극은 일정한 것을 이용하는 것으로 가동철편(iron-vane)형 계기, 동력계(dynamometer), 전력계가 있다.
3. 정류기형(rectifier type) : 정류기는 계기의 교류입력을 직류출력으로 바꾸고 다르송발 계기에 공급한다. 가청 주파수(AF)와 무선 주파수(RF)에서 사용되는 교류전압계에 많이 사용된다.

모든 교류계기는 별다른 표기가 없는 한 눈금은 rms 값으로 되어 있다.

열전대는 두 개의 상이한 금속을 한쪽 끝을 접합시키고 반대쪽은 개방시킨 것이다. 접합부에 열을 가하면 작은 직류전압이 개방단자에 발생하고 여기에 직류계기를 연결한다. 열선형 계기에서 전류는 열선을 가열하여 팽창시키고 이 움직임이 편향으로 나타난다. 두 가지 경우 모두 RF용 교류계기에 사용된다.

가동철편형 계기와 동력계는 다르송발 계기와 비교할 때 감도가 아주 낮다. 이들은 직류나 또는 60Hz 교류의 전력회로에 사용된다.

■ 23-9 복습문제

a. 가동철편형 계기는 교류전류를 측정할 수 있다. (참, 거짓)

b. 다르송발 계기 구동장치는 직류에서만 동작한다. (참, 거짓)

그림 23-14 아날로그 전력계의 전압과 전류 코일 배치도

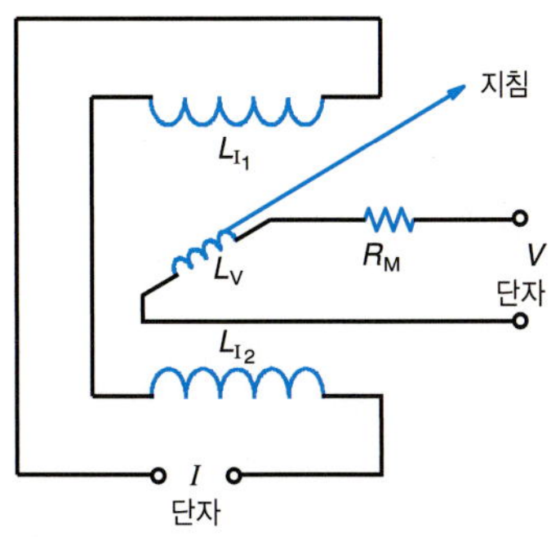

알아두기▸▸

〈그림 23-14〉에서 전력계를 사용하기 위해 네 군데의 연결 부위가 필요하다.

23-10 전력계

전력계는 회로의 전류를 측정하기 위하여 고정 코일을 사용하고 전압을 측정하기 위하여 가동 코일을 사용한다(〈그림 23-14〉). 지침의 편향은 전력에 비례한다. 전력계를 사용하여 직류 전력이나 교류 유효전력을 직접 측정할 수 있다.

〈그림 23-14〉에서 코일 L_{I_1}과 코일 L_{I_2}는 전류를 측정하기 위해서 전류계로 동작하는 무거운 고정 코일이다. 두 개의 I 단자는 부하에 직렬로 연결된다. 가동코일 L_V와 배율기 저항 R_M은 부하에 병렬로 연결되어 전압계로 동작한다. 고정 코일의 전류는 I에 비례하고 가동 코일의 전류는 V에 비례하게 된다. 따라서 지침의 편향은 $V \times I$의 크기에 비례한다.

또한, 각각 순간의 VI 곱이 편향을 발생시킨다. 만약 위상각이 90°에 가까워서 전류값이 낮을 때 전압이 높다면 편향이 거의 일어나지 않을 것이다. 계기 편향은

교류회로의 역률에 관계없이 유효전력에 비례하게 된다. 전력계는 보통 60Hz 전력선으로부터 전력을 측정하는 데 사용된다. RF 영역에서는 일반적으로 열전달의 항으로 전력을 측정한다.

■ 23-10 복습문제

a. 전력계는 유효전력 또는 피상전력 중 어느 것을 측정하는가?

b. 〈그림 23-14〉 전력계의 가동 코일은 V와 I 중 어느 것을 측정하는가?

23-11 교류회로에서 저항의 형태에 대한 요약

R, X_L, X_C, Z_T의 차이를 〈표 23-1〉에 표시했다. 이들은 교류회로와 직류회로에서 전류의 양을 제한한다. 이때 저항 R은 어느 경우에서도 항상 같은 효과를 갖는다. 그러나 교류회로에서는 교류전류와 교류전압의 변동에 의하여 리액턴스 효과를 갖게 된다. 리액턴스 X_L은 전류의 사인파 변화에 대한 인덕터의 리액턴스이고, X_C는 전압의 사인파 변화에 대한 커패시터의 리액턴스이다.

X_L과 X_C는 R과 같은 Ω 단위를 사용하지만 저항의 위상각이 0°인 반면 X_L과 X_C는 90°의 위상각을 갖는다. 일정한 직류전류를 갖는 회로에서는 어떤 리액턴스도 존재하지 않는다.

X_L과 X_C의 교류저항은 서로 반대가 되며 X_L은 90°의 위상각을, X_C는 −90°의 위상각을 갖는다. 각각의 X_C와 X_L은 정확하게 90°의 위상각을 갖는다.

임피던스 Z의 크기는 저항과 리액턴스의 페이저 조합으로 구해진다. Z는 교류회로에서 교류저항의 일반적인 형태이다.

임피던스는 R과 X의 상대적 크기에 따라서 위상각을 갖는다. Z의 성분이 대부분 R이고 리액턴스가 거의 없다면 0°에 가까운 위상각을 가지며, R과 X가 같은 크기일 때 Z의 위상각은 45°가 된다. 위상각이 +인지 −인지는 전체 리액턴스가 유도성이냐 용량성이냐에 따라서 달라진다. Z의 성분이 대부분 리액턴스일 때에는 위상각이 90°에 가깝게 된다.

직렬회로에서 Z 또는 V_T의 위상각은 공통 전류 I를 기준으로 표시한다. 병렬 가지전류에서 주 회로선의 전류 I_T의 위상각은 공통 전압을 기준으로 표시한다.

표 23-1	교류회로에서 저항의 형태			
	저항 R, Ω	유도성 리액턴스 X_L, Ω	용량성 리액턴스 X_C, Ω	임피던스 Z_T, Ω
정의	직류와 교류에서 동위상	교류에서 90° 앞서는 저항	교류에서 90° 뒤지는 저항	저항과 리액턴스의 합성 $Z_T = \sqrt{R^2 + X^2}$
주파수 효과	무관	주파수에 비례	주파수에 반비례	고주파에서 X_L은 증가, X_C는 감소
위상각	$\theta = 0°$	I_L은 V_L보다 90° 뒤진다.	V_C는 I_C보다 90° 뒤진다.	직렬회로 $\tan \theta_Z = \pm X/R$ 병렬회로 $\tan \theta_I = \pm I_X/I_R$

■ 23-11 복습문제

a. Z, X_L, X_C, R 중에서 주파수와 무관한 것은 무엇인가?

b. R, X_L, X_C 중에서 지상전류를 갖는 것은 무엇인가?

c. R, X_L, X_C 중에서 진상전류를 갖는 것은 무엇인가?

23-12 교류회로에서 페이저의 형태에 대한 요약

저항, 전압, 전류에 대한 페이저를 〈그림 23-15〉에 나타내었다. 유사점과 차이점에 주목하라.

직렬 요소

직렬회로에서 저항과 전압강하는 유사한 페이저를 갖는다. 이것은 모든 소자에서 전류가 공통이기 때문이다. 따라서

V_R 또는 IR은 R과 동위상을 갖는다.
V_L 또는 IX_L은 X_L과 동위상을 갖는다.
V_C 또는 IX_C는 X_C와 동위상을 갖는다.

그림 23-15 교류회로에서 페이저 관계 요약 (a) R과 X_L의 직렬연결 (b) R와 X_C의 직렬연결 (c) 병렬가지에서 I_R와 I_C (d) 병렬가지에서 I_R과 I_L

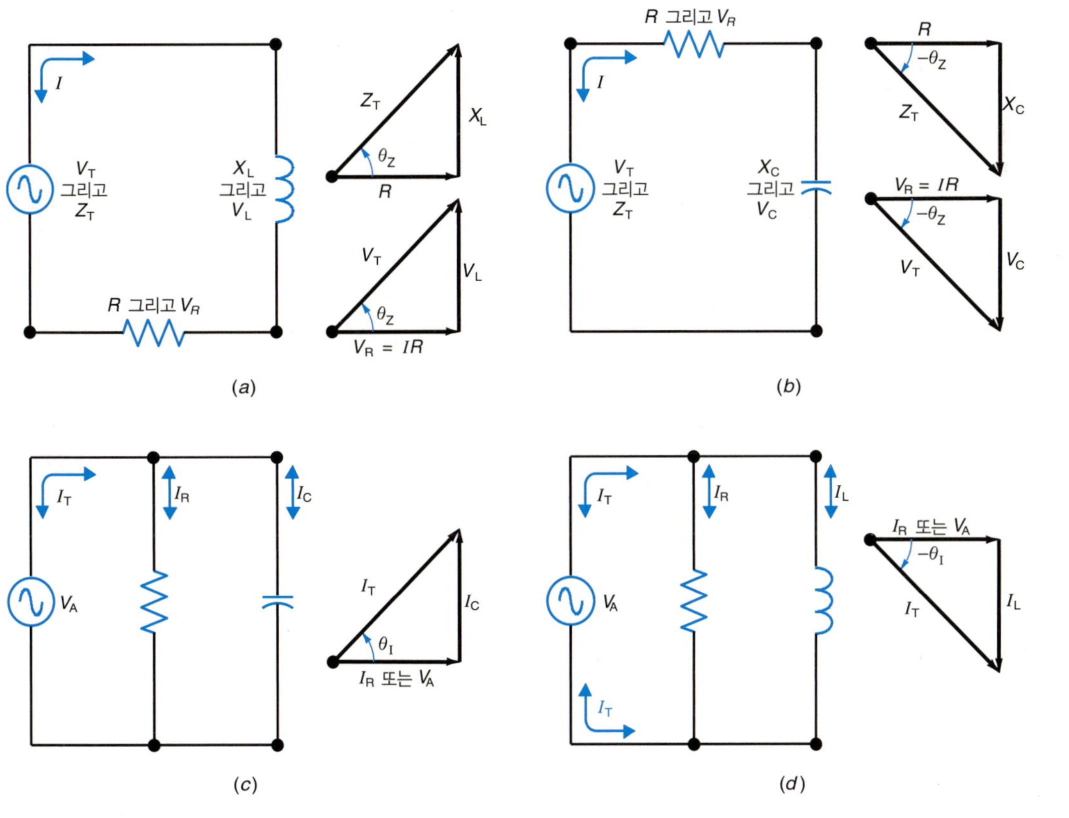

저항

저항은 위상천이를 일으키지 않으므로 R, V_R, I_R은 동위상을 갖는다. 이것은 R의 직렬연결과 병렬연결 모두 적용된다.

리액턴스

리액턴스 X_L과 X_C는 반대 방향으로 90°의 페이저를 갖는다. X_L 또는 V_L은 +90°의 위상각을 갖는 상향 페이저로, X_C 또는 V_C는 −90°의 위상각을 갖는 하향 페이저로 표시된다.

가지전류

병렬 가지전류의 페이저는 자신의 리액턴스와 반대로 표시된다. 따라서 X_C가 아래쪽으로 −90°를 갖는 반면 I_C는 위쪽으로 +90°를 갖는다. 또한 I_L은 아래쪽으로 −90°를 갖고 X_L는 위쪽으로 +90°를 갖는다.

즉, I_C와 I_L은 서로 반대 방향이고 각각 자신의 리액턴스와 반대 방향이다.

위상각 θ_Z

저항과 리액턴스의 페이저의 합으로 주어지는 임피던스 Z의 위상각은 0°와 90°의 범위 안에 있다. 직렬회로에서의 θ_Z는 공통전류 I에 대한 V_T의 위상각 θ와 같다.

위상각 θ_I

가지전류의 페이저의 합은 전체전류 I_T와 같다. I_T의 위상각은 0°와 90° 사이를 가지며 병렬회로에서 I_T의 위상각 θ_I는 공급전압 V_A에 대한 위상각이다.

리액턴스의 영향을 고려하기 위하여 사인파 교류회로에서 이와 같은 페이저 조합이 필요하다. 페이저는 〈그림 23-15〉와 같이 그림으로 해석하거나 아니면 90°의 페이저에 대응하는 j 연산자를 사용하는 복소수로 해석할 수 있다. 복소수는 다음 장에서 설명한다.

회로의 위상각 θ

모든 형태의 사인파 교류회로의 위상각은 보통 공급전압을 기준으로 하여 이것과 전원에서 공급되는 전류 사이의 각도이다. 이 각도는 보통 첨자를 붙이지 않고 θ로 표시한다. 별다른 표시를 하지 않는 이유는 θ가 회로의 위상각이기 때문이다. 그렇다면, 〈그림 23-16〉에서는 오직 두 가지의 가능성만 존재한다. 〈그림 23-16a〉에서 θ는 반시계방향을 +값으로 삼으며, 이것은 전류가 전압에 앞서는 것을 뜻한다. X_C가 직렬로 연결되거나 또는 병렬가지의 I_C에서 전류가 앞서게 된다. 〈그림 23-16b〉에서 시계방향의 $-\theta$가 되며, 이것은 전압보다 전류가 뒤짐을 뜻한다. X_L이 직렬로 연결되거나 또는 병렬가지의 I_L에서 전류가 뒤지게 된다.

일반적으로 병렬 가지전류에서는 θ가 θ_I와 같다. 그러나 직렬 리액턴스에서는 θ가 θ_Z와 반대의 부호를 갖는다.

그림 23-16 교류회로에서 +와 −의 위상각 θ (a) 전압에 앞서는 전류의 $+\theta$ (b) 전압에 뒤지는 전류의 $-\theta$

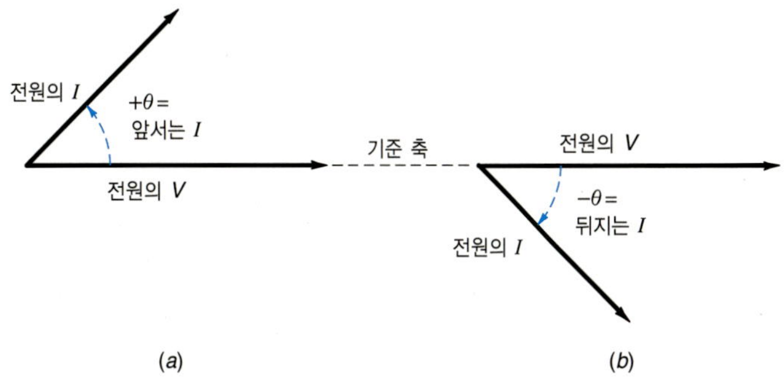

■ 23-12 복습문제

a. V_L, V_C, V_R의 페이저 가운데 180°의 위상차를 갖는 두 페이저는 어느 것인가?

b. I_R, I_T, I_L 중에서 90°의 위상차를 갖는 두 페이저는 어느 것인가?

역률 보정의 이해와 응용

용량성 또는 유도성 리액턴스가 있는 모든 AC 회로에서 전류는 0°에서 90° 사이의 위상각만큼 전압보다 앞서거나 뒤지게 된다. 순수 저항성 AC 회로에서 위상각 θ는 0°이다. 순수 저항성 AC 회로의 전력 계산은 AC 회로의 전압 및 전류 rms 값이 사용된다는 점을 제외하고 DC 회로의 전력 계산과 다르지 않다. 그러나 위상각이 0°에서 90° 사이일 때 회로에서 소비하는 전력은 계산하기 더 어렵다.

교류회로의 전력계산

AC 회로에서 세 가지 다른 유형의 전력은 유효전력, 무효전력 및 피상전력이다. 유효전력은 열에너지, 빛에너지 또는 회전하는 기계적 에너지와 같이 다른 형태로 변환된 전기 에너지를 나타낸다. 무효전력은 인덕터의 자기장 또는 커패시터의 전기장에 저장된 에너지를 나타낸다. 피상전력은 위상각이 고려되기 전에 회로에서 명백하게 소비되는 전력을 나타낸다. 다음 기호, 단위 및 공식은 각 유형의 거듭제곱을 나타낸다.

유효전력 — 기호는 P, 단위는 와트(W)이다.

$$P = I_R^2 R,\ P = \frac{V_R^2}{R},\ P = V_R \times I_R \text{ 또는}$$
$$P = V_A \times I_T \times \cos\theta$$

무효전력 — 기호는 Q, 단위는 VAR(볼트-암페어 리액티브)이다. 인덕터의 무효전력은 Q_L로 지정되고 커패시터의 무효전력은 Q_C로 지정된다는 점에 유의하는 것이 중요하다. Q는 다음과 같이 계산된다.

$$Q_L = I_L^2 X_L \text{ 또는 } Q_C = I_C^2 X_C,$$
$$Q_L = \frac{V_L^2}{X_L} \text{ 또는 } Q_C = \frac{V_C^2}{X_C},\ Q_L = V_L \times I_L \text{ 또는}$$
$$Q_C = V_C \times I_C \text{ 또는 } Q = V_A \times I_T \times \sin\theta$$

피상전력 - 기호는 S, 단위는 VA(볼트 암페어)이다. S는 다음과 같이 계산된다.

$$S = V_A \times I_T,\ S = I_T^2 Z,\ S = \frac{V_A^2}{Z} \text{ 또는}$$
$$S = \sqrt{P^2 + Q^2}$$

전력 삼각형은 〈그림 23-17〉에 보여준다. 유효 또는 저항전력은 각도가 0°인 반면 무효전력은 각도가 90°이다. 직각삼각형의 빗변인 피상전력은 유효전력과 무효전력의 페이저 합이다. 인덕터의 무효전력 Q_L은 +90°의 각도에 있는 반면 커패시터의 무효전력 Q_C는 −90°의 각도에 있다는 점에 유의해야 한다.

그림 23-17 전력 삼각형

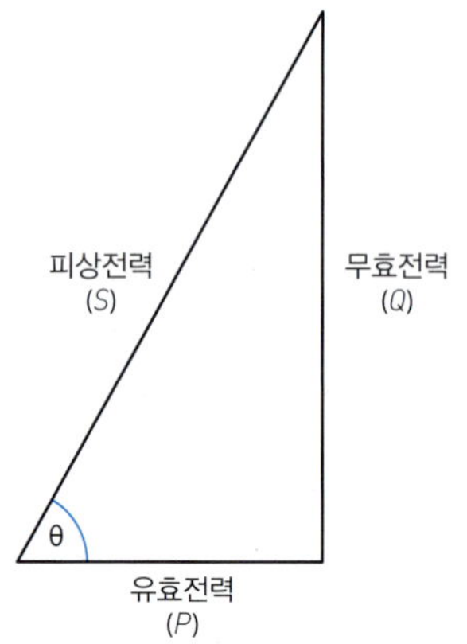

역률(PF)

AC 회로에서 유효전력과 피상전력의 비율을 역률(일반적으로 PF)이라고 한다. 역률은 0과 1 사이의 값을 갖는 수치적 비율이다. 아래 공식으로 표현한다.

PF = (유효전력/피상전력) 또는

PF = $\cos\theta$

기본적으로 역률은 피상전력의 일부가 실제로 유효전력인지 알려준다.

회로 예시

〈그림 23-18〉에서

$$I_R = \frac{240\text{V}}{3\Omega} = 80\text{A}$$
$$I_L = \frac{240\text{V}}{4\Omega} = 60\text{A}$$
$$I_T = \sqrt{80^2 + 60^2} = 100\text{A}$$
$$\theta = \tan^{-1}\left(-\frac{60}{80}\right) = -36.87^\circ$$
$$S = 240\text{V} \times 100\text{A} = 24\text{kVA}$$
$$Q_L = 240\text{V} \times 100\text{A} \times \sin(-36.87^\circ) = 14.4\text{kVAR}$$

$$P = 240\text{V} \times 100\text{A} \times \cos(-36.87^\circ) = 19.2\text{kW}$$
$$\text{PF} = \frac{19.2\text{kW}}{24\text{kVA}} = 0.8$$

전력회사가 고객에게 사인파 AC 전원을 공급할 때 역률을 가능한 1에 가깝게 하는 것이 바람직하다. 이는 역률이 감소함에 따라 발전소에서 더 많은 전력을 공급해야 하므로 전력선에 더 높은 전류가 흐르기 때문이다. 즉, 역률이 낮을수록 전체 시스템의 손실이 커진다. 모터 및 변압기는 유도성 부하가 너무 많기 때문에 역률은 항상 1보다 작다. 1보다 얼마나 작은지는 유도성 부하의 수에 의해 결정되며 위치마다 또는 하루 중 시간에 따라 달라질 수 있다. 다음과 같이 역률이 감소하고 시스템의 피상전력, 총 전류 및 전체 전력손실이 증가한다. 다르게 표현하면, 역률의 감소에 따라 발진전력에 대한 전달전력의 비율이 감소한다.

그림 23-18 병렬 *RL* 유도성 배전회로에서 발생하는 일반적인 부하의 특성

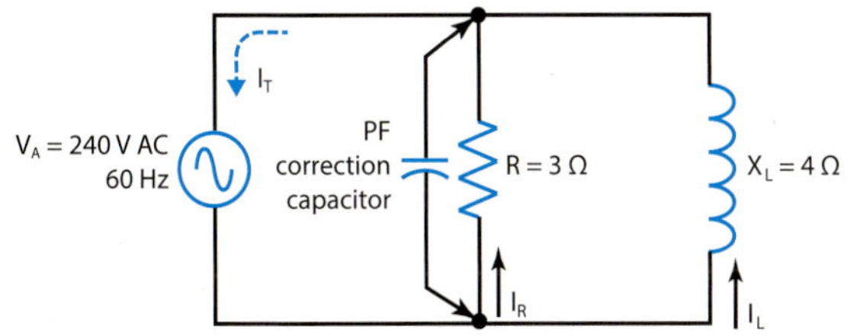

역률의 보정

역률을 보정하기 위해 AC 전원 라인과 병렬로 커패시터를 추가하여 유도 부하의 지연된 전류 효과를 상쇄한다. 공장, 학교, 대규모 시설에서는 일반적으로 역률을 1에 가깝게 유지하기 위해 역률 보정 콘덴서를 사용하고 있다. 역률 보정 콘덴서는 항상 전력선이 건물로 들어가는 지점에 위치한다. 〈그림 23-18〉에서 역률을 1로 높이려면 커패시터가 유도 분기와 동일한 양의 전류를 끌어야 한다. X_L은 4Ω이므로 X_C도 4Ω이어야 한다. 60Hz에서 X_C가 4Ω인 커패시턴스 값은 다음과 같이 계산된다.

$$X_C = \frac{1}{2 \times \pi \times 60\text{Hz} \times 4\Omega} = 663.14\mu\text{F}$$

〈그림 23-18〉에서 전력선 연결을 가로지르는 이 정도의 정전용량을 사용하면 커패시터의 무효전력(저장 에너지)은 동일하지만 인덕터의 무효전력과 반대가 된다. 순 무효전력은 Q_L과 Q_C의 차이이며 이 경우 0이다.

유도성 및 용량성 분기 전류는 동일하고 위상이 180°이기 때문에 메인 라인에서 서로를 완전히 상쇄한다. 따라서 메인 라인에 흐르는 유일한 전류는 80A의 저항성 분기 전류 I_R이다. 이는 전체 전류 I_T가 20% 감소한 것이다.

결론

모든 전력회사는 전력 공급의 전반적인 효율성을 개선하는데 도움이 되도록 역률 보정 커패시터를 개선할 수 있는 방법이 있다. 이러한 커패시터는 변전소에 위치하거나 실제로 변압기 근처의 전신주에 있을 수 있다. 전력의 위상각을 모니터링하여 필요에 따라 정확한 양의 정전용량을 전환할 수 있다. 유도성 부하는 시간이 지남에 따라 변하므로 역률을 모니터링하고 수정하는 과정은 계속적이다. 역률 보정의 결과 에너지 절약은 엄청나다.

전력 분배에서 1 또는 1의 역률을 얻는 것은 완전히 실용적이지 않다는 점에 유의해야 한다. 이는 유도성 부하가 하루 종일 지속적으로 켜지고 꺼지기 때문이다. 이것은 결과적으로 끊임없이 변화하는 역률을 초래한다. 대부분의 경우 유틸리티 회사는 약 0.95의 역률을 유지하려고 한다. 전력회사는 일반적으로 역률이 0.95 미만인 고객에게 벌금을 부과한다. 따라서 고객으로서 역률 개선에 대한 재정적 인센티브는 크다.

요약

- 저항만을 가지는 교류회로는 실효값을 사용하여 직류회로와 같은 방법으로 해석할 수 있다. 리액턴스가 없으면 전압과 전류 사이의 위상각은 0°이다.
- 용량성 리액턴스만으로 이루어지면 전체 X_C는 직렬회로에서는 더해지고 병렬회로에서는 역수 공식을 사용하면 된다. X_L도 같은 방법으로 계산된다.
- X_C와 X_L은 반대의 리액턴스이기 때문에 서로 상쇄된다. 직렬회로에서는 X_C와 X_L의 저항이 상쇄되고 병렬회로에서는 유도성 가지전류 I_L과 용량성 가지전류 I_C가 상쇄된다.
- 교류회로에서 R, X_L, X_C는 한 개의 저항과 한 개의 총 리액턴스로 간략화될 수 있다.
- 직렬회로에서 R과 위상각 90°의 X는 $Z_T = \sqrt{R^2 + X^2}$으로 합성된다. 직렬 R과 X의 위상각은 $\tan^{-1}\{\pm(X/R)\}$이다. I를 구하려면 먼저 Z_T를 구한 뒤 V_T를 Z_T로 나누면 된다.
- 병렬회로에서 전체 I_R과 위상각 90°의 I_X는 $I_T = \sqrt{I_R^2 + I_X^2}$으로 합성된다. 위상각은 $\tan^{-1}\{\pm(I_X/I_R)\}$이다. Z_{EQ}를 구하려면 먼저 I_T를 구한 뒤 $Z_{EQ} = V_A/I_T$로 구할 수 있다.
- 교류회로에서 R, X_L, X_C, Z는 모두 옴의 단위를 가진다. 주파수와 위상각에 대한 차이점이 〈표 23-1〉에 요약되어 있다.
- 저항과 리액턴스의 페이저 관계는 〈그림 23-15〉에 요약되어 있다.
- 리액턴스를 가지는 교류회로에서 유효전력 P는 I^2R 또는 $VI\cos\theta$이며 여기서 θ는 위상각이다. 유효전력은 저항에서 열로 소비되는 전력이다. $\cos\theta$는 회로의 역률이다.
- 전력계는 유효 교류전력 또는 직류전력을 측정할 수 있다.

중요 용어

- 무효전력(VAR) : 위상각 90°의 피상전력
- 이중 첨자 : 회로에서 직류 또는 교류 전압을 지정하기 위해 사용하는 표기법. 첨자의 첫 번째 글자는 측정점을, 두 번째 글자는 기준점을 나타낸다. 이중 첨자를 사용하여 전압의 극성이나 위상을 표시할 수 있다.
- 역률(PF) : 0과 1 사이의 수로서 교류회로에서 피상전력에 대한 유효전력의 비율을 나타낸다. 교류회로에서 역률은 위상각의 코사인 값과 같다.
- 유효전력 : 교류회로의 저항에서 열로 소비되는 실제 전력. 실효전력이라고도 한다. 유효전력의 단위는 watt(W)이다. 유효전력은 회로의 저항성분 R을 사용하여 I^2R로 계산하거나 또는 위상각 θ를 사용하여 $V \times I \times \cos\theta$로 계산할 수 있다.
- 전력계 : 유효전력을 측정하기 위해 사용하는 계기
- 피상전력 : 교류회로에서 겉보기로 소비되는 전력. 피상전력은 $V \times I$로 계산되며 위상각은 고려하지 않는다. 피상전력의 단위는 VA(volt-ampere)이다.
- VA : 피상전력의 단위

중요 공식

$$Z_T = \sqrt{R^2 + X^2}$$

$$I_T = \sqrt{I_R^2 + I_X^2}$$

$$\text{유효전력} = P = I^2R$$

$$\text{유효전력} = P = VI\cos\theta$$

$$\text{역률} = PF = \cos\theta = \frac{R}{Z} \text{ (직렬회로)}$$

$$\text{역률} = PF = \cos\theta = \frac{I_R}{I_T} \text{ (병렬회로)}$$

자습문제

1. 저항만을 가지는 교류회로에서
   a. V_T와 I는 동위상이다.
   b. $R_T = R_1+R_2+R_3+ \cdots\cdots$
   c. 각각의 전압강하는 직류전류와 동위상이다.
   d. 위의 사항 모두 옳다.

2. 병렬 인덕터로만 이루어진 교류회로에서
   a. I_T가 V_A에 90° 뒤진다.
   b. V_A가 I_T에 90° 뒤진다.
   c. V_A와 I_T는 동위상이다.
   d. 위의 사항 모두 옳지 않다.

3. 150Ω의 X_L과 250Ω의 X_C를 포함하는 직렬회로의 총 리액턴스는?
   a. 400Ω, X_L b. 400Ω, X_C
   c. 100Ω, X_C d. 291.5Ω, X_C

4. 순 저항 교류회로의 역률은 얼마인가?
   a. 0
   b. 1
   c. 0.707
   d. 값이 없으면 결정할 수 없다.

5. 피상전력의 단위는?
   a. volt-ampere(VA)
   b. watt(W)
   c. volt-ampere reactive(VAR)
   d. joule(J)

6. 15Ω의 저항, 50Ω의 X_L, 30Ω의 X_C가 직렬로 연결되어 있다. 공급전압이 50V라면 회로에서 소비되는 유효전력은?
   a. 60W b. 100W
   c. 100VA d. 4.16W

7. 100X의 저항, 300X의 X_L, 200X의 X_C가 직렬로 연결된 교류회로의 위상각은?
   a. 78.7° b. 45°
   c. −90° d. 56.3°

8. 10X의 저항이 10X의 X_L과 병렬로 연결되어 있다. 공급전압이 120V일 때 회로의 역률은?
   a. 0 b. 0.5
   c. 1 d. 0.707

9. 80X의 R, 20X의 X_L, 40X의 X_C가 병렬로 연결된 교류회로에 24Vac를 공급하였다. 회로의 위상각은?
   a. −26.6° b. 45°
   c. −63.4° d. −51.3°

10. 직렬 커패시터로만 이루어진 교류회로에서
    a. V_T가 I에 90° 앞선다.
    b. V_T가 I에 90° 뒤진다.
    c. 각 커패시터의 전압강하는 I에 90°앞선다.
    d. a와 c 모두 맞다

11. 10Ω의 R이 15Ω의 X_L과 병렬로 연결되어 있다. 공급전압이 $120V_{AC}$일 때 회로의 피상전력은?
    a. 2.4kW
    b. 1.44kVA
    c. 1.44kW
    d. 1.73kVA

12. 유효전력의 단위는?
    a. watt(W)
    b. volt-ampere(VA)
    c. joule(J)
    d. volt-ampere reactive(VAR)

13. X_L과 X_C의 병렬회로에서
    a. I_L과 I_C는 90°의 위상차가 난다.
    b. I_L과 I_C는 동위상이다.
    c. I_L과 I_C는 180°의 위상차가 난다.
    d. X_L과 X_C는 90°의 위상차가 난다.

14. 직렬 RLC 회로에서
    a. X_L과 X_C는 180°의 위상차가 난다.
    b. I_L과 I_C는 180°의 위상차가 난다.
    c. X_L과 X_C는 90°의 위상차가 난다.
    d. X_L과 X_C는 동위상이다.

15. $120V_{AC}$가 공급되고 있는 병렬 교류회로에서 전체전류 I_T가 5A이다. 회로의 위상각이 −53.13°라고 하면 회로에서 소비되는 유효전력은 얼마인가?
    a. 600VA
    b. 480W
    c. 360W
    d. 3.6kVA

확인문제

1. 교류회로에서 저항의 직렬과 병렬회로 해석이 직류회로에서와 같은 방법으로 행해지는 이유를 설명하라.

2. (a) X_C와 X_L이 직렬회로에서 서로 상쇄되는 이유를 설명하라.
   (b) X_L과 X_C가 병렬연결될 때 가지전류가 상쇄되는 이유를 설명하라.

3. R과 X_C, R과 Z, X_C와 C, X_L과 L이 전기적으로 차이나는 점을 한 가지만 설명하라.

4. 교류계기의 세 가지 종류는 무엇인가?

5. R_1과 부하저항 R_L이 직렬로 연결되어 있고, R_L에서의 전력을 측정하기 위해서 전력계가 연결된 회로를 그려라.

6. 〈그림 23-8a〉에 표시된 회로에서 공통 전류 I를 기준으로 하여 전압강하 IR, IX_C, IX_L의 페이저를 그려라.

7. X_L과 I_L이 $+90°$와 $-90°$의 반대 위상을 갖는 이유가 코일에서 자기유도된 전압은 전류에 비하여 $90°$ 앞서게 되는 원리를 따르는 것임을 설명하라.

8. 리액턴스의 위상각은 정확히 $90°$이나 임피던스의 위상각은 $90°$보다 작을 수 있는 이유를 설명하라.

9. 직렬회로에서의 임피던스가 X나 R보다 큰 이유는 무엇인가 설명하라.

10. 병렬회로에서 I_T가 I_R이나 I_X보다 큰 이유는 무엇인가 설명하라.

11. 유효전력과 피상전력을 비교하라.

12. 역률을 정의하라.

13. +위상각과 −위상각의 방향을 페이저도에서 표시하라.

14. 〈그림 23-15〉에서 전원에 의해서 공급되는 V의 전원 단자로부터 +위상각 θ를 갖는 진상 전류 I를 가지는 회로는 어느 것인가?

연습문제

23-1절 리액턴스 없이 저항만을 갖는 교류회로

23-1 〈그림 23-19〉에서 R_T, I, V_1, V_2를 구하라.

그림 23-19

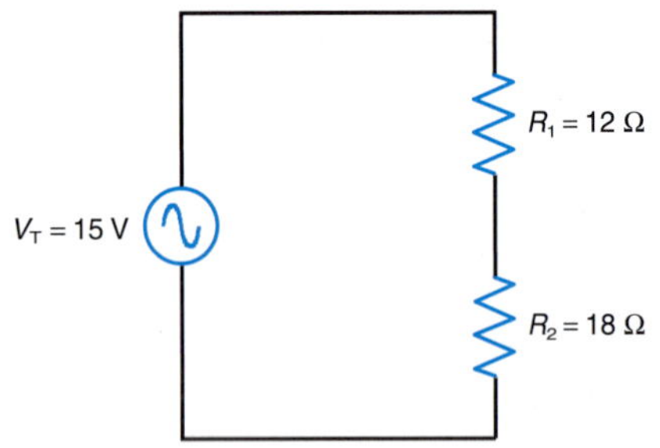

23-2 〈그림 23-19〉에서 다음의 위상 관계는?

a. V_T와 I
b. V_1과 I
c. V_2와 I

23-3 〈그림 23-20〉에서 I_1, I_2, I_T, R_{EQ}를 구하라.

23-4 〈그림 23-20〉에서 다음의 위상 관계는?

a. V_A와 I_1
b. V_A와 I_2
c. V_A와 I_T

그림 23-20

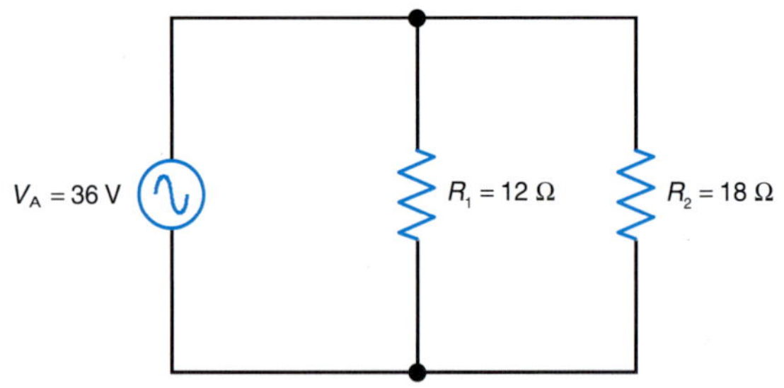

23-2절 X_L만을 갖는 회로

23-5 〈그림 23-21〉에서 X_L, I, V_1, V_2를 구하라.

그림 23-21

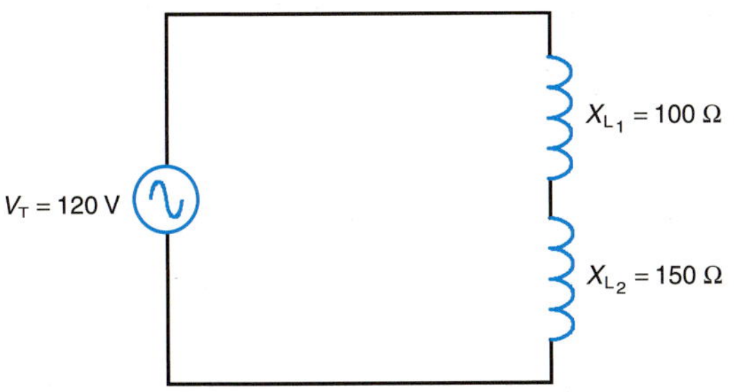

23-6 〈그림 23-21〉에서 다음의 위상 관계는?

a. V_T와 I

b. V_1과 I

c. V_2와 I

23-7 〈그림 23-22〉에서 I_1, I_2, I_T, X_{LEQ}를 구하라.

그림 23-22

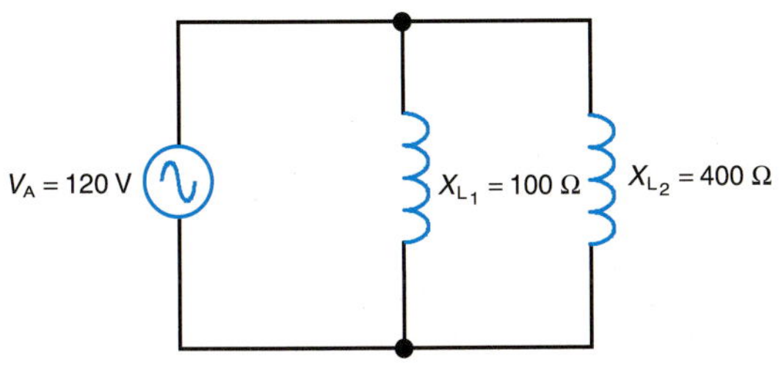

23-8 〈그림 23-22〉에서 다음의 위상 관계는?

a. V_A와 I_1

b. V_A와 I_2

c. V_A와 I_T

23-3절 X_C만을 갖는 회로

23-9 〈그림 23-23〉에서 X_{C_T}, I, V_1, V_2를 구하라.

그림 23-23

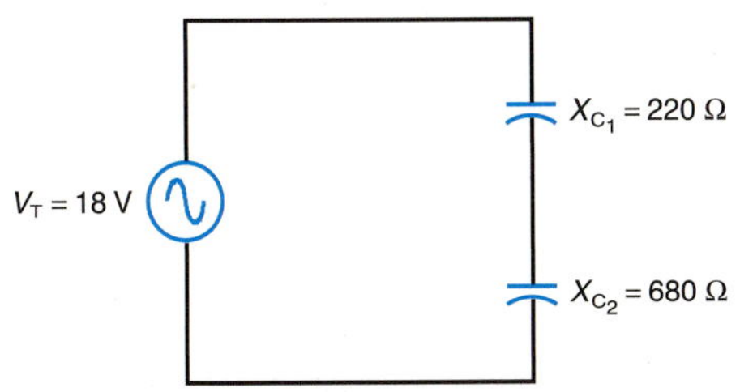

23-10 〈그림 23-23〉에서 다음의 위상 관계는?

a. V_T와 I

b. V_1과 I

c. V_2와 I

23-11 〈그림 23-24〉에서 I_1, I_2, I_T, X_{CEQ}를 구하라.

그림 23-24

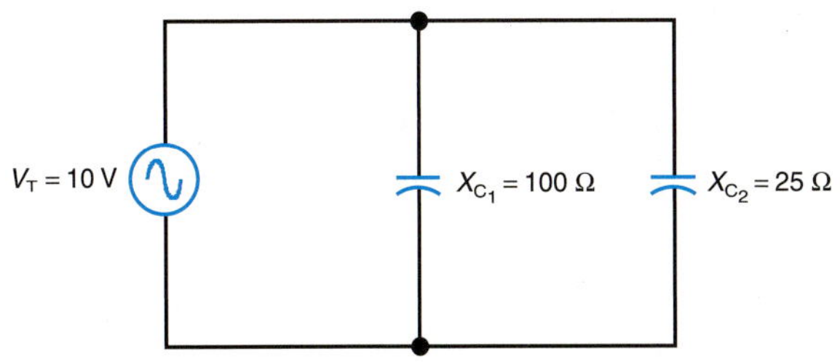

23-12 〈그림 23-24〉에서 다음의 위상 관계는?

a. V_A와 I_1

b. V_A와 I_2

c. V_A와 I_T

23-4절 상쇄되는 반대의 리액턴스

23-13 〈그림 23-25〉에서 다음을 구하라.

a. 총 리액턴스 X

b. 전류 I

c. 인덕터 전압 V_L

d. 커패시터 전압 V_C

그림 23-25

23-14 〈그림 23-25〉에서 다음의 위상 관계는?

a. X_L과 X_C

b. V_L과 I

c. V_C와 I

d. V_T와 I

e. V_L과 V_C

f. X_L과 X_C의 값을 바꾸었을 때 V_T와 I

23-15 〈그림 23-26〉에서 다음을 구하라.

a. 유도성 가지전류 I_L

b. 용량성 가지전류 I_C

c. 전체전류 I_T

d. 총 리액턴스 X

그림 23-26

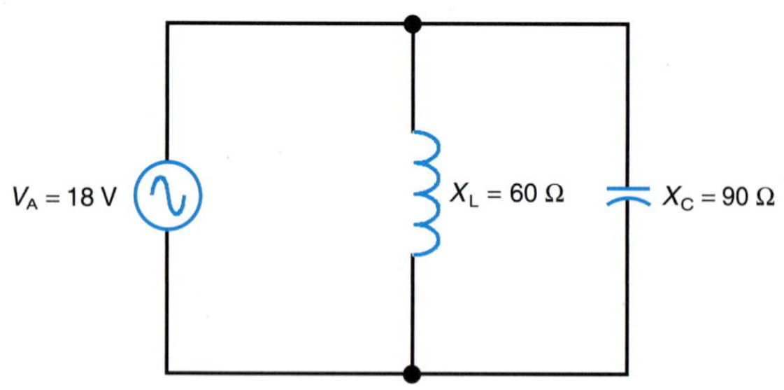

23-16 〈그림 23-26〉에서 다음의 위상 관계는?

a. I_L과 V_A

b. I_C와 V_A

c. I_L과 I_C

d. V_A와 I_T

e. X_L과 X_C의 값을 바꾸었을 때 V_A와 I_T

23-5절 저항과 리액턴스의 직렬연결

23-17 〈그림 23-27〉에서 다음을 구하라.

a. 전체 리액턴스 X

b. Z_T

c. I

d. V_R

e. V_L

f. V_C

g. θ_Z

그림 23-27

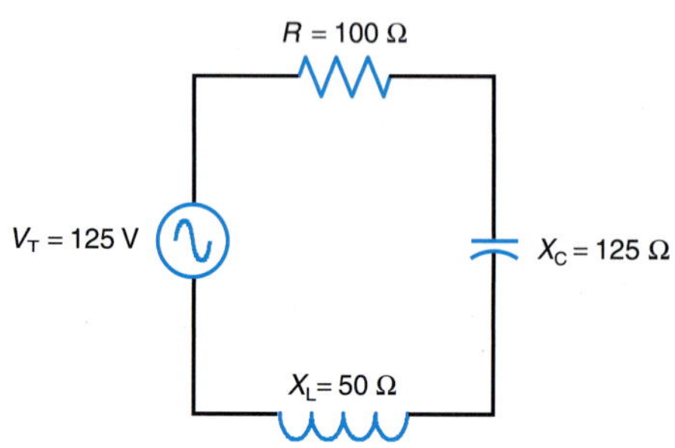

23-18 〈그림 23-27〉에서 다음의 위상 관계는?

a. X_L과 X_C

b. V_L과 I

c. V_C와 I

d. V_R과 I

e. V_L과 V_C

f. V_T와 I

g. V_T와 V_R

h. X_L과 X_C의 값을 바꾸었을 때 V_T와 I

23-19 〈그림 23-28〉에 대하여 〈문제 23-17〉을 반복하라.

그림 23-28

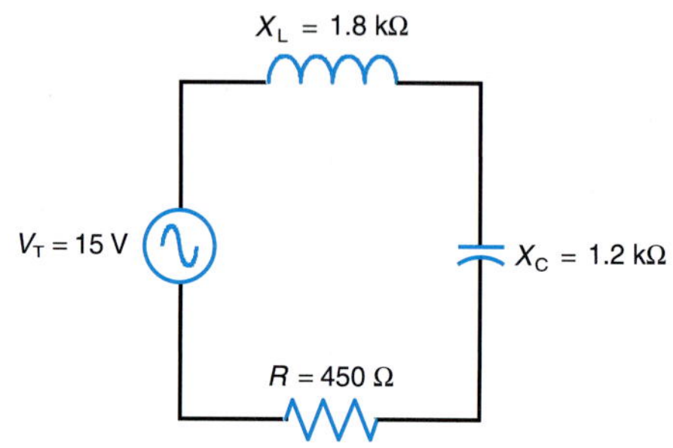

23-20 〈그림 23-29〉에서 다음을 구하라.

a. 전체 리액턴스 X

b. Z_T

c. I

d. V_{R_1}과 V_{R_2}

e. V_{L_1}과 V_{L_2}

f. V_{C_1}과 V_{C_2}

g. θ_Z

그림 23-29

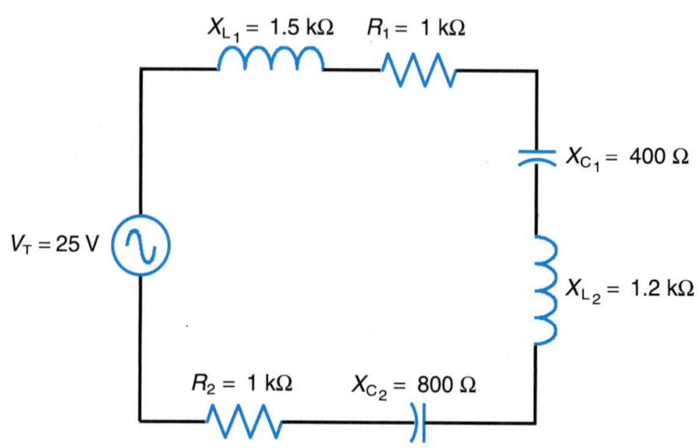

23-6절 저항과 리액턴스의 병렬연결

23-21 〈그림 23-30〉에서 다음을 구하라.

a. I_R

b. I_C

c. I_L

d. 전체 리액티브 가지전류 I_X

e. I_T

f. Z_{EQ}

g. θ_I

그림 23-30

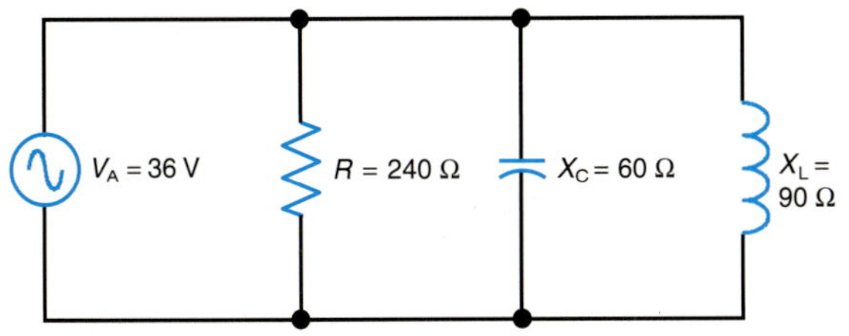

23-22 〈그림 23-30〉에서 다음의 위상 관계는?

a. V_A와 I_R

b. V_A와 I_C

c. V_A와 I_L

d. I_L과 I_C

e. V_A와 I_T

f. X_L과 X_C의 값을 바꾸었을 때 V_A와 I_T

23-23 〈그림 23-31〉에 대하여 〈문제 23-21〉을 반복하라.

그림 23-31

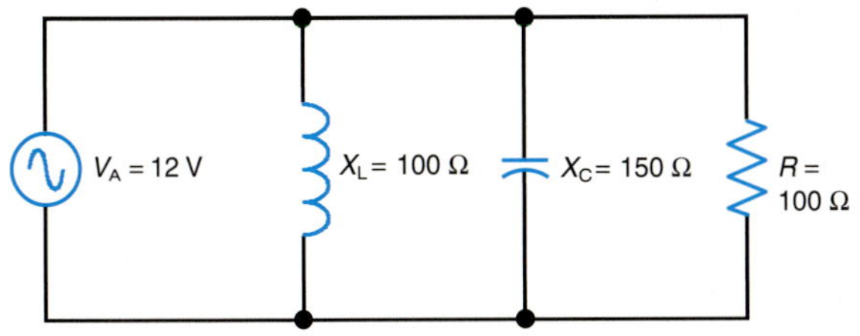

23-24 〈그림 23-32〉에서 다음을 구하라.

a. I_{R1}과 I_{R2}

b. I_{L1}과 I_{L2}

c. I_{C1}과 I_{C2}

d. 전체 리액티브 가지전류 I_X

e. I_T

f. Z_{EQ}

g. θ_I

23-7절 저항과 리액턴스의 직·병렬 연결

23-25 〈그림 23-33〉에서 다음을 구하라.

a. Z_T

b. I_T

c. V_{R1}

d. V_{C1}, V_{C2}와 V_{C3}

e. V_{L1}와 V_{L2}

f. θ_Z

그림 23-33

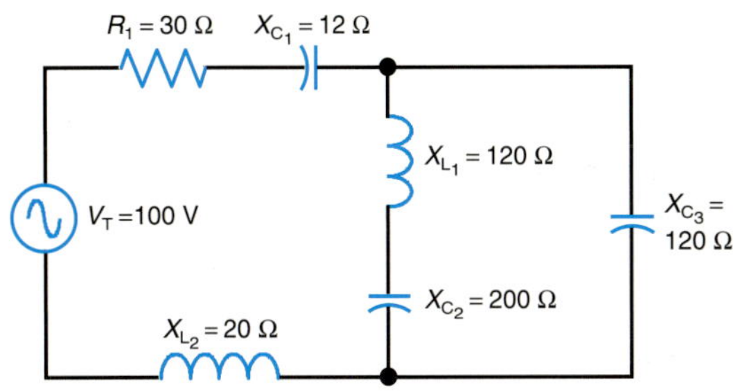

23-8절 유효전력

23-26 다음 회로에서 유효전력, 피상전력 및 역률을 구하라.

a. 〈그림 23-19〉 b. 〈그림 23-21〉

c. 〈그림 23-24〉 d. 〈그림 23-26〉

23-27 다음 회로에서 유효전력, 피상전력 및 역률을 구하라.

a. 〈그림 23-27〉 b. 〈그림 23-28〉

c. 〈그림 23-30〉 d. 〈그림 23-31〉

그림 23-32

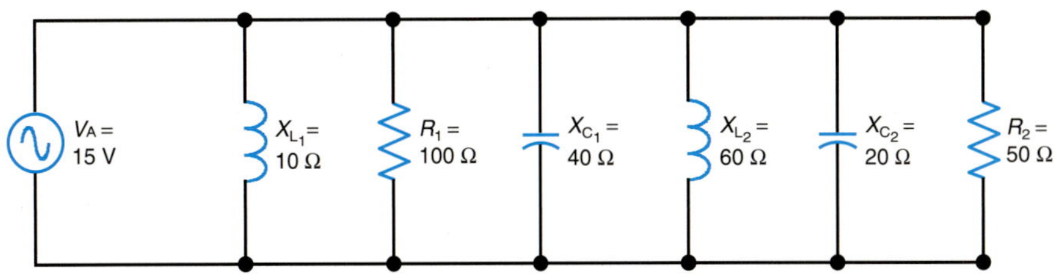

23-28 다음과 같은 회로 조건에서 유효전력, 피상전력 및 역률을 구하라.

a. 병렬 RLC 회로, V_A= 120V, I_T= 5A, θ_I= −45°
b. 병렬 RLC 회로, V_A= 240V, I_T= 18A, θ_I= −26.56°
c. 병렬 RLC 회로, V_A= 100V, I_T= 3A, θ_I= 78°
d. 병렬 RLC 회로, V_A= 120V, I_T= 8A, θ_I= 56°

사고력 문제

23-29 〈그림 23-34〉에서 회로의 역률이 0.8로 되는 L값을 구하라.

그림 23-34

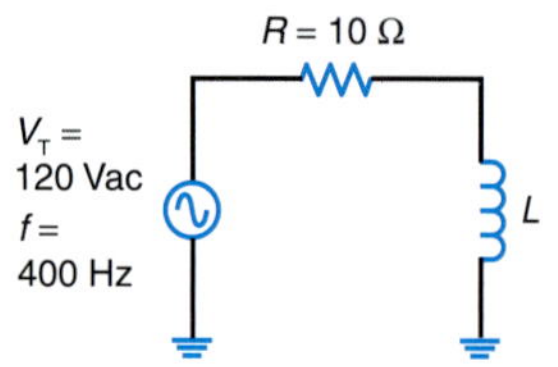

23-30 〈그림 23-35〉에서 R과 L에 얼마의 C를 연결하여야 역률이 0.8이 되는가?

그림 23-35

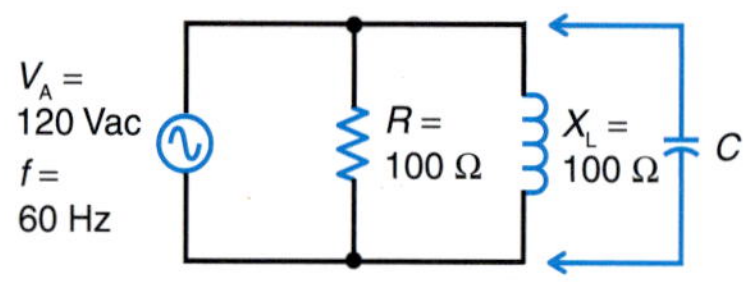

복습문제 정답

23-1 a. 0°
b. 0°

23-2 a. 90°
b. −90°

23-3 a. −90°
b. 90°

23-4 a. 20Ω
b. 1A

23-5 a. X_C = 30Ω
b. X_C = 30Ω
c. 180°

23-6 a. I_L =3A
b. I_L =3A

23-7 a. 200Ω
b. 200Ω
c. 100Ω

23-8 a. 와트
b. 볼트암페어
c. 유효전력

23-9 a. 참
b. 참

23-10 a. 유효전력
b. V

23-11 a. R
b. X_L
c. X_C

23-12 a. V_L과 V_C
b. I_R과 I_L

chapter

24

교류회로를 위한 복소수

복소수는 크기(magnitude)와 위상각(phase angle)을 가지는 수 체계이다. 따라서 위상각을 고려해야 하는 리액턴스 X_L과 X_C를 포함하는 교류회로에서 복소수가 유용하다. 예를 들면, 복소수 표시는 X_C에서 θ_Z가 음(−)이고 I_L에서 θ_I가 음(−)인 이유를 설명할 수 있다.

복소수를 사용하면 어떤 형태의 교류회로도 해석할 수 있다. 특히, 하나 또는 그 이상의 가지에서 저항과 리액턴스를 모두 포함하는 직·병렬 회로의 해석에 더욱 편리하다. 직·병렬 임피던스를 가지는 교류회로를 해석하는 최선의 방법은, 페이저를 사용한 도표에 의한 해석을 사용할 수 있더라도 복소수를 사용하는 것이다.

단원 차례

단원 목표

- j 연산자에 대해서 설명한다.
- 복소수를 정의한다.
- 복소수의 사칙연산을 한다.
- 복소수의 직각좌표형식과 극좌표형식의 차이점을 설명한다.
- 직각좌표형식과 극좌표형식 사이의 변환을 한다.
- 저항, 커패시터 및 인덕터를 포함하는 직·병렬 교류회로에 복소수 적용 방법을 설명한다.

중요 용어

극좌표형식(polar form)

복소수

서셉턴스 B(susceptance, B)

실수

어드미턴스 Y

직각좌표형식

허수

j 연산자 (j operator)

24-1 양수와 음수

우리가 보통 사용하는 수는 양수와 음수로서 단지 두 가지 특별한 경우만 나타내고 있다. 좀 더 일반적인 형식으로 표현할 때 각각의 수는 위상각과 크기를 가지고 있다. 〈그림 24-1〉에서 양수와 음수는 각각 0°와 180°의 위상각을 가지고 있음을 표시하고 있다.

예를 들어서 2, 4, 6 등의 수는 수평축 혹은 x축을 따라 오른쪽으로 몇 단위(unit)가 되는가를 나타내며, 위상각은 0이 된다. 따라서 양수는 몇 단위의 크기에 위상각은 0°가 되는 수이다. 이때 0의 위상각은 +1의 인수에 대응한다. 0의 위상각을 가지는 6을 표시하기 위해서는 6에 +1을 곱하면 +6이 된다. 그러나 보통 + 부호는 생략한다.

반대 방향의 음수는 180°의 위상각을 가지며 180°의 위상각은 −1의 인수에 대응한다. −6은 크기는 6과 같고 180°의 위상각으로 회전한 것이다. 회전각은 수에 대한 연산자(operator)이다. −1에 대한 연산자는 180°이고 +1에 대한 연산자는 0°이다.

■ 24-1 복습문제

a. +5의 각도는 얼마인가?

b. −5의 각도는 얼마인가?

24-2 j 연산자

수에 대한 연산자는 0°에서 360° 사이의 각을 가질 수 있다. 교류회로에서는 90° 각이 중요하기 때문에 90°를 표시하는 데 인수 j가 사용된다. 〈그림 24-2〉에서 5는 0°에서의 5단위를 표시하고 −5는 180°에서의 5단위를 표시하며 $j5$는 90°의 위상각을 가진 5단위를 표시한다.

j는 보통 수 앞에 쓰여지는데 이것은 j가 90° 연산자를 표시하는 기호이기 때문이며 +표시는 0° 연산자, −부호는 180° 연산자를 나타낸다. 따라서 실수축에서 90° 반시계방향에 있는 모든 수는 허수축(j축) 위에 놓이게 된다.

수학에서는 수평축 위에 놓이는 수를 실수(real number)라고 부르는데, 그것은 +값과 −값을 가진다. j축 위에 놓이는 수를 허수(imaginary number)라고 부르는데, 이것은 실수축에 위치하는 수가 아니기 때문에 붙여진 이름이다. 수학에서는 허

그림 24-1 양수와 음수

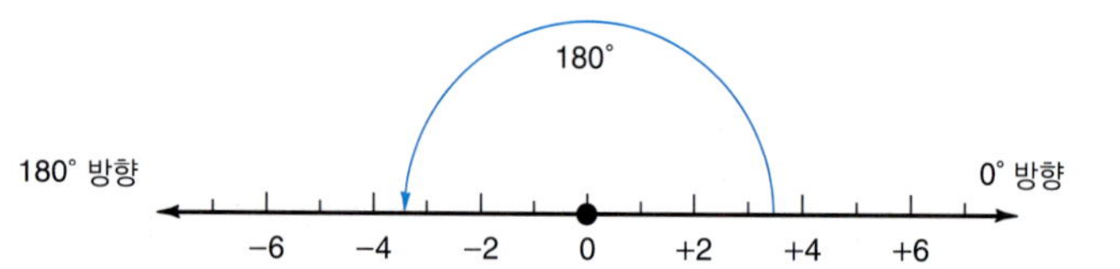

알아두기▸▸

인덕터 양단에 유도된 전압 V_{L1}은 $+j$축상에 표시된다.

그림 24-2 실수축으로부터 90°에 있는 j축

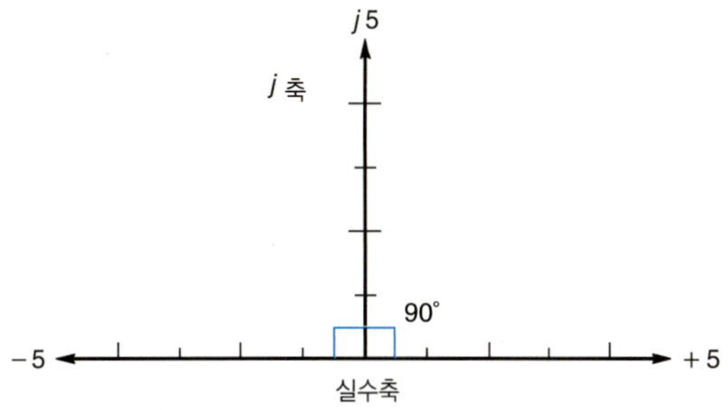

수를 표시하기 위해 약자 i를 사용하지만 전기에서는 전류 i와의 혼동을 피하기 위해서 j를 사용한다. 또한 j축에 위치한 전기량 중에서 허상인 것은 없다. 즉, j500V의 전기적 충격은 +500V와 −500V와 마찬가지로 위험한 것이다.

j 연산자의 중요한 특성이 〈그림 24-3〉에 표시되어 있다. 180°의 위상각은 90° 회전을 나타내는 j 연산을 두 번 한 것에 해당하며 이것은 j^2으로 표시하게 된다. j 연산은 더하는 것이 아니고 곱한다는 점에 유의하라.

따라서 j^2은 180°를 의미하고 인수로는 −1이므로 j^2은 −1과 같다고 할 수 있다. 따라서 $j^2 8$은 −8과 같다.

또한, 270°의 각은 −90°와 같기 때문에 $-j$ 연산자에 해당하게 된다. 이와 같은 특성은 요약하면 다음과 같이 표시할 수 있다.

그림 24-3 j 연산자는 실수축에서 90° 회전한 것을 표시한다. $-j$ 연산자는 −90°, j^2 연산은 실수 축에서 음수 방향으로 180° 회전을 한다.

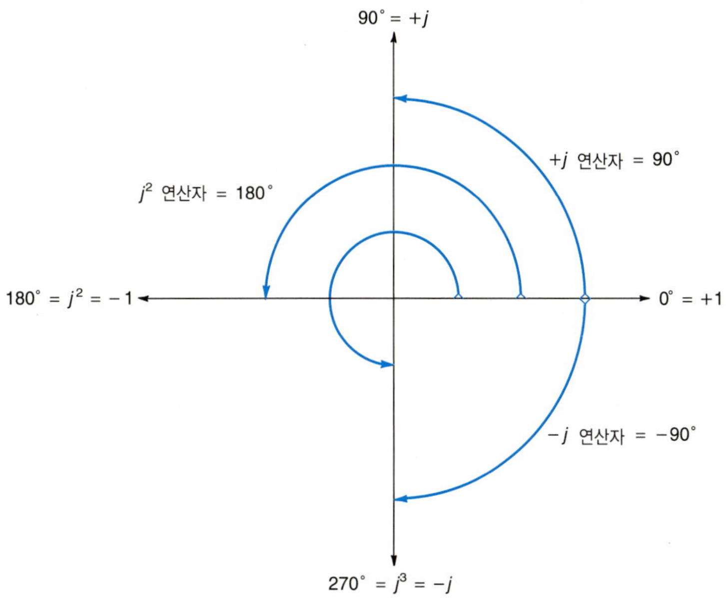

$$0^{\circ} = 1$$
$$90^{\circ} = j$$
$$180^{\circ} = j^2 = -1$$
$$270^{\circ} = j^3 = j^2 \times j = -1 \times j = -j$$
$360^{\circ} = 0^{\circ}$ 와 같다

4 또는 −4는 실수축의 4단위를 표시한다. $j4$는 앞서는 위상각 90°를 가지는 4단위를 표시하고, $-j4$는 뒤지는 위상각 90°를 가지는 4단위를 표시한다.

■ 24–2 복습문제

a. 연산자 j의 각은 얼마인가?

b. 연산자 $-j$의 각은 얼마인가?

24–3 복소수의 정의

알아두기▸▸

페이저를 합할 때, 한쪽 페이저의 꼬리를 다른 페이저의 머리에 겹친다. 이렇게 하고 남은 꼬리와 머리가 새로운 페이저의 꼬리와 머리가 된다.

실수항과 허수항의 조합을 복소수(complex number)라고 한다. 보통 실수부를 먼저 적는다. 예를 들어, $3 + j4$는 실수축의 3단위와 허수축의 4단위로 이루어진 복소수이다. 복소수는 페이저 합으로 연산된다.

복소수를 나타내는 페이저의 예가 〈그림 24–4〉에 보여진다. $+j$ 연산자는 상향 90°, $-j$ 연산자는 하향 90°를 나타낸다. 페이저의 합을 표현하기 위하여 한 페이저의 꼬리를 다른 페이저의 머리에 겹친다. 도표로 표현하면, 두 페이저로 이루어진 직각삼각형의 빗변이 페이저의 합을 나타낸다. $3 + j4$와 같은 수는 직각좌표에서 페이저를 나타내므로 복소수의 직각좌표형식(rectangular form)이라고 한다.

$j2$에서 2는 계수인 반면에 j^2의 2는 지수를 표시하는 것임에 유의하라. 수 $j2$에서 2는 90°의 j축상에서 위쪽으로 2단위라는 뜻이고, j^2은 −1 연산자로서 실수축의 음의 방향이 된다.

또 다른 비교로서 $j3$과 j^3을 들 수 있다. 수 $j3$은 j축상에서 위쪽으로 3단위라는 뜻이고, j^3은 $-j$ 연산자와 동일하며 −90°의 아래쪽 방향이 된다.

그림 24–4 직각좌표에서 실수부와 허수부를 나타내는 페이저들

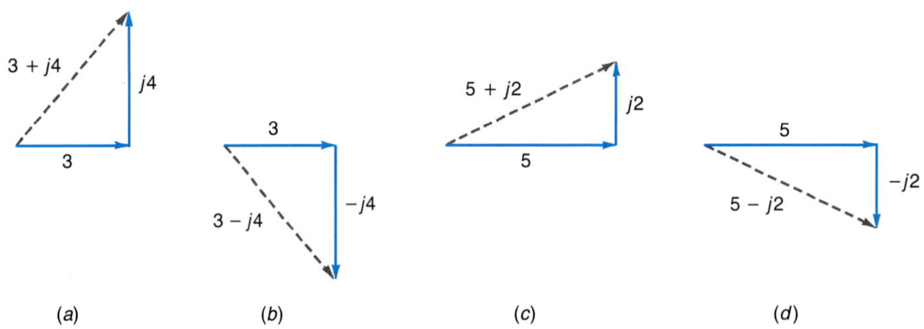

실수부 또는 허수부의 어느 한쪽이 더 클 수 있으며 허수부가 더 클 경우에는 위상각이 45°보다 크고, 더 작을 경우에는 위상각이 45°보다 작게 된다. 실수부와 허수부의 크기가 같으면 위상각은 45°가 된다.

■ 24-3 복습문제

다음 물음에 참, 거짓으로 답하라.

a. 7 + j6에서 6은 7에 90° 앞선다. (참, 거짓)

b. 7 − j6에서 6은 7에 90° 뒤진다. (참, 거짓)

24-4 교류회로에서 복소수 적용

알아두기▸▸

가끔 유도성 리액턴스는 $+jX_L$, 용량성 리액턴스는 $-jX_C$로 표시한다. 또한 유도성 가지전류는 $-jI_L$, 용량성 가지전류는 $+jI_C$로 표시한다.

복소수에서 위상각을 나타낼 때, 실수에는 0°, 90°에는 $+j$, −90°에는 $-j$를 적용한다. 다음과 같은 규칙을 〈그림 24-5〉에 나타낸다.

위상각 0° 또는 j 연산자가 없는 실수는 저항 R을 표시한다. 예를 들어, 3Ω의 R은 3Ω으로 표시한다.

90° 위상각 또는 $+j$는 유도성 리액턴스 X_L을 표시하는 데 사용된다. 예를 들어, 4Ω의 X_L은 j4Ω으로 표시한다. 이 규칙은 X_L이 R과 직렬이든 병렬이든 간에 항상 적용된다. 이것은 인덕턴스 양단에 걸리는 전압 IX_L이 인덕턴스를 흐르는 전류보다 90° 위상이 앞서기 때문이다. $+j$는 V_L을 표시하는 데도 사용된다.

−90°의 위상각 또는 $-j$는 용량성 리액턴스 X_C를 표시하는 데 사용된다. 예를 들어, 4Ω의 X_C는 $-j$4Ω으로 표시한다. 이 규칙은 X_C가 R과 직렬이든 병렬이든 간에 항상 적용된다. 이것은 커패시터 양단에 걸리는 전압 IX_L이 커패시터의 충전전류나 방전전류보다 −90° 위상이 뒤지기 때문이다. $-j$는 V_C를 표시하는 데도 사용된다.

리액턴스성 가지전류를 표시할 때 리액턴스성 저항과 비교하여 위상각이 반대가 되므로 j의 부호가 반전된다. 〈그림 24-6a〉와 〈그림 24-6b〉에서 표시한 것처럼 유도성 가지전류 I_L에는 $-j$가 사용되고 용량성 가지전류 I_C에는 $+j$가 사용된다.

그림 24-5 임피던스에 대한 복소수의 직각좌표형식 (a) X_L은 $+j$로 표시한다. (b) X_C는 $-j$로 표시한다.

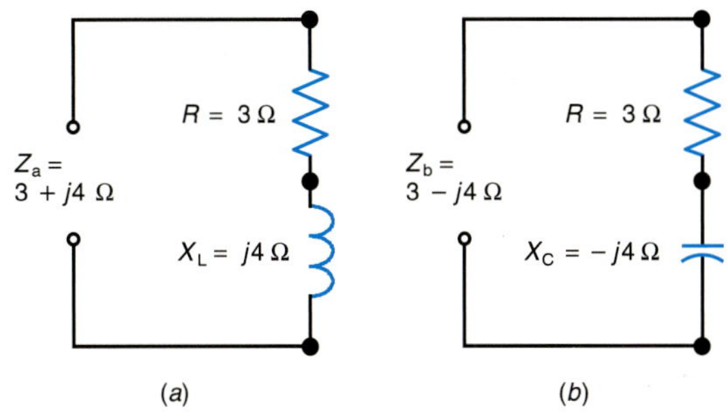

그림 24-6 가지전류에 대한 복소수의 직각좌표형식 (a) I_L은 $-j$로 표시한다. (b) I_C는 $+j$로 표시한다.

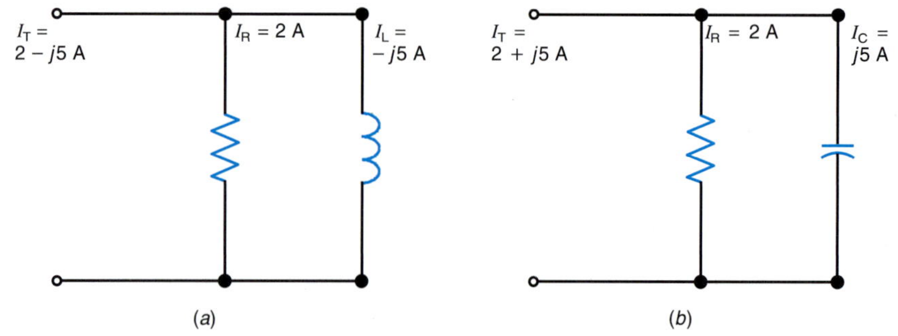

■ 24-4 복습문제

a. j 연산자를 사용하여 3kΩ의 X_L을 표시하라.

b. j 연산자를 사용하여 5mA의 I_L을 표시하라.

24-5 복소수 형식의 임피던스

복소수의 직각좌표형식은 직렬로 연결된 저항과 리액턴스의 임피던스를 표시하는데 편리하다. 〈그림 24-5a〉에서 임피던스 Z_a는 $3 + j4$이며, 이것은 3Ω의 R과 $j4Ω$의 X_L이 직렬로 연결된 페이저의 합을 표시하기 때문이다. 비슷하게 3Ω의 R과 $-j4Ω$의 X_C가 직렬연결되어 Z_b는 $3 - j4$이다. Z_b에 있는 −부호는 $-j$를 더한다는 의미이다. 즉, $3 + (-j4) = 3 - j4$이다.

4kΩ의 R과 2kΩ의 X_L이 직렬로 연결 : $Z_T = 4000 + j2000Ω$
3kΩ의 R과 9kΩ의 X_C가 직렬로 연결 : $Z_T = 3000 - j9000Ω$
0Ω의 R과 7Ω의 X_L이 직렬로 연결 : $Z_T = 0 + j7Ω$
12Ω의 R과 0Ω의 리액턴스가 직렬로 연결 : $Z_T = 12 + j0Ω$

Z의 일반적인 형태가 $R \pm jΩ$임에 유의하라. 어느 한 항이 0이라도 Z의 일반적인 형태를 유지하기 위해서 0을 적어준다. 이런 과정이 꼭 필요한 것은 아니지만 모든 형태의 Z를 동일한 형태로 사용할 때 혼동을 줄일 수 있다.

이런 방법의 장점은 복소수로 표현한 여러 개의 임피던스를 다음과 같이 계산할 수 있다는 데 있다.

직렬 임피던스

$$Z_T = Z_1 + Z_2 + Z_3 + \cdots \tag{24-1}$$

그림 24-7 직렬 또는 병렬에 관계없이 리액턴스 X_L은 $+j$항, X_C는 $-j$항이 된다. (a) 직렬회로 (b) 병렬회로 (c) 병렬로 연결된 복소 가지 임피던스 Z_1과 Z_2

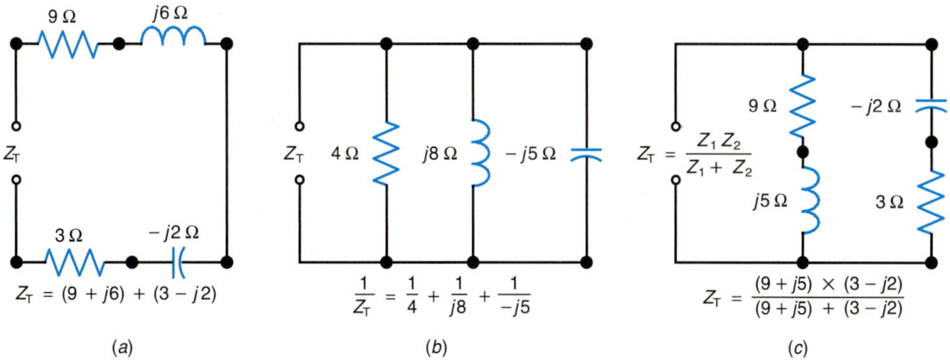

병렬 임피던스

$$\frac{1}{Z_T} = \frac{1}{Z_1} + \frac{1}{Z_2} + \frac{1}{Z_3} + \cdots \qquad (24\text{–}2)$$

두 개의 병렬 임피던스

$$Z_T = \frac{Z_1 \times Z_2}{Z_1 + Z_2} \qquad (24\text{–}3)$$

〈그림 24-7〉에 예를 보여주고 있다. 〈그림 24-7a〉는 저항과 리액턴스의 직렬회로이다. 실수부와 j항을 따로따로 더하면 $Z_T = 12 + j4$가 된다.

〈그림 24-7b〉의 병렬회로에서 병렬가지의 리액턴스는 전류가 아니므로 X_L은 $+j$, X_C는 $-j$로 표시한다.

이들 두 회로는 복소수를 도입하지 않아도 회로를 해석할 수 있다. 그러나 〈그림 24-7c〉의 직·병렬 회로는 하나 또는 그 이상의 가지가 저항과 리액턴스로 이루어지므로 복소 임피던스 Z_T를 표시하기 위하여 복소수를 사용해야 한다. 여기서 언급된 임피던스 Z_T는 복소 임피던스의 형태가 된다. Z_T를 계산하기 위해서는 다음 절에서 설명되는 복소수의 사칙연산이 적용된다.

■ 24-5 복습문제

다음의 임피던스를 복소수 형태로 적어라.

a. 직렬로 연결된 7Ω의 X_L과 4Ω의 R

b. 직렬로 연결된 7Ω의 X_C와 0Ω의 R

24-6 복소수 연산

실수항과 j항은 90°의 위상차를 갖기 때문에 직접 더할 수 없으며 다음의 규칙이 적용된다.

덧셈 또는 뺄셈

실수항과 j항은 따로따로 더하거나 뺀다.

$$\begin{aligned}(9+j5)+(3+j2) &= 9+3+j5+j2 \\ &= 12+j7 \\ (9+j5)+(3-j2) &= 9+3+j5-j2 \\ &= 12+j3 \\ (9+j5)+(3-j8) &= 9+3+j5-j8 \\ &= 12-j3\end{aligned}$$

각 연산의 답은 $R \pm jX$로 표시되며 R은 실수항 또는 저항의 대수적인 합이며 X는 허수항 또는 리액턴스의 대수적인 합이다.

j항을 실수로 곱하거나 나누기

곱하거나 나누어도 j항은 계속 j항이다. 다음의 예에서 부호에 주의하라. 두 인수가 모두 같은 부호를 가지면 결과는 +이고 서로 다른 부호를 가지면 –가 된다.

$$\begin{aligned}&4\times j3 = j12 &\qquad& j12\div 4 = j3 \\ &j5\times 6 = j30 && j30\div 6 = j5 \\ &j5\times(-6) = -j30 && -j30\div(-6) = j5 \\ &-j5\times 6 = -j30 && -j30\div 6 = -j5 \\ &-j5\times(-6) = j30 && j30\div(-6) = -j5\end{aligned}$$

실수를 실수로 곱하거나 나누기

실수를 실수로 곱하거나 나누어도 결과는 실수이다.

j항과 j항을 곱하기

숫자와 j 계수를 곱하면 j^2항이 나온다. j^2는 실수축에 있는 –1이므로 답은 실수가 된다. 두 개의 j항을 곱하면 숫자를 j축에서 180°의 실수축으로 90°만큼 이동시킨다.

$$\begin{aligned}j4\times j3 &= j^2 12 = (-1)(12) \\ &= -12 \\ j4\times(-j3) &= -j^2 12 = -(-1)(12) \\ &= 12\end{aligned}$$

j항으로 j항을 나누기

허수를 허수로 나누게 되면 j 인수가 상쇄되어 실수가 된다.

$$j12 \div j4 = 3 \qquad -j12 \div j4 = -j3$$
$$j30 \div j5 = 6 \qquad j30 \div (-j6) = -5$$
$$j15 \div j3 = 5 \qquad -j15 \div (-j3) = 5$$

복소수끼리 곱하기

> **알아두기▸▸**
> 복소수의 곱셈과 나눗셈은 극좌표형식이 직각좌표형식에 비하여 훨씬 더 간단하다.

각각 두 항을 가진 두 인수의 곱에 대한 대수법칙에 따른다.

$$\begin{aligned}(9+j5)\times(3-j2) &= 27-j18+j15-j^2 10\\ &= 27-j3-(-1)10\\ &= 27-j3+10\\ &= 37-j3\end{aligned}$$

여기서 $-j^2 10$은 +10이 된다. 이것은 j^2이 −1이고 −(−1)10은 +10이기 때문이다.

복소수로 나누기

이 과정은 허수로 실수를 나누는 것이 불가능하기 때문에 좀 더 복잡해진다. 따라서 분모항의 허수를 실수로 바꾸어야 한다.

분모에 j항이 없도록 실수로 변환시키는 것을 분모의 유리화(rationalization)라고 한다. 이를 위하여 분모와 분자에 분모의 공액복소수(conjugate)를 곱하면 된다. 공액복소수는 실수부가 같고 허수부의 부호가 반대이다. 예를 들어, $1 + j2$의 공액복소수는 $1 - j2$이다.

분모와 분자에 같은 인수를 곱하므로 분수 값에는 변화가 없고 따라서 유리화가 허용된다. 이 절차는 1을 곱하는 것과 같다. 유리화에 의해 나누기를 하는 다음의 예에서 분모 $(1 + j2)$의 공액복소수는 $(1 - j2)$이다.

$$\begin{aligned}\frac{4-j1}{1+j2} &= \frac{4-j1}{1+j2}\times\frac{(1-j2)}{(1-j2)} = \frac{4-j8-j1+j^2 2}{1-j2+j2-j^2 4}\\ &= \frac{4-j9-2}{1+4}\\ &= \frac{2-j9}{5}\\ &= 0.4-j1.8\end{aligned}$$

유리화를 하여 $4 - j1$을 $1 + j2$로 나눈 결과가 $0.4 - j1.8$이다.

복소수와 공액복소수의 곱은 항상 각 항의 제곱의 합과 같음에 유의하라. 예를 들어, $2 + j3$과 공액복소수 $2 - j3$을 곱하면 $4 + 9 = 13$이 된다. 여기서는 간단한 수의 곱셈과 나눗셈의 예만 보여주며, 계산이 길어지게 되는 경우에는 24–8절에 주어지는 극좌표형식으로 곱셈과 나눗셈을 하는 것이 더 쉽다.

■ 24-6 복습문제

a. $(2+j3)+(3+j4)=$

b. $(2+j3)\times 2=$

알아두기▸▸

가지고 있는 계산기에서 극좌표형식-직각좌표형식 간의 변환법에 대하여 알아두도록 한다.

24-7 복소수의 크기와 위상각

전기에서 복소 임피던스 $(4+j3)$는 4Ω의 저항과 90°의 위상이 앞서는 3Ω의 유도성 리액턴스를 표시한다. 〈그림 24-8a〉에서 Z의 크기는 $\sqrt{16+9}=\sqrt{25}=5\Omega$이다. 90°의 위상차를 갖기 때문에 각 항의 제곱을 더해서 제곱근을 구하면 된다.

이 결과의 위상각은 탄젠트 값이 0.75가 되는 각도이고, 이 각은 37°이다. 따라서 $4+j3=5\angle 37°$이다.

탄젠트의 비를 계산할 때 어떤 각도의 탄젠트는 밑변에 대한 높이의 비이므로 j 항은 분자, 실수항은 분모가 된다. 음(−)의 j 항에 대해서 탄젠트는 음의 값을 가지며 이것은 음의 위상각을 표시하게 된다.

다음의 정의에 유의하라. $(4+j3)$은 직각좌표(rectangular coordinates)형식으로 표시된 복소수(complex number)로 실수항(real term)은 4이고 허수항(imaginary term)은 $j3$이다. 합성된 크기(magnitude, absolute value, modulus)는 5이고 위상각은 37°이다. 크기는 $|5|$로 표기할 수 있다. 양쪽의 수직선은 위상각 없이 크기만을 나타낸다. 이 크기가 계기의 측정값이 된다. 예를 들어, $5\angle 37°$A의 전류는 전류계로 측정할 때 5A의 크기를 지시하게 된다. 몇 가지 예를 다음에 보인다.

그림 24-8 복소수의 크기와 위상각 (a) 직각좌표형식 (b) 극좌표형식

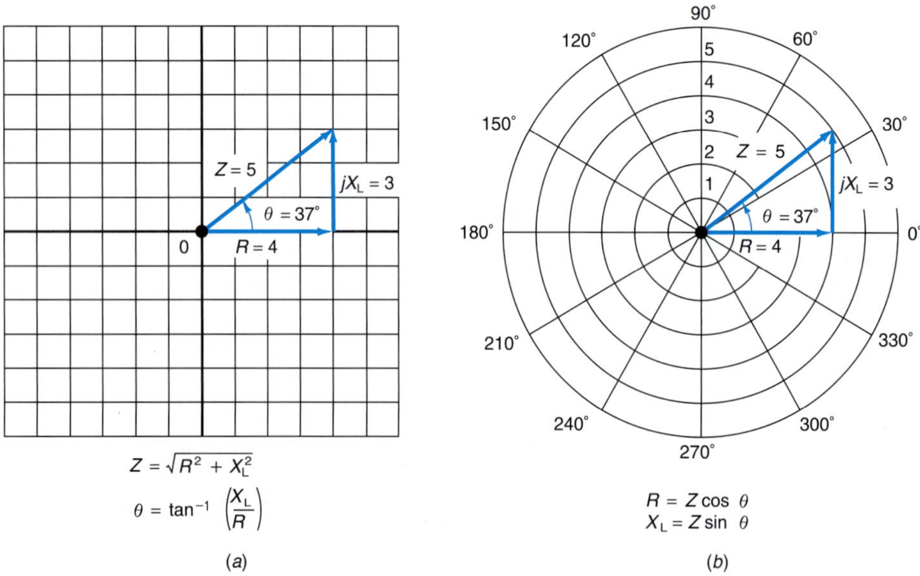

$$2+j4 = \sqrt{4+16}\angle \tan^{-1}2 = 4.47\angle 63^\circ$$
$$4+j2 = \sqrt{16+4}\angle \tan^{-1}0.5 = 4.47\angle 26.5^\circ$$
$$8+j6 = \sqrt{64+36}\angle \tan^{-1}0.75 = 10\angle 37^\circ$$
$$8-j6 = \sqrt{64+36}\angle \tan^{-1}(0.75) = 10\angle 37^\circ$$
$$4+j4 = \sqrt{16+16}\angle \tan^{-1}1 = 5.66\angle 45^\circ$$
$$4-j4 = \sqrt{16+16}\angle \tan^{-1}(-1) = 5.66\angle -45^\circ$$

세 번째 예의 $\tan^{-1}0.75$는 탄젠트 값이 0.75가 되는 각을 의미한다. 이 값은 밑변에 대한 높이의 비로서 6/8 = 3/4이다. $\tan^{-1}0.75$는 arctan 0.75로도 표시하며 이 때의 각은 36.87°가 된다.

대부분의 공학용 계산기에 직각좌표를 극좌표로 변환하는 기능이 있다. 각자의 계산기 사용 지침서를 보고 이 기능을 익힌다. 만약 계산기에 이 기능이 없다면 다음의 두 단계로 문제를 해결할 수 있다. (1) 크기 : 두 값의 제곱의 합을 구하고 그 제곱근을 구한다 (2) 위상각은 허수부를 실수부로 나누어 $\tan^{-1}$의 각을 구한다.

■ 24-7 복습문제

10 + j10Ω의 복소 임피던스에 대하여 다음을 계산하라.

a. 크기

b. 위상각

24-8 극좌표형식으로 표현된 복소수

복소수의 크기와 위상각을 계산하는 것은 실제로 극좌표에서 위상각을 표시하는 형태로 변화시키는 것이다. 〈그림 24-8〉에서 직각좌표형식 4 + j3은 극좌표형식 $5\angle 37^\circ$와 같음을 알 수 있다. 극좌표에서 중심으로부터의 거리가 페이저 Z의 크기이다. 위상각 θ는 0°축으로부터 반시계방향으로 회전된 각을 의미한다.

임의의 복소수를 극좌표형식으로 변환하기 위하여 다음의 단계를 따른다.

1. 실수항과 허수항의 페이저 합으로 크기를 구한다.
2. 탄젠트 값이 j항을 실수항으로 나눈 것과 같은 값이 되는 각도를 찾는다. 몇 가지 예를 들면,

$$2+j4 = 4.47\angle 63^\circ$$
$$4+j2 = 4.47\angle 26.5^\circ$$
$$8+j6 = 10\angle 37^\circ$$
$$8-j6 = 10\angle -37^\circ$$
$$4+j4 = 5.66\angle 45^\circ$$
$$4-j4 = 5.66\angle -45^\circ$$

이 예들은 앞에서 복소수의 크기와 위상각을 구하는 것과 동일하다.

극좌표형식에서의 크기는 직각좌표형식의 실수항이나 허수항보다는 항상 커야 하지만 두 항의 대수적인 합보다는 작아야 한다. 예를 들면, $8+j6=10\angle 37^\circ$ 에서 크기 10은 8이나 6보다는 크지만 14보다는 작다.

저항이 실수항이고 리액턴스가 j항인 교류회로에서 복소수의 극좌표형식은 합성된 임피던스의 크기와 위상각을 표시한다. 다음 경우는 저항이나 리액턴스 중 하나가 0인 임피던스를 표시한 것이다.

$$0+j5=5\angle 90^\circ$$
$$0-j5=5\angle -90^\circ$$
$$5+j0=5\angle 0^\circ$$

극좌표형식은 복소수의 곱셈과 나눗셈에서 편리하다. 그 이유는 극좌표형식의 곱셈은 크기는 곱하고 각은 더하면 되고, 나눗셈은 크기는 나누고 각은 빼면 되기 때문이다. 다음의 규칙들이 적용된다.

곱셈

크기는 곱하고 각은 대수적으로 더한다.

$$24\angle 40^\circ \times 2\angle 30^\circ = 24\times 2\angle(40^\circ+30^\circ)=48\angle 70^\circ$$
$$24\angle 40^\circ \times(-2\angle 30^\circ)=-48\angle 70^\circ$$
$$12\angle -20^\circ \times 3\angle -50^\circ = 36\angle -70^\circ$$
$$12\angle -20^\circ \times 4\angle 5^\circ = 48\angle -15^\circ$$

실수를 곱할 때는 크기만 곱하면 된다.

$$4\times 2\angle 30^\circ = 8\angle 30^\circ$$
$$4\times 2\angle -30^\circ = 8\angle -30^\circ$$
$$-4\times 2\angle 30^\circ = -8\angle 30^\circ$$
$$-4\times(-2\angle 30^\circ)=8\angle 30^\circ$$

이 규칙은 실수는 위상각이 0°라는 사실로부터 나온다. 0°를 임의의 각도에 더해도 그 합은 동일한 각도가 된다.

나눗셈

크기는 나누고 각은 뺀다.

$$24\angle 40^\circ \div 2\angle 30^\circ = 24\div 2\angle(40^\circ-30^\circ)=12\angle 10^\circ$$
$$12\angle 20^\circ \div 3\angle 50^\circ = 4\angle -30^\circ$$
$$12\angle -20^\circ \div 4\angle 50^\circ = 3\angle -70^\circ$$

실수로 나눌 때는 크기만 나누면 된다.

$$12\angle 30^\circ \div 2 = 6\angle 30^\circ$$
$$12\angle -30^\circ \div 2 = 6\angle -30^\circ$$

이 규칙도 역시 실수는 위상각이 0°라는 사실로부터 얻어지는 특별한 경우이다. 어떤 각에서 0°를 빼도 그 결과는 변화가 없다.

반대로 실수를 복소수로 나누는 경우 분모의 각은 결과적으로 분자의 각으로 되며 부호가 바뀐다. 이 규칙은 실수의 위상각이 0°이고 여기서 각도를 뺀 것과 동일한 결과이다. 예를 들면,

$$\frac{10}{5\angle 30^\circ} = \frac{10\angle 0^\circ}{5\angle 30^\circ} = 2\angle(0^\circ - 30^\circ)$$
$$= 2\angle -30^\circ$$
$$\frac{10}{5\angle -30^\circ} = \frac{10\angle 0^\circ}{5\angle -30^\circ} = 2\angle\{0^\circ - (-30^\circ)\}$$
$$= 2\angle +30^\circ$$

달리 말하면 각의 역수는 크기는 같지만 부호가 반대로 된다는 것이다. 이 연산은 10의 거듭제곱을 계산하는 것과 유사하다. 각도와 10의 거듭제곱은 지수연산의 일반적인 규칙을 따른다.

■ 24-8 복습문제

a. $6\angle 20^\circ \times 2\angle 30^\circ = ?$

b. $6\angle 20^\circ \times 2\angle 30^\circ = ?$

24-9 극좌표형식에서 직각좌표형식으로의 변환

극좌표형식으로 표현된 복소수는 곱셈과 나눗셈에서는 아주 편리하지만 위상각이 다르면 덧셈과 뺄셈을 할 수 없다. 따라서 극좌표형식으로 표현된 복소수는 덧셈이나 뺄셈에서는 직각좌표형식으로 변환시켜야 한다.

극좌표형식의 임피던스 $Z\angle\theta$에 대하여 고려해보자. 크기는 직각좌표계에서 실수항과 j항으로 이루어진 직각삼각형의 빗변이다. 〈그림 24-9〉에서 극좌표형식을 직각좌표형식으로 변환하기 위하여 직각삼각형의 수평성분과 수직성분을 찾으면 된다. 특히,

실수항 $R = Z\cos\theta$

j항 $X = Z\sin\theta$

〈그림 24-9a〉에서 극좌표형식 $Z\angle\theta$가 $5\angle 37^\circ$라고 하자. $\sin 37^\circ = 0.6$, $\cos 37^\circ = 0.8$이므로

그림 24-9 극좌표형식 $Z\angle\theta$ 를 직각좌표형식 $R\pm jX$ 로 변환하는 방법 (a) 1상한의 $+\theta$는 $+j$항을 가진다. (b) 4상한의 $-\theta$는 $-j$항을 가진다.

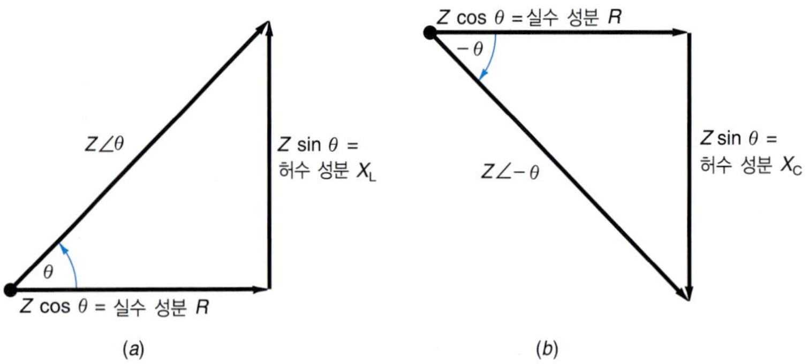

$$R = Z\cos\theta = 5\times0.8 = 4$$
$$X = X\sin\theta = 5\times0.6 = 3$$

이다. 따라서 $5\angle37^\circ = 4+j3$ 이다.

이 예는 〈그림 24-8〉과 같다. j항의 부호가 +이므로 X_C가 아닌 X_L을 표시한다.

〈그림 24-9b〉는 같은 크기를 갖지만 θ의 부호가 음(−)이므로 j항이 음이 됨을 나타내고 있다. 음의 θ는 음의 j항을 가지며, 그 이유가 j항이 4상한에 존재하기 때문이다. 그러나 실수항은 코사인 값이 양이므로 양수이다.

R은 $\cos\theta$로서 수평성분이며 X는 $\sin\theta$로서 수직성분이다. $+X$는 X_L을 표시하고 $-X$는 X_C를 의미한다.

이 규칙은 0°에서 90°의 1상한과 0°에서 −90°의 4상한의 각도에 적용된다. 예를 들면,

$$14.14\angle45^\circ = 14.14\cos45^\circ + j14.14\sin45^\circ = 10+j10$$
$$14.14\angle-45^\circ = 14.14\cos(-45^\circ)+j14.14\sin(-45^\circ) = 10+j(-10)$$
$$= 10-j10$$
$$10\angle90^\circ = 0+j10$$
$$10\angle-90^\circ = 0-j10$$
$$100\angle30^\circ = 86.6+j50$$
$$100\angle-30^\circ = 86.6-j50$$
$$100\angle60^\circ = 50+j86.6$$
$$100\angle-60^\circ = 50-j86.6$$

어떤 형식에서 다른 형식으로 변환할 때 j항이 실수항보다 작아지거나 커진다면 각은 45°보다 작아지거나 커지게 된다. 각이 0°에서 45° 사이에 있을 때 j항을 표시하는 수직변은 실수항보다 작아야 하며 각이 45°에서 90° 사이에 있을 때 j항은 실수항보다 커야 한다.

직각좌표형식과 극좌표형식으로 표현된 복소수가 교류회로에 어떻게 사용되는지

를 요약하면 다음과 같다.

1. 복소수의 덧셈과 뺄셈은 직각좌표형식으로 행해진다. 이 과정은 직렬회로의 임피던스 합에 적용된다. 만약 직렬 임피던스가 직각좌표형식이라면 실수항과 허수항을 따로따로 합한다. 만약 직렬 임피던스가 극좌표형식이라면 직각좌표형식으로 변환하여 처리한다.
2. 복소수의 곱셈이나 나눗셈을 할 때 극좌표형식을 사용하는 것이 빠르다. 만약 복소수가 직각좌표형식이라면 극좌표형식으로 변환한다. 복소수는 두 가지 형식으로 표현이 가능하고 덧셈, 뺄셈에는 직각좌표형식을, 곱셈, 나눗셈에는 극좌표형식을 사용한다. 다음 절에 교류회로에 이 방법을 어떻게 적용하는가가 보여진다.

■ 24-9 복습문제

직각좌표형식으로 변환하라.

a. $14.14\angle 45^\circ$

b. $14.14\angle -45^\circ$

24-10 4직렬 교류회로에서의 복소수

〈그림 24-10〉의 회로는 단지 직렬 저항과 리액턴스로 구성되어 있으므로 페이저를 사용하여 도해적으로 해석할 수 있지만 복소수는 위상각을 좀 더 자세하게 보여준다.

직각좌표형식에서의 Z_T

〈그림 24-10a〉의 전체 Z_T는 임피던스의 합이다.

$$\begin{aligned} Z_T &= 2+j4+4-j12 \\ &= 6-j8 \end{aligned}$$

전체 직렬 임피던스는 $6-j8$이다. 실제로 이것은 저항을 나타내는 실수항과 리액턴스를 나타내는 허수항을 따로따로 더한 것과 같다.

극좌표형식에서의 Z_T

Z_T를 직각좌표형식에서 극좌표형식으로 변환시키면 다음과 같다.

$$\begin{aligned} Z_T &= 6-j8 \\ &= \sqrt{36+64}\angle \tan^{-1}(-8/6) \\ &= \sqrt{100}\angle \tan^{-1}(-1.33) \\ &= 10\angle -53^\circ\,\Omega \end{aligned}$$

MultiSim **그림 24-10** 직렬 교류회로에 적용되는 복소수 (a) 직렬 임피던스를 갖는 회로 (b) 회로의 전류와 전압 (c) 전류와 전압의 페이저도

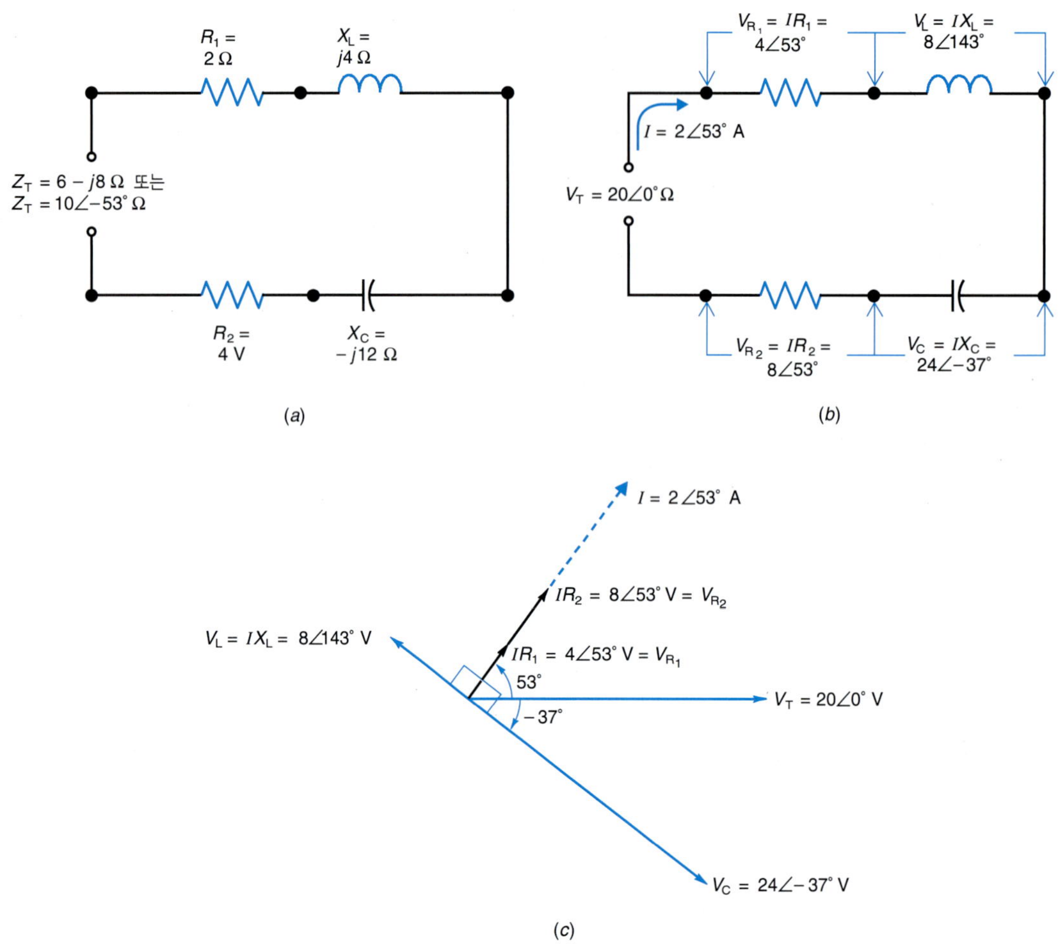

$-53°$의 위상각은 회로의 전압과 전류가 $53°$의 위상차를 가진다는 것을 의미한다. 이 각도가 θ_Z이다.

전류 계산 I

전류 I를 계산할 때 공급전압 V_T를 임피던스 Z_T로 나누므로 극좌표형식을 사용한다. 〈그림 24-10b〉에서 V_T가 20V이고 j항을 갖지 않는 실수이므로 공급전압의 극좌표형식은 $20\angle 0°$ 이다. 전압 페이저의 위상각이 $0°$이므로 이어지는 계산에서 기준 페이저로 사용된다. 전류를 구하면 $2\angle 53°$ 가 된다.

$$I = \frac{V_T}{Z_T} = \frac{20\angle 0°}{10\angle -53°} = 2\angle 0° - (-53°)$$
$$= 2\angle 53°\ \mathrm{A}$$

Z_T는 $-53°$의 음의 위상각을 갖지만 전류는 $0°$의 각을 이것으로 나눈 것이기 때문에 부호가 바뀌어 $+53°$의 위상각을 갖게 된다. 일반적으로 극형식의 각도는 역수를 취하면 크기는 같고 부호가 반대로 된다.

회로의 위상각

I가 $+53°$의 위상각을 가진다는 것은 V_T보다 위상이 앞선다는 것을 의미한다. I의 양(+)의 각은 직렬회로가 진상 전류를 가지는 용량성이라는 것을 의미한다. 이 각은 $45°$보다 큰데 이것은 총 리액턴스가 합성저항보다 크기 때문이며 그 결과 탄젠트 값이 1보다 크다.

소자별 전압강하 계산

회로소자에 생기는 전압강하는 각각의 저항이나 리액턴스에 전류를 곱하여 구할 수 있다.

$$V_{R_1} = IR_1 = 2\angle 53^\circ \times 2\angle 0^\circ = 4\angle 53^\circ \text{ V}$$
$$V_L = IX_L = 2\angle 53^\circ \times 4\angle 90^\circ = 8\angle 143^\circ \text{ V}$$
$$V_C = IX_C = 2\angle 53^\circ \times 12\angle -90^\circ = 24\angle -37^\circ \text{ V}$$
$$V_{R_2} = IR_2 = 2\angle 53^\circ \times 4\angle 0^\circ = 8\angle 53^\circ \text{ V}$$

전압의 위상

전압의 위상은 〈그림 24-10c〉에 표시되어 있다. 공급전압 V_T는 $0°$의 기준 위상을 가진다.

V_{R1}과 V_{R2}의 위상각 $53°$는 저항의 전압이 전류 I와 위상이 같다는 것을 보여준다. 따라서 이 전압은 V_T에 $53°$ 앞서게 된다.

V_C의 $-37°$ 위상각은 V_T보다 이만큼 위상이 뒤진다는 것을 나타낸다. 그러나 X_C의 전압은 여전히 전류보다 $90°$, 즉 $53°$와 $-37°$의 차이만큼 뒤진다.

V_L의 위상각은 2사분면의 $143°$가 되며, $53°$의 위상각을 가지는 전류보다 여전히 $90°$ 앞선다. 그러나 V_T에 대하여는 $143°$ 앞서게 된다.

V_T는 직렬전압강하의 페이저 합과 같다

직렬회로에서의 모든 전압강하를 더하면 공급전압과 크기가 같아진다. 각각의 전압은 직각좌표형식으로 변환되어야 한다. 그 계산 과정은 다음과 같다.

$$V_{R_1} = 4\angle 53^\circ = 2.408 + j3.196\text{V}$$
$$V_L = 8\angle 143^\circ = -6.392 + j4.816\text{V}$$
$$V_C = 24\angle -37^\circ = 19.176 - j14.448\text{V}$$
$$V_{R_2} = 8\angle 53^\circ = 4.816 + j6.392\text{V}$$
$$\text{전체 } V = 20.008 - j0.044\text{V}$$

V_T를 극좌표형식으로 표시하면 약 $20\angle 0^\circ$ V 이다.

2사분면의 $8\angle 143^\circ$ 에서 실수부는 음수이고 허수부는 양수임에 유의하라.

■ 24-10 복습문제

〈그림 24-10〉에서

a. V_T에 대한 I의 위상각은 얼마인가?

b. V_T에 대한 V_L의 위상각은 얼마인가?

c. V_R에 대한 V_L의 위상각은 얼마인가?

24-11 병렬 교류회로에서의 복소수

병렬회로를 등가의 직렬회로로 변환하면 유용하다. 〈그림 24-11〉에서 10Ω의 X_L과 10Ω의 R이 병렬로 연결되어 있다. 복소수로 표시하면 R은 10 + j0이고 X_L은 0 + j10이다. 등가 임피던스 Z_T는 곱을 합으로 나누어주면 된다. 〈그림 24-11a〉에서

$$Z_T = \frac{(10+j0)\times(0+j10)}{(10+j0)+(0+j10)} = \frac{10\times j10}{10+j10} = \frac{j100}{10+j10}$$
$$= \frac{j10}{1+j1}$$

이것을 나눗셈을 하기 위하여 극좌표형식으로 변환시키면

$$Z_T = \frac{j100}{10+j10} = \frac{100\angle 90^\circ}{14.14\angle 45^\circ} = 7.07\angle 45^\circ$$

$7.07\angle 45^\circ$ 가 되는 Z_T의 저항성분과 리액턴스 성분을 알아보기 위해서 다시 직각좌표형식으로 변환시키면

$$\text{실수 항} = 7.07\cos 45^\circ$$
$$= 7.07\times 0.707 = 5$$
$$\text{허수 항} = 7.07\sin 45^\circ$$
$$= 7.07\times 0.707 = 5$$

그림 24-11 병렬 교류회로에서의 병렬 뱅크를 등가 직렬 임피던스로 변환하는 데 사용된 복소수

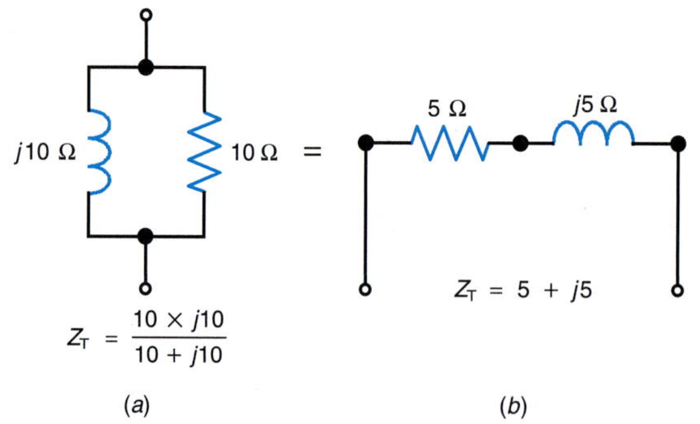

따라서

극좌표형식 $Z_T = 7.07\angle 45^\circ$
직각좌표형식 $Z_T = 5 + j5$

직각좌표형식의 Z_T는 10Ω의 R과 10Ω의 X_L이 병렬로 연결된 것은 〈그림 24-11b〉에 나타낸 것과 같이 5Ω의 R과 5Ω의 X_L이 직렬로 연결된 것과 등가임을 나타낸다.

어드미턴스 Y와 서셉턴스 B

병렬회로에서는 보통 임피던스의 역수를 합성하는 것보다 가지전류를 합하는 것이 더 편리하다. 이런 이유로 가지저항 대신에 $G = 1/R$이 되는 가지 컨덕턴스 G가 대신 사용된다. 이와 마찬가지로 복소 임피던스의 역수를 정의할 수 있다. 임피던스 Z의 역수를 어드미턴스(admittance) Y라 하고, 리액턴스의 역수를 서셉턴스(susceptance) B라고 하며 다음과 같은 관계가 있다.

$$\text{컨덕턴스} = G = \frac{1}{R}\,\text{S} \tag{24-4}$$

$$\text{서셉턴스} = B = \frac{1}{\pm X}\,\text{S} \tag{24-5}$$

$$\text{어드미턴스} = Y = \frac{1}{Z}\,\text{S} \tag{24-6}$$

R, X, Z의 단위에 Ω을 사용하기 때문에 역수인 G, B, Y는 단위로 S(siemens)를 사용한다.

B와 Y의 위상각은 전류와 같다. 따라서 위상각은 역수 관계인 X와 Z의 각과는 반대 부호를 가진다. 유도성 가지는 서셉턴스 $-jB$, 용량성 가지는 서셉턴스 $+jB$가 되며 가지전류와 같은 위상을 가진다.

컨덕턴스와 서셉턴스의 병렬가지의 어드미턴스는 $Y_T = G \pm jB$이다. 〈그림 24-11a〉에서 G는 0.1, B도 0.1이다.

직각좌표형식

$$Y_T = 0.1 - j0.1\text{S}$$

극좌표형식

$$Y_T = 0.04\angle -45^\circ\,\text{S}$$

이때, Y_T는 1V의 전압이 $7.07\angle 45^\circ$의 Z_T 양단에 공급될 때 흐르는 전류 I_T와 같다.

또 다른 예로 4Ω의 R과 $-j4$Ω의 X_C가 병렬로 연결되었다고 가정한다면 Y_T는 0.25 + j0.25S가 되고 극좌표형식으로 $Y_T = 0.35\angle 45^\circ\,\text{S}$가 된다.

■ 24-11 복습문제

a. $3+j4\Omega$의 Z가 2Ω의 R과 병렬연결될 때 Z_T를 직각좌표형식으로 표현하라.

b. $3-j4\Omega$의 Z가 2Ω의 R과 병렬연결될 때 Z_T를 직각좌표형식으로 표현하라.

24-12 두 복소 가지 임피던스의 합성

〈그림 24-12〉에 나타낸 것처럼 두 개의 복소 가지 임피던스 Z_1과 Z_2가 리액턴스와 저항으로 구성된 회로에서, 이와 같은 회로는 도표나 복소수의 어느 하나만을 사용하여 해석할 수 있지만, 복소수를 사용하는 것이 더욱 편리하다.

우선 Z_T를 구하기 위해서 Z_1과 Z_2를 먼저 구해보면

$$Z_1 = 6+j8 = 10\angle 53^\circ$$
$$Z_2 = 4-j4 = 5.66\angle -45^\circ$$

Z_T를 구하면

$$Z_T = \frac{Z_1 \times Z_2}{Z_1 + Z_2}$$

이때 덧셈은 직각좌표형식을 사용하고 곱셈은 극좌표형식을 사용하는데 그 결과는 다음과 같다.

$$Z_T = \frac{10\angle 53^\circ \times 5.66\angle -45^\circ}{6+j8+4-j4}$$
$$= \frac{56.6\angle 8^\circ}{10+j4}$$

나눗셈을 하기 위해서 분모를 극좌표형식으로 변환시키면

$$10+j4 = 10.8\angle 22^\circ$$

따라서

MultiSim **그림 24-12** 복소 임피던스 Z_1과 Z_2가 병렬로 연결된 회로의 Z_T

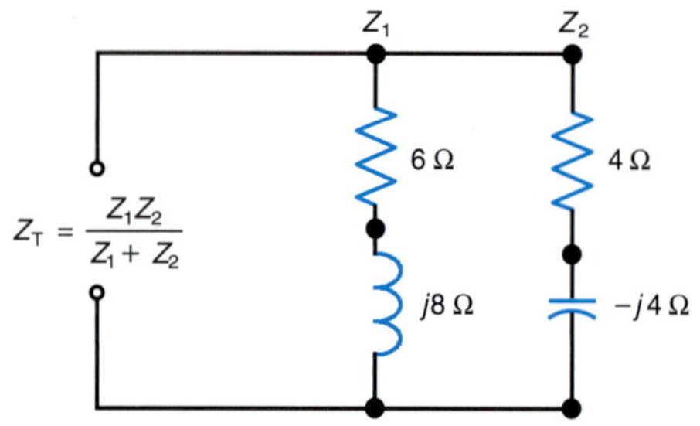

$$Z_T = \frac{56.8\angle 8^\circ}{10.8\angle 22^\circ} = 5.24\angle -14^\circ\,\Omega$$

Z_T를 직각좌표형식으로 변환시키면 R성분은 $5.24\times\cos(-14°)$ 또는 5.24×0.97 = 5.08이다. $\cos\theta$는 1상한과 4상한에서 +이다. j성분은 $5.24\times\sin(-14°)$ 또는 $5.24\times(-0.242)$ = −1.127이다. 따라서 직각좌표형식으로 나타내면

$$Z_T = 5.08 - j1.27$$

따라서 직·병렬 회로의 조합은 5.08Ω의 R과 1.27Ω의 X_C가 직렬로 연결된 것과 등가가 된다. j항에 (−) 부호가 붙은 것은 회로가 용량성임을 표시한다. 이 문제는 Z_T를 유리화하여 직각좌표형식으로도 풀 수 있다.

■ 24–12 복습문제

〈그림 24–12〉에서

a. Z_1과 Z_2의 합을 구하기 위해서 $(6+j8)+(4-j4)$를 구하라.

b. Z_1과 Z_2의 곱을 구하기 위해서 $10\angle 53^\circ \times 5.66\angle -45^\circ$를 계산하라.

24–13 복소 가지전류의 합성

〈그림 24–13〉에 나타낸 두 가지에서의 I_T를 구해보자. 병렬 가지의 합성전류 I_T는 직각좌표형식에서만 더해질 수 있다. 이것은 Z_T를 구하기 위해서 직각좌표형식의 직렬 임피던스를 더한 것과 같은 방법이다. 다시 말하면 페이저의 덧셈을 위해서 직각좌표형식이 필요하다. 〈그림 24–13〉에서 가지전류를 더하면 다음과 같다.

$$\begin{aligned} I_T &= I_1 + I_2 \\ &= (6+j6)+(3-j4) \\ &= 9+j2\text{A} \end{aligned}$$

I_1은 $+j$이므로 용량성 전류이고 I_2는 $-j$이므로 유도성 전류이다. 이런 전류 페이저들은 리액턴스 페이저가 서로 반대 부호를 갖는다.

그림 24–13 두 병렬가지를 가지는 회로의 I_T 계산

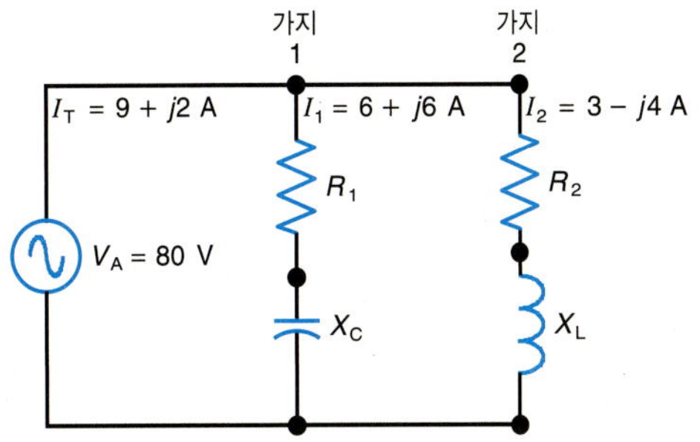

$9 + j2\text{A}$인 I_T는 극좌표형식으로 나타낼 때 가지전류의 페이저 합으로 계산된다.

$$\begin{aligned} I_T &= \sqrt{9^2+2^2} = \sqrt{85} \\ &= 9.22\text{A} \\ \tan\theta &= \frac{2}{9} = 0.222 \\ \theta_1 &= \tan^{-1}(0.22) \\ &= 12.53^\circ \end{aligned}$$

따라서 I_T는 직각좌표형식에서는 $9 + j2\text{A}$, 극좌표형식에서는 $9.22\angle 12.53^\circ\ \text{A}$가 된다. 직각좌표형식을 사용하여 복소수로 표현된 가지전류를 더할 수 있다.

■ 24-13 복습문제

a. I_1이 $0 + j2\text{A}$이고 I_2가 $4 + j3\text{A}$일 때 I_T를 구하라.

b. I_1이 $6 + j7\text{A}$이고 I_2가 $3 - j9\text{A}$일 때 I_T를 구하라.

24-14 세 개의 복소 가지로 된 병렬회로

〈그림 24-14〉에 나타낸 회로는 2개 이상의 복소 임피던스가 병렬로 연결되어 있으므로 가지전류법을 사용한다. 덧셈과 뺄셈에는 직각좌표형식이, 곱셈이나 나눗셈에는 극좌표형식이 편리하기 때문에 두 형식 간에 변환이 여러 번 일어난다. 계산 순서는 다음과 같다.

1. 각 가지의 임피던스는 극좌표형식으로 변환한다. 이것으로 공급전압 V_A를 나누어서 각 가지의 전류를 계산하는 데 필요하다. 만약 V_A가 주어지지 않는다면 편리한 크기를 가정하면 된다. V_A는 기준 페이저이기 때문에 위상각이 0°이다.
2. 각 가지전류를 극좌표형식에서 직각좌표형식으로 변환한다. 그렇게 해야만 전체전류를 구할 수 있으며 저항성분과 리액턴스 성분이 분리되어 더해질 수 있다.
3. Z_T를 계산하기 위해서 전체전류를 직각좌표형식에서 극좌표형식으로 변환해서 공급전압을 나눈다.
4. 합성 임피던스 Z_T는 절대값과 위상각으로 표시된 극좌표형식으로 구할 수 있으며, 저항성분과 리액턴스 성분으로 표시되는 직각좌표형식으로 변환할 수 있다.

이제 이런 방법을 〈그림 24-14〉의 회로에 적용시켜 보자. 단위는 A, V, Ω이다.

그림 24-14 3개의 복소 임피던스가 병렬로 연결된 Z_T 계산

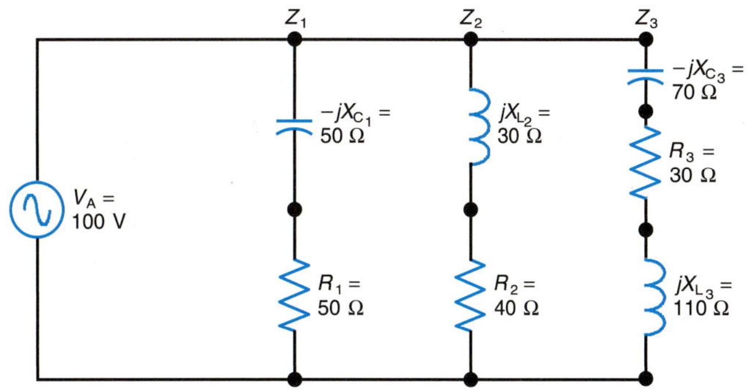

가지 임피던스

각 가지의 Z를 직각좌표형식에서 극좌표형식으로 변환한다.

$$Z_1 = 50 - j50 = 70.7\angle -45^\circ$$
$$Z_2 = 40 + j30 = 50\angle +37^\circ$$
$$Z_3 = 30 + j40 = 50\angle +53^\circ$$

가지전류

각 가지전류는 V_A를 Z로 나누면 된다.

$$I_1 = \frac{V_A}{Z_1} = \frac{100\angle 0^\circ}{70.7\angle -45^\circ} = 1.414\angle +45^\circ = 1 + j1$$
$$I_2 = \frac{V_A}{Z_2} = \frac{100\angle 0^\circ}{50\angle +37^\circ} = 2.00\angle -37^\circ = 1.6 - j1.2$$
$$I_3 = \frac{V_A}{Z_3} = \frac{100\angle 0^\circ}{50\angle +53^\circ} = 2.00\angle -53^\circ = 1.2 - j1.6$$

각 가지전류의 극좌표형식은 전체전류를 구하기 위하여 직각좌표형식으로 변환된다.

전체전류

직각좌표형식의 가지전류를 더하면 I_T를 구할 수 있다.

$$\begin{aligned} I_T &= I_1 + I_2 + I_3 \\ &= (1 + j1) + (1.6 - j1.2) + (1.2 - j1.6) \\ &= 1 + 1.6 + 1.2 + j1 - j1.2 - j1.6 \\ &= 3.8 - j1.8 \end{aligned}$$

여기서 I_T를 다시 극좌표형식으로 변환시키면

$$I_T = 4.2\angle -25.4^\circ$$

전체 임피던스

$$Z_T = \frac{V_A}{I_T} = \frac{100\angle 0°}{4.2\angle -25.4°}$$
$$= 23.8\angle +25.4°\ \Omega$$

다시 직각좌표형식으로 변환시키면

$$Z_T = 21.5 + j10.2\Omega$$

따라서 〈그림 24-14〉의 복소 교류회로는 21.5Ω의 R과 10.2Ω의 X_L이 직렬로 연결된 회로와 등가이다. 이 회로는 유도성이다.

합성 임피던스는 Z_1과 Z_2를 먼저 선택해서 $Z_1Z_2/(Z_1+Z_2)$ 공식을 적용한 후 Z_3과 다시 합성해서 구할 수도 있다.

■ 24-14 복습문제

a. 〈그림 24-14〉에서 가지 2의 Z_2를 직각좌표형식으로 표시하라.

b. Z_2를 극좌표형식으로 표시하라.

c. I_2를 구하라.

요약

- 복소수에서 저항 R은 실수항이고 리액턴스 X는 j항이다. 따라서 R이 8Ω이고 X_L이 8Ω, X_C가 8Ω이면 $R = 8$, $X_L = j8$, $X_C = -j8$로 표시된다. 저항과 리액턴스가 직렬로 연결된 복소 임피던스의 일반적인 형태는 직각좌표형식에서 $Z = R \pm jX$로 표시된다.
- 직렬전압에 대해서도 마찬가지로 $V = V_R \pm jV_X$로 표시된다.
- 가지전류 $I_T = I_R \pm jI_X$에서 리액턴스 가지전류의 부호는 임피던스와 반대이다. 따라서 용량성 가지전류는 jI_C이고 유도성 가지전류는 $-jI_L$이다.
- 복소 가지전류 I_T를 계산할 때 각 가지전류는 직각좌표형식으로 표시되어야 한다.
- 직각좌표형식을 극좌표형식으로 변환시키면 $R \pm jX = Z\angle\theta$로 되고 Z의 크기는 $\sqrt{R^2 + X^2}$이다.
- 극좌표형식을 직각좌표형식으로 변환시키면 $Z\angle\theta = R \pm jX$가 되고 여기서 R은 $Z\cos\theta$이고 X는 $Z\sin\theta$이다. +위상각은 $+j$항을 갖고 −위상각은 $-j$항을 가진다. 또 위상각이 45° 이상이면 j항은 실수항보다 커지고 위상각이 45° 이하이면 j항은 실수항보다 작아진다.
- 복소수의 덧셈과 뺄셈은 직각좌표형식에서만 가능하다.
- 복소수의 곱셈과 나눗셈은 극좌표형식이 편리하다. 곱셈에서는 크기는 곱하고 위상각은 더한다. 나눗셈에서는 크기는 나누고 위상각은 빼면 된다.
- 직렬회로의 전체 임피던스 Z_T를 구하기 위해서는 모든 임피던스의 실수항과 j항을 분리해서 더한다. 따라서 $Z_T = R \pm jX$가 된다. 전류를 구하기 위해서는 Z_T로 V_A를 나누어야하므로 Z_T를 극좌표형식으로 변환해야 한다.
- 병렬회로에서 두 복소 가지 임피던스 Z_1과 Z_2의 전체 임피던스 Z_T를 구하기 위해서는 $Z_T = Z_1Z_2/(Z_1 + Z_2)$ 공식을 사용한다.

중요 용어

- 극좌표형식 : 크기와 위상각으로 복소수를 표현하는 형식. 극좌표형식의 일반적인 형태는 $r\angle\theta$이다. 여기서 r은 페이저의 크기, θ는 실수축에 대한 위상각이다.
- 복소수 : 실수항과 허수항의 결합. 복소수는 직각좌표형식이나 극좌표형식으로 표현할 수 있다.
- 서셉턴스 B : 리액턴스 X의 역수. $B = 1/\pm X$. 서셉턴스의 단위는 지멘스(S)
- 실수 : 0° 또는 180°의 수평축에 위치한 임의의 수
- 어드미턴스 Y : 임피던스 Z의 역수. $Y = 1/Z$. 어드미턴스의 단위는 지멘스(S)
- 직각좌표형식 : 실수부와 허수부로 복소수를 표현하는 형식. 직각좌표형식의 일반적인 형태는 $a \pm jb$이다. 여기서 a는 실수항이고 $\pm jb$는 ±90°에 위치한 허수항이다.
- 허수 : j축에 위치한 수를 허수라고 부른다. (0축에 수직인 임의의 양은 j축에 위치한 것으로 고려한다.)
- j 연산자 : j 연산자는 +90° 또는 −90°의 위상각을 나타낸다. 예를 들어, $+j$1kΩ은 +90°의 j축에 위치한 1kΩ의 유도성 리액턴스 X_L, $-j$1kΩ은 −90°의 $-j$축에 위치한 1kΩ의 용량성 리액턴스 X_C를 나타낸다.

중요 공식

$$Z_T = Z_1 + Z_2 + Z_3 + \cdots \text{ (직렬 인피던스)}$$

$$\frac{1}{Z_T} = \frac{1}{Z_1} + \frac{1}{Z_2} + \frac{1}{Z_3} + \cdots \text{ (병렬 인피던스)}$$

$$Z_T = \frac{Z_1Z_2}{Z_1 + Z_2} \text{ (두 개의 병렬 인피던스)}$$

$$\text{컨덕턴스} = G = \frac{1}{R}\text{S}$$

$$\text{서셉턴스} = B = \frac{1}{\pm X}\text{S}$$

$$\text{어드미턴스} = Y = \frac{1}{Z}\text{S}$$

자습문제

1. 수평축에 위치한 수는?
   a. 허수
   b. 공액복소수
   c. 실수
   d. 복소수

2. + 또는 $-j$축에 위치한 수는?
   a. 허수
   b. 공액복소수
   c. 실수
   d. 복소수

3. $-j500\Omega$이 나타내는 값은?
   a. 500Ω의 유도성 리액턴스
   b. 500Ω의 용량성 리액턴스
   c. 500Ω의 저항
   d. 500Ω의 컨덕턴스

4. 20Ω의 유도성 리액턴스를 표현하는 방법은?
   a. $+20\Omega$　　b. $j^2 20\Omega$
   c. $-j20\Omega$　　d. $+j20\Omega$

5. 10Ω의 저항과 15Ω의 유도성 리액턴스가 직렬로 연결된 교류회로에서 임피던스를 극좌표형식으로 표현하면?
   a. $15\Omega + j10\Omega$　　b. $18\angle 56.3^\circ \Omega$
   c. $18\angle 33.7^\circ \Omega$　　d. $25\angle 56.3^\circ \Omega$

6. 임피던스 Z가 $50\angle -36.87^\circ \Omega$이다. 이것을 직각좌표형식으로 표현하면
   a. $40\Omega - j30\Omega$　　b. $40\Omega + j30\Omega$
   c. $30\Omega + j40\Omega$　　d. $30\Omega - j40\Omega$

7. 복소수를 더하거나 뺄 때 복소수는 어떻게 표현되어야 하는가?
   a. 극좌표형식
   b. 과학표기법
   c. 직각좌표형식
   d. 위의 어느 것도 아니다

8. 극좌표형식으로 되어 있는 복소수의 곱셈에서
   a. 크기는 곱하고 위상각은 뺀다
   b. 크기는 곱하고 위상각은 더한다
   c. 위상각은 곱하고 크기는 더한다
   d. 크기와 위상각 모두 곱한다

9. 극좌표형식으로 되어 있는 복소수의 나눗셈에서
   a. 크기는 나누고 위상각은 뺀다
   b. 크기는 나누고 위상각은 더한다
   c. 위상각은 나누고 크기는 뺀다
   d. 크기와 위상각 모두 나눈다

10. 임피던스가 $200\angle -63.42^\circ \Omega$인 병렬 가지의 어드미턴스 Y는?
    a. $5\angle -63.43^\circ$ mS
    b. $5\angle 26.57^\circ$ mS
    c. $200\angle 63.43^\circ$ mS
    d. $5\angle 63.43^\circ$ mS

11. 복소수에서 j^2은 다음 어느 것에 해당하는가?
    a. 180°
    b. −1
    c. −90°
    d. a와 b 모두

12. 서셉턴스 B는?
    a. 임피던스의 역수이다.
    b. 리액턴스의 역수이다.
    c. 저항의 역수이다.
    d. 컨덕턴스와 같다.

13. $+j250$mA의 가지전류가 나타내는 것은?
    a. 250mA의 유도성 전류
    b. 250mA의 저항 전류
    c. 250mA의 용량성 전류
    d. 250mA의 동위상 전류

14. 병렬 교류회로의 어드미턴스는 $Y_T = 6\text{mS} + j8\text{mS}$이다. 이에 대한 임피던스를 극좌표형식으로 표현하면?
    a. $10\angle 45^\circ$ kΩ
    b. $100\angle 53.13^\circ$ kΩ
    c. $100\angle -53.13^\circ$ kΩ
    d. $14\angle 53.13^\circ$ kΩ

15. 임피던스가 $300\angle 53.15^\circ$ kΩ일 때 저항은?
    a. 240Ω
    b. 180Ω
    c. 270Ω
    d. 60Ω

확인문제

1. 0°, 90°, 180°, 270°, 360°에 대한 수학적 연산자는?
2. 각에 대한 사인, 코사인, 탄젠트 함수를 정의하라.
3. R과 G, X와 B, Z와 Y를 비교해서 설명하라.
4. Y와 B의 단위는 무엇인가?
5. 회로의 Z_T와 I_T가 반대 부호의 위상각을 갖는 이유를 설명하라.

연습문제

24-1절 양수와 음수

24-1 다음 수의 위상각은?
a. 수평 x축에 있는 양수
b. 수평 x축에 있는 음수

24-2 다음의 위상각에 대응하는 인수는?
a. 0°
b. 180°

24-2절 j 연산자

24-3 실수축에 수직인 축의 명칭은?

24-4 다음 축 위에 있는 수의 위상각은 얼마인가?
a. $+j$축
b. $-j$축

24-5 다음 축 위에 있는 수의 명칭은 무엇인가?
a. 수평축
b. j축

24-6 다음 인수에 대한 위상각은?
a. +1
b. −1
c. $+j$
d. $-j$
e. j^2
f. j^3

24-7 다음 수의 의미는?
a. $j25$
b. $-j36$

24-3절 복소수의 정의

24-8 복소수의 정의는 무엇인가?

24-9 복소수 100Ω + j400Ω은 어떤 형식으로 표기한 것인가?

24-10 복소수 8 + j6에서 실수항과 허수항은 각각 어느 것인가?

24-11 다음의 예에서 위상각이 45°보다 큰 수, 작은 수, 같은 수를 구별하라.
a. 3 + j5
b. 180 + j60
c. 40 − j40
d. 100 − j120
e. 40 + j30

24-4절 교류회로에서 복소수 적용

24-12 저항값은 실수로 취급하나, 허수로 취급하나?

24-13 양의 실수의 위상각은 얼마인가?

24-14 다음 양을 j 연산자를 사용하여 표현하라.
a. 50Ω의 X_L
b. 100Ω의 X_C
c. V_L의 25V
d. V_C의 25V
e. 4A의 I_L
f. 600mA의 I_C

24-5절 복소수 형식의 임피던스

24-15 다음의 임피던스를 직각좌표형식으로 표현하라.
a. 10Ω의 R과 직렬로 연결된 20Ω의 X_L
b. 10Ω의 X_L과 직렬로 연결된 15Ω의 R
c. 0Ω의 R과 직렬로 연결된 1kΩ의 X_C
d. 1.5kΩ의 R과 직렬로 연결된 2kΩ의 X_C
e. 150Ω의 R과 직렬로 연결된 0Ω의 X
f. 75Ω의 R과 직렬로 연결된 75Ω의 X_C

24-16 다음의 예에서 실수항과 j항을 분리하여 결합하고 결과를 직각좌표형식으로 표현하라.

a. 40Ω의 R과 직렬로 연결된 30Ω의 X_C와 60Ω의 X_L
b. 500Ω의 R과 직렬로 연결된 150Ω의 X_L과 600Ω의 X_C
c. 1kΩ의 X_C와 직렬로 연결된 2kΩ의 X_L, 3kΩ의 R 및 2kΩ의 R

24-6절 복소수 연산

24-17 다음의 복소수를 더하라.
a. $(6 + j9) + (9 + j6)$
b. $(25 + j10) + (15 - j30)$
c. $(0 + j100) + (200 + j50)$
d. $(50 - j40) + (40 - j10)$
e. $(12 + j0) + (24 - j48)$

24-18 다음 연산을 하라.
a. $j10 \times 5$
b. $-j60 \times (-4)$
c. $-j8 \times 9$
d. $j4 \times (-8)$
e. $j100 \div 20$
f. $-j600 \div 6$
g. $-j400 \div (-20)$
h. $j16 \div (-8)$

24-19 다음 연산을 하라.
a. $j8 \times j9$
b. $-j12 \times j5$
c. $-j7 \times (-j4)$
d. $j3 \times j8$
e. $j12 \div j6$
f. $-j100 \div j8$
g. $-j250 \div (-j10)$
h. $j1000 \div (-j40)$

24-20 다음의 복소수를 곱하라.
a. $(3 + j5) \times (4 + j3)$
b. $(6 - j8) \times (8 + j6)$
c. $(12 + j3) \times (5 + j9)$
d. $(4 - j2) \times (8 - j12)$

24-21 다음의 복소수를 나누어라.
a. $(15 - j3) \div (10 + j4)$
b. $(6 + j3) \div (24 - j8)$
c. $(10 + j2) \div (20 - j4)$
d. $(2 - j6) \div (4 - j4)$

24-7절 복소수의 크기와 위상각

24-22 직각좌표형식으로 표현된 복소수의 크기와 위상각을 계산하라.
a. $5 - j8$
b. $10 + j15$
c. $100 + j50$
d. $20 - j35$
e. $150 + j200$
f. $75 - j75$
g. $0 + j100$
h. $100 + j0$
i. $10 - j40$
j. $2000 - j6000$

24-8절 극좌표형식으로 표현된 복소수

24-23 직각좌표형식으로 표현된 복소수를 극좌표형식으로 변환하라.
a. $10 + j10$
b. $8 - j10$
c. $12 + j8$
d. $140 - j55$

24-24 극좌표형식으로 표현된 다음 복소수를 곱하라.
a. $50\angle 30^\circ \times 2\angle -65^\circ$
b. $3\angle -15^\circ \times 5\angle -40^\circ$
c. $9\angle 20^\circ \times 8\angle 30^\circ$
d. $15\angle -70^\circ \times 4\angle 10^\circ$
e. $2 \times 150\angle -45^\circ$
f. $1000\angle -90^\circ \times 0.5\angle 90^\circ$
g. $40\angle 25^\circ \times 1.5$

24-25 극좌표형식으로 표현된 다음 복소수를 나누어라.
a. $48\angle -80^\circ \div 16\angle 45^\circ$
b. $120\angle 60^\circ \div 24\angle -90^\circ$
c. $172\angle -45^\circ \div 43\angle -45^\circ$
d. $210\angle 22^\circ \div 45\angle -44^\circ$
e. $180\angle 75^\circ \div 6$
f. $750\angle 80^\circ \div 30$
g. $2500\angle 50^\circ \div 200$

24-9절 극좌표형식에서 직각좌표형식으로의 변환

24-26 극좌표형식으로 표현된 다음 복소수를 직각좌표형식으로 변환하라.

a. $50\angle 45°$

b. $100\angle 60°$

c. $250\angle -53.13°$

d. $1000\angle -30°$

e. $12\angle 0°$

f. $180\angle -78.5°$

g. $5\angle 36.87°$

h. $25\angle 15°$

i. $45\angle 100°$

j. $60\angle -90°$

k. $100\angle 53.13°$

l. $40\angle 90°$

24-10절 직렬 교류회로에서의 복소수

24-27 〈그림 24-15〉에 대하여 다음 질문에 답하라.

a. Z_T를 직각좌표형식으로 표시하라.

b. Z_T를 극좌표형식으로 표시하라.

c. I를 극좌표형식으로 표시하라.

d. V_R을 극좌표형식으로 표시하라.

e. V_L을 극좌표형식으로 표시하라.

f. V_C를 극좌표형식으로 표시하라.

그림 24-15

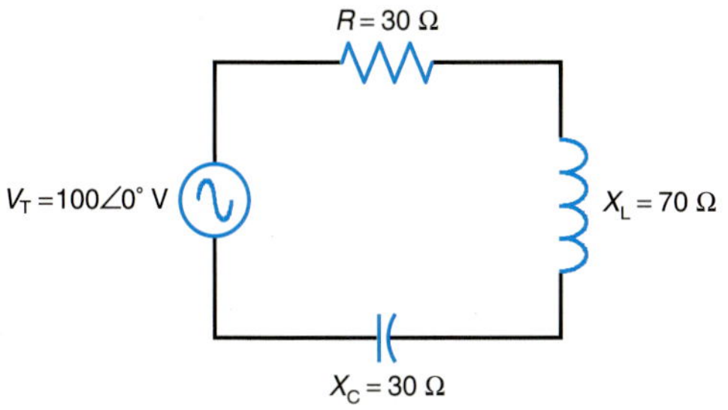

24-28 〈그림 24-16〉에 대하여 〈문제 24-27〉을 반복하라.

그림 24-16

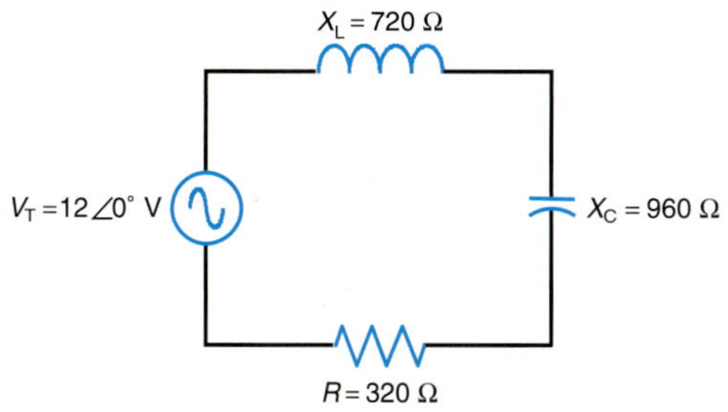

24-11절 병렬 교류회로에서의 복소수

24-29 〈그림 24-17〉에서 전체 임피던스 Z_T를 극좌표형식과 직각좌표형식으로 표현하라. 식 (24-3)을 사용하라.

그림 24-17

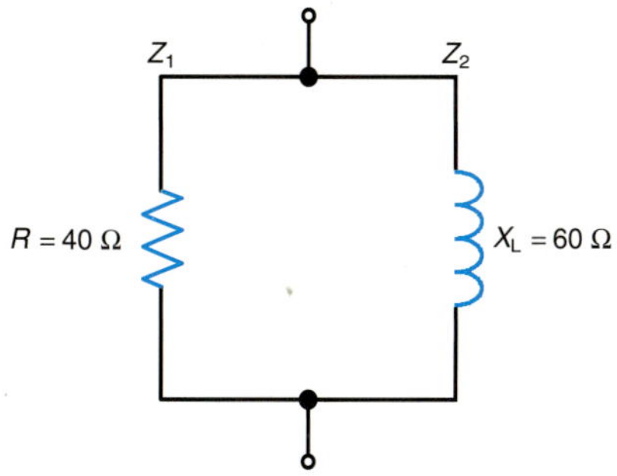

24-30 〈그림 24-17〉에서 전체 어드미턴스 Y_T를 극좌표형식과 직각좌표형식으로 표현하라. 극좌표형식의 Y_T를 사용하여 Z_T를 구하라.

24-31 〈그림 24-18〉에서 전체 어드미턴스 Y_T를 극좌표형식과 직각좌표형식으로 표현하라. Y_T를 사용하여 Z_T를 구하라.

그림 24-18

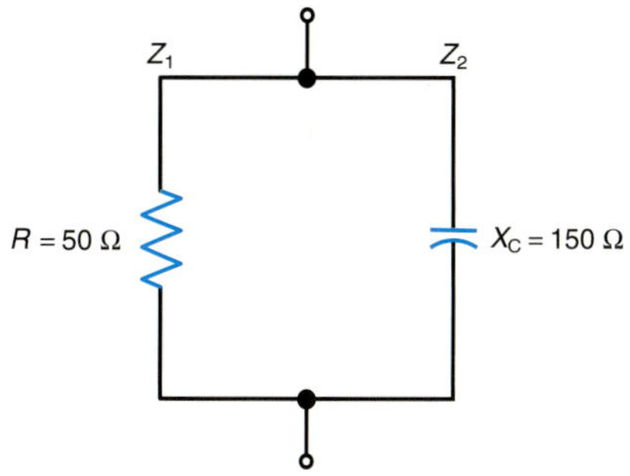

24-32 〈그림 24-18〉에서 식 (24-3)을 사용하여 전체 임피던스 Z_T를 구하라. Z_T를 극좌표형식과 직각좌표형식으로 표현하라.

24-33 다음 그림의 등가 직렬회로를 그려라.

a. 〈그림 24-17〉

b. 〈그림 24-18〉

24-12절 두 복소 가지 임피던스의 합성

24-34 〈그림 24-19〉에서

a. Z_1을 극좌표형식과 직각좌표형식으로 표현하라.

b. Z_3을 극좌표형식과 직각좌표형식으로 표현하라.

c. Z_T를 극좌표형식과 직각좌표형식으로 표현하라.

그림 24-19

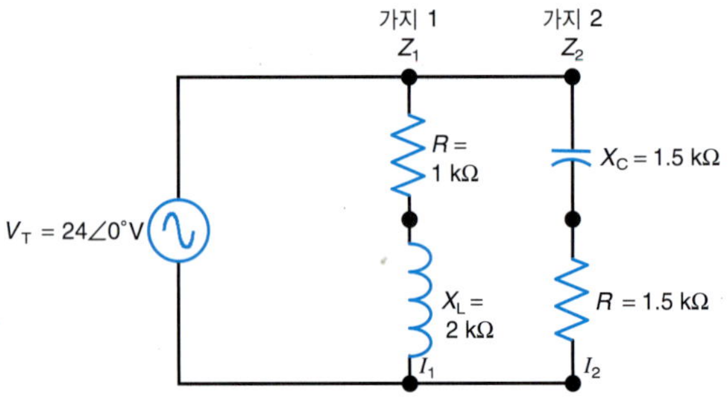

24-35 〈그림 24-20〉에 대하여 〈문제 24-34〉를 반복하라.

그림 24-20

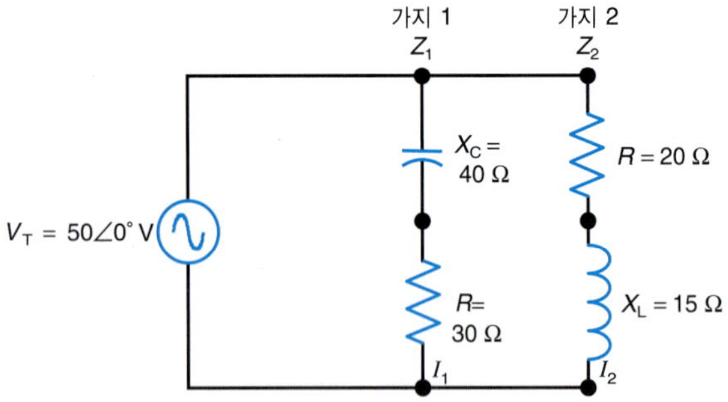

24-13절 복소 가지전류의 합성

24-36 〈그림 24-19〉에서

a. 가지전류 I_1을 극좌표형식과 직각좌표형식으로 표현하라.

b. 가지전류 I_2를 극좌표형식과 직각좌표형식으로 표현하라.

c. 전체전류 I_T를 극좌표형식과 직각좌표형식으로 표현하라.

24-37 〈그림 24-20〉에 대하여 〈문제 24-36〉을 반복하라.

24-14절 세 개의 복소 가지로 된 병렬회로

24-38 〈그림 24-21〉에서

a. Z_1을 극좌표형식으로 표현하라.

b. Z_2를 극좌표형식으로 표현하라.

c. Z_3을 극좌표형식으로 표현하라.

d. I_1을 극좌표형식과 직각좌표형식으로 표현하라.

e. I_2를 극좌표형식과 직각좌표형식으로 표현하라.

f. I_3을 극좌표형식과 직각좌표형식으로 표현하라.

g. I_T를 극좌표형식과 직각좌표형식으로 표현하라.

h. I_T를 극좌표형식과 직각좌표형식으로 표현하라.

그림 24-21

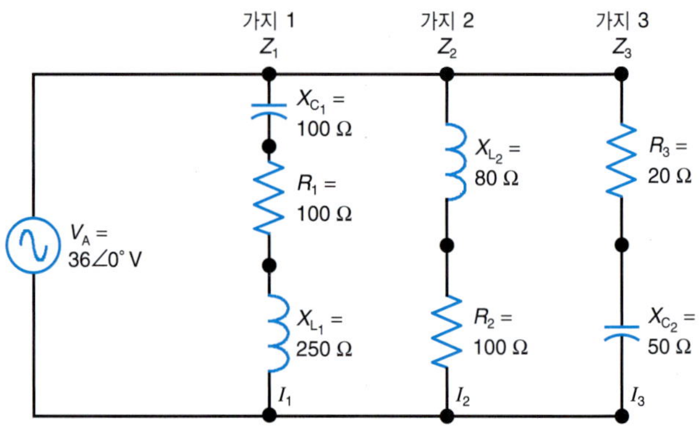

사고력 문제

24-39 〈그림 24-22〉에서 입력전압 V_{in}을 극좌표형식으로 구하라.

그림 24-22

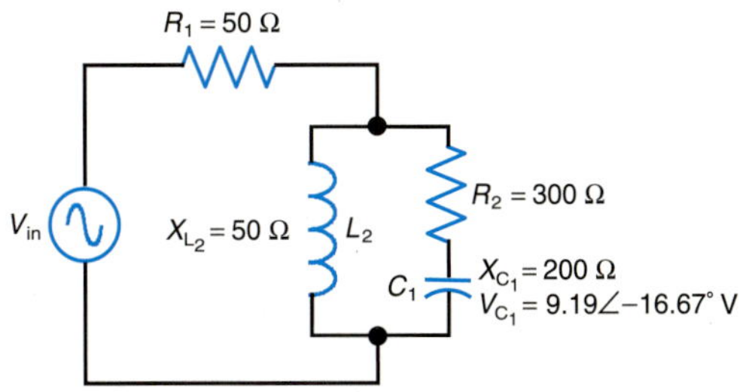

복습문제 정답

24-1 a. 0°
b. 180°

24-2 a. 90°
b. −90° 또는 270°

24-3 a. 참
b. 참

24-4 a. $j3\text{k}\Omega$
b. $-j5\text{mA}$

24-5 a. $4 + j7$
b. $0 - j7$

24-6 a. $5 + j7$
b. $4 + j6$

24-7 a. 14.14Ω
b. 45°

24-8 a. $12\angle\ 50°$
b. $3\angle -10°$

24-9 a. $10 + j10$
b. $10 - j10$

24-10 a. 53°
b. 143°
c. 90°

24-11 a. $(6 + j8)/(5 + j4)$
b. $(6 - j8)/(5 - j4)$

24-12 a. $10 + j4$
b. $56.6\angle\ 8°$

24-13 a. $4 + j5\text{A}$
b. $9 - j2\text{A}$

24-14 a. $40 + j30$
b. $50\angle\ 37°\Omega$
c. $2\angle -37°\text{A}$

chapter

25

공진

이 장에서는 LC 회로가 동조(tuning)되는 공진주파수(resonant frequency)라는 특정 주파수에서 X_L과 X_C가 어떻게 결합되는지를 설명한다. 공진 현상은 유도성 리액턴스와 용량성 리액턴스가 일치할 때 발생한다.

무선 라디오 주파수(RF)에서 공진의 주요 응용은 원하는 주파수의 교류 신호에 동조시키는 것이다. 공진은 무선 송수신기와 일반적인 전자 장비 등의 동조에 응용된다.

공진 효과에 의한 동조는 주파수 선택도(selectivity)의 실질적인 응용을 제공한다. 공진회로는 다양한 주파수가 섞인 입력신호에서 특정한 주파수만을 선택하여 출력할 수 있다.

단원 차례

단원 목표

- 공진이라는 용어를 정의한다.
- 직렬 공진회로의 네 가지 특성을 설명한다.
- 병렬 공진회로의 세 가지 특성을 설명한다.
- 공진주파수 공식이 어떻게 유도되는지 설명한다.
- 직렬 또는 병렬 공진회로의 Q를 계산한다.
- 병렬 공진회로의 등가 임피던스를 계산한다.
- 공진회로의 대역폭의 의미를 설명한다.
- 직렬 또는 병렬 공진회로의 대역폭을 계산한다.
- LC회로의 동조에서 L 또는 C의 변화 효과에 대하여 설명한다.
- 공진을 위한 L 또는 C를 계산한다.

중요 용어

공진주파수	동조	반전력 점	탱크회로
공진회로의 Q	반공진	제동	플라이휠 효과
대역폭			

알아두기▸▸

LC 공진회로는 수백 또는 수천의 신호가 입력되어도 단 하나의 신호를 선택하여 출력한다. 예를 들어 FM 수신기의 안테나에는 여러 FM 방송국의 신호가 포착되지만 LC 공진회로의 동조에 의하여 청취자가 듣고 싶어하는 하나의 신호만을 선택한다.

25-1 공진 효과

유도성 리액턴스는 주파수가 증가하면 따라서 증가하지만 용량성 리액턴스는 주파수가 증가하면 반대로 감소한다. 이것은 X_L과 X_C가 서로 반대되는 특성을 갖고 있기 때문이며, 어느 한쪽은 증가하고 어느 한쪽은 감소하기 때문에 LC 조합에는 X_L과 X_C가 일치하는 어느 한 주파수가 존재한다. 이와 같이 반대되는 두 리액턴스가 같아지는 것을 공진(resonance)이라 하고, 이때의 교류회로를 공진회로라고 부른다.

어떤 LC 회로라도 공진될 수 있으며 이것은 전적으로 주파수에 의존하게 된다. 공진주파수에서 LC 조합은 공진 효과를 발생시킨다. 공진주파수를 벗어나면 LC 조합은 일반적인 교류회로가 된다.

X_L과 X_C가 같아지는 주파수를 공진주파수(resonant frequency)라고 부르며 이 주파수는 $f_r = 1/(2\pi\sqrt{LC})$가 된다. 여기서 L은 인덕턴스(단위는 H), C는 커패시턴스(단위는 F), f_r은 $X_L = X_C$가 되는 주파수(단위는 Hz)이다.

일반적으로 L과 C가 큰 값을 갖게 되면 f_r은 상대적으로 작은 값을 갖게 되고, 반대로 L과 C가 작은 값을 갖게 되면 f_r은 비교적 큰 값을 갖게 된다. 공진 효과는 RF에서 가장 유용하게 사용되며, 이때 요구되는 μH 정도의 L, pF 정도의 C는 쉽게 얻을 수 있다.

RF 회로에서의 공진의 가장 일반적 응용은 동조(tuning)이다. 이런 경우 LC 회로는 동조 주파수에서 최대 전압을 출력하고 이보다 높거나 낮은 다른 주파수의 출력은 작다. 〈그림 25-1〉에 이와 같은 상황이 나타나 있다. 1,000kHz에서 공진되며 1,000kHz의 출력이 최대가 된다.

라디오와 TV의 동조는 공진의 응용이다. 라디오를 어느 방송국에 동조시킬 때 LC 회로는 그 특정한 반송주파수(carrier frequency)에 공진되어 동조된다. 마찬가지로 TV를 어느 채널에 맞출 때 LC 회로는 그 방송국의 신호에 공진되어 동조된다. 교류회로에서 공진의 응용 범위는 매우 넓다.

■ 25-1 복습문제

〈그림 25-1〉에서

a. 공진주파수는 얼마인가?

b. 최대 출력을 갖는 주파수는 얼마인가?

그림 25-1 1,000kHz의 주파수에서 최대 출력을 제공하는 LC 동조회로

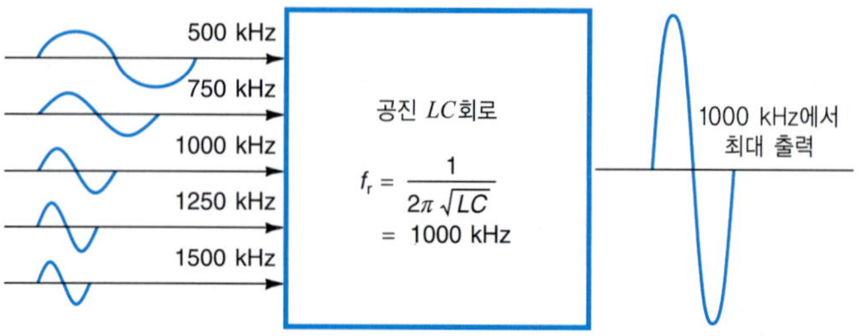

25-2 직렬 공진

〈그림 25-2a〉에 나타낸 직렬 교류회로는 1,000kHz의 주파수를 갖는 전압이 공급될 때 239μH의 인덕턴스가 갖는 X_L은 1,500Ω이다. 같은 주파수에서 106pF의 커패시턴스가 갖는 X_C도 1,500Ω이다. 따라서 이런 LC 조합은 1,000kHz에서 동조되고 이런 f_r을 동조주파수(공진주파수)라고 부른다.

직렬 교류회로에서 유도성 리액턴스는 저항과 비교할 때 90°의 앞선 위상각을 갖고 용량성 리액턴스는 90°의 뒤진 위상각을 갖는다. 따라서 X_L과 X_C는 180°의 위상차를 갖는다. 반대되는 리액턴스는 그들의 크기가 일치할 때 상쇄된다.

〈그림 25-2b〉에서 X_L과 X_C가 등가일 때 순 리액턴스는 0이 된다는 것을 설명하고 있다. 이때 전류를 제한하는 것은 코일저항 r_S인데 이 값은 아주 작은 크기이다. 직렬 리액턴스는 0이고 직렬저항이 아주 작기 때문에 공진주파수에서의 전류는 최대값을 갖게 된다. 공진에서 전류를 급격하게 증가시키기 위해서는 직렬저항이 가능한 작아야 한다.

알아두기▸▸

일반적으로 코일의 저항 r_S는 직류에서 코일의 도선 저항보다 크다. 고주파수에서 표피효과가 직류저항보다 r_S를 크게 하는 요인이 된다.

직렬 공진에서의 최대 전류

직렬 공진의 중요한 특성은 공진주파수에서 전류가 V_T/r_S의 최대값까지의 공진 상승을 갖는 것이다. 〈그림 25-3a〉의 회로에서 직렬 공진시 최대 전류는 30μA로 300μV/10Ω에 의하여 구한 값과 같다. 공진주파수 이외의 주파수에서 전류는 30μA보다 항상 작다.

〈그림 25-3〉에서는 1,000kHz의 공진주파수에서 30μA까지의 공진 상승이 발생하는 것을 나타내고 있다. 〈그림 25-3a〉에서는 전류의 양을 교류전압에 의해서 회로에 발생된 교류전류의 여러 주파수에서의 진폭의 크기로 나타내고 있다. 한 교류의 크기를 최대값, 실효값 또는 평균값 등 어느 것을 기준으로 하든 간에 공진주파수에서 전류의 크기가 가장 크다. 〈그림 25-b〉에서 전류의 크기는 그래프에 점선으로 표시되어 있으며, 이것이 바로 전형적인 직렬 공진회로의 응답곡선(response

MultiSim **그림 25-2** 직렬 공진 (a) r_S, L, C가 직렬인 회로 (b) 공진주파수 f_r에서 X_C와 X_L이 같아진다. 유도성 리액턴스 jX_L이 위쪽에, 용량성 리액턴스 $-jX_C$가 아래쪽에 나타난다.

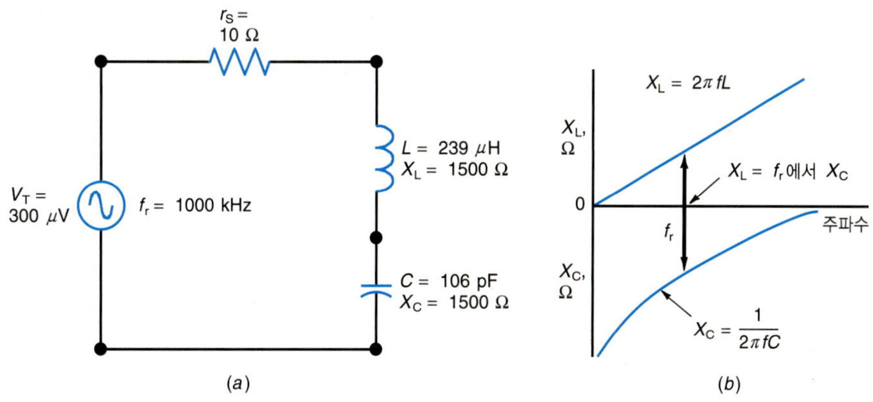

그림 25-3 〈그림 25-2〉의 직렬 공진회로에서 공진 시 최대 전류가 흐르는 것을 표시함 (a) 각 사이클의 진폭 (b) 공진점 위와 아래의 전류 출력 곡선

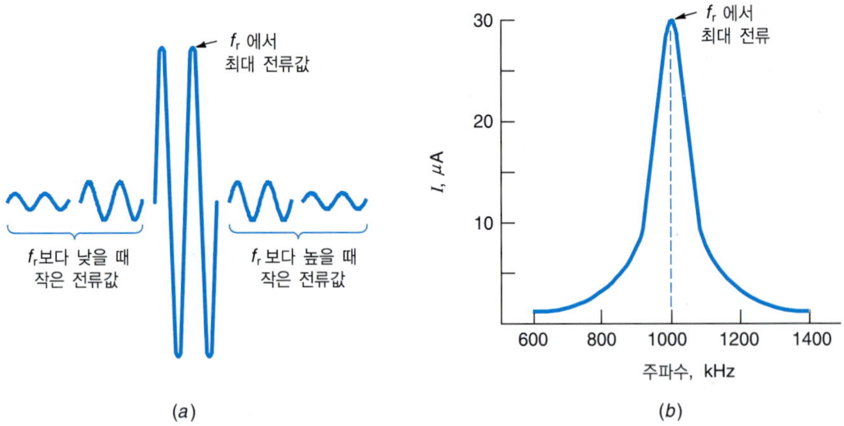

curve)이다. 〈그림 25-3b〉의 응답곡선은 〈그림 25-3a〉에 표시된 각 주파수에 대한 크기의 증감을 대략적으로 나타낸 것으로 생각할 수 있다.

직렬 공진회로의 응답곡선은 공진주파수보다 약간 작거나 큰 주파수에서의 전류가 아주 작다는 것을 보여주고 있다. 이런 사실은 〈그림 25-2〉에서 공진주파수가 1,000kHz일 때 공진주파수를 포함한 인근 주파수의 임피던스와 전류값을 계산해서 나타낸 〈표 25-1〉에서 확인할 수 있다.

공진주파수 아래인 600kHz에서 X_C는 X_L보다 아주 크다. 따라서 순 리액턴스가 존재하고 비교적 작은 크기로 전류를 제한한다. 800kHz로 주파수가 증가하면 X_C는 감소하고 X_L은 증가해서 두 리액턴스의 크기가 비슷해진다. 순 리액턴스는 약간 감소했기 때문에 전류는 증가한다.

공진주파수에서는 X_L과 X_C가 등가이므로 순 리액턴스는 0이 되고 전류는 V_T/r_S에 해당하는 최대값을 갖게 된다.

1,200kHz와 1,400kHz에서 X_L은 X_C보다 아주 커지게 되고 순 리액턴스는 전류의 크기를 제한해서 공진주파수에서의 전류보다 그 크기가 작아진다. 이상의 내용을 요약하면 다음과 같다.

1. 공진주파수보다 아래에서는 X_L이 작아지고 X_C가 커지며 전류를 제한한다.
2. 공진주파수보다 위에서는 X_C가 작아지고 X_L이 커져서 전류를 제한한다.
3. 공진주파수에서 X_L과 X_C가 같기 때문에 서로 상쇄되어서 최대 전류가 흐른다.

표 25-1	〈그림 25-2*〉 회로의 직렬 공진 계산							
주파수, kHz	$X_L=2\pi fL$, Ω	$X_C=1/(2\pi fC)$, Ω	순 리액턴스, Ω		Z_T, Ω**	$I=V_T/Z_T$, μA**	$V_L=IX_L$, μV	$V_C=IX_C$, μV
			X_C-X_L	X_L-X_C				
600	900	2,500	1,600		1,600	0.19	171	475
800	1,200	1,875	675		675	0.44	528	825
f_r → 1,000	1,500	1,500	0	0	10	30	45,000	45,000
1,200	1,800	1,250		550	550	0.55	990	688
1,400	2,100	1,070		1,030	1,030	0.29	609	310

* $L=239\mu$H, $C=106$pF, $V_T=300\mu$V, $r_s=10\Omega$
** 순 X_L이나 X_C에 비하여 r_s가 아주 작을 때는 이 값을 무시하고 Z_T와 I를 계산하였다. 공진주파수 f_r에서 Z_T와 I는 저항성이다.

직렬 공진에서의 최소 임피던스

공진주파수에서 리액턴스가 상쇄되므로 직렬회로의 임피던스는 작은 직렬저항값의 최소가 된다. 공진 시 최소의 임피던스는 위상각이 0인 저항성이 된다. 따라서 공진 시 공진 전류는 공급 전압과 동위상을 갖는다.

직렬 L 또는 C 양단에 걸리는 전압의 공진 상승

직렬 LC 회로가 공진 시 발생시키는 최대 전류는 공진주파수에서 X_L이나 X_C에 최대 전압을 발생시키기 때문에 유용하다. 결과적으로 직렬 공진회로는 공진의 위와 아래 주파수보다 공진주파수에서 더 큰 출력을 발생시키는 어느 한 개의 주파수를 선택할 수 있다. 〈그림 25-4〉에는 직렬 교류회로에서 커패시터 양단의 공진 상승 전압을 나타내고 있다. 1,000kHz의 공진주파수에서는 입력전압이 300μV에 불과하지만 커패시터 양단에서는 45,000μV가 발생된다.

〈표 25-1〉에 C 양단에 걸리는 IX_C와 L 양단에 걸리는 IX_L이 표시되어 있다. 공진주파수 아래에서 X_C는 공진 시보다 더 큰 값을 가지며 전류는 작아진다. 이와 마찬가지로 공진주파수 위에서는 X_L이 공진 시보다 커지며 유도성 리액턴스 때문에 전류의 크기가 작아진다. 공진 시에는 X_L과 X_C가 상쇄되어 없어지기 때문에 최대 전류가 흐르고 각 리액턴스는 자신의 허용된 값만을 갖는다. 따라서 전류는 회로 내의 모든 부분에서 같게 되고 공진에서 최대 전류는 C 양단에 IX_C를, L 양단에 IX_L을 발생시킨다.

비록 X_C와 X_L 양단에 걸리는 전압이 리액턴스성이지만 측정할 수 있는 실제의 전압이다. 〈그림 25-5〉에서 직렬 공진회로의 전압강하는 C 양단에서 45,000μV, L 양단에서 45,000μV가 발생되고 r_S 양단에서는 300μV만 발생한다. 저항 양단에서 발생하는 전압강하는 공급전압과 크기와 위상이 일치한다.

L과 C의 직렬 결합에서 전압은 0이다. 그 이유는 두 직렬 전압강하의 크기는 같고 부호가 반대이기 때문이다. 전압의 공진 상승을 이용하기 위해서는 출력은 반드

MultiSim **그림 25-4** 직렬회로는 공진에서 커패시터의 출력에 IX_C의 최대 전압을 발생시키는 주파수를 선택한다.

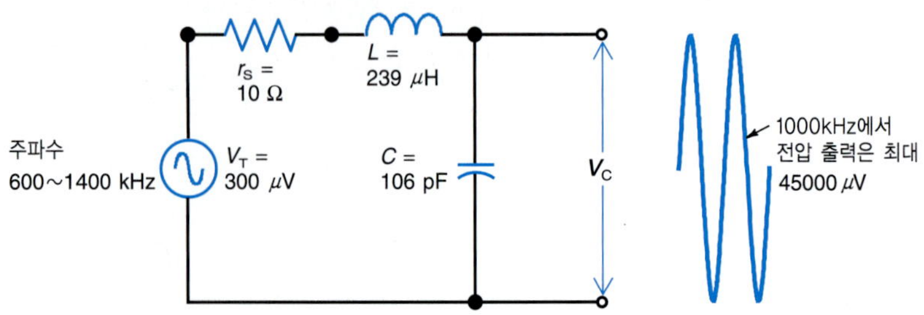

그림 25-5 직렬 공진회로의 전압강하

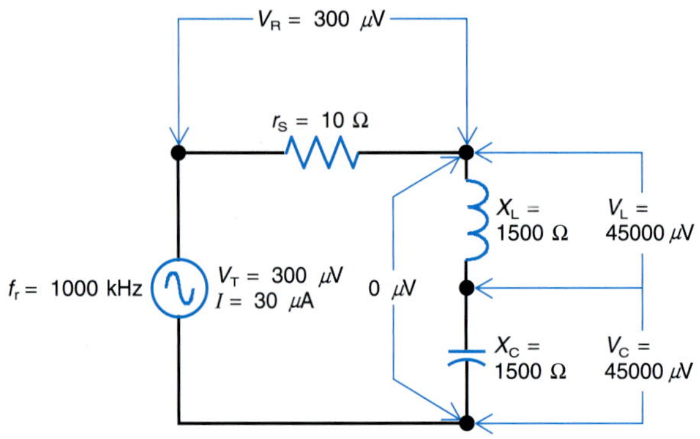

시 L이나 C의 어느 한 쪽의 양단에 연결하여야 한다. V_L과 V_C 전압은 극성이 반대로 직렬연결된 2개의 건전지와 같다고 생각하면 된다. 두 건전지의 전압이 크기가 같고 방향이 반대이므로 합성전압의 크기는 0이지만 각 건전지는 자신의 전위차를 유지하게 된다.

직렬 공진회로의 중요 특성을 요약하면 다음과 같다.

1. I는 공진주파수 f_r에서 최대이다.
2. 전류 I는 공급전압과 동위상을 갖는다. 또는 회로의 위상각은 $0°$이다.
3. L이나 C의 양단에는 최대 전압이 걸리게 된다.
4. f_r에서의 임피던스는 최소이고 r_S와 크기가 같다.

■ 25-2 복습문제

직렬 공진에서

a. X_L과 X_C는 최대 임피던스이다. (참, 거짓)

b. X_L과 X_C는 같다. (참, 거짓)

c. 전류 I가 최대 크기이다. (참, 거짓)

25-3 병렬 공진

〈그림 25-6〉에 표시한 것처럼 L과 C가 병렬연결인 회로에서는 X_L과 X_C가 등가일 때 공진 시의 리액티브 가지전류는 크기가 같고 방향이 반대이다. 따라서 서로 상쇄되어 전체전류는 최소가 된다. 선전류가 최소가 되기 때문에 임피던스는 최대가 된다. 이렇게 되는 것은 공진 상태에서 r_S값이 X_L보다 매우 작기 때문이다. 공진시 X_L과 X_C가 같을 때 가지전류는 크기가 거의 같다.

병렬 공진에서의 최소 선전류

병렬 LC 회로가 공진 상태일 때 선전류가 어떻게 해서 최소값을 갖는지 설명하기 위하여 〈그림 25-6〉의 회로에 대하여 전체전류값과 가지전류값을 〈표 25-2〉에 나타내었다.

L과 C는 〈그림 25-2〉의 직렬회로에서 사용한 것과 동일한 소자를 사용하며 같은 주파수에서 X_L과 X_C는 같은 크기를 갖는다. 따라서 L, C와 전압원이 병렬이므로 각 소자에 걸리는 전압의 크기는 공급전압과 같아진다. 따라서 각 리액티브 가지전류는 가지의 리액턴스로 300μV를 나누면 구할 수 있다.

〈표 25-2〉에 의하면 600kHz에서 용량성 가지전류는 300μV/2,500Ω = 0.12μA이고 유도성 가지전류는 300μV/900Ω = 0.33μA이다. 따라서 병렬 교류회로에서 공

MultiSim **그림 25-6** 병렬 공진회로 (a) L과 C가 병렬 가지인 회로도 (b) I_T의 공진 특성곡선은 f_r에서 최소 전류가 됨을 보여준다. (c) Z_{EQ}의 응답곡선은 f_r에서 최대임을 보여준다.

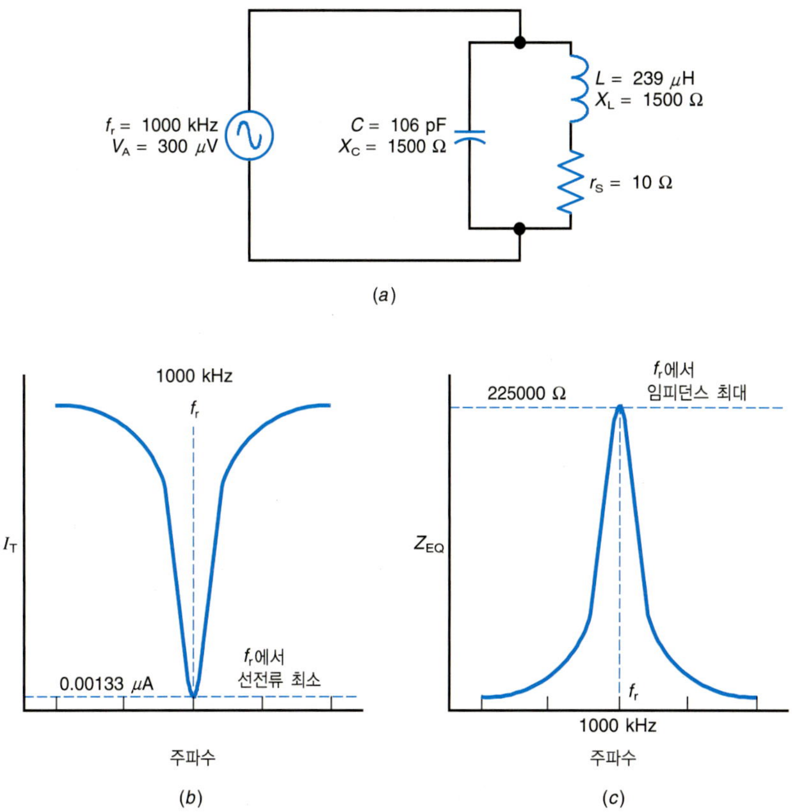

표 25-2	〈그림 25-6*〉 회로의 병렬 공진 계산							
주파수, kHz	$X_C = 1/(2\pi fC)$, Ω	$X_L = 2\pi fL$, Ω	$I_C = V/X_C$, μA	$I_L = V/X_L$, μA †	순 리액턴스성 선전류, μA		I_T, μA †	$Z_{EQ} = V_A/I_T$, Ω †
					$I_L - I_C$	$I_C - I_L$		
600	2,500	900	0.12	0.33	0.21		0.21	1,400
800	1,875	1,200	0.16	0.25	0.09		0.09	3,333
f_r → 1,000	1,500	1,500	0.20	0.20	0	0	0.00133	225,000 ‡
1,200	1,250	1,800	0.24	0.17		0.07	0.07	3,800
1,400	1,070	2,100	0.28	0.14		0.14	0.14	2,143

*L = 239μH, C = 106pF, V_T = 300μH, r_S = 10Ω

† 순 X_L이나 X_C에 비하여 r_S가 아주 작을 때는 이 값을 무시하고 Z_{EQ}와 I를 계산하였다. 공진주파수 f_r에서 Z_{EQ}와 I는 저항성이다.

‡ 공진 시 Z_{EQ}는 식 (25-7)로 계산할 수 있다. 공진주파수 f_r에서 Z_{EQ}와 I_T는 저항성이다.

급전압이 기준 위상과 비교할 때 용량성 전류는 90° 앞서고 유도성 전류는 90° 뒤지기 때문에, 반대 전류는 180°의 위상차를 갖게 되므로 전체전류에서 서로가 상쇄된다. 따라서 선로에서의 순전류는 (0.33 − 0.12)μA = 0.21μA의 크기만 갖게 된다.

이런 과정을 반복하면 주파수가 공진점 부근으로 증가할 때 용량성 가지전류는 증가하는 반면, 유도성 가지전류는 감소하게 되고 두 가지전류의 크기가 거의 같아지게 되어 선전류의 크기가 최소가 된다.

1,000kHz의 공진주파수에서는 두 리액턴스 크기는 1,500Ω이고 리액티브 가지전류는 0.20μA의 크기를 갖고 전류 방향은 반대이므로 완전하게 상쇄된다.

공진주파수 이상에서는 용량성 전류가 유도성 전류보다 증가해서 전체전류는 공진점에서의 최소 전류보다 조금씩 커지게 된다.

〈그림 25-6b〉에서 나타낸 것처럼 f_r에서 I_T는 최소값을 갖는다. 병렬 공진에서 I_T가 최소이며 Z_T는 최대가 된다.

유도성 가지에서 r_S에 의한 동상전류는 공진과는 무관한데, 그 이유는 유도성 선전류와 비교할 때 아주 적은 값이므로 무시되기 때문이다. 공진주파수에서 유도성 전류가 상쇄되면 저항성 성분만 남게 되고 이때의 전류는 0.00133μA의 크기를 갖는다. 이와 같이 작은 저항성 전류가 병렬 공진에서의 최소 선전류이다.

병렬 공진에서의 최대 임피던스

병렬 공진으로 인한 최소 선전류는 전원 양단에 걸린 임피던스가 최대이기 때문에 유용하게 사용된다. 따라서 어떤 한 주파수에서는 최대 임피던스를 갖고 그 이외의 주파수에서는 임피던스 값이 낮아진다. 따라서 LC 병렬 공진을 사용하면 원하는 주파수에서 최대 임피던스를 얻을 수 있다. 이것이 공진에 의해서 원하는 주파수를 선택하는 또 하나의 방법이다. 〈그림 25-6c〉의 응답 특성곡선은 병렬 공진에서 임피던스가 어떻게 최대값까지 상승하는가를 보여주고 있다.

알아두기▸▸

코일의 저항 r_S에 의하여 병렬 공진 시 공진주파수 f_r에서 임피던스가 무한대로 되지 않는다.

병렬 공진의 중요한 응용은 LC 동조회로를 RF 증폭기의 출력회로에서 부하 임피던스 Z_L처럼 사용하는 것이다. 임피던스가 크기 때문에 f_r에서 증폭기의 이득이 최대가 된다. 증폭기의 전압이득은 Z_L에 비례하는데, 공진 LC 회로의 이점은 Z가 공진주파수에서의 교류신호에서만 최대가 된다는 것이다. 또한 L은 거의 직류저항을 갖지 않는다. 이것은 다시 말하면 거의 직류 전압강하가 발생되지 않는다는 것을 의미한다.

〈표 25-2〉에서 나타낸 것처럼 병렬 교류회로의 Z_T는 공급전압을 I_T로 나누면 된다. 600kHz에서 Z_T는 300μV/0.21μA = 1,400Ω이고, 800kHz에서는 전류가 적어지므로 Z_T는 더 증가하게 된다.

1,000kHz의 공진주파수에서는 0.00133μA의 최소 전류가 흐르므로 임피던스는 최대값 300μV/0.00133μA = 225,000Ω을 갖게 된다.

1,000kHz 이상에서는 선전류가 증가하므로 임피던스는 최대값으로부터 감소하게 된다.

〈그림 25-7〉은 상당한 크기의 리액턴스성 가지전류가 흐르는 경우에도 선전류가 어떻게 해서 아주 적은 값을 가지게 되는지를 설명하고 있다. 공진에서 병렬회로는 〈그림 25-7a〉와 같이 LC 가지 외에 코일저항으로 인한 별도의 저항가지가 전원에 연결된 등가회로로 나타낼 수 있으며 이때 전원으로부터 본선에 흐르는 전류는 저항 가지에 흐르는 전류와 같다. 각 리액턴스 가지전류는 전원전압을 자신의 리액턴스로 나누면 되는데 그들은 위상이 반대이고 크기가 같다. 리액턴스 전류는 회로 내의 모든 부분에서 존재하지만 서로 반대 방향으로 흐르기 때문에 순전류의 크기가 0이라는 것이다. 〈그림 25-7b〉에 나타낸 그래프는 I_L과 I_C가 어떻게 상쇄되는지를 보여주고 있다.

전류계를 본선에 직렬로 연결하면 I_T를 측정할 수 있으며 공진에서 선전류가 최소값을 가지면서 급격하게 감소하는 것을 볼 수 있다. 공진주파수에서 전류는 최소로 되고 임피던스는 최대가 된다. 병렬 공진에서 선전류는 0 위상을 갖는 저항성이기 때문에 리액턴스가 없는 높은 저항만을 갖게 된다.

그림 25-7 공진에서의 병렬회로의 전류 분배. 저항성 전류는 I_R의 등가회로로 표시된다. (a) R, L, C의 가지 전류회로 (b) I_L과 I_C는 크기가 같고 방향은 반대이다.

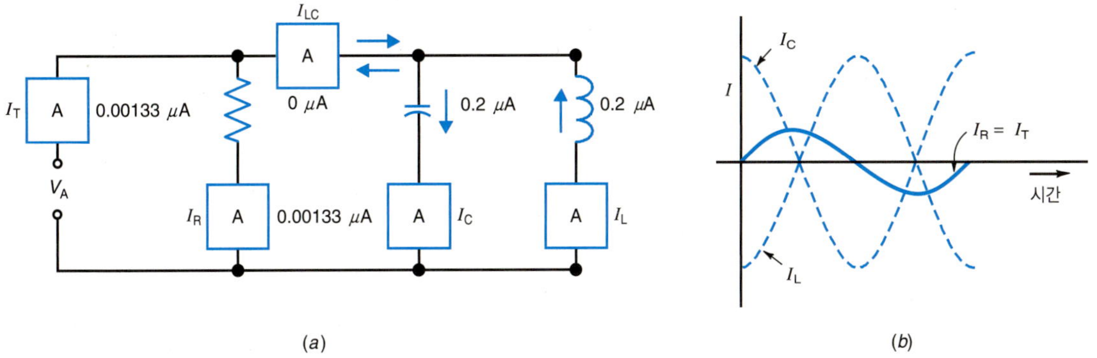

병렬 공진회로에서의 중요한 특성을 요약하면 다음과 같다.

1. 전체전류 I_T는 공진주파수에서 최소이다.
2. 전류 I_T의 위상은 공급전압 V_A의 위상과 같다.
3. 임피던스 Z_{EQ}는 V_A/I_T에 의해서 구해지며 f_r에서 최대 크기를 갖는다.

LC 탱크회로

비록 I_T가 최소라고 하더라도 공진에서 각 가지전류의 크기는 클 수도 있다. 〈표 25-2〉의 f_r에서 I_L이나 I_C는 0.2nA의 크기를 갖는다. 이런 전류는 f_r 아래의 I_C 값이나 f_r 위의 I_L 값보다 크다.

그러나 I_C는 90° 앞서고 I_L은 90° 뒤지기 때문에 서로 반대 극성을 갖게 되므로 상쇄된다.

LC 회로 내에서는 L, C가 별도의 가지에 연결되어 있으므로 I_L과 I_C는 LC 회로에서의 순환전류를 제공하는데 그 크기가 0.2μA이다. 따라서 이런 이유 때문에 LC 공진회로를 탱크회로(tank circuit)라고 부른다.

L과 C에서 에너지가 저장되기 때문에 순환 탱크 전류는 입력이 펄스의 형태를 가지더라도 사인파의 전류와 전압을 출력시킨다. 사인파 출력은 LC 탱크회로의 고유 공진주파수를 갖게 된다. 이렇게 LC 회로가 완벽한 형태의 사인파를 공급하는 능력을 플라이휠 효과(flywheel effect)라고 부른다. 또한 짧은 폭의 에너지가 공급된 후 사인파가 발생되는 과정을 LC 회로의 "링잉(ringing)"이라고 부른다.

■ 25-3 복습문제

병렬 공진에 대하여 참, 거짓으로 답하라.

a. 전류 I_L과 I_C는 최대이다. (참, 거짓)

b. 전류 I_L과 I_C는 같다. (참, 거짓)

c. 전류 I_T가 최소이다. (참, 거짓)

25-4 공진주파수 $f_r = 1/(2\pi\sqrt{LC})$

이 공식은 $X_L = X_C$에서부터 유도된다. 공식에서 공진주파수를 f_r로 표시하면

$$2\pi f_r L = \frac{1}{2\pi f_r C}$$

양변에 f_r을 곱하면

$$2\pi L(f_r)^2 = \frac{1}{2\pi C}$$

다시 $2\pi L$로 양변을 나누면

$$(f_r)^2 = \frac{1}{(2\pi)^2 LC}$$

f_r을 구하면 식 (25-1)처럼 나타낼 수 있다.

$$f_r = \frac{1}{2\pi\sqrt{LC}} \tag{25-1}$$

위 식에서 L은 H 단위를 사용하고 C는 F 단위를 사용하며 f_r은 Hz 단위를 사용하게 된다. 〈그림 25-2〉에서 LC 조합에 의한 공진주파수는 $L = 239\times10^{-6}$, $C = 106\times10^{-12}$을 대입시키면

$$f_r = 1\times10^6\text{Hz} = 1\text{MHz} = 1{,}000\text{kHz}$$

병렬이나 직렬 LC 회로에서 공진주파수는 $f_r = 1/(2\pi\sqrt{LC})$ 공식으로 구한다.

L과 C에 따른 f_r의 변화

L과 C 값이 커지면 f_r은 작아진다. 따라서 LC 회로는 L과 C의 크기에 따라서 수 Hz에서 수 MHz 사이의 모든 주파수에서 공진된다.

예를 들면, 상대적으로 값이 큰 8H의 인덕턴스와 20μF의 커패시턴스의 LC 조합은 12.6Hz의 비교적 낮은 가청 주파수에서 공진을 한다. 2μH의 작은 인덕턴스와 3pF의 작은 커패시턴스는 64.9MHz의 RF에서 공진된다. 이런 예를 공진주파수 공식을 사용하여 확인한다. 이와 같은 계산은 동조회로에 응용된다. LC 조합의 가장 중요한 특성은 공진주파수, 특히 RF 회로에서 공진주파수라고 할 수 있다.

예제 25-1

8H의 인덕턴스와 20μF의 커패시턴스가 공진시키는 주파수를 구하라.

정답

$$\begin{aligned} f_r &= \frac{1}{2\pi\sqrt{LC}} \\ &= \frac{1}{2\pi\sqrt{8\times20\times10^{-6}}} \\ &= \frac{1}{6.28\sqrt{160\times10^{-6}}} \\ &= \frac{1}{6.28\times12.65\times10^{-3}} \\ &= \frac{1}{79.44\times10^{-3}} \\ &= 0.0126\times10^{3} \\ &= 12.62\text{Hz} \end{aligned}$$

예제 25-2

2μH의 인덕턴스와 3pF의 커패시턴스가 공진시키는 주파수를 계산하라.

정답

$$\begin{aligned} f_r &= \frac{1}{2\pi\sqrt{LC}} \\ &= \frac{1}{2\pi\sqrt{2\times10^{-6}\times3\times10^{-12}}} \\ &= \frac{1}{6.28\sqrt{6\times10^{-18}}} \\ &= \frac{1}{6.28\times2.45\times10^{-9}} \\ &= \frac{1}{15.4\times10^{-9}} = 0.065\times10^{9} \\ &= 65\times10^{6}\text{Hz} = 65\text{MHz} \end{aligned}$$

식 (25-1)에서 보듯이 f_r은 LC의 제곱근에 반비례한다. 예를 들어, L이나 C가 4배로 되면 f_r이 1/2이 된다.

수치로 예를 들면 LC 조합에 의한 f_r이 6MHz라고 가정하면 L이나 C가 4배로 증가할 때 f_r이 3MHz로 감소한다는 것이다.

반대로 f_r을 2배로 증가시키려면 다음 중 어느 하나를 수행하면 된다.

1. L을 1/4로 줄이고 C는 그대로 둔다.
2. C는 1/4로 줄이고 L은 그대로 둔다.
3. L과 C를 모두 1/2로 줄인다.
4. L과 C의 곱이 기존의 L과 C의 곱의 1/4이 되는 새로운 조합을 선택한다.

f_r을 결정하는 LC 곱

어느 한 주파수에서 공진시킬 수 있는 LC 조합의 경우의 수는 무수히 많다. 〈표 25-3〉에서 1,000kHz에서 공진되는 5가지의 경우를 나타내었다. L 또는 C가 10배 또는 2배가 되고 다른 값이 그와 같은 비율로 감소하면 결국 LC 곱은 일정하다.

공진점에서 서로 다른 조합의 리액턴스는 상이하지만 X_L과 X_C는 동일한 값을 가진다.

공진을 이용한 L과 C의 측정

L, C, f_r의 세 가지 요소를 이용한 공진주파수 공식에서는 그 중의 2개를 알면 나머지 하나를 손쉽게 구할 수 있다. LC 조합의 공진주파수는 LC 조합에서의 공진 응답을 발생시키는 주파수를 구함으로써 실험적으로 찾을 수 있다. L이나 C 중에서 하나를 알고 공진주파수를 알고 있으면 나머지 하나도 쉽게 구할 수 있으므로

표 25-3	1,000kHz에서 공진하는 LC 조합			
L, μH	C, pF	$L \times C$ LC 곱	1,000kHz에서 X_L, Ω	1,000kHz에서 X_C, Ω
23.9	1,060	25,334	150	150
119.5	212	25,334	750	750
239	106	25,334	1,500	1,500
478	53	25,334	3,000	3,000
2,390	10.6	25,334	15,000	15,000

인덕턴스와 커패시턴스 측정에 사용될 수 있다. 이런 목적으로 사용되는 측정계기를 Q 미터라고 하며 코일의 Q도 측정할 수 있다.

f_r로부터 C 계산

C는 공진 공식에서부터 다음과 같이 구해진다.

$$f_r = \frac{1}{2\pi\sqrt{LC}}$$

에서 양변을 제곱하면

$$f_r^2 = \frac{1}{(2\pi)^2 LC}$$

가 되고 C는 식 (25–2)처럼 구해진다.

$$C = \frac{1}{4\pi^2 f_r^2 L} \tag{25–2}$$

여기서 f_r은 Hz, C는 F, L은 H 단위를 사용한다.

f_r로부터 L 계산

L 역시 f_r 공식으로부터 계산하면 식 (25–3)과 같다.

$$L = \frac{1}{4\pi^2 f_r^2 C} \tag{25–3}$$

공식 (25–3)에서 L은 이미 알고 있는 C와 f_r로 결정될 수 있다. 마찬가지로 공식 (25–2)에서 C는 값을 알고 있는 L과 f_r로 결정될 수 있다.

예제 25-3

1,000kHz에서 239μH의 L과 공진되는 C의 크기는 얼마인가?

정답

$$
\begin{aligned}
C &= \frac{1}{4\pi^2 f_r^2 L} \\
&= \frac{1}{4\pi^2(1000\times10^3)^2\times239\times10^{-6}} \\
&= \frac{1}{39.48\times1\times10^6\times239} \\
&= \frac{1}{9435.75\times10^6} \\
&= 0.000106\times10^{-6}\text{F} = 106\text{pF}
\end{aligned}
$$

$39.48 = 4\pi^2$임에 유의하라.

예제 25-4

1,000kHz에서 106pF의 C와 공진되는 L의 크기는 얼마인가?

정답

$$
\begin{aligned}
L &= \frac{1}{4\pi^2 f_r^2 C} \\
&= \frac{1}{39.48\times1\times10^{12}\times106\times10^{-12}} \\
&= \frac{1}{4184.88} \\
&= 0.000239\text{H} = 239\mu\text{H}
\end{aligned}
$$

분모의 10^{12}과 10^{-12}이 서로 상쇄됨에 유의하라. 또한 1×10^{12}은 1×10^6, 즉 1MHz의 제곱이다.

〈예제 25-3〉과 〈예제 25-4〉에 사용된 값들은 〈그림 25-2〉의 직렬 공진과 〈그림 25-6〉의 병렬 공진에 사용된 LC 값들이다.

■ 25-4 복습문제

a. f_r을 증가시키기 위해서 C는 커져야 하는가, 작아져야 하는가?

b. C가 100pF에서 400pF으로 증가한다면 L은 800μH에서 얼마로 감소되어야만 f_r을 유지할 수 있는가?

c. $4\pi^2$은 얼마인가?

25-5 공진회로의 Q

공진회로의 질 또는 성능 지수(figure of merit)는 Q에 의해서 나타낸다. 일반적으로 공진에서 직렬저항에 대한 리액턴스의 비가 커지게 되면 Q의 값도 커지고 공진 효과는 더욱 예리해진다.

직렬회로의 Q

직렬 공진회로에서는 식 (25-4)를 이용해서 Q를 계산할 수 있다.

$$Q = \frac{X_L}{r_S} \tag{25-4}$$

여기서 Q는 성능 지수이고 X_L은 유도성 리액턴스, r_S는 X_L에 직렬로 연결된 저항이다. 〈그림 25-2〉의 직렬 공진회로의 Q는 150이다.

$$Q = \frac{1500\Omega}{10\Omega} = 150$$

Q는 단위가 없는데, 그 이유는 저항과 리액턴스의 단위가 모두 Ω이므로 서로 상쇄되기 때문이다. 따라서 직렬저항이 공진 시 전류의 크기를 제한하므로 직렬저항의 크기가 작을수록 공진주파수에서 전류의 크기는 급격히 증가하며 이것은 Q가 크다는 것을 의미한다. 또한 공진에서의 리액턴스 값이 커지면 최대 전류가 출력전압의 크기를 크게 한다.

공진에서 X_L 대신 X_C를 사용해도 Q의 크기는 변화가 없다. 그 이유는 공진 시에는 $X_L = X_C$이기 때문이다. 그러나 회로의 Q는 X_L로 나타내는 것이 일반적인데 그 이유는 직렬저항이 코일 속에 포함되기 때문이다. 이런 경우 코일의 Q와 직렬 공진회로의 Q는 서로 같은 값을 갖게 된다. 만약 다른 저항이 삽입된다면 회로의 Q는 코일의 Q보다 작아지게 된다. 회로가 가질 수 있는 최대 크기의 Q는 코일의 Q와 같다.

Q가 150이라면 비교적 큰 값이라고 말할 수 있다. 일반적인 값은 대략 50에서 250이다. 10보다 적게 되면 Q는 낮은 값이고 300보다 크다면 아주 큰 값이다.

L/C의 비가 크면 Q가 크다

〈표 25-3〉에 나타낸 것처럼 서로 다른 LC 조합이 같은 주파수에서 공진될 수 있다. 그렇다 해도 공진에서 리액턴스의 크기는 서로 다르다. L이 커지고 C가 작아지는 경우에는 공진주파수에서 X_L=X_C가 되는 것은 변함없지만 X_L 값은 커진다. 따라서 L/C가 커질수록 공진 시 X_L과 X_C 값이 커지게 된다.

만약 교류저항이 증가하지 않는다면 X_L은 Q를 증가시킬 수 있다. 일반적으로 RF 코일에서의 최대의 Q는 X_L이 약 1000Ω 정도이다. 그러나 많은 경우에 회로의 표유 용량(stray capacitance)에 의해서 C를 작게 하는 데는 한계가 있다.

> **알아두기▸▸**
>
> 식 (25-5)는 다음과 같이 유도된다.
> 공진주파수 f_r에서
> $I = \frac{V_{gen}}{r_S}$, $V_L = I \times X_L$. 따라서
> $V_L = \frac{V_{gen}}{r_S} \times X_L$ 이므로
> $V_L = \frac{X_L}{r_S} \times V_{gen}$.
> $Q = \frac{X_L}{r_S}$ 이므로
> $V_L = Q \times V_{gen}$
>
> f_r에서 $X_L = X_C$ 이므로 식 (25-5)를 사용하여 V_L이나 V_C를 구할 수 있다.

직렬 L이나 C의 전압이 Q배만큼 증가한다

공진회로의 Q로 직렬회로에서 전류의 공진 상승에 의해 L이나 C 양단의 전압이 얼마나 증가하는지 구할 수 있으므로 Q를 증폭률로 생각할 수 있다. 특별히 직렬 공진에서 출력전압은 전원전압의 Q배까지 증가한다.

$$V_L = V_C = Q \times V_{gen} \tag{25-5}$$

〈그림 25-4〉에서 공급전압이 300μV, Q가 150이다. L이나 C 양단의 공진 상승 전압은 45,000μV가 된다. 이 값은 〈표 25-1〉에 나타낸 공진에서의 V_C와 V_L 값과 같다.

직렬 공진회로에서의 Q의 측정 방법

직렬 공진회로의 Q는 L이나 C 양단의 전압을 측정하고 이것을 전원전압과 비교하여 실험적으로 구할 수 있다. 이를 식으로 나타내면

$$Q = \frac{V_{out}}{V_{in}} \tag{25-6}$$

위 식에서 V_{out}은 코일이나 커패시터에서 측정되는 교류전압이고 V_{in}은 전원전압이다.

〈그림 25-5〉에서 L과 C 양단에 교류전압계를 연결하면 공진주파수에서 45,000μV의 전압을 측정할 수 있다. 입력전압을 측정하면 300μV이므로 Q는 150이 된다.

$$Q = \frac{V_{out}}{V_{in}} = \frac{45,000\mu V}{300\mu V} = 150$$

이 방법은 Q를 구하기 위해서 사용한 X_L/r_S 공식보다 편리하다. 그 이유는 r_S는 코일이 갖는 교류저항이어서 측정에 어려움이 많기 때문이다. 코일의 교류저항은 저항계로 측정한 직류저항보다 2배 이상 커질 수 있음에 유의하라. 실제로 식 (25-6)을 사용하여 Q를 계산하면 손쉽게 교류저항을 계산할 수 있다. 다음 예제에 이것을 보여준다.

예제 25-5

0.4MHz의 f_r을 갖는 직렬 공진회로는 2mV의 입력전압에 대해서 250μH의 L 양단에 100mV의 전압을 출력시킨다. Q를 계산하라.

정답

$$Q = \frac{V_{out}}{V_{in}} = \frac{100\text{mV}}{2\text{mV}}$$
$$= 50$$

예제 25-6

앞의 예제에서 코일이 갖는 교류저항의 크기는 얼마인가?

정답 코일의 Q는 50이고 $Q = X_L/r_S$이므로 $r_S = X_L/Q$로 구하면 된다.

$$X_L = 2\pi fL = 6.28 \times 0.4 \times 10^6 \times 250 \times 10^{-6}$$
$$= 628\Omega$$
$$Q = \frac{X_L}{r_S},\ r_S = \frac{X_L}{Q}$$
$$r_S = \frac{628\Omega}{50}$$
$$= 12.56\Omega$$

병렬회로의 Q

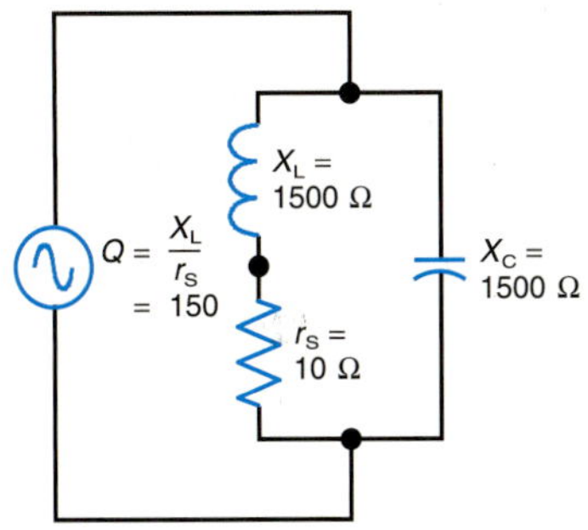

그림 25-8 X_L에 r_S가 직렬연결된 병렬 공진회로의 Q

병렬 공진회로에서 r_S는 X_L에 비해서 아주 작은 값을 갖지만 Q는 직렬회로와 똑같은 공식에 의해서 구해진다. 〈그림 25-8〉에서 X_L과 직렬로 연결된 코일의 저항을 볼 수 있다. 코일의 Q는 용량성 가지의 Q보다 작기 때문에 코일의 Q를 병렬회로의 Q로 결정한다. 커패시터는 작은 손실 때문에 비교적 큰 Q를 가지므로 동조회로에 사용된다. 〈그림 25-8〉에서 Q는 1500Ω / 10Ω = 150이다. 이것은 직렬 공진회로에서의 Q 값과 같은 크기이다.

이 예는 전원의 내부저항이 아주 크고 동조회로와 병렬로 연결되는 다른 가지저항이 없다고 가정한다. 이때 병렬 공진회로의 Q는 코일의 Q와 같다. 그러나 실제의 분류기 저항(shunt resistance)은 25-10절에서 해석하는 것처럼 병렬 공진회로의 Q를 낮추게 된다.

병렬 공진회로의 임피던스가 Q배 증가한다

병렬 공진회로에서 Q 증폭계수는 최소 선전류 때문에 병렬회로의 합성 임피던스가 얼마나 증가했는가를 결정하게 된다. 특히 병렬 공진회로의 임피던스는 공진주파수

그림 25-9 병렬 공진회로의 Z_{EQ} 측정 방법. R_1을 조정해서 $V_R = V_{LC}$가 되도록 만든다. 이때 $Z_{EQ} = R_1$이다.

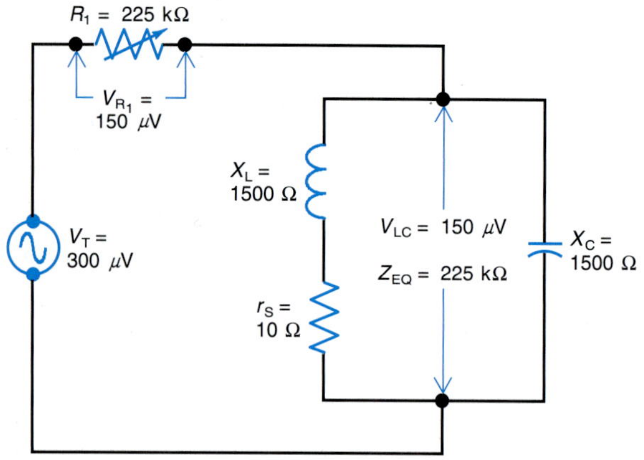

에서 유도성 리액턴스의 Q배이다.

$$Z_{EQ} = Q \times X_L \tag{25-7}$$

> **알아두기▸▸**
>
> f_r에서 Z_{EQ}를 계산하는 다른 식
>
> $Z_{EQ} = (1+Q^2)r_S$,
>
> 여기서 $Q = \frac{X_L}{r_S}$

〈그림 25-6〉의 병렬 공진회로에서 X_L이 1500Ω이고 Q가 150이다. 결과적으로 공진주파수에서 150×1500Ω = 225,000Ω이 된다.

선전류는 V_A / Z_{EQ}와 같고 최소 선전류는 300μV/225,000Ω = 0.00133μA가 흐른다.

f_r에서의 최소 선전류는 각 가지전류의 1/Q배에 해당한다. 〈그림 25-7〉에서 I_C나 I_L은 0.2μA이고 Q가 150이기 때문에 I_T는 0.2/150 = 0.00133μA가 된다. 이것은 V_A/Z_{EQ}와 같은 크기이다. 또는 탱크회로의 순환전류는 최소 I_T의 Q배이다.

병렬 공진회로의 Z_{EQ} 측정 방법

Z_{EQ}를 구하는 공식 (25-7)을 $Q = Z_{EQ}/X_L$로 변환시키면 유용하게 사용할 수 있다. 〈그림 25-9〉에 나타낸 방법을 사용하여 Z_{EQ}를 측정할 수 있다. 여기서 Q는 코일의 유도성 리액턴스와 Z_{EQ} 계산된다.

Z_{EQ}를 계산하기 위해 우선 LC 회로를 공진시킨다. 이때 R_1을 조정해서 자신의 교류전압 V_R이 공진회로의 교류전압 V_{LC}와 같도록 하면 Z_{EQ}는 R_1과 같게 된다.

예를 들어, 〈그림 25-6〉과 〈그림 25-8〉에 나타낸 병렬 공진회로에서 Z_{EQ}는 225,000Ω이다. 따라서 $Q = Z_{EQ}/X_L$이므로 225,000/15000 = 150이 된다.

예제 25-7

〈그림 25-9〉에서 V_T가 교류 4mV이고 225kΩ의 R_1에 걸리는 전압은 2mV이다. Z_{EQ}와 Q를 계산하라.

정답 V_T를 등가로 배분하기 위해서 Z_{EQ}는 225kΩ이어야 한다. 전압 분배는 R_1과 Z_{EQ}의 상대적인 크기에 따라 결정되므로 교류 입력과는 무관하다. Z_{EQ}가 225kΩ이고 X_L이 1.5kΩ이므로 Q는 225/1.5 = 150이 된다.

예제 25-8

350μH의 L을 갖고 200kHz에 동조되는 병렬 LC 회로가 17,600Ω의 Z_{EQ}를 갖는다면 Q는 얼마인가?

정답 우선 f_r에서 X_L을 계산한다.

$$X_L = 2\pi \times 200 \times 10^3 \times 350 \times 10^{-6} = 440\Omega$$

$$Q = \frac{Z_{EQ}}{X_L} = \frac{17,600}{440}$$

$$= 40$$

■ 25-5 복습문제

a. 직렬 공진회로에서 V_L이 300mV이고 V_{in}이 3mV일 때 Q는 얼마인가?

b. 병렬 공진회로에서 X_L이 500Ω이고 Q가 50이라면 Z_{EQ}는 얼마인가?

25-6 공진회로의 대역폭

LC 회로가 어느 한 주파수에서 공진된다면 최대 공진 효과를 갖는다. 그러나 f_r에 근접한 다른 주파수들도 또한 효과적이다. 직렬 공진의 경우 f_r 부근 위아래의 주파수에서 전류의 값은 공진점에서보다는 작지만 상당히 비슷하다. 마찬가지로 병렬 공진의 경우 f_r에 근접한 주파수에서는 비록 최대값의 Z_{EQ}보다는 조금 적지만 비교적 큰 임피던스를 갖게 된다.

따라서 공진주파수는 공진 효과를 제공하는 주파수 범위(대역)를 갖게 된다. 대역의 폭은 공진회로의 Q에 따라서 달라진다. 실제로 LC 회로가 어느 한 주파수에서만 공진된다는 것은 불가능하다. f_r에 중심을 둔 주파수의 공진 대역폭은 동조회로의 대역폭(bandwidth)이라고 부른다.

그림 25-10 동조된 LC 회로의 대역폭 (a) 0kHz에서 100kHz의 입력을 갖는 직렬회로 (b) 대역폭 Δf가 f_1과 f_2 사이의 20kHz인 응답 특성곡선

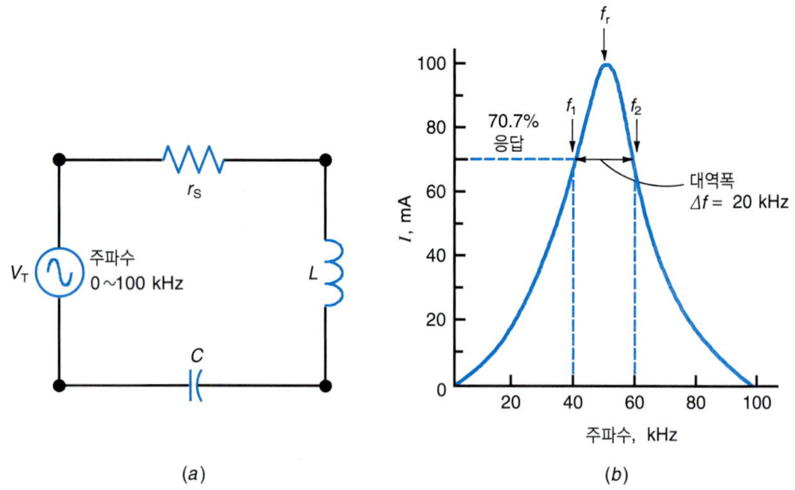

대역폭 측정

최대값의 70.7%나 그 이상의 응답을 갖는 주파수의 범위를 일반적으로 대역폭이라 부르며 〈그림 25-10〉에 나타낸 것과 같다. 공진 응답은 〈그림 25-10a〉의 직렬회로에서 전류를 증가시킨다. 따라서 대역폭은 f_r에서의 최대 전류값의 70.7%가 되는 f_1과 f_2 주파수 사이로 측정된다.

병렬회로에서 공진 응답은 임피던스 Z_{EQ}를 증가시킨다. 대역폭은 f_1에서의 최대 Z_{EQ}의 70.7%가 되는 두 주파수 사이로 측정된다.

대역폭은 〈그림 25-10b〉의 공진 특성곡선에서 20kHz이다. 이것은 70.7%의 응답을 나타내는 60kHz의 f_2와 40kHz의 f_1 사이의 차이이다.

50kHz의 f_r에서 100mA의 최대 전류가 흐른다면 공진 아래의 f_1과 공진 위의 f_2에는 각기 70.7mA의 전류가 흐른다. 이 예에서는 이 20kHz 내의 모든 주파수에서 70.7mA 이상의 전류가 흐른다.

대역폭은 f_r/Q

높은 Q를 갖는 날카로운 공진은 좁은 대역폭을 의미한다. Q가 낮아질수록 공진 응답은 넓어지고 대역폭은 커진다.

또한 Q가 일정할 때는 공진주파수가 높을수록 대역폭에 포함되는 주파수 범위는 커진다. 따라서 공진회로의 대역폭은 f_r과 Q에 의존하며 식 (25-8)과 같다.

$$f_2 - f_1 = \Delta f = \frac{f_r}{Q} \tag{25-8}$$

여기서 Δf는 대역폭으로 단위는 f_r의 단위와 같다. 또한 대역폭 Δf를 줄여서 BW로 간단히 나타내기도 한다.

그림 25-11 Q가 높을수록 공진 응답은 날카로워진다. 진폭은 직렬 공진에서는 I, 병렬 공진에서는 Z_{EQ}를 표시한다. 반전력 주파수에서의 대역폭은 Δf 이다.

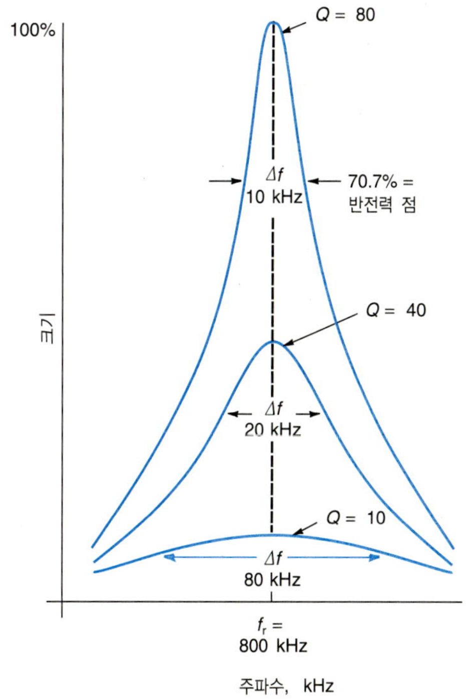

예를 들어, 직렬회로가 100의 Q를 갖고 있으며 800kHz에서 공진된다면 대역폭은 8kHz가 된다. 이때 대역폭 8kHz 사이의 모든 주파수에서 I는 최대값의 70.7% 이상이 된다. 이 주파수 대역은 800kHz를 중심으로 한 796kHz에서 804kHz 사이이다.

10 이상의 Q를 갖는 병렬 공진회로는 식 (25-8)을 사용해서 Z_{EQ}의 70.7% 이상을 제공하는 대역폭을 계산하게 된다. 그러나 이런 공식은 낮은 Q를 갖는 병렬 공진회로에서는 사용하지 못하는데 그것은 공진 특성곡선이 비대칭이기 때문이다.

높은 Q는 좁은 대역폭을 갖는다

Q의 값에 따라서 달라지는 응답 효과를 〈그림 25-11〉에 나타내었다. 같은 공진주파수를 갖는 경우에도 Q가 클수록 대역폭은 좁아진다. 진폭이 커지는 것과 더불어 응답곡선의 측면(sides 또는 skirts)의 기울기는 급해진다.

공진회로에서 큰 출력을 얻으려면 Q가 큰 것이 바람직하다. 그러나 이때에도 대역폭은 원하는 주파수 범위의 신호를 모두 포함하기에 충분하여야 한다.

알아두기▸▸

직렬 공진회로의 대역폭을 계산하는 다른 식 : $\Delta f = \dfrac{R}{2\pi L}$

여기서 R은 회로의 총 직렬저항값

에지 주파수

f_1과 f_2는 총 대역폭의 1/2만큼 f_r에서 아래 위로 떨어져 있다. 〈그림 25-11〉에서 800kHz의 f_r에서 Q가 80이고 Δf가 10kHz이다. 따라서 에지 주파수는 다음과 같이 구할 수 있다.

$$f_1 = f_r - \frac{\Delta f}{2} = 800 - 5 = 795\text{kHz}$$
$$f_2 = f_r + \frac{\Delta f}{2} = 800 + 5 = 805\text{kHz}$$

예제 25-9

2000kHz에서 공진하는 LC 회로가 100의 Q를 갖는다면 대역폭 Δf, 에지 주파수 f_1, f_2는 얼마인가?

정답

$$\Delta f = \frac{f_r}{Q} = \frac{2000\text{kHz}}{100} = 20\text{kHz}$$
$$f_1 = f_r - \frac{\Delta f}{2} = 2000 - 10 = 1990\text{kHz}$$
$$f_2 = f_r + \frac{\Delta f}{2} = 2000 + 10 = 2010\text{kHz}$$

이런 식의 계산은 대칭 구조의 공진 곡선을 가질 경우에만 가능하다. 따라서 높은 Q를 갖는 병렬 공진회로와 임의의 Q를 갖는 직렬 공진회로에서 적용된다.

예제 25-10

〈예제 25-9〉에서 f_r이 6000kHz이고 Q가 100일 때 Δf, f_1, f_2를 계산하라.

정답

$$f = \frac{f_r}{Q} = \frac{6000\text{kHz}}{100} = 60\text{kHz}$$
$$f_1 = 6000 - 30 = 5970\text{kHz}$$
$$f_2 = 6000 + 30 = 6030\text{kHz}$$

〈예제 25-9〉와 비교하여 Q는 동일하여도 f_r이 세 배가 되어 Δf도 세 배가 되었다.

반전력 점

계산 시의 편리성을 고려해서 대역폭은 70.7% 응답을 갖는 두 주파수 사이를 의미한다고 정의한다. 이런 두 주파수에서는 순 용량성 또는 순 유도성 리액턴스는 저항과 크기가 같다. 이때 직렬 리액턴스와 저항의 합성 임피던스는 R보다 1.414배 크다. 임피던스가 증가하면 전류는 1/1.414로 감소해서 최대값의 약 0.707배를 갖게 된다.

또한 70.7%의 상대적인 전류나 전압값은 전력의 50%에 해당한다. 그 이유는 I^2R

또는 V^2/R 식에서 0.707의 제곱은 0.5이기 때문이다. 따라서 전류나 전압의 70.7% 응답을 갖는 주파수 사이의 대역폭은 반전력 점의 대역폭과 같다. 식 (25−8)은 응답곡선의 70.7%가 되는 두 점 사이의 Δf에 대해서 유도되었다.

Q를 계산하기 위한 대역폭 측정

반전력 주파수 f_1과 f_2를 실험적으로 결정할 수 있다. 직렬 공진에서는 최대값 I의 70.7%에 해당하는 전류를 갖는 2개의 주파수를 찾는다. 병렬 공진에서는 최대 Z_{EQ}의 70.7%에 해당하는 임피던스를 발생시키는 두 주파수를 구한다. 〈그림 25−9〉는 Z_{EQ}를 측정하는 방법이지만 이를 사용하여 Q와 Δf를 결정할 수 있다.

1. 회로가 최대 Z_{EQ}를 갖도록 공진시킨다. 예에서는 200kHz의 공진주파수에서 Z_{EQ}가 10,000Ω이라고 가정한다.
2. 입력전압의 크기를 유지하면서 주파수를 변화시켜 f_r보다 약간 낮은 주파수에서 Z_1이 Z_{EQ}의 70.7%가 되는 f_1 주파수를 찾는다. 이때의 Z_1은 10,000×70.7 = 7,070Ω이다. 이때의 주파수는 195kHz라고 가정하자.
3. f_2를 찾기 위해서 f_r 위쪽으로 약간 주파수를 이동시켜서 Z_2가 7,070Ω이 되는 주파수를 찾는다. 이 주파수가 205kHz라고 가정하자.
4. 두 반전력 점 사이의 대역폭은 $f_2 - f_1$에 의해서 구해지며 10kHz가 된다.
5. $Q = f_r/\Delta f$에 의해서 Q가 20이 됨을 계산할 수 있다.

이와 같은 방법으로 대역폭을 측정하여 Q를 결정할 수 있다. Δf와 f_r을 사용하여 병렬 공진이나 직렬 공진에서 Q를 구할 수 있다.

■ 25−6 복습문제

a. f_r이 10MHz이고 Q가 40인 LC 회로의 반전력 대역폭을 계산하라.

b. f_r이 500kHz 이고 f_r가 10kHz일 때 Q는 얼마인가?

25−7 동조

동조는 L이나 C를 변화시켜 여러 다른 주파수에서 공진을 얻는 것을 의미한다. 〈그림 25−12〉에 가변 커패시터 C가 5개의 서로 다른 주파수에서 공진될 수 있도록 LC 회로를 동조시키는 것을 나타내었다. V_1에서 V_5까지 5개의 전압은 특정 주파수를 갖는 교류입력을 표시하고 있다. 5개의 전압 가운데 어느 것이 선택되는가는 LC 회로의 공진주파수에 의해 결정된다.

예를 들어, C가 424pF이면 LC 회로의 공진주파수는 500kHz이고, 이 주파수를 갖는 입력전압은 C 양단에서 최대 출력전압을 갖도록 하는 공진 전류를 발생시킨다. 또 다른 주파수인 707kHz에서 출력전압은 입력보다 작다. C가 424pF이기 때문에 LC는 500kHz에 동조되고 이 주파수에서는 다른 주파수에 비교할 때 출력

그림 25-12 동조회로 (a) 회로는 다른 주파수의 입력전압을 갖는다. (b) C가 변화할 때 각각의 주파수에서의 공진응답

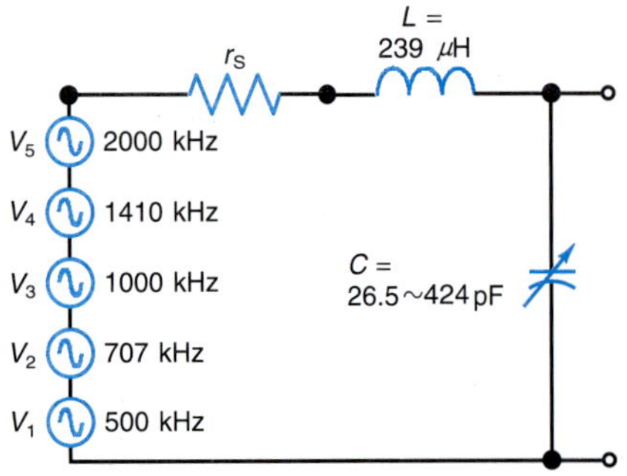

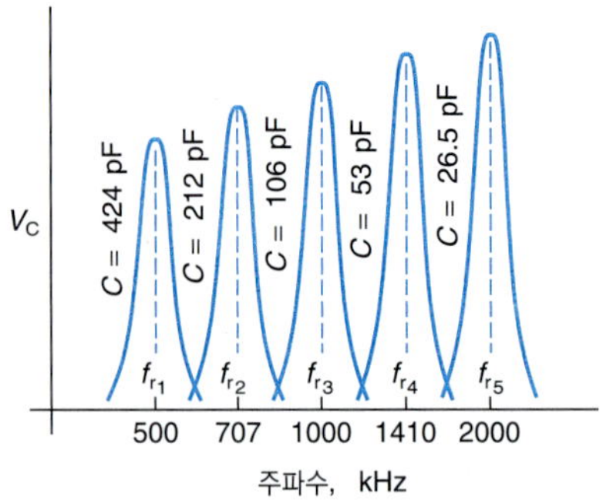

표 25-4	가변 커패시터 C에 의한 LC 회로의 동조	
L, μH	C, pF	f_r, kHz
239	424	500
239	212	707
239	106	1,000
239	53	1,410
239	26.5	2,000

전압이 아주 크게 증가한다.

만약 707kHz의 주파수에서 교류입력에 대한 최대 출력전압을 발생시키고자 한다면 LC 회로를 707kHz에 동조시키도록 C 값을 212pF으로 조정하여야 한다. 이와 마찬가지로 동조회로는 각각의 입력전압의 주파수에서 공진될 수 있으며, LC 회로는 원하는 주파수를 선택하도록 동조된다.

가변 커패시터의 값을 〈표 25-4〉에 수록된 값으로 조정하면 LC 회로를 각 입력전압의 주파수에 동조시킬 수 있다. 〈표 25-4〉에는 5개의 주파수만 기록했는데, 500kHz에서 2,000kHz 범위의 주파수에서 239μH의 코일과 동조되는 커패시터의 용량은 26.5pF에서 424pF 사이의 크기를 갖는다. 병렬 공진회로도 L이나 C의 값을 조정하여 동조시킬 수 있다.

> **알아두기▸▸**
>
> 커패시터에 대한 동조비 TR은 최소 커패시턴스에 대한 최대 커패시턴스의 비 $TR = \frac{C_{max}}{C_{min}}$ 이다. 즉, 주어진 주파수 범위에서 커패시턴스의 TR은 다음과 같이 계산될 수 있다.
>
> $TR = \left(\frac{f_{r(max)}}{f_{r(min)}}\right)^2$

동조비

LC 회로가 동조될 때 공진주파수의 변화는 L이나 C의 변화의 제곱근에 반비례한다. 〈표 25-4〉에 나타낸 것처럼 C가 1/4로 감소하면(424pF에서 106pF으로) 공진주파수는 500kHz에서 1,000kHz로 2배 증가한다. 다시 말해 주파수는 $1/\sqrt{\frac{1}{4}}$ 비

그림 25-13 540kHz에서 1,620kHz의 AM 방송 대역에서의 LC 동조회로

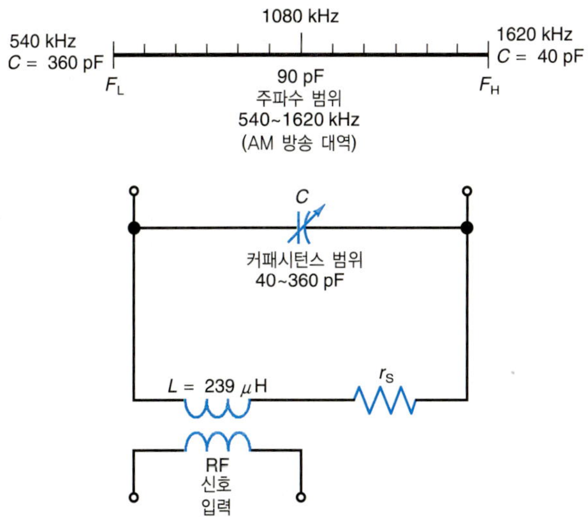

율로 증가하므로 2배가 증가한다. 가령 500kHz에서 2,000kHz 사이의 모든 주파수를 동조시키고자 한다면 동조비는 4:1이 된다. 따라서 커패시턴스는 242pF에서 26.5pF까지 16:1의 용량비를 갖게 된다.

라디오의 동조 다이얼

〈그림 25-13〉은 방송 대역에서의 원하는 방송의 반송 주파수(carrier frequency)를 수신기로 동조시키는 공진회로의 일반적인 응용을 나타내고 있다. 동조는 공기 커패시터 C에 의해서 행해지며 공기 커패시터는 완전히 벗어났을 때 40pF이고, 완전히 겹쳐졌을 때 360pF의 커패시턴스를 갖게 된다. 고정된 극판은 고정 날개(stator)를 구성하고 회전 날개(rotor)는 안팎으로 이동하게 된다.

540kHz의 가장 낮은 주파수는 360pF의 높은 C에서 동조되고, 가장 높은 주파수인 1,620kHz 는 가장 낮은 C 인 40pF에서 동조된다.

커패시턴스의 범위가 40pF에서 360pF으로 가변될 때 주파수의 범위는 1,620kHz에서 540kHz까지 변하게 된다. 주파수 F_L이 F_H의 1/3인 것은 최대 C가 최소 C의 9배이기 때문이다.

똑같은 개념이 88MHz에서 108MHz 사이의 FM 방송 대역에서도 적용되며 이때의 L이나 C는 더 작은 값이다. 또한 TV 수상기는 원하는 주파수에서의 공진에 의해서 특정한 방송 채널에 동조된다.

전자동조(electronic tuning)에서 C는 바랙터(varactor)에 의해서 가변된다. 이것은 반도체 다이오드로서 전압이 변할 때 커패시턴스가 변하게 된다.

■ 25-7 복습문제

a. 동조 커패시터가 완전히 겹쳐질 때 동조되는 방송은 주파수대 내에서 가장 높은 주파수를 갖는가 아니면 가장 낮은 주파수를 갖는가?

b. 주파수에서 동조비가 2:1일 때 L이나 C 값의 비는 얼마이어야 하는가?

25-8 비동조

예를 들어, 직렬 LC 회로가 1,000kHz에서 동조되고 입력전압의 주파수가 17kHz이어서 완전하게 비공진한다고 하자. 회로는 1,000kHz의 공진주파수를 갖는 전류는 출력전압에서 Q배만큼 전압을 증폭시키지만 공진주파수의 입력전압이 존재하지 않기 때문에 이 주파수에서 전류는 존재하지 않는다.

입력전압은 17kHz의 주파수를 갖는 전류를 발생시키고 이 주파수는 전류에서 공진 상승을 발생시킬 수 없다. 그 이유는 전류가 순 리액턴스 성분에 의해서 제한되기 때문이다. 입력전압의 주파수와 LC 공진회로의 주파수가 같지 않을 때 비동조된 회로는 공진 시 전압에서 Q배 증가를 갖는 출력과 비교할 때 아주 작은 크기를 갖게 된다.

이와 마찬가지로 병렬회로가 비동조되면 큰 값의 임피던스를 갖지 못하게 된다. 더욱이 동조에서 벗어난 순 리액턴스는 LC 회로가 유도성이나 용량성이 되도록 한다.

공진 상태가 아닌 직렬회로

입력전압의 주파수가 직렬 LC 회로의 공진주파수보다 낮다면 용량성 리액턴스가 유도성 리액턴스보다 커진다. 결과적으로 유도성 리액턴스보다 용량성 리액턴스 양단에 걸리는 전압이 커진다. 직렬 LC 회로는 공진 아래에서는 용량성이기 때문에 공급전압보다 위상이 앞서는 용량성 전류가 흐른다.

공진주파수보다 위쪽의 주파수에서는 유도성 리액턴스가 용량성 리액턴스보다 커진다. 그 결과 회로는 공진 위에서 유도성으로 되고 공급전압보다 위상이 뒤지는 유도성 전류가 흐른다. 두 경우 모두 공진 시의 출력전압보다 아주 작은 출력전압을 발생시킨다.

공진 상태가 아닌 병렬회로

병렬 LC 회로는 공진 아래에서 유도성 리액턴스의 크기가 작기 때문에 용량성 가지전류보다 유도성 가지전류가 크다. 순 선전류는 유도성이 되고 병렬 LC 회로는 공진 아래에서 유도성이 되기 때문에 전체전류는 공급전압보다 위상이 늦어진다.

공진주파수 위에서 순 전체전류는 용량성이 되며 병렬 LC 회로가 용량성이기 때문에 공급전압보다 위상이 앞서게 된다. 두 경우 모두 병렬회로의 Z_{EQ}는 공진 시의 최대 임피던스보다 아주 작게 된다. 공진이 아닌 상태의 용량성과 유도성의 효과는 직렬과 병렬 회로에서 서로 반대이다.

■ 25-8 복습문제

a. 직렬 공진회로에서 공진 아래 주파수에서는 회로가 유도성인가, 아니면 용량성인가?

b. 병렬 공진회로에서 공진 아래 주파수에서는 회로가 유도성인가, 아니면 용량성인가?

25-9 병렬 공진회로 해석

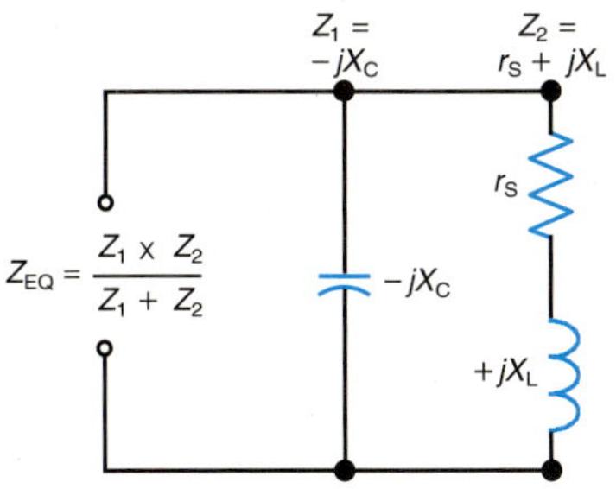

그림 25-14 병렬 공진회로 Z_{EQ} 계산

병렬 공진회로는 직렬 공진회로보다 해석이 어렵다. 그 이유는 X_C와 X_L이 같을 때 리액턴스성 가지전류는 정확하게 같지 않기 때문이다. 이것은 코일이 X_C 가지에서 직렬저항 r_S를 포함하고 있는 데 비해 커패시터는 X_C만을 갖고 있기 때문이다.

높은 Q를 갖는 회로에서 r_S의 효과는 무시해 버릴 수도 있지만 낮은 Q를 갖는 회로에서 유도성 가지는 X_L과 r_S가 직렬로 연결된 복소 임피던스로 해석된다. 병렬 회로에서의 이와 같은 임피던스가 〈그림 25-14〉에 나타나 있다. Z_{EQ}는 24장에 설명된 바와 같이 복소수를 이용하여 계산한다.

높은 Q를 갖는 회로

〈그림 25-14〉에서의 병렬 공진회로의 Z_{EQ}는 〈그림 25-6〉에서 이미 구한 것처럼 225,000Ω이다. 이때 X_L과 X_C는 1500Ω이고 r_S는 10Ω이다. Z_{EQ}의 계산 과정은 다음과 같다.

$$\begin{aligned} Z_{EQ} &= \frac{Z_1 \times Z_2}{Z_1 + Z_2} = \frac{-j1500 \times (j1500 + 10)}{-j1500 + j1500 + 10} \\ &= \frac{-j^2 2.25 \times 10^6 - j15,000}{10} = -j^2 2.25 \times 10^5 - j1500 \\ &= 225,000 - j1500 = 225,000 \angle 0^\circ \ \Omega \end{aligned}$$

$-j^2$은 +1이다. 따라서 $j1500$Ω은 저항 225,000Ω에 비교하면 무시할 수 있다. 이와 같이 얻어진 Z_{EQ}는 $Q \times X_L$ = 150×1500으로 계산한 결과와 같은데, 이것은 r_S가 아주 작아 Q가 높기 때문이다.

낮은 Q를 갖는 회로

Q가 10보다 작을 때 Q가 낮다고 말할 수 있다. 〈그림 25-6〉에 나타낸 동일한 회로에서 X_L은 1500Ω이고 r_S가 300Ω이라면 Q는 1500/300 = 5가 될 것이다. 이와 같이 상당한 r_S값을 가질 경우에는 X_L과 X_C가 같다고 하더라도 유도성 가지의 임피던스가 더 크고 따라서 전류는 적게 흐르게 되므로 각 가지전류의 크기는 다르다.

비교적 낮은 Q를 갖는 회로의 Z_{EQ}는 가지 임피던스의 항으로 계산되어야 한다. 이 예에서 계산상의 편의를 위하여 모든 임피던스는 kΩ 단위로 표시했다.

$$\begin{aligned} Z_{EQ} &= \frac{Z_1 \times Z_2}{Z_1 + Z_2} = \frac{-j1.5 \times (j1.5 + 0.3)}{-j1.5 + j1.5 + 0.3} = \frac{-j^2 2.25 - j0.45}{0.3} \\ &= 7.5 - j1.5\Omega = 7.65 \angle -11.3^\circ \ \text{k}\Omega = 7650 \angle -11.3^\circ \ \Omega \end{aligned}$$

위상각 θ가 0이 아닌 이유는 X_L과 X_C는 같지만 가지전류가 같지 않기 때문이다. X_L에 포함된 상당한 크기의 r_S에 의해 X_C 가지보다 작은 가지전류가 흐른다.

알아두기▸▸

병렬 공진회로에서 $Q < 10$ 인 경우, f_r보다 약간 낮은 값에서 Z_{EQ}가 최대, I_T가 최소가 된다.

병렬 공진의 판별

주파수 f_r은 $X_C = X_L$ 이기 때문에 항상 $1/(2\pi\sqrt{LC})$의 공식으로 구한다. 그러나 낮은 Q를 갖는 회로의 f_r은 반드시 원하는 공진 효과를 제공하지는 않는다. 병렬 공진의 세 가지 주된 조건은 다음과 같다.

1. 위상각은 0°이며 역률이 1
2. 최대 임피던스와 최소 선전류
3. $f_r = \dfrac{1}{2\pi\sqrt{LC}}$ 에서 $X_C = X_L$

낮은 Q를 갖는 병렬회로에서는 이런 세 가지 현상이 같은 주파수에서 발생되지 않는다. 역률이 1인 것을 병렬회로의 반공진(antiresonance)이라고 부르며 이것은 $X_L = X_C$ 인 경우와 구별하기 위해서이다.

Q가 10 이상일 때 병렬 가지전류는 $X_L = X_C$ 일 때 거의 같게 된다. $f_r = \dfrac{1}{2\pi\sqrt{LC}}$ 에서 선전류는 최소이며 위상각은 0이고 임피던스는 최대가 된다.

직렬 공진회로는 병렬 가지가 없기 때문에 정확하게 f_r에서 전류가 최대가 되며 Q 값의 높고 낮음과는 무관하다.

■ 25-9 복습문제

a. Q가 8이라면 낮은 값인가, 높은 값인가?

b. Q가 8일 때 라면 병렬 가지에서 I_L은 I_C보다 큰가, 작은가?

25-10 병렬 공진회로의 제동

〈그림 25-15a〉에서 L과 C 양단에 연결된 분류저항(shunt resistor) R_P는 동조회로의 Q를 낮게 만들기 때문에 제동저항(damping resistor)이라고 부른다. R_P는 병렬 공진회로를 구동시키는 외부전원의 내부저항을 나타내는 것일 수 있으며 대역폭을 증가시키고 Q를 낮추기 위해서 더해진 실제 저항일 수도 있다. Q를 감소시키기 위해서 R_P를 사용하는 것이 직렬저항 r_S를 증가시키는 것보다 우수하다. 분류 제동(shunt damping)을 가질 때 공진 응답이 더욱 대칭 구조를 갖기 때문이다.

병렬 R_P의 가변 효과는 직렬 r_S와 반대이다. 즉, 낮은 R_P 값은 Q를 낮추고 공진의 날카로움도 감소시킨다. 병렬 가지에서 낮은 저항은 많은 전류를 흐르게 한다는 것을 기억해야 한다. 이런 저항성 가지전류는 리액턴스 전류에 의해서 공진 시 상쇄되지 않는다. 따라서 공진의 최소 선전류는 증가한 저항성 선전류 때문에 덜 날카롭게 된다. 특히 Q를 병렬 가지로 결정할 때는 식 (25-9)를 적용한다.

$$Q = \frac{R_P}{X_L} \tag{25-9}$$

그림 25-15 코일저항 r_S와 병렬 제동저항 R_P로 나타낸 병렬 공진회로의 Q. Q는 식 (25-10)으로 계산된다. (a) 병렬 R_P와 무시할 만한 r_S (b) R_P 가지가 없는 직렬 r_S (c) R_P와 r_S가 모두 존재

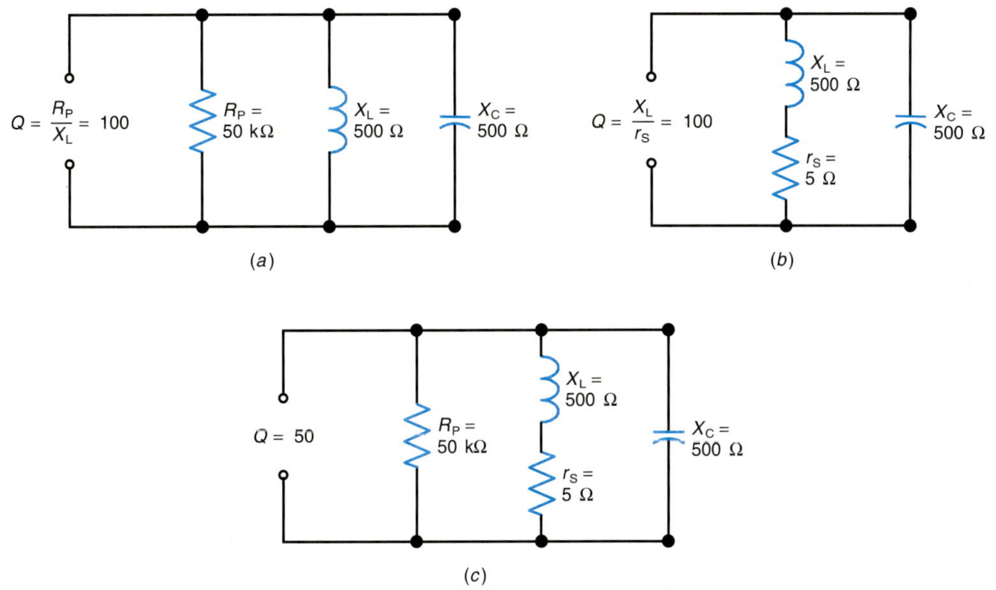

분류저항 R_P를 사용한 이 관계식은 직렬 r_S에 의한 식과 반대이다. 즉, R_P를 감소시키면 Q가 줄어들지만 r_S를 감소시키면 Q는 증가된다. 제동은 직렬 r_S 또는 병렬 R_P 또는 둘 다에 의해서 모두 행해질 수 있다.

r_S가 없는 병렬 R_P

〈그림 25-15a〉에서 Q는 r_S가 존재하지 않기 때문에 오로지 R_P에 의해서만 결정된다. r_S는 아주 작거나 0이라고 볼 수 있다. 이때 코일의 Q는 ∞ 또는 동조회로의 제동된 Q보다 훨씬 큰 값이 된다. 제동된 이 공진회로의 Q는 $R_P/X_L = 100$이 된다.

RP가 없는 직렬 r_S

〈그림 25-15b〉에서는 R_P가 존재하지 않기 때문에 Q는 오직 r_S에 의해서만 결정된다. $Q = X_L/r_S = 100$이다. 이것은 코일의 Q이며 또한 분류 제동이 없는 병렬 공진회로의 Q이다.

r_S, R_P의 변환

〈그림 25-15a〉와 〈그림 25-15b〉에서 두 회로의 Q가 모두 100이다. 50,000Ω의 제동저항 R_P는 5Ω의 r_S와 등가라고 볼 수 있기 때문이다. r_S와 R_P는 다음 식을 써서 서로 변환될 수 있다.

$$r_S = \frac{X_L^2}{R_P}$$

또는

$$R_P = \frac{X_L^2}{r_S}$$

이 예에서 r_S는 250,000/50,000 = 5Ω이고 R_P는 250,000/5 = 50,000Ω이다.

r_s와 R_P 모두를 가지는 제동

〈그림 25-15c〉는 r_S와 R_P가 함께 고려되어야 하는 경우를 나타내고 있다. 이때 회로의 Q는 식 (25-10)에 의해서 계산된다.

$$Q = \frac{X_L}{r_S + X_L^2/R_P} \tag{25-10}$$

〈그림 25-15c〉에서 Q를 계산하면 50이 된다.

$$Q = \frac{500}{5+250000/50000} = \frac{500}{5+5} = \frac{500}{10} = 50$$

〈그림 25-15a〉나 〈그림 25-15b〉의 Q와 비교하면 작은 값인데 그 이유는 r_S와 R_P를 모두 가지고 있기 때문이다. 식 (25-10)에서 r_S가 0이라면 $Q = R_P/X_L$로 되고 이것은 R_P만 가지는 식 (25-9)와 같아진다.

R_P가 ∞, 즉 병렬 가지가 개방되면 식 (25-10)은 X_L/r_S이 되고 이것은 분류 제동 R_P를 갖지 않는 식 (25-4)와 같다.

■ 25-10 복습문제

a. X_L이 1000Ω이고 r_S가 20Ω인 병렬 공진회로에서 분류 제동이 없을 때 Q는 얼마인가?

b. X_L이 1000Ω이고 r_S가 무시되면 R_P가 50kΩ인 병렬 공진회로의 Q는 얼마인가?

c. a와 b의 회로에서 f_r에서의 Z_{EQ}는 얼마인가?

25-11 공진회로에서 L과 C의 선택

다음 예들은 X_L과 X_C의 응용에 의해 어떻게 공진되는가를 설명하고 있다. 가령 159kHz에서 회로를 공진시키려면 적당한 인덕턴스와 커패시턴스 값을 결정해야 한다. 우선 C나 L 중에서 한 가지를 알고 있어야 나머지 값을 구할 수 있다. 어느 것을 선택하는 것이 좋은가 하는 것은 경우에 따라 다르다. 아주 높은 주파수를 갖는 경우에는 C는 가능한 한 작은 값, 약 10pF 정도가 되어야 한다. 그러나 중간 주파수에서는 일반적으로 L을 선택하게 되는데 보통 X_L은 1000Ω 정도에서 결정된다. 이때의 인덕턴스는 $X_L/2\pi f$ 이고 그 크기가 1mH 정도이고 이때 유도성 리액턴스가 1000Ω 정도 된다.

159kHz에서 공진될 때 L이 1mH라면 C는 1000pF이 된다. 이 C 값을 계산으로 구하는 방법을 살펴보면 X_C의 값을 f_r에서의 X_L값인 1000Ω으로 같게 놓고 C를 구하면 된다. 또는 식 (25-2)를 이용할 수 있다. 공진주파수 식에 C=1×10^{9}F과 L=1×10^{-3}H를 대입하면 f_r은 159kHz가 된다.

이 값의 L과 C 조합은 직렬이든 병렬이든 159kHz에서 공진한다. 직렬의 경우, 공진 효과는 L과 C 양단에 최대 전압과 최대 전류를 발생시킨다. 이 효과는 최대 신호를 발생하므로 f_r에서 동조되는 RF 증폭기의 입력회로에 적합한 효과이다. 병렬 공진에서는 159kHz에서 최소 선전류와 최대 임피던스를 발생시킨다. 이 효과는 높은 임피던스로 인하여 f_r에서 이득이 최대가 되므로 RF 증폭기의 출력에 적합하다.

만약 1mH의 코일 L이 20Ω의 내부저항을 갖고 있다면 코일의 Q는 1000Ω/20Ω = 50이 된다. 이 값은 또한 직렬 공진회로의 Q이기도 한다. 만약 병렬 LC 회로 양단에 분류 제동저항이 존재하지 않는다면 회로의 Q 역시 50이 되고 공진회로의 대역폭 Δf는 159kHz/50 = 3.18kHz이다.

25-11 복습문제

a. C가 1000pF이고 L이 1mH일 때 f_r은 얼마인가?

b. C가 250pF이고 L이 1mH일 때 f_r은 얼마인가?

요약

- 〈표 25-5〉에 직렬 공진과 병렬 공진을 비교해서 나타내었다. 중요한 차이점은 직렬 공진은 f_r에서 매우 낮은 임피던스를 가지고 최대 전류를 발생시키지만, 병렬 공진은 최대 임피던스를 가지고 최소 선전류를 발생시킨다. 병렬 공진회로 공식은 Q가 10보다 큰 회로에 사용될 수 있는 근사식이다. 직렬 공진 공식은 Q가 높거나 낮거나 무관하게 적용된다.

표 25-5	직렬 공진과 병렬 공진의 비교
직렬 공진	병렬 공진
$f_r = \frac{1}{2\pi\sqrt{LC}}$	$f_r = \frac{1}{2\pi\sqrt{LC}}$
θ가 0° 인 f_r에서 I가 최대	θ가 0° 인 f_r에서 I_T가 최대
f_r에서 Z가 최소	f_r에서 Z가 최대
$Q = X_L/r_S$	$Q = X_L/r_S$
$Q = V_{out} / V_{in}$	$Q = Z_{max} / X_L$
전압이 Q배 증가 = $Q \times V_{gen}$	임피던스가 Q배 증가 = $Q \times X_L$
대역폭 $\Delta f = f_r/Q$	대역폭 $\Delta f = f_r/Q$
f_r 이하에서 용량성이고 f_r 이상에서 유도성	f_r 이하에서 유도성이고 f_r 이상에서 용량성
낮은 r_S, 높은 Q, 날카로운 동조를 위해서 저저항 전원이 필요함	큰 R_P, 높은 Q, 날카로운 동조를 위해서 고저항 전원이 필요함
LC 회로 내부에 전원이 있다.	LC 회로 외부에 전원이 있다.

중요 용어

- 공진주파수 : LC 회로에서 유도성 리액턴스 X_L과 용량성 리액턴스 X_C가 같아지는 주파수
- 공진회로의 Q : 공진회로의 공진 응답곡선의 첨예도를 나타내는 지표. 직렬저항에 대한 리액턴스의 비율이 높을수록 Q 값이 크고 공진 효과가 첨예하다.
- 대역폭 : LC 회로의 공진주파수를 중심으로 하는 공진대역의 주파수 폭
- 동조 : LC 회로의 L 또는 C를 변화시켜 원하는 주파수에서 공진을 얻는 방법
- 반공진 : 병렬 LC 회로에서 역률이 1이 되는 조건을 기술하기 위하여 사용하는 용어. 반공진이라는 용어는 직렬 LC 회로에서 X_L과 X_C가 같아지는 경우와 구별하기 위하여 사용된다.
- 반전력 점 : 공진주파수에서의 전압이나 전력값의 70.7%가 되는 공진주파수의 위 또는 아래의 주파수
- 제동 : 대역폭을 증가시키기 위하여 공진회로의 Q를 감소시키는 기법. 병렬 공진회로에서는 탱크회로에 병렬저항을 추가하는 방법으로 제동을 수행한다.
- 탱크회로 : 병렬 공진 LC 회로의 또 다른 이름
- 플라이휠 효과 : 병렬 LC 탱크회로에 단지 펄스를 입력하여도 완전한 사인파가 출력되는 현상

중요 공식

$$f_r = \frac{1}{2\pi\sqrt{LC}}$$

$$C = \frac{1}{4\pi^2 f_r^2 L}$$

$$L = \frac{1}{4\pi^2 f_r^2 C}$$

$$Q = \frac{X_L}{r_S}$$

$$V_L = V_C = Q \times V_{gen}$$

$$Q = \frac{V_{out}}{V_{in}}$$

$$Z_{EQ} = Q \times X_L$$

$$f_2 - f_1 = \Delta f = \frac{f_r}{Q}$$

$$Q = \frac{R_P}{X_L}$$

$$Q = \frac{X_L}{r_S + X_L^2/R_P}$$

자습문제

1. LC 회로의 공진주파수에서
   a. X_L = 0Ω, X_C = 0Ω
   b. $X_L = X_C$
   c. X_L과 코일의 r_S가 같다.
   d. X_L과 X_C가 동상이다.

2. 직렬 LC 회로 공진시 임피던스는?
   a. 최대
   b. 거의 무한대
   c. 최소
   d. a와 b 모두

3. 병렬 LC 회로 공진 시 전체 선전류 I_T는?
   a. 최소
   b. 최대
   c. I_L과 I_C와 같다
   d. I_L 또는 I_C의 Q배와 같다.

4. 직렬 LC 회로 공진 시 전류는?
   a. 0
   b. 최소
   c. 소자에 따라 다르다.
   d. 최대

5. 병렬 LC 회로 공진 시 임피던스는?
   a. 0
   b. 최소
   c. 최대
   d. 코일의 r_S와 같다.

6. LC 회로 공진 시 위상각은?
   a. 0°
   b. +90°
   c. 180°
   d. −90°

7. 직렬 LC 회로에서 공진주파수보다 낮은 경우에는
   a. 유도성
   b. 저항성
   c. 용량성
   d. 위의 어느 것도 아니다.

8. 병렬 LC 회로에서 공진주파수보다 높을 경우에는
   a. 유도성
   b. 저항성
   c. 용량성
   d. 위의 어느 것도 아니다.

9. 병렬 LC 회로의 공진주파수는 3.75MHz, Q = 125이다. 대역폭은?
   a. 15kHz
   b. 30kHz
   c. 60kHz
   d. 위의 어느 것도 아니다.

10. L = 100μH, C = 63.3pF인 LC 회로의 공진주파수는?
   a. f_r = 1MHz
   b. f_r = 8MHz
   c. f_r = 2MHz
   d. f_r = 20MHz

11. L = 50μH일 때 1MHz에서 공진을 일으키는 C 값은?
   a. 506.6pF
   b. 506.6μF
   c. 0.001μF
   d. 0.0016μF

12. L 또는 C가 증가할 경우 LC 회로의 공진주파수는?
   a. 감소
   b. 증가
   c. 변화 없음
   d. 결정할 수 없다.

13. 직렬 LC 회로가 공진 시 Q = 100이다. 만약 V_{in} = 5mV$_{pp}$라면 C 양단의 전압은?
   a. 50μV$_{pp}$
   b. 5mV$_{pp}$
   c. 50mV$_{pp}$
   d. 500mV$_{pp}$

14. Q가 낮은 병렬 공진회로에서 $X_L = X_C$일 경우
   a. $I_L = I_C$
   b. I_L이 I_C보다 작다.
   c. I_L이 I_C보다 크다.
   d. 결정할 수 없다.

15. LC 회로의 공진주파수를 L 값은 그대로 놔두고 두 배로 증가시키려면 C 값은?
   a. 두 배 증가
   b. 네 배 증가
   c. 1 / 2 로 감소
   d. 1 / 4 로 감소

16. 공진회로의 Q가 높을수록
   a. 응답곡선이 둔해진다.
   b. 대역폭이 넓어진다.
   c. 대역폭이 좁아진다.
   d. 위의 어느 것도 아니다.

17. 직렬 LC 회로가 공진주파수에서 전류가 10mA$_{pp}$이다. 반전력 점에서 전류의 값은?
   a. 7.07mA$_{pp}$
   b. 14.14mA$_{pp}$
   c. 5mA$_{pp}$
   d. 10mA$_{pp}$

18. 병렬 공진회로의 Q를 낮추려면
   a. 탱크회로와 병렬로 저항을 추가한다.
   b. 코일에 직렬로 저항을 추가한다.
   c. L 또는 C의 값을 줄인다.
   d. a와 b 모두

19. LC 탱크회로에 단지 펄스만 입력되어도 완전한 사인파가 출력하는 능력은?
   a. 동조
   b. 플라이휠 효과
   c. 반공진
   d. Q

20. Q가 높으면
   a. L/C 비율이 크다.
   b. L/C 비율이 작다.
   c. 코일의 직렬저항이 크다.
   d. b 또는 c

확인문제

1. (a) 직렬 공진의 두 가지 특성을 설명하라. (b) 〈그림 25-2〉의 직렬 LC 회로에서 μA미터로 전류를 측정할 때 600kHz에서 1,400kHz 사이의 다른 주파수에서 전류값을 측정하고 비교하라.

2. (a) 병렬 공진의 두 가지 특성을 설명하라. (b) 〈그림 25-6a〉의 병렬 LC 회로에서 전체전류를 μA미터로 600kHz에서 1,400kHz 사이의 다른 주파수에서 전류값을 측정하고 비교하라.

3. 다음의 LC 회로에 대한 Q 공식을 설명하라. (a) 직렬 공진 시 (b) 유도성 가지에 r_S가 직렬연결된 병렬 공진 시 (c) R_P만 존재하고 r_S가 0인 병렬 공진 시

4. 병렬 LC 회로는 f_r보다 낮을 때 유도성이 되지만 직렬 LC 회로는 f_r보다 낮을 때 용량성이 되는 이유를 설명하라.

5. 분류 제동저항이 50,000Ω에서 10,000Ω으로 감소한다면 병렬 공진회로의 대역폭과 Q의 효과는 어떻게 변화하는지 설명하라.

6. 회로의 Q를 계산하기 위하여 직렬 공진회로의 대역폭을 측정할 때 교류계기를 사용하는 방법에 대하여 간단히 설명하라.

7. 직렬 공진에서 높은 Q일 경우에는 내부저항이 낮은 전원이 바람직한 반면에 병렬 공진에서 높은 Q일 경우에는 내부 저항이 높은 전원이 바람직한 이유를 간단히 설명하라.

8. 〈그림 25-13〉에서 200pF의 중간 커패시턴스 값이 1,080kHz의 중간 주파수에 일치되지 않는 이유를 설명하라.

9. (a) 병렬 공진 판별법 3가지를 설명하라. (b) 낮은 Q를 갖는 회로에서 f_r과 반공진주파수 f_a가 다른 이유를 설명하라. (c) 높은 Q를 갖는 회로에서는 같은 이유를 설명하라.

10. f_r가 0일 때 식 (25-10)이 R_P/X_L로 되는 것을 보여라.

11. (a) 〈그림 25-11〉에서의 세 가지 응답곡선 각각에 대하여 에지 주파수 f_1과 f_2를 구하라. (b) Q가 낮아지면 대역폭이 넓어지는 이유를 설명하라.

12. (a) 병렬 공진회로에서 최대 Z가 최소 선전류에 일치하는 이유를 설명하라. (b) 공진회로의 역률이 1일 때 위상각이 0°인 이유를 설명하라.

13. 코일이나 커패시터를 이용한 LC 회로의 수동 동조법을 설명하라.

14. 전자동조(electronic tuning)는 무엇을 의미하는가?

15. L이나 C를 가변시키면 LC 동조회로가 540kHz에서 1,600kHz 까지 공진된다고 가정하자. 다음의 경우 대역폭 Δf가 어떻게 영향을 받는지 설명하라. (a) LC 회로를 공진시키기 위해서 L을 가변시킨다. (b) LC 회로를 공진시키기 위해서 C를 가변시킨다.

연습문제

25-1절 공진 효과

25-1 공진회로를 정의하라.

25-2 공진의 주된 응용은 무엇인가?

25-3 공진 LC 회로의 인덕터가 1kΩ의 X_L이면 X_C는 얼마인가?

25-2절 직렬 공진

25-4 직렬 공진회로의 중요한 특성을 열거하라.

25-5 〈그림 25-16〉의 직렬 공진회로에서 다음을 계산하라.

a. 순 리액턴스 X
b. 전체 임피던스 Z_T
c. 전류 I
d. 위상각 θ
e. L 양단의 전압
f. C 양단의 전압
g. r_S 양단의 전압

그림 25-16

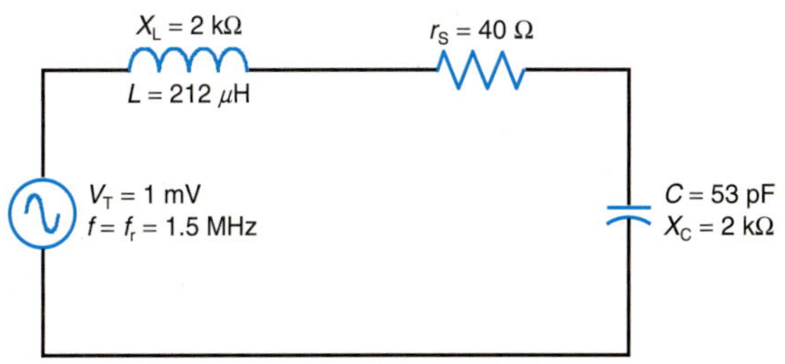

25-6 〈그림 25-16〉에서 공급전압의 주파수가 공진주파수보다 높아지거나 낮아지면 Z_T와 I는 어떻게 되는지 설명하라.

25-7 〈그림 25-16〉에서, f_r에서 위상각이 0°가 되는 이유를 설명하시오.

25-8 〈그림 25-16〉에서 X_L = 2.02kΩ, X_C = 1.98kΩ이고 공급 전원의 주파수가 f_r보다 약간 높을 때 다음을 계산하라.

a. 순 리액턴스 X
b. 전체 임피던스 Z_T
c. 전류 I

d. 위상각 θ

e. L 양단의 전압

f. C 양단의 전압

g. r_S 양단의 전압

25-3절 병렬 공진

25-9 병렬 공진회로의 중요한 특성을 열거하라.

25-10 〈그림 25-17〉과 같은 회로가 있다. 공급전압이 10V이고 전체 선전류 I_T가 100μA이다. 다음을 계산하라.

a. 유도성 전류 I_L (r_S는 무시)

b. 용량성 전류 I_C

c. 순 리액티브 가지전류 I_X

d. 탱크회로의 등가 임피던스 Z_{EQ}

그림 25-17

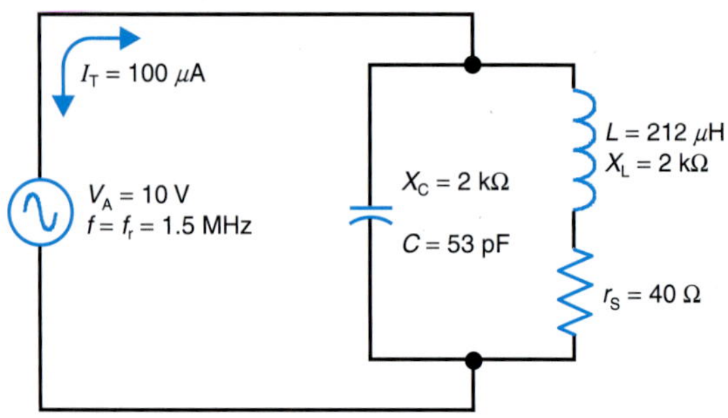

25-11 〈그림 25-17〉에서 X_L, X_C, r_S 중 공진 시 선전류 I_T 100μA에 영향을 주는 것은 어느 것인가?

25-12 〈그림 25-17〉에서 공급전압의 주파수가 공진주파수보다 높아지거나 낮아지면 Z_{EQ}와 I_T는 어떻게 되는지 설명하라.

25-4절 공진주파수 $f_r = 1/(2\pi\sqrt{LC})$

25-13 다음 값을 가지는 LC 회로의 공진주파수를 계산하라.

a. L = 100μH, C = 40.53pF

b. L = 250μH, C = 633.25pF

c. L = 40μH, C = 70.36pF

d. L = 50μH, C = 20.26pF

25-14 직렬 공진회로에서 f_r이 3.8MHz이고 C가 50pF이라면 L의 인덕턴스는 얼마가 되어야 하는가?

25-15 직렬 공진회로에서 f_r이 1.9MHz이고 L이 100μH라면 C의 커패시턴스는 얼마가 되어야 하는가?

25-16 〈그림 25-18〉에서 C가 40에서 400pF까지 변화한다면 공진주파수의 범위는?

그림 25-18

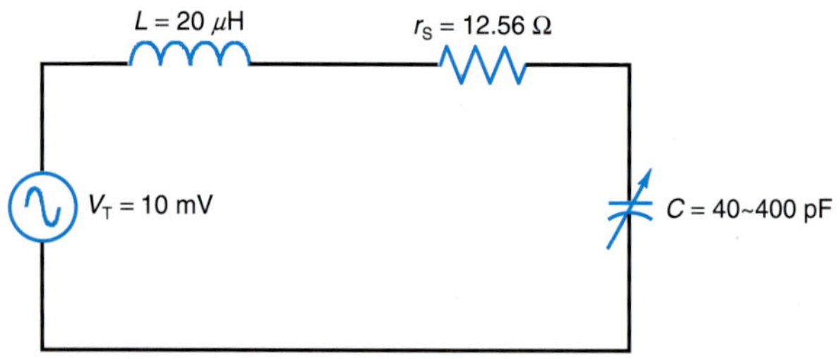

25-17 〈그림 25-18〉에서 C = 50.67pF이다. 다음을 계산하라.

a. f_r

b. f_r 에서 X_L과 X_C

c. f_r 에서 Z_T

d. f_r 에서 I

e. f_r 에서 V_L과 V_C

f. f_r 에서 θ_Z

25-18 〈그림 25-18〉에서 f_r = 2.5MHz일 때 C 값은 얼마인가?

25-19 〈그림 25-18〉에서 C = 360pF이라면 f_r은 얼마인가? 또 공진주파수를 두 배로 올리는 C 값은 얼마인가?

25-5절 공진회로의 Q

25-20 〈그림 25-18〉의 직렬 공진회로에서 C의 값이 다음과 같을 때 Q는 얼마인가?

a. 202.7pF

b. 50.67pF

25-21 직렬 공진회로의 소자값들이 다음과 같다. L = 50μH, C = 506.6pF, r_S = 3.14Ω, V_{in} = 10mV일 때 다음을 계산하라.

a. f_r

b. Q

c. V_L과 V_C

25-22 〈문제 25-21〉에서 L이 100μH로 두 배가 되고 C가 절반인 253.3pF으로 되었다. r_S와 V_{in}이 동일할 때 다음을 계산하라.

a. f_r

b. Q

c. V_L과 V_C

25-23 입력전압이 $50\mathrm{mV_{pp}}$이고 커패시터 양단의 출력전압이 $15\mathrm{V_{pp}}$가 되는 직렬 공진회로의 Q는 얼마인가?

25-25 높은 주파수에서 X_L이 증가하더라도 공진회로의 Q는 무한정 증가하지 못하는 이유를 설명하라.

25-25 〈그림 25-19〉에서 다음을 구하라.

a. f_r
b. f_r에서 X_L과 X_C
c. f_r에서 I_L과 I_C
d. Q
e. f_r에서 Z_{EQ}
f. I_T

그림 25-19

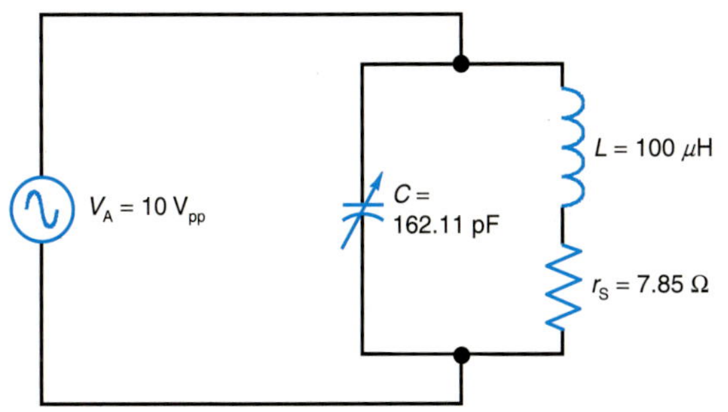

25-26 〈그림 25-17〉의 병렬 공진회로에서 〈문제 25-10d〉에서 계산된 바와 같이 Z_{EQ} = 100kΩ이 되는 것을 증명하라.

25-27 LC 탱크회로의 등가 임피던스 Z_{EQ}를 〈그림 25-9〉의 실험적 방법을 사용하여 구하니 150kΩ이다. 공진주파수가 L = 50μH에서 2.5MHz라면 이 공진회로의 Q는 얼마인가?

25-6절 공진회로의 대역폭

25-28 〈그림 25-18〉에서 C = 50.67pF이다. 다음을 계산하라.

a. 대역폭 Δf
b. 에지 주파수 f_1과 f_2
c. f_r, f_1, f_2에서 전류 I

25-29 〈그림 25-19〉에서 다음을 계산하라.

a. 대역폭 Δf
b. 에지 주파수 f_1과 f_2
c. f_r, f_1, f_2에서 등가 임피던스 Z_{EQ}

25-30 Q가 크면 대역폭은 넓은가, 좁은가?

25-31 〈그림 25-20〉에서 다음을 계산하라.

a. f_r
b. f_r에서 X_L과 X_C
c. f_r에서 Z_T
d. f_r에서 I
e. Q
f. f_r에서 V_L과 V_C
g. f_r에서 θ_Z
h. Δf, f_1, f_2
i. f_1과 f_2에서 I

그림 25-20

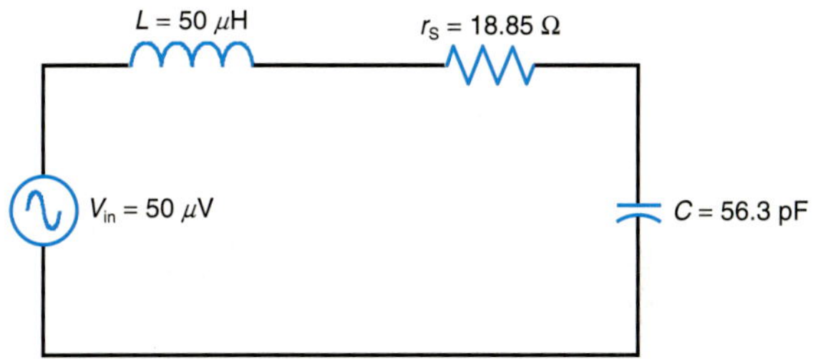

25-32 〈그림 25-20〉에서 에지 주파수 f_1에서 다음을 계산하라.

a. X_L
b. X_C
c. 순 리액턴스 X
d. Z_T
e. I
f. θ_Z

25-33 〈문제 25-31〉과 〈문제 25-32〉의 값을 사용하여 f_1과 f_r에서 Z_T와 I를 비교하라.

25-34 〈그림 25-21〉에서 다음을 계산하라.

a. f_r
b. f_r에서 X_L과 X_C
c. f_r에서 I_L과 I_C
d. Q
e. Z_{EQ}
f. I_T
g. θ_I
h. Δf, f_1, f_2

그림 25-21

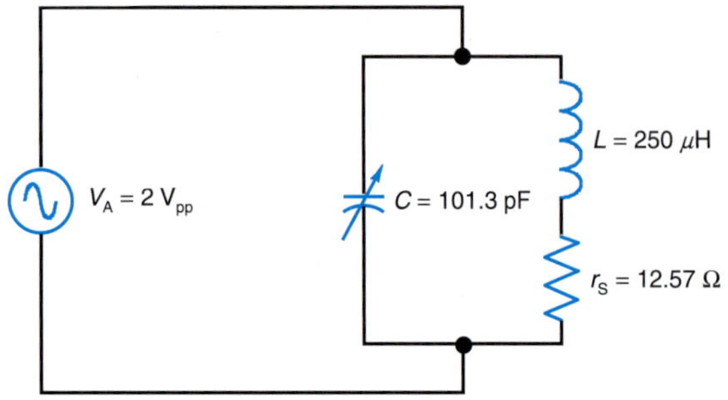

25-35 〈그림 25-21〉에서 f_1과 f_2에서 Z_{EQ}는 얼마인가? 또 I_T는 얼마인가?

25-7절 동조

25-36 〈그림 25-18〉에서 다음을 계산하라.

a. 커패시턴스 동조비

b. C가 최저값에서 최고값으로 변화할 때 최고 공진주파수의 최저 공진주파수에 대한 비

25-37 〈그림 25-18〉에서 커패시터 양단의 전압이 동조 범위의 모든 공진주파수에서 같은지 다른지 설명하라.

25-8절 비동조

25-38 입력전압의 주파수가 다음과 같을 때 직렬 LC 공진회로는 유도성이 되는가 용량성이 되는가?

a. 공진주파수보다 낮다.

b. 공진주파수보다 높다.

25-39 입력전압의 주파수가 다음과 같을 때 병렬 LC 공진회로는 유도성이 되는가 용량성이 되는가?

a. 공진주파수보다 낮다.

b. 공진주파수보다 높다.

25-9절 병렬 공진회로 해석

25-40 Q = 5라면 높은 값인가 낮은 값인가?

25-41 〈그림 25-21〉에서 f_r에서의 Q는 높은 값인가 낮은 값인가?

25-42 〈그림 25-21〉에서 r_S가 392.8Ω으로 증가할 때 다음 값을 계산하라.

a. f_r

b. Q

c. Z_{EQ}

d. I_T

25-43 〈문제 25-42〉에서 f_r에서 I_L과 I_C를 계산하라. 그리고 이들은 같은지 다른지 설명하라.

25-44 〈문제 25-42(c)〉에서 Z_{EQ}를 $Q \times Z_L$로 계산하라. 이 값이 〈문제 25-42(c)〉에서 얻어진 원래의 값과 일치하는지 아닌지 설명하라.

25-45 〈문제 25-42〉에서 Z_{EQ}는 어디에서 최대가 되는가? (f_r, f_r 위, f_r 아래)

25-10절 병렬 공진회로의 제동

25-46 〈그림 25-19〉에서 탱크회로에 병렬로 100kΩ의 저항이 추가될 때 Q와 대역폭 Δf를 계산하라.

25-47 〈그림 25-21〉에서 탱크회로에 병렬로 2MΩ의 저항이 추가될 때 Q와 대역폭 Δf를 계산하라.

25-48 〈그림 25-19〉에서 직렬저항 r_S를 등가 병렬저항 R_P로 변환하라.

25-49 〈그림 25-21〉에 대하여 〈문제 25-48〉을 반복하라.

25-11절 공진회로에서 L과 C의 선택

25-50 공진주파수 2MHz에서 필요한 X_L의 값이 1.5kΩ이라고 가정하자. L과 C의 값은 얼마인가?

사고력 문제

25-51 LC 공진회로의 f_r에서 $X_L = \sqrt{\frac{L}{C}}$ 임을 증명하라.

25-52 LC 공진회로에서 코일을 설계한다고 가정하자. LC 회로에서 가능한 높은 Q를 얻기 위하여 표피 효과를 감소시키는 L을 구하는 데 주력하게 된다. 코일 권선의 표피 효과를 감소시키거나 최소화하는 세 가지 설계 방법을 설명하라.

복습문제 정답

25-1 a. 1000kHz
b. 1000kHz

25-2 a. 거짓
b. 참
c. 참

25-3 a. 거짓
b. 참
c. 참

25-4 a. 작아져야 한다.
b. 200μH
c. 39.48

25-5 a. $Q = 100$
b. $Z_{EQ} = 25\text{k}\Omega$

25-6 a. $\Delta f = 0.25\text{MHz}$
b. $Q = 50$

25-7 a. 가장 낮은 주파수
b. 1 : 4

25-8 a. 용량성
b. 유도성

25-9 a. 낮은 값
b. 작다.

25-10 a. $Q = 50$
b. $Q = 50$
c. $Z_{EQ} = 50\text{k}\Omega$

25-11 a. $f_r = 159\text{kHz}$
b. $f_r = 318\text{kHz}$

chapter

26

필터

필터는 서로 섞여 있는 다른 성분들을 분리한다. 예를 들어, 기계적인 필터는 액체에서 입자들을 분리하거나 큰 입자들과 작은 입자들을 분리한다. 전기적인 필터는 서로 다른 주파수 성분을 분리한다.

일반적으로, 필터에는 인덕터와 커패시터가 사용되는데 이는 주파수 특성이 반대이기 때문이다. 즉, 주파수가 증가하면 유도성 리액턴스 X_L은 증가하는 반면 용량성 리액턴스 X_C는 감소한다. 또한, L이나 C가 부하에 직렬로 연결되느냐 병렬로 연결되느냐에 따라서도 필터의 특성이 달라진다.

필터에 의한 감쇠량은 보통 데시벨(dB)로 표시된다. 데시벨은 두 전력의 크기를 대수적(logarithmic)으로 비교한 것이다. 필터의 주파수 응답은 보통 주파수 – 데시벨 감쇠 그래프로 그려진다.

가장 널리 응용되는 필터의 예를 들어보면 라디오 주파수에서 음향 주파수를 분리해내는 것과 평균 직류성분과 교류성분을 분리해내는 것이 있다. 전자회로에는 필터가 다양하게 응용된다.

단원 차례

단원 목표

- 저역 통과 필터와 고역 통과 필터의 차이점을 설명한다.
- 맥류에 대하여 설명한다.
- 변압기가 어떻게 고역 통과 필터로 작용하는지 설명한다.
- RC 결합회로가 교류는 통과시키지만 직류는 저지시키는 이유를 설명한다.
- 바이패스 커패시터의 역할을 설명한다.
- 기본 RL과 RC 필터에서 차단주파수, 출력전압 및 위상각을 계산한다.
- 대역 통과 필터와 대역 차단 필터의 동작을 설명한다.
- 로그-로그 그래프 용지나 세미로그 그래프 용지가 주파수 응답에 사용되는 이유를 설명한다.
- 데시벨이라는 용어를 정의한다.
- 공진회로가 어떻게 대역 통과 필터나 대역 차단 필터로 사용될 수 있는지 설명한다.
- 전력선 필터와 TV 안테나 필터의 기능을 설명한다.

중요 용어

감쇠	데시벨	바이패스 커패시터	옥타브
고역 통과 필터	데케이드	변동하는 직류	저역 통과 필터
대역 통과 필터	맥류	수정 필터	차단주파수
대역 차단 필터			

알아두기▸▸

필터 입력에 주어지는 교류 신호의 주파수 범위는 일반적으로 넓다.

26-1 필터링의 예

전자회로에서는 주파수가 서로 다른 여러 전압에 의해 역시 주파수가 서로 다른 전류가 흐르는 경우가 많이 있는데, 이는 인가전압과 이에 의해 발생하는 전류의 주파수가 서로 같기 때문이다. 예를 들어, 오디오 회로에 입력되는 교류 신호는 높거나 낮은 주파수들을 가질 수 있다. RF(radio frequency)회로는 그 입력에 넓은 범위의 라디오 주파수를 가질 수 있다. 라디오에서 오디오 검출기는 출력으로 라디오 주파수와 오디오 주파수(AF : audio frequency)를 모두 가진다. 마지막으로, 전원 공급 장치에서 정류기는 교류 맥동분이 포함된 직류를 출력한다.

전류가 서로 다른 주파수 성분을 가지는 경우, 특정한 주파수나 주파수 대역을 선택하거나 제거할 필요가 있다. 전기적인 필터는 더 높거나 낮은 주파수를 분리하는 데 사용된다. 전기적인 필터는 부하저항으로 높은 주파수 성분을 통과시킬 수 있으며, 이것을 고역 통과 필터라 한다. 반면에 저역 통과 필터는 낮은 주파수를 통과시키는 데 사용된다. 〈그림 26-1a〉에서 고역 통과 필터는 출력으로 10kHz를 통과시키는 반면에 100Hz의 낮은 주파수는 감쇠시키거나 제거한다. 〈그림 26-1b〉에서 필터링 동작은 반대로 100Hz의 낮은 주파수를 통과시키고 10kHz를 감쇠시킨다. 이것은 높고 낮은 오디오 주파수에 대한 예이다.

라디오 주파수와 오디오 주파수가 섞여 있는 경우 저역 통과 필터는 출력에 오디오 주파수를 통과시킨다. 반면에 고역 통과 필터는 라디오 주파수를 통과시킨다.

■ 26-1 복습문제

고역 통과 필터는 다음 주파수들 중 어느 주파수를 통과시키는가?

a. 100Hz와 500kHz

b. 60Hz와 일정한 직류

26-2 교류와 결합된 직류

극성은 반전되지 않고 크기만 변하는 전류를 맥류(pulsating direct current 또는 fluctuating direct current)라 한다. 이것은 그 값이 변동하기 때문에 일정한 직류 전류는 아니다. 그러나 극성은 양 또는 음으로 같기 때문에 교류전류는 아니다. 똑

그림 26-1 전기적인 필터의 기능 (a) 고역 통과 필터는 부하에 높은 주파수를 출력한다. (b) 저역 통과 필터는 부하에 낮은 주파수를 출력한다.

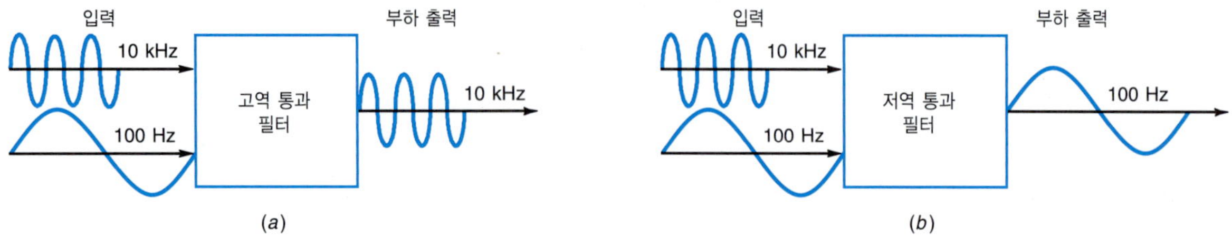

알아두기▸▸

〈그림 26-2〉에서 직류전원과 교류전원 모두 부하 R_L에 전력을 공급한다. 직류전원과 교류전원이 결합한 전압을 실효전압이라고 하며 V_{eff}로 표시한다. 실효전압 V_{eff}는 $V_{eff} = \sqrt{V_{DC}^2 + V_{rms}^2}$ 로 계산된다.

같은 개념이 전압에도 적용된다.

〈그림 26-2〉는 회로에 맥동하는 직류 전류나 전압이 어떻게 나타날 수 있는지를 보여준다. 여기서 배터리의 일정한 직류전압 V_B와 교류전압 V_A를 직렬로 연결한다. 직렬로 연결된 두 개의 전원이 더해지기 때문에 R_L에 걸리는 전압은 〈그림 26-2b〉의 v_R의 파형에서 보는 것과 같은 두 전압의 합으로 나타난다.

만약 교류전압의 양과 음의 최대값들을 생각하면, V_A가 +10V일 때 배터리 전압의 +20V와 더해져서 R_L에는 +30V가 걸리게 되고, 교류전압이 −10V일 때 +20V의 배터리 전압과의 차 +10V가 R_L에 나타나게 된다. 만약 교류전압이 0이라면 R_L에 걸리는 전압은 +20V의 배터리 전압과 같다.

결합된 전압 v_R의 축은 교류전압의 0축이 아닌 배터리 전압이 되며, 이 값의 위아래로 변동하는 교류변동으로 구성되어 있다. 그 결과로서 항상 양 전위를 가지지만 맥동하는 직류전압으로 나타난다.

R_L에 흐르는 변동하는 직류전류 i의 파형은 전압 파형과 같이 20A의 직류값을 중심으로 위아래로 변동한다. i와 v값은 R_L이 1Ω이기 때문에 같다.

다른 예를 〈그림 26-3〉에 나타내었다. 만약 〈그림 26-3a〉에서 보는 바와 같이 120V 60Hz의 전원에 100Ω이 연결되어 있다면 R_L에 흐르는 전류는 V/R_L이 될 것이다.

또한, 〈그림 26-3b〉에서와 같이 교류전원 대신에 직류 200V를 연결하면 R_L에 흐르는 직류전류는 200/10, 즉 2A로 일정할 것이다. 배터리 전압과 그 전류는 변동이 없기 때문에 일정한 직류값으로 볼 수 있다.

그러나 교류전압 V_A와 직류전압 V_B가 〈그림 26-3c〉에서와 같이 R_L에 직렬로 연결되어 있다고 가정하면 R_L에서 전류와 전압은 어떻게 나타나겠는가? V_A 또는 V_B가 전류를 흐르게 할 것인가? 답은 두 개의 전원이 동시에 전류를 흐르게 한다. 각 전압원의 작은 내부 임피던스를 무시한다고 하면 다른 전압원이 없을 때와 같은 전류를 생성한다. 그 결과로서 직류전압 V_B에 합쳐진 교류 V_A를 가진 변동하는 직류 전압과 전류를 만든다.

그림 26-2 맥동하는 직류 전류와 전압의 예 (a) 회로 (b) R_L에 걸리는 전압 그래프. 이 V는 배터리 V_B와 1000Hz의 주파수를 가진 교류전원 V_A의 합이다.

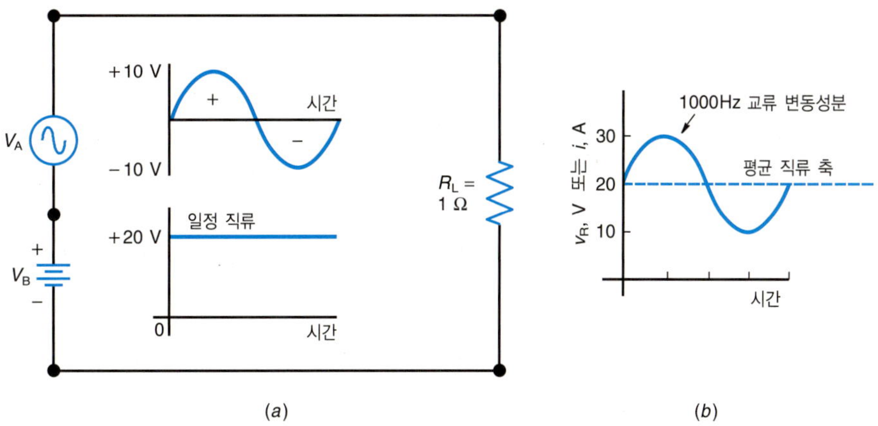

그림 26-3 R_L 양단에 맥동하는 직류전압을 공급하기 위한 AC와 DC 전압의 결합 (a) AC 전원만 있을 경우 (b) DC 전원만 있을 경우 (c) R_L 양단에 맥동하는 전압을 공급하기 위하여 직렬로 연결한 AC와 DC 전원

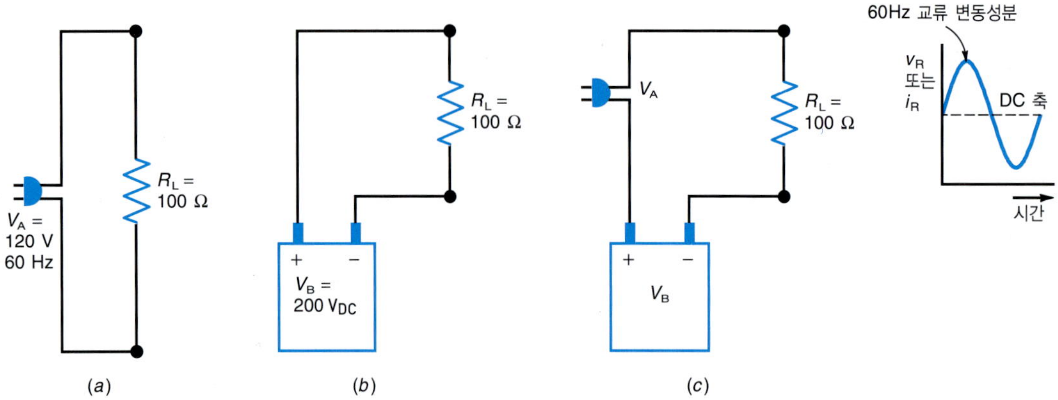

> **알아두기▸▸**
> 원래의 교류전압 V_A에서 배터리 전압 V_B만큼 전압축이 이동한 것이다.

직류와 교류 성분

〈그림 26-3c〉에서 맥동하는 직류전압 V_R은 배터리 전압 V_B만큼 전압축이 이동한 원래의 교류전압 V_A이다. 직류성분은 교류변동에 삽입되어 있다. 이 효과를 직류삽입(DC insertion)이라 한다.

〈그림 26-2〉에서 직류전압계를 이용하여 R_L에 걸리는 전압을 측정하면, 20V의 직류값으로 측정될 것이다. 교류를 측정하는 오실로스코프는 10V의 변화를 가진 것을 볼 수 있다.

오실로스코프를 교류결합(AC coupling)으로 설정하고 R_C의 전압을 측정하면 −10~10 사이를 변하는 교류전압이 측정된다.

그러므로 변동하는 전압, 전류를 두 부분으로 생각하는 것이 편리하다. 하나는 축 또는 변화의 평균값이 되는 일정한 직류성분이고 또 다른 하나는 직류축에서 위아래로 변화하는 교류성분이다. 여기서 V_T의 직류값은 +20V이다. 반면에 교류성분은 최대값 10V 또는 실효값 7.07V이다. 이 교류성분을 리플(AC ripple)이라고 부른다.

변동 성분은 일정한 직류값에 대하여 실제로 극성이 바뀌는 교류 전압이나 전류를 나타내는 것이다. 예를 들면, +20V에서 +10V까지의 V_R의 변화는 0에 비교하면 양의 전압이 감소하는 것이다. 그러나 +20V의 직류값과 비교하면 +10V는 +20V축에 대하여 10V만큼 음이다.

> **알아두기▸▸**
> 사인파가 대칭일 경우 그 파형의 직류성분은 다음과 같이 계산된다.
>
> $$V_{DC} = \frac{V_{PP}}{2} \pm V_{min}$$
>
> 여기서 V_{min}은 파형의 가장 작은 값을 의미한다.

교류성분을 가진 직류값의 일반적인 예

일반적인 적용에 있어서 트랜지스터나 IC가 교류신호 증폭에 사용될 경우 변동하는 직류 전압이나 전류를 가진다. 트랜지스터나 IC 증폭기는 동작하기 위해서 일정한 직류전압을 필요로 한다. 입력신호는 보통 바람직한 동작점을 설정하는 직류축을 중심으로 변화하는 교류이다. 증폭된 출력 또한 필요한 출력전력을 공급하는 직류 공급전압에 교류신호가 더해진 것이다. 따라서 입출력회로는 변동하는 직류전압이다.

그림 26-4 AC 성분을 가진 DC 전압의 대표적인 예 (a) 큰 양의 DC 성분으로 인한 양의 변동 DC 값 (b) 큰 음의 DC 성분으로 인한 음의 변동 DC 값

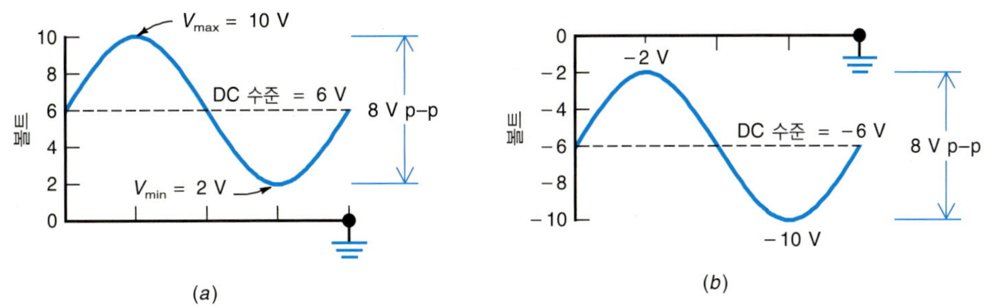

변동하는 직류전압의 예를 들어보면 섀시접지를 기준으로 나타낼 때 〈그림 26–4〉의 두 가지가 있을 수 있다. 〈그림 26–4a〉에서 파형은 앞서 보여준 예와 같이 항상 양이다. NPN 트랜지스터 증폭기의 콜렉터 전압이 이러한 형태이다. 그 값을 보면 평균 직류축은 일정한 직류값이다. 양의 최대값은 직류값과 교류 최대값의 합이다. 또한 최소값은 직류값에 교류 최대값을 뺀 것과 같다. 교류성분의 피크 대 피크(peak–to–peak)값과 그 실효값은 원래의 교류신호와 같다. 그러나 파형이 비대칭인 경우는 최대값에서 최소값을 뺀 값을 피크 대 피크 값으로 삼는 것이 좋다.

〈그림 26–4b〉에서 모든 값은 음이다. 교류성분의 양의 최대값은 극성이 반대이기 때문에 직류값에서 뺀다. 피크값은 음의 직류값과 더해져 음의 최대값이 된다.

교류성분의 분리

대부분의 응용에 있어서 회로에는 변동하는 직류전압이 걸리지만 이 중에서 교류성분만 필요한 경우가 많다. 이때에는 교류성분만 부하로 전달하고 일정한 직류성분은 변압기나 커패시터로 차단한다. 절연된 1차측과 2차측 권선으로 구성된 변압기는 일정한 직류전류를 차단한다. 커패시터도 일정한 직류전압을 차단한다.

■ 26–2 복습문제

〈그림 26–4a〉에서 변동하는 직류파형에 대해서 다음의 전압은 얼마인가?

a. 평균 DC 레벨
b. 최대값과 최소값
c. 교류성분의 피크 대 피크 값
d. 교류성분의 피크값과 실효값

26–3 변압기 결합

변압기는 1차측 전류의 변화에 의해 유도되는 2차측 전압을 만든다. 1차측에 변동하는 직류전류가 입력될 때 2차측에는 교류의 변동만을 가지는 전압을 출력한다. 1차측의 일정한 직류성분은 2차측에 아무런 영향을 주지 않는다.

〈그림 26–5〉에서 1차측의 변동하는 직류전압은 변동하는 1차측 전류를 만든다.

그림 26-5 변압기 결합은 직류성분을 차단한다. 1차측 L_P에 변동하는 직류전류를 공급하면, 교류성분만이 2차측 L_S에 전압을 유도한다.

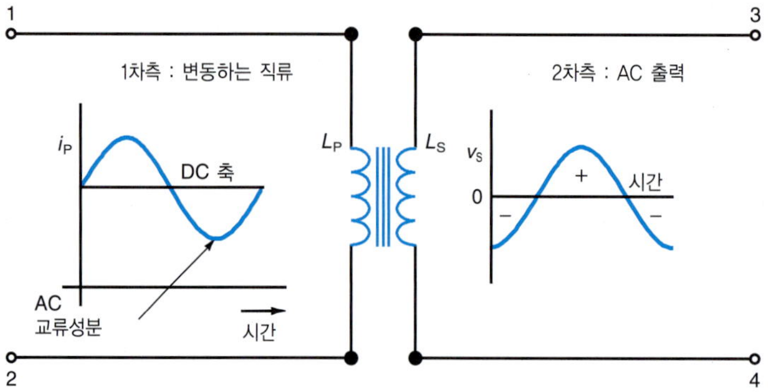

직류축은 일정한 자계(magnetic field)를 가지는 1차측 전류의 일정한 값에 대응된다. 그러나 자속이 변화해야 2차측에 전압이 유도된다. 따라서 1차측의 변동분만이 2차측에 출력된다. 일정한 1차측 전류에 대해서는 출력을 만들 수 없으므로 이 직류값은 2차측 교류출력에 대해 0 전압에 해당한다.

1차측 전류가 일정 값에서 그 이상으로 증가할 때 이 증가는 자속의 증가에 따라 2차측 전압에 대해 하나의 극성을 만든다. 1차측 전류가 일정 값에서 더 작은 값으로 감소할 때 2차측 전압은 자속의 감소에 따라 반대극성을 가진다. 2차측에서의 결과는 0을 기준으로 반대극성을 가지는 교류변화가 나타난다.

교류 2차측 전압의 위상은 권선의 연결 상태와 방향에 따라 그림에 나타난 것과 같거나 180° 반대가 될 것이다. 또한 2차측 교류출력은 권선비에 따라 1차측의 교류성분보다 더 크거나 작을 수도 있다. 2차측에 교류를 출력하면서 1차측의 일정한 직류성분을 차단하는 능력은 철심이든 공심이든 간에 분리된 2차측 권선을 가지는 모든 변압기에 적용된다.

■ 26-3 복습문제

a. 변압기 결합은 고역 통과 필터인가, 저역 통과 필터인가?

b. 〈그림 26-5〉에서, i_P의 평균 직류 수준에 해당하는 v_S의 수준은 얼마인가?

26-4 용량성 결합

커패시터 결합은 아마도 증폭회로에서 가장 널리 사용되는 형태의 결합일 것이다. 결합(coupling)은 한 회로의 출력을 다음 회로의 입력에 연결하는 것을 의미한다. 이때 요구되는 조건은 원하는 신호의 모든 주파수는 포함시키는 반면 원하지 않는 요소는 모두 제거하는 것이다. 보통 직류성분은 교류 증폭기에 입력되지 않도록 차단되어야 한다. 이것은 증폭을 위하여 특정 직류값을 유지하여야 하기 때문이다.

〈그림 26-6〉에서 입력단자 1과 2에 인가된 변동하는 직류전압은 RC 결합회로로 전달된다. 커패시터 C_C는 평균 충전전압인 일정한 직류값으로 충전될 것이다. 일정

그림 26-6 *RC* 결합은 직류성분을 차단한다. 변동하는 직류전압을 공급하면 교류성분만 저항 *R* 양단의 출력전압으로 충전되고 방전되는 전류를 생성한다.

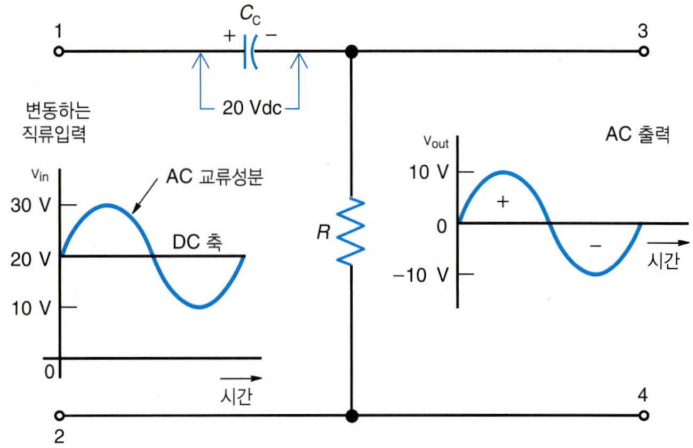

한 직류성분은 차단되므로 *R* 양단에 전압이 걸리지 않는다. 그러나 출력단자 3과 4 사이에 있는 *R* 양단에는 교류성분이 나타난다. 이는 교류전압은 *C*가 *R*을 통하여 충전과 방전 전류를 흐르게 하기 때문이다. 교류전압의 0축이 변동하는 직류전압입력의 평균 전위에 대응함에 유의하라.

C 양단의 직류성분

C_C 양단의 전압은 입력전압의 직류성분이 되는데 이것은 교류성분의 변화가 평균값의 위와 아래에서 대칭이기 때문이다. 또한 직렬저항은 충전과 방전에서 동일하다. 따라서 평균값 이상으로 충전전압이 증가하면 그만큼 평균값 이하로 방전되어 평균값을 유지한다.

예를 들어, 〈그림 26-6〉에서 v_{in}이 20V에서 30V로 증가할 때 C_C에서 충전되는 효과는 20V에서 10V로 감소할 때 방전에 의해 상쇄된다. 하지만 v_{in}은 언제나 +값을 가지므로 C_C에 표시한 극성으로 C_C를 충전한다.

결국 C_C는 직류값으로 충전되는데 이것은 축(직류값)에서 벗어난 값들이 서로 상쇄되기 때문이다. *RC* 시정수를 고려하여 충분한 시간이 경과하면 C_C는 공급된 직류전압의 평균값(여기서는 20V)으로 충전된다.

알아두기▸▸

RC 결합회로의 입력과 출력 양단에 직류 전압이 나타날 수 있다. 예를 들어 입력측의 직류 성분은 전 단의 트랜지스터 직류 콜렉터 전압이고 출력측의 직류 성분은 다음 단의 트랜지스터 직류 베이스 전압인 경우이다. 결합 커패시터는 각 단의 직류 전압은 차단하지만 교류 신호는 계속 결합시킨다.

R 양단의 교류성분

C_C가 평균 직류값으로 충전된다 하더라도 변동하는 입력전압이 이 값보다 커지거나 작아지면 충전과 방전하는 전류는 입력의 변동에 대응하는 *IR* 전압을 생성한다. v_{in}이 평균값 이상으로 증가하면 C_C는 충전되고 *R*을 통하여 충전전류를 흘린다. 충전되는 전류가 아주 작아 C_C에 걸리는 전압에 현저한 영향을 주지 못하더라도 저항이 클 경우에는 *IR* 전압강하가 입력전압의 교류성분과 비슷해질 수 있다. 요약하면, 양호한 결합을 위해서는 *RC* 시정수가 커야 한다.

〈그림 26-6〉에서 극성을 고려하면, v_{in}의 증가에 의하여 만들어진 충전전류는 *R*

의 아래에서 위쪽으로 전자들의 흐름을 만들고 전자들은 C_C의 음극 쪽으로 더해진다. R의 위쪽 전압은 아래쪽 선에 대해서 양의 값을 가진다.

v_{in}이 평균 전압 아래로 감소하면 C는 전하를 잃는다. R을 통하여 반대 방향으로 방전전류가 흐른다. 따라서 R 양단에 음의 극성을 가지는 교류전압이 출력된다.

입력전압이 평균값이 되면, 충전이나 방전 전류가 흐르지 않고 결과적으로 R 양단의 전압은 0이 된다. R 양단의 교류전압이 0이 되는 값은 RC 회로에 공급된 변동하는 직류전압의 평균값에 대응한다.

결과적으로 양의 변동하는 직류전압이 공급되면 평균값 이상의 값은 R 양단에 양의 교류전압 반주기를 만들고 평균값 이하의 값은 음의 반주기를 만든다. 또한 단자 3과 4를 통하여 RC 결합회로로부터 출력하므로 R 양단에 나타나는 교류전압만이 다음 회로와 결합된다.

거의 위상 이동이 없는 점에 주목하는 것이 중요하다. 이 법칙은 R이 X_C의 10배 이상이 되면 모든 RC 결합회로에 적용된다. 이때 X_C는 직렬저항에 비교하여 무시할 수 있고 5.7° 이하의 위상각은 거의 0으로 볼 수 있다.

RC 결합회로의 전압

직류전압계로 〈그림 26-6〉의 입력단자 1과 2에 걸리는 변동하는 직류전압을 측정한다면, 그 값은 20V의 평균 직류값을 나타낼 것이다. 같은 단자에 오실로스코프를 연결하고 교류결합(ac coupling)으로 설정하면 변동하는 교류성분만이 측정된다. 전압변동의 피크값은 10V, 피크 대 피크값은 20V, 실효값은 0.707×10 = 7.07V이다.

〈그림 26-6〉의 1과 3의 양단 전압 V_C에 대해 직류전압계의 지시값은 일정한 직류전압값 20V가 된다. 1과 3의 양단을 교류전압계로 측정하면 거의 0V가 된다.

그러나 3과 4의 양단 전압 V_R을 교류전압계로 측정하면 약 7V를 지시할 것이다. 또한 직류전압계로 측정하면 0V가 될 것이다. 입력전압의 직류성분은 C_C 양단에 걸리고 C_C에 의해 차단되어 R 양단에는 나타나지 않는다.

전형적인 결합 커패시터

몇 가지 값의 직렬 R 값에 대하여 오디오 주파수용과 라디오 주파수용의 일반적인 결합 커패시터의 값을 〈표 26-1〉에 나타내었다. 모든 경우에서 결합 커패시터는 입력전압의 직류성분은 차단하는 반면, 교류성분은 저항으로 통과시킨다.

C_C값의 크기는 교류성분의 주파수에 의존한다. 〈표 26-1〉의 왼쪽에 있는 각각의 주파수에서 가로 행의 커패시터 값은 각 열의 저항값의 10분 1과 같은 X_C값을 가진다. 3개 열에서 R은 1.6kΩ → 16kΩ → 160kΩ으로 증가하므로 C_C 값은 줄어들게 된다. 전형적인 오디오 주파수용 결합 커패시터는 결합될 가장 낮은 오디오 주파수와 직렬저항의 크기에 따라 약 0.1μF에서 10μF 정도이다. 전형적인 라디오 주파수용 결합 커패시터는 약 1pF에서 100pF 정도이다.

1μF보다 더 큰 C_C값을 가지는 커패시터는 보통 극성이 있는 전해 커패시터이며 연결할 때 극성에 주의하여야 한다. 트랜지스터 회로에 사용되는 것은 크기가 작고

표 26-1	전형적인 오디오 주파수와 라디오 주파수용 결합 커패시터*			
		C_C 값		
주파수	$R = 1.6\ k\Omega$	$R = 16\ k\Omega$	$R = 160\ k\Omega$	주파수 대역
100 Hz	10 μF	1 μF	0.1 μF	오디오 주파수
1000 Hz	1 μF	0.1 μF	0.01 μF	오디오 주파수
10 kHz	0.1 μF	0.01 μF	0.01 μF	오디오 주파수
100 kHz	0.01 μF	0.001 μF	100 pF	라디오 주파수
1 MHz	0.001 μF	100 pF	10 pF	라디오 주파수
10 MHz	100 pF	10 pF	1 pF	라디오 주파수
100 MHz	10 pF	1 pF	0.1 pF	초고주파

* 〈그림 26-6〉의 결합회로에 의함. $X_{C_C} = 1/10R$

길이는 1/2인치(약 1.8cm) 정도이며, 6V에서 25V의 낮은 정격전압을 가진다. 전해 커패시터의 작은 누설전류는 트랜지스터 결합회로가 낮은 전압과 작은 직렬저항값을 가지므로 별로 문제가 되지 않는다.

■ 26-4 복습문제

a. 〈그림 26-6〉에서 v_{in}의 평균 직류값에 의해 R에 나타나는 v_{out}의 값은 얼마인가?

b. 1kΩ의 R과 사용되는 전형적인 오디오용 커패시터는 다음 중 어느 것인가? 1pF, 0.001μF, 5μF

26-5 바이패스 커패시터

바이패스(bypass)는 소자 주위의 통로이다. 회로에서 바이패스는 병렬이거나 분로(shunt) 통로이다. 커패시터는 종종 변동하는 직류전압의 교류성분을 바이패스시키기 위해 저항과 병렬로 사용한다. 결과적으로 바이패스 커패시터가 교류변동의 가장 낮은 주파수에 대해 작은 리액턴스를 가질 수 있도록 충분히 크다면 RC 병렬 조합을 통하여 안정된 직류전압을 얻을 수 있다.

〈그림 26-7〉에서 R_1과 병렬로 연결된 커패시터 C_1은 R_1에 대해서 교류 바이패스 커패시터이다. X_{C_1}이 R_1의 10분의 1이거나 그 이하가 되는 임의의 주파수에 대해 교류성분은 분로 통로의 낮은 리액턴스를 통해 R_1 근처에 바이패스된다. 그 결과 낮은 리액턴스 때문에 바이패스 커패시터에 걸리는 교류전압은 실제로 0이 된다.

전압은 R_1과 C_1이 병렬이기 때문에 R_1과 C_1에 걸리는 전압과 같으므로 C_1이 바이패스 커패시터로 동작하는 주파수에 대해 R_1에 걸리는 교류전압은 없다. X_C가 R_1의 10분의 1이 되는 주파수에 대해 R_1은 바이패스된다고 한다. 바이패스는 또한

X_C가 R의 10분의 1보다 작은 더 높은 주파수에 대해서도 적용된다. 그래서 바이패스 커패시터에 걸리는 교류전압은 더 낮은 리액턴스 때문에 더욱더 0에 가깝다.

변동하는 직류전압에서 교류성분의 바이패스

〈그림 26-7〉의 전압은 V_{DC}와 V_{AC}에 대해 각각 분리하여 1의 효과를 고려하여 계산한 것이다. 직류에 대하여 C_1은 사실상 개방회로이다. 그런데 이것은 리액턴스는 5000Ω R_1과 비교하여 너무 커서 X_{C_1}은 하나의 병렬 가지로서 무시할 수 있다. 따라서 R_1은 R_2와 직렬로 연결된 전압분배기로 생각할 수 있다. R_1과 R_2는 같기 때문에 각각은 V_{DC}의 2분의 1인 5V 전압이 걸린다. 비록 이 직류전압 분배가 R_1과 R_2에만 의존되더라도 C_1의 양단 직류전압은 병렬로 연결된 R_1 양단과 같은 5V이다.

그러나 공급된 전압의 교류성분에 대해서 바이패스 커패시터는 매우 낮은 리액턴스를 가진다. 실제로 이 R_1의 10분의 1이나 그 이하가 되어야 한다. 5000Ω의 R_1은 작은 X의 값에 비해 매우 크므로 병렬로 연결된 R_1은 없는 것으로 볼 수 있다. 따라서 500Ω X_{C_1}은 R_2와 직렬로 연결된 전압분배기로 생각할 수 있다.

5000Ω R_1와 직렬로 연결된 500Ω X_{C_1}은 C_1에 V_{AC}의 약 11분의 1이 C_1 양단에 걸리도록 한다. 여기서 0.9V의 이 교류전압은 병렬회로인 R_1과 C_1에 똑같이 걸리게 된다. 공급된 교류전압의 나머지, 즉 9.1V는 R_2에 걸리게 된다. 이를 요약하면, 바이패스 커패시터는 분로저항에 걸리는 직류전압에 대해서는 영향을 끼치지 않고 교류전압에 대해서는 작거나 거의 안 걸리게 만드는 역할을 한다.

〈그림 26-7〉의 회로에서 전압을 측정하면 직류전압계를 사용한 경우에는 R_1 전압은 5V, R_2 전압은 5V를 표시한다. R_2에 대해 교류전압계로 측정하면 교류 입력전압의 거의 전부에 해당하는 9.1V를 지시한다. 바이패스 커패시터 C_1에 걸리는 교류전압은 0.9V뿐이다.

〈표 26-2〉에 RF용과 AF용 바이패스 커패시터에 대한 일반적인 크기를 나타내었다. C 값은 각 열에 주어진 분로저항의 10분의 1이 되는 X_C에 대해 여러 가지 주파수에서 계산된 것이다. R은 3개의 열에서 16kΩ → 1.6kΩ → 160Ω으로 감소한다. 더 작은 R 값은 바이패스를 위해 더 큰 C 값을 요구한다. 또한 어떤 주파수에서 X_C가 R의 10분의 1과 같을 때 더 높은 주파수에 대해서는 X_C가 더 작아질 것이고

알아두기▸▸

〈그림 26-7〉에 보인 교류전압은 근사값이다. 실제 전압은 24장에서 배운 교류회로에서의 복소수 개념을 적용하여 결정할 수 있다.

그림 26-7 변동하는 직류 입력전압의 교류성분에 대해 바이패스 커패시터 C_1의 작은 리액턴스는 R_1을 단락시킨다.

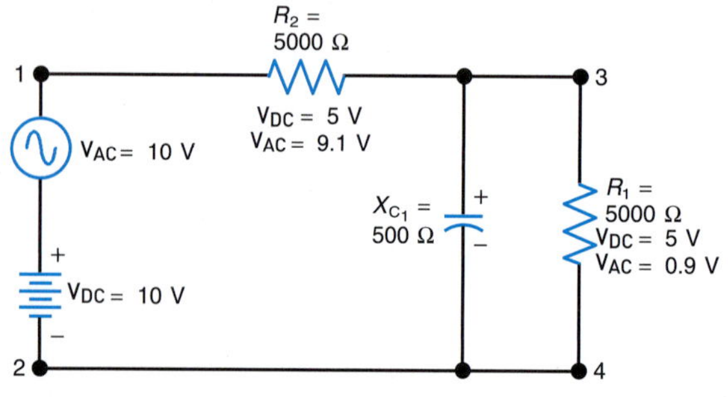

표 26-2	전형적인 오디오 주파수와 라디오 주파수용 바이패스 커패시터*			
		C 의 값		
주파수	$R = 16\ \text{k}\Omega$	$R = 1.6\ \text{k}\Omega$	$R = 160\ \Omega$	주파수 대역
100 Hz	1 μF	10 μF	100 μF	오디오 주파수
1000 Hz	0.1 μF	1 μF	10 μF	오디오 주파수
10 kHz	0.01 μF	0.1 μF	1 μF	오디오 주파수
100 kHz	0.001 μF	0.01 μF	0.1 pF	라디오 주파수
1 MHz	100 μF	0.001 pF	0.01 pF	라디오 주파수
10 MHz	10 pF	100 pF	0.001 pF	라디오 주파수
100 MHz	1 pF	10 pF	100 pF	초고주파

* 〈그림 26-7〉의 RC 바이패스 회로에 의함. $X_{C_1} = 1/10R$

바이패스 동작을 개선하게 될 것이다. 따라서 바이패스 커패시터의 크기는 바이패스시킬 수 있는 가장 낮은 주파수를 근거로 하여 고려하여야 한다.

C를 사용한 커패시터 결합과 바이패스의 적용은 X_C가 R에 직렬로 연결되고 바이패스 C는 저항에 병렬로 연결된다는 점을 제외하고는 같다. 두 경우에서 X_C는 R의 10분의 1이거나 이하가 되어야만 한다. 이렇게 하면 C_C는 R에 교류신호를 결합하는 반면에 분로 바이패스는 교류신호에 대해 R을 단락시키는 역할을 한다.

오디오 주파수가 아닌 라디오 주파수의 바이패스

〈그림 26-8〉에서 1000Hz의 오디오 주파수에 대해 C_1은 1.6MΩ의 리액턴스를 가진다. 이 리액턴스는 R_1보다 매우 크기 때문에 병렬 합성 임피던스는 거의 R_1의 16,000Ω과 같다. 그래서 R_1과 R_2는 공급된 AF 전압 10V에 대해 전압분배기로 동작하게 된다. 같은 값을 가진 저항에 각각 2분의 1의 전압, 즉 R_1에 5V, R_1에 5V가 공급된다. 1000Hz에서 R_1에 병렬로 연결된 C_1의 전압도 5V이다. 그러나 1MHz의 RF 전압에 대해서 바이패스 커패시터의 리액턴스는 단지 1600Ω이 된다. 이것은 R_1의 1/10이다. 그래서 병렬인 X_{C_1}과 R_1의 합성 임피던스는 거의 1600Ω과 같다.

지금 16,000Ω의 R_2와 직렬로 연결된 병렬회로 R_1C_1이 1600Ω의 임피던스를 가

그림 26-8 커패시터 C_1은 오디오 주파수가 아닌 라디오 주파수에 대해 R_1을 바이패스한다.

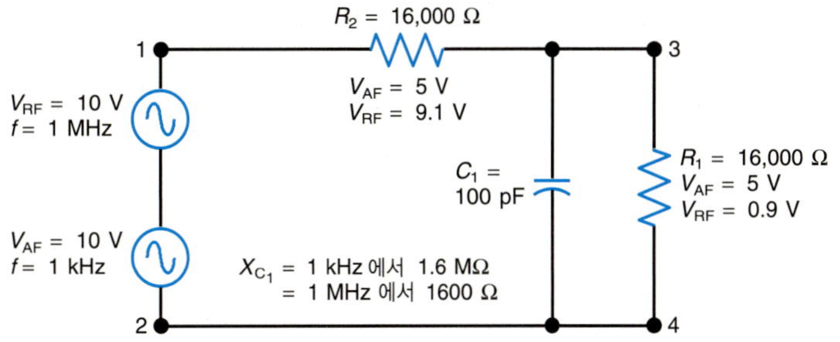

질 때 R_1과 C_1에 걸리는 전압은 공급된 RF 전압의 1/11이다. 그래서 R_1과 C_1의 낮은 임피던스에 걸리는 전압은 0.9V이고 R_2의 큰 저항에선 9.1V의 전압이 걸린다. 결과적으로 공급된 전압의 RF 성분은 바이패스할 수 있다. 커패시터 C_1은 R_1의 RF 바이패스이다.

26-5 복습문제

a. 〈그림 26-8〉에서 C_1은 AF 바이패스인가, RF 바이패스인가?

b. 1kΩ R에 대해 전형적인 오디오 바이패스 커패시터는 다음 중 어느 것인가? 1pF, 0.001μF, 5μF

26-6 필터회로

기능면에서 필터는 저역 통과 또는 고역 통과로 구분될 수 있다. 저역 통과 필터는 인가전압의 낮은 주파수 성분을 통과시켜 부하저항 양단에 출력전압으로 나타나도록 한다. 반면에 더 높은 주파수는 출력에서 감쇠되거나 줄어든다. 고역 통과 필터는 그 반대로 인가전압의 높은 주파수 성분을 출력 부하저항 양단의 전압으로 나타나게 한다.

RC 결합회로의 경우는 고역 통과 필터의 예이다. 왜냐하면 입력전압의 교류성분은 *R*에 전달되는 반면에 직류전압은 직렬 커패시터에 의해 차단되기 때문이다. 게다가 교류성분에서 주파수가 높을수록 교류전압은 더욱 크게 결합된다. 그 반대의 경우로 바이패스 커패시터는 저역 통과 필터의 예이다. 더 높은 주파수일수록 바이패스 동작이 잘 되고 낮은 주파수에 대해서는 잘 안 된다. 낮은 주파수는 분로 바이패스 커패시터를 거쳐 출력된다.

부하 양단에 출력전압으로 나타나기 위해 어느 주파수가 통과되어야 하는지의 관점에서 필터링을 더욱 선택적으로 하기 위해, 필터회로는 일반적으로 인덕턴스와 커패시턴스를 결합시킨다. 유도성 리액턴스는 높은 주파수일수록 증가되고 반면에 용량성 리액턴스는 감소하므로 두 소자의 주파수에 대한 반대의 효과는 필터링 동작을 개선한다.

필터회로에 들어 있는 *L*과 *C*의 구성 형태에 따라 필터의 이름을 붙인다. 필터의 가장 일반적인 종류는 *L*, *T*, π이다. 이 3가지 모두는 저역 통과 필터나 고역 통과 필터로서 기능을 할 수 있다.

*L*과 *C*를 가진 저역 통과 필터나 고역 통과 필터에 대해서 리액턴스 X_L은 높은 주파수에 대해 증가하고 반면에 X_C는 감소된다. X_L과 X_C의 주파수 특성은 바꿀 수 없다. 그러나 회로의 연결을 반대로 하면 필터링 동작이 바뀌게 된다.

일반적으로 고역 통과 필터는 다음과 같은 방식으로 *L*, *C*를 사용한다.

1. 부하와 직렬로 연결된 결합 커패시터 *C*. X_C는 높은 주파수에서 작은 값을 가지게 되고 R_L에 통과시키고 낮은 주파수는 차단한다.

2. R_L에 병렬로 연결된 초크 인덕턴스 L. 분로 X_L은 높은 주파수에서 큰 값을 가지게 되고 R_L에서 단락되는 것을 막는다. 반면에 낮은 주파수는 바이패스시킨다.

반대로 저역 통과 필터는 다음과 같은 방식으로 L, C를 사용한다.

1. 부하에 직렬로 연결된 인덕턴스 L. 높은 주파수에 대한 높은 X_L은 초크로 작용하는 반면에 낮은 주파수는 R_L로 통과시킨다.
2. R_L과 병렬로 연결된 바이패스 커패시터 C. 높은 주파수는 작은 X_C에 의해 바이패스되고, 반면에 낮은 주파수는 분로 경로에 의한 영향을 받지 않는다.

알아두기▸▸

이상적인 필터는 통과대역에 대하여는 감쇠가 없고 차단대역에 대하여는 감쇠가 무한대가 된다.

필터에서 원하지 않는 주파수의 진폭을 줄이는 것을 필터의 감쇠(attenuation)라 한다. 출력의 70.7%에 해당되는 감쇠가 일어나는 주파수를 차단 주파수(cutoff frequency)라고 하며, 보통 f_C로 나타낸다.

■ 26-6 복습문제

a. 직렬 C가 필요한 것은 고역 통과 필터인가, 저역 통과 필터인가?

b. 어느 필터가 병렬 C를 필요로 하는가?

26-7 저역 통과 필터

〈그림 26-9〉에는 여러 종류의 저역 통과 필터가 나타나 있는데 a는 한 개의 바이패스 커패시터가 병렬로 연결된 형태, b는 한 개의 초크가 직렬로 연결된 형태, 그리고 이들보다 복잡한 것으로 c는 L형, d는 T형, e와 f는 π형이다. 여러 주파수 성분을 가진 입력전압이 이들 저역 통과 필터에 인가되면 R_L 양단에는 낮은 주파수 성분이 크게 나타나고 높은 주파수 성분은 대부분 직렬로 연결된 초크코일이나 직렬저항에 걸리게 된다.

〈그림 26-9a〉에서 분로 커패시터 C는 고주파수에 대해 R_L을 바이패스한다. 〈그림 26-9b〉에서 초크 L은 R_L과 직렬연결된 전압분배기로 동작한다. 왜냐하면 L은 가장 높은 주파수에 대해 최대 리액턴스를 가지기 때문에 입력전압에서 가장 높은 주파수 성분은 R_L에 거의 걸리지 않고 대부분 L에 나타난다. 그러나 낮은 주파수에 대해서는 L은 낮은 리액턴스를 가지고 있어 대부분의 입력전압은 R_L에 걸리게 된다.

〈그림 26-9c〉에서는 직렬초크와 바이패스 커패시터를 동시에 사용하여 낮은 주파수 성분이 R_L에 나타나게 하고 높은 주파수 성분은 L에 걸려 R_L에 나타나지 않게 막아주는 작용을 더욱 확실하게 해주므로 필터 동작을 향상시킨다. 이와 마찬가지로 〈그림 26-9d〉에서 T형 회로와 〈그림 26-9e, f〉에서의 π형 회로는 필터 동작

그림 26-9 저역 통과 필터 (a) R_L에 병렬연결된 바이패스 커패시터 C (b) R_L과 직렬연결된 초크 L (c) 초크와 바이패스 커패시터를 가진 역-L형 (d) 두 개 초크와 하나의 바이패스 커패시터를 가진 T형 (e) 하나의 초크와 양 끝에 바이패스 커패시터를 가진 π형 (f) 초크 대신에 직렬저항을 가진 π형

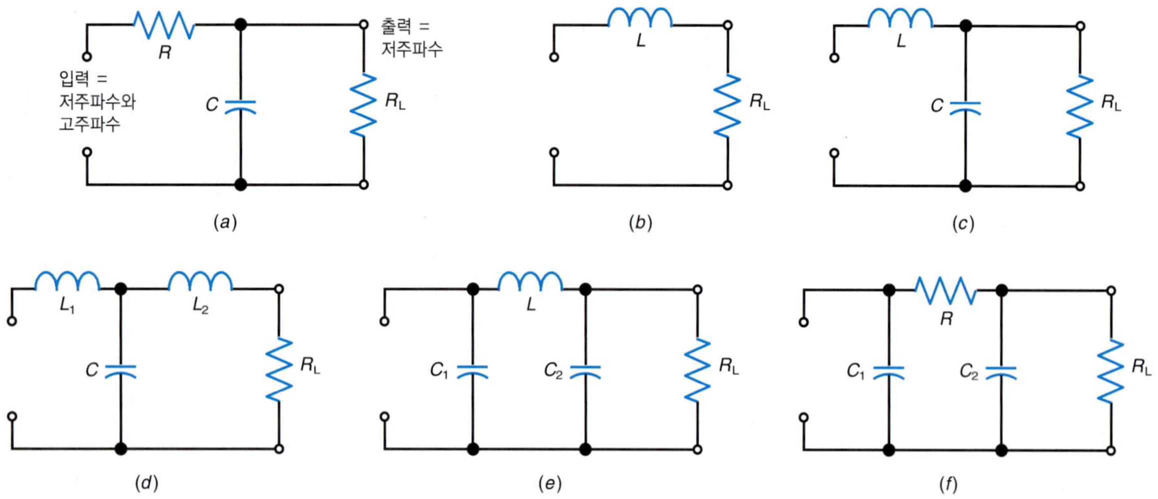

을 개선한다.

초크 대신에 직렬저항을 사용하는 〈그림 26-9f〉의 필터는 공간을 덜 차지하는 경제적인 π형 필터이다.

통과대역과 차단대역

그림 26-10 15kHz에서 차단되는 저역 통과 필터의 응답. 이 필터는 오디오 신호는 통과시키지만 라디오 주파수는 감쇠시킨다.

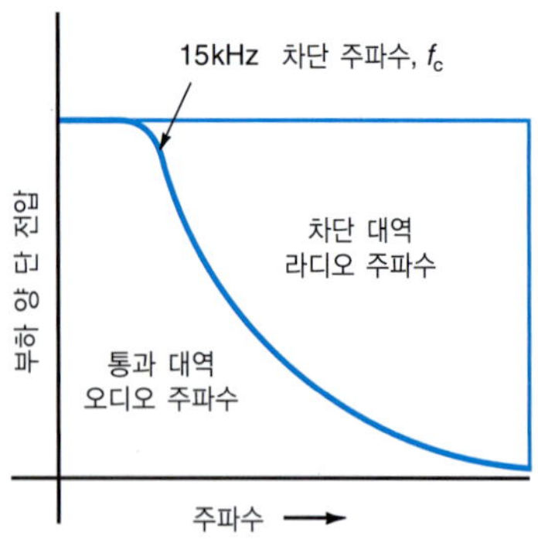

〈그림 26-10〉에 나타낸 저역 통과 필터는 15kHz의 차단 주파수 이상의 주파수를 감쇠시킨다. 입력전압 가운데 15kHz보다 낮은 주파수 성분은 부하 양단에 출력전압으로 나타난다. 이들 주파수는 통과대역 안에 있다. 그리고 15kHz나 그 이상의 주파수는 차단대역 안에 있다. 대역 사이의 통과대역과 차단대역의 구분이 얼마나 급격하게 이루어지느냐 하는 것은 필터회로의 구성 형태에 달려 있다. 일반적으로 L과 C를 많이 사용할수록 더욱 급격한 차단 특성을 얻을 수 있다. 그러므로 π형과 T형 필터는 L형과 바이패스나 초크만 사용한 필터보다 더 성능이 좋다.

〈그림 26-10〉의 응답곡선은 RF 전압을 감쇠시키고 오디오 주파수를 통과시키는 저역 통과 필터의 특성을 나타내고 있다. 입력전압이 AF 성분과 RF 성분으로 구성되어 있을 때 이 필터회로를 사용하면 AF 전압만 필터를 통과하므로 필터 다음 단에 있는 AF 회로에 AF 성분만 전달할 수 있다.

이 저역 통과 필터는 라디오 수신기에서 RF 변조된 반송파 신호를 정류한 다음에 검파기 회로에서 음성 출력 신호를 만들어낼 때 사용된다. 저역 통과 필터링의 다른 일반적인 응용은 전원공급기에서 정류기를 거쳐 출력되는 변동하는 직류출력으로부터 안정된 직류성분을 얻기 위하여 60Hz 이상의 고주파수 성분을 제거하는 것이다.

회로 변화

직렬 입력 초크를 가진 T형 필터와 분로 입력 커패시터를 가진 π형 필터 중에서 어느 것을 선택할지는 필터에 입력전압을 공급하는 전원의 내부저항에 달려 있다. 낮은 내부저항을 가진 전원은 초크가 바이패스 커패시터에 대해 높은 직렬 임피던스를 제공할 수 있어 T형 필터가 필요하다. 그렇지 않고 π형을 사용하면 바이패스 커패시터는 고주파수에 대해 낮은 저항 전원을 단락하기 위하여 매우 큰 값을 가져야만 한다.

π필터는 입력 커패시터가 바이패스의 효과를 발휘할 수 있는 고저항 전원에 더 적합하다. 같은 이유로 L필터를 고저항 전원에 사용할 때는 C가 병렬인 형태로, 저저항 전원에 사용할 때는 C가 직렬인 형태가 되어야 한다.

〈그림 26-9〉에서 직렬토크는 두 선 중 위쪽에 연결되어 있지만, 아래쪽 선에 연결하여도 필터 동작에는 아무런 영향이 없다. 또한 평형 필터회로(balanced filter circuit)에서는 직렬 부품들을 위쪽 선과 아래쪽 선에 모두 연결한다.

수동 필터와 능동 필터

여기에 있는 모든 회로는 수동 소자인 커패시터, 인덕터와 저항만을 사용하기 때문에 수동 필터이다. 능동 필터는 IC칩으로 된 연산증폭기에 R과 C를 연결하여 만든다. 이것을 사용하는 목적은 인덕턴스 L의 필요성을 없애기 위해서이다. 오디오 주파수용 필터와 같이 큰 코일이 필요한 경우에는 이 문제가 매우 중요하다.

■ 26-7 복습문제

a. 〈그림 26-9〉에서 어느 회로가 π형 필터인가?

b. 〈그림 26-10〉의 응답곡선은 저역 통과 필터인가, 고역 통과 필터인가?

26-8 고역 통과 필터

〈그림 26-11〉에서 보여주듯이 고역 통과 필터는 차단 주파수 f_C보다 더 높은 모든 주파수를 부하 쪽으로 통과시키는 반면에 낮은 주파수들을 차단시킨다. 〈그림 26-11a〉의 그래프는 0에서 50Hz의 차단대역을 가진 고역 통과 필터의 응답을 보여주고 있다. 50Hz의 차단 주파수 이상 통과대역에 있는 더 높은 오디오 주파수들은 출력 부하저항에 AF 전압을 발생시킨다.

고역 통과 필터링은 〈그림 26-11b〉와 같이 부하와 직렬연결된 결합 커패시터로서 C_C를 사용한 결과이다. L, T 그리고 π형 필터는 선로에 리액턴스가 큰 초크로서 인덕턴스를 사용한다. 입력전압에서 더 높은 주파수 성분은 직렬 커패시터는 거의 걸리지 않고 R_L에 대부분의 전압이 걸린다. 선로에 병렬연결된 인덕턴스는 증가하는 주파수에 따라 더 높은 리액턴스를 가지므로 R_L 값보다 낮지 않은 분로 임피던스를 갖게 한다.

그림 26-11 고역 통과 필터 (a) 50Hz에서 차단되는 오디오 주파수 필터에 대한 응답곡선 (b) R_C 결합회로 (c) 역-L형 (d) T형 (e) π형

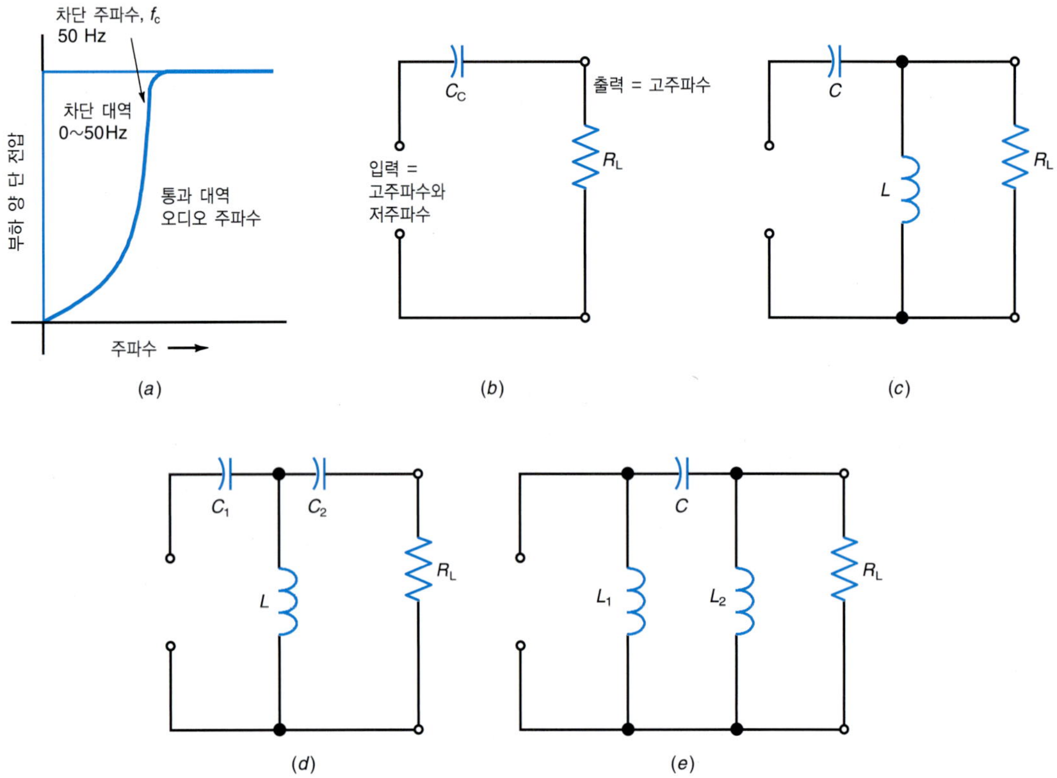

그러나 낮은 주파수에 대해 R_L은 선로에 병렬연결된 저유도성 리액턴스에 의해 사실상 단락된다. 또한 C_C는 낮은 주파수에서 리액턴스가 커져서 대부분의 전압이 걸리므로 부하 양단에 낮은 주파수 전압이 걸리는 것을 막아준다.

■ 26-8 복습문제

a. 〈그림 26-11〉에서 어느 회로가 T형 필터인가?
b. 〈그림 26-11a〉의 응답곡선은 저역 통과 필터인가, 고역 통과 필터인가?

26-9 필터회로 해석

저역 통과 필터나 고역 통과 필터는 출력전압이 주파수의 함수이므로 주파수에 따라 값이 변하는 전압분배기로 생각할 수 있다. 인가전압의 어떤 주파수에 대해 출력전압을 계산하는 데 특별한 공식이 사용된다. 지금부터 가장 기본적인 저역 통과 필터와 고역 통과 필터 회로의 동작을 수학적인 방법을 사용하여 분석해보기로 한다.

RC 저역 통과 필터

〈그림 26-12a〉는 간단한 *RC* 저역 통과 필터를 나타내고 〈그림 26-12b〉는 출력 전압 V_{out}가 주파수에 따라 어떻게 변하는지를 보여주고 있다. f = 0Hz(직류)와

MultiSim **그림 26-12** *RC* 저역 통과 필터 (a) 회로 (b) V_{out} 대 주파수의 그래프

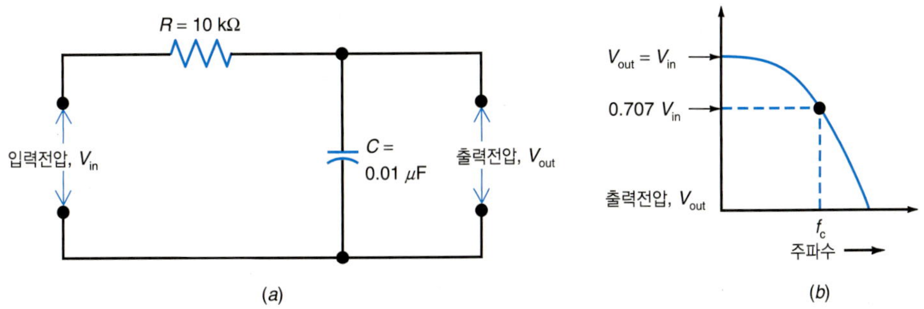

f = ∞ Hz일 때 *RC* 저역 통과 필터가 어떻게 동작하는지를 조사해보자. f = 0Hz에서 커패시터 C는 다음의 계산과 같이 무한대의 용량성 리액턴스 X_C를 가진다.

$$\begin{aligned} X_C &= \frac{1}{2\pi fC} \\ &= \frac{1}{2\times\pi\times 0\text{Hz}\times 0.01\mu\text{F}} \\ &= \infty\Omega \end{aligned}$$

〈그림 26-13a〉는 이 조건에서의 등가회로를 보여준다. C는 개방된 것으로 볼 수 있다. 입력전압 전체가 직렬회로에서 개방된 곳에 나타나기 때문에 V_{out}는 f = 0Hz일 때 V_{in}과 같다.

이번에는 주파수가 아주 높은 무한대일 경우를 생각해보자. 이때 X_C를 계산해보면 다음과 같이 0Ω이 된다.

$$\begin{aligned} X_C &= \frac{1}{2\pi fC} \\ &= \frac{1}{2\times\pi\times \infty\text{Hz}\times 0.01\mu\text{F}} \\ &= 0\Omega \end{aligned}$$

〈그림 26-13b〉는 이 조건에서의 등가회로를 보여주고 있다. C는 단락된 것으로 볼 수 있다. 단락 상태에서 전압은 0이기 때문에 매우 높은 주파수에 대해 출력전압은 0이다.

입력전압의 주파수가 0과 무한대 사이에 있을 때 출력전압은 식 (26-1)을 사용하여 결정할 수 있다. 즉,

$$V_{out} = \frac{X_C}{Z_T}\times V_{in} \tag{26-1}$$

여기서 $Z_T = \sqrt{R^2 + X_C^2}$ 이다.

매우 낮은 주파수에서는 X_C가 무한대에 가깝기 때문에 V_{out}는 V_{in}과 거의 같다. 이것은 X_C와 Z_T가 거의 같은 값이 되어 X_C/Z_T비가 1에 가깝게 되기 때문이다. 매우 높은 주파수에서는 X_C는 0에 가까워져 X_C/Z_T비가 매우 작게 되어 V_{out}는 거의

그림 26-13 *RC* 저역 통과 등가회로 (a) f = 0Hz일 때 등가회로 (b) 아주 높은 주파수 또는 f = ∞Hz일 때 등가회로

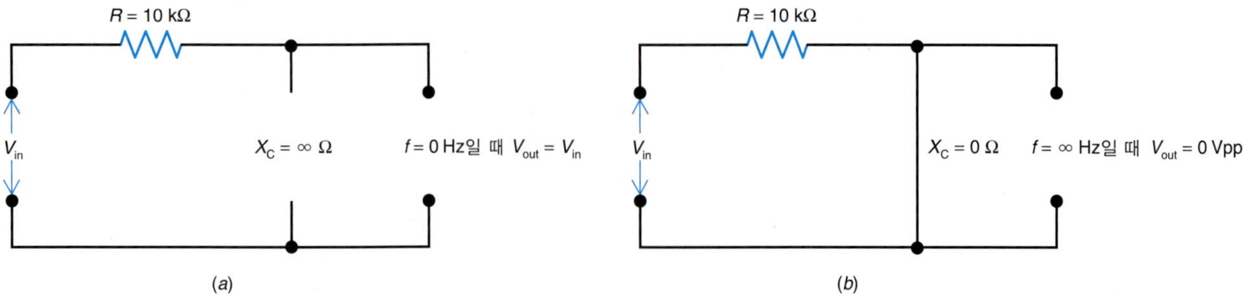

0이다.

입력전압 V_{in}에 대해 출력전압 V_{out}의 위상각 θ는 다음과 같이 계산된다.

$$\theta = \tan^{-1}\left(-\frac{R}{X_C}\right) \tag{26-2}$$

매우 낮은 주파수에서 X_C는 매우 크므로 θ는 거의 0이다. 그러나 매우 높은 주파수에 대해서는 X_C가 거의 0이므로 θ는 $-90°$에 가깝다.

$X_C = R$이 되는 주파수를 차단주파수라고 하며 f_C로 나타낸다. 이 주파수에서는 직렬전류 I가 최대값의 70.7%이다. *RC* 저역 통과 필터의 차단주파수 f_C를 구하는 공식은 다음과 같다. f_C에서 $X_C = R$이 되므로

$$\frac{1}{2\pi f_C C} = R$$

f_C에 대해 풀면

$$f_C = \frac{1}{2\pi RC} \tag{26-3}$$

〈그림 26-12b〉의 응답곡선은 차단주파수 f_C에서 $V_{out} = 0.707V_{in}$임을 나타낸다.

예제 26-1

〈그림 26-12a〉에서 다음을 계산하라. (a) 차단주파수 f_C, (b) f_C에서 V_{out}, (c) f_C에서 θ (모든 주파수에 대하여 V_{in} = 10V_{pp}라고 가정한다.)

정답 (a) f_C를 계산하기 위하여 식 (26-3)을 사용하면

$$f_C = \frac{1}{2\pi RC} = \frac{1}{2\times\pi\times 10\text{k}\Omega\times 0.01\mu\text{F}} = 1.592\text{kHz}$$

(b) f_C에서 V_{out}를 계산하기 위해서 식 (26-1)을 사용한다. 그 전에 먼저 f_C에서 Z_T와 X_C를 계산한다.

$$X_C = \frac{1}{2\pi f_C C} = \frac{1}{2\times\pi\times 1.592\text{kHz}\times 0.01\mu\text{F}} = 10\text{k}\Omega$$

$$Z_T = \sqrt{R^2 + X_C^2} = \sqrt{(10\text{k}\Omega)^2 + (10\text{k}\Omega)^2} = 14.14\text{k}\Omega$$

이제 식 (26-1)을 이용하면

$$V_{out} = \frac{X_C}{Z_T}\times V_{in} = \frac{10\text{k}\Omega}{14.14\text{k}\Omega}\times 10\text{V}_{PP} = 7.07\text{V}_{PP}$$

(c) θ를 계산하기 위해서 식 (26-2)을 사용한다.

$$\theta = \tan^{-1}\left(-\frac{R}{X_C}\right) = \tan^{-1}\left(-\frac{10\text{k}\Omega}{10\text{k}\Omega}\right) = \tan^{-1}(-1) = -45^\circ$$

−45°의 위상각은 차단주파수 f_C에서 V_{out}가 V_{in}보다 45° 뒤진다는 것을 알려준다.

RL 저역 통과 필터

〈그림 26-14a〉는 간단한 RL 저역 통과 필터를 나타내고 〈그림 26-14b〉는 출력전압 V_{out}가 주파수에 따라 어떻게 변하는지를 나타내고 있다. 코일의 직류저항 r_S는 직렬저항 R과 비교하여 무시할 수 있다고 가정하고 이 회로를 해석해본다.

〈그림 26-15a〉는 f = 0Hz(직류)일 때 등가회로를 보여준다. 인덕터 L은 단락된 것처럼 동작한다. X_L이 f = 0Hz일 때 0Ω과 같기 때문이다. 결과적으로 매우 낮은 주파수와 직류(0Hz)에 대해 $V_{out} = V_{in}$이다. 매우 높은 주파수에 대해 X_L은 무한대에 가깝고 이때 등가회로는 〈그림 26-15b〉와 같다. L은 매우 높은 주파수에서는 개방된 것으로 볼 수 있으므로 입력전압은 모두 L 양단에 걸린다. 따라서 매우 높은 주파수에서는 V_{out} = 0 V_{pp}이다.

〈그림 26-14a〉에서 임의의 주파수에서 출력전압을 계산하기 위해서 식 (26-4)을 사용한다.

$$V_{out} = \frac{R}{Z_T} \times V_{in} \tag{26-4}$$

여기서 $Z_T = \sqrt{R^2 + X_L^2}$ 이다.

매우 낮은 주파수에 대해서 X_L은 매우 작으므로 V_{out}은 V_{in}과 거의 같다. 이것은 R/Z_T 비가 Z_T와 R이 거의 같은 값이 되어 1에 가깝기 때문이다. 매우 높은 주파수에서는 X_L이 무한대에 가까워지고 따라서 Z_T가 무한대에 가깝기 때문에 R/Z_T 비가 매우 작아져 출력전압은 0에 가깝게 된다.

V_{in}과 V_{out} 사이의 위상각 θ는 식 (26-5)로 구할 수 있다.

$$\theta = \tan^{-1}\left(-\frac{X_L}{R}\right) \tag{26-5}$$

매우 낮은 주파수에서는 X_L은 0에 가까우므로 θ는 거의 0이다. 매우 높은 주파수에서는 X_L이 무한대에 가까우므로 θ는 거의 −90°이다.

$X_L = R$인 주파수는 차단주파수 f_C이다. f_C에서 전류 I는 $X_L = R$일 때 Z_T가 저항 R보다 1.41배 크기 때문에 최대값의 70.7%이다. RL 저역 통과 필터의 차단주

알아두기▸▸

RC 또는 RL 저역 통과 필터의 출력 전압을 계산하는 다른 방법은 다음과 같다.

$$V_{out} = \frac{V_{in}}{\sqrt{1+(f/f_C)^2}}$$

여기서 f는 임의의 주파수이다.

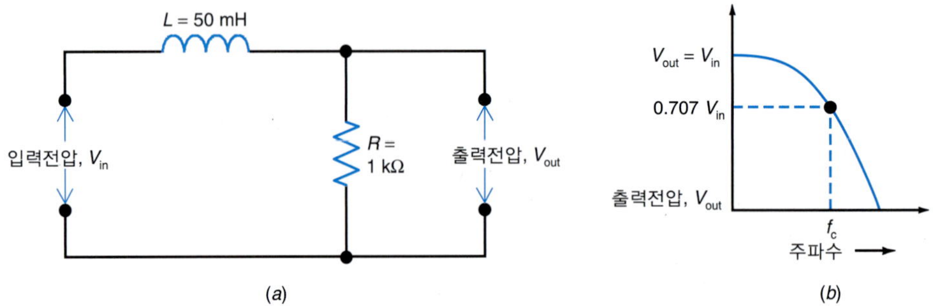

그림 26-14 RL 저역 통과 필터 (a) 회로 (b) V_{out} 대 주파수의 그래프

그림 26-15 *RL* 저역 통과 등가회로 (a) f = 0Hz일 때 등가회로 (b) 아주 높은 주파수 또는 f = ∞Hz에 대한 등가회로

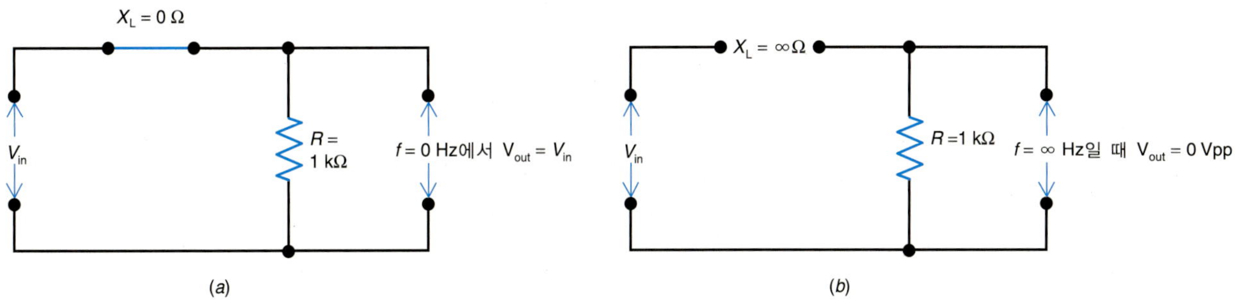

파수에 대한 식은 다음과 같이 유도된다. f_C에서 $X_L = R$이므로

$$2\pi f_C L = R$$

f_C에 대해 풀면

$$f_C = \frac{R}{2\pi L} \tag{26-6}$$

〈그림 26-14b〉의 응답곡선에는 차단주파수 f_C에서 V_{out}=0.707V_{in}인 것이 나타나 있다.

예제 26-2

〈그림 26-14a〉에서 다음을 계산하라. (a) 차단주파수 f_C, (b) 1kHz에서 V_{out}, (c) 1kHz에서 θ (모든 주파수에 대해서 V_{in} = 10V$_{pp}$라고 가정한다.)

정답 (a) f_C를 계산하기 위하여 식 (26-6)을 사용하면

$$\begin{aligned} f_C &= \frac{R}{2\pi L} \\ &= \frac{1\text{k}\Omega}{2\times\pi\times 50\text{mH}} \\ &= 3.183\text{kHz} \end{aligned}$$

(b) 1kHz에서 V_{out}를 계산하기 위해 식 (26-4)를 이용한다. 이를 위해 먼저 1 kHz에서 X_L과 Z_T를 계산한다.

$$\begin{aligned} X_L &= 2\pi f L \\ &= 2\times\pi\times 1\text{kHz}\times 50\text{mH} \\ &= 314\Omega \end{aligned}$$

$$Z_T = \sqrt{R^2 + X_L^2}$$
$$= \sqrt{(1k\Omega)^2 + (314\Omega)^2}$$
$$= 1.05k\Omega$$

이제 식 (26-4)를 사용하면

$$V_{out} = \frac{R}{Z_T} \times V_{in}$$
$$= \frac{1k\Omega}{1.05k\Omega} \times 10V_{PP}$$
$$= 9.52V_{PP}$$

1kHz는 저역 통과 필터의 통과대역 안에 있기 때문에 $V_{out} \cong V_{in}$ 임을 주목하라.

(c) 1kHz에서 θ를 계산하기 위하여 식 (26-5)를 사용한다. 1kHz에서 X_L = 314Ω임을 이용하라.

$$\theta = \tan^{-1}\left(-\frac{X_L}{R}\right)$$
$$= \tan^{-1}\left(-\frac{314\Omega}{1k\Omega}\right)$$
$$= \tan^{-1}(-0.314)$$
$$= -17.4^\circ$$

-17.4의 위상각은 V_{out}가 V_{in}보다 주파수 1kHz에서 17.4°뒤진다는 것을 나타낸다.

RC 고역 통과 필터

〈그림 26-16a〉는 *RC* 고역 통과 필터를 나타낸다. 출력을 커패시터 *C* 대신에 저항 *R* 양단에서 취한 것에 주의하라. 〈그림 26-16b〉는 출력전압이 어떻게 주파수에 따라 변하는지를 보여주고 있다. 임의의 주파수에서 출력전압 V_{out}를 계산하기 위해 식 (26-7)을 사용한다.

$$V_{out} = \frac{R}{Z_T} \times V_{in} \qquad (26\text{-}7)$$

여기서 $Z_T = \sqrt{R^2 + X_C^2}$ 이다.

매우 낮은 주파수에서 출력전압은 0에 가깝다. 이것은 X_C가 매우 커져서 Z_T도 아주 커지게 되므로 R/Z_T비가 아주 작아지기 때문이다.

매우 높은 주파수에서 V_{out}은 V_{in}과 거의 같아지는데, 이것은 X_C가 아주 작아져서 Z_T가 R과 거의 같은 값이 되어 R/Z_T비가 1에 가까운 값이 되기 때문이다.

RC 고역 통과 필터에서 V_{in}에 대한 V_{out}의 위상각은 식 (26-8)으로 계산된다.

MultiSim **그림 26-16** *RC* 고역 통과 필터. (a) 회로 (b) V_{out} 대 주파수의 그래프

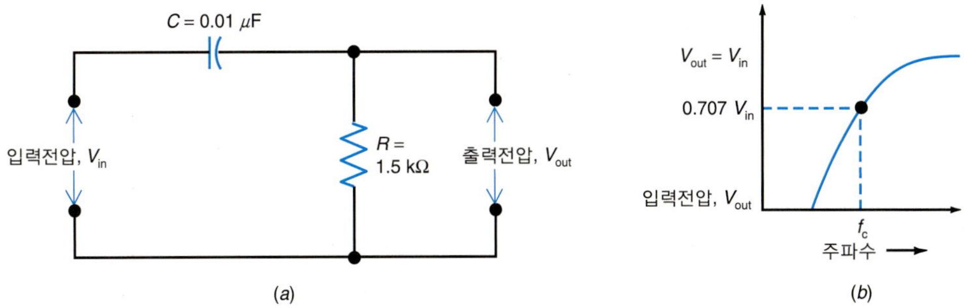

$$\theta = \tan^{-1}\left(\frac{X_C}{R}\right) \tag{26-8}$$

매우 낮은 주파수에서 X_C는 매우 크므로 θ는 거의 90°이다. 그리고 매우 높은 주파수에서 X_C는 0에 가까우므로 θ는 거의 0이다.

RC 고역 통과 필터에서 차단주파수는 식 (26-3)을 사용하여 구할 수 있다. 이 공식은 앞에서 *RC* 저역 통과 필터에서 f_C를 계산하는 데 이용하였지만 *RC* 고역통과필터의 f_C를 계산하는 데도 사용된다. 그 이유는 두 회로 모두 차단주파수에서 $X_C = R$이기 때문이다. 〈그림 26-16b〉의 f_C에서 $V_{out}=0.707V_{in}$임을 주목하라.

RL 고역 통과 필터

RL 고역 통과 필터는 〈그림 26-17a〉이고 그 응답곡선은 〈그림 26-17b〉에서 나타내었다. 여기서 출력은 저항 *R*에서보다 인덕터 *L*에 나타난다.

임의의 주파수에서 출력전압 V_{out}를 계산하기 위해 식 (26-9)를 사용한다.

$$V_{out} = \frac{X_L}{Z_T} \times V_{in} \tag{26-9}$$

여기서 $Z_T = \sqrt{R^2 + X_L^2}$ 이다.

매우 낮은 주파수에서 X_L이 아주 작으므로 V_{out}은 거의 0이다. 매우 높은 주파수에서는 X_L/Z_T의 비가 거의 1이기 때문에 $V_{out} = V_{in}$이다.

그림 26-17 *RL* 고역 통과 필터 (a) 회로 (b) V_{out} 대 주파수의 그래프

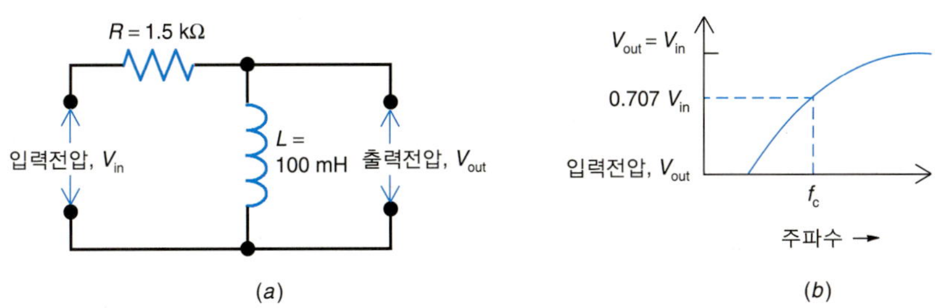

입력전압 V_{in}에 대한 V_{out}의 위상각은

$$\theta = \tan^{-1}\left(\frac{R}{X_L}\right) \tag{26-10}$$

매우 낮은 주파수에서 θ는 거의 90°에 가깝다. X_L이 거의 0이어서 R/X_L 비가 매우 크기 때문이다. 매우 높은 주파수에서 θ는 거의 0°가 되는데, 이는 X_L이 무한대에 가까워 R/X_L비가 거의 0이기 때문이다. RL 고역 통과 필터에서 차단주파수를 계산하기 위해서 식 (26-6)을 사용한다.

예제 26-3

다음에 대한 차단주파수를 계산하라. (a) 〈그림 26-16a〉에서 RC 고역 통과 필터 (b) 〈그림 26-17a〉에서 RL 고역 통과 필터

정답 (a) 식 (26-3)을 사용하여

$$f_C = \frac{1}{2\pi RC} = \frac{1}{2\times\pi\times1.5\text{k}\Omega\times0.01\mu\text{F}} = 10.61\text{kHz}$$

(b) 식 (26-6)을 사용하여

$$f_C = \frac{R}{2\pi L} = \frac{1.5\text{k}\Omega}{2\times\pi\times100\text{mH}} = 2.39\text{kHz}$$

RC 대역 통과 필터

고역 통과 필터와 저역 통과 필터를 조합하면 어떤 주파수 대역만을 통과시킬 수 있다. 이와 같은 필터를 대역 통과 필터라고 한다. 〈그림 26-18a〉는 RC 대역 통과 필

MultiSim **그림 26-18** RC 대역 통과 필터 (a) 회로 (b) V_{out} 대 주파수의 그래프

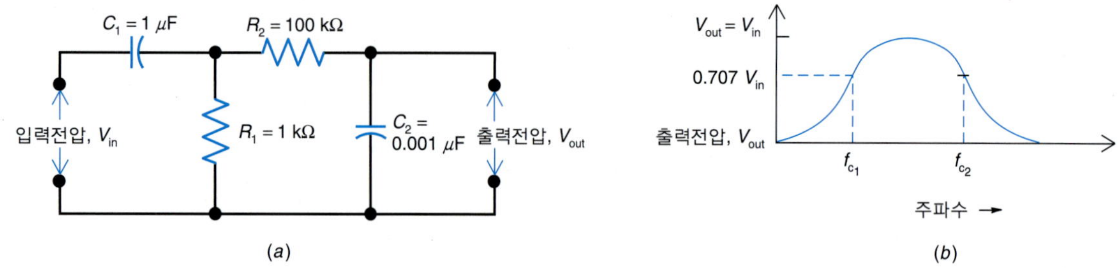

터이고, 〈그림 26-18b〉는 출력전압이 주파수에 따라 어떻게 변하는지를 나타내고 있다. 〈그림 26-18a〉에서 R_1과 C_1은 고역 통과 필터를 구성하고, R_2와 C_2는 저역 통과 필터를 구성하고 있다. 저역 통과 필터가 고역 통과 필터의 부하로 작용하지 않게 하기 위하여 R_2는 보통 저항 R_1보다 10배 이상 크게 만든다. 고역 통과 필터의 차단주파수는 f_{C_1}라 하고 저역 통과 주파수의 차단 주파수는 f_{C_2}라 한다. 이들 주파수는 〈그림 28-18b〉의 응답곡선에서 볼 수 있다. f_{C_1}과 f_{C_2}의 값들을 계산하기 위하여 앞에서 언급했던 RC 저역 통과 필터회로와 RC 고역 통과 필터회로에서 주어진 식을 사용한다.

예제 26-4

〈그림 26-18a〉에서 차단주파수 f_{C_1}과 f_{C_2}의 값들을 계산하라.

정답 R_1과 C_1으로 구성된 고역 통과 필터에서 f_{C_1}을 계산하면

$$f_{C_1} = \frac{1}{2\pi R_1 C_1} = \frac{1}{2\times\pi\times 1\text{k}\Omega\times 0.01\mu\text{F}} = 159\text{Hz}$$

다음에 f_{C_2}를 계산하면

$$f_{C_2} = \frac{1}{2\pi R_2 C_2} = \frac{1}{2\times\pi\times 100\text{k}\Omega\times 0.001\mu\text{F}} = 1.59\text{kHz}$$

159Hz 이하와 1.59kHz 이상의 주파수들은 심하게 감쇠되고 159Hz와 1.59kHz 사이의 주파수들은 입력에서 출력까지 효과적으로 통과시킨다.

RC 대역 차단 필터

고역 통과 필터와 저역 통과 필터를 조합하면 어떤 주파수 대역을 차단하거나 크게 감쇠시킬 수 있다. 이런 필터를 대역 차단 필터 혹은 노치(notch) 필터라고 한다.

〈그림 26-19a〉는 RC 대역 차단 필터이고 〈그림 26-19b〉는 출력전압이 주파수에 대해 어떻게 변하는지를 나타낸다. 〈그림 26-19a〉에서 $2R_1$과 $2C_1$으로 표시된 부품들은 저역 통과 필터 부분을 이루고, R_1과 C_1로 표시된 부품들은 고역 통과 필터 부분을 이루고 있다. 각각의 필터는 서로 병렬로 연결되어 있다. 최대 감쇠 주파수를 노치주파수라 하는데 〈그림 16-19b〉에 f_N으로 표시되어 있다. f_N보다 낮은 주파수에서 V_{out}의 최대값은 f_N보다 큰 주파수에서 V_{out}의 최대값보다 작은 것을 볼 수 있다. 이렇게 되는 것은 저역 통과 필터의 직렬저항($2R_1$)에서의 손실이 고

그림 26-19 노치 필터 (a) 회로 (b) V_{out} 대 주파수의 그래프

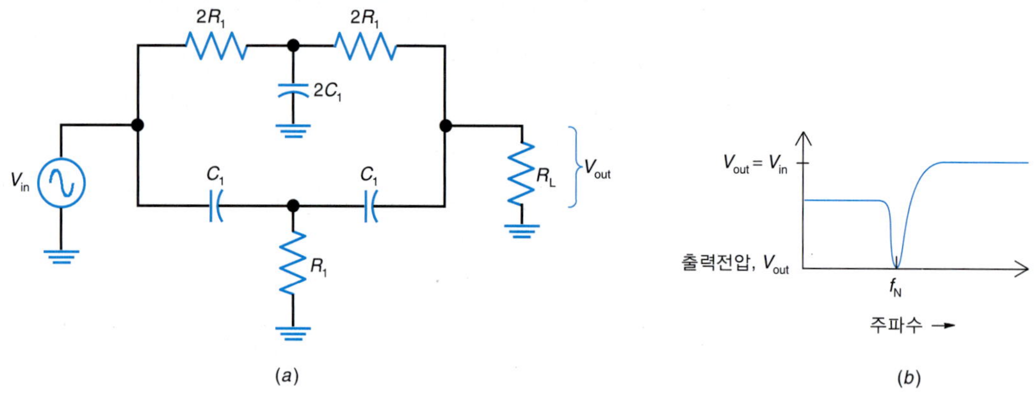

역 통과 필터의 직렬 커패시터(C_1)에서보다 크기 때문이다.

〈그림 26-19a〉에서 노치주파수 f_N을 계산하기 위하여 식 (26-11)을 사용한다.

$$f_N = \frac{1}{4\pi R_1 C_1} \tag{26-11}$$

예제 26-5

$R_1 = 1k\Omega$, $C_1 = 0.01\mu F$ 일 때 〈그림 26-19a〉에서 노치주파수 f_N을 계산하라. 또한 저역 통과 필터에서 $2R_1$과 $2C_1$에서 요구되는 값을 계산하라.

정답 식 (26-11)을 사용하면

$$f_N = \frac{1}{4\pi R_1 C_1}$$
$$= \frac{1}{4 \times \pi \times 1k\Omega \times 0.01\mu F}$$
$$= 7.96kHz$$

$$2R_1 = 2 \times 1k\Omega$$
$$= 2k\Omega$$

$$2C_1 = 2 \times 0.01\mu F$$
$$= 0.02\mu F$$

■ 26-9 복습문제

참 또는 거짓으로 답하라.

a. 〈그림 26-12a〉에서 커패시턴스 C가 증가하면 차단주파수 f_C는 증가한다. (참, 거짓)

b. 〈그림 26-14a〉에서 인덕턴스 L이 감소하면 차단주파수 f_C는 증가한다. (참, 거짓)

c. 〈그림 26-18a〉에서 C_2의 값이 증가하면 통과대역은 줄어든다. (참, 거짓)

d. 〈그림 26-17a〉에서 V_{out}는 매우 낮은 주파수에 대해 거의 0이다. (참, 거짓)

26-10 데시벨과 주파수 응답곡선

필터를 해석할 때 데시벨(dB) 단위는 종종 필터에 의한 감쇠량을 표시하는 데 사용된다. 기본적으로 데시벨은 두 전력을 비교하는 로그식이다. 수식으로 나타내면 다음과 같다.

$$N_{dB} = 10\log\frac{P_{out}}{P_{in}} \tag{26-12}$$

여기서,

N_{dB} = 데시벨 단위의 이득 또는 손실

P_{in} = 입력전력

P_{out} = 출력전력

비가 1보다 크면 N_{dB} 값이 양이고, 이것은 입력에서 출력으로 전력이 증가됨을 나타낸다. 비가 1보다 작으면 N_{dB} 값이 음이고, 이것은 입력에서 출력으로 전력이 감소됨을 나타낸다. 음의 N_{dB}에 해당되는 전력의 감소를 감쇠(attenuation)라 한다.

예제 26-6

어떤 증폭기는 1W의 입력전력과 100W의 출력전력을 가지고 있다. 이 증폭기의 dB 전력 이득을 계산하라.

정답 식 (26-12)을 사용하면

$$\begin{aligned} N_{dB} &= 10\log\frac{P_{out}}{P_{in}} \\ &= 10\log\frac{100\text{W}}{1\text{W}} \\ &= 10\times 2 \\ &= 20\text{dB} \end{aligned}$$

예제 26-7

필터에 입력전력은 100mW이고 출력전력은 5mW이다. 이 필터의 감쇠를 데시벨로 계산하라.

정답

$$N_{dB} = 10\log\frac{P_{out}}{P_{in}}$$
$$= 10\log\frac{5\text{mW}}{100\text{W}}$$
$$= 10\times(-1.3)$$
$$= -13\text{dB}$$

데시벨로 표시된 전력 이득 혹은 손실은 동일한 저항에서 측정을 했다면 전압비로 계산할 수도 있다.

$$N_{dB} = 20\log\frac{V_{out}}{V_{in}} \tag{26-13}$$

여기서

N_{dB} = 데시벨 단위의 이득 또는 손실
V_{in} = 입력전압
V_{out} = 출력전압

이 장에서 다루는 수동 필터(passive filter)에서 V_{out}가 V_{in}보다 클 수가 없기 때문에 N_{dB}값은 절대로 양의 값을 가질 수 없다.

〈그림 26-20〉의 RC 저역 통과 필터를 생각해보자. 이 회로에서 차단주파수 f_C를 식 (26-1)로 구해보면 1.592kHz이다. 임의의 주파수에서 V_{out}에 대한 식은

그림 26-20 RC 저역 통과 필터

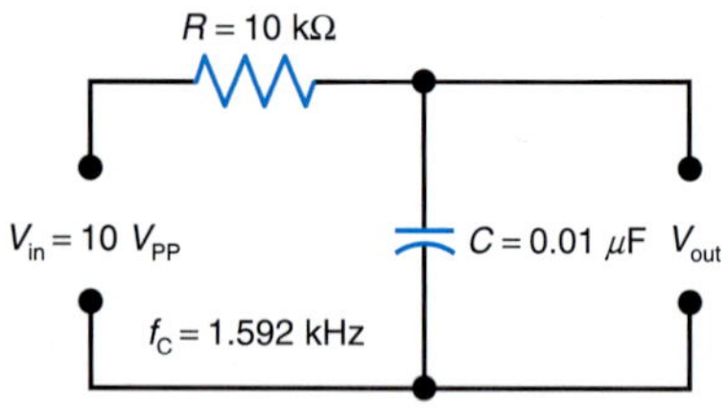

$$V_{out} = \frac{X_C}{Z_T}\times V_{in}$$

이 식의 양변을 V_{in}으로 나누면

$$\frac{V_{out}}{V_{in}} = \frac{X_C}{Z_T}$$

이다. 식 (26-13)에서 V_{out}/V_{in}대신에 X_C/Z_T를 대입하면

$$N_{dB} = 20\log\frac{X_C}{Z_T}$$

예제 26-8

〈그림 26-20〉에서, 다음 주파수에서 감쇠(dB)를 계산하라. (a) 0Hz, (b) 1.592kHz, (c) 15.92kHz (모든 주파수에 대해서 V_{in} = 10V_{pp}라고 가정한다.)

정답 (a) 0Hz에서 커패시터 C를 개방된 것으로 볼 수 있으므로 $V_{out} = V_{in}$ = 10V_{pp}이다. 따라서

$$N_{dB} = 20\log\frac{V_{out}}{V_{in}}$$
$$= 20\log\frac{10V_{PP}}{10V_{PP}}$$
$$= 20\log 1$$
$$= 20\times 0$$
$$= 0dB$$

(b) 1.592kHz는 차단주파수 f_C이기 때문에 V_{out}는 $0.707\times V_{in}$=7.07V_{pp}이다. 따라서

$$N_{dB} = 20\log\frac{V_{out}}{V_{in}}$$
$$= 20\log\frac{7.07V_{PP}}{10V_{PP}}$$
$$= 20\log 0.707$$
$$= 20\times(-0.15)$$
$$= -3dB$$

(c) 15.92kHz에서 N_{dB}을 구하려면 X_C와 Z_T를 먼저 계산하여야 한다.

$$X_C = \frac{1}{2\pi fC}$$
$$= \frac{1}{2\times\pi\times 15.92kHz\times 0.01\mu F}$$
$$= 2k\Omega$$
$$Z_T = \sqrt{R^2 + X_C^2}$$
$$= \sqrt{(10k\Omega)^2 + (1k\Omega)^2}$$
$$= 10.05k\Omega$$

따라서

$$N_{dB} = 20\log\frac{X_C}{Z_T}$$
$$= 20\log\frac{1k\Omega}{10.05k\Omega}$$
$$= 20\log 0.0995$$
$$= 20\times(-1)$$
$$= -20dB$$

알아두기▸▸

능동 필터는 통과대역 내의 주파수에서 전력 이득을 갖는다. 예를 들어, 어떤 능동 필터는 통과대역에서 20dB의 전력 이득을 가질 수 있다. 그러면 차단주파수에서 이 필터의 전력 이득은 17dB로 감소한다.

그림 26-21 데시벨 감쇠를 계산하기 위한 식이 나타나 있는 RC와 RL 필터회로

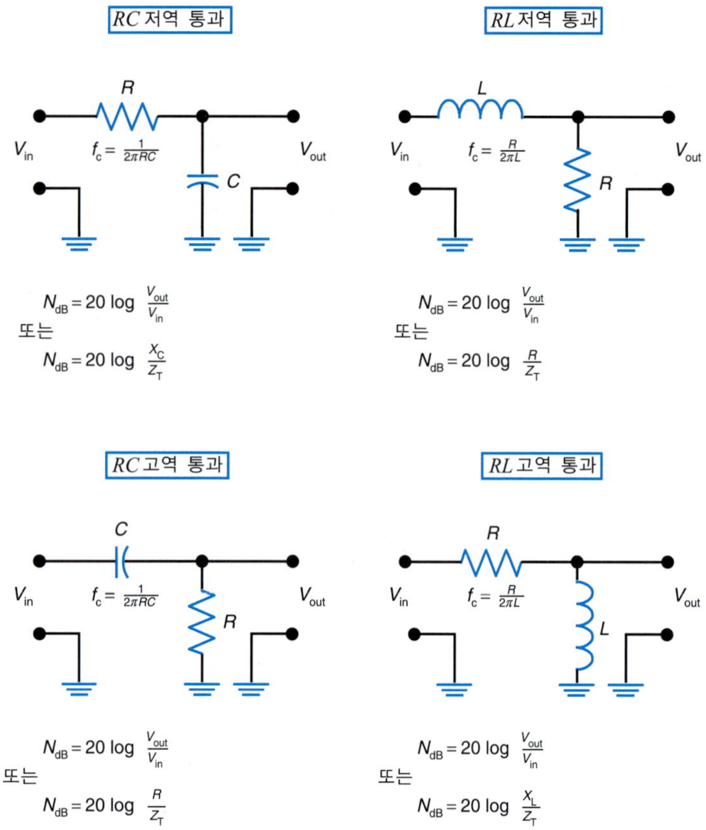

〈예제 26-8〉에서 N_{dB}는 필터의 통과대역 안에 있는 0Hz 주파수에서 0dB이다. 0이라는 것이 이상하게 보일지 몰라도 0dB이라는 값은 감쇠가 없다는 것을 나타내는 것이다. 이상적인 수동 필터에서 통과대역 안에 있는 주파수에 대해서는 N_{dB} = 0dB이다. 〈예제 26-8〉의 (b)에서 구한 것처럼 1.592kHz의 차단주파수에서 N_{dB}= −3dB이다. 어떤 수동 필터라도 차단주파수에서는 $V_{\mathrm{out}} = 0.707V_{\mathrm{in}}$이므로 언제나 N_{dB} = −3dB이다. 어떤 필터라도 $\mathrm{V_{in}}$과 $\mathrm{V_{out}}$ 값을 알면 손실 N_{dB} 값을 구할 수 있다.

〈그림 26-21〉은 기본적인 RC와 RL 저역 통과 필터와 고역 통과 필터를 나타내고 있고, 각 필터에 대해서 N_{dB} 손실을 계산하기 위한 식이 주어졌다.

주파수 응답곡선

필터의 주파수 응답은 일반적으로 로그 그래프용지에 이득(혹은 손실) 대 주파수를 그려서 나타낸다. 로그 그래프용지는 로그-로그와 세미로그의 2가지 형태가 있다. 세미로그 그래프용지(semilog graph paper)는 한 축은 눈금이 로그로 나누어져 있고, 다른 축은 눈금이 일반적인 선형 간격을 가진다. 로그-로그 그래프용지(log-log graph paper)는 양 축의 눈금이 모두 로그 간격으로 나누어져 있다. 로그 간격은 작은 범위를 확대해서 표현하고 넓은 범위를 압축하여 표현할 수 있도록 한다. 2:1

범위의 주파수를 옥타브(octave)라 하고 10:1 범위의 주파수를 데케이드(decade)라고 한다.

로그 그래프의 장점은 큰 범위와 작은 범위의 값을 한 그래프에 나타내면서도 작은 범위의 값을 정확하게 표시할 수 있다는 것이다. 예를 들어, 10Hz에서 100kHz 사이의 주파수 값을 선형 그래프용지에 100개의 눈금으로 그렸다면, 한 눈금은 약 1000Hz가 되므로 10Hz와 100Hz 사이의 값을 그래프에 표시하는 것은 불가능하다. 반면에 로그 그래프용지를 사용하면 10Hz와 100Hz 사이의 데케이드는 10kHz와 100kHz 사이의 데케이드와 그래프에서 같은 간격을 차지한다.

로그-로그 또는 세미로그 그래프용지는 용지에 포함된 데케이드의 수로 구분된다. 각 데케이드를 그래프 사이클(graph cycle)이라 한다. 예를 들어 2사이클×4사이클(2-cycle by 4-cycle) 로그-로그 용지는 한 축에 2개의 데케이드를, 다른 축에 4개의 데케이드를 가진다. 사이클 수는 그려야 할 데이터의 범위에 대해 적절하여야 한다. 예를 들어, 주파수 응답이 25Hz에서 40kHz까지의 범위에 있다면, 10Hz에서 100Hz까지, 100Hz에서 1kHz까지, 1kHz에서 10kHz까지 그리고 10kHz에서 100kHz까지의 데케이드에 해당하는 주파수 값을 그리기 위해 4개의 사이클이 필요하다. 로그-로그 그래프용지의 일반적인 양식을 〈그림 26-22〉에 나타내었다. 수평축에는 3개의 데케이드가 있고 수직축에는 5개의 데케이드가 있기 때문에, 이 그래프용지는 3사이클×5사이클 로그-로그 용지라고 부른다. 한 옥타브는 2 대 1 범위의 값이고 한 데케이드는 10 대 1 범위의 값이다. 이를 확실히 알 수 있도록 〈그림 26-22〉에 옥타브와 데케이드를 몇 개 나타내었다.

세미로그 그래프용지에 주파수 응답을 그릴 때는 이득(또는 손실)의 측정값이나 계산값을 미리 데시벨로 바꾸어 놓아야 한다. 반면에 로그-로그 용지에는 이득(또는 손실)값을 데시벨로 바꾸지 않고 그대로 그릴 수 있는데 이것은 데시벨이 로그함수이기 때문이다.

RC 저역 통과 주파수 응답곡선

〈그림 26-23a〉는 *RC* 저역 통과 필터로 식 (26-3)으로 차단주파수 f_C를 구해보면 1.592kHz이다. 〈그림 26-23b〉는 그 주파수 응답곡선을 세미로그 그래프용지에 그린 것이다. 수평축에는 6개의 사이클이 1Hz에서 1MHz까지의 주파수 범위를 나타내고 있다. 수직축은 데시벨로 필터에 의해 생긴 감쇠량인 N_{dB} 손실을 표시하고 있음을 알 수 있다. 1.592kHz의 차단주파수에서 N_{dB} = −3dB이다. f_C 이상에서 N_{dB}는 약 6dB/octave의 비율로 감소하는데 이를 다르게 표현하면 20dB/decade가 된다.

그림 26-22 로그-로그 그래프 용지. 각 옥타브는 2 대 1 범위의 값에 대응하고, 데케이드는 10 대 1 범위의 값에 대응함에 주목하라.

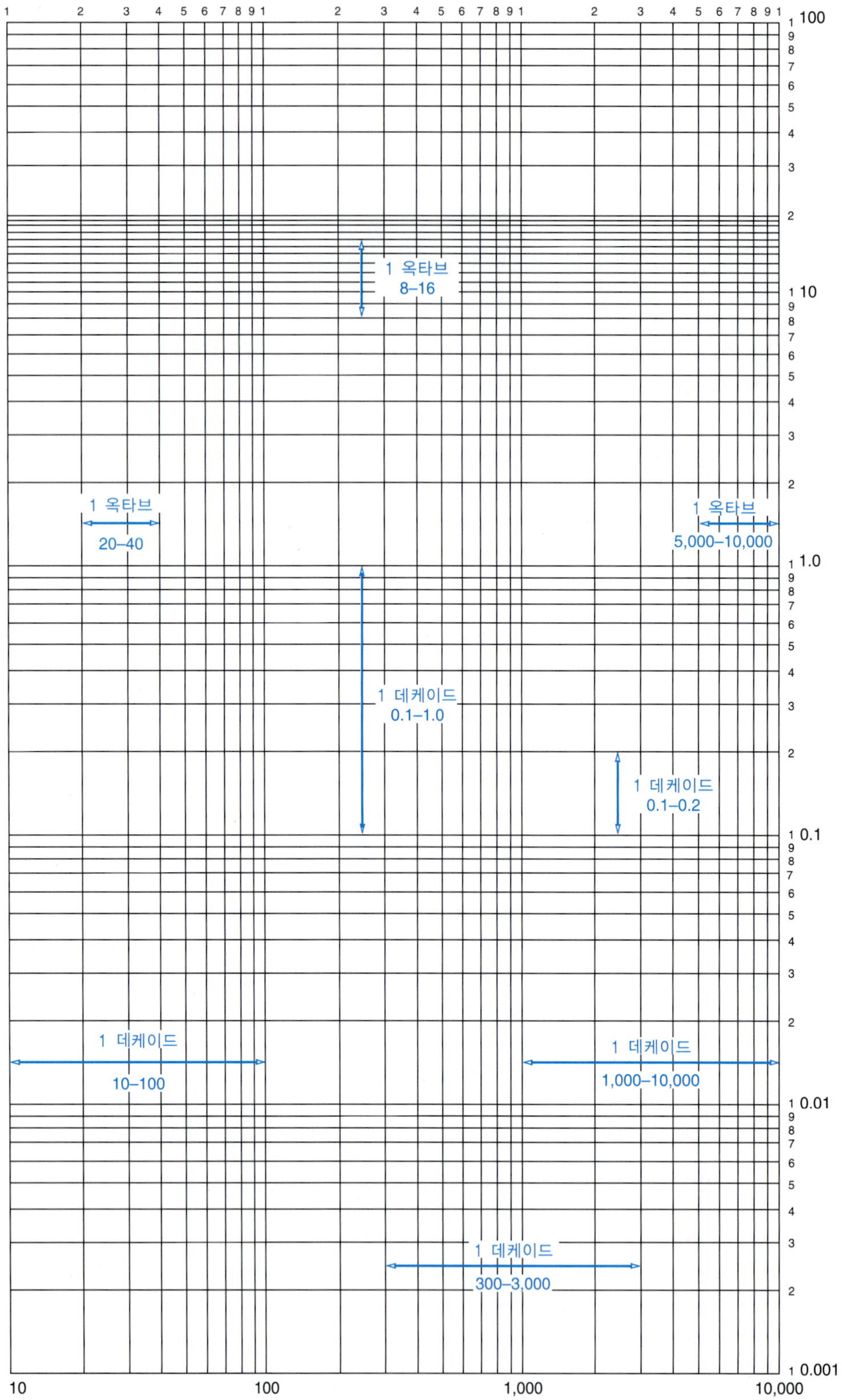

그림 26-23 *RC* 저역 통과 필터 주파수 응답곡선 (a) 회로 (b) 주파수 응답곡선

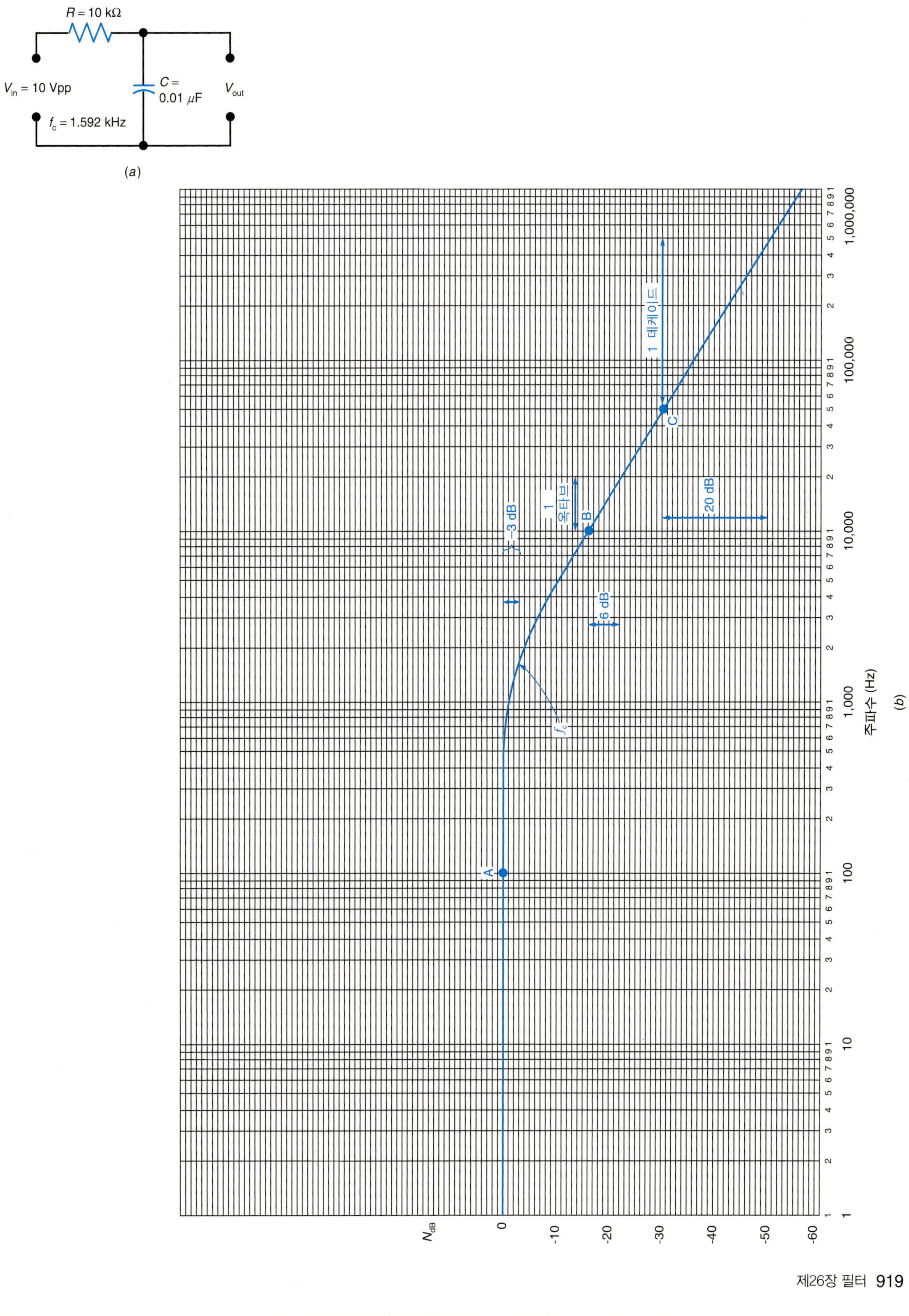

예제 26-9

⟨그림 26-23b⟩의 그래프로부터 다음 주파수에서 데시벨로의 감쇠는 얼마인가? (a) 100Hz, (b) 10kHz, (c) 50kHz

정답 (a) 그래프에 A점으로 나타낸 바와 같이 f = 100Hz에서 N_{dB} = 0dB
(b) 그래프에 B점으로 나타낸 바와 같이 f = 10kHz에서 N_{dB} = −16dB
(c) 그래프에 C점으로 나타낸 바와 같이 f = 50kHz에서 N_{dB} = −30dB

역 L형, T형, π형과 같은 필터에서 응답곡선의 경사는 차단주파수 이상에서 더 급격히 변화한다. 예를 들어, 직렬 인덕터와 병렬 커패시터를 가진 저역 통과 필터는 차단주파수 이상에서 12dB/octave 또는 40dB/decade의 감소율을 가진다. 이 감소율을 증가시키기 위해서 필터를 설계할 때 더 많은 인덕터와 커패시터를 사용하여야 한다. 필터 중에는 감소율이 36dB/octave를 초과하는 것도 있다.

■ **26-10 복습문제**

참 또는 거짓으로 답하라.

a. 매우 낮은 주파수에 대해서 저역 통과 필터는 0dB의 감쇠를 가진다. (참, 거짓)
b. 차단주파수에서 저역 통과 필터는 −3dB의 N_{dB} 손실을 가진다. (참, 거짓)
c. 로그 그래프용지에서 1주기는 1옥타브와 같다. (참, 거짓)
d. 세미로그와 로그-로그 그래프용지의 장점은 아주 작은 값의 분해능을 잃지 않으면서도 하나의 그래프에 보다 큰 값의 범위를 나타낼 수 있다는 것이다. (참, 거짓)

26-11 공진 필터

동조회로를 사용하면 비교적 작은 L 값과 C 값으로 공진을 일어나게 할 수 있으므로 무선 주파수 범위의 특정 대역을 쉽게 필터링할 수 있다. 동조회로에서는 공진주파수에서 최대 응답이 일어나므로 필터링 동작이 이루어진다.

공진에 의해 생기는 주파수 대역의 폭은 동조회로의 Q에 따라 달라진다. Q가 높을수록 대역폭은 더 좁게 된다. f_r을 중심으로 하여 아래쪽과 위쪽 사이의 일정한 대역에서 공진이 일어나므로 공진 필터는 대역 차단 필터 또는 대역 통과 필터가 될 수 있다. 직렬 LC 또는 병렬 LC 회로를 부하저항 R_L과 어떻게 연결하느냐에 따라 대역 통과 필터 또는 대역 차단 필터로 사용할 수 있다. 어떤 주파수를 차단하는 대역 차단에 사용되는 LC 회로를 웨이브 트랩(wave trap)이라고 하기도 한다.

알아두기▸▸

무선 송신기와 수신기 안에는 여러 개의 대역통과 공진 필터와 대역저지 공진 필터가 들어 있다.

그림 26-24 직렬 공진회로의 필터링 동작 (a) L과 C가 R_L에 직렬연결일 때 대역 통과 필터 (b) LC 회로가 R_L과 병렬연결일 때 대역 차단 필터

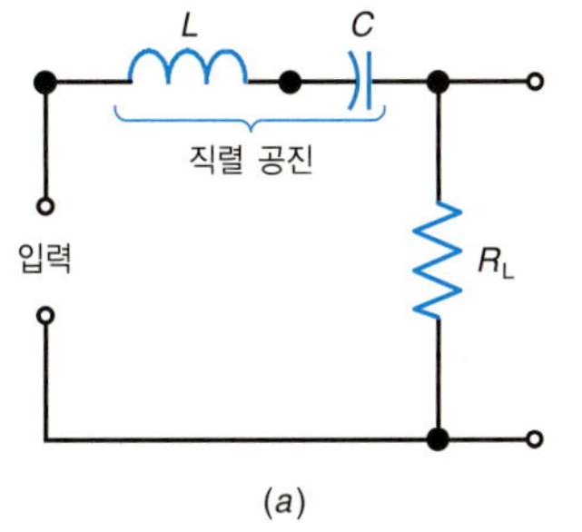

직렬 공진 필터

직렬 공진회로는 공진주파수에서 최대 전류와 최소 임피던스를 가진다. 〈그림 26-24a〉와 같이 R_L과 직렬로 연결되어 있을 때 직렬의 동조 LC 회로는 공진주파수 근처에서 R_L 양단에 최대 출력이 나타나게 한다. 따라서 대역 통과 필터로 동작한다.

그러나 직렬 LC 회로가 〈그림 26-24b〉와 같이 R_L 양단에 연결될 때, 공진회로는 R_L에 단락된 작은 임피던스의 병렬 통로를 만든다. 그러면 최소 출력이 나온다. 이 동작은 병렬 바이패스 커패시터와 같지만 공진회로는 공진과 공진 근처의 주파수에 대해서 더 선택적으로 R_L을 단락시킨다. 그래서 동조회로의 대역폭에 대해서 R_L과 병렬로 연결된 직렬 공진회로는 대역 차단 필터로 동작한다. 〈그림 26-24b〉에서 직렬저항 R_S는 입력전원과 LC 필터의 작은 저항을 분리시키는 데 사용된다. 공진주파수에서 입력전압은 R_L에는 거의 걸리지 않고 대부분 R_S에 걸리게 되는데, 이것은 LC 동조회로가 직렬 공진 때문에 매우 낮은 저항을 가지기 때문이다.

병렬 공진 필터

병렬 공진회로는 공진주파수에서 최대 임피던스를 가진다. 〈그림 26-25a〉와 같이 R_L과 직렬로 병렬 동조 LC 회로가 연결되면 공진주파수와 그 근처에서 병렬 LC

그림 26-25 병렬 공진회로의 필터링 동작 (a) LC 탱크가 R_L과 직렬연결일 때 대역 차단 필터. (b) LC 탱크가 R_L과 분로연결일 때 대역 통과 필터

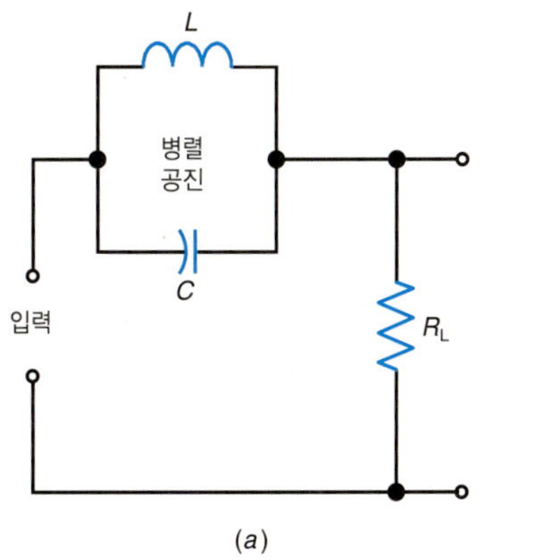

회로의 임피던스가 최대가 된다. 그러면 이 주파수에서는 LC 회로 양단의 전압이 최대가 되지만 R_L 양단의 전압은 최소가 된다. 따라서 이것은 동조회로의 대역폭에 해당하는 주파수를 차단하는 대역 차단 필터가 된다.

그러나 〈그림 26-25b〉와 같이 R_L 양단에 연결된 병렬 LC 회로는 대역 통과 필터를 만든다. 공진에서 병렬 LC 회로의 높은 임피던스는 R_L에 그 출력전압이 나타나도록 한다. 공진 이하에서 R_L은 L의 낮은 리액턴스에 의해 단락되고, 공진 이상에서 R_L은 C의 낮은 리액턴스에 의해 단락된다. 공진 또는 그 근처의 주파수에 대해 R_L이 높은 임피던스와 병렬로 연결되어 있어도 최대 출력전압이 나온다.

〈그림 26-25b〉에서 직렬저항 R_S는 필터링 효과를 개선하기 위해 사용된다. 병렬 LC 결합과 R_S는 입력전압에 나누어지지만 공진주파수에서 병렬 LC 회로는 매우 높은 저항을 가진다. 따라서 대부분의 입력전압은 R_S에는 거의 걸리지 않고 LC 회로와 R_L에 대부분 걸리게 된다.

L형 공진 필터

직렬 공진회로와 병렬 공진회로를 조합하여 L형, T형, π형으로 구성하면 차단주파수 근처에서 더욱 급격한 차단 특성을 갖게 할 수 있다. L형 필터의 예를 〈그림 26-26〉에 나타내었다.

〈그림 26-26a〉의 회로는 대역 차단 필터이다. 그 이유는 병렬 공진 L_1C_1 회로가 부하에 직렬연결된 반면에 직렬 공진 L_2C_2는 R_L에 병렬로 연결되었기 때문이다. 이렇게 하면 입력전압에 대해 이중의 전압분배 효과를 얻을 수 있다. L_1C_1의 높은 저항은 부하에 출력전압을 줄인다. 또한 L_2C_2의 낮은 저항 역시 출력전압을 줄인다.

〈그림 26-26a〉와는 반대로 〈그림 26-26b〉의 회로는 대역 통과 필터이다. 지금 직렬 공진 L_3C_3 회로는 부하와 직렬로 연결되어 있다. 여기서 L_3C_3의 낮은 저항은 공진에서 R_L에 더 출력하도록 한다. 또한 L_4C_4의 높은 저항은 최대 출력전압이 나오도록 한다.

그림 26-26 공진회로가 있는 역 L형 필터 (a) 대역 차단 필터링 동작 (b) 대역 통과 필터링 동작

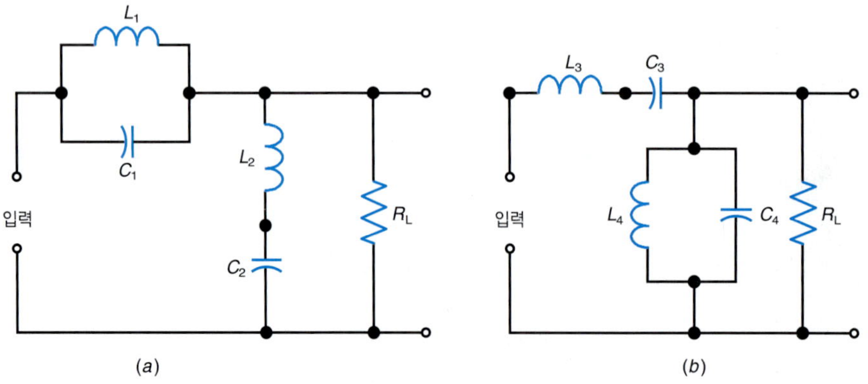

수정 필터

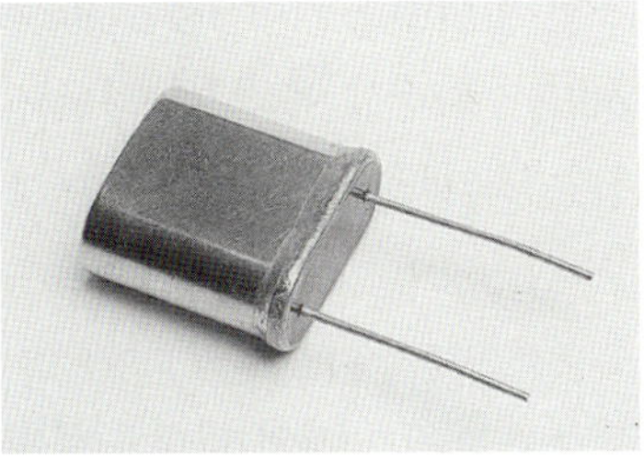

그림 26-27 수정 필터. 폭이 1/2인치(약 1.8cm)이다.

얇은 석영(quartz) 조각은 LC 회로처럼 특별한 주파수에서 기계적인 진동에 의해 공진 효과를 낸다. 석영 수정은 입력전압에 의해 진동되거나 이것이 압축, 팽창, 뒤틀릴 때 출력전압을 내도록 할 수 있다. 수정이 가진 이러한 몇 가지 특징은 압전효과(piezoelectric effect)라고 알려져 있다. 따라서 수정을 공진회로 대신 사용하기도 한다. 실제로 수정 공진기의 Q는 LC 회로의 Q보다 훨씬 크다. 그러나 수정은 안정성 때문에 변하지 않는 특정 주파수를 가진다. 수정은 약 0.5MHz에서 30MHz의 범위의 라디오 주파수에서 사용된다. 〈그림 26-27〉은 텔레비전 수신기의 컬러 발진기 회로에 사용되는 3.579545MHz의 주파수를 가지는 수정 필터를 나타낸다. 정밀한 주파수에 주목하라.

납 티탄산염(leads titanate)과 같은 특별한 세라믹 물질이 수정 필터에 사용될 수 있다. 이들은 석영 수정처럼 압전효과를 가지고 있다. 세라믹 수정은 크기가 더 작고 비용이 싸지만 석영 수정보다 낮은 Q를 가진다.

알아두기▸▸

어떤 경우에는 전원에서 간섭신호가 방사되어 전력선 필터를 사용하여도 RF 간섭이 제거되지 않는다. 이런 경우에 RF 에너지는 60Hz의 교류 전력선을 타고 돌아다니는 동시에 회로에 전압과 전류를 유기한다.

■ 26-11 복습문제

참 또는 거짓으로 답하라.

a. 부하에 직렬연결된 병렬 공진 LC 회로는 대역 차단 필터이다. (참, 거짓)

b. 부하에 직렬연결된 병렬 공진 LC 회로는 대역 통과 필터이다. (참, 거짓)

c. 석영 수정은 공진 필터로 사용할 수 있다. (참, 거짓)

26-12 간섭 필터

원하는 주파수가 아닌 전압 또는 전류는 간섭(interference)으로 표현한다. 보통 그런 간섭은 필터에 의해 제거될 수 있다. 몇 가지 대표적인 응용 예를 살펴보면 (1) 60Hz 전력선 입력으로부터 수신기까지 RF 간섭을 제거하기 위한 저역 통과 필터, (2) 텔레비전 수신안테나에 의해 감지된 신호로부터 RF 간섭을 제거하는 고역 통과 필터, (3) 원하는 RF 신호로부터 간섭하는 라디오 주파수를 제거하기 위한 공진 필터 등이 있다. 앞에서 언급했듯이 공진 대역 차단 필터는 웨이브트랩(wavetrap)이라 한다.

그림 26-28 전력선 필터 장치 (a) 대칭 L형 저역 통과 필터의 회로 (b) 필터 장치

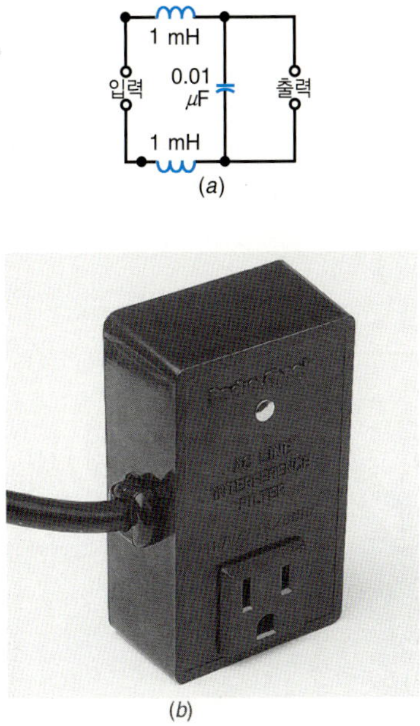

전력선 필터

비록 전력선이 60Hz 전압의 전원이지만, 이것은 전동기, 형광등 회로 그리고 RF 장비에 의해 발생되는 RF 간섭전류를 운반하는 도체이기도 하다. 수신기가 전력선에 연결될 때 RF 간섭은 수신기 출력에 잡음과 소음을 발생시킬 수 있다. 이 간섭을 최소화하기 위해 〈그림 26-28〉에 나타낸 필터를 사용한다. 필터는 60Hz 전력선에 연결되어 있고 수신기는 필터에 연결되어 있다. 2개의 직렬 RF 초크를 가진 선로에 병렬로 연결된 RF 바이패스 커패시터는 저역 통과 평형 L형 필터(balanced

L-type filter)를 형성하고 있다. 선로 양쪽에 초크를 사용하여 접지에 대해 평형된 회로를 만든다.

초크는 수신기 입력 연결을 전력선의 RF 간섭을 격리시키기 위하여 60Hz가 아닌 RF 전류에 대해서 높은 임피던스를 제공한다. 또한 바이패스 커패시터는 60Hz가 아닌 라디오 주파수에 대해 수신기 입력을 단락시킨다. 따라서 이 장치는 수신기에 공급된 60Hz 전원은 통과시키고 고주파는 제거하는 저역 통과 필터이다.

텔레비전 안테나 필터

그림 26-29 간섭의 원인이 될 수 있는 낮은 주파수를 감쇠시키고 54MHz 이상의 TV 채널 주파수를 통과시키기 위한 텔레비전 안테나 필터

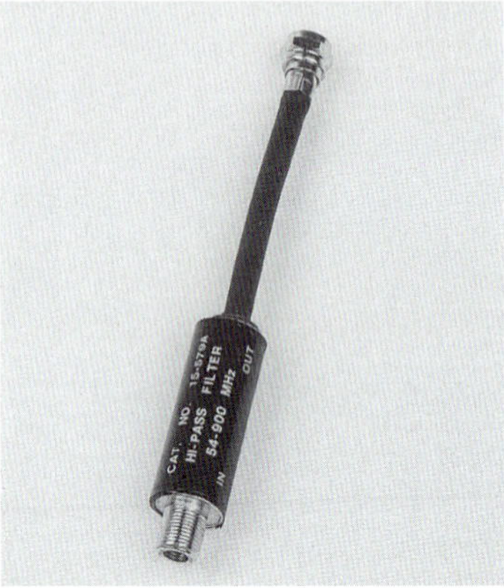

텔레비전 수신기는 안테나에 의해 수신된 텔레비전 방송 대역 이하의 라디오 주파수에 의해 화면에 간섭이 있을 때, 이 RF 간섭은 〈그림 26-29〉에 나타낸 고역 통과 필터에 의해 줄일 수 있다. 이 필터는 가장 낮은 주파수를 가지는 채널 2의 54 MHz 이하의 주파수를 감쇠시킨다.

54MHz 이하의 주파수에서 직렬 커패시터는 더 큰 전압강하에 의해 리액턴스의 증가를 제공하는 반면에 병렬 인덕턴스는 더 작은 리액턴스를 가지고 부하를 단락시킨다. 더 높은 주파수는 직렬 용량성 리액턴스가 감소하고 병렬 유도성 리액턴스가 증가함에 따라 부하로 전달된다.

필터 장치는 안테나로부터 나온 선로의 수신기 끝에 연결한다. 필터의 어느 한쪽 끝이 수신기의 안테나 단자에 연결되고, 그 반대쪽 끝은 안테나선에 연결된다.

■ 26-12 복습문제

참 또는 거짓으로 답하라.

a. 웨이브트랩은 대역 차단 필터이다. (참, 거짓)

b. 〈그림 26-29〉에서 TV 안테나 필터는 직렬 커패시터를 가진 고역 통과 필터이다. (참, 거짓)

요약

- 필터는 높은 주파수와 낮은 주파수를 서로 분리한다. 고역 통과 필터는 여러 주파수로 구성된 입력 중에서 높은 주파수 성분이 부하 양단에 출력전압으로 나타나게 한다. 저역 통과 필터는 낮은 주파수 성분이 출력전압으로 나타나게 한다.
- 변동하는 직류전류는 방향은 변하지 않지만 그 크기는 변한다. 이와 마찬가지로 변동하는 직류전압은 양이든 음이든 간에 한 극성을 유지하지만 크기는 변한다.
- 변동하는 직류 전류나 전압은 평균값을 크기로 갖는 일정한 직류성분과 0을 기준으로 극성이 변하는 교류성분으로 구성된다. 필터로 직류성분과 교류성분을 서로 분리할 수 있다.
- RC 결합회로는 변동하는 직류전류에 대해 고역 통과 필터로 동작한다. 커패시터 C_C는 교류성분을 통과시키지만 일정한 직류전압은 가로막는다.
- 절연된 2차측 권선을 가진 변압기는 고역 통과 필터로 동작한다. 1차측에 변동하는 직류전류가 입력되면 이 중에서 교류성분만이 2차측에 출력전압으로 나타난다.
- R과 병렬연결된 바이패스 커패시터는 저역 통과 필터를 만든다.
- L, C, R을 조합하여 L형, T형, π형 필터를 만들면 더욱 선택적인 필터링을 할 수 있다. 이 필터들은 저역 통과나 고역 통과 필터로 사용된다. 〈그림 26-9〉와 〈그림 26-11〉을 참조하여라.
- 고역 통과 필터에서 커패시턴스는 결합 커패시터처럼 부하와 직렬연결되어야 하고 R 또는 L은 선로 양단에 병렬로 연결되어야 한다.
- 저역 통과 필터에서 커패시턴스는 바이패스 커패시터처럼 선로 양단에 연결되는 반면에 R 또는 L은 부하에 직렬연결되어야 한다.
- 필터의 차단주파수 f_C는 출력전압이 그 최대값의 70.7%로 줄어드는 주파수이다.
- RC 저역 통과나 고역 통과 필터에서는 차단주파수에서 $X_C = R$이다. 이와 마찬가지로 RL 저역 통과와 고역 통과 필터에 대해서 차단 주파수에서 $X_L = R$이다. RC 저역 통과나 고역 통과 필터에 대해 f_C를 계산하는데 $f_C = 1/(2\pi RC)$을 사용한다. RL 저역 통과나 고역 통과 필터에 대해서 f_C를 계산하는 데 $f_C = R/(2\pi L)$을 사용한다.
- RC나 RL 필터에서 저역 통과나 고역 통과에 관계없이 V_{in}과 V_{out} 사이의 위상각 θ는 통과대역에서 거의 0°이다. 차단대역 안에서 $\theta = \pm 90°$이다. θ의 부호는 필터의 종류에 달려 있다.
- RC 저역 통과 필터와 RC 고역 통과를 조합하여 어떤 주파수 대역만을 통과시키거나 차단할 수 있다. 이런 필터를 각각 대역 통과와 대역 차단 필터라고 한다.
- 데시벨(dB) 측정 단위는 두 개의 전력 레벨을 비교하는 데 사용된다. 수동 필터는 차단주파수에서 −3dB의 감쇠를 가진다.
- 세미로그와 로그-로그 그래프용지는 일반적으로 필터의 주파수 응답을 보기 위해서 사용된다. 세미로그 그래프용지에서 수직축은 일반적인 선형 눈금을 사용하지만 수평축은 간격 눈금을 사용한다.
- 세미로그나 로그-로그 그래프용지를 사용하는 장점은 작은 값의 분해능을 잃지 않고 넓은 주파수 범위를 그릴 수 있다는 것이다.
- 대역 통과나 대역 차단 필터는 2개의 차단주파수를 가진다. 대역 통과 필터는 통과대역보다 더 높거나 더 낮은 다른 모든 주파수를 감쇠시키고 차단주파수 사이의 대역의 주파수를 출력한다. 대역 차단 필터는 이와 반대로 차단주파수 사이의 대역을 감쇠시킨다. 반면에 차단대역보다 더 높거나 낮은 다른 모든 주파수를 부하로 통과시킨다.
- 공진회로는 일반적으로 라디오 주파수를 필터링하는 대역 통과 필터나 대역 차단 필터로 사용된다.
- 대역 통과 필터에서 직렬 공진 LC 회로는 직렬저항을 최소로 하기 위해 부하에 직렬로 연결되어야 한다. 반면에 임피던스가 높은 병렬 공진회로는 부하에 병렬로 연결된다.
- 대역 차단 필터로 동작하려면 회로는 대역 통과 필터와 반대로 병렬 공진 LC 회로를 부하에 직렬로 연결하고 직렬 공진회로는 부하에 병렬로 연결한다.
- 웨이브트랩은 공진 대역 차단 필터를 응용한 것이다.

중요 용어

- 감쇠 : 신호 크기의 감소
- 고역 통과 필터 : 인가된 전압 중 높은 주파수 성분은 통과시키는 반면 낮은 주파수 성분은 제거하거나 감쇠시키는 필터
- 데시벨 : 두 전력의 수준을 비교하는 로그식
- 대역 차단 필터 : 특정 대역의 주파수만을 차단하거나 아주 심하게 감쇠시키도록 설계된 필터
- 데케이드 : 10 대 1의 주파수 범위
- 대역 통과 필터 : 입력에서 출력으로 특정한 대역의 주파수만 통과시키도록 설계된 필터
- 맥류 : 크기는 변화하지만 극성이나 방향이 변화하지 않는 직류 전압 또는 전류. 변동하는 직류라고도 한다.
- 바이패스 커패시터 : 저항 등과 같은 소자 주변에서 변동하는 직류전압의 교류성분을 바이패스시키거나 분류시키는 커패시터. 바이패스 커패시터의 크기는 바이패스시키려는 가장 낮은 주파수에서 X_C가 병렬저항의 1/10 이하가 되도록 선택하여야 한다.
- 변동하는 직류 : 크기는 변화하지만 극성이나 방향이 변화하지 않는 직류 전압 또는 전류. 맥류라고도 한다.
- 수정 필터 : 수정과 같은 결정물질로 만들어진 필터. 수정 필터는 Q 값이 매우 높아서 종종 기존의 LC 필터를 대신하여 사용된다.
- 옥타브 : 2 대 1의 주파수 범위
- 저역 통과 필터 : 인가된 전압 중 낮은 주파수 성분은 통과시키는 반면 높은 주파수 성분은 제거하거나 감쇠시키는 필터
- 차단주파수 : 필터의 감쇠로 인해 출력전압이 통과대역 전압의 70.7%가 되는 주파수

중요 공식

RC 저역 통과 필터

$$V_{\text{out}} = \frac{X_C}{Z_T} \times V_{\text{in}}$$

$$\theta = \tan^{-1}(-R/X_C)$$

$$f_C = \frac{1}{2\pi RC}$$

RL 저역 통과 필터

$$V_{\text{out}} = \frac{R}{Z_T} \times V_{\text{in}}$$

$$\theta = \tan^{-1}(-X_L/R)$$

$$f_C = R/2\pi L$$

RC 고역 통과 필터

$$V_{\text{out}} = \frac{R}{Z_T} \times V_{\text{in}}$$

$$\theta = \tan^{-1}(X_C/R)$$

$$f_C = 1/2\pi RC$$

RL 고역 통과 필터

$$V_{\text{out}} = \frac{X_L}{Z_T} \times V_{\text{in}}$$

$$\theta = \tan^{-1}(R/X_L)$$

$$f_C = R/2\pi L$$

대역 차단 필터

$$f_N = 1/4\pi R_1 C_1$$

데시벨

$$N_{\text{dB}} = 10 \log \frac{P_{\text{out}}}{P_{\text{in}}}$$

$$N_{\text{dB}} = 20 \log \frac{V_{\text{out}}}{V_{\text{in}}}$$

자습문제

1. **크기는 변화하지만 극성이 바뀌지 않는 전압을 무엇이라 부르는가?**
   a. 교류전압
   b. 정상 직류전압
   c. 변동하는 직류전압
   d. 위의 어느 것도 아니다.

2. ***RC* 결합회로의 커패시터는?**
   a. 입력전압의 일정한 직류성분을 차단한다.
   b. 입력전압의 교류성분을 차단한다.
   c. 일정한 직류성분에 대하여 단락된 것으로 나타난다.
   d. 입력전압의 교류성분에 대하여 개방된 것으로 나타난다.

3. **바이패스 커패시터의 크기로 적당한 X_C의 값은?**
   a. 바이패스시키려는 가장 높은 주파수에서 병렬저항의 10배 이상
   b. 바이패스시키려는 가장 낮은 주파수에서 병렬저항의 1/10 이하
   c. 바이패스시키려는 가장 높은 주파수에서 병렬저항의 1/10 이하
   d. 바이패스시키려는 가장 낮은 주파수에서 병렬저항과 같은 값

4. ***RC* 저역 통과 필터에서 출력은 어떤 소자의 양단에서 얻어지는가?**
   a. 저항
   b. 인덕터
   c. 커패시터
   d. 위의 어느 것도 아니다.

5. **로그 그래프 용지에서 10 대 1의 주파수 범위를 부르는 명칭은?**
   a. 옥타브(octave)
   b. 데시벨(decibel, dB)
   c. 하모닉(harmonic)
   d. 데케이드(decade)

6. **필터의 차단주파수에서 출력전압의 크기는?**
   a. 최대값의 50%
   b. 최대값의 70.7%
   c. 실용적으로 0
   d. 입력전압과 정확히 일치

7. **수동형 필터의 차단주파수에서 데시벨 감쇠의 양은?**
   a. −3dB
   b. 0dB
   c. −20dB
   d. −6dB

8. ***RL* 고역 통과 필터의 차단주파수를 올리기 위한 방법은?**
   a. *R*의 값을 감소시킨다.
   b. *L*의 값을 감소시킨다.
   c. *R*의 값을 증가시킨다.
   d. b와 c 모두

9. **2.2kΩ의 *R*과 0.01μF의 *C*로 이루어진 *RC* 저역 통과 필터의 차단주파수는?**
   a. 3.5MHz
   b. 72.3Hz
   c. 7.23kHz
   d. 1.59kHz

10. ***RC* 저역 통과 필터와 고역 통과 필터에서 옳은 것은?**
    a. 차단주파수에서 $X_C = 0\Omega$
    b. 차단주파수에서 $X_C = R$
    c. 차단주파수에서 X_C는 무한대이다.
    d. 위의 어느 것도 아니다.

11. **변압기의 1차측에 변동하는 직류전압이 공급되면 2차측의 출력에 포함되는 것은?**
    a. 입력신호 중 일정한 직류성분
    b. 계단의 형태로 증가하거나 감소하는 변동하는 직류전압
    c. 입력신호 중 교류성분
    d. 위의 어느 것도 아니다.

12. **RF 간섭을 저감하기 위하여 사용하는 전력선 필터는 다음 어느 것의 예인가?**
    a. 저역 통과 필터
    b. 고역 통과 필터
    c. 노치 필터
    d. 대역 통과 필터

13. 로그 그래프 용지에서 2 대 1의 주파수 범위를 부르는 명칭은?
   a. 데케이드(decade)
   b. 데시벨(decibel, dB)
   c. 하모닉(harmonic)
   d. 옥타브(octave)

14. 어떤 주파수에서 100mV 입력에 대해 1mV를 출력하는 필터의 감쇠(dB)는 얼마인가?
   a. −40dB
   b. −20dB
   c. −3dB
   d. 0dB

15. RL 고역 통과 필터에서 출력은 어떤 소자의 양단에서 얻어지는가?
   a. 저항
   b. 인덕터
   c. 커패시터
   d. 위의 어느 것도 아니다.

16. 60mH L과 1kΩ의 R로 이루어진 RL 고역 통과 필터의 차단주파수는?
   a. 2.65kHz
   b. 256kHz
   c. 600kHz
   d. 32kHz

17. T형 저역 통과 필터는 어떤 소자로 이루어져 있는가?
   a. 직렬 커패시터와 병렬 인덕터
   b. 직렬 인덕터와 바이패스 커패시터
   c. 직렬 커패시터와 병렬저항
   d. 위의 어느 것도 아니다.

18. π형 고역 통과 필터는 어떤 소자로 이루어져 있는가?
   a. 직렬 인덕터와 병렬 커패시터
   b. 직렬 인덕터와 병렬저항
   c. 직렬 커패시터와 병렬 인덕터
   d. 위의 어느 것도 아니다.

19. RC 저역 통과 필터의 주파수 응답곡선에서 차단주파수보다 상당히 높은 주파수에서 감쇠율은 어느 정도가 되는가?
   a. 6 dB/octave
   b. 6 dB/decade
   c. 20 dB/decade
   d. a와 c 모두

20. 통과대역의 신호주파수에 대하여 RC 고역 통과 필터의 위상각은 약 얼마가 되는가?
   a. 45°
   b. 0°
   c. +90°
   d. −90°

확인문제

1. 전기적인 필터의 기능은 무엇인가?

2. 전압이 서로 다른 주파수 성분을 가지는 두 가지의 예를 제시하라.

3. (a) 변동하는 직류 전류 또는 전압은 무엇을 의미하는가? (b) 변동하는 직류전압의 두 가지 성분은 무엇인가? (c) 두 가지 성분 각각을 어떻게 측정할 수 있는가?

4. 부하저항에 걸리는 출력전압에 관해서 다음 필터의 기능을 정의하라. (a) 고역 통과 필터. 왜 $R_C C_C$ 결합회로가 예인가? (b) 저역 통과 필터. 왜 $R_b C_b$ 바이패스 회로가 예인가? (c) 대역 통과 필터. 결합회로와 어떻게 다른가? (d) 대역 차단 필터. 대역 통과 필터와 어떻게 다른가?

5. 다음의 필터 형태에 대해 회로도를 그려라. 값은 필요치 않음. (a) T형 고역 통과와 T형 저역 통과 (b) 선로 양쪽에 필터 리액턴스를 대칭으로 연결한 π형 저역 통과

6. L형 대역 통과와 L형 대역 차단 필터에 대해 회로도를 그려라. 이들 두 회로가 어떻게 다른가?

7. 다음 필터들의 각각에 대해 응답곡선을 그려라. (a) 20,000Hz에서 차단하는 저역 통과 (b) 20Hz에서 차단하는 고역 통과 (c) 20Hz에서 20,000Hz에 대한 대역 통과 (d) 450에서 460kHz에 대한 대역 통과

8. 결합 커패시터와 바이패스 커패시터와 비교하여 유사성과 차이점을 하나씩 제시하라.

9. 저역 통과 필터와 고역 통과 필터의 두 가지 차이점을 제시하라.

10. 〈그림 26-28〉에서 왜 전력선 필터가 1MHz RF 전류가 아닌 60Hz 교류전류를 통과시키는지 간단히 설명하라.

11. 주파수 응답곡선을 그리기 위해서 세미로그와 로그-로그 그래프용지를 사용하는 이점을 설명하라.

12. 〈그림 26-18a〉에서 *RC* 대역 차단 필터 설계 시 저역 통과와 고역 통과 필터를 서로 위치를 바꿀 수 없는 이유를 설명하라.

연습문제

26-1절 필터링의 예

26-1 다음 필터의 기본 기능을 설명하라.
a. 저역 통과 필터
b. 고역 통과 필터

26-2절 교류와 결합된 직류

26-2 〈그림 26-30〉에 나타낸 값에 대하여
a. 부하저항 R_L 양단에 나타나는 전압의 파형을 그려라. 파형에 평균값과 피크값을 표시하라.
b. 부하저항 R_L에 흐르는 전류의 파형을 그려라. 파형에 평균값과 피크값을 표시하라.

그림 26-30

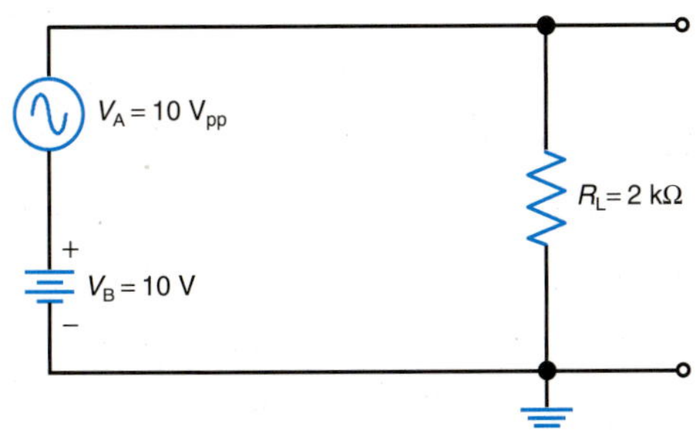

26-3 〈그림 26-30〉에서 다음 값은 얼마인가?
a. R_L 양단의 평균 직류전압
b. R_L에 흐르는 평균 직류전류

26-4 〈그림 26-30〉의 교류성분에서 다음의 값은 얼마인가?
a. 피크값
b. 피크 대 피크값
c. 실효값

26-5 〈그림 26-30〉에서 V_B의 극성이 바뀔 경우 부하저항 R_L 양단에 나타나는 전압의 파형을 그려라. 파형에 평균값과 피크값을 표시하라.

26-3절 변압기 결합

26-6 〈그림 26-31〉은 변압기 결합의 응용 예를 보이고 있다. 변압기의 권선비가 1:1일 때 다음 값은 얼마인가?
a. 1차측의 일정한 직류전압
b. 2차측의 일정한 직류전압
c. 1차측의 피크 대 피크 교류전압
d. 2차측의 피크 대 피크 교류전압

26-7 〈그림 26-31〉에서 2차측 교류출력의 피크값을 표시하라.

26-8 〈그림 26-31〉에서 1차측과 2차측 전압파형의 직류값을 비교하라. 차이점에 대하여 설명하라.

그림 26-31

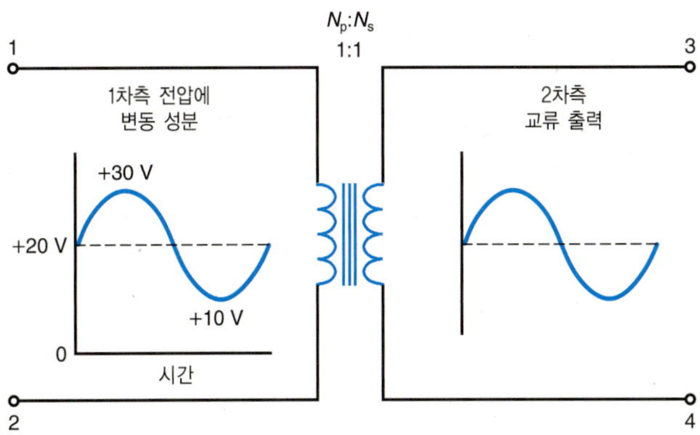

26-4절 용량성 결합

26-9 〈그림 26-32〉에서 다음 값을 구하라.
a. f = 10kHz에서 C_C의 X_C
b. 입력단자 1과 2 사이의 직류전압
c. 결합 커패시터 C_C 양단의 직류전압
d. 저항 R 양단의 직류전압
e. 단자 1과 2 사이의 피크 대 피크 교류전압

f. 결합 커패시터 C_C 양단의 대략적인 피크 대 피크 교류전압

g. 저항 R 양단의 피크 대 피크 교류전압

h. 저항 R 양단의 rms 전압

그림 26-32

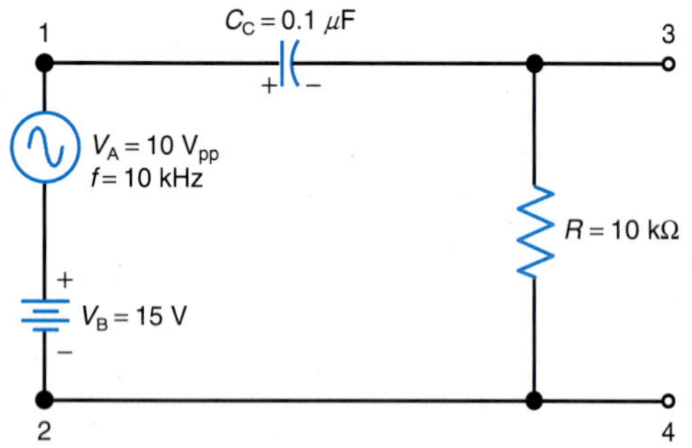

26-10 〈그림 26-32〉에서 다음 단자 양단의 전압 파형을 평균값과 피크값을 포함하여 그려라.

a. 1과 2

b. 3과 4

26-11 〈그림 26-32〉에서 다음 구간에서 C_C는 충전되는가, 방전되는가?

a. 양의 VA

b. 음의 VA

26-12 〈그림 26-32〉에서 C_C가 다음 상태일 때 저항 R에 나타나는 전압은 양의 반주기인가, 음의 반주기인가?

a. 충전 중

b. 방전 중

26-13 〈그림 26-32〉에서 X_C/R의 비가 1/10일 때 가장 낮은 V_A의 주파수는 얼마인가?

26-14 RC 결합회로가 500Hz 이상의 주파수를 결합하도록 설계되었다. R=4.7kΩ이라면 C_C의 최소한의 값은 얼마가 되는가?

26-5절 바이패스 커패시터

26-15 〈그림 26-33〉에서 다음 값을 구하라.

a. f = 1MHz에서 C_1의 X_C

b. 입력단자 1과 2 사이의 직류전압

c. R_1 양단의 직류전압

d. R_2 양단의 직류전압

e. C_1 양단의 직류전압

f. 단자 1과 2 사이의 피크 대 피크 교류전압

g. 단자 3과 4 사이의 대략적인 피크 대 피크 교류전압

h. R_1 양단의 대략적인 피크 대 피크 교류전압

그림 26-32

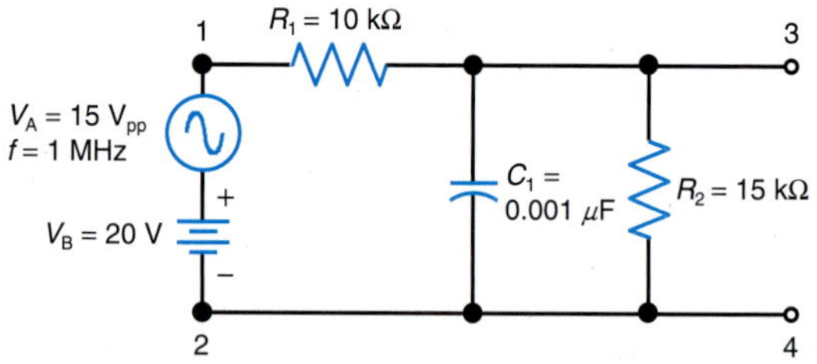

26-16 〈그림 26-33〉에서 V_A의 주파수가 1kHz일 경우에 결합 커패시터 C_1은 R_2를 바이패스시킬 수 있는가?

26-17 바이패스시켜야 하는 가장 낮은 주파수가 250Hz라고 할 때, 1kΩ의 저항을 바이패스시키기 위한 최소한의 용량은 얼마인가?

26-6절 필터회로

26-18 다음이 저역 통과 필터인지 고역 통과 필터인지 구분하라.

a. 변압기 결합 (〈그림 26-31〉 참조)

b. RC 결합회로 (〈그림 26-32〉 참조)

c. 바이패스 커패시터 (〈그림 26-33〉 참조)

26-19 다음과 같이 구성할 경우 저역 통과 필터인지 고역 통과 필터인지 구분하라.

a. 직렬 인덕턴스와 병렬 커패시턴스

b. 직렬 커패시턴스와 병렬 인덕턴스

26-20 차단주파수가 1kHz인 저역 통과 필터가 있다. 이 주파수를 가지는 30mV를 입력할 때 출력전압을 구하라.

26-7절 저역 통과 필터

26-21 저역 통과 필터에서 다음의 용어를 정의하라.

a. 통과대역

b. 차단대역

26-22 〈그림 26-9a〉의 RC 저역 통과 필터와 〈그림 26-9e〉의 π형 필터가 동일한 차단주파수를 가진다고 하면 이 두 필터의 특성의 차이점은 무엇인가?

26-8절 고역 통과 필터

26-23 고역 통과 필터에 통과대역과 차단대역이라는 용어가 적용될 수 있는가?

26-24 〈그림 26-11〉에서 T형 필터가 *RC* 필터에 비하여 더 날카로운 필터 기능을 수행하는가? 그렇다면 그 이유는 무엇인가?

26-9절 필터회로 해석

26-25 다음 그림의 필터가 저역 통과 필터인지 고역 통과 필터인지 구분하라.

a. 〈그림 26-34〉
b. 〈그림 26-35〉
c. 〈그림 26-36〉
d. 〈그림 26-37〉

그림 26-34

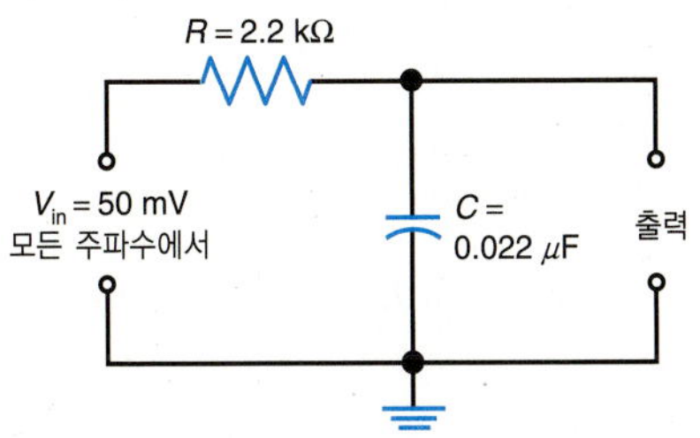

그림 26-35

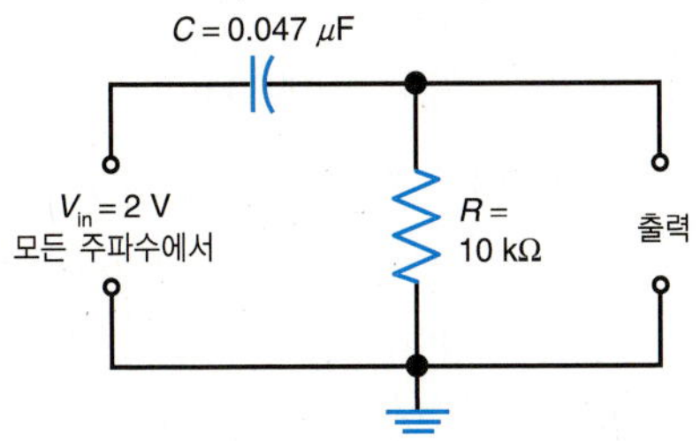

그림 26-36

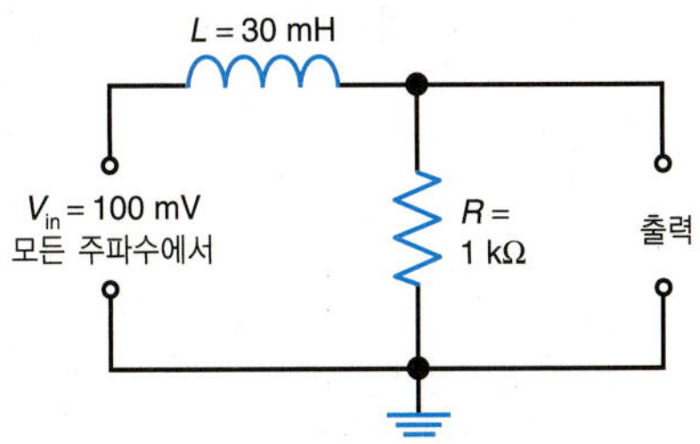

그림 26-37

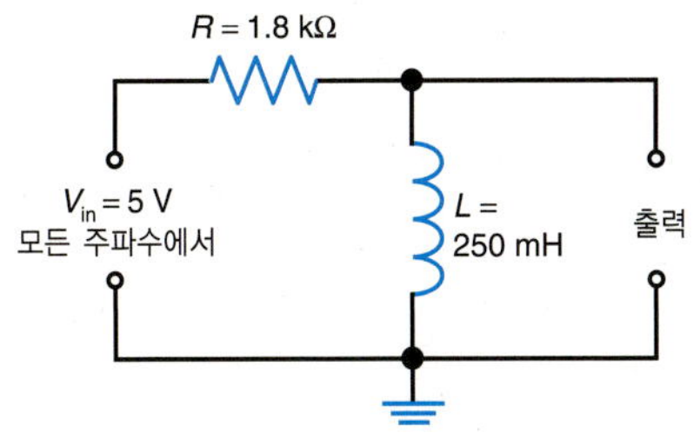

26-26 다음 그림의 필터의 차단주파수를 계산하라.

a. 〈그림 26-34〉
b. 〈그림 26-35〉
c. 〈그림 26-36〉
d. 〈그림 26-37〉

26-27 〈그림 26-34〉에서, 다음의 주파수에서의 출력전압 V_{out}과 위상각 θ를 계산하라.

a. 50Hz
b. 200Hz
c. 1kHz
d. f_C
e. 10kHz
f. 20kHz
g. 100kHz

26-28 〈그림 26-35〉에서, 다음의 주파수에서의 출력전압 V_{out}과 위상각 θ를 계산하라.

a. 10Hz
b. 50Hz
c. 100Hz
d. f_C
e. 1kHz
f. 20kHz
g. 500kHz

26-29 〈그림 26-36〉에서, 다음의 주파수에서의 출력전압 V_{out}과 위상각 θ를 계산하라.

a. 100Hz
b. 500Hz
c. 2kHz
d. f_C
e. 15kHz
f. 30kHz
g. 100kHz

26-30 〈그림 26-37〉에서, 다음의 주파수에서의 출력전압 V_{out}과 위상각 θ를 계산하라.

a. 50Hz

b. 100Hz

c. 500Hz

d. f_C

e. 3kHz

f. 10kHz

g. 25kHz

26-31 〈그림 26-34〉에서 〈그림 26-37〉까지의 필터에서, 차단주파수에서 V_{out}/V_{in}의 비는 얼마인가?

26-32 부호를 고려하지 않을 때, 〈그림 26-34〉에서 〈그림 26-37〉까지의 필터에서, 차단주파수에서 위상각은 얼마인가?

26-33 저역 통과 필터에서, 다음과 같은 주파수에서 대략적인 위상각은 얼마인가?

a. 차단주파수보다 상당히 낮을 경우

b. 차단주파수보다 상당히 높을 경우

26-34 고역 통과 필터에 대하여 〈문제 26-33〉을 반복하라.

26-35 〈그림 26-38〉에 나타낸 필터는 어떤 형식의 필터인가?

그림 26-38

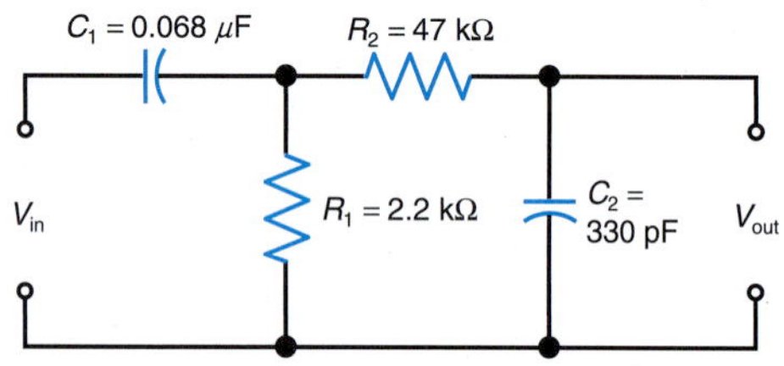

26-36 〈그림 26-38〉에서 다음 역할을 하는 것은 어느 소자인가?

a. 고역 통과 필터

b. 저역 통과 필터

26-37 〈그림 26-38〉에서 다음을 계산하라.

a. 차단주파수 f_{C_1}

b. 차단주파수 f_{C_2}

c. 대역폭 $f_{C_2} - f_{C_1}$

26-38 〈그림 26-38〉에서 R_2가 적어도 R_1보다 10배 이상 커야 하는 이유는 무엇인가?

26-39 〈그림 26-39〉에서 노치주파수 f_N을 계산하라.

그림 26-39

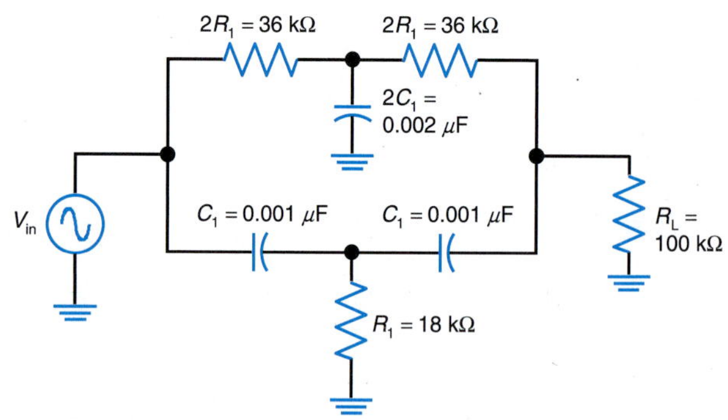

26-10절 데시벨과 주파수 응답곡선

26-40 다음과 같은 P_{in}과 P_{out}을 가지는 증폭기의 전력 이득(dB)을 계산하라.

a. P_{in} = 1W, P_{out} = 2W

b. P_{in} = 1W, P_{out} = 10W

c. P_{in} = 50W, P_{out} = 1kW

d. P_{in} = 10W, P_{out} = 400W

26-41 다음과 같은 P_{in}과 P_{out}을 가지는 필터의 감쇠(dB)를 계산하라.

a. P_{in} = 1W, P_{out} = 500mW

b. P_{in} = 100mW, P_{out} = 10mW

c. P_{in} = 5W, P_{out} = 5μW

d. P_{in} = 10W, P_{out} = 100mW

26-42 〈문제 26-27〉에서 〈그림 26-34〉의 RC 필터의 출력 전압을 여러 가지 주파수에서 대하여 계산하였다. 〈문제 26-27〉에 주어진 여러 가지 주파수에 대하여 필터의 감쇠(dB)를 계산하라.

26-43 〈문제 26-28〉에서 〈그림 26-35〉의 RC 필터의 출력 전압을 여러 가지 주파수에서 대하여 계산하였다. 〈문제 26-28〉에 주어진 여러 가지 주파수에 대하여 필터의 감쇠(dB)를 계산하라.

26-44 RC 저역 통과 필터에서 차단주파수보다 훨씬 높은 신호주파수에 대한 롤오프 비는 얼마인가? 〈문제 26-42〉에서 계산된 감쇠(dB)는 이 비율을 뒷받침하는가?

26-11절 공진 필터

26-45 공진 대역 통과 필터의 주파수 대역폭을 결정하는 것은 무엇인가?

26-46 다음 구성이 대역 통과 필터인지 대역 차단 필터인지 결정하라.

a. R_L과 직렬로 연결된 직렬 LC 회로
b. R_L과 직렬로 연결된 병렬 LC 회로
c. R_L과 병렬로 연결된 병렬 LC 회로
d. R_L과 병렬로 연결된 직렬 LC 회로

26-12절 간섭 필터

26-47 라디오 송신기에서 고주파 방사를 방지하기 위하여 송신기와 안테나 사이에 필터를 삽입한다. 이 필터는 30MHz 이하의 주파수는 모두 통과시켜야 하고 그 이상의 주파수는 심하게 감쇠시켜야 한다. 어떤 형태의 필터가 사용되어야 하는가?

26-48 아주 좁은 주파수 범위를 가지는 간섭 신호를 제거하기 위하여 어떤 형태의 필터가 사용되어야 하는가?

사고력 문제

26-49 〈그림 26-40〉에서 다음을 계산하라. (a) 차단주파수 f_C (b) 차단주파수에서의 출력전압 (c) 50kHz에서의 출력전압

그림 26-40

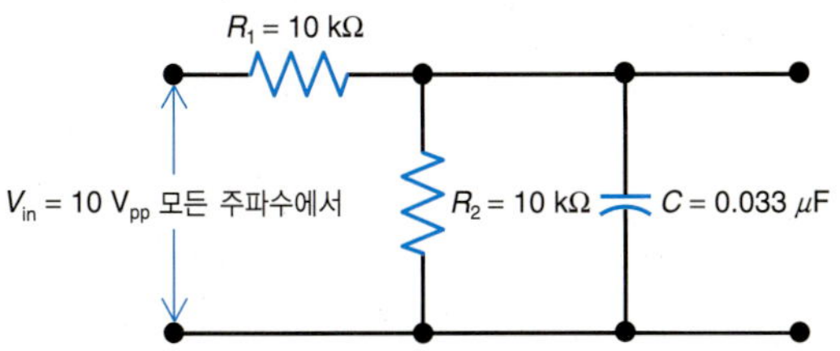

26-50 〈그림 26-41〉에서 f_r = 1MHz이고 대역폭 Δf가 40kHz가 되기 위한 L과 C의 값을 구하라.

그림 26-41

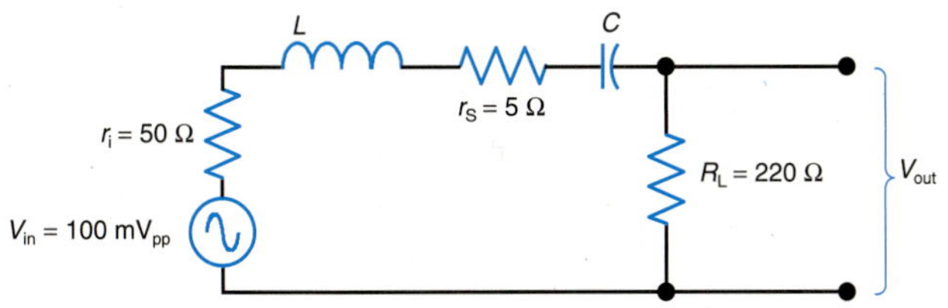

26-51 〈그림 26-42〉에서 f_r = 1MHz이고 대역폭 Δf가 20kHz가 되기 위한 L과 C의 값을 구하라.

그림 26-42

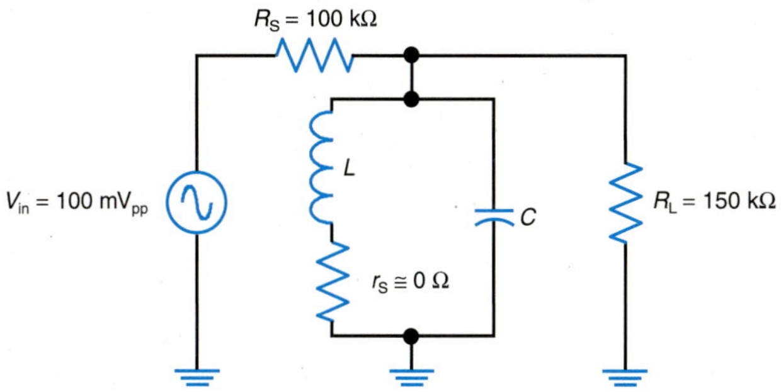

복습문제 정답

26-1 a. 500kHz
b. 60Hz

26-2 a. 6V
b. 10V와 2V
c. 8V
d. 4V와 2.8V

26-3 a. 고역 통과
b. 0V

26-4 a. 0V
b. 5μF

26-5 a. RF
b. 5μF

26-6 a. 고역 통과
b. 저역 통과

26-7 a. e와 f
b. 저역 통과

26-8 a. d
b. 고역 통과

26-9 a. 거짓
b. 참
c. 참
d. 참

26-10 a. 참
b. 참
c. 거짓
d. 참

26-11 a. 참
b. 참
c. 참

26-12 a. 참
b. 참

찾아보기

ㅊ

ㅋ

ㅌ

ㅍ

역자 소개

윤의철

경북대학교 전자전기컴퓨터공학부 학사
한양대학교 대학원 전기컴퓨터공학과 석사
한양대학교 대학원 의용생체공학과 박사
현재 : 대구가톨릭대학교 의료공학과 교수

이행우

광운대학교 전자공학과 학사
서강대학교 대학원 전자공학과 석사
전북대학교 대학원 전자공학과 박사
현재 : 남서울대학교 정보통신공학과 교수

장동현

서울시립대학교 전자공학과 학사
경희대학교 대학원 정보통신공학 전공 석사
경희대학교 대학원 전파통신방송시스템 전공 박사
현재 : 대덕대학교 국방해양부사관과 교수

정유정

인하대학교 전기공학과 학사
Univ. Nevada, Reno USA, 전기전자공학과 석사
Univ. Nevada, Reno USA, 전기전자공학과 박사
Utah State Univ. USA, 전기전자공학과, 연구조교수
Univ. of Utah, USA, 전기전자공학과, 연구조교수
현재 : 대구대학교 전자전기공학부 교수

조현묵

고려대학교 전자공학과 학사
고려대학교 대학원 반도체 및 통신 공학 전공 석사
고려대학교 대학원 반도체 공학 전공 박사
현재 : 공주대학교 전기전자제어공학부 교수